제 3 판

공업열역학

이창식 · 김우승 공저

圖書出版 東明社

공업열역학

초 판 발행 1995년 2월 20일
제3판 발행 2008년 3월 1일
3판5쇄 발행 2015년 1월 12일

지은이 이창식, 김우승
펴낸이 최국주
펴낸곳 동명사
출판등록 1950년 11월 1일(제1-76호)
주소 (우 413-756) 경기도 파주시 회동길 50(문발동)
전화 031-955-7200(대표)~2, 7203(편집부), 7204(물류)
팩스 031-955-7205
전자우편 webmaster@dmsbook.com
홈페이지 www.dmsbook.com

ISBN 978-89-411-0225-0 93550
값 41,000원

東明社

머리말

P R E F A C E

우리들이 살고 있는 자연계는 끊임없이 에너지 이동 현상이 수반되며, 이러한 각종 에너지의 생성, 이동과 변화에 관여하는 주된 법칙을 다루는 학문이 열역학이다.

열역학은 에너지 변환, 에너지와 물질의 성질 사이의 관계를 대상으로 하므로, 기계공학을 공부하는 사람은 물론 자연 과학, 공학을 공부하는 사람은 누구나 그 원리와 열역학적 지식을 가지고 있어야 한다. 특히, 열에너지를 기계적 에너지로 변환하는 증기 원동소, 연소 기관, 가스 터빈, 공기 조화 냉동, 연소, 열전달 등에 관한 이론을 다루기 위하여는 충분한 열역학적 지식을 가지고 있어야 한다.

이 책은 필자가 대학에서 30여년간 열역학, 열에너지 변환, 연소 공학, 열전달 등을 강의하여 오던 강의 내용을 중심으로 하여 열역학의 교과서로 엮은 것이다.

이 책의 내용은 모두 18장으로 구성되어 있으며, 제 1 장에서 제 8 장까지는 열역학의 기초이론을 다루었고 제 9 장에서 제 18 장까지는 열역학의 응용을 다루었다. 각 단원별로 주요 원리와 이론을 다루고 관련된 보기 문제와 응용에 관한 내용을 다루어 이론과 실제가 유리되지 않도록 하였다.

이번 개정·증보판에서는 환경공해를 일으키지 않는 대체 냉매의 물성과 응용을 보충하고, 연료전지를 비롯한 전반적인 교과내용도 상당부분을 수정 보완하였다.

열역학의 응용 분야인 가스 사이클, 증기 사이클, 냉동 사이클, 습공기, 연소 등에서는 이론적 해석과 아울러 실용적인 응용에 대하여도 중점을 두어 기술하였다.

열역학에서 많이 사용되는 수증기의 열역학적 성질을 퍼스널 컴퓨터 디스켓에 수록하고, 부록에 첨부하여 독자들이 증기표와 냉매표를 PC화면을 이용해서 쉽게 찾고 응용할 수 있도록 하였다.

저자는 원래 천학비재(淺學菲才)이라 뜻하지 않은 오류(誤謬)를 범한 것도 있으리라 생각되며, 특히 많은 분량의 원고를 입력하여 편집하는 과정에서 다소 오식도 있으리라 생각되오니, 독자 제현의 많은 지적과 아낌없는 편달을 바라는 바입니다.

끝으로 수년간 원고의 입력과 교정을 도와주신 대학원생 여러분과 증기표 프로그래밍에 도움을 준 조현준군에게 깊이 감사드리며, 이 책의 출간을 맡아 주신 동명사 여러분께 감사드리는 바입니다.

2008년 2월 10일

저 자

차 례

C O N T E N T S

제 1 장 서 론

제 2 장 순수 물질의 성질

제 3 장 일과 열

제 4 장 이상 기체

제 5 장 열역학의 제1법칙

제 6 장 열역학의 제2법칙

제 7 장 엔트로피

제 8 장 계의 열역학 제2법칙 해석

제 11 장 증기 동력 사이클

제 12 장 냉동 사이클

제 13 장 열역학의 일반 관계식

제 14 장 이상 기체 혼합물과 가스-증기 혼합물

제 15 장 반응 혼합물과 연소

제 16 장 화학 평형

제 17 장 기체의 유동

제 18 장 열 전 달

CHAPTER

01 서 론

1.1 열역학의 개요

열역학(熱力學, Thermodynamics)이란 자연과학 중의 중요한 한 분야로서 각종 에너지와 이들 사이의 변환 및 상호 작용, 물질의 상태 변화에 수반되는 에너지와 물질 사이의 관계를 연구하는 학문이다.

열역학이란 그리스 말 "Therme"와 "Dynamis"로부터 유래된 말로서 전자는 '열(熱, heat)'을, 후자는 '힘(strength, force)' 또는 '동력(power)'에 상당하는 뜻을 가진 말이다.

지금까지 다루어 온 물리학의 분야가 인과법칙(因果法則, causal law)에 기초를 두고 있는 것에 대하여, 열역학은 경험법칙(經驗法則, empirical law)에 기초를 두고 있는 특이성을 가지고 있다.

열역학은 특히 온도 변화가 중요한 역할을 하고 있는 자연계의 여러 가지 과정을 취급한다. 이와 같은 과정에는 어느 형태로부터 다른 형태로의 에너지 변환이 수반된다. 이러한 에너지 변환에 관한 여러 법칙을 이해하는 것은 공학에서 시스템 설계, 기계의 제작, 열기관의 사이클 해석 및 성능 향상을 위한 방법을 강구하는 데 매우 중요하다. 여기서 **에너지**(energy)란 어느 상태에서 물리적 변화나 화학적 변화가 생길 때 주위에 대하여 일을 할 수 있는 능력 또는 변화를 일으킬 수 있는 능력을 말하며, 열역학에서 주로 다루게 되는 에너지는 다음과 같은 것들을 생각할 수 있다.

이와 같은 에너지에는 위치 에너지(potential energy), 운동 에너지(kinetic energy), 내부 에너지(internal energy), 유동 에너지(flow energy), 화학적 에너지(chemical energy),

원자력(原子力) 에너지(nuclear energy) 등과 같이 열역학적 계(系, system)에 저장되는 에너지와 이동하는 에너지로서 열(heat)과 일(work)을 들 수 있다.

열역학에서 취급 대상이 되고 있는 물질의 성질 및 거동을 규명하는 방법에는 온도, 압력 등과 같이 직접 측정이 가능한 양을 대상으로 하여 이들의 관계 및 변화에 대하여 고찰하는 **거시적 방법**(巨視的方法, macroscopic approach)과 물질을 분자(分子) 및 원자(原子)의 집합체로 생각하고 이들 미립자의 무질서한 운동을 통계적인 방법에 의하여 전개하는 **미시적 방법**(微視的方法, microscopic approach)이 있다.

이와 같이 열역학은 물질의 거동을 현상론적인 거시적 관점(巨視的觀點, macroscopic point of view)에 바탕을 둔 **고전 열역학**(古典熱力學, classical thermodynamics)과 물질의 거동을 통계적 논술에 의한 미시적 관점(微視的觀點, microscopic point of view)에 바탕을 두고 있는 **통계 열역학**(統計熱力學, statical thermodynamics)으로 크게 나누어진다.

앞에서 설명한 바와 같이 열역학은 물질의 상태 및 상태 변화와 에너지 수수(授受)와의 관계를 다루고 있으므로 물리학, 화학 및 공학 관계의 분야에서 에너지 변환에 관한 많은 문제의 해석에 널리 응용되고 있다. 이와 같이 응용 분야에 따라서 그 원리가 동일하여도 그 적용 대상이 다르므로 열역학은 공업 열역학, 화학 열역학, 금속 열역학 등으로 분류된다.

공업 열역학(工業熱力學, engineering thermodynamics)은 에너지 변환 및 에너지 응용에 바탕을 두고 있는 열기관(熱機關, heat engine), 동력 발생 장치, 열전달(熱傳達, heat transfer), 공기조화(空氣調和, air conditioning) 및 냉동(冷凍, refrigeration), 가스의 압축, 연료의 연소, 가스 유동 등의 분야를 주된 대상으로 하고, 열에너지(thermal energy)를 역학적 에너지(mechanical energy) 또는 기계적인 일로 변환하는 열과정(熱過程, thermal process)의 연구와 상태 변화에 따른 에너지 변환 성능을 최대로 하는 이론적 해석과 응용을 다루는 것을 그 목적으로 한다.

공업 열역학은 많은 공학 문제 해석의 기초지식을 제공하고 있는 고체 역학(固體力學, solid mechanics), 유체 역학(流體力學, fluid mechanics), 열 및 물질 전달(heat and mass transfer), 전자기학(電磁氣學, electromagnetism) 등과 같이 물질의 거시적 성질에 관한 법칙을 다루고 이것을 응용하는 학문이다. 그러므로 공업 열역학에서는 물질을 구성하는 분자들의 개개의 상태를 논하는 미시적 구조(微視的構造, microscopic structure)에 대하여는 다루지 않는다. 그 대신 물질의 상태를 결정하는 압력이나 온도, 체적 등과 같이 거시적이고 기본적인 양에 관심을 두게 된다.

한편, **화학 열역학**(化學熱力學, chemical thermodynamics)은 주로 화학 반응(化學反應, chemical reaction) 및 화학 평형(化學平衡, chemical equilibrium)에 관한 내용을 다루는데 주안점을 둔 것이며, 주로 여러 가지 화학적 과정의 해석에 응용되고 있다.

이 책은 열 및 열에너지 변환에 관한 열역학적 이론과 각종 열기관 및 냉동・공기 조화 장치의 해석, 설계에 필요한 기계 공학적인 응용에 관하여 서술한 응용 열역학으로서 주로 열에너지 변환 과정과 동력의 발생(power generation) 또는 동력의 이용에 관한 열역학적 이론에 주안을 두어 다루었다.

1.2 열역학의 응용분야

열역학은 우리들이 일상생활에서 편리하게 사용하는 자동차를 비롯하여 항공기, 선박의 동력 발생 장치로부터 가정용 냉장고, 공기 조화 장치, 가열 장치 등의 냉·열설비(冷熱設備), 산업체에서 사용되는 각종 장치의 설계, 열설비의 성능 해석, 시스템의 성능 향상 등에 이르기까지 실로 다양하게 이용되고 있다.

열역학의 주된 응용 분야는 동력 발생에 이용되는 증기 원동소의 해석으로부터 연소 기관, 공기 조화 및 냉동, 지열 및 태양열 에너지 이용, 연료 전지 등의 해석과 응용에 이르기까지 공학적 응용 범위는 대단히 넓다. 여기서는 열역학의 응용 범위를 개념적으로 알아보기 위하여 그 몇 가지 보기를 들어 간단히 설명하기로 한다.

[1] 증기 원동소

인류 문명의 발달과 더불어 현대 사회는 많은 양의 기계적 에너지 또는 전기적 에너지를 필요로 하게 되었다. 열에너지(thermal energy)를 기계적 에너지(mechanical energy)로 바꾸고 이것을 다시 전기적 에너지로 변환시키는 가장 중요한 에너지 변환 장치의 하나가 **증기 원동소**(蒸氣原動所, steam power plant)이다.

증기 원동소는 그림 **1·1**과 같이 보일러(boiler), 증기 터빈(steam turbine), 복수기(復水器, condenser), 급수(給水) 펌프(feed water pump) 등으로 구성되는 동력 발생 장치이다.

보일러에서 발생한 증기는 과열기(過熱器, superheater)를 통과하는 사이에 고온 고압의 과열 증기(過熱蒸氣, superheated vapor)로 된다. 이 증기가 터빈으로 들어가 단열 팽창(斷熱膨脹, adiabatic expansion)하여 일을 하고, 저온 저압의 습증기(濕蒸氣, wet vapor)로 된다. 이 증기는 복수기로 들어가 방열에 의하여 복수되고, 이것은 급수 펌프에 의하여 보일러로 공급되어 하나의 순환 과정을 이루면서 원동소 사이클을 형성하게 된다.

원자력 발전소는 핵연료를 이용하는 원자로의 반응에서 발생하는 열을 이용하여 증기를 발생시키고 이 증기로 터빈을 구동하여 동력을 얻는다.

이와 같은 증기 원동소의 사이클 이론은 원동소의 성능 향상을 위한 기초 이론이 되고 있으며, 원동소 사이클 해석 및 보일러, 터빈, 복수기 등의 해석과 그 응용 연구는 모두 열역학적 사이클 이론 및 열역학적 해석에 바탕을 두고 있다.

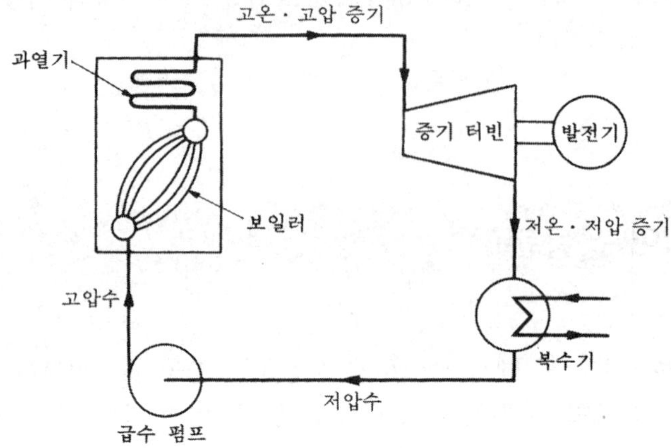

그림 1 · 1 증기 원동소 시스템

[2] 연소 기관

연소 기관(燃燒機關, combustion engine)은 우리들이 일상생활에서 이용하는 자동차용 기관(自動車用機關)을 비롯하여 항공기(航空機), 선박(船舶), 건설 기계, 농업용 기계 등의 원동기(原動機, prime mover)로 사용되는 동력 발생 장치로 많이 사용되며, 연소 가스의 열 에너지를 기계적 에너지로 변환하는 기관이다.

그림 1 · 2는 자동차용 가솔린 기관을 나타낸 것이고, 그림 1 · 3, 1 · 4는 각각 선박용 디젤 기관과 디젤 기관을 원동기로 항해하는 선박을 나타낸 것이다.

그림 1 · 2 자동차용 V－6 가솔린 엔진(자료 : 현대자동차)

연소 기관은 가솔린 기관 및 디젤 기관과 같은 왕복동 기관(往復動機關, reciprocating engine), 가스 터빈(gas turbine), 제트 기관(jet engine), 로켓(rocket) 등 그 응용 범위는 매우 넓다. 이와 같은 연소 기관의 연소 과정, 연소 에너지의 유효 이용, 기관의 성능 개선 등의 문제는 열역학에서 매우 중요한 위치를 차지하고 있다. 특히 완전 연소에 의한 배출 가스 중의 유해 성분의 배출 억제, 소음 등의 공해 저감을 위한 연구는 환경오염에 대처하기 위하여 더욱 중요한 과제가 되고 있다.

그림 1·3 선박용 디젤 기관(자료 : 현대중공업)

그림 1·4 디젤 엔진의 동력을 이용하여 추진하는 선박

연소 기관 내의 연소 성능 향상과 열에너지의 유효한 기계적 에너지로의 전환, 동력 기관의 열효율 향상과 연소 기관 내의 연소 현상론 등은 열역학적 이론 등을 응용한 주된 분야의 하나가 되고 있다.

가스 터빈은 압축기에서 압축된 공기를 연소실로 보내어 연료를 연소시켜 고온 고압의 연소 가스를 만들고, 이 에너지로 터빈을 회전시켜 동력을 얻는 기관이다. 그림 1·5는 가스 터빈 구성 및 그 계통의 개요를 나타낸 것이다. 그림 1·6은 가스 터빈 기관을 이용하는 항공용 터보팬 엔진(turbofan engine)의 단면 구조를 나타낸 것이고, 그림 1·7은 가스 터빈 엔진을 이용하여 추진력을 얻어 비행하는 항공기의 한 예이다.

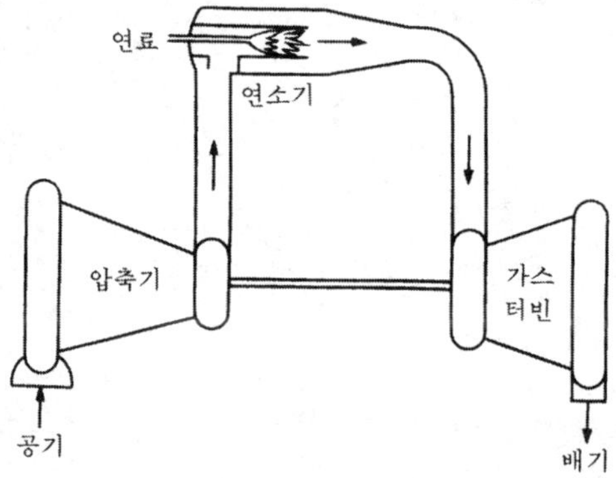

그림 1·5 가스 터빈의 구성

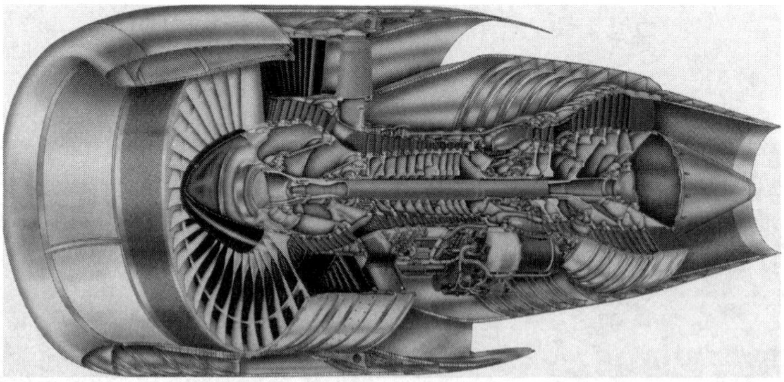

그림 1·6 가스 터빈 기관
(자료 : PW4000 Turbofan, United Technologies, Pratt & Whitney)

그림 1·7 제트 엔진을 장착한 항공기(자료 : Boeing)

[3] 냉동 및 공기 조화

현대 생활에서 냉동 및 공기 조화는 우리의 일상생활은 물론 산업용으로도 매우 중요한 분야가 되고 있다. 우리의 일상생활 또는 작업 환경을 더욱 쾌적하고 능률적인 실내 환경으로 만들어주는 공기 조화는 주택, 사무실, 반도체 생산 공정, 의학, 농업, 화학 공정 등을 비롯하여 각종 산업 환경을 구성하는 데 가장 중요한 설비 시스템이 되고 있다.

냉동(冷凍, refrigeration)이란 특정 영역 또는 장소로부터 열을 제거하여 대기 온도보다 낮게 유지시키는 것을 말한다. 한편, 공기 조화(空氣調和, air conditioning)란 특정 영역의 공기를 사용 목적에 알맞도록 공기의 온도(溫度, temperature), 습도(濕度, humidity), 공기의 유동(air flow, air motion) 및 공기의 청정도(清淨度, cleanliness) 등을 조절하는 것을 말한다.

냉동은 냉매(冷媒, refrigerant)의 상태 변화를 이용하여 냉동 효과(冷凍效果, refrigerating effect)를 얻는 것이며, 공기 조화는 습공기(濕空氣, humid air)의 열역학적 성질을 이용하여 공기를 필요로 하는 조화 상태로 만드는 것이므로 이들의 기초 이론은 열역학에 바탕을 두고, 이를 응용한 것이다.

그림 **1·8** (a)는 냉동 사이클의 구성을 나타낸 것이고, (b)는 냉동 냉장고의 한 예를 나타낸 것이다. 냉동의 원리는 압축기(壓縮機, compressor)에서 압축한 냉매 가스를 응축기(凝縮器, condenser)로 보내고 응축기를 통과하는 동안 방열 응축(放熱凝縮)되어 모두 고압의 냉매액이 된다. 이 고압의 냉매액은 팽창(膨脹) 밸브(expansion valve)를 통과하는 동안 압력이 강하하여 저압의 습증기(濕蒸氣) 냉매로 되어 증발기(蒸發器, evaporator)로 들어간다. 증발기로 유입된 냉매는 증발열을 흡수하여 **냉동 효과**(refrigeration effect)를 얻고 모두 건증기로 변화한다. 이 건증기는 다시 압축기로 흡입되어 하나의 냉동 사이클을 이루게 된다. 이와 같은 사이클의 과정 및 사이클 해석과 그 응용은 모두 열역학적 이론을 적용하고 있다.

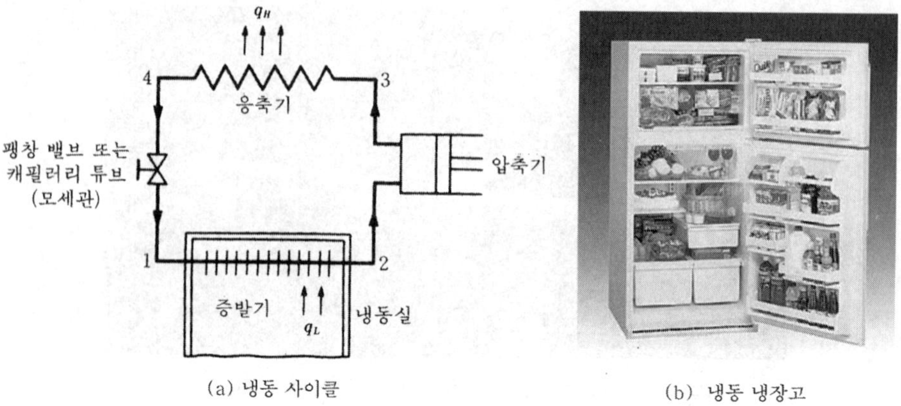

(a) 냉동 사이클 (b) 냉동 냉장고

그림 1·8 냉동의 원리와 냉장고

[4] 직접 에너지 변환

연료의 에너지를 순환하는 작업 유체 또는 동작 유체(working fluid)나 기계적인 운동 장치가 없이 직접적으로 일 또는 전기적으로 일이나 전기적 에너지로 변환하는 것을 **직접 에너지 변환**(direct energy conversion)이라 한다. 직접 에너지 변환 장치에는 연료 전지(燃料電池, fuel cell), 열전 발전기(熱電發電機, thermoelectric generator), 열전 냉동기(熱電冷凍機, thermoelectric refrigerator) 등이 있다.

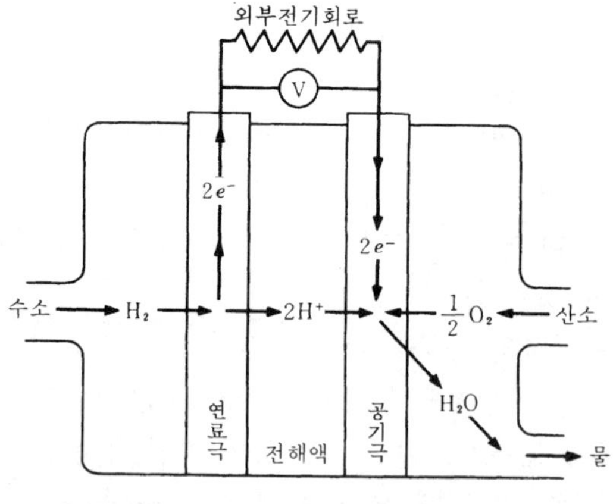

그림 1·9 수소-산소 연료 전지

그림 1·9는 수소(水素, hydrogen)와 산소(酸素, oxygen)를 사용하는 연료 전지의 구조를 나타낸 것이다. 그림에서 수소는 연료극(燃料極, anode)에서 2개의 전자(電子)를 내면서 산화하고, 산소는 공기극(空氣極, cathode)에서 2개의 전자를 포착하여 환원된다. 두 개의 극은 부하에 연결된다. 이 때의 전지 반응은 실온(室溫)에서

$$H_2(g) + \frac{1}{2}O_2(g) \longrightarrow H_2O(l)$$

$$\text{연료극} : H_2(g) \longrightarrow 2H^+ + 2e^- \qquad E = 0.0V$$

$$\text{공기극} : \frac{1}{2}O_2(g) + 2H^+ + 2e^- \longrightarrow H_2O(l) \quad E = 1.23V$$

가 되고, 전지의 전압은 1.23 V이다. 그러므로 부하의 저항을 알면 옴의 법칙(Ohm's law)에 의하여 부하로 흐르는 전류를 구할 수 있다.

직접 에너지 변환의 또 다른 하나의 장치는 **열전 발전기**(熱電發電機, thermoelectric generator)를 들 수 있다. 그림 **1·10** (a)와 같이 서로 다른 두 금속을 고리 모양의 회로가 되게 연결하고, 어느 하나의 접합부를 가열하면 회로 내에 전위차(電位差)가 생겨서 전류가 흐르게 된다. 이러한 현상은 1821년 Thomas Johann Seebeck에 의하여 제안된 효과로서 **Seebeck 효과**(Seebeck's effect)라 하며, 이와 같은 **열전 회로**(熱電回路, thermoelectric circuit)를 갖는 장치를 열전 장치(thermoelectric device)라 한다.

Seebeck 효과는 온도 측정(temperature measurement)과 동력 발생(power generation)에 응용된다. 온도 측정에 사용되는 경우가 열전대(熱電對, thermocouple)이고, 발전에 응용하면 열전 발전기가 된다.

그림 **1·10** (b)에서 열은 고온 열원으로부터 고온 접점에 Q_H가 전달되고, 저온 열원에 Q_L을 방열한다. 이 두 열량의 차가 유효한 전기적인 일로 되어 $W_e = Q_H - Q_L$이 발생된다. 그림 **1·10** (c)는 실제 사용되는 열전 발전기의 구조를 나타낸 것으로서 두 가지 재료 A, B를 고온 접점과 저온 접점으로 연결하고 고온 접점에서 열을 공급하면 저온 접점에서서는 방열이 생기며 이 때 회로에 저항을 연결하면 W_{net}의 일을 얻을 수 있다.

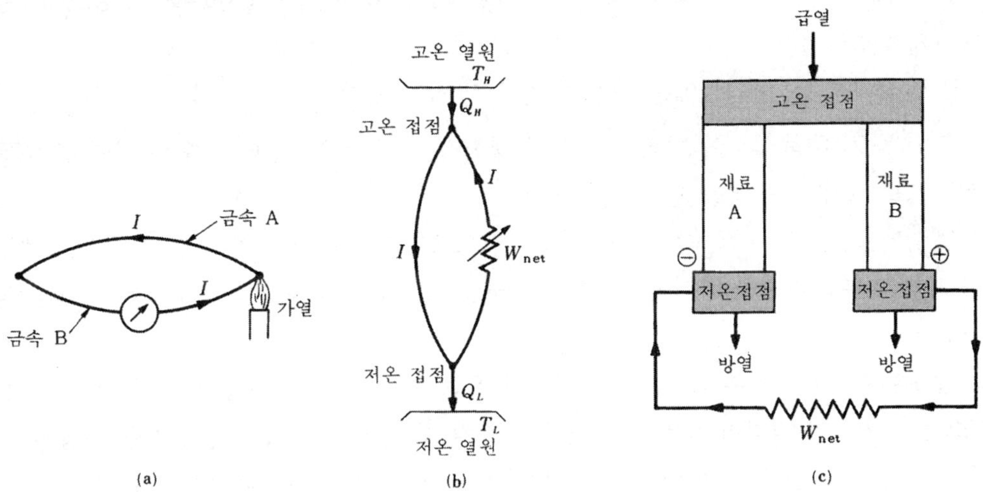

그림 1·10 열전 발전기의 원리

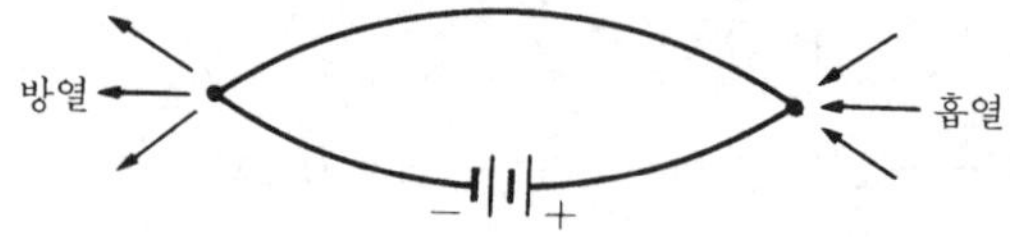

그림 1 · 11 열전 냉동기의 원리

그림 1 · 11은 열전 냉동기의 원리를 나타낸 것이다. 1834년 Peltier (Jean Charles Athanese Peltier)는 그림 1 · 11과 같이 서로 다른 두 금속을 접합하고 그 접점에 전류를 흐르게 하면 한쪽 접점은 흡열이 일어나고, 다른 한쪽의 접점에서는 방열이 일어남을 알아냈다. 이 원리를 냉동에 이용하면 **열전 냉동기**(熱電冷凍機, thermoelectric refrigerator)가 된다.

[5] 지열 발전

지열 발전(地熱發電, geothermal power plant)은 지하의 고온 열수(熱水, hot water) 또는 증기의 열에너지를 사용하여 기계적 에너지를 발생시키는 것을 말한다. 이 방식은 증기의 발생에 연료의 에너지를 사용하지 않기 때문에 다른 원동소에 비하여 다음과 같은 특징을 가진다.

지열 발전은 화석 연료를 사용하지 않으므로 에너지 자원을 절약할 수 있고, 원동소로부터 발생되는 배출물에 의한 공해 요인이 없는 것이 특징이다. 그러나 지하에서 발생하는 증기에는 이산화탄소 및 황화수소 등을 함유하고 있으며, 열수 또한 Na, K, Mg, Fe, Al, SiO_2, SO_4가 염(鹽)의 형태로 혼합되어 있다. 따라서 불응축성 가스를 포함하므로 응축기 문제, 열수 중에 포함된 SiO_2, $CaCO_3$가 저온부에서 석출되어 스케일(scale)을 형성하기 때문에 이에 대한 고려와 아울러 황화수소나 비소(As)에 의한 환경 오염 방지 등에 관한 대책이 필요하다.

지열 발전의 기본 사이클에는 다음과 같은 방법이 있다.

① 천연 증기 이용식 : 이 방식은 지하의 생산정(生産井)으로부터 나오는 천연 증기를 직접 터빈으로 보내어 동력을 얻는 방식이다.

② 열수 분리 증기 이용 방식 : 지열 생산정으로부터 분출되는 기수 혼합 유체(氣水混合流體)를 증기 분리기에서 분리하여, 증기는 터빈으로 보내어 동력을 얻고 열수는 폐기하는 방식이다.

③ 열교환기 이용 복수식 : 천연 증기는 불응축 가스를 많이 함유하고 있으며, 특히 황화수소는 부식성이 강하여 직접 터빈을 구동시킬 수 없으므로 증기 발생기를 사용하여 터빈 구동용 증기를 만드는 방식이다. 이와 같이 열교환기인 증기 발생기에서 저비점 열 매체를 가열 증발시켜서 터빈을 회전시키는 방식을 열교환기 이용 방식이라 한다.

[6] 태양 에너지

태양 에너지는 환경 오염(環境汚染)이 없고, 다른 연료와 달리 비고갈성(非枯渴性)인 특징이 있으나 주야(晝夜), 기후, 계절에 따른 변동이 심하고 또 에너지 밀도가 1 m^2 당 800W 정도로 희박하다. 그러나 지구 전체 면적에 조사(照射)되는 태양 에너지는 석유로 환산하여 약 10^6억 kL /년 정도이다. 태양(太陽) 에너지(solar energy)는 사용의 제한이 없는 에너지원으로서 경제적으로 이용할 수 있도록 개발한다면 다른 에너지원보다 매우 유용한 에너지이다.

지구가 태양으로부터 받는 복사(輻射, radiation) 에너지는 태양으로부터 우주 공간(宇宙空間)으로 복사되는 에너지의 약 20억 분의 1이며, 그 양은 173×10^{12} kW 정도이다.

지구에 도달한 태양 에너지는 대기권 내에 들어오기 전에 약 30%(52×10^{12} kW)가 반사되어 단파장의 형태로 우주로 되돌아간다. 나머지 70%(121×10^{12} kW)가 대기권에 흡수되어 열로 변화된다. 이렇게 변환된 열에너지의 약 30%가 증발, 대류, 비 등으로 되어 지구상의 대기, 수분의 순환을 형성한다. 바닷물이나 파도, 바람 등에 의하여 변환되는 에너지는 0.37×10^{12} kW이고, 광합성에 0.04×10^{12} kW 정도가 소비된다.

태양 에너지는 물의 가열, 태양 발전 장치, 주택용 난방 설비 등에 다목적으로 사용 될 수 있으나, 가장 큰 문제는 태양 에너지 변환기기 및 그 이용의 경제성이다. 태양 에너지 이용을 위한 기기 중에서 특히 **집열기**(集熱器, collector), **축열조**(蓄熱槽, storage tank) 등의 성능 향상과 주변 장치의 경제적인 설계가 이루어진다면 태양열 이용 장치의 성능은 더욱 향상될 수 있을 것으로 생각된다.

열역학은 태양 에너지 이용에 필요한 에너지 관련 물질의 상태 변화, 축열 및 집열 성능에 관한 이론의 기초가 되고 있다. 그림 1 · 12는 태양 에너지 주택의 집열 패널의 보기를 나타낸 것이다. 그림 1 · 13은 태양 에너지를 이용한 난방 및 온수 시스템 구성의 계통도를 나타낸 것이다.

그림 1 · 12 태양 에너지 주택의 집열 패널

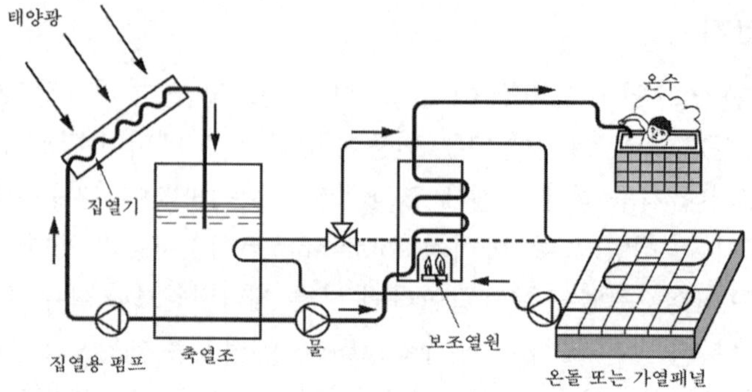

그림 1 · 13 태양열 난방 및 시스템

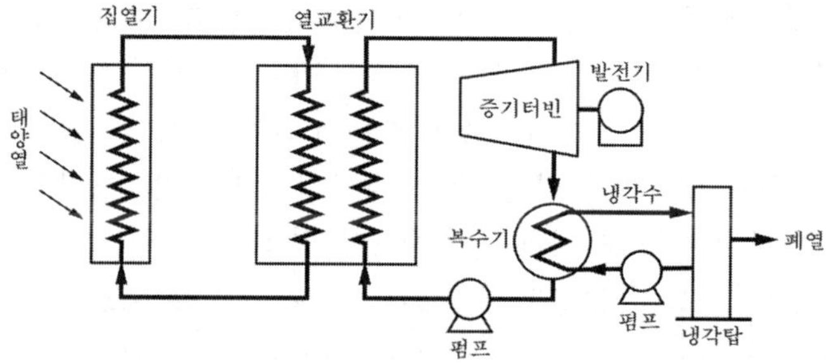

그림 1 · 14 태양열 발전 시스템

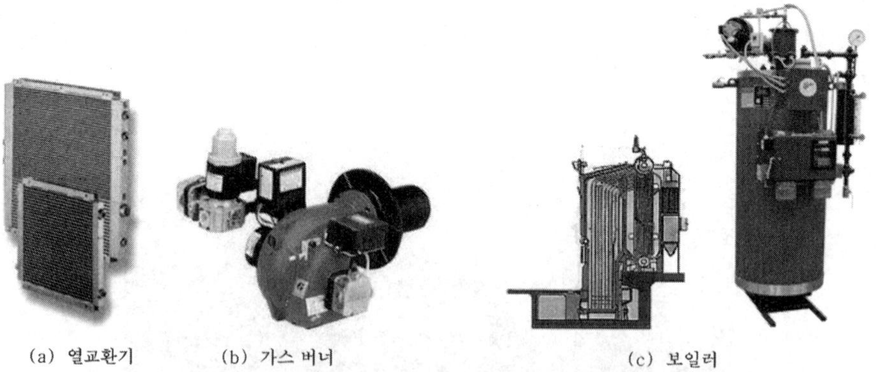

(a) 열교환기 (b) 가스 버너 (c) 보일러

그림 1 · 15 열기기의 보기

태양열 발전이란 태양 광선에 의한 열에너지를 효율적으로 모아 열원으로 하고, 이 열에너지로 터빈을 구동하여 전기 에너지를 만들어내는 발전 방식으로, 그림 1 · 14는 태양열 발전 시스템의 구조를 나타낸 것이다.

[7] 열전달 및 열이용 장치

우리의 일상생활에 이용하는 각종 열이용 장치와 산업용에 사용하는 각종 열교환 시스템 등은 모두 열역학적 이론을 바탕으로 하고 있다.

앞에서 다룬 냉동 공기 조화 장치 외에 여러 가지 열이용 기기, 열교환기, 각종 연소 장치, 보일러 등에 다양하게 이용되고 있다.

[8] 그 밖의 응용 분야

앞에서 언급된 분야 외에 가스를 저온에서 액화(液化)하는 가스 액화 장치(gas liquefaction system), 공기 분리 장치(air separation system), 조력 발전(潮力發電, tidal power generation), 해양열 이용(海洋熱利用, ocean thermal system), 풍력 발전 장치(風力發電裝置, wind power system), 의학용 장치 등에도 열역학적 원리가 응용되고 있다.

표 1·1은 열역학의 응용 분야를 나타낸 것이다.

표 1·1 열역학의 응용 분야

응용 분야	주요 장치 및 기계
증기 원동소	보일러, 증기 터빈, 증기 원동소 사이클, 화석 연료 발전소
연소 기관	자동차용 기관(가솔린 기관, 디젤 기관, 가스 기관, 로터리 기관), 가스 터빈, 제트 기관, 선박용 기관, 로켓 기관
냉동 및 공기 조화	냉동 장치 및 냉동기, 공기 조화기, 가습 및 감습기, 저온 장치, 가스 분리 및 액화 장치, 열 펌프
직접 에너지 변환	연료 전지, 열전 냉동기 및 열전 발전기
지열 발전	열수 또는 지하 천연 증기 이용 발전 장치
태양 에너지	태양 에너지 발전, 태양 에너지 난방 장치
열전달 및 열이용 기기	열교환기, 버너, 보일러 등
그 밖의 응용 분야	가스 액화, 가스 분리 장치, 조력 발전, 풍력 발전, 생물 의학용 장치

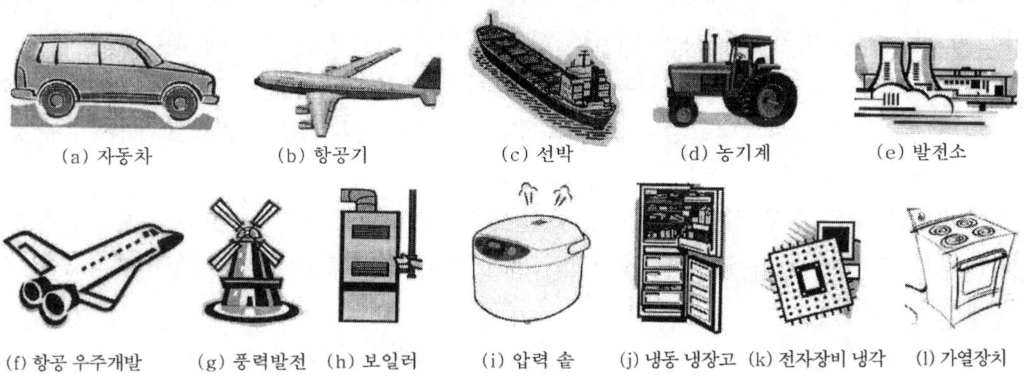

그림 1·16 열역학의 원리를 응용하고 있는 각종 기계 및 장치의 실제 보기

그림 1 · 16은 앞에서 다룬 열역학의 응용분야를 종합하여 그 용도에 따라 실제 사용되는 기계 및 장치의 몇 가지 실제 보기를 나타낸 것이다.

1.3 물체 또는 계

열역학은 물질과 에너지 사이의 상호 작용 및 변환을 다루는 학문이므로 에너지 변환에 이용되는 대상이 되는 물질이 있어야 한다. 열역학에서 대상(對象)으로 하는 매체를 **물질**(物質, substance) 또는 **물체**(物體, matter)라 하고, 물체의 집합체(collection of matter) 또는 벽(壁, wall)이나 폐쇄 경계로 주어진 공간의 영역을 계(系, system)라 한다. 계는 **경계**(境界, boundary)로 둘러싸인 **영역**(領域, region) 내에 존재하고 그 경계의 바깥쪽에 있는 모든 물체를 주위(周圍, surrounding) 또는 **외계**(外界)라고 한다. 계와 계에 영향을 미칠 수 있는 주위를 합하여 **열역학적 우주**(熱力學的宇宙, thermodynamic universe)라고도 한다.

열역학에서는 열역학적 계를 단순히 계, 열역학적 우주를 단순히 우주라고 표시하기도 한다. 그러므로 우주는

$$\text{우주} = \text{계} + \text{주위 (또는 외계)}$$

로 표시한다.

자동차용 기관의 경우 취급 대상이 되는 물질은 연료와 공기의 혼합기이고, 증기 터빈의 경우에는 증기가 그 대상이 된다. 열역학에서 물체에는 여러 가지가 있으나 가장 일반적인 것으로는 유체이며, 연소 기관의 혼합기, 증기 터빈의 증기, 제트 엔진의 연소 가스, 냉동기의 냉매 등은 대표적인 물질이다.

그림 1 · 17과 같이 피스톤과 실린더로 구성된 폐쇄 공간 내에 가스가 봉입되어 있을 경우에 가스 분자는 물체에 상당하고 실린더의 벽과 피스톤 면은 계의 경계에 상당한다. 실린더 벽과 피스톤 면의 바깥쪽 부분이 대기에 접하고 있다면 대기는 주위에 해당한다.

그림 1 · 18은 물체와 계를 좀 더 구체적으로 설명하기 위하여 내연 기관(內燃機關, internal combustion engine)의 피스톤과 실린더 사이에 들어 있는 가스에 대한 실제 보기를 들어 본 것이다.

그림 1 · 18 (a)의 경우에는 기관의 흡기 및 배기 밸브가 모두 닫혀 있어서 가스의 출입이 허용되지 않는 상태로서, 이 때에는 가스의 유동이 없으므로 **폐쇄계**(閉鎖系 또는 密閉系, closed system)이고, 그림 1 · 18 (b)의 경우는 밸브를 통하여 가스의 유출 · 유입이 있으므로 **개방계**(開放系, open system)이다. 기관 실린더 내에서 압축된 가스를 점화하여 폭발시키면 이 때에 발생한 열은 실린더 벽이나 피스톤 벽을 통하여 물체와 주위 사이에 전해지며,

또 열은 피스톤을 통하여 주위에 있는 피스톤-크랭크 기구에 전달된다.

이와 같은 열역학적 계에는 폐쇄계, 개방계, 고립계로 구분할 수 있다,

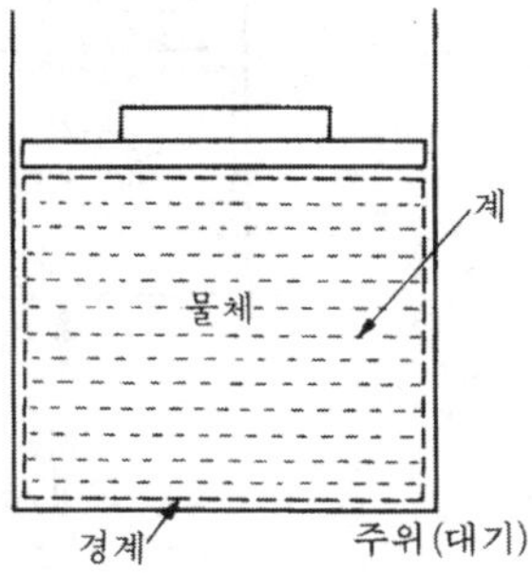

그림 1·17 계, 경계와 주위

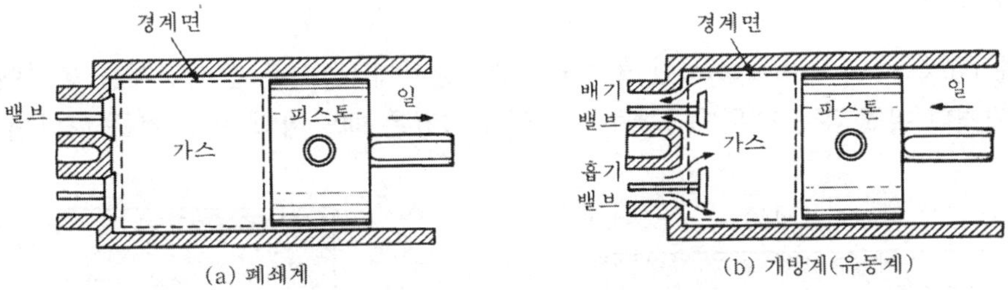

그림 1·18 피스톤과 실린더로 구성된 계

[1] 폐쇄계 또는 밀폐계

폐쇄계(閉鎖系)에서 경계는 물체가 점유하는 공간으로 주어지며 동작 물질(動作物質, working substance) 또는 동작(작업) 유체(working fluid)가 계의 경계를 통과하지는 않으나 열과 일은 경계를 통하여 이동할 수 있다. 여기서 동작 물질이란 에너지를 저장 또는 이동하여 운반시키는 유체를 말한다.

그림 1·19 (a)는 피스톤과 실린더로 구성된 폐쇄계를 나타낸 것이고, 그림 1·19 (b)는 피스톤과 실린더로 구성된 폐쇄계를 밑면으로부터 가열하는 경우의 상태 변화를 나타낸 것이다. 그림 1·19에서 실린더 내의 가스를 실린더 밑면으로부터 가열하면 공기의 온도가 상승하여 경계는 위로 이동하게 될 것이다. 이 경우에 가스(동작 물질)는 경계를 통과하지는 않았으나 에너지는 열과 일의 형태로 경계를 통하여 이동한 결과가 된다.

폐쇄계는 계에 들어 있는 물질의 고정 질량(固定質量, fixed mass)으로 구성되며, 계의 경계를 통하여 질량 이동이 수반되지 않으므로 폐쇄계를 **비유동계**(非流動系, non-flow system) 또는 **검사 질량**(檢査質量, control mass)이라고도 한다.

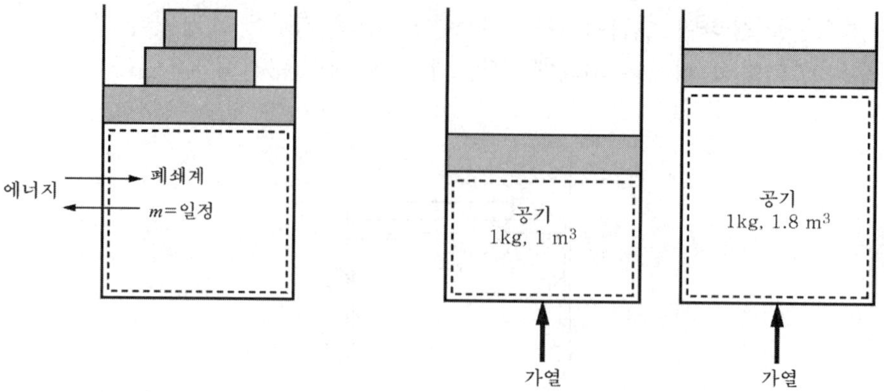

(a) 피스톤과 실린더로 구성된 폐쇄계

(b) 가열 에너지에 의하여 계의 경계가 확장되는 피스톤과 실린더로 구성된 폐쇄계

그림 1 · 19 폐쇄계

[2] 개방계

개방계(開放系, open system)란 물체와 주위 사이에 열이나 일이 경계를 통하여 영역으로 유입되거나 유출되는 경우를 말하며, 그림 **1 · 20**은 개방계의 한 보기를 나타낸 것이다.

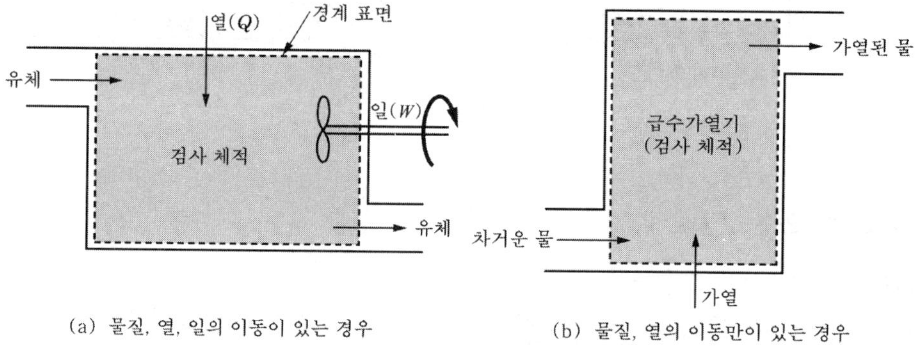

(a) 물질, 열, 일의 이동이 있는 경우

(b) 물질, 열의 이동만이 있는 경우

그림 1 · 20 유동계

개방계에서 물체의 질량 유동이 수반되는 공간의 영역을 **검사 체**적(檢査體積, control volume)이라 하고, 검사 체적의 경계 표면을 **검사면**(檢査面, control surface)이라 한다.

그림 **1 · 20** (a)에서 보는 바와 같이, 검사 체적의 경계를 통하여 물질 및 에너지의 이동이 수반되는 유동계에서 경계는 검사면이 된다. 이 때 주위로부터 열량 Q kJ이 계 안으로 들어오고, 동작 유체가 날개차를 돌려 외부에 대하여 일 W kJ을 한다면 이 계는 물질의 이동과 함께 열 및 일의 이동이 이루어지는 개방계가 된다. 하나의 보기로서 그림 **1 · 20** (b)의 온수기는 외부로부터 가열에 의하여 온수기의 검사면을 통하여 열에너지가 전달되고, 물은 온수기 입구와 출구를 통하여 유입, 유출하게 되므로 질량 이동이 수반됨과 아울러 열에너지의

이동이 수반된다. 이와 같이 열이나 일이 경계를 통하여 주위와 교환됨과 동시에 물체가 경계를 통하여 영역으로 유입되고 유출되는 개방계를 **유동계**(流動系, flow system)라고도 한다. 앞에서도 언급한 바와 같이 폐쇄계를 검사 질량(control mass)이라고 하는 것과 같이 개방계를 단순히 **검사 체적**이라 부르기도 한다.

[3] 고립계

고립계(孤立系, isolated system)란 주위 사이에 어떠한 상호 작용도 이루어지지 않는 폐쇄계의 특수한 경우로서 주위의 영향을 전혀 받지 않는 계를 말한다. 따라서 계 내의 동작 물질, 즉 물체는 고정되어 있고 에너지가 경계를 통하여 이동하지 않으므로 열역학적 문제로 취급되지 않는다. 고립계는 계가 주위와 물질(입자, 분자, 질량 등) 또는 에너지를 교환하지 않는 계이므로 **절연계**(絶緣系)라고도 한다.

1.4 계의 경계와 에너지 이동

그림 1 · 21에 표시된 것과 같은 기체 또는 액체가 들어 있는 잘 단열된 용기(well insulated container)에 외부로부터 전기 에너지에 의하여 가열되는 가열판과 날개차 회전 장치를 갖는 폐쇄계에 대하여 살펴보기로 한다.

① 열과 일이 계로 전달되는 경우 : 그림 1 · 21 (a)와 같이 계는 가열판 안쪽으로 형성되며, 이 때 전류가 흐르면 가열판이 가열되면서 온도가 상승하여 기체와 가열판의 온도 차이에 의하여 열량 Q가 전달되며, 날개차에도 회전일이 주어져서 계에 일 W가 전달된다.

② 일만이 계에 전달되는 경우 : 그림 1 · 21 (b)와 같이 전기 가열 장치의 스위치를 차단하여 전류가 흐르지 않으므로 열판에서 기체로의 열에너지 전달은 수반되지 않는다. 따라서 $Q=0$이고, 단지 날개차의 일 W만이 계에 가해진다.

③ 열과 일이 모두 계로 전달되지 않는 경우 : 그림 1 · 21 (c)와 같이 계의 경계를 전기 가열 장치와 날개차 추의 이동거리를 포함하도록 잡으면 주위로부터 받는 열이나 일이 없으므로 $Q=0$, $W=0$이 된다.

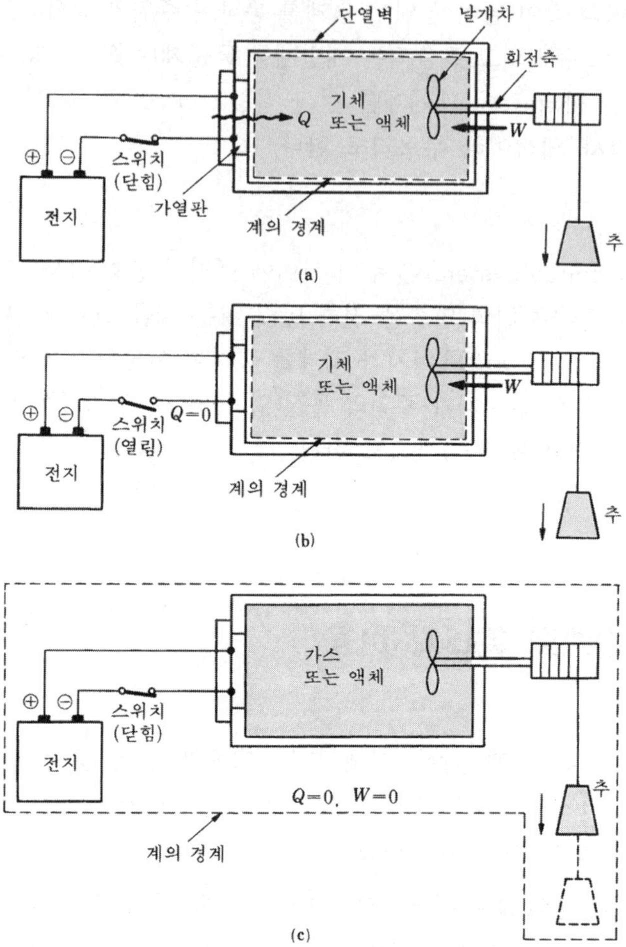

그림 1 · 21 계의 경계 선택과 에너지 이동

1.5 물체의 상태와 상태 변화

[1] 계의 상태량

계의 상태와 물질의 거동을 이해하기 위해서는 물질의 성질과 이들 사이의 관계를 알아야 한다.

물체의 **성질**(性質, properties) 또는 **상태량**(狀態量, quantity of state)이란 계의 경로에

무관하고 어느 시간에 특정값으로 주어지는 압력, 온도, 에너지, 체적, 질량 등과 같이 계의 거시적 특성만으로 상태를 나타내는 양을 말한다.

계 내의 물질을 구성하는 입자의 운동은 시시각각으로 변화하고 있으며 그 물질의 성질을 나타내는 양의 평균값은 평형 상태에서는 일정하다. 물질의 상태량이란 물질의 현재 상태만으로 결정되고, 그 물질의 과거의 변화 과정에는 무관한 양을 말한다. 그러므로 어느 순간에서 물체의 상태(state)는 그 순간에 물체가 가지는 온도, 압력, 체적 등의 물체의 상태량으로부터 결정된다. 이와 같이 물질의 성질에 의하여 주어지는 계의 조건을 상태라 한다.

물체의 상태가 변하는 것을 **변화**(變化, change)라 하고, 변화가 연속적인 것을 과정(過程, process)이라 한다. 물체가 어느 상태로부터 출발하여 도중에 여러 가지 상태 변화를 거쳐서 다시 본래의 상태로 되돌아올 때 이 과정을 **사이클**(cycle)이라 한다.

상태량에는 압력, 온도, 체적 이외에 내부 에너지, 엔탈피, 엔트로피 등의 많은 종류가 있으나 우리들의 경험에 의하면 이들 상태량은 서로 독립하여 변화하는 것은 아니고, 이들 사이에는 일정한 관계가 있다.

순수 물질(純粹物質, pure substance)의 폐쇄계에서는 많은 상태량 중에서 독립하여 변화할 수 있는 것은 그 중의 임의의 2개만이고, 이것이 결정되면 다른 제 3, 제 4의 상태량도 결정되므로, 결국 물체의 상태가 정해진다.

만일 2개의 독립된 상태량으로 압력 P와 온도 T를 취하면 다른 상태량, 보기를 들면 비체적 v는 압력 P와 온도 T의 함수로서 다음 식으로 표시할 수 있다.

$$v = f(P,\ T) \text{ 또는 } F(P,\ v,\ T) = 0 \tag{1·1}$$

모든 물체에 대하여도 그 P, v, T 사이에는 앞의 식과 같은 관계식이 성립한다. 이 P, v, T 사이의 관계식을 그 물체의 **상태식**(狀態式, equation of state)이라 한다.

하나의 보기를 들면 이상 기체[理想氣體, ideal gas 또는 완전 가스(perfect gas)라고도 한다]는 $Pv = RT$란 간단한 상태식으로 표시되며, 여기서 R는 가스 상수이다. 개방계에서는 물체(유체)가 운동하여 유동 과정을 하므로, 이 경우에는 열역학적 상태 외에 역학적 상태(mechanical state)도 정할 필요가 있다. 역학적 상태는 2종의 역학적 성질(mechanical properties), 즉 그 물체의 고정된 경계에 대한 속도와 기준면으로부터 측정한 높이를 정해 둘 필요가 있다.

이상 기체의 유동 과정의 경우에 그 속도나 높이가 임의로 변화하여도 완전 가스의 상태식 $Pv = RT$란 열역학적 관계는 항상 유지된다.

일반적으로 상태량은 단순히 물체의 현재 상태만에 관계되고, 물체가 과거 어떠한 경로를 거쳐서 현재의 상태에 도달하였는가에는 관계되지 않는다.

온도, 압력, 체적 등 3개의 상태량은 우리들이 직접 측정하거나 인식할 수 있는 상태량이다. 단위 질량당의 체적을 **비체적**(比體積, specific volume)이라 하고, 그 역수를 **밀도**(密

度, density)라 한다.

내부 에너지, 엔탈피(enthalpy), 엔트로피(entropy)의 3개의 상태량은 열역학 제1법칙 및 열역학 제 2 법칙으로부터 유도되는 것으로서, 이들은 모두 열량과 관계가 있으므로 이것을 **열량적 상태량**(熱量的狀態量, calorific quantity of state)이라 한다. 이들 상태량은 감각으로 직접 인식할 수는 없으나 열역학에서 매우 중요한 상태량이다.

체적, 내부 에너지, 엔탈피 및 엔트로피 등과 같이 물체의 양에 비례하는 크기를 가지는 상태량을 **용량성 상태량**(容量性狀態量, extensive properties) 또는 **종량 성질**(從量性質)이라 하고, 압력이나 온도, 비체적 등과 같이 물체의 양에 무관한 상태량을 **강도성 상태량**(强度性狀態量, intensive properties) 또는 **강도 성질**(强度性質)이라 한다.

종량 성질과 강도 성질을 쉽게 구분하기 위하여 그림 1·22에 나타낸 것과 같이 처음 상태의 성질들을 동일한 2개의 부분으로 나누었을 경우에 대하여 생각해 보기로 한다. 이 경우 나누어진 부분이 처음의 상태와 같은 T, P, ρ 등은 강도 성질이고, 1/2로 나누어지면 종량 성질이 된다.

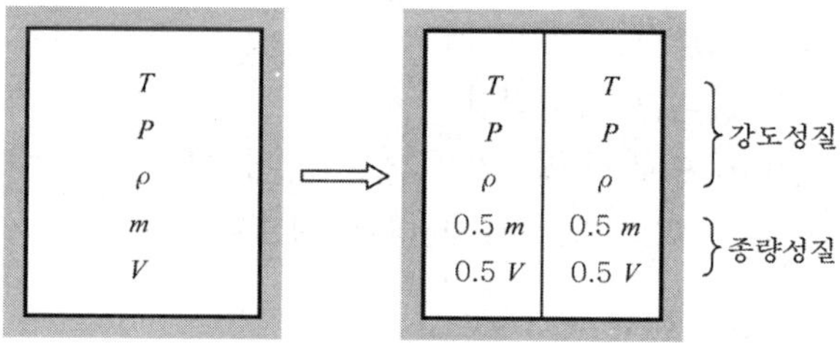

그림 1·22 종량 성질과 강도 성질

그림 1·22에서 1/2로 나누어진 각각을 점차 1, 2로 나타내고 이들 관계의 몇 가지 성질을 다시 쓰면

① 종량 성질

에너지 : $E_{\text{system}} = E_1 + E_2$ 체적 : $V_{\text{system}} = V_1 + V_2$

질량 : $m_{\text{system}} = m_1 + m_2$

② 강도 성질

온도 : $T_{\text{system}} = T_1 = T_2$ 압력 : $P_{\text{system}} = P_1 = P_2$

다시 말하면 어떤 종량 성질을 계의 질량 m으로 나누면 강도 성질이 되고 단위 질량당 성질(specific property)이 된다. 따라서 어느 계를 n개의 서브 시스템으로 나누면 총 종량 성질은 각 서브 시스템의 종량 성질을 모두 합한 것과 같다. 그러므로 임의의 종량 성질은

$$Y_{\text{sys}} = \sum_{j=1}^{n} Y_j$$

로 표시된다. 이를테면 체적은 하나의 종량 성질이다. 만일 체적을 세 부분으로 나눈다면 총 체적은 이들 세 부분의 합으로 표시된다. 그러나 강도 성질은 계의 질량에 무관하다. 만일 단일 상의 열역학적 평형 상태에 있는 계가 n개의 서브시스템으로 나누어진다고 하더라도 강도 성질은 n개의 부분에서 같은 값을 나타내게 된다.

대개의 경우 강도 성질 y는 종량 성질 Y를 계의 질량 m으로 나누어 얻을 수 있다.

$$y = \frac{Y}{m}$$

이 때 y를 비상태량(단위 질량당 상태량, specific property)이라 한다. 앞에서 살펴본 바와 같이 체적(volume)은 하나의 종량 성질이나 이것을 질량 m으로 나누면 강도 성질인 비체적 v (specific volume $v \equiv V/m$)가 된다. 같은 방법으로 에너지를 m으로 나누면 비에너지 e (specific energy $e \equiv E/m$)가 된다.

일반적으로 소문자(lowercase letter)는 강도 성질이고, 대문자(capital letter)는 종량 성질을 나타낸다. 그러나 본서에서 온도 T, 압력 P는 대문자로 나타내지만 강도 성질이고, 질량 m은 소문자로 나타내지만 종량 성질이므로 이들 세 가지는 예외적인 경우이다.

[2] 열역학적 평형과 준평형 과정

계 내의 어느 곳에서나 강도성 상태량이 같고(동일 상태) 또 이들의 시간적 변화가 없는 경우, 그 계는 **열역학적 평형**(熱力學的平衡, thermodynamic equilibrium)에 있다고 말한다.

어느 상태로부터 그것과 다른 상태로 옮겨가는 것을 **상태 변화**(change of state)라 하며, 열역학에서 상태 변화 A→B는 평형 상태 A로부터 다른 평형 상태 B로 상태가 변화함을 의미한다. 상태 변화는 여러 가지 과정(過程, process)에 의하여 이루어지며, 그 과정에 따라 변화의 경로(path)도 상이하다.

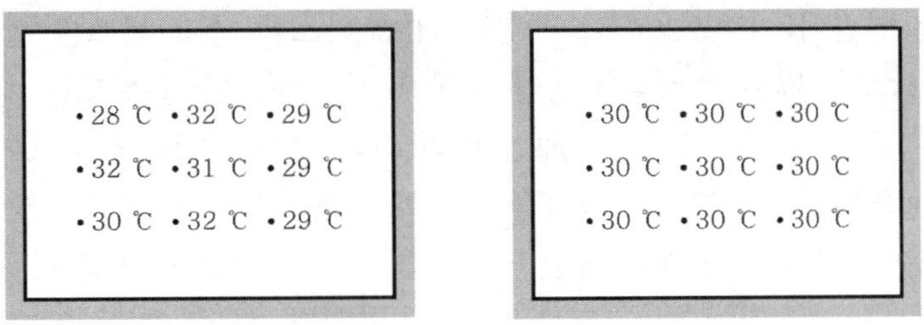

(a) 열평형 전　　(b) 열평형 후

그림 1·23 열평형 상태

열역학은 계의 평형 상태와 상태 변화하는 사이의 여러 가지 열현상을 다루게 된다. 다시 말하면 평형이란 평형 상태를 의미하며, 이것은 계 내의 불평형 구동력이 존재하지 않는 것을 의미한다. 그림 1 · 23 (a)는 계 내의 온도가 불평형에 있는 경우이고, (b)는 계 내의 온도가 평형에 달한 경우를 나타낸 것이다. 그림 1 · 23 (b)와 같이 계 내의 물질의 온도가 전체적으로 같다면 **열평형**(thermal equilibrium)에 있다고 말한다. 다시 말하면 계 내에 열이동을 일으키는 구동력이 되는 온도차(temperature difference)가 없는 경우를 말한다.

기계적 평형(mechanical equilibrium)은 압력에 관계되며 계 내에 어느 점에서 압력이 시간에 따라 변하지 않는 경우로서 계 내의 압력차(pressure difference)가 존재하지 않는 경우이다.

화학적 평형(chemical equilibrium)은 계의 조성이 시간에 따라 변하지 않는 경우로서 이 때에는 화학적 변화가 일어나지 않는 경우이다. 따라서 평형은 이러한 모든 평형 조건을 만족해야 한다.

가역 변화(可逆變化, reversible change)란 변화 경로의 어느 점에서도 역학적, 열적, 화학적 등의 모든 평형을 유지하면서 어떠한 영향도 남기지 않는 변화이다. 그러나 평형이 유지되어 있으면 변화는 일어나지 않으므로 엄밀한 의미의 가역 변화란 존재하지 않는다. 따라서 현실의 변화는 모두 **비가역 변화**(非可逆變化, irreversible change)이다. 그러나 압력차, 온도차 등에 의한 불평형(不平衡)은 그 차이가 무한히 적은 경우를 생각할 수 있으므로 근사적인 가역 변화를 가상하여 이를 **준정적 변화**(準靜的變化, quasi-static change)라 하고, 마찰을 수반하지 않는 경우에는 가역 변화로 취급할 수 있다.

비가역 변화의 보기를 들어 보기 위하여 고무공을 일정한 높이에서 떨어뜨린 경우 고무공은 지면으로부터 어느 정도의 높이까지는 튀어 오르지만, 처음의 낙하 개시점까지는 튀어 올라서 되돌아오지 못한다. 이것은 공이 떨어지면서 지면에 부딪혀서 흔적과 변형을 남기게 되고 또한 공이 낙하, 반발하면서 공기의 난류가 생겨서 처음 상태까지 되돌아오지 못하기 때문이다. 이와 같이 상태가 변화하여 주위에 어떠한 영향을 남기게 하는 변화가 비가역 변화이다.

그림 1 · 24는 실린더와 피스톤으로 구성된 계에 가스를 넣고 피스톤 위에 작은 질량을 갖는 추(錐, weight)를 많이 올려놓아 평형 상태에 있는 경우의 압축 또는 팽창 과정에 대하여 생각하여 보기로 한다. 이 그림에서 보는 바와 같이 가스의 압력은 피스톤 위에 올려놓은 여러 개의 미소 질량의 추에 의하여 평형을 유지하고 있다. 그러나 이 계에서 추 1개를 제거한 경우 피스톤은 추의 질량이 매우 작다면 가스의 압력에 의하여 거의 평형 상태를 유지하면서 위로 이동하게 될 것이다. 그러므로 계는 압력과 모든 다른 강도 성질(intensive property)이 균일한 새로운 상태에 있게 된다. 이번에는 제거한 추를 다시 피스톤 위의 원위치에 올려놓으면 처음 상태로 되돌아가게 될 것이다. 이와 같이 상태 변화 과정이 극히 작고 평형에 가까운 상태를 유지하면서 이루어지는 과정이 **준정적 과정**(準靜的過程, quasi-static process) 또는 **준평형 과정**(quasi-equilibrium process)이다.

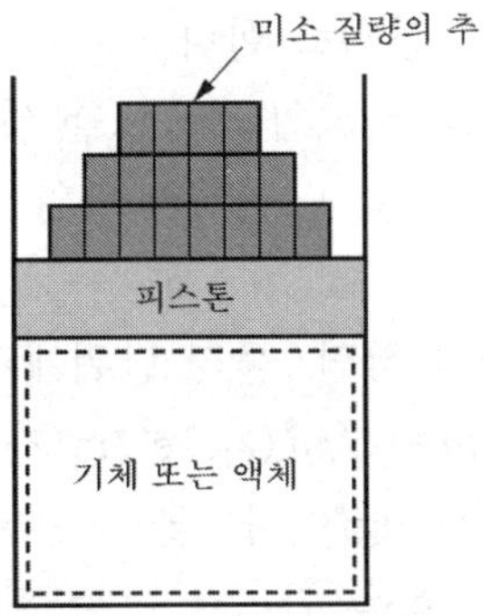

그림 1·24 피스톤-실린더 장치

1.6 단 위

[1] 물리 단위계와 공학 단위계

종래에 실용되어 온 단위계에는 물리 단위계(物理單位系)와 공학 단위계(工學單位系)의 두 종류가 있었으나 현재는 국제 단위계(國際單位系, SI 단위계, Systeme International d'Unites)가 설정되어 모두 SI 단위계로 통일되고 있다.

물리 단위계는 길이(length), 질량(mass), 시간(time)의 3종류를 기본 단위로 하고 있다. 이 단위계는 길이의 단위로 cm, 질량의 단위로 g, 시간의 단위는 s를 사용하는 것으로서 CGS 단위계 또는 절대 단위계(絶對單位系)라 한다.

한편 **공학 단위계**는 길이(length), 힘(force), 시간(time)의 3종류를 기본 단위로 하고 있으며, 이 단위계에서는 질량 대신 힘을 기본 단위로 하는 특징이 있다.

이들 두 종류의 단위계에서는 모두 길이의 단위는 프랑스 파리(Paris)에 보존되어 있는 미터 원기(原器)의 미터(m)를 기준으로 하고, 또 시간의 단위는 평균 태양일(平均太陽日)의 1/86,400이 되는 초(s)를 기준으로 하고 있다. 물리 단위계의 질량의 단위는 파리에 보존되어 있는 킬로그램 원기의 킬로그램(kg)을 기준으로 하고 있다.

공학 단위계는 힘의 단위로 중력 가속도 g의 국제 표준값 $g = 9.80665\,\mathrm{m/s^2}$의 장소에서 1 kg의 질량에 작용하는 지구의 인력(引力), 즉 중량(重量, weight)을 기준으로 하여 kgf 기호로 표시한다. 종래에는 이 공학 단위계의 힘, 중량의 단위도 kg의 기호로 표시하는 관례가 있다. 물리 단위계와 공학 단위계와의 관계를 표시하면 표 1·2와 같다.

표 1·2에서 알 수 있는 바와 같이, 공학 단위계의 질량은 1 kgf의 힘이 작용하여 $1\,\mathrm{m/s^2}$

의 가속도가 생기도록 하는 질량을 단위로 한다.

물리 단위계의 질량 kg은 9.80665 m/s^2의 가속도를 생기게 하는 데 1 kgf의 힘을 필요로 하는 질량을 단위로 하는 것이므로, 공학 단위계의 단위 질량인 1 kgf s^2/m은 9.80665 kg과 같다.

지금 어느 물체의 중량을 G kgf라 하면, 물리 단위계로 표시한 물체의 질량은 Gkg이므로 공학 단위계로 나타낸 질량은 $m = G/g$ (kgf s^2/m)가 된다.

또, 힘의 단위는 공학 단위계에서 kgf이나, 물리 단위계에서는 1 g의 질량에 작용하여 1 cm/s^2의 가속도가 생기도록 하는 힘을 단위로 하는 dyn을 사용한다.

같은 방법으로 에너지 또는 일의 단위는 공학 단위계에서는 kgf m, 물리 단위계에서는 1 dyn의 힘이 물체에 작용하여 1 cm 이동하였을 때의 일을 단위로 하는 erg를 사용한다. 1 erg = 1.01792×10^{-8} kgf m의 관계가 있다.

표 1·2 각종 단위계의 비교

단위계	길이	시간	질 량	힘·중량	에너지·일	물질의 양 단위
물리 단위계	cm	s	g kg	g cm/s^2 = dyn	g cm^2/s^2 = erg	g
공학 단위계	m	s	1 kgf s^2/m = 9.80665 kg	1 kgf = 9.80665 N	kgf m	kgf
SI 단위계	m	s	kg	Newton N = kg m/s^2	Joule J= kg m^2/s^2	kg

보기 1.1

중량 G=3 kgf인 물체가 속도 100 m/s로 운동하고 있을 때의 운동 에너지를 물리 단위 및 공학 단위로 각각 구하여라.

풀이 물리 단위 : 질량 m =3 kg

운동 에너지 $E_k = \dfrac{mV^2}{2} = \dfrac{1}{2} \times 3000 \times (100 \times 100)^2 = 1.5 \times 10^{11}$ erg

공학 단위 : 중량 G=3 kgf

운동 에너지 $E_k = \dfrac{GV^2}{2g} = \dfrac{3 \times 100^2}{2 \times 9.81} = 1529.052$ kgf m

여기서 1 kgf m $= 0.981 \times 10^8$ erg이므로, 이들 두 단위로 표시한 운동 에너지는 동일한 값이 된다.

[2] 국제단위계(SI 단위계)

국제단위계는 물리 단위계와 동일한 것으로서 그것을 개정하여 국제적으로 통일한 것이다. 종래의 단위에는 하나의 양에 각종의 단위가 몇 개씩 있어서 혼란을 가져왔기 때문에, 국제단위계에서는 하나의 양에 하나의 단위를 그 기본 이념으로 하여 각종 양의 단위를 합리적으로 조합한 것이다.

표 1·3 SI 단위계의 구성

분 류	양	기 호	분 류	양	기 호
기본 단위	길이	m	유도 단위	동력	W
	질량	kg		전기량	C
	시간	s		전압	V
	전류	A		전계의 세기	V/m
	온도	°K 또는 K		전기저항	Ω
	광도	cd		정전용량	F
보조 단위	각도	rad		자속	Wb
	입체각	sr		인덕턴스	H
유도 단위	면적	m^2		자속밀도	T
	체적	m^3		자속의 세기	A/m
	주파수	Hz		기전력	A
	밀도	kg/m^3		광속	lm
	속도	m/s		휘도	cd/m^2
	각속도	rad/s		조도	lx
	가속도	m/s^2		파수	m^{-1}
	각가속도	rad/s^2		엔트로피	J/K
	힘	N		비열	J/kg K
	압력	N/m^2		열전도율	W/m K
	동점도	m^2/s		복사의 세기	W/sr
	점도	Ns/m^2		복사능	s^{-1}
	에너지	J			

표 1·3은 국제단위계의 구성을 나타낸 것으로서 이 단위계는 6개의 기본 단위와 2개의 보조 단위를 조합하여 많은 유도 단위를 도출해내며, 또 단위의 접두어(接頭語, unit prefixed)를 바꾸어 줌에 따라 양의 크기를 나타내도록 되어 있다.

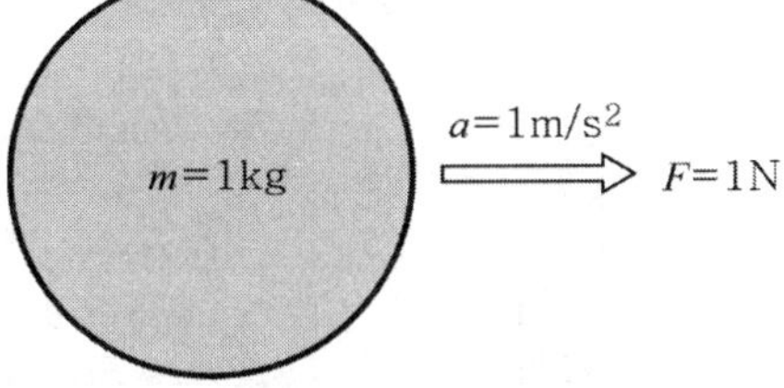

그림 1·25 힘의 단위

SI 단위계에서 특히 주의하여야 할 단위는 1 kg의 질량에 작용하여 1 m/s^2의 가속도를 생기게 하는 힘의 단위로 **뉴턴**(N)을 사용하고, 1 N의 힘이 작용하여 1 m의 거리를 이동시키는 일에 상당하는 에너지를 에너지 단위로 하고 **줄**(Joule, J)로 표시한다. 그림 **1·25**는 힘의 단위인 N의 정의를 도시한 것이다.

1초 동안에 1 J의 일을 하였을 때의 일률, 즉 동력을 와트(W)로 표시한다. 또, 압력의 단위로는 바(bar)를 사용하고 1 bar =105 N/m^2의 관계가 있다.

표 1·4 SI 단위의 접두어

수치	접두어	기호	수치	접두어	기호
10^{18}	exa	E	10^{-1}	deci	d
10^{15}	peta	P	10^{-2}	centi	c
10^{12}	tera	T	10^{-3}	milli	m
10^{9}	giga	G	10^{-6}	micro	μ
10^{6}	mega	M	10^{-9}	nano	n
10^{3}	kilo	k	10^{-12}	pico	p
10^{2}	hecto	h	10^{-15}	femto	f
10^{1}	deca	da	10^{-18}	atto	a

힘 : $1\,N = 1\,kg \times 1\,m/s^2 = 1\,kg\,m/s^2 = 10^5\,dyn = 1/9.8065\,kgf$

에너지 : $1\,J = 1\,N\,m = 1\,Ws = 1\,kg\,m^2/s^2$

동력 : $1\,W = 1\,J/s = 1\,N\,m/s = 1\,kg\,m^2/s^3$

표 **1·5**는 공학에서 많이 사용되는 주요한 양(quantity), 차원(次元, dimension)과 SI 단위를 요약한 것이다.

표 1·5 주요 양과 SI 단위

양	차 원	SI 단위
질량(mass)	M	kg
변위(displacement)	L	m
시간(time)	T	s
속도(velocity)	LT^{-1}	m/s
가속도(acceleration)	LT^{-2}	m/s^2
힘(force)	MLT^{-2}	N 또는 kN
면적(area)	L^2	m^2
체적(volume)	L^3	m^3($1000\,l = 1\,m^3$)
압력(pressure)	$ML^{-1}T^{-2}$	N/m^2 또는 Pa(1 bar = 10^5 Pa)
밀도(density)	ML^{-3}	kg/m^3
온도(temperature)	θ	K(Kelvin)
에너지(energy)	ML^2T^{-2}	Nm 또는 J, kJ
동력(power)	ML^2T^{-3}	Nm/s 또는 W, kW

보기 1.2

어느 물체에 2 N의 힘이 작용하여 10 cm/s^{2}의 가속도를 낼 경우 물체의 질량 m을 구하여라.

풀이 뉴턴의 운동 제 2 법칙에 의하여

$$m = \frac{F}{a} = \frac{2\,\text{N}}{10\,\text{cm/s}^2} = \frac{2}{10}\frac{\text{N s}^2}{\text{cm}}\left(\frac{1\,\text{kg m/s}^2}{1\,\text{N}}\right)\left(\frac{100\,\text{cm}}{1\,\text{m}}\right) = 20\,\text{kg}$$

이 된다.

[3] 각종의 유도 단위

(1) 밀 도

밀도(密度, density) ρ는 단위 체적당의 질량이므로 공학 단위에서의 밀도는

$$\rho = \frac{m}{V}\,\text{kg/m}^3$$

가 된다. 단 m은 물체의 질량, G는 중량, V는 체적이다. 또 비중량(比重量, specific gravity) ρ_s는 주어진 기준 물질의 일반적으로 4℃일 때의 물의 밀도($\rho_{H_2O} = 1000\,\text{kg/m}^3$)에 대한 어느 주어진 물질의 밀도의 비로 정의된다.

$$\rho_s = \frac{\rho}{\rho_{H_2O}}$$

따라서 비중 ρ_s는 무차원량이다.

열역학에서는 자주 비체적을 사용하는데 이것은 밀도의 역수로 표시된다.

$$v = \frac{V}{m} = \frac{1}{\rho}\,\text{m}^3/\text{kg}$$

보기 1.3

어느 기체 2 kg이 체적 0.25 m^{3}인 용기 속에 들어 있다. 이 기체의 비체적을 구하여라. 만일, 이 용기 속의 기체 0.8 kg이 누설되었다면 기체의 비체적과 밀도는 얼마로 되겠는가?

풀이 기체의 비체적 v는

$$v = \frac{V}{m} = \frac{0.25}{2} = 0.125\,\text{m}^3/\text{kg}$$

기체의 누설량이 0.8 kg이므로 용기 속에 남아 있는 기체의 양은 1.2 kg이다. 따라서

$$v = \frac{V}{m} = \frac{0.25}{1.2} = 0.2083\,\text{m}^3/\text{kg}$$

밀도 ρ는

$$\rho = \frac{1}{\upsilon} = \frac{1}{0.2083} = 4.8\,\text{kg/m}^3$$

(2) 압 력

압력(壓力, pressure)은 단위 면적당에 작용하는 힘으로 표시된다. 공학 단위계에서는 kgf/m^2 또는 kgf/cm^2로 표시하며 kgf/cm^2는 기압(氣壓) at의 기호로 표시된다.

$1\,\text{kgf/cm}^2$의 압력은 수주(水柱) 1 mm의 압력(1mmAq로 표기)과 같고

$$1\,\text{kgf/cm}^2 = 10^4\,\text{mmAq} = 10\,\text{mAq}$$

의 관계가 있다.

중력 가속도 g가 국제 표준값 $9.80665\,\text{m/s}^2$인 장소에서 밀도가 $13.5951\,\text{g/cm}^3$인 수은주(水銀柱) 760 mm를 나타내는 압력을 표준 기압(標準氣壓, standard atmospheric pressure)이라 하며, 이 압력을 760 mmHg 또는 760 Torr로 표기하며 atm의 기호를 쓴다. 여기서 1 Torr란 1 mmHg의 압력을 말한다.

공업이나 공학에서 압력과 대기압과의 차를 압력계로 측정하여 이 차압으로 표시한 것을 **계기 압력**(計器壓力) 또는 **게이지 압력**(gauge pressure)이라 하고 첨자 g로 표시한다. 이것에 비하여 보통의 압력을 **절대 압력**(絶代壓力, absolute pressure)이라 하고 첨자 abs로 표시한다. 또, 대기압 이하의 압력을 **진공**(眞空, vacuum)이라 하고 진공의 게이지 압력을 진공도(gauge vacuum라 하며, 대기압과 그 압력과의 차로서 mmHg로 표시한다. 진공도는 그것과 760 mmHg와의 비(%)로 표시하는 경우도 있다.

압력의 SI 단위는 $\text{Pa} = \text{N/m}^2$이고, 이것은 작은 값이므로 그 10^5배를 bar로 표시한다.

$$1\,\text{bar} = 10^5\,\text{N/m}^2 = 10^6\,\text{dyn/cm}^2$$

또한 1 bar의 1/1000을 1 mbar라 하고, 주로 기상학(氣象學)에서 많이 사용한다. 또 $1\,\text{N/m}^2 = 1\text{Nm/m}^2 = 1\text{J/m}^3$로 되어 압력은 에너지 밀도와 같으며, 이상의 관계를 나타내면 다음과 같다.

$$1\,\text{Pa} = 1\,\text{N/m}^2 = 1\,\text{kg/ms}^2 = 1\,\text{J/m}^3$$
$$1\,\text{kPa} = 1000\,\text{Pa} = 1000\,\text{N/m}^2$$
$$1\,\text{bar} = 10^5\,\text{Pa} = 10^5\,\text{N/m}^2 = 105\,\text{kg/ms}^2$$
$$1\,\text{bar} = 1000\,\text{m bar} = 0.1\,\text{MPa} = 100\,\text{kPa}$$
$$1\,\text{m bar} = 100\,\text{Pa} = 100\,\text{N/m}^2$$
$$1\,\text{atm} = 101,325\,\text{Pa} = 101,325\,\text{kPa} = 1.01325\,\text{bar}$$

그림 1 · 26은 절대 압력과 게이지 압력과의 관계를 나타낸 것이다. 그림 1 · 26에서 압력이 대기압보다 높을 때에는

$$P_{\text{abs}} = P_{\text{atm}} + P_{\text{g}} \tag{1 · 2}$$

로 표시되고, 압력이 대기압보다 낮을 때에는

$$P_{\text{abs}} = P_{\text{atm}} - P_{\text{vac}} \tag{1 · 3}$$

로 표시된다. 여기서 P_{abs}는 절대 압력, P_{atm}은 대기 압력, P_g는 게이지 압력이고, P_{vac}는 진공 압력이다.

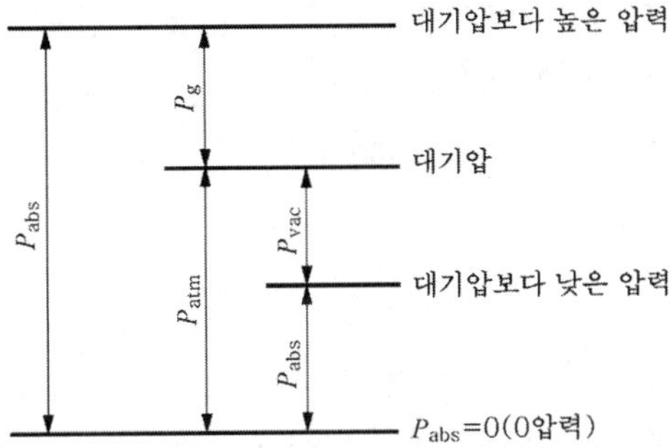

그림 1 · 26 절대 압력, 대기압, 게이지 압력 및 진공 압력과의 관계

보기 1.4

그림 1 · 27과 같은 탱크 내의 압력을 측정하기 위한 액주계(液柱計, manometer)에서 U 자관 내의 유체의 비중(ρ_s)이 0.82이고, 액주 높이의 차가 540 mm일 경우 탱크 내의 절대 압력은 몇 kPa인가? 단, 대기압은 98 kPa이다.

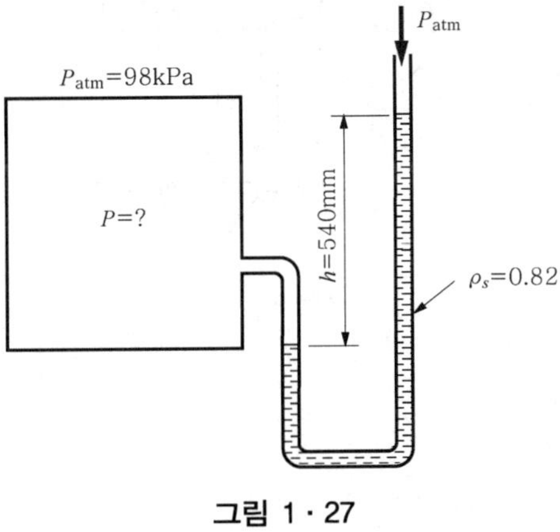

그림 1 · 27

풀이 중력 가속도를 $g=9.807\,\mathrm{m/s^2}$이라 하고, 유체의 밀도 ρ는

$$\rho=(\rho_s)(\rho_{H_2O})=0.82\times1000=820\,\mathrm{kg/m^3}$$

가 된다.

탱크 내의 압력 P는

$$P=P_{atm}+\rho gh=98+820\times9.807\times0.54\times1/1000$$
$$=102.3425\,\mathrm{kPa}$$

보기 1.5

기압계의 읽음이 750 mmHg이고, 중력 가속도가 $g=9.7\,\mathrm{m/s^2}$인 곳의 대기압을 구하여라. 단, 이때 수은의 밀도는 $13,570\,\mathrm{kg/m^3}$이다.

풀이 $P_{atm}=\rho gh=13,570\times9.7\times0.75\times1/1000$
$=98.72\,\mathrm{kPa}$

보기 1.6

그림 1 · 28과 같은 액주계에서 대기압이 1.013 bar이고, 액주계의 높이가 각각 $h_1=0.52\mathrm{m}$, $h_2=1\,\mathrm{m}$, 액주계 내의 유체의 밀도 $\rho_1=0.01\,\mathrm{kg/cm^3}$, $\rho_2=0.0136\,\mathrm{kg/cm^3}$이고, 중력 가속도 $g=9.81\,\mathrm{m/s^2}$일 경우 점 A의 압력 P를 구하여라.

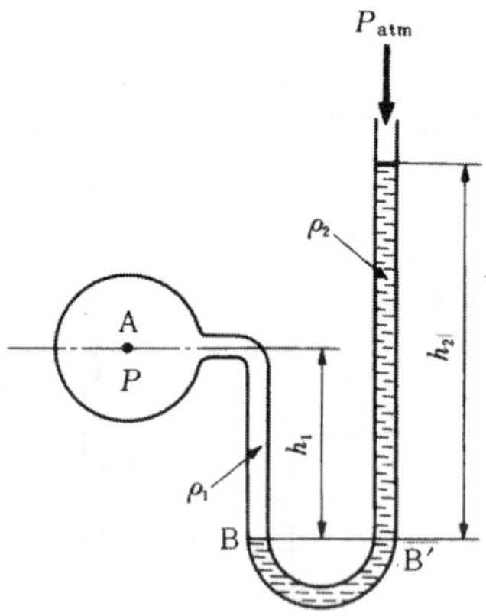

그림 1 · 28

풀이 $P+\rho_1gh_1=P_{atm}+\rho_2gh_2$

절대 압력 $P=P_{atm}+g(\rho_2h_2-\rho_1h_1)$

게이지 압력 $P-P_{atm}=g(\rho_2h_2-\rho_1h_1)$

$$\therefore\ P = 1.013 + 9.81 \times (0.0136 \times 1 - 0.01 \times 0.52) \times 10^6 \times 10^{-5}$$
$$= 1.8370\ \text{bar}$$

보기 1.7

그림 1 · 29와 같은 피스톤-실린더 장치에서 피스톤 면적 0.05 m^2이고, 피스톤 질량이 50 kg인 경우 실린더 내의 가스 압력을 구하여라. 국소 대기압(局所大氣壓)은 0.96 bar이고 중력 가속도는 9.8 m/s^2이다.

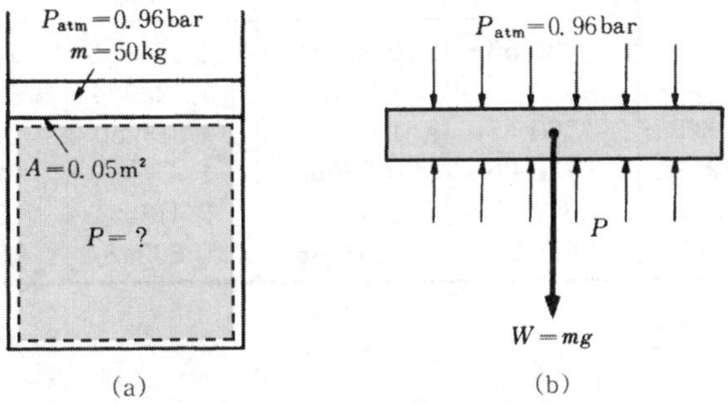

그림 1 · 29

풀이 실린더 내의 압력 P, 대기압을 P_{atm}이라 하면 그림 1 · 29와 같이 수직력에 대한 자유 물체도 (free body diagram)를 그리면 실린더 내의 작용력 PA는 대기압과 피스톤 질량에 의한 힘과 같아야 하므로

$$PA = P_{atm}A + W = 0.96 + (50 \times 9.8/0.05)(1/10^5)$$
$$= 1.058\text{bar}$$

보기 1.8

밀폐된 용기 속에 들어 있는 가스의 압력을 압력계로 측정하였더니 7.45 at이었다. 이 때의 대기압이 750 mmHg이라면 절대 압력은 얼마인가?

풀이 7.45 kgf/cm^2를 SI 단위의 Pa로 환산하면

$$P_g = 7.45 \times 98.0665 = 730.595\text{kPa}$$

또 760 mmHg=101.325 kPa이므로, 대기압은

$$P_{atm} = 101.325 \times \frac{750}{760} = 99.992\text{kPa}$$

따라서 절대 압력은 식 (1 · 2)로부터

$$P_{abs} = P_g + P_{atm} = 730.595 + 99.992 = 830.587\text{kPa}$$

표 1·6은 각종 압력의 단위 환산표이고, 표 1·7 및 표 1·8은 에너지 및 동력의 단위 환산표이다. 표 1·7에서 $kcal_{IT}$의 IT는 국제 증기 성질 회의(International conference on the properties of steam)에서 채택된 값을 의미한다.

한편 열역학에서 많이 사용하는 주요한 열적 관계량의 SI 단위로의 환산율은 표 1·9와 같다.

표 1·6 압력의 단위 환산표

단위의 종류	at, kgf/cm^2	mmHg (Torr)	atm (760mmHg)	bar (10^5Pa)	$kcal/m^3$	lb/in^2
1 at	1	735.56	0.96784	0.980665	23.4307	14.2234
1000 mmHg	1.35951	1000	1.31579	1.333224	31.8453	19.3368
1 atm	1.03323	760	1	1.013250	24.2093	14.6960
1 bar	1.01972	750.06	0.98692	1	23.8927	14.5038
10 $kcal/m^3$	0.42680	313.93	0.41310	9.41855	10	6.074
10 lb/in^2	0.70307	517.15	0.68046	0.68948	16.4734	10

표 1·7 각종 에너지의 단위 환산

단위의 종류	J=Nm	kgf m	$kcal_{15°}$	kcalIT	kWh	PSh	Btu
J=10^7 erg	1	0.101971	2.38920×10^{-4}	2.38846×10^{-4}	2.77778×10^{-7}	3.77673×10^{-7}	9.47817×10^{-4}
1 kgf m	9.80665	1	2.34307×10^{-3}	2.34228×10^{-3}	2.72407×10^{-6}	3.70370×10^{-6}	9.29491×10^{-4}
1 kcal15°	4185.5	426.80	1	0.99969	1.16264×10^{-3}	1.58075×10^{-3}	3.96709
1 $kcal_{IT}$	4186.80	426.935	1.00031	1	1.16300×10^{-3}	1.58111×10^{-3}	3.96832
1 kWh	3600000	367097.8	860.11	859.845	1	1.3592	3412.14
1 PSh	2647796	270000	632.1	632.416	0.735499	1	2509.63
1 Btu	1055.056	107.5857	0.252074	0.251996	2.93071×10^{-4}	3.98466×10^{-4}	1

표 1·8 각종 동력의 단위 환산표

단위의 종류	kW	kgf m/s	PS	kcalIT/h	kcal15°/h
1 kW	1	101.9716	1.3596	859.845	860.11
1 kgf m/s	9.80665×10^{-3}	1	0.013333	8.4324	8.4345
1 PS	0.73549875	75	1	632.44	632.61
1 kcalIT/h	1.163×10^{-3}	0.118594	1.58125×10^{-3}	1	1.00031
1 $kcal_{15°}$/h	1.1264×10^{-3}	0.11856	1.58075×10^{-3}	0.99968	1

표 1·9 열 관계량의 SI 단위로의 환산율

양	공학 단위로부터 SI 단위로의 환산율
비 열	1 kcal/kgf ℃=4.186 kJ/kg K
비엔트로피	1 kcal/kgf K=4.186 kJ/kg K
열전도 계수	1 kcal/mh ℃=1.163 W/m K
열전달 계수	1 kcal/m^2h ℃=1.163 W/m^2 K
점성 계수	1 kgf s/m^2=9.807 Pa s=9.807 N s/m^2
동점성 계수	1 St(strokes)=1 cm^2/s=10^{-4} m^2/s

1.7 온도와 열평형

[1] 온도 개념

우리들의 신체의 일부가 물체에 접촉하면 온랭(溫冷, hotness and coldness)의 감각을 느낀다. 이 온랭의 정도를 나타내는 척도가 **온도**(溫度, temperature)이고, 그 수치를 물리적으로 측정하기 위하여 물체에 접촉시키는 계기가 **온도계**(溫度計, thermometer)이다.

물체의 온도 측정에 사용되는 온도계는 **열평형**(熱平衡, thermal equilibrium)의 원리를 이용하고 있다.

온도가 다른 2개의 물체 A와 B를 접촉시키면 충분히 긴 시간 후에는 열평형 상태에 도달한다. 열평형에 도달한 두 계는 이들 사이에 접촉을 끊었다가 다시 접촉시켜도 변화는 일어나지 않는다.

이와 같이 열평형 상태는 일반적으로 다음과 같이 표현할 수 있다. "두 물체가 각각 제 3 의 물체와 열평형 상태에 있으면 그 두 물체도 열평형의 상태에 있다." 이것을 **열역학 제 0 법칙**(the zeroth law of thermodynamics)이라 한다. 이 때 열평형에 있는 2개의 물체의 온도는 모두 동일하다. 열역학 제 0 의 법칙이란 1931년 R. H. Fowler(1889. 1. 17~1944. 7. 28, 영국의 물리학자이며 천문학자)에 의하여 정립되었으며, 이미 열역학 제 1 법칙과 제 2 법칙이 알려진 후이기 때문에 제 0 의 법칙으로 불리게 되었다.

그림 **1·30**에서 계 A와 계 B가 계 C와 열평형에 있을 때 계 A와 B는 서로 상호 열평형에 있다. 따라서 열역학 제0의 법칙에서 두 물체 A, B가 제3물체 C와 열평형에 존재하면 두 물체 A, B가 접촉하여 있지 않더라도 물체의 온도가 같음을 의미한다.

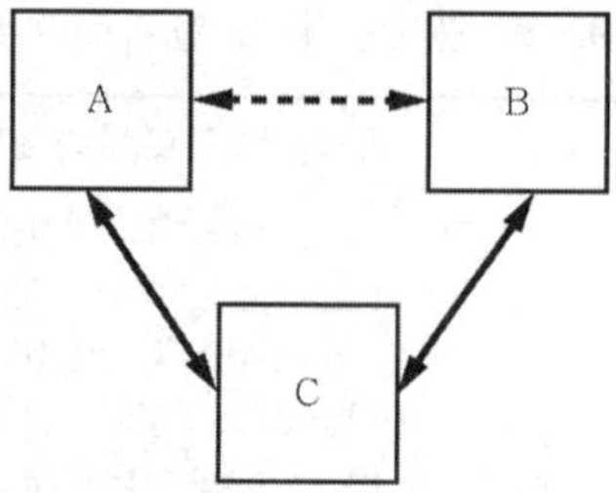

그림 1·30 제3의 계 C와 열평형에 있는 두 계 A, B는 서로 열평형에 있다.

[2] 온도 눈금

온도계의 온도 눈금에는 종래의 방법으로 그 영(0)°의 위치와 눈금 간격을 정하기 위하여 2개의 **온도 정점**(溫度定點, fixed point of temperature)을 사용한다. 두 개의 정점으로는 수은주 760 mmHg인 압력(표준 기압)에서 순수한 물의 얼음과 공기를 포화시킨 물과의 혼합 온도, 즉 **빙점**(氷點, ice point)을 0°로 하고 또 같은 압력에서 순수한 물이 비등(沸騰, boiling)하여 생기는 증기의 온도, 즉 **증기점**(蒸氣點, steam point)을 100°로 정한다. 이들 두 정점 사이를 100등분(equaldivision)한 눈금을 **섭씨**(攝氏) **눈금**(Celsius scale 또는 centigrade scale)이라 하고 기호 ℃를 사용한다.

또 빙점을 32°로 하고, 증기점을 212°로 하여 그 사이를 180 등분한 **화씨**(華氏) **눈금**(Fahrenheit scale)도 사용되며 기호 °F로 표시한다.

섭씨 온도 눈금은 스웨덴의 천문학자 A. Celsius가 고안한 것으로서 오늘날 우리는 Celsius Scale이라 하고, 화씨 온도 눈금은 독일의 계측기 제작자인 G. Fahrenheit에 의하여 고안된 온도 눈금에서 유래된 것이다.

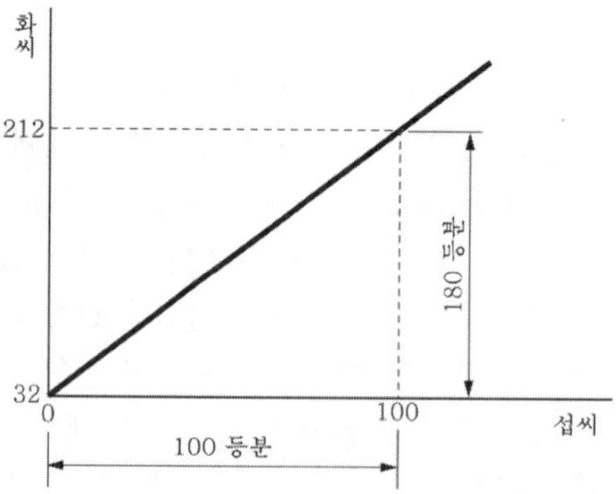

그림 1·31 섭씨 온도(Celsius)와 화씨 온도(Fahrenheit) 사이의 관계

지금 동일 온도를 섭씨 또는 화씨의 눈금으로 표시한 온도를 각각 T_c 및 T_f라 하면 이들 사이에는 다음과 같은 관계가 있다.

$$T_c = \frac{5}{9}(T_f - 32)$$

$$T_f = \frac{9}{5}T_c + 32 \tag{1 · 4}$$

그림 1 · 31은 섭씨 온도와 화씨 온도 사이의 관계를 나타낸 것이고, 표 1 · 10은 각종 온도 눈금을 표시한 것이다.

표 1 · 10 각종 온도 눈금

온도 및 단위 기호	정 의	섭씨 온도로의 환산식
섭씨 온도 ℃	1 atm에서 얼음의 융점을 0℃, 물의 비등점을 100℃로 한다.	
화씨 온도 °F	1 atm에서 얼음의 융점을 32°F, 물의 비등점을 212°F로 한다.	$T_c = \frac{5}{9}(T_f - 32)$
켈빈 온도 K	절대 영도를 0 K, 물의 3중점(三重點)을 273.16 K로 한다.	$T_K = T_c + 273.15$
랭킨(절대) 온도 R	물의 3중점을 273.16 K로 하고, 1 K=1.8 R로 한다.	1℃=1.8°F

보기 1.9

어느 물체의 온도가 50°F라면 섭씨 온도, 절대 온도로는 몇 도인가?

풀이 섭씨와 화씨의 온도 환산식을 사용하면

$$T_c = \frac{5}{9}(T_f - 32) = \frac{5}{9} \times (50 - 32) = 10\,℃$$

$$T_k = 10 + 273.15 = 283.15\,\mathrm{K}$$

그림 1 · 32는 각종 온도 눈금 사이의 관계를 비교한 것이다. 보통 사용하는 온도계는 유리관 속에 수은이나 알코올 등을 넣은 액체 온도계(液體溫度計)이지만, 물질의 온도에 따른 팽창의 비율이 일정하지 않으므로 사용하는 액체 또는 유리의 종류에 따라서 온도의 지시값이 달라지게 된다.

하나의 보기를 들면, 수은 온도계로 측정한 50℃의 온도는 알코올 온도계에서는 50.7℃가 된다. 이 경우 물론 두 온도계의 0℃와 100℃는 일치되어 있다. 또, 같은 수은 온도계라 하더라도 사용하는 유리관의 재질에 따라서 그 지시값은 달라진다. 그러나 기체의 온도에 따른 팽창의 비율은 거의 일정하고, 모든 기체는 저압이 되면 이상 기체의 성질에 접근하므로 온도에 따른 팽창의 비율은 거의 일정하게 된다.

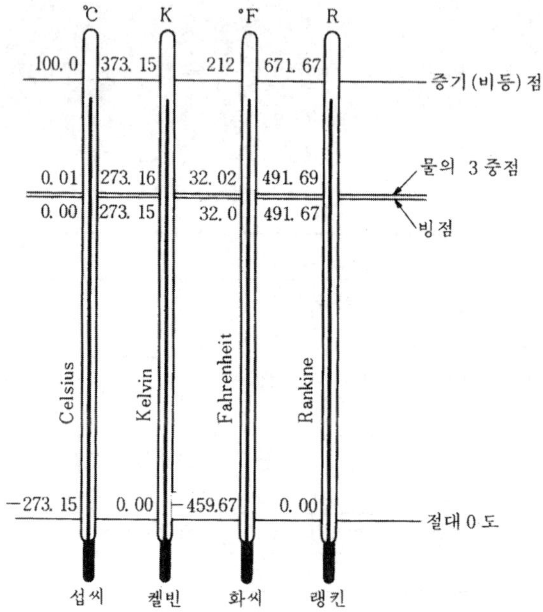

그림 1 · 32 온도 눈금의 비교

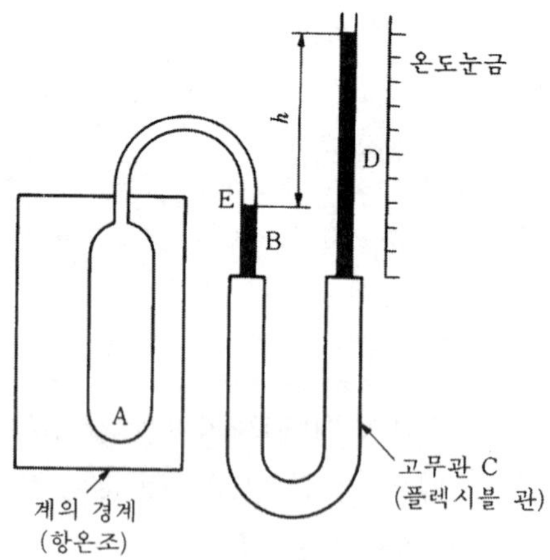

그림 1 · 33 정적형 기체 온도계

이상 기체에서는 온도에 따른 팽창의 비율이 일정하므로 정압하에서는 온도가 1℃ 상승함에 따라 0℃ 체적의 1/273.15씩 체적이 팽창한다. 즉, $\beta = 1/273.15$은 그 체적의 팽창계수이다. 이것은 또한 이상 기체의 체적을 일정하게 하고 온도를 상승시켰을 때 온도 1℃ 상승마다 0℃ 압력의 1/273.15씩 압력이 상승하는 것과 같다. 이상 기체는 가상적인 기체이며 엄밀한 의미에서는 존재하지 않는다. 그러나 수소(hydrogen)나 헬륨(helium) 등과 같은 기체는 이상 기체에 매우 가까운 성질을 가지고 있다.

절대 온도를 실제로 결정하는 데는 앞에서 설명한 바와 같이 이상 기체에 가까운 성질을 갖는 수소(또는 헬륨)의 팽창을 이용한 **정적 기체 온도계**(定積氣體溫度計, constant volume gas thermometer)가 사용된다. 이것은 그림 **1 · 33**에 표시한 것과 같은 구조를 가지고 있으며 용기 A 속에 수소를 넣고 온도를 측정하고자 하는 항온조(恒溫槽)에 넣는다. 그림에서 B, D는 수은을 넣은 유리관, C는 고무관이다. 온도가 상승하여 가스가 팽창하면 가스는 수은주를 밀어 올리게 작용한다. 이 때 가스의 체적을 일정하게 유지하려면 수은면이 항상 표점(標點) E에 일치하도록 유리관을 위 또는 아래로 이동시켜서 수은주 높이를 조정하여야 한다. 이 높이의 차이는 수은주 B와 D의 차 h로 표시된다. 이 액주차(液柱差)는 온도계 용기 A 속의 가스의 계기 압력을 나타낸다. 이 높이는 용기 내의 가스 온도가 변함에 따라서 변화한다. 이상 기체의 상태 방정식을 적용하면

$$\Delta T = \frac{V}{R}\Delta P$$

가 된다.

따라서 온도 상승은 액주의 높이(압력)의 변화로 나타낼 수 있다. 그러므로 이 온도계의 액주 차이 h와 절대 온도와는 비례하므로 h의 변화를 온도 눈금으로 바꾸어 놓으면 A의 온도를 측정할 수 있다. 이와 같이 정적 기체 온도계의 실측 온도 눈금은 이상 기체 온도 눈금으로 간주할 수 있다. 따라서 이 온도계는 **이상 기체 온도 눈금**(ideal gas temperature scale)을 갖는 온도계로서 다른 온도계의 눈금 보정의 기준이 되고 있다.

이상에서 설명한 바와 같이 이상 기체는 체적 일정하에서는 온도가 1℃ 내려감에 따라 0℃ 압력의 1/273.15만큼 감압(減壓)되므로, −273.15℃가 되면 기체의 분자 운동은 완전히 멈추게 되고 기체의 압력은 0이 된다. 이 온도가 물체에 도달할 수 있는 최저 온도이며, 이 온도를 기점으로 하여 측정한 온도를 **절대 온도**(絶對溫度, absolute temperature)라 하고, 단위는 켈빈 도(K)로 표시한다.

그림 **1 · 34**에서 보는 바와 같이 기체 A, B, C를 사용하는 계의 온도-압력 선도에서 압력이 0이 되면 −273.15℃의 온도로 된다. 이 온도를 절대 0도(absolute zero point of temperature)라 한다.

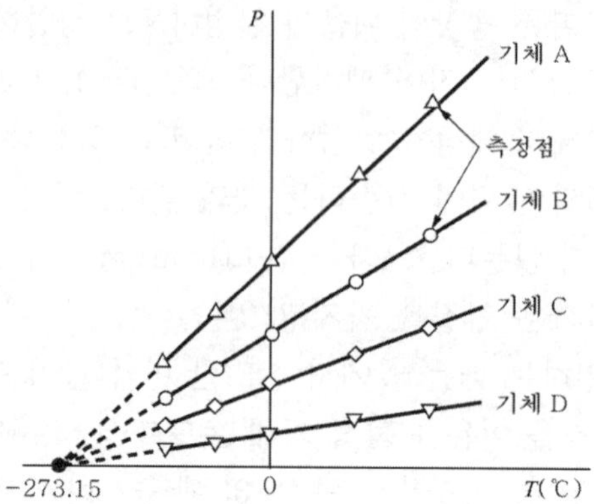

그림 1 · 34 여러 가지 기체에 대한 정적 온도계상의 $P-T$ 선도

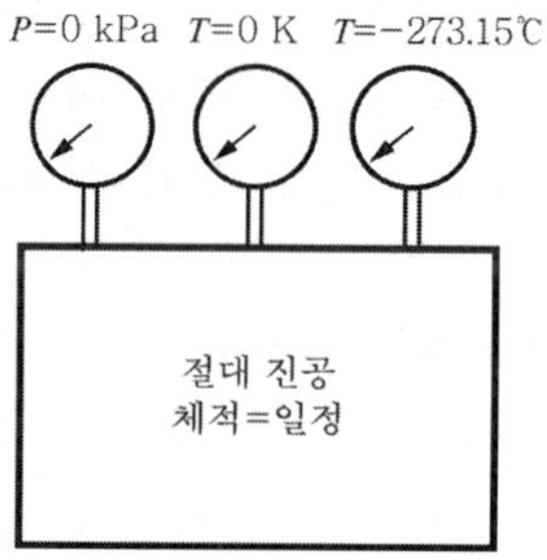

그림 1 · 35 정적 기체 온도계의 읽음(절대 압력일 때 $T=-273.15$℃)

그림 **1 · 35**에서 가스 온도계가 절대 온도 0 K이고, 압력이 0 kPa이면 그 때의 온도는 $T=-273.15$℃가 된다. 그러므로 섭씨 온도와 절대 온도 사이에는 다음과 같은 관계가 성립한다.

$$T(K) = T(℃) + 273.15 \tag{1 · 5}$$

온도를 정밀하게 측정하려면 앞에서 설명한 바와 같이 기체 온도계를 사용하는 것이 좋으나, 이것은 실용상 어려운 문제가 있으므로 세계적으로 공통인 온도 눈금을 협약에 의하여 국제 도량형 위원회(國際度量衡委員會, International Committee on Weights and Measures)에서 정하고 있다. 1989년 국제 도량형 위원회에서는 개정된 온도 눈금인 ITS-90(International Temperature Scale) 눈금을 채택하였다. 이 온도 눈금에서는 먼저 물의 3중점(三重點, triple point)의 열역학적 온도를 273.16 K로 하고 수소(水素, hydrogen), 네온(neon), 산소(酸素, oxygen), 물, 아연(亞鉛, zinc), 은(銀, silver), 금(金, gold) 등의 여러 물질에 대한 온도 정점을 표 **1 · 11**과 같이 설정하였다.

표 1・11 1990년 국제 온도 정점(ITS-90)

물질(substance)	상태(state)	온도 K	온도 ℃
^{3}He, ^{4}He(helium)	증기압점(1)	3~5	−270.15~−268.15
e−H_2(hydrogen)	삼중점(2)	13.8033	−259.347
e−H_2(또는 He)	증기압점	≈20.3	≈−252.85
Ne(neon)	삼중점	24.5561	−248.5939
O_2(oxygen)	삼중점	54.3584	−218.7916
Ar(argon)	삼중점	83.8058	−189.3442
Hg(mecury)	삼중점	234.3156	−38.8344
H_2O(water)	삼중점	273.16	0.01
Ga(gallium)	용융점(3)	302.9146	29.7646
IN(indium)	응고점(4)	429.7485	156.5985
Sn(tin)	응고점	505.078	231.928
Zn(zinc)	응고점	629.677	419.527
Al(aluminium)	응고점	933.473	660.323
Ag(silver)	응고점	1234.93	961.78
Au(gold)	응고점	1337.33	1064.18
Cu(copper)	응고점	1357.77	1084.62

주 : 1. vapor pressure, 2. triple point, 3. melting point, 4. freezing piont

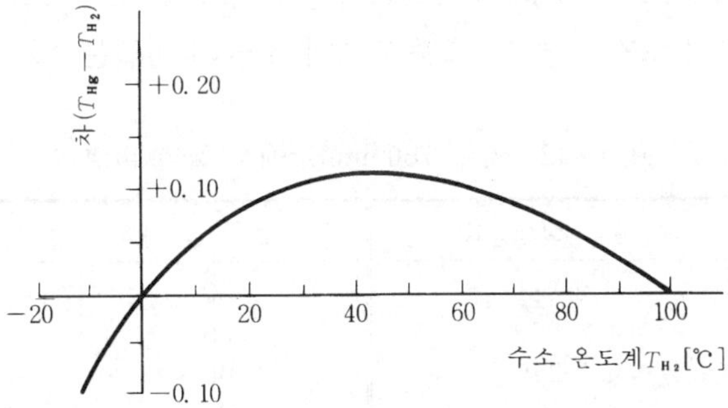

그림 1・36 수소 온도계와 수은 온도계의 시차 곡선(示差曲線)

그림 **1・36**은 수소 온도계 지시 온도 T_{H_2}, 수은 온도계의 지시 온도 T_{Hg} 와의 차를 각 온도에 대하여 나타낸 것이다. 이 선도에서 보는 바와 같이 수은 온도계 쪽이 0~100℃ 사이에서는 항상 실제보다 높은 온도를 나타내고 있으며, 하나의 보기로서 $T_{H_2}=40$℃에서는 $T_{Hg}=40.12$℃이다.

1.8 열량, 비열 및 물체의 혼합 온도

[1] 열량 및 비열

온도가 서로 다른 두 물체를 접촉시키면 고온의 물체는 냉각되고 저온의 물체는 온도가 상승하다가 마침내는 같은 온도로 된다. 이것은 열(熱, heat)이 고온 물체로부터 저온 물체로 이동한 결과이다. 일반적으로 질량 m kg의 물체에 열량 δQ가 가해진 경우 온도 변화를 dT ℃라 하면, dT는 δQ에 비례하고 m에 반비례함을 우리는 경험으로부터 잘 알고 있는 사실이다.

$$\delta Q = m c dT \tag{1·6}$$

여기서, 비례상수 c는 그 물체의 재질에 따른 고유의 상수로서 이것을 **비열**(比熱, specific heat)이라 한다. 비열은 단위 질량의 물체 온도를 1℃ 상승시키는 데 필요한 열량이다. 만일, 비열 c가 온도에 무관한 상수일 경우에는 위 식을 적분하여 물체의 온도를 T_1으로부터 T_2로 올리는 데 요하는 열량 Q_{12}는 다음 식으로 표시된다.

$$Q_{12} = m c (T_2 - T_1) \tag{1·7}$$

비열 c의 단위는 J/kg K(또는 J/kg ℃)로 표시된다. 일반적으로 비열은 온도와 압력에 따라서 다소 변화한다. 하나의 보기를 들면, 표준 기압에서 물의 비열은 표 1·12와 같이 변화한다.

표 1·12 압력 760 mmHg에서 물의 비열

온도 ℃	비열 c kJ/kg K	온도 ℃	비열 c kJ/kg K
0	4.21815	50	4.18127
5	4.20266	55	4.18290
10	4.19245	60	4.18491
15	4.16800	65	4.18730
20	4.18211	70	4.19010
25	4.17993	75	4.19328
30	4.17888	80	4.19688
34	4.17867	85	4.20094
35	4.17872	90	4.20555
40	4.17909	95	4.21070
45	4.17997	100	4.21647

열량의 단위는 다른 에너지와 같이 J을 사용하며, 공학 단위에서는 kcal를 사용한다. **1 kcal**는 1kg의 물의 온도를 14.5℃로부터 15.5℃로 상승시키는 데 요하는 열량을 말하며, 이것을 15℃ 칼로리(15° calorie)라 한다.

표준 대기압 하에서 질량 1 kg의 물의 온도를 0℃로부터 100℃까지 상승시키는 데 필요한 열량의 1/100을 **1 평균 칼로리**(mean calorie)라 한다. 또, 물 1 lb의 온도를 1°F 상승시키는 데 필요한 열량을 **Btu**(영국 열단위, British thermal unit)라 한다.

1 lb는 0.4536 kg이므로

$$1\ \text{Btu} = 0.4536 \times \frac{5}{9} = 0.252\ \text{kcal}$$

가 된다. 따라서 1 Btu = 0.2520 kcal이다.

비열이 온도의 함수 관계를 가질 때에는

$$Q_{12} = m\int_{T_1}^{T_2} c\,dT = m\,c_m(T_2 - T_1) \qquad (1 \cdot 8)$$

$$c_m = \frac{1}{T_2 - T_1}\int_{T_1}^{T_2} c\,dT \qquad (1 \cdot 9)$$

로 표시된다. 여기서 c_m은 온도 T_1으로부터 T_2까지 사이의 **평균 비열**(mean specific heat)이다. 비열 c를 평균 비열 c_m과 구별하기 위하여 비열 c를 **진비열**(眞比熱, true specific heat)이라 한다.

그림 **1 · 37**은 임의의 물체의 비열 c를 온도에 대하여 선도로 그린 것이다. 식 (1 · 9)에 의하면 c_m은 가로축 T_1과 T_2사이의 평균 높이이므로 면적 ABC는 면적 CDE와 같아야 한다.

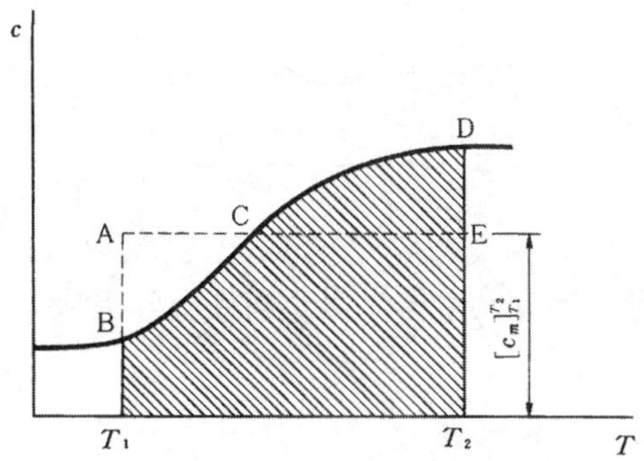

그림 1 · 37 진비열 c와 평균 비열 c_m과의 관계

실제의 열량 계산식 (1 · 8)은 0 ℃와 T ℃ 사이의 평균 비열에 의하여 다음과 같이 표시할 수 있다.

$$Q_{12} = m\int_{T_1}^{T_2} c\,dT = m\left\{\int_0^{T_2} c\,dT - \int_0^{T_1} c\,dT\right\}$$

$$= m\left\{[c_m]_0^{T_2}\,T_2 - [c_m]_0^{T_1}\,T_1\right\} \qquad (1 \cdot 10)$$

반대로 평균 비열로부터 진비열 c를 구할 수 있다.

$$T\left[c_m\right]_0^T = \int_0^T c\,dT \tag{1·11}$$

T에 대하여 미분하면

$$\left[c_m\right]_0^T dT + T\,d\left[c_m\right]_0^T = c\,dT$$

$$c = \left[c_m\right]_0^T + \frac{d\left[c_m\right]_0^T}{dT}T \tag{1·12}$$

이 식으로부터 알 수 있는 바와 같이 비열이 온도에 따라서 증가하는 경우에는 진비열 c는 평균 비열보다 커짐을 알 수 있다.

그림 1·38은 물의 정압 비열(定壓比熱, specific heat at constant pressure) c_p의 온도에 따른 변화를 나타낸 것이다.

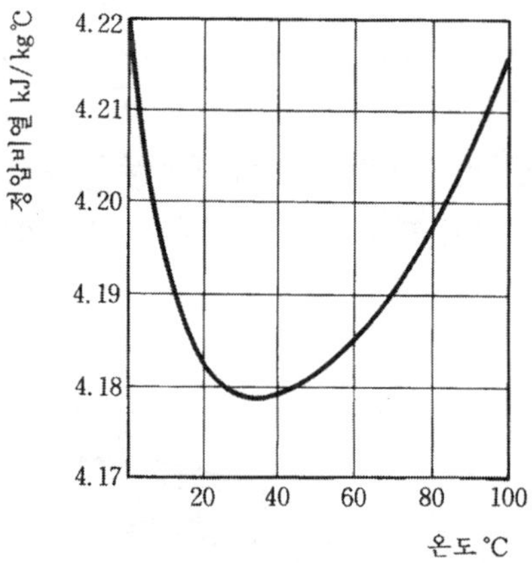

그림 1·38 1atm에서 물의 정압 비열 c_p의 온도에 따른 변화

[2] 물체의 혼합 온도

질량이 m_1, m_2, 온도가 T_1, $T_2(T_1 > T_2)$, 비열이 c_1, c_2인 두 종류의 물체를 혼합하거나 접촉시켰을 때의 혼합 온도를 T_m이라 하면, 고온 물체로부터 저온 물체로 이동하는 열량 Q_{12}는

$$Q_{12} = m_1 c_1 (T_1 - T_m) = m_2 c_2 (T_m - T_2) \tag{1·13}$$

가 된다. 따라서

$$T_m = \frac{m_1 c_1 T_1 + m_2 c_2 T_2}{m_1 c_1 + m_2 c_2} \tag{1·14}$$

가 된다. 더욱 많은 물체를 혼합시켰을 때 혼합 후의 온도 T_m은 다음 식으로 표시된다.

$$T_m = \frac{m_1 c_1 T_1 + m_2 c_2 T_2 + \cdots}{m_1 c_1 + m_2 c_2 + \cdots} = \frac{\sum mcT}{\sum mc} \tag{1·15}$$

보기 1.10

질량이 6 kg인 강제(鋼製) 용기 속에 온도 25℃의 물 22 L가 들어 있다. 이 속에 200℃의 물체 5 kg을 넣었더니 열평형에 도달한 후의 온도가 30℃로 되었다. 이 물체의 비열을 구하여라. 물의 비열은 4.187 kJ/kg K, 강의 비열은 0.4648 kJ/kg K이다.

풀이 외부로의 열손실이 없다고 하면 용기 및 물의 수열량과 물체가 방출한 열량은 같아야 한다. 지금 용기, 물, 물체의 질량을 각각 m_1, m_2, m_3, 비열을 c_1, c_2, c_3, 물의 온도가 T_1으로부터 T_m으로, 물체의 온도가 T_3로부터 T_m으로 변화하였다면

$$m_1c_1(T_m - T_1) + m_2c_2(T_m - T_1) = m_3c_3(T_3 - T_m)$$

이 된다. 따라서

$$c_3 = \frac{m_1c_1(T_m - T_1) + m_2c_2(T_m - T_1)}{m_3(T_3 - T_m)}$$

여기서 $c_1 = 0.4648$ kJ/kg K, $c_2 = 4.187$ kJ/kg K, $m_1 = 6$kg, $m_2 = 22$kg, $m_3 = 5$kg, $T_1 = 25$℃, $T_3 = 200$℃, $T_m = 30$℃ 이므로

$$c_3 = \frac{6 \times 0.4648 \times (30-25) + 22 \times 4.187 \times (30-25)}{5 \times (200-30)}$$
$$= 0.5583\text{kJ/kg K}$$

보기 1.11

물 30 L를 온도 15℃로부터 80℃까지 상승시키는 데 필요한 열량은 몇 kJ인가? 단, 물의 비열은 4.1868 kJ/kg K이다.

풀이 식 (1·8)에 $m = 0.03 \times 1000 = 30$ kg, $c = 4.1868$ kJ/kg K, $T_1 = 15$℃, $T_2 = 80$℃를 대입하면

$$Q = m\,c(T_2 - T_1)$$
$$= 30 \times 4.1868(80 - 15)$$
$$= 8164.26\text{kJ}$$

가 된다.

1.9 일과 열에너지

[1] 일

물체에 힘 F를 가하여 물체가 힘의 방향으로 이동하였을 때 한 일(work)의 크기는 작용력을 F N, 이동한 거리를 s m라 하면

$$W = Fs \text{ J} \tag{1·16}$$

가 된다. 그림 1·39는 힘과 일의 관계를 도시한 것이다.

일반적으로 일을 할 수 있는 능력을 **에너지**(energy)라 한다. 에너지 중에서 어느 높이에 있는 물체가 가지고 있는 에너지를 **위치 에너지**(potential energy)라 하고, 운동하는 물체가 가지고 있는 에너지를 **운동 에너지**(kinetic energy)라고 한다. 이 때 위치 에너지와 운동 에너지를 합하여 **기계적 에너지** 또는 **역학적 에너지**(mechanical energy)라 한다.

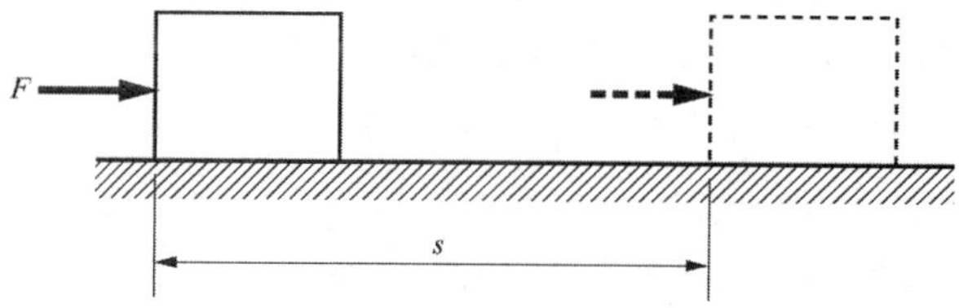

그림 1·39 힘과 일

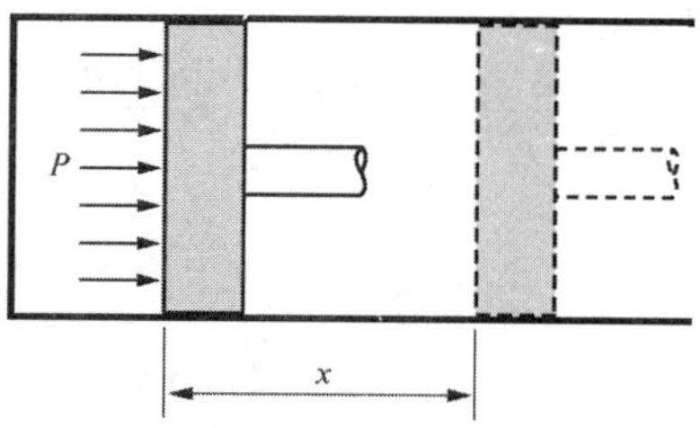

그림 1·40 피스톤의 변위일

그림 1·40과 같은 피스톤-실린더 장치에서 피스톤에 작용하는 가스의 압력을 P kPa, 피스톤의 면적을 $A\,\text{m}^2$라 하면 작용력 F는

$$F = PA$$

가 된다. 따라서 피스톤에 압력 P가 피스톤의 변위 dx 만큼 이동시켰을 경우 하는 일은

$$\delta W = Fdx = PAdx$$

$$\delta W = P dV \qquad (1 \cdot 17)$$

가 된다.

보기 1.12

증기 1 kg이 초기 상태 0.2 MPa, 0.184 m^3/kg의 비체적으로부터 400℃까지 가열되어 체적이 압력 0.2 MPa에서 1.549 m^3/kg으로 팽창되었다. 이 때 증기가 한 일을 구하여라.

풀이 식 (1 · 17)로부터 상태 1, 2 사이의 한 일을 구하면

$$W_{12} = P(V_2 - V_1) = mP(v_2 - v_1) = 1 \times 200 \times (1.549 - 0.184)$$
$$= 273.0 \text{kJ}$$

[2] 열과 에너지

어느 두 열역학적 계 사이에 에너지 이동이 존재하는 것은 두 계 사이에 강도성 상태량(intensive properties)의 차이가 존재하기 때문이다. 두 계 사이에 힘의 차이가 있는 경우에는 역학적 일로서 에너지 이동이 생기게 되며, 온도차가 있는 경우에는 열의 형태로 에너지가 이동하게 된다. 열과 일 사이에 어떠한 관계가 있는가를 알아보기 위하여 다음과 같이 몇 가지 실제 보기를 들어 보기로 한다.

일정한 부피를 갖는 용기 속에 들어 있는 가스에 외력을 가하여 압축하면 기체의 온도는 압축과 더불어 올라간다. 이러한 성질을 이용한 것이 피스톤 왕복동식 열기관이다. 이 중에서 디젤 기관의 경우를 살펴보면, 실린더 내로 흡입된 공기를 압축하여 고온 고압이 되게 한 다음, 연료를 미립으로 분사하여 공기의 압축열로 자연 착화시켜 일을 얻는 기관이다. 또 다른 하나의 예로, 철사를 구부렸다가 펴는 작업을 되풀이하면 구부러지는 부분이 뜨거워지는 것을 경험하게 된다. 또, 선반의 절삭 가공 때 공작물과 바이트(공구) 모두가 절삭열로 뜨거워지는 것을 알고 있다. 이러한 간단한 현상을 보더라도 열과 일과는 밀접한 불가분의 관계가 있음을 알 수 있다. 이상의 관계로부터 알 수 있는 바와 같이, "열과 일은 그 현상은 다르지만 에너지로는 같은 성질을 갖는 것"이라고 볼 수 있다. 따라서 열은 운동 또는 일로 변환할 수 있는 양으로서 에너지의 한 형태임을 알 수 있다. 에너지를 어느 상태로부터 다른 상태로 전환할 때 이들 사이에는 에너지의 보존 법칙이 성립된다. "일과 열은 에너지의 한 형태로서 일을 열로 변환시키는 것이나 열을 일로 변환시키는 것이 가능하다." 이것을 **열역학 제 1 법칙**(the first law of thermodynamics)이라 한다.

열과 일 사이의 관계에 대하여는 일찍이 Joule은 그의 실험에서 열과 일 사이에는

$$Q = W \text{ [kJ]} \qquad (1 \cdot 18)$$

의 관계가 있음을 밝혔다.

Q kcal와 W kgf m 사이에는

$$Q = AW \text{ [kcal]}$$
$$W = JQ \text{ [kgf m]} \tag{1·19}$$

의 관계가 있다. 여기서 A는 **일의 열당량**(heat equivalent of mechanical work)이고, J는 **열의 일당량**(mechanical equivalent of heat)으로서 J=426.80 kgf m/kcal이다.

$$A \fallingdotseq \frac{1}{427} \text{ kcal/kgf m}$$
$$J \fallingdotseq 427 \text{ kgf m/kcal}$$

물체 또는 계가 내부에 가지고 있는 열에너지를 **내부 에너지**(internal energy)라 하며, 물체가 운동하고 있는 경우의 운동 에너지와 외력에 의한 위치 에너지는 포함되지 않는다. 이 때 내부 에너지는 직접 측정할 수는 없으나 직접 측정 가능한 열역학적 성질인 온도, 압력, 비체적의 변화를 이용하여 계산할 수 있다.

그림 **1·41**과 같이 실린더 속에 들어 있는 공기를 밑면으로부터 가열하는 경우, 공기는 열을 받아 온도가 상승하면서 팽창되어 피스톤을 밀어 올리는 일을 하게 된다. 이 때 공기에 가해진 열량은 공기의 내부 에너지의 증가와 외부 일의 합이 된다.

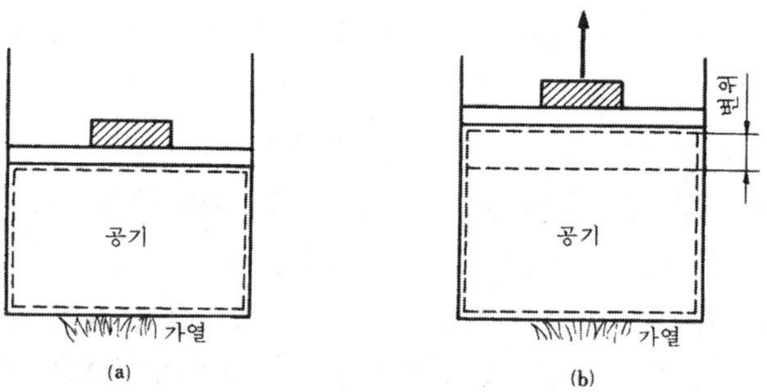

그림 1·41 실린더 내 공기의 가열

(공기에 가해진 열량)=(내부 에너지의 증가)+(외부에 한 일)

즉, 정지하고 있는 물체에 열량 Q_{12}를 가하여 물체의 내부 에너지가 U_1에서 U_2로 변화하였을 때 외부에 대하여 한 일을 W_{12}라 하면

$$Q_{12} = (U_2 - U_1) + W_{12} \tag{1·20}$$

의 관계가 있다. 이 때 Q, U, W의 단위는 모두 J이다. 미소 변화를 생각하면

$$\delta Q = dU + \delta W \tag{1 · 21}$$

가 된다. 이들 식을 **에너지식**(equation of energy)이라 하며, **열역학 제 1 법칙**을 나타내는 식이 된다. 열역학 제 1 법칙에 관하여는 제 5 장에서 자세히 다루기로 한다.

보기 1.13

피스톤-실린더 장치에 1.2 kg의 공기가 들어 있다. 이 기체에 피스톤으로 20 kJ의 일을 가하여 압축하였을 때 10 kJ의 열량이 방열되었다. 이 상태 변화의 경우 내부 에너지 변화를 구하여라.

풀이 $\delta Q = dU + \delta W$

$$Q_{12} = U_2 - U_1 + W_{12}$$

$$U_2 - U_1 = Q_{12} - W_{12}$$

$$= -10 - (-20) = 10\,\text{kJ}$$

따라서 내부 에너지는 10 kJ만큼 증가한 결과가 된다.

1.10 열역학적 생체계

[1] 생체계

열역학적 응용의 중요한 분야가 생체계(biological system)의 열적 해석이다. 열역학적으로 생체는 열평형에 있지 않으며, 생체계는 생체의 특성상 항상 4가지 요소인 수소, 산소, 탄소, 질소로 구성되어 있다.

특히 **인체**(human body)는 수소(hydrogen)가 63%, 산소가 25.5%, 탄소가 9.5%, 그리고 질소가 1.4%이고, 나머지 0.6%는 20가지 원소로 구성되어 있다. 질량 분석으로 보면 인체의 72% 정도가 수분이다.

생체계는 평균 지름 0.01 mm인 약 100만조의 세포(cell)로 구성되어 있다. 이와 같이 구성된 인체는 여러 가지 화학적 작용을 하면서 신진 대사(metabolism)를 이루고 37℃의 체온을 유지한다.

휴식 상태의 신진 대사율을 **기초 대사율**(basal metabolic rate)이라고 한다. 성인 남자(약 30세, 70 kg, 1.8 m² 신체 넓이)의 경우 기초 대사율은 84 W 정도이다. 따라서 인체는 항상 주위에 대하여 약 84 J/s의 에너지를 방출하고 있는 것이다.

이 대사율은 인체의 활동 수준에 따라 기초 대사율의 10배 정도의 대사율을 갖기도 한다.

만일 두 사람이 실내에서 강도 높은 운동을 한다면 두 사람이 내는 에너지는 약 1 kW 이상의 전열기를 방 안에 놓은 것과 같다. 또 이 기초 대사율은 성별, 나이 체격의 크고 작음, 건강 상태 등에 따라서도 달라진다.

인체에서 뇌와 간은 신진대사의 가장 지배적인 작용을 한다. 이들 두 요소가 단지 인체의 4% 무게에 불과하지만 대사율의 약 50%를 맡고 있다.

어린이의 경우 기초 대사의 약 반은 뇌에서 일어난다. 동물의 신진 대사율은 직접 또는 간접적으로 측정된다. 직접 열량 측정은 동물을 잘 단열된 상자에 넣고 그 주위에 물이 순환하게 한 다음 관찰 시간 동안 물의 온도 변화를 측정하여 구한다. 그러나 이 방법은 실제 측정면에서 매우 어렵다.

간접 측정(indirect calorimetry)은 생체의 O_2 소비와 CO_2 생성을 측정하여 결정하는 방법이다. 산소 몰수에 대한 CO_2 생산 몰수의 비를 **호흡지수**(Respiratory Quotient ; RQ)라 한다. 이 지수는 음식물의 소비 형태에 따라 달라진다.

예를 들면 포도당(glucose)이 산화하는 데는 RQ=1.0, 단백질은 0.84, 지방은 0.707이다.

생체의 반응은 근본적으로 등온, 등압, 등적 하에 이루어진다. 셀의 온도는 화학적 에너지가 열로 변환할 때 올라간다.

그러나 인체는 주위에 대하여 유효한 일을 하지 않으며, 신진 대사시 식품의 화학적 에너지는 주위로 전달된다.

[2] 식품과 운동의 관계

인체의 에너지 공급은 식품으로부터 얻게 된다. 식품의 영양분은 탄수화물(carbohydrates), 단백질(protein) 그리고 지방질(fats)이다.

일반적으로 음식물의 함유 에너지는 봄 칼로리미터(bomb calorimeter)에서 측정한다.

사람이 하루에 필요로 하는 칼로리(daily calorie needs)는 연령, 성, 건강 상태, 활동 정도, 체중 그 밖의 여러 가지 신체 조건에 따라 다르다. 남자의 **1일 평균 요구 칼로리**는 10,046~11,302 kJ이고, 여자의 경우는 7535~9209 kJ이다.

우리들이 섭취하는 식품의 대사 에너지는 표 **1·13**과 같고 에너지 소비율은 표 **1·14**와 같다.

표 1·13 주요 식품의 대사 에너지

식　　품	열량(kJ)	식　　품	열량(kJ)
쌀밥(210 g, 1공기)	1280	사이다(100 mL)	167
야채전(1쪽)	473	콜라(200 mL)	364
쇠고기갈비찜(1인분)	1842	수정과, 식혜(200 mL)	837
돼지갈비(1인분)	1838	커피(캔, 250 mL)	469

표 1·13 주요 식품의 대사 에너지(계속)

식 품	열량(kJ)	식 품	열량(kJ)
빈대떡(1장)	1256	우유(200 mL)	569
찹쌀떡(47 g)	460	저지방우유	419
약과(1개)	720	순두부찌개(1인분)	837
사과(1개)	628	오므라이스(1인분)	2721
달걀(1개)	335	된장찌개(밥 제외)	795
햄버거	1151	갈비탕	2637
아이스크림(100 mL, 10% 지방)	460	자장면	2846
피자(대, 치즈 1/8등분)	1465	볶음밥	3056
두유(200 mL)	544	생선 샌드위치	1884

표 1·14 체중 68 kg인 성인이 소비하는 에너지

활 동	kJ/h
기초 대사 활동	301
자전거(21 km/h)타기	2675
자동차 운전	753
크로스컨트리 스키	3918
식사	414
빠른 동작의 댄스	2512
빨리 달리기(13 km/h)	3918
조깅(8 km/h)	2260
수영(빠른 동작)	3600
수영(느린 동작)	1206
보행(7.2 km/h)	1808
TV 시청	301
테니스(초보자)	1206
테니스(숙련자)	2009
농구	2302

특히 에너지 소비율은 신체 크기에 따른 대사율에 따라 크게 달라진다. 하나의 보기로 68 kg 체중을 갖는 사람이 농구를 하는 경우 에너지 소비율은 2302 kJ/h이다. 만일 체중이 55 kg인 농구 선수가 소비하는 에너지는

$$55 \times \frac{2302}{68} = 1861.91\text{kJ/h}$$

가 된다. 만일 체중 100 kg인 운동 선수라면 약 3385.29 kJ/h의 에너지 소비가 필요하게

될 것이다. 한편 체중 68 kg인 성인이 소비하는 에너지율은 표 **1 · 14**와 같다.

현대 생활에서 과체중은 여러 가지 인체의 질병을 유발하게 된다. 특히 지나친 체중 증대와 관련이 있는 당뇨병(diabetes), 고혈압(hypertension), 심장 질환 등은 오늘날 우리의 건강을 해치는 요인이 되고 있다. 그러므로 적절한 신체 활동과 운동으로 알맞은 체중을 유지하는 것이 매우 중요하다.

일반적으로 성인의 건강 체중은 다음에 정의되는 **체질량지수**(Body Mass Index ; BMI)로 표시된다. BMI는 성장 중인 어린이나 연로한 노인에게는 해당되지 않는다.

$$\text{BMI} = \frac{W}{H^2}\ \text{kg/m}^2 \tag{1 · 22}$$

여기서 W는 체중(kg)이고, H는 신장(m)이다.

$\text{BMI} < 19$ 저체중

$19 \leq \text{BMI} \leq 25$ 정상 체중

$\text{BMI} > 25$ 과체중

만일 신장이 170 cm인 사람의 체중이 55 kg에서 72 kg 사이라면 체질량지수에 의해서 그는 정상 체중의 범위에 속하게 된다. 표 **1 · 15**는 신장과 정상 체중과의 관계를 나타낸 것이다.

표 1 · 15 신장과 정상 체중

신장(m)	정상 체중(kg)	비 고
1.45	40 ~ 53	정상 체중의 하한과 상한값은 각각 BMI 19, 25일 때의 값이다.
1.50	43 ~ 56	
1.55	46 ~ 60	
1.60	49 ~ 64	
1.65	52 ~ 68	
1.70	55 ~ 72	
1.75	58 ~ 77	
1.80	62 ~ 81	
1.85	65 ~ 86	

보기 1.14

80 kg의 체중을 가진 남자가 밥 1공기와 사과 1개, 콜라(200 mL), 아이스크림(100 mL)를 먹고, 걷기 운동을 하였을 경우 이 음식물을 산화시키는 데 소요되는 시간을 구하여라.

풀이 음식물에서 섭취하는 에너지 Q_{in}은

$$\begin{aligned} Q_{in} &= Q_{rice} + Q_{apple} + Q_{cola} + Q_{ice} \\ &= 1280 + 628 + 364 + 460 = 2732\ \text{kJ} \end{aligned}$$

80 kg의 남자가 걷기 운동을 할 때 방출하는 에너지 Q_{out}은

$$Q_{out} = 80 \times \frac{1808}{68} = 2127.06\,\text{kJ/h}$$

음식물로부터 섭취한 에너지를 소비하는 시간 Δt는

$$\Delta t = \frac{Q_{in}}{Q_{out}} = \frac{2732}{2127.06} = 1.284\text{시간}$$

따라서 걷기 운동을 할 때, 이 남자가 섭취 에너지를 모두 소비하는 데 걸리는 시간은 1.284시간이다.

1.11 요 약

이 장에서는 주로 열역학의 개요, 응용, 분야, 용어의 정의, 온도와 열평형의 원리를 다루고 있다.

[1] 열역학 개요 및 응용 분야

열역학이란 각종 에너지와 에너지 변환 및 상호작용, 물질의 상태 변화, 물질과 에너지 사이의 관계를 다루는 학문이다.

열역학의 응용 분야는 증기 원동소, 연소 기관, 냉동 및 공기 조화, 직접 에너지 변환, 지열 발전, 태양 에너지, 열전달 및 열이용 기기, 가스 액화 장치, 해양 및 풍력 이용, 의학용 장치 등 여러 가지 분야에 있다.

[2] 계의 종류

① 밀폐계 또는 폐쇄계(closed system) : 동작 물질이 계의 경계를 통과하지는 않으나 열과 일이 계의 경계를 통하여 이동할 수 있는 계를 말한다.

② 개방계 또는 유동계(open system) : 물체와 주위 사이에 열이나 일이 경계를 통하여 이동될 수 있으며, 동시에 물체도 경계를 통하여 이동할 수 있는 계이다.

③ 고립계(isolated system) : 계와 주위 사이에 열이나 일 및 물질 이동이 없으며, 이들 사이에 어떠한 상호 작용도 이루어지지 않는 계로서 절연계라고도 한다.

[3] 기초 단위

① 압력(pressure)

압력이 대기압보다 높을 때 : $P_{abs} = P_{atm} + P_g$

압력이 대기압보다 낮을 때 : $P_{abs} = P_{atm} - P_{vac}$

여기서 P_{abs} : 절대 압력
P_{atm} : 대기압
P_g : 게이지 압력
P_{vac} : 진공 압력

② 온도(temperature) : 열역학 제 0 법칙(the zeroth law of thermodynamics)은 만일, 두 물체 A, B가 제 3 물질인 C와 열평형에 있다면 물체 A, B는 서로 열평형에 있다는 법칙으로 열평형의 기본 원리가 된다.

섭씨 온도 : $T_c = \frac{5}{9}(T_f - 32)$ ℃

화씨 온도 : $T_f = \frac{9}{5}T_c + 32$ °F

절대 온도 : $T = T_c + 273.15$ K

③ 평균비열 : c_m과 진비열 c 사이의 관계

$$c = [c_m]_0^T + \frac{d\,[c_m]_0^T}{dT}T$$

④ 물체의 혼합 온도
물체 1 : 질량 m_1, 온도 T_1, 비열 c_1
물체 2 : 질량 m_2, 온도 $T_2(T_1 > T_2)$, 비열 c_2
두 물체 1, 2의 혼합 온도 T_m은 다음 식으로 구한다.

$$T_m = \frac{m_1 c_1 T_1 + m_2 c_2 T_2 + \cdots}{m_1 c_1 + m_2 c_2 + \cdots} = \frac{\sum mcT}{\sum mc}$$

[4] 열역학적 생체계

① 생체계
열역학적으로 생체는 열평형에 있지 않으며, 생체계는 수소, 산소, 탄소, 질소의 4요소로 구성되어 있다. 특히 인체(human body)는 수소(hydrogen)가 63%, 산소가 25.5%, 탄소가 9.5%, 그리고 질소가 1.4%이고, 나머지 0.6%는 20가지 원소로 구성되어 있다. 질량 분석으로 보면 인체의 72% 정도가 수분이다.

휴식 상태의 신진대사율을 **기초 대사율**(basal metabolic rate)이라고 한다.

성인 남자(약 30세, 70 kg, 1.8 m^2 신체 넓이)의 경우 기초 대사율은 84 W 정도이다.

② 식품과 운동의 관계

인체의 에너지 공급은 식품으로부터 얻으며, 식품의 영양분은 탄수화물(carbohydrates), 단백질(protein) 그리고 지방질(fats)이다.

사람이 하루에 필요로 하는 칼로리(daily calorie needs) 중 남자의 1일 평균 요구 칼로리는 2400~2700 cal이고, 여자의 경우는 1800~2200 cal이다.

현대 생활에서 과체중은 당뇨병(diabetes), 고혈압(hypertension), 심장 질환 등의 원인이 되며, 오늘날 우리의 건강을 해치는 요인이 되고 있다. 그러므로 적절한 신체 활동과 운동으로 알맞은 체중을 유지하는 것이 매우 중요하다.

체중지수(body mass index ; BMI)는 다음 식으로 구한다.

$$\mathrm{BMI} = \frac{W}{H^2}$$

여기서 W는 체중(kg)이고, H는 신장(m)이다.

BMI는 보통 19 ≤ BMI 이어야 한다.

BMI < 19	저체중
19 ≤ BMI ≤ 25	정상 체중
BMI > 25	과체중

연 | 습 | 문 | 제

1.1 열역학이란 어떤 학문인가?

1.2 다음 용어들을 간단히 설명하여라.

(a) 물체 (b) 계
(c) 과정, 사이클 (d) 주위
(e) 동작 물질 (f) 폐쇄계와 개방계
(g) 검사 질량과 검사 체적 (h) 유동 과정
(i) 고립계(절연계) (j) 열평형

1.3 용량성 상태량과 강도성 상태량에 대하여 설명하여라.

1.4 점함수와 경로 함수에 대하여 설명하여라.

1.5 각종 단위계의 기본단위는 무엇인가?

1.6 가열 과정에서 계의 온도가 40℃ 상승하였다. 이 온도 상승을 K, °F, °R로 표시하여라.

1.7 열역학 제 0 법칙에 대하여 설명하여라.

1.8 절대 압력과 계기 압력에 대하여 설명하여라.

1.9 어느 온도 T에서 평균 비열 c_m과 진비열 c_t 사이의 관계를 구하는 식을 유도하여라.

1.10 체적 0.21 m^{3}인 용기 내에 가스 1.95 kg이 들어 있다. 가스의 비체적은 얼마인가? 만일, 가스가 0.8 kg 새어 나갔다면 비체적과 밀도는 얼마로 되겠는가?

1.11 압력 2.0 MN/m^{2}를 bar, kgf/cm^2, mmHg, atm, psi 단위로 환산하여라.

1.12 다음 용어를 정의하여라.

(a) 15° 칼로리 (b) 평균 칼로리
(c) 준정적 과정 (d) 가역 변화

1.13 다음에 표시된 온도를 섭씨 또는 화씨 온도로 나타내어라.

(a) 20℃ (b) −20℃
(c) −40℃ (d) 100°F
(e) −40°F (f) 40°F

1.14 보일러로부터 증기 터빈으로 보내는 증기의 터빈 입구의 게이지 압력이 130 kgf/cm^{2}이고, 팽창 말 터빈 출구의 압력이 진공계로서 720 mmHg이다. 기압계의 읽음이 750 mmHg일 경우 터빈 입구와 출구의 절대 압력을 공학 단위, SI 단위로 환산하여라.

1.15 공기의 0℃로부터 T℃까지의 평균 비열이 표 1 · 16과 같을 때 600℃에서의 진비열을 구하여라.

표 1 · 16

T ℃	400	500	600	700	800
$[cm]_0^t$kcal/kg℃	0.246	0.248	0.251	0.253	0.255

1.16 다음은 주요 열과 관련된 단위를 나타낸 것이다. SI 단위로 환산한 값을 써넣어라.

표 1 · 17

양	공학 단위	SI 단위
비열	1kcal/kgf ℃	kJ/kg K
열량	1kcal/kgf	kJ/kg
점성 계수	1kgf s/m^2	N s/m^2
동점성 계수	1stokes	m^2/s
열전도 계수	1kcal/mh ℃	W/m K
열전달 계수	1kcal/m^{2}h ℃	W/m^2 K
엔트로피	1kcal/K	kJ/K
비엔트로피	1kcal/kgf K	kJ/kg K

1.17 중량이 100 N인 금속 조각이 있다. 금속이 있는 곳의 중력 가속도가 9.7 m/s^{2}일 경우 금속의 질량을 구하여라. 만일, g=1.67 m/s^{2}인 달 표면에 금속 조각이 있을 때 중량은 몇 N인가?

1.18 기압계의 읽음이 745 mmHg일 경우 대기압을 mbar로 나타내어라.

1.19 해발 300 m에서 질량 12 kg인 물체의 중량을 구하여라. 단, 중력 가속도는 9.7713 m/s^{2}이다.

1.20 기중기로 200 kg의 물체를 10 m 높이로 달아 올렸을 때 기중기가 한 일은 몇 kJ인가?

1.21 중량 50 t인 열차가 100 km/h의 속도로 달리다가 브레이크를 걸어 정지하였을 경우 발생한 마찰열을 구하여라.

1.22 2000 rpm으로 회전하고 있는 열기관이 100 PS의 출력을 내려면 회전축 토크는 몇 Nm인가?

1.23 6000 W의 가열기로 물탱크 속의 물 0.1 m^{3}를 20℃로부터 40℃까지 가열하는 데 요하는 시간을 구하여라. 물탱크 내 물의 온도는 항상 균일하고, 열손실은 40(T−20) kJ/h이다. 여기서 T는 온도이다.

1.24 구리–콘스탄탄 열전대를 사용한 온도계를 교정하여 오른쪽과 같은 표를 얻었다. 이 온도계를 사용하여 어느 물체의 온도를 측정하였더니 미터 온도 지시값이 12.10 mV였다면 온도는 몇 ℃인가?

표 1·18

온도[℃]	열기전력[mV]
220	10.36
240	11.45
260	12.57
280	13.71

1.25 자동차 기관의 축이 25 kgf m의 토크를 내면서 3000 rpm으로 회전하고 있다. 이 때의 기관 출력은 몇 kW인가?

1.26 체중이 65 kg인 사람이 열량 1151 kJ인 햄버거와 계란 1개, 우유 200 mL를 섭취하고 자동차 운전을 할 경우 에너지 소비 시간을 구하여라. 단, 계란, 우유의 발생 열량은 335 kJ, 569 kJ이고, 운전자가 운전하는 데 소비되는 에너지는 753 kJ/h이다.

1.27 피스톤–실린더 장치에서 경계 내에 공기가 들어 있다. 피스톤의 무게가 40 kg, 단면적(피스톤)이 0.03 m^2이고, 국소 대기압이 0.92 bar일 경우 실린더 내의 압력을 구하여라. 단, 중력 가속도는 9.8 m/s^2이다.

1.28 압력계 읽음이 750 mmHg인 곳의 중력 가속도가 9.7 m/s^2일 경우 대기압을 구하여라. 단, 수은의 밀도는 13580 kg/m^3이다.

1.29 액주계를 사용하여 탱크 내의 압력을 측정한다. 액주계에 사용되는 유체의 비중이 0.82이고 액주의 높이가 57 cm, 국부 압력이 98 kPa일 경우 탱크 내의 절대 압력을 구하여라.

1.30 어느 용기에 접속된 진공계가 39 kPa의 압력을 나타내고 있을 경우 대기압이 98.65 kPa이라면 용기 내의 절대압력은?

1.31 탱크 속에 밀도가 780 kg/m^3인 기름을 채웠다. 만일 탱크의 용적이 4 m^3일 경우 용기 내의 기름 질량을 구하여라.

1.32 하루에 4 L를 소비하는 차가 하루에 소비하는 열량(MJ/day)을 구하여라. 가솔린의 비중은 0.76 kg/L이고, 저발열량은 44 MJ/kg이다.

1.33 가열 과정에서 계의 온도가 15℃ 상승하였다. 이 온도를 절대 온도, 화씨 온도로 환산하여라.

1.34 일정 용기 속에 들어 있는 20℃의 물 40 L에 5 MJ의 열량을 가할 경우 물의 온도 상승을 구하여라.

1.35 수은 액주계의 읽음이 720mmHg일 경우 대기압을 구하여라. 단, 수은 1mmHg=0.133 kPa이다.

1.36 물 탱크의 압력계 읽음이 100 mmHg일 경우 용기 내의 압력을 구하여라. 단, 대기압은 101 kPa이다.

1.37 증기 터빈을 나가는 진공 압력이 68 kPa일 경우 절대 압력을 구하여라. 단, 대기압은 101 kPa이다.

1.38 Chromel−alumel 열전대(K형)의 측정값이 3.10 mV일 경우 온도를 구하여라. 단, 이 열전대의 온도와 전위차의 관계는 다음 표와 같다.

표 1·19

온도(°F)	크로멜-알루멜 열전대 기전력(mV)
100	1.520
150	2.667
200	3.819
250	4.952

1.39 고무 배관을 통하여 흐르는 물의 유속이 35 m/s일 경우 운동 에너지를 구하여라.

1.40 높이 320 m인 폭포에서 물이 낙하할 경우 위치 에너지를 구하여라.

1.41 어느 발전소에서 원동소 효율이 38%이고, 발전소에 공급되는 석탄의 열에너지는 30,000 kJ/kg일 경우 1시간당 석탄 소비량을 구하여라. 단, 발전소는 10 MW의 동력을 발생한다.

1.42 어느 점의 절대 압력이 60 mmHg이다. 이 압력을 kPa의 게이지 압력, 액주계를 사용한 경우 물의 액주 높이를 구하여라. 단, 대기압은 84 kPa이다.

1.43 10 kg의 물체가 고공으로부터 낙하할 경우 5 m 낙하지점을 지날 때의 속도를 구하여라. 단, 주위와의 마찰은 무시한다.

1.44 그림 1 · 42와 같은 액주계에서 액주 높이가 각각 $h_1=0.7$ m, $h_2=1.0$ m이고, 밀도가 $\rho_1=1000$ kg/m^3, $\rho_2=13600$ kg/m^3, $g=9.8$ m/s^{2}일 경우 A점의 압력을 구하여라. 단, 대기압은 1.013 bar이다.

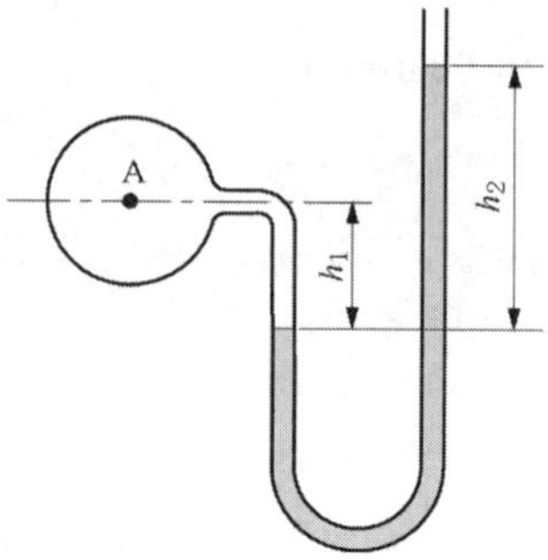

그림 1 · 42

1.45 실온에서 물 1 m^{3}의 무게는 9800 N이다. 이 때의 중력 가속도는 9.80 m/s^{2}이다. 중력 가속도가 $g=9.77$ m/s^{2}일 경우 비중량, 밀도 등을 구하여라.

1.46 체적이 10 m^{3}이고, 중력 가속도가 9.81 m/s^{2}일 경우 표 1 · 20을 완성하여라.

표 1 · 20

	ρ(kg/m^3)	v(m^3/kg)	γ (N/m^3)	m (kg)	W(N)
(a)		20			
(b)			4		
(c)	2				
(d)				100	

1.47 대기압이 0.1 MPa일 경우 표 1 · 21에 표시된 압력을 구하여라.

표 1 · 21

	계기 압력(kPa)	절대 압력(kPa)	계기 압력(mH$_2$O)	절대 압력(mmHg)
(a)			30	
(b)		150		
(c)	5			

1.48 어느 물체에 2 N의 힘을 가하여 9 cm/s^{2}의 가속도가 생길 때 물체의 질량을 구하여라.

CHAPTER 02

순수 물질의 성질

2.1 순수 물질의 개요

순수 물질(純粹物質, pure substance)이란 물, 질소(窒素, nitrogen), 헬륨(helium), 이산화탄소(carbon dioxide) 등과 같이 항상 화학적으로 균질(均質)이고 안정된 일정한 화학적 조성(化學的組成, chemical composition)을 갖는 물질을 말한다.

순수 물질은 한 가지 이상의 상(相, phase)으로 존재할 수 있으며 그 화학적 조성은 어느 상이거나 동일한 물질이다. 하나의 보기를 들면, 물은 액체이거나 고체인 얼음 또는 수증기(水蒸氣)의 경우 또는 물과 수증기의 혼합물, 얼음과 물의 혼합물 등 어느 경우이거나 그 조성이 변하지 않고 같으므로 순수 물질이다.

공기는 여러 종류의 기체 혼합물이지만 상의 변화가 없이 기체 상태로 존재하고, 균일한 화학적 조성을 가지고 있는 경우 이를 순수 물질로 취급한다. 그러나 액체 공기(liquid air)와 기체 공기(gaseous air)의 혼합물은 액체 공기의 조성이 기체 상태의 공기와 그 조성이 다르기 때문에 순수 물질이 아니다. 이것은 공기 중에 들어 있는 서로 다른 성분 요소들이 주어진 특정 압력(specified pressure)에서 가지는 응축 온도가 서로 다르기 때문이다. 또 다른 한 보기로서, 기름과 물의 혼합물은 기름이 물 위에 분리되어 기름층을 형성할 뿐만 아니라 그 화학적 조성도 상이하므로 순수 물질이 아니다.

일반적으로 물질은 많은 수의 분자(또는 원자)로 구성되며, 기체 · 액체 · 고체의 3가지 상(相)이 존재한다.

기체(氣體, gas)에서는 물질을 구성하는 분자 사이의 거리가 비교적 크고 개개의 분자는 비교적 자유로운 외에도 무질서하게 운동하여 분자간의 충돌이 반복된다. 또한, 하나하나의 분자에 대하여는 그 속도와 운동 방향이 모두 불규칙하게 변화하여 기체의 체적은 무한히 확장되려는 성질을 가진다.

액체(液體, liquid)에서는 분자 또는 분자 집단이 서로 인접하도록 거리를 유지하고 상호 작용력(intermolecular force)을 미치므로 불규칙하게 이동하는 상태가 된다. 그러나 분자 또는 분자 집단(chunk)의 평균 위치가 고정되어 있지 않으며, 액체는 분자 사이의 작용력에 의하여 자유계면(自由界面, free surface)을 형성한다.

고체(固體, solid)에서는 분자 사이의 거리가 매우 작으며 분자 사이의 인력(引力, attraction force)이 크므로 분자의 위치는 고정되어 있는 상태를 유지한다.

그림 2·1은 기상 (氣相, gas phase)·액상(液相, liquid phase)·고상(固相, solid phase)일 때의 물질을 구성하는 분자의 상태를 나타낸 것이다.

열역학에서 다루는 원리나 여러 법칙을 실용상 각종 문제에 응용하기 위하여는 열역학적 계를 구성하는 물질의 성질을 파악하는 것이 중요하다.

일반적으로 순수 물질의 종류는 여러 가지가 있으나, 이들 가운데서 공업적으로 가장 많이 이용되는 순수 물질로는 **수증기**(水蒸氣, water vapor)가 그 대표적인 물질이다. 그러므로 이 단원에서는 수증기(간단히 증기라고도 함)의 열역학 성질을 정확히 규명하기로 한다. 이 장에서 다루는 내용은 다른 순수 물질에도 적용되며, 많이 사용되는 냉매(冷媒, refrigerant), 탄화수소(炭化水素) 등에 대하여도 적용될 수 있다.

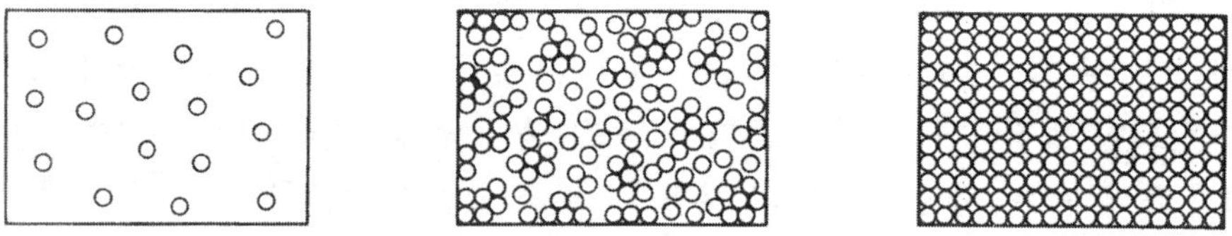

(a) 기체 (b) 액체 (c) 고체

그림 2·1 기체·액체·고체의 분자 배열

2.2 순수 물질의 상변화 과정

순수 물질은 두 상이 혼합된 상태로 평형되어 있는 실제의 경우가 많이 있다. 물은 보일러나 증기 터빈의 복수기(復水器, condenser) 내에서 액체와 증기(vapor)의 혼합물의 상태로 존재한다.

냉매는 냉동기(冷凍機, refrigerator) 내에서 액체로부터 냉매 증기로 되면서 소정의 냉동 효과(冷凍效果, refrigerating effect)를 얻게 된다.

순수 물질 중에서 가장 공학적인 응용 범위가 넓고 산업 분야에서 많이 사용되고 있는 것이 물이므로, 여기서는 순수 물질의 상변화 과정(相變化過程, phase change process)을 물의 성질을 중심으로 다루어 보기로 한다.

[1] 압축액과 포화액

순수 물질의 일반적인 성질을 이해하는 데는 그림 2·2와 같은 피스톤-실린더 장치로서 물을 일정 압력으로 가열하여 증발하는 과정을 생각하면 알기 쉽다.

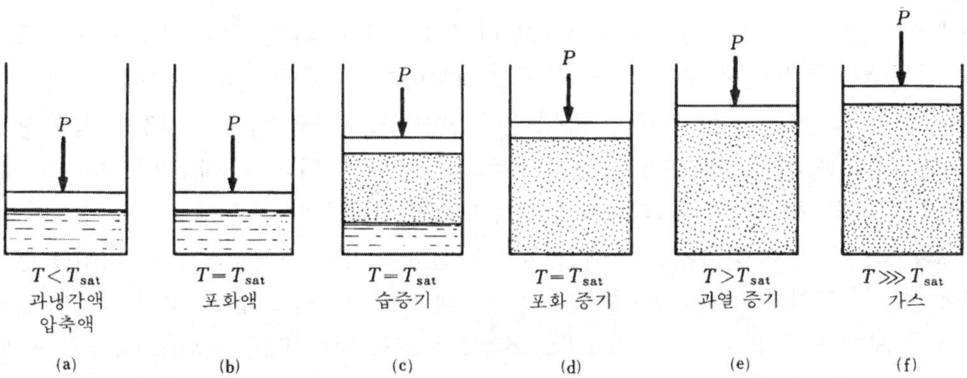

그림 2·2 정압하의 증발 과정

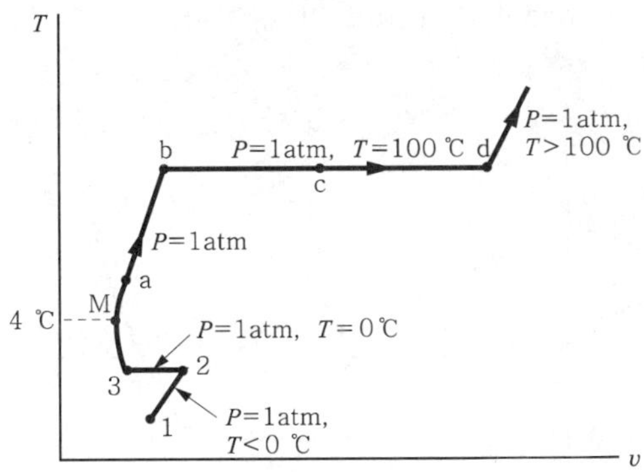

그림 2·3 1기압에서 물의 가열 과정

그림 2 · 2에서 보는 바와 같이 1 기압 20℃인 물을 실린더에 넣고 그 위에 마찰과 틈새가 없는 이상적인 피스톤을 올려 놓는다. 이 때 피스톤은 실린더 내의 압력이 항상 일정한 P 가 유지되도록 되어 있는 경우를 생각한다. 그림에서 실린더 아래쪽을 가열하면 실린더 내의 물은 온도의 상승과 더불어 체적도 그림 2 · 3과 같이 증가하게 된다.

지금 0℃ 이하의 온도로 존재하는 얼음을 가열하여 과열 증기로 만드는 과정에 대하여 생각해 보기로 한다. 물은 대기압하에서는 0℃ 이하로 되면 얼음으로 존재하고, 0℃에서 증발 온도에 도달하기 전까지는 액체 상태로 존재한다.

그림 2 · 3은 고상의 물이 증기로 될 때까지의 상태 변화를 온도-비체적 선도(temperature-volume diagram)로 나타낸 것이다. 그림에서 상태 1은 1 atm의 물이 0℃ 이하의 얼음으로 존재하는 경우이고 이것이 점점 온도가 상승하여 상태 2, 즉 0℃에 달하면 얼음의 온도는 변하지 않고 액체로 되어 상태 3이 된다. 이 때 과정 2→3에서는 총체적은 감소한다.

액체 3의 상태에서 더욱 가열하면 체적은 더 감소하다가 상태 M(4℃)에 달하면 최소값이 된다. 더욱 온도를 높이면 체적은 완만하게 증가하다가 100℃에 달하면 상태 b에서 증발하기 시작한다. 과정 b→c→d에서는 체적이 증가하여도 온도와 압력은 일정한 상태 변화를 한다. 변화가 계속되어 상태 d에 달하면 모두 증기 상태로 된다. 상태 d 이상의 온도로 더 가열하면 온도와 체적은 모두 연속적으로 증가하게 된다.

하나의 보기로서 20℃, 1기압 상태의 물을 가열하여 과열 증기를 만드는 과정을 온도와 비체적 선도로 표시하면 그림 2 · 4와 같다. 이 때 그림 2 · 3, 그림 2 · 4의 점 b의 상태에 있는 물을 **포화액**(飽和液, saturated liquid) 또는 **포화수**(飽和水, saturated water)라 하고, 점 a의 액체를 **압축액**(壓縮液, compressed liquid) 또는 **과냉각액**(過冷却液, subcooled liquid)이라 한다.

상태 a는 액체 상태로서 이 온도 T_a 는 같은 압력하의 포화 온도보다 낮은 상태로 존재하므로 **과냉각액**(過冷却液, subcooled liquid)이라 한다.

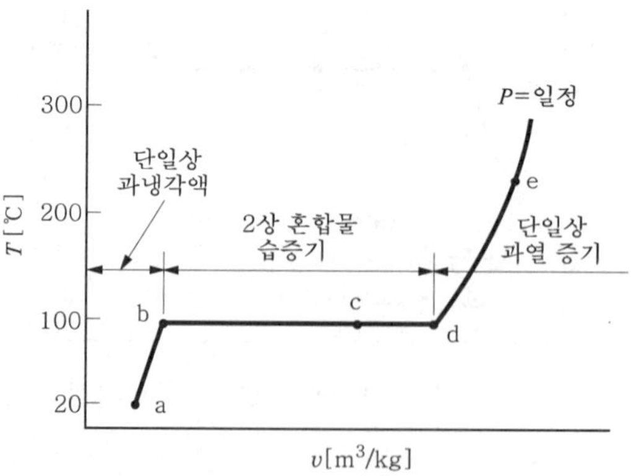

그림 2 · 4 정압 가열 과정의 온도-비체적($T-v$) 선도

[2] 포화 증기와 과열 증기

포화액 점 b에 달하면 액체의 증발이 끝날 때까지 온도 증가 없이 체적이 급격히 증가하게 된다. 즉, 압력이 일정할 경우 상변화 과정에서는 온도는 상승하지 않고 일정 온도로 유지된다. 이 온도는 액체의 종류와 압력에 따라 다르며, 이 온도를 그 압력에 대한 **포화 온도**(飽和溫度, saturation temperature)라 한다. 이러한 현상은 난로(煖爐) 위에서 용기 속의 물을 끓일 경우 온도계를 넣어 측정하여 보면 쉽게 알 수 있다.

더욱 가열하면 체적만이 증가하면서 액체는 모두 증발하여 증발이 끝나는 점인 상태 d에 달한다. 이 점에 달하면 실린더 내에는 모두 증기만으로 가득 차게 되는데, 이와 같이 증발이 종료되는 점의 증기를 **포화 증기**(飽和蒸氣, saturated vapor) 또는 **건포화 증기**(乾飽和蒸氣, dry saturated vapor)라 한다. 그러므로 증발이 시작되는 점인 포화액 점 b와 포화 증기 점 d 사이의 구간에는 액체와 증기가 공존하는 영역으로서 이를 **습증기**(濕蒸氣, wet vapor 또는 saturated liquid-vapor mixture)라 한다.

점 b로부터 d까지의 과정은 증발 과정, 즉 **상변화 과정**(相變化過程)이다. 상변화 과정이 완료되면 다시 증기만의 단일 상(相)영역으로 되며, 더욱 가열하면 온도와 비체적은 모두 증가하는 경향을 가진다.

점 d로부터 더욱 가열하면 온도는 증발 온도보다 상승하면서 과열 상태로 된다. 점 e에 상당하는 증기에서는 포화 온도보다 높은 온도에 존재하므로 **과열 증기**(過熱蒸氣, superheated vapor)라 한다. 그리고 과열 증기의 온도와 포화 온도와의 차를 **과열도**(過熱度, degree of superheat)라 한다. 만일, 상태 e에 있는 과열 증기를 같은 압력을 유지하면서 냉각시키면 위에서 설명한 과정을 역으로 거치면서 상태 a에 이르게 될 것이다.

[3] 포화 온도와 포화 압력

우리들이 일상생활에서 물을 끓이면 100℃에서 비등(沸騰, boiling)하는 것을 경험하게 되며, 이것은 압력이 1atm일 경우일 때이다. 그러므로 단순하게 물이 100℃에서 비등한다고 하는 것은 적절한 표현이라고 볼 수 없다. 정확한 비등점(沸騰點) 또는 비점(沸點, boiling point)의 표현은 "1 atm하에서 물의 비점이 100℃"라고 하여야 할 것이다. 이것은 압력 1 atm(101.325 kPa)일 때 100℃에서 비등이 일어나기 때문이며, 압력을 500 kPa로 높이면 물은 151.9℃에서 비등하기 시작한다. 즉, 물질의 비등하는 온도는 압력에 따라서 변화한다.

주어진 압력하에서 순수 물질이 증발, 즉 상변화가 일어나는 온도를 **포화 온도**(飽和溫度, saturation temperature)라 하고 T_{sat}로 표시한다. 이 때의 주어진 압력을 포화 압력이라 한다. 다시 말하면 주어진 온도에서 증발이 일어나는 압력이 **포화 압력**(飽和壓力, saturation pressure)이다. 보기를 들면, 압력 101.325 kPa(1atm)에서 포화 온도 T_{sat}는 100℃이고, 100℃에서 포화 압력 P_{sat}는 101.325 kPa이 된다.

표 2·1 물의 온도와 포화 압력과의 관계

온도(℃)	포화 압력(P_{sat} kPa)
−16	0.151
−10	0.2602
−6	0.3689
0	0.6108
0.01	0.6113
5	0.8721
10	1.2276
20	2.339
40	7.384
80	47.39
160	617.8
320	11,274

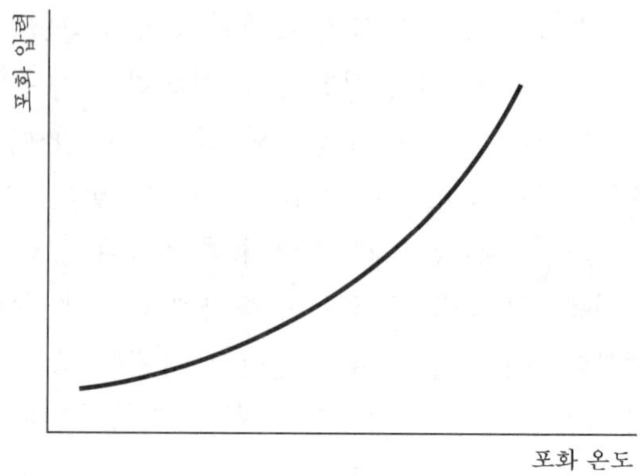

그림 2·5 물의 증기압 곡선

표 2·1은 물의 온도에 따른 포화(비등) 압력을 나타낸 것이다. 즉, 포화상변화 과정에서 포화 온도와 포화 압력과의 관계를 살펴보면 그림 2·5와 같다.

일반적으로 대기압과 물의 비등점은 고도(高度)의 증가와 더불어 저하한다. 그러므로 해발로부터 고도가 높아질수록 비등점은 낮아져서 해발 1000 m인 산에 오른다면 그 때의 압력은 89.55 kPa로 되고 비등 온도는 96.3℃로 된다. 고도가 더욱 높아져서 2000 m에 달하면 그 때의 압력은 대기압은 79.50 kPa, 비등점은 93.2℃로 된다.

대체로 고도가 1000 m 정도 높아지면 비등하는 온도는 약 3℃ 이상 강하한다.

이 선도에서 보는 바와 같이 $T_{sat} = f(P_{sat})$의 관계가 있으며 포화 온도 T_{sat}와 포화 압력 P_{sat}의 관계를 나타낸 곡선을 **증기압 곡선**(蒸氣壓曲線, vapor−pressure curve) 또는 **액−증기 포화 곡선**(液−蒸氣飽和曲線, liquid−vapor saturation curve)이라 한다. 이 선도에서 알 수 있는 바와 같이 T_{sat}는 P_{sat}의 증가와 더불어 상승한다.

물의 증기압 곡선에서 보는 바와 같이 고압하에서 물질의 포화 온도는 더 높아진다. 부엌에서 사용하는 압력솥은 장치 내의 압력을 높여서 비등 온도가 높아지게 하여 요리하는 데 필요한 시간과 에너지를 절약할 수 있다.

2.3 순수 물질의 상태량 선도

순수 물질의 상변화 과정에 대한 상태량의 변화를 공부하는 것은 상태량 선도를 이해하는 데 매우 중요하다. 여기서는 주로 순수 물질에 대한 $T-v$, $P-v$, $P-T$ 선도에 대하여 다루기로 한다.

[1] $T-v$ 선도

1 atm 하에서 물의 상변화 과정의 $T-v$ 선도에 대하여는 앞에서 설명하였다. 그러므로 여기서는 같은 방법으로 서로 다른 압력에서 물의 $T-v$ 선도를 그려 보기로 한다.

지금 피스톤–실린더 장치에서 실린더 내의 압력이 1 MPa이 되도록 피스톤 위에 추를 올려놓고, 아래로부터 가열하여 보기로 한다. 이 때에도 가열에 따른 $T-v$ 선도는 그림 **2・6**에서 보는 바와 같이 1 atm일 때와 비슷한 경향을 나타낸다.

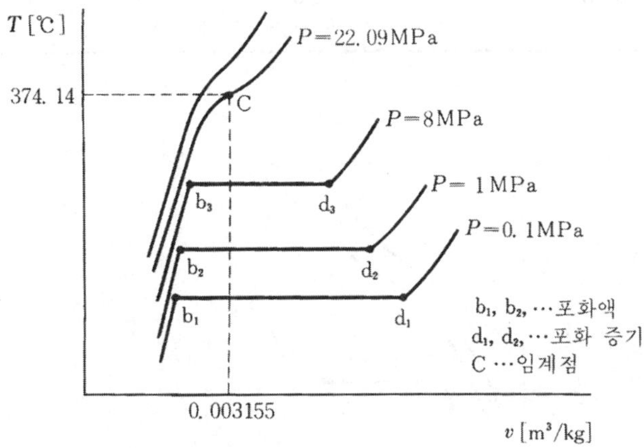

그림 2・6 순수 물질의 $T-v$ 선도

이 경우 물은 더 높은 온도에서 증발하며 증발 온도는 177.9℃(1 MPa)이다.

또한, 포화액의 비체적은 $P=1$ atm일 때보다 더 큰 값으로 되고, 포화 증기의 비체적은 더 작아진다. 그러므로 증발 과정을 나타내는 수평선은 $P=0.1$ MPa의 경우보다 훨씬 더 짧아진다.

압력이 더욱 증가하면 이 **포화선**(飽和線, saturation line)의 길이는 점점 더 짧아지게 된다. 압력이 더욱 증가하여 $P=22.09$ MPa에 달하면 그림과 같이 한 점으로 표시되며, 이 점에서는 증발 없이 액상에서 증기로 되는데 이 점을 **임계점**(臨界點, critical point)이라 한다.

임계점에서의 온도, 압력, 비체적을 각각 **임계 온도**(臨界溫度, critical temperature) T_c, **임계 압력**(臨界壓力, critical pressure) P_c, **임계 비체적**(臨界比體積, critical specific volume) v_c라 한다. 순수 물질 중에서 물의 **임계점 상태량**(臨界點 狀態量, critical point properties)은 $P_c=22.09$ MPa, $T_c=374.14$℃이고, $v_c=0.003155$ m^3/kg이다.

표 2・2는 주요 물질의 임계 상태량을 나타낸 것이다.

표 2・2 주요 물질의 임계 상태량

물 질	화학식	분자량	임계 온도 (℃)	임계 압력 (MPa)	임계 비체적 (m^3/kg)
물(water)	H_2O	18.015	374.14	22.09	0.003155
산소(oxygen)	O_2	31.999	−118.35	5.08	0.002438
수소(hydrogen)	H_2	2.016	−239.85	1.3	0.032192
암모니아(ammonia)	NH_3	17.031	132.35	11.28	0.004251
일산화탄소(carbon monoxide)	CO	28.011	−140.15	3.5	0.003320
질소(nitrogen)	N_2	28.013	−146.95	3.39	0.003209
이산화탄소(caron dioxide)	CO_2	44.010	31.05	7.39	0.002143
헬륨(helium)	He	4.003	−267.85	0.229	0.014439

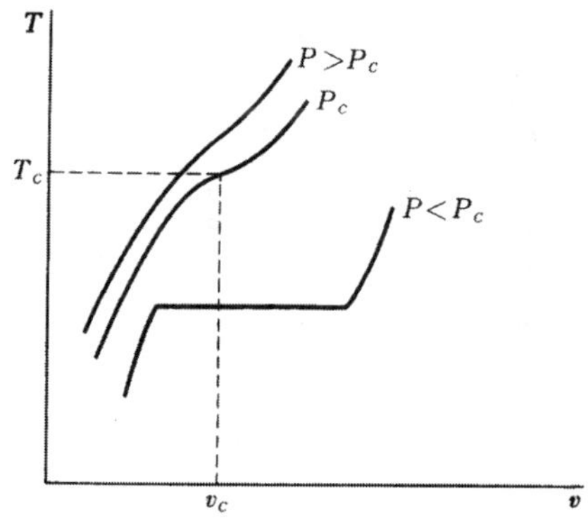

그림 2・7 임계점과 $P>P_c$일 때의 $T-v$ 선도

그림 2・7에 표시된 바와 같이 압력이 임계 압력 이상이 되면 상변화 과정에 대한 구분이 나타나지 않으며 비체적은 계속 증가하는 경향을 가진다.

그림 2・8은 순수 물질의 $T-v$ 선도를 나타낸 것으로서, 포화액의 상태를 표시하는 점 b_1, b_2, …, C를 연결하는 한계선을 **포화액선**(飽和液線, saturated liquid line)이라 하고 포화 증기 상태를 나타내는 점 d_1, d_2, …, C를 연결하는 한계선을 **포화 증기선**(飽和蒸氣線, saturated vapor line)이라 한다. 이들 두 한계선은 임계점에서 만나며, 포화액선 좌측 영역을 **압축액 영역**(壓縮液領域, compressed liquid region)이라 하고, 포화 증기선 우측의 영역을 **과열 증기 영역**(過熱蒸氣領域, superheated vapor region)이라고 한다.

그림 2・8, 그림 2・9에서 보는 바와 같이 $T-v$ 및 $P-v$ 선도에서 점 a_1의 상태를 살펴보기로 한다.

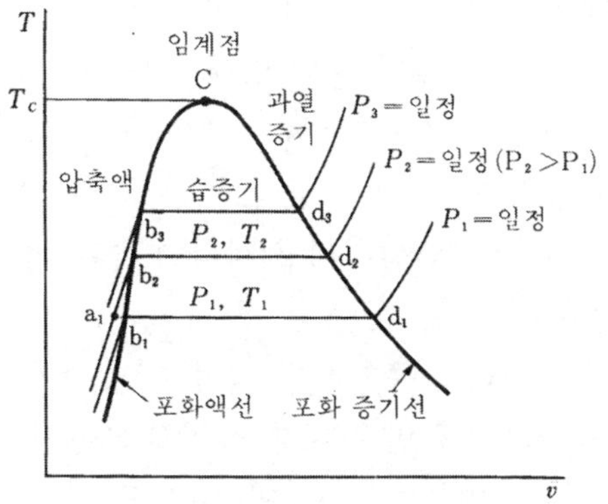

그림 2·8 순수 물질의 $T-v$ 선도

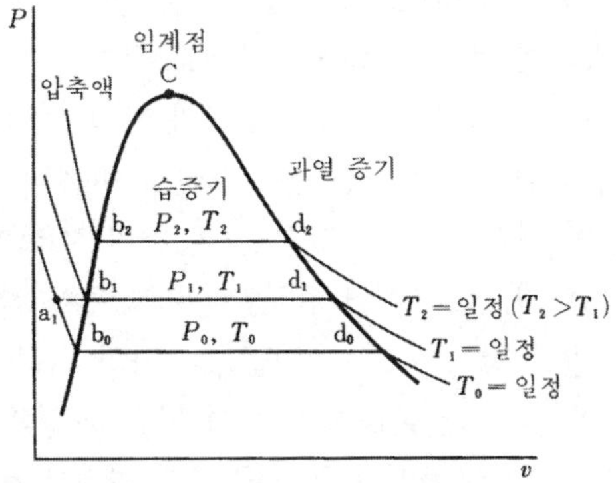

그림 2·9 순수 물질의 $P-v$ 선도

$T-v$ 선도에서 점 a_1은 포화 온도 T_1인 상태로서 그 때의 압력은 P_2로 존재한다. 그러므로 포화 압력 P_1보다 ΔP만큼 압축된 상태로 존재한다. 그러므로 a_1을 **압축액**(壓縮液, compressed liquid)이라 한다. 또한, $P-v$ 선도에서는 포화 압력 P_1인 상태이나 온도는 포화 온도 T_1보다 ΔT만큼 낮은 온도인 T_0로 존재하므로 **과냉각액**(過冷却液, subcooled liquid)이라고도 부른다.

포화액선과 포화 증기선 안쪽 부분의 영역에는 포화액과 증기가 공존하므로 **습증기 영역**(濕蒸氣領域, wet vapor region) 또는 **포화액-증기 혼합물 영역**(飽和液-蒸氣混合物領域, saturated liquid-vapor mixture region)이라 한다.

[2] $P-v$ 선도

순수 물질의 압력(P)-비체적(v) 선도는 $T-v$ 선도와 그 일반적인 형태가 매우 비슷하다. 그러나 그림 2·9에서 보는 바와 같이 T=일정인 선이 하향하는 경향을 가지는 점이 특이하다.

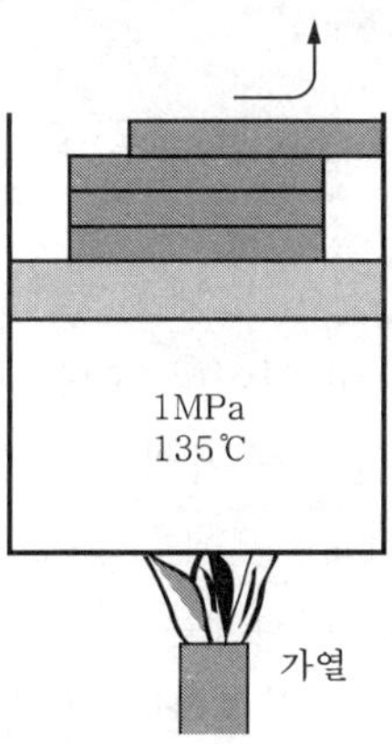

그림 2·10

그림 2·10에 표시된 것과 같은 피스톤-실린더 장치에 1 MPa, 135℃의 물이 들어 있다. 이 장치의 물은 압축액의 상태로 존재하며, 피스톤 위에는 추가 놓여 있다. 피스톤 위의 추를 하나씩 제거하면 실린더 내의 압력은 점차 저하하게 될 것이다. 물은 주위와의 열교환에 의하여 일정한 온도를 유지하면서 비체적은 점차 증가하게 된다. 압력이 내려가서 주어진 온도에 대한 포화 압력(P_{sat}=0.3130 MPa)에 달하면 물은 증발하기 시작하여 증발 과정 동안 압력과 온도는 일정하게 유지되면서 비체적은 증가한다.

증발 현상이 종료되면 압력 강하와 더불어 비체적은 더욱 증가하게 되며 과열 증기로 된다. 만일, 다른 온도에 대하여 같은 과정의 실험을 되풀이하면 유사한 상변화 과정을 얻을 수 있으며, 포화액과 포화 증기를 나타내는 점을 연결하면 그림 2·9와 같은 $P-v$ 선도를 얻을 수 있다.

지금까지는 주로 포화액과 포화 증기, 과열 증기를 하나의 상태선도로 나타내었으나 고상(固相, solid phase)을 포함하는 영역을 확장하면 그림 2·11과 같다. 기본적인 원리는 액체-증기 상태 변화 과정과 마찬가지로 고체-증기 상변화 과정에 적용할 수 있다.

대부분의 물질은 응고 과정(凝固過程, solidification process)에서 수축(收縮)하는 성질을 가진다. 그러나 물은 빙결(氷結, freezing)할 때 반대로 체적이 증가하는 성질을 가진다.

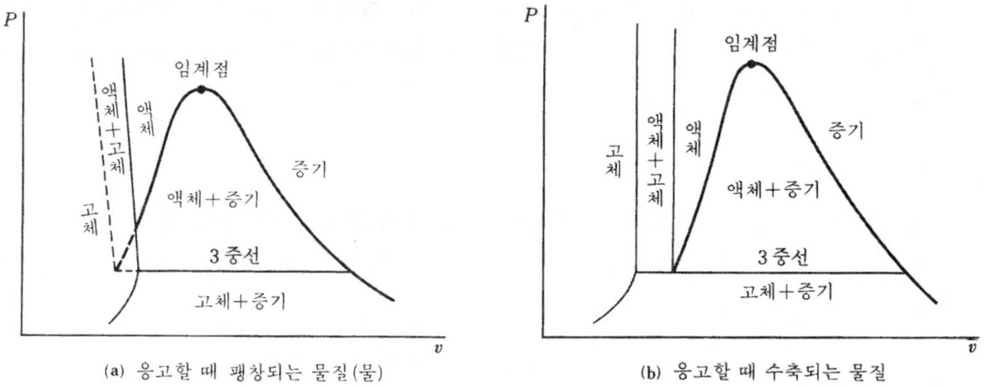

그림 2·11 순수 물질의 $P-v$ 선도와 상

그림 2·11 (a), (b)는 각각 순수 물질이 고체로 될 때 팽창하는 물질과 고체로 될 때 수축하는 물질에 대한 $P-v$ 선도를 나타낸 것이다. 이들 두 선도는 단지 고체-액체 포화 영역에서 다르며, $T-v$ 선도는 $P-v$ 선도와 거의 동일한 형태를 가진다.

물질의 **3 중점**(三重點, triple point)은 고체·액체·기체의 3상이 모두 평형 상태로 공존하는 상태의 점을 말한다. 3상 상태를 나타내는 선을 **3 중선**(三重線, triple line)이라 하고, 이 선 상에서는 물질의 온도와 압력은 일정하나 비체적은 변화한다.

이 3중선은 $P-T$ 선도 위에서는 하나의 점으로 표시된다.

물의 3 중점의 온도와 압력은 **0.01℃, 0.6113 kPa**(0.00603 atm)이다. 따라서 정확하게 이 온도와 압력에 달한다면 물은 얼음, 액체, 증기의 3상이 공존 평형 상태에 존재하게 된다. 3중점 압력 이하의 압력에서 액상으로 존재하는 물질은 없다.

일반적으로 고체 상태로부터 증기로 되는 경우는 두 가지 경우를 생각할 수 있는데, 그 하나는 **융해**(融解) 또는 **용융**(熔融)되어 증발하는 것이고, 다른 하나는 융해 과정없이 바로 증기로 되는 것이다. 후자의 경우 고상(固相, solid phase)으로부터 직접 증기상(蒸氣相, vapor phase)으로 되는 것을 **승화**(昇華, sublimation)라 한다.

대기압 이상의 3중점 압력을 갖는 물질로는 **고형 이산화탄소**(固形二酸化炭素, CO_2)를 들 수 있다. 이것은 대기압 하에서 고체 상태로부터 증기로 된다.

표 2·3은 몇 가지 물질에 대한 3중점 압력과 온도를 나타낸 것이다.

표 2·3 주요 물질의 3중점 압력과 온도

물 질	압력(kPa)	온도(℃)
물(water)	0.6113	0.01
산소(oxygen)	0.15	−219
수소(hydrogen)	7.194	−259
암모니아(ammonia)	6.1	−78
질소(nitrogen)	12.5	−210
이산화탄소(carbon dioxide)	517.0	−57
헬륨(helium)	5.1	−271
수은(mercury)	0.00000013	−39
아연(zinc)	5.066	419
은(silver)	0.01	961
구리(copper)	0.000079	1083

[3] $P-T$ 선도

그림 2·12는 순수 물질의 $P-T$ 선도를 나타낸 것이다. 이 선도는 세 개의 상이 서로 다른 세 개의 선으로 구분되도록 표시되므로 **상 선도**(相線圖, phase diagram)라고도 부른다.

액체로부터 기체로 변화하는 **증발**과 같이 고체로부터 액체로 변화하는 것을 **융해**(融解, fusion 또는 melting)라 하고, 고체로부터 직접 기체로 변화하는 것을 **승화**(昇華, sublimation)라고 한다.

이 선도에서 **승화 곡선**(昇華曲線, sublimation curve)은 고체와 증기 영역을 구분하는 곡선이고, **증발 곡선**(蒸發曲線, vaporization curve)은 액체와 증기 영역을 구분하는 곡선이다. 또한, **융해**(용융) **곡선**(融解曲線, fusion 또는 melting curve)은 고체와 액체 영역을 구분하는 곡선이 된다. 이 들 세 곡선은 3중점에서 만나며, 이 점에서는 3상이 공존한다.

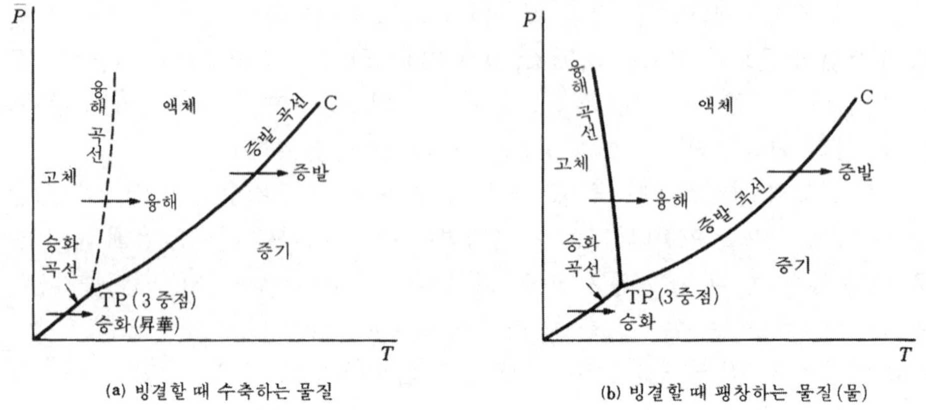

그림 2·12 순수 물질의 $P-T$ 선도

증발 곡선은 액상과 증기상이 구분되지 않는 임계점에서 끝나게 된다. 한편 응고시 수축되는 물질에 대한 $P-T$ 선도는 그림에서 점선으로 표시한 융해 곡선만이 다르고 나머지는 모두 동일하다.

[4] $P-v-T$ 상태 곡면

순수 물질의 특성 중의 하나는 온도와 압력에 따라서 고체(얼음), 액체(물) 또는 증기로 되고 고상, 액상 또는 기상의 상변화를 수반하는 점이다. 그러므로 이와 같은 변화의 양상을 그림으로 나타내면 상태 변화를 쉽게 판단할 수 있어서 편리하다.

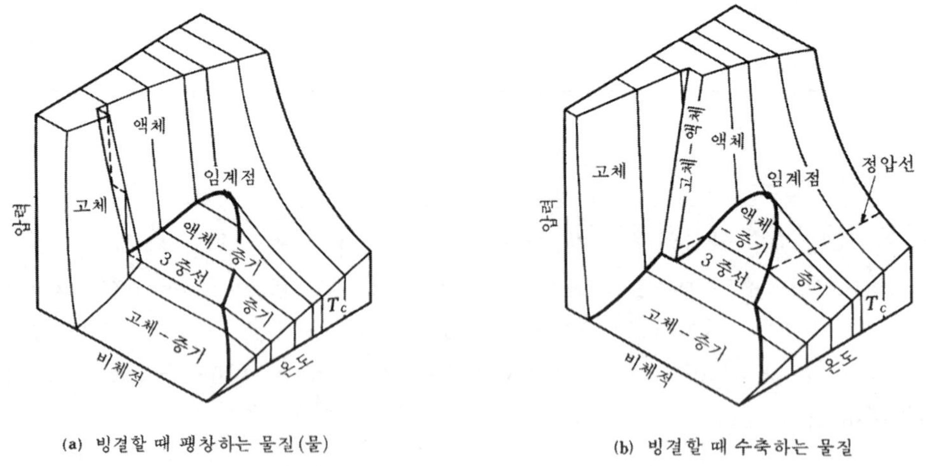

그림 2·13 $P-v-T$ 상태 곡면

순수 물질의 상태량 P, v 및 T 사이의 관계를 각각 그림 2・13과 같이 직교 좌표축(直交座標軸)으로 잡은 공간 곡면(空間曲面)으로 표시한 것을 증기의 **상태 곡면**(狀態曲面) 또는 **P-v-T 상태 곡면**($P-v-T$ surface)이라 한다.

$P-v-T$ 상태 곡면을 압력-온도($P-T$) 평면에 대하여 투영하면 $P-T$ 선도가 되고, $P-T$ 선도 위에서는 2상 영역은 하나의 곡선으로 표시된다. 또, $P-v-T$ 상태 곡면을 $P-v$ 평면에 투영한 것이 $P-v$ 선도이고, $T-v$ 평면에 투영한 것이 $T-v$ 선도이다.

2.4 순수 물질의 열역학적 상태량

[1] 열역학적 상태량에 관한 표

순수 물질의 열역학적 상태량은 표, 선도, 식 등에 의하여 나타낼 수 있으나 여러 가지 상태량 사이의 관계를 하나의 단순한 식으로 나타내기는 어려운 일이다.

증기의 열적 상태량(내부 에너지, 엔탈피, 엔트로피 등)은 기준 상태에서의 값과의 차로서 표시한다. 즉, 기준 상태의 값을 0으로 잡는다. 따라서 수증기의 경우 물의 3 중점에서의 엔트로피와 내부 에너지, 엔탈피를 0으로 잡는다. 예를 들면, 수증기(water vapor)의 경우는 기준 상태로 **물의 3 중점** [$T=273.16$ K(0.01℃), $P=611.3$ Pa, $v=0.0010002\ \mathrm{m^3/kg}$]을 정하고 있다. 그러나 $T=273.15$ K(0℃)와 0.01℃(273.16 K)와의 상태량의 오차는 무시될 수 있을 정도로 작으므로 일반적으로 0℃를 기준으로 하고, 이 때의 내부 에너지, 엔탈피, 엔트로피의 값을 0으로 둔다.

지금 물의 3중점의 엔탈피를 구해 보면

$$\begin{aligned} h_0 &= u_0 + P_0 v_0 \\ &= 0 + 0.6113 \times 0.0010002 \\ &= 0.0006114\mathrm{kJ/kg} \end{aligned}$$

이 된다. 여기서 첨자 0은 3 중점 상태를 표시한다.

$h_0=0.0006114$ kJ/kg은 0으로 볼 수 있으므로, 기준 상태에서의 엔탈피를 0으로 두어도 무방하다.

증기의 열역학적 상태량에는 온도, 압력과 비체적 이외에 내부 에너지, 엔탈피, 엔트로피 등이 있으며, 이들 값을 온도 또는 압력을 기준으로 하여 표를 만든 것이 **증기표**(蒸氣表, steam table)이다.

내부 에너지(internal energy)란 물질이 가지고 있는 총 에너지 중에서 역학적 에너지와 전기적 에너지를 제외한 나머지를 말한다.

물질이 가지고 있는 에너지에는 내부 에너지 U 외에 압력과 체적의 곱에 해당하는 일에 상당하는 에너지 PV도 존재한다.

엔탈피(enthalpy)란 물질이 가지고 있는 내부 에너지 U와 물질의 PV의 합을 말하며, 이 양을 엔탈피 H kJ 또는 비엔탈피(specific enthalpy) h kJ/kg으로 표시한다.

$$H = U + PV \text{ kJ}$$
$$h = u + Pv \text{ kJ/K} \qquad (2 \cdot 1)$$

여기서 u, P, v가 모두 상태량이므로 엔탈피 H, 비엔탈피 h도 상태량이다. 엔탈피는 특히 개방계에서 중요한 상태량이다. 엔탈피는 네덜란드의 실험 물리학자 Onnes(Kamerlingh Onnes, 1853~1926)에 의하여 명명(命名)된 말로서, 영어의 발음은 [enθǽlpi]이며 그리스어의 "따뜻하다"란 말(warm에 상당)로부터 유래된 것이다. Onnes가 엔탈피란 용어를 제정할 때 제 2 음절에 액센트를 둔 것은 엔트로피(entropy[éntrəpi])와 발음을 구별하기 위한 것이라고 한다.

PV 또는 Pv는 모두 에너지의 단위를 가진다. 압력 P의 단위는 Pa, bar이고, 체적 V와 비체적 v의 단위는 각각 m^3, m^3/kg이므로

$$\text{kPa m}^3 = \text{kJ}, \qquad \text{kPa m}^3/\text{kg} = \text{kJ/kg}$$
$$\text{bar m}^3 = 100 \text{ kJ}, \qquad \text{MPa m}^3 = 1000 \text{ kJ}$$

이 된다. 그리고 **엔트로피**는 S kJ/K 또는 비엔트로피 s kJ/kg K로 표시하나, 이것은 열역학의 제 2 법칙으로부터 유도되는 상태량이므로 다음에 나오는 제 2 법칙과 엔트로피의 성질에서 자세히 다루기로 한다.

[2] 증 기 표

증기표(蒸氣表, steam table)는 물에 대한 포화액과 포화 증기의 여러 가지 열역학적 성질을 온도 기준 또는 압력 기준으로 나타내는 표로서 부록의 부표에 실었다. 온도가 주어지면 온도 기준 증기표를 사용하고, 압력이 주어지면 압력 기준 증기표를 이용하는 것이 편리하다. 표 2·4는 증기표의 일부를 발췌한 것이다.

증기표에서 비체적은 m^3/kg, 비내부 에너지는 kJ/kg, 비엔탈피는 kJ/kg, 비엔트로피는 kJ/kg K의 단위를 가진다. 또 첨자 f는 포화액, 첨자 g는 포화 증기를 나타낸 것이고, h_{fg}는 $(h_g - h_f)$를 나타낸 것이다. 엔탈피 난의 h_{fg}는 포화 증기의 엔탈피와 포화액의 엔탈피의 차로서 **증발 잠열**(蒸發潛熱, enthalpy of vaporization 또는 latent heat) 또는 **증발열**(蒸發熱)이다.

그림 2·14는 $P-v$ 선도 위에 $v_g - v_f$를 여러 압력에 대하여 나타낸 것으로서 압력이 증가할수록 $v_{fg} = v_g - v_f$의 값이 작아짐을 알 수 있다.

표 2·4 온도 기준 포화 증기표

온도 ℃ T	포화 압력 kPa P_{sat}	비체적		비내부 에너지		비엔탈피			비엔트로피	
		포화액 v_f	포화증기 v_g	포화액 u_f	포화증기 u_g	포화액 h_f	증발열 h_{fg}	포화증기 h_g	포화액 s_f	포화증기 s_g
75	38.58	0.001026	4.131	313.90	2475.9	313.93	2321.4	2635.3	1.0155	7.6824
80	47.39	0.001029	3.407	334.86	2482.2	334.91	2308.8	2643.7	1.0753	7.6122
85	57.83	0.001033	2.828	355.84	2488.4	355.90	2296.0	2651.9	1.1343	7.5445
90	70.14	0.001036	2.361	376.85	2494.5	376.92	2283.2	2660.1	1.1925	7.4791
⋮	⋮	⋮	⋮	⋮	⋮	⋮	⋮	⋮	⋮	⋮

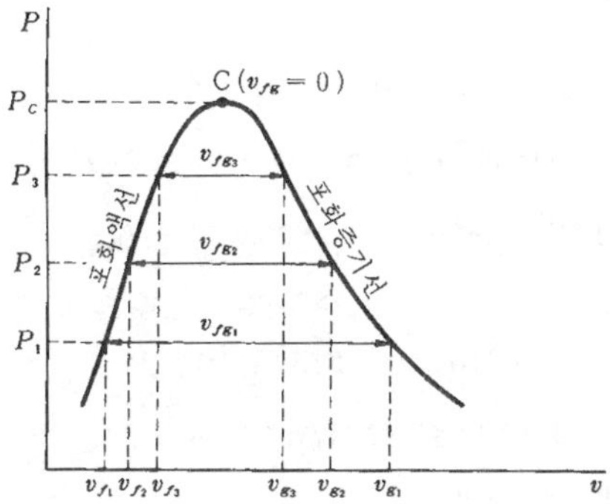

그림 2·14 $P-v$ 선도와 v_g-v_f의 크기

보기 2.1

철제 용기 속에 85℃의 포화수 70 kg이 들어 있다. 탱크 내의 압력과 탱크의 체적을 구하여라.

풀이 표 2·4에서 85℃ 일 때의 비체적 v_f를 찾으면

$$v_f = 0.001033\ \mathrm{m^3/kg},\quad v_g = 2.828\ \mathrm{m^3/kg}$$

$$P_{sat} = 57.83\ \mathrm{kPa}$$

$$V = mv = 70 \times 0.001033 = 0.07231\ \mathrm{m^3}$$

보기 2.2

질량이 0.3 kg인 포화액이 압력 125 kPa에서 완전히 증발할 경우, 다음 사항을 부록의 증기표를 이용하여 구하여라.

(1) 체적의 변화
(2) 물을 가열하는 데 요하는 에너지

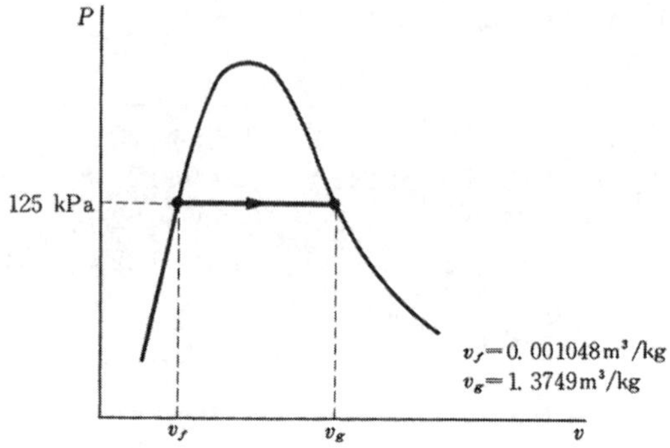

그림 2·15 보기 2.2의 $P-v$ 선도

풀이 포화 증기표로부터 비체적과 비엔탈피를 찾으면

포화액 $v_f = 0.001048 \text{ m}^3/\text{kg}$, $h_f = 444.32 \text{ kJ/kg}$

포화 증기 $v_g = 1.3749 \text{ m}^3/\text{kg}$, $h_g = 2685.4 \text{ kJ/kg}$

$m = 0.3 \text{ kg}$ 이므로 구하고자 하는 체적 변화와 가열량은 다음과 같이 구한다.

(1) $v_{fg} = v_g - v_f = 1.3749 - 0.001048 = 1.3739 \text{ m}^3/\text{kg}$

$V = m\,v_{fg} = 0.3 \times 1.3739 = 0.41217 \text{m}^3$

(2) 증발에 요하는 열량, 즉 증발열

$m\,h_{fg} = 0.3 \times (2685.4 - 444.32) = 672.324 \text{ kJ}$

[3] 습증기의 상태량과 건도

습증기(濕蒸氣, wet vapor)는 포화액과 포화 증기가 일정 온도, 압력하에서 공존하고 있는 혼합물이다. 이 상태에서는 온도와 그 포화 압력과의 사이에서는 $P_{\text{sat}} = P_{\text{sat}}(T)$의 관계가 있으므로, 온도와 압력이 독립적으로 변화하는 상태량이 아니기 때문에 열역학적 상태를 규정하지 못한다. 왜냐하면 순수 물질의 경우 열역학적 상태를 규정하기 위해서는 두 개의 독립적인 **강도성 상태량**(强度性狀態量, intensive properties)이 요구되기 때문이다. 그러므로 습증기의 열역학적 상태량을 정확히 나타내기 위하여는 다른 하나의 물리량이 더 필요하다. 이 다른 하나의 양이 **건도**(乾度 또는 乾燥度, dryness fraction) 또는 **질**(質, quality)이다.

습증기의 건도는 1 kg의 습증기 중에 x kg이 포화 증기이고, 나머지 부분인 $(1-x)$ kg이 포화액일 때의 x를 말한다. 이 때 $(1-x)$를 **습도**(濕度, wetness)라 한다. 따라서 건도(또는 건조도) x는 다음과 같이 표시된다.

$$x \equiv \frac{\text{포화 증기의 질량}(m_g)}{\text{습증기의 질량}(m)} \tag{2・2}$$

습증기의 질량을 m kg, 포화 증기의 질량을 m_g kg, 포화액의 질량을 m_f kg이라 하면

$$m = m_f + m_g \text{ kg}$$

이므로

$$x = \frac{m_g}{m_f + m_g} \tag{2・3}$$

가 된다. 여기서 첨자 f는 포화액을 나타낸 것으로서 원래는 독일말 flüssigkeit로부터 유래된 것이고 g는 가스, 즉 증기를 나타낸 것이다.

건도는 포화 혼합물인 습증기의 경우에만 적용되는 말이며, 압축액이나 과열 증기영역에서는 아무런 의미가 없는 말이다. 포화액으로 구성된 계의 건도는 0(또는 0%)이고, 포화 증기로 구성된 계의 건도는 1(또는 100%)이 된다. 만일 증기의 건도가 1보다 작다면 증기는 **습분**(濕分, moisture)을 함유하고 있으므로 습증기이다.

포화 혼합물(습증기)의 열역학적 상태량은 포화액과 포화 증기의 상태량의 조합으로부터 구한다. 그러나 혼합물 중에 들어 있는 증기상과 액상의 질량을 알 수 없으므로 2상이 균질인 상태로 혼합되어 있는 것으로 생각하기로 한다.

체적이 V인 탱크 속에 들어 있는 습증기 중에 포화액의 체적이 V_f이고, 포화 증기의 체적이 V_g라고 하면 총 체적은 다음과 같이 표시된다.

$$V = V_f + V_g \text{ m}^3 \tag{2・4}$$

만일, 증기의 건도가 1보다 작다면 증기는 습분을 함유하고 있으므로 습증기이다.

$$V = mv = m_f v_f + m_g v_g$$
$$mv = (m - m_g)v_f + m_g v_g$$

양변을 m 으로 나누면,

$$v = \left(1 - \frac{m_g}{m}\right)v_f + \frac{m_g}{m}v_g$$

여기서 건도는 $x = m_g/m$ 이므로,

$$\begin{aligned} v &= (1-x)v_f + x v_g \\ &= v_f + x(v_g - v_f) \end{aligned} \tag{2・5}$$

가 된다. 여기서 $v_g - v_f = v_{fg}$라 하면,

$$v = v_f + x v_{fg}$$

따라서 습증기의 건도는

$$x = \frac{v - v_f}{v_g - v_f} = \frac{v - v_f}{v_{fg}} \qquad (2 \cdot 6)$$

가 된다. 이상의 관계를 $P-v$ 또는 $T-v$ 선도 위에 표시하면 그림 2·16과 같다.

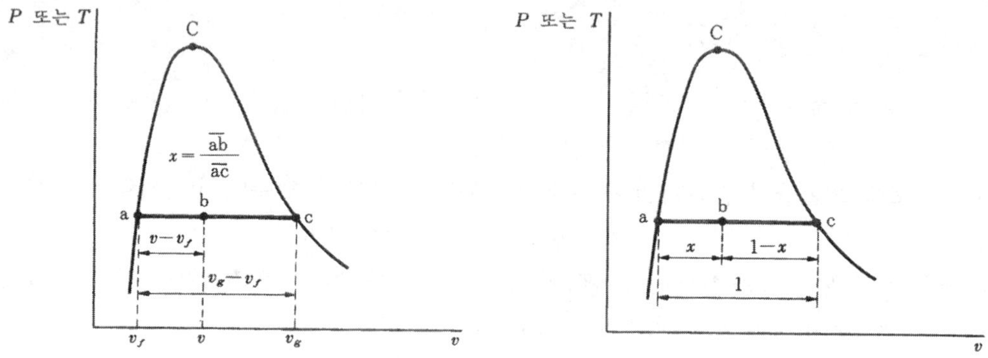

그림 2·16 습증기의 비체적과 건도

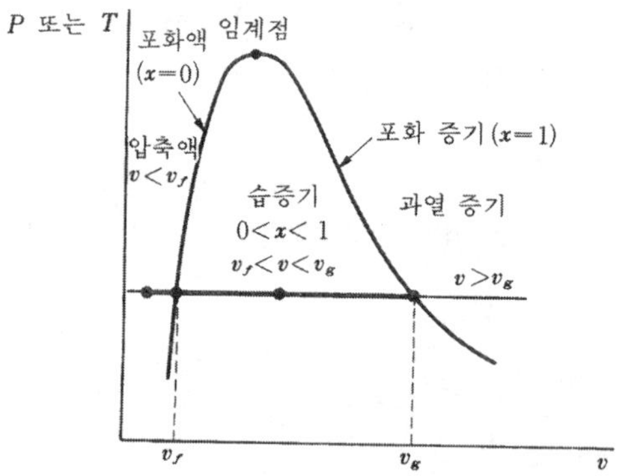

그림 2·17 습증기의 비체적

그림 2·17은 각 상(相)의 영역과 습증기의 비체적과의 관계를 나타낸 것이다.

한편, 습증기의 비내부 에너지, 비엔탈피와 비엔트로피를 비체적의 경우와 같은 방법으로 구하면,

$$u = u_f + x(u_g - u_f) = u_f + x u_{fg} \ \ \text{kJ/kg} \qquad (2 \cdot 7)$$

$$h = h_f + x(h_g - h_f) = h_f + x h_{fg} \ \ \text{kJ/kg} \qquad (2 \cdot 8)$$

$$s = s_f + x(s_g - s_f) = s_f + x s_{fg} \text{ kJ/kg K} \tag{2·9}$$

가 된다.

이상의 결과로부터 습증기의 용량성 상태량 또는 종량성 상태량(容量性狀態量 또는 從量性狀態量, extensive property)은 다음과 같이 하나의 일반적인 식으로 요약할 수 있다.

$$\begin{pmatrix}\text{습증기의}\\ \text{용량성 상태량}\end{pmatrix} = \begin{pmatrix}\text{포화액의}\\ \text{질량}\end{pmatrix}\begin{pmatrix}\text{단위 질량당}\\ \text{포화액의 상태량}\end{pmatrix} + \begin{pmatrix}\text{포화 증기의}\\ \text{질량}\end{pmatrix}\begin{pmatrix}\text{단위 질량당}\\ \text{포화 증기의 상태량}\end{pmatrix}$$

$$Y = m_f y_f + m_g y_g$$

$$y = y_f + x(y_g - y_f) = y_f + x y_{fg} \tag{2·10}$$

여기서 $y_{fg} = y_g - y_f$

이 식에 y는 u, v, h 및 s에 상당하는 단위 질량당 용량성 상태량이다.

습증기의 용량성 상태량 y는

$$y_f \leqq y \leqq y_g \tag{2·11}$$

의 관계가 있다.

한편, 고상에서 액상으로 될 때의 **융해의 잠열**(latent heat of fusion)은

$$h_{sf} = h_f - h_s \tag{2·12}$$

가 된다. 여기서 첨자 f는 액상, s는 고상을 나타낸다.

고상에서 기상으로 될 때의 **승화 잠열**(昇華潛熱, latent heat of sublimation)은

$$h_{sg} = h_g - h_s \tag{2·13}$$

가 된다. 여기서 첨자 g, s는 각각 기상(氣相), 고상(固相)을 나타낸다.

보기 2.3

철제 탱크 속에 80℃의 습증기 20 kg이 들어 있다. 습증기 중의 16 kg이 포화액이고, 나머지 4 kg이 포화 증기일 경우 탱크 속의 압력과 탱크의 부피를 구하여라.

풀이 부록의 부표 A·4 증기표를 찾으면

80℃ ; $P_{sat} = 47.39$ kPa 이므로, $P = 47.39$ kPa

$v_f = 0.001029\ \text{m}^3/\text{kg}$, $v_g = 3.407\ \text{m}^3/\text{kg}$

따라서 탱크의 체적 V는

$$V = V_f + V_g = m_f v_f + m_g v_g = 16 \times 0.001029 + 4 \times 3.407$$

$$= 13.6445\ \text{m}^3$$

또, 다른 방법으로 건도 x를 이용하면

$$x = \frac{m_g}{m} = \frac{4}{20} = 0.2$$

$$v = v_f + x(v_g - v_f) = 0.001029 + 0.2(3.407 - 0.001029)$$
$$= 0.6822\,\mathrm{m^3/kg}$$

$$V = mv = 20 \times 0.6822 = 13.6444\,\mathrm{m^3}$$

보기 2.4

체적 0.08 $\mathrm{m^3}$의 용기 속에 R-134a 냉매 6 kg이 180 kPa의 압력으로 들어 있다. (1) 냉매의 온도, (2) 건도, (3) 냉매의 엔탈피, (4) 증기가 차지하고 있는 체적을 구하여라.

풀이 부록의 R-134a 냉매의 포화 증기표 부표 A·13으로부터 180 kPa일 때 포화 온도를 구하면 −12.73℃이고, 비체적과 비엔탈피는

180 kPa = 0.180 MPa ;

$v_f = 0.0007485\,\mathrm{m^3/kg}$, $v_g = 0.1098\,\mathrm{m^3/kg}$

$h_f = 33.45\,\mathrm{kJ/kg}$, $h_g = 239.71\,\mathrm{kJ/kg}$, $h_{fg} = 206.26\,\mathrm{kJ/kg}$

(1) 냉매의 온도

냉매 증기표로부터 $P = 180\mathrm{kPa}$에서 $T = T_{sat} = -12.73$℃이다.

(2) 건도

$$v = v_f + x(v_g - v_f)$$

$$x = \frac{v - v_f}{v_g - v_f}$$

여기서 냉매 습증기의 비체적 v는

$$v = \frac{V}{m} = \frac{0.08}{6} = 0.01333\,\mathrm{m^3/kg}$$

따라서 x는

$$x = \frac{(0.01333 - 0.0007485)}{(0.1098 - 0.0007485)}$$
$$= 0.1154$$

(3) 냉매의 비엔탈피

$$h = h_f + x(h_g - h_f) = h_f + xh_{fg} = 33.45 + 0.1154 \times 206.26$$
$$= 57.2524\,\mathrm{kJ/kg}$$

(4) 냉매 증기의 체적

$$x = \frac{m_g}{m},\quad m_g = xm$$

$$V_g = m_g v_g = xmv_g = 0.1154 \times 6 \times 0.1098$$

$= 0.07603\,\text{m}^3 = 76.03\text{ L}$

$V_f = V - V_g$

$= 0.08 - 0.07603$

$= 0.00397\,\text{m}^3$

따라서 증기의 체적은 0.07603 m^3이고, 포화액의 체적은 0.00397 m^3이다.

[4] 과열 증기

과열 증기는 습증기 선도의 포화 증기선의 우측 영역에 존재하며 단일상인 증기상(蒸氣相)으로 존재한다. 임의의 압력 P인 포화 증기를 포화 온도 T_s로부터 임의의 온도까지 가열하면 P, T 상태의 과열 증기로 된다. 따라서 과열 증기의 열적 상태량은 압력 P에 대응하는 포화 온도 T_s로부터 T까지 상승시키는 데 필요한 엔탈피, 내부 에너지, 엔트로피 등으로부터 구할 수 있다.

표 2·5 과열 증기표

온 도 T ℃	비체적 v m^3/kg	비내부 에너지 u kJ/kg	비엔탈피 h kJ/kg	비엔트로피 s kJ/kg K
P=1.00 MPa (179.91℃)				
sat	0.19444	2583.6	2778.1	6.5865
200	0.2060	2621.9	2827.9	6.6940
250	0.2327	2709.9	2942.6	6.9247
300	0.2579	2793.2	3051.2	7.1229
·	·	·	·	·
·	·	·	·	·

표 2·5는 과열 증기표의 일부를 발췌한 것이다. 이 표는 포화 온도로부터 주어진 임의의 과열 온도에 따른 v, u, h, s를 나타낸 것이다. 또한 압력과 함께 ( ) 속에 포화 온도를 표시하였다. 여기서 P=1.00 MPa(179.91℃)는 압력 1.00 MPa에서 포화 온도가 179.91℃임을 나타낸 것이다.

과열 증기의 압력, 온도, 비체적, 비엔탈피는 다음과 같은 관계가 있다.

온도가 일정할 때 ; $P_s > P$

압력이 일정할 때 ; $T_s < T$

압력 또는 온도가 일정할 때 ; $v_g < v$

압력 또는 온도가 일정할 때 ; $u_g < u$

압력 또는 온도가 일정할 때 ; $h_g < h$

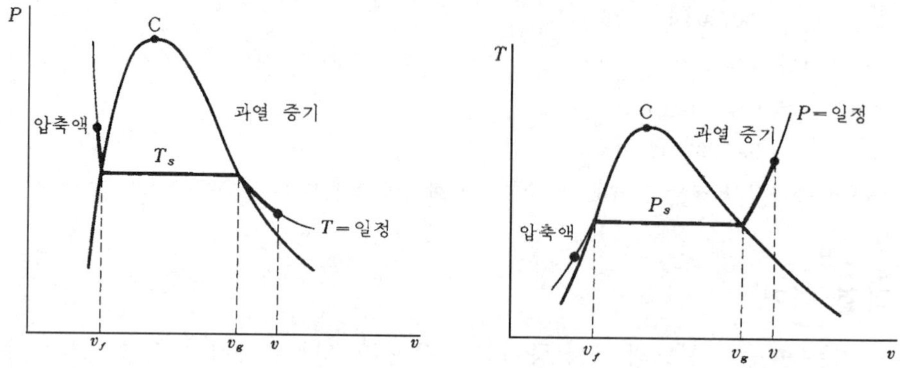

그림 2·18 순수 물질의 $P-v$ 및 $T-v$ 선도

보기 2.5

과열 증기의 압력이 1.4 MPa이고 온도가 250℃일 때의 비내부 에너지와 비엔탈피를 구하여라.

풀이 부록의 과열 증기표 부표 A·6으로부터 P=1.4 MPa, T=250℃일 때의 비내부 에너지, 비엔탈피를 구하면

$$u = 2698.3 \text{ kJ/kg}, \quad h = 2927.2 \text{ kJ/kg}$$

이다.

보기 2.6

압력 1 MPa인 과열된 수증기의 비엔탈피가 h=2910.4 kJ/kg일 경우의 온도를 구하여라.

풀이 부록의 과열 증기표 부표 A·6으로부터 h=2910.4 kJ/kg은 T=200℃와 250℃ 사이의 온도에 해당하므로 보간 공식을 이용하면

$$T = T_1 + (T_2 - T_1) \times \frac{h - h_1}{h_2 - h_1}$$

$$= 200 + 50 \times \frac{2910.4 - 2827.9}{2942.6 - 2827.9} = 235.9634 \text{ ℃}$$

보기 2.7

피스톤-실린더 장치에서 증기가 압력 10 MPa, 500℃인 처음 상태로부터 같은 압력하에 포화액이 될 때까지 냉각되었다. 이 증기를 다시 체적 일정하에 온도 220℃가 될 때까지 냉각한 다음, 같은 온도하에서 압력 2.5 MPa이 될 때까지 압축하였다. 이 과정에 대하여 다음 물음에 답하여라.

(1) 각 과정을 $P-v$ 및 $T-v$ 선도 위에 그려라.

(2) 각 점의 비체적과 상태 3에서의 증기 건도를 구하라.

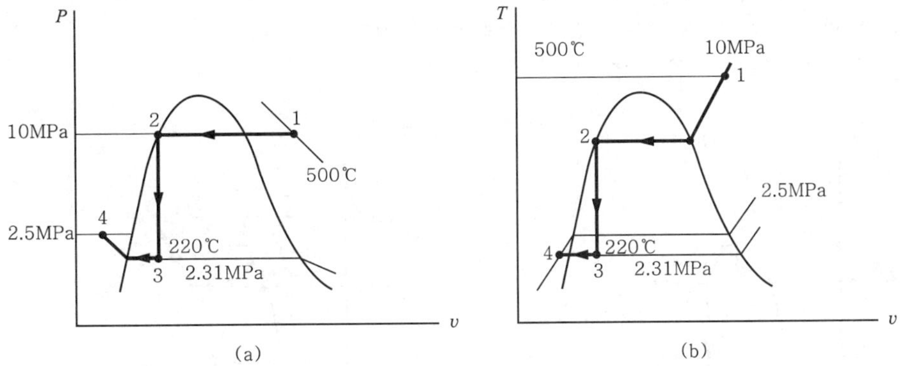

그림 2·19 $P-v$ 및 $T-v$ 선도

풀이 (1) $P-v$ 및 $T-v$ 선도 : 그림 2·19

(2) 비체적 및 상태 2의 건도

상태 1 : 과열 증기표에서 $P_1=10$ MPa, $T_1=500$℃일 때의 비체적을 구하면

$v_1=0.03279\ \text{m}^3/\text{kg}$

상태 2 : 10 MPa의 포화액이 될 때까지 정압 냉각되므로

$v_{f2}=0.001452\ \text{m}^3/\text{kg}$

$v_{g2}=0.018026\ \text{m}^3/\text{kg}$

$v_2=v_{f2}=0.001452\ \text{m}^3/\text{kg}$

상태 3 : 220℃($P_{\text{sat}}=2.318$ MPa)가 될 때까지 정적 변화하므로

$v_{f3}=0.001190\ \text{m}^3/\text{kg}$

$v_{g3}=0.08619\ \text{m}^3/\text{kg}$

$v_2=v_3=0.001452\ \text{m}^3/\text{kg}$

$$x_3=\frac{v_3-v_{f3}}{v_{g3}-v_{f3}}=\frac{0.001452-0.001190}{0.08619-0.001190}=0.003082$$

상태 4 : 220℃인 상태(2.318 MPa)에서 $P_4=2.5\text{MPa}\,(T_{\text{sat}}=223.99℃)$가 될 때까지 등온 변화하므로 T_4가 2.5 MPa의 포화 온도인 T_{sat}보다 더 낮으므로 압축액이다. 따라서 압축액표를 찾으면

$v_4=0.0011898\ \text{m}^3/\text{kg}$

보기 2.8

어느 계가 압력 2.5 MPa, 온도 160℃의 압축액을 가열하여 다음과 같은 과정을 거치면서 상태 변화하는 경우

과정 1→2 : 정압하에서 건도 0.45까지 정압 가열

과정 2→3 : 정적하에서 압력 5 MPa까지 가열

과정 3→4 : 정압하에서 온도 500℃까지 과열 증기가 될 때까지 상태 변화

(1) 각 과정을 $P-v$ 및 $T-v$ 선도 위에 표시하여라.

(2) 전 과정 중의 한 일과 열전달량을 구하여라.

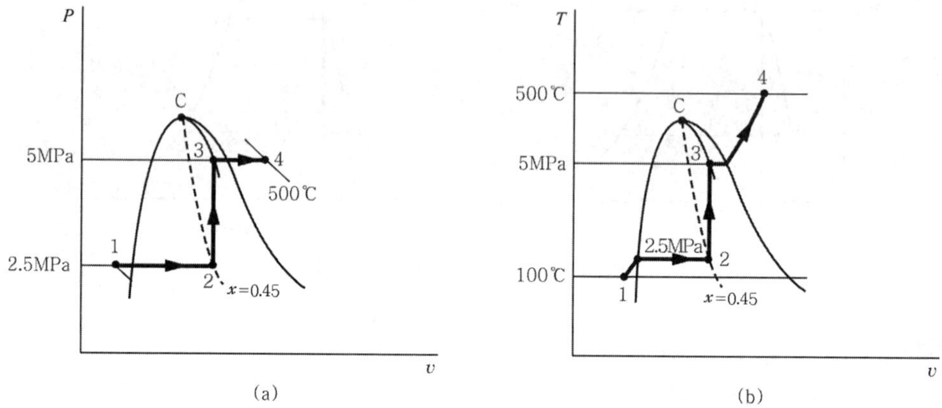

그림 2·20 $P-v$ 및 $T-v$ 선도

풀이 (1) $P-v$ 및 $T-v$ 선도

이 과정을 $P-v$ 및 $T-v$ 선도로 나타내면 그림 2·20과 같다.

상태 1 : 160℃, 2.5 MPa의 압축액(부표) $v_1 = 0.0011006\ \mathrm{m^3/kg}$, $u_1 = 637.90\ \mathrm{kJ/kg}$

상태 2 : $x_2 = 0.45$, $P_2 = 2.5\ \mathrm{MPa}$이므로

$$v_2 = v_{f2} + x_2(v_{g2} - v_{f2})$$

여기서 $P_1 = P_2 = 2.5\mathrm{MPa}$이므로 부록의 포화 증기표(부표 A·5)를 찾으면

$$v_{f2} = 0.001197\,\mathrm{m^3/kg},\ u_{f2} = 959.11\,\mathrm{kJ/kg}$$

$$v_{g2} = 0.07998\,\mathrm{m^3/kg},\ u_{g2} = 2603.1\,\mathrm{kJ/kg}$$

따라서

$$v_2 = 0.001197 + 0.45 \times (0.07998 - 0.001197)$$
$$= 0.03665\,\mathrm{m^3/kg}$$

$$u_2 = 959.110 + 0.45 \times (2603.1 - 959.11)$$
$$= 1698.9055\ \mathrm{m^3/kg}$$

상태 3 : $P_3 = 5\ \mathrm{MPa}$이므로 포화 증기표로부터

$$v_{f3} = 0.001286\,\mathrm{m^3/kg},\ u_{f3} = 1147.81\,\mathrm{kJ/kg}$$

$$v_{g3} = 0.03944\,\mathrm{m^3/kg},\ u_{g3} = 2597.1\,\mathrm{kJ/kg}$$

$$v_3 = v_2 = v_{f3} + x_3(v_{g3} - v_{f3})$$

$$x_3 = \frac{v_2 - v_{f3}}{v_{g3} - v_{f3}}$$
$$= \frac{0.03665 - 0.001286}{0.03944 - 0.001286}$$
$$= 0.9269$$

$$u_3 = 1147.81 + 0.9269(2597.1 - 1147.81)$$
$$= 2491.1569\,\mathrm{m^3/kg}$$

상태 4 : $P_4 = 5\,\mathrm{MPa}$, 500℃이므로 과열 증기표(부표 A · 6)를 찾으면

$$v_4 = 0.06857\,\mathrm{m^3/kg},\ u_4 = 3091.0\,\mathrm{kJ/kg}$$

(2) 각 과정 중의 한 일과 열전달량

과정 1→2 : $w_{12} = \int_1^2 Pdv = P(v_2 - v_1)$

$$= 2500 \times (0.03665 - 0.0011006)$$
$$= 88.8735\,\mathrm{kJ/kg}$$

과정 2→3 : $w_{23} = 0$

과정 3→4 : $w_{34} = \int_3^4 Pdv = P_3(v_4 - v_3)$

$$= 5000 \times (0.06857 - 0.03665)$$
$$= 159.6\,\mathrm{kJ/kg}$$

따라서 전 과정의 일은

$$w_{14} = w_{12} + w_{23} + w_{34}$$
$$= 88.8735 + 0 + 159.6$$
$$= 248.4735\,\mathrm{kJ/kg}$$

각 과정 중의 열전달량

과정 1→2 : $q_{12} = u_2 - u_1 + w_{12}$

$$= 1698.9055 - 637.90 + 88.8735$$
$$= 1149.879\,\mathrm{kJ/kg}$$

과정 2→3 : $q_{23} = u_3 - u_2$

$$= 2491.1569 - 1698.9055$$
$$= 792.2514\,\mathrm{kJ/kg}$$

과정 3→4 : $q_{34} = u_4 - u_3 + w_{34}$

$$= 3091.0 - 2491.1569 + 159.6$$
$$= 759.4431\,\mathrm{kJ/kg}$$

전 과정 중의 열전달량 : $q_{14} = q_{12} + q_{23} + q_{34}$

$$q_{14} = 1113.879 + 792.2514 + 759.4431$$
$$= 2665.5735\,\mathrm{kJ/kg}$$

즉, 2665.5735 kJ/kg의 열량이 과정 중에 열전달되었음을 알 수 있다.

[5] 압축액(또는 과냉각액)

압축액(壓縮液, compressed liquid)의 표는 부표 A · 7에 게재하였으며, 표의 구성은 과열 증기표의 형식과 거의 같다. 물질이 액체인 물일 때에는 **압축수**(壓縮水, compressed water)라고도 한다.

온도가 일정할 때 압력 변화에 따른 상태량의 변화는 대단히 작아서, 압력이 100배 증가하여도 압축액의 어떤 상태량의 변화는 1% 미만이다. 압력 변화에 따른 영향이 가장 큰 상태량은 엔탈피이다. 표 2 · 6은 압축액의 압력 변화에 따른 상태량을 몇 가지 압력에 대하여 발췌하여 정리한 것이다.

표 2 · 6 압축액의 압력 변화에 따른 상태량

압력 MPa	온도 ℃	비체적 m^3/kg	비내부 에너지 kJ/kg	비엔탈피 kJ/kg
5	20	0.0009995	83.65	88.65
10	20	0.0009972	83.36	93.33
20	20	0.0009928	82.77	102.62
50	20	0.0009804	81.00	130.02

압축액에 관한 데이터가 많지 않을 때에는 주어진 온도에서 압축액의 상태량은 포화액의 상태량으로부터 근사 계산할 수 있다. 이것은 압축액의 상태량이 압력보다 온도에 크게 의존되므로

$$y \cong y_f(T) \tag{2 · 14}$$

로 생각하여 계산한다. 표 2 · 6에서 보는 바와 같이 온도가 일정할 때 압력에 따른 비체적과 비내부 에너지의 변화가 작으므로, 다음과 같이 포화액 자료를 이용하여 근사적으로 구한다.

$$v(T, P) \approx v_f(T) \tag{2 · 15}$$

$$u(T, P) \approx u_f(T) \tag{2 · 16}$$

엔탈피는 $h = u + Pv$이므로, 압축액의 성질은

$$h(T, P) \approx u_f(T) + Pv_f(T) \tag{2 · 17}$$

$$h_f(T) \approx u_f(T) + P_s(T)v_f(T)$$

$$h(T, P) \approx h_f(T) + v_f(T)[P - P_s(T)] \tag{2 · 18}$$

식 (2 · 18)에서 우변 제 2 항의 값이 작을 경우 비엔탈피는 포화액의 상태량을 이용하여 v, u와 같이 근사적으로 구할 수 있다. 따라서

$$h(T, P) \approx h_f(T) \tag{2 · 19}$$

가 된다.

포화액은 **비압축성 물질**(非壓縮性物質, incompressible substance)이므로 정적 비열과 정압 비열은 같으며, 비열을 c kJ/kg K라 하면

$$u_2 - u_1 = \int_{T_1}^{T_2} c(T)dT \tag{2·20}$$

$$h_2 - h_1 = (u_2 - u_1) + (P_2 v - P_1 v)$$

$$= \int_{T_1}^{T_2} c(T)dT + v(P_2 - P_1) \tag{2·21}$$

만약 비열이 일정하면

$$u_2 - u_1 = c(T_2 - T_1)$$

$$h_2 - h_1 = c(T_2 - T_1) + v(P_2 - P_1) \tag{2·22}$$

이 된다.

압축액의 상태량 P, T, v, u, h는 그림 **2·18**에서 다음과 같은 관계가 있다.

온도가 일정할 때 ; $P_s < P$

압력이 일정할 때 ; $T_s > T$

압력 또는 온도가 일정할 때 ; $v_f > v$

압력 또는 온도가 일정할 때 ; $u_f > u$

압력 또는 온도가 일정할 때 ; $h_f > h$

보기 2.9

5 MPa, 100℃인 압축액의 비내부 에너지를 부록의 압축액 표와 포화액 표를 이용하여 구하고 그 결과를 비교하여라.

풀이 압축액표(부표 A·7) ; 5 MPa, 100℃ → $u = 417.52$ kJ/kg

포화액표(부표 A·4) ; $u(P, T) \approx u_f(T)$

따라서 100℃의 포화 증기표의 u_f를 구하면

$$u_f = 418.94 \text{kJ/kg}$$

이다. 따라서 압축액표와 포화 증기표를 이용하여 구한 오차는

$$\frac{418.94 - 417.52}{417.52} \times 100 = 0.3401\%$$

앞에서 설명한 바와 같이 압축액의 상태량을 포화액 표를 이용하여 근사 계산하여도 오차는 0.4% 미만이다.

[6] 증기표의 보간

증기표나 열역학적 성질의 표는 필요한 부분을 발췌한 것이므로, 경우에 따라서 보간공식(補間公式)을 사용하여 구하여야 할 때가 많다. 만일, 독립 변수의 증분이 작다면 선형 보간을 하여 비교적 만족한 값을 얻을 수 있다.

지금 구하고자 하는 열역학 성질을 X, 온도를 T라 하면 다음 식으로 계산할 수 있다.

$$\frac{X-X_1}{X_2-X_1}=\frac{T-T_1}{T_2-T_1} \tag{2·23}$$

여기서 첨자 1, 2는 주어진 온도 T에서의 열역학적 성질 간격의 두 이웃한 상태값이다. 만일, 과열 증기표와 같이 독립 변수들의 증분이 작지 않을 때는 특정 성질(v, s) 등은 선형 보간으로는 정도가 높은 보간이 될 수 없다.

주어진 압력에서 비체적 v는 온도에 비례한다. 그러므로 v의 결정에 선형 보간을 사용하는 것은 무방하다. 그러나 엔트로피는 주어진 압력에서 온도비의 대수(logarithm)에 비례한다. 그러므로 엔트로피의 보간은 다음 식을 이용하여 구해야 한다.

$$\frac{s-s_1}{s_2-s_1}=\frac{\ln(T/T_1)}{\ln(T_2/T_1)} \tag{2·24}$$

또, 온도가 주어졌을 때 비체적 v는 압력에 역비례하므로, v와 s의 계산은 다음 식을 이용하는 것이 더욱 정확한 값을 구할 수 있다.

$$\frac{v-v_1}{v_2-v_1}=\frac{(1/P-1/P_1)}{(1/P_2-1/P_1)} \tag{2·25}$$

$$\frac{s-s_1}{s_2-s_1}=\frac{\ln(P/P_1)}{\ln(P_2/P_1)} \tag{2·26}$$

보기 2.10

증기가 600℃, 0.25 MPa로 존재할 때의 비체적과 비엔트로피를 구하여라. 부록의 과열 증기표(부표 A·6)를 발췌하면 표 2·7과 같다.

표 2·7 과열 증기표

P MPa	T ℃	v m³/kg	h kJ/kg	s kJ/kg K
0.20	600	2.0130	3704.0	8.777
0.30	600	1.3414	3703.2	8.5892

풀이 (1) 선형 보간의 경우

$$v = v_1 + (v_2 - v_1)\frac{P - P_1}{P_2 - P_1}$$

$$= 2.0130 + (1.3414 - 2.0310)\frac{250 - 200}{300 - 200}$$

$$= 1.6772\,\mathrm{m^3/kg}$$

(2) 식 (2·25)를 사용한 경우

$$v = v_1 + (v_2 - v_1)\frac{1/P - 1/P_1}{1/P_2 - 1/P_1}$$

$$= 2.0130 + (1.3414 - 2.0130)\frac{(1/250) - (1/200)}{(1/300) - (1/200)}$$

$$= 1.61004\,\mathrm{m^3/kg}$$

따라서 정확한 값은 $v = 1.61004\,\mathrm{m^3/kg}$이다.

(3) 엔트로피를 선형 보간하여 구한 경우

$$s = s_1 + (s_2 - s_1)\frac{(P - P_1)}{(P_2 - P_1)}$$

$$= 8.777 + (8.5892 - 8.777) \times \frac{250 - 200}{300 - 200}$$

$$= 8.6831\,\mathrm{kJ/kg\,K}$$

(4) 엔트로피를 식 (2·26)을 이용하여 구하는 경우

$$s = s_1 + (s_2 - s_1)\frac{\ln(P/P_1)}{\ln(P_2/P_1)}$$

$$= 8.777 + (8.5892 - 8.777) \times \frac{\ln(250/200)}{\ln(300/200)}$$

$$= 8.6736\,\mathrm{kJ/kg\,K}$$

따라서 정확한 값은 $s = 8.6736\,\mathrm{kJ/kg\,K}$

보기 2.11

1 MPa, 540℃인 과열 증기의 비체적, 비엔탈피 및 비엔트로피를 구하여라.

풀이 부록의 과열 증기표(부표 A·6)로부터 해당 부분의 표를 발췌하면 표 2·8과 같다.

표 2·8

P MPa	T ℃	v m³/kg	h kJ/kg	s kJ/kgK
1	500	0.3541	3478.5	7.7622
1	600	0.4011	3697.9	8.0290

(1) 선형 보간의 경우

$$v = v_1 + (v_2 - v_1)\frac{T - T_1}{T_2 - T_1}$$
$$= 0.3541 + (0.4011 - 0.3541) \times \frac{540 - 500}{600 - 500}$$
$$= 0.3729\,\mathrm{m^3/kg}$$

$$h = h_1 + (h_2 - h_1)\frac{T - T_1}{T_2 - T_1}$$
$$= 3478.5 + (3697.9 - 3478.5) \times \frac{540 - 500}{600 - 500}$$
$$= 3566.2600\,\mathrm{kJ/kg}$$

$$s = s_1 + (s_2 - s_1)\frac{T - T_1}{T_2 - T_1}$$
$$= 7.7622 + (8.029 - 7.7622) \times \frac{540 - 500}{600 - 500}$$
$$= 7.8689\,\mathrm{kJ/kg\,K}$$

(2) 식 (2 · 24)를 이용한 경우

$$s = s_1 + (s_2 - s_1)\frac{\ln(T/T_1)}{\ln(T_2/T_1)}$$
$$= 7.7622 + (8.029 - 7.7622) \times \frac{\ln(540/500)}{\ln(600/500)}$$
$$= 7.8748\,\mathrm{kJ/kg\,K}$$

이 값이 더 정확한 값이다.

2.5 습증기의 상태 변화

[1] 습증기의 정압 변화

1 kg의 습증기가 x_1으로부터 x_2까지 정압 P_1하에서 상태 변화하는 경우의 가열량, 외부에 하는 일을 구해 보기로 한다.

① 비체적의 증가량

$$v_2 - v_1 = \{v_f + x_2(v_g - v_f)\} - \{v_f + x_1(v_g - v_f)\}$$
$$= (x_2 - x_1)(v_g - v_f) \qquad (2 \cdot 27)$$

② 가열량 : 정압하의 가열량은 엔탈피의 증가량과 같다.

$$q_{12} = h_2 - h_1$$
$$h_2 = h_f + x_2(h_g - h_f)$$
$$h_1 = h_f + x_1(h_g - h_f)$$
$$\therefore\ q_{12} = (x_2 - x_1)(h_g - h_f) \qquad (2 \cdot 28)$$

여기서 증발열 $h_{fg} = h_g - h_f = r$ 이므로

$$q_{12} = (x_2 - x_1)r$$

③ 내부 에너지 증가량 : 열역학 제 1 법칙으로부터

$$\delta q = du + Pdv$$
$$q_{12} = u_2 - u_1 + P(v_2 - v_1)$$
$$\begin{aligned}\therefore\ u_2 - u_1 &= q_{12} - P(v_2 - v_1)\\ &= q_{12} - P(x_2 - x_1)(v_g - v_f)\\ &= (x_2 - x_1)\{(h_g - Pv_g) - (h_f - Pv_f)\}\\ &= (x_2 - x_1)(u_g - u_f) \qquad (2 \cdot 29)\end{aligned}$$

가 된다.

④ 외부에 대하여 한 일 : 주위에 대하여 한 일 w 는

$$\begin{aligned}w &= \int_1^2 Pdv = P(v_2 - v_1)\\ &= P(x_2 - x_1)(v_g - v_f) \qquad (2 \cdot 30)\end{aligned}$$

가 된다.

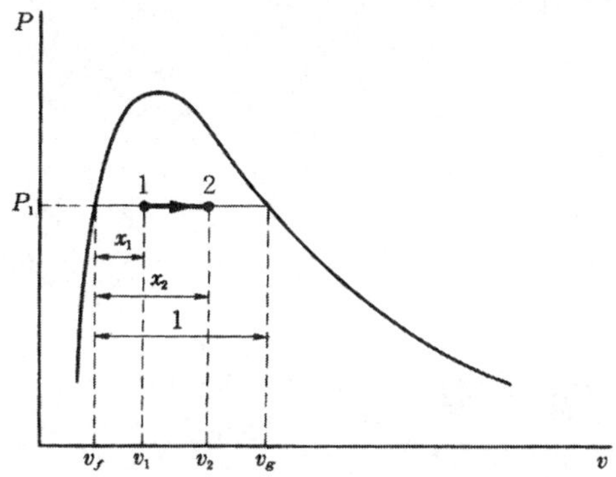

그림 2 · 21 습증기의 정압 변화

[2] 습증기의 정적 변화

그림 2・22와 같이 건도 x_1인 습증기가 정적 변화하여 건도 x_2로 되는 경우, 습증기의 상태 변화에 대하여 알아보기로 한다.

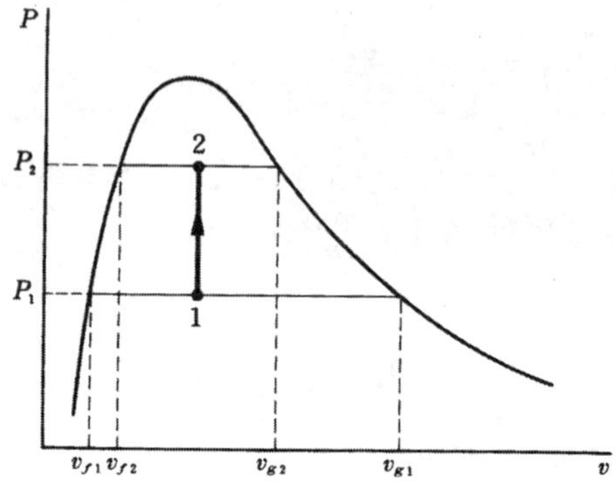

그림 2・22 습증기의 정적 변화

① 건도의 변화 : 상태 1, 2의 비체척은

$$v_1 = v_{f1} + x_1(v_{g1} - v_{f1})$$
$$v_2 = v_{f2} + x_2(v_{g2} - v_{f2})$$

가 된다. 정적 변화하므로 $v_1 = v_2$이다.

$$x_2 = x_1 \frac{v_{g1} - v_{f1}}{v_{g2} - v_{f2}} + \frac{v_{f1} - v_{f2}}{v_{g2} - v_{f2}} \tag{2・31}$$

② 가열량 : 열역학의 제 1 법칙으로부터

$$\delta q = du + Pdv$$

$dv = 0$이므로

$$\delta q = du$$

$$\therefore\ q_{12} = u_2 - u_1 \tag{2・32 a}$$

엔탈피의 정의식으로부터

$$h \equiv u + Pv$$
$$dh = du + Pdv + vdP$$

또는

$\delta q = dh - vdP$로부터

$$q_{12} = h_2 - h_1 + v(P_2 - P_1)$$
$$= \{h_{f2} + x_2(h_{g2} - h_{f2})\} - \{h_{f1} + x_1(h_{g1} - h_{f1})\} + v(P_2 - P_1) \quad (2 \cdot 32\,\text{b})$$

이 된다. 이들 식에서 알 수 있는 바와 같이 습증기의 내부 에너지 u_2, u_1은 증기표에 주어져 있지 않으므로 증기표를 이용하려면 식 (2 · 32 b)를 이용하여 구한다.

[3] 습증기의 단열 변화

습증기 영역에서 상태 1로부터 상태 2까지 단열 변화하는 경우의 건도 변화, 외부에 하는 일은 다음과 같이 구한다.

① 건도의 변화

$$s_1 = s_{f1} + x_1(s_{g1} - s_{f1})$$
$$= s_{f1} + x_1 \frac{r_1}{T_1} \quad (2 \cdot 33\,\text{a})$$
$$s_2 = s_{f2} + x_2(s_{g2} - s_{f2})$$
$$= s_{f2} + x_2 \frac{r_2}{T_2} \quad (2 \cdot 33\,\text{b})$$

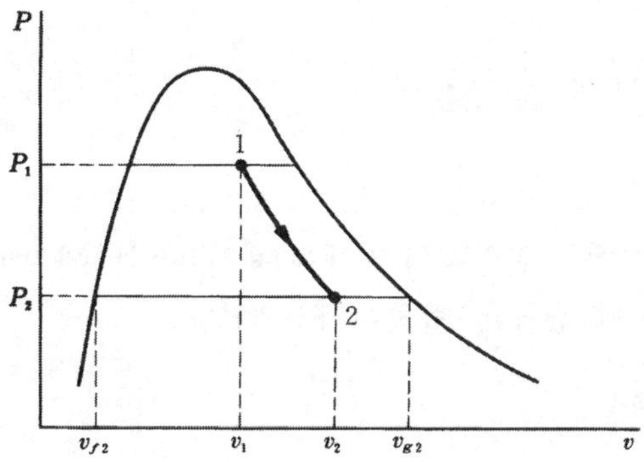

그림 2 · 23 습증기의 단열 변화

단열 변화이므로 $s_1 = s_2$이다. 따라서

$$x_2 = x_1 \frac{s_{g1} - s_{f1}}{s_{g2} - s_{f2}} + \frac{s_{f1} - s_{f2}}{s_{g2} - s_{f2}}$$
$$= \frac{x_1 r_1 / T_1 + (s_{f1} - s_{f2})}{r_2 / T_2} \quad (2 \cdot 34)$$

② 외부에 대하여 하는 일 : 열역학의 제 1 법칙으로부터

$$\delta q = du + Pdv$$

$\delta q = 0$ 이므로

$$\int_1^2 Pdv = -\int_1^2 du$$

$$\therefore\ w_{12} = u_1 - u_2$$

$$= (h_1 - h_2) - (P_1 v_1 - P_2 v_2) \tag{2 · 35}$$

가 된다.

습증기 영역에서 단열 변화할 때에는 근사적으로 폴리트로프 변화가 성립한다.

$$\left. \begin{array}{l} Pv^n = \text{일정} \\ n = 1.035 + 0.1x \ (x \text{는 처음 상태의 건도}) \end{array} \right\} \tag{2 · 36}$$

또 과열 증기는 수적(水滴)을 포함하지 않으므로 단열 변화는 근사적으로 다음 식으로 표시된다.

$$Pv^{1.3} = \text{일정} \tag{2 · 37}$$

2.6 실재 가스와 압축 계수

일반적으로 기체의 성질에서 일정량의 기체의 체적은 압력에 반비례하고, 절대 온도에 비례하는데, 이것을 **Boyle－Charles 법칙**이라고 한다.

[1] 증기와 이상 기체

이상 기체(理想氣體, ideal gas) 또는 **완전**(完全) **가스**(perfect gas)란 Boyle－Charles의 법칙에 따르는 기체이지만 특별한 고압이나 저온이 아닌 산소, 질소, 수소, 공기, 네온, 아르곤 등은 이상 기체로 취급하여도 큰 차이가 없다.

일반적으로 수증기와 가스를 명확히 구분하기는 어렵다. 증기란 액화 또는 응결이 일어나기 쉬운 상태로 존재하는 기체를 말한다. 증기를 말할 때 임계 온도 이하의 온도로 존재하는 기체를 증기라고 하고, 임계 온도 이상의 온도로 존재하는 기체를 가스라고도 한다. 이것은 임계 온도를 경계로 하여 그 이상의 온도로 존재하는 기체는 압축하여도 액화하지 않는 영구 가스이기 때문이다.

수증기, 이산화탄소, 아황산가스, 프레온 등과 같이 냉각하면 액화하기 쉬운 가스를 **증기**

(vapor 또는 vapour)라 하고, 이것을 **실재 가스**(real gas)로 보고 이상 기체와 구별한다. 그러나 이러한 실재 가스도 압력을 낮추면 점차로 이상 기체의 상태에 가까워진다.

질량 m kg이고, 온도 T K, 압력 P kPa, 체적 V m³인 이상 기체의 경우 이들 사이에는 다음의 관계가 성립한다.

$$PV = mRT \tag{2·38}$$

여기서 R를 **기체 상수**(氣體常數) 또는 **가스 상수**(gas constant)라 한다.

식 (2·38)을 **이상 기체의 상태식**(ideal-gas equation of state)이라 한다. 이 법칙은 이상 기체에 대하여는 엄밀하게 만족되나 실제의 기체에는 근사적으로 만족된다. 실제의 기체도 그 압력이 낮아지고 온도가 높아지면 점차 식 (2·38)을 만족하는 정도가 높아진다. 따라서 실제의 기체도 압력이 낮아지고 온도가 높아지면 점차 이상 기체의 성질에 접근한다.

식 (2·38)을 다시 쓰면 $v = V/m$ m³/kg이므로

$$Pv = RT \tag{2·39}$$

가 된다. 여기서 R의 단위는 kJ/kg K, 공학 단위에서는 kgf·m/kgf K이다.

보기 2.12

체적이 150 m³인 탱크 내에 공기가 120 kPa, 25℃의 상태로 들어 있을 경우 공기의 질량을 구하여라.

풀이 이상 기체의 상태식 $PV = mRT$로부터

$$m = \frac{PV}{RT} = \frac{120 \times 150}{0.287 \times 298}$$
$$= 210.4623 \text{ kg}$$

보기 2.13

실내 공기 온도가 최저 17℃, 최고 32℃이고, 압력이 최저 97 kPa, 최고 101 kPa로 존재할 때 공기의 최대 밀도와 최저 밀도, 그리고 그 때의 비체적을 구하여라.

풀이 최대 압력과 최저 온도일 때

$$\rho = \frac{P}{RT} = \frac{101}{0.287 \times 290} = 1.2135 \text{ kg/m}^3$$

$$v = \frac{1}{\rho} = \frac{1}{1.2135} = 0.82406 \text{ m}^3/\text{kg}$$

최저 압력과 최대 온도일 때

$$\rho = \frac{P}{RT} = \frac{97}{0.287 \times 305} = 1.1081\,\text{kg/m}^3$$

$$v = \frac{1}{\rho} = \frac{1}{1.1081} = 0.9024\,\text{m}^3/\text{kg}$$

[2] 압축 계수

이상 기체의 상태식(ideal gas equation)은 $Pv = RT$로 표시되는 간단한 식으로 나타낼 수 있으므로 열역학적 계산을 하는 데 매우 편리하다. 이상 기체의 상태식은 온도가 낮은 경우나 압력이 높은 경우에는 이상 기체의 상태식은 맞지 않는다. 따라서 실재 기체가 주어진 압력과 온도에서 이상 기체의 거동에 얼마나 벗어나고 있는가를 나타내기 위하여 **압축 계수**(壓縮係數, compressibility factor) Z가 사용된다.

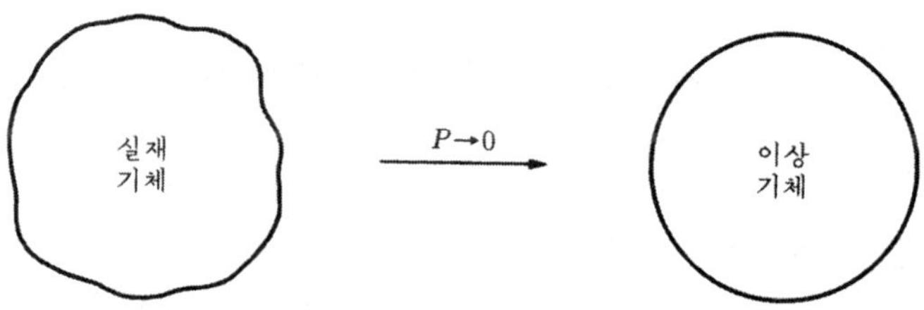

그림 2·24 매우 낮은 압력에서 모든 기체는 이상 기체의 거동을 따른다.

$$Z = \frac{Pv}{RT} \tag{2·40}$$

$$Pv = ZRT \tag{2·41}$$

단위 몰당 상태식으로 표시하면

$$Z = \frac{P\bar{v}}{\bar{R}T} \tag{2·42}$$

여기서 비체적은 $\bar{v} = Mv$, $\bar{R} = MR$이고, 여기서 M은 분자량(分子量, molecular weight)이다. 식 (2·40)에서 $\frac{RT}{P}$는 기체의 비체적이므로 압축 계수는

$$Z = \frac{v}{v_{\text{ideal}}} \tag{2·43}$$

로 표시할 수 있다. 여기서 $v_{\text{ideal}} = \frac{RT}{P}$이다.

일반적으로 0 압력에서 압축 계수는

$$\lim_{P \to 0} Z = 1 \qquad (2 \cdot 44)$$

이 된다. 즉, 온도가 일정할 때 압력이 0에 접근할수록 $Z=1$, 즉 이상 기체에 가까워진다. $Z=1$일 때에는 이상 기체이고, Z가 1보다 크거나 작을 경우에는 **실재 기체**(實在氣體, real gases)를 의미한다. 매우 낮은 압력에서 모든 기체는 온도에 무관하게 이상 기체의 거동(ideal gas behavior)을 가진다. 따라서 압축 계수는 실재 가스를 이상 기체의 상태식으로 수정하는 수정 계수라고 생각할 수 있다.

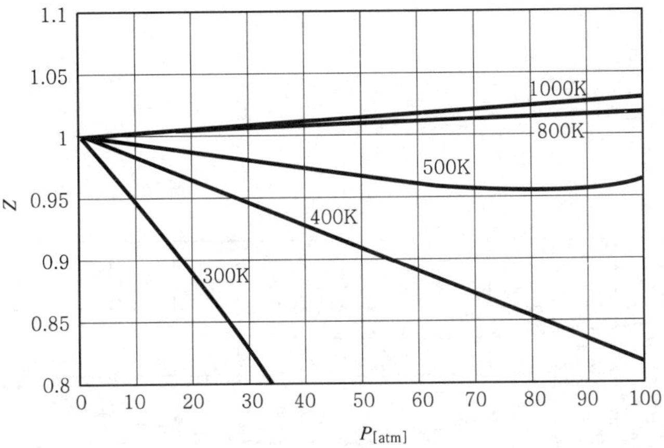

그림 2·25 CO_2에 대한 압축 계수

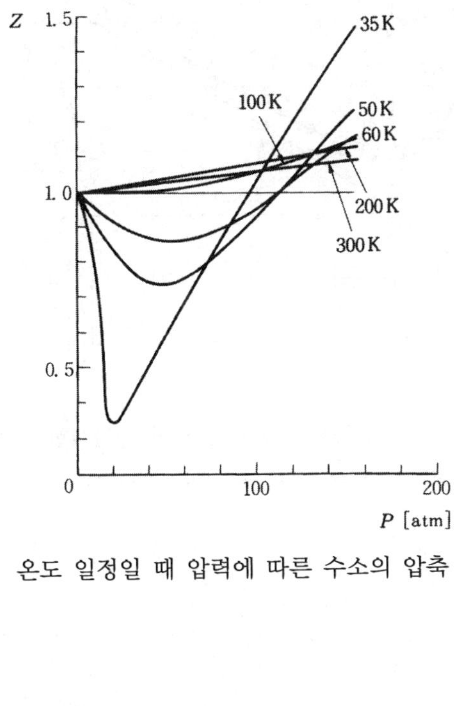

그림 2·26 온도 일정일 때 압력에 따른 수소의 압축 계수 Z의 변화

그림 2 · 25, 2 · 26은 CO_2와 수소의 압축계수 Z와 압력과의 관계를 여러 가지 온도에 대하여 나타낸 것이다. 이들 선도에서 보는 바와 같이 압력이 0에 가까워질수록 압축계수는 1에 가까워진다. 이들 두 선도에서 보는 바와 같이 압축계수 Z는 온도와 압력에 따라 이상 기체의 경우와 상이하며 또한 가스의 종류에 따라서도 달라진다.

이산화탄소, 수소 이외의 다른 기체에 대해서도 각각 압축 계수 Z와 압력과의 관계를 나타낼 수 있다. 그러나 기체의 압력과 온도를 각각 그들의 임계 압력과 온도의 비로써 표시하면 여러 종류의 기체를 하나의 좌표축에 선도로 표시할 수 있는 장점이 있다. 이렇게 하여 압축 계수 Z를 다음에 정의되는 **환산 압력**(換算壓力, reduced pressure) P_R, **환산 온도**(換算溫度, reduced temperature) T_R를 사용하여 여러 종류의 기체에 대하여 그리면 그림 2 · 27과 같다.

$$P_R = \frac{P}{P_c}, \quad T_R = \frac{T}{T_c}, \quad v_R = \frac{\bar{v}}{\bar{v}_c} = \frac{v}{v_c} \tag{2 · 45}$$

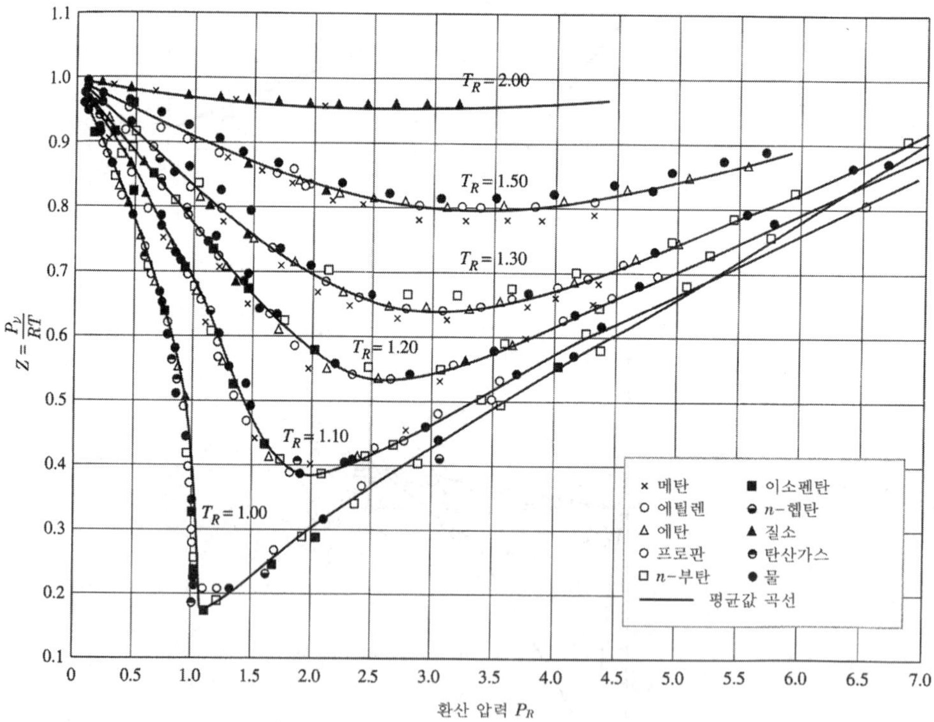

그림 2 · 27 여러 종류의 기체에 대한 일반화한 압축 계수

(자료 : Gour-Jen Su, "Modified Law of Corresponding States," *Ind. Eng. Chem.* (Intern. Ed.), 88 : 803(1946))

여기서 P_c, T_c는 각각 임계 압력과 임계 온도이다. 그림 **2·27**은 10종의 물질에 대한 실험 데이터로부터 Z와 P_R와의 관계를 그린 것이다. 이 선도에 실선은 탄화수소에 대한 평균값을 곡선으로 나타낸 것이며, Z는 $Z=f(P_R, T_R)$로 표시된다. 이와 같이 환산 상태 P_R, T_R을 기초로 하여 하나의 좌표축에 표시한 압축 계수 선도를 **일반화한 압축 계수 선도**(generalized compressibility factor chart)라 한다.

일반화한 압축 계수 선도는 부록의 부도 **A·7** (a), **A·7** (b), **A·7** (c)에 게재하였다. 부도 **A·7** (a)는 $P_R=0\sim1.0$, **A·7** (b)는 $P_R=0\sim7.0$, 부도 **A·7** (c)는 $P_R=0\sim40.0$ 범위인 경우의 선도이다.

여러 가지 물질의 P, v, T의 관계를 실측값을 참고로 하여 어느 물질에도 적용할 수 있도록 만든 일반화한 압축 계수 선도에 사용된 파라미터는 T_R, P_R, $v_R{}'$가 사용된다. 여기서 $v_R{}'$를 **의환산 비체적**(擬換算比體積, pseudo reduced specific volume)이라 하며 다음과 같이 정의된다.

$$v_R{}' = \frac{\bar{v}}{\bar{R}T_c/P_c} \tag{2·46}$$

$\bar{v}$ 는 단위 몰당 비체적, $\bar{R}$ 는 일반 기체 상수이다. 여기서 **환산 비체적**(換算比體積, reduced specific volume) $v_R=\bar{v}/\bar{v}_c$를 이용하지 않고 의환산 비체적 $v_R{}'$를 이용하는 것은 임계 압력 P_c와 임계 온도 T_c의 값은 비교적 측정하기 용이하지만, 임계 비체적 v_c의 값은 측정이 곤란할 뿐만 아니라 발표된 값들도 저자에 따라 서로 다르기 때문이다. 식 (2·45)를 식 (2·40)에 대입하면 다음 관계가 성립한다.

$$Z=\frac{P_R P_c v_R v_c}{RT_R T_c}=\frac{P_R v_R}{T_R}\frac{P_c v_c}{RT_c}=\frac{P_R v_R}{T_R}Z_c \tag{2·47}$$

식 (2·47)에서 새로운 변수 Z_c는 임계점에서의 압축계수이다. 앞에서 언급한 바와 같이 임계 비체적을 측정하기 곤란한 관계로 Z_c의 값도 일정하지 않다.

또 $v_R=f(P_R, T_R)$이므로

$$Z=f(T_R, P_R, Z_c) \tag{2·48}$$

가 된다. 모든 기체에 대한 압축계수 Z는 환산 압력과 환산 온도가 같을 경우 거의 같은 값을 가진다. 이것을 **대응 상태**(對應狀態)**의 원리**(principle of corresponding states)라 한다.

P_R, T_R, v_R의 값이 각각 같은 각종 기체의 상태를 **대응 상태**(corresponding state)라 한다. 그림 **2·27**을 보면 대응 상태의 원리가 잘 적용되고 있음을 알 수 있다.

일반화한 압축계수 선도로부터 다음과 같은 성질을 알 수 있다.

① 매우 낮은 압력($P_R \ll 1$)에서 기체는 온도에 무관하게 이상 기체의 거동을 가진다.

② 고온($T_R > 2$)에서는 압력($P_R \ll 1$인 경우는 제외)에 무관하게 이상 기체의 거동에 비교적 잘 일치한다.

③ 이상 기체 거동으로부터의 벗어남은 임계점 부근에서 가장 크다.

보기 2.14

15 MPa, 873.15 K인 과열 수증기의 비체적을 압축 계수를 이용하여 구하여라.

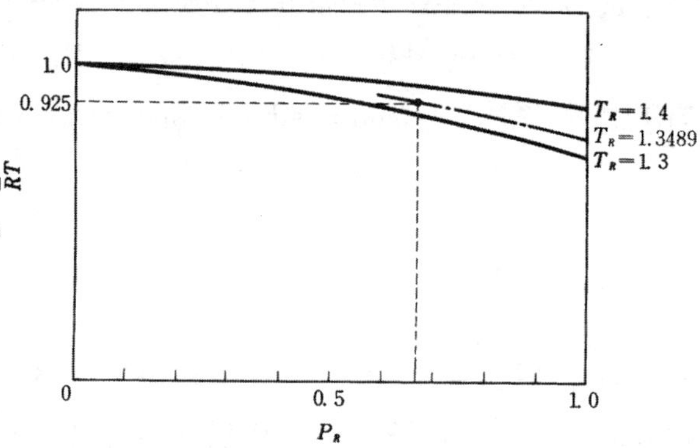

그림 2·28 압축 계수 선도로부터 압축 계수 Z 구하기

풀이 $Pv = ZRT,\ v = \dfrac{ZRT}{P}$

$$Z = \frac{Pv}{RT},\ P_R = \frac{P}{P_c} = \frac{15}{22.09} = 0.6790$$

$$T_R = \frac{873.15}{374.14 + 273.15} = \frac{873.15}{647.29} = 1.3489$$

압축 계수 선도[부도 A·7 (a)]에서 $P_R = 0.679$, $T_R = 1.3489$와의 교점을 구하고, 이 점으로부터 좌측으로 수평선을 그어 Z축과의 교점을 읽어서 $Z = 0.925$를 구한다. 따라서 v는

$$v = \frac{ZRT}{P} = \frac{ZRT}{MP} = \frac{0.925 \times 8.3143 \times 873.15}{18.02 \times 15{,}000} = 0.02484\,\text{m}^3/\text{kg}$$

보기 2.15

일정 질량의 수증기가 처음 상태 20 MPa, 500℃의 상태로부터 체적 일정하에서 450℃까지 냉각시켰을 경우에 압축 계수 선도를 이용하여 다음 값을 구하여라.

(1) 처음 상태의 비체적 $v_1\,\text{m}^3/\text{kg}$

(2) 최종 상태의 압력 P_2 MPa

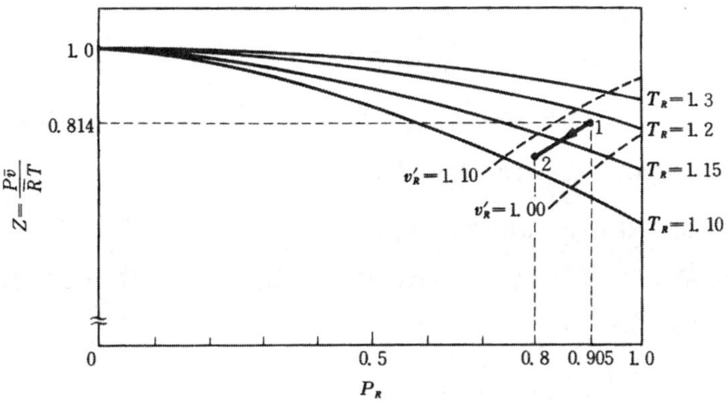

그림 2·29 압축 계수 선도상의 상태 변화 과정

풀이 (1) 물의 임계 상태 ; $T_c=647.3\,\text{K}$, $P_c=22.09\,\text{MPa}$

$$T_{R1}=\frac{T_1}{T_c}=\frac{773.15}{647.3}=1.1944$$

$$P_{R1}=\frac{P_1}{P_c}=\frac{20}{22.09}=0.9054$$

부록의 부도 A·7 (a)에서 압축계수 Z를 구하면(그림 2·29 참조), $Z_1=0.814$이므로

$P_1v_1=Z_1RT_1$으로부터

$$v_1=\frac{Z_1RT_1}{P_1}=\frac{Z_1\bar{R}T_1}{MP_1}=0.814\times\frac{8.3143\times 773.15}{18.02\times 20\times 10^3}$$

$$=0.014519\,\text{m}^3/\text{kg}$$

한편, 과열 증기표를 이용하면

$P_1=20\,\text{MPa}$, $500℃$; $v=0.014768\,\text{m}^3/\text{kg}$

가 된다.

(2) 구하고자 하는 P_2는

$$T_{R2}=\frac{T_2}{T_c}=\frac{723.15}{647.3}=1.1172$$

정적 냉각(定積冷却, isochoric cooling)하므로

$v_1=v_2$

$$v_R'=\frac{v_2}{\frac{RT_c}{P_c}}=\frac{P_cv_2}{(\bar{R}/M)T_c}=\frac{22.09\times 10^3\times 0.014518}{(8.3143/18.02)\times 647.3}=1.0738$$

압축 계수 선도에서 $T_{R2}=1.1172$, $v_R'=1.0738$의 사귀는 점 2를 구하여 가로축의 P_{R2}를 읽으면

$P_{R2}=0.8$

따라서

$$P_2 = P_c P_{R2} = 22.09 \times 0.8 = 17.672\ \text{MPa}$$

과열 증기표로부터 $v_2 = 0.014768\,\text{m}^3/\text{kg}$, $T = 450\,℃$ 일 때의 압력을 구하면

$$P_1 = 17.5\ \text{MPa},\ v = 0.015174\,\text{m}^3/\text{kg}$$

$$P_2 = 20.0\ \text{MPa},\ v = 0.012695\ \text{m}^3/\text{kg}$$

이다. 그러므로 구하고자 하는 P_2는 $v_2 = 0.014768\text{m}^3/\text{kg}$이고, $P = 17.5 \sim 20.0$ MPa 사이의 값이므로 보간법을 이용하면

$$\frac{1}{P} = \frac{1}{P_1} + \left(\frac{1}{P_2} - \frac{1}{P_1}\right)\frac{v - v_1}{v_2 - v_1}$$

$$= \frac{1}{17{,}500} + \left(\frac{1}{20{,}000} - \frac{1}{17{,}500}\right) \times \frac{0.014768 - 0.015174}{0.012695 - 0.015174}$$

$$P = 17{,}865.7469\ \ \text{kPa} = 17.8657\,\text{MPa}$$

이들 값을 비교하면 압축 계수를 이용한 결과와 과열 증기표를 이용한 결과가 약간의 차이는 있으나 비교적 잘 일치함을 알 수 있다.

보기 2.16

R−12 냉매가 60℃, 1 MPa의 상태로 있을 때의 비체적을 냉매 증기표, 이상 기체의 상태식, 일반화한 압축 계수 선도를 이용하여 구하여라.

풀이 (1) 부표 A · 11의 R−12 과열 냉매표로부터

$$P = 1\,\text{MPa},\ T = 60℃ \rightarrow v = 0.01941\ \text{m}^3/\text{kg}$$

(2) 이상 기체의 상태식을 사용하면

$$v = \frac{RT}{P} = \frac{0.0688 \times 333.15}{1000} = 0.02292\,\text{m}^3/\text{kg}$$

(3) 압축 계수 Z로부터 구하면

$$P_c = 4.01\text{MPa},\ T_c = 384.7\ \text{K}$$

$$P_R = \frac{P}{P_c} = \frac{1}{4.01} = 0.2494$$

$$T_R = \frac{T}{T_c} = \frac{333.15}{384.7} = 0.8660$$

따라서 $P_R = 0.249$, $T_R = 0.8660$일 때의 Z를 구하면 $Z = 0.85$이다. 그러므로

$$Z = \frac{v}{v_{\text{ideal}}}\ \text{로부터}$$

$$v = Z v_{\text{ideal}} = 0.85 \times 0.02292 = 0.01948\ \text{m}^3/\text{kg}$$

따라서 과열 냉매표로부터 구한 값과 압축 계수를 이용하여 구한 비체적 값의 오차는 1% 미만이다.

2.7 요 약

[1] 순수 물질

상이 변화하여도 그 화학적 조성(chemical composition)이 변하지 않는 물질을 말한다. 순수 물질은 수증기가 그 대표적인 것으로서 공업적으로 이용 가치가 매우 크다. 순수 물질의 $P-v$ 선도를 그리면 다음과 같다.

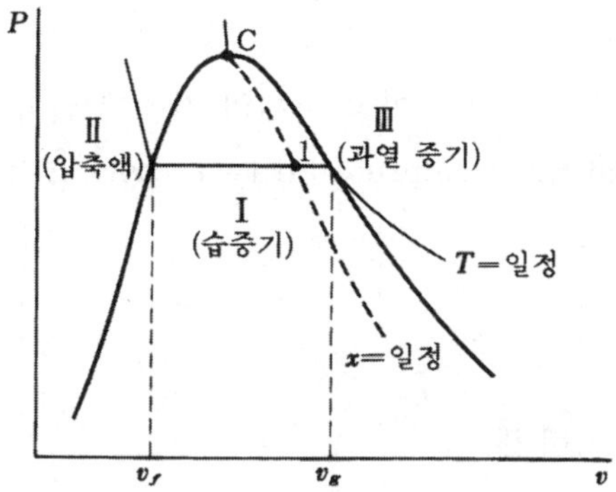

그림 2·30 수증기의 $P-v$ 선도

[2] 수증기의 성질

(1) 건조도(quality, dryness frction) x

$$x = \frac{m_g}{m}$$

여기서, $m = m_f + m_g$이다.

(2) 습증기의 단위 질량당 종량성 상태량 y

$$y = y_f + x y_{fg}$$

$$x = \frac{y - y_f}{y_{fg}}$$

여기서 f는 포화액, g는 포화 증기이다.

(3) 압축액의 상태량

$$y \cong y_{f1}(T)$$

[3] 이상 기체의 상태 방정식

$$Pv = RT, \ PV = mRT$$

[4] 실재 가스와 압축 계수

(1) 압축 계수

실재 기체가 주어진 압력과 온도에서 이상 기체의 거동에 얼마나 벗어나고 있는가를 나타내기 위하여 압축 계수(壓縮係數, compressibility factor) Z가 사용된다.

$$Z = \frac{Pv}{RT}$$

$$Pv = ZRT$$

단위 몰당 상태식으로 표시하면

$$Z = \frac{P\bar{v}}{\bar{R}T}$$

$$Z = \frac{v}{v_{\text{ideal}}}$$

일반적으로 0 압력에서 압축 계수는

$$\lim_{P \to 0} Z = 1$$

일반화한 압축 계수 선도(generalized compressibility factor chart)란 압축계수 Z를 환산 상태 P_R, T_R을 기초로 하여 하나의 좌표축에 표시한 압축 계수 선도를 말한다.

(2) 대응 상태의 원리

모든 기체에 대한 압축계수 Z는 환산 압력과 환산 온도가 같을 경우 거의 같은 값을 가진다. 이것을 **대응 상태**(對應狀態)**의 원리**(principle of corresponding states)라 한다.

P_R, T_R, v_R의 값이 각각 같은 각종 기체의 상태를 **대응 상태**(corresponding state)라 한다.

일반화한 압축계수 선도로부터

① 매우 낮은 압력($P_R \ll 1$)에서 기체는 온도에 무관하게 이상 기체의 거동을 가진다.

② 고온($T_R > 2$)에서는 압력($P_R \ll 1$인 경우는 제외)에 무관하게 이상 기체의 거동에 비교적 잘 일치한다.

③ 이상 기체 거동으로부터의 벗어남은 임계점 부근에서 가장 크다.

연 | 습 | 문 | 제

2.1 다음에 열거한 용어를 설명하여라.

(a) 순수 물질 (b) 상(相)
(c) 압축액 (d) 과냉각액
(e) 포화 상태 (f) 포화 증기
(g) 습증기 (h) 과열 증기
(i) 포화 온도 (j) 증기표

2.2 물의 증발 과정을 $P-v$ 및 $T-v$ 선도에 그리고 설명하여라.

2.3 임계점과 임계 상태에 대하여 설명하여라.

2.4 물의 임계 압력 P_c, 임계 온도 T_c, 임계 비체적 v_c는 얼마인가?

2.5 물의 상태 곡면을 그리고 설명하여라.

2.6 증기의 건도에 대하여 설명하고, 습증기의 건도를 구하는 방법을 설명하여라.

2.7 3 중점에 대하여 설명하여라.

2.8 다음 사항에 대하여 설명하여라.

(a) 승화 (b) 증발
(c) 융해 (d) 물의 3 중점 온도, 압력
(e) 증발열 (f) 과열도

2.9 이상 기체의 상태식을 쓰고 기체 상수에 대하여 설명하여라.

2.10 압축 계수와 압축 계수 선도에 대하여 설명하여라.

2.11 환산 상태량에 대하여 설명하여라.

2.12 증기의 상태식에는 어떠한 식들이 있는가 조사하여 보아라.

2.13 습증기의 비체적이 2.0 m^3/kg이고, 포화액 및 포화 증기의 비체적이 각각 0.0012 m^3/kg 및 2.8450 m^3/kg일 때 증기의 건도 x는 얼마인가?

2.14 체적 1 m^3인 탱크에 습증기 10 kg이 90℃의 상태로 들어 있다. 이 물질의 건도 x는 얼마인가?

2.15 강체로 된 탱크에 습증기 10 kg이 90℃의 상태로 들어 있다. 이 증기의 질량이 10 kg이고 내부 에너지가 20 MJ일 때 증기의 건도를 구하여라.

2.16 10 bar의 일정 압력에서 포화수를 증발시켜 건포화 증기를 만드는 경우 증기 1 kg당 가해야 할 열량, 팽창일 및 내부 에너지의 증가를 구하여라.

2.17 증기 터빈에서 압력이 40 bar, 과열 온도가 500℃인 수증기가 단열 변화하여 0.05 bar까지 팽창할 경우 최종 건도가 0.8352라면 외부에 대하여 하는 일은 몇 kJ/kg인가?

2.18 250 kPa, $x=0.5$인 수증기의 비체적과 엔탈피를 구하여라.

2.19 냉매 R-12의 엔탈피가 40℃에서 213.48 kJ/kg이다. 압력은 몇 kPa인가?

2.20 25℃, 건도 0.7인 수증기의 비체적, 압력, 내부 에너지를 구하여라.

2.21 폐쇄계에 1 kg의 포화액과 2 kg의 포화 증기를 포함한 혼합물이 들어 있다. 압력이 0.7 MPa일 때, 온도 350℃까지 가열하는 경우 체적의 변화량은 몇 m^3인가?

2.22 1 kg의 공기가 다음과 같이 3개의 경로를 거치는 열역학적 사이클을 하고 있다.

과정 1→2 : 정적 과정, 과정 2→3 : 등온 팽창, 과정 3→1 : 정압 압축

이 사이클을 $P-v$ 선도로 나타내고, 상태 2의 비체적, 상태 3의 비체적을 구하여라.

2.23 수증기가 $T_1=126.85$℃, $P_1=0.1$ MPa로부터 $T_2=626.85$℃, $P_2=0.5$ MPa로 변화할 때 엔탈피 변화 Δh를 구하여라. 또한 정압 비열이

$$\frac{c_p}{R}=\alpha+\beta T+\gamma T^2+\delta T^3+\epsilon T^4$$

으로 표시될 때의 엔탈피 변화를 구하여라. 단, $\alpha=4.07$, $\beta=-1.108\times10^{-3}$, $\gamma=4.152\times10^{-6}$, $\delta=-2.964\times10^{-9}$, $\epsilon=0.807\times10^{-12}$이다.

2.24 120℃인 포화수 1 kg이 증발할 때 외부 증발열 및 내부 증발열을 구하여라.

2.25 암모니아가 250 kPa, 30℃로 0.8 m^3 용기 속에 들어 있다. 암모니아의 질량을 구하여라.

2.26 비체적이 0.3 m^3/kg이고 압력이 1000 kPa인 수증기의 온도를 구하여라.

2.27 체적 3 m^3의 용기에 들어 있는 공기의 온도가 50℃이고, 압력이 1.5 MPa이면 공기의 질량은 몇 kg인가?

2.28 0.4 MPa, 400℃인 과열 증기가 지름 0.2 m인 관속을 35 m/s의 속도로 흐를 경우 유량을 구하여라.

2.29 압력 1 MPa, $x=0.89$인 증기 1 kg이 정압하에서 340℃까지 과열되는 데 필요한 열량을 구하여라.

2.30 280℃, 건도 0.8인 수증기 3 kg을 12 bar까지 스로틀링하여 상태 2로 되고, 계속하여 단열적으로 팽창하여 압력 1.5 bar인 상태 3으로 되는 경우 증기표를 사용하여 다음 값을 구하여라.

(a) 상태 2의 건도와 외부에 대하여 하는 일

(b) 상태 3에서 내부 에너지

단, 단열 변화 말의 건도는 0.762이다.

2.31 다음과 같이 습증기가 상태 변화할 때 가열량을 구하는 식을 유도하여라.

(a) 습증기의 정압 변화

(b) 습증기의 정적 변화

(c) 습증기의 단열변화

2.32 압력 7MPa, 400℃의 과열 증기가 터빈으로 들어가서 압력 3 MPa, 건도 95%의 습증기로 되어 유출한다. 증기 유량을 50,000 kg/h라 할 때 터빈의 이론 출력은 몇 kW인가?

2.33 체적 5 m^3의 용기 속에 160℃의 습증기가 40 kg 들어 있다. 이 때의 포화 압력, 비체적, 물이 차지하는 질량, 증기의 질량을 구하여라.

2.34 3 MPa, 355 K인 암모니아의 비체적을 압축 계수를 사용하여 구하여라.

2.35 공기의 기체 상수 R를 구하여라.

2.36 질소 가스를 용기(0.004 m^3) 속에 700 kPa의 압력으로 충전하고자 한다. 충전 과정이 매우 완만하게 이루어져서 기체 용기의 온도는 20℃이다. 기체의 충전량은 얼마인가?

2.37 정적 비열과 정압 비열이 각각 다음과 같을 때 기체 상수와 분자량을 구하여라.

$$c_p = 0.846 \text{ kJ/kg K}, \quad c_v = 0.665 \text{ kJ/kg K}$$

2.38 강체 용기 속에 압력 0.3 MPa, 온도 400 K인 이상 기체가 들어 있다. 압력이 0.15 MPa까지 냉각될 때의 방열량을 구하여라. 단, 분자량은 28이고, 비열비는 1.4이다.

2.39 산소 3 kg이 20℃에서 50℃로 변화하였을 경우의 내부 에너지의 변화를 구하여라.

2.40 메탄 가스가 400℃에서 200℃로 온도 변화하는 경우의 엔탈피 변화를 구하여라. 단, 비열은 $c_p = 2.2537$ kJ/kg K로 일정한 것으로 본다.

2.41 피스톤-실린더 장치에서 증기가 압력 4 MPa, 500℃인 처음 상태로부터 200℃까지 정적 냉각되었다. 이 증기를 다시 온도 일정하에 압력 2.5 MPa이 될 때까지 압축하였다. 이 과정에 대하여 다음 물음에 답하여라.

(a) 각 과정을 $P-v$ 및 $T-v$ 선도 위에 그려라.

(b) 각 점의 비체적과 상태 2에서의 증기 건도를 구하여라.

2.42 피스톤-실린더 장치에 들어 있는 수증기가 1000 kPa, 500℃로부터 다음과 같이 두 가지 과정을 거쳐 상태 변화를 하는 경우

과정 1→2 : P=1000 kPa 일정인 상태로 포화 증기가 될 때까지 냉각
과정 2→3 : 정적하에서 160℃까지 냉각

(a) 두 과정 1→2, 2→3을 $P-v$ 및 $T-v$ 선도 위에 표시하여라.
(b) 전 과정 중의 한 일과 열전달량을 구하여라.

2.43 압력 0.8 MPa인 포화수가 건포화 증기로 될 때의 증발열을 구하여라.

2.44 온도 220℃, 건도 x=0.85인 증기의 비체적, 비엔탈피, 비엔트로피를 구하여라.

2.45 용적 0.3 m^3인 탱크에 습증기 20 kg이 온도 300℃의 상태로 들어 있다. 건도 x를 구하여라.

2.46 압력 1 MPa, 건도 0.9인 습증기의 비엔탈피를 구하여라. 또, 이 증기를 정압하에 350℃의 과열 증기로 만드는 데 필요한 열량을 구하여라.

2.47 압력 2.5 MPa에서 16 kg의 포화액을 포화 증기로 만드는 데 필요한 열량을 구하여라. 단, 이때 h_f=961.961kJ/kg, h_g=2800.9 kJ/kg이다.

2.48 압력 12 MPa인 포화액을 P=일정으로 가열하여 500℃의 과열 증기로 만들었다. 가열량과 과열도를 구하여라.

2.49 용적 6 m^3인 용기 내에 1.2 MPa의 습증기 40 kg이 들어 있다. 이 증기의 건도를 구하여라.

2.50 압력 0.8 MPa, 건도 0.3인 습증기를 정압가열하여 체적이 3배로 되었다. 증기의 건도를 구하여라.

CHAPTER

03 일과 열

3.1 일

열역학에서는 계와 주위와의 상호 작용에 의한 외부일만을 취급 대상으로 하고 계 내의 일부가 다른 부분에 대하여 하는 일, 즉 내부일(internal work)은 고려하지 않는다. 열역학에서 계가 주위에 대하여 하는 일은 정 또는 양(正, 陽, +)의 일(positive work)로 보고, 계가 외부로부터 일을 받는 경우를 부(負, −)의 일(negative work)로 생각한다. 일반적으로 일(work)은 어떤 물체에 힘 **F**를 가하여 변위 $d\mathbf{s}$가 생겼다면

$$\delta W = \mathbf{F} \cdot d\mathbf{s} \tag{3·1}$$

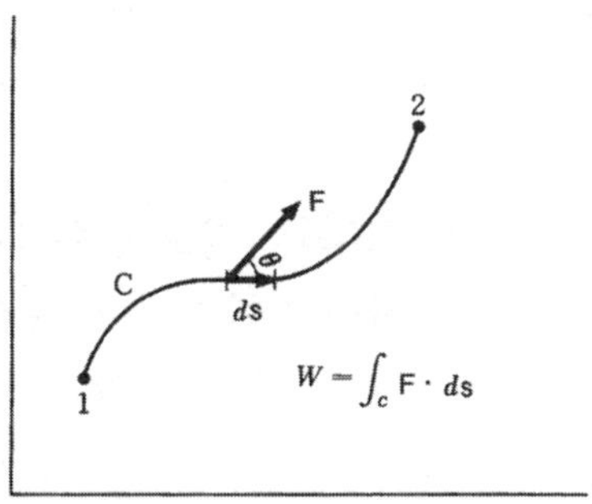

그림 3·1 일의 정의

여기서 F, ds는 각각 벡터량이다. 그림 3·1에서 일은

$$W = \int_c \mathbf{F} \cdot d\mathbf{s} = \int F \cos\theta \, ds \tag{3·2}$$

로 표시된다.

상태 1과 2 사이에 한 일 W_{12}는 다음 식으로 표시된다.

$$W = \int_c W_{12} = \int_1^2 \delta W = \int_1^2 \mathbf{F} \cdot d\mathrm{s} \tag{3·2}$$

제 1 장에서 다룬 바와 같이 일반적으로 열역학적 상태량은 물체의 현재 상태에만 관계되고 물체가 과거 어떠한 경로를 거쳐서 현재의 상태에 도달하였는가의 지난 과정에는 관계되지 않는다. 하나의 보기로서 온도 T를 생각하면 물체가 처음 상태 1로부터 최종 상태 2까지 상태 변화하는 사이의 온도 변화는

$$\int_1^2 dT = T_2 - T_1 \tag{3·3}$$

으로 표시할 수 있다. 여기서 T_1, T_2는 각각 변화 초와 변화 말의 온도이다. 이 식으로 표시되는 적분의 값은 분명히 도중의 경로에는 무관하고 변화의 처음 상태와 최종 상태에 의존되는 **점함수**(點函數, point function)임을 알 수 있다. 이것을 수학적으로 말하면 dT는 **전미분**(全微分, exact differential 또는 total differential)이다. 그러나 물체가 상태 변화하는 사이에 외부에 한 일 W나 외부로부터 공급받은 열량 Q는 상태량이 아니므로 dW나 dQ와 같은 전미분의 형태로 표시할 수 없으며, 이들은 변화의 경로(path)에 따라 그 값이 변화하는 **경로 함수**(經路函數, path function)이다. 그러므로 일이나 열은 δW, δQ로 표시하며 그 적분은 다음과 같이 표시하기로 한다.

$$\left.\begin{aligned} \int_1^2 \delta W &= W_{12} \\ \int_1^2 \delta Q &= Q_{12} \end{aligned}\right\} \tag{3·4}$$

이와 같이 일은 상태 변화의 경로에 의존되는 경로 함수이기 때문에 그림 3·2에 표시된 것과 같이 변화 과정의 경로에 따라 그 사이에 한 일은 달라진다. 그림에 표시된 바와 같이 과정 A, B, C를 따라서 상태 변화를 한 경우 일의 크기를 비교하면 W_A가 가장 크고 다음이 W_B, W_C의 순이 된다.

경로 A에 따른 일 : W_A = 면적($1\text{A}\,2\,V_2\,V_1 1$)

경로 B에 따른 일 : W_B = 면적($1\text{B}\,2\,V_2\,V_1 1$)

경로 C에 따른 일 : W_C=면적(1C2$V_2V_1$1)

일의 크기 : $W_A > W_B > W_c$

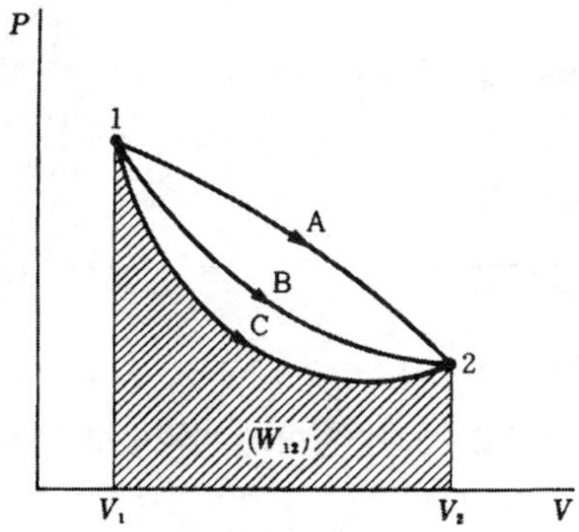

그림 3·2 과정과 일

한편 압력, 체적 등은 온도와 같이 상태 1과 상태 2에만 의존되며 도중의 경로에는 무관한 함수인 점함수 또는 상태 함수이다. 따라서 체적과 압력의 변화는

$$\int_1^2 dV = V_2 - V_1$$

$$\int_1^2 dP = P_2 - P_1$$

로 표시할 수 있다. 그러나 일이나 열은 이와 같이 표시될 수 없으므로

$$\int_1^2 \delta W \neq W_2 - W_1$$

$$\int_1^2 \delta Q \neq Q_2 - Q_1$$

과 같다.

일의 단위는 J(1 J=1 Nm)로 표시되며, 일이 (+)로 표시되는 것은 계로부터 에너지가 일의 형태로 주위로 나감을 뜻하고, (−)로 표시되는 것은 계에 에너지가 일의 형태로 가해짐을 의미한다. 다시 말하면 그림 **3·3**에서 (+)로 표시되는 일은 계가 주위에 대하여 한 일로서 피스톤의 **팽창일**(expansion work)이 여기에 속하며, (−)로 표시되는 일은 계가 외부로부터 일을 받은 것으로서 피스톤의 **압축일**(compression work)은 여기에 상당한다.

동력(動力, power)은 단위 시간당 한 일로 표시되며, 기호 $\dot{W}$로 표시하기로 한다.

$$\dot{W} \equiv \frac{\delta W}{\delta t} \tag{3·5}$$

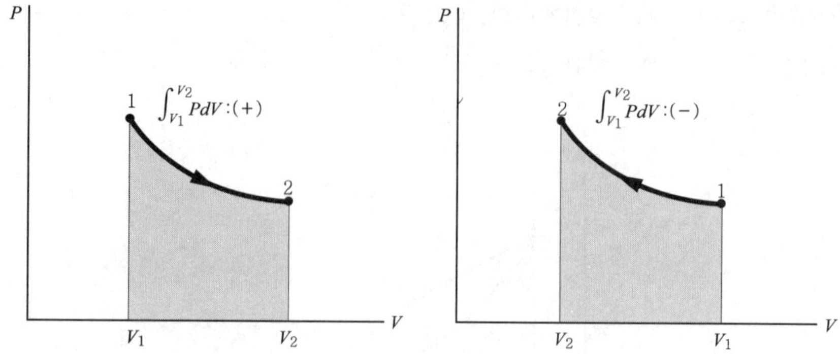

(a) 가스의 팽창일(+) (b) 가스의 압축일(−)

그림 3·3 팽창일과 압축일의 부호

동력의 단위로는 W(watt)를 사용하며 1 W=1 J/s이다.

열역학에서는 상태 1로부터 상태 2 사이에 한 일을 W_{12} kJ 또는 간단히 단위질량당 일 w kJ/kg로 표시한다. 단위 질량당의 일 w kJ/kg은 질량을 m kg, 일을 W kJ이라 하면

$$w = \frac{W}{m} \tag{3·6}$$

로 표시된다.

3.2 일의 종류

열역학적 계가 주위에 대하여 하는 일이나 주위로부터 받는 일은 여러 가지 형태의 것이 존재한다. 계가 하는 일에는 가스의 팽창 또는 압축일을 비롯하여 탄성(彈性) 막대(solid bar)의 신장(伸長) 또는 수축에 의한 일, 액막(液膜, liquid film)에 의한 일, 회전축(回轉軸, rotating shaft)에 의한 일, 전기적인 일, 전기장(電氣場, electric field) 또는 자기장(磁氣場, magnetic field)에 걸리는 쌍극자(雙極子) 모멘트(dipole moment)에 의한 일 등 여러 가지 형태의 일이 있다.

[1] 기계적 변위일

(1) 가스의 팽창일 또는 압축일

단순 압축성 물질(simple compressible substance)은 전기적 · 자기적 특성이나 비등방성

응력, 표면 장력 등에 의한 효과를 포함하지 않는 물질을 말한다. 단순 압축성 폐쇄계(simple compressible closed system)는 단순 압축성 물질로 구성된 계로서 중력 및 운동 효과를 고려하지 않은 계를 말한다. 이러한 폐쇄계의 한 예로서 그림 **3 · 4**에 표시된 것과 같은 마찰이 없는 피스톤-실린더 장치로 구성된 계 내의 가스에 의한 팽창일을 생각하여 보기로 한다.

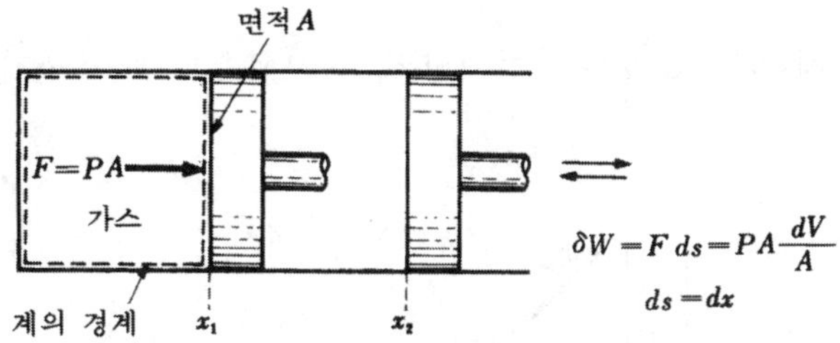

그림 3 · 4 가스의 팽창일 또는 압축일

실린더 내의 가스가 가역 팽창을 할 때 피스톤 면에 걸리는 가스의 평균 압력을 P, 실린더 단면적을 A라 하면 피스톤면에 작용하는 힘 F는 $F = PA$이므로 피스톤 변위 dx일 때 계에 의하여 외부에 하는 일 δW는 다음과 같이 표시된다.

$$\delta W = PAdx \tag{3 · 7}$$

여기서 Adx는 계의 체적 변화 dV와 같으므로 피스톤 변위에 의한 **팽창일**은 다음과 같이 표시된다.

$$\delta W = PdV \tag{3 · 8}$$

가스의 체적이 V_1에서 V_2까지 변화할 때 계가 외부에 대하여 한 일 W_{12}는

$$W_{12} = \int_{V_1}^{V_2} PdV \tag{3 · 9}$$

로 표시된다.

열역학적 계에서, 가스의 팽창 또는 압축은 **준정적**(準靜的) 또는 **준평형**(準平衡) **과정**이라고 생각하여 계산한다.

그림 **3 · 5**는 준정적 팽창일을 하는 폐쇄계의 일을 압력-체적 선도($P-V$ diagram)로 나타낸 것이다. 이 $P-V$ 선도에서 미소 면적은 δW에 상당하며, $P-V$ 선도의 총면적은 과정 1→2 사이에서 한 일

$$W_{12} = \int_{V_1}^{V_2} PdV$$

가 된다. 이와 같이 일 W_{12}는 압력 P와 체적 V 사이의 관계로부터 구할 수 있으므로 P,

V 사이의 실험적인 자료나 선도 위의 면적으로부터 도식적(圖式的)으로 구하거나 P, V 사이의 해석적인 방법으로 직접 적분하여 구할 수 있다. 그러므로 여기서는 P, V 사이의 상태 변화의 일반적인 보기의 하나인 **폴리트로프 과정**(polytropic process)에 대한 일을 구하여 보기로 한다. 이 과정은

$$PV^n = C \tag{3·10}$$

로 표시되며, 여기서 지수(指數) n은 과정에 따라 $-\infty$로부터 $+\infty$까지 임의의 값을 가진다.

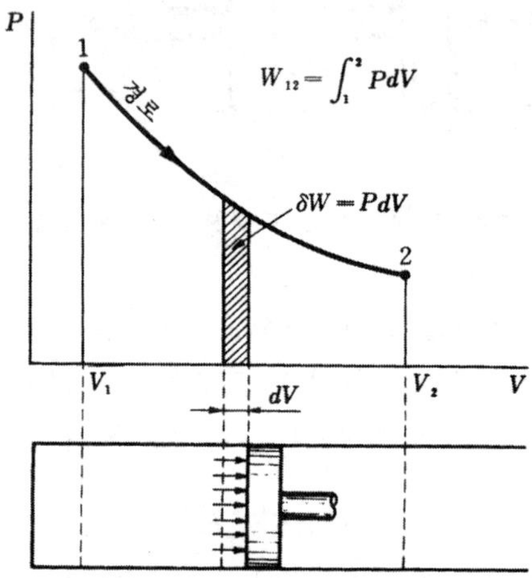

그림 3·5 압력-체적 선도

어느 기체가 $PV^n = C$에 따라 상태 변화하는 경우의 하는 일 W_{12}는

$$W_{12} = \int_{V_1}^{V_2} PdV$$

$$PV^n = C = P_1 V_1^n = P_2 V_2^n$$

$$W_{12} = \int_1^2 PdV = C\int_1^2 \frac{dV}{V^n} = C\left[\frac{V^{-n+1}}{-n+1}\right]_1^2$$

$$= \frac{C}{1-n}(V_2^{1-n} - V_1^{1-n})$$

$$= \frac{P_2 V_2^n V_2^{1-n} - P_1 V_1^n V_1^{1-n}}{1-n}$$

$$= \frac{P_2 V_2 - P_1 V_1}{1-n} = \frac{mR(T_2 - T_1)}{1-n} \quad (\text{여기서 } n \neq 1) \tag{3·11}$$

이 된다. 만일 PV^n = 일정에서 $n = 1$인 과정, 즉 등온 과정의 경우에는 $PV = C$가 되므로 이 때의 하는 일은 다음 식으로 표시된다.

$$PV = C = P_1 V_1 = P_2 V_2$$

$$W_{12} = \int_{V_1}^{V_2} P\,dV$$

$$= P_1 V_1 \int_1^2 \frac{dV}{V} = P_1 V_1 \ln \frac{V_2}{V_1} \qquad (3 \cdot 12)$$

또한 $n=0$일 때에는 $P=$일정인 정압 변화이므로

$$W_{12} = \int_1^2 P\,dV = P(V_2 - V_1) \qquad (3 \cdot 13)$$

이상은 주로 몇 가지 경우에 관한 것이나 구체적인 상태 변화에 관한 것은 다음에 다루기로 한다.

보기 3.1

그림 3·6과 같은 피스톤–실린더 장치에 가스가 들어 있고, 피스톤 위에는 추를 올려놓아 평형을 유지하고 있다. 실린더 내의 가스의 초기 압력이 250 kPa이고, 체적은 0.03 m^{3}이다.

(1) 실린더 밑면으로부터 버너로 가열하여 체적이 0.15 m^{3}로 되었을 경우 계에 의하여 한 일을 구하여라. 단, 이 가열 과정은 압력 일정하에서 이루어진다.

(2) 동일한 조건에서 가열하여 이번에는 온도 일정인 상태에서 상태 변화하여 최종 체적이 0.15 m^{3}로 되었을 경우의 한 일을 구하여라.

(3) 동일한 초기 조건에서 가열하여 $PV^{1.3}=$일정의 상태 변화를 하는 경우의 일을 구하여라. 단, 이 경우에도 체적의 최종 상태는 0.15 m^{3}이다.

(4) 피스톤이 고정된 상태, 즉 체적이 일정한 상태에서 압력이 80 kPa이 될 때까지 방열하였을 경우의 한 일을 구하여라.

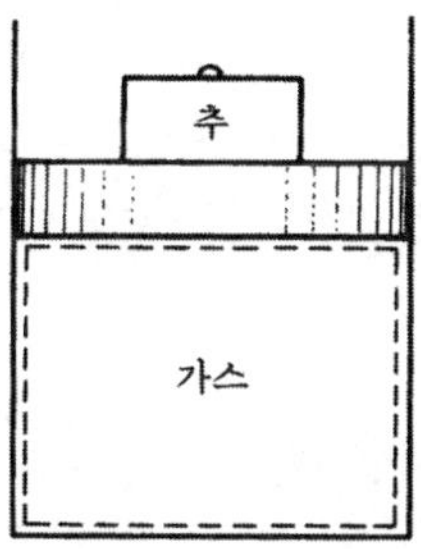

그림 3·6 피스톤–실린더 장치

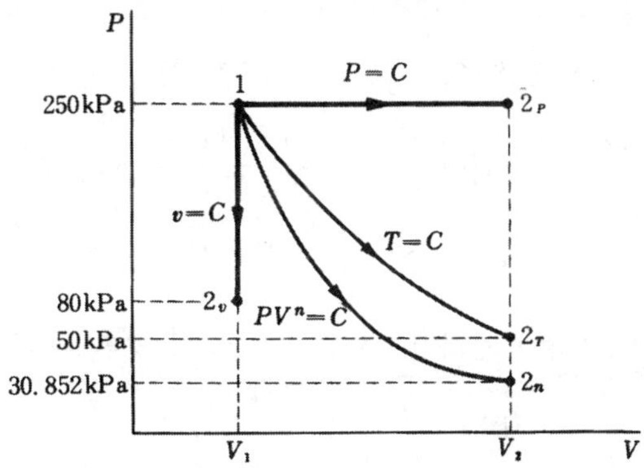

그림 3·7 각 과정의 일의 비교

풀이 피스톤-실린더 장치에서 초기 조건은

$$P_1 = 250\ \text{kPa},\ \ V_1 = 0.03\ \text{m}^3$$

이다.

(1) 정압 변화하고, $V_2 = 0.15\ \text{m}^3$이므로

$$W_{12} = \int_1^2 P dV = P(V_2 - V_1)$$
$$= 250(0.15 - 0.03)$$
$$= 30\ \text{kJ}$$

(2) 등온 변화이고, $V_2 = 0.15\ \text{m}^3$이므로

$$W_{12} = \int_1^2 P dV = P_1 V_1 \int_1^2 \frac{dV}{V} = P_1 V_1 \ln\frac{V_2}{V_1}$$
$$= 250 \times 0.03 \times \ln\frac{0.15}{0.03} = 12.07\ \text{kJ}$$

$$P_2 = \frac{V_1}{V_2} P_1 = \frac{0.03}{0.15} \times 250 = 50\ \text{kPa}$$

(3) $PV^{1.3} = C$인 폴리트로프 변화이며, $V_2 = 0.15\ \text{m}^3$, $n = 1.3$

$$PV^n = P_1 V_1^n = P_2 V_2^n$$

$$P = \frac{P_1 V_1^n}{V^n}$$

이므로

$$W_{12} = \int_1^2 P dV = P_1 V_1^n \int_1^2 \frac{dV}{V^n}$$
$$= \frac{P_2 V_2 - P_1 V_1}{1-n} \quad (\text{여기서 } n \neq 1)$$

$$\therefore\ W_{12} = \frac{P_2 V_2 - P_1 V_1}{1-n}$$

최종 압력 P_2는 $P_1 V_1^n = P_2 V_2^n$로부터

$$P_2 = \left(\frac{V_1}{V_2}\right)^n P_1 = \left(\frac{0.03}{0.15}\right)^{1.3} \times 250 = 30.852\ \text{kPa}$$

$$W_{12} = \frac{30.852 \times 0.15 - 250 \times 0.03}{1 - 1.3} = 9.574\ \text{kJ}$$

(4) 정적 변화이며, $P_2 = 80\ \text{kPa}$일 경우

$$W_{12} = \int_1^2 P dV = 0$$

이상의 4가지 과정을 $P-V$ 선도 위에 표시하면 각 과정에 따른 한 일을 비교할 수 있다. 그림 3·7에서 2_P, 2_T, 2_n, 2_v는 각각 정압, 등온, 폴리트로프, 정적 변화 말의 상태를 나타낸 것이다.

그림에서 정압 변화하였을 경우의 일은 면적 ($12_P V_2 V_1 1$)로 표시되고, 등온 변화의 경우에는 면적 ($12_T V_2 V_1 1$)로, $PV^n = C$의 변화일 때에는 면적 ($12_n V_2 V_1 1$)로, 정적 변화할 경우에는 직선 12_v로 표시되므로 일은 0이다.

보기 3.2

피스톤-실린더 장치가 PV^n=일정의 상태 변화에 따라 팽창일을 한다. 처음 상태의 압력이 300 kPa이고 체적이 $0.1\,\text{m}^3$일 경우 (1) $n=0$, (2) $n=1.0$, (3) $n=1.5$일 때의 외부에 대하여 한 일 W_{12}를 구하여라. 단 최종 체적은 $0.3\,\text{m}^3$이다.

풀이 (1) $n=0$이면 $P=C$이므로

$$W_{12} = P(V_2 - V_1) = 300(0.3-0.1) = 60\,\text{kJ}$$

(2) $n=1.0$이면 $PV=C$이므로

$$W_{12} = P_1 V_1 \ln\frac{V_2}{V_1} = 300\times 0.1\times \ln\frac{0.3}{0.1} = 32.958\,\text{kJ}$$

(3) $n=1.5$이면 $PV^{1.5}=C$이므로, $P_2 V_2^n = P_1 V_1^n$

$$P_2 = \left(\frac{V_1}{V_2}\right)^n P_1 = \left(\frac{0.1}{0.3}\right)^{1.5}\times 300 = 57.735\,\text{kPa}$$

$$\therefore\ W_{12} = \frac{P_2 V_2 - P_1 V_1}{1-n} = \frac{57.735\times 0.3 - 300\times 0.1}{1-1.5} = 25.359\,\text{kJ}$$

보기 3.3

4 kg의 공기가 팽창하여 그 체적이 3배로 되었다. 팽창하는 과정 중에 온도는 50℃로 일정하게 유지되었다면 이 계가 한 일은 몇 kJ인가?

풀이 $m=4\text{kg}$, $V_2 = 3V_1$, $T_1 = 50+273.15 = 323.15\,\text{K}$, $T_1 = T_2$ 등온 변화이므로

$$W_{12} = \int_1^2 P\,dV = P_1 V_1 \int_1^2 \frac{dV}{V} = P_1 V_1 \ln\frac{V_2}{V_1} = mRT_1 \ln\frac{V_2}{V_1} = 4\times 0.287\times 323.15\times \ln 3 = 407.559\,\text{kJ}$$

(2) 액막(液膜)의 표면 장력에 의한 일

그림 **3 · 8**과 같이 ㄷ자 모양의 와이어 프레임과 슬라이더(GH)로 구성된 계를 생각하여 보기로 한다. 와이어 프레임에 슬라이더를 끼운 상태로 비눗물에 담그었다가 액막이 파손되지 않게 서서히 꺼내면 액막은 BCHG를 유지하게 될 것이다.

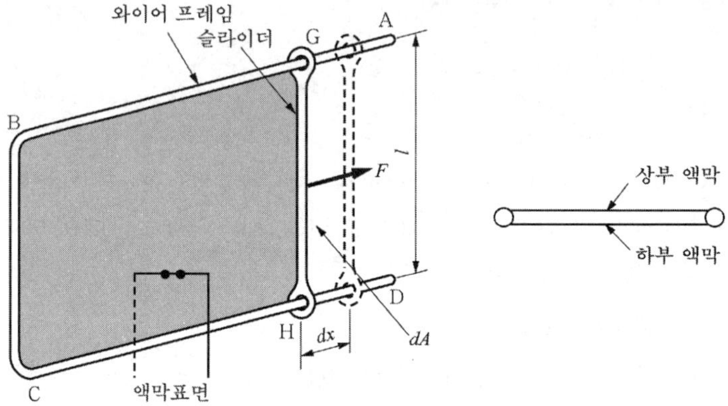

그림 3 · 8 슬라이딩 와이어에 의한 액막이하는 일

지금 슬라이더 GH를 액막이 파손되지 않도록 힘 F로 서서히 준정적 과정으로 dx만큼 이동시키면 이 때의 액막의 면적은 dA만큼 증가하게 된다.

하나의 예로 그림 **3 · 8**에서 와이어를 F로 서서히 당길 때 액막의 확장에 의하여 한 일 δW는 액막의 **표면 장력**(表面張力, surface tension)을 τ N m/m^2 또는 N/m라 하면

$$\delta W = -Fdx = -2\tau l\,dx$$

이 때 액막의 면적 변위는 $dA = 2ldx$이므로

$$\delta W = -\tau dA$$

가 된다. 여기서 2는 액막이 와이어 프레임 양면에 형성된 경우이다.

따라서 W_{12}는 일반적으로

$$W_{12} = -\int_1^2 \tau dA \qquad (3 \cdot 14)$$

로 표시된다. 앞에서 고려된 액막의 확장에 의하여 한 일에 대해서는 $dA = 2l\,dx$로 취하고, 액막이 1개일 경우에는 $dA = ldx$이다. 여기서 (−)는 계에 일이 가해져서 액막의 면적이 증가하도록 작용함을 의미한다.

표 **3 · 1**은 몇 가지 액체의 표면 장력을 나타낸 것이다.

표 3·1 몇 가지 액체의 표면 장력

액 체	접촉 유체	표면 장력(N/m)
올리브 기름(olive oil)	물	19×10^{-3}
올리브 기름(olive oil)	공기	35×10^{-3}
물(water)	공기	75×10^{-3}
벤젠(benzene)	공기	29×10^{-3}
글리세린(glycerine)	공기	63×10^{-3}
수은(mercury)	공기	470×10^{-3}
수은(mercury)	물	392×10^{-3}

보기 3.4

그림 3·9와 같이 지름이 d인 구형 비누 방울(spherical soap bubble)을 형성하기 위하여 필요한 최소일을 구하여라.

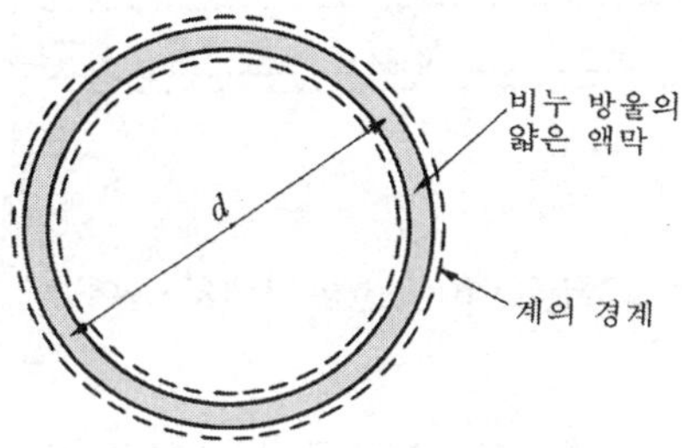

그림 3·9 보기 3.4의 설명도

풀이 표면 장력을 τ, 액막의 표면적을 A, 액막의 지름을 d라고 하면 구의 표면적은 πd^2이고, 액막은 초기 계의 표면적 0으로부터 지름 d의 구형으로 형성되고 액막은 내·외의 2개이므로

$$W_{12}=-\int_1^2 \tau dA=-\tau 2\pi d^2-0$$
$$=-2\tau\pi d^2$$

가 된다.

(3) 장력을 받는 탄성 막대가 하는 일

그림 3·10과 같이 인장 하중(引張荷重) F를 받고 있는 탄성 막대는 $x=0$에서 고정되어 있고, 막대의 우측 자유단(自由端)에 하중 F가 작용되고 있다. 이 때의 막대에 걸리는 인장력(引張力, tensile force) F는

$$F = \sigma A, \quad \sigma = E\epsilon$$

로 표시된다. 여기서 σ는 막대에 작용하는 평균 수직 응력(平均垂直應力, average normal stress)이고, A는 막대의 단면적, ϵ는 변형도이다.

막대가 늘어나서 dx만큼 변위하는 경우의 하는 일 δW는

$$\delta W = -\sigma A\, dx$$

로 표시된다. 여기서 (−)부호는 dx만큼 늘어나도록 외부로부터 일이 가해짐을 의미한다. 막대가 외력에 의하여 x_1에서 x_2까지 길이가 변화하였다면

$$W_{12} = -\int_1^2 \sigma A\, dx \tag{3·15}$$

가 된다.

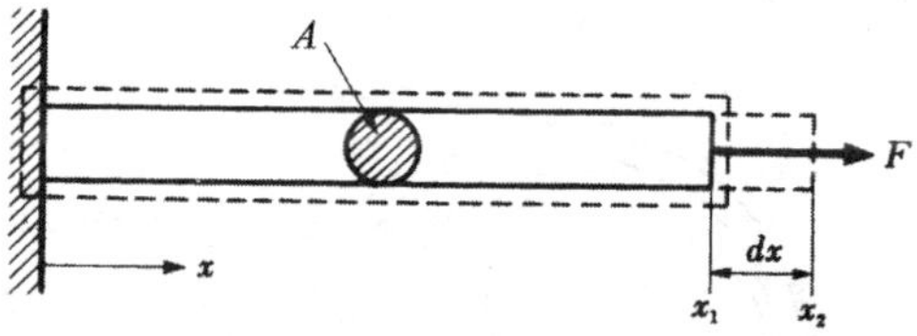

그림 3·10 탄성 막대의 늘어남

또 미소 변형도 $d\epsilon = \dfrac{dx}{L}$, $dV = A dx$이므로 식 (3·15)는 다음과 같이 표시된다.

$$W_{12} = -\int_{\epsilon_1}^{\epsilon_2} \sigma V d\epsilon \tag{3·16}$$

여기서 L은 막대의 길이이다.

보기 3.5

지름 0.5 mm이고 길이 1 m인 강선(鋼線, steel wire)이 준정적인 상태로 인장되어 그 길이가 1 mm 늘어났을 경우 가해진 일을 구하여라. 다만, 탄성 계수(彈性係數, elastic modulus)는 2×1011 N/m^{2}이다.

풀이 강선의 인장에 따른 일은

$$\delta W = -\sigma A dx$$

훅의 법칙(Hooke's law) $\sigma = E\epsilon$와 변형도 $d\epsilon = \dfrac{dx}{L}$로부터

$$\delta W = -E\epsilon ALd\epsilon$$

$$W_{12} = -\int_1^2 EAL\epsilon d\epsilon$$

$$= \frac{1}{2}EAL(\epsilon_1^2 - \epsilon_2^2)$$

여기서 ϵ_1은 초기 조건이므로

$$\epsilon_1 = 0$$

$$A = \frac{\pi}{4}d^2 = \frac{\pi}{4}\left(\frac{0.5}{1000}\right)^2 = 1.9635\times10^{-7}\ \mathrm{m}^2$$

$$L = 1\mathrm{m}$$

$$E = 2\times10^{11}\ \mathrm{N/m^2}$$

$$\epsilon_2 = 0.001$$

$$W_{12} = -\frac{1}{2}\times2\times10^{11}\times1.9635\times10^{-7}\times1\times(0.001)^2$$

$$= -0.0196\ \mathrm{J}$$

[2] 기계 회전축의 하는 일

기계 요소(機械要素, machine element)에는 회전축(回轉軸, rotating shaft)이 많이 사용되고 있다. 그림 3 · 11은 회전축의 하는 일을 설명한 것이다.

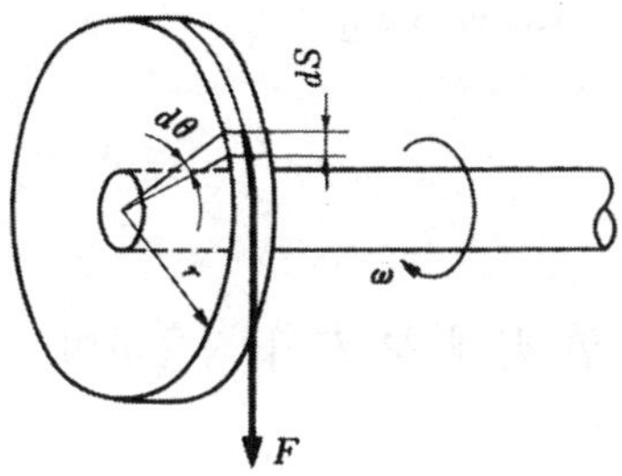

그림 3 · 11 회전축의 하는 일

축의 중심으로부터 반지름 r인 곳에 힘 F가 작용하고, 그 때의 미소 변위(微小變位)를 ds라 하면

$$\delta W = -Fds = -\frac{\mathscr{T}}{r}(rd\theta) = -\mathscr{T}d\theta \tag{3 · 17}$$

가 된다. 여기서 $\mathscr{T}$는 토크(torque)이고, $d\theta$는 회전각(回轉角)이다.

일반적으로 회전축이 $V = r\omega$의 속도로 회전하고 있을 경우의 동력 $\dot{W}$는 접선 방향의 작용력을 F라 하면

$$\dot{W} = \frac{\delta W}{\delta t} = -FV = -\frac{\mathscr{T}}{r} r\omega = -\mathscr{T}\omega = -\mathscr{T}\frac{d\theta}{dt} \qquad (3 \cdot 18)$$

가 된다. 여기서 ω는 회전 각속도(rad/s), t는 시간(s)이다.

보기 3.6

자동차의 추진축(propeller shaft)이 3500 rpm으로 회전하면서 250 Nm의 토크를 전달할 경우의 동력을 구하여라.

풀이 $\dot{W} = \mathscr{T}\omega$

$$\omega = \frac{2\pi n}{60} = \frac{2\pi \times 3500}{60} = 366.519 \text{ rad/s}$$

$$\therefore \ \dot{W} = \mathscr{T}\omega = 0.250 \times 366.519 = 91.63 \text{ kW}$$

보기 3.7

회전축이 400 rpm으로 회전하면서 12 kW의 동력을 전달하는 경우의 축 토크(shaft torque)를 구하여라.

풀이 $\dot{W} = \mathscr{T}\omega = \mathscr{T}\dfrac{2\pi n}{60}$

$$\mathscr{T} = \frac{60\dot{W}}{2\pi n} = \frac{60 \times 12000}{2 \times \pi \times 400} = 286.4789 \text{ Nm}$$

[3] 탄성 스프링의 일

그림 3 · 12와 같은 스프링의 한 끝에 힘 F가 작용하여 스프링의 변위를 x라 하면 하는 일 δW는 다음 식으로 구한다.

$$\delta W = -F dx \qquad (3 \cdot 19)$$

한편 탄성 스프링의 작용력 F N는 스프링 상수(spring constant)를 k N/m이라 하면

$$F = kx \qquad (3 \cdot 20)$$

가 된다. 식 (3 · 20)을 식 (3 · 19)에 대입하여 적분하면

$$W_{12} = -\frac{1}{2}k(x_2^2 - x_1^2) \text{ kJ} \qquad (3 \cdot 21)$$

여기서 x_1, x_2는 각각 스프링의 처음과 마지막 변위이다.

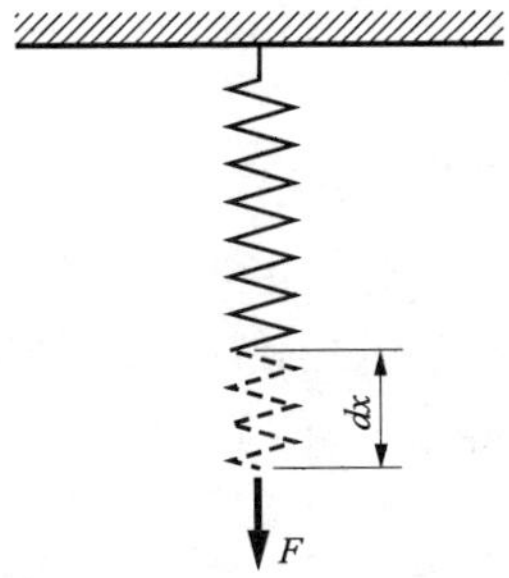

그림 3·12 스프링의 일

보기 3.8

피스톤 실린더 장치에 0.03 m^{3}의 공기가 300 kPa의 상태로 들어 있다. 가스를 아래로부터 가열하여 피스톤 상부에 지지하고 있는 스프링을 밀고 체적이 2.5배가 될 때까지 팽창할 경우 실린더 내의 최종 압력과 가스가 외부에 대하여 한 일을 구하여라. 단, 피스톤 단면적은 0.3 m^{2}이고 스프링 상수는 160 kN/m이다.

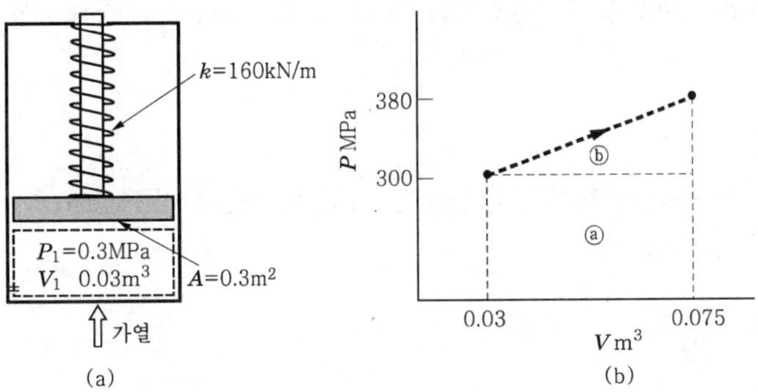

그림 3·13 보기 3.8의 설명도

풀이 처음 상태 1로부터 2까지 준정적 상태 변화한다고 생각하면

$$V_2 = 2.5\,V_1 = 2.5 \times 0.03 = 0.075\ \mathrm{m}^3$$

피스톤 변위(스프링의) x는

$$x = \frac{\Delta V}{A} = \frac{(V_2 - V_1)}{A}$$

$$= \frac{0.075 - 0.03}{0.3} = 0.15\,\mathrm{m}$$

스프링에 걸리는 힘은

$$F = kx = 160 \times 0.15 = 24\text{ kN}$$

스프링이 가스를 누르는 압력은

$$P_{\text{spring}} = \frac{F}{A} = \frac{24}{0.3} = 80\,\text{kPa}$$

따라서 가스의 압력은 $P = P_{\text{piston}} + P_{\text{spring}} = 300 + 80 = 380\,\text{kPa}$이므로 계(가스)에 의하여 한 일은 그림 3·13 (b)에서 면적 ⓐ는 초기 압력 300 kPa에 의한 것이고, 면적 ⓑ는 스프링에 의한 일이므로 이들의 합은 총 일이 된다. 따라서 $P-V$ 선도의 면적은 사다리꼴(trapezoid)이므로

$$W = -\frac{1}{2} \times (300 + 380) \times (0.075 - 0.03) = -15.3\text{ kJ}$$

가 된다.

스프링의 일은

$$W_{\text{spring}} = -\frac{1}{2}k(x_2^2 - x_1^2) = -\frac{1}{2}(160)(0.15^2 - 0) = -1.8\,\text{kJ}$$

가 된다.

[4] 전기적인 일

그림 3·14와 같은 전지(電池, electrolytic cell)를 외부 회로에 연결하였을 때 흐르는 전류(電流, electric current)를 i, 기전력(起電力, electromotive force)을 ϵ이라 하면 동력 $\dot{W}$는

$$\dot{W} = -\epsilon i \tag{3·22}$$

로 표시된다. 여기서 부하로 흐르는 전류 i는 계로 흐르는 전하량(電荷量, amount of electrical charge)을 dZ라 하면

$$i = \frac{dZ}{dt} \tag{3·23}$$

가 된다. 따라서 전지의 전기적인 일(electrical work) δW는

$$\delta W = -\epsilon\, dZ = -\epsilon\, i\, dt \tag{3·24}$$

로 표시된다.

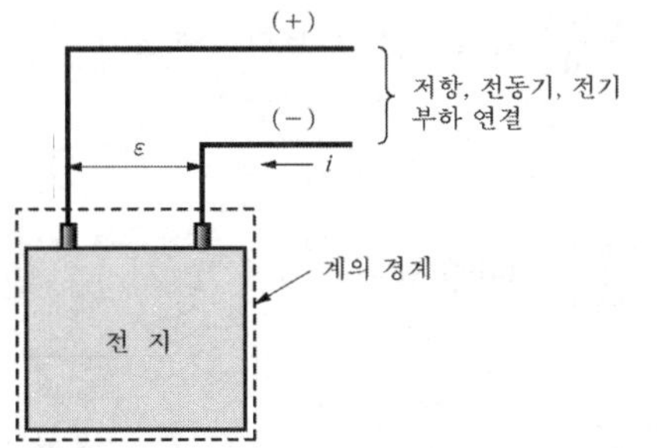

그림 3·14 전지에 의한 전기적인 일

따라서 W_{12}는

$$W_{12} = -\int_{t_1}^{t_2} \epsilon i\, dt \tag{3·25}$$

보기 3.9

축전지(蓄電池, storage battery)를 충전기(充電器, battery charger)로 1시간 동안 24 V, 25 A로 충전할 경우의 한 일을 구하여라.

풀이 식 (3·24)에 의하여

$$\delta W = -\epsilon dZ = -\epsilon i dt$$

$$W_{12} = -\int_1^2 \epsilon i\, dt = -\epsilon i (t_2 - t_1)$$

$1\text{ V} = 1\text{ kg m}^2/(\text{s}^2\text{ C}) = 1\text{ Nm/C}$이고, $1\text{ A} = 1\text{ C/s}$이므로

$$W_{12} = -24 \times 25 \times 3600 = -2160\text{ kJ}$$

여기서 (−)는 축전지(계)가 외부(충전기)로부터 일을 받았음을 의미한다.

보기 3.10

그림 3·15와 같은 전동기가 1.5 kW의 동력으로 하중을 달아 올리고 있다. 이 때 전동기가 3500 rpm으로 회전한다면 전달토크는 얼마인가?

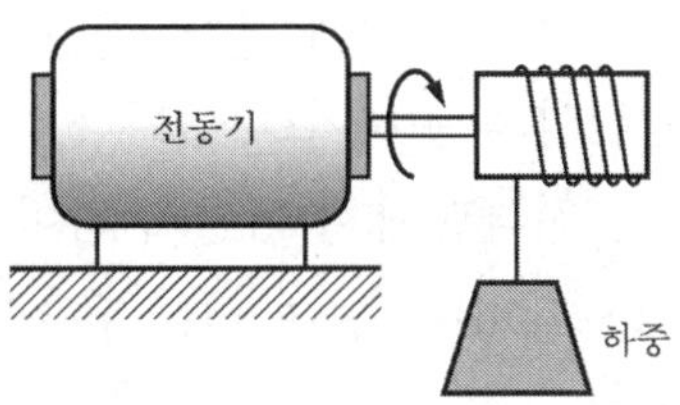

그림 3·15 보기 3.10의 설명도

풀이 전동기 동력은 $\dot{W}=\frac{2\pi n\tau}{60}$ 이므로 전달 토크 τ Nm는

$$\tau=\frac{60\times\dot{W}}{2\pi n}$$
$$=\frac{60\times1.5\times1000}{2\times3.14\times3500}=4.095\,\mathrm{Nm}$$

이다.

[5] 전기장 내의 유전체 또는 자기장 내의 편극 모멘트에 의한 일

평행판 축전기(蓄電器, condenser) 내의 유전체(誘電體, dielectric material)에 전기장을 가하면 가해진 전기장의 방향으로 향하는 쌍극자(雙極子) 모멘트(dipole moment)가 생기게 된다. 이와 같은 현상을 **유전 편극**(誘電偏極) 또는 **전기 편극**(電氣偏極) 또는 **편극**(偏極, polarization)이라 한다. 그림 3 · 16은 평행판(平行板) 사이에 유전체를 갖는 축전기와 유전체의 편극 상태를 나타낸 것이다.

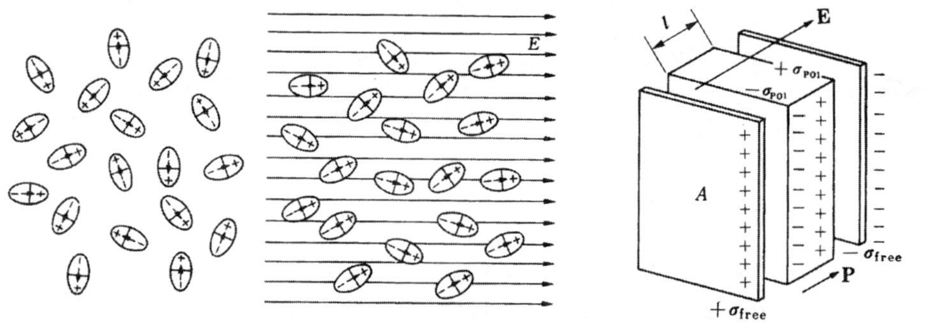

(a) 보통 상태 (b) 전기장을 가한 경우 (c) 편극된 물질판

그림 3 · 16 유전체의 편극

많은 종류의 분자들은 쌍극자를 이루는 분자들로 구성되어 있다. 처음에는 그림 13 · 16 (a)와 같이 무질서한 상태로 있어서 전기적으로 중성이지만 전기장이 가해지면 그림의 (b)와 같이 극성 방향이 전기장 방향으로 배열되어 하나의 쌍극자가 된다. 그림 (c)와 같이 평행한 전극판 사이에 유전체를 갖는 경우 유전체에 전기장을 걸면 편극이 생기며 전극판 사이의 유전체는 극판 전하에 끌려서 음, 양의 전하가 나타난다. 이것을 편극 전하라 하면 σ_{pol}은 편극 전하의 면밀도이고, σ_{free}는 전극판에 주어진 전하이다.

균일한 전기장(電氣場, electric field)에 놓여 있는 유전체(誘電體, dielectric material)의 편극 모멘트에 의하여 한 일은

$$\delta W = -\mathbf{E} \cdot d(V\mathbf{P}) \tag{3·26}$$

로 표시된다. 여기서 벡터 **E**는 계 내의 전기장 세기(strength of electrical field) V/m, V는 체적 m^3, 벡터 **P**는 단위 체적당 편극 또는 쌍극자 모멘트(electric dipole moment) C m/m^3이다.

같은 방법으로 자기장(磁氣場, magnetic field)에서 물질의 자장의 세기가 증가하였을 때 한 일은 다음 식으로 표시된다.

$$\delta W = -\mu_0 \mathbf{H} \cdot d(V\mathbf{M}) \tag{3·27}$$

여기서 μ_0는 자유 공간의 투자율(透磁率, permeability of freespace) H/m, V는 체적 m^3, 벡터 **H**는 자장의 세기(strength of magnetic field) A/m, 벡터 **M**은 단위 체적당의 쌍극자 모멘트(magnetic dipole moment) A/m이다.

보기 3.11

액체 니트로벤젠(liquid nitrobenzene, $C_6H_5NO_2$)을 유전체로 사용하는 전기장에서 쌍극자 모멘트가

$$P = \epsilon_0(23.8 - 0.000416\mathbf{E})\mathbf{E}$$

로 표시될 경우, 전기장의 세기가 0으로부터 12,000 V/m로 증가할 때의 일을 구하여라. 단, 투자율 $\epsilon_0 = 8.854 \times 10^{-12}\ C^2/Nm^2$이고, 체적은 1 cm^3, **E**는 전기장 세기(V/m), 위의 식에서 상수 0.000416은 $\mathbf{E}^{-1}$의 차원을 갖는다.

풀이 쌍극자 모멘트 P와 전기장 세기 E 사이의 관계식을 미분하면

$$d\mathbf{P} = \epsilon_0(23.8 - 0.000823\mathbf{E})d\mathbf{E}$$

이 식을 식 (3·26)에 대입하면

$$W = -\int \mathbf{E} \cdot d(V\mathbf{P}) = -V\int \mathbf{E}d\mathbf{P}$$

$$= -V\epsilon_0 \int_{E_1}^{E_2} (23.8\mathbf{E} - 0.000832\mathbf{E}^2)\,d\mathbf{E}$$

$$= -V\epsilon_0 \left[\frac{1}{2} \times 23.8(\mathbf{E}_2^2 - \mathbf{E}_1^2) - \frac{1}{3} \times 0.000832(\mathbf{E}_2^3 - \mathbf{E}_1^3)\right]$$

$V = 1\,cm^3 = 10^{-6}\,m^3$, $\mathbf{E}_1 = 0$, $\mathbf{E}_2 = 12 \times 10^3$ V/m (N/C)이므로

$$W = -(10^{-6})(8.854 \times 10^{-12}) \left[\frac{23.8}{2}(12 \times 10^3)^2 - \frac{0.000832}{3}(12 \times 10^3)^3\right]$$

$$= -1.09291 \times 10^{-8}\,J$$

보기 3.12

100 V 전지에 의하여 작동되는 전자 장비(electronic device)에 전류가 $i=12e^{-t/60}$[A]로 흐를 때, 이 장치가 7분 동안 작동되었을 경우 한 일을 구하여라. 여기서 t는 시간 초(秒, seconds)이다.

풀이 $\delta W = -\epsilon i\, dt = -\epsilon(12e^{-t/60})\, dt$

$$W = -12\epsilon\int_{t_1}^{t_2} e^{-t/60}\, dt$$

$$= 12\times 60\epsilon\int_{t_1}^{t_2} e^{-t/60}\, d(-t/60)$$

$$= 720\epsilon(e^{-t_2/60} - e^{-t_1/60}) = 720\times 100\times(e^{-420/60} - e^{0})$$

$$= -71934.345\,\text{J} = -71.9343\,\text{kJ}$$

3.3 일반화된 준정적 과정의 일

지금까지 폐쇄계의 팽창 또는 압축일을 비롯하여 고체 막대, 액막, 전지, 전기장 및 자기장이 걸리고 있는 경우 등 여러 가지 형태의 일을 살펴보았다. 앞에서 다룬 단순한 계의 일을 종합적으로 고찰하여 보면 모두 준정적(준평형) 과정에서 강도 성질(intensive property)인 **일반화한 힘**(generalized force) $\mathbf{F}_i$와 용량성(또는 종량) 성질(extensive property)인 **일반화한 변위**(generalized displacement) $\mathbf{X}_i$의 곱으로 표시됨을 알 수 있다. 이것을 다시 쓰면

$$\delta W_i = \mathbf{F}_i \cdot d\mathbf{X}_i \tag{3·28}$$

가 된다. 여기서 첨자 i는 **일의 형태**(work modes)를 나타내고, $\mathbf{F}_i$와 $d\mathbf{X}_i$는 각각 일의 형태에 따라서 가해지는 힘과 변위 벡터를 나타낸다. 일반적으로 열역학적 계는 여러 가지 형태의 일을 포함할 수 있으므로 일반적인 일은 다음과 같이 표시할 수 있다.

$$\delta W = \sum_i \delta W = \sum_i \mathbf{F}_i \cdot d\mathbf{X}_i$$
$$= PdV - \tau dA - \sigma A dx - \epsilon dZ - \mathbf{E}\cdot d(V\mathbf{P}) - \mu_0\mathbf{H}\cdot d(V\mathbf{M}) + \cdots \tag{3·28}$$

앞에서 다룬 여러 형태의 일을 요약하면 표 3·2와 같다.

표 3·2 단순계의 여러 형태의 일

일의 형태	일반화한 힘 $\mathbf{F}_i$ (강도 성질)	일반화한 변위 X_i (종량 성질)	일 W[J]
폐쇄계의 팽창 또는 압축일	P(Pa)	$V(\mathrm{m}^3)$	PdV
탄성 막대	$\sigma(\mathrm{N/m^2})$	ϵ	$-V\sigma d\epsilon$
회전축	$\mathscr{T}$ (N/m)	θ(rad)	$-\mathscr{T}d\theta$
액막	τ(N/m)	$A(\mathrm{m}^2)$	$-\tau dA$
가역 전지	ϵ(V)	Z(C)	$-\epsilon dZ$
전기장(전기 편극)	$\mathbf{E}$(V/m)	$\mathbf{P}$(C·m)	$-\mathbf{E}\cdot d(V\mathbf{P})$
자기장(자기 편극)	$\mathbf{H}$(A/m)	$\mathbf{M}(\mathrm{A\cdot m^2})$	$-\mu_0\mathbf{H}\cdot d(V\mathbf{M})$

3.4 열

열(熱, heat)은 어느 일정 상태하에 있는 계와 주위 또는 다른 계와의 사이의 온도차(溫度差, temperature difference)에 의하여 이동하는 에너지로서 Q로 표시한다. 열은 항상 고온의 물체에서 저온의 물체로 흐르며, 열의 이동은 하나의 에너지 이동 현상이다. 이와 같이 계의 경계로부터 주위로 온도차에 의하여 이동하는 열량은 주위로부터 열을 받을 때를 $(+)Q$로, 계로부터 주위로 열이 방출될 때를 $(-)Q$로 생각하여 계산한다. 즉,

$Q > 0$: 주위로부터 열이 계로 이동될 때

$Q < 0$: 계로부터 열이 주위로 이동될 때

이것은 앞에서 다룬 일의 부호와는 반대로 취한 것이다. 열은 일과 같이 변화 과정(경로)에 의존하며 처음과 마지막 상태에만 의존되지 않는다.

열은 또한 열역학적 상태량이 아니므로 그 미소 변화를 δQ로 표시하며 그 적분은 다음과 같이 표기한다.

$$\int_1^2 \delta Q = Q_{12}$$

이와 같이 열량은 각 상태의 열량은 의미가 없으며 상태 변화하는 사이에 계에 가해지거나 방출한 열량으로 표시하여야 하며, 또한 δQ의 적분은 경로에 의존되는 함수이므로 $Q_2 - Q_1$로 표시할 수 없다. 계로 가해지거나 계로부터 나가는 열량의 이동률은 $\dot{Q}$로 표시하면

$$\dot{Q} \equiv \frac{\delta Q}{\delta t} \tag{3·30}$$

가 된다. 또한 계의 단위 질량당의 이동하는 열량을 q(kJ/kg)라 하면

$$q = \frac{\dot{Q}}{\dot{m}} \tag{3·31}$$

로 표시된다.

3.5 열이동 형태

계에 주어지는 열의 이동 형태는 **전도**(傳導, conduction), **대류**(對流, convection) 및 **복사**(輻射, radiation)의 세 가지가 있다. 전도(傳導)에 의한 에너지 이동은 고체, 액체 및 기체 내에서 일어나며 전도 열량은 **Fourier의 법칙**(Fourier's law)에 의하여 구할 수 있다.

[1] 전도 열전달

그림 3·17에 표시된 것과 같은 고체 벽에서 열이 고온측으로부터 저온측으로 흐를 경우 이를 전도라 하며 이 때 전도 열량은 다음 식으로 표시된다(그림 3·17 참조).

$$\dot{Q} = -kA\frac{dT}{dx} \tag{3·32}$$

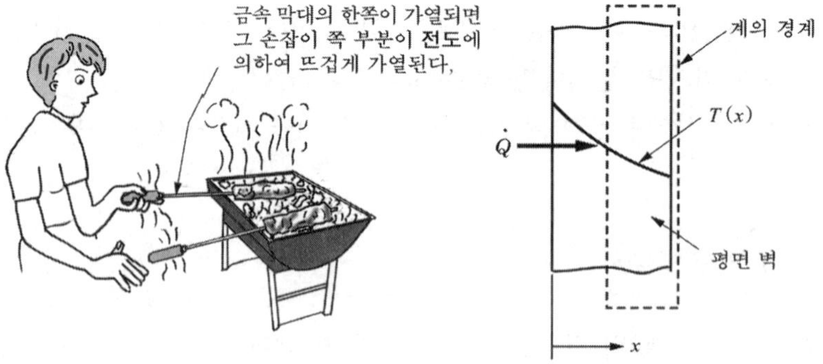

그림 3·17 열전도

여기서 k를 **열전도 계수**(熱傳導係數, thermal conductivity) W/mK, $\frac{dT}{dx}$는 길이에 따른 **온도 구배**(溫度勾配, temperature gradient)를 나타낸다. 식 (3·32)의 (−) 부호는 단지 $\dot{Q}$의 값을 양(陽, positive)으로 만들기 위해서 부가된 것이다.

표 3·3은 실온에서 주요 물질의 열전도 계수를 나타낸 것이다. 고체벽의 두 표면의 온도를 각각 T_1, T_2 벽 두께를 L이라 하면 전도에 의한 열량은

$$\dot{Q} = -kA\left(\frac{T_2 - T_1}{L}\right) \tag{3·33}$$

가 된다.

표 3·3 주요 물질의 열전도 계수

물 질	열전도계수(W/mK)
공기(air)	0.026
유리 섬유(glass wool)	0.043
연질 고무(soft rubber)	0.13
헬륨(g)(helium)	0.152
나무(oak)	0.17
인체 피부(skin)	0.37
물(water)	0.613
벽돌(brick)	0.72
유리(glass)	1.4
수은(mercury)	8.54
철(iron)	80.2
알루미늄	237
금(gold)	317
구리(copper)	401
은(silver)	429
다이아몬드(diamond)	2300

[2] 대류 열전달

고체 표면과 유동하는 유체 사이의 열 이동 현상을 대류(對流) 열전달이라 한다. 그림 **3·18**과 같이 방 안에 설치된 난로로부터 나오는 열은 대류에 의하여 실내가 따뜻하게 가열된다.

대류에 의한 전열량은 다음에 표시되는 **Newton의 냉각 법칙**(冷却法則, Newton's law of cooling)에 의하여 구할 수 있다.

$$\dot{Q} = hA(T_s - T_f) \tag{3·34}$$

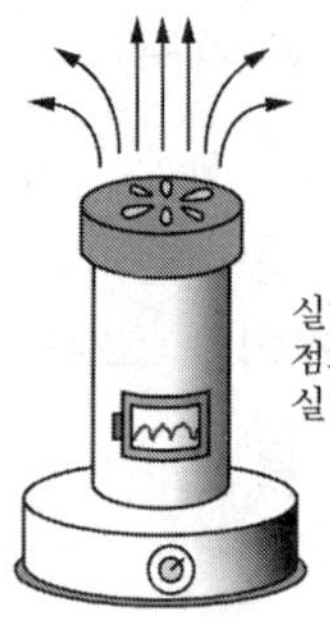

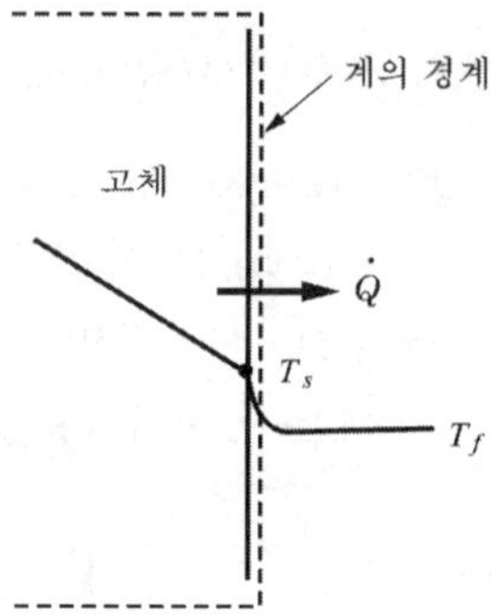

그림 3·18 대 류

여기서 h는 **대류 열전달 계수**(對流熱傳達係數, heat transfer coefficient) $W/m^2 K$이고, A는 전열 면적 m^2, T_s는 고체벽의 온도, T_f는 유체의 온도를 나타낸다.

[3] 복사 열전달

계의 열 이동의 또 다른 형태의 하나는 물체로부터 나오는 적외선(赤外線) 또는 가시 광선(可視光線) 등의 짧은 파장의 전자파(電磁波)가 다른 물체에 흡수되어 열로 변환됨에 따라 이루어지는 전열이다. 복사(輻射)에 의한 열전달량은 **Stefan-Boltzmann 법칙**(Stefan-Boltzmann's law)에 의하여 다음과 같이 표시된다.

한편

$$\dot{Q} = \epsilon \sigma A T_s^4 \tag{3·35}$$

여기서 ϵ는 **방사율**(放射率) 또는 복사율(輻射率, emissivity)로서 $0 \leq \epsilon \leq 1.0$의 값을 가지며, σ는 Stefan-Boltzmann 상수($=5.67\times10^{-8}\ W/m^2 K^4$), A는 전열 면적 ($m^2$), T_s는 표면 온도 K이다.

열역학적 계와 주위와의 열 이동은 이상에서 설명한 전도, 대류, 복사 등이 복합된 현상에 의하여 이루어지며, 어떠한 경우이든 계와 주위 사이에 주고받는 총열량으로 에너지 이동을 다룬다.

표 3·4는 주요 물질의 300 K에서의 열복사율을 나타낸 것이다.

표 3·4 주요 물질의 300 K에서의 열복사율

물 질	복사율	물 질	복사율
물(water)	0.96	연마된 스테인리스강(stainless steel)	0.17
흙(soil)	0.93~0.96	연마된 은(silver)	0.02
붉은 벽돌(brick)	0.93~0.96	연마된 금(gold)	0.03
흰색 종이(white paper)	0.92~0.97	연마된 구리(copper)	0.03
인체 피부(skin)	0.95	알루미늄 포일(Aluminum foil)	0.07
페인트(black)	0.98		

보기 3.13

어느 가열노의 평면벽의 두께가 15 cm이고, 전열 면적이 1 m^2, 벽 안쪽 온도가 120℃, 벽 바깥쪽 온도가 60°일 경우 열전도에 의한 전열량을 구하여라. 단, 열전도 계수는 0.54 W/mK이다.

풀이 벽 내외의 온도차=120－60=60℃이므로

$$\dot{Q} = -kA\frac{dT}{dx}$$
$$= 0.54 \times 1 \times \frac{60}{0.15}$$
$$= 216\,\text{W}$$

보기 3.14

온도 500℃인 흑체면(黑體面)에 마주보고 있는 온도 30℃인 물체($\epsilon=0.9$)가 받는 단위 면적당의 복사 열량을 구하여라. 단, 두 면은 평행하고 무한히 넓다.

풀이 $\dot{Q} = \epsilon\sigma A\left(T_1^4 - T_2^4\right)$

$$\frac{\dot{Q}}{A} = 5.67 \times 10^{-8} \times 0.9\left(773.15^4 - 303.15^4\right)$$
$$= 17.803\,\text{kW/m}^2$$

보기 3.15

그림 3·19와 같이 어느 학생이 공기의 온도가 20℃인 실내에 서 있을 때, 인체로부터의 열전달량을 구하여라. 단, 이 사람의 인체 표면적은 1.56 m^{2}이고, 인체 표면 온도는 30℃, 열전달계수 5.8 W/m^{2}C이고, 발바닥에서 방바닥으로 열전도는 작으므로 무시한다.

그림 3·19

풀이 인체로부터 공기로 나가는 대류 열전달량 $\dot{Q}_{conv}$와 복사 열전달량 $\dot{Q}_{rad}$를 구하면

$$\dot{Q}_{conv} = hA(T_h - T_f)$$

여기서 T_h는 인체 표면 온도이고, T_f는 공기의 온도이다.

$$\dot{Q}_{conv} = 5.8 \times 1.56(30 - 20) = 90.48\,\text{W}$$

한편 복사에 의한 열전달은

$$\dot{Q}_{rad} = \epsilon\sigma A(T_h^4 - T_f^4)$$
$$= 0.95 \times 5.67 \times 10^{-8} \times 1.56(303^4 - 293^4)$$
$$= 88.97\,\text{W}$$

따라서 인체로부터 나가는 총 열전달량은

$$\dot{Q} = \dot{Q}_{\text{conv}} + \dot{Q}_{\text{rad}} + \dot{Q}_{\text{cond}}$$
$$= 90.48 + 88.97 + 0 = 179.45\,\text{W}$$

이다.

3.6 요 약

열역학적 계의 일이나 열은 경로 함수(path function)이며

$$W_{12} = \int_1^2 \delta W$$
$$Q_{12} = \int_1^2 \delta Q$$

로 표시된다.

열역학적 계에서 다룰 수 있는 일은 여러 가지 형태로 존재하며 이들을 요약하면 다음과 같다.

폐쇄계의 팽창 또는 압축일 ; $\delta W = PdV$, $W_{12} = \int_1^2 PdV$

압축일일 때에는 부호가 (−)가 된다.

액막의 변위일 ; $\delta W = -\tau dA$, $W_{12} = -\int_1^2 \tau dA$

탄성 막대의 변위일 ; $\delta W = -\sigma A dx$ 또는 $\delta W = -\sigma V d\epsilon$

$$W_{12} = -\int_1^2 \sigma A dx \text{ 또는 } W_{12} = -\int_1^2 \sigma V d\epsilon$$

회전축의 변위일 ; $\delta W = \tau d\theta$, $W_{12} = -\int_1^2 \mathrm{T}\, d\theta$

전지의 일 ; $\sigma W = -\epsilon dZ$, $W_{12} = -\int_1^2 \epsilon dZ$

전기장의 일 ; $\delta W = -\mathbf{E} \cdot d(V\mathbf{P})$

자기장의 일 ; $\delta W = -\mu_0 \mathbf{H} \cdot d(V\mathbf{M})$

일반화한 일 δW_i는 일반화한 힘 $\mathbf{F}_i$와 일반화한 변위 $d\mathbf{X}_i$로부터

$$\delta W_i = \mathbf{F}_i \cdot d\mathbf{X}_i$$

로 표시된다. 따라서

$$\delta W_i = PdV - \tau dA - \sigma Adx - \epsilon dZ - \mathbf{E} \cdot d(V\mathbf{P}) - \mu_0 \mathbf{H} \cdot d(V\mathbf{M}) + \cdots$$

열의 이동 형태에는 전도, 대류, 복사의 세 가지가 있다.

열전도에 의한 전열량 ; $\dot{Q} = -kA\dfrac{dT}{dx}$

대류에 의한 전열량 ; $\dot{Q} = hA(T_s - T_f)$

복사에 의한 전열량 ; $\dot{Q} = \epsilon\sigma A T_s^4$

폐쇄계 팽창 또는 압축일에서 압력과 체적 사이에 $PV^n =$ 일정인 폴리트로프 변화를 하는 경우의 일 W_{12}는 다음 식으로 표시된다.

$$\therefore \; W_{12} = \frac{P_2 V_2 - P_1 V_1}{1-n}$$

연 | 습 | 문 | 제

3.1 일과 열이 경로 함수임을 증명하여라.

3.2 일의 여러 가지 형태를 예를 들어 설명하여라.

3.3 완전 미분과 불완전 미분을 열역학적 상태량과 관련시켜 설명하여라.

3.4 열과 일의 부호와 그 의미를 설명하여라.

3.5 열의 이동 형태에는 어떠한 것들이 있는가?

3.6 피스톤-실린더 장치에 1.0 MPa, 0.025 m^3의 가스가 들어 있다. 이것이 팽창하여 체적이 0.04 m^3로 되었을 때

(1) 정압 변화시의 일

(2) PV=일정인 변화를 할 경우의 일을 구하여라.

3.7 체적 0.020 m^3, 1.0 MPa의 기체가 준정적 과정으로 정압 변화하여 체적이 0.04 m^3까지 변화하고, 이것이 다시 정적 변화 과정으로 압력이 0.45 MPa이 될 때까지 상태 변화하였다. 이번에는 정적 변화 말에서 등온 변화(PV=C)하여 처음 상태로 돌아오는 과정을 한다. 이 사이클의 일을 구하고, $P-V$ 선도를 그려라.

3.8 강제 탱크(rigid tank)에 공기가 0.5 MPa, 150℃로 들어 있다. 주위로 열전달에 의하여 압력과 온도가 각각 0.4 MPa, 60℃로 되었다면 이 과정 중의 한 일과 $P-V$ 선도를 그려라.

3.9 피스톤-실린더 장치에 공기가 0.13 MPa, 80℃의 상태로 0.4 m^3가 들어 있다. 공기가 압축되어 체적 0.1 m^3로 되었을 때 한 일을 구하여라. 다만, 이 과정은 등온 변화($PV=C$)하는 것으로 생각한다.

3.10 어떤 기체가 $PV^n=C$ (n은 정수)의 상태 변화를 할 경우 계의 한 일 W_{12}를 구하여라.

3.11 질량 900 kg인 자동차가 90 km/h로 주행하다가 제동을 걸어서 정지하였을 때 발생하는 마찰열을 구하여라.

3.12 질량 220 kg의 물체를 25 m/min 들어 올릴 때 요구되는 동력은 몇 kW인가?

3.13 증기 터빈 발전기가 증기 유량이 2,250,000 kg/h일 때 출력이 850,000 kW라면 증기 1 kg당 하는 일은 몇 kJ인가?

3.14 비행기가 545 km/h의 속도로 비행하는 데 2000 kW의 동력이 필요하다면 평균 비행 저항력은 몇 N인가?

3.15 처음 길이 l_0인 금속 강선이 인장되는 경우의 하는 일을 구하여라. 단, 인장응력은 σ, 변형도는 ϵ, 탄성 계수는 E이다.

3.16 일반화한 일의 식이 $\delta W = \sum \boldsymbol{F}_i d\boldsymbol{X}_i$로 표시됨을 실제 보기를 들어 설명하여라.

3.17 이상 기체가 정적 변화와 정압 변화할 경우의 일을 구하는 식을 비교하여라.

3.18 2 m^3의 물이 지면으로부터 80 m의 높이에서 15 m로 높이가 낮아졌을 때의 위치 에너지의 변화를 구하여라. 단, 물의 밀도는 1000 kg/m^3, $g = 9.7\ m/s^2$이다.

3.19 어느 물체의 질량이 1200 kg이고, 이 물체의 이동 속도가 40 m/s 이다. 이 물체의 운동 에너지의 증가가 2100 kJ일 경우 최종 속도는 몇 m/s인가?

3.20 어느 물체가 대기 중에서 50 m/s 속도로 비행하고 있다. 이 물체의 속도가 증가하는데 필요한 일이 100 kJ일 경우 나중 속도를 구하여라. 단, 질량은 120 kg이다.

3.21 원판 모양의 플라이휠이 각속도 ω로 회전하고 있다. 플라이휠의 관성 모멘트와 운동 에너지를 구하여라. 단, 플라이휠의 반지름은 R, 원판의 두께 t, 원판의 밀도 ρ이다.

3.22 기체가 처음 상태 320 kPa, 0.05 m^3로부터 팽창하여 압력이 130 kPa로 되었다. 상태 변화가 $PV^{1.2}$ =일정으로 이루어질 경우 하는 일과 $P-V$ 선도를 그려라.

3.23 그림 **3 · 20**과 같은 전동기가 120 rpm으로 날개차를 회전시킬 때 축에 작용되는 토크는 1,200 J이다. 축을 회전시키는 데 필요한 동력을 구하여라.

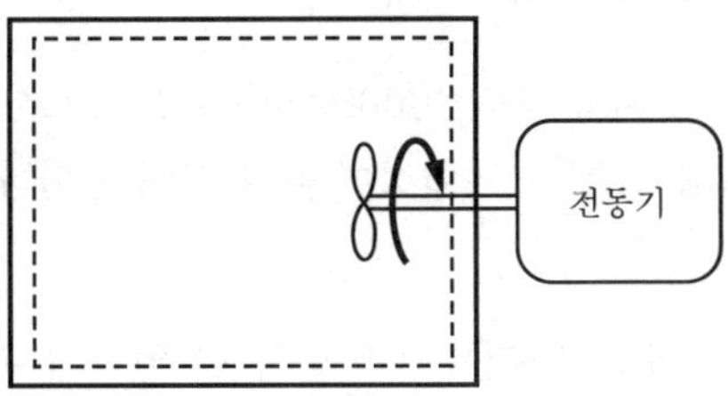

그림 3 · 20

3.24 속도 320 m/s로 날아가고 있는 탄환(彈丸)이 벽에 부딪혀서 정지하면서 그 운동 에너지가 모두 열로 되어 그 1/2이 탄환에 주어진다면 탄환의 온도 상승은 몇 ℃인가? 단, 탄환의 비열은 $c = 0.125$ kJ/kg K이다.

3.25 지름이 1.5 mm이고 길이가 120 cm인 강선이 준정적 상태로 인장되어 그 길이가 20 mm 늘어났을 경우 가해진 일을 구하여라. 단, 탄성 계수는 $2 \times 10^{11}\ N/m^2$이다.

3.26 변속기의 출력축이 2500 rpm으로 회전하면서 400 Nm의 회전력을 전달하는 경우, 동력은 몇 kW인가?

3.27 자동차 축전지(battery)를 충전기로 20 V, 10 A로 충전할 때의 한 일을 구하여라. 단, 충전 시간은 30분이다.

3.28 처음 체적 $0.2\,m^3$이고, 압력이 5 bar로부터 상태 변화하여 체적이 $0.3\,m^3$로 되었다. 이 장치의 상태 변화는 $PV^{1.25}$ =일정에 따라 변화한다. 외부에 대하여 한 일을 구하여라.

3.29 다음은 여러 가지 일의 형태를 하나의 표로 나타낸 것이다. ☐ 속에 알맞은 식을 써넣어라.

표 3·5

일의 형태	일반화한 힘 F_i (강도 성질)	일반화한 변위 X_i (종량 성질)	일 W[J]
가스의 팽창일 탄성 막대의 변위일 액막의 변위일 가역 전지 전기장의 일 자기장의 일			

3.30 기체의 처음 체적이 $0.5\,m^3$이고 최종 체적이 $0.7\,m^3$로 팽창하는 피스톤-실린더 장치에서 처음 압력이 100 kPa이었다. 기체는 온도 T=300 K로 일정한 경우 압력이 다음과 같은 조건으로 변화할 때 하는 일을 구하여라.

(1) 최종 압력이 처음 압력과 같은 경우

(2) 등온 변화에 따라 변화하는 경우 W[J]

3.31 자동차 기관의 연소 가스가 처음 체적 $0.0002\,m^3$, 10MPa로부터 팽창하여 체적이 $0.0010\,m^3$로 되었다. 이 기관 내의 가스는 $PV^{1.35}$ =일정에 따라 상태 변화하는 경우 외부에 대하여 한 일을 구하여라.

3.32 고무 풍선에 바람을 넣을 때 그 반지름의 변화와 한 일과의 관계를 구하는 식을 세워라. 단, 고무의 장력은 무시한다.

3.33 폐활량(肺活量)이 2010 cm^3인 사람이 1 시간 동안 호흡을 계속할 때 필요한 에너지를 구하여라. 1분간 호흡 횟수는 15회이고, 평상시의 호흡량은 폐활량의 1/2이다.

3.34 0.5 kW의 전열기로 0.9 L의 물을 25℃로부터 100℃까지 가열하는 데 22분이 걸렸다. 외부로 나간 열량은 몇 % 정도인가?

3.35 실린더 속에 지름이 150 mm인 피스톤을 200 mm 움직여서 작동 유체 60 g을 흡입하였을 때 작동 유체의 비체적과 비중량을 구하여라.

3.36 피스톤-실린더 장치에서 0.6 m^3의 공기가 100 kPa, 60℃로 들어 있다. 이것이 0.25 m^3까지 압축되는 동안 실린더 내의 공기 온도는 일정하게 60℃를 유지한다. 이 과정에 한 일을 구하여라.

3.37 질량 1 ton인 차가 정지 상태에서 100 km/h로 가속되었을 때 필요한 동력을 구하여라. 단, 가속하는 데 소요된 시간은 25초이다.

3.38 자동차의 추진축이 회전 속도 3800 rpm에서 240 Nm의 토크를 전달하는 경우 소요 동력을 구하여라.

3.39 무게 40 kg의 화물을 높이 1.3 m의 위치로 들어 올릴 경우 한 일을 구하여라.

3.40 피스톤-실린더 장치에서 $PV^{1.3}$ =일정에 따라 340 kPa, 0.0290 m^3로부터 820 kPa까지 압축된다. 기체의 질량이 0.18 kg이고, 압축하는 동안 가스로부터의 열전달량은 2.3 kJ이다. 운동 에너지와 위치 에너지 효과를 무시하고 비내부 에너지의 변화를 구하여라.

3.41 부피가 0.2 m^3인 단열된 탱크 속에 패들 휠이 설치되어 있고 20분에 5 W의 에너지율로 공기를 교반한다. 공기의 초기 밀도가 1.2 kg/m^3일 경우

(1) 최종 비체적
(2) 비내부 에너지 변화

를 구하여라. 단, 운동 및 위치 에너지 변화는 무시한다.

3.42 밀폐된 강체 용기(剛體容器, rigid vessel)에 날개차가 설치되어 있다. 용기 속의 기체를 날개차로 $\dot{W}=-12t$ (단, $\dot{W}$, t의 단위는 각각 Watt, min이다)의 동력으로 휘저을 때 가스로부터 주위로 전달되는 열량이 50 W로 일정할 경우

(1) t=10분일 때의 에너지 변화율, W
(2) t=25분일 때의 유효 에너지 변화, kJ

를 구하여라.

3.43 피스톤-실린더 장치에서 증기가 초압 3.0 MPa에서 압력 0.7 MPa까지 팽창될 경우 열전달량을 구하여라. 단, 팽창 과정은 $PV^{1.3}$ =일정에 따르고, 증기 질량은 2 kg, 증기의 열역학적 성질은 u_1=2604.1 kJ/kg, v_1=0.06668 m^3/kg, u_2=2494.5 kJ/kg와 같고 ΔKE와 ΔPE는 무시한다.

3.44 그림 3 · 21과 같은 피스톤-실린더 장치가 있다. 처음에는 피스톤이 x=0의 위치에 있고 스프링의 장력이 피스톤에 작용하지 않는다. 실린더 아래로부터 가열하여 가스가 팽창하면서 피스톤의 변위가 x=0.05 m까지 상승하였을 때 가열을 멈추었다. 스프링의 장력이 $F=Kx$, k=10,000 N/m로 표시될 경우

(1) 기체의 초기 압력
(2) 가스가 피스톤 변위에 의하여 한 일

(3) 열전달량(단, $u_1 = 214$ kJ/kg, $u_2 = 347$ kJ/kg)

을 구하여라.

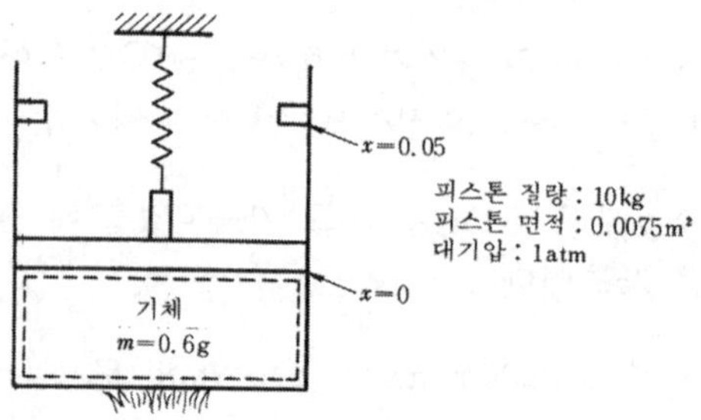

그림 3 · 21

3.45 다음과 같이 3개의 열역학적 과정으로 구성된 가스 사이클에서 초기 상태가 $P_1 = 1$ bar, $V_1 = 1.5$ m^3, $U_1 = 521$ kJ일 경우 과정 1→2 및 3→1 사이의 열전달량을 구하여라.

과정 1→2 : 등온하에 $P_2 = 2$ bar, $U_2 = 700$ kJ까지 압축

과정 2→3 : $W_{23} = 0$, $Q_{23} = -170$ kJ

과정 3→1 : $W_{23} = 60$ kJ

3.46 다음과 같은 과정으로 구성된 열역학적 가스 사이클이 있다.

과정 1→2 : 정압($P = 1.5$ bar) 과정, $V_1 = 0.028$ m^3, $W_{12} = 12$ kJ

과정 2→3 : 등온 압축, $U_3 = U_2$

과정 3→1 : 정적 과정 $U_1 - U_3 = -27.4$ kJ

ΔKE 및 ΔPE를 무시하고

(1) 이 사이클의 $P-V$ 선도를 그려라.

(2) 사이클 일을 구하여라.

(3) 과정 1→2에서의 열전달량을 구하여라.

3.47 그림 3 · 22와 같은 동력 사이클로 작동하는 계가 외부에 하는 일이 10 MJ, 열효율이 0.45이다. 계에 가해진 열량 Q_{in}과 저열원의 방열량 Q_{out}를 구하여라.

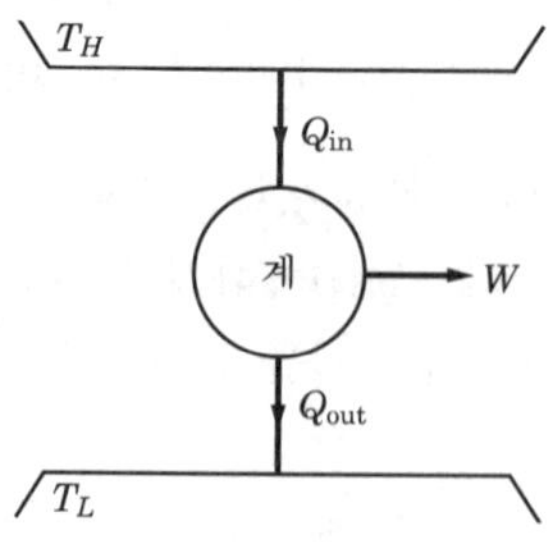

그림 3 · 22

3.48 문제 **3.47**과 같은 계에서 총 열전달량 Q_{in} =450 MJ이고 열효율이 30%라면 유효일은 몇 kJ 인가?

3.49 가정용 냉장고에서 고온 물체(고온 열원)와 저온 물체는 각각 무엇에 해당하는가?

3.50 창걸이형 공기 조화기(window air conditioner)에서 고온 물체와 저온 물체는 각각 무엇에 해당하는가?

3.51 그림 3 · 23과 같은 냉동기에서 사이클에 공급되는 일이 2500 kJ이고 성적 계수가 3.0일 경우 저열원으로부터의 흡수 열량 Q_L과 고열원의 방열량 Q_H를 구하여라.

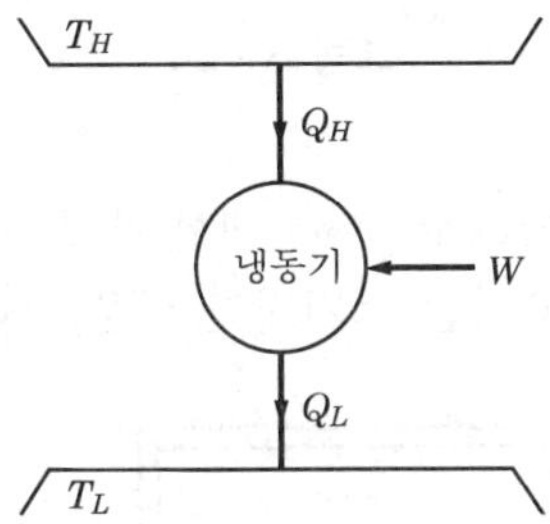

그림 3 · 23

3.52 문제 **3.51**와 같은 열펌프 사이클에서 성적 계수가 3.7이고 열펌프에 공급되는 일이 6000 kJ 일 경우 Q_L, Q_H를 구하여라.

3.53 자동차용 축전지가 축전지 충전기(充電器, battery charger)로 충전된다. 충전기가 1 시간에 12 V의 전압과 24 A의 전류로 충전할 경우 한 일을 구하여라.

3.54 어느 금속 재료로 된 와이어가 처음 길이 1m에서 외력 F를 받아서 1.002m로 되었다. Young 계수가 2×10^{11} N/m^{2}이고, 단면적이 A=3.2×10^{-6} m^{2}일 경우 와이어의 변위일을 구하여라.

3.55 내연 기관의 연소 생성물이 초기 압력 10 bar, 체적 0.0001 m^{3}로부터 팽창하여 최종 체적 0.002 m^{3}로 되었다. 폴리트로픽 지수 n=1.35일 경우 팽창일을 구하여라.

3.56 다음 그림 3 · 24와 같은 스프링이 작용하고 있는 피스톤-실린더 장치에서 가스가 초기 압력이 0.15 MPa, 체적이 0.001 m^{3}의 상태로 들어 있다. 이 때 피스톤-실린더 장치를 가열하여 가스의 체적이 4배로 되고 압력이 0.1 MPa로 되었을 경우 다음 물음에 답하여라.

(1) 이 과정을 $P-V$ 선도로 표시하여라.

(2) 가스에 의하여 한 일 W_{12}를 구하여라.

(3) 피스톤과 실린더에 대하여 한 일을 구하여라.

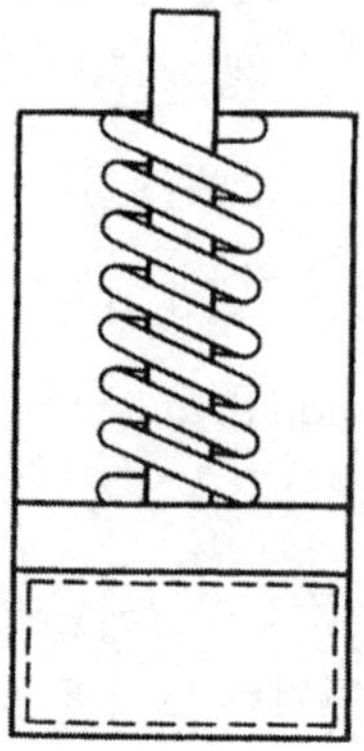

그림 3 · 24

3.57 그림 3 · 25와 같은 전기 오븐(electric oven)에서 가열 요소에 걸리는 저항을 R, 전압을 E라 할 때 Δt시간 동안 가열하는 데 요하는 전기적인 일을 구하여라.

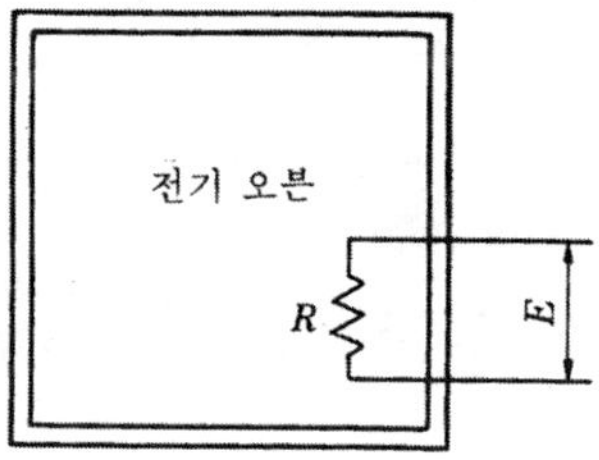

그림 3 · 25

3.58 기중기로 2000 kg의 물체를 수직으로 13 m 들어 올렸을 때 기중기가 한 일은 몇 kJ인가? 이 일을 1분 동안에 하였다면 몇 kW의 동력이 되겠는가?

3.59 30 L의 물을 20℃로부터 95℃까지 가열하는 데 요하는 열량을 구하여라.

3.60 속도 160 km/h로 달리던 전차를 급브레이크를 걸어서 정지시킬 때 마찰열을 구하여라. 단, 이 전차의 질량은 95000 kg이다.

3.61 압력 250 kPa, 용적 0.4 m^3인 기체가 압력 일정 하에 팽창하여 체적이 0.6 m^3로 되었다. 외부에 대하여 한 일을 구하여라. 또, 이 때 내부 에너지 증가가 950 kJ이라면 공급열량은 얼마인가?

3.62 압력 0.4 MPa, 체적 0.5 m^3인 기체가 압력 일정 하에 체적이 0.2 m^3로 되었다. 이 기체가 외부에 대하여 한 일을 구하여라. 내부 에너지가 200 kJ 감소한 경우 외부로의 방출열량을 구하여라.

CHAPTER

04 이상 기체

4.1 이상 기체의 상태식

기체 분자는 그 하나하나가 용기 벽이나 다른 분자와 충돌을 되풀이하면서 공간을 자유로이 움직이고 있다. 이 때 분자 사이의 거리가 그 크기에 비하여 매우 크고 또한 분자 사이의 인력이나 분자 크기의 영향을 무시할 수 있는 기체를 **이상 기체**(理想氣體, ideal gas) 또는 **완전 가스**(perfect gas)라고 한다.

실재 기체(實在氣體, real gas)는 엄밀한 의미에서 이상 기체가 아니며, 어느 기체도 압력을 낮추면 기체를 구성하고 있는 분자 사이의 거리가 차차 커져서 $P \to 0$의 극한에서는 분자 사이의 인력의 영향이나 분자 크기에 의한 영향을 무시할 수 있게 되어 이른바 이상 기체의 상태로 된다.

수증기(과열 증기)의 비체적을 이상 기체의 비체적과 비교하여 이상 기체에 대한 오차를 살펴보면 수증기 압력 10 kPa 이하의 과열 증기는 온도에 무관하게 오차가 0.1% 이내로서 이상 기체로 생각할 수 있다. 그러나 고압일수록 과열 수증기는 많은 오차를 포함하게 되며, 임계점 부근에서는 100% 이상의 오차가 수반되어 이상 기체로 다룰 수 없다.

그러므로 공기 조화 장치(空氣調和裝置, air-conditioning system) 등에서 공기 중의 수증기는 수증기 압력이 매우 낮으므로 이상 기체로 취급할 수 있다. 그러나 증기 원동소(蒸氣原動所, steam power plant)에서는 수증기 압력이 매우 높으므로 이상 기체의 성질로 취급할 수 없게 된다.

앞의 2 · 6절에서 다룬 바와 같이 이상 기체는 **보일-샤를**(Boyle-Charles)**의 법칙**에 따르는 기체이며 실용적으로는 특별한 고압이나 저온이 아닌 산소, 질소, 공기, 연소 가스 등의 기체는 이상 기체로 생각할 수 있다. 이상 기체의 상태 방정식은 다음 식으로 표시된다.

$$PV = mRT \tag{2·38}$$

여기서 m은 기체의 질량, R는 **기체 상수**(氣體常數, gas constant) 또는 **가스 정수**이다. 이 식을 가스의 식(gas equation) 또는 보일–샤를의 법칙이라 한다.

단위 질량의 기체에 대하여는 비체적 $v = \dfrac{V}{m}$이므로

$$Pv = RT \text{ 또는 } \rho = \frac{P}{RT} \tag{2·39}$$

로 표시된다. 여기서 ρ는 밀도 $\rho = \dfrac{1}{v}$이다.

아보가드로의 법칙(Avogadro's law)에 의하면 같은 압력, 같은 온도하에서는 일정 체적 내의 이상 기체의 분자수는 가스의 종류에 관계없이 동일하다.

가스의 밀도 ρ는

$$\rho = \frac{1}{v} = \frac{P}{RT}$$

의 관계가 있으므로, 2종의 가스에 대해서는 다음의 관계가 성립한다.

가스의 분자량을 M_1, M_2라 하면,

$$\frac{M_1}{M_2} = \frac{\rho_1}{\rho_2} = \frac{R_2}{R_1}$$

여기서 가스의 분자량 M과 기체 상수 R와의 곱을 **일반 기체 상수**(一般氣體常數, universal gas constant) $\overline{R}$라 하며 이 값은 모든 기체에 대하여도 동일하다.

$$\overline{R} = MR \tag{4·1}$$

여기서 $\overline{R}$의 값은

$$\left.\begin{aligned} \overline{R} &= 8.3143\,\text{kJ/kmol K} \\ &= 847.82\,\text{kgf m/kmol K} \\ &= 1.9865\,\text{kcal/kmol K} \end{aligned}\right\} \tag{4·2}$$

이다.

가스의 몰수를 n이라 하면,

$$n = \frac{m}{M}, \quad m = nM$$

$$mR = nMR = n\overline{R}$$

가 된다. 임의의 기체의 분자량을 M이라 하고, 이 M kg을 그 기체의 1 kmol이라 한다. 즉, 1 kmol = M kg이다. 따라서

이상 기체의 상태식은

$$PV = n\overline{R}T \text{ 또는 } PV = mRT \tag{4·3}$$

또 체적 V는 $V = nv$이므로,

$$P\overline{v} = \overline{R}T \quad \text{또는 } Pv = RT \tag{4·4}$$

가 된다. 여기서 $\overline{v}$는 단위 몰당 비체적(specific volume per mole)이다. 단위 몰당의 상태량은 비체적과 마찬가지로 $\overline{u}$ kJ/kmol, $\overline{h}$ kJ/kmol로 표시하기로 한다.

표 4·1 주요 가스의 비열, 기체 상수의 값

가스의 종류	분자 기호	원자수	분자량 M kg/kmol		0℃에서의 값 정압 비열 c_p		0℃에서의 값 정적 비열 c_v		비열비 (0 ℃) $k=\frac{c_p}{c_v}$	기체 상수 R		표준 상태(0℃, 760 mmHg)에서의 밀도 ρ kg/m³		공기에 대한 비중
			개략값	엄밀값	kcal/kgf ℃	kJ/kg K	kcal/kgf ℃	kJ/kg K		kJ/kg K		계산값	실측값	
헬륨	He	1	4	4.003	1.251	5.238	0.7550	3.160	1.66	211.8	2.0772	0.1786	0.1785	0.1381
아르곤	Ar	1	40	39.948	0.124	0.520	0.0746	0.31	1.66	21.22	0.2081	1.7821	1.7834	1.379
수소	H_2	2	2	2.016	3.392	14.200	2.4069	10.0745	1.409	420.62	4.1249	0.08994	0.08987	0.0695
질소	N_2	2	28	28.013	0.2482	1.0389	0.1773	0.7421	1.400	30.28	0.2969	1.2499	1.2505	0.968
산소	O_2	2	32	31.999	0.2186	0.9150	0.1565	0.6551	1.397	26.49	0.2598	1.4276	1.42895	1.105
공기	−	2	29	28.97	0.240	1.005	0.1713	0.7171	1.400	29.29	0.2872	1.2922	1.2928	1.000
일산화탄소	CO	2	28	28.011	0.2485	1.0403	0.1776	0.7433	1.400	30.29	0.2970	1.2495	1.2500	0.967
일산화질소	NO	2	30	30.006	0.2385	0.9983	0.1723	0.7211	1.384	28.27	0.2772	1.3388	1.3402	1.037
염화수소	HCl	2	36.5	36.465	0.1910	0.7997	0.1366	0.5717	1.40	23.25	0.2280	1.6265	1.6391	1.268
수증기	H_2O	3	18	18.015	0.4446	1.861	0.3340	1.398	1.33	47.73	0.46163	0.8036	−	0.622
이산화탄소	CO_2	3	44	44.01	0.1952	0.8169	0.1500	0.6279	1.301	19.27	0.1890	1.9634	1.9768	1.530
산화질소	N_2O	3	44	44.013	0.2032	0.8507	0.1581	0.6618	1.285	19.27	0.1890	1.9637	1.9878	1.538
이산화황	SO_2	3	64	64.063	0.1455	0.6092	0.1145	0.4792	1.271	13.26	0.1300	2.8581	2.9265	2.264
암모니아	NH_3	4	17	17.03	0.4911	2.0557	0.3744	1.5674	1.312	49.79	0.4883	0.7598	0.7713	0.596
아세틸렌	C_2H_2	4	26	26.016	0.3614	1.5127	0.2850	1.1931	1.268	32.59	0.3196	1.1607	1.1709	0.906
메탄	CH_4	5	16	16.043	0.5151	2.1562	0.3912	1.6376	1.317	52.89	0.5187	0.7152	0.7168	0.554
메탄클로나이드	CH_3Cl	5	50.5	50.488	0.1760	0.7369	0.1367	0.5722	1.288	16.79	0.1647	2.2522	2.3084	1.785
에틸렌	C_2H_4C	6	28	28.054	0.3851	1.612	0.3142	1.3153	1.225	30.25	0.2966	1.2506	1.2604	0.975
에탄	C_2H_6	8	30	30.070	0.4130	1.729	0.3470	1.4524	1.20	28.20	0.2765	1.3406	1.3560	1.049
에틸클로나이드	H_6Cl	8	64.5	64.496	0.3201	1.340	0.2893	1.2109	1.106	13.14	0.1289	2.8776	2.8804	2.228
프로판	C_3H_8	11	44	44.097	0.3705	1.551	0.3254	1.362	1.139	19.24	0.1887	2.1002	−	1.521

표 4·1은 주요 가스의 분자량, 비열, 가스 상수 등을 나타낸 것이다. 식 (4·3)을 다시 쓰면 서로 다른 두 상태에 대하여

$$\frac{P_1V_1}{T_1}=\frac{P_2V_2}{T_2} \tag{4·5}$$

가 되며, 이 식은 Boyle-Charle's의 법칙을 나타내는 식이다.

1몰의 기체의 체적을 V_0로 나타내면

$$V_0=\frac{8314.3}{P}T$$

이 되고, 이 식에서 보는 바와 같이 같은 온도, 같은 압력에서 모든 기체에 대한 V_0의 값은 같음을 알 수 있다.

지금 일정 압력 P하에서 1 kg의 기체를 온도 T_1으로부터 T_2까지 가열할 때 비체적이 v_1으로부터 v_2로 증가하였다면

$$Pv_1=RT_1,\ \ Pv_2=RT_2$$

따라서

$$P(v_2-v_1)=R(T_2-T_1)$$

이 된다. 이 식에서 좌변은 기체의 팽창에 의하여 한 일이므로 온도차를

$$T_2-T_1=1\,\text{K}$$

라 하면 R는 다음과 같은 물리적 의미를 갖는다. 즉, 기체 상수 R는 1 kg의 기체를 정압하에서 온도 1℃ 높이는 데 요하는 외부일과 같다.

보기 4.1

일반 기체 상수 $\overline{R}$가 모든 기체에 대하여 같음을 증명하여라.

풀이 두 이상 기체 1과 2에 대하여 상태식을 쓰면 $PV=mRT$에서 $m=nM$이므로

$$P_1V_1=n_1M_1R_1T_1$$

$$P_2V_2=n_2M_2R_2T_2$$

지금 $P_1=P_2$, $T_1=T_2$이면 Avogadro의 법칙에 의하여 같은 체적 중에 포함되는 기체의 몰수 n은 기체의 종류에 무관하게 일정하므로,

$$\frac{V_1}{n_1}=\frac{M_1R_1}{P_1}T_1=\frac{V_2}{n_2}=\frac{M_2R_2}{P_2}T_2$$

따라서 $M_1R_1=M_2R_2=\overline{R}$가 된다.

보기 4.2

0℃, 760 mmHg에서 이상 기체 1 mol이 차지하는 체적을 구하여라.

풀이 $PV=mRT$, $PV=nMRT$로부터 V를 구하면

$$V=\frac{n\overline{R}T}{P}=\frac{1\times 8.3143\times 273.15}{101325}$$
$$=22.4135\times 10^{-3}\,\mathrm{m}^3=22.4135\,\mathrm{L}$$

보기 4.3

압력 용기 속에 산소가 25℃, 650 kPa의 압력으로 들어 있다. 밸브를 열어서 온도 일정인 상태에서 압력이 350 kPa이 될 때까지 방출시켰을 경우 산소 방출량은 몇 kg인가? 이 용기의 부피는 2.4 m^{3}이다.

풀이 산소의 질량을 구하면

$$m_1=\frac{P_1V_1}{RT_1},\quad m_2=\frac{P_2V_2}{RT_2}$$

산소의 기체상수 R는

$$R=\frac{\overline{R}}{M}=\frac{8.3143}{31.999}=0.2598\,\mathrm{kJ/kg\,K}$$

$P_1=650\,\mathrm{kPa}$, $T_1=273.15+25=298.15\,\mathrm{K}$, $V_1=2.4\,\mathrm{m}^3$이므로

$$m_1=\frac{650\times 2.4}{0.2598\times 298.15}=20.1396\,\mathrm{kg}$$

$P_2=350\,\mathrm{kPa}$, $T_2=298.15\,\mathrm{K}$, $V_2=2.4\,\mathrm{m}^3$이므로

$$m_2=\frac{350\times 2.4}{0.2598\times 298.15}=10.8444\,\mathrm{kg}$$

$$\therefore\ m_2-m_1=10.8444-20.1396$$
$$=-9.2952\,\mathrm{kg}$$

여기서, (−)는 계로부터 주위로 질량이 방출되었음을 의미한다.

보기 4.4

체적 0.02 m^{3}의 용기 중에 10 MPa, 10 ℃의 공기가 들어 있다. 이것을 10℃, 760 mmHg의 용기에 넣을 경우 그 체적은 얼마로 되겠는가?

풀이 이상 기체의 상태식을 처음 용기와 나중 용기에 대하여 적용하면

$$P_1V_1=mRT_1$$

$$P_2V_2 = mRT_2$$

가 성립한다.

$$P_2 = 760\,\text{mmHg} = 1.01325 \times 10^5\,\text{Pa}$$

$$P_2V_2 = \frac{P_1V_1}{T_1}T_2$$

$$V_2 = \frac{P_1V_1T_2}{P_2T_1} = \frac{10 \times 1000 \times 0.02 \times 283.15}{101.325 \times 283.15}$$

$$= 1.9738\,\text{m}^3$$

보기 4.5

질소 가스가 1.8 bar, 27 ℃의 상태로 존재할 경우의 비체적을 구하여라.

풀이 이상 기체의 상태식을 이용하면

$$Pv = RT,\ \ Pv = \frac{R}{M}T$$

$$P = 1.8\ \text{bar} = 180\ \text{kPa},\ \ T_1 = 273.15 + 27 = 300.15\ \text{K}$$

$$v = \frac{(R/M)\,T}{P} = \frac{(3143/28.01) \times (273.15 + 27)}{180}$$

$$= 0.4950\,\text{m}^3/\text{kg}$$

보기 4.6

아보가드로(Avogadro)의 법칙에 의하여 완전 가스 정수가 $\overline{R} = MR$로 표시됨을 증명하여라. 여기서 M은 분자량, R는 기체 상수이다.

풀이 기체의 밀도는

$$\rho = \frac{1}{v} = \frac{m}{V}$$

이므로 같은 온도, 같은 압력에서 같은 체적 중에는 동일한 분자 수를 가진다. 두 기체에 대하여 가스 상태식으로부터

$$\frac{\rho_1}{\rho_2} = \frac{R_2}{R_1}$$

또 아보가드로의 법칙에 의하여 분자량을 M이라 하면

$$\frac{\rho_1}{\rho_2} = \frac{M_2}{M_1}$$

가 된다. 따라서

$$M_1R_1 = M_2R_2 = \overline{R}$$

가 성립한다.

보기 4.7

0 ℃, 1 atm에서 질소 가스 공기의 밀도가 ρ=1.2924 kg/m^{3}일 경우 공기의 기체 상수 R을 구하여라.

풀이 T=273.15 K, P=101.33 kPa이므로

$$R = \frac{Pv}{T} = \frac{P}{\rho T} = \frac{101.33 \times 10^3}{1.2924 \times 273.15} = 287.02\ \text{J/kg K}$$

보기 4.8

어느 이상 기체의 비체적이 20 ℃, 500 kPa에서 0.152 m^3/kg이었다. 이 가스의 기체 상수를 구하여라. 또 이 가스의 종류를 알아보아라.

풀이 $Pv = RT$에서

$$R = \frac{Pv}{T} = \frac{500 \times 0.152}{293.15} = 0.2593\ \text{kJ/kg K}$$

$$\overline{R} = MR$$

$$M = \frac{\overline{R}}{R} = \frac{8.3143}{0.2593} = 32.0644$$

따라서 분자량 M≒ 32이므로 산소이다.

보기 4.9

체적 0.05 m^{3}인 용기 속에 산소가 들어 있다. 용기 내의 게이지 압력은 140 bar이고, 대기압은 755 mmHg, 온도는 20℃이다. 산소의 질량을 구하여라.

풀이 $R = \dfrac{\overline{R}}{M} = \dfrac{8.3143}{32} = 0.25982\ \text{kJ/kg K}$

20℃에서 기압계의 읽음이 755 mmHg이므로

$$\frac{755}{760} \times 1.01325 = 1.00658\ \text{bar} = 100.658\ \text{kPa}$$

용기 내의 절대 압력 P는 $P = P_g + P_{atm}$이므로

$$P = (140 + 1.00658) = 141.00658\ \text{bar}$$

$PV = mRT$에서

$$m = \frac{PV}{RT} = \frac{141.00658 \times 100 \times 0.05}{(8.3143/32) \times 293.15} = 9.25644\ \text{kg}$$

4.2 Joule의 법칙

이상 기체의 내부 에너지와 엔탈피를 이해하는 데는 **Joule의 법칙**(Joule's law)이 매우 중요하다. 이 법칙에 의하면 내부 에너지는 온도만의 함수이다. 그러므로 이상 기체의 엔탈피는

$$h = u + Pv = u + RT$$

이므로 엔탈피도 온도만의 함수가 된다. 이 법칙에 관한 증명은 1845년 Joule(J. P. Joule, 영국의 물리학자)의 실험 결과에 의해서 유도되었다.

그 당시 Joule은 내부 에너지가 체적에 따라서 어떻게 변하는가를 알아보기 위하여 다음과 같은 실험을 하였다. 그림 **4·1**에 나타낸 바와 같이 단열벽(斷熱壁)의 물 탱크(水槽)에 두 개의 용기를 잠기게 하고 한쪽 용기 A에는 공기를 22 atm으로 봉입하고, 다른 용기 B는 진공으로 하였다. 두 용기는 도관(導管)으로 연결하고 도관 중앙에 콕(cock)을 설치하였다. 이 계가 열평형에 달한 후 콕을 열어서 공기의 체적은 약 2배로 되고 압력은 감소하여 약 처음의 1/2로 되었으나, 물의 온도는 변화하지 않았다. 이 실험에서 분자 사이의 간격이 커질 때에 열의 수수(授受)가 없음을 알게 되었고 또 물질의 내부 에너지는 체적이나 압력에는 의존하지 않음을 확인하게 되었다. 따라서 Joule은 기체의 내부 에너지는 온도만의 함수라는 결론을 내리게 되었다. 그 후 정밀한 측정에 의하면 최초의 온도와는 약간 다른 미소한 온도 변화가 나타났으나 이상 기체라면 온도 변화는 나타나지 않는 것으로 볼 수 있다. 이와 같은 실험 결과 내부 에너지는 온도만의 함수이라는 것이 밝혀지게 되었다. 이것을 **Joule의 법칙**이라 한다.

열역학 제1법칙의 식을 이 실험에 적용하면

$$\delta q = du + Pdv$$

에서 $\delta q = 0$, $\delta w = 0$이므로

$$du = 0$$

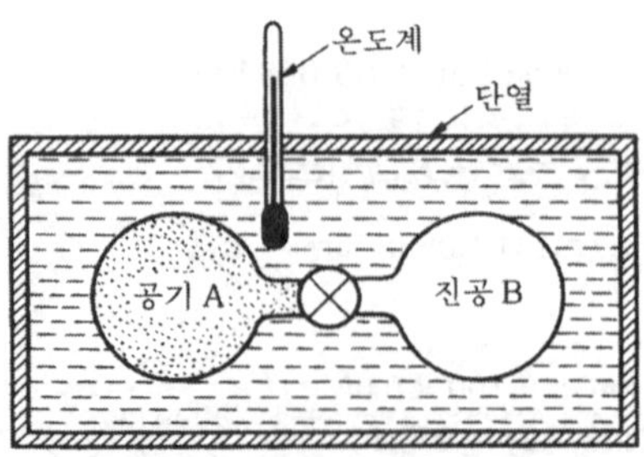

그림 4·1 Joule의 실험

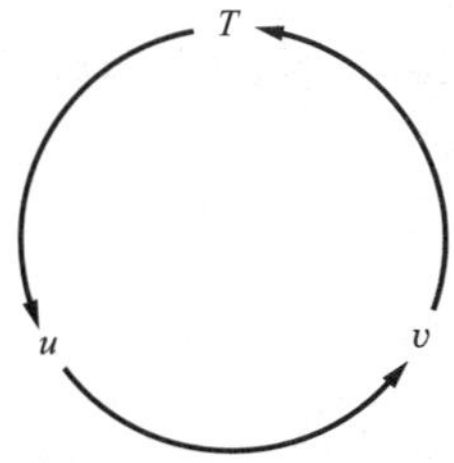

그림 4·2 사이클 관계

가 된다. 따라서 위의 실험에서 내부 에너지는 변하지 않는다. 즉, Joule의 실험 결과로부터

$$\left(\frac{\partial T}{\partial v}\right)_u = 0 \qquad \text{(a)}$$

이 된다.

내부 에너지 u는 상태량이므로 임의의 2개의 상태량 온도 T와 비체적 v의 함수라고 하면

$$u = u(T, v)$$

가 되고, 이 식의 미분은 다음과 같이 표시된다.

$$du = \left(\frac{\partial u}{\partial T}\right)_v dT + \left(\frac{\partial u}{\partial v}\right)_T dv \qquad \text{(b)}$$

여기서 정적 비열 c_v는

$$c_v = \left(\frac{\partial u}{\partial T}\right)_v$$

로 표시되므로 du는 다음과 같이 표시된다.

$$du = c_v dT + \left(\frac{\partial u}{\partial v}\right)_T dv \qquad \text{(c)}$$

내부 에너지 변화는 식 (c)의 우변 제 2 항이 어떠한 값인가를 알면 되므로 미적분학의 사이클 관계(cyclic relation)를 이용하면

$$\left(\frac{\partial u}{\partial v}\right)_T \left(\frac{\partial v}{\partial T}\right)_u \left(\frac{\partial T}{\partial u}\right)_v = -1$$

따라서 $$\left(\frac{\partial u}{\partial v}\right)_T = \frac{-1}{\left(\frac{\partial v}{\partial T}\right)_u \left(\frac{\partial T}{\partial u}\right)_v} = -\left(\frac{\partial T}{\partial v}\right)_u \left(\frac{\partial u}{\partial T}\right)_v$$

$$= -c_v \left(\frac{\partial T}{\partial v}\right)_u \qquad \text{(d)}$$

따라서 식 (d)에서 $\left(\frac{\partial T}{\partial v}\right)_u$ 는 Joule의 실험에 의하여

$$\left(\frac{\partial T}{\partial v}\right)_u = 0 \tag{e}$$

가 된다. 따라서

$$\left(\frac{\partial u}{\partial v}\right)_T = 0 \tag{f}$$

이 되므로 이상 기체의 내부 에너지는 체적에는 무관하고 온도만의 함수가 된다.

$$u = f(T) \tag{4·6}$$

따라서

$$du = c_v\, dT$$

이상의 결과로부터 열역학 제1법칙이 이상 기체에 적용될 경우 그 식은

$$\delta q = du + Pdv = c_v\, dT + Pdv \tag{4·7}$$

로 표시된다.

보기 4.10

이상 기체 1 kg을 일정 압력 하에서 온도를 1℃ 상승시켰을 때 외부에 대하여 한 일을 구하여라.

풀이 일 $w_{12} = \int_1^2 Pdv = P(v_2 - v_1)$

여기서 $Pv = RT$이므로

$$w_{12} = P(v_2 - v_1) = R(T_2 - T_1)$$

가 된다. $\Delta T = T_2 - T_1 = 1$℃이면

$$w_{12} = mw_{12} = R\,\text{kJ}$$

보기 4.11

용기 속에 20℃, 게이지 압력 600 kPa의 산소 50 kg이 들어 있다. 산소를 일정 시간 사용한 다음 압력과 온도를 측정하였더니 300 kPa, 17℃로 되었다. 산소의 사용량은 몇 kg인가?

풀이 사용 전후의 상태를 첨자 1, 2로 표시하면

$$\frac{R}{V} = \frac{P_1}{m_1 T_1}$$

사용 전 : $P_1 V = m_1 R T_1$

$$\frac{V}{R} = \frac{m_1 T_1}{P_1}$$

$$= \frac{50 \times 293.15}{600 + 101.325} = 20.8997 \, \text{kg m}^3\text{K/kJ}$$

사용 후 : $P_2 V = m_2 R T_2$

$$m_2 = \frac{P_2}{T_2} \frac{V}{R}$$

$$= \frac{300 + 101.325}{(273.15 + 17)} \times 20.8997 = 28.9077 \, \text{kg}$$

따라서 구하고자 하는 산소 사용량은

$$m_1 - m_2 = 50 - 28.9077$$

$$= 21.0923 \, \text{kg}$$

이다.

4.3 이상 기체의 내부 에너지, 엔탈피 및 비열

Joule의 법칙으로부터 이상 기체의 내부 에너지 u나 엔탈피 h는 온도만의 함수임을 알았다. 압력 P, 온도 T인 가스 1 kg에 열량 δq를 가하여 온도가 dT만큼 상승하였을 때 가스의 **비열**(比熱, specific heat) c는 다음과 같이 정의된다.

$$c = \frac{\delta q}{dT} \, \text{kJ/kg K} \tag{4·8}$$

여기서 δq는 상태량이 아니고 변화의 경로에 관계되는 양이고, 비열 c는 상태 변화의 경로의 종류에 따라서 정적 비열과 정압 비열이 있다.

비열에는 체적 일정하에서의 비열, 즉 **정적 비열**(定積比熱, specific heat at constant volume) c_v와 압력 일정하에서 비열인 **정압 비열**(定壓比熱, specific heat at constant pressure) c_p의 두 가지가 있다.

열역학 제 1 법칙의 식은

$$\delta Q = dU + PdV$$

단위 질량에 대해서는

$$\delta q = du + Pdv \tag{1}$$

가 된다. 이 식에서 체적이 일정한 변화에서는 $\delta w = Pdv = 0$이므로 이 때의 정적 비열은 다음과 같이 표시된다.

$$c_v = \left(\frac{\partial q}{\partial T}\right)_v = \left(\frac{\partial u}{\partial T}\right)_v \tag{4·9}$$

한편 엔탈피는 $h = u + Pv$이므로

$$dh = du + Pdv + vdP$$

또는

$$\delta q = dh - vdP \tag{2}$$

가 성립되며, 정압하에서는 $P =$ 일정이므로 $dP = 0$ 이다.

따라서

$$c_p = \left(\frac{\partial q}{\partial T}\right)_P = \left(\frac{\partial h}{\partial T}\right)_P \tag{4·10}$$

로 표시된다.

이상 기체의 경우 내부 에너지와 엔탈피가 온도만의 함수이므로 비열 c_p, c_v도 이상 기체에서는 온도만의 함수이다. 그러므로 주어진 온도하에서 내부 에너지 u, 엔탈피 h, 정적 비열 및 정압 비열 c_p, c_v는 비체적 또는 압력에 관계없이 일정하다. 이들 관계를 다시 쓰면

$$u = u(T)$$
$$h = h(T)$$
$$c_v = c_v(T)$$
$$c_p = c_p(T)$$

가 된다. 그러므로 이상 기체에 대해서는 내부 에너지와 엔탈피의 변화는 다음과 같이 표시된다.

$$du = c_v\, dT \tag{4·11}$$

$$dh = c_p\, dT \tag{4·12}$$

따라서 상태 1로부터 상태 2까지의 내부 에너지 또는 엔탈피의 변화는 식 (4·11)과 식 (4·12)를 각각 적분하여 구할 수 있다.

$$\Delta u = u_2 - u_1 = \int_1^2 c_v(T)dT \tag{4·13}$$

$$\Delta h = h_2 - h_1 = \int_1^2 c_p(T)dT \tag{4·14}$$

이상 기체의 비열 c_p나 c_v가 일정할 경우 식 (4・11)과 식 (4・12)를 적분하면 단위 질량의 내부 에너지 u 및 엔탈피 h를 구할 수 있다.

$$u = c_v T + u_0$$

$$h = c_p T + u_0$$

여기서 u_0는 적분 상수(積分常數)이며, 엔탈피 적분 상수가 u_0로 되는 것은 $T=0$ K에서 $h=u$가 되기 때문이다. 저압에서 모든 실재(實在) 가스(real gas)는 이상 기체의 성질에 접근하므로 실재 가스의 비열도 온도만의 함수로 된다. 특히 저압에서 실재 가스의 비열을 이상 기체의 비열(ideal gas specific heat) 또는 0 압력 비열(zero pressure specific heat)이라 하며 이것을 c_{p0}와 c_{v0}로 표시한다.

이상 기체 비열에 대한 정확한 해석적 표현은 측정이나 분자의 통계적 거동에 의한 계산에 의하여 이루어져야 하며 몇 가지 기체에 대해서는 부록의 부표에 게재한 다항식 중 3차항까지 계산하여도 된다. 그림 4・3은 몇 가지 기체에 대한 온도 변화에 따른 $c_{p0}(T)$를 나타낸 것이다.

한편 식 (4・13), 식 (4・14)에서 **평균 비열**(平均比熱, average specific heat)을 각각 c_{pm}, c_{vm}이라 하면

$$u_2 - u_1 = c_{vm}(T_2 - T_1) \tag{4・15}$$

$$h_2 - h_1 = c_{pm}(T_2 - T_1) \tag{4・16}$$

이 된다. 온도에 따른 주요 기체의 비열을 부록의 부표에 게재하였으며, 평균 비열 c_{pm}, c_{vm}은 이 표의 평균 온도 $(T_1 + T_2)/2$로부터 그림 4・4와 같이 구한 것이다.

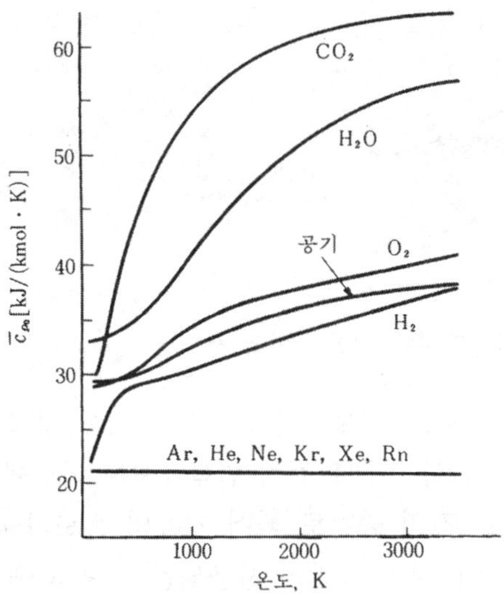

그림 4・3 0 압력에서 주요 기체의 정압 비열

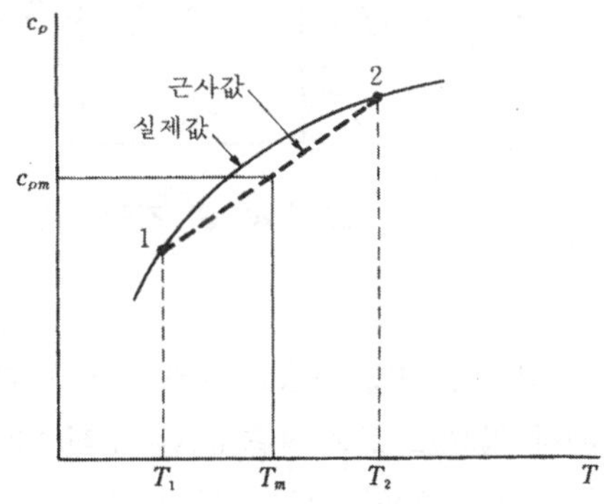

그림 4・4

이상에서 살펴본 바와 같이 이상 기체의 내부 에너지와 엔탈피 변화는 u나 h에 관한 가스 표가 있는 경우에 이 값을 이용하는 방법과, c_p, c_v가 온도의 함수로 주어질 경우 식 (4 · 13), (4 · 14)를 이용하여 구할 수 있다. 또 다른 하나의 방법으로는 평균 비열을 이용하여 계산하는 것이다. 이 방법은 가장 간단하며 상태량에 관한 표가 주어져 있지 않은 경우에 편리하다.

지금, 정적 과정과 정압 과정을 같은 온도 변화를 겪는데 필요한 열량을 그림 **4 · 5**로부터 살펴보기로 한다. 정적 변화에서는 가스는 외부에 대하여 일을 하지 않으나 정압 변화에서는 Pdv의 일을 하므로 계에 가해진 열량은 다음과 같다.

$$\delta q = du + Pdv$$

이므로 정적일 때는

$$\delta q = du = c_v\, dT$$

가 되고, 정압일 때에는

$$\delta q = du + Pdv = du + RdT$$

또는

$$\delta q = dh = c_p\, dT$$

가 된다.

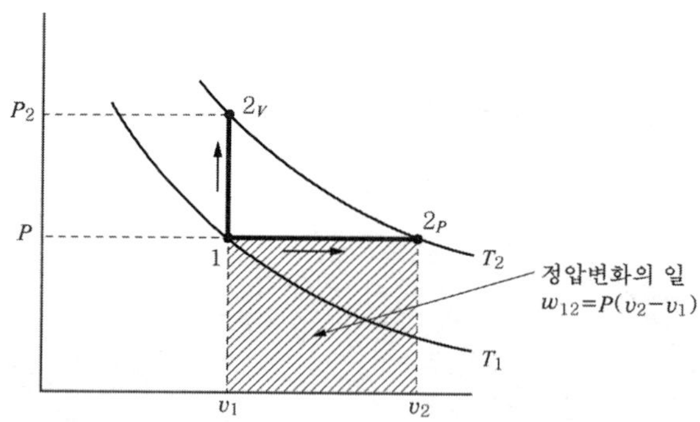

그림 4 · 5 정압 가열과 정적 가열에 대한 $P-v$ 선도

그림 **4 · 5**에서 알 수 있는 바와 같이 점 1의 상태에 있는 이상 기체 1 kg이 정적 변화를 하면 1→2v로, 정압 변화를 하면 1→2p로 이동한다. 이 때 정적 변화에서는 외부에 대하여 일을 하지 않으므로 가열량 δq는 모두 내부 에너지의 증가로 되어 기체의 온도가 dT만큼 상승하게 된다. 정압 변화에서 가열량은 내부 에너지의 증가에 사용되는 열량 외에 팽창일을 하기 위한 열량이 더 필요하게 된다.

$$\begin{pmatrix}\text{정압 과정에서 } dT\text{만큼} \\ \text{온도를 상승시키는 데} \\ \text{필요한 열량}\end{pmatrix} = \begin{pmatrix}\text{정적 과정에서 } dT\text{만큼} \\ \text{온도를 상승시키는 데} \\ \text{필요한 열량}\end{pmatrix} + \begin{pmatrix}Pdv\text{ 만큼} \\ \text{팽창일을 하는 데} \\ \text{필요한 열량}\end{pmatrix}$$

따라서

$$c_p\, dT = c_v\, dT + Pdv \tag{4·17}$$

여기서 Pdv를 구하기 위하여 이상 기체의 상태 방정식을 미분하면 다음 식으로 표시된다.

$$Pv = RT$$
$$Pdv + vdP = RdT$$

P=일정의 변화이므로

$$Pdv = RdT$$

가 된다. 따라서 식 (4·17)은

$$c_p\, dT = c_v\, dT + RdT$$
$$c_p = c_v + R$$
$$\therefore\ c_p - c_v = R \tag{4·18}$$

가 된다. 또한 1 kmol당 비열을 몰 비열이라 하며 정압 몰 비열을 $\bar{c}_p$, 정적 몰 비열을 $\bar{c}_v$ kJ/kg K라 하면

$$\bar{c}_p = Mc_p,\ \ \bar{c}_v = Mc_v \tag{4·19}$$

가 되고, 이들 사이에는 다음 관계가 성립한다.

$$\bar{c}_p - \bar{c}_v = \bar{R} \tag{4·20}$$

여기서 $\bar{R}$는 **일반 가스 상수**(universal gas constant)이다. 정압 비열 c_p와 정적 비열 c_v의 비를 **비열비**(比熱比, ratio of specific heat)라 하고 κ로 표기하기로 한다.

$$\kappa = \frac{c_p}{c_v} \tag{4·21}$$

비열비 κ도 비열과 마찬가지로 온도의 함수이며 그 변화는 매우 작다. 비열비 κ는 기체 분자의 원자수에 따라서 다르며 원자수(原子數)가 증가할수록 κ의 값은 1에 가까운 값을 갖는다.

$$\left.\begin{array}{ll}\text{단원자(單原子) 기체(He, Ne 등)} & \kappa = 1.66 = 5/3 \\ \text{2원자 기체}(H_2,\ O_2,\ \text{공기 등}) & \kappa = 1.40 = 7/5 \\ \text{3원자 이상의 다원자 기체}(H_2O,\ CO_2\ \text{등}) & \kappa = 1.33 = 8/6\end{array}\right\} \tag{4·22}$$

식 (4・18)과 식 (4・21)로부터 c_p 및 c_v를 구하면 다음과 같다.

$$c_v = \frac{1}{\kappa - 1} R \tag{4・23}$$

$$c_p = \frac{\kappa}{\kappa - 1} R \tag{4・24}$$

보기 4.12

단열된 실린더 내에 들어 있는 10℃의 공기를 압축하였더니 공기의 온도는 150℃까지 상승하였다. 이 때 공기 1 kg당의 압축일을 구하여라.

풀이 공기의 정적 비열이 일정하다고 하면

$$q_{12} = u_2 - u_1 + w_{12}$$

단열되어 있으므로 $q_{12} = 0$, 그리고

$$\begin{aligned} \therefore\ w_{12} &= u_1 - u_2 = c_v (T_1 - T_2) \\ &= 0.7171 \times (10 - 150) \\ &= -100.394 \text{ kJ/kg} \end{aligned}$$

여기서 (−)는 압축일을 의미한다.

보기 4.13

표준 상태(standard condition)에서 공기의 정적 비열이 $c_v = 0.7171$ kJ/ kg K일 경우 정압 비열을 구하여라.

풀이 $Pv = RT = (c_p - c_v)T$

또는

$$c_p = c_v + \frac{Pv}{T} = c_v + R$$

표준 상태 : $P = 1\text{ atm} = 1.01325 \times 10^2 \text{kPa}$, $T = 273.15\text{K}$

$$v = \frac{\bar{v}}{M} = \frac{22.415}{28.97} = 0.7737\,\text{m}^3/\text{kg}$$

$$\begin{aligned} c_p &= 0.7171 + \frac{(1.01325 \times 10^2 \times 0.7737)}{273.15} \\ &= 1.004\,\text{kJ/kg K} \end{aligned}$$

이상 기체에서 엔탈피 변화 및 내부 에너지 변화는 각각 $c_p - T$와 $c_v - T$ 선도 위의 면적으로 표시된다. 이것은 그림 4・6의 T_1, T_2 사이의 면적으로 표시되며, 앞에서 다룬 바와

같이 주어진 온도 간격에 대한 평균 비열은 그림 1·37과 같은 비열-온도 선도로부터

$$c_{pm} = \frac{\int_1^2 c_p(T)dT}{T_2 - T_1} \tag{4·25}$$

$$c_{vm} = \frac{\int_1^2 c_v(T)dT}{T_2 - T_1} \tag{4·26}$$

로 표시된다. 한편 비열과 온도와의 관계는 다음과 같이 특정 온도 범위에 대한 실험적 상수를 고려한 다항식의 형태로도 표시된다.

$$\frac{\bar{c}_p}{\bar{R}} \text{ 또는 } \frac{c_p}{R} = \alpha + \beta T + \gamma T^2 + \delta T^3 + \epsilon T^4 \tag{4·27}$$

여기서 α, β, γ, δ, ϵ는 상수로서 300~1000 K 사이의 온도 범위에서 주요 가스에 대한 값은 부록의 부표 A·2에 게재하였다.

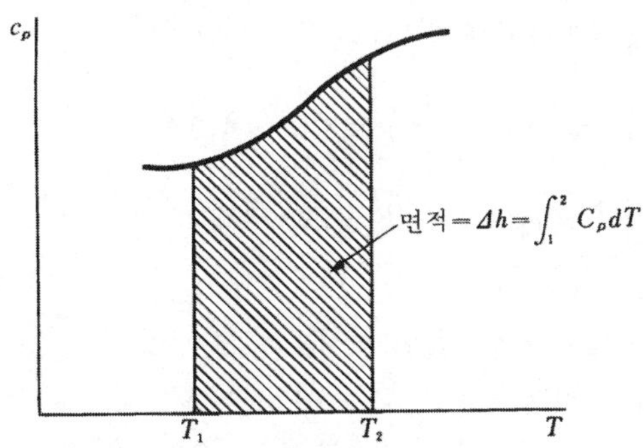

그림 4·6 이상 기체의 엔탈피 변화

보기 4.14

온도 200℃, 압력 100 kPa인 수증기가 압력 500 MPa, 온도 600℃로 상태 변화하는 경우 엔탈피 변화를 식 (4·27)에 표시된 이상 기체의 비열식을 이용하여 구하고, 과열 증기표로부터 구한 값과 비교하여라.

풀이 (1) 이상 기체의 비열이 온도의 다항식으로 표시될 경우

$$\frac{\bar{c}_p}{\bar{R}} = \alpha + \beta T + \gamma T^2 + \delta T^3 + \epsilon T^4$$

$\bar{R} = MR$이므로

$$R = \frac{\overline{R}}{M}$$

$$h_2 - h_1 = \int_{T_1}^{T_2} \frac{\overline{R}}{M}(\alpha + \beta T + \gamma T^2 + \delta T^3 + \varepsilon T^4)\, dT$$

$$= \frac{\overline{R}}{M}\left[\alpha(T_2 - T_1) + \frac{1}{2}\beta(T_2^2 - T_1^2) + \frac{1}{3}\gamma(T_2^3 - T_1^3)\right]$$

$$+ \frac{1}{4}\delta(T_2^4 - T_1^4) + \frac{1}{5}\varepsilon(T_2^5 - T_1^5)$$

여기서 $\overline{R} = 8.314\,\text{kJ/kmol K}$, $M = 18.02\,\text{kg/kmol}$, 부표 A · 2에서 α, β, γ, δ 및 ϵ을 구하여 대입하면

$$\alpha = 4.070, \quad \beta = -1.108 \times 10^{-3},$$

$$\gamma = 4.152 \times 10^{-6}, \quad \delta = -2.964 \times 10^{-9}, \quad \epsilon = 0.807 \times 10^{-12}$$

$$h_2 - h_1 = \frac{8.314}{18.02}[4.070 \times (873.15 - 473.15)$$

$$+ \frac{1}{2}(-1.10 \times 10^{-3})(873.15^2 - 473.15^2)$$

$$+ \frac{1}{3}(4.152 \times 10^{-6})(873.15^3 - 473.15^3)$$

$$+ \frac{1}{4}(-2.964 \times 10^{-9})(873.15^4 - 473.15^4)$$

$$+ \frac{1}{5}(0.807 \times 10^{-12})(873.15^5 - 473.15^5)]$$

$$= 826.3439\,\text{kJ/kg}$$

(2) 과열 증기표를 이용한 경우, 과열 증기표를 찾으면

$P_1 = 0.1\text{MPa}$, 200℃

200℃ : $h = 2875.3\,\text{kJ/kg}$

$P_2 = 0.5\text{MPa}$, 600℃

600℃ : $h = 3701.7\,\text{kJ/kg}$

따라서 $h_2 - h_1 = 3701.7 - 2875.3 = 826.4\,\text{kJ/kg}$

정압 비열이 온도의 다항식으로 표시될 경우 : $h_2 - h_1 = 826.3439\,\text{kJ/kg}$

과열 증기표를 이용한 경우 : $h_2 - h_1 = 826.4\,\text{kJ/kg}$

따라서 이상 기체의 비열이 온도의 다항식으로 표시되는 경우와 과열 증기표를 이용하여 구한 값의 오차는 약 0.0067 %이다.

4.4 이상 기체표

주요 가스의 비내부 에너지와 비엔탈피 변화는 이상 기체의 표로부터 쉽게 구할 수 있다. 부표 A·22~A·30은 내부 에너지, 엔탈피, 엔트로피와 온도 사이의 관계를 나타낸 것이다. 엔탈피와 온도 사이의 관계를 얻기 위하여 엔탈피 변화 Δh를 구하면

$$\Delta h = h_2 - h_1 = \int_1^2 c_p \, dT$$

같은 방법으로 임의의 기준 상태로부터 온도 T일 때의 엔탈피 h를 구하면

$$h = h_{\mathrm{ref}} + \int_{T_{\mathrm{ref}}}^{T} c_p \, dT \qquad (4 \cdot 28)$$

가 된다. 여기서 T_{ref}는 임의의 기준 온도(reference temperature)이고, h_{ref}는 기준 온도에서의 엔탈피이다. 부록의 이상 기체표는 $T_{\mathrm{ref}} = 0\,\mathrm{K}$에서 $h = 0$으로 두고 계산한 값이다. 이 때에는

$$h = \int_0^T c_p \, dT \qquad (4 \cdot 29)$$

가 된다. 또한 내부 에너지의 값은 엔탈피표 값으로부터

$$u = h - Pv = h - RT$$

의 관계를 이용하여 구한 것이다.

보기 4.15

온도 200℃, 압력 100 kPa인 수증기가 상태 변화하여 온도 600℃, 500 kPa이 되었을 경우의 엔탈피의 변화를 수증기에 대한 이상 기체표를 이용하여 구하고, 과열 증기표로부터 구한 값과 비교하여라.

풀이 부표 A·28로부터 $\bar{h}$를 구하면 상태 1, 2의 온도가 각각 200℃, 600℃ 이므로 이상 기체표를 이용하여 보간하면

상태 1 ; $T_1 = 200 + 273.15 = 473.15$ K에서

$$\overline{h_1} = 15886.935\ \mathrm{kJ/kmol}, \quad \bar{h}_1 = h_1/M = 15886.935/18.02 = 881.628\ \mathrm{kJ/kg}$$

상태 2 ; $T_2 = 600 + 273.15 = 873.15$ K에서

$$\overline{h_2} = 30760.055\ \mathrm{kJ/kmol}, \quad \bar{h}_2 = h_2/M = 30760.055/18.02 = 1706.995\ \mathrm{kJ/kg}$$

$$h_2 - h_1 = 1706.995 - 881.628 = 825.367 \text{ kJ/kg}$$

과열 증기표를 이용하면 $h_1 = 2875.3$ kJ/kg, $h_2 = 3701.7$ kJ/kg이므로

$$h_2 - h_1 = 3701.7 - 2875.3 = 826.4 \text{ kJ/kg}$$

따라서 이상 기체표를 이용하여 구한 값과 증기표를 이용하여 구한 값은 다소 차이는 있으나 비교적 일치하는 결과이다.

보기 4.16

피스톤-실린더 장치 내에 2 kg의 공기가 100 kPa, 280 K로부터 압축되어 400 K, 600 kPa이 되었다. 압축되는 동안 공기로부터 주위로 전달된 열량이 20 kJ이라면 이 과정 중에 압축한 일은 몇 kJ인가? 단, 이상 기체의 표를 사용하여 구하여라.

풀이 폐쇄계이므로 제 1 법칙의 식은

$$Q_{12} = U_2 - U_1 + W_{12}$$

$$W_{12} = Q_{12} - m(u_2 - u_1)$$

공기의 이상 기체표를 찾으면

$T_1 = 280$ K에서 $u_1 = 199.75$ kJ/kg, $T_2 = 400$ K에서 $u_2 = 286.16$ kJ/kg

이므로

$$W = -20 - 2x(286.16 - 199.75) = -192.82 \text{ kJ}$$

이 변화 과정의 $P-v$ 선도를 그리면 그림 4·7과 같다.

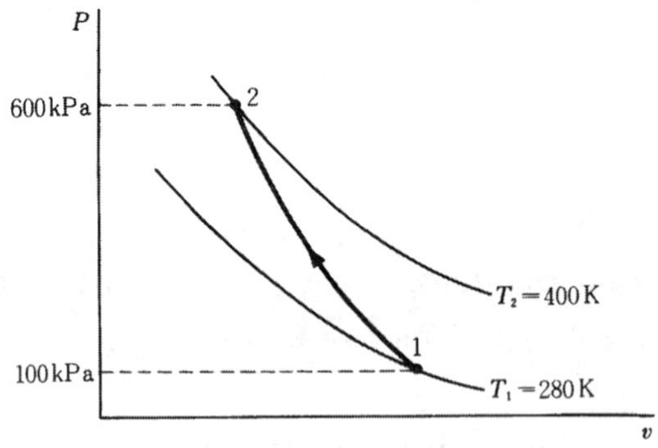

그림 4·7 보기 4.16의 설명도

보기 4.17

그림 4·8과 같이 용적 0.05 m^3의 탱크에 산소가 400 K, 150 kPa의 상태로 들어 있다. 이 용기

에 설치된 날개차를 회전시켜 2 kJ의 일을 가하였을 때 용기 내의 산소가 가열되어 4.3 kJ의 열량을 방열하였다. 산소의 물성치표를 이용하여 가스의 최종 온도와 압력을 구하여라.

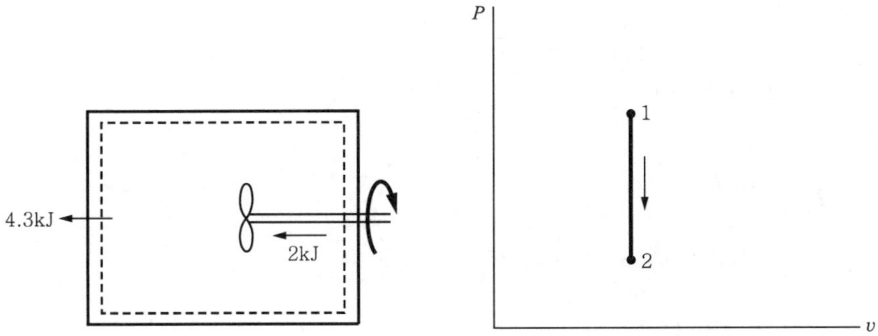

그림 4·8 보기 4.17의 설명도

풀이 그림에서 $V_1 = 0.05\text{m}^3 =$일정, $T_1 = 400\,\text{K}$, $P_1 = 150\,\text{kPa}$이고, 계로부터 방열량이 $Q = -4.3$ kJ이고, 가해진 일 $W = -2$ kJ이므로

$$R = \frac{\overline{R}}{M} = \frac{8.314}{32} = 0.2598\,\text{kJ/kg K}$$

$$m = \frac{PV}{RT} = \frac{150 \times 0.05}{0.2598 \times 400} = 0.0722\,\text{kg}$$

탱크 내의 산소의 몰 수

$$n = \frac{m}{M} = \frac{0.0722}{32} = 0.00226$$

부표 A·24로부터

$$\overline{u}_1 = 8384\,\text{kJ/kmol}, \quad u_1 = \frac{\overline{u}_1}{M} = \frac{8384}{32} = 262\,\text{kJ/kg}$$

열역학 제 1 법칙은

$$Q_{12} = U_2 - U_1 + W_{12}$$

$$\Delta U = m(u_2 - u_1) = Q_{12} - W_{12}$$

$$u_2 = \left(u_1 + \frac{Q_{12} - W_{12}}{m}\right) = 262 + \frac{-4.3 - (-2)}{0.0722}$$
$$= 230.1440\,\text{kJ/kg}$$

$$\overline{u}_2 = 7364.608\,\text{kJ/kmol}$$

따라서 온도를 보간법으로 구하면

$$T_2 = 350 + \frac{7364.608 - 7303}{7518 - 7303} \times (360 - 350)$$
$$= 352.8685\,\text{K}$$

그러므로 압력은

$$P_2 = \frac{n\overline{R}T}{V_2}$$
$$= \frac{0.00226 \times 8.3143 \times 352.8685}{0.05}$$
$$= 132.610\,\text{kPa}$$

또는

$$P_2 = \frac{mRT}{V_2}$$
$$= \frac{0.0722 \times 0.2598 \times 352.8685}{0.05}$$
$$= 132.379\,\text{kPa}$$

보기 4.18

강철제 탱크 속에 2 kg의 공기가 200 kPa, 120℃의 상태에서 압력이 130 kPa, 80℃의 상태로 변화한 경우 질량 감소를 구하여라.

풀이 초기 체적을 구하면

$$V_1 = \frac{mRT_1}{P_1} = \frac{2 \times 0.287 \times 393.15}{200}$$
$$= 1.1283\,\text{m}^3$$

$$m_2 = \frac{P_2 V}{RT_2} = \frac{130 \times 1.1283}{0.287 \times 353.15}$$
$$= 1.4472\,\text{kg}$$

따라서

$$m_1 - m_2 = 2 - 1.4472 = 0.5528\,\text{kg}$$

보기 4.19

그림 **4 · 9**와 같이 두 개의 탱크와 밸브로 구성된 장치가 있다. 탱크 A에는 3 kg의 CO_2 가스가 50 kPa, 100℃의 상태로 들어 있고, 탱크 B에는 CO_2 가스 10 kg이 30℃, 1500 kPa의 상태로 들어 있다. 이 장치의 도관에 있는 밸브를 열어서 평형에 달한 후의 온도가 50℃가 되었을 경우

(1) 최종 평형 압력

(2) 이 과정 중의 전열량

을 구하여라. 단, CO_2 가스의 정적 비열 $c_v = 0.657$ kJ/kg K로 일정한 것으로 생각한다.

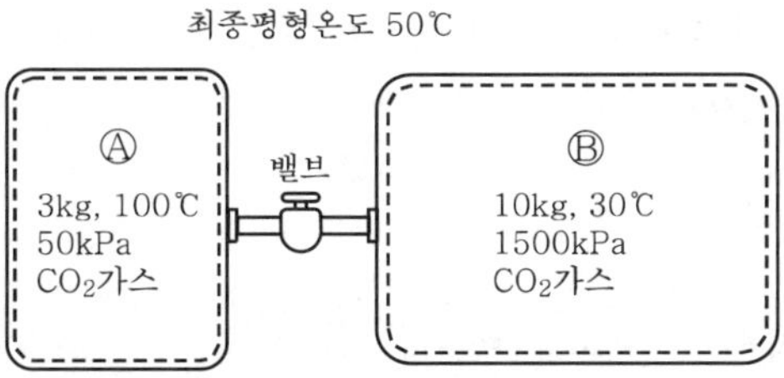

그림 4·9 보기 4.19의 설명도

풀이 (1) 최종 평형 온도 P_f

최종 평형 온도와 압력을 각각 T_f, P_f라 하면 여기서

$$m=m_A+m_B,\quad V=V_A+V_B$$

이므로

$$P_f=\frac{(m_A+m_B)RT_f}{V_A+V_B}$$

또 각 탱크의 가스에 이상 기체의 상태식을 이용하면

$$P_AV_A=m_ART_A,\quad P_BV_B=m_BRT_B$$

따라서

$$V_A=\frac{m_ART_A}{P_A},\quad V_B=\frac{m_BRT_B}{P_B}$$

$$P_f=\frac{(m_A+m_B)RT_f}{\dfrac{m_ART_A}{P_A}+\dfrac{m_BRT_B}{P_B}}=\frac{(m_A+m_B)T_f}{\dfrac{m_AT_A}{P_A}+\dfrac{m_BT_B}{P_B}}$$

여기서

$$m_A=3\,\text{kg},\quad T_A=73.15\,\text{K},\quad P_A=50\,\text{kPa}$$

$$m_B=10\,\text{kg},\quad T_B=303.15\,\text{K},\quad T_f=323.15\,\text{K},\quad P_B=1500\,\text{kPa}$$

이므로 이 값을 위의 식에 대입하면

$$P_f=\frac{13\times323.15}{\dfrac{3\times373.15}{50}+\dfrac{10\times303.15}{1500}}$$

$$=172.0995\,\text{kPa}$$

(2) 과정 중의 전열량 Q

계가 외부에 일을 하지 않고 운동 에너지 및 위치 에너지의 변화를 무시하면

$$Q=\Delta U+W\text{에서}\quad W=0$$

이므로

$$Q=U_f-U_i$$

여기서 첨자 i는 최초의 상태를 나타낸 것이고, f는 최종 상태를 나타낸 것이다.

$$U_i = m_A u_A + m_B u_B$$

$$U_f = (m_A + m_B) u_f$$

따라서

$$\begin{aligned} Q &= (m_A + m_B) u_f - (m_A u_A + m_B u_B) \\ &= m_A (u_f - u_A) + m_B (u_f - u_B) \\ &= m_A c_v (T_f - T_A) + m_B c_v (T_f - T_B) \end{aligned}$$

$$\begin{aligned} Q &= 3 \times 0.657 \times (323.15 - 373.15) + 10 \times 0.657 \times (323.15 - 303.15) \\ &= 32.85\,\text{kJ} \end{aligned}$$

혼합되는 과정에서 32.85 kJ의 열량이 계로 전달되었다.

4.5 이상 기체의 상태 변화

가스의 상태 변화는 가역 변화와 비가역 변화로 나누어 생각할 수 있다. 가역 변화(可逆變化, reversible change)란 상태 변화 과정이 역학적으로나 열적으로 평형을 유지하면서 이루어지는 변화를 말한다. 다시 말하면 계와 주위 모두가 상태 변화 후에 처음 상태로 되돌아오는 변화를 말한다. 한편 **비가역 변화**(非可逆變化, irreversible change)는 변화 도중의 과정이 평형 상태를 유지하지 않고 이루어지는 변화로서 엄밀한 의미에서 가역 변화란 존재하지 않는다. 즉, 계와 계를 구성하는 부품들이 상태 변화 후에 처음 상태로 되돌아오지 않는 변화를 말한다. 따라서 실제의 모든 변화는 비가역 변화이다.

$P-v$ 선도 위의 곡선은 여러 가지의 상태 변화를 생각할 수 있으나 그 가운데서 공업적으로 주요한 상태 변화에는 다음과 같은 변화가 있다.

가역 변화에는 정적 변화, 정압 변화, 등온 변화, 단열 변화와 폴리트로프 변화(polytropic change)가 있다.

한편 비가역 변화 또는 비가역 과정에는 다음과 같은 과정을 하나 또는 그 이상을 포함하는 과정을 말한다. 비가역 과정의 실제 예를 들면 다음과 같다.

① 온도차(temperature difference)에 의한 열전달(熱傳達, heat transfer)

② 가스 또는 액체가 낮은 압력으로 자유 팽창(自由膨脹, free expansion)

③ 자발적 화학 반응(自發的化學反應, spontaneous chemical reaction)

④ 상이한 조성 또는 상태에서 물질의 혼합(mixing)

⑤ 마찰 현상(摩擦現象, friction)

⑥ 유체의 점성 흐름
⑦ 스로틀링(throttling)
⑧ 저항을 통하는 전기 흐름(electric current flow)
⑨ 자화(磁化) 또는 편극(偏極)(magnetization or polarization)
⑩ 비탄성 변형(非彈性變形, inelastic deformation)
⑪ 충격파(shock wave)
⑫ 진동계의 댐핑 효과(damping effect of vibrating system)
⑬ 삼투 현상(osmosis)

이상에 열거되지 않은 실제의 모든 과정들이 또한 비가역 과정이다.

[1] 이상 기체의 가역 변화

폐쇄계, 즉 비유동 과정을 하는 계의 대표적인 상태 변화로는 정적 변화, 정압 변화, 등온 변화, 폴리트로프 변화가 있으며 이들 변화는 어느 변화이거나 가역 변화로 취급한다.

(1) 정적 변화(定積變化, isochoric change 또는 constant volume change)

체적이 일정한 상태에서 일어나는 변화로서 일정한 용기 속에 들어 있는 가스를 가열, 연소시키는 과정 등에 대한 변화가 여기에 속한다. 이 경우의 상태 변화에 대한 식은

$$\frac{P}{T} = \frac{P_1}{T_2} = \frac{P_2}{T_2} = \text{일정} \qquad (4 \cdot 30)$$

가 되고, 이 때 압력은 절대 온도에 비례한다. 그림 4・10에서 보는 바와 같이 정적 변화에서는 체적의 변화가 없으므로 외부일 $W_{12} = 0$이며, $P-v$ 선도는 수직선으로 표시된다.

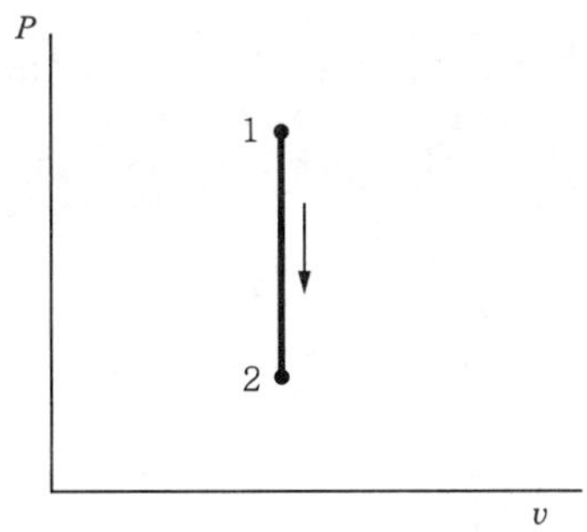

그림 4・10 정적 변화

$\delta q = du + Pdv$에서 $dv = 0$이므로

$$\delta q = du$$
$$q_{12} = u_2 - u_1 = c_v(T_2 - T_1)$$

$$Q_{12} = mc_v(T_2 - T_1) \tag{4·31}$$

따라서 정적 변화에서는 주위와 계 사이에 주고받은 열량은 내부 에너지의 증가에 사용된다.

보기 4.20

체적 1.5 m^3인 밀폐 용기 속에 18℃, 0.5 MPa의 공기가 들어 있다. 용기 내의 압력을 1 MPa까지 상승시키기 위하여 필요한 가열량을 구하여라. 다만, 공기의 정적 비열 c_v =0.7157 kJ/kg K, 기체 상수는 R=0.287 kJ/kg K이다.

풀이 정적 변화이므로

$$\frac{P_1}{T_2} = \frac{P_2}{T_2}$$

이다. 따라서

$$T_2 = \frac{P_2}{P_1} T_1 = \frac{1}{0.5} \times (273.15 + 18) = 582.3\,\text{K}$$

$P_1 V = mRT_1$에서

$$m = \frac{P_1 V}{RT_1} = \frac{500 \times 1.5}{0.287 \times 291.15} = 8.9756\,\text{kg}$$

구하고자 하는 열교환량 Q_{12}는

$$Q_{12} = mc_v(T_2 - T_1) = 8.9756 \times 0.7157 \times (582.3 - 291.15)$$
$$= 1870.3001\,\text{kJ}$$

가 된다.

(2) 정압 변화(定壓變化, isobaric change 또는 constant pressure change)

압력 일정의 변화로서 정압 연소 과정, 정압 가열 과정 등이 여기에 속한다. 압력 P=일정이므로

$$\frac{V}{T} = \frac{V_1}{T_1} = \frac{V_2}{T_2} = \text{일정} \tag{4·32 a}$$

$$\frac{v}{T} = \frac{v_1}{T_1} = \frac{v_2}{T_2} = \text{일정} \tag{4·32 b}$$

으로 표시되며, 상태 1에서 상태 2까지의 상태 변화는 그림 **4·11**과 같이 표시된다.

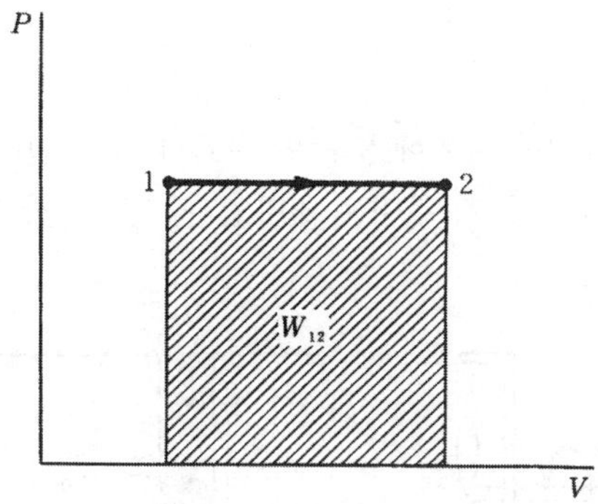

그림 4 · 11 정압 변화

정압 변화시의 외부에 한 일 W_{12}는

$$W_{12} = \int_1^2 PdV = P(V_2 - V_1) = mR(T_2 - T_1) \qquad (4 \cdot 33)$$

외부로부터 받은 열량 Q_{12}는 $\delta Q = dH - VdP$에서 $dP = 0$이므로

$$\delta Q = dH \qquad (4 \cdot 34)$$

가 된다.

$$\therefore \; Q_{12} = H_2 - H_1 = m(h_2 - h_1) = mc_p(T_2 - T_1) \qquad (4 \cdot 35)$$

따라서 정압 변화에서 공급 열량은 엔탈피 변화로 표시된다.

보기 4.21

0.5 MPa, 20℃의 공기 0.3 m³가 정압하에서 21.250 kJ의 일을 한다면 온도는 몇 ℃가 되겠는가? 단, 공기의 정압 비열은 1.005 kJ/kg K이다.

풀이 $PV_1 = mRT_1$

$$m = \frac{PV_1}{RT_1} = \frac{0.5 \times 1000 \times 0.3}{0.28706 \times 293.15} = 1.7825\,\text{kg}$$

$$W_{12} = mR(T_2 - T_1)$$

$$T_2 = T_1 + \frac{W_{12}}{mR} = (273.15 + 20) + \frac{21.250}{1.7825 \times 0.28706}$$
$$= 334.6795\,\text{K} = 61.5295\,℃$$

보기 4.22

그림 4 · 12와 같은 피스톤–실린더 장치에 3 m^3의 공기가 들어 있다. 이 공기가 날개차로부터 12 kJ의 일을 받았다면 최종 상태의 공기 부피는 얼마인가? 단, 팽창 과정은 정압 변화하며, 초기의 압력은 150 kPa이다.

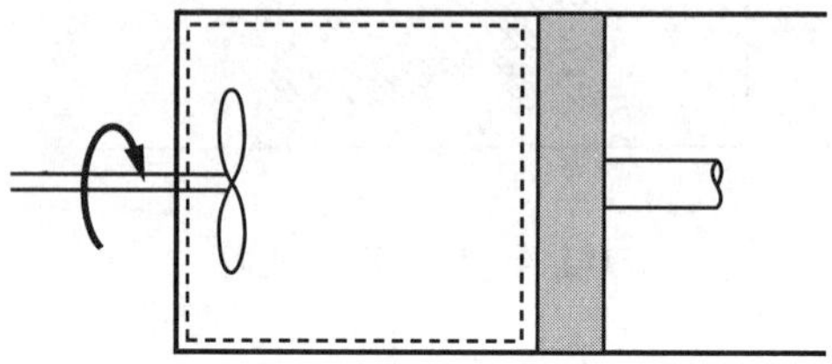

그림 4 · 12 보기 4.19의 설명도

풀이 정압 변화이므로

$$W_{12} = P(V_2 - V_1)$$

$$V_2 = \frac{W_{12}}{P} + V_1 = \frac{12}{150} + 3 = 3.08\text{m}^3$$

보기 4.23

피스톤–실린더 장치에서 질소 2 kg을 300℃, 1 MPa로부터 정압하에서 체적이 1/3로 될 때까지 냉각하였다. 냉각에 요하는 열량, 이 사이에 외부로부터 받은 일 및 내부 에너지의 변화를 구하여라. 단, 질소의 분자량은 28, 비열비는 1.4로 계산한다.

풀이 정압 변화시의 전열량 Q_{12}는

$$Q_{12} = m(h_2 - h_1) = mc_p(T_2 - T_1) = \frac{m\kappa}{\kappa - 1}R(T_2 - T_1)$$

여기서 $T_1 = 573.15\,\text{K}$, $V_2 = V_1/3$, $M = 28$, $\kappa = 1.4$이므로

$$V_1 = \frac{mRT_1}{P_1} = \frac{2 \times (8.3143/28) \times 573.15}{1000} = 0.3404\,\text{m}^3$$

$\dfrac{P_1V_1}{T_1} = \dfrac{P_2V_2}{T_2}$ 에서 $P_1 = P_2$이므로 $\dfrac{V_1}{T_1} = \dfrac{V_2}{T_2}$ 이다.

따라서

$$T_2 = \frac{V_2}{V_1}T_1 = \frac{(V_1/3)T_1}{V_1}$$

$$= \frac{573.15}{3} = 191.05\,\text{K}$$

구하고자 하는 Q_{12}는

$$Q_{12}=\frac{m\kappa}{\kappa-1}R(T_2-T_1)$$
$$=\frac{2\times1.4}{1.4-1}\times\frac{8.3143}{28}\times(191.05-573.15)$$
$$=-794.2235\,\text{kJ}$$

여기서 (−)는 계가 열량 Q_{12}를 주위에 방열하여 냉각됨을 의미한다.

한편 일 W_{12}는

$$W_{12}=P(V_2-V_1)=P\left(\frac{V_1}{3}-V_1\right)=-\frac{2}{3}PV_1$$
$$=-\frac{2}{3}\times1000\times0.304$$
$$=-226.9333\,\text{kJ}$$

여기서 (−)는 계가 외부로부터 일을 받음을 의미한다.

한편 내부 에너지의 변화 U_2-U_1은 $Q_{12}=U_2-U_1+W_{12}$로부터

$$\therefore\ U_2-U_1=Q_{12}-W_{12}=-794.2235-(-226.9333)$$
$$=-567.2902\,\text{kJ}$$

(3) 등온 변화(等溫變化, isothermal change 또는 constant temperature change)

온도 일정의 변화이므로

$$PV=P_1V_1=P_2V_2=\text{일정 또는 }Pv=P_1v_1=P_2v_2=\text{일정} \qquad (4\cdot36)$$

가 되고 상태 변화는 그림 4·13 (a)와 같이 되며, 이 때의 압력은 체적에 반비례한다.

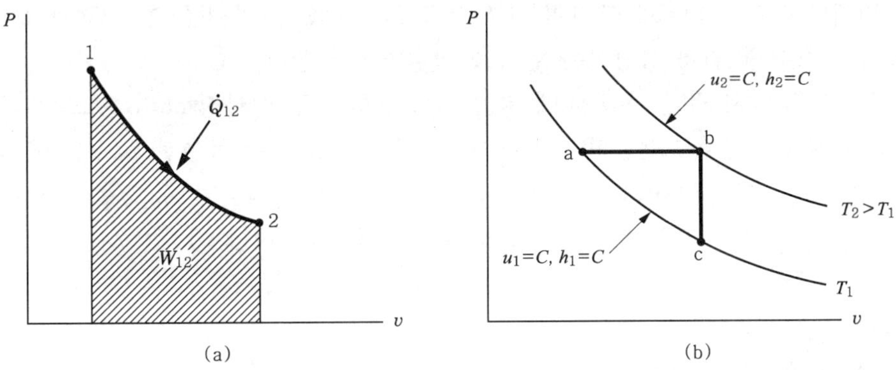

그림 4·13 등온 변화

등온 변화에서 외부로부터 가해진 열량 Q_{12} 및 외부에 대하여 한 일 W_{12}는 다음 식으로 표시된다.

$$W_{12} = \int_1^2 PdV$$

등온이므로 $PV = P_1V_1$가 된다. 따라서 $P = \frac{P_1V_1}{V}$이므로 W_{12}는

$$W_{12} = P_1V_1\int_1^2 \frac{dV}{V} = P_1V_1 \ln\frac{V_2}{V_1} = mRT_1 \ln\frac{P_1}{P_2} \quad (4 \cdot 37)$$

여기서 $\frac{V_2}{V_1}$를 **팽창비**(膨脹比, expansion ratio)라 하고, $\frac{V_1}{V_2}$을 **압축비**(壓縮比, compression ratio)라 한다. 내부 에너지와 엔탈피의 변화는 모두 온도만의 함수이므로, 등온 변화에서는

$$dU = mc_v dT = 0, \quad U_1 = U_2$$
$$dH = mc_p dT = 0, \quad H_1 = H_2$$

가 된다.

또한 등온 변화이므로

$$\delta Q = dU + \delta W, \quad H_1 = H_2$$

따라서 $\delta Q = \delta W$이므로 외부로부터 가해진 열량 Q_{12}는

$$Q_{12} = W_{12} = mRT_1 \ln\frac{P_1}{P_2} \quad (4 \cdot 38)$$

가 된다. 등온 변화에서 공급된 열량은 외부에 대하여 하는 일과 같다.

등온 변화에서 계가 외부에 대하여 한 일은 그림 4 · 13 (a)의 빗금 친 면적과 같다. 압축의 경우에는 필요한 일에 상당하는 열량을 방열하여야 한다.

그림 4 · 13 (b)에서 정압 과정 ab에 따른 온도 변화는 정적 과정 bc의 온도 변화와 같다. 그러므로 이 때 T_1 선상의 엔탈피와 내부 에너지 h_1, u_1은 모두 등온선 T_1 선 위에 있으므로 a, c점 모두 같은 온도 T_1이다. b점 또한 온도 T_2 선상에 있으므로 u_2, h_2는 같다. 따라서 내부 에너지와 엔탈피는 모두 온도만의 함수로 나타낼 수 있다.

보기 4.24

왕복 압축기(往復壓縮機, reciprocating compressor)에서 흡입 행정 끝의 공기 압력이 100 kPa이고 온도는 20℃이다. 이 상태로부터 압축되어 압력이 1000 kPa이 될 때까지 등온 압축하는 경우

(1) 압축 소요일 w_{12} kJ/kg

(2) 공기의 열교환량 q_{12} kJ/kg
(3) 압축 말의 비체적 v_2 m^3/kg

을 구하여라. 단, 기체 상수 R는 0.287 kJ/kg K이다.

풀이 (1) w_{12}의 계산

$$w_{12} = RT_1 \ln\frac{v_2}{v_1} = -RT_1 \ln\frac{P_2}{P_1} = -0.287\times(273.15+20)\times \text{In}\frac{1000}{100}$$

$$= -193.7258\,\text{kJ}$$

여기서 (−)는 압축일을 의미한다.

(2) q_{12}의 계산

$$q_{12} = w_{12} = -193.7\,\text{kJ/kg}$$

여기서 (−)는 방열을 의미한다.

(3) v_2의 계산

$$P_1 v_1 = RT_1,$$

$$v_1 = \frac{RT_1}{P_1} = \frac{0.287\times 293.15}{100} = 0.84134\,\text{m}^3/\text{kg}$$

T=일정이므로 $P_1 v_1 = P_2 v_2$로부터

$$v_2 = \frac{P_1}{P_2} v_1 = \frac{100}{1000}\times 0.84134 = 0.084134\,\text{m}^3/\text{kg}$$

(4) 단열 변화(斷熱變化, adiabatic change, 또는 isentropic change)

단열 변화는 기체와 주위 사이에 열교환이 없는 변화로서 열역학에서 가장 중요한 변화의 하나이다. 단열 변화할 때의 열역학 제 1 법칙의 식은 $\delta Q = 0$이므로

$$\delta Q = m c_v \, dT + P dV = 0$$

또는

$$c_v \, dT + P dv = 0 \tag{4・39}$$

이 된다. 한편 상태 방정식 $Pv = RT$를 미분하면

$$P dv + v dP = R dT$$

여기서 dT를 구하면

$$dT = \frac{1}{R}(P dv + v dP) \tag{4・40}$$

식 (4・39)에 식 (4・40)을 대입하면

$$c_v(Pdv + vdP) + RPdv = 0$$

가 된다. 또 $c_p = c_v + R$ 이므로 위의 식은

$$(c_v + R)Pdv + c_v v dP = 0$$

$$c_p Pdv + c_v v dP = 0$$

또는

$$vdP + \kappa Pdv = 0$$

이 되며, 변수 분리하면

$$\frac{dP}{P} + \kappa \frac{dv}{v} = 0 \qquad (4 \cdot 41)$$

으로 표시된다. 이 식을 적분하면

$$\ln P + \kappa \ln v = \text{상수}$$

$$Pv^{\kappa} = \text{상수 또는 } PV^{\kappa} = \text{상수} \qquad (4 \cdot 42)$$

가 된다. 여기서 비열비 κ는 $\kappa > 1$이다.

상태식 $Pv = RT$에서 $P = \dfrac{RT}{v}$를 식 (4 · 42)에 대입하면

$$\frac{RT}{v} v^{\kappa} = C$$

$$Tv^{\kappa - 1} = \frac{C}{R} = C_1$$

식 (4 · 42)와 상태식으로부터 T, P 사이의 관계를 구하면

$$v = \frac{RT}{P}$$

이므로 식 (4 · 42)는 다음과 같이 된다.

$$P\left(\frac{RT}{P}\right)^{\kappa} = C \quad \text{또는} \quad T^{\kappa} P^{1-\kappa} = C$$

$$\frac{T}{P^{\frac{\kappa - 1}{\kappa}}} = C_2 \qquad (4 \cdot 43)$$

이상의 결과로부터 P, v, T 사이의 관계를 정리하면 다음과 같다.

$$\frac{T_2}{T_1} = \left(\frac{P_2}{P_1}\right)^{\frac{\kappa - 1}{\kappa}} = \left(\frac{v_1}{v_2}\right)^{\kappa - 1} \quad (4 \cdot 44)$$

이들 식에서 알 수 있는 바와 같이 단열 팽창(斷熱膨脹)일 때에는 압력과 온도는 감소하고, 반대로 단열 압축(斷熱壓縮)일 때에는 증가한다. 하나의 보기를 들면 디젤 기관의 경우 압축비가 17이고 압축 초의 압력이 1 bar, 온도가 35℃라면 압축 후의 압력과 온도는 각각 다음과 같이 된다.

$$P_1 V_1^{\kappa} = P_2 V_2^{\kappa}$$

$$P_2 = \left(\frac{V_1}{V_2}\right)^{\kappa} P_1 = 171.4 \times 1 = 52.7993 \text{ bar}$$

$$T_1 V_1^{\kappa - 1} = T_2 V_2^{\kappa - 1}$$

$$T_2 = \left(\frac{V_1}{V_2}\right)^{\kappa - 1} T_1 = 17^{0.4} \times (273.15 + 35)$$

$$= 957.0656 \text{ K}$$

단열 변화이므로 변화하는 과정 동안 출입하는 열량은 0이 된다. 즉,

$$Q_{12} = 0$$

또, 이 사이에 외부에 대하여 한 일 W_{12}는 $\delta W = PdV$를 적분하면

$$W_{12} = \int_1^2 PdV$$

여기서 $PV^{\kappa} = P_1 V_1^{\kappa} = P_2 V_2^{\kappa}$, $P = \frac{P_1 V_1^{\kappa}}{V^{\kappa}}$를 대입하여 W_{12}를 구하면

$$W_{12} = P_1 V_1^{\kappa} \int_1^2 \frac{dV}{V^{\kappa}} = P_1 V_1^{\kappa} \frac{1}{-\kappa + 1} \left(V_2^{-\kappa + 1} - V_1^{-\kappa + 1}\right)$$

$$= \frac{P_2 V_2 - P_1 V_1}{1 - \kappa} = \frac{P_1 V_1 - P_2 V_2}{\kappa - 1}$$

$$= \frac{P_1 V_1}{\kappa - 1}\left[1 - \left(\frac{P_2}{P_1}\right)^{\frac{\kappa - 1}{\kappa}}\right] = \frac{P_1 V_1}{\kappa - 1}\left[1 - \left(\frac{V_1}{V_2}\right)^{\kappa - 1}\right]$$

$$= \frac{mR}{\kappa - 1}(T_1 - T_2)$$

$$= m c_v (T_1 - T_2) = m(u_1 - u_2) \quad (4 \cdot 45)$$

일을 구하는 다른 방법은 $Q_{12} = 0$이므로

$$Q_{12} = U_2 - U_1 + W_{12} \text{로부터 } W_{12} = U_1 - U_2 \tag{4·46}$$

즉, 단열 팽창하는 사이에 한 일은 내부 에너지의 감소와 같다.
그림 4·14는 단열 변화에 대한 $P-V$ 선도를 나타낸 것이다.

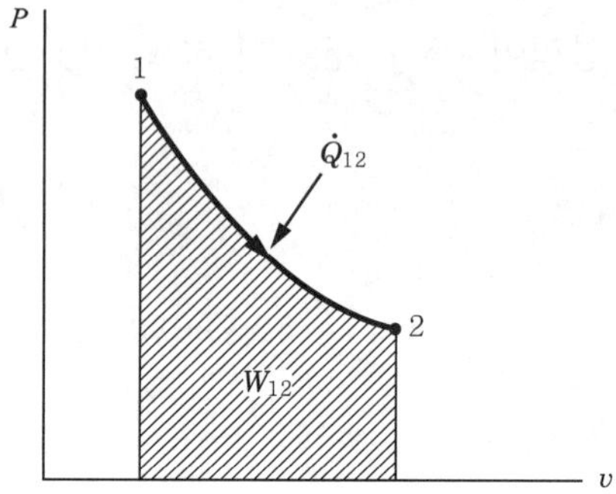

그림 4·14 단열 변화에 대한 $P-V$ 선도

보기 4.25

그림 4·15 (a)에서 보는 바와 같이 단열선의 경사가 등온선의 경사보다 기울기가 큼을 증명하여라.

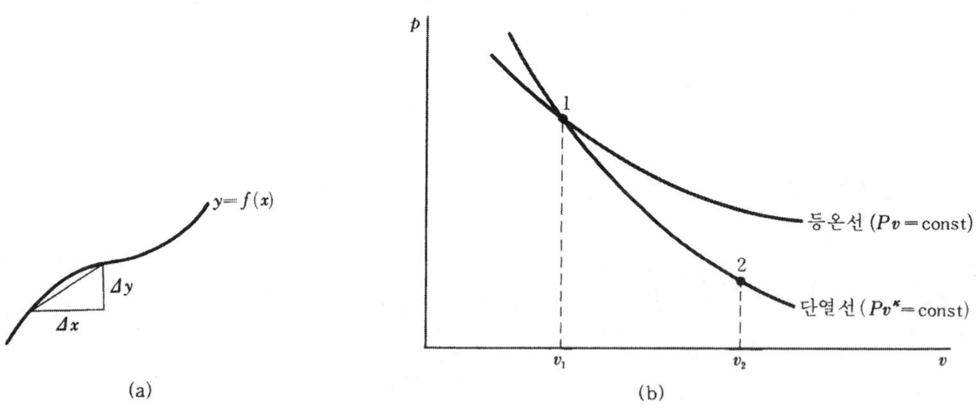

그림 4·15

풀이 곡선의 경사를 알아보기 위하여 $y=f(x)$에서

$$y' = \frac{dy}{dx} = \lim_{\Delta x \to 0} \frac{\Delta y}{\Delta x}$$

는 곡선상의 점 $(x,\ y)$에서의 접선의 경사를 나타낸다.

따라서 등온선의 경사는

$Pv=RT$로부터

$Pdv+vdP=0$

$\therefore \ \dfrac{dP}{dv}=-\left(\dfrac{P}{v}\right)$

가 된다.

또한 단열선의 경사는

$Pv^{\kappa}=$일정으로부터

$P\kappa v^{\kappa-1}dv+v^{\kappa}dP=0$

$\dfrac{dP}{dv}=-\dfrac{\kappa P v^{\kappa-1}}{v^{\kappa}}=-\kappa\left(\dfrac{P}{v}\right)$

여기서 $\kappa>1$이므로 단열선의 경사가 더 크다.

보기 4.26

어느 이상 기체 1 kg이 0.1 MPa, 20℃의 상태로부터 950℃까지 정적하에서 가열되고, 다시 압력이 0.1 MPa이 될 때까지 단열 팽창하였다. 이 기체의 비열은 $c_p=1.044$ kJ/kg K, $c_v=0.745$ kJ/kg K이다.

(1) $\dfrac{P_2}{P_1}$, $\dfrac{V_3}{V_1}$, Q_{12}를 구하여라.

(2) W_{13}를 구하여라.

풀이 상태 변화는 다음과 같다.

$$\text{상태 1} \xrightarrow[V=C]{} \text{상태 2} \xrightarrow[PV^{\kappa}=C]{} \text{상태 3}$$

(1) $\dfrac{P_2}{P_1}$와 $\dfrac{V_3}{V_1}$의 계산

비열비 $\kappa=\dfrac{c_p}{c_v}=\dfrac{1.044}{0.745}\fallingdotseq 1.40$

과정 1 → 2 : 정적 변화

$Q_{12}=mc_v(T_2-T_1)=1\times0.745\times(1223.15-293.15)$

$=629.85\,\text{kJ}$

$\dfrac{P_1}{T_1}=\dfrac{P_2}{T_2}$로부터

$\dfrac{P_2}{P_1}=\dfrac{T_2}{T_1}=\dfrac{1223.15}{293.15}=4.1724$

과정 2 → 3 : 단열 변화

$$P_2 V_2^{\kappa} = P_3 V_3^{\kappa}$$

$$\frac{V_3}{V_2} = \left(\frac{P_2}{P_3}\right)^{\frac{1}{\kappa}}$$

여기서 $P_1 = P_3$, $V_1 = V_2$

$$\frac{P_2}{P_3} = \frac{P_2}{P_1}, \quad \frac{P_2}{P_1} = \frac{T_2}{T_1} = 4.1724$$

$$\frac{V_3}{V_1} = \frac{V_3}{V_2} = 4.1724^{\frac{1}{1.4}} = 2.7742$$

(2) W_{13}의 계산

$$W_{13} = \frac{P_2 V_2 - P_3 V_3}{\kappa - 1} = \frac{mRT_1}{\kappa - 1}\left(\frac{P_2 V_2 - P_3 V_3}{P_1 V_1}\right)$$

$$= \frac{mRT_1}{\kappa - 1}\left(\frac{P_2}{P_3} - \frac{V_3}{V_1}\right) \quad \because \frac{P_3}{P_1} = 1, \ \frac{V_2}{V_1} = 1, \ m = 1\,\text{kg}$$

$$= \frac{(1.044 - 0.745) \times 293.15}{1.4 - 1} \times (4.7124 - 2.7742)$$

$$= 424.717\,\text{kJ}$$

보기 4.27

압력 0.7 bar, 온도 20℃인 공기 15 m^{3}을 압력 30 bar까지 단열 압축할 경우 최종 체적과 온도를 구하여라. 단, $\kappa = 1.4$이다.

풀이 단열 변화이므로

$$\frac{T_2}{T_1} = \left(\frac{P_2}{P_1}\right)^{\frac{\kappa - 1}{\kappa}} = \left(\frac{V_1}{V_2}\right)^{\kappa - 1}$$

$$P_1 V_1^{\kappa} = P_2 V_2^{\kappa}$$

$$V_2 = \left(\frac{P_1}{P_2}\right)^{\frac{1}{\kappa}} V_1 = \left(\frac{70}{3000}\right)^{\frac{1}{1.4}} \times 15 = 1.0241\,\text{m}^3$$

$$T_2 = T_1\left(\frac{P_2}{P_1}\right)^{\frac{\kappa - 1}{\kappa}} = 293.15 \times \left(\frac{30}{0.7}\right)^{\frac{0.4}{1.4}}$$

$$= 857.793\,\text{K}$$

(5) 폴리트로프 변화(polytropic change)

열기관 내의 가스가 압축 또는 팽창 행정에 있는 경우 그 상태 변화는 엄밀히 말해서 단열 변화는 아니다. 또 등온 변화에서도 그 팽창 과정에 가해진 열량이 전혀 손실 없이 모두 팽창일로 전환되는 것은 불가능하다. 이와 같이 실제 가스가 상태 변화할 경우 지금까지 다룬 기본적인 변화만으로 설명이 불가능하며 변화 중에 항상 다소 열의 출입이 수반되므로 이들 사항을 고려한 일반적인 상태 변화를 나타내는 것이 폴리트로프 변화이다.

폴리트로프 변화란 모든 상태 변화를 나타내는 변화란 뜻으로서 다방향 변화(多方向變化)를 의미하는 말이다.

폴리트로프 변화는 가역 단열 변화의 상태 변화에 대한 식 $Pv^{\kappa}=$일정에서 단열 지수 κ를 임의의 실수(實數) n으로 바꾸어 놓은 다음 식으로 표시된다.

$$PV^n = \text{일정} \tag{4·47}$$

$$TV^{n-1} = \text{일정} \tag{4·48}$$

$$\frac{T}{P^{\frac{n-1}{n}}} = \text{일정} \tag{4·49}$$

식 (4·47)~(4·49)를 상태 1, 2 사이의 변화에 대하여 나타내면 P, v, T 사이의 관계는

$$\frac{T_2}{T_1} = \left(\frac{P_2}{P_1}\right)^{\frac{n-1}{n}} = \left(\frac{V_1}{V_2}\right)^{n-1} \tag{4·50}$$

로 표시된다.

여기서 n을 **폴리트로프 지수**(polytropic index)라 한다. n의 값은 비열과 무관한 임의로 선정한 값이다.

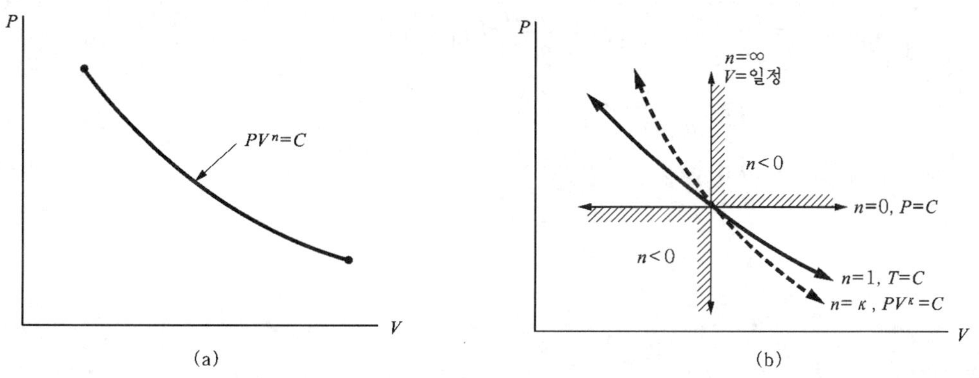

그림 4·16 폴리트로프 변화

그림 4 · 16에서 $n=0$이면, $PV^0=P=$일정이 되어 정압 변화, $n=\infty$이면, $P^{1/n}v=P^0V=V=$일정이 되어 정적 변화로 된다. 또 $n=1$이면 $PV=$일정이 되어 등온 변화, 그리고 $n=\kappa$이면 PV^{κ}로 되어 단열 변화로 된다. 따라서 이들의 관계를 종합하면

$n=0$: 정압 변화($P=C$)
$n=1$: 등온 변화($PV=C$)
$n=\kappa$: 단열 변화($PV^{\kappa}=C$, $1<\kappa<\infty$)
$n=\infty$: 정적 변화($V=C$).

폴리트로프 변화할 때의 하는 일 W_{12}는

$$W_{12}=\int_1^2 PdV=P_1V_1^n\int_1^2\frac{dV}{V^n}=\frac{P_1V_1^n}{1-n}(V_2^{1-n}-V_1^{1-n})$$
$$=\frac{P_2V_2-P_1V_1}{1-n}=\frac{P_1V_1-P_2V_2}{n-1}$$

이 식을 변형하면

$$W_{12}=\frac{P_1V_1}{n-1}\left[1-\left(\frac{V_1}{V_2}\right)^{n-1}\right]=\frac{P_1V_1}{n-1}\left[1-\left(\frac{P_2}{P_1}\right)^{\frac{n-1}{n}}\right]$$
$$=\frac{P_1V_1-P_2V_2}{n-1}=\frac{mR}{n-1}(T_1-T_2) \tag{4 · 51}$$
$$=\frac{m(\kappa-1)}{(n-1)}(u_1-u_2)$$

한편 폴리트로프 변화하는 동안에 가해진 열량 Q_{12}는 제 1 법칙의 식을 적분하면

$$Q_{12}=U_2-U_1+W_{12}$$
$$=m\,c_v(T_2-T_1)+\frac{mR}{n-1}(T_1-T_2)$$
$$=m\,c_v\frac{n-\kappa}{n-1}(T_2-T_1)$$
$$=m\,c_n(T_2-T_1) \tag{4 · 52}$$

여기서

$$c_n=\frac{n-\kappa}{n-1}c_v \tag{4 · 53}$$

를 **폴리트로프 변화의 비열**(specific heat at polytropic change)이라 한다. 또한 가해진 열량과 일량과의 비는

$$\frac{W_{12}}{Q_{12}} = \frac{\kappa - 1}{\kappa - n} \qquad (4 \cdot 54)$$

가 된다. 열량은 n 이 $\kappa(=c_p/c_v)$ 값보다 큰가 작은가에 따라 부호(+, −)가 달라진다.

압축의 경우 : $n > \kappa$ 이면 $\delta Q > 0$, 가열
$n < \kappa$ 이면 $\delta Q < 0$, 방열
팽창의 경우 : $n > \kappa$ 이면 $\delta Q < 0$, 방열
$n < \kappa$ 이면 $\delta Q > 0$, 가열

또한 폴리트로프 변화할 때의 내부 에너지와 엔탈피의 변화는

$$U_2 - U_1 = \frac{mRT_1}{\kappa - 1}\left[\left(\frac{P_2}{P_1}\right)^{\frac{n-1}{n}} - 1\right] = m\,c_v T_1\left[\left(\frac{P_2}{P_1}\right)^{\frac{n-1}{n}} - 1\right] \qquad (4 \cdot 55)$$

$$H_2 - H_1 = \frac{\kappa}{\kappa - 1} mRT_1\left[\left(\frac{P_2}{P_1}\right)^{\frac{n-1}{n}} - 1\right] = m\,c_p T_1\left[\left(\frac{P_2}{P_1}\right)^{\frac{n-1}{n}} - 1\right] \qquad (4 \cdot 56)$$

$$H_2 - H_1 = \kappa(U_2 - U_1) \qquad (4 \cdot 57)$$

로 표시된다.

보기 4.28

처음 상태 0.7 bar, 20℃인 공기 12 m^3를 압력 8 bar까지 $n=1.2$인 폴리트로프 압축을 할 때 최종 체적 및 온도, 압축에 요하는 일, 압축 도중의 전열량을 구하여라.

풀이 압축일 W_{12}와 압축 중의 방열량 Q_{12}는

$$W_{12} = \frac{mR}{n-1}(T_1 - T_2)$$

$$Q_{12} = m\,c_v\frac{n-\kappa}{n-1}(T_1 - T_2)$$

여기서

$$m = \frac{P_1V_1}{RT_1} = \frac{(0.7 \times 100) \times 12}{0.287 \times 293.15} = 9.98407\,\text{kg}$$

$$\frac{T_2}{T_1} = \left(\frac{P_2}{P_1}\right)^{\frac{n-1}{n}}$$

$$T_2 = T_1\left(\frac{P_2}{P_1}\right)^{\frac{n-1}{n}} = 293.15 \times \left(\frac{900}{70}\right)^{\frac{0.2}{1.2}} = 439.9688\,\text{K}$$

따라서

$$W_{12} = \frac{mR}{n-1}(T_1 - T_2) = 9.98407 \times \frac{0.287}{1.2-1} \times (293.15 - 439.9688)$$
$$= -2103.4936\,\text{kJ}$$

$$Q_{12} = m\,c_v \frac{n-\kappa}{n-1}(T_2 - T_1)$$
$$= 9.98407 \times 0.7171 \times \frac{1.2-1.4}{1.2-1} \times (439.9688 - 293.15)$$
$$= -1051.1604\,\text{kJ}$$

Q_{12}, W_{12}는 모두 음의 값을 가지므로 W_{12}는 외부로부터 공급된 일이고, Q_{12}는 계로부터 외부로 방열되었음을 의미한다.

보기 4.29

초기 온도와 압력이 320 K, 100 kPa로부터 폴리트로프 변화하여 최종 압력이 600 kPa이 되었다. 폴리트로프 지수 $n=1.32$일 경우 최종 온도 T_2를 구하여라.

풀이 $\frac{T_2}{T_1} = \left(\frac{P_2}{P_1}\right)^{\frac{n-1}{n}}$

$$T_2 = T_1\left(\frac{P_2}{P_1}\right)^{\frac{n-1}{n}} = 320 \times \left(\frac{6}{1}\right)^{\frac{1.32-1}{1.32}} = 494.0748\,\text{K}$$

지금까지 다룬 폐쇄계에 대한 이상 기체의 상태 변화를 요약하면 표 4·2와 같다.

보기 4.30

70 kPa, 20℃의 공기 12 m^3가 850 kPa까지 압축된다. 최종 체적이 2 m^3일 경우 폴리트로프 지수, 압축에 소요된 일, 열전달량 및 최종 온도를 구하여라. 단, 공기의 가스 정수는 0.287 J/kg K, 정적 비열은 0.716 kJ/kg K이다.

풀이 공기의 질량

$$m = \frac{P_1 V_1}{RT_1} = 70 \times \frac{12}{0.287 \times (273.15 + 20)} = 9.98407\,\text{kg}$$

표 4·2 폐쇄계에 대한 이상 기체의 상태 변화의 관계식(계속)

상태 변화	$P,\ v,T$ 관계	외부로부터 받은 열량 q_{12} kJ/kg	외부에 한 일 w_{12} kJ/kg	내부 에너지의 변화 (u_2-u_1) kJ/kg	엔탈피의 변화 (h_2-h_1) kJ/kg
정적변화	$v_1=v_2$ $\frac{P_1}{T_1}=\frac{P_2}{T_2}$	$c_v(T_2-T_1)$	0	$c_v(T_2-T_1)$ $=\frac{(P_2v_2-P_1v_1)}{\kappa-1}$ $=q_{12}$	$c_p(T_2-T_1)$ $=\frac{\kappa}{\kappa-1}(P_2v_2-P_1v_1)$ $=\kappa q_{12}$
정압변화	$P_1=P_2$ $\frac{v_1}{T_1}=\frac{v_2}{T_2}$	$c_p(T_2-T_1)$	$P(v_2-v_1)$ $=R(T_2-T_1)$	$c_p(T_2-T_1)$ $=\frac{1}{\kappa-1}(P_2v_2-P_1v_1)$ $=q_{12}/\kappa$	$c_p(T_2-T_1)$ $=\frac{\kappa}{\kappa-1}(P_2v_2-P_1v_1)$ $=q_{12}$
동온변화	$T_1=T_2$ $P_1v_1=P_2v_2$	$P_1v_1\ln\frac{v_2}{v_1}$ $=RT_1\ln\frac{v_2}{v_1}$ $=RT_1\ln\frac{P_1}{P_2}$ $=w_{12}$	$P_1v_1\ln\frac{v_2}{v_1}$ $=RT_1\ln\frac{v_2}{v_1}$ $=RT_1\ln\frac{P_1}{P_2}$ $=q_{12}$	0	0
단열변화	$P_1{v_1}^{\kappa}=P_2{v_2}^{\kappa}$ $T_1{v_1}^{\kappa-1}=T_2{v_2}^{\kappa-1}$ $T_1P_1^{\frac{1-\kappa}{\kappa}}=T_2P_2^{\frac{1-\kappa}{\kappa}}$ $\frac{T_2}{T_1}=\left(\frac{P_2}{P_1}\right)^{\frac{\kappa-1}{\kappa}}$ $=\left(\frac{v_1}{v_2}\right)^{\kappa-1}$	0	$\frac{1}{\kappa-1}(P_1v_1-P_2v_2)$ $=c_p(T_1-T_2)$ $=\frac{1}{\kappa-1}P_1v_1\left[1-\left(\frac{P_2}{P_1}\right)^{\frac{\kappa-1}{\kappa}}\right]$	$\frac{1}{\kappa-1}(P_1v_1-P_2v_2)$ $=c_p(T_1-T_2)$ $=\frac{1}{\kappa-1}P_1v_1\left[1-\left(\frac{P_2}{P_1}\right)^{\frac{\kappa-1}{\kappa}}\right]$	$c_p(T_2-T_1)$ $\frac{\kappa}{\kappa-1}(P_2v_2-P_1v_1)$ $=-\kappa w_{12}$
폴리트로프변화	$P_1v_1^n=P_2v_2^n$ $T_1v_1^{n-1}=T_2{v_2}^{n-1}$ $T_1P_1^{\frac{1-n}{n}}=T_2P_2^{\frac{1-n}{n}}$ $\frac{T_2}{T_1}=\left(\frac{P_2}{P_1}\right)^{\frac{n-1}{n}}$ $=\left(\frac{v_1}{v_2}\right)^{n-1}$	$\frac{n-\kappa}{n-1}c_v(T_2-T_1)$ $=\frac{n-\kappa}{(\kappa-1)(n-1)}\times$ $(P_2v_2-P_1v_1)$	$\frac{1}{n-1}(P_1v_1-P_2v_2)$ $=\frac{1}{n-1}R(T_1-T_2)$ $=\frac{1}{n-1}P_1v_1\left[1-\left(\frac{P_2}{P_1}\right)^{\frac{n-1}{n}}\right]$	$c_v(T_2-T_1)$ $\frac{1}{\kappa-1}(P_2v_2-P_1v_1)$	$c_p(T_2-T_1)$ $\frac{\kappa}{\kappa-1}(P_2v_2-P_1v_1)$

폴리트로프 지수

$$P_1V_1^n=P_2V_2^n$$

$$\left(\frac{12}{2}\right)^n = \left(\frac{850}{70}\right), \quad n = 1.3935$$

압축일

$$W_{12} = \frac{P_1 V_1 - P_2 V_2}{n-1} = \frac{70 \times 12 - 850 \times 2}{1.3935 - 1} = -2185.5146\,\text{kJ}$$

최종 온도

$$T_2 = \frac{P_2 V_2}{mR} = \frac{850 \times 2}{9.98407 \times 0.287} = 593.2796\,\text{K}$$

열전달량

$$Q_{12} = m\,c_v \frac{n-\kappa}{n-1}(T_2 - T_1)$$

$$= 9.98407 \times 0.716 \times \frac{1.3935 - 1.40}{1.3935 - 1}(593.2796 - 293.15) = -35.440\,\text{kJ}$$

[2] 비가역 변화

실제의 상태 변화는 모두 열적으로나 역학적으로 완전히 평형을 유지하면서 이루어지는 변화는 없으며 반드시 손실을 수반하는 비가역 변화(非可逆變化, irreversible change)이다. 여기서 대표적인 비가역 변화에 대해서 알아보기로 한다.

(1) 비가역 단열 변화(非可逆斷熱變化, irreversible adiabatic change)

압축 또는 팽창 과정에서는 마찰, 와류 등에 의한 손실이 수반되며 이러한 현상은 열로 된다. 따라서 외부와 열교환이 없는 단열 변화에서도 기체의 마찰에 의한 열이 기체 자신에 가해진다. 이와 같이 열이 기체에 흡수되어 내부적으로 단열이 아닌 비가역 변화가 수반되는 상태 변화를 **비가역 단열 변화**라 한다.

기체를 압축 또는 팽창할 때 기체는 마찰에 이겨서 일을 하고 마찰열이 다시 기체에 가해진다. 따라서 에너지식은

$$\delta Q + \delta Q_f = dU + \delta W + \delta W_f$$

가 된다. 여기서 δQ, δQ_f 는 각각 마찰에 의하여 생긴 열량, 손실일을 나타낸다. 이들 사이에는

$$\delta Q_f = \delta W_f$$

또, 비가역 단열 변화에서는 $\delta Q = 0$이므로

$$dU + \delta W = 0$$

$$W_{12} = U_1 - U_2 = m\,c_{vm}(T_1 - T_2) \qquad \text{(a)}$$

가 된다. 지금 상태 1로부터 상태 2까지 가역 단열 변화(첨자 ad)하는 경우의 일량은

$$W_{12ad} = U_1 - U_{2ad} = m c_{vm} (T_1 - T_{2ad}) \tag{b}$$

식 (a) 및 (b)의 차를 구하면

$$W_{12} - W_{12ad} = U_{2ad} - U_2 = m c_{vm} (T_{2ad} - T_2) \tag{c}$$

여기서 비가역 단열 변화에서는 가역 단열 변화의 경우보다 온도가 올라가므로

$$T_2 > T_{2ad}$$

가 된다. 따라서

$$W_{12} < W_{12ad}$$

로 되어 일량은 가역 단열 변화의 경우보다 작다.

비가역 단열 변화는 근사적으로 폴리트로프 변화에 의하여 표시되며 지수 n을 적당한 값으로 선정하여 상태량 변화를 구한다. 비가역 단열 변화에 대한 P, V, T 사이의 관계는

$$PV^n = \text{일정 또는 } P_1 V_1^n = P_2 V_2^n$$

$$TV^{n-1} = \text{일정 또는 } T_1 V_1^{n-1} = T_2 V_2^{n-1}$$

$$\frac{T}{P^{\frac{n-1}{n}}} = \text{일정 또는 } T_1 P_1^{\frac{1-n}{n}} = T_2 P_2^{\frac{1-n}{n}} \tag{4·58}$$

가 된다. 한편 이상 기체의 내부 에너지와 엔탈피의 변화는

$$U_2 - U_1 = \frac{mRT_1}{\kappa - 1}\left[\left(\frac{P_2}{P_1}\right)^{\frac{n-1}{n}} - 1\right]$$

$$H_2 - H_1 = \frac{\kappa}{\kappa - 1} m R T_1 \left[\left(\frac{P_2}{P_1}\right)^{\frac{n-1}{n}} - 1\right]$$

로 표시된다. 노즐, 터보 압축기 등 정상 유동계에 대한 비가역 단열 변화에서는 $\dot{Q}=0$이므로 제 1 법칙의 식은

$$\dot{m}\left(h_1 + \frac{\boldsymbol{V}_1^2}{2}\right) = \dot{m}\left(h_2 + \frac{\boldsymbol{V}_2^2}{2}\right) + \dot{W}_t$$

가 된다. 여기서 $\boldsymbol{V}$는 속도 m/s, $\dot{W}_t$는 공업일 kJ/s, 첨자 1, 2는 각각 유입부와 유출부를 나타낸 것이다.

(2) 스로틀링

밸브(valve)나 콕(cock) 등에 의하여 유로의 일부를 좁게 하면 흐름의 방향으로 압력이 강하한다. 이와 같은 현상을 **스로틀링**(throttling)이라 하며, 이것은 비가역 변화의 하나이다. 외부에 대하여 일을 하지 않고 또 열교환이 없는 경우에는 스로틀링 과정에 대하여 에너지 식을 적용하면

$$\dot{m}\left(h_1 + \frac{\boldsymbol{V}_1^2}{2}\right) = \dot{m}\left(h_2 + \frac{\boldsymbol{V}_2^2}{2}\right) \tag{4·59}$$

가 되며, $\boldsymbol{V}_1 = \boldsymbol{V}_2$인 경우 또는 속도가 그다지 크지 않은 40 m/s 이하에서는 운동 에너지는 엔탈피에 비하여 작으므로 생략할 수 있다. 따라서

$$h_1 = h_2 \tag{4·60}$$

여기서 첨자 1과 2는 각각 스로틀링이 일어나기 전의 상태와 스로틀링 후의 상태를 표시한다. 따라서 스로틀링 전후의 엔탈피는 변하지 않는다. 이상 기체의 엔탈피는 온도만의 함수이므로 이상 기체의 정상 흐름 스로틀링일 때에는 그 전후의 온도가 변하지 않는다.

일반적으로 많은 기계 장치들은 스로틀링을 수반하며, 특정 기계(냉동기, 공기 액화 기계 등)에서는 이 스로틀링 작용을 이용하여 기체의 온도를 소정의 온도까지 낮추는 데 이용하고 있다.

(3) 이상 기체의 혼합

이상 기체의 혼합에 대한 기초 원리를 제시해 주는 법칙은 **Dalton의 법칙**(Dalton's law)이다. 이 법칙은 "둘 또는 둘 이상의 다른 기체가 하나의 용기에 들어 있을 때 각 성분 기체의 압력은 그 기체가 주어진 용기에 단독으로 있을 때의 압력과 같으며, 혼합 기체의 전 압력은 각 성분 기체 압력의 합과 같다"는 것이다. 일반적으로 혼합할 때에 화학 변화가 일어나지 않으면 Dalton의 법칙이 성립한다. 여기서는 체적 일정 및 정상 흐름에 대하여 생각하기로 하고 이것은 어느 경우이거나 모두 비가역적이다.

① 체적 일정하의 혼합

그림 **4·17**과 같이 온도 및 압력이 다른 기체들을 각각 서로 다른 실(室)에 넣고 이들 사이의 칸막이를 제거하면 각 기체는 확산에 의해 완전히 혼합된다. 혼합 전의 각 성분 기체의 질량, 체적, 압력, 온도를 각각 m_i, V_i, P_i, T_i $(i=1, 2, 3, \cdots, n)$라하고 혼합 후의 상태를 각각 m, V, P, T라 하면

$$m = \sum_{i=1}^{n} m_i \tag{4·61}$$

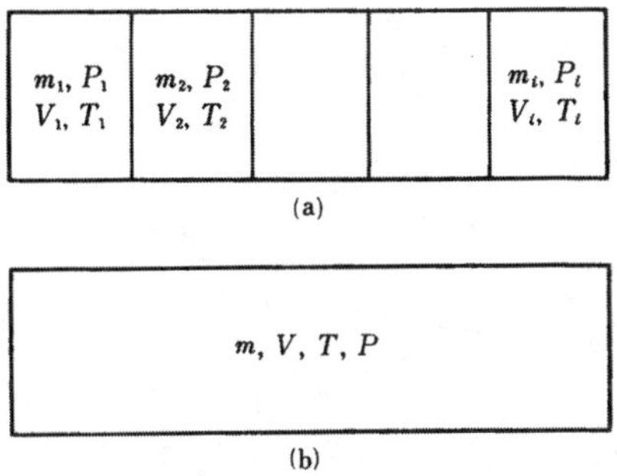

그림 4·17 기체의 정적 혼합

$$V=\sum_{i=1}^{n} V_i \tag{4·62}$$

가 된다. 혼합은 일정 체적하에서 이루어지므로 외부에 대하여 하는 일은 $\delta W=0$이 된다. 또 외부와의 사이에 열교환이 없다고($\delta Q=0$) 하면 열역학 제1법칙으로부터 혼합 전후의 내부 에너지는 일정하므로

$$\text{혼합 전의 내부 에너지 } U=\sum_{i=1}^{n} m_i c_{vi} T_i \tag{4·63}$$

$$\text{혼합 후의 내부 에너지 } U=\sum_{i=1}^{n} m_i c_{vi} T \tag{4·64}$$

$$\therefore \sum_{i=1}^{n} m_i c_{vi} T_i=\sum_{i=1}^{n} m_i c_{vi} T$$

로부터 혼합 후의 온도 T는

$$T=\frac{\sum_{i=1}^{n} m_i c_{vi} T_i}{\sum_{i=1}^{n_i} m_i c_{vi}}=\frac{\sum_{i=1}^{n} P_i V_i \frac{c_{vi}}{R_i}}{\sum_{i=1}^{n} \frac{P_i V_i}{T_i} \frac{c_{vi}}{R_i}}=\frac{\sum_{i=1}^{n} \frac{P_i V_i}{\kappa_i-1}}{\sum_{i=1}^{n} \frac{P_i V_i}{T_i(\kappa_i-1)}} \tag{4·65}$$

로 표시된다. 만일 $\kappa_1=\kappa_2=\cdots=\kappa_n$의 경우에는

$$T=\frac{\sum_{i=1}^{n} P_i V_i}{\sum_{i=1}^{n} \frac{P_i V_i}{T_i}} \tag{4·66}$$

혼합 후의 각 성분 기체의 분압을 $P_i\,(i=1,\ 2,\ \cdots,\ n)$라 하면 Dalton의 법칙으로부터

$$P = \sum_{i=1}^{n} P_i$$

$$= \sum_{i=1}^{n} \frac{m_i R_i T}{V} = \frac{T}{V} \sum_{i=1}^{n} \frac{P_i V_i}{T_i} \qquad (4 \cdot 67)$$

만일 $T_1 = T_2 = \cdots = T_n = T$의 경우에는

$$P = \sum_{i=1}^{n} \frac{P_i V_i}{V} \qquad (4 \cdot 68)$$

② 기체의 정상류 혼합

그림 **4·18**과 같이 정상 유동을 하는 몇 가지의 성분 기체가 혼합실 내에 균질 혼합하여 정상적으로 유출하는 경우를 생각한다.

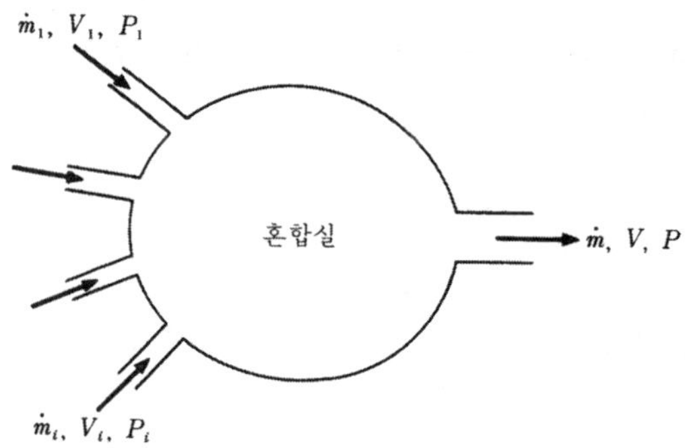

그림 4·18 정상류 혼합

그림에서 단위 시간당의 유량을 $\dot{m}_i$, $\dot{m}$ kg/s, 그리고 $\dot{V}_i$, $\dot{V}$ m^3/s를 체적 유량이라 하고 혼합실이 단열되어 외부와의 열교환이 없으며 일을 하지 않는다고 생각한다. 또한 혼합 전후의 엔탈피와 운동 에너지 합이 변하지 않는다고 하면

$$\dot{m} = \sum_{i=1}^{n} \dot{m}_i$$

$$T = \frac{\sum_{i=1}^{n} \dot{m}_i c_{pi} T_i}{\sum_{i=1}^{n} \dot{m}_i c_{pi}} \qquad (4 \cdot 69)$$

$$T=\frac{\sum_{i=1}^{n}\frac{\kappa_i}{\kappa_i-1}P_i\dot{V}_i}{\sum_{i=1}^{n}\frac{\kappa_i}{\kappa_i-1}\frac{P_i\dot{V}_i}{T_i}} \tag{4·70}$$

만일 $\kappa_1=\kappa_2=\cdots=\kappa_n$의 경우에는

$$T=\frac{\sum_{i=1}^{n}P_i\dot{V}_i}{\sum_{i=1}^{n}\frac{P_i\dot{V}_i}{T_i}} \tag{4·71}$$

로 된다.

혼합 기체의 체적 유량 $\dot{V}$는

$$\dot{V}=\frac{T}{P}\left(\sum_{i=1}^{n}\dot{m}_iR_i\right)=\frac{T}{P}\sum_{i=1}^{n}\frac{P_i\dot{V}_i}{T_i} \tag{4·72}$$

특히 $P_1=P_2=\cdots=P_n=P$의 경우에는

$$\dot{V}=T_i\sum_{i=1}^{n}\frac{\dot{V}_i}{T_i} \tag{4·73}$$

가 된다.

보기 4.31

이산화탄소 20%, 질소 80%의 체적 조성을 갖는 혼합 가스의 질량 조성, 혼합 가스의 겉보기 분자량 및 가스 정수를 구하여라. 단 CO_2의 분자량 44, N_2의 분자량은 28이다.

표 4·3

성분 가스	분자량 M_i	체적 조성 r_i	r_iM_i	질량 조성 g_i
이산화탄소(CO_2)	44	0.20	8.8	$\frac{r_1M_1}{\sum_{i=1}^{n}r_iM_i}=0.2821$
질소(N_2)	28	0.80	22.4	$\frac{r_2M_2}{\sum_{i=1}^{n}r_iM_i}=0.7179$
합		$\sum_{i=1}^{n}r_i=1$	$\sum_{i=1}^{n}r_iM_i=31.2$	$\sum_{i=1}^{n}g_i=1$

풀이 각 성분 가스의 분자량 M_i, 체적 조성 r_i, 질량 조성 g_i 를 구하면 표 4·3과 같다.

겉보기 분자량 $M=\sum_{i=1}^{n} r_i M_i = 31.2\ \mathrm{kJ/kmol}$

겉보기 가스 상수 $R=\dfrac{\overline{R}}{M}=\dfrac{\overline{R}}{\sum_{i=1}^{n} r_i M_i}=\dfrac{8.3143}{31.2}=0.2665\ \mathrm{kJ/kg\ K}$

보기 4.32

이산화탄소 20%와 질소 80%의 체적 조성을 갖는 혼합 가스를 2개의 저장 용기에 넣고 도관(導管)으로 연결한 다음 도관에 있는 밸브를 열어서 혼합되도록 하였다. 밸브를 열기 전의 용기 A, B의 체적, 압력 및 온도는 각각 3 m^3, 0.8 MPa, 30℃ 및 2 m^3, 0.4 MPa, 15℃이다. 밸브를 열은 후의 두 용기의 압력과 온도를 구하여라. 단 용기는 단열되어 있는 것으로 본다.

풀이 혼합 전후의 내부 에너지는 변하지 않으며, 용기 내 가스의 정적 비열은 $c_{vA}=c_{vB}$이므로

$$T=\frac{m_A T_A + m_B T_B}{m_A+m_B}=\frac{m_A}{m_A+m_B}T_A+\frac{m_B}{m_A+m_B}T_B=g_A T_A+g_B T_B$$

여기서 $m_A=\dfrac{P_A V_A}{RT_A}$, $m_B=\dfrac{P_B V_B}{RT_B}$ 이므로

$$g_A=\frac{m_A}{m_A+m_B}=\frac{\dfrac{P_A V_A}{T_A}}{\dfrac{P_A V_A}{T_A}+\dfrac{P_B V_B}{T_B}}=\frac{P_A V_A T_B}{P_A V_A T_B+P_B V_B T_A}$$

$P_A=0.8\,\mathrm{MPa}$, $T_A=303.15\,\mathrm{K}$, $V_A=3\,\mathrm{m}^3$, $P_B=0.4\,\mathrm{MPa}$, $T_B=288.15\,\mathrm{K}$, $V_B=2\,\mathrm{m}^3$이므로

$$g_A=\frac{(0.8\times 1000)\times 3\times 288.15}{(0.8\times 100\times 3\times 288.15)+(0.4\times 1000\times 2\times 303.15)}$$
$$=0.74036$$

$$g_B=1-g_A=0.25964$$

$$\therefore\ T=g_A T_A+g_B T_B=0.74063\times 303.15+0.25964\times 288.15$$
$$=299.2554\ \mathrm{K}=26.1054\ ℃$$

압력은

$$P=\frac{T}{V}\sum_{i=1}^{n}\frac{P_i V_i}{T_i}=\frac{299.2544}{5}\times\left(\frac{800\times 3}{303.15}+\frac{400\times 2}{288.15}\right)$$
$$=639.9998\,\mathrm{kPa}$$

보기 4.33

공기의 체적 조성 비율이 산소 21%, 질소 79%일 때 산소와 질소의 질량비, 표준 상태(760 mmHg, 0℃)에서의 기체 상수, 비열 및 비중량을 구하여라.

풀이 체적 조성 $r_{O_2}=0.21$, $r_{N_2}=0.79$, $M_{O_2}=32$, $M_{N_2}=28$

$$R_{O_2}=\frac{\overline{R}}{M_{O_2}}=\frac{8.3143}{32}=0.2598\ \text{kJ/kg K}$$

$$R_{N_2}=\frac{\overline{R}}{M_{N_2}}=\frac{8.3143}{28}=0.2969\ \text{kJ/kg K}$$

공기의 분자량은

$$M=M_{O_2}r_{O_2}+M_{N_2}r_{N_2}=32\times0.21+28\times0.79$$
$$=28.84$$

질량비는

$$g_{O_2}=\frac{M_{O_2}r_{O_2}}{M}=\frac{32\times0.21}{28.84}=0.2330$$

$$g_{N_2}=\frac{M_{N_2}r_{N_2}}{M}=\frac{28\times0.79}{28.84}=0.7670$$

가스 상수

$$R=R_{O_2}g_{O_2}+R_{N_2}g_{N_2}=0.2598\times0.233+0.2970\times0.767$$
$$=0.2883\ \text{kJ/kg K}$$

산소와 질소의 비열은

$$c_{pO_2}=0.9142\ \text{kJ/kg K},\quad c_{vO_2}=0.6538\ \text{kJ/kg K}$$

$$c_{pN_2}=1.0389\ \text{kJ/kg K},\quad c_{vN_2}=0.7425\ \text{kJ/kg K}$$

따라서 공기의 비열은

$$c_p=c_{pO_2}g_{O_2}+c_{pN_2}g_{N_2}=0.9142\times0.233+1.0389\times0.767$$
$$=1.0098\ \text{kJ/kg K}$$

$$c_v=c_{vO_2}g_{O_2}+c_{vN_2}g_{N_2}=0.6538\times0.233+0.7425\times0.767$$
$$=0.7218\ \text{kJ/kg K}$$

비중량은

$$\gamma=\frac{1}{v}=\frac{P}{RT}=\frac{1.01325\times10^2}{0.2883\times273.15}=1.2867\,\text{kg/m}^3$$

보기 4.34

가스 혼합물이 다음과 같은 체적 조성을 가질 때 각 성분 기체의 질량 조성을 구하여라. 또한 혼합 기체의 분자량 및 가스 상수를 구하여라.

CO_2 : 13 %, O_2 : 3.0 % N_2 : 82 %, CO : 2.0 %

풀이 문제의 풀이를 쉽게 하기 위하여 표로 나타내면 다음과 같다.

혼합 기체의 분자량 $M=30.20$

혼합 기체의 가스 상수 $R=\dfrac{\overline{R}}{M}=\dfrac{8.3143}{30.20}=0.2753\,\text{kJ/kg K}$

표 4·4 질량 조성의 계산

성분기체	체적(%)	몰분율	분자량	혼합기 질량 kg/kmol	질량 조성(%)
CO_2	13.0	0.13	44.0	0.13×44= 5.72	5.72/30.2= 18.94
O_2	3.0	0.03	32.0	0.03×32= 0.96	0.96/30.2= 3.18
N_2	82.0	0.82	28.0	0.82×28=22.96	22.96/30.2= 76.03
CO	2.0	0.02	28.0	0.02×28= 0.56	0.56/30.2= 1.85
계	100.0	1.0		30.2	100.0

보기 4.35

질소 1 kg이 다음과 같은 과정을 거쳐서 하나의 사이클을 이루고 있다.

(1) 체적이 2배가 될 때까지 단열 팽창

(2) 체적이 처음의 체적과 같아질 때까지 정압 과정

(3) 처음 상태가 될 때까지 정적 변화

질소 가스의 처음 상태가 120℃, 500 kPa일 경우 전 과정에 대하여 한 일 W와 전열량 Q를 구하여라.

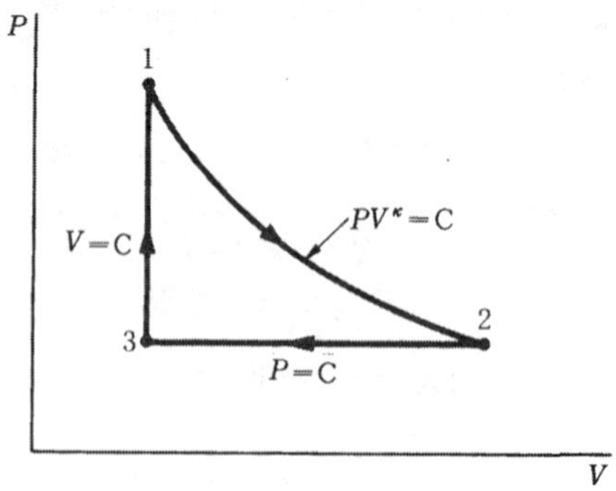

그림 4·19 보기 4.32의 사이클 과정

풀이 이 사이클의 $P-V$ 선도를 그리면 그림 4·19와 같다.

$$P_1 = 500\,\text{kPa},\quad V_2 = 2V_1$$

$T_1 = 120\,℃$, $m = 1\text{kg}$이므로

$$W_{12} = \frac{P_1 V_1 - P_2 V_2}{\kappa - 1}$$

여기서

$$V_1 = \frac{mRT_1}{P_1} = \frac{\dfrac{1 \times 8.3143}{28.013} \times 393.15}{500}$$
$$= 0.2334\,\text{m}^3$$

$$V_2 = 2V_1 = 2 \times 0.2334 = 0.4668\,\text{m}^3$$

$$P_1 V_1^{\kappa} = P_2 V_2^{\kappa}$$

$$P_2 = P_1 \left(\frac{V_1}{V_2}\right)^{\kappa} = 500 \times \left(\frac{1}{2}\right)^{1.4} = 189.4646\,\text{kPa}$$

따라서 과정 1→2 사이의 일 W_{12}는

$$W_{12} = \frac{500 \times 0.2334 - 189.4646 \times 0.4668}{1.4 - 1}$$
$$= 70.6448\,\text{kJ}$$

과정 2→3 사이의 일

$$W_{23} = P_2(V_3 - V_2) = 189.4646 \times (0.2334 - 0.4668)$$
$$= -44.221\,\text{kJ}$$

과정 3→1 사이의 일 $V_3 = V_1$이므로

$$W_{31} = 0$$

사이클 일

$$W = W_{12} + W_{23} + W_{31} = 70.6448 + (-44.221)$$
$$= 26.4238\,\text{kJ}$$

각 과정의 열량 Q_{12}, Q_{23}, Q_{31}은

과정 1→2 : $Q_{12} = 0$(단열 과정)

과정 2→3 : $Q_{23} = mc_p(T_3 - T_2)$

여기서 T_2, T_3를 구해야 하므로

$$T_2 V_2^{\kappa-1} = T_1 V_1^{\kappa-1},\quad V_2 = 2V_1$$

$$\therefore\ T_2 = T_1 \left(\frac{V_1}{V_2}\right)^{\kappa-1} = 393.15 \times \left(\frac{1}{2}\right)^{0.4}$$
$$= 297.9520\,\text{K}$$

$$\frac{P_3V_3}{T_3}=\frac{P_2V_2}{T_2},\ P_2=P_3$$

$$\therefore\ T_3=\frac{V_3}{V_2}T_2=\frac{1}{2}\times T_2=\frac{1}{2}\times 297.5920$$
$$=148.976\,\text{K}$$

한편 질소의 c_p, c_v는

$$c_p=1.039\,\text{kJ/kg K}$$

$$c_v=0.743\,\text{kJ/kg K}$$

따라서

$$Q_{23}=m\,c_p(T_3-T_2)$$
$$=1\times 1.039\times(148.976-297.9520)$$
$$=-154.786\,\text{kJ}$$

과정 3 → 1

$$Q_{31}=m\,c_v(T_1-T_2)$$
$$=1\times 0.743\times(393.15-148.976)$$
$$=181.4213\,\text{kJ}$$

따라서 사이클에 가해진 열량 Q는

$$Q=Q_{12}+Q_{23}+Q_{31}=-154.786+181.4213$$
$$=26.6353\,\text{kJ}$$

4.6 요 약

[1] 이상 기체

$$PV=mRT$$

$Pv=RT$ 또는 $\rho=\dfrac{P}{RT}$

$PV=n\overline{R}T$, $\overline{R}$ 일반 기체 상수(또는 일반 가스 상수)

[2] 이상 기체의 내부 에너지, 엔탈피 및 비열

내부 에너지 : $du=c_v\,dT$, $u=u\,(T)$

엔탈피 : $dh = c_p dT$, $h = h(T)$

정적 비열 : $c_v = \left(\frac{\partial q}{\partial T}\right)_v = \left(\frac{\partial u}{\partial T}\right)_v$ kJ/kg K

정압 비열 : $c_p = \left(\frac{\partial q}{\partial T}\right)_P = \left(\frac{\partial h}{\partial T}\right)_P$ kJ/kg K

정압 비열과 정적 비열의 관계 : $c_p - c_v = R$

비열비(比熱比, ratio of specific heat)

$$\kappa = \frac{c_p}{c_v}$$

$$c_v = \frac{1}{\kappa - 1}R$$

$$c_p = \frac{\kappa}{\kappa - 1}R$$

[3] 폐쇄계에 대한 이상 기체의 상태 변화

① 정적 변화(定積變化, isochoric change 또는 constant volume change)

$$\frac{P}{T} = \frac{P_1}{T_2} = \frac{P_2}{T_2} = \text{일정}$$

외부일 $W_{12} = 0$ 이며, $P - v$ 선도는 수직선으로 표시된다.

$$\delta q = du + Pdv \text{에서 } dv = 0 \text{이므로}$$

$$\delta q = du$$

$$q_{12} = u_2 - u_1 = c_v(T_2 - T_1)$$

$$Q_{12} = mc_v(T_2 - T_1)$$

② 정압 변화(定壓變化, isobaric change 또는 constant pressure change)

$$\frac{V}{T} = \frac{V_1}{T_2} = \frac{V_2}{T_2} = \text{일정}$$

$$\frac{v}{T} = \frac{v_1}{T_2} = \frac{v_2}{T_2} = \text{일정}$$

으로 표시된다.

정압 변화시의 외부에 한 일 W_{12}는

$$W_{12} = \int_1^2 PdV = P(V_2 - V_1) = mR(T_2 - T_1)$$

외부로부터 받은 열량 Q_{12}는 $\delta Q = dH - VdP$ 에서 $dP = 0$이므로

$$\delta Q = dH$$

가 된다.

$$\therefore\ Q_{12} = H_2 - H_1 = m(h_2 - h_1) = mc_p(T_2 - T_1)$$

따라서 정압 변화에서 공급 열량은 엔탈피 변화로 표시된다.

③ 등온 변화(等溫變化, isothermal change 또는 constant temperature change)

$$PV = P_1V_1 = P_2V_2 = \text{일정 또는 } Pv = P_1v_1 = P_2v_2 = \text{일정}$$

이 되고 이 때의 압력은 체적에 반비례한다.

정압 변화에서 외부로부터 가해진 열량 Q_{12} 및 외부에 한 일 W_{12}는

$$W_{12} = \int_1^2 PdV,\ \ P = \frac{P_1V_1}{V}$$

$$W_{12} = P_1V_1\int_1^2 \frac{dV}{V} = P_1V_1\ln\frac{V_2}{V_1} = mRT_1\ln\frac{P_1}{P_2}$$

여기서 $\frac{V_2}{V_1}$를 **팽창비**(膨脹比, expansion ratio)라 하고, $\frac{V_1}{V_2}$을 **압축비**(壓縮比, compression ratio)라 한다. 내부 에너지와 엔탈피의 변화는 등온 변화에서는

$$dU = mc_vdT = 0,\ \ U_1 = U_2$$

$$dH = mc_pdT = 0,\ \ H_1 = H_2$$

가 된다.

④ 단열 변화(斷熱變化, adiabatic change, 또는 isentropic change)

단열 변화는 기체와 주위 사이에 열교환이 없는 변화로서 $\delta Q = 0$이므로

$$\delta Q = mc_vdT + PdV = 0$$

또는

$$c_vdT + Pdv = 0$$

이 된다. 한편 상태 방정식 $Pv = RT$를 미분하면

$$Pdv + vdP = RdT$$

$$dT = \frac{1}{R}(Pdv + vdP)$$

$$c_v(Pdv + vdP) + RPdv = 0$$

가 된다. 또 $c_p - c_v = R$이므로 위의 식은

$$c_v(Pdv + vdP) + (c_p - c_v)Pdv = 0$$

또는

$$vdP + \kappa Pdv = 0$$

$$\frac{dP}{P} + \kappa\frac{dV}{V} = 0$$

으로 표시된다. 이 식을 적분하면

$$\ln P + \kappa \ln v = \text{상수}$$

$$Pv^{\kappa} = \text{상수}$$

$$PV^{\kappa} = \text{상수}$$

가 된다.

이상의 결과로부터 P, v, T 사이의 관계를 정리하면 다음과 같다.

$$\frac{T_2}{T_1} = \left(\frac{P_2}{P_1}\right)^{\frac{\kappa-1}{\kappa}} = \left(\frac{v_1}{v_2}\right)^{\kappa-1}$$

외부에 대하여 한 일 W_{12}는 $\delta W = PdV$를 적분하면

$$W_{12} = \int_1^2 PdV$$

여기서 $PV^{\kappa} = P_1V_1^{\kappa} = P_2V_2^{\kappa}$, $P = \frac{P_1V_1^{\kappa}}{V^{\kappa}}$를 대입하여 W_{12}를 구하면

$$W_{12} = P_1V_1^{\kappa}\int_1^2 \frac{dV}{V^{\kappa}} = P_1V_1^{\kappa}\frac{1}{-\kappa+1}(V_2 - V_1)$$

$$W_{12} = P_1V_1^{\kappa}\int_1^2 \frac{dV}{V^{\kappa}} = P_1V_1^{\kappa}\frac{1}{-\kappa+1}\left(V_2^{-\kappa+1} - V_1^{-\kappa+1}\right)$$

$$= \frac{P_2V_2 - P_1V_1}{1-\kappa} = \frac{P_1V_1 - P_2V_2}{\kappa-1}$$

$$= \frac{P_1 V_1}{\kappa - 1}\left[1 - \left(\frac{P_2}{P_1}\right)^{\frac{\kappa-1}{\kappa}}\right] = \frac{P_1 V_1}{\kappa - 1}\left[1 - \left(\frac{V_2}{V_1}\right)^{\kappa-1}\right]$$

$$= \frac{mR}{\kappa - 1}(T_1 - T_2) = m c_v (T_1 - T_2) = m(u_1 - u_2)$$

⑤ 폴리트로프 변화

$$PV^n = C$$

$n = 0$: 정압 변화($P = C$)

$n = 1$: 등온 변화($PV = C$)

$n = \kappa$: 단열 변화($PV^\kappa = C$)

$n = \infty$: 정적 변화($V = C$)

폴리트로프 변화할 때의 하는 일 W_{12}는

$$W_{12} = \frac{P_2 V_2 - P_1 V_1}{1 - n} = \frac{P_1 V_1 - P_2 V_2}{n - 1}$$

이 식을 변형하면

$$W_{12} = \frac{P_1 V_1}{n - 1}\left[1 - \left(\frac{V_1}{V_2}\right)^{n-1}\right] = \frac{P_1 V_1}{n - 1}\left[1 - \left(\frac{P_2}{P_1}\right)^{\frac{n-1}{n}}\right]$$

$$= \frac{P_1 V_1 - P_2 V_2}{n - 1} = \frac{mR}{n - 1}(T_1 - T_2) \qquad (4 \cdot 70)$$

$$= mc_v \frac{\kappa - 1}{n - 1}(T_1 - T_2) = \frac{m(\kappa - 1)}{(n - 1)}(u_1 - u_2)$$

폴리트로프 변화하는 동안에 가해진 열량 Q_{12}는

$$Q_{12} = U_2 - U_1 + W_{12}$$

$$= m c_v (T_2 - T_1) + \frac{mR}{n - 1}(T_1 - T_2)$$

$$= m c_v \frac{n - \kappa}{n - 1}(T_1 - T_2)$$

$$= m c_n (T_2 - T_1)$$

여기서 $c_n = \frac{n - \kappa}{n - 1} c_v$: 폴리트로프 변화의 비열

연 | 습 | 문 | 제

4.1 다음 사항에 대하여 설명하여라.

(1) 이상 기체 (2) 실재 기체 (3) 완전 가스
(4) 기체 상수 (5) 보일-샤를의 법칙 (6) 내부 에너지

4.2 아보가드로의 법칙에 의하여 가스 상수 $\overline{R}$와 일반 가스 상수 R와의 관계를 유도하여라.

4.3 0 ℃, 760 mmHg에서 이상 기체 1 kmol의 체적을 구하여라.

4.4 Joule의 실험에 대하여 설명하여라.

4.5 이상 기체의 내부 에너지 및 엔탈피를 구하는 식을 써라.

4.6 이상 기체의 비열에 관한 식을 쓰고, 정압 비열 c_p와 정적 비열 c_v의 차를 구하여라.

4.7 실재 가스와 이상 기체를 비교하여 설명하여라.

4.8 비완전 가스란 어떤 기체인가?

4.9 완전 가스의 비가역 변화에 대하여 설명하여라.

4.10 내부 에너지 u가 온도만의 함수임을 증명하여라.

4.11 이상 기체의 정적 비열 c_v와 정압 비열 c_p가

$$c_v = \left(\frac{\partial u}{\partial T}\right)_v, \quad c_p = \left(\frac{\partial h}{\partial T}\right)_p$$

로 표시됨을 증명하여라.

4.12 이상 기체가 표 4·5와 같은 과정을 할 때, 계에 가해진 열량과 일을 구하는 식을 써넣어라.

표 4·5

과 정	계에 가해진 열량	계가 외부에 대하여 하는 일
1. 정적 변화	$Q_{12} =$	$W_{12} =$
2. 정압 변화	$Q_{12} =$	$W_{12} =$
3. 등온 변화	$Q_{12} =$	$W_{12} =$
4. 단열 변화	$Q_{12} =$	$W_{12} =$
5. 폴리트로프 변화	$Q_{12} =$	$W_{12} =$

4.13 단열 변화의 P, v, T 사이의 관계가

$$Tv^{\kappa-1}=\text{일정 또는 } Pv^{\kappa}=\text{일정}$$

으로 표시됨을 증명하여라. 단, κ는 비열비이다.

4.14 공업일을 W_t, 절대일을 W라 할 때 이들 사이의 관계가 $W_t=\kappa W$로 표시됨을 증명하여라.

4.15 비가역 변화에 대한 대표적인 보기를 세 가지만 들고 설명하여라.

4.16 혼합 가스의 성질에 대하여 설명하여라.

4.17 폴리트로프 변화시의 전열량 Q_{12}를 구하는 식을 유도하여라.

4.18 Dalton의 분압 법칙을 설명하여라.

4.19 온도 20℃, 계기 압력 620 kPa의 상태로 산소 30 kg이 들어 있는 봄(bomb)이 있다. 이 산소를 일정량 사용하였더니 그 온도가 17℃, 압력이 300 kPa(g)로 되었다면 소비된 산소량은 몇 kg인가?

4.20 어느 이상 기체 10 kg을 280℃만큼 온도 상승시키는 데 필요한 열량이 압력 일정의 경우와 체적 일정의 경우에 그 차가 415 kJ이다. 이 기체의 가스 상수는 얼마인가?

4.21 공기의 체적 조성(體積組成)이 산소 21%, 질소 79%로 되어 있을 때 각각의 질량비, 공기의 분자량, 정압 비열 및 가스 상수를 구하여라.

4.22 질소 5 kg을 300℃, 1 MPa의 상태로부터 등압하에 체적이 처음 체적의 1/3이 될 때까지 냉각하였다. 필요한 방열량, 한 일, 내부 에너지의 변화를 구하여라.

4.23 어느 이상 기체 1 kg이 압력 100 kPa, 온도 25℃로부터 온도 920℃까지 정적 가열된 다음, 단열적으로 압력 100 kPa까지 팽창하였다. 정적 비열을 $c_v=0.745$ kJ/kg K, 정압 비열을 $c_p=1.043$ kJ/kg K라 하면 P_2/P_1, v_3/v_1는 각각 얼마인가? 또한 Q_{12}, W_{23}는 몇 kJ인가?

4.24 공기 1 kg을 100 kPa, 20℃의 상태로부터 비가역 단열 변화하여 압력이 320 kPa, 온도 120℃로 되었다. 외부로부터 가해진 일은?

4.25 대기압이 100 kPa이고 기온이 25℃인 공기를 200 cm^3, 실린더 내로 흡입하여 체적이 1/4이 될 때까지 압축하는 경우 최종 압력과 온도, 피스톤에 주어진 일량을 구하여라.

4.26 표준 상태(273.15 K, 101.325 kPa)에서 공기의 비체적을 구하여라. 단, 공기의 기체 상수는 0.287 kJ/kg K이다. 체적 V는 얼마인가?

4.27 온도 283 K, 압력 101 kPa, 체적 2.5 m^{3}인 산소의 질량을 구하여라.

4.28 앞의 문제에서 산소 온도가 383 K, 101 kPa로 되었을 경우 체적은 얼마인가?

4.29 공기 3 kg을 273 K로부터 383 K까지 가열하는 데 요하는 열량과 내부 에너지 및 엔탈피의 변화를 구하여라. 단, 정압 비열은 1.005 kJ/kg K, 정적 비열은 0.718 kJ/ kg K이다.

4.30 분자량이 44인 이상 기체 7 kg을 P=const하게 10℃에서 80℃까지 가열하는 데 350 kJ의 열량이 필요하다. 이 기체를 체적 일정하게 10℃에서 90℃ 가열하는 데 요하는 열량을 구하여라.

4.31 앞의 문제에서 내부 에너지 및 엔탈피 변화를 구하여라.

4.32 어느 기체 8 kg을 온도 200℃ 상승시키는 데 요하는 열량이 압력 일정의 경우와 체적 일정인 경우의 가열량의 차이가 380 kJ이다. 이 기체의 기체 상수를 구하여라.

4.33 어느 이상 기체가 압력 0.3 MPa, 0.3 m^3로부터 등온 팽창하여 체적이 3.8배로 되었다. 이 기체의 팽창 후의 압력, 외부에 대하여 한 일, 공급받는 열량을 구하여라.

4.34 어느 이상 기체가 1 bar, 체적 0.6 m^3의 상태로부터 T=일정하에 16 bar까지 압축되었을 때 변화 후의 체적 V_2 및 외부에 한 일 W_{12}, 방열량 Q_{12}를 구하여라.

4.35 공기 5 kg을 P=일정하에 체적이 2배가 되도록 가열하는 데 요하는 열량을 구하여라. 단, 초기 상태는 T_1=310 K, P_1=220 kPa이다. 또한 외부에 대하여 한 일과 내부 에너지 증가량도 구하여라.

4.36 체적 0.5 m^3이고 온도, 압력이 각각 270 kPa, 300 K인 상태로 들어 있는 산소를 380 K까지 가열할 경우의 가열량과 가열 후의 압력을 구하여라.

4.37 이상 기체가 단열 변화할 경우 하는 일이 내부 에너지의 변화로 표시됨을 증명하여라.

4.38 질량 5 kg의 공기가 500 kPa, 600 K로부터 단열 팽창하여 체적이 4배로 될 경우 체적 V_1, V_2와 외부에 대하여 하는 일을 구하여라.

4.39 질량 3 kg의 공기가 298 K, 1 bar로부터 $PV^{1.3}$=const에 따라 상태 변화하여 내부 에너지가 300 kJ 증가하였다. 최종 압력, 온도, 체적은 각각 얼마인가?

4.40 실린더 내에 압력 100 kPa, 온도 283 K인 공기가 0.05 m^3 들어 있다. 이 공기가 $PV^{1.3}$=일정에 따라 체적이 1/10로 될 때까지 압축되었다. 압축 후의 상태와 압축 소요일을 구하여라.

4.41 혼합기 중의 수소 및 질소의 체적비율이 각각 21%, 79%일 경우 혼합기의 분자량과 기체 상수를 구하여라. 이 경우 공기는 수소와 질소만의 혼합 가스로 가정한 것이다. 수소의 분자량은 2, 질소의 분자량은 28로 한다. 두 기체의 질량비는 얼마인가?

4.42 압력 101.3 kPa, 온도 300 K인 공기 1 kg 중에 수증기가 0.02 kg 포함되어 있다. 수증기의 분압은 얼마인가? 공기의 분자량은 29, 수증기는 18로 한다.

4.43 압력 0.101 MPa, 온도 305 K인 공기 2 kg, 같은 상태하에서 수증기 0.03 kg이 혼합되어 있을 때 수증기의 분압을 구하여라. 분자량은 $M_{air}=29$, $M_{H_2O}=18$이다.

4.44 공기의 체적비가 표 4·6과 같을 경우 각 성분가스의 질량비를 구하여라.

표 4·6 공기의 조성

성분가스	산 소	질 소	이산화탄소	아르곤
분자식	O_2	N_2	CO_2	Ar
체적비	21%	78%	0.03%	0.97%
분자량	32	28	44	40

4.45 압력 100 kPa, 온도 300 K인 공기를 유량 1000 m^3/h로 흡입하여 1300 kPa까지 폴리트로픽 압축($n=1.3$)할 경우 소요 동력을 구하여라.

4.46 공기 3 kg을 온도 300 K로부터 온도 600 K까지 폴리트로픽 압축($n=1.35$)할 경우 소요 가열량을 구하여라.

4.47 어느 가스를 300 K, 1 MPa, 0.002 m^3로부터 단열팽창하여 압력이 120 kPa로 되었다. 비열비 1.4인 경우

(1) 팽창 후의 가스 온도,

(2) 팽창 후의 가스 체적,

(3) 팽창일을 구하여라.

CHAPTER

05 열역학의 제 1 법칙

5.1 열의 일당량

1842년 독일의 Mayer(J. R. Mayer)는 열은 일과 같은 에너지의 한 형태로서 이들이 서로 같음을 명확하게 법칙화하기에 이르렀다. 그는 비열의 실험값으로부터 열역학적 에너지의 환산 계수, 즉 **열의 일당량**(mechanical equivalent of heat)을 결정하였으나 그 값은 오늘날의 계수와 비교하면 다소 다른 값이었다. 그 이유는 그 당시의 공기의 비열의 측정값이 정도 높은 값이 아니었기 때문이다. Mayer의 연구와는 별개로 영국의 물리학자 Joule(James Prescott Joule, 1818~1889)은 그의 실험 결과로부터 열의 일당량의 값을 정확히 결정하여 1848년에 발표하였다.

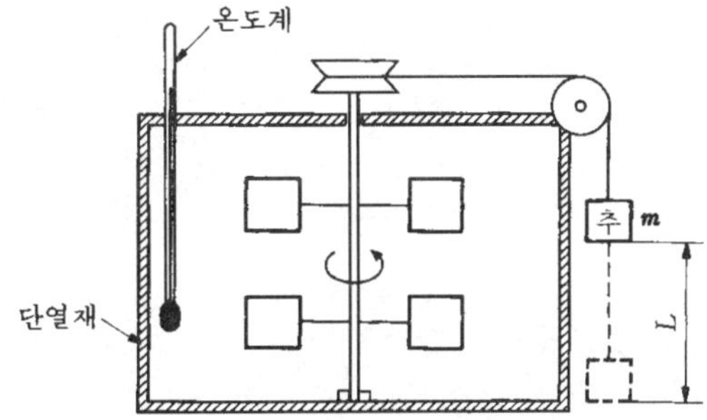

그림 5·1 Joule의 실험

그림 5·1은 그가 사용한 실험 장치 개요를 간단히 나타낸 것이다. 이 장치는 원통 내에 설치한 교반기(攪拌機, agitator) 용기 외부에 연동되는 추(錘, weight) 낙하 장치로 구성되어 있다. 실험은 질량이 m인 추를 높이 h에서 낙하시켜 용기 내의 교반기를 회전하도록 하면 교반에 의하여 물의 온도는 ΔT만큼 상승하게 된다. 이 때 추가 낙하하면서 하는 일 W와 교반에 의하여 생기는 열량 Q는 각각

$$W = mgL$$
$$Q = m_w c \Delta T$$

로 표시되며 이들은 같아야 한다. 여기서 m_w는 물의 질량, c는 물의 비열이다.

줄(Joule)은 이 실험을 추의 질량이나 낙하 거리를 여러 가지로 바꾸어서 실시하여 추의 낙하에 의한 일량과 원통 내의 물의 온도 상승에 의한 열량을 같다고 생각하여 열의 일당량을 구하였다. 그 결과 여러 실험 조건에 대하여도 일정한 값을 얻었다.

이상의 결과로부터 일 W와 열량 Q 사이에는

$$W = JQ \text{ 또는 } Q = AW \qquad (5 \cdot 1)$$

가 성립된다. 여기서 J는 **열의 일당량**이라 하고, A를 **일의 열당량**(heat equivalent of mechanical work)이라 한다.

$$J = 426.8\text{kgf m/kcal} \fallingdotseq 427\text{kgf m/kcal} = 4.1855\text{kJ/kcal}$$
$$A = \frac{1}{426.8}\text{kcal/kgf m} = \frac{1}{4.1855}\text{kcal/kJ}$$

이다. 1956년 영국 런던에서 개최된 국제 증기 성질회의(Fifth international conference on the properties of steam)에서 1 calIT=4.1868 Joule로 규정하였다. 여기서 calIT는 International steam table calorie의 약자이다. 국제 단위계(SI)에서는 열과 일을 모두 같은 단위인 줄(J)을 사용하므로 이 때에는

$$Q = W(\text{J}) \qquad (5 \cdot 2)$$

로 표시된다.

5.2 열역학의 제 1 법칙

열과 일은 에너지의 이동 형태로 나타나는 것으로서, 어느 두 계 사이에 에너지 이동이 일어나는 것은 두 계 사이의 강도성 상태량(강도 성질)의 차이가 존재하기 때문이다. 두 계

사이에 힘의 차이가 있을 경우에는 역학적 일로 에너지가 이동하게 되고, 전위차(電位差)가 존재하는 경우에는 전기적인 일로 에너지 이동이 있게 된다. 또한 온도차가 있는 경우에는 열의 형태로 에너지가 이동하게 된다.

열역학 제 1 법칙은 열역학적계에 대한 에너지 보존에 관한 법칙이다. 이것은 일과열이 그 형태는 달라도 그 물리적인 양은 같음을 나타낸 것이다. 그 한 예로서 그림 5 · 2와 같은 강제 용기에 들어 있는 기체에 대하여 생각하여 보기로 한다. 이 용기는 잘 단열되어 있고, 그 속에 온도계와 날개차(paddle wheel)가 설치되어 있으며, 날개차의 회전 장치는 그림과 같이 풀리-추 시스템(pulley-weight system)에 연결되어 있다. 이 장치에서 추가 높이 L인 위치에 존재하고, 초기 상태에서 온도는 T_i이다. 높이 L에 있는 추를 낙하시켜 가스에 대하여 날개차가 회전일을 하여 가스의 온도가 T_f로 상승하였다. 따라서 이 때 마찰과 공기 저항을 무시할 경우 추가 낙하하면서 한 일은 $W = mgL$이 된다. 이번에는 용기 하단의 단열재를 제거하고 그림의 (b)와 같이 저온 물체를 접촉시켜 열전달이 일어나도록 한다. 기체로부터 열이 이동하여 초기 온도 T_i에 달하였을 때 열접촉을 제거하면 이 시스템이 한 일과 그 일을 열로 바꾼 양은 서로 같아진다. 이들 사이의 관계를 다시 말하면 추(錐)가 가스에 대하여 한 일은 가스로부터 저온 물체에 이동된 열량과 같아진다. 이 때 열과 일은 동일한 단위를 갖는 에너지로 나타낼 수 있다.

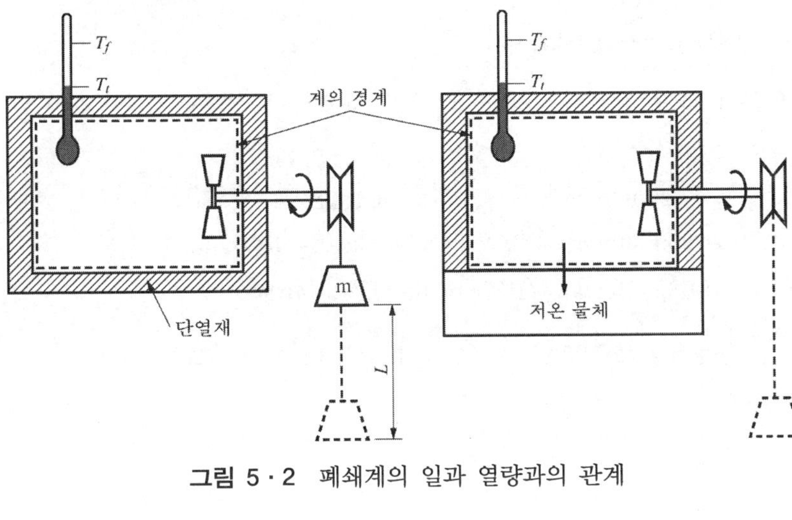

그림 5 · 2 폐쇄계의 일과 열량과의 관계

열역학의 제 1 법칙(熱力學 第1法則, first law of thermodynamics)은 이와 같이 열과 일의 동등성을 나타내는 법칙이다.

(1) 열은 에너지의 한 형태로서 일을 열로 변환하는 것과 또 열을 일로 변환하는 것이 가능하다.

(2) 열을 일로 변환할 때 또는 일을 열로 변환할 때 에너지의 총량은 변하지 않고 일정하다.

(3) 에너지를 소비하지 않고 계속하여 일을 발생시키는 기계인 **제 1 종 영구 기관**(第1種永久機關, perpetual motion machine of the first kind)을 만드는 것은 불가능하다.

열역학 제 1 법칙은 에너지 보존의 법칙을 나타내고 있는 것으로서 열과 일 사이에는 식 (5 · 2)의 관계가 있으며, 이것은 다음과 같이 표시할 수 있다.

$$\oint \delta Q = A \oint \delta W \text{ 또는 } \oint \delta W = J \oint \delta Q \qquad (5 \cdot 3)$$

여기서 $\oint \delta W$는 일의 사이클 과정에 대한 적분을 표시하고, $\oint \delta Q$는 열전달의 사이클 과정에 대한 적분을 표시하며, A는 일의 열당량이고, J는 열의 일당량이다. SI 단위계에서는

$$\oint \delta Q = \oint \delta W \qquad (5 \cdot 4)$$

가 된다. 앞에서 다룬 바와 같이 일이나 열에너지의 단위로는 kgf m, kWh, PSh, HPh 등 여러 가지가 있으나 이들 단위와 열량의 단위와는 다음과 같은 관계가 있다.

$$1\ \text{kcal}_{15°} = 426.80\ \text{kgf m} = 4.1855\ \text{kJ}$$

$$1\ \text{kcal}_{IT} = 1.00031\ \text{kcal}_{15°}$$

$$1\ \text{PSh} = 632.5\ \text{kcal}_{15°}$$

$$1\ \text{Btu} = 1.055\ \text{kJ}$$

$$1\ \text{HPh} = 641.5\ \text{kcal}_{15°}$$

열량의 단위를 1 국제 킬로칼로리($\text{kcal}_{15°}$)를 사용하면 식 (5 · 3)의 A 또는 J는

$$A = \frac{1}{426.935}\ \text{kcal}_{IT}/\text{kgf m} = \frac{1}{4.1868}\ \text{kcal}_{IT}/\text{kJ}$$

$$= 859.845\text{kcal}_{IT}/\text{kWh} \fallingdotseq 860\ \text{kcal}_{IT}/\text{kWh}$$

$$= 632.42\ \text{kcal}_{IT}/\text{PSh} \fallingdotseq 632\ \text{kcal}_{IT}/\text{PSh}$$

$$\frac{1}{A} = J = 426.935\ \text{kgf m}/\text{kcal}_{IT} = 4.1868\,\text{kJ}/\text{kcal}_{IT}$$

가 된다.

5.3 계의 상태 변화에 대한 열역학의 제 1 법칙

지금 계가 그림 **5 · 3**과 같이 상태 1에서 상태 2까지 변화한 다음 다시 처음의 상태로 되돌

아오는 사이클 과정에 열역학 제 1 법칙을 적용하여 보기로 한다. 먼저 계가 상태 1에서 상태 2까지 경로 a를 거쳐서 변화하고 다시 상태 2에서 1까지는 경로 b를 거치는 사이클 과정에 대하여 생각하기로 한다.

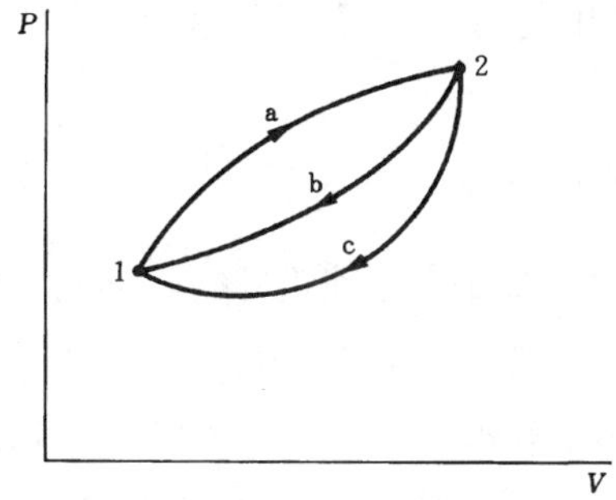

그림 5·3 사이클 과정

열역학의 제 1 법칙으로부터

$$\oint \delta Q = \oint \delta W \tag{a}$$

가 된다. 사이클 1a2b1에 대하여 식 (a)는

$$\int_{1a}^{2} \delta Q + \int_{2b}^{1} \delta Q = \int_{1a}^{2} \delta W + \int_{2b}^{1} \delta W \tag{b}$$

가 된다. 여기서 1a는 1 → a의 경로를 의미한다. 또 다른 하나의 사이클 1a2c1 과정에 대하여 같은 방법으로 정리하면 식 (a)는

$$\int_{1a}^{2} \delta Q + \int_{2c}^{1} \delta Q = \int_{1a}^{2} \delta W + \int_{2c}^{1} \delta W \tag{c}$$

가 된다. 식 (b)와 식 (c)의 차를 구하면

$$\int_{2b}^{1} \delta Q - \int_{2c}^{1} \delta Q = \int_{2b}^{1} \delta W - \int_{2c}^{1} \delta W \tag{d}$$

가 된다. 식 (d)를 다시 쓰면

$$\int_{2b}^{1} (\delta Q - \delta W) = \int_{2c}^{1} (\delta Q - \delta W) \tag{5·5}$$

가 된다. 경로 b와 c는 임의의 경로이므로 식 (5·5)가 만족되기 위한 유일한 조건은 피적분값 $(\delta Q - \delta W)$가 서로 같아야만 한다. 즉, $(\delta Q - \delta W)$의 값은 두 상태점 사이의 경로에 관계없이 처음과 마지막의 상태에만 의존되는 **점함수** 또는 **상태 함수**(狀態函數)임을 알 수

있다. 이 성질을 계의 에너지라고 하며 E로 표기하기로 한다.

$$\delta Q - \delta W = dE$$

$$\therefore \ \delta Q = dE + \delta W \tag{5・6}$$

여기서 E는 열역학적 성질이고, dE는 그 미분이다. 식 (5・6)을 초기 상태 1에서 최종 상태 2까지 적분하면

$$Q_{12} = E_2 - E_1 + W_{12} \tag{5・7}$$

로 표시된다. 여기서 Q_{12}는 상태 1에서 상태 2까지의 과정 사이에 계로 전달된 열량이고, E_1, E_2는 처음과 마지막 상태의 계의 에너지, W_{12}는 이 과정 동안 계에 의하여 한 일이다.

열역학적 상태량(성질)인 E의 물리적인 의미는 계의 주어진 상태에서 모든 에너지를 포함하는 것으로서 계 전체의 운동 에너지, 위치 에너지, 분자 운동과 위치에 관계되는 에너지, 원자의 구조에 관계되는 에너지, 축전지에서와 같은 화학적 에너지 등의 여러 가지 형태로 존재한다.

일반적으로 열역학에서는 운동 에너지(kinetic energy)와 위치 에너지(potential energy)를 분리하여 생각하고 그 밖의 모든 에너지를 내부 에너지(internal energy)라는 하나의 상태량으로 표시한다. 따라서 에너지 E는 내부 에너지, 운동 에너지와 위치 에너지의 합으로 표시된다.

E = 내부 에너지 + 운동 에너지 + 위치 에너지

또는

$$E = U + KE + PE \tag{5・8}$$

로 표시된다. 여기서 E는 점함수 또는 상태 함수이므로 그 미분형은

$$dE = dU + d(KE) + d(PE) \tag{5・9}$$

가 된다. 그러므로 계의 상태 변화에 대한 열역학 제 1 법칙의 식 (5・6)은 다음과 같이 표시된다.

$$\delta Q = dU + d(KE) + d(PE) + \delta W \tag{5・10}$$

이들 식에 표시된 운동 에너지와 위치 에너지는 다음 식으로 표시된다.

지금 어느 계에 수평 외력 F를 가하여 위치 에너지와 열전달 및 내부 에너지의 변화없이 거리 dx만큼 변위가 생겼다면 식 (5・10)은 다음과 같이 표시된다.

$$\delta W = -Fdx = -d(KE)$$

여기서 $F = ma$ 이므로

$$F = ma = m\frac{d\boldsymbol{V}}{dt} = m\frac{dx}{dt}\frac{d\boldsymbol{V}}{dx} = m\boldsymbol{V}\frac{d\boldsymbol{V}}{dx} \tag{5·11}$$

따라서 $d(KE)$는

$$d(KE) = Fdx = m\boldsymbol{V}d\boldsymbol{V}$$

이 식을 적분하면

$$\int_{KE=0}^{KE} d(KE) = \int_{\boldsymbol{V}=0}^{\boldsymbol{V}} m\boldsymbol{V}d\boldsymbol{V}$$

$$KE = \frac{1}{2}m\boldsymbol{V}^2 \tag{5·12}$$

여기서 $\boldsymbol{V}$는 평균 속도를 나타낸다. 한편 위치 에너지에 관한 식도 같은 방법으로 구할 수 있다. 처음에 정지하고 있는 어느 계가 기준면의 높이에 있다고 생각하기로 한다. 이 계가 수직력 F를 받아서 높이 dZ만큼 상승하였을 경우 그 점에서 중력에 의한 가속도를 g라 하면 식 (5·11)은 다음과 같이 표시된다.

$$\delta W = -FdZ = -d(PE)$$

여기서 $F = ma = mg$ 이므로

$$d(PE) = mgdZ$$

적분하면

$$\int_{PE_1}^{PE_2} d(PE) = m\int_{Z_1}^{Z_2} gdZ$$

여기서 g가 Z에 따라서 변하지 않는다면

$$PE_2 - PE_1 = mg(Z_2 - Z_1) \tag{5·13}$$

이 된다. 한편 내부 에너지는 계의 질량에 의존되는 용량성 상태량으로서 물체가 보유하고 있는 에너지 중에서 역학적 에너지(운동 에너지와 외력에 의한 위치 에너지) 및 전기 에너지를 제외한 물체 자신이 가지고 있는 에너지를 말한다.

열역학에서는 전기 에너지는 생각하지 않으므로 정지되어 있고 외력의 작용을 받지 않는 물체가 보유하고 있는 총 에너지는 내부 에너지이다. 따라서 어느 물체가 보유하고 있는 총 에너지는 내부 에너지와 역학 에너지의 합과 같다. 앞에서 다룬 바와 같이 에너지는 처음과 최종 상태에만 관계되는 상태량이므로 순수한 물체에서는 그 압력, 비체적, 온도 중의 어느 두 가지가 결정되면 내부 에너지도 결정된다.

물체의 단위 질량의 내부 에너지를 비내부 에너지 u kJ/kg, 물체 전체의 내부 에너지를

U kJ로 표시한다. 즉, 물체의 질량을 m kg이라 하면

$$U = mu \qquad u = \frac{U}{m} \tag{5·14}$$

가 된다. 따라서 에너지 변화 dE는 다음 식으로 표시된다.

$$dE = dU + m\boldsymbol{V}d\boldsymbol{V} + mgdZ$$

g가 일정할 때 계의 에너지를 상태 1에서 상태 2까지 적분하면

$$E_2 - E_1 = U_2 - U_1 + \frac{1}{2}m\boldsymbol{V}_2^2 - \frac{1}{2}m\boldsymbol{V}_1^2 + mgZ_2 - mgZ_1 \tag{5·15}$$

가 된다. 식 (5·10)을 다시 쓰면

$$\delta Q = \delta U + \frac{1}{2}d(m\boldsymbol{V}^2) + d(mgZ) + \delta W \tag{5·16}$$

가 되며, g가 일정할 때 이 식을 적분하면

$$\left.\begin{aligned} Q_{12} &= U_2 - U_1 + \frac{1}{2}m(\boldsymbol{V}_2^2 - \boldsymbol{V}_1^2) + mg(Z_2 - Z_1) + W_{12} \\ \text{또는} \quad Q_{12} - W_{12} &= U_2 - U_1 + \frac{1}{2}m(\boldsymbol{V}_2^2 - \boldsymbol{V}_1^2) + mg(Z_2 - Z_1) \end{aligned}\right\} \tag{5·17}$$

로 표시된다. 식 (5·17)은 계의 **에너지 보존의 법칙**을 나타내며, 계에 가해진 열량과 일의 차는 에너지 변화량과 같음을 알 수 있다.

보기 5.1

탱크 속에 들어 있는 공기를 날개차로 교반시키는 장치에서 날개차에 가해지는 일이 4800 kJ이고, 탱크로부터의 방열량이 1200 kJ이다. 이 탱크에서 탱크 내의 공기로 구성된 계에 대한 내부 에너지의 변화를 구하여라.

풀이 식 (5·17)의 열역학의 제1법칙에서 운동 에너지와 위치 에너지의 변화가 없다고 하면

$$Q_{12} = U_2 - U_1 + W_{12}$$

$$U_2 - U_1 = Q_{12} - W_{12}$$

따라서 내부 에너지 변화는 $W_{12} = -4800$ kJ, $Q_{12} = -1200$ kJ이므로

$$U_2 - U_1 = 4800 - 1200 = 3600 \text{ kJ}$$

보기 5.2

970 kg의 자동차가 정지 상태로부터 30초 동안 가속하여 90 km/h의 속도로 평탄한 도로를 주행하고 있다. 이 자동차의 소요 동력을 구하여라.

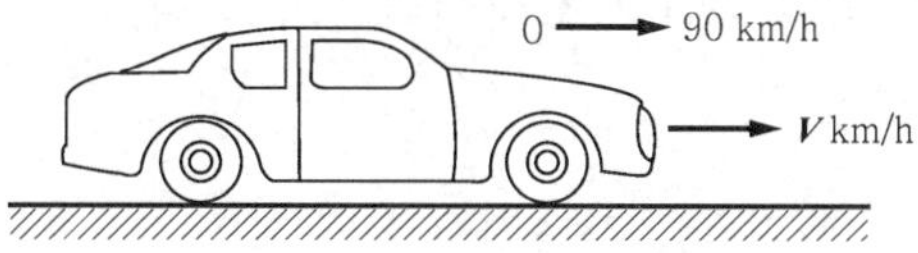

그림 5·4 보기 5.2의 설명도

풀이 운동 에너지의 변화는

$$W_{acc} = \frac{1}{2}m\left(V_2^2 - V_1^2\right) = \frac{1}{2} \times 970 \times \left[\left(\frac{90000}{3600}\right)^2 - 0^2\right] \times \frac{1}{1000}$$

$$= 303.125 \text{ kJ}$$

이 차를 가속하는 데 필요한 평균 동력은

$$\dot{W}_{acc} = \frac{W_{acc}}{\Delta t} = \frac{303.125}{30} = 10.104\text{kW}$$

5.4 폐쇄계에 대한 열역학의 제 1 법칙

지금 어느 폐쇄된 계(closed system)에 열량 δQ가 가해져서 내부 에너지가 dU만큼 증가하고 동시에 외부에 대하여 일 δW를 한다면 열역학의 제 1 법칙의 식으로부터 다음 관계가 성립한다. 식 (5·16)과 식 (5·17)에서 운동 에너지와 위치 에너지의 변화가 없다면

$$\delta Q = dU + \delta W \qquad (5 \cdot 18)$$

$$Q_{12} = U_2 - U_1 + W_{12} \qquad (5 \cdot 19)$$

가 성립한다. 이 식은 외부로부터 물체에 가해지는 열량과 외부에 하는 일을 정(+)으로 생각한 것이다. 식 (5·18)과 식 (5·19)는 **열역학 제 1 법칙의 식** 또는 **에너지의 식**(energy equation)이라 한다.

균질인 계가 준정적 가역 변화(準靜的可逆變化, quasi-static reversible change)를 하는 경우, 계의 체적은 미소량의 변화(infinitesimal change)를 하게 되며 이 때의 준정적 일은 $\delta W = PdV$로 표시되므로 에너지 식은

$$\delta Q = dU + PdV \qquad (5 \cdot 20)$$

가 되며, 단위 질량에 대하여는

$$\delta q = du + Pdv \qquad (5 \cdot 21)$$

로 표시된다. 이 식을 열역학의 **제 1 기초식**이라고도 한다.

보기 5.3

0.2 kg의 이상 기체가 170 kPa, 80℃로부터 온도 일정의 상태 변화를 하여 체적이 3.24배로 되었다. 이 계는 폐쇄계이며, 처음 체적은 0.2 m^3이고, 이 과정 중에 가해진 열량은 200 kJ이다. 이 때 내부 에너지의 변화와 일량은 몇 kJ/kg인가?

풀이 $q_{12} = u_2 - u_1 + w_{12}, \ u_2 - u_1 = 0$

온도가 일정하면 PV=일정의 변화이므로

$$w_{12} = \frac{1}{m}\int_1^2 PdV = \frac{P_1 V_1}{m}\int_1^2 \frac{dV}{V} = \frac{P_1 V_1}{m}\ln\frac{V_2}{V_1}$$

그러므로 구하고자 하는 일은

$$w_{12} = \frac{170 \times 0.2}{0.2}\ln 3.24 = 200\,\text{kJ/kg}$$

또는 여기서 $V = mv, \ v = \dfrac{V}{m}$ 이므로

$$w_{12} = \int_1^2 Pdv = P_1 v_1 \int_1^2 \frac{dv}{v} = P_1 v_1 \ln\frac{v_2}{v_1}$$

$v = \dfrac{0.2}{0.2} = 1\text{m}^3/\text{kg}$ 이므로

$$w_{12} = 170 \times 1 \times \ln 3.24 = 200\,\text{kJ/kg}$$

으로도 계산할 수 있다.

보기 5.4

밀폐된 계에서 공기가 정압하에 체적이 0.3 m^3로부터 0.15 m^3로 변화하였다. 이 과정 중에 25 kJ의 열량이 방열되었을 경우의 내부 에너지의 변화를 구하여라. 단, 압력은 0.50 MPa이다.

풀이 열역학 제 1 법칙 :

$$Q_{12} = U_2 - U_1 + W_{12}$$

$$U_2 - U_1 = Q_{12} - \int_1^2 PdV = Q_{12} - P(V_2 - V_1)$$

여기서 $Q_{12} = -25\,\mathrm{kJ}$, $P = 0.50\,\mathrm{MPa} = 500\,\mathrm{kPa}$, $V_1 = 0.30\mathrm{m}^3$, $V_2 = 0.15\,\mathrm{m}^3$이므로

$$U_2 - U_1 = -25 - 500(0.15 - 0.3) = 50\,\mathrm{kJ}$$

보기 5.5

2 kg의 공기를 압축하는 데 200 kJ의 일을 소비함과 동시에 105 kJ의 열량이 방출되었다. 최초의 공기 온도가 20℃라면 압축 후의 공기 온도와 내부 에너지의 변화는 얼마인가? 단, 정적 비열(c_v)은 0.716 kJ/kg K이다.

풀이 먼저 내부 에너지의 변화를 구하면

$$U_2 - U_1 = Q_{12} - W_{12}$$

여기서 $W_{12} = -200\mathrm{kJ}$, $Q_{12} = -105\mathrm{kJ}$이므로

$$U_2 - U_1 = -105 + 200 = 95\mathrm{kJ}$$

$$U_2 - U_1 = mc_v(T_2 - T_1)$$

$$T_2 = \frac{U_2 - U_1}{mc_v} + T_1 = \frac{95}{2 \times 0.716} + 20 = 86.3408\,℃$$

특정한 형태의 과정을 해석할 때 어떤 열역학적 상태량의 조합을 다루게 되는 경우가 있는데 이것 또한 물체의 상태량이 된다. 이러한 경우를 알아보기 위하여 그림 **5·5**와 같은 준정적 정압 과정(準靜的定壓過程)이 일어나는 계를 생각하기로 한다. 이 과정에서 운동 에너지와 위치 에너지의 변화는 없고, 과정 중에 하는 일은 계의 경계를 이동시켜 처음 상태 1로부터 상태 2로 되는 변위일에 이용된다고 생각한다.

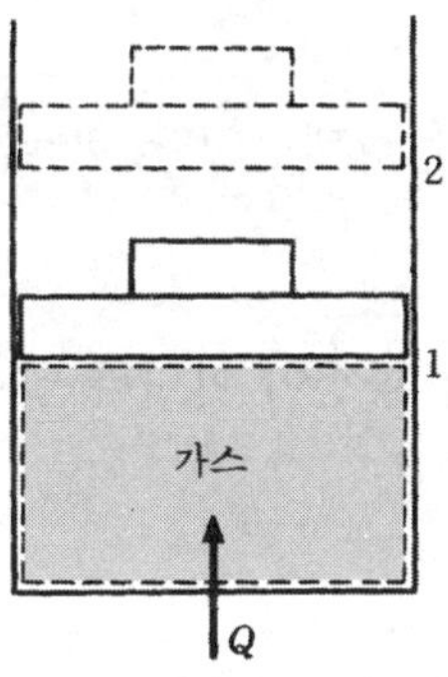

그림 5·5 준정적 정압 과정

열역학 제 1 법칙의 식을 적용하면

$$Q_{12} = U_2 - U_1 + W_{12}$$

또, 한 일은

$$W_{12} = \int_1^2 PdV$$

정압 변화하므로 일은

$$W_{12} = \int_1^2 PdV = P(V_2 - V_1)$$

이 된다. 따라서

$$\begin{aligned} Q_{12} &= U_2 - U_1 + P_2 V_2 - P_1 V_1 \\ &= (U_2 + P_2 V_2) - (U_1 + P_1 V_1) \end{aligned}$$

이 식에서 보는 바와 같이 정압 과정에서 열의 이동은 처음과 마지막 상태 사이의 $(U+PV)$의 변화량으로 표시됨을 알 수 있다. 이것은 두 량 $(u+Pv)$이 모두 계의 상태에만 의존되는 상태량이므로 이들의 조합도 역시 동일한 점함수임을 알 수 있다. 그러므로 이들의 관계로부터 **엔탈피**(enthalpy)라는 새로운 용량성 상태량을 정의하여 보기로 한다.

$$H \equiv U + PV \text{(kJ)} \tag{5 · 22}$$

또는 단위 질량당의 엔탈피는

$$h = u + Pv \text{ (kJ/kg)} \tag{5 · 23}$$

로 표시하고, 이것을 **비엔탈피**(specific enthalpy, h kJ/kg)라 한다. 질량 m kg에 대해서는 H kJ가 되며

$$H = mh$$

로 표시된다.

열역학에서 엔탈피는 매우 중요한 상태량이다. 따라서 정압 과정에 대하여는

$$Q_{12} = H_2 - H_1 \tag{5 · 24}$$

으로 표시된다. 만일 이 과정이 정압 과정이 아니라면 식 (5 · 24)는 성립하지 않는다. 앞에서 다룬 폐쇄계에 대한 제 1 법칙 식은

$$\delta Q = dU + PdV$$

이므로 식 (5 · 22)에서 정의한 엔탈피를 이용하면

$$\delta Q = dH - VdP \tag{5 · 25}$$

가 된다. 한편 단위 질량당의 식으로 표시하면

$$\delta q = dh - vdP \tag{5 · 26}$$

가 된다. 이 식을 **제 2 기초식**이라고도 한다. 식 (5 · 25)를 적분하면

$$\begin{aligned} Q_{12} &= H_2 - H_1 - \int_1^2 VdP \\ &= m(h_2 - h_1) - m\int_1^2 vdP \end{aligned} \tag{5 · 27}$$

가 된다.

5.5 유동계에 대한 열역학의 제 1 법칙

실용상으로는 정상적으로 흐르는 액체 또는 기체를 취급하는 문제, 즉 유동계 또는 개방계(flow system or open system)의 경우가 많다. 유동일(flow work)을 구하기 위하여 그림 5 · 6과 같은 유동계에서 체적 V인 유체가 **검사 체적**(control volume) 내로 유입하는 경우를 생각하여 보기로 한다.

체적 V인 유체가 유입하여 들어가는 것을 그림 5 · 7과 같이 하나의 가상 피스톤에 힘 F가 작용하는 경우로 생각할 수 있다. 이 때 체적 요소는 매우 작고 유체의 열역학적 성질은 균일한 것으로 생각한다.

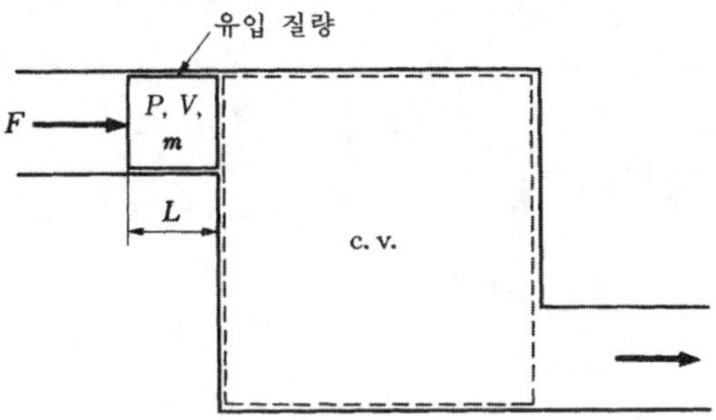

그림 5 · 6 유동 일을 구하기 위한 유동계의 모형

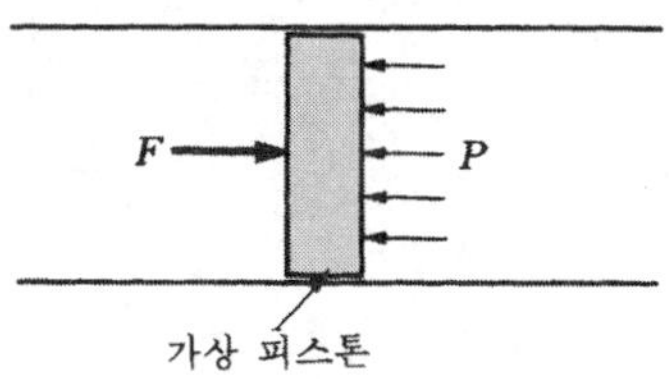

그림 5 · 7 유입 질량에 작용하는 힘과 가상 피스톤

그림 5 · 6의 유입 유체부를 그림 5 · 7에서와 같이 바꾸어 그리면 흘러 들어가는 유체 요소에 대하여 가상적인 피스톤에 걸리는 압력을 P, 피스톤 단면적(유로의 단면적)을 A라 하면 유체에 가해지는 힘 F는

$$F = PA$$

가 된다. 이 때 검사 체적 내로 흘러 들어가도록 작용하는 가상적인 피스톤의 이동 거리를 L이라 하면 유체가 유입하도록 하는 데 필요한 유동일(flow work) W_{flow}는 다음 식으로 표시된다.

$$W_{\text{flow}} = FL = PAL = PV \text{ kJ} \tag{5·28}$$

따라서 유입하는 단위 질량의 유체에 대한 유동일 w_{flow}는

$$w_{\text{flow}} = Pv \text{ kJ/kg} \tag{5·29}$$

로 표시된다. 즉, 유체를 검사 체적 안으로 흘러 들어가거나 유출시키는 데 요구되는 일이 **유동일**이며 이것은 Pv와 같다. 그림 5·8은 유입되는 질량이 검사 체적으로 유입되기 전과 유입된 후의 상태를 도시한 것이다.

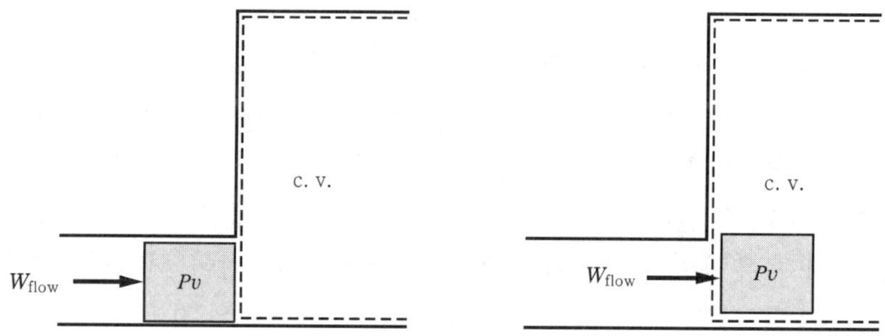

(a) 검사 체적으로 유입되기 전 (b) 검사 체적으로 유입된 후

그림 5·8 유입 질량과 검사 체적

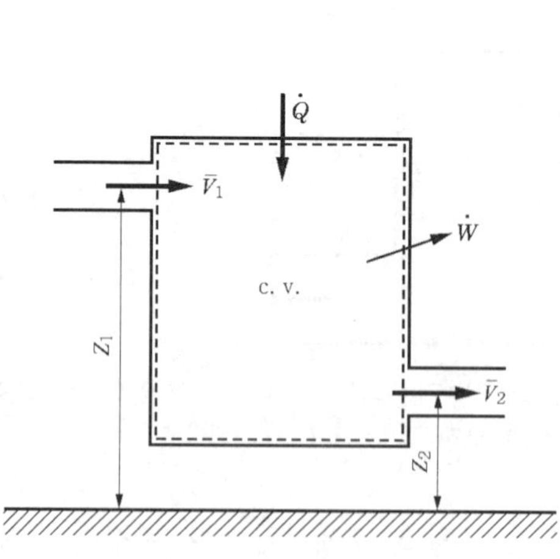

그림 5·9 개방계의 에너지 관계

따라서 유동계의 임의의 단면을 통하여 흐르는 유체가 수반하는 에너지는

$$E + PV = m\left(u + \frac{V^2}{2} + gZ\right) + PV$$

$$= m\left(u + \frac{V^2}{2} + gZ + Pv\right) \tag{5・30}$$

가 된다. 이 식에서 보는 바와 같이 개방계를 취급할 때에는 내부 에너지 u와 유동 에너지 Pv 항이 존재하므로 이들의 합은 앞에서 정의된 엔탈피 $h = u + Pv$가 된다. 그러므로 비엔탈피 h는 특히 개방계를 다룰 때 중요한 의미가 있음을 알 수 있다. 이것을 Gibbs는 **열역학적 퍼텐셜**(thermodynamic potential)이라 하였다.

그림 5・9에 나타낸 것과 같은 개방계에 유체가 속도 V_1, 엔탈피 h_1의 상태로 유입하고, 외부로부터 열량 $\dot{Q}$ kJ/s를 받고 또 외부에 대하여 일 $\dot{W}$ kJ/s를 하면서, 속도가 V_2, 엔탈피 h_2로 정상적(定常的)으로 유출하는 경우를 생각하기로 한다. 또 유체의 유량을 $\dot{m}$ kg/s, 입구 및 출구의 기준면으로부터의 높이를 각각 Z_1, Z_2라 하면 식 (5・17)과 식 (5・30)으로부터

$$Q + m\left(h_1 + \frac{V_1^2}{2} + gZ_1\right) = m\left(h_2 + \frac{V_2^2}{2} + gZ_2\right) + W \tag{5・31 a}$$

가 성립되며, 식 (5・31 a)를 시간율에 대한 식으로 표시하면

$$\dot{Q} + \dot{m}\left(h_1 + \frac{V_1^2}{2} + gZ_1\right) = \dot{m}\left(h_2 + \frac{V_2^2}{2} + gZ_2\right) + \dot{W} \tag{5・31 b}$$

와 같이 된다. 여기서 $\dot{Q}$, $\dot{W}$의 단위는 W, $\dot{m}$의 단위는 kg/s이다. 이 식을 단위 질량에 대한 미분형으로 표시하면 다음과 같다.

$$\delta q = dh + VdV + gdZ + \delta w \tag{5・32}$$

식 (5・31 a)에서 도중의 과정이 단열($Q = 0$)이고, 또 운동 에너지의 차와 위치 에너지의 차를 무시하면 이 때의 일은

$$W = m(h_1 - h_2) = H_1 - H_2 \tag{5・33}$$

가 된다. 여기서 m은 질량(kg), W는 일(kJ)이다.

한편 같은 일을 하여도 폐쇄계에서는

$$W_{12} = U_1 - U_2 = m(u_1 - u_2) \tag{5・34}$$

가 되어 유동하는 개방계의 일과는 다름을 알 수 있다. 이 때 식 (5・33)으로 표시되는 일을 **공업일**(technical work) W_t라 하고, 식 (5・34)의 W_{12}를 **절대일**(absolute work)이라 한다.

보기 5.6

증기 터빈 원동소에서 터빈을 통하여 흐르는 증기 유량이 3000 kg/h이고, 터빈 입구 압력이 3.0 MPa, 온도 500℃, 출구 압력 400 kPa, 온도 150℃라면 이 원동소에서 얻을 수 있는 동력은 몇 kW인가? 단, 열은 외부로 방열되지 않으며 운동 에너지 및 위치 에너지의 차는 무시한다. 또한 3.0 MPa, 500℃인 증기의 엔탈피는 3456.5 kJ/kg이고, 400 kPa, 150℃인 증기의 엔탈피는 2752.8 kJ/kg이다.

풀이 이 경우는 정상 유동계로서 단열이고 일은 공업일이므로

$$\dot{W}=\dot{m}(h_1-h_2),\quad \dot{W}=\dot{W}_t \text{이므로}$$

$$\dot{W}_t=\frac{3000}{3600}\times(3456.5-2752.8)$$

$$=586.4167\,\text{kW}$$

보기 5.7

증기 노즐의 입구 및 출구 조건이 다음과 같을 경우 이 시스템의 엔탈피 변화를 구하여라. 단, 이 노즐 흐름은 단열적이다.

입구 상태 : 압력 2 MPa, 유입 증기 속도 80 m/s

출구 상태 : 압력 7 kPa, 유출 속도 1000 m/s

풀이 노즐이 외부에 대하여 일을 하지 않고, $\Delta PE=0$이라 하면

$$q+h_1+\frac{V_1^2}{2}+gZ_1=h_2+\frac{V_2^2}{2}+gZ_2+w$$

$$h_2-h_1=\frac{1}{2}(V_1^2-V_2^2)$$

여기서 우변은 단위 질량당의 운동 에너지이므로 단위는 $(1\,\text{kg}\cdot\text{m}^2/\text{s}^2)=(1\,\text{kg}\cdot\text{m/s}^2)\cdot(\text{m})=\text{Nm}=\text{J}$이다. 따라서 kJ로 환산하려면 1/1000배 한다.

$$h_2-h_1=\frac{1}{2}(80^2-1000^2)\times\frac{1}{1000}$$

$$=-496.8\,\text{kJ/kg}$$

일반 에너지식(열역학 제 1 법칙의 식)에서 운동 에너지와 위치 에너지를 무시할 수 있는 정상류 기계에서는

$$W_t-Q=m(h_1-h_2) \tag{5·35}$$

가 되고, 여기서 Q_{12}는

$$Q_{12} = m(h_2 - h_1) - m\int_1^2 v\,dP \qquad (5 \cdot 27)$$

이므로, 식 (5 · 35)에 식 (5 · 27)을 대입하면 공업일 W_t는 다음과 같이 표시된다.

$$W_t = -\int_1^2 VdP = -m\int_1^2 v\,dP \qquad (5 \cdot 36)$$

식 (5 · 36)은 **공업일**을 구하는 식으로서, 이것을 그림으로 나타내면 그림 **5 · 10**과 같다.

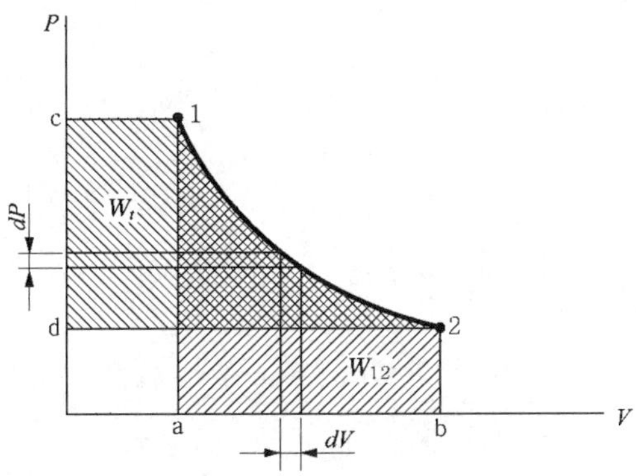

그림 5 · 10 절대일과 공업일

$$\text{공업일} : W_t = -\int_1^2 VdP = \text{면적 } 12\,\mathrm{d\,c}1 \qquad (5 \cdot 37)$$

$$\text{절대일} : W_{12} = \int_1^2 PdV = \text{면적 } 12\,\mathrm{b\,a}\,1$$

따라서 공업일과 절대일과의 관계는

$$W_t = W_{12} + P_1 V_1 - P_2 V_2 \qquad (5 \cdot 38)$$

가 된다. 그림 **5 · 10**의 $P-V$ 선도에서 과정 1→2가 $PV^{\kappa} = C$의 상태 변화를 한다면

$$W_{12} = \int_1^2 PdV = C\int_1^2 \frac{dV}{V^{\kappa}} = \frac{P_2 V_2 - P_1 V_1}{1-\kappa} \qquad \text{(a)}$$

가 된다. 이 식 (a)를 식 (5 · 38)에 대입하여 정리하면 다음의 관계가 성립한다.

$$W_t = \kappa\, W_{12} \qquad (5 \cdot 39)$$

식 (5 · 36)으로 표시되는 개방계(유동계)의 일, 즉 공업일은 다음과 같이 구할 수 있다.

$$w_t = -\int_1^2 v\,dP$$

여기서 v는 $Pv^\kappa = C$로부터

$$Pv^\kappa = P_1 v_1^\kappa = P_2 v_2^\kappa,\ \ v = \frac{P_1^{\frac{1}{\kappa}} v_1}{P^{\frac{1}{\kappa}}}$$

가 된다.

따라서 $w_t = -\int_1^2 \frac{P_1^{\frac{1}{\kappa}} v_1}{P^{\frac{1}{\kappa}}} dP$

$$= \frac{-P_1^{\frac{1}{\kappa}} v_1}{-\frac{1}{\kappa}+1}\left[P^{-\frac{1}{\kappa}+1}\right]_1^2$$

$$= \frac{\kappa}{\kappa-1}(P_1 v_1 - P_2 v_2)$$

가 된다.

따라서 단위 질량당의 절대일과 공업일 사이에는

$$w_t = \kappa w_{12} \tag{5 · 39 a}$$

의 관계가 있다.

만일 등온 변화하는 경우에는 $P_1 V_1 = P_2 V_2$이므로 공업일과 절대일 사이에는

$$W_t = W_{12} \tag{5 · 40}$$

의 관계가 있다. 다시 말하면 등온 변화시 가해진 열량 Q_{12}는 $dU = mc_v dT = 0$이므로 $Q_{12} = W_{12}$이 된다. 따라서 등온 변화에서는

$$W_t = -\int_1^2 VdP = -P_1 V_1 \int_1^2 \frac{dP}{P}$$

$$= -P_1 V_1 \ln\frac{P_2}{P_1} = mRT_1 \ln\frac{P_1}{P_2}$$

$$Q_{12} = W_{12} = W_t = mRT_1 \ln\frac{P_1}{P_2} \tag{5 · 41}$$

가 된다.

5.6 검사 체적에 대한 질량 보존의 법칙

열역학적 계에서 **검사 체적**(檢査體積, control volume)은 특정한 연구 또는 해석의 대상이 되는 영역 내의 체적을 말한다. 검사 체적을 둘러싸고 있는 표면을 **경계** 또는 **검사면**(檢査面, control surface)이라 한다. 이 경계는 고정될 수도 있고 이동하거나 확장될 수도 있다.

물체의 질량과 에너지는 검사면을 통과할 수 있으며, 검사 체적 내의 상태량이나 질량은 시간에 따라 변화할 수 있다. 여기서는 검사 체적에 관한 질량 보존의 법칙을 생각하여 보기로 한다.

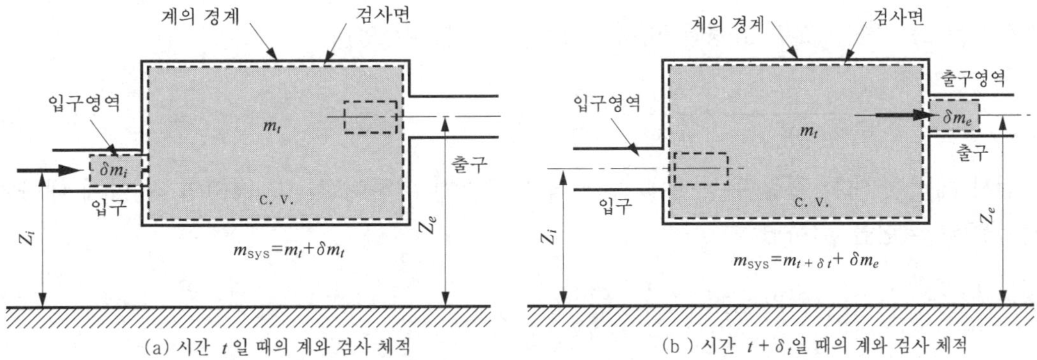

그림 5·11 계와 검사 체적

그림 **5·11**에서 시간 t일 때 계는 검사 체적 c.v.와 입구에서 질량 δm_i가 유입하는 입구 영역 i로 구성된다. 따라서 시간 t일 때 계의 질량의 합은

$$m = m_t + \delta m_i \tag{5·42}$$

가 된다. 여기서 m_t는 시간 t일 때 검사 체적 내의 질량이고, δm_i는 그 때 유입하는 질량이다. 시간 간격 δt 시간 후에는 입구 영역 i의 질량 δm_i는 검사 체적 내로 들어오고, 검사 체적 내에 있던 질량 δm_e가 출구 영역 e로 유출하게 된다.

지금 시간 $t+\delta t$에서 계의 질량의 합은

$$m = m_{t+\delta t} + \delta m_e \tag{5·43}$$

가 된다. 따라서 식 (5·42)와 식 (5·43)으로부터 구하고자 하는 질량 보존의 법칙은 다음과 같이 쓸 수 있다.

$$m_t + \delta m_i = m_{t+\delta t} + \delta m_e \tag{5·44}$$

또한 δt 시간 동안 검사 체적으로 들어가는 유효 유량$(\delta m_i - \delta m_e)$은 δt 시간 동안 검사 체적 내의 질량 증가$(m_{t+\delta t} - m_t)$와 같으므로

$$(\delta m_i - \delta m_e) = (m_{t+\delta t} - m_t)$$

또는

$$(m_{t+\delta t} - m_t) + (\delta m_e - \delta m_i) = 0 \qquad (5 \cdot 45)$$

가 된다.

열역학적 해석을 하는 많은 문제의 해석에서 검사 체적에 대한 질량 보존 법칙을 유량으로 나타내는 것이 편리하다. 이것은 검사면을 통과하는 질량 유동률과 검사 체적 내의 질량 변화율을 포함한다. 그러므로 식 (5 · 45)를 δt 시간 동안의 검사 체적 내의 질량 변화율과 검사면을 통과하는 질량 유량은 다음과 같이 표시할 수 있다.

$$\frac{m_{t+\delta t} - m_t}{\delta t} + \frac{\delta m_e}{\delta t} - \frac{\delta m_i}{\delta t} = 0 \qquad (5 \cdot 46)$$

검사 체적에 대한 질량 유동률에 관한 식을 구하기 위하여 식 (5 · 46)의 각 항에 대하여 $\delta t \to 0$의 극한을 취하면

$$\lim_{\delta t \to 0}\left(\frac{m_{t+\delta t} - m_t}{\delta t}\right) = \frac{dm_{\text{cv}}}{dt}$$

$$\lim_{\delta t \to 0}\frac{\delta m_i}{\delta t} = \dot{m}_i$$

$$\lim_{\delta t \to 0}\frac{\delta m_e}{\delta t} = \dot{m}_e$$

가 된다. 기호 cv는 검사 체적을 의미하며, $\dot{m}_i$는 면적 A_i를 통하여 검사 체적으로 들어가는 순간 유량이다. 또한 $\dot{m}_e$는 출구 영역의 면적 A_e를 통하여 검사 체적을 나가는 순간 유량이다. 따라서

$$\frac{dm_{\text{cv}}}{dt} + \dot{m}_e - \dot{m}_i = 0 \qquad (5 \cdot 47)$$

이 되며, 일반적으로 계의 경계를 통하여 유입, 유출하는 부분이 여러 개일 수 있으므로 이를 고려하여 총합의 기호를 사용하면 다음과 같이 표시된다.

$$\frac{dm_{\text{cv}}}{dt} + \sum \dot{m}_e - \sum \dot{m}_i = 0 \qquad (5 \cdot 48)$$

질량 보존에 대한 식 (5 · 47), (5 · 48)을 **연속 방정식**(連續方程式, continuity equation)

이라 한다. 이 식의 각 항은 모두 kg/s 의 단위로 표시된다. 어느 순간 t일 때 검사 체적 내의 질량은

$$m_{\rm cv}(\mathrm{t}) = \int_{\rm v} \rho \mathrm{dV} \tag{5 · 49}$$

가 된다. 따라서 질량 변화율은

$$\frac{dm_{\rm cv}}{dt} = \frac{d}{dt}\int_{\rm v} \rho\, dV \tag{5 · 50}$$

한편 유체 요소의 속도가 $\boldsymbol{V}$일 때 시간 간격 dt 사이에 이동된 거리는 $\boldsymbol{V}dt$이므로 유로 단면적 A를 통과하는 미소 유체 체적은 $\boldsymbol{V}Adt$이다. 따라서 검사면을 통과하는 질량은 $\boldsymbol{V}Adt$와 밀도 ρ의 곱으로 표시된다.

$$\delta m = \rho \boldsymbol{V} A dt \tag{5 · 51}$$

또 $\dot{m} \equiv \dfrac{\delta m}{\delta t}$이므로

$$\dot{m} = \rho \boldsymbol{V} A = \frac{A\boldsymbol{V}}{v}$$

가 된다. 여기서 v는 비체적이다. 식 (5 · 48)을 다시 쓰면

$$\frac{dm_{\rm cv}}{dt} = \sum_i \frac{A_i \boldsymbol{V}_i}{v_i} - \sum_e \frac{A_e \boldsymbol{V}_e}{v_e} \tag{5 · 52}$$

로 표시된다. 많은 공학 문제에서 모든 상태량들이 시간에 따라서 변하지 않는 정상상태(定常狀態, steady state)를 생각하면

$$\frac{dm_{\rm cv}}{dt} = 0$$

이 된다. 따라서 식 (5 · 48)은 다음과 같이 표시된다.

$$\sum_i \dot{m}_i = \sum_e \dot{m}_e$$

이것은 유입하는 총유량은 유출하는 총유량과 같음을 나타낸다. 그러므로 연속 방정식은

$$\left(\frac{\boldsymbol{V}A}{v}\right)_i = \left(\frac{\boldsymbol{V}A}{v}\right)_e = \text{일정}$$

또는 계의 경계를 통하여 유입, 유출하는 부분이 여러 개일 경우 다음과 같이 표시된다.

$$\sum_i \rho A \boldsymbol{V} = \sum_e \rho A \boldsymbol{V} \tag{5 · 53}$$

$$\sum_i \frac{AV}{v} = \sum_e \frac{AV}{v} \tag{5 · 54}$$

보기 5.8

정상적으로 작동하는 급수 가열용 열교환기(heat exchanger)가 고온의 과열 증기 및 저온 유체인 물이 유입하는 2개의 입구와 1개의 출구가 설치되어 있다. 고온의 과열 증기는 800 kPa, 250℃, 50 kg/s의 유량으로 입구 1로 유입되고, 가열용 물은 입구 2를 통하여 800 kPa, 60℃의 상태로 입구 면적 35 cm^{2}인 관로로 유입된다. 출구에서 나오는 포화액(飽和液)은 압력이 800 kPa이고 유량이 5 m^3/min이다. 가열용 물의 유입구로 들어오는 물의 질량 유량(kg/s)과 유입 속도를 구하여라. 단, 가열 장치 출구에서 물의 비체적은 포화액으로 취급하여 계산하며 $v_{800\text{kPa,sat}}$와 $v_{800\text{kPa},60℃}$의 비체적은 다음과 같다.

800 kPa(포화액) : $v = 0.001115$ m^3/kg
800 kPa, 60℃ : $v = 0.001017$ m^3/kg

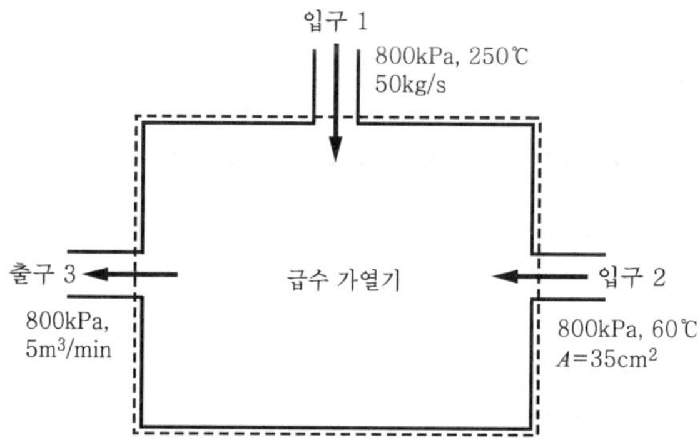

그림 5 · 12 보기 5.8의 설명도

풀이 유동계의 질량 보존식은

$$\frac{dm_{cv}}{dv} + \sum \dot{m}_e - \sum \dot{m}_i = 0$$

정상 상태로 유입, 유출하므로

$$\frac{dm_{cv}}{dt} = 0$$

$$\dot{m}_1 + \dot{m}_2 - \dot{m}_3 = 0$$

$$\dot{m}_2 = \dot{m}_3 - \dot{m}_1$$

입구 1의 유량은 $\dot{m}_1 = 50$kg/s 이고, 출구에서 물의 비체적은 $v_3 = 0.001115$ m^3/kg이므로

$$\dot{m}_3 = \frac{A_3 V_3}{v_3} = \frac{5/60}{0.001115} = 74.7384\,\text{kg/s}$$

$$\dot{m}_2 = 74.7384 - 50 = 24.7384\,\text{kg/s}$$

따라서 V_2는

$\dot{m}_2 = \dfrac{A_2 V_2}{v_2}$ 로부터

$$V_2 = \frac{\dot{m}_2 v_2}{A_2} = \frac{24.7384 \times 0.001017}{3.5 \times 10^{-3}} = 7.1883\,\text{m/s}$$

보기 5.9

20℃의 물이 지름 2 cm의 고무 호스를 통하여 15 L/min의 유량으로 흐를 때 물의 유속과 질량 유량을 구하여라. 단, 물의 비체적은 1.002 cm^3/g이다.

풀이 $\dot{m} = \rho A V$

$$V = \frac{\dot{m}}{\rho A} \quad \text{또는} \quad V = \frac{\text{체적유량}}{\text{면적}}$$

$$V = \frac{15 \times 10^3}{\frac{\pi}{4} \times 2^2} = 4774.6483\,\text{cm/min} = 0.7958\,\text{m/s}$$

$$\dot{m} = \rho A V = \frac{AV}{v} = \frac{15 \times 10^3}{1.002} = 14{,}970.0599\,\text{g/min} = 0.2495\,\text{kg/s}$$

보기 5.10

지름 20 cm인 파이프 속을 공기가 0.2 m/s의 속도로 흐르고 있다. 공기의 온도가 20℃이고, 압력이 180 kPa일 때의 공기의 질량 유량을 구하여라.

풀이 질량 유량 : $\dot{m} = \dfrac{AV}{v}$ 이므로

$$A = \frac{\pi}{4} \times (0.2)^2 = 0.3142\,\text{m}^2$$

$Pv = RT$에서 가스 상수 $R = 0.287\,\text{kJ/kg K}$

$$v = \frac{RT}{P} = \frac{0.287 \times (273.15 + 20)}{180} = 0.4674\,\text{m}^3/\text{kg}$$

따라서

$$\dot{m} = \frac{0.03142 \times 0.2}{0.4674} = 0.01344\,\text{kg/s}$$

5.7 검사 체적에 대한 열역학의 제 1 법칙

이 절에서는 질량 유동과 에너지 이동이 있는 개방계에 대하여 살펴보기로 한다. 이 경우에 유동하는 물체의 질량은 검사 체적을 통하여 유입·유출하며, 이 사이에 열 및 일에 의한 에너지 이동이 존재하는 것으로 생각한다.

검사 체적을 통하여 질량 유동이 존재하는 실제의 보기로는 여러 가지를 생각할 수 있으나 제트 기관이나 증기 터빈, 압축기, 가스 터빈 내의 흐름 등이 있다.

제트 기관(jet engine) 내로 공기가 유입되었다가 방출되는 경우나 증기 터빈(steam turbine)에서 증기가 터빈으로 들어와서 터빈을 나가는 경우는 모두 검사 체적을 포함하는 계로 생각할 수 있다. 이들의 경우에는 검사 체적은 일정하고 고정된 공간인 이 검사 체적을 통하여 작업 물질이 유입·유출하게 된다.

앞에서 다룬 바와 같이 열역학의 제 1 법칙은 주어진 계에 대한 **에너지 보존의 법칙**(conservation of energy)으로 표시되므로, 여기서는 개방계의 에너지 보존에 대하여 알아보기로 한다.

열역학의 제 1 법칙은

$$Q_{12} = E_2 - E_1 + W_{12}$$

로 표시된다. 이 식을 미분형으로 다시 쓰면

$$\delta Q = dE + \delta W \tag{5·6}$$

가 된다.

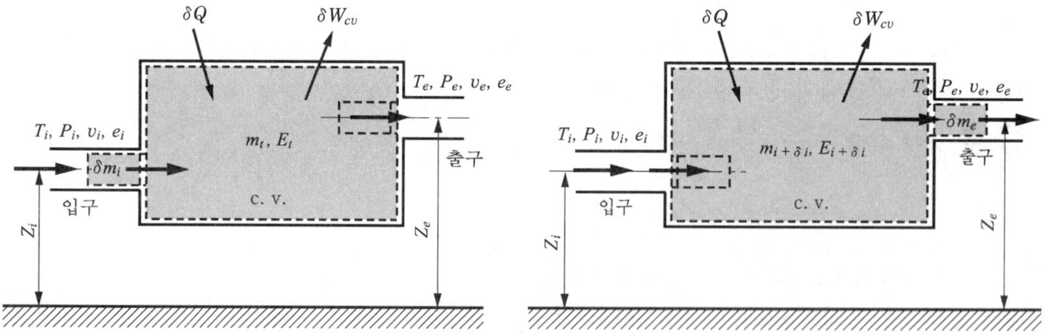

(a) 시간 t 일 때 (b) 시간 $t+\delta_t$일 때

그림 5·13 검사 체적에 대한 열역학의 제 1 법칙을 구하기 위한 설명도

그림 5 · 13은 검사 체적으로 구성된 하나의 계를 나타낸 것이다. 시간 t일 때 계는 검사 체적 내의 질량과 유입하는 질량 δm_i의 합으로 구성된다. 이와 같은 계에서 시간 간격(time interval) δt 사이에 일어나는 변화에 대하여 생각하여 보기로 한다. 시간 t일 때 입구 면적 A_i를 통하여 검사 체적으로 흘러 들어온 유체는 시간 $t+\delta t$일 때 검사 체적의 출구 면적 A_e를 통하여 흘러 나간다. 이 과정에서 계가 하는 전체의 일량 δW는 계의 검사 체적을 팽창 또는 수축시키는 일, 계의 경계를 통하여 외부에 하는 회전축 일, 전단력(剪斷力, shearing force), 자기 효과(磁氣效果, magnetic effect) 및 표면 효과(表面效果, suface effect) 등에 의한 각종 일을 포함한다. 또한 계가 하는 일과 아울러 외부로부터 열량 δQ를 받는 경우에 대한 열역학의 제 1 법칙을 구하여 보기로 한다.

시간 t일 때 검사 체적과 유입구 영역 i를 포함하는 계의 에너지 $E_{s.t}$는 검사 체적 내의 에너지 E_t와 영역 i로부터 검사 체적으로 유입하는 에너지 $e_i \delta m_i$의 합으로 표시된다. 여기서 첨자 s는 계(system)를 나타내고 첨자 i는 입구 영역을 나타낸다. 따라서

$$E_{s.t} = E_t + e_i \delta m_i$$

한편 시간 $t+\delta t$일 때 계의 에너지는 검사 체적 내의 에너지 $E_{t+\delta t}$와 검사 체적으로부터 유출하는 에너지 $e_e \delta m_e$의 합이므로

$$E_{s,t+\delta t} = E_{t+\delta t} + e_e \delta m_e$$

가 된다. 따라서 식 (5 · 6)에서의 에너지의 변화 dE를 구하면 다음 식으로 표시된다.

$$\begin{aligned} dE &= E_{s,t+\delta t} - E_{s,t} = (E_{t+\delta t} + e_e \delta m_e) - (E_t + e_i \delta m_i) \\ &= (E_{t+\delta t} - E_t) + (e_e \delta m_e - e_i \delta m_i) \end{aligned} \tag{5 · 55}$$

여기서 $(E_{t+\delta t} - E_t)$는 검사 체적 내의 저장된 유효 에너지이고, $(e_e \delta m_e - e_i \delta m_i)$는 δt 시간에 검사면을 통하여 흐른 에너지의 유효량(net flow of energy)을 표시한다.

식 (5 · 55)를 식 (5 · 6)에 대입하면

$$\delta Q = (E_{t+\delta t} - E_t) + (e_e \delta m_e - e_i \delta m_i) + \delta W \tag{5 · 56}$$

가 된다.

한편 검사 체적 내로 유입하는 질량 δm_i에 의하여 하는 유동일 δW_{fi}와 검사 체적으로부터 유출하는 질량 δm_e에 의한 유동일을 δW_{fe}라 하면

$$\delta W_{fi} = P_i v_i \delta m_i$$
$$\delta W_{fe} = P_e v_e \delta m_e$$

가 된다.

따라서 시간 δt 사이에 계에 의하여 하는 전 일량은

$$\delta W = \delta W_{cv} + (\delta W_{fe} - \delta W_{fi}) \tag{5·57}$$

로 되며 δW_{cv}는 검사 체적이 한 일을 나타낸다.

식 (5 · 57)을 식 (5 · 56)에 대입하고 δt로 나누면

$$\frac{\delta Q}{\delta t} + \frac{\delta m_i}{\delta t}(e_i + P_i v_i) = \frac{E_{t+\delta t} - E_t}{\delta t} + \frac{\delta m_e}{\delta t}(e_e + P_e v_e) + \frac{\delta W_{cv}}{\delta t} \tag{5·58}$$

여기서 비에너지(specific energy) e는 비내부 에너지 u, 운동 에너지 KE와 위치 에너지 PE로부터

$$e = u + \frac{\boldsymbol{V}^2}{2} + gZ$$

로 표시되므로

$$e + Pv = u + Pv + \frac{\boldsymbol{V}^2}{2} + gZ = h + \frac{\boldsymbol{V}^2}{2} + gZ$$

가 된다. 식 (5 · 58)을 다시 쓰면

$$\frac{\delta Q}{\delta t} + \frac{\delta m_i}{\delta t}\left(u_i + P_i v_i + \frac{\boldsymbol{V}_i^2}{2} + gZ_i\right)$$
$$= \frac{E_{t+\delta t} - E_t}{\delta t} + \frac{\delta m_e}{\delta t}\left(u_e + P_e v_e + \frac{\boldsymbol{V}_e^2}{2} + gZ_e\right) + \frac{\delta W_{cv}}{\delta t}$$

또는

$$\frac{\delta Q}{\delta t} + \frac{\delta m_i}{\delta t}\left(h_i + \frac{\boldsymbol{V}_i^2}{2} + gZ_i\right)$$
$$= \frac{E_{t+\delta t} - E_t}{\delta t} + \frac{\delta m_e}{\delta t}\left(h_e + \frac{\boldsymbol{V}_e^2}{2} + gZ_e\right) + \frac{\delta W_{cv}}{\delta t} \tag{5·59}$$

식 (5 · 59)에서 $\delta t \to 0$에 접근할 때의 극한값을 취하면

$$\lim_{\delta t \to 0} \frac{E_{t+\delta t} - E_t}{\delta t} = \frac{dE_{cv}}{dt}$$

가 된다. 여기서 $\frac{dE_{cv}}{dt}$는 검사 체적 내에 들어 있는 **에너지의 변화율**(time rate of energy)이다. 또한 식 (5 · 59)에서 계로 전달되는 열량과 계가 하는 일에 대하여는

$$\lim_{\delta t \to 0} \frac{\delta Q}{\delta t} = \dot{Q}_{cv}$$

$$\lim_{\delta t \to 0} \frac{\delta W}{\delta t} = \dot{W}_{cv}$$

가 된다.

검사 체적으로 유입하는 에너지와 유출하는 에너지에 대하여도 같은 방법으로 구하여 정리하면 다음 식이 성립한다.

$$\dot{Q}_{cv} + \dot{m}_i \left(h_i + \frac{\boldsymbol{V}_i^2}{2} + g Z_i \right) = \frac{dE_{cv}}{dt} + \dot{m}_e \left(h_e + \frac{\boldsymbol{V}_e^2}{2} + g Z_e \right) + \dot{W}_{cv} \qquad (5 \cdot 60)$$

이 식은 열역학의 제 1 법칙에 대한 일반식으로서 계의 종류에 따라 식의 모양은 달라진다. 여기서 $\dot{m}_i$, $\dot{m}_e$는 각각 유입 및 유출하는 질량 유량으로서 유로가 여러 개인 경우에는

$$\dot{Q}_{cv} + \sum_i \dot{m}_i \left(h_i + \frac{\boldsymbol{V}_i^2}{2} + g Z_i \right) = \frac{dE_{cv}}{dt} + \sum_e \dot{m}_e \left(h_e + \frac{\boldsymbol{V}_e^2}{2} + g Z_e \right) + \dot{W}_{cv}$$

$$(5 \cdot 61)$$

가 된다. 다시 말하면 검사 체적 내로 가해지는 열량과 검사 체적으로 유입하는 에너지량의 합은 검사 체적 내의 에너지 변화율, 검사 체적으로부터 유출하는 에너지량과 외부에 하는 일의 합과 같음을 의미한다.

에너지 보존에 관한 식 (5 · 60) 또는 (5 · 61)에서

$$E_{cv} = \int_V e \rho \, dV = \int_V \rho \left(u + \frac{\boldsymbol{V}^2}{2} + g Z \right) dV \qquad (5 \cdot 62)$$

가 되며, 미소 면적을 지나는 유량은 면적 dA와 유로 면적에 직각인 유체 속도 $\boldsymbol{V}_n$과 밀도 ρ의 곱으로 구할 수 있다. 따라서

$$\dot{m} = \int_A \rho \boldsymbol{V}_n \, dA$$

가 된다. 따라서 식 (5 · 61)을 에너지 변화율에 대하여 다시 쓰면 다음과 같이 표시된다.

$$\frac{d}{dt} \int_V e\rho \, dV = \dot{Q}_{cv} - \dot{W}_{cv} + \sum_i \left[\int_A \left(h + \frac{\boldsymbol{V}^2}{2} + g Z \right) (\rho \boldsymbol{V}_n \, dA) \right]_i$$
$$- \sum_e \left[\int_A \left(h + \frac{\boldsymbol{V}^2}{2} + g Z \right) (\rho \boldsymbol{V}_n \, dA) \right]_e \qquad (5 \cdot 63)$$

식 (5 · 61)에서 검사 체적 내로 유입 또는 유출하는 질량 유량이 없는 경우에는

$$\dot{Q} = \frac{dE}{dt} + \dot{W} \quad \text{또는} \quad \dot{Q} - \dot{W} = \frac{dE}{dt} \tag{5 · 64}$$

로 표시된다.

피스톤-실린더 장치와 같은 폐쇄계에서 공기를 압축할 때의 온도 상승률(rate of temperature rise)은 식 (5 · 64)로부터

$$\frac{dE_{\text{cv}}}{dt} = \dot{Q} - \dot{W}$$

$$\frac{d}{dt}(m c_v T) = \dot{Q} - \dot{W}$$

$$(m c_v)\frac{dT}{dt} = \dot{Q} - \dot{W}$$

따라서

$$\frac{dT}{dt} = \frac{1}{m c_v}(\dot{Q} - \dot{W}) \tag{5 · 65}$$

가 된다.

보기 5.11

그림 5 · 14와 같은 강체 용기에 공기가 들어 있다. 이 용기에 외부로부터 4.08 Nm의 토크가 작용하는 혼합용 날개차가 1000 rpm으로 회전을 시작하고, 용기 속의 공기를 전기 가열 장치를 사용하여 전위차 12 V, 6.08 A의 전류로 가열한다. 이 때 탱크로부터 외부로의 방열량이 $\dot{Q} = -0.5[1-\exp(-0.04t)]$ kW라면 계 내의 에너지 변화율 $\frac{dE}{dt}$를 구하고, 에너지 변화율과 시간과의 관계를 그래프로 나타내어라.

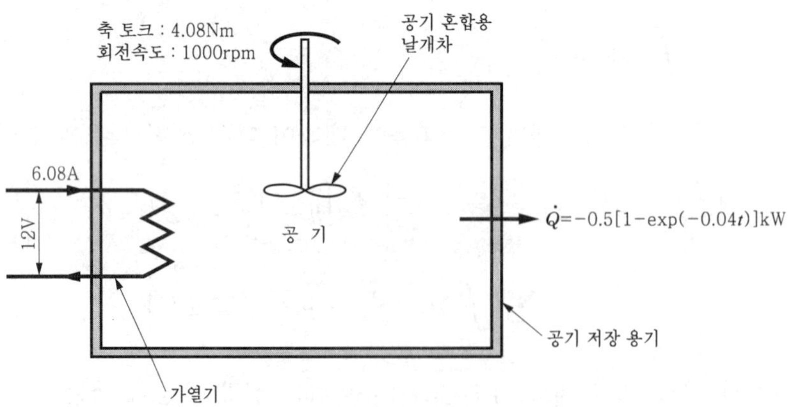

그림 5 · 14 보기 5.11의 설명도

풀이 (1) 에너지 변화율 $\frac{dE}{dt}$

가스 용기에 열역학의 제 1 법칙을 적용하면

$$\frac{dE}{dt} = \dot{Q} - \dot{W}$$

여기서 계의 일 $\dot{W}$는 축의 회전일 $\dot{W}_{shaft}$와 전기 입력 $\dot{W}_{elec}$의 합이므로

$$\dot{W} = \dot{W}_{shaft} + \dot{W}_{elec}$$

이 된다. 혼합 날개차의 회전축 동력은 축토크를 T Nm, 회전 각속도와 회전 속도를 각각 ω, n이라 하면

$$\dot{W}_{shaft} = T\omega = T\frac{2\pi n}{60}$$

$$= \frac{2 \times 3.14 \times 1000 \times 4.08}{60} = 427.04\,\text{W}$$

$$\dot{W}_{elec} = \text{전압} \times \text{전류} = 12 \times 6.08 = 72.96\,\text{W}$$

$$\dot{W} = \dot{W}_{shaft} + \dot{W}_{elec} = -427.04 + (-72.96) = -500\,\text{W}$$

$$\frac{dE}{dt} = \dot{Q} - \dot{W}$$

$$= -0.5\left[1 - e^{(-0.04t)}\right] - (-0.5) = 0.5e^{(-0.04t)}$$

이 식에서 보는 바와 같이 계의 에너지 변화율 $\frac{dE}{dt}$는 가열 및 혼합 초기에는 과도현상기간(過度現象期間, transient period)이 존재함을 알 수 있다.

(2) 에너지 변화율 $\frac{dE}{dt}$의 시간에 따른 변화율 선도

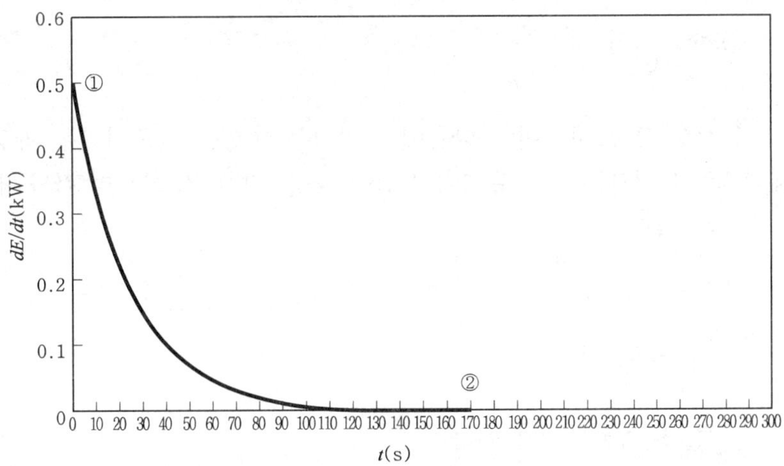

그림 5 · 15 에너지 변화율$\left(\frac{dE}{dt}\right)$과 시간($t$)의 관계

그림 5 · 15는 에너지 변화율 $\frac{dE}{dt}$의 시간에 따른 변화율을 나타낸 것이다. 이 선도에 표시된 기간 ①~② 사이에서는 계의 에너지가 시간에 따라 변화함을 알 수 있다.

이 과도 기간 이후에는 에너지의 변화율이 0으로 일정한 변화를 한다. 따라서 과도기간 후에는

$$\frac{dE}{dt}=\dot{Q}-\dot{W}=0$$

이 되므로, 이 때에는 다음과 같이 된다.

$$\dot{Q}=\dot{W}_{\text{shaft}}+\dot{W}_{\text{elec}}$$

$$\dot{Q}=-0.5\text{ kW}$$

5.8 정상 상태에서의 검사 체적에 대한 열역학의 제 1 법칙

개방계에서는 열과 일이 에너지의 형태로 계의 경계를 출입하는 동시에 물체도 계의 경계를 통하여 이동하므로 **유동계**(流動系, flow system)라고도 한다. 물체가 경계를 이동하는 형태는 다양하지만 개방계에서 열역학적 문제를 다룰 때에는 정상 유동하는 경우가 대부분이므로 여기서는 정상 유동 과정을 하는 계의 에너지 보존에 대하여 살펴보기로 한다.

정상 유동 과정(定常流動過程, steady flow process)이란 임의의 점에서 동작 물질(working substance)의 속도, 에너지, 밀도, 비체적 등의 열역학적 상태량이 시간에 따라서 변하지 않는 과정을 말한다. 식으로 나타내면

$$\frac{\partial \boldsymbol{V}}{\partial t}=0\quad \frac{\partial u}{\partial t}=0\quad \frac{\partial \rho}{\partial t}=0,\ \cdots\cdots$$

이 된다. 따라서 정상 유동 과정이란 다음에 열거하는 현상을 만족시키는 과정을 말한다.

(1) 검사 체적으로 들어가는 질량 유량이 시간에 따라서 변하지 않으며 검사 체적으로부터 나오는 질량 유량과 같다.

$$\dot{m}_i=\dot{m}_e=\dot{m}$$

$$\frac{dm_{\text{cv}}}{dt}=\frac{d}{dt}\int_{\text{v}}\rho dV=0$$

즉, 연속의 원리를 만족하는 흐름이다.

(2) 계(검사 체적)로 유입 또는 유출하는 상태(비체적, 속도, 위치)가 시간에 따라서 변하지 않는다.

$$(v_i, \boldsymbol{V}_i,\ Z_i,\ v_e, \boldsymbol{V}_e,\ Z_e) \neq f(t)$$

(3) 검사 체적 내의 각 점의 상태, 위치, 속도 등이 시간에 따라서 변하지 않는다.

$$\frac{dE_{\mathrm{cv}}}{dt} = \frac{d}{dt}\int_{\mathrm{v}} e\,\rho\, dV = 0$$
$$= \frac{d}{dt}\left(U + \frac{m\boldsymbol{V}^2}{2} + mgZ\right)_{\mathrm{cv}} = 0$$

(4) 검사 체적의 검사면을 통하여 이동하는 열과 일의 변화율이 시간에 따라서 변하지 않는다.

$$\dot{Q} \neq f(t),\ \dot{W}_{\mathrm{cv}} \neq f(t)$$

이상의 관계를 열역학의 제 1 법칙에 관한 일반식인 식 (5 · 61)에 적용하면

$$\dot{Q}_{\mathrm{cv}} + \dot{m}_i\left(h_i + \frac{\boldsymbol{V}_i^2}{2} + gZ_i\right) = \dot{m}_e\left(h_e + \frac{\boldsymbol{V}_e^2}{2} + gZ_e\right) + \dot{W}_{\mathrm{cv}} \qquad (5 \cdot 66)$$

가 된다. 이 식을 $\dot{m}_i = \dot{m}_e = \dot{m}$ 인 경우 $\dot{m}$ 으로 나누고

$$q = \frac{\dot{Q}_{\mathrm{cv}}}{\dot{m}}\ \mathrm{kJ/kg},\quad w = \frac{\dot{W}_{\mathrm{cv}}}{\dot{m}}\ \mathrm{kJ/kg}$$

이라 하면

$$q + h_i + \frac{\boldsymbol{V}_i^2}{2} + gZ_i = h_e + \frac{\boldsymbol{V}_e^2}{2} + gZ_e + w \qquad (5 \cdot 67)$$

로 표시된다.

식 (5 · 66)과 식 (5 · 67)은 정상 유동을 하는 계에 대한 에너지 식으로서 실제의 공학 문제의 해석에 많이 이용되는 식이다. 이들 식에서 특별한 명시가 없는 한 위치 에너지의 변화 ΔPE는 무시되는 경우가 많다. 이것은 열기관, 터빈, 압축기 등과 같은 실제 문제를 다룰 때 입구 및 출구에서의 위치(고도)의 차이는 거의 무시할 수 있기 때문이다. 이것을 실제 수치를 넣어 계산하여 보면 하나의 보기로서 위치 에너지 $PE = 1\,\mathrm{kJ/kg}$일 경우에 고도 Z는

$$Z = \frac{PE}{g} = 1 \times \frac{1}{9.8} \times 1000\,\frac{\mathrm{Nm}}{\mathrm{kg}} \cdot \frac{\mathrm{s}^2}{\mathrm{m}} = 102\,\mathrm{m}$$
$$1\,\mathrm{N} = 1\,\mathrm{kg} \cdot \mathrm{m/s}^2,\ 1\,\mathrm{kJ} = 1000\,\mathrm{Nm}$$

이다. 그러므로 위치 에너지가 $PE = 10\,\mathrm{kJ/kg}$이라면 높이는 지표면으로부터 $Z = 1020\,\mathrm{m}$의 높이에 있어야 하므로 위치 에너지의 차 ΔPE는 실용상으로 무시하여도 큰 차는 없다고

볼 수 있다.

한편 운동 에너지 KE는 질량 1 kg에 대하여는

$$KE = \frac{V^2}{2} \times \frac{1}{1000} = \frac{V^2}{2000} \frac{\text{kJ}}{\text{kg}}$$

이 된다. 하나의 보기를 들면

$$V_1 = 20\,\text{m/s},\ V_2 = 70\,\text{m/s} : \Delta V = 50\,\text{m/s}$$

$$\Delta KE = \frac{1}{2000}(70^2 - 20^2) = 2.25\,\text{kJ/kg}$$

$$V_1 = 120\,\text{m/s},\ V_2 = 170\,\text{m/s} : \Delta V = 50\,\text{m/s}$$

$$\Delta KE = \frac{1}{2000}(170^2 - 120^2) = 7.25\,\text{kJ/kg}$$

정상류 에너지 식에서 속도의 제곱의 차이는 매우 중요하다. V_1, V_2가 상대적으로 적을 때는 ΔV의 값이 커도 ΔKE의 값은 그다지 크지 않으나, V_1, V_2가 커지면 동일한 ΔV의 값이라 하더라도 ΔKE의 값은 매우 커진다. 표 5·1은 입구 및 출구 속도 차이에 따른 ΔKE의 값을 비교한 것이다.

표 5·1 ΔV 변화에 따른 ΔKE값의 비교

ΔV m/s	입구 속도 V_1 m/s	출구 속도 V_2 m/s	ΔKE kJ/kg
20	30 50 125 230	50 70 145 250	0.8 1.2 2.7 4.8
50	25 125 230	75 175 280	2.5 7.5 12.75

5.9 정상 상태 개방계에 대한 공학적 응용

이 단원에서는 앞에서 구한 검사 체적에 대한 제 1 법칙의 식을 몇 가지 특정한 보기로서 노즐과 디퓨저, 터빈, 압축기, 스로틀링 장치, 열교환기, 관로 유동 등에 적용하여 보기로 한다.

[1] 노즐과 디퓨저

노즐(nozzle)이란 그림 5·16 (a)와 같이 기체 또는 액체를 그 흐름의 방향으로 속도를 증가하는 단면을 갖는 유로(流路, flow passage)를 말한다. **디퓨저**(diffuser)란 기체 또는 액체의 유동 방향으로 속도가 감소하는 유로를 가지며 그 구조는 그림 5·16 (b)와 같다. 그림에서 보는 바와 같이 노즐은 유체의 유동 방향으로 단면적이 감소하나 디퓨저는 반대로 유로가 확대됨을 알 수 있다.

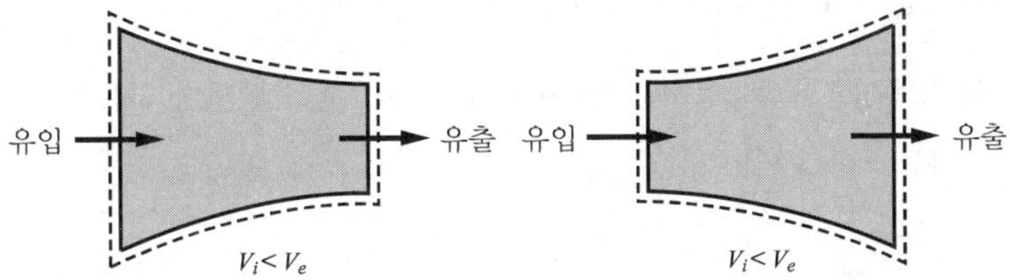

(a) 노 즐　　　　(b) 디퓨저

그림 5·16　노즐과 디퓨저

노즐과 디퓨저는 단지 가스 유동에 따른 유동 현상만을 수반하므로 에너지 식 $\dot{W}_{\text{cv}} = 0$에서, 그리고 입구와 출구에서의 위치 에너지 차는 무시할 수 있으므로

$$\frac{d\dot{m}_{\text{cv}}}{dt} = 0 = \dot{m}_i - \dot{m}_e, \quad \dot{m}_i = \dot{m}_e = \dot{m}$$

$$\dot{Q}_{\text{cv}} + \dot{m}_i\left(h_i + \frac{\boldsymbol{V}_i^2}{2} + g\,Z_i\right) = \frac{dE_{\text{cv}}}{dt} + \dot{m}_e\left(h_e + \frac{\boldsymbol{V}_e^2}{2} + g\,Z_e\right) + \dot{W}_{\text{cv}}$$

$$\frac{d\dot{E}_{\text{cv}}}{dt} = 0$$

이 된다. 따라서 노즐에 대한 제1법칙의 식은

$$q + h_i + \frac{\boldsymbol{V}_i^2}{2} = h_e + \frac{\boldsymbol{V}_e^2}{2} \tag{5·68}$$

으로 표시된다.

대개의 경우 노즐에서는 단위 질량당의 전열량 q는 운동 에너지의 변화와 엔탈피 변화에 비하여 매우 작다. 그러므로 노즐과 디퓨저의 열역학적 계산에서 단열 과정(adiabatic process)으로 가정하여 계산하여도 된다. 따라서

$$h_i - h_e = \frac{1}{2}(\boldsymbol{V}_e^2 - \boldsymbol{V}_i^2) \tag{5·69}$$

이 된다.

보기 5.12

증기가 노즐을 통하여 $\dot{m}=3\ \text{kg/s}$의 유량으로 흐를 경우 출구에서 증기의 엔탈피 h_2와 출구 면적 A_2를 구하여라. 단, 노즐 입구의 증기 속도는 15 m/s이고, 압력은 4.5 MPa, 온도는 400℃이다. 또 출구 압력은 1.4 MPa이고 출구 속도는 650 m/s이다.

풀이 그림 5·17과 같은 노즐에서 정상 유동 과정에 대한 에너지 식을 적용하면

$$\dot{Q}_{cv}+\dot{m}_1\left(h_1+\frac{V_1^2}{2}+gZ_1\right)=\dot{m}_2\left(h_2+\frac{V_2^2}{2}+gZ_2\right)+\dot{W}_{cv}$$

여기서 정상 유동이므로 $\dot{m}_1=\dot{m}_2$, $\dot{Q}_{cv}=0$, $\dot{W}_{cv}=0$, 위치 에너지 차는 무시할 수 있으므로

$$h_1+\frac{V_1^2}{2}=h_2+\frac{V_2^2}{2}$$

$$h_2=h_1+\frac{V_1^2-V_2^2}{2}$$

이 된다. 과열 증기표로부터 $P_1=4.5\ \text{MPa}$, $T_1=400℃$일 때의 엔탈피 h_1을 구하면

$$h_1=3204.7\ \text{kJ/kg}$$

$$\therefore\ h_2=3204.7+\frac{15^2-650^2}{2\times1000}$$
$$=2993.563\ \text{kJ/kg}$$

따라서 $h_2=2993.563\ \text{kJ/kg}$, $P_2=1.4\ \text{MPa}$일 때의 비체적은

1.4 MPa, 250℃ ; $h=2927.2\ \text{kJ/kg}$, $v=0.16350\ \text{m}^3/\text{kg}$

300℃ ; $h=3040.4\ \text{kJ/kg}$, $v=0.18228\ \text{m}^3/\text{kg}$

이므로, 보간법으로 구하면

$$v_2=0.16350+(0.18228-0.16350)\left(\frac{2993.563-2927.2}{3040.4-2927.2}\right)$$
$$=0.17451\ \text{m}^3/\text{kg}$$

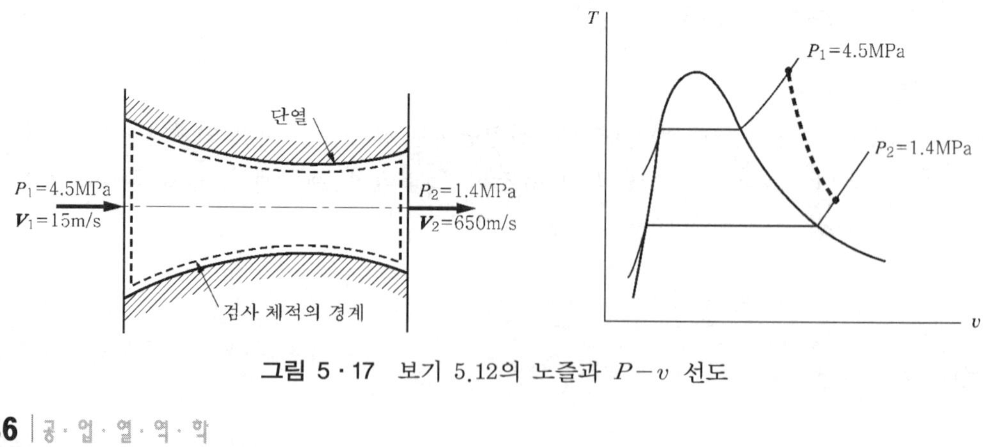

그림 5·17 보기 5.12의 노즐과 $P-v$ 선도

따라서 유량 $\dot{m}$을 구하여 A_2를 구하면

$$\dot{m} = \frac{AV}{v}$$

$$A_2 = \frac{\dot{m}\,v_2}{V_2} = \frac{3 \times 0.17451}{650} = 0.0008054\,\text{m}^2$$

보기 5.13

수증기가 아음속(亞音速) 디퓨저(subsonic diffuser)를 통하여 0.1 MPa, 150℃, 180 m/s의 속도로 유입되어 출구 속도는 60 m/s로 되었다. 이 때 출구 압력이 0.2 MPa이고, 주위로 0.7 kJ/kg의 열량이 방열되었을 경우 최종 온도, 질량 유량, 출구 면적을 구하여라. 단, 디퓨저 입구 면적은 100 cm^{2}이다.

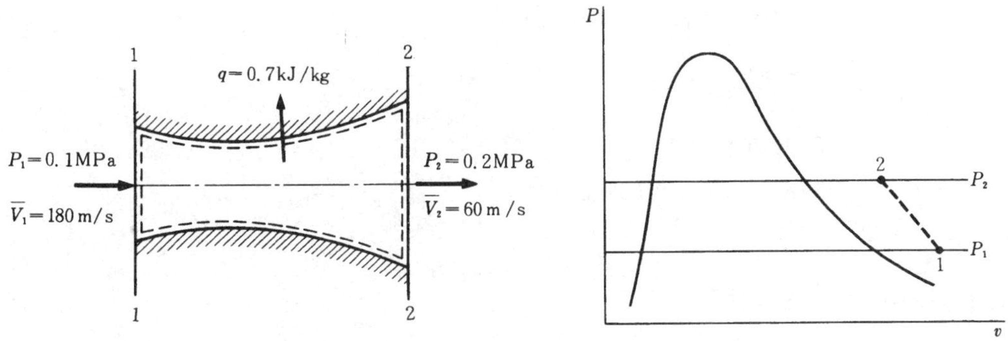

그림 5·18 디퓨저와 디퓨저 내의 상태 변화

풀이 디퓨저에 정상 유동 에너지 식을 적용하면

$$q + h_1 + \frac{V_1^2}{2} = h_2 + \frac{V_2^2}{2}$$

여기서, 과열 증기표에서

0.1 MPa, 150℃ ; $h_1 = 2776.4$ kJ/kg, $v_1 = 1.9364\ \text{m}^3/\text{kg}$

주어진 조건은 $V_1 = 180\text{m/s}$, $V_2 = 60\text{m/s}$, $q = -0.7$ kJ/kg이므로

$$h_2 = q + h_1 + \frac{V_1^2 - V_2^2}{2}$$

$$= -0.7 + 2776.4 + \frac{180^2 - 60^2}{2 \times 1000}$$

$$= 2790.1\ \text{kJ/kg}$$

질량 유량 $\dot{m}=\dfrac{AV}{v}$ 이므로

$$\dot{m}=\frac{AV}{v}=\frac{0.01\times180}{1.9364}$$
$$=0.92956\ \text{kg/s}$$

출구 면적 A_2는

$$A_2=\frac{\dot{m}v_2}{V_2}$$

여기서 v_2는 $h_2=2790.1\ \text{kJ/kg}$일 때의 값이므로 표에서 이 값은 $h=2768.8\ \text{kJ/kg}$과 $h=2780.5\ \text{kJ/kg}$ 사이의 값이므로

$0.2\,\text{MPa}$: $150\,℃$, $v=0.9596\,\text{m}^3/\text{kg}$, $h=2768.8\,\text{kJ/kg}$
$200\,℃$, $v=1.0803\,\text{m}^3/\text{kg}$, $h=2870.5\,\text{kJ/kg}$

보간법으로 v_2, T_2를 구하면

$$v_2=0.98488\,\text{m}^3/\text{kg},\quad T_2=157.2795\,℃$$

$$A_2=\frac{0.92956\times0.98488}{60}$$
$$=0.015258\,\text{m}^2$$

따라서 출구 면적은 $A_2=0.015258\,\text{m}^2$이다.

[2] 증기 및 가스 터빈

터빈(turbine)은 터빈 회전축에 붙어 있는 기익(氣翼, blade)에 작용하는 고온 고압의 증기 또는 가스의 힘으로 동력을 얻는 기계를 말한다. 그림 5·19 (a)는 축류 증기 또는 가스 터빈의 구조 개요를 나타낸 것이고, 그림 5·19 (b)는 항공기에 적용한 가스 터빈의 실제 보기를 나타낸 것이다. 터빈은 증기 원동소, 가스 터빈 원동소, 항공용 기관 등에 널리 사용된다.

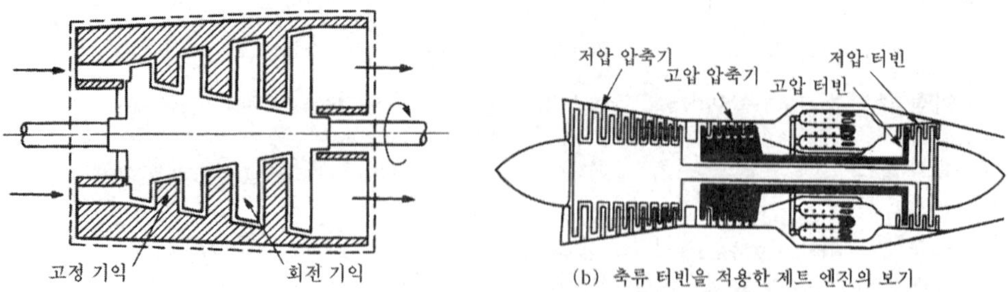

(a) 축류 터빈

(b) 축류 터빈을 적용한 제트 엔진의 보기 (Pratt & Whitney, Axia-flow turbojet)

그림 5·19 축류 터빈의 구조

터빈의 경우 과열 증기 또는 연소 가스가 터빈으로 들어가서 단열 팽창일을 하고 저압으로 되어 출구를 나온다. 따라서 터빈에 대하여 정상 유동 과정의 에너지 식을 적용하면

$$\dot{Q}_{cv}+\dot{m}_1\left(h_1+\frac{V_1^2}{2}\right)=\dot{m}_2\left(h_2+\frac{V_2^2}{2}\right)+\dot{W}_{cv} \tag{5・70}$$

가 된다. 여기서 터빈의 운동 에너지 변화는 엔탈피 변화에 비하여 매우 적으므로 무시하고 $\Delta KE \cong 0$으로 잡는다. 그러나 문제에 따라서 이들 에너지를 고려해야 하는 경우도 있다. 또한 계의 전열량 $\dot{Q}_{cv}$는 터빈의 축일에 비교하면 작으므로 $\dot{Q}_{cv}\cong 0$으로 잡는다.

따라서 터빈축일 $\dot{W}_T$는

$$\dot{W}_{cv}=\dot{W}_T=\dot{m}(h_1-h_2) \tag{5・71}$$

가 된다.

보기 5.14

증기 터빈에서 입구 압력이 8 MPa, 온도가 400℃, 속도 12 m/s, 출구 압력이 10 kPa, 건도가 0.9, 속도가 55 m/s이다. 증기 유량이 1.28 kg/s일 경우 터빈과 주위 사이의 열전달량 $\dot{Q}_{cv}$ kW를 구하여라. 단, 터빈의 축출력은 900 kW이다.

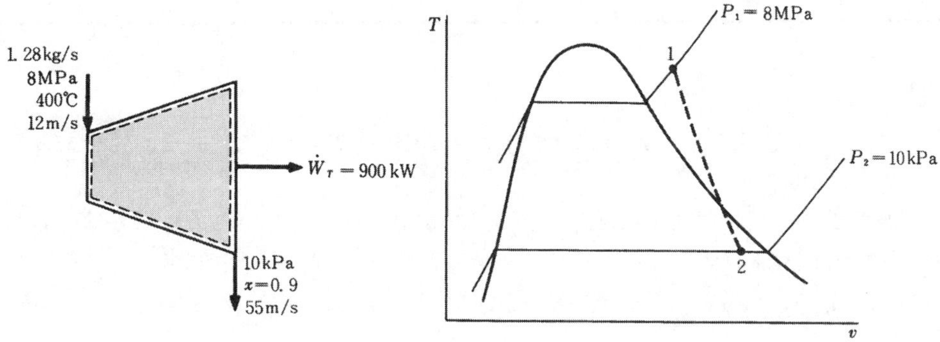

그림 5・20 $T-v$ 선도

풀이 터빈에 에너지 식을 적용하면

$$\dot{Q}_{cv}=\dot{W}_{cv}+\dot{m}\left[(h_2-h_1)+\frac{V_2^2-V_1^2}{2}\right]$$

여기서 과열 증기표를 이용하면 $P_1=8$ MPa, 400℃ ; $h_1=3138.3$ kJ/kg

포화 증기표를 이용하면 $P_2=0.01$ MPa에서

$$h_2=h_{f2}+x_2(h_{g2}-h_{f2})=191.83+0.9(2392.8)$$
$$=2345.35\text{ kJ/kg}$$

따라서 $h_2 - h_1 = 2345.35 - 3138.3$

$= -792.95\,\text{kJ/kg}$

또한 운동 에너지 변화는

$$\Delta KE = \frac{V_2^2 - V_1^2}{2} = \frac{55^2 - 12^2}{2 \times 1000} = 1.441\,\text{kJ/kg}$$

이므로 구하고자 하는 $\dot{Q}_{cv}$는

$$\dot{Q}_{cv} = 900 + 1.28 \times (-792.95 + 1.441)$$
$$= -113.1315\,\text{kW}$$

여기서 (−) 부호는 터빈으로부터 주위로 열이 방열되었음을 의미한다.

보기 5.15

단열적인 증기 터빈의 출력이 5000 kW이고 입구 및 출구 조건이 표 **5 · 2**와 같을 경우 (1) Δh, ΔKE, ΔPE의 크기를 비교하고, (2) 증기 단위 질량당의 일 및 (3) 증기 유량을 구하여라.

표 5 · 2 터빈의 입구 및 출구조건

	압력 kPa	온도 ℃	증기속도 m/s	위치(고도) m	건도
입 구	2000	500	40	10	과열 증기
출 구	15	−	180	6	0.9

풀이 (1) 터빈 입구의 엔탈피 ;

부록의 과열 증기표 부표 **A · 6**으로부터 $P_1 = 2\,\text{MPa}$, $T_1 = 500℃$, $h_1 = 3467.6\,\text{kJ/kg}$

터빈 출구의 엔탈피 ;

부록의 포화 증기표 부표 **A · 5**로부터 $P_2 = 0.015\,\text{MPa}$, $h_{2f} = 225.94\,\text{kJ/kg}$, $h_{2g} = 2599.1\,\text{kJ/kg}$, $h_{2fg} = 2373.1\,\text{kJ/kg}$이므로

$$h_2 = h_{2f} + x_2 h_{2fg}$$
$$= 225.94 + 0.9(2373.1)$$
$$= 2361.73\,\text{kJ/kg}$$

따라서 $\Delta h = h_2 - h_1 = 2361.73 - 3467.6$

$= -1105.87\,\text{kJ/kg}$

$$\Delta KE = \frac{V_2^2 - V_1^2}{2} = \frac{180^2 - 40^2}{2 \times 1000}$$
$$= 15.4\,\text{kJ/kg}$$

$$\Delta PE = g(Z_2 - Z_1) = 9.807 \times (6 - 10)$$
$$= -0.03923\,\text{kJ/kg}$$

이들 값을 비교하여 보면 위치 에너지 변화 ΔPE는 Δh 및 ΔKE에 비하여 매우 작으므로 무시할 수 있음을 알 수 있다. 또한 운동 에너지 변화 ΔKE는 엔탈피 차 Δh에 비하여 작으며 Δh의 약 1.4%에 불과한 값이다. 따라서 경우에 따라서는 ΔKE도 무시된다.

(2) 증기의 단위 질량당 일은

$$q - w = \Delta h + \Delta KE + \Delta PE$$

에서 단열된 상태이므로 $q = 0$이다.

$$\begin{aligned} w &= -(\Delta h + \Delta KE + \Delta PE) \\ &= -(-1105.87 + 15.4 - 0.03923) \\ &= 1090.5092\,\text{kJ/kg} \end{aligned}$$

(3) 증기 유량

$$\dot{m} = \frac{\dot{W}}{w} = \frac{5000}{1090.5092} = 4.5850\,\text{kg/s}$$

[3] 압축기 및 펌프

압축기(壓縮機, compressor)는 가스를 압축시켜 소정의 압력으로 배출시키는 기계이고, **펌프**(pump)는 밀폐된 케이싱(casing) 내에서 로터(rotor)의 회전 운동 또는 피스톤의 왕복 운동 등의 작용에 의하여 유체에 압력 및 속도 에너지를 부여하여 송출하는 기계를 말한다.

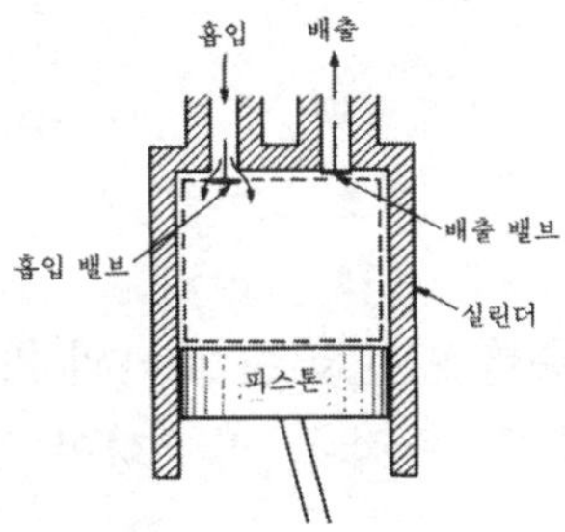

그림 5·21 왕복식 압축기

그림 5·21은 왕복식 압축기의 기본 구조를 나타낸 것이고, 그림 5·22는 회전식 압축기(回轉式壓縮機, rotating compressor)의 기본 구조를 도시한 것이다. 그림 5·22 (a)는 두 개의 회전자가 회전하면서 공기를 압송하는 루츠식(Roots blower)이고, (b)는 베인의 회전 운동을 이용하여 공기를 압축하는 베인식(vane type compressor)이고, (c)는 축방향으로 흡입하여 반지름방향으로 압송하는 원심식 압축기(遠心式壓縮機, centrifugal type compressor), 그리고 (d)는 공기의 유동 방향이 축방향으로 흐르는 축류식 압축기(軸流式壓縮機, axial flow compressor)를 나타낸 것이다.

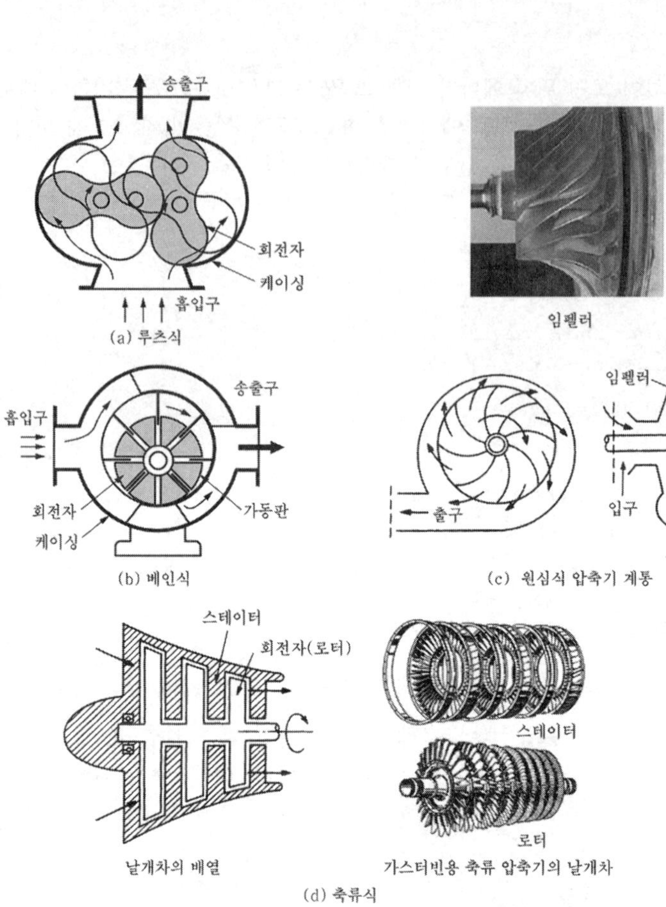

그림 5 · 22 회전식 압축기

그림 5 · 23은 압축기 또는 터빈 로터의 가스 흐름 방향을 그림으로 나타낸 것으로 가스 유동 방향에 따라 축류, 반경류, 혼류형이 있다.

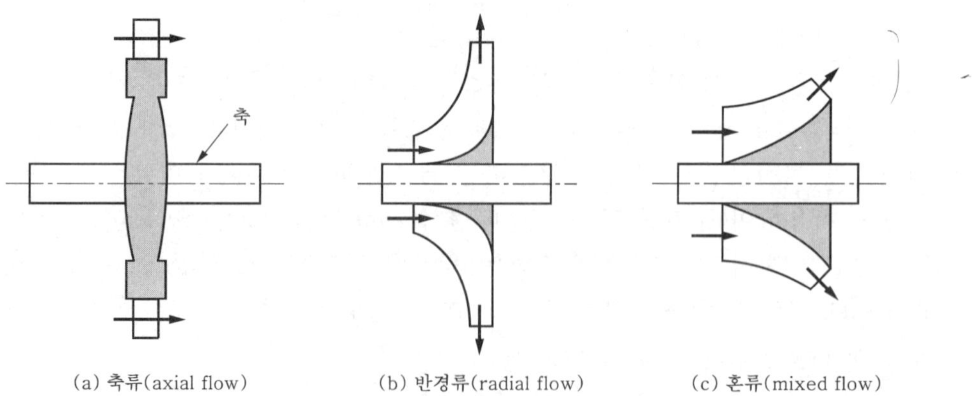

그림 5 · 23 압축기 및 터빈 날개차의 가스 흐름형식

일반적으로 압축기의 흡입 압력(suction pressure)을 P_1, 송출 압력을 P_2라 하면 $\frac{P_2}{P_1}$를 압력비 r라 한다. 압력비(압축비라고도 함)에 따라 압축기는 표 5·3과 같이 분류한다.

표 5·3 압축기의 압력비

종 류	압력비($r = P_2/P_1$)	비 고
팬(fan)	$r < 1.1$	송풍기라고 함
블로어(blower)	$1.1 < r < 3.0$	
압축기(compressor)	$r > 3.0$	
진공 펌프(vacuum pump)	대기압 이하	

압축기 또는 펌프에 열역학의 제1법칙을 적용하면

$$\dot{Q}_{cv} + \dot{m}_1\left(h_1 + \frac{V_1^2}{2}\right) = \dot{m}_2\left(h_2 + \frac{V_2^2}{2}\right) + \dot{W}_{cv}$$

여기서 $\dot{Q}_{cv}$와 위치 에너지의 변화를 무시하면

$$\dot{W}_{cv} = \dot{m}_1(h_1 - h_2) + \frac{\dot{m}}{2}(V_1^2 - V_2^2)$$

가 된다. 유체의 운동 에너지가 입·출구에서 같다고 생각하면

$$\dot{W}_{cv} = \dot{W}_c \text{ 또는 } \dot{W}_p = \dot{m}(h_1 - h_2) \tag{5·72}$$

$$\dot{W}_c \text{ 또는 } \dot{W}_p = -\dot{m}\int_1^2 dh = -\dot{m}\int_1^2 v\,dP$$

$$= -\dot{m}v(P_2 - P_1) \tag{5·73}$$

이 된다.

보기 5.16

증기 원동소(steam power plant)에 사용되는 물펌프가 다음과 같은 조건에서 작동되는 경우 물의 단위 질량당의 일을 구하여라. 다만, 이 펌프는 가역 단열적인 조건에서 작동하며 펌프 입구 조건은 15 kPa, 35 ℃이고, 출구 조건은 3.5 MPa이다.

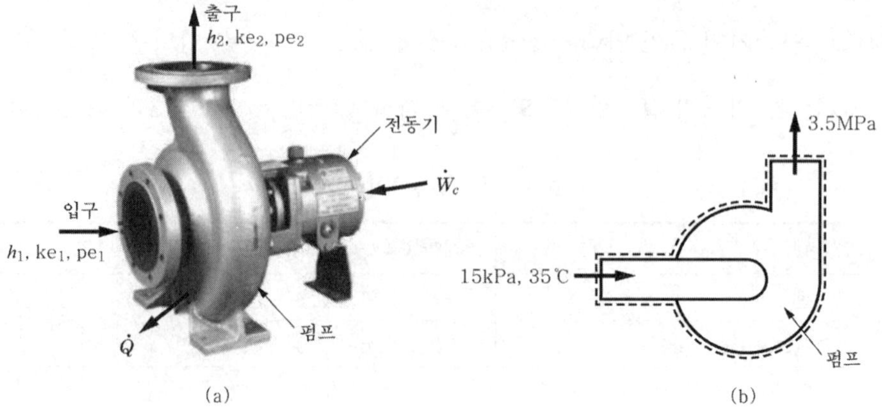

그림 5·24 보기 5.16의 설명도

풀이 연속의 원리 ; $\dot{m}_1 = \dot{m}_2$

펌프 일 ; $\dot{W}_p = \dot{m}(h_1 - h_2)$, $w_p = h_1 - h_2$

$$v_1(T_1, P_1) \cong v_1(T_1),\ T_1 = 35℃$$

$T = 35℃$일 때 $v_1 = 0.001006\,\text{m}^3/\text{kg}$

따라서 $w_p = v_1(P_1 - P_2) = 0.001006(15 - 3500)$

$= -3.50591\text{kJ/kg}$

출구 온도를 구해 보면

$w_p = h_1 - h_2$로부터

$$h_2 = h_1 - w_p$$

$$h_1(T_1, P_1) \cong h_f(T_1) = 146.68\ \text{kJ/kg}$$

$$\therefore\ h_2 = 146.68 - (-3.50591)$$

$$= 150.1859\,\text{kJ/kg}$$

따라서 T_2는

$$T_2 = 35℃,\ h_f = 146.68\,\text{kJ/kg}$$

$$T_2 = 40℃,\ h_f = 167.57\,\text{kJ/kg}$$

로부터 구하고자 하는 T_2는 35℃와 40℃ 사이의 온도 범위에 있으므로 보간법을 이용하면

$$T_2 = 35 + (40 - 35) \times \left(\frac{150.1859 - 146.68}{167.57 - 146.68}\right)$$

$$= 35.839℃$$

이다.

보기 5.17

공기가 101.3 kPa, 20℃로부터 300 kPa, 160℃까지 압축되는 경우의 압축기가 하는 단위 질량당의 일을 구하여라.

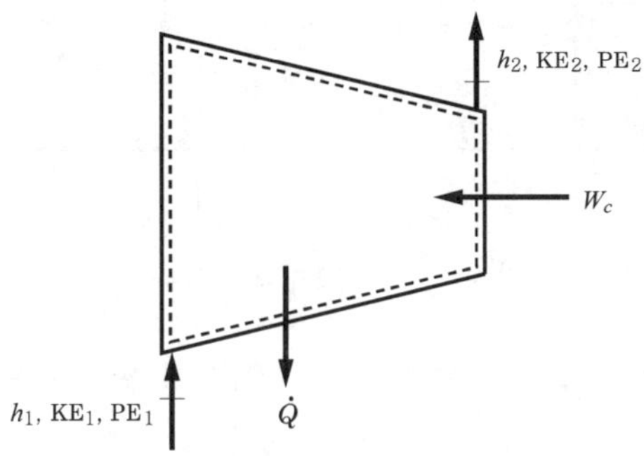

그림 5·25 보기 5.17의 설명도

풀이 $q + h_1 + KE_1 + PE_1 = h_2 + KE_2 + PE_2 + w$

여기서 $q = 0$, $\Delta KE \approx 0$, $\Delta PE \approx 0$이면

$$w_c = h_1 - h_2 = c_p(T_1 - T_2)$$
$$= 1.005(20 - 160)$$
$$= -140.7 \text{ kJ/kg}$$

(−)는 압축일을 의미한다.

[4] 스로틀링 장치

(1) 스로틀 밸브(throttle valve)

가스가 관로 속을 흐를 때 밸브(valve)나 콕(cock) 등에 의하여 유로의 일부를 좁게 하였을 때 흐름의 방향으로 압력이 저하하는 데 이러한 현상을 **스로틀링** 또는 **교축**(絞縮, throttling)이라 한다. 이러한 목적으로 사용되는 장치를 스로틀링 장치(throttling device)라 하고, 스로틀링 장치에는 스로틀 밸브(throttling valve) 또는 교축 밸브, 스로틀리링 칼로리미터(throttling calorimeter) 등이 있다.

스로틀 또는 스로틀링 장치에는 그림 5·26 및 그림 5·27과 같은 스로틀 밸브 또는 다공성(多孔性) 플러그(porous plug) 등이 이용된다.

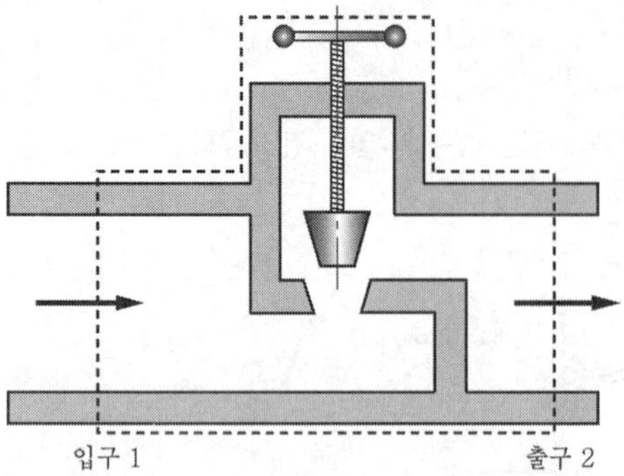

그림 5 · 26 스로틀링 밸브 장치

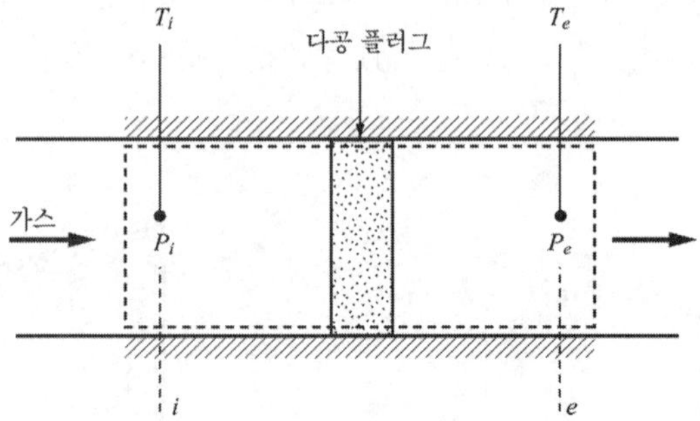

그림 5 · 27 스로틀링 장치(다공성 플러그)

스로틀 밸브 장치의 입구를 1, 출구를 2라 하고 에너지 평형식을 적용하면, $\dot{W}_{cv}=0$ 이므로

$$\dot{Q}_{cv}+\dot{m}_1\left(h_1+\frac{V_1^2}{2}\right)=\dot{m}_2\left(h_2+\frac{V_2^2}{2}\right)$$

연속의 원리에 의하여

$$\dot{m}_1=\dot{m}_2=\dot{m}$$

주위와의 열이동이 없고, 위치 에너지를 무시하면

$$h_1+\frac{V_1^2}{2}=h_2+\frac{V_2^2}{2}$$

또한 입 · 출구 속도에 따른 운동 에너지 차를 무시하면

$$h_1=h_2 \tag{5 · 74}$$

가 된다. 즉, 스로틀링 과정 또는 교축 과정(throttling process)에서는 **등엔탈피 변화**를 한다. 이러한 과정을 하는 장치를 **등엔탈피 장치**(constant enthalpy device)라 한다.

식 (5 · 74)를 다시 쓰면

$$u_1+P_1v_1=u_2+P_2v_2$$

내부 에너지+유동 에너지=일정

의 관계가 있다.

냉동기(冷凍機, refrigerator)의 팽창 밸브는 스로틀링 과정의 등엔탈피 변화를 하는 실제의 보기이다.

보기 5.18

냉동기의 팽창 밸브 입구의 압력이 800 kPa이고, 출구 압력이 140 kPa 일 경우의 최종 냉매 증기의 건도를 구하여라. 단, 냉매는 R-134a이다. 이 장치에서 팽창 밸브를 통과하는 사이의 온도 강하(溫度降下, temperature drop)를 구하여라.

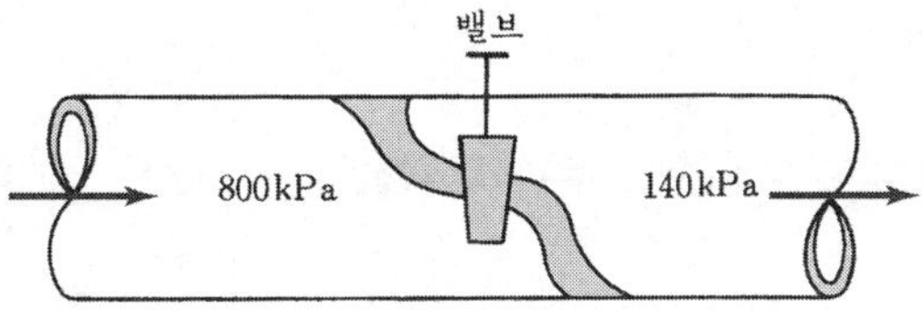

그림 5 · 28 보기 5.18의 설명도

풀이 부표의 R-134a 포화 증기표로부터

입구 $P_1 = 800\,\text{kPa}$, $h_{f1} = 93.42\,\text{kJ/kg}$, $T_1 = 31.33\,℃$

출구 $P_2 = 140\,\text{kPa}$, $h_{f2} = 25.77\,\text{kJ/kg}$,

$h_{fg2} = 210.27\,\text{kJ/kg}$, $h_{g2} = 236.04\,\text{kJ/kg}$

따라서 x_2는

$$h_2 = h_{f2} + x_2 h_{fg2}$$

$$x_2 = \frac{h_2 - h_{f2}}{h_{fg2}} = \frac{h_1 - h_{f2}}{h_{fg2}} = \frac{93.42 - 25.77}{210.77}$$

$$= 0.3217$$

출구 압력 $P_2 = 140$ kPa에서 포화 온도는 -18.80 ℃이므로 온도차는

$$\Delta T = T_2 - T_1 = -18.80 - 31.33$$

$$= -50.13\,℃$$

따라서 스로틀링 과정 중의 온도 강하는 50.13℃이다.

(2) 스로틀링 열량계 또는 교축 열량계(絞縮熱量計, throttling calorimeter)

스로틀링 열량계는 스로틀링 과정의 등엔탈피 변화를 이용한 것으로서 2상 혼합물(습증기)의 건도를 측정하는 장치이다. 그림 **5 · 29, 5 · 30**은 스로틀링 열량계의 구조와 스로틀링 과정 중의 $P-v$ 선도를 나타낸 것이다.

스로틀링 열량계에서 도관(導管)의 끝을 증기관 속에 설치하고 습증기가 도관을 통하여 흐를 때 스로틀링 구멍을 통과하는 사이에 압력 강하가 생겨서 Ⓐ실 내에서는 과열 증기로 된다. 따라서 증기관의 온도와 압력 T_1, P_1을 측정하고 Ⓐ실의 열량계 출구 압력 P_2와 온도

T_2를 측정한다. 스로틀링 칼로리미터 출구의 엔탈피 h_2는 과열 증기표를 찾아서 구하며, 스로틀링 과정은 등엔탈피 변화를 하므로 $P-v$ 선도로부터

$$h_1 = h_{f1} + x_1 (h_{g1} - h_{f1}) = h_2$$

가 된다. 따라서

$$x_1 = \frac{h_2 - h_{f1}}{h_{g1} - h_{f1}} \tag{5 · 75}$$

가 된다. 따라서 식 (5 · 75)로부터 증기 주관(蒸氣主管, main pipe) 내의 건도(乾度, quality)를 구할 수 있다.

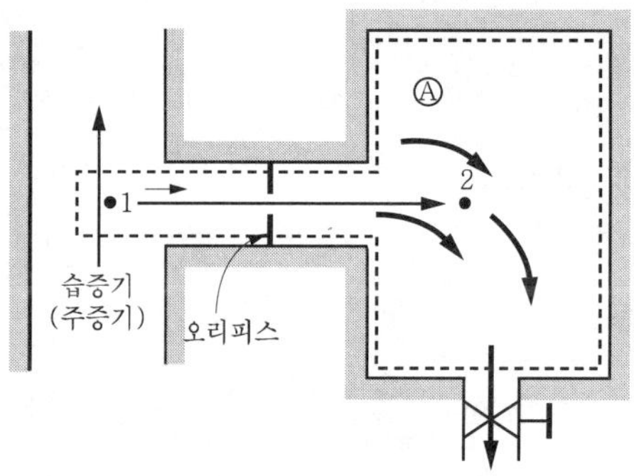

그림 5 · 29 스로틀링 열량계

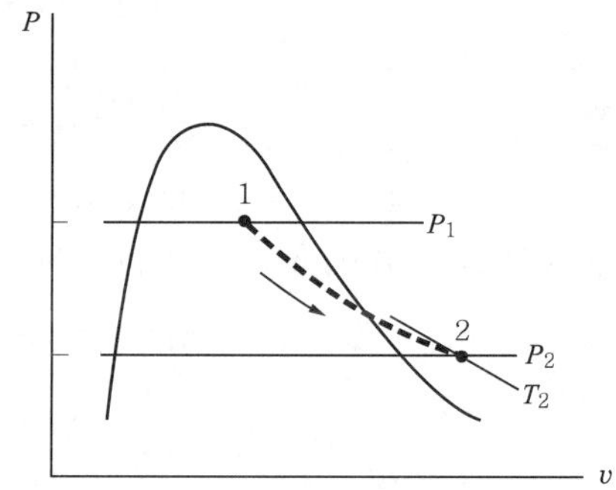

그림 5 · 30 스로틀링 칼로리미터의 $P-v$ 선도

보기 5.19

증기관 속을 습증기가 흐르고 있다. 증기관 내의 압력은 200 kPa이고 스로틀링 열량계 입구 압력은 P_1=100 kPa, 100℃이다. 이 습증기의 건도를 구하여라.

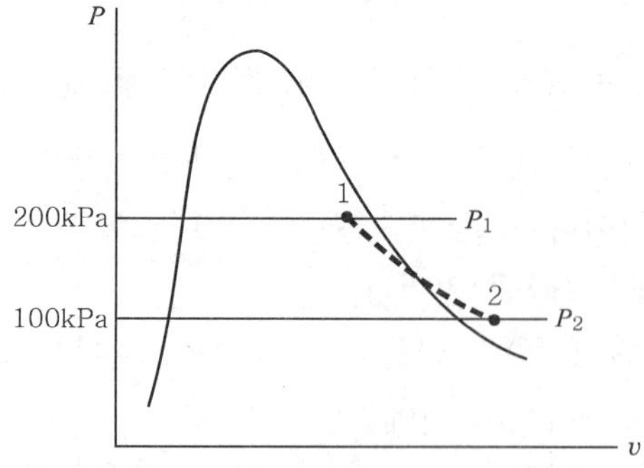

그림 5 · 31 보기 5.18의 설명도

풀이 그림 5·31의 $P-v$ 선도에서

증기관 내의 상태 $P_1 = 200\,\text{kPa}$, $h_{f1} = 504.70\,\text{kJ/kg}$, $h_{g1} = 2706.7\,\text{kJ/kg}$,

스로틀링 열량계 출구 $P_1 = 200\,\text{kPa}$, $100\,℃$, $h_2 = 2676.2\,\text{kJ/kg}$,

$$x_1 = \frac{h_2 - h_{f1}}{h_{g1} - h_{f1}} = \frac{2676.2 - 504.70}{2706.7 - 504.70}$$
$$= 0.986$$

[5] 열교환기

정상 유동 장치의 가장 중요한 것의 하나가 열교환기(熱交換器, heat exchanger)이다. 이 장치는 열전달 형태에 의하여 서로 다른 유체 사이에 에너지 이동이 생기도록 하는 것으로서 그 유동 및 열전달 형태에 따라 다음과 같이 여러 가지가 있다.

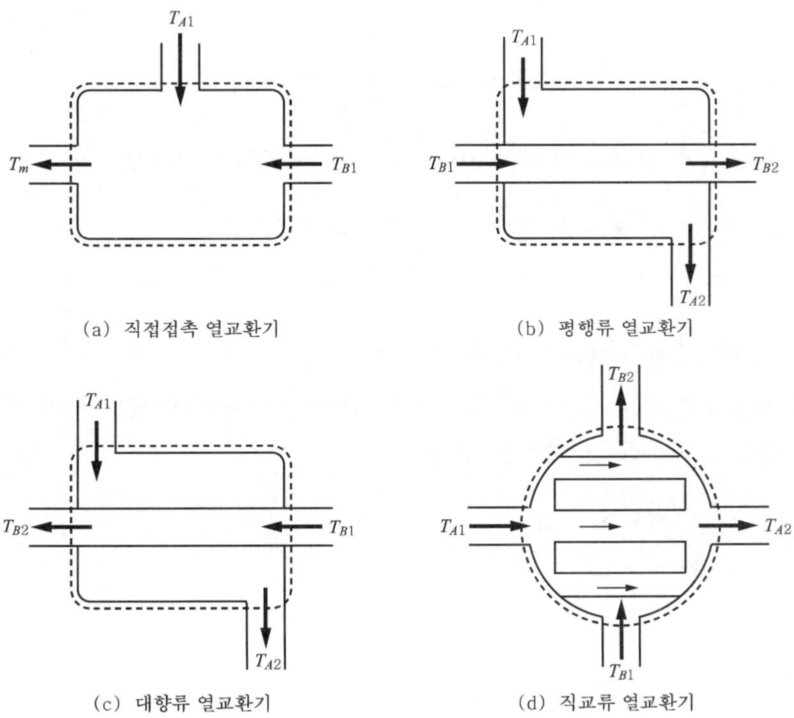

그림 5·32 열교환기

가장 간단한 형태는 그림 5·32 (a)와 같이 고온과 저온 유체가 직접적으로 혼합하면서 열교환하는 **직접 접촉식 열교환기**(direct contact heat exchanger)이다. 급수 가열기(給水加熱器, feedwater heater)는 그 하나의 보기이다. 또 다른 하나의 형태는 가스 또는 액체가 서로 다른 유로를 통하여 흐르면서 열교환하는 방식으로서 그림 **5・32** (b)와 같이 고저 두 유체가 같은 방향으로 흐르는 **평행류 열교환기**(平行流 熱交換器, parallel flow heat exchanger)와 (c)의 경우와 같이 서로 대향하게 흐르는 **대향류 열교환기**(對向流 熱交換器, counterflow heat exchanger)가 있다. 그림의 (d)는 두 유체가 직교하게 흐르는 **직교류**(크로스플로) **열교환기**(cross-flow heat exchanger)이다.

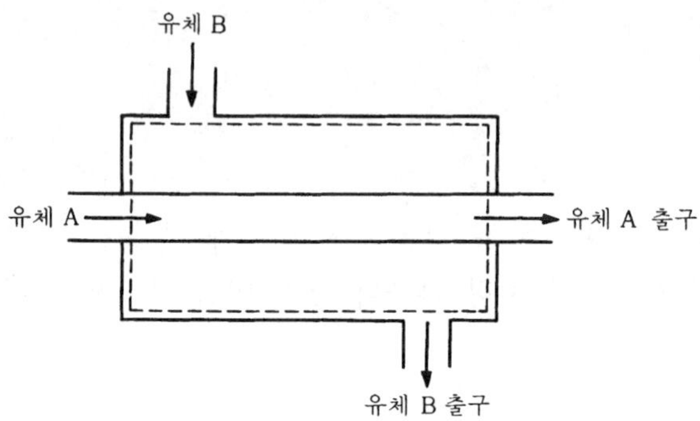

그림 5・33 평행류 열교환기

그림 **5・33**과 같은 평행류 열교환기에서 에너지 평형식을 세우면

$$\dot{m}_A h_{A1} + \dot{m}_B h_{B1} = \dot{m}_A h_{A2} + \dot{m}_B h_{B2}$$

또는

$$\dot{m}_A (h_{A1} - h_{A2}) = \dot{m}_B (h_{B2} - h_{B1}) \qquad (5 \cdot 76)$$

여기서 유체 A는 고온 유체, 유체 B는 저온 유체이고, 첨자 A, B는 각각 유체, 첨자 1, 2는 입구와 출구를 말한다. 열교환된 열량은

$$\left.\begin{aligned} \dot{Q} &= \dot{m}_B (h_{B2} - h_{B1}) \\ -\dot{Q} &= \dot{m}_A (h_{A2} - h_{A1}) \end{aligned}\right\} \qquad (5 \cdot 77)$$

가 된다.

보기 5.20

냉매 R-134a가 응축기(凝縮器, condenser)에서 수냉각(水冷却, water cooling)된다. 냉매는 응축기로 0.1 kg/s의 유량으로 흐르고, 응축기 입구 조건은 1000 kPa, 80℃이고, 응축기 출구 조건은 34℃이다. 냉각수는 입구에서 300 kPa, 20 ℃이고 출구에서는 30℃로 유출한다.

(1) 냉각수 유량,

(2) 냉매로부터 물로 전달된 열량을 구하여라.

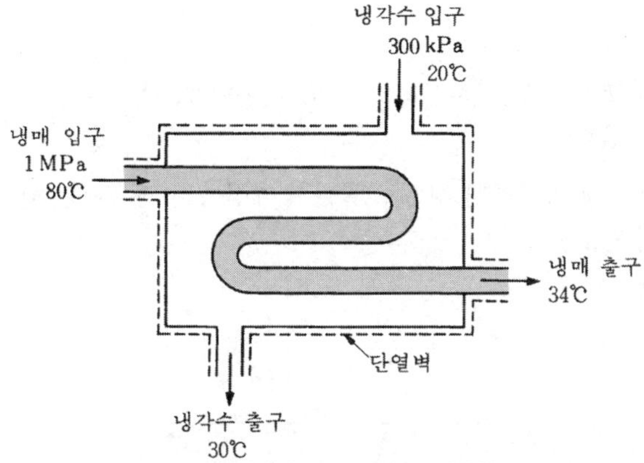

그림 5 · 34 열교환기의 구조

풀이 (1) 그림 **5 · 34**에서 질량 보존식을 쓰면

$$\dot{m}_{W1} = \dot{m}_{W2} = \dot{m}_W$$

$$\dot{m}_{R1} = \dot{m}_{R2} = \dot{m}_R$$

여기서 첨자 W, R, 1, 2는 각각 냉각수, 냉매, 입구, 출구를 나타낸다. 열교환기가 단열되어 있다고 생각하고 에너지 식을 적용하면

$$\dot{Q} + \sum \dot{m}_i \left(h_i + \frac{V_i^2}{2} + g Z_i \right) = \sum \dot{m}_e \left(h_e + \frac{V_e^2}{2} + g Z_e \right) + \dot{W}$$

여기서 $\dot{Q} = 0$, $\dot{W} = 0$이고, 또 운동 에너지 및 위치 에너지의 변화를 무시하면

$$\sum \dot{m}_i h_i = \sum \dot{m}_e h_e$$

$$\dot{m}_W h_{W1} + \dot{m}_R h_{R1} = \dot{m}_W h_{W2} + \dot{m}_R h_{R2}$$

입구, 출구의 엔탈피를 구하면

냉매 ; R-134a 과열 증기표로부터

1 MPa, 80℃, $h_{R1} = 313.20\,\text{kJ/kg}$

R-134a 포화 증기표로부터

1 MPa, 34℃, $h_{R2} = 97.31\,\text{kJ/kg}$

냉각수 ; 물의 포화 증기표로부터

20℃, $h_{W1} = 83.96\,\text{kJ/kg}$

30℃, $h_{W2} = 125.79\,\text{kJ/kg}$

$$\dot{m}_W (h_{W1} - h_{W2}) = \dot{m}_R (h_{R2} - h_{R1})$$

$$\dot{m}_W = \frac{\dot{m}_R(h_{R2}-h_{R1})}{h_{W1}-h_{W2}} = 0.1 \times \frac{97.31-313.20}{83.96-125.79}$$
$$= 0.5161\text{kg/s}$$

(2) 냉매로부터 물로 전달된 열량

$$\dot{Q}_W = \dot{m}_W(h_{W2}-h_{W1}) = 0.5161 \times (125.79-83.96)$$
$$= 21.588\,\text{kJ/s}$$

만일 검사 체적을 냉매 파이프의 경계로 잡아서 계산하는 경우에는 열이 냉매로부터 방열되므로 그림 **5 · 35**와 같이 $\dot{Q}_W$는 $-\dot{Q}_R$와 같다.

$$\dot{Q}_R = -21.59\,\text{kJ/s}$$

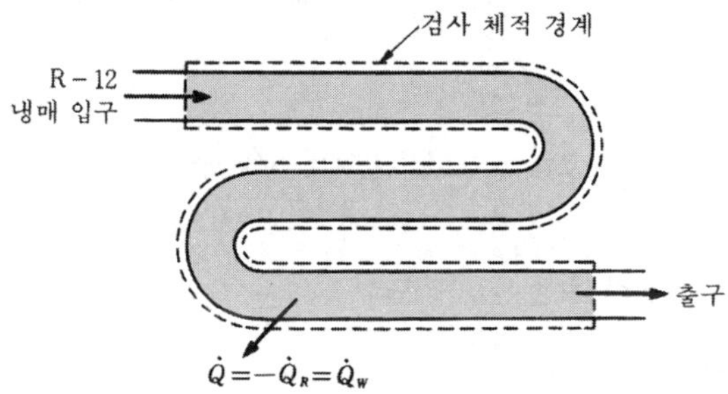

그림 5 · 35 냉매관을 검사 체적의 경계로 잡은 경우

보기 5.21

증기 터빈 원동소에서 혼합형 급수 가열기(open feedwater heater)가 500 kPa의 압력하에서 급수를 가열하고 있다. 터빈으로부터 500 kPa, 200℃의 상태로 증기를 추출(抽出)하여 급수 가열기로 보내며, 펌프로부터 들어오는 압축수의 상태는 500 kPa, 35℃이다. 급수 가열기 및 추출 증기 및 압축수의 유입 · 유출 상태는 그림 **5 · 36**과 같고 추출 증기는 1 kg/s로 공급된다. 급수 가열기로 공급되는 압축수 유량을 구하여라(단, 가열기 출구 상태는 포화수로 생각하여 계산한다).

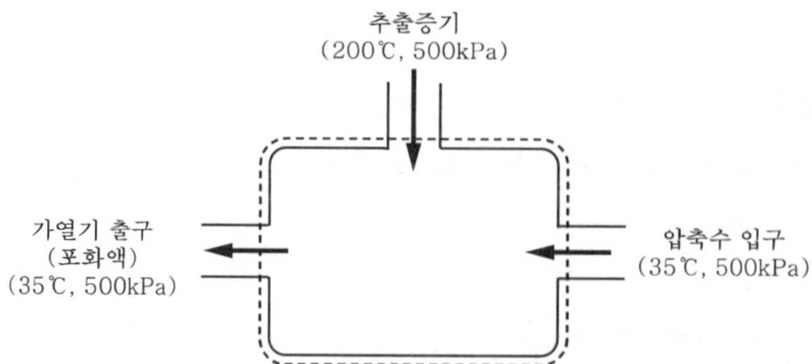

그림 5 · 36 급수가열기(혼합형)

풀이 급수 가열기에 대하여 에너지 식을 세우면

$$\dot{m}_w h_w + \dot{m}_s h_s = \dot{m}_{\text{sat}} h_{\text{sat}}$$

여기서 첨자 w는 압축수, s는 추출, sat는 출구의 포화액을 나타낸다. 질량 보존식을 적용하면

$$\dot{m}_w + \dot{m}_s = \dot{m}_{\text{sat}}$$

가 된다. 각 상태의 엔탈피를 구하면

추출 증기 ; 과열 증기표로부터 500kPa, 200℃에서 $h_s = 2855.4\,\text{kJ/kg}$

압축액 ; 500 kPa, 35℃일 때의 압축액의 성질은 $h(T, P) \cong h_f(T)$와 같으므로 35℃의 포화 증기표를 찾으면 된다. 따라서 $h_w = 146.68\,\text{kJ/kg}$이 된다.

포화액(급수 가열기 출구) ; 포화 증기표로부터 $h_{\text{sat}} = 640.23\,\text{kJ/kg}$

따라서 구하고자 하는 압축액 유량 $\dot{m}_w$ kg/s는

$$\dot{m}_w h_w + \dot{m}_s h_s = (\dot{m}_w + \dot{m}_s) h_{\text{sat}}$$

$$\dot{m}_w (h_w - h_{\text{sat}}) = \dot{m}_s (h_{\text{sat}} - h_s)$$

$$\dot{m}_w = \frac{m_s (h_{\text{sat}} - h_s)}{h_w - h_{\text{sat}}} = \frac{640.23 - 2855.4}{146.68 - 640.23}$$

$$= 4.4882\,\text{kg/s}$$

[6] 파이프 및 덕트 내의 유동

파이프 및 덕트(duct) 내의 가스 또는 액체의 유동은 많은 공학적인 유동에서 매우 중요한 응용 분야의 하나이다. 파이프 또는 덕트 내의 유동은 정상 유동 과정으로 취급하며, 계에 따라서는 가열 코일(heating coil), 팬(fan), 펌프(pump) 등이 포함된다. 파이프 또는 덕트 유동에서 검사 체적 내로 열의 주고받음이 일어나며, 특히 단열되어 있지 않거나 관의 길이가 길 때에는 방열 또는 수열량은 더욱 많아진다.

파이프 또는 덕트 흐름에 대하여 에너지 보존식을 적용하면

$$\dot{Q}_{\text{cv}} = \dot{m}(h_2 - h_1) + \dot{m}\left(\frac{V_2^2}{2} - \frac{V_1^2}{2}\right) + \dot{m} g (Z_2 - Z_1) + \dot{W}_{\text{cv}} \qquad (5 \cdot 78)$$

가 된다. 여기서 $\Delta KE = 0$, $\Delta PE = 0$이면

$$\dot{Q}_{\text{cv}} - \dot{W}_{\text{cv}} = \dot{m}(h_2 - h_1)$$

가 된다. 비압축성 물질(非壓縮性物質, incompressible substance)의 경우에는

$$\Delta h = h_2 - h_1 = (u_2 - u_1) + v(P_2 - P_1)$$
$$= c(T_2 - T_1) + v(P_2 - P_1) \qquad (5 \cdot 79)$$

여기서 c는 $c_v = c_p = c$로서 비압축성 물질의 비열이다.

정상 유동 과정에 대한 에너지식 식 (5 · 78)로부터 $\frac{\dot{Q}_{cv}}{\dot{m}} = q$, $\frac{\dot{W}_{cv}}{\dot{m}} = w$라 놓으면

$$w = q + (h_1 - h_2) + \frac{1}{2}(V_1^2 - V_2^2) + g(Z_1 - Z_2)$$

여기서 q는

$$q = (h_2 - h_1) - \int_1^2 v dP \tag{b}$$

이들 두 식으로부터

$$w = -\int_1^2 v dP + \frac{1}{2}(V_1^2 - V_2^2) + g(Z_1 - Z_2) \tag{c}$$

가 된다. 열전달 효과 및 유체의 온도 변화가 무시될 수 있는 비압축성 물질의 경우에는 식 (c)로부터

$$w = -\int_1^2 v dP + \frac{1}{2}(V_1^2 - V_2^2) + g(Z_1 - Z_2) \tag{5 · 80}$$

여기서 w는 검사 체적이 외부에 대하여 하는 일이다. 관 내 유동에서 주어진 영역 내에 펌프가 포함되지 않고[이 때 식 (5 · 80)의 w는 펌프일에 상당함], 단열 비압축성 등온 흐름에서는 $w = 0$이므로

$$-\int_1^2 v dP + \frac{1}{2}(V_1^2 - V_2^2) + g(Z_1 - Z_2) = 0$$

또는

$$v(P_2 - P_1) + \frac{1}{2}(V_1^2 - V_2^2) + g(Z_1 - Z_2) = 0$$

$$vP_2 + \frac{1}{2}V_2^2 + gZ_2 = vP_1 + \frac{1}{2}V_1^2 + gZ_1 \tag{5 · 81}$$

가 된다. 식 (5 · 81)은 Bernoulli **정리**를 나타내는 식이며, 마찰이 없는 정상 비압축성 유동에서 한 유선(流線)을 따라 총 기계적 에너지는 일정하다는 것을 말해 주고 있다.

보기 5.22

그림 5 · 37에 표시한 바와 같은 가열 코일을 포함하는 덕트 유동에서 공기 입구 상태가 100 kPa,

15℃이고, 공기의 체적 유량이 2.5 m^3/s일 경우 출구 온도를 구하여라. 가열 장치의 용량은 10 kW이고, 덕트의 열손실은 0.250 kW이다.

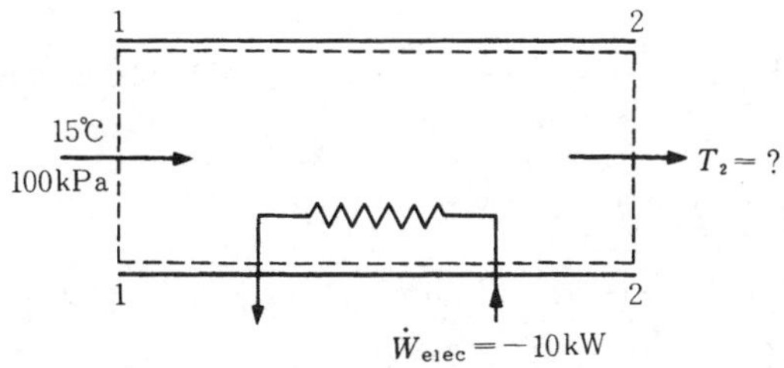

그림 5 · 37 덕 트

풀이 덕트에 대하여 운동 에너지 및 위치 에너지의 변화를 무시하고 에너지 식을 세우면

$$\dot{Q} = \dot{m}(h_2 - h_1) + \dot{W}$$

여기서 $\dot{m} = \dfrac{V}{v} = \dfrac{V}{\dfrac{RT_1}{P_1}}$

$$= \frac{2.5}{\dfrac{0.287 \times (273.15 + 15)}{100}}$$

$$= 3.0230\,\mathrm{m^3/kg}$$

$\dot{W} = \dot{W}_{elect} = -10$ kW(주위로부터 일을 받음)

$$h_2 - h_1 = c_p(T_2 - T_1),\quad \dot{Q} = -0.25\,\mathrm{kW}$$

$$\dot{Q} = \dot{m}\,c_p(T_2 - T_1) + \dot{W}$$

$$T_2 = \frac{\dot{Q} - \dot{W} + \dot{m}\,c_p T_1}{\dot{m}\,c_p} = \frac{-0.25 + 10 + 3.023 \times 1.005 \times 288.15}{3.023 \times 1.005}$$

$$= 291.3592\,\mathrm{K} = 18.209\,℃$$

보기 5.23

그림 5 · 38과 같은 펌프 장치에서 지면(地面)으로부터 우물물의 수면(水面)까지의 깊이를 50 m, 지면에서 송출관(送出管)까지의 높이가 6 m일 경우에 펌프의 출력을 구하여라. 단, 양수량(揚水量)은 20 L/s이고, 흡입구 지름은 10 cm이며, 송출구 지름은 12 cm이다. 단, 이 계는 주위와의 열교환이 없고, 온도차는 0이다.

풀이 그림 5 · 38의 점선과 같이 계의 경계를 잡으면

질량 유량 $\dot{m} = \rho A V = 1000 \times 0.02 = 20\,\mathrm{kg/s}$

$$\text{입구 속도 } V_1 = \frac{\dot{m}}{\rho_1 A_1} = \frac{20}{1000 \times \frac{\pi}{4} \times \left(\frac{10}{100}\right)^2} = 2.5477\,\text{m/s}$$

$$\text{출구 속도 } V_2 = \frac{\dot{m}}{\rho_2 A_2} = \frac{20}{1000 \times \frac{\pi}{4} \times \left(\frac{12}{100}\right)^2} = 1.7693\,\text{m/s}$$

엔탈피 차 $(h_2 - h_1)$를 구하면

$$h_2 - h_1 = (u_2 + P_2 v_2) - (u_1 + P_1 v_1) = (u_2 - u_1) + v(P_2 - P_1)$$
$$= c(T_2 - T_1) + v(P_2 - P_1)$$

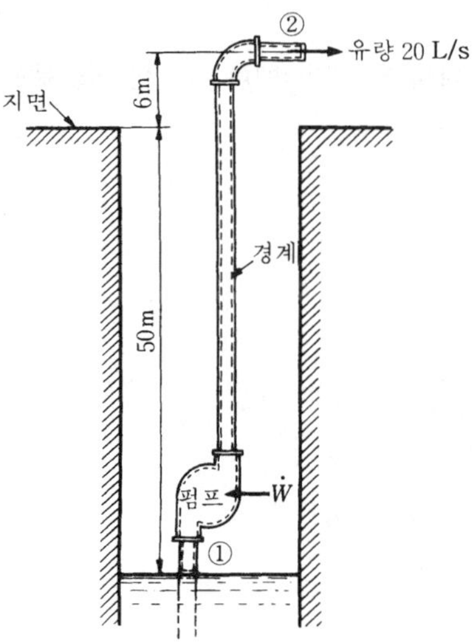

그림 5·38 펌프 장치

따라서 정상 유동 과정을 하는 액체에 대한 에너지 보존식은

$$\dot{Q} = \dot{m}\left[(h_2 - h_1) + \frac{V_2^2 - V_1^2}{2} + g(Z_2 - Z_1)\right] + \dot{W}$$
$$= \dot{m}\left[c(T_2 - T_1) + v(P_2 - P_1) + \frac{V_2^2 - V_1^2}{2} + g(Z_2 - Z_1)\right] + \dot{W}$$

문제의 주어진 조건이 $\dot{Q} = 0$, $(T_2 - T_1) = 0$이고, P_1, P_2 =대기압이므로

$$\dot{W} = -\dot{m}\left[\frac{V_2^2 - V_1^2}{2} + g(Z_2 - Z_1)\right]$$
$$= -20 \times \left[\left(\frac{1.7684^2 - 2.5477^2}{2 \times 1000}\right) + 9.807 \times 56 \times \frac{1}{1000}\right]$$
$$= -10.9503\text{kW}$$

즉, 펌프의 소요 동력은 10.9503 kW이다.

5.10 비정상 유동 과정

지금까지는 주로 정상 유동 과정에 대한 적용 예에 대하여 다루었다. 그러나 열역학적 과정 중에는 **비정상 유동 과정**(非定常流動過程, unsteady-flow process)을 포함하는 경우가 많다. 이러한 과정으로는 다음과 같은 현상들을 생각할 수 있다.

(1) 밀폐된 탱크 속에 기체나 액체를 충전(充塡, filling)하는 경우

(2) 밀폐된 압력 용기 내에 들어 있는 기체나 액체를 방출(discharging)하는 경우

(3) 자동차 타이어, 풍선 등에 공기를 주입하는 경우

(4) 압력솥 등에서 식품을 끓이는 경우 등

이상과 같은 유동들은 하나의 비정상 유동 과정으로서 **과도 유동 과정**(過渡流動過程, transient-flow process)이라고도 한다. 이러한 과정에서 검사 체적은 좌표계에 대하여 정지 상태를 유지하며, 검사 체적 내의 질량은 시간에 따라서 변화한다. 그러나 그 어느 순간에서의 상태는 전 검사 체적을 통하여 균일하다. 이와 같은 과정을 **균일 상태 균일 유동**(均一狀態 均一流動, uniform state, uniform flow process)이라고도 한다. 이러한 가정 아래 계의 질량 보존 및 에너지 보존식에 대해 알아보기로 한다.

여기서 균일 유동 과정이라 함은 과정 중의 어느 순간에 검사 체적의 상태가 어느 부분에서나 일정한 과정으로, 검사 체적의 상태는 시간에 따라서 변화하지만 그림 **5 · 39**와 같이 균일하게 변화하는 과정을 말한다.

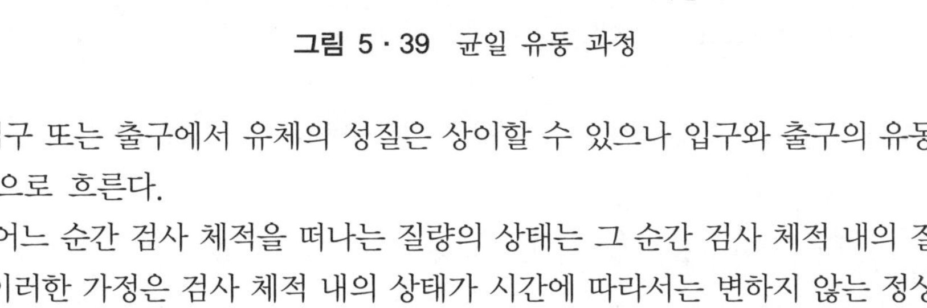

그림 5 · 39 균일 유동 과정

또한, 입구 또는 출구에서 유체의 성질은 상이할 수 있으나 입구와 출구의 유동은 균일하고 정상적으로 흐른다.

따라서 어느 순간 검사 체적을 떠나는 질량의 상태는 그 순간 검사 체적 내의 질량의 상태와 같다. 이러한 가정은 검사 체적 내의 상태가 시간에 따라서는 변하지 않는 정상유동 과정의 가정과 상치되는 것이다.

그림 **5 · 40**에 나타낸 것과 같은 로켓(rocket)이 발사될 경우 기관 내부의 연료는 산화제

(oxidizer)와 결합하여 연소되면서 그 분출력에 의하여 추진(推進)하게 된다. 이 때 연료와 산화제는 연소가 진행됨에 따라(시간이 경과함에 따라) 그 질량은 감소된다.

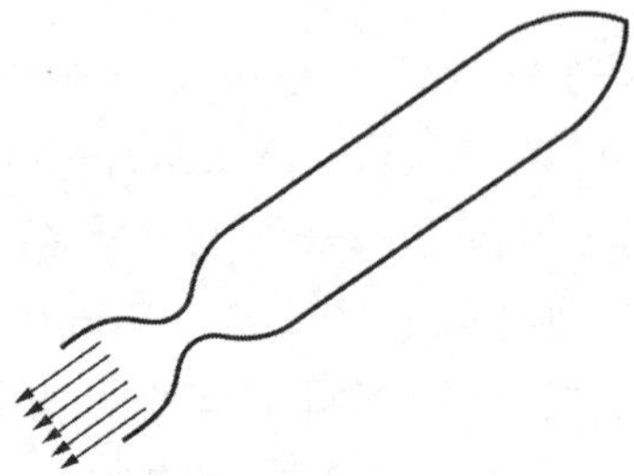

그림 5 · 40 과도 유동 과정

이와 같이 연료 탱크 속에 들어있는 연료를 소비하거나 압축 공기 탱크 내의 공기를 뽑아 쓰는 경우, 온수 탱크 속의 온수를 사용하는 경우 등은 모두 시간 경과와 더불어 용기 내의 질량이 변화하는 비정상인 과도 유동 과정이다.

[1] 질량 보존식

정상 유동 과정에서 유도한 것과 같이 질량 보존식은 식 (5 · 48)로 표시된다. 이 식을 다시 쓰면

$$\frac{dm_{\text{cv}}}{dt}+\sum\dot{m}_e-\sum\dot{m}_i=0 \tag{5 · 48}$$

가 된다. 이 식을 압력 용기 속에 기체 또는 액체를 충전 또는 방출하는 시간 t에 대하여 적분하면

$$\int_0^t\left(\frac{dm_{\text{cv}}}{dt}\right)dt=(m_2-m_1)_{\text{cv}}$$

가 된다. 또한 t시간 동안에 검사 체적을 통하여 나가는 전 질량은

$$\int_0^t\left(\sum\dot{m}_e\right)dt=\sum m_e \tag{5 · 82}$$

이고, 또 t시간 동안 검사 체적 내로 유입하는 전 질량은

$$\int_0^t\left(\sum\dot{m}_i\right)dt=\sum m_i \tag{5 · 83}$$

으로 표시된다. 따라서 t시간 동안의 과도 유동에 대한 연속 방정식은 다음과 같다.

$$(m_2-m_1)_{\text{cv}}+\sum m_e-\sum m_i=0 \tag{5 · 84}$$

지금 식 (5 · 84)에 대한 하나의 간단한 실제의 보기를 들어 보기로 한다. 그림 **5 · 41**과 같은 욕조(浴槽)에 145 kg의 물이 들어 있다. 욕조 내의 검사 체적 표면(물의 수면)은 욕조로 들어오는 물의 양 m_i와 유출량 m_e에 따라서 변화하게 될 것이다. 즉, 욕조의 수면(水面, water level)은 물의 유입량과 유출량에 따라서 상승하거나 내려가게 된다.

유입 밸브 A와 유출 콕 B를 열고 물을 흐르게 하다가 Δt 시간 후에 두 밸브를 모두 잠근 경우 욕조 내의 물의 질량을 구하여 보기로 한다. 이 때 욕조에 들어간 물의 양은 $m_i = 65\,\text{kg}$이고, 유출한 양은 $m_e = 35\,\text{kg}$이라면 식 (5 · 84)로부터

$$m_i - m_e = (m_2 - m_1)_{\text{cv}}$$
$$m_{2\text{cv}} = m_i - m_e + m_{1\text{cv}} = 65 - 35 + 145 = 175\,\text{kg}$$

여기서 첨자 i, e는 각각 욕조 입구 · 출구이고, cv는 욕조의 검사 체적을 의미한다.

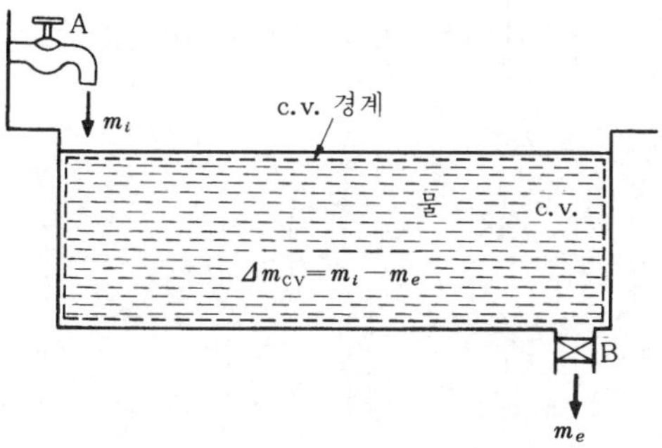

그림 5 · 41 욕조와 검사 체적

[2] 에너지 보존식

앞에서 다룬 바와 같이 유동계에 대한 열역학 제1법칙은 다음 식으로 표시한다.

$$\dot{Q}_{\text{cv}} + \sum \dot{m}_i \left(h_i + \frac{V_i^2}{2} + g Z_i \right) = \frac{dE_{\text{cv}}}{dt} + \sum \dot{m}_e \left(h_e + \frac{V_e^2}{2} + g Z_e \right) + \dot{W}_{\text{cv}} \tag{5 · 63}$$

또는
$$\dot{Q}_{\text{cv}} + \sum \dot{m}_i \left(h_i + \frac{V_i^2}{2} + g Z_i \right) = \frac{d}{dt} \left[m \left(u + \frac{V^2}{2} + g Z \right) \right]_{\text{cv}} + \sum \dot{m}_e \left(h_e + \frac{V^2}{2} + g Z_e \right) + \dot{W}_{\text{cv}}$$

시간 $0 \rightarrow t$까지에 대하여 적분하면

$$\int_0^t \dot{Q}_{\rm cv}\,dt = Q_{\rm cv}$$

$$\int_0^t \dot{W}_{\rm cv}\,dt = W_{\rm cv}$$

$$\int_0^t \left[\sum \dot{m}_i \left(h_i + \frac{\boldsymbol{V}_i^2}{2} + g\,Z_i\right)\right] dt = \sum m_i \left(h_i + \frac{\boldsymbol{V}_i^2}{2} + g\,Z_i\right)$$

$$\int_0^t \left[\sum \dot{m}_e \left(h_e + \frac{\boldsymbol{V}_e^2}{2} + g\,Z_e\right)\right] dt = \sum m_e \left(h_e + \frac{\boldsymbol{V}_e^2}{2} + g\,Z_e\right)$$

$$\int_0^t \frac{dE_{cv}}{dt}\,dt = (E_2 - E_1)_{\rm cv} = (m_2 e_2 - m_1 e_1)_{\rm cv}$$

$$= \left[m_2\left(u_2 + \frac{\boldsymbol{V}_2^2}{2} + g\,Z_2\right) - m_1\left(u_1 + \frac{\boldsymbol{V}_1^2}{2} + g\,Z_1\right)\right]_{\rm cv}$$

따라서 열역학 제 1 법칙의 식은

$$Q_{\rm cv} + \sum m_i\left(h_i + \frac{\boldsymbol{V}_1^2}{2} + g\,Z_i\right) = \left[m_2\left(u_2 + \frac{\boldsymbol{V}_2^2}{2} + g\,Z_2\right)\right.$$
$$\left. - m_1\left(u_1 + \frac{\boldsymbol{V}_1^2}{2} + g\,Z_1\right)\right]_{\rm cv} + \sum m_e\left(h_e + \frac{\boldsymbol{V}_e^2}{2} + g\,Z_e\right) + W_{\rm cv} \qquad (5 \cdot 85)$$

로 표시된다.

5.11 비정상 유동 과정의 응용 예

실제의 공학 문제에서는 비정상 유동 과정에 속하는 과정에는 충전 과정(充塡過程, charging process)과 방출 과정(放出過程, discharging process)을 비롯하여 압축기, 터빈 등의 시동 또는 운전이 정지되는 기간 동안의 현상, 전동기의 시동 및 정지하는 기간 동안의 과도현상 등은 모두 비정상 과정의 보기이다. 여기서는 이와 같은 비정상 유동 과정에 대하여 알아보기로 한다.

[1] 충전 과정

비정상 유동 과정의 전형적인 보기의 하나는 강체 용기(剛體容器, rigid vessel)에 기체나 유체를 외부 압력에 의하여 단열 충전하는 경우이다. 강체 용기는 처음에는 진공이거나 또는 충전 과정이 시작되기 전에 용기 내에 일정량의 가스가 들어 있는 경우 계와 주위 사이에 열전달을 고려하지 않는 단열적인 충전 과정(adiabatic filling process)에 대하여 생각하여 보기로 한다.

그림 **5 · 42**와 같이 강체 용기와 충전 기체 또는 액체를 충전하는 주관(主管)을 연결하고 밸브를 열어 유체를 충전하는 것으로 생각한다. 충전 과정에서 검사 체적을 점선으로 표시하고 에너지 보존식을 적용하면 식 (5 · 85)로 표시된다.

$$Q_{cv} + \sum m_i \left(h_i + \frac{\boldsymbol{V}_i^2}{2} + g Z_i\right) = \left[m_2 \left(u_2 + \frac{\boldsymbol{V}_2^2}{2} + g Z_2\right) - m_1 \left(u_1 + \frac{\boldsymbol{V}_1^2}{2} + g Z_1\right)\right]_{cv} + \sum m_e \left(h_e + \frac{\boldsymbol{V}_e^2}{2} + g Z_e\right) + W_{cv}$$

여기서 운동 및 위치 에너지 효과를 무시하고, 단열적이고 외부에 대하여 일을 하지 않는다면

$$\Delta KE = 0,\ \Delta PE = 0,\ Q = 0,\ W_{cv} = 0$$

$$m_i h_i = m_e h_e + m_2 u_2 - m_1 u_1$$

이 된다.

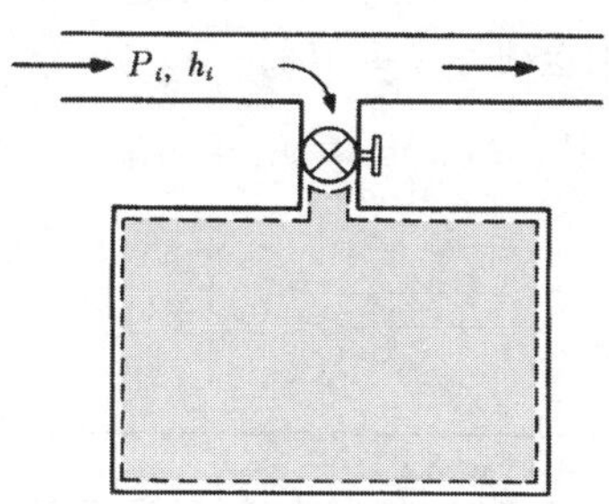

그림 5 · 42 개방계로 생각하는 경우

탱크가 처음에 진공이면 $m_1 = 0$, 또 탱크로부터 유출하는 질량이 없으므로 $m_e = 0$이다. 따라서

$$m_i h_i = m_2 u_2 \tag{5 · 86}$$

또 질량 보존식은

$$m_i - m_e = (m_2 - m_1)_{\text{cv}}$$

$$m_i = m_2$$

따라서 $$h_i = u_2 \tag{5·87}$$

가 된다. 검사 체적 내의 최종 내부 에너지 u_2는 탱크 내에 충전하는 유체의 엔탈피 h_i와 같음을 알 수 있다.

$h = c_p T$, $u = c_v T$의 관계가 있으므로 식 (5·87)에서

$$c_p T_i = c_v T_2$$

$$T_2 = \frac{c_p}{c_v} T_i = \kappa T_i \tag{5·88}$$

와 같다. 여기서 κ는 비열비이다.

식 (5·88)에서 보는 바와 같이 탱크 내의 최종 상태의 온도 T_2는 초기 온도 T_i 보다 높다.

κ의 값은 가스에 따라 다르나 1.25~1.40 정도이므로 충전 말의 온도는 충전 유체의 온도보다 약 40% 정도까지 높아진다.

보기 5.24

그림 5·43과 같은 증기 관로에 진공 탱크를 연결하고, 밸브를 열어서 압력이 1.4 MPa이 될 때가지 증기를 채울 때 최종 온도를 구하여라. 단, 이 과정은 단열적이며 운동 에너지와 위치 에너지는 무시한다. 또한 증기관 내의 상태는 1.4 MPa, 350℃이다.

풀이 식 (5·85)에서 $Q_{\text{cv}} = 0$, $W_{\text{cv}} = 0$, $m_e = 0$, 또 $m_{1\text{cv}} = 0$이므로 제1법칙의 식은

$$m_i h_i = m_2 u_2$$

가 된다.

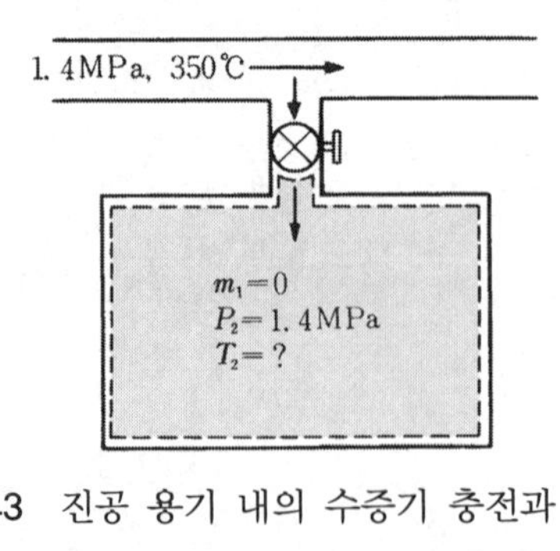

그림 5·43 진공 용기 내의 수증기 충전과 검사 체적

연속 방정식은

$$\sum m_i - \sum m_e = (m_2 - m_1)_{cv}$$

$$m_i = m_2$$

가 된다. 따라서

$$h_i = u_2$$

가 된다. 즉, 탱크 내의 최종 내부 에너지 u_2는 탱크 내로 들어가는 수증기의 엔탈피 h_i와 같다. 과열 증기표로부터

$P_i = 1.4\,\text{MPa}$, $T_i = 350\,℃$에서 $h_i = 3149.5\,\text{kJ/kg}$

따라서 $u_2 = 3149.5\,\text{kJ/kg}$일 때의 온도를 구하면

$$T_2 = 516.3878\,℃$$

가 된다.

보기 5.25

초기에 진공 상태인 그림 5·44와 같은 강철 용기에 증기 공급관으로부터 증기를 공급받는다. 이 용기의 상태가 증기 공급관 압력의 1/2이 될 때까지 증기를 충전할 경우 탱크 내의 증기 온도와 질량을 구하여라. 단, 증기 공급관의 상태는 2 MPa, 500℃이고, 용기의 부피는 4 m^3이다. 그리고 충전 과정은 단열인 상태하에서 이루어진다.

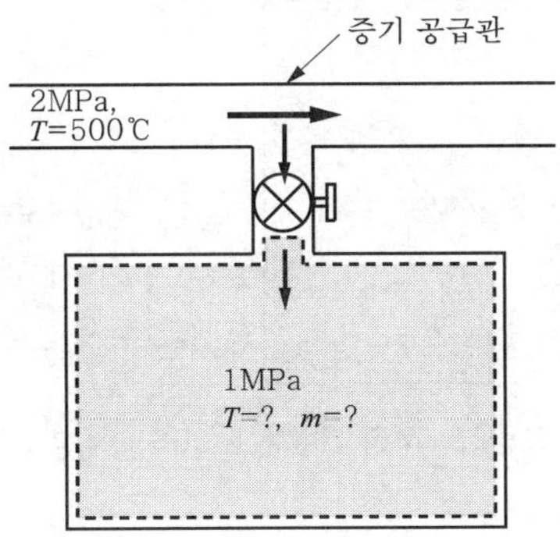

그림 5·44 보기 5.25의 설명도

풀이 $m_i h_i = m_e h_e + (m_2 u_2 - m_1 u_1)_{cv}$

여기서 처음에는 진공이므로 $m_1 = 0$이고 유출하는 질량 $m_e = 0$이므로

$$m_i h_i = m_2 u_2$$

여기서 질량 보존식은

$$(m_2 - m_1)_{cv} + m_e - m_i = 0$$

$$m_1 = 0, \ m_e = 0$$

$$m_2 = m_i$$

$$\therefore \ h_i = u_2$$

여기서 2 MPa, 500℃인 증기의 엔탈피는 $h_i = 3467.6 \text{kJ/kg}$이다. 따라서 $u_2 = 3467.6 \text{ kJ/kg}$ (1 MPa)이므로 이 때의 온도를 보간 공식으로부터 구하면

$$T_2 = 695.686 ℃$$

이다.

같은 방법으로 비체적을 구하면 $v_2 = 0.4458 \text{m}^3/\text{kg}$이다.

따라서 용기 속에 공급된 질량은

$$m = m_2 = \frac{V}{v_2} = \frac{4}{0.4458} = 8.973 \text{kg}$$

보기 5.26

그림 5·45와 같이 공기 압축기로부터 0.3 MPa, 300 K의 공기 0.2 kg을 공기 저장 탱크에 충전 밸브를 통하여 주입할 경우 용기 내의 최종 압력을 구하여라. 단, 공기 저장 탱크 속의 초기 질량은 1 kg이고, 압력은 0.1 MPa, 온도는 300 K이다. 주입 과정에서 열전달과 외부에 하는 일이 없고, 운동 에너지와 위치 에너지의 효과를 무시한다.

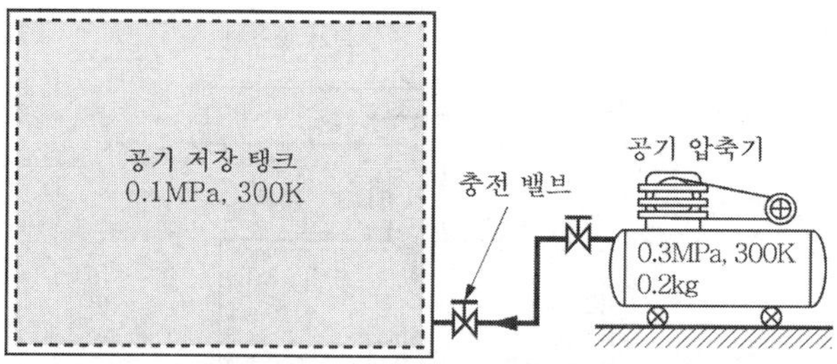

그림 5·45 보기 5.26의 설명도

풀이 (1) 질량 보존의 식은

$$\frac{dm_{cv}}{dt} = \dot{m}_i - \dot{m}_e$$

$\dot{m}_e = 0$이므로

$$\frac{dm_{cv}}{dt} = \dot{m}_i \tag{a}$$

가 된다. 또한 에너지 평형식은

$$\dot{Q}_{\rm cv}+\sum \dot{m}_i\left(h_i+\frac{V_i^2}{2}+gZ_i\right)=\frac{dE_{\rm cv}}{dt}+\sum \dot{m}_e\left(h_e+\frac{V_e^2}{2}+gZ_e\right)+\dot{W}_{\rm cv}$$

여기서 $\dot{Q}_{\rm cv}=0$, $\dot{W}_{\rm cv}=0$, $\dot{m}_e=0$이므로 운동 에너지와 위치 에너지를 무시하면

$$\dot{m}_i h_i=\frac{dU_{\rm cv}}{dt} \tag{b}$$

식 (a)를 식 (b)에 대입하면

$$\frac{dm_{\rm cv}}{dt}h_i=\frac{dU_{\rm cv}}{dt}$$

$$h_i\int_0^t\left(\frac{dm_{\rm cv}}{dt}\right)dt=\int_0^t\left(\frac{dU_{\rm cv}}{dt}\right)dt$$

$$(m_2-m_1)_{\rm cv}h_i=(m_2u_2-m_1u_1)_{\rm cv} \tag{c}$$

여기서 탱크를 첨자 t, 압축기(compressor)로부터 주입되는 공기를 첨자 c로 표시하면

$$m_1=m_t$$

$$m_2=m_t+m_c$$

$$h_i=h_c$$

$$u_2=u$$

$$u_1=u_t$$

식 (c)를 다시 쓰면

$$[(m_t+m_c)-m_t]h_c=(m_t+m_c)u-m_tu_t$$

$$u=\frac{m_ch_c+m_tu_t}{m_t+m_c}$$

$$P_c=0.3\,\text{MPa},\ P_t=0.1\,\text{MPa}$$

$$T_c=300\,\text{K},\ T_t=300\,\text{K}$$

$m_c=0.2\,\text{kg}$, $m_t=1.0\,\text{kg}$이므로

공기표로부터

$$T_t=T_c=300\,\text{K},\ h_c=300.19\,\text{kJ/kg},\ u_t=214.07\,\text{kJ/kg}$$

$$u=\frac{0.2\times300.19+1\times214.07}{1+0.2}=228.423\,\text{kJ/kg}$$

따라서 $u(T)=228.423\,\text{kJ/kg}$일 때의 온도를 구하면 $T=320\,\text{K}$가 된다.

최종 압력 P_f는

$$P_f=\frac{(m_t+m_c)RT}{V}=\frac{(m_t+m_c)RT}{\dfrac{m_tRT_t}{P_t}}=\frac{m_t+m_c}{m_t}\,\frac{T}{T_t}P_t$$

$$=\frac{1.2}{1.0}\times\frac{320}{300}\times100=128\,\text{kPa}$$

(2) 균일 상태, 균일 유동 과정에 대한 식을 이용하는 경우

식 (5·85)로부터

$$Q_{cv}+m_i\left(h_i+\frac{V_i^2}{2}+gZ_i\right)=\left[m_2\left(u_2+\frac{V_2^2}{2}+gZ_2\right)-m_1\left(u_1+\frac{V_i^2}{2}+gZ_1\right)\right]_{cv}+m_e\left(h_e+\frac{V_e^2}{2}+gZ_e\right)+W_{cv}$$

여기서 단열 과정이므로 $Q_{cv}=0$, 운동 및 위치 에너지 효과를 무시하고 외부에 대하여 하는 일 $W_{cv}=0$, 계로부터 나가는 질량 $m_e=0$이므로

$$m_i h_i=(m_2u_2-m_1u_1)_{cv} \tag{a}$$

가 된다. 이 계에 질량 보존 식을 적용하면

$$(m_2-m_1)_{cv}=m_i-\cancelto{0}{m_e} \tag{b}$$

식 (b)를 식 (a)에 대입하면

$$(m_2-m_1)h_i=(m_2u_2-m_1u_1)_{cv}$$

가 된다.

여기서 $m_1=m_t,\ m_2=m_t+m_c$

$$h_i=h_c,\ u_2=u,\ u_1=u_t$$

따라서 $[(m_t+m_c)-m_t]\,h_c=(m_t+m_c)u-m_tu_t$

$$u=\frac{m_ch_c+m_tu_t}{m_t+m_c}$$

또한 $P_f=\dfrac{m_t+m_c}{m_t}\dfrac{T}{T_t}P_t$가 된다.

이들 식에 주어진 조건을 넣어 계산하면 된다.

보기 5.27

공기 압축기로부터 공기를 유량 0.01 kg/s, 온도 70℃의 상태로 탱크에 넣고 있다. 충전 도중 배출구로부터 0.002 kg/s의 유량으로 공기가 유출되고 있을 경우 탱크 내의 압력 상승률(rate of pressure rise) dP/dt를 구하여라. 단, 공기 탱크의 체적은 3.5 m^{3}이고, 탱크 내의 공기 온도는 40℃이다.

풀이 탱크를 검사 체적으로 보고, 탱크 내의 공기는 잘 혼합되어 균일한 온도(uniform temperature)로 되어 있다고 생각하며, 입·출구에서 운동 및 위치 에너지를 무시하면 에너지 식은 다음과 같이 표시된다.

$$\dot{Q}_{cv}+\dot{m}_i\left(h_i+\frac{V_i^2}{2}+gZ_i\right)=\frac{dE_{cv}}{dt}+\dot{m}_e\left(h_e+\frac{V_e^2}{2}+gZ_e\right)+\dot{W}_{cv}$$

단열적이고, 강체 탱크는 외부에 대하여 일을 하지 않으므로

$$\dot{Q}_{cv}=0,\ \dot{W}_{cv}=0,\ \frac{dE_{cv}}{dt}=\frac{dU_{cv}}{dt}$$

이다. 따라서 에너지 식은

$$\dot{m}_i h_i-\dot{m}_e h_e=\frac{dU_{cv}}{dt} \tag{a}$$

가 된다. 여기서 에너지 변화율은

$$\frac{dE_{cv}}{dt}=\frac{dU_{cv}}{dt}=\frac{d}{dt}(mu)_{cv}$$

$$\frac{dU_{cv}}{dt}=m\frac{du}{dt}+u\frac{dm}{dt}$$

$$=mc_v\frac{dT}{dt}+u\frac{dm}{dt} \tag{b}$$

이상 기체의 상태식을 미분하면

$PV=mRT$, 여기서 $V=$일정, $R=$상수이므로

$$PdV+VdP=mRdT+mTdR+RTdm$$

$$VdP=mRdT+RTdm$$

$$V\frac{dP}{dt}=mR\frac{dT}{dt}+RT\frac{dm}{dt}$$

$$\frac{dT}{dt}=\frac{V}{mR}\frac{dP}{dt}-\frac{T}{m}\frac{dm}{dt} \tag{c}$$

식 (c)를 식 (b)에 대입하면

$$\frac{dU_{cv}}{dt}=mc_v\left(\frac{V}{mR}\frac{dP}{dt}-\frac{T}{m}\frac{dm}{dt}\right)+u\frac{dm}{dt}$$

$$=c_v\frac{V}{R}\frac{dP}{dt}-c_vT\frac{dm}{dt}+u\frac{dm}{dt}$$

$$=c_v\frac{V}{R}\frac{dP}{dt} \tag{d}$$

식 (d)를 식 (a)에 대입하면

$$\dot{m}_i h_i-\dot{m}_e h_e=c_v\frac{V}{R}\frac{dP}{dt}$$

가 된다.

구하고자 하는 압력 상승률 $\dfrac{dP}{dt}$는

$$\frac{dP}{dt}=\frac{c_pR}{c_vV}(\dot{m}_iT_i-\dot{m}_eT_e)=\kappa\frac{R}{V}(\dot{m}_iT_i-\dot{m}_eT_e)$$

$$=\frac{1.4(0.287)}{3.5}[0.01\times(273.15+70)-0.002\times(273.15+40)]$$

$$=0.3220\,\text{kPa/s}$$

[2] 방출 과정

압력 용기 속에 들어 있는 기체 또는 액체의 **방출 과정**(放出過程, discharging process)은 앞에서 다룬 충전 과정과 같은 방법으로 해석한다.

그림 **5 · 46**과 같이 용기 내에 봉입되어 있는 기체를 외부로 방출하는 경우 식 (5 · 85)를 적용하면

$$Q_{cv} = (m_2 u_2 - m_1 u_1)_{cv} + m_e h_e \quad \text{(a)}$$

가 된다.

또 질량 보존식으로부터

$$(m_2 - m_1)_{cv} = m_i - m_e$$

여기서 용기 내의 기체가 방출되고 들어오는 질량은 $m_i = 0$이므로

$$m_e = (m_1 - m_2)_{cv} \quad \text{(b)}$$

가 된다. 식 (b)를 식 (a)에 대입하면

$$Q_{cv} = (m_2 u_2 - m_1 u_1)_{cv} + (m_1 - m_2)_{cv} h_e \quad (5 \cdot 89)$$

가 성립한다. 따라서 이 식으로 방출 과정의 열역학적 해석을 할 수 있다.

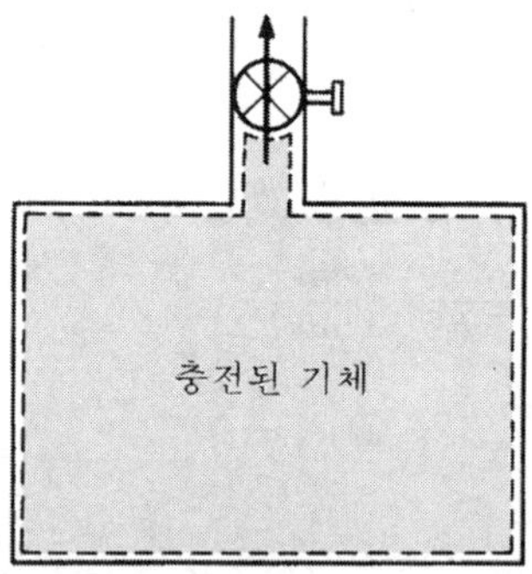

그림 5 · 46 압력 용기로부터 기체의 방출 과정

기체의 방출 과정은 가스가 매우 서서히 유동하는 준정적 과정으로 생각한다. 기체가 봉입된 검사 체적은 일정하므로

$$V = mv = \text{일정}$$

$$\therefore\ dV = m\,dv + v\,dm = 0$$

따라서

$$\frac{dm}{m} = -\frac{dv}{v}$$

또한 이상 기체의 단열(등엔트로피) 방출 과정을 생각하면

$$Tv^{\kappa-1} = \text{const.}$$

이므로 미분 형태를 취하면

$$\frac{dT}{T} = (1-\kappa)\frac{dv}{v}$$

가 된다. 그러므로

$$\frac{1}{\kappa-1}\frac{dT}{T} = \frac{dm}{m}$$

이 식을 적분하면 다음 관계가 성립한다.

$$\frac{m_2}{m_1} = \left(\frac{T_2}{T_1}\right)^{\frac{1}{\kappa-1}}$$

만일 압력비가 주어져 있다면

$$\frac{T_2}{T_1} = \left(\frac{P_2}{P_1}\right)^{\frac{\kappa-1}{\kappa}}$$

이므로 $\frac{m_2}{m_1}$는 다음 식으로 표시된다.

따라서 m, P, T 사이의 관계는

$$\frac{m_2}{m_1} = \left(\frac{P_2}{P_1}\right)^{\frac{1}{\kappa}} = \frac{v_1}{v_2}$$

로 표시된다.

보기 5.28

체적 $2\,\text{m}^3$인 탱크에 공기가 800 kPa, 250℃의 상태로 들어 있다. 만일 공기가 단열 상태로 100 kPa이 될 때까지 방출된다면 (1) 최종 온도, (2) 탱크 속에 남아 있는 질량, (3) 남아 있는 질량 백분율을 구하여라.

풀이 (1) 최종 온도 T_2

$$T_2 = T_1\left(\frac{P_2}{P_1}\right)^{\frac{\kappa-1}{\kappa}} = (250+273.15)\times\left(\frac{100}{800}\right)^{\frac{1.4-1}{1.4}}$$

$$= 288.8022\,\text{K} = 15.6522℃$$

(2) 탱크 속에 남아 있는 질량 m_2

$$m_1 = \frac{P_1 V_1}{RT_1} = \frac{800\times 2}{\frac{8.314}{28.97}\times(273.15+250)}$$

$$= 10.6569\,\text{kg}$$

$$m_2 = m_1\left(\frac{P_2}{P_1}\right)^{\frac{1}{\kappa}} = 10.6569\times\left(\frac{100}{800}\right)^{\frac{1}{1.4}}$$

$$= 2.4131\,\text{kg}$$

(3) 남아 있는 질량 백분율

$$\frac{m_2}{m_1} = \frac{2.4131}{10.6569}$$

$$= 0.2264,\ 22.64\%$$

탱크로부터 나간 질량

$$m_1 - m_2 = 10.6569 - 2.4131$$

$$= 8.2438\,\text{kg}$$

보기 5.29

체적 $1\,\text{m}^3$인 탱크 속에 6 MPa, 400℃의 증기가 들어 있다. 탱크 내의 압력이 2 MPa가 될 때까지 증기를 방출시킬 경우, 탱크 내의 온도가 400℃로 유지되려면 가열량은 몇 kJ인가?

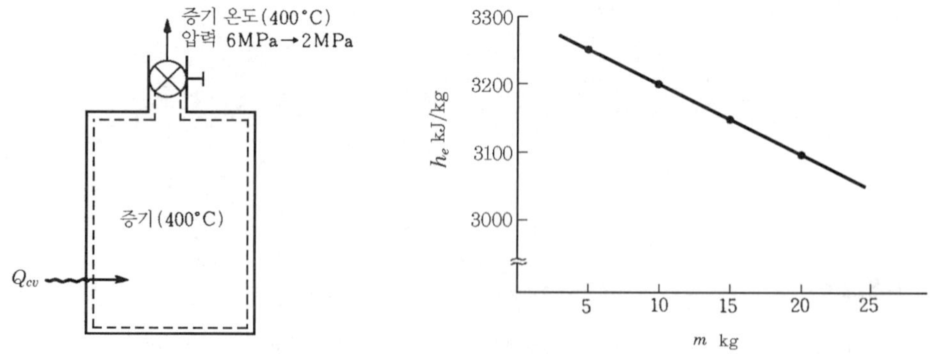

그림 5·47 보기 5.29의 설명도

풀이 강체 용기이므로 $\dot{W}_{cv}=0$, $\Delta KE = \Delta PE = 0$

질량 보존식

$$\frac{dm_{\text{cv}}}{dt}=\dot{m}_i-\dot{m}_e,\quad \int_{t_1}^{t_2}\left(\frac{dm_{\text{cv}}}{dt}\right)dt=(m_2-m_1)_{\text{cv}},\quad \dot{m}_i=0$$

에너지 평형식

$$\dot{Q}_{\text{cv}}=\frac{dU_{\text{cv}}}{dt}+\dot{m}_e h_e$$

$$\int_{t_1}^{t_2}(\dot{Q}_{\text{cv}})dt=Q_{\text{cv}}$$

$$\int_{t_1}^{t_2}\left(\frac{dU_{\text{cv}}}{dt}\right)dt=(m_2u_2-m_1u_1)_{\text{cv}}$$

$$\int_{t_1}^{t_2}(\dot{m}_e h_e)\,dt=m_e h_e=(m_1-m_2)_{\text{cv}}h_e$$

$$\therefore\ Q_{\text{cv}}=(m_2u_2-m_1u_1)_{\text{cv}}+(m_1-m_2)\frac{(h_e)_1+(h_e)_2}{2}$$

증기표로부터

6 MPa, 400℃ ; $v_1=0.04739\,\text{m}^3/\text{kg}$, $u_1=2892.9\text{kJ/kg}$, $h_1=3177.2\text{kJ/kg}$

2 MPa, 400℃ ; $v_2=0.15120\,\text{m}^3/\text{kg}$, $u_2=2945.2\text{kJ/kg}$, $h_2=3247.6\text{kJ/kg}$

$$m_1=\frac{V}{v_1}=\frac{1}{0.04739}=21.1015\text{kg}$$

$$m_2=\frac{V}{v_2}=\frac{1}{0.15120}=6.6138\text{kg}$$

$$\begin{aligned}(m_1-m_2)h_e&=(m_1-m_2)\frac{(h_e)_1+(h_e)_2}{2}\\&=(21.1015-6.6138)\times\left(\frac{3177.2+3247.6}{2}\right)\\&=46{,}540.2875\,\text{kJ}\end{aligned}$$

$$\begin{aligned}\therefore\ Q_{\text{cv}}&=(m_2u_2-m_1u_1)_{\text{cv}}+(m_1-m_2)\left(\frac{(h_e)_1+(h_e)_2}{2}\right)\\&=(6.6138\times2945.2-21.1015\times2892.9)+46{,}540.2875\\&=4974.7219\,\text{kJ}\end{aligned}$$

보기 5.30

그림 5·48과 같은 체적 $2\,\text{m}^3$의 용기 내에 45℃의 포화 암모니아가 들어 있다. 초기에는 탱크 내에 60%의 포화액이 들어 있고(체적 비율) 나머지는 포화 증기로 존재한다. 용기의 밸브를 열어

서 용기 내의 온도가 20℃가 될 때까지 암모니아를 방출시킬 경우 방출되는 암모니아 질량을 계산하여라. 단, 이 때 유출하는 암모니아는 모두 단열 과정하에 방출된다.

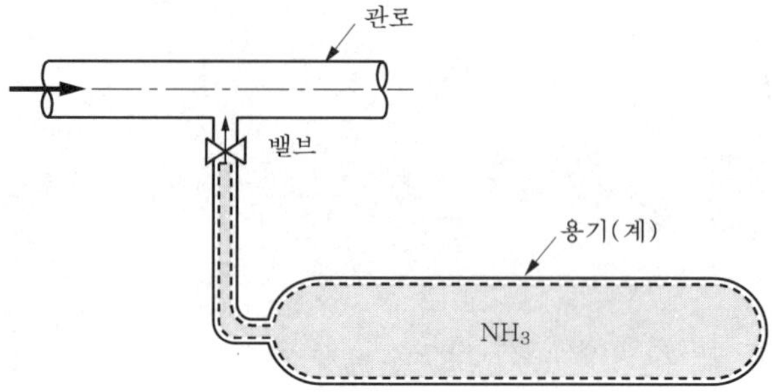

그림 5·48 암모니아 용기

풀이 이 용기가 단열되어 있고, 외부에 대하여 일을 하지 않으므로

$$Q_{cv}=0,\ W_{cv}=0,\ m_i=0,\ \text{또한}\ \Delta KE\approx 0,\ \Delta PE\approx 0$$

초기 암모니아의 열역학적 상태값을 구하면

$$45℃\ ;\ h_g=1474.5\,\text{kJ/kg},\ P=1780\,\text{kPa}$$

$$20℃\ ;\ h_g=1462.6\,\text{kJ/kg},\ P=857\,\text{kPa}$$

유출하는 암모니아의 엔탈피는

$$h_e=h_{e_m}=\frac{1474.5+1462.6}{2}=1468.55\,\text{kJ/kg}$$

열역학 제 1 법칙 :

$$m_e h_e+(m_2u_2-m_1u_1)_{cv}=0 \tag{a}$$

질량보존 :

$$(m_2-m_1)_{cv}+m_e=0 \tag{b}$$

식 (a), (b)로부터

$$(m_1-m_2)_{cv}h_e+(m_2u_2-m_1u_1)_{cv}=0$$

$$m_2(h_e-u_2)=m_1h_e-m_1u_1$$

암모니아 증기표로부터

$$45℃\ ;\ v_{f1}=0.0018\,\text{m}^3/\text{kg},\ v_{g1}=0.0726\,\text{m}^3/\text{kg}$$

$$20℃\ ;\ v_{f2}=0.0016\,\text{m}^3/\text{kg},\ v_{g2}=0.149\,\text{m}^3/\text{kg}$$

내부 에너지는

$$u=h-Pv$$

$$45℃ : u_{f1}=396.8-1780.0\times 0.0018=393.596\,\text{kJ/kg}$$

$$u_{g1} = 1474.5 - 1780.0 \times 0.0726 = 1345.272\,\text{kJ/kg}$$

$$20℃ : u_{f2} = 275.2 - 857.0 \times 0.0016 = 273.829\,\text{kJ/kg}$$

$$u_{g2} = 1462.6 - 857.0 \times 0.149 = 1334.907\,\text{kJ/kg}$$

$$u_{fg2} = u_{g2} - u_{f2} = 1334.907 - 273.829 = 1061.078\,\text{kJ/kg}$$

탱크 내의 초기 포화액의 체적은 $V_{f1} = 2\,\text{m}^3 \times 0.6 = 1.2\,\text{m}^3$이므로

액체 : $m_{f1} = \dfrac{V_{f1}}{v_{f1}} = \dfrac{1.2}{0.0018} = 666.667\,\text{kg}$

증기 : $m_{g1} = \dfrac{V_{g1}}{v_{g1}} = \dfrac{0.8}{0.0726} = 11.019\,\text{kg}$

$$m_1 = m_{f1} + m_{g1} = 666.667 + 11.019 = 677.686\,\text{kg}$$

따라서

$$m_2(h_e - u_2) = m_1 h_e - m_1 u_1 \tag{c}$$

여기서

$$\begin{aligned} m_1 u_1 &= m_{f1} u_{f1} + m_{g1} u_{g1} \\ &= (666.667 \times 393.596) + (11.019 \times 1345.272) \\ &= 277{,}221.017\,\text{kJ} \end{aligned}$$

$$m_1 h_e = 677.686 \times 1468.55 = 995{,}215.775\,\text{kJ}$$

$$m_2 = \frac{V_2}{v_2} = \frac{2}{0.0016 + x_2(0.149 - 0.0016)}$$

$$u_2 = 273.829 + x_2 \times 1061.078$$

따라서 m_2, u_2를 식 (c)에 넣어 x_2를 구하면

$$x_2 \fallingdotseq 0.0115$$

그러므로

$$\begin{aligned} v_2 &= v_{f2} + x_2 v_{fg2} \\ &= 0.0016 + 0.0115 \times (0.149 - 0.0016) = 0.00330\,\text{m}^3/\text{kg} \end{aligned}$$

$$m_2 = \frac{V}{v_2} = \frac{2}{0.00330} = 606.061\,\text{kg}$$

방출된 암모니아 질량은

$$m_e = m_1 - m_2 = 677.686 - 606.061 = 71.625\,\text{kg}$$

보기 5.31

압력솥(pressure cooker)은 밥을 지을 때 솥 내부의 온도와 압력을 일반솥보다 높게 유지하여 취사(炊事) 시간을 절약할 수 있는 솥이다. 솥 내부의 압력은 압력 조정기(regulator)에 의하여

증기를 배출시켜 일정한 규정 압력으로 조절된다. 그림 5·49와 같은 압력솥 안에 물과 증기 혼합물의 질량이 0.5 kg 들어 있고, 압력솥의 용량(체적)이 6 L이다. 솥 내의 물의 초기 질량이 0.5 kg, 압력 조절 밸브의 작동 계기 압력이 75 kPa일 경우 다음 사항을 구하여라. 단, 대기 압력은 100 kPa로 가정한다.

(1) 압력솥 내의 조리가 시작되는 온도 T

(2) 작동 압력에서 액체와 증기의 질량

(3) 압력솥을 17분간 가열하여 액체 질량이 처음 액체 질량의 1/2이 되었을 경우의 가열량 Q

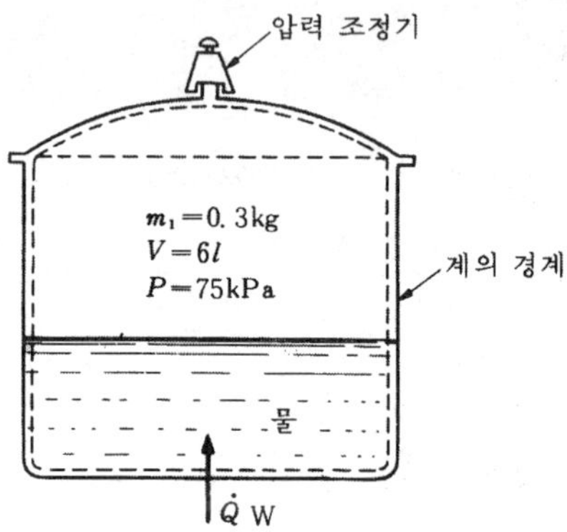

그림 5·49 압력솥

풀이 (1) 작동 압력에 대한 포화 온도

압력솥의 절대 압력 $P=P_g+P_{atm}=75+100=175\,kPa$이므로 $P=175$ kPa일 때의 포화 온도는 116.06 ℃(조리 온도)이다. 따라서 이 압력솥 내의 온도는 대기압에서 조리하는 일반 솥보다 약 16 ℃가 더 높다. 그러므로 일반 솥보다 조리 효과가 높다.

(2) 작동 압력에서 액체와 증기의 질량

$$P=175\,kPa(증기표) : v_{f1}=0.001057\,m^3/kg,\ \ v_{g1}=1.0036\,m^3/kg$$

$$u_{f1}=486.8\,kJ/kg,\ \ u_{g1}=2524.9\,kJ/kg$$

$$초기\ 비체적\ v_1=\frac{V}{m_1}=\frac{0.006}{0.5}=0.012\,m^3/kg$$

$$초기\ 건도\ x_1=\frac{v_1-v_f}{v_g-v_f}=\frac{0.012-0.001057}{1.0036-0.001057}=0.01092$$

$$초기\ 증기\ 질량\ m_{g1}=x_1m_1=0.01092\times0.5=0.00546\,kg$$

$$초기\ 액체\ 질량\ m_{f1}=m_1-m_{g1}=0.5-0.00546=0.4945\,kg$$

(3) 가열량 Q

압력솥의 작동 과정에 질량 보존식을 세우면

$$(m_2-m_1)_{cv}=\sum m_i-\sum m_e,\ \ m_i=0$$

$$m_e = (m_1 - m_2)_{cv}$$

에너지 보존식은

$$Q_{12} = m_e h_e + (m_2 u_2 - m_1 u_1)_{cv}$$
$$= (m_1 - m_2) h_e + (m_2 u_2 - m_1 u_1)_{cv}$$

여기서 $P = 175\,\text{kPa}$일 때 $h_e = 2700.6\,\text{kJ/kg}$

$$u_1 = u_f + x u_{fg} = 486.8 + 0.01092(2038.1) = 509.0561\,\text{kJ/kg}$$

또한 m_{f2}는 초기 액체의 질량의 1/2이므로

$$m_{f2} = \frac{1}{2} m_{f1} = \frac{1}{2} \times 0.4945 = 0.2473\,\text{kg}$$

용기의 체적은 일정하고, 압력 조정기 압력이 75 kPa의 상태로 일정하므로

$$V = V_f + V_g = m_{f2} v_{f2} + m_{g2} v_{g2}$$

$$m_{g2} = \frac{V - m_{f2} v_{f2}}{v_{g2}} = \frac{0.006 - 0.2473 \times 0.001057}{1.0036} = 0.00572\,\text{kg}$$

최종 상태에서 H_2O의 질량과 최종 건도는

$$m_2 = m_{f2} + m_{g2} = 0.2473 + 0.00572 = 0.2530\,\text{kg}$$

$$x_2 = \frac{m_{g2}}{m_2} = \frac{0.00572}{0.2530} = 0.02261$$

또한 최종 내부 에너지 u_2는

$$u_2 = u_f + x_2 u_{fg} = 486.8 + 0.02261 \times 2038.1 = 532.8814\,\text{kJ/kg}$$

따라서 구하고자 하는 가열량 Q는

$$Q = (m_1 - m_2) h_e + (m_2 u_2 - m_1 u_1)_{cv}$$
$$= (0.5 - 0.2530) \times 2700.6 + (0.2530 \times 532.8814 - 0.5 \times 509.0561)$$
$$= 541.3390\,\text{kJ}$$

압력솥을 17분간 가열하므로 솥 내부의 물에 가해지는 열량을 kW로 표시하면

$$\dot{Q} = \frac{Q}{\Delta t} = \frac{541.3390}{17 \times 60} = 0.5307\,\text{kW}$$

가 된다.

실제로 압력솥에 가해지는 열량은 이것보다 더 많은 열량이 가해져야 한다. 이것은 가열 중에 외부로의 방열 및 열손실이 생기기 때문이다. 그러므로 설계시에는 이와 같은 손실 열량을 고려해야 한다.

보기 5.32

그림 5·50과 같은 잘 단열된 강철제 탱크 속에 $2\,\text{m}^3$의 헬륨이 50℃, 250 kPa의 상태로 들어있다. 탱크와 연결된 밸브를 열어서 헬륨을 천천히 유출시켜 압력이 150 kPa이 되도록 하였다.

이 과정 중에 탱크 속에 설치된 전기 가열 온도가 50℃로 일정한 경우, 유출된 헬륨의 질량과 전열 장치의 에너지 입력을 구하여라.

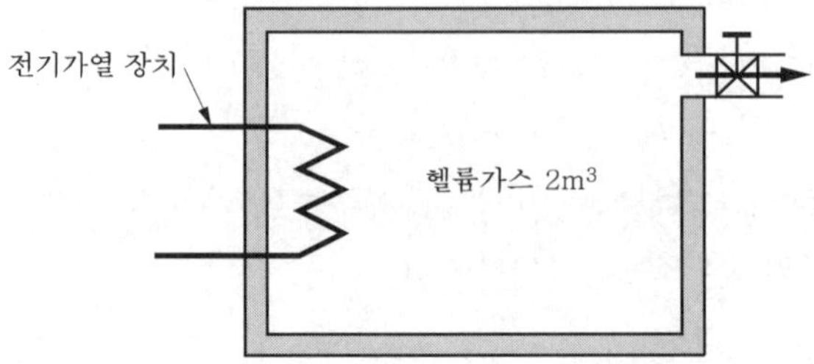

그림 5·50 보기 5.32의 설명도

풀이 질량 평형식을 세우면 $\dot{m}_i = 0$이므로,

$$\frac{dm_{cv}}{dt} = -\dot{m}_e$$

이 식을 적분하면

$$(m_2 - m_1)_{cv} = -\int_1^2 \dot{m}_e dt = -m_e$$

$$\therefore \int_1^2 \dot{m}_e dt = (m_1 - m_2)_{cv}, \quad T_1 = T_2 = T, \quad R = 2.077\,\mathrm{kJ/kg\,K}$$

$$= \frac{P_1 V}{RT} - \frac{P_2 V}{RT} = (P_1 - P_2)\frac{V}{RT}$$

$$= (250 - 150) \times \frac{2}{2.077 \times (273.15 + 50)}$$

$$= 0.2980\,\mathrm{kg}$$

따라서 $m_e = 0.2980\,\mathrm{kg}$이다.

구하고자 하는 전기 에너지는

$$\dot{Q}_{cv} + \dot{m}_i(h_i + ke_i + pe_i) = \frac{dE_{cv}}{dt} + \dot{m}_e(h_e + ke_e + pe_e) + \dot{W}_{cv}$$

$\Delta ke = 0$, $\Delta pe = 0$, $\dot{W}_{cv} = \dot{W}_{elec}$이므로

$$\frac{dm_{cv}}{dt} = \dot{m}_i - \dot{m}_e$$

$$(m_2 - m_1)_{cv} = m_i - m_e, \quad m_i = 0$$

$$\frac{dU_{cv}}{dt} = -\dot{m}_e h_e - \dot{W}_{elec}$$

$$\dot{W}_{elec} = -\dot{m}_e h_e - \frac{dU_{cv}}{dt}$$

$$W_{elec}=(m_2-m_1)_{cv}h_e-(m_2u_2-m_1u_1)_{cv}$$
$$=m_1(u_1-h_e)-m_2(u_2-h_e)$$

여기서

$u-h=-RT$ 이므로

$$W_{elec}=(m_1-m_2)(-RT)=-m_eRT$$
$$=-0.2980\times 2.077\times(273.15+50)$$
$$=-200.012\,\mathrm{kJ}$$

보기 5.33

그림 5·51과 같은 물탱크에 T_1℃의 물 m_{cv} kg이 들어 있다. 탱크로 들어가는 물의 온도는 T_1℃이고, 유량은 $\dot{m}$ kg/s이다. 한편, 탱크 속에는 냉각 코일을 설치하여 $\dot{Q}_{cv}$ kW의 열량을 제거하여 냉각 작용을 하며, 탱크 속의 물은 혼합용 회전 날개에 의하여 온도가 균일하도록 혼합시킨다. 회전 날개차로 공급되는 에너지는 $\dot{W}_{cv}$ kW이다. 탱크 내의 수온 변화의 계산식을 구하여라. 단, 입구·출구의 압력은 일정하고, 운동 및 위치에너지 효과는 무시한다.

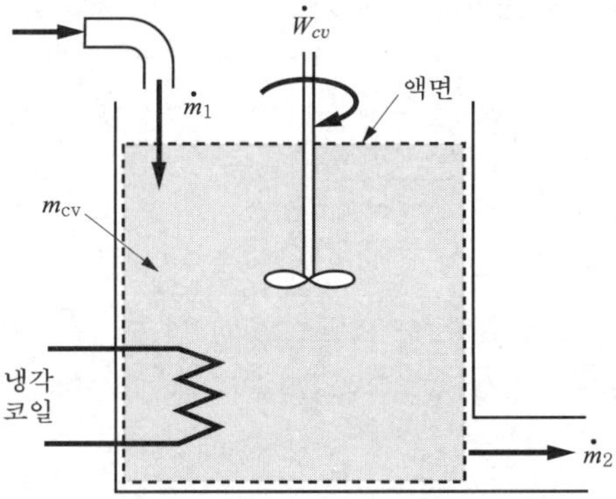

그림 5·51 보기 5.34의 설명도

풀이 계에 대한 에너지 평형식을 세우면

$$\dot{Q}_{cv}+\sum\dot{m}_i\left(h_i+\frac{V_i^2}{2}+gZ_i\right)=\frac{dE_{cv}}{dt}+\sum\dot{m}_e\left(h_e+\frac{V_e^2}{2}+gZ_e\right)+\dot{W}_{cv}$$

여기서 $\Delta KE=0$, $\Delta PE=0$이므로

$$\dot{Q}_{cv}+\dot{m}_i h_i=\frac{dU_{cv}}{dt}+\dot{m}_e h_e+\dot{W}_{cv}$$

$\dot{m}_i=\dot{m}_e=\dot{m}$ 이면

$$\frac{dU_{cv}}{dt}=\dot{Q}_{cv}-\dot{W}_{cv}+\dot{m}(h_1-h_2)$$

그러므로

$$\frac{dU_{cv}}{dt} = \frac{d(m_{cv}u)}{dt} = m_{cv}\frac{du}{dt}$$

한편

$$\frac{du}{dt} = \frac{du}{dT}\frac{dT}{dt} = c\frac{dT}{dt}$$

따라서

$$\frac{dU_{cv}}{dt} = m_{cv}\, c\frac{dT}{dt}$$

에너지 평형식에서 엔탈피 차는

$$h_1 - h_2 = c(T_1 - T_2) + v(P_1 - P_2)$$

여기서

$$v(P_1 - P_2) = 0,\ \ T_2 = T$$

$$h_1 - h_2 = c(T_1 - T)$$

그러므로 에너지식은

$$m_c\, c\frac{dT}{dt} = \dot{Q}_{cv} - \dot{W}_{cv} + \dot{m}c(T_1 - T)$$

이 식의 해를 구하면

$$T = C_1 \exp\left(-\frac{\dot{m}}{m_{cv}}t\right) + \left(\frac{\dot{Q}_{cv} - \dot{W}_{cv}}{\dot{m}c}\right) + T_1$$

여기서 $t=0$에서 $T=T_1$이므로

$$C_1 = -\frac{\dot{Q}_{cv} - \dot{W}_{cv}}{\dot{m}c}$$

따라서

$$T = T_1 + \left(\frac{\dot{Q}_{cv} - \dot{W}_{cv}}{\dot{m}c}\right)\left[1 - \exp\left(-\frac{\dot{m}}{m_{cv}}t\right)\right]$$

가 된다. 이 식으로 시간 t에 따른 온도를 계산할 수 있다.

5.12 요 약

[1] 열역학의 제 1 법칙(the first law of thermodynamics)

① 열은 에너지의 한 형태로서 일을 열로 변환시키는 것과 또 열을 일로 변화하는 것이

가능하다.

② 열을 일로 또는 일을 열로 변환할 때 그 에너지의 총량은 변하지 않고 일정하다.

③ 제 1 종 영구 기관을 만드는 것은 불가능하다. 에너지를 소비하지 않고 계속하여 일을 발생시키는 기계를 제 1 종 영구 기관이라 한다.

(1) 열역학의 제 1 법칙

$$W = JQ \text{ 또는 } Q = AW \text{ (공학 단위)}$$
$$Q = W \text{ (SI 단위)}$$

여기서 J : 열의 일당량(= 426.8 kgf m/kcal)

A : 일의 열당량$\left(=\dfrac{1}{426.8}\text{kcal/kgf m}\right)$

$$\delta Q = dE + \delta W$$
$$Q_{12} = E_2 - E_1 + W_{12}$$
$$Q_{12} = U_2 - U_1 + \frac{1}{2}m(\boldsymbol{V}_2^2 - \boldsymbol{V}_1^2) + mg(Z_2 - Z_1) + W_{12}$$

(2) 폐쇄계에 대한 열역학의 제 1 법칙

$$\delta Q = dU + PdV$$
$$\delta q = du + Pdv$$
$$\Delta u = q_{12} - w_{12}$$

엔탈피

$$H = U + PV$$
$$h = u + Pv$$
$$\delta Q = dH - VdP$$
$$\delta q = dh - vdP$$

(3) 유동계에 대한 열역학의 제 1 법칙

$$\dot{Q} + \dot{m}\left(h_1 + \frac{\boldsymbol{V}_1^2}{2} + gZ_1\right) = \dot{m}\left(h_2 + \frac{\boldsymbol{V}_2^2}{2} + gZ_2\right) + \dot{W}$$

공업일 : $W_t = -\displaystyle\int_1^2 VdP = \frac{\kappa}{\kappa - 1}P_1V_1\left[1 - \left(\frac{P_2}{P_1}\right)^{\frac{\kappa-1}{\kappa}}\right]$

절대일 : 공업일과 절대일 사이의 관계 : $W_t = \kappa W_{12}$

(4) 검사 체적에 의한 질량 보존식

$$\frac{dm_{\text{cv}}}{dt}+\sum\dot{m}_e-\sum\dot{m}_i=0$$

연속의 원리

$$\sum\dot{m}_i=\sum\dot{m}_e$$

$$\sum_i\frac{VA}{v}=\sum_e\frac{VA}{v}$$

(5) 검사 체적에 대한 열역학의 제 1 법칙

① 식의 전개 과정을 이해하고, 알아두도록 한다.

$$\dot{Q}_{\text{cv}}+\sum_i\dot{m}_i\left(h_i+\frac{\boldsymbol{V}_i^2}{2}+g\,Z_i\right)=\frac{dE_{\text{cv}}}{dt}+\sum_e\dot{m}_e\left(h_e+\frac{\boldsymbol{V}_e^2}{2}+g\,Z_e\right)+\dot{W}_{\text{cv}}$$

② 정상 유동 과정(steady flow process) : 임의의 점에서 동작 물질의 속도, 에너지, 밀도, 비체적 등의 열역학적 상태량이 시간에 따라서 변하지 않는 과정을 말한다.

$$\frac{\partial \boldsymbol{V}}{\partial t}=0,\ \frac{\partial u}{\partial t}=0,\ \frac{\partial \rho}{\partial t}=0,\ \cdots\cdots$$

질량 보존 : $\dot{m}_i=\dot{m}_e=\dot{m}$

바체적, 속도, 고도 : $(V_i,\ \boldsymbol{V}_i,\ Z_i,\ V_e,\ \boldsymbol{V}_e,\ Z_e)\neq f(t)$

에너지 변화율 : $\dfrac{dE_{\text{cv}}}{dt}=\dfrac{d}{dt}\displaystyle\int_{\text{v}} e\,\rho\,dV=0$

열과 일 : $\dot{Q}\neq f(t),\ \dot{W}_{\text{cv}}\neq f(t)$

③ 정상 유동 과정에 대한 에너지 식

$$\dot{Q}_{\text{cv}}+\dot{m}_i\left(h_i+\frac{\boldsymbol{V}_i^2}{2}+g\,Z_i\right)=\dot{m}_e\left(h_e+\frac{\boldsymbol{V}_e^2}{2}+g\,Z_e\right)+\dot{W}_{\text{cv}}$$

$$q+h_i+\frac{\boldsymbol{V}_i^2}{2}+g\,Z_i=h_e+\frac{\boldsymbol{V}_e^2}{2}+g\,Z_e+w$$

④ 비정상 유동 과정(unsteady flow process) : 검사 체적 내의 질량이 시간에 따라 변화하며, 어느 순간에서의 상태는 전 검사 체적을 통하여 균일한 경우로서 다음과 같은 현상들이 실제의 보기이다.

a. 밀폐된 용기 내에 기체나 액체를 충전하는 경우
b. 밀폐된 용기 내의 기체나 액체를 방출하는 경우
c. 타이어, 풍선 등에 공기를 주입하는 경우
d. 압력 솥 등에서 식품을 끓이는 경우

질량 보존식 :

$$(m_2 - m_1)_{cv} + \sum m_e - \sum m_i = 0$$

에너지 보존식 :

$$\dot{Q}_{cv} + \sum \dot{m}_i \left(h_i + \frac{V_i^2}{2} + g Z_i \right) = \sum \dot{m}_e \left(h_e + \frac{V_e^2}{2} + g Z_e \right) +$$

$$\left[m_2 \left(u_2 + \frac{V_2^2}{2} + g Z_2 \right) - m_1 \left(u_1 + \frac{V_1^2}{2} + g Z_1 \right) \right]_{cv} + W_{cv}$$

(ㄱ) **충전 과정**(充塡過程) – 강체 용기에 기체 또는 액체를 충전하는 경우 단열, KE 및 PE 효과를 무시하면

$$m_i h_i = m_e h_e + m_2 u_2 - m_1 u_1$$

탱크가 처음에 진공이면 $m_1 = 0$
유출하는 질량이 없으면 $m_e = 0$

$$\therefore\ m_i h_i = m_2 u_2$$

질량 보존 : $m_i - m_e = (m_2 - m_1)_{cv}$

$$m_i = m_2$$

$$\therefore\ h_i = u_2$$

$$T_2 = \frac{c_p}{c_v} T_i = \kappa T_i$$

따라서 탱크 내의 최종 상태의 온도 T_2는 T_i보다 κ배 만큼 높다.

(ㄴ) **방출 과정** – 압력 용기 속에 들어 있는 기체 또는 액체를 방출시키는 경우에는

$$Q_{cv} = m_e h_e + (m_2 u_2 - m_1 u_1)_{cv}$$

$$m_i - m_e = (m_2 - m_1)_{cv}$$

유입 질량이 없으므로 $m_i = 0$

$$m_e = (m_2 - m_1)_{cv}$$

따라서

$$Q_{\mathrm{cv}} = (m_1 - m_2)_{\mathrm{cv}}\, h_e + (m_2 u_2 - m_1 u_1)_{\mathrm{cv}}$$

이 식에서 문제에 따라서 주어진 조건을 넣어 에너지 평형식을 계산한다.

연 | 습 | 문 | 제

5.1 열역학 제 1 법칙에 대하여 설명하여라.

5.2 폐쇄계와 개방계의 열역학 제 1 법칙의 식을 유도하여라.

5.3 가역 변화, 비가역 변화 및 준정적 변화에 대하여 설명하여라.

5.4 제 1 종 영구 기관이란 어떠한 기관인가?

5.5 검사 체적과 검사 질량에 대하여 설명하여라.

5.6 다음 사항에 대하여 설명하여라.

(1) 내부 에너지
(2) 엔탈피
(3) 정상 유동 과정
(4) 에너지 식
(5) 과도 유동 과정

5.7 정상 유동과 정상 상태는 어떻게 다른가?

5.8 유동일이란 무엇인가?

5.9 공업일과 절대일에 대하여 설명하여라.

5.10 개방계에 대한 열역학 제 1 법칙(에너지 보존식)의 적용 방법을 터빈과 압축기에 대하여 설명하여라.

5.11 스로틀링 과정은 열역학적으로 어떠한 과정인가? 스로틀링 열량계의 원리에 대하여 설명하여라.

5.12 탱크 내에 공기를 충전하거나 탱크 속에 들어 있는 공기를 방출한 과정을 과도현상으로 보는 이유는 무엇인가?

5.13 대기압에서 증기가 복수기로 50 m/s의 속도로 유입되어 10 m/s 속도로 유출한다면 운동 에너지의 변화는 얼마인가?

5.14 다음과 같은 4개의 과정을 하는 사이클이 있다. (1)~(5) 속에 알맞은 값을 넣어서 표를 완성하여라.

표 5·4

과 정	가해진 열량 kJ	한 일 kJ	내부 에너지의 변화 kJ
1 → 2	300	150	(1)
2 → 3	200	(2)	250
3 → 4	−120	(3)	(4)
4 → 5	30	90	(5)

5.15 5 kg의 공기를 압축하는 데 250 kJ의 일이 소비됨과 동시에 150 kJ의 열량이 방출되었다. 최초의 공기 온도를 20℃라 하면 압축 후의 공기 온도 및 내부 에너지를 구하여라.

5.16 내연 기관의 압축 행정 중에 40 kJ/kg의 방열이 생기고, 100 kJ/kg의 일이 가해진다면 내부 에너지의 변화는 몇 kJ인가?

5.17 지름 0.03 m의 관 속을 물이 정상적으로 흐르고 있다. 유속이 70 m/s일 때 관내의 유량을 구하여라. 단, 밀도는 998.3 kg/m^{3}이다.

5.18 증기의 비내부 에너지가 2513.5 kJ/kg이고, 압력과 비체적이 각각, 0.25 MPa, 1.374 m^3/kg 일 경우 비엔탈피를 구하여라.

5.19 펌프 입구와 출구 조건이 다음과 같을 때 단위 질량당의 일을 구하여라. 단 이 과정은 정적 과정을 한다.

펌프 입구 : 온도 20℃, 압력 100 KPa
출구 : 압력 1300 KPa

5.20 압축기가 등온적으로 $P_1 = 100$ KPa에서 $P_2 = 1700$ KPa까지 압축하고 있다. 이 때 온도가 230℃라면 이 과정 중에 한 일은 얼마인가?

5.21 누설이 없는 피스톤−실린더 장치에 0.9 kg의 기체가 들어 있다. 이 기체에 10 kJ의 일을 가하여 26 kJ의 일을 하였다. 이 기체의 내부 에너지의 변화를 구하여라.

5.22 실린더 내의 기체 3 kg을 압축하는 데 14 kJ의 일을 소비하였다. 이 때 내부 에너지의 증가가 2 kJ/kg이라면 외부에 방산된 열량은 몇 kJ인가?

5.23 다음과 같은 4개의 과정으로 하나의 사이클을 이루는 열기관이 있다.

제 1 과정 : 단열 압축, 열의 출입이 없이 0.5 kJ의 일을 받음.
제 2 과정 : 정적 변화, 8 kJ/kg의 열을 받음.
제 3 과정 : 단열 팽창, 열의 출입 없이 일을 함.
제 4 과정 : 배기 과정, 6 kJ/kg을 방열함.

이 열기관의 제 3 과정에서 한 일을 구하여라.

5.24 어느 기체가 $P_1 = 6\text{ MPa}$, $V_1 = 4\text{m}^3$로부터 압력 $P_2 = 800\text{ kPa}$, $V_2 = 30\text{ m}^3$까지 가역 팽창하였다. 도중의 과정이 $P-V$ 선도 상에 직선으로 표시될 때와 $PV=$일정으로 변화하는 경우의 일량을 구하여라.

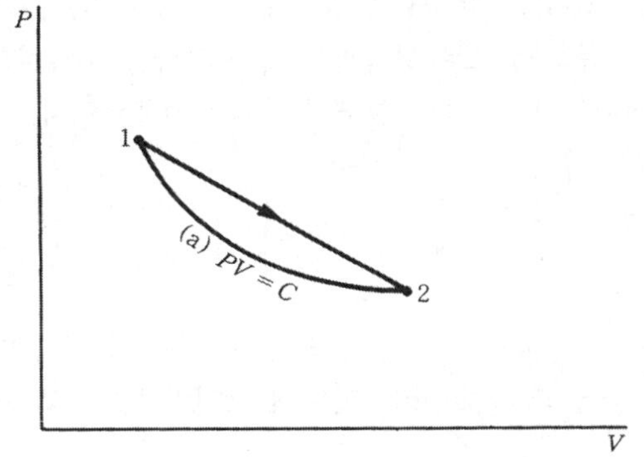

그림 5·52 문제 5-24의 $P-v$ 선도

5.25 어느 기체가 1.667 kg/s의 유량으로 흐르고 있다. 계의 입구 속도 100 m/s, 온도 60℃에서 12 kW의 일을 받고, 1500 kJ분의 열을 방출하는 경우의 출구 속도를 구하여라. 이 과정에서 엔탈피 변화 18 kJ/kg 감소하였다.

5.26 0.001667 m^3/s의 물을 10 MPa의 압력을 가하여 송출하는 펌프가 있다. 펌프입구와 출구의 온도차가 0.4℃라면 펌프의 손실 열량은 몇 kW인가?

5.27 비체적 0.2 m^3/kg인 기체 3L를 팽창시켜 1.5 kJ의 일을 하였다. 이 때 내부 에너지의 변화가 90 kJ/kg이라면 변화 도중에 출입한 열량은 몇 kJ인가?

5.28 어느 열기관이 150 kW의 출력으로 10시간 운전하여 400 kg의 연료를 소비하였다. 연료의 발열량을 40 MJ/kg이라 하면 기관으로부터 방출된 열량은 몇 kJ인가?

5.29 압력 1 MPa, 비체적 0.2 m^2/kg, 내부 에너지 250 kJ/kg인 기체 30 kg의 엔탈피를 구하여라.

5.30 4000 kPa, 0.4 m^3의 기체 3 kg을 체적 2.0 m^3까지 팽창시켰다. 팽창 과정이 등온 과정일 때의 한 일을 구하여라. 이 과정에서 내부 에너지의 감소가 700 kJ일 때 가열량은 얼마인가?

5.31 수평관 속을 기체가 0.25 kg/s의 유량으로 흐르고 있다. 관로 도중에 300 kJ/kg의 열량을 가하였더니 출구의 속도가 350 m/s로 되었다. 입구 속도가 52 m/s 이라면 엔탈피 변화는 얼마인가?

5.32 자동차용 기관의 출력이 100 PS이고 연료 소비량이 9 g/s이다. 연료의 발열량이 42 MJ/kg일 때 방열량을 구하여라.

5.33 계가 10000 kJ의 열에너지를 받아서 4000 kJ의 일을 한다. 계로 유입하는 속도가 10 m/s 에서 20 km/s 로 변화하고, 계의 높이는 20 m에서 12 m로 되었다. 이 계의 질량이 40 kg이라면 내부 에너지의 변화는 얼마인가?

5.34 터빈 입구의 지름 15 cm인 터빈에서 증기의 입구 속도가 95 m/s, 압력과 온도는 각각 300 kPa, 150℃이다. 정상 유동 과정으로 생각하여 다음 사항을 구하여라. 단, 터빈 입구의 압력과 온도는 각각 20 MPa, 600℃이고, 터빈 출구의 지름은 0.6 m이다.

(1) 입구 증기의 밀도
(2) 터빈의 증기 유량
(3) 출구 속도

5.35 증기 터빈에서 터빈의 입 · 출구 조건의 압력, 온도, 속도가 각각 다음과 같을 때의 터빈 출력을 구하여라. 터빈의 유량은 15 kg/s이고, 터빈의 방열량은 14 kW, 터빈 입구는 출구보다 3 m 높다.

(1) 터빈 입구 : 0.6 MPa, 800℃, 30 m/s
(2) 터빈 출구 : 10 kPa, 300℃, 270 m/s

5.36 노즐에 증기가 600 kPa, 500℃, 속도 40 m/s로 유입되어 200 kPa, 엔탈피가 2654.5 kJ/kg의 상태로 유출할 경우 노즐의 출구 속도를 구하여라. 노즐 내의 유동은 정상 유동 과정이고 노즐은 단열되어 있다.

5.37 용기 내에 들어 있는 물을 교반하기 위한 날개차의 입력 에너지가 8000 kJ이고 계로부터 주위로 나가는 열량이 1200 kJ이다. 이 계의 내부 에너지의 변화를 구하여라.

5.38 부피 5 m^3인 강철로 된 용기에 건도 45%, 온도 140℃의 증기가 들어 있다. 이 용기가 10℃로 냉각되었을 때의 전열량을 구하여라.

5.39 폐쇄계에서 기체가 정압 변화하는 경우 20 kJ의 열량이 방출되는 경우 내부 에너지 변화를 구하여라. 단, 압력은 0.5 MPa이고, 체적의 감소는 0.2 m^3이다.

5.40 증기 노즐을 통과하는 유량 및 입 · 출구 조건이 다음과 같을 때 엔탈피 변화를 구하여라.

$$\dot{m} = 167 \text{ kg/s},\ \text{입구} : V_1 = 90 \text{ m/s},\ P_1 = 2 \text{ MPa}$$
$$\text{출구} : V_2 = 900 \text{ m/s},\ P_2 = 5 \text{ kPa}$$

5.41 고속 터빈이 압축기를 구동하는 필요한 동력이 1.2 kW이고, 터빈 입구 및 출구 조건이 0.5 MPa, 40℃, 100 kPa, 20℃이다. 터빈을 흐르는 공기 유량은 얼마인가?

5.42 과열 증기와 물을 혼합하여 건포화 증기(dry steam)를 만들고자 한다. 혼합 과열 증기와 물의 조건이 다음과 같을 때 공급수량을 구하여라.

표 5 · 5

과열 증기	물	건포화 증기
30 bar 400℃ 1200 kg/h	30 bar 60℃ –	20 bar – –

5.43 어느 작업 유체가 외부로부터 150 kJ의 열을 받고 주위로부터 250 kJ의 일이 가해지는 경우 내부 에너지의 변화는 몇 kJ인가?

5.44 어느 작업 유체 1 kg이 압력 300 kPa, 체적 3.00 m^3의 상태로부터 압력 1800 kPa, 체적 0.5 m^3로 되었다. 만일 내부 에너지의 변화가 없다면 엔탈피 변화는 얼마인가? 단, 이 변화는 등온 과정을 한다.

5.45 표준 대기압에서 1 kg의 물이 모두 증기로 증발하는 데 2257.0 kJ/kg이 필요하다. 이 때 비체적은 0.001044 m^3/kg으로부터 1.6729 m^3/kg으로 변한다. 이 과정이 압력 일정하에서 이루어진다면 내부 에너지 변화는 몇 kJ/kg인가?

5.46 스로틀링 열량계에서 주증기관 내의 1500 kPa의 습증기가 스로틀링되어 100 kPa까지 150℃로 되었다면 습증기의 건도는 몇 %인가?

5.47 강철제 탱크 속에 들어 있는 고온 유체(hot fluid)가 날개차(paddle wheel)에 의하여 교반되고 있다. 고온 유체의 최초 내부 에너지가 1200 kJ, 날개 차가 회전하는 동안 고온 유체로부터 주위로의 열전달량이 650 kJ일 경우 탱크 내 유체의 최종 내부 에너지를 구하여라. 단, 날개차에 가해지는 입력은 200 kJ이다.

5.48 그림 5 · 53과 같은 원통형 탱크에서 유입하는 물의 질량 유량이 m_i kg/s, 유출하는 질량은 수면높이 L m에 비례하여 $\dot{m}_e$ kg/s로 표시된다. 유출구의 단면적이 A m^2일 경우 탱크 내의 수면 높이의 변화를 구하는 식을 써라.

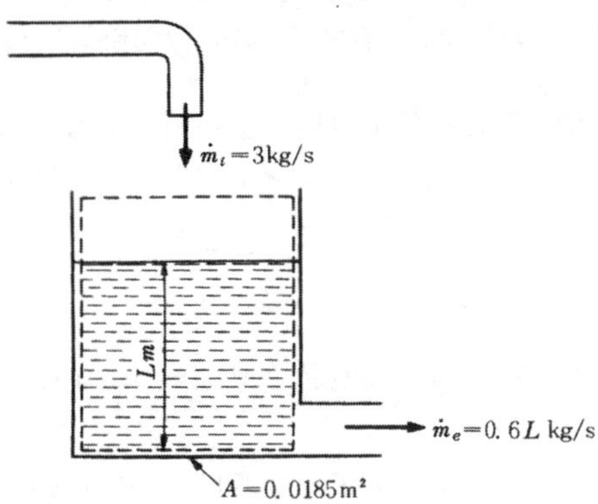

그림 5 · 53

5.49 강철 볼을 높이 70 m에서 낙하하여 바닥에 충돌할 경우 운동 에너지가 모두 열로 변하고, 그 열의 40%가 강철 볼의 온도 상승에 사용될 경우 온도는 몇 도가 올라가겠는가? 단, 강철 볼의 비열은 0.465 kJ/kg K이다.

5.50 시속 100 km/h의 속도로 주행하는 승용차가 제동을 걸어 정지할 경우 브레이크에 발생하는 열량은 몇 kJ인가? 이 차의 질량은 1,200 kg이다.

5.51 어느 물체에 216 kJ의 열을 가하여 70 kJ의 일을 하였다면 내부 에너지의 변화는?

5.52 어느 물체 2 kg이 압력 100 kPa, 체적 0.90 m^3의 상태로부터 압력 300 kPa, 체적 0.3 m^3로 되었다. 내부 에너지 변화가 없다면 엔탈피의 증가는?

5.53 증기 터빈이 550 kg/h의 증기를 공급받아 동력을 발생한다. 증기 입구 및 출구 증기의 비엔탈피가 각각 3500 kJ/kg, 2600 kJ/kg일 경우 터빈 동력은 몇 kW인가?

5.54 그림 5·54와 같은 관로 속을 기체가 정상적인 흐름을 하고 있다. 관의 안지름이 120 mm인 곳의 평균 유속이 2 m/s일 때 질량 유량은 얼마인가? 안지름 170 mm인 곳의 평균 유속은? 단, 기체의 비체적은 0.80 m^3/kg이고, 마찰 손실은 무시한다.

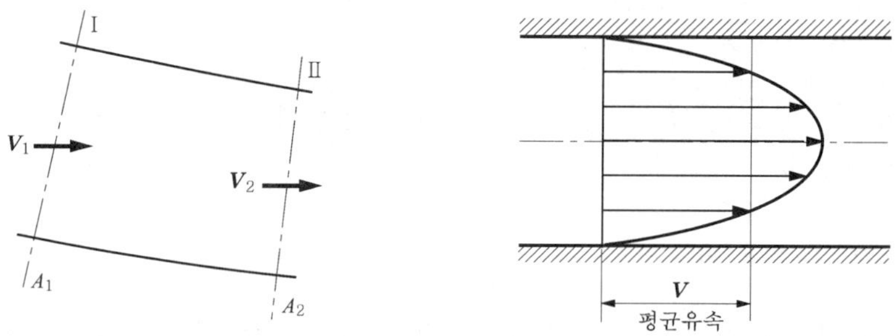

그림 5·54

5.55 압력 0.6 MPa, 체적 0.5 m^3인 기체가 압력 일정하에서 체적이 0.15 m^3로 되고 이 때 내부 에너지가 220 kJ 감소하였다. 외부로부터 주어진 일과 방열량을 계산하여라.

5.56 공기 압축기 25℃, 100 kPa의 공기를 750 kPa까지 매분 7 kg씩 압축하는 경우 압축기의 열손실은 얼마인가? 이 압축기에 공급 동력은 27 kW이고, 공기의 비엔탈피의 변화는 200 kJ/kg이다.

5.57 어느 증기 터빈이 다음과 같은 조건에서 작동하고 있다. 터빈의 방열량을 구하여라.

터빈 입구 : h_1=2870 kJ/kg, 터빈의 일 : 600 kJ/kg

터빈 출구 : h_2=1960 kJ/kg, 유동 : 정상류, ΔKE=0, ΔPE=0

5.58 공기 압축기에서 입구 공기 조건이 100 kPa, 300 K, 유량 $\dot{m}$=35 m^3/min이고 공기 출구 조건이 700 kPa, 비체적이 0.169 m^3/kg이다. 압축기의 입력 에너지가 160 kJ/kgair이고, 압축기의

발생열을 냉각시키는 냉각수 재킷(압축기 둘레에 있음)의 냉각수 입구 및 출구의 온도차가 14℃일 경우 냉각수 유량 $\dot{m}_w$ kg/min을 구하여라. 단, 냉각수 재킷과 재킷 바깥쪽 공기와의 열손실은 무시하고, 운동 에너지 및 위치 에너지 효과는 무시한다.

5.59 그림 5 · 55와 같은 증기 원동소에서 증기 유량이 120 kg/s이고 각 주요부 조건이 그림에 표시된 것과 같을 경우

(1) 증기 보일러의 가열량은 얼마인가?

(2) 터빈 출력과 펌프 동력(입력)을 구하여라.

(3) 복수기의 냉각수 순환량을 구하여라. 이 때 냉각수 온도 상승이 17℃이다.

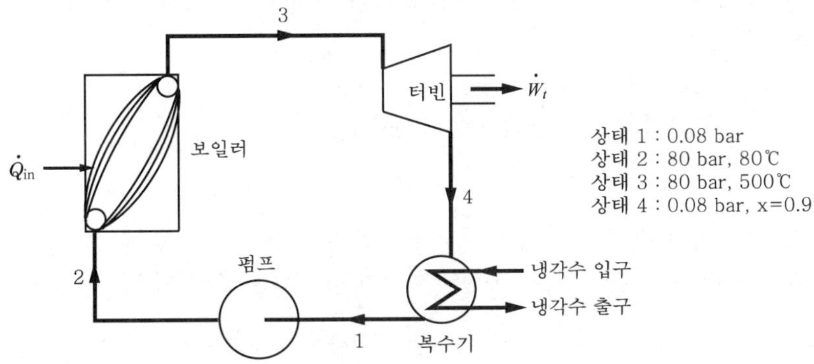

그림 5 · 55

5.60 앞의 문제 **5.59**에서 증기 원동소의 열효율을 구하면 얼마인가?

5.61 강철로 된 다음 그림과 같은 탱크 속에 2상 기액 혼합물(H_2O)이 1.5 MPa, 건도 0.2인 상태로 들어 있다. 탱크를 가열하여 포화 증기가 압력 조절 밸브를 통하여 유출된다. 이 때 압력 조절 밸브는 압력을 일정하게 조절하며 용기의 체적은 0.5 m^3이다. 가열이 액체가 모두 증기가 될 때까지 계속 될 경우 $P-V$ 선도에 상태 변화를 표시하고 총 열전달량과 증기 유출량을 구하여라.

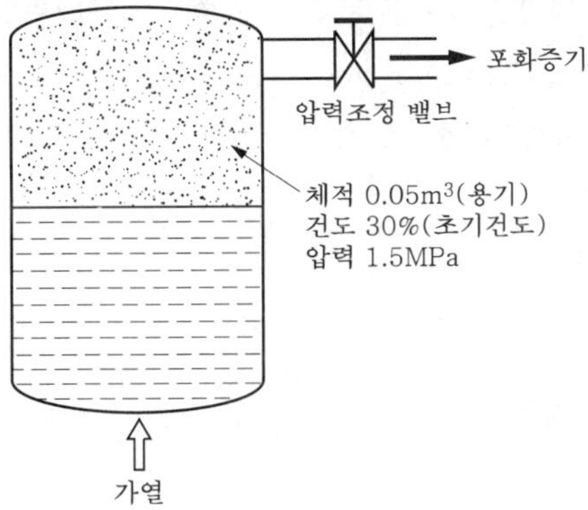

그림 5 · 56

5.62 체적이 1.5 m^3 용기에 5 MPa, 350℃의 증기가 들어 있다. 증기를 서서히 배출시켜 압력(壓力)이 2 MPa이 되었다. 이 때 증기의 온도를 320℃로 일정하게 유지시키기 위하여 가열해야 할 열량을 구하여라. 단, ΔKE, ΔPE는 무시한다.

5.63 어느 계에 봉입된 수소 1 kmol에 주위로부터 10 kJ의 열량이 가해져서 2000 Nm의 일을 하였다. 다음 사항을 계산하여라.

(1) 계내의 내부 에너지 변화

(2) 수소의 분자량을 2로 하여 비내부 에너지 변화량

5.64 60℃의 물은 19.94 kPa에서 증발한다. 이 때 물의 비내부 에너지의 변화량을 구하라. 단 증기표의 값은 다음과 같다.

60℃의 포화 증기의 비체적 = 7.671 m^3/kg
포화액의 비체적 = 0.001017 m^3/kg
증발 잠열 = 2358.5605 kJ/kg

5.65 질량 30 kg의 물체가 속도 20 m/s로 이동하고 있을 때 물체의 운동 에너지를 구하라. 그리고 이 물체가 지상 40 m에서 갖는 위치 에너지는 얼마인가? 단 중력 가속도는 9.81 m/s^2이다.

5.66 어느 유동계의 에너지 변환 시스템에서 입구의 엔탈피가 300 kJ/kg, 속도가 100 m/s, 날개차가 하는 일이 500 kJ/kg이고, 출구의 속도가 200 m/s, 엔탈피가 2100 kJ/kg일 경우 시스템으로부터 방열량을 구하라.

5.67 0.5 kW의 전기를 가열원으로 하는 가열기로 4분간 293 K의 물 3 kg을 100℃까지 가열하였다. 이 때 가열기의 출력의 60%를 물의 가열에 사용한다면 물의 가열 시간은 몇 시간인가? 단 물의 비열은 4.18 kJ/kgK이다.

5.68 어느 유동계가 유체 입구의 비엔탈피가 400 kJ/kg이고 출구의 비엔탈피가 150 kJ/kg의 상태로 유체가 흐르고 있다. 입구와 출구의 높이가 같고 유체의 운동 에너지를 무시할 수 있는 경우 유체가 도중에 외부일을 하지 않는 경우 주어진 열량은 얼마인가?

5.69 어느 증기 터빈 장치에서 증기 입구 조건이 압력 4 MPa, 온도 500℃이고 출구 조건은 압력이 80 kPa이고, 증기의 비엔탈피가 2665.7 kJ/kg일 경우 터빈의 출력을 구하여라. 단, 증기의 열역학적 작동 조건은 다음과 같다.

[증기표] 입구 조건 : 500℃, 4 MPa
h = 3445.3 kJ/kg, 증기 유량 = 500 kg/h

CHAPTER

06 열역학의 제 2 법칙

6.1 사이클과 열효율

열기관이나 냉동기 및 공기 압축기 등의 기계에서 동작 물질(動作物質 또는 作業流體, working substance)이 어느 상태로부터 변화가 시작되어 도중에 여러 가지 상태 변화를 하면서 처음의 상태로 되돌아오는 연속적인 상태 변화를 **사이클**(cycle)이라 한다.

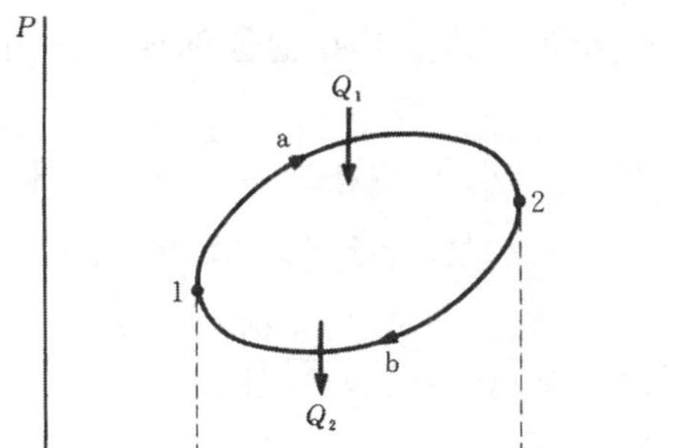

그림 6·1 사이클

그림 **6·1**에서 상태 변화 1a2 과정에서 열량 Q_1을 공급받고, 경로 2b1을 거치는 사이에 열량 Q_2를 방열하고 처음의 상태로 되돌아오는 하나의 사이클에 열역학 제 1 법칙을 적용하면

$$Q_1 = U_2 - U_1 + \int_{1a}^{2} PdV$$

$$-Q_2 = U_1 - U_2 + \int_{2b}^{1} PdV$$

가 된다. 이들 두 식을 더하면

$$Q_1 - Q_2 = \int_{1a}^{2} PdV + \int_{2b}^{1} PdV$$

이 식에서 우변은 한 사이클에 대한 일의 적분이므로 기호 $\oint$로 나타내면

$$Q_1 - Q_2 = \oint PdV \tag{6 · 1}$$

가 된다. 이 일을 다시 쓰면

$$W = \oint PdV = \text{면적 1a22'1'} - \text{면적 1b22'1'} = \text{면적 1a2b1} \tag{6 · 2}$$

로 표시된다. 앞의 제 3 장의 일과 열에서 다룬 것과 같이 사이클 과정 중에 한 일은 $P-V$ 선도 상의 폐곡선(閉曲線)으로 둘러싸인 면적과 같다.

그림 6 · 1에서 1a2 변화의 일을 W_1, 2b1 변화의 일을 W_2라 하면 1 사이클당 하는 일은 $W = W_1 - W_2$가 되며, 이것은 폐곡선의 둘러싸인 면적과 같다. 이 폐곡선을 역으로 1b2a1의 경로를 거치면 역 사이클로 되고, 이것은 작업기의 사이클이 된다. 한편 이것에 대하여 1a2b1의 경로를 거치면 사이클은 열기관 사이클이 된다.

외부로부터 열을 받아서 사이클 과정을 하여 일을 발생하는 기계를 **열기관**(熱機關, heat engine)이라 한다.

열기관 사이클에서 공급 열량을 Q_1, 방열량을 Q_2, 외부에 대하여 한 일을 W라 하면 **열효율**(熱效率, thermal efficiency) η는 다음 식으로 표시된다.

$$\eta = \frac{\text{작동 유체가 사이클 중에 한 일}}{\text{고열원으로부터 사이클에 공급된 열량}}$$

$$\eta = \frac{Q_1 - Q_2}{Q_1} = \frac{W}{Q_1} \tag{6 · 3}$$

사이클의 상태 변화의 방향을 반대로 한 것을 **역사이클**(reversed cycle)이라 한다. 그림 6 · 1의 역사이클은 1b2a1이 되며 이 때 Q_1, Q_2의 정 · 부의 부호는 반대로 된다. 즉, 일 W를 소비하여 저온의 물체로부터 Q_2를 흡수하고 고온의 물체로 $Q_1 = Q_2 + W$를 방열하도록 작동하는 사이클을 이루는 기계를 **작업 기계**(working machine)라 한다. 공기 압축기(空氣

壓縮機, air compressor), 냉동기(冷凍機, refrigerator) 등은 그 예로서 이 때의 동작 물질은 열기관과 반대의 경로를 거치는 사이클을 이루게 된다.

냉동기에서는 저온부에서 열량 Q_2를 흡수하여 **냉동 효과**(冷凍效果, refrigeration effect)를 얻는 것이 목적이므로 공급되는 일 W는 $W = Q_1 - Q_2$로 표시된다. 따라서 냉동기에서는 흡열량 Q_2가 큰 것이 바람직하다. 따라서 냉동기의 성능은 흡수 열량 Q_2와 계에 가해진 일 W와의 비

$$\epsilon_r = \frac{Q_2}{W} = \frac{Q_2}{Q_1 - Q_2} \tag{6 · 4}$$

로 표시된다. 이것을 냉동기의 **성적 계수**(成績係數, coefficient of performance)라 하며 COP라고도 표시한다.

냉동기에서는 고온의 물체에서 열량 Q_1을 버리나 이 열을 가열의 목적으로 사용하는 장치를 **열펌프**(heat pump)라 한다. 열펌프에서 이용할 수 있는 열은 $Q_1 = Q_2 + W$이며, 이것은 저온의 물체로부터 흡수한 열량과 외부로부터 공급되는 일의 합에 상당한다. 따라서 열펌프의 성적 계수는 다음 식으로 표시된다.

$$\epsilon_h = \frac{Q_1}{W} = \frac{Q_1}{Q_1 - Q_2} = \frac{W + Q_2}{W} = 1 + \epsilon_r \tag{6 · 5}$$

보기 6.1

열기관이 25 kg/h의 연료를 소비하여 출력 115 kW를 발생하는 경우의 열효율을 구하여라. 다만, 연료의 열발생량은 41.50 MJ/kg이다.

풀이 1 kWh = 3.6×10^3 kJ이므로 열기관이 1시간 동안에 한 일과 이 사이에 소비한 연료가 발생하는 열량을 생각하면 열효율은

$$\eta = \frac{\text{열기관이 1시간 동안에 한 일}}{\text{소비한 연료의 발생 열량}}$$

$$= \frac{115 \times (3.6 \times 10^3)}{25 \times (41.5 \times 10^3)}$$

$$= 0.3990 = 39.9\%$$

보기 6.2

화력 발전용 증기 동력 사이클에서 연소 가스로부터 2000 kW의 열량을 받아 일을 하고 주위에 1100 kW의 열량을 방열하는 경우 이 원동소 사이클의 열효율을 구하여라.

풀이 사이클의 일은

$$\dot{W}_{\text{net}} = \dot{Q}_H - \dot{Q}_L$$

여기서 $\dot{Q}_H$: 시스템에 연소 가스로부터 공급받은 열량=2000 kW

$\dot{Q}_L$: 시스템으로부터 주위에 방열하는 열량=1100 kW

따라서 열효율은

$$\eta_{\text{th}} = \frac{\dot{W}}{\dot{Q}_H} = \frac{\dot{Q}_H - \dot{Q}_L}{\dot{Q}_H}$$

$$= \frac{2000-1100}{2000} = 0.45, \ 45\,\%$$

6.2 열역학의 제 2 법칙

열역학 제 1 법칙은 일과 열은 본질적으로 서로 같으며 이들 사이의 변환을 나타내는 것으로서 일이나 열이 어느 쪽으로나 동등하게 변환될 수 있음을 나타내고 있다. 그러나 자연계에서 우리가 경험하는 바에 의하면 일을 열로 변환시키는 것은 용이하나 열을 일로 변환시킬 때에는 어떤 제한이 존재한다. 즉, 고온 열원으로부터 계가 열을 받아 그 일부를 열로 바꾸고 나머지는 저온 열원으로 방열하게 되어 이용할 수 없게 된다.

에너지에는 여러 가지 형태가 있으나 이것을 자유로이 변화할 수 있는 상태로 두면 어느 일정한 방향으로 변화한다. 열역학 제 2 법칙은 이러한 사실을 열 에너지에 대하여 설명한 하나의 경험 법칙으로서 열과 일 사이의 변환 방향을 나타낸 것이다. 이와 같이 열역학 제 2 법칙은 단순히 일을 변환하는 경우의 제한을 표현한 것만이 아니고 모든 자연 현상이 일어날 때에도 모두 어떠한 제한을 받고 있음을 의미한다.

하나의 보기로 물 속에서 날개차를 돌려서 물을 교반하면 물의 온도가 상승하게 된다. 날개차의 회전일은 열역학 제 1 법칙에 의하면 일과 같은 에너지에 상당하는 열로 변환하여 수온이 상승하게 된다. 그러나 반대로 상승한 물의 온도를 처음 온도까지 낮추어도 이것만으로는 날개차를 돌릴 수 없다. 즉, 일은 쉽게 열로 변환하나 열을 일로 바꾸는 것은 용이하지 않음을 알 수 있다. 이와 같은 관계는 열역학 제 1 법칙만으로는 설명할 수 없다.

다른 하나의 실제 보기로서 마찰이 생기면 반드시 열이 발생하게 되는 데 이것은 극히 자연적인 현상으로 쉽게 일이 열로 변환됨을 알 수 있다. 그러나 열을 일로 변환하는 것은 그렇게 간단하지 않다. 물로 수차를 돌리기 위해서는 물이 높은 곳에서 낮은 곳으로 흘러야 하는 것처럼, 열이 일로 변환되기 위해서는 고온도(고열원)의 물체와 저온도(저열원)의 물체가 있고 그 사이에서 열을 이동시키는 열기관이 있어야 열을 일로 변환시킬 수 있다.

열이 고열원으로부터 저열원으로 이동하는 것 자체는 자연 현상으로서 일상 경험으로부터 잘 알고 있다. 이들의 관계를 명확히 하는 것이 열역학 제 2 법칙이다.

자연 현상에서 흔히 볼 수 있는 바와 같이 열은 고온의 물체로부터 저온의 물체로 흐르고, 유체는 압력이 높은 곳에서 낮은 곳으로 흐르며, 또한 물질은 고농도로부터 저농도로 확산한다. 이러한 현상들은 모두 비가역임을 경험으로부터 쉽게 이해할 수 있다. 상태 변화에 관한 방향성에 대한 현상으로는 전열(傳熱, heat transfer), 확산(擴散, diffusion) 등을 들 수 있다.

온도가 다른 두 물체를 접촉시키면 열은 반드시 고온의 물체로부터 저온의 물체로 흐르고, 온도차가 생기지 않으면 열의 흐름은 정지되며 결코 저온의 물체로부터 고온의 물체로는 흐르지 않는다.

또 다른 하나의 보기로는 컵 속의 물에 잉크 한 방울을 떨어뜨리면 장시간 후에는 잉크는 컵 속에 확산되어 마침내 균일한 색으로 된다. 이와 같은 현상은 서로 다른 종류의 액체 또는 기체의 혼합에서 볼 수 있는 확산이며, 확산된 2종의 물질을 하나로 분리할 수는 없다. 이와 같이 열로부터 일로의 에너지 변환, 마찰에 의한 열의 발생, 열의 전도(전열), 확산 등을 포함하는 상태 변화는 비가역 변화이다. 그러므로 자연 현상을 열역학 제 1 법칙만으로 설명하는 것은 불충분하며, 상태 변화의 방향성을 나타내는 별도의 법칙이 필요함을 알 수 있다. 이 법칙이 바로 열역학 제 2 법칙이다.

열역학 제 2 법칙(the second law of thermodynamics)은 앞에 설명한 바와 같은 경험 법칙으로서 다음과 같이 여러 가지 표현으로 설명된다.

[1] Clausius의 표현

Clausius의 표현(Clausius statement of the second law of thermodynamics)은 "열은 그 자신만으로는 저온의 물체로부터 고온의 물체로 이동될 수 없다"는 표현이다. 이것은 1850년 독일의 Clausius(Rudolph Julius Emanuel Clausius, 1822~1888)에 의하여 정리된 표현으로서 열은 그 자신만으로는 저온의 물체로부터 고온 물체로 이동할 수 없음을 나타낸 것이다.

하나의 예를 들면 냉장고의 경우 냉동실에서 냉동 효과를 얻는 것은 저온으로부터 실외의 고온부로 열이 이동되기 때문이다. 이것은 열이 그 자신만에 의하여 이동된 것이 아니라 외부로부터 압축일에 상당하는 에너지를 압축기로부터 받아서 저온의 영역으로부터 흡열하여 열을 고온 영역으로 이동시킨 결과가 된다.

그림 **6 · 2**에서 보는 바와 같이 냉동기는 외부로부터 동력을 받는 압축기의 작동 없이는 저온 물체로부터 열을 흡수하여 고온 물체로 이동시킬 수 없음을 알 수 있다.

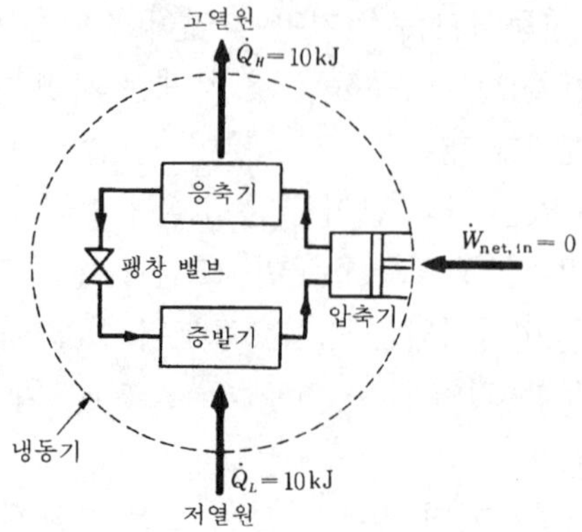

그림 6·2 Clausius의 표현에 위배되는 냉동기

[2] Kelvin-Planck의 표현

Kelvin-Planck의 표현(Kelvin-Planck statement of the second law of thermodynamics)은 "외부에 어떠한 영향을 남기지 않고 한 사이클 동안에 계가 열원으로부터 받은 열을 모두 일로 바꾸는 것은 불가능하다"는 표현으로서 Thomson의 원리라고도 한다. 이 표현은 켈빈(Lord Kelvin 또는 William Thomson, 1858~1907, 영국의 물리학자)과 플랑크(Max Karl Ernest Ludwig Planck, 1858~1947, 독일의 물리학자)에 의한 표현으로서 "외부에 어떠한 영향을 남기지 않고"와 "한 사이클 동안에…"라는 뜻은 다른 기관이나 다른 어떠한 열원의 도움 없이 한 사이클 기간 중에 열을 모두 일로 바꿀 수($Q = W$가 될 수)없음을 나타낸 것이다.

다시 말하면 그림 6·3에서 보는 바와 같이 열효율이 100%인 열기관은 존재할 수 없으며 반드시 작업 유체는 공급된 에너지의 일부를 주위와의 열교환이 이루어져야 함을 알 수 있다.

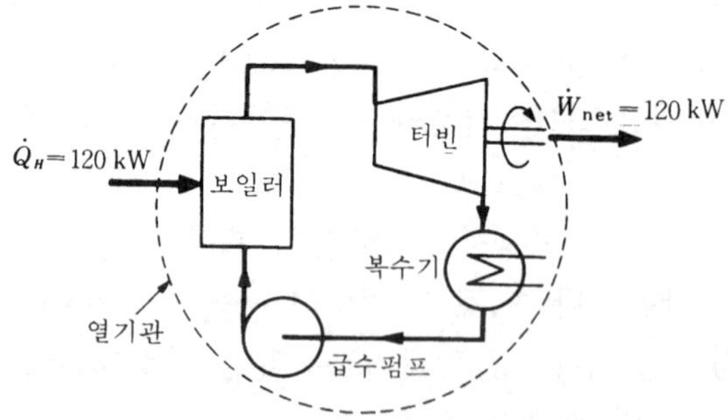

그림 6·3 Kelvin-Planck 표현에 위배되는 열기관

제 2 법칙에 대한 이들 두 표현 중에서 Clausius의 표현은 열전달의 비가역성을 설명한 것이고, Kelvin-Planck의 표현(Thomson의 표현)은 하나의 열원으로부터 얻은 열량을 모

두 일로 바꿀 수 없음을 나타낸 것이다. 그러나 이들 두 표현은 내용상으로는 같은 의미를 갖는다.

공급된 열에너지를 모두 일로 전환하는 가상적인 기관을 **제 2 종 영구 기관**(第二種永久機關, perpetual-motion machine of second kind)이라 한다. 한편 열역학 제1법칙에 위배하는 기계를 제 1 종 영구 기관(第一種永久機關, perpetual-motion machine of first kind)이라 한다. 열역학 제 2 법칙은 이와 같은 제 2 종의 영구 기관이 불가능함을 나타내는 법칙이다. 앞에서 다룬 바와 같이 열기관에서 작업 물질(또는 동작 물질)의 상태 변화가 모두 가역변화(可逆變化)인 것을 **가역 기관**(可逆機關, reversible engine)이라 하고, 일부분이라도 비가역 변화를 포함하는 것을 **비가역 기관**(非可逆機關, irreversible engine)이라 한다. 계와 주위 사이에 유한한 온도차로서 열이동이 이루어지면 이 과정은 비가역이다.

하나의 과정 중에 계의 경계 내에 비가역성이 일어나지 않는 경우를 내적 가역(內的可逆, internally reversible)이라 한다. 내적 가역 과정에서 계는 평형 상태를 유지하여, 과정이 역으로 진행하는 경우에도 평형 상태를 유지하면서 처음 상태로 되돌릴 수 있게 된다.

앞에서 다룬 준평형 과정(準平衡過程, quasi-equilibrium process) 또는 준정적 과정(quasi-state process)은 내적 가역 과정의 실제 보기이다. 여기서 준정적 과정이란 계가 평형을 유지하면서 정적으로 상태 변화가 생기는 과정을 말한다. 만일 계가 주위와 평형을 유지하였을 때에는 어떠한 변화도 일어나지 않는다. 변화의 과정이 존재하는 것은 평형 상태로부터 미소한 불평형이라도 존재하기 때문이다.

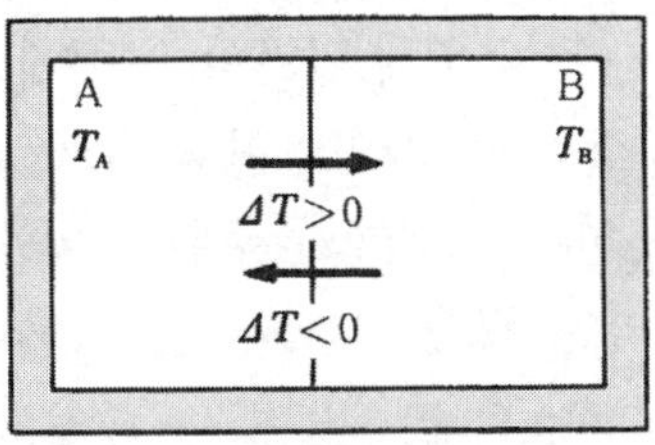

$T_A = T_B + \Delta T$
$\Delta T \fallingdotseq 0$

그림 6·4 온도차가 무한소인 준정적 과정

온도차가 무한소의 경우 열의 주고받음에 대하여 살펴보기로 한다. 지금 그림 **6·4**와 같이 주위가 단열되어 있고 그 속에 온도 T_A인 물체 A와 온도 T_B인 물체 B가 서로 접촉하는 경우 온도 T_A와 T_B 사이에 무한소의 온도차 ΔT가 있으면 열이 이동하게 된다. 즉, T_A가

$$T_A = T_B + \Delta T, \ \Delta T \fallingdotseq 0$$

일 때, $\Delta T > 0$이면 열역학의 제 2 법칙에 의하여 열은 A로부터 B로 이동하게 된다. 여기서 ΔT가 0에 접근하면 A와 B는 열평형 상태로 근접하며, 이 과정에서 Q가 A→B로 이동하

게 된다. 반대로 $\Delta T<0$이 될 때 ΔT가 무한소로 되어 0에 접근하면 열은 거의 평형 상태로 되며, 이 과정 동안 Q는 B→A로 이동하게 된다. 이와 같이 온도차가 무한소의 경우 열의 수수(授受)는 준정적인 상태 변화를 하게 되며, 이를 **준정적 변화**(準靜的 變化, qusai-static change)라 한다.

또한 변화의 과정 중에 계의 경계 외부에서 비가역성이 일어나지 않는 경우를 외적 가역(外的可逆, externally reversible)이라 한다.

열원과 계 사이의 열전달 과정에서 열원의 온도가 일정하게 유지된다면 이것은 외적 가역 과정이다. 만일 그림 **6·5**와 같이 계와 주위 사이에 비가역성이 존재하지 않는 경우를 가역(可逆, reversible 또는 totally reversible)이라 한다.

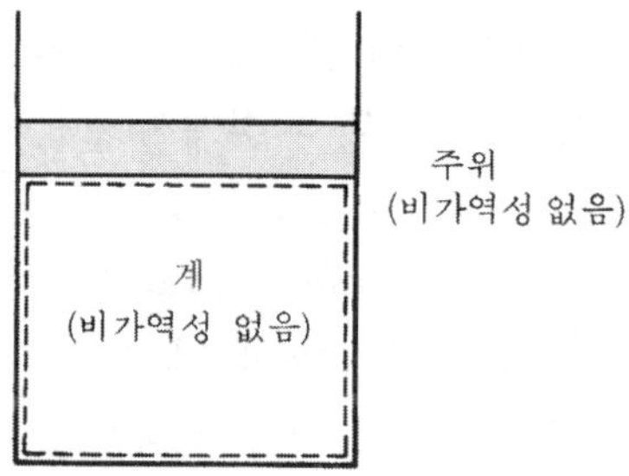

그림 6·5 가역 과정

그림 **6·6**과 같은 정압 증발 과정에서 실린더 내의 물질이 등온으로 정적 평형 상태를 유지한다면 내적 가역이 되며, 이 계가 주위와의 사이에 무한소의 온도차(infinitesimal temperature difference) dT ℃를 가지고 있다면 외적으로도 가역이라고 볼 수 있다. 그러나 내적으로 평형을 유지한다고 하더라도 계와 주위 사이에 유한 온도차(ΔT)가 존재한다면 이러한 계는 내적으로만 가역인 계가 된다.

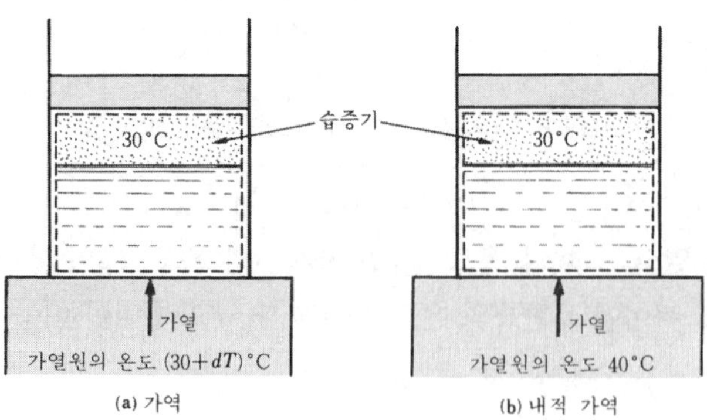

그림 6·6 가역 열전달 과정

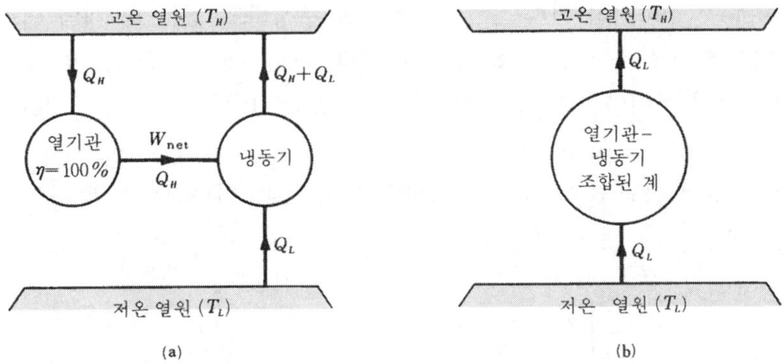

그림 6 · 7 Kelvin-Planck 표현과 Clausius 표현의 동등성의 보기

또 다른 하나의 예로는 마찰을 수반하지 않는 단열 및 등온 과정은 내적으로 가역이며 또 외적으로도 가역이다. 마찰 또는 그 밖의 비가역성이 포함된 계의 경우, 또는 다른 온도로 주위와의 열교환을 하는 과정은 내적으로 비가역이며 또 외적으로도 비가역이다.

그림 6 · 7 (a)는 Clausius의 표현과 Kelvin-Planck의 표현의 동등성을 설명하기 위한 보기이다. 이 그림은 열기관-냉동기의 조합으로 구성된 계로서 고온 및 저온의 두 열원 사이에서 작동된다.

이 그림에서 열기관(heat engine)은 Kelvin-Planck의 표현에 위배되는 효율이 100%인 기관으로서 이 때 받은 열량 Q_H는 모두 유효한 일 $W_{net} = Q_H$로 전환된다.

이 일은 냉동기(refrigerator)에 공급되어 저온 열원으로부터 Q_L을 흡수하여 고온 열원에 $(Q_H + Q_L)$을 방열한다. 이러한 과정 중에 고열원이 받는 유효 열량은 $(Q_H + Q_L)$과 Q_H의 차인 Q_L이 된다. 그러므로 이 열기관-냉동기가 조합된 계는 그림 6 · 7 (b)에 나타낸 것과 같은 냉동기에 상응하며, 이 때 Q_L은 외부의 도움 없이 모두 고열원으로 이동한 결과가 된다. 따라서 이것은 분명히 Clausius의 표현에 위배되는 것이다. 그러므로 Kelvin-Planck의 표현에 위배되는 것은 Clausius의 표현에도 위배됨을 알 수 있다.

6.3 카르노 사이클

[1] 카르노 사이클의 열효율

그림 6 · 1에서 보는 바와 같이 동작 물질이 여러 가지 변화를 거쳐서 처음의 상태로 되돌아오는 것을 **사이클**이라 하고, 이 사이클을 구성하는 변화가 모두 가역 변화일 경우를 **가역**

사이클(reversible cycle)이라 한다. 또한 사이클을 구성하고 있는 몇 개의 변화 중에서 어느 하나라도 비가역 변화가 있으면 **비가역 사이클**(irreversible cycle)이 된다.

열기관의 이상적인 사이클은 다음에 설명하는 카르노 사이클(Carnot cycle)이다. 카르노 사이클은 1824년 프랑스의 물리학자 카르노(Nicolas Leonardo Sadi Carnot, 1796~1832)가 제안한 사이클로서 그림 **6 · 8**과 같은 2개의 가역 등온 변화와 2개의 가역 단열 변화로 구성된 사이클이다.

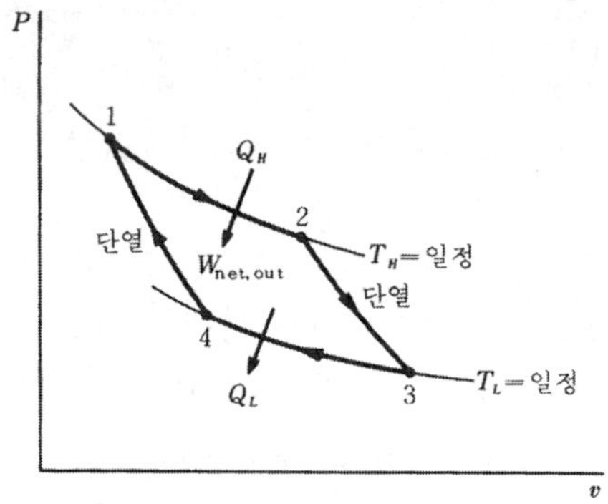

그림 6 · 8 카르노 사이클

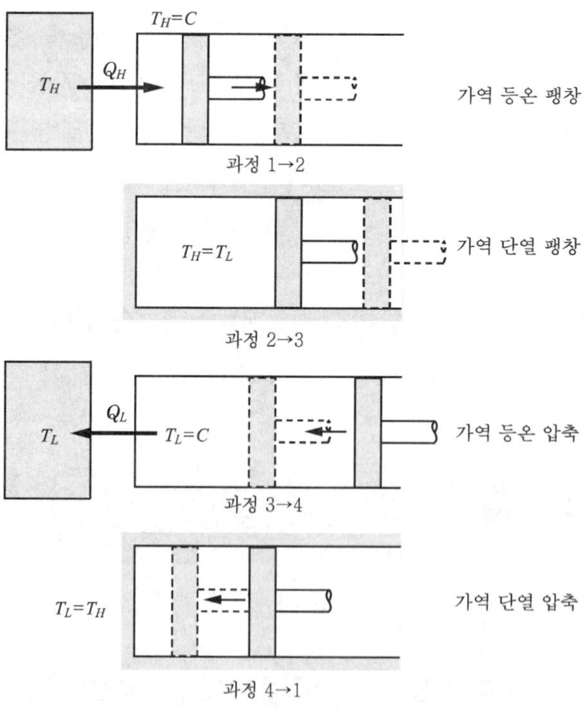

그림 6 · 9 카르노 사이클의 과정

그림 6 · 9에 표시된 것과 같은 피스톤–실린더와 열을 완전하게 전달하는 투열재료(透熱材料, diathermal material)로 된 실린더 헤드를 갖는 기관에 일정한 질량의 기체가 들어 있다. 카르노 사이클의 각 과정을 설명하면 다음과 같다.

(1) 과정 1→2, 가역 등온 팽창(可逆等溫膨脹, reversible isothermal expansion)

실린더 헤드에 온도 T_H인 고열원에 접촉시켜 $T_H=$일정하에서 동작 유체가 열량 Q_H를 받아서 등온 팽창하며 외부에 대하여 일을 한다.

(2) 과정 2→3, 가역 단열 팽창(可逆斷熱膨脹, reversible adiabatic expansion)

상태 2에서 실린더 헤드에 접촉한 열원을 제거하고, 절연체를 접촉시켜 단열 상태하에서 팽창시켜 온도 T_H에서 T_L이 되는 상태 3이 될 때까지 외부에 대하여 일을 한다. 물론 이 때 피스톤은 마찰이 없고, 과정은 준정적이므로 가역 단열 팽창으로 생각한다.

(3) 과정 3→4, 가역 등온 압축(可逆等溫壓縮, reversible isothermal compression)

상태 3에서 실린더 헤드에 접촉한 절연체(絶緣體)를 제거하고 T_L인 저열원에 실린더 헤드를 접촉시킨다. 이 때 피스톤이 가스를 압축하므로 온도는 상승하나 곧 저열원으로 방열되므로 온도는 $T_L=$일정인 상태에서 압축된다. 이러한 과정은 상태 4까지 계속된다. 이 때에 방열되는 열량은 Q_L이다.

(4) 과정 4→1, 가역 단열 압축(可逆斷熱壓縮, reversible adiabatic compression)

상태 4에서 저열원을 제거하고 열을 차단한 상태에서 처음의 상태까지 압축한다. 이 때 온도는 T_L에서 T_H까지 상승되면서 사이클을 마친다.

이상과 같이

1→2 : 등온 팽창,
2→3 : 단열 팽창,
3→4 : 등온 압축,
4→1 : 단열 압축

으로 구성된 사이클로서 과정 1→2에서 Q_H가 공급되고, 3→4에서 Q_L이 방열되므로 이론 열효율은 다음과 같이 구할 수 있다.

$$Q_H = mRT_H \ln\frac{V_2}{V_1}$$
$$Q_L = mRT_L \ln\frac{V_3}{V_4} \qquad (6 \cdot 6)$$

여기서 m은 동작(작업) 물질의 질량(kg), R는 가스 상수(kJ/kg K)이다.

또한 과정 2→3, 4→1은 단열 변화이므로

$$T_2 V_2^{\kappa-1} = T_3 V_3^{\kappa-1}, \quad T_1 V_1^{\kappa-1} = T_4 V_4^{\kappa-1}$$

$$T_2 = T_1 = T_H, \quad T_4 = T_3 = T_L$$

$$T_H V_2^{\kappa-1} = T_L V_3^{\kappa-1}, \quad T_H V_1^{\kappa-1} = T_L V_4^{\kappa-1}$$

$$\frac{T_L}{T_H} = \left(\frac{V_2}{V_3}\right)^{\kappa-1} = \left(\frac{V_1}{V_4}\right)^{\kappa-1}$$

$$\therefore \ \frac{V_2}{V_1} = \frac{V_3}{V_4}$$

가 된다. 따라서 카르노 사이클의 열효율 η_c는

$$\eta_c = 1 - \frac{Q_L}{Q_H} = 1 - \frac{mRT_L \ln \frac{V_3}{V_4}}{mRT_H \ln \frac{V_2}{V_1}} = 1 - \frac{T_L}{T_H} \tag{6·7}$$

이 된다. 따라서 이상 기체를 작업 물질로 하는 카르노 사이클의 열효율은 고온 및 저온의 2개 열원의 온도 T_H, T_L만에 의하여 결정되며 T_H가 높을수록, 또 T_L이 낮을수록 η_c는 크다. 극한의 경우 $T_L = 0$, 즉 저열원이 절대 0도일 때 열효율은 $\eta_c = 1$이 되어 수열량(受熱量)은 모두 일로 변환시킬 수 있다.

그러나 실제로 이용할 수 있는 저열원은 대기나 바닷물 등이며 이들은 모두 상온 부근의 온도에 한정되므로 η_c는 항상 1보다 작고 받는 열량의 일부분밖에 일로 전환시킬 수 없다.

보기 6.3

카르노 열기관이 그림 6·10과 같이 670℃의 고열원으로부터 550 kJ의 열량을 받아서 25℃인 저열원에 방출하는 경우 다음 사항을 구하여라.

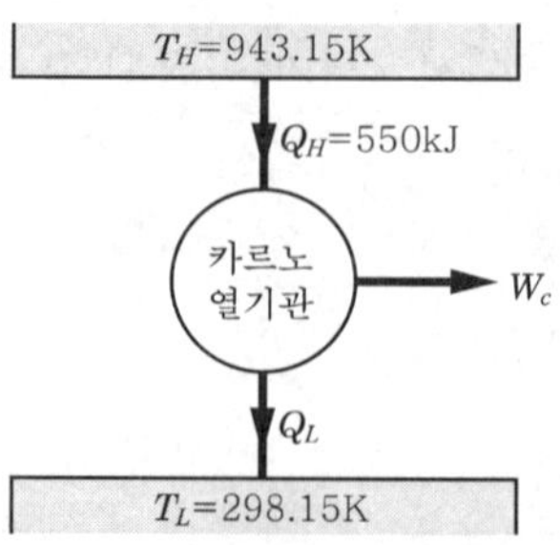

그림 6·10 보기 6.3의 설명도

(1) 열효율 η_c

(2) 저열원에 방열하는 열량 Q_L

풀이 (1) 카르노 기관의 열효율

$$\eta_c = 1 - \frac{Q_L}{Q_H} = 1 - \frac{T_L}{T_H} = 1 - \frac{25 + 273.15}{670 + 273.15} = 0.6839$$

이다. 따라서 이 기관은 공급받은 열량의 68.39%를 일로 변환시킬 수 있다.

(2) 방열량 Q_L

$$\eta_c = 1 - \frac{Q_L}{Q_H}$$

$$Q_L = Q_H(1-\eta) = 550(1-0.6839) = 173.855 \text{ kJ}$$

따라서 고열원으로부터 받은 열량 550 kJ 중 173.855 kJ을 방열한 결과가 된다.

보기 6.4

열기관이 카르노 사이클로 작동되고 있다. 이 열기관의 출력이 50 kW이고, 고·저열원의 온도가 850℃와 110℃일 경우 기관의 열효율과 공급 열량을 구하여라.

풀이 $T_H = 850 + 273.15 = 1123.15\,\text{K}$, $T_L = 273.15 + 110 = 383.15\,\text{K}$

$$\eta_c = 1 - \frac{T_L}{T_H} = 1 - \frac{383.15}{1123.15} = 0.65886,\ 65.886\%$$

공급 열량은

$$\eta_c = \frac{\dot{W}}{\dot{Q}_H}$$

$$Q_H = \frac{\dot{W}}{\eta_c} = \frac{50}{0.65886} = 75.889\,\text{kW}$$

이다.

[2] 역 카르노 사이클

카르노 열기관은 앞에서 설명한 바와 같이 가역 사이클이다. **역 카르노 사이클**(reversed Carnot cycle)은 카르노 사이클의 역과정을 가역적으로 이루는 사이클로서 이것은 **카르노 냉동 사이클**이 된다.

이 사이클은 카르노 사이클과 동일한 과정을 역으로 하는 것으로 과정 2→3에서 저열원으로부터 열량 Q_L을 흡열하고, 과정 4→1에서 고열원에 열량 Q_H를 방열하는 사이클이다. 이와 같이 저열원으로부터 열을 흡수하여 고열원에 방열하기 위해서는 외부로부터 일 W_{net}을 받아서 작동된다. 그림 6·11은 역 카르노 사이클의 $P-v$ 선도를 나타낸 것이다.

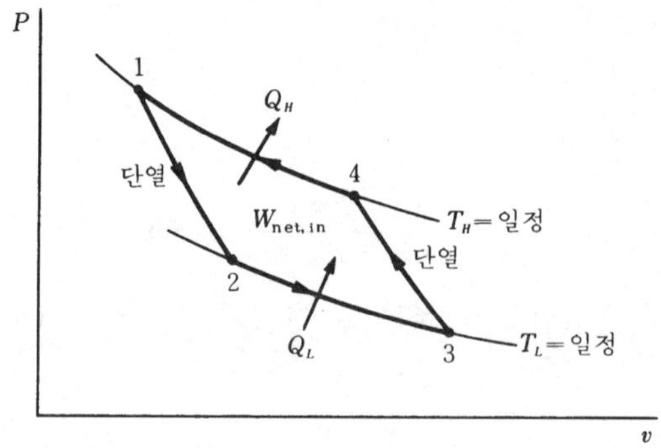

그림 6・11 역 카르노 사이클의 원리

$P-v$ 선도에서 각 과정은 다음과 같다.

과정 1→2 : 단열 팽창(adiabatic expansion)

과정 2→3 : 등온 흡열(흡수 열량 : Q_L)(isothermal heat absorption)

과정 3→4 : 단열 압축(adiabatic compression)

과정 4→1 : 등온 방열(방열량 : Q_H)(isothermal heat rejection)

역 카르노 사이클의 성적 계수 ϵ은

$$Q_L = mRT_L \ln\frac{V_3}{V_2}$$

$$Q_H = -mRT_H \ln\frac{V_1}{V_4}$$

$$\epsilon_r = \frac{Q_L}{Q_H - Q_L} = \frac{mRT_L \ln\frac{V_3}{V_2}}{mRT_H \ln\frac{V_4}{V_1} - mRT_L \ln\frac{V_3}{V_2}}$$

과정 1→2, 3→4가 단열과정이므로 카르노 사이클과 같이 계산하면 다음 관계가 성립한다.

$$\text{냉동기} : \epsilon_r = \frac{Q_L}{W} = \frac{T_L}{T_H - T_L}$$

$$\text{열펌프} : \epsilon_h = \frac{Q_H}{W} = \frac{T_H}{T_H - T_L}$$

로 표시된다.

보기 6.5

냉동 사이클을 이루는 냉동 장치에서 주위의 온도가 20℃이고, 증발기 내의 온도가 −5℃, 냉동 장치의 흡수 열량이 7500 kJ/h이고, 냉동 사이클의 입력일이 3250kJ/h일 경우 성적 계수 ϵ_r 와 이론적인 가역 냉동 사이클의 성적 계수 $\epsilon_{r,\max}$ 을 구하여라.

풀이 냉동 장치의 성적 계수는

$$\epsilon_r = \frac{\dot{Q}_L}{\dot{W}} = \frac{7500}{3250} = 2.308$$

가역 냉동 사이클의 성적 계수는

$$\epsilon_{r,\max} = \frac{T_L}{T_H - T_L} = \frac{268.15}{293.15 - 268.15} = 10.726$$

가 된다.

6.4 카르노 원리

열역학 제 2 법칙은 Kelvin−Planck의 표현과 Clausius의 표현에 의하여 사이클 장치의 작동 한계를 나타내는 법칙이다. 열기관은 단일 열원의 열교환에 의하여 작동될 수 없으며, 또 냉동기는 외부로부터 에너지 입력 또는 일을 받지 않고 작동될 수 없다.

가역 열기관과 비가역 열기관 열효율에 대한 다음과 같은 표현을 **카르노 원리**(Carnot principle)라 한다. 그림 **6 · 12**는 카르노 원리를 그림으로 나타낸 것이다.

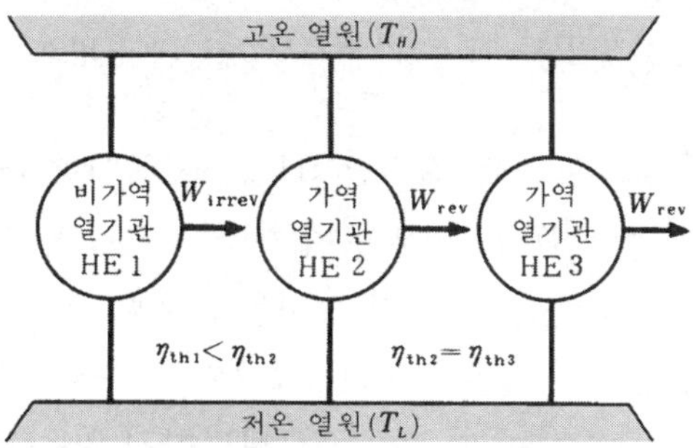

그림 6 · 12 카르노 원리

(1) 비가역 열기관의 효율은 동일한 두 열원 사이에 작동되는 가역 기관의 열효율 보다 항상 작다.

(2) 동일한 두 열원 사이에서 작동하는 모든 가역 열기관의 효율은 모두 같다.

먼저 카르노 원리의 제 1 표현을 증명하기 위하여 그림 6 · 13과 같은 고저 열원 사이에 작동하는 비가역 기관(HE_{irrev})과 가역 기관(HE_{rev})에 대하여 생각하여 보기로 한다.

각 기관에는 고열원으로부터 Q_H인 열량을 공급받아서 가역 열기관은 W_{rev}인 일을 하고, 비가역 열기관은 W_{irrev}의 일을 한다. 카르노 원리의 제 1 표현에 위배되게 비가역 열기관의 효율이 가역 열기관의 효율보다 높다고($\eta_{th,\,irrev} > \eta_{th,\,rev}$) 가정하여 보기로 한다. 이러한 가정은 가역 열기관이 하는 일보다 비가역 열기관이 하는 일이 크다는 것을 의미한다.

그림 6 · 13에서 가역 열기관이 냉동기와 같이 역으로 작동하는 경우를 생각하면, 이 냉동기는 외부로부터 일 W_{rev}를 받아서 저열원으로부터 Q_{Lrev}를 흡수하고 고온 열원으로 열량 Q_H를 방열하게 된다. 그러므로 냉동기는 고온 열원에 열량 Q_H를 방열하고, 비가역 열기관은 이 열량 Q_H를 받으므로 고온 열원에 대한 유효 열교환량이 0이 된다.

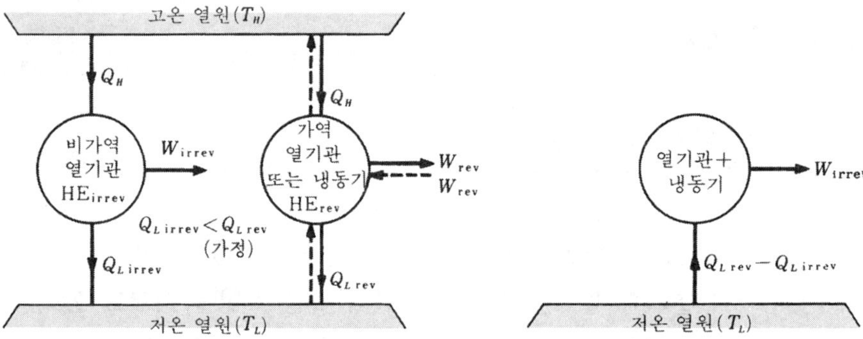

(a) 고저 두 열원 사이에서 작동되는 가역 기관과 비가역 기관(가역 기관은 냉동기로도 작동된다)

(b) 복합된 등가기관

그림 6 · 13 제 1 카르노 원리의 증명

만일 비가역 열기관 HE_{irrev}과 가역 열기관 HE_{rev}를 복합한 하나의 기관 [열기관+냉동기]을 생각하면 이 기관은 고열원과는 열의 수수가 없으므로 단일 열원으로부터 ($Q_{Lrev} - Q_{irrev}$)의 열을 받아서 ($W_{irrev} - W_{rev}$)의 일을 하는 기관이 된다. 이것은 Kelvin-Planck의 열역학 제 2 법칙의 표현에 위배되는 것이다. 그러므로 카르노 원리의 제 1 표현이 성립된다. 그러므로 앞에서의 가정 $\eta_{th,\,irrev} > \eta_{th,\,rev}$은 타당하지 않은 것이다. 이와 같은 이유에서 동일한 열원 사이에서 작동되는 가역 열기관보다 효율이 좋은 열기관은 존재할 수 없다.

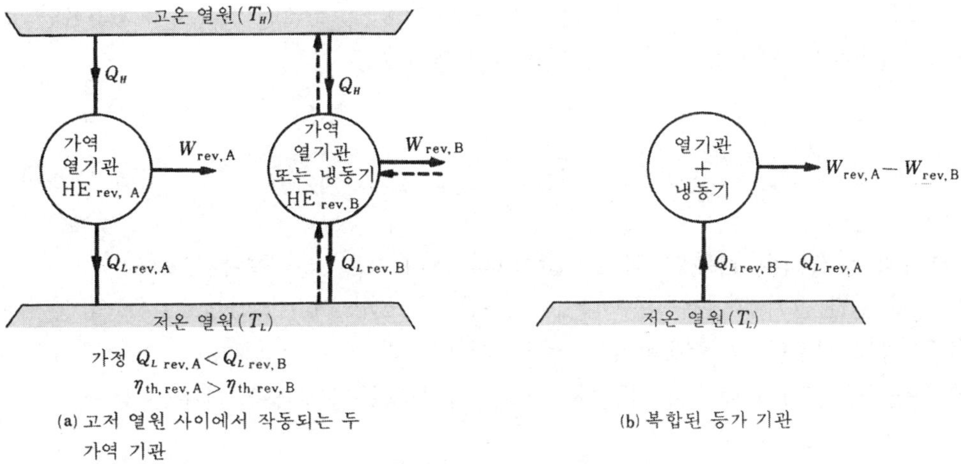

그림 6 · 14 제 2 카르노 원리의 증명

제 2 카르노 원리도 비슷한 방법으로 증명할 수 있다. 이번에는 그림 6 · 14와 같이 비가역 열기관을 가역 열기관으로 바꾸어 놓고 위와 같은 경우에 대하여 생각하여 보기로 한다. 이 경우에는 가역 기관 A가 가역 기관 B보다 열효율이 높다고 가정하여 보기로 한다. 공급 열량이 모두 동일하므로 $\eta_{th,rev,A} > \eta_{th,rev,B}$이려면 $W_{rev,A} > W_{rev,B}$, 즉 $Q_{Lrev,A} < Q_{Lrev,B}$이어야 한다. 열기관 A와 가역 냉동기 B가 복합된 등가 기관에 대한 열이동을 생각하면 $(Q_{Lrev,A} - Q_{Lrev,B})$를 저열원으로부터 받아서 $(W_{rev,A} - W_{rev,B})$ 만큼 일을 한 결과가 되며, 이것은 공급 열량을 모두 일로 바꾼 것으로서 열역학 제 2 법칙에 위배되는 것이다. 왜냐하면 이것은 동일한 단일 열원에서 열을 받아서 모두 일로 바꾼 결과가 되므로 제 2 법칙에 위배되는 결과이다. 따라서 이러한 열기관은 존재할 수 없으며 두 열원 사이에서 작동하는 가역 열기관의 효율은 같아야 한다.

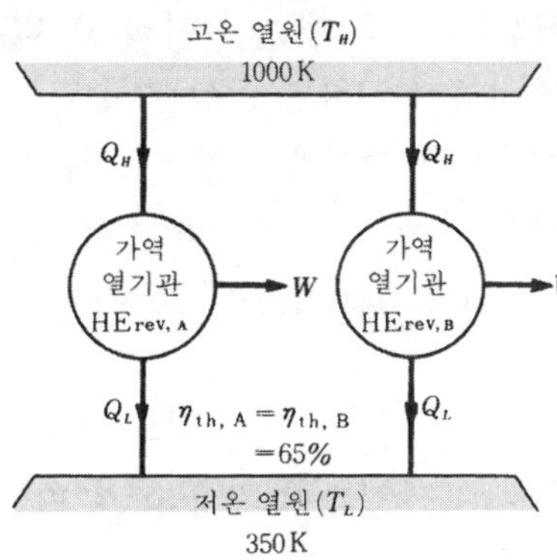

그림 6 · 15 제 2 카르노 원리

그러므로 그림 **6 · 15**와 같이 고열원의 온도가 1000 K, 저열원의 온도가 350 K인 고 · 저 두 열원 사이에서 작동하는 두 가역 열기관의 열효율은

$$\eta_{\mathrm{th,\,A}} = \eta_{\mathrm{th,\,B}} = 1 - \frac{T_L}{T_H} = 65\,\%$$

가 된다.

냉동기와 열펌프의 경우에 대한 Carnot의 원리는 다음과 같다.

(1) 동일 열원 범위 내에서 작동하는 가역 냉동기(reversible refrigerator)의 성적계수보다 높은 성적 계수를 갖는 냉동기는 존재하지 않는다.

(2) 동일 열원 범위 내에서 작동하는 모든 가역 냉동기의 성적 계수는 같다.

6.5 열역학적 온도 눈금

온도계는 온도계 속에 들어 있는 물질이 가지고 있는 성질이 변화할 때 생기는 팽창을 이용하여 온랭의 정도를 나타내는 계기이다. 따라서 온도계 속에 들어 있는 수은(mercury)이나 다른 액체의 체적 팽창을 이용하여 온도 눈금을 정하고 있다. 그러나 이 온도 눈금은 물질의 성질에 따라 변화하게 된다. 수은의 경우 그 체적 변화가 온도에 대하여 직선적이지 않으므로 지시값이 항상 정확한 값이 되지 않는다. 그러므로 정확한 온도 측정을 위하여는 온도계 물질의 성질에 따라 지시값의 차이가 생기지 않는 온도계가 요망된다.

제 1 장에서 설명한 바와 같이, 기체의 온도에 따른 팽창 비율은 다른 물질에 비하여 일정하다. 특히 이상 기체를 사용하면 완전한 온도 지시를 갖는 온도계를 얻을 수 있으나 이상 기체는 실존하는 기체가 아니므로 이 온도계는 실현될 수 없다. 그러나 수소나 헬륨 등의 기체를 사용한 기체 온도계의 지시를 수정하면 이상 기체를 사용한 온도계와 같은 지시값을 얻을 수 있다. 그러므로 여기서는 온도 측정에 사용되는 물질의 성질에 의존하지 않는 온도 눈금(temperature scale), 즉 절대 온도 눈금(absolute temperature scale)에 대하여 알아보기로 한다. 앞에서 다룬 바와 같이 카르노 원리에 의하여 두 열원 사이에서 작동하는 모든 가역 열기관의 효율은 모두 같고, 이것은 동작 유체나 그 성질에 의존하지 않으므로 두 열원 온도의 함수로 표시할 수 있다. 따라서 가역 열기관의 열효율은 다음 식으로 표시된다.

열역학 제 2 법칙에 의하여 임의의 사이클이 일을 하기 위하여는 온도차 $(T_H - T_L)$이 있어야 한다. 즉, 주어진 두 온도 T_H, T_L 사이에서 작동되는 카르노 사이클에서 효율은 열이 전달되는 온도 T_H, T_L의 함수이다.

$$\eta_{\text{th, rev}} = \frac{Q_H - Q_L}{Q_H} = 1 - \frac{Q_L}{Q_H} = f\,(T_H,\, T_L)$$

또는

$$\frac{Q_H}{Q_L} = \frac{1}{1 - f\,(T_H,\, T_L)} = F(T_H,\, T_L) \tag{6・8}$$

여기서 F, f는 각각 열원의 온도(T_H, T_L)의 함수를 의미한다.

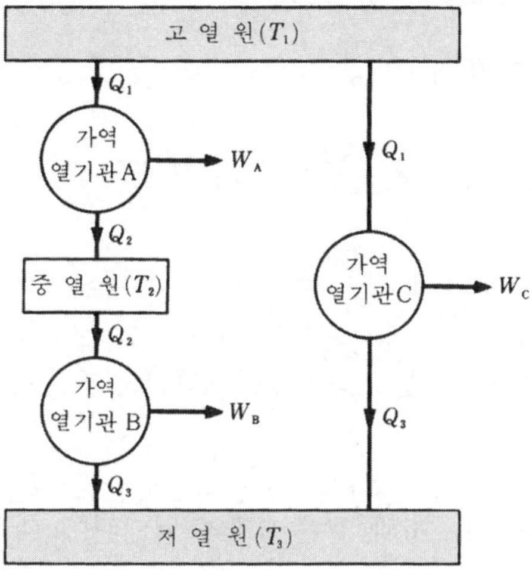

그림 6・16 열역학적 온도 눈금의 설명도

그림 6・16과 같이 온도 T_1, T_3 사이에서 작동하는 3개의 가역 열기관 A, B, C를 생각하기로 한다. 열기관 A와 C는 온도 T_1인 고온 열원으로부터 열량 Q_1을 공급받고, 열기관 B는 열기관 A의 방열량 Q_2를 온도 T_2인 중열원으로부터 받아 온도 T_3인 저열원에 방열하고, 열기관 C는 온도 T_3인 저온 열원에 열량 Q_3를 방열한다.

이 때 열기관 B와 C의 방열량은 같으므로 열기관 A, B는 같은 열원 사이에서 작동되는 열기관 C로 생각할 수 있다. 그러므로 열기관 C로 공급되는 열량은 열기관 A, B를 복합한 기관의 입력과 같다.

그림 6・17에서 단열선 a-f, b-e와 사귀는 온도가 T_1, T_2, T_3($T_1 > T_2 > T_3$)이고, 이들 열원으로부터 받거나 주는 열량이 Q_1, Q_2, Q_3이다. 즉, 열기관 A는 T_1, T_2 사이에서 작동하고, 열기관 B는 T_2, T_3 사이에서, 열기관 C는 T_1, T_3 사이에서 작동한다.

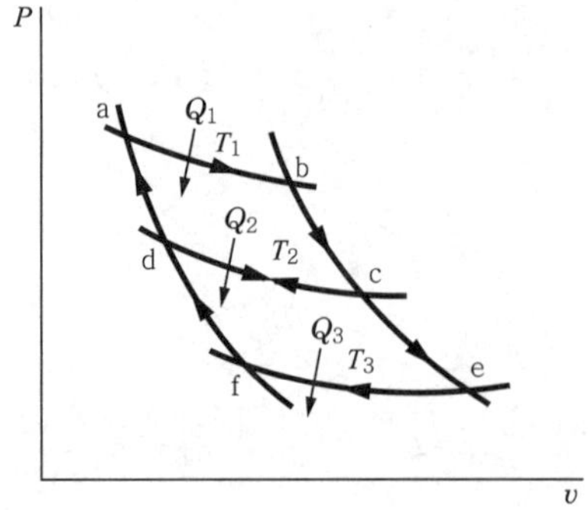

그림 6·17 Carnot 기관의 $P-v$ 선도

각 열기관의 열효율을 각각 η_A, η_B, η_C라 하면

$$\text{열기관 A} : \eta_A = 1 - \frac{Q_2}{Q_1} = f(T_1, T_2) \tag{a}$$

$$\text{열기관 B} : \eta_B = 1 - \frac{Q_3}{Q_2} = f(T_2, T_3) \tag{b}$$

$$\text{열기관 C} : \eta_C = 1 - \frac{Q_3}{Q_1} = f(T_1, T_3) \tag{c}$$

가 된다.

따라서 식 (6·8)을 그림 **6·16**과 같은 3개의 열기관에 대하여 적용하면

$$\text{열기관 A} : \frac{Q_1}{Q_2} = F(T_1, T_2) \tag{6·9 a}$$

$$\text{열기관 B} : \frac{Q_2}{Q_3} = F(T_2, T_3) \tag{6·9 b}$$

$$\text{열기관 C} : \frac{Q_1}{Q_3} = F(T_1, T_2) \tag{6·9 c}$$

로 표시된다. 따라서

$$\frac{Q_1}{Q_3} = \frac{Q_1}{Q_2}\frac{Q_2}{Q_3} \tag{6·10}$$

$$F(T_1, T_3) = F(T_1, T_2) \cdot F(T_2, T_3) \tag{6·11}$$

가 된다. 식 (6·11)이 만족되려면 이 식에서 좌변은 T_2가 포함되어 있지 않고 온도 T_1과 T_3만의 함수이므로, 우변에서는 T_2가 소거되고 T_1과 T_3만의 함수로 되어야 한다. 이렇게 되려면 2개의 함수는 각각 다음과 같은 형태의 함수이어야 한다.

따라서

$$F(T_1, T_2) = \frac{\phi(T_1)}{\phi(T_2)}, \quad F(T_2, T_3) = \frac{\phi(T_2)}{\phi(T_3)} \tag{6 · 12}$$

식 (6 · 11)을 다시 쓰면

$$\frac{Q_1}{Q_3} = F(T_1, T_3) = \frac{\phi(T_1)}{\phi(T_2)}\frac{\phi(T_2)}{\phi(T_3)} = \frac{\phi(T_1)}{\phi(T_3)} \tag{6 · 13}$$

이 된다. 식 (6 · 13)의 좌변의 온도 T_1, T_3의 함수이며, 우변 또한 T_1, T_3의 함수이다. 따라서 두 열원 T_H, T_L 사이에서 작동되는 가역 열기관의 경우에는 다음과 같은 식으로 표시된다.

$$\frac{Q_H}{Q_L} = \frac{\phi(T_H)}{\phi(T_L)} \tag{6 · 14}$$

이 식은 가역 열기관의 열량의 비는 온도의 비로 나타낼 수 있음을 의미한다. 켈빈(Lord Kelvin)은 $\phi(T) = T$로 표시하고 다음과 같이 정의되는 열역학적 온도 눈금(thermodynamic temperature scale)을 제안하였다(그림 **6 · 18** 참조).

$$\left(\frac{Q_H}{Q_L}\right)_{\text{rev}} = \frac{T_H}{T_L} \tag{6 · 15}$$

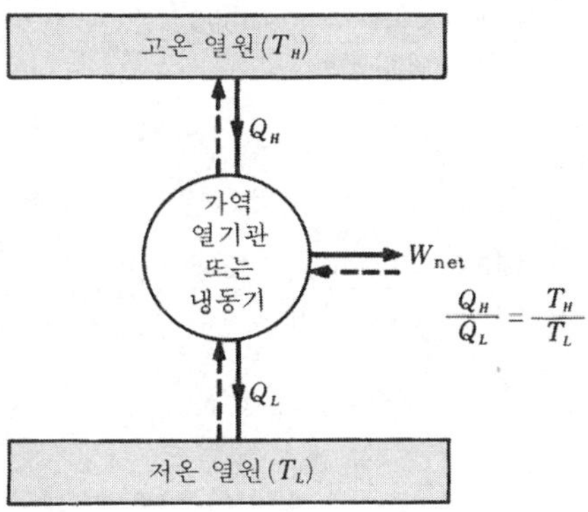

그림 6 · 18 가역사이클의 열량비 $\frac{Q_H}{Q_L}$와 온도비 $\frac{T_H}{T_L}$

이 온도 눈금을 **Kelvin 스케일**(Kelvin scale) 또는 **Kelvin 온도 눈금**이라 하고 이 온도 눈금에 의한 온도를 열역학적 절대 온도(absolute temperature)라 한다. Kelvin 눈금에서 온도비는 물질의 물리적 성질에 의존하지 않고 열원과 가역 기관 사이의 열량비에 의존한다. 절대 온도의 눈금은 식 (6 · 15)에 의하여 완전하게 정의되지 않는다. 이것은 단지 절대 온도의 비로만 표시되기 때문이다.

1968년 국제 도량형 회의에서 물의 3중점(triple point)의 열역학적 온도를 273.16 K로 설정하여 이것이 기본적 정점이다. 물의 3중점 상태는 정상 빙점(ice point)보다 0.01 K(0.1 MPa에서) 높은 온도이다.

만일 가역 열기관이 3중점과 다른 열원의 온도 T 사이에서 작동된다면 T는

$$T = T_{tp}\frac{Q}{Q_{tp}} = 273.16\frac{Q}{Q_{tp}}$$

여기서 Q, Q_{tp}는 각각 온도 T, $T_{tp}=273.16$ K에서 경계를 통한 열전달량이다. 이 식에서 $T=0$이면 $Q=0$이 된다.

보기 6.6

250℃의 고열원으로부터 500,000 kcal/h의 열량을 받는 카르노 사이클로 작동하는 열기관이 있다. 저열원의 온도가 20℃일 때 기관의 출력 및 저열원으로의 방열량을 구하여라.

풀이 열효율은

$$\eta_{\text{th}} = 1 - \frac{T_L}{T_H} = 1 - \frac{293.15}{523.15} = 0.4396$$

출력은 $\eta_{\text{th}} = \frac{W_{\text{net}}}{Q_H}$ 로부터

$$W_{\text{net}} = \eta_{\text{th}}\,Q_H = \frac{500,000\times 4.1868\times 0.4396}{3600} = 255.6274 \text{ kW}$$

$$\left(\frac{Q_H}{Q_L}\right)_{\text{rev}} = \frac{T_H}{T_L}$$

$$Q_L = \frac{T_L}{T_H}Q_H = \frac{293.15}{523.15}\times\frac{500,000\times 4.1868}{3600} = 325.8467 \text{ kW}$$

보기 6.7

350℃와 30℃ 사이에서 작동하는 카르노 기관에서 100 kJ의 외부일을 하는 경우 공급 열량을 구하여라.

풀이 $Q_H - Q_L = W = 100\text{ kJ}$

$$\frac{Q_H}{Q_L} = \frac{T_H}{T_L}$$

이들 두 식으로부터

$$W = Q_H - Q_H\left(\frac{T_L}{T_H}\right)$$

$$Q_H = \frac{W}{1-\frac{T_L}{T_H}} = \frac{100}{1-\frac{303.15}{623.15}} = 194.7344\,\text{kJ}$$

또는

$$Q_H = \frac{W}{\eta_c} = \frac{W}{\left(1-\frac{T_L}{T_H}\right)} = \frac{100}{1-\left(\frac{303.15}{623.15}\right)} = 194.7344\,\text{kJ}$$

6.6 카르노 열기관

가역 카르노 사이클(reversible Carnot cycle)로 작동되는 가상적인 열기관을 **카르노 열기관**(Carnot heat engine)이라 한다. 어느 열기관이 가역이건 아니건 간에 열효율은 다음 식으로 표시된다.

$$\eta_{\text{th}} = 1 - \frac{Q_L}{Q_H}$$

여기서 Q_H는 고온 열원 T_H에서 받은 열량이고, Q_L은 저온 열원 T_L로 방열한 열량이다. 가역 열기관의 열효율은 식 (6・15)로부터 두 열원의 절대 온도의 비를 이용하여 구할 수 있다. 따라서 카르노 기관 또는 어느 가역 열기관의 효율은 다음 식으로 표시된다.

$$\eta_{\text{th,rev}} = 1 - \frac{T_L}{T_H} \tag{6・16}$$

식 (6・16)으로 표시되는 효율을 **카르노 효율**(Carnot efficiency)이라고 한다. 이것은 그림 **6・19**와 같이 표시되는 고・저 두 열원 T_H, T_L 사이에서 작동되는 열기관의 최대 효율을 나타낸다. 그러므로 카르노 기관과 같은 온도의 두 열원 사이에서 작동되는 모든 비가역 기관(실제의 기관)의 열효율은 카르노 효율보다 낮다. 또한 실제의 모든 열기관은 작동 사이클 중의 비가역성을 배제할 수 없으므로 카르노 효율에 달할 수 없다. 두 개의 동일한 고저 열원 사이에서 작동되는 실제 열기관과 가역 열기관의 열효율 η_{th} 사이에는 다음과 같은 관계가 있다.

$$\left.\begin{array}{l}\eta_{\text{th}} < \eta_{\text{th, rev}} : \text{비가역 기관} \\ \eta_{\text{th}} = \eta_{\text{th, rev}} : \text{가역 기관} \\ \eta_{\text{th}} > \eta_{\text{th, rev}} : \text{불가능}\end{array}\right\} \tag{6・17}$$

실제 기관의 열효율은 동일한 열원 사이에서 작동되는 가역 기관의 열효율(이론적인 상한)보다 작으며, 대부분의 열기관들은 40% 이하의 효율을 갖는다.

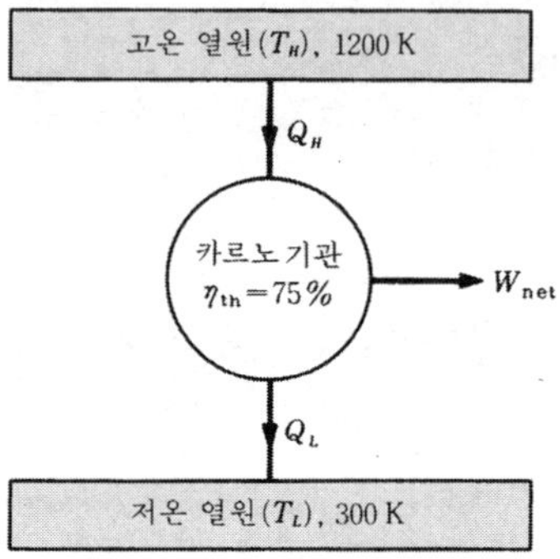

그림 6・19 카르노 기관

보기 6.8

그림 **6・20**과 같은 어느 거주 공간(居住空間)을 20℃로 난방(煖房, heating)하기 위하여 1일 500 MJ의 열량을 필요로 한다. 실외 공기 온도가 10℃일 경우, 열펌프(heat pump)를 사용하여 난방한다면 1일 최소일은 얼마인가?

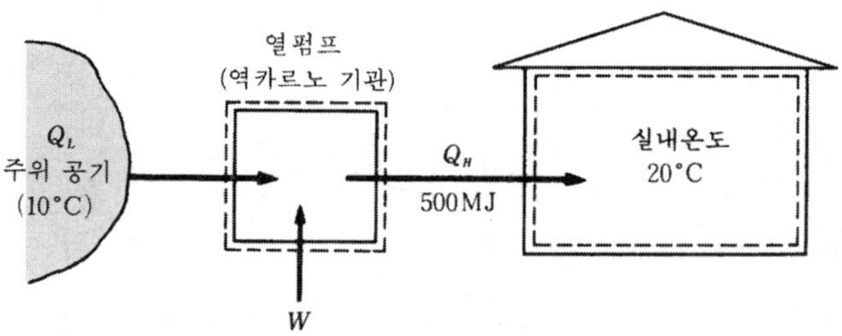

그림 6・20 보기 6.8의 설명도

풀이 열펌프 사이클에서 에너지 평형을 세우면

$$W = Q_H - Q_L = Q_H\left(1 - \frac{Q_L}{Q_H}\right)$$

열역학적 온도 눈금으로부터

$$\left(\frac{Q_L}{Q_H}\right)=\left(\frac{T_L}{T_H}\right)$$

이므로 난방하는 데 필요한 최소일 $W_{\min}$은

$$\begin{aligned}W_{\min} &= Q_H\left(1-\frac{T_L}{T_H}\right)\\ &=500\left(1-\frac{273.15+10}{273.15+20}\right)\\ &=17.0561\text{MJ}/\text{일(day)}\end{aligned}$$

보기 6.9

어느 발명가가 고열원으로부터 1000 kJ의 열량을 받아서 430 kJ의 일을 하는 동력 사이클을 개발하였다고 한다. 이 계는 500 K의 고온 가스로부터 열을 받아서 일을 하고 300 K인 대기 중에 Q_{out}을 방열한다. 이 동력 사이클의 성능이 옳은지를 판단하여라.

풀이 발명가가 주장하는 기관의 계통도와 주어진 데이터는 그림 **6 · 21**과 같다. 이 동력 사이클의 효율은

$$\eta_{\text{th}}=\frac{W_{\text{net}}}{Q_H}=\frac{430}{1000}=0.43,\ 43\%$$

이 사이클이 고저 두 열원 사이에 작동되므로 (T_H=500 K, T_L=300 K) 사이클이 낼 수 있는 최대 효율은 카르노기관의 효율이므로

$$\eta_{\text{th,rev}}=\eta_{\max}=1-\frac{T_L}{T_H}=1-\frac{300}{500}=0.40,\ 40\%$$

따라서 이 기관의 실제 열효율이 $\eta_{\max}$=40%를 초과($\eta_{\max}<\eta_{\text{th}}$)하므로 카르노 원리 즉, 열역학 제 2 법칙에 위배되며 기관의 설계 성능은 옳지 못하다.

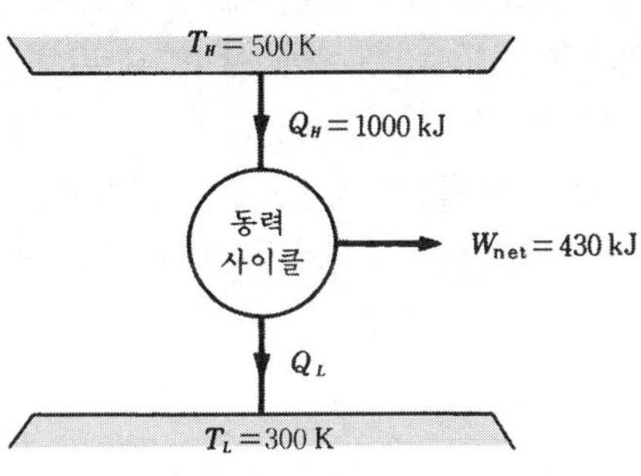

그림 6 · 21 보기 6.9의 설명도

6.7 카르노 냉동기와 열펌프

역 카르노 사이클로 작동되는 냉동기와 열펌프를 **카르노 냉동기**(Carnot refrigerator) 또는 **카르노 열펌프**(Carnot heat pump)라 한다. 가역 또는 비가역 냉동기의 열효율을 ϵ_r, 열펌프의 성적 계수를 ϵ_h 라 하면

$$\epsilon_r = \frac{Q_L}{Q_H - Q_L} = \frac{Q_L}{W}$$

$$\epsilon_h = \frac{Q_H}{Q_H - Q_L} = \frac{Q_H}{W}$$

가 된다. 여기서 Q_L은 저온 열원으로부터의 흡수 열량이고, Q_H는 고온 열원의 방열량이다. 따라서 **성적 계수**는 다음 식으로 표시된다.

$$\text{가역 냉동기 } \epsilon_{r,\text{rev}} = \frac{T_L}{T_H - T_L} \tag{6・18}$$

$$\text{가역 열펌프 } \epsilon_{h,\text{rev}} = \frac{T_H}{T_H - T_L} \tag{6・19}$$

실제 냉동기와 가역 냉동기의 성적 계수 사이에는 다음과 같은 관계가 있다.

$$\left.\begin{array}{l} \epsilon_r < \epsilon_{r,\text{rev}} \text{ ; 비가역 냉동기} \\ \epsilon_r = \epsilon_{r,\text{rev}} \text{ ; 가역 냉동기} \\ \epsilon_r > \epsilon_{r,\text{rev}} \text{ ; 불가능} \end{array}\right\} \tag{6・20}$$

유사한 관계를 열펌프에 대해서도 나타낼 수 있다. 가역 냉동기 또는 가역 열펌프의 성적 계수는 주어진 온도 범위에서 갖는 이론적인 최대값을 갖는다. 실제 냉동기 또는 열펌프에서는 장치의 성능을 개선시킬 수 있도록 설계를 합리화한다면 가역 냉동기 또는 열펌프의 성적 계수에 가까운 값으로 향상시킬 수 있다.

냉동기나 열펌프의 성적 계수는 저열원의 온도 T_L이 저하할수록 감소한다. 이것은 저열원의 온도가 낮을수록 저열원으로부터의 흡열을 위하여 더욱 많은 일이 필요하기 때문이다.

보기 6.10

주택(住宅)의 난방(煖房)에 사용되는 열펌프 장치에서 실내 온도를 항상 20℃로 유지하려고 한다. 외기의 온도가 −5℃이고 주택으로부터 외부로의 열손실이 144 MJ/h일 경우의 성적 계수와 열펌프의 최소 구동 동력을 구하여라.

풀이 성적 계수 $\epsilon_h = \dfrac{T_H}{T_H - T_L} = \dfrac{293.15}{293.15 - 268.15} = 11.726$

열펌프의 방열량은 열손실과 같아야 하므로

$$\dot{Q}_H = \frac{144 \times 1000}{3600} = 40\,\text{kW}$$

이다. 따라서 열펌프의 구동 동력은

$$\dot{W}_{\text{net}} = \frac{\dot{Q}_H}{\epsilon_h} = \frac{40}{11.726} = 3.4112\,\text{kW}$$

이다.

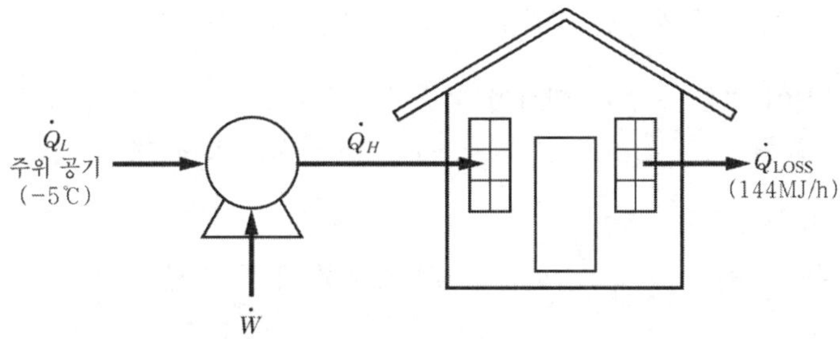

그림 6·22 보기 6.10의 설명도

연 | 습 | 문 | 제

6.1 열역학의 제 2 법칙을 설명하여라.

6.2 다음 사항에 대하여 간단히 설명하여라.

(1) 사이클　　(2) 열효율

(3) 성적 계수　　(4) 냉동기와 열펌프

6.3 냉동기와 열펌프의 성적 계수를 구하고 그 차이점을 설명하여라.

6.4 열역학 제 2 법칙에 관한 표현에 대하여 설명하여라.

(1) Clausius 표현　　(2) Kelvin-Plank 표현

6.5 다음 사항에 대하여 기술하여라.

(1) 제 1 종 영구 기관　　(2) 제 2 종 영구 기관

6.6 가역과정과 비가역과정에 대하여 설명하여라.

6.7 카르노 사이클과 카르노 기관에 대하여 설명하여라.

6.8 카르노 사이클의 $P-v$ 및 $T-s$ 선도를 그리고 열효율을 유도하여라.

6.9 카르노 원리(정리)를 간단히 유도하여라.

6.10 열역학적 온도 눈금에 대하여 설명하여라.

6.11 어느 기술자가 1000 kJ의 열량을 받아서 390 kJ의 일을 하는 열기관 사이클을 고안하였다고 주장한다. 이 사이클의 작동조건이 고온 열원의 온도가 480 K, 저온 열원의 온도가 300 K이라면 이 사이클의 출력 성능이 타당한 것인가를 검토하여라.

6.12 550℃의 고열원과 20℃의 저열원 사이에서 작동하는 카르노 사이클의 열효율과 기관 출력을 구하여라. 단, 고열원으로부터 받는 열량은 720 kJ/h이다.

6.13 앞의 문제와 같은 조건에서 역사이클을 이루는 냉동기가 있다면 흡수 열량과 성적 계수는 얼마인가?

6.14 600 ℃의 고열원과 20 ℃의 저열원 사이에서 작동되는 가역 사이클을 하는 열기관이 12.0 kJ/s의 열량을 공급한다면 열효율 및 발생일은 얼마인가?

6.15 어느 냉방 장치의 냉동기를 운전하기 위하여 필요로 하는 동력이 1.2 kW이고, 저열원으로부터의 흡수 열량이 8200 kJ/h이라면 성적 계수는 얼마인가?

6.16 가역 동력 기관이 온도 T인 고열원과 280 K의 저열원 사이에서 작동된다. 이 사이클이 40 kW의 일을 하고 저열원에 990 kJ/min의 열량을 방출한다면 고열원의 온도는 몇 도(K)인가?

6.17 어느 열기관의 열효율이 35%이고, 출력이 750 kJ일 경우 고열원으로부터 기관에 가해진 열량과 저열원의 방열량을 구하여라. 단, 고열원의 온도는 520 K이고 저열원의 온도는 295 K이다.

6.18 카르노 열기관이 고열원의 온도 610℃에서 400 kJ의 열량을 받아서 일을 하고 온도 25℃인 저열원에 방열한다. 이 카르노 기관의 열효율과 저열원의 방열량을 구하여라.

6.19 주택 난방에 사용되고 있는 열펌프가 다음과 같은 조건하에서 작동되고 있다.

난방하고자 하는 실내 온도 : 20℃
외기 온도 : −6℃
주택의 열손실 : 13,000 kJ/h

이 열펌프의 작동에 필요한 최소 출력은 몇 kW인가?

6.20 증기 원동소에서 보일러로부터 발생하는 증기의 온도가 650 K이고, 터빈이 하는 일이 1,000 MW일 경우 저열원의 발열량(복수기의 발열량)을 구하여라. 복수기 온도는 300 K이다.

6.21 카르노 사이클에서 고열원의 온도가 100℃이고 저열원의 온도가 0℃이다. 고열원에서 20 kJ의 열량을 받고, 저열원에서 14.6 kJ의 열량을 방열하는 경우 섭씨온도의 절대 0 도를 구하여라.

6.22 고열원 T_H와 저열원 T_L 사이에 작동하는 열동력 사이클에서 열효율을 증가시키기 위하여 T_L을 일정하게 유지하고 T_H를 높이는 경우와 T_H를 일정하게 하고 T_L을 낮추는 경우에 어느 쪽이 유리한지를 검토하여라.

6.23 그림 6 · 23과 같은 계에서 열기관 HE 1은 고열원 T_H에서 Q_H를 받아서 일 W_{HE1}을 하고 열량 Q를 받아서 중간 열원 T에 방열하고, HE 2 기관은 열원 T에서 열량 Q를 받아서 일 W_{HE2}를 하고 저열원 T_L에 열량 Q_L을 방열한다. 중열원의 온도 T를 다음과 같은 조건에서 T_H와 T_L의 함수 관계로 나타내어라.

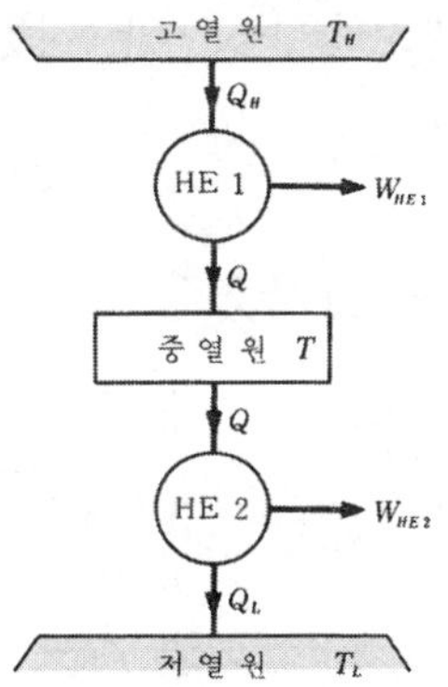

그림 6 · 23

(1) 두 사이클(열기관)의 유효일이 같을 때
(2) 두 사이클(열기관)의 열효율이 같을 때

6.24 두 열원 사이에서 작동하는 가역 열기관의 열효율 η_{max}를 다음과 같은 냉동 사이클의 성적계수의 함수관계로 표시하여라. 적용 조건은 다음과 같다.

(1) 동일한 두 열원 사이에서 작동하는 냉동 사이클의 경우
(2) 동일한 두 열원 사이에서 작동하는 열펌프의 경우

6.25 두 열원 사이에서 작동하는 사이클이 다음과 같은 조건하에서 작동하는 경우 가역, 비가역, 불가능 어느 것에 해당하는지를 판정하여라.

사이클 조건 : 고열원의 온도＝2000 K, 저열원의 온도＝400 K

(1) $Q_H=1000$ kJ , $W=840$ kJ　　(2) $Q_H=2000$ kJ, $Q_L=410$ kJ
(3) $W=1600$ kJ, $Q_L=400$ kJ　　(4) $Q_H=1000$ kJ, $\eta=32\%$

6.26 다음과 같은 운전 조건에서 작동되는 동력 사이클이 있다.

$T_H=1000$ K, $T_L=400$ K

(1) $Q_H=300$ kJ, $Q_L=130$ kJ, $W=170$ kJ
(2) $Q_H=300$ kJ, $Q_L=120$ kJ, $W=180$ kJ
(3) $Q_H=300$ kJ, $Q_L=150$ kJ, $W=160$ kJ

이와 같은 조건에서 작동되는 열기관의 운전 조건이 열역학적 원리에 적합한지를 판정하여라.

6.27 어느 발명가가 1000℃의 고열원에서 열을 받아 320℃의 저열원에 열량을 방열하는 열기관을 만들었다고 하며, 이 기관의 열효율은 65%라고 발표하였다. 이 사이클의 타당성을 검토하여라.

6.28 어느 기술자가 500 K와 300 K 사이에서 작동되는 열효율이 40%인 열기관과 45%인 열기관 두 가지를 발명하였다고 주장한다면 그 주장은 타당한 것인가?

6.29 그림 6·24와 같은 태양열 집열기에서 단위 면적당 태양 복사 에너지는 0.315 kW이고, 축열조의 온도는 480 K이다. 동력 사이클은 축열조에서 열을 받아 980 kW의 전기 에너지를 발전하며, 이 때의 주위 온도는 20℃이다. 이 기관의 성능을 만족하기 위한 집열기의 유효 면적을 구하여라.

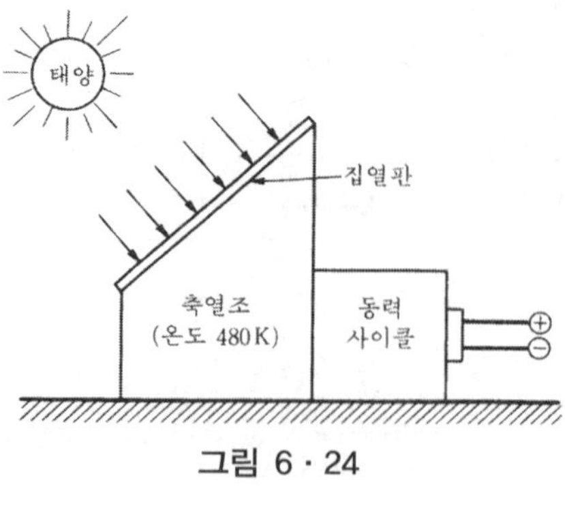

그림 6·24

6.30 앞의 문제에서 집열기에서 외부로 15%의 손실이 수반되고, 열기관 효율이 25%라면 집열기 면적은 얼마로 하여야 하겠는가?

6.31 태양열 집열 장치가 집열하여 축열조의 온도를 100℃로 유지하면서 동력 사이클에 열을 공급하고 20℃의 주위에 방열한다. 이 계가 얻을 수 있는 열기관의 최대 효율을 구하여라.

6.32 두 열원 사이에서 작동되는 냉동 사이클이 저열원(T_L=250 K)에서 열량 Q_L을 흡수하여 고열원(T_H=310 K)에 방열하는 경우 사이클의 상태를 가역, 비가역, 불가능 등으로 구분하여 나타내어라. 작동 조건은 다음과 같다.

(1) Q_L=1000 kJ, W=500 kJ　　(2) Q_L=2000 kJ, Q_H=2300 kJ

(3) Q_H=3000 kJ, W=600 kJ　　(4) W=400 kJ, ϵ =6.5

6.33 정상 상태로 작동되는 냉동 사이클의 냉동실이 −3℃로 유지되기 위하여 제거되어야 할 열량이 1200 kJ/h이다. 만일 이 사이클이 방열하는 고열원의 온도가 25℃이라면 이 사이클의 최소 입력에 상당하는 일은 몇 kW인가?

6.34 정상 상태로 작동되는 냉동기가 저열원의 온도 0℃에서 8000 kJ/h의 열량을 흡수하여 주위에 방열한다. 이 때 주위의 온도는 20℃이고, 성적 계수는 2.7이다. 이 냉동기의 입력일을 구하여라.

6.35 T_H=298 K이고, T_L=235 K~298 K일 경우의 성적 계수 ϵ_{max}를 그래프로 표시하여라. 단,

$\epsilon_{max} = \dfrac{T_L}{T_H - T_L}$로 표시된다.

6.36 12월의 기후에 실내 온도를 20℃로 유지하기 위하여 가열량은 2.5×106 kJ/day의 열부하가 필요하다. 실내를 난방하기 위한 열펌프는 실내를 고열원으로 인근에 있는 연못의 물을 저열원(온도 10 ℃)로 하여 사이클을 이루고 있으며 열펌프의 입력은 1.5×105 kJ/day이다. 이 열펌프의 성적 계수를 구하여라. 또한 이 열펌프 난방은 열역학적 원리에 위배되지 않는가를 검토하여라.

6.37 실내온도를 23℃로 유지하기 위하여 가열량은 3×104 kJ/h가 필요하며 외기 온도는 0℃이다. 난방용 열펌프의 입력일이 4.2 kW일 경우 성적 계수를 구하고 가역 열펌프 사이클의 성적 계수와 비교하여 보아라.

6.38 실내 온도를 20℃로 유지하기 위하여 필요한 난방 부하가 3.6×106 kJ/h이다. 외기 온도가 −10℃일 경우 전기 요금이 8원/kWh라면 1일 전기료는 얼마인가?

6.39 가역 동력 사이클이 고열원 T_H에서 열량 Q_H를 공급받고, 저열원 T_L에 Q_L을 방열한다. 동력 사이클의 일은 저열원 T_L'로부터 열량 Q_L'를 제거하여, T_H'인 고열원에 Q_H'를 방열하는 데 사용된다.

(1) Q_H'/Q_H를 온도비로 표시하여라.

(2) Q_H'/Q_H와 온도 T_H, T_L, T_L', T_H'의 관계를 구하여라.

6.40 1 kg의 물이 카르노 동력 사이클로 작동한다. 등온 팽창 기간 동안 물은 초기 상태 15 bar, 30%의 건도로부터 포화 증기가 될 때까지 가열된다. 증기는 단열적으로 팽창하여 1 bar, 건도 85%까지 팽창할 경우

(1) $P-v$ 선도 위에 사이클 과정을 도시하여라.

(2) 각 과정 중의 일 및 열량을 구하여라.

(3) 열효율을 구하여라.

6.41 그림 6 · 25와 같은 카르노 사이클에서 비열비 κ가 일정할 경우

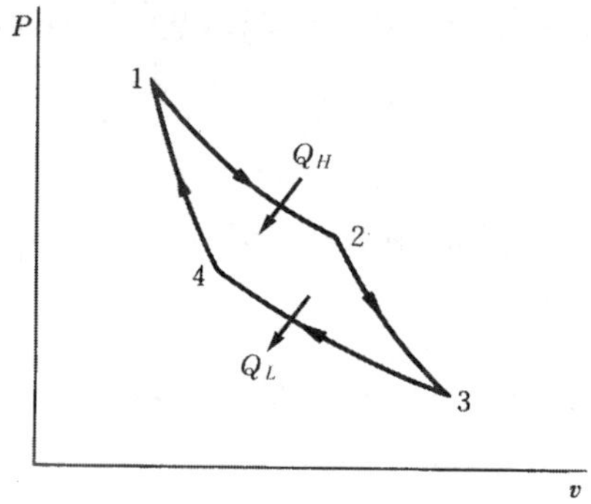

그림 6 · 25

(1) $V_4 V_2 = V_1 V_3$

(2) $\dfrac{T_2}{T_3} = \left(\dfrac{P_2}{P_3}\right)^{\frac{\kappa-1}{\kappa}}$

가 성립함을 증명하여라.

6.42 18℃와 −4℃ 사이에서 작동되는 가역 냉동기가 15℃의 물로부터 −4 ℃의 얼음을 매시간 1000 kg을 만들 경우 입력에 필요한 일을 구하여라. 단, 얼음의 비열은 2.0934 kJ/kg K, 잠열은 334.5 kJ/kg, 물의 비열은 4.186 kJ/kg K이다.

6.43 고열원의 온도가 950 K, 저열원의 온도가 300 K인 카르노 기관의 열효율을 구하여라. 1 사이클 당 32 kJ의 열량이 가해진 경우 유효일을 구하여라.

6.44 이상 기체를 동작물질로 하는 카르노 사이클의 열효율이 두 열원의 온도비에 의하여 결정됨을 증명하여라.

6.45 Kelvin−Planck의 표현에 위배되는 것은 Clausius의 제 2 법칙의 표현에 위배됨을 증명하여라.

6.46 폐쇄된 계에서 저열원으로부터 열(Q_L)을 받아 고열원에 Q_H를 방열하고, 외부에 대하여 일을 하는 열기관이 불가능함을 (1) Clausius의 제 2 법칙의 표현과 (2) Kelvin−Planck의 표현에 위배됨을 증명하여라.

6.47 외기 온도가 -15℃인 날씨에 실내 공기 온도를 22℃로 유지하기 위하여 4.2×103 MJ/day의 열량이 필요하다면 이 열펌프의 1일 최소 이론적인 운전경비를 구하여라. 단, 전기료는 10원/kWh이다.

6.48 고열원의 온도가 1100 K이고, 저열원의 온도가 300 K인 열기관의 최대 가능 열효율을 구하여라.

6.49 열펌프가 외기 온도 -5℃, 실내 온도 21℃의 조건으로 작동될 때 성적계수는 얼마인가?

6.50 열펌프가 $T_H=-20$℃, $T_L=20$℃의 온도로 작동하는 경우 성적 계수를 구하여라.

6.51 카르노 사이클과 역 카르노 사이클의 사이클 과정을 설명하고 열효율과 성적계수를 구하여라.

6.52 열기관과 열펌프, 냉동기가 이론적으로 낼 수 있는 최대 열효율과 최대 성적 계수를 구하여라.

6.53 다음과 같은 조건에서 작동되는 냉동기, 열펌프의 성적 계수를 구하여라.

(1) $\dot{Q}_L=0.35$ kW, $\dot{W}=0.10$ kW

(2) $\dot{Q}_L=0.25$ kW, $\dot{W}=0.20$ kW

(3) $\dot{Q}_L=1.5$ kW, $\dot{Q}_H=3$ kW

6.54 가역 열펌프의 성적 계수가 $\varepsilon_h=\varepsilon_r+1$로 표시됨을 증명하라.

6.55 그림 6·26과 같은 열펌프 시스템에서 열펌프의 입력과 성적 계수를 구하여라. 단, 열펌프의 흡수열량은 24000 J이고 건물 실내의 방열량은 36000 J이다.

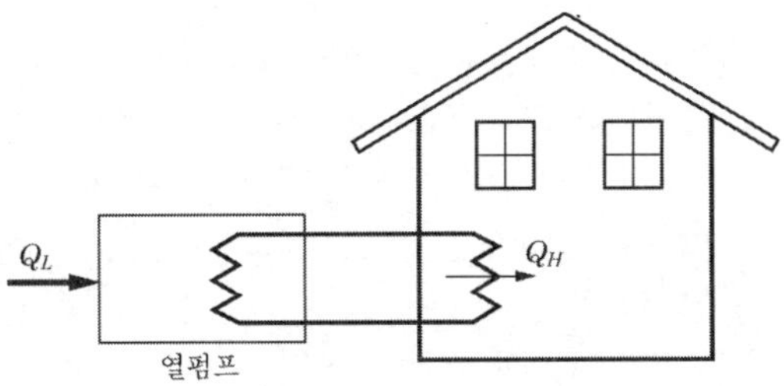

그림 6·26

6.56 어느 냉동기가 -23℃, 35℃의 온도 조건에서 작동한다. 입력일이 5 kW일 경우 냉각 부하를 구하여라. 또한 이 냉동기의 성적 계수는?

6.57 열원동소에서 최고 사이클 온도가 900 K이고, 저열원의 온도가 300 K일 경우 최대 열효율은 얼마인가?

6.58 Carnot 사이클의 열효율이

$$\eta = 1 - \left(\frac{V_1}{V_4}\right)^{\kappa - 1} = 1 - \left(\frac{P_4}{P_1}\right)^{\frac{\kappa - 1}{\kappa}}$$

로 표시됨을 증명하라. 여기서 첨자 1, 4는 각각 카르노 사이클의 상태점이다.

6.59 다음 중 옳은 것은 O, 틀린 것은 X표를 하여라.

(1) 가역 사이클의 열효율은 비가역 사이클의 열효율보다 좋다. (　　)

(2) 같은 온도 범위에서 작동되는 가역 열기관의 열효율은 같다. (　　)

(3) 같은 온도 범위에서 작동되는 가역 열기관의 열효율은 비가역 열기관의 열효율보다 항상 크다. (　　)

(4) 카르노 사이클은 2개의 등온과정과 2개의 등압과정으로 구성된다. (　　)

(5) 역 카르노 사이클의 원리는 열기관 사이클의 기본 사이클이 되는 중요한 사이클이다. (　　)

CHAPTER

07 엔트로피

7.1 Clausius의 부등식

제 6 장에서 살펴본 바와 같이, 열역학 제 2 법칙은 여러 가지 열기관과 기계 장치의 성능을 평가하는 데 적용될 뿐만 아니라 상태 변화 과정 동안 변화의 방향을 예측하는 데 이용된다.

열역학 제 2 법칙은 과정의 변화에 대한 방향을 나타내는 데 사용되기 때문에 열역학 제 2 법칙에 대한 수학적인 표현을 부등식으로 표시할 수 있다. 또한, 열역학 제 2 법칙을 정량적으로 나타내기 위하여 엔트로피라고 하는 열역학적 성질이 도입된다.

앞 장에서 다룬 바와 같이 절대 온도 T_H, T_L인 두 열원(熱源) 사이에서 작용하는 가역기관에 대한 식 (6 · 15)를 다시 쓰면

$$\frac{Q_H}{T_H} = \frac{Q_L}{T_L} \tag{7 · 1}$$

가 된다.

그림 7 · 1과 같은 가역 과정 1→2를 가역 단열 과정 1→b, 가역 등온 과정 b→c, 가역 단열 과정 c→2의 과정으로 구성된 1b c 2 곡선으로 나타내어 보기로 한다. 그림에서 곡선 1→2 과정에서 하는 일은 과정 1b c 2 과정의 일과 같다. 물론 1b c 2를 더 많은 단열 및 등온 과정으로 분할하면 원래의 곡선 1→2 과정에 더욱 가깝게 근접시킬 수 있을 것이다.

지금 두 곡선 아래의 면적, 즉 일이 모두 같게 취하면 이들 전 과정의 일 $\int Pdv$는 모두 같아진다.

따라서

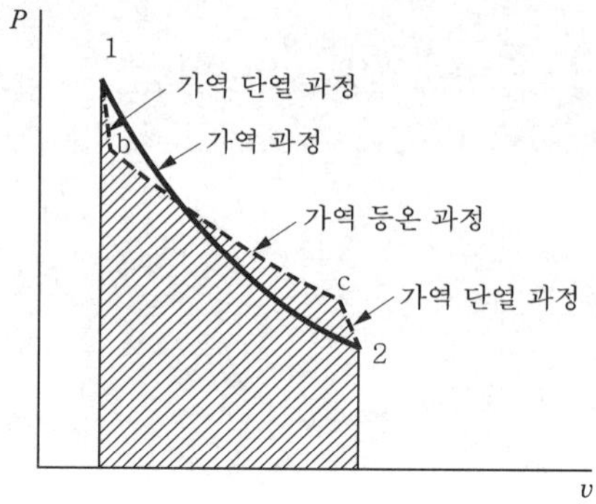

그림 7·1 임의의 가역 과정 1→2를 1bc2의 가역적인 단열-등온-단열 과정으로 표시한 경우

$$W_{12} = W_{1bc2}$$

열역학 제1법칙을 적용하면

$$Q_{12} = U_2 - U_1 + W_{12}$$

$$Q_{1bc2} = U_2 - U_1 + W_{1bc2}$$

여기서 내부 에너지는 U_2와 U_1는 그 경로에 무관하게 일정하고 일 W_{12}와 W_{1bc2}는 같으므로

$$Q_{12} = Q_{1bc2}$$

가 된다. 다시 말하면 가역 과정 1-2 사이에서 열전달량은 등온 과정 b-c 사이에서 열전달량과 같다. 이것은 과정 1-b와 과정 c-2가 단열 경로이기 때문이다. 그러므로 임의의 가역 과정은 일련의 가역 단열 및 등온 과정들로 나타낼 수 있다.

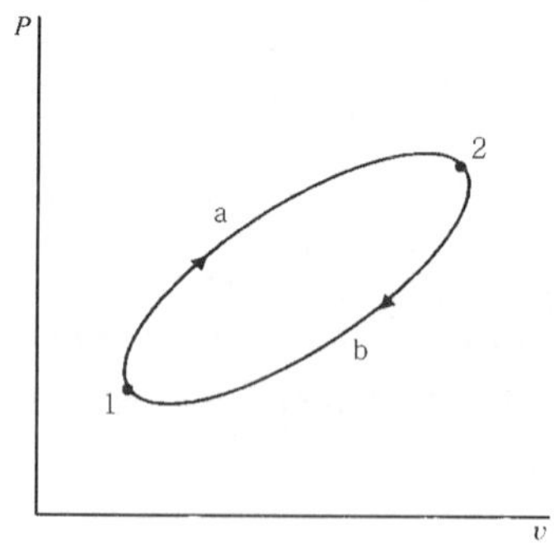

그림 7·2 가역 사이클

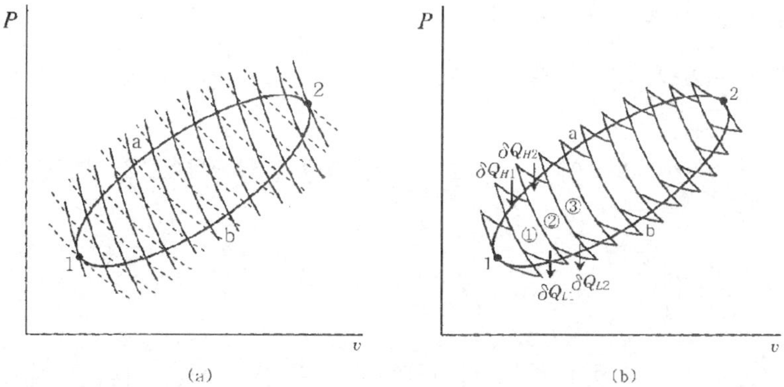

그림 7·3 가역 사이클을 여러 개의 미소 카르노 사이클로 분할한 경우

그림 7·2에 나타낸 것과 같은 가역 사이클 1a2b1로 이루어진 가역 사이클을 그림 7·3 (a)와 같이 여러 개의 미소 가역 단열(실선) 및 등온선(점선)으로 분할하여 보기로 한다. 이들 미소 단열 및 등온선을 연결하는 그림 7·3 (b)와 같은 여러 개의 카르노 사이클로 나누고 각 미소 카르노 사이클을 각각 사이클 ①, ②, … 로 나타내기로 한다.

이들 사이클에 앞장에서 다룬 열역학적 관계식 $\dfrac{Q_L}{Q_H}=\dfrac{T_L}{T_H}$ 의 관계를 적용하면

$$\text{제 1 카르노 사이클} : \frac{\delta Q_{H1}}{T_{H1}}=\frac{\delta Q_{L1}}{T_{L1}}$$

$$\text{제 2 카르노 사이클} : \frac{\delta Q_{H2}}{T_{H2}}=\frac{\delta Q_{L2}}{T_{L2}}$$

$$\vdots \qquad\qquad \vdots$$

가 된다. 여기서 첨자 H, L은 각각 고열원, 저 열원을 나타내고, 1, 2는 각각 사이클 번호를 나타낸 것이다. 그리고 열량의 부호는 공급열량 Q_H는 (+)이고, 방출열량 Q_L은 (−)이므로 앞의 식은

$$\frac{\delta Q_{H1}}{T_{H1}}+\frac{\delta Q_{L1}}{T_{L1}}=0$$

$$\frac{\delta Q_{H2}}{T_{H2}}+\frac{\delta Q_{L2}}{T_{L2}}=0$$

가 된다.

따라서 모든 카르노 사이클에 대하여 Q/T를 합하면

$$\left(\frac{\delta Q_{H1}}{T_{H1}}+\frac{\delta Q_{L1}}{T_{L1}}\right)+\left(\frac{\delta Q_{H2}}{T_{H2}}+\frac{\delta Q_{L2}}{T_{L2}}\right)+\cdots=0$$

이 식을 총합 Σ 기호로 나타내면

$$\sum \frac{\delta Q}{T} = 0$$

미소 사이클이 무한히 많아지면 $\delta Q/T$의 합은 $\delta Q/T$의 적분으로 나타낼 수 있으므로 위의 식은

$$\oint \left(\frac{\delta Q}{T}\right)_{\text{rev}} = 0 \qquad (7 \cdot 2)$$

가 된다. 이 식은 가역 과정을 하는 사이클의 적분은 0이 됨을 나타낸 것이다.

[1] 고 · 저 열원 사이에서 작동되는 열기관

그림 **7 · 4**와 같은 온도 T_H, T_L 사이에서 작동되는 가역 사이클 열기관과 비가역 사이클 열기관에서 열량 Q_H를 공급받은 경우에 가역 사이클의 일 W_{rev}와 비가역 사이클 기관의 한 일 W_{irrev}를 비교하면

$$W_{\text{irrev}} < W_{\text{rev}} \qquad (7 \cdot 3)$$

가 된다. 여기서 일 $W = Q_H - Q_L$이므로 식 (7 · 3)을 다시 쓰면

$$(Q_H - Q_{L,\text{irrev}}) < (Q_H - Q_{L,\text{rev}})$$

가 된다. 따라서

$$Q_{L,\text{irrev}} > Q_{L,\text{rev}} \qquad (7 \cdot 4)$$

또는 $Q_{L,\text{irrev}}$은 $Q_{L,\text{rev}}$ 보다 어떤 양의 값을 갖는 열량 Q_d만큼 커야 하므로

$$Q_{L,\text{irrev}} = Q_{L,\text{rev}} + Q_d$$

가 된다. 여기서 열량 Q_d는 양의 값을 갖는 열량이다.

그러므로 비가역 사이클 기관의 경우에는 다음 관계가 성립한다.

$$\oint \left(\frac{\delta Q}{T}\right)_{\text{irrev}} = \frac{Q_H}{T_H} - \frac{Q_{L,\text{irrev}}}{T_L} = \frac{Q_H}{T_H} - \frac{Q_{L,\text{rev}}}{T_L} - \frac{Q_d}{T_L}$$

$$= -\frac{Q_d}{T_L} < 0$$

$$\therefore \oint \left(\frac{\delta Q}{T}\right)_{\text{irrev}} < 0$$

따라서 비가역 사이클의 사이클 적분 $\oint \left(\frac{\delta Q}{T}\right)$는

$$\oint\left(\frac{\delta Q}{T}\right)_{\text{irrev}}<0 \tag{7·5}$$

이 된다. 여기서 식 (7 · 5)를 Clausius의 부등식(inequality of Clausius)이라 한다.

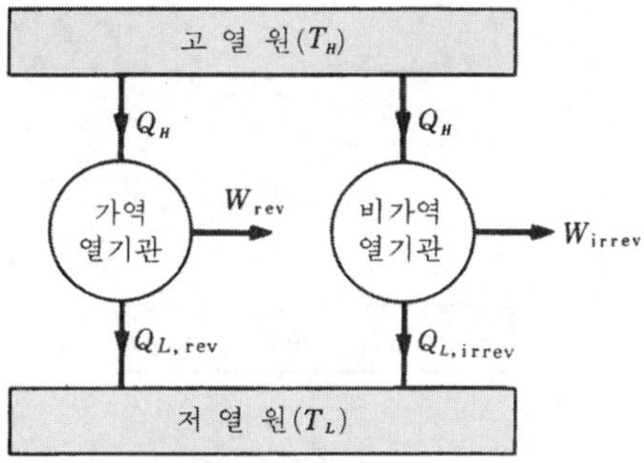

그림 7 · 4 저열원 사이에서 작동하는 열기관

이상의 관계를 종합하면 모든 가역 열기관 사이클의 사이클 적분 $\oint \delta Q$와 $\oint \frac{\delta Q}{T}$는

$$\oint\frac{\delta Q}{T}=0 \tag{7·6}$$

이 되고, 비가역 사이클의 경우에는 식 (7 · 5)로 표시된다.

따라서 가역 · 비가역 사이클을 포함하는 모든 계의 Clausius의 부등식(不等式)은 다음과 같이 표시된다.

$$\oint\frac{\delta Q}{T}\leqq 0 \tag{7·7}$$

여기서 등호는 가역 사이클을, 부등호는 비가역 사이클을 표시한다.

[2] 고 · 저 열원 사이에서 작동되는 냉동기의 경우

그림 **7 · 5**와 같은 가역 냉동 사이클(reversible refrigeration cycle)에서 사이클 적분은

$$\oint\frac{\delta Q}{T}=-\frac{Q_H}{T_H}+\frac{Q_L}{T_L}=0 \tag{7·8}$$

이 된다. 따라서 모든 가역 냉동 사이클에 대해서는 다음과 같은 관계가 성립한다.

$$\oint\frac{\delta Q}{T}=0$$

이번에는 그림 **7 · 5**와 동일한 열원 사이에서 작동하는 비가역 사이클의 경우에 대하여 살펴보기로 한다. 이 때에는 가역 사이클의 경우보다 더 큰 일이 외부로부터 주어져야 하므로

$$W_{\text{irrev}} > W_{\text{rev}} \tag{7·9}$$

가 된다. 따라서

$$Q_{H,\text{irrev}} - Q_L > Q_{H,\text{rev}} - Q_L$$

또는

$$Q_{H,\text{irrev}} > Q_{H,\text{rev}} \tag{7·10}$$

가 된다.

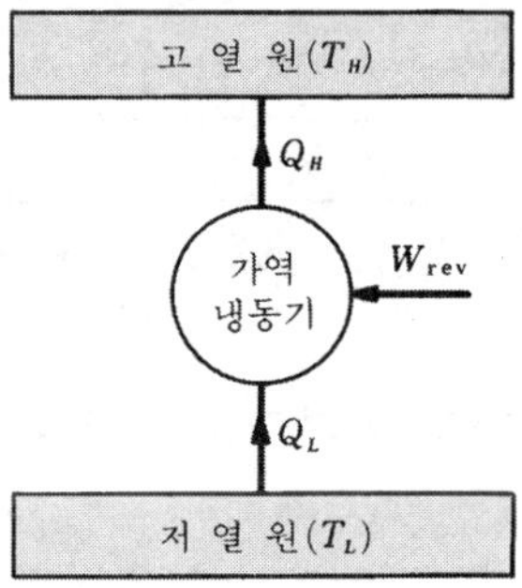

그림 7·5 가역 냉동기

그러므로 비가역 냉동기가 고열원으로 방열하는 열량 $Q_{H,\text{irrev}}$가 가역 냉동기의 방열량 $Q_{H,\text{rev}}$보다 크다.

따라서 비가역 냉동기에 대해서는

$$\oint \frac{\delta Q}{T} = \frac{-Q_{H,\text{irrev}}}{T_H} + \frac{Q_L}{T_L} < 0$$

이 된다. 이와 같은 관계로부터 비가역 냉동 사이클의 사이클 적분은

$$\oint \frac{\delta Q}{T} < 0 \tag{7·11}$$

으로 표시된다.

이상의 관계를 종합하면 모든 가역 냉동 사이클의 사이클 적분 $\oint \frac{\delta Q}{T}$는

$\oint \frac{\delta Q}{T} = 0$이 된다.

따라서 가역 · 비가역 사이클을 포함하는 모든 계의 Clausius의 부등식은 다음 식으로 표시된다.

$$\oint \frac{\delta Q}{T} \leq 0 \tag{7·12}$$

보기 7.1

그림 7 · 6에 표시된 것과 같은 고 · 저 열원 사이에서 작동하는 열기관의 사이클 적분과 열기관의 실제 열효율과 이론적으로 얻을 수 있는 효율을 구하여라.

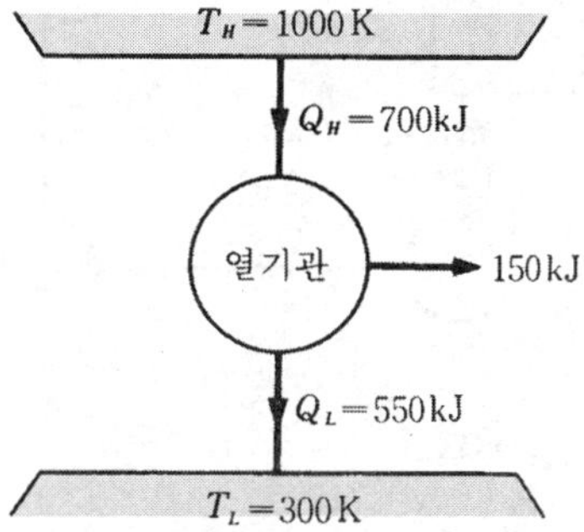

그림 7 · 6 보기 7.1의 설명도

풀이 사이클의 적분은

$$\oint \frac{\delta Q}{T} = \frac{Q_H}{T_H} - \frac{Q_L}{T_L} = \frac{700}{1000} - \frac{550}{300}$$
$$= -1.133\,\mathrm{kJ/K}$$

따라서 $\frac{\delta Q}{T}$의 사이클 적분은 (−)의 값을 가지므로 Clausius의 부등식을 만족한다.

기관의 실제 열효율

$$\eta_{\mathrm{th}} = 1 - \frac{Q_L}{Q_H} = 1 - \frac{550}{700} = 21.43\%$$

같은 온도 범위에서 작동하는 카르노 기관을 생각하면 기관의 열효율은

$$\eta_{\mathrm{th,rev}} = 1 - \frac{T_L}{T_H} \equiv 1 - \frac{300}{1000} = 0.70,\ 70\%$$

가 된다. 따라서 이 열기관의 열효율은 $\eta_{\mathrm{th}} < \eta_{\mathrm{th,rev}}$이므로 열역학 제 2 법칙을 만족한다. 그러나 성능면에서 보면 효율이 매우 나쁜 열기관이다.

보기 7.2

그림 7 · 7과 같은 증기 원동소에서 보일러 출구 압력이 700 kPa이고, 터빈 출구 압력이 10 kPa, 건도는 0.9이다. 이 증기가 복수기에서 정압 냉각되어 건도가 10%로 되고, 펌프로부터 가압되어 압력은 보일러 압력으로 된다. 이 원동소 사이클의 $\oint \frac{\delta Q}{T}$를 구하여라.

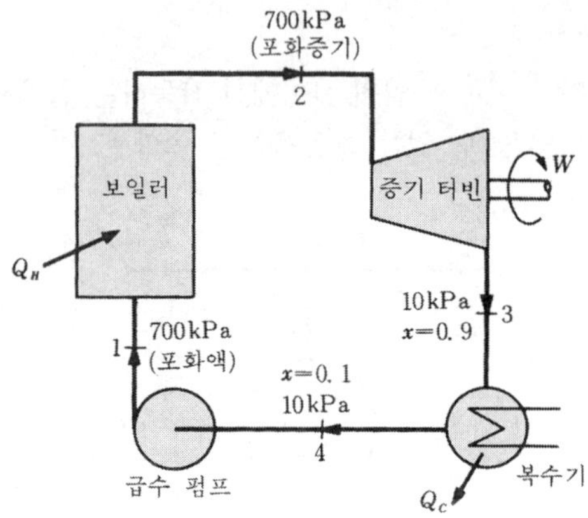

그림 7 · 7 증기 원동소

풀이 보일러에서 Q_H를 받고, 복수기에서 Q_C를 방열하므로

$$\oint \frac{\delta Q}{T} = \int \left(\frac{\delta Q}{T}\right)_{\text{boiler}} + \int \left(\frac{\delta Q}{T}\right)_{\text{condenser}}$$

$$= \frac{1}{T_1}\int_1^2 \delta Q + \frac{1}{T_3}\int_3^4 4\delta Q$$

$$= \frac{Q_{12}}{T_1} + \frac{Q_{34}}{T_3}$$

가 된다. 증기표로부터

$$P_1 = 700 \text{ kPa}, \ h_1 = 697.22 \text{ kJ/kg}, \ T_1 = 164.97℃$$

$$P_2 = 700 \text{ kPa}, \ h_2 = 2763.5 \text{ kJ/kg}$$

$$q_{12} = h_2 - h_1 = 2763.5 - 697.22 = 2066.28 \text{ kJ/kg}$$

또한

$$P_3 = P_4 = 10 \text{kPa}, \ T_2 = 45.81℃$$

$$h_3 = h_{3f} + x_3 h_{3fg} = 191.83 + 0.9(2392.8) = 2345.35 \text{kJ/kg}$$

$$h_4 = h_{4f} + x_4 h_{4fg} = 191.83 + 0.1(2392.8) = 431.11 \text{kJ/kg}$$

$$q_{34} = h_4 - h_3 = 431.11 - 2345.35 = -1914.24 \text{kJ/kg}$$

따라서

$$\oint \frac{\delta Q}{T} = \frac{Q_{12}}{T_1} + \frac{Q_{34}}{T_3}$$
$$= \frac{2066.28}{164.97+273.15} + \frac{(-1914.24)}{45.81+273.15}$$
$$= -1.2853\,\mathrm{kJ/kg\,K}$$

가 된다. 따라서 이 원동소는 Clausius의 부등식을 만족한다. 따라서 이 장치는 열역학 제2법칙에 위배되지 않는다.

7.2 엔트로피

그림 7·8과 같은 2개의 가역 사이클에서 동작 유체가 점 1의 상태로부터 경로 a를 거쳐서 점 2까지 상태 변화하여 경로 b를 거쳐서 처음의 상태 1로 되돌아오는 사이클과 경로 c를 거쳐서 돌아오는 경우의 사이클에 대하여 생각하여 보기로 한다. 이 경우 각 사이클은 어느 경로를 거치더라도 가역 사이클이다.

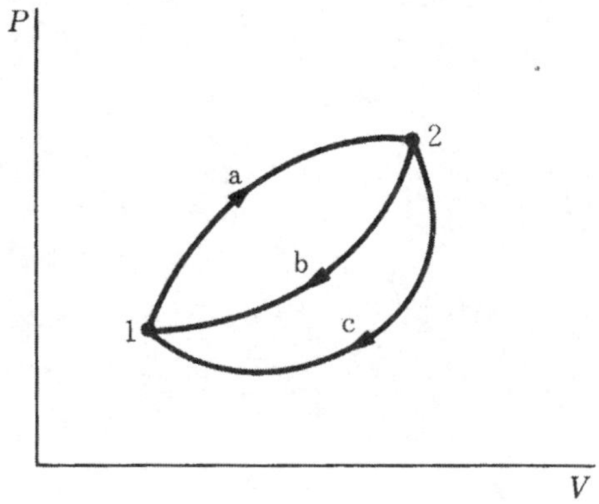

그림 7·8

먼저 사이클 1a2b1에서

$$\oint \frac{\delta Q}{T} = \int_{1a}^{2} \frac{\delta Q}{T} + \int_{2b}^{1} \frac{\delta Q}{T} = 0 \tag{a}$$

또한 사이클 1a2c1에서는

$$\oint \frac{\delta Q}{T} = \int_{1a}^{2} \frac{\delta Q}{T} + \int_{2c}^{1} \frac{\delta Q}{T} = 0 \tag{b}$$

가 된다. 이들 두 식의 차를 구하면

$$\int_{2b}^{1} \frac{\delta Q}{T} - \int_{2c}^{1} \frac{\delta Q}{T} = 0$$

$$\int_{2b}^{1} \frac{\delta Q}{T} = \int_{2c}^{1} \frac{\delta Q}{T} \tag{c}$$

가 된다.

식 (c)에서 보는 바와 같이 $\int \frac{\delta Q}{T}$는 상태 2와 1 사이의 경로 b 또는 c 중의 어느 경로를 거쳐도 동일하므로 도중의 경로에 관계없이 상태 1과 2만에 의하여 결정되는 상태량임을 알 수 있다. 이 상태량을 **엔트로피**(entropy)라 하고 기호 S로 표시한다. 이것을 식으로 표시하면

$$dS \equiv \left(\frac{\delta Q}{T}\right)_{\mathrm{rev}} \tag{7·13}$$

가 되며, 이 엔트로피는 하나의 종량 성질(從量性質, extensive property)이며, 단위는 kJ/K 또는 kcal/K로 표시된다. 단위 질량의 엔트로피를 소문자 s로 표시하며 단위는 kJ/kg K 또는 kcal/kg K가 된다.

계의 엔트로피 변화는 식 (7·13)을 적분하여 다음과 같이 구한다.

$$S_2 - S_1 = \int_1^2 \left(\frac{\delta Q}{T}\right)_{\mathrm{rev}} \tag{7·14}$$

한편 단위 질량당의 엔트로피를(비엔트로피)를 s라 하면

$$ds = \frac{\delta q}{T}$$

$$s_2 - s_1 = \int_1^2 \left(\frac{\delta q}{T}\right)_{\mathrm{rev}} \tag{7·15}$$

가 된다. 여기서 엔트로피란 1865년 독일의 물리학자 Clausius(Rudolph Julius Emanuel Clauaius, 1882~1888)가 명명한 것으로서 발음은 [éntrəpi]이다. 엔트로피란 그리스어로 변화한다(change)에 상당하는 의미를 가지며, Clausius가 S로 표시한 이래 기호는 S를 사용하고 있다.

7.3 가역 과정의 엔트로피 변화

가역 변화에서의 엔트로피의 변화는 엔트로피의 정의로부터

$$\delta Q = TdS \tag{7·16}$$

가 된다. 따라서 계의 상태 변화에서 주어진 열량은 $T-S$ 선도 위의 TdS를 적분한 면적으로 표시된다.

등온 변화에서는 그림 **7·9**와 같이 변화의 경로는 S축에 나란하게 되고, 열량 Q_{12}는 면적 $12S_2S_11$로 표시된다.

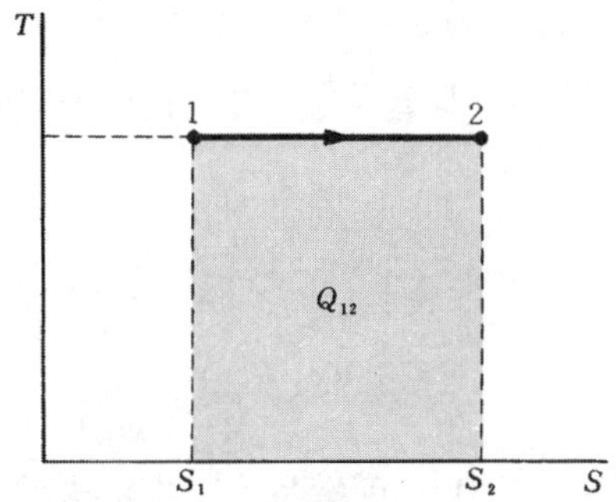

그림 7·9 가역 등온 변화시의 엔트로피 변화

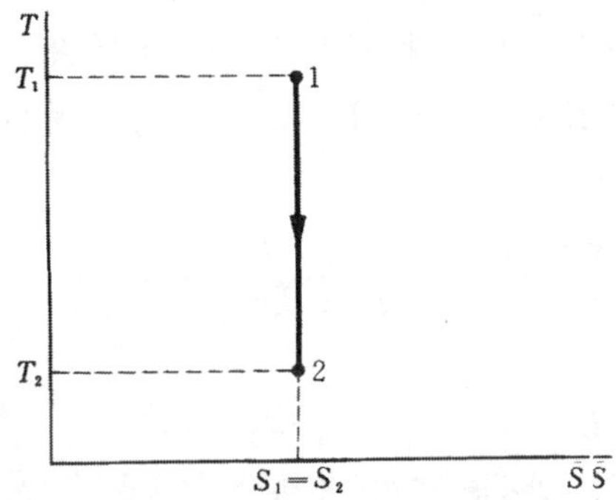

그림 7·10 가역 단열 변화시의 엔트로피 변화

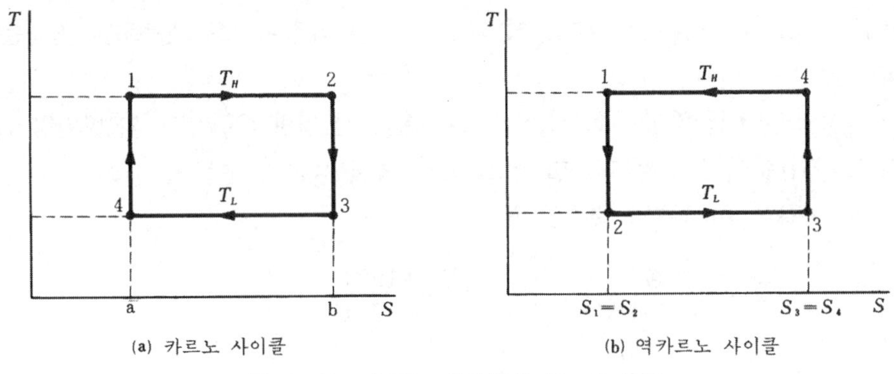

그림 7·11 카르노 사이클의 $T-S$ 선도

가역 단열 변화에서 엔트로피 변화는 그림 **7·10**과 같이 경로 $1 \to 2$는 엔트로피 S축에 수직한 선분이 되고 엔트로피의 변화는 0이 된다. 이것을 식으로 표시하면 $\delta Q = 0$이므로

$$dS = 0, \quad S_1 = S_2 \tag{7·17}$$

가 된다.

카르노 사이클로 작동되는 열기관의 $T-S$ 선도를 그리면 그림 **7 · 11**과 같다. 그림에서 고열원으로부터 $T_H=$ 일정 하에 열량 Q_{12}를 받는 경우의 엔트로피의 변화는

$$S_2 - S_1 = \int_1^2 \left(\frac{\delta Q}{T}\right)_{\text{rev}}$$

가 되고, 이 때의 가해진 열량은 선분 1→2 아래의 면적 12ba1과 같다. 위의 식을 다시 쓰면

$$S_2 - S_1 = \frac{1}{T_H}\int_1^2 \delta Q = \frac{1}{T_H} Q_{12}$$

가 된다.

이번에는 제 2 의 과정인 단열 과정에 대하여 엔트로피의 변화를 구하면 식 (7 · 17)에 의하여 $S_2 = S_3$가 되며 $T-S$ 선도의 직선 2→3으로 표시된다.

카르노 사이클의 제 3 의 과정은 등온 과정인 $T_L=$ 일정하에 열량 Q_{34}를 저열원에 방열하므로

$$S_4 - S_3 = \int_3^4 \left(\frac{\delta Q}{T}\right)_{\text{rev}} = -\frac{1}{T_L} Q_{34}$$

가 된다.

이 과정은 동작 유체가 열량을 방열하므로 (−)부호가 된다. 따라서 이 과정 중에 동작물질의 엔트로피는 감소한다. 이 때의 Q_{34}는 T_L 선상의 과정 3→4선분 아래의 면적 34ab3으로 표시된다.

다음에는 최종 과정인 4→1이며, 이 과정은 단열 과정이므로 엔트로피 변화는 0이며, $S_4 = S_1$이 된다.

따라서 카르노 사이클의 유효한 일(net work)은 공급 열량 $Q_H = Q_{12}$와 방열량 $Q_L = Q_{34}$의 차로 표시되며 이것은 사이클 면적 12341로 표시된다.

그러므로 **카르노 사이클의 열효율**은

$$\eta_{\text{th}} = \frac{\text{유효일}}{\text{공급열량}} = \frac{W_{\text{net}}}{Q_H} = \frac{\text{면적 } 12341}{\text{면적 } 12ba1}$$
$$= \frac{T_H - T_L}{T_H} = 1 - \frac{T_L}{T_H}$$

로 표시된다.

$T-S$ 선도에서 보는 바와 같이 저열원의 온도가 일정하다면 고열원의 온도 T_H가 높아질수록, 또한 T_H가 일정한 경우에는 T_L이 저하될수록 열효율은 증가한다. 열효율은 T_L이 0

이 되면 100%가 된다.

카르노 사이클의 과정을 역으로 하는 냉동기나 열펌프(heat pump)를 생각하면 이것은 **역 카르노 사이클**(Reversed Carnot cycle)이 되며 이것은 그림 7·11의 (b)로 표시된다. 냉동기의 성적계수(成績係數) ϵ_r는

$$\epsilon_r = \frac{\text{흡수열량}}{\text{압축소요일}} = \frac{Q_L}{W} = \frac{T_L}{T_H - T_L}$$

로 표시되므로 T_L이 높을수록 성적계수는 증가한다.

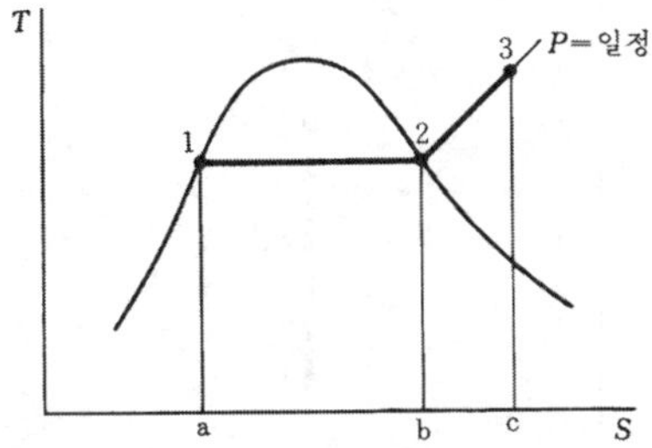

그림 7 · 12 정압 증발 과정

그림 7 · 12와 같이 정압하에서 포화액이 포화 증기로 되는 상태에서 열전달은 직선 12 아래의 면적 12ba1로 표시된다. 이 때 단위 질량당 열전달량은 증발의 잠열 h_{fg}가 된다.

이 때의 엔트로피 변화는 $s_2 - s_1$은

$$s_2 - s_1 = s_{fg} = \frac{1}{m}\int_1^2 \left(\frac{\delta Q}{T}\right)_{rev}$$

$$= \frac{1}{mT}\int_1^2 \delta Q = \frac{q_{12}}{T} = \frac{h_{fg}}{T}$$

만일, 포화 증기 (점 2)를 다시 가열하여 과열 증기 상태 3으로 되었을 경우의 가열량은

$$q_{23} = \frac{1}{m}\int_2^3 \delta Q = \int_2^3 Tds$$

가 된다. 이 때의 가열량은 2→3과정 아래의 면적 23cb2로 표시된다.

보기 7.3

12 MPa의 포화액(H_2O)을 가열하여 포화 증기로 만들 경우의 엔트로피 변화를 구하여라.

풀이 증기표로부터

12MPa ; $h_{fg} = 1193.6\,\text{kJ/kg}$, $T = 324.75\,℃$

$$s_{fg} = \frac{h_{fg}}{T} = \frac{1193.6}{324.75 + 273.15} = 1.9963\,\text{kJ/kg K}$$

보기 7.4

피스톤-실린더 장치에 냉매 R-134a 증기가 −12℃의 상태로 들어 있다. 이 증기를 압력이 1400 kPa, 80℃가 될 때까지 가역 단열 압축할 경우 이 과정 중에 가해진 일량을 구하여라.

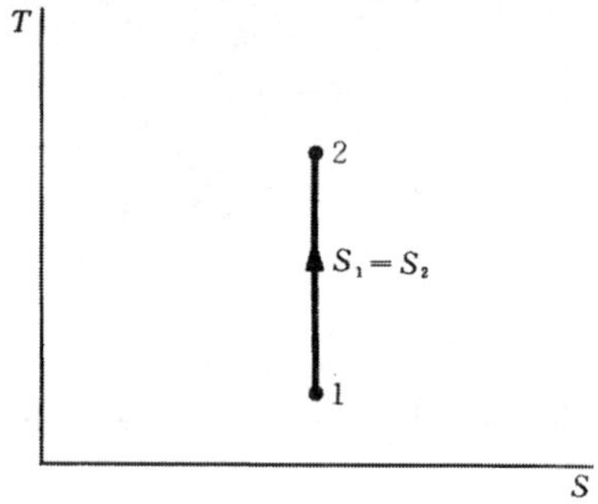

그림 7 · 13

풀이 열역학 제 1 법칙을 적용하면

$$q_{12} = u_2 - u_1 + w_{12} = 0$$

$$w_{12} = u_1 - u_2$$

R−134a의 증기표로부터

상태 1 : −12℃의 포화 증기이므로

$$P_1 = 0.1854\,\text{MPa}$$

$$h_1 = 240.15\,\text{kJ/kg}$$

$$v_1 = 0.1068\,\text{m}^3/\text{kg}$$

상태 2 : 1.4 MPa, 80℃의 과열 냉매 증기이므로

$$T_2 = 80\,℃$$

$$h_2 = 324.39\,\text{kJ/kg}$$

$$v_2 = 0.20241\,\text{m}^3/\text{kg}$$

따라서 구하고자 하는 압축일 w_{12}는

$$\begin{aligned} w_{12} &= u_1 - u_2 = (h_1 - P_1 v_1) - (h_2 - P_2 v_2) \\ &= (240.15 - 185.4 \times 0.1068) - (324.39 - 1400 \times 0.20241) \\ &= -83.80\,\text{kJ/kg} \end{aligned}$$

여기서 (−)는 외부로부터 일이 가해졌음을 의미한다.

보기 7.5

그림 7 · 14와 같은 강체로 된 용기에 15℃의 공기 7 kg이 100 kPa의 압력으로 들어 있다. 용기 내의 전열기를 사용하여 용기 내의 온도가 45℃가 될 때까지 가열하는 경우의 엔트로피 변화를 구하여라.

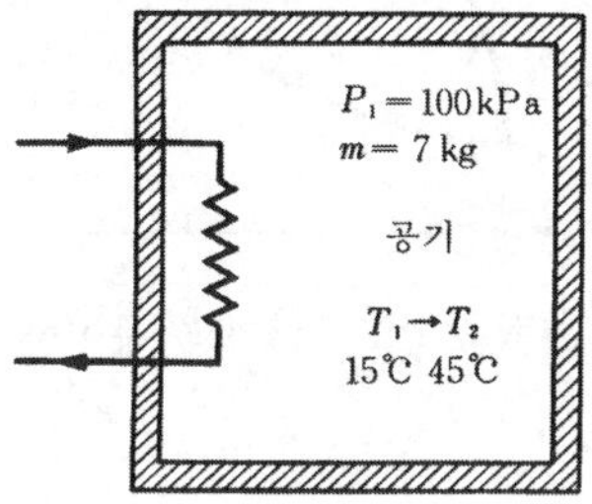

그림 7 · 14

풀이 이 용기에 열역학 제 1 법칙을 적용하면

$$\delta Q = dU + \delta W$$

외부에 대하여 일을 하지 않으므로 $\delta W = 0$

$$\delta Q = dU$$

이상 기체에서 $dU = m c_v dT$이므로

$$\delta Q = m\, c_v dT$$

이다. 따라서 엔트로피 변화 $S_2 - S_1$은

$$S_2 - S_1 = \int_1^2 \left(\frac{\delta Q}{T}\right)_{\text{int,rev}} = \int_1^2 m\, c_v \frac{dT}{T} = m\, c_v \ln \frac{T_2}{T_1}$$

$$= 7 \times 0.717 \ln \frac{318.15}{288.15} = 0.4971\,\text{kJ/K}$$

7.4 엔트로피 증가의 원리

Clausius의 부등식으로부터 열역학에서 많이 사용되는 기본 원리인 엔트로피 증가의 원리를 유도하여 보기로 한다. 그림 7 · 15와 같은 폐쇄계를 갖는 사이클에서 하나의 경로는 비가역 과정이고 다른 하나는 가역 과정의 경로를 갖는 사이클을 생각하기로 한다. 이 사이클은 사이클의 경로 a가 비가역이므로 비가역 사이클이다.

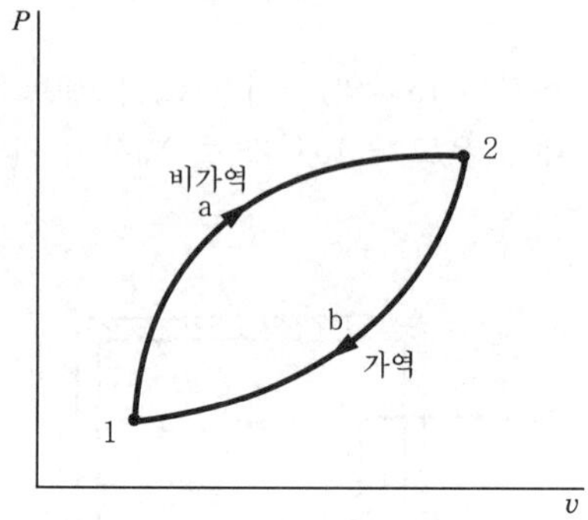

그림 7·15 비가역 사이클

Clausius 부등식은

$$\oint \frac{\delta Q}{T} < 0 \qquad (7\cdot 18)$$

이므로 다시 쓰면

$$\oint \left(\frac{\delta Q}{T}\right)_{irrev} = \int_{1a}^{2}\left(\frac{\delta Q}{T}\right)_{irrev} + \int_{2b}^{1}\left(\frac{\delta Q}{T}\right)_{rev} < 0$$

가 된다. 여기서 엔트로피 변화에 대한 두 번째 적분은 $\int_{2b}^{1}\left(\frac{\delta Q}{T}\right)_{rev} = S_1 - S_2$이므로

$$\int_{1a}^{2}\left(\frac{\delta Q}{T}\right)_{irrev} + (S_1 - S_2) < 0$$

가 된다. 따라서

$$(S_2 - S_1) > \int_{1a}^{2}\left(\frac{\delta Q}{T}\right)_{irrev} \qquad (7\cdot 19)$$

로 표시된다.

식 (7·19)로부터 폐쇄계의 엔트로피 변화와 $\frac{\delta Q}{T}$의 적분 사이의 관계는 일반적으로 가역 변화에 대한 식 (7·14)와 비가역 변화에 대한 식 (7·19)에 의하여 다음과 같이 표시할 수 있다.

$$(S_2 - S_1) \geq \int_{1}^{2} \frac{\delta Q}{T} \qquad (7\cdot 20)$$

$$\therefore \ \Delta S \geq \int_1^2 \frac{\delta Q}{T} \qquad (7 \cdot 21)$$

이 식을 미분형으로 표현하면

$$dS \geqq \frac{\delta Q}{T} \qquad (7 \cdot 22)$$

가 된다. 여기서 등호는 가역 또는 내적 가역 과정(內的可逆過程, internally reversible process)이고, 부등호는 비가역 과정을 나타낸다.

식 (7 · 22)에서 δQ는 계와 주위 사이에 실제로 열전달된 미소 열량이고, T는 경계에서의 절대 온도이다.

단열 과정에서 계와 그 주위 사이의 열전달량은 0이므로 식 (7 · 21)은

$$\Delta S \geqq 0 \qquad (7 \cdot 23)$$

으로 표시된다. 이 식으로부터 단열 폐쇄계의 엔트로피는 항상 증가하거나 또는 특정한 경우 과정 중에 일정함을 알 수 있다. 다시 말하면 엔트로피는 결코 감소하지 않는다. 즉, 자연계에서 일어나는 모든 변화는 그것에 관여하는 엔트로피의 총합이 증가하는 방향으로 진행된다. 이와 같은 표현을 **엔트로피의 증가 원리**(principle of the increase of entropy)라 한다.

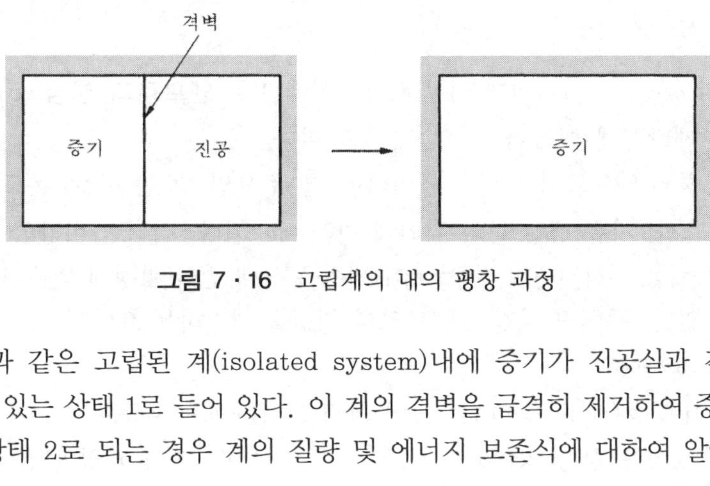

그림 7 · 16 고립계의 내의 팽창 과정

그림 **7 · 16**과 같은 고립된 계(isolated system)내에 증기가 진공실과 격벽(partition)으로 분리되어 있는 상태 1로 들어 있다. 이 계의 격벽을 급격히 제거하여 증기가 진공실까지 채워져서 상태 2로 되는 경우 계의 질량 및 에너지 보존식에 대하여 알아보기로 한다.

질량 보존 : $m_1 = m_2$

에너지 : $Q_{12} = U_2 - U_1 + W_{12}$, $Q_{12} = 0$, $W_{12} = 0$

$\therefore \ U_1 = U_2$

따라서 고립계(isolated system)에서 엔트로피의 변화는

$$dS_{isol} \geq \frac{\delta Q}{T}$$

$$dS_{isol} \geq 0 \text{ 또는 } (S_2 - S_1)_{isol} \geq 0 \qquad (7 \cdot 24)$$

이 된다. 즉, 고립계에서 종량 성질인 엔트로피 S는 항상 증가하거나 또는 일정하게 보존된다.

7.5 엔트로피 생성

비가역 과정에 대한 엔트로피는 항상 증가하므로, 과정 중의 비가역성으로 인한 엔트로피 변화는 엔트로피 생성으로 나타낼 수 있다. 비가역 과정에 대한 엔트로피 변화는 가역 과정에 대한 엔트로피 변화보다 크다. 따라서 엔트로피 변화에 대한 일반적인 형태는 다음과 같이 표시된다.

$$dS = \frac{\delta Q}{T} + \delta S_{gen} \qquad (7 \cdot 25)$$

여기서 δS_{gen}항은 양의 값 또는 0(가역 과정)이다.

$$\delta S_{gen} \geq 0 \qquad (7 \cdot 26)$$

엔트로피의 양 δS_{gen}은 폐쇄계에 대한 비가역성에 따른 **엔트로피 생성**(entropy generation)이라 하며 개방계에 대하여는 후술하기로 한다.

δS_{gen}는 과정 중의 엔트로피 생성을 의미하며, 발생 요인으로는 마찰, 온도차에 의한 에너지, 유동, 점성 소산, 자유 팽창 등의 원인에 의해 야기된다. 이러한 비가역 요인은 계의 일을 할 수 있는 능력을 저하시킨다. 엔트로피 생성은 상태 변화 과정에 의존되므로 완전 미분으로 표시할 수 없다. 주어진 과정은 엔트로피 생성을 결정하는 요인이 되므로 열이나 일과 같이 δS_{gen}으로 표시한다.

식 (7 · 23)에서 등호(equal sign)는 가역 과정을 나타내고 부등호는 비가역 과정을 나타낸다. 엔트로피 생성은 항상 양(positive)의 값을 가지며, 가역 과정에서 0이 된다.

가역 과정에서는 $\delta S_{gen} = 0$이므로, 열전달량 Q 및 일 W는 다음 식으로 표시된다.

$$\delta Q = TdS, \ \delta W = PdV$$

비가역 과정에서는 엔트로피 생성이 0이 아니므로 식 (7 · 25)는 다음과 같이 표시된다.

$$\delta Q_{irrev} = TdS - T\delta S_{gen} \qquad (a)$$

따라서 비가역 과정의 경우, 동일한 상태 변화를 하여도 가역 변화의 엔트로피 변화 dS보다 작아진다. 한편 일의 경우도 비가역 과정에서 하는 일이 가역 과정에서 하는 일 δW_{rev}보다 작아진다.

그러므로 열역학의 제 1 법칙은

$$\delta Q_{\mathrm{irrev}} = dU + \delta W_{\mathrm{irrev}} \tag{b}$$

또한, 가역 과정에서는

$$TdS = dU + PdV \tag{c}$$

이므로, 식 (b), (c)를 식 (a)에 대입하면 다음 관계가 성립한다.

$$\delta W_{\mathrm{irrev}} = PdV - T\delta S_{\mathrm{gen}} \tag{7・27}$$

이 식에서 보는 바와 같이 비가역 과정에서 하는 일은 가역 과정에서 하는 일보다 엔트로피 생성량에 해당하는 양만큼 작아진다. 이러한 이유로 $T\delta S_{\mathrm{gen}}$을 흔히 **손실일**(lost work)이라고 한다.

식 (7・27)을 다시 쓰면

$$(\delta W_{\mathrm{rev}} - \delta W_{\mathrm{irrev}}) = T\delta S_{\mathrm{gen}}$$

이 된다. 여기서 $\delta W_{\mathrm{rev}} = PdV$이다.

식 (7・25)를 처음과 마지막 상태를 적용하여 적분하면, 엔트로피 변화$(S_2 - S_1)$은 다음 식으로 표시된다.

$$(S_2 - S_1) = \int_1^2 dS = \int_1^2 \frac{\delta Q}{T} + S_{\mathrm{gen}} \tag{7・28}$$

이 식에서 엔트로피 변화는 가역 과정의 경우 $S_{\mathrm{gen}} = 0$이므로 식 (7・20)과 같아진다. 그러나 비가역의 경우에는 항상 엔트로피 변화는 증가한다.

앞에서 설명한 바와 같이 비가역 현상에 의하여 나타나는 손실일에 해당하는 TS_{gen}을 **비가역성**(irreversibility)이라고도 한다.

식 (7・26), (7・27)과 (7・28)로부터 비가역 과정을 하는 계에서 주위로부터 계로 열이동이 수반되면 엔트로피가 증가함을 알 수 있다.

만일 계가 여러 개의 서브시스템 i로 구성되어 있다면 전체 계의 엔트로피 변화는

$$\Delta S_{\mathrm{tot}} = \sum_i \Delta S_i \geq 0 \tag{7・29}$$

가 된다.

여기서 등호는 가역 과정에 부등호는 비가역 과정에 적용된다. 이 식에서 보는 바와 같이

비가역 과정을 하는 폐쇄계의 엔트로피 변화와 주위의 엔트로피 변화의 합은 항상 증가한다.

따라서 이러한 과정에 대한 엔트로피 증가의 원리를 계(첨자 ; sys)와 주위(첨자 ; surr)에 대하여 적용하면 다음과 같이 표시된다.

$$S_{gen} = \Delta S_{total} = \Delta S_{sys} + \Delta S_{surr} \geq 0 \quad (7 \cdot 30)$$

식 (7 · 30)은 앞에서 설명한 엔트로피 증가 원리의 일반적 표현이 되며, 이 식은 폐쇄계와 개방계의 두 가지 경우에도 모두 적용할 수 있다.

실제의 과정에서 가역 변화는 존재하지 않으므로 어떠한 과정에 대한 엔트로피 변화는 항상 양의 값을 가지며, 하나의 단열계로 간주되는 열역학적 우주(thermodynamic universe)의 엔트로피는 연속적으로 증가한다.

식 (7 · 30)은 계와 주위의 엔트로피 합은 결코 감소하지 않음을 나타내는 식이다.

엔트로피 증가 원리를 종합 정리하면 다음과 같다. 즉,

$$\left.\begin{array}{l} S_{gen} = \Delta S_{total} > 0 \text{ 비가역 과정} \\ \Delta S_{total} = 0 \text{ 가역 과정} \\ \Delta S_{total} < 0 \text{ 불가능한 과정} \end{array}\right\} \quad (7 \cdot 31)$$

보기 7.6

그림 7 · 17과 같은 피스톤-실린더 장치에서 100℃의 포화 증기가 들어 있다. 정압 과정을 하는 동안에 주위(온도 30℃)로 500 kJ의 열량이 방열되어 피스톤-실린더 장치 내의 수증기가 응축되는 경우 다음 값을 구하여라.

(1) 수증기의 엔트로피 변화

(2) 이 과정 중 주위의 엔트로피 변화

(3) 이 과정은 가역, 비가역, 불가능 중 어떠한 과정에 해당되는가?

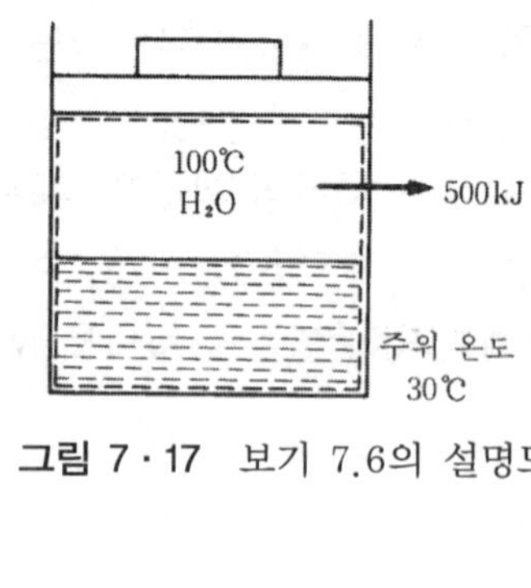

그림 7 · 17 보기 7.6의 설명도

풀이 (1) 물의 엔트로피 변화

$$\Delta S_{H_2O} = \frac{Q_{H_2O}}{T_{H_2O}} = -\frac{500}{373.15} = -1.3400\,\text{kJ/K}$$

여기서 Q_{H_2O}는 물로부터 주위로 열이 이동하였으므로 (−)부호를 붙인 것이며, H_2O의 엔트로피는 감소한 결과가 된다.

(2) 주위 공기(surrounding air)의 엔트로피의 변화는

$$Q_{surr} = -Q_{sys} = 500\,\text{kJ/K}$$

$$\Delta S_{sur} = \frac{Q_{sur}}{T_{sur}} = \frac{500}{303.15} = 1.6493\,\text{kJ/K}$$

(3) 이 과정이 가역 과정인가, 비가역 과정인가를 판정하려면 ΔS_{total}를 구하여 보면 알 수 있으므로

$$\Delta S_{total} = \Delta S_{surr} + \Delta S_{H_2O} = (1.6493 - 1.3400) = 0.3093\,\text{kJ/K}$$

총엔탈피 변화가 양(+)이므로 비가역 과정에 속한다.

보기 7.7

피스톤-실린더 장치에 120℃의 포화액이 들어 있다. 날개차가 회전하면서 가열되어 실린더 내의 포화액이 포화 증기로 되면서 피스톤을 밀어 이동시키는 경우 날개차가 하는 일과 엔트로피 생성량을 구하여라. 단 외부로부터 가열량은 없는 것으로 한다.

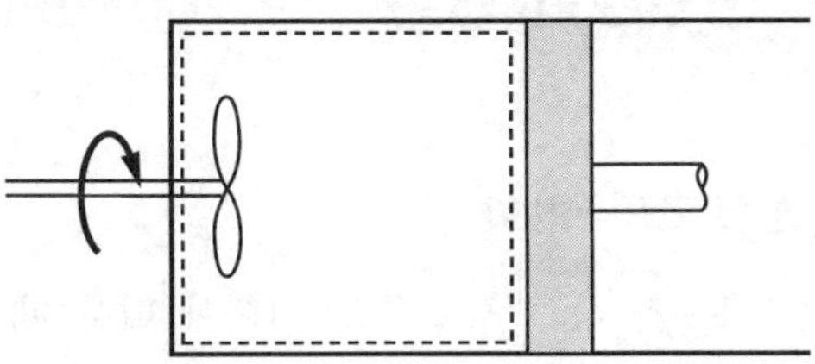

그림 7·18 보기 7.7의 설명도

풀이 이 계에 에너지 평형식을 쓰면

$$Q = \Delta U + \Delta KE + \Delta PE + W$$

여기서 $\Delta KE = 0$, $\Delta PE = 0$이면

$$Q = \Delta U + W$$

$Q = 0$이므로

$$W = -\Delta U = U_1 - U_2$$

$$\frac{W}{m} = u_1 - u_2 = u_f - u_g$$

120℃의 증기표를 찾으면

$$u_f = 503.50\,\text{kJ/kg},\;\; u_g = 2529.3\,\text{kJ/kg}$$

$$s_f = 1.5276\,\text{kJ/kg K},\;\; s_g = 7.1296\,\text{kJ/kg K}$$

$$\therefore\;\; w = u_f - u_g = 503.5 - 2529.3 = -2025.8\,\text{kJ/kg}$$

여기서 (−)부호는 날개차에 일이 가해졌음을 의미한다.

엔트로피 생성량은

$$\Delta S = \int_1^2 \left(\frac{\delta Q}{T}\right)_{\text{irrev}} + S_{\text{gen}}$$

여기서, $\int_1^2 \left(\frac{\delta Q}{T}\right)_{\text{irrev}} = 0$이므로

$$\Delta S = S_{\text{gen}}$$

$$\Delta S = m\,(s_g - s_f)$$

$$\frac{\Delta S}{m} = s_{\text{gen}} = s_g - s_f = 7.1296 - 1.5276$$

$$= 5.602\,\text{kJ/kg K}$$

7.6 가역 과정의 엔트로피 변화

[1] 고체 및 액체의 엔트로피 변화

고체 및 액체에서는 팽창 계수가 작으므로 온도 변화에 따른 체적 변화에 의한 일을 무시할 수 있을 정도로 작다. 따라서 체적의 변화는

$$dv \cong 0$$

로 표시할 수 있다. 또 비열을 c라 하면 비내부 에너지의 변화는

$$du = c\,dT$$

가 된다. 이상의 관계로부터 비엔트로피의 변화는 다음 식으로 나타낼 수 있다.

$$ds = c\,\frac{dT}{T}$$

따라서 비열이 일정한 경우 엔트로피의 변화는

$$s_2 - s_1 = c \ln \frac{T_2}{T_1} \tag{7·32}$$

가 된다.

한편 고체 및 액체의 등엔트로피 변화에 대하여는 식 (7・32)로부터

$$c\ln\frac{T_2}{T_1}=0$$

$$T_1 = T_2 \tag{7・33}$$

이 된다. 즉, 비압축성 물질의 등엔트로피 흐름에서 온도가 일정하게 유지된다. 따라서 비압축성 물질의 등엔트로피 변화는 등온 과정이다.

보기 7.8

물 1 kg을 20℃로부터 80℃까지 가열할 경우의 엔트로피의 변화를 구하고 증기표를 이용하여 구한 값과 비교하여 보아라. 다만 비열은 4.184 kJ/kg K로 일정하다.

풀이 액체의 엔트로피 변화는

$$s_2-s_1=c\ln\frac{T_2}{T_1}$$

$$=4.184\ln\frac{353.15}{293.15}=0.7791\,\text{kJ/kg K}$$

부록의 증기표를 이용하면

20℃ ; $s_1=0.2966\,\text{kJ/kg K}$

80℃ ; $s_2=1.0753\,\text{kJ/kg K}$

이므로

$$s_2-s_1=1.0753-0.2966=0.7787\,\text{kJ/kg K}$$

[2] 이상 기체의 엔트로피 변화

이상 기체의 엔트로피 변화는

$$ds=\frac{\delta q}{T}$$

$$\delta q=du+Pdv$$

$$du=c_v\,dT$$

$$Pv=RT$$

의 관계로부터 다음과 같이 구한다.

$$ds = \frac{du}{T} + \frac{Pdv}{T}$$

$$= c_v \frac{dT}{T} + R\frac{dv}{v}$$

따라서 엔트로피 변화 $s_2 - s_1$은

$$s_2 - s_1 = c_v \ln\frac{T_2}{T_1} + R\ln\frac{v_2}{v_1} \quad (7 \cdot 34)$$

가 된다.

또한 $\delta q = dh - v\,dP$의 관계식을 이용하면

$$ds = \frac{dh}{T} - \frac{v\,dP}{T}$$

$$= c_p \frac{dT}{T} - R\frac{dP}{P}$$

이므로, 엔트로피 변화 $s_2 - s_1$은

$$s_2 - s_1 = c_p \ln\frac{T_2}{T_1} - R\ln\frac{P_2}{P_1} \quad (7 \cdot 35)$$

가 된다. 이상의 관계로부터 이상 기체의 특정 변화에 대한 엔트로피 변화는 식 (7 · 34), (7 · 35)로부터 구할 수 있다.

한편 비열이 온도에 따라서 변화하는 경우에는

$$ds = c_v(T)\frac{dT}{T} + R\,\frac{dv}{v} \quad (a)$$

$$ds = c_p(T)\frac{dT}{T} - R\,\frac{dP}{P} \quad (b)$$

가 된다. 여기서 c_v, c_p는 온도의 함수이므로

$$c_p(T) = c_v(T) + R$$

가 된다. 식 (a), (b)를 적분하면

$$s_2 - s_1 = \int_{T_1}^{T_2} c_v(T)\frac{dT}{T} + R\ln\frac{v_2}{v_1} \quad (7 \cdot 36)$$

$$s_2 - s_1 = \int_{T_1}^{T_2} c_p(T)\frac{dT}{T} - R\ln\frac{P_2}{P_1} \quad (7 \cdot 37)$$

가 된다. 일반적으로 상태량을 다룰 때 0 K, 1기압을 기준 상태라 하고, 이 상태의 엔트로피

를 0으로 잡는다.

식 (7·37)에서 1기압, 온도 T일 때의 엔트로피를 $s^\circ(T)$ 또는 s°라 하면

$$s^\circ(T) \text{ 또는 } s^\circ = \int_0^T c_p(T)\frac{dT}{T}$$

가 된다. 여기서 s°는 온도만에 의존된다, 따라서 T_1에서 T_2까지 상태 변화하면

$$\int_{T_1}^{T_2} c_p(T)\frac{dT}{T} = \int_0^{T_2} c_p(T)\frac{dT}{T} - \int_0^{T_1} c_p(T)\frac{dT}{T}$$

$$= s^\circ(T_2) - s^\circ(T_1) \text{ 또는 } s_2^\circ - s_1^\circ$$

이 결과를 이용하면 식 (7·37)은 다음과 같이 된다.

$$\left.\begin{aligned} s_2 - s_1 &= s^\circ(T_2) - s^\circ(T_1) - R\ln\frac{P_2}{P_1} \\ s_2 - s_1 &= s_2^\circ - s_1^\circ - R\ln\frac{P_2}{P_1} \end{aligned}\right\} \qquad (7\cdot38)$$

이 식을 단위 몰당의 엔트로피 변화로 나타내면 다음과 같다.

$$\bar{s}_2 - \bar{s}_1 = \bar{s}_2^\circ - \bar{s}_1^\circ - \bar{R}\ln\frac{P_2}{P_1} \qquad (7\cdot39)$$

비열이 일정한 경우 식 (7·36)과 식 (7·37)은 다음과 같이 된다.

$$s_2 - s_1 = c_v \ln\frac{T_2}{T_1} + R\ln\frac{v_2}{v_1} \qquad (7\cdot40)$$

또한

$$s_2 - s_1 = c_p \ln\frac{T_2}{T_1} - R\ln\frac{P_2}{P_1} \qquad (7\cdot41)$$

이들 두 식 (7·40), (7·41)은 특정 변화에 대한 엔트로피 계산에 편리한 식이다.

그러나 식 (7·38)을 사용하면 비열의 변화를 고려한 식이므로 더욱 정확한 계산을 할 수 있다.

보기 7.9

수증기가 100 kPa, 500 K(226.85℃)의 과열 상태로부터 500 kPa, 1000 K로 상태 변화하는 경우 엔트로피 변화를 구하여라.

풀이 (1) 과열 증기표

100 kPa, 500 K(226.85℃)와 500 kPa, 1000K(726.85℃)일 때의 엔트로피를 과열 증기표를 찾

아서 보간하여 구하면

$$s_1 = 7.94116\,\text{kJ/kg K}$$

$$s_2 = 8.65585\,\text{kJ/kg K}$$

따라서

$$s_2 - s_1 = 8.65585 - 7.94116 = 0.71469\,\text{kJ/kg K}$$

$$\bar{s}_2 - \bar{s}_1 = 0.71469 \times 18.02 = 12.8787\,\text{kJ/kmol K}$$

(2) 이상 기체표

H_2O의 표 A · 28로부터

$$500\,\text{K} : \bar{s}_1^{\circ} = 206.413\,\text{kJ/kmol K}$$

$$1000\,\text{K} : \bar{s}_2^{\circ} = 232.597\,\text{kJ/kmol K}$$

따라서 식 (7 · 39)를 적용하면

$$\begin{aligned}\bar{s}_2 - \bar{s}_1 &= \bar{s}_2^{\circ} - \bar{s}_1^{\circ} - \bar{R}\ln\frac{P_2}{P_1} \\ &= 232.597 - 206.413 - 8.314\ln 5 \\ &= 12.803\,\text{kJ/kmol K}\end{aligned}$$

$$s_2 - s_1 = 12.803 \times \frac{1}{18.02} = 0.71049\,\text{kJ/kg K}$$

(1) 정적 변화(constant volume change, isochoric change)

체적이 일정한 $v_1 = v_2$이므로 엔트로피 변화는 식 (7 · 34)로부터

$$s_2 - s_1 = c_v \ln\frac{T_2}{T_1} = c_v \ln\frac{P_2}{P_1} \tag{7 · 42}$$

가 된다.

(2) 정압 변화(constant pressure change, isobaric change)

압력이 일정한 $P_1 = P_2$의 변화이므로 엔트로피 변화는 식 (7 · 35)로부터

$$s_2 - s_1 = c_p \ln\frac{T_2}{T_1} = c_p \ln\frac{v_2}{v_1} \tag{7 · 43}$$

가 된다.

(3) 등온 변화(constant temperature change, isothermal change)

온도가 일정한 $T_1 = T_2$의 변화이므로 식 (7 · 34), (7 · 35)로부터

$$s_2 - s_1 = R\ln\frac{v_2}{v_1} = -R\ln\frac{P_2}{P_1} \tag{7·44}$$

가 된다.

(4) 단열 변화(isentropic change)

가역 단열 변화는 $\delta q = Tds = 0$으로 $ds = 0$인 변화이다. 따라서 엔트로피는

$$s_1 = s_2 \tag{7·45}$$

이다. 그러므로 단열 변화에서는 엔트로피는 변화하지 않는다.

① 단열 변화의 선도 표시

그림 **7·19**와 같은 온도-엔트로피 선도와 엔탈피-엔트로피 선도에서 단열 변화는 엔트로피가 일정한 선으로 표시되어 상태 변화를 계산하거나 이해하기에 편리하다. 이들 선도에서 단열 변화는 모두 수직선으로 표시되기 때문이다.

지금 그림 **7·19**의 상태 1(T_1, P_1으로 주어짐)로부터 압력 P_2, P_3까지 단열 변화하는 경우, 상태 2, 3의 열역학적 성질은 $T-s$, $h-s$ 선도로부터 쉽게 구할 수 있다. 그림에서 상태 1과 상태 2는 과열 증기표로부터 찾을 수 있고, 상태 3은 습증기이므로 $s_1 = s_3$를 이용하여 습증기의 열역학적 상태량을 구할 수 있다. 즉,

$$s_3 = s_1 = s_{3f} + x_3(s_{3g} - s_{3f})$$

로부터 s_{3f}와 s_{3g}를 포화 증기표로부터 찾아서 계산하면 된다.

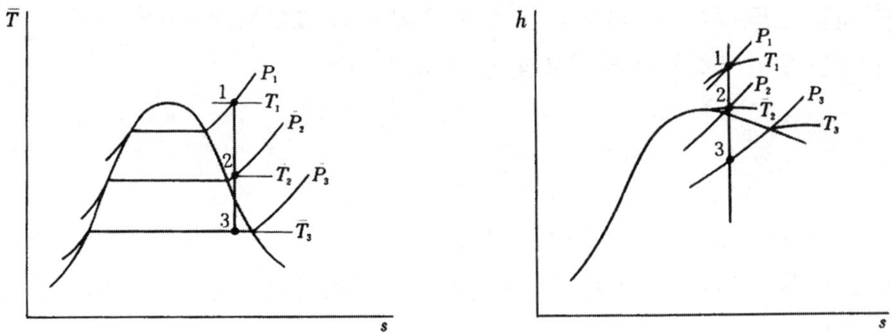

그림 7·19 단열 변화할 때의 $T-s$ 및 $h-s$ 선도

② 이상 기체 모델의 적용

그림 **7·19**와 같이 이상 기체가 단열 변화하여 $s_1 = s_2$인 경우 압력, 비체적, 온도 사이의 관계를 생각하기로 한다. 두 점의 상태 1, 2는 엔트로피가 같으므로 식 (7·38)은

$$0 = s_2^\circ - s_1^\circ - R\ln\frac{P_2}{P_1}$$

가 된다. 이 식은 4개의 상태 값 T_1, P_1, T_2, P_2를 포함하고 있다. 만일, 이들 중 3가지를 알면 나머지 하나는 결정된다.

위의 식에서 상태 1의 온도와 압력비 $\frac{P_2}{P_1}$를 알면 상태 2의 엔트로피는 다음 식으로 구할 수 있다.

$$s_2^\circ = s_1^\circ + R\ln\frac{P_2}{P_1} \tag{7・46}$$

여기서 T_1을 알고 있으므로 s_1°는 쉽게 표로부터 구할 수 있다.

만일, T_1, P_1과 T_2가 주어지고, 압력 P_2가 미지수일 때 P_2/P_1는 식 (7・46)으로부터

$$\frac{P_2}{P_1} = \exp\left[\frac{s_2^\circ - s_1^\circ}{R}\right]$$

으로 표시된다. 이 식을 다시 쓰면

$$\frac{P_2}{P_1} = \frac{\exp[s_2^\circ/R]}{\exp[s_1^\circ/R]}$$

가 된다. 여기서 $\exp[s^\circ/R]$는 온도만의 함수로서 **상대 압력**(relative pressure)이라 하고, 기호 P_r 또는 $P_r(T)$로 나타내기로 한다.

공기에 대한 온도 T와 P_r의 관계를 부록의 부표 A・22에 게재하였다.

상대 압력은 위의 식으로부터 다음과 같이 표시된다.

$$\left(\frac{P_2}{P_1}\right)_{s=c} = \frac{P_{r_2}}{P_{r_1}} \tag{7・47}$$

여기서 $P_{r_1} = P_r(T_1)$, $P_{r_2} = P_r(T_2)$이다.

같은 엔트로피를 갖는 이상 기체의 비체적과 온도 사이의 관계는 이상 기체의 상태식으로부터 $v = \frac{RT}{P}$이므로 비체적의 비는 다음 식으로 표시된다.

$$\frac{v_2}{v_1} = \left(\frac{RT_2}{P_2}\right)\left(\frac{P_1}{RT_1}\right)$$

단열 변화의 경우 두 상태점의 엔트로피는 같으므로, 식 (7・47)을 이용하면

$$\frac{v_2}{v_1} = \left[\frac{RT_2}{P_{r_2}}\right]\left[\frac{RT_1}{P_{r_1}}\right]^{-1}$$

이 된다. 이 식에서 $\dfrac{RT}{P_r}$는 온도만의 함수이며, 이것을 **상대 체적**(relative volume)이라고 하고, 기호 v_r로 표시한다. 온도에 따른 v_r의 값을 부록의 부표 A · 22에 게재하였다. 상대 체적 v_r는 다음 식으로 표시된다.

$$\left(\frac{v_2}{v_1}\right)_{s=c} = \frac{v_{r_2}}{v_{r_1}} \qquad (7 \cdot 48)$$

여기서 v_{r_1}은 환산 체적과 혼돈되지 않도록 주의를 요한다. 부록의 부표 A · 22에서 A · 30까지에 여러 가지 기체에 대한 이상 기체표를 게재하였다.

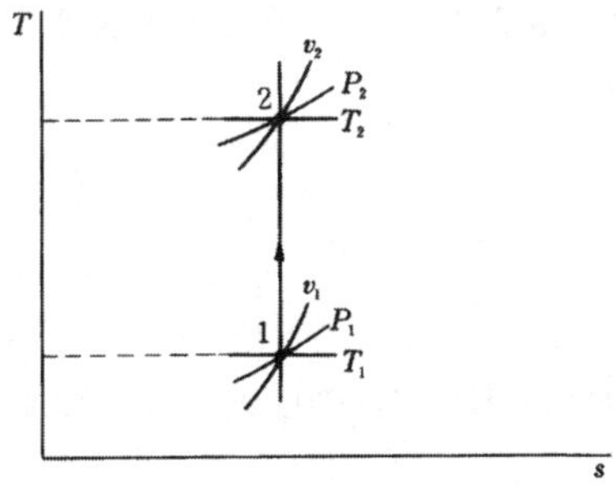

그림 7 · 20 이상 기체의 단열 압축

다음에는 이상 기체의 등엔트로피 과정에서 비열이 일정할 때 P, v, T 사이의 관계를 살펴보기로 한다.

식 (7 · 34)와 식 (7 · 35)로부터 단열 변화에서는 $s_2 - s_1 = 0$이므로

$$0 = c_v \ln\frac{T_2}{T_1} + R\ln\frac{v_2}{v_1}$$

$$0 = c_p \ln\frac{T_2}{T_1} - R\ln\frac{P_2}{P_1}$$

가 된다. 이상 기체의 정압 비열과 정적 비열은

$$c_v = \frac{1}{\kappa - 1}R, \;\; c_p = \frac{\kappa}{\kappa - 1}R$$

이므로, P, v, T 사이에는 다음과 같은 관계가 성립한다.

$$\frac{T_2}{T_1}=\left(\frac{v_1}{v_2}\right)^{\kappa-1} \qquad (s_1=s_2, \kappa=\text{일정})$$

$$\frac{T_2}{T_1}=\left(\frac{P_2}{P_1}\right)^{\frac{\kappa-1}{\kappa}} \qquad (s_1=s_2,\ \kappa=\text{일정})$$

따라서 P, v 사이에는

$$\frac{P_2}{P_1}=\left(\frac{v_1}{v_2}\right)^{\kappa} \qquad (s_1=s_2, \kappa=\text{일정})$$

의 관계가 성립한다.

보기 7.10

공기가 초기 상태 300 K, 101 kPa로부터 최종 온도 900 K까지 등엔트로피 과정으로 압축될 때 최종 상태의 압력을 구하여라.

풀이 (1) 식 (7·47)을 이용

$$\left(\frac{P_2}{P_1}\right)_{s=c}=\frac{P_{r_2}}{P_{r_1}}$$

부표 A·22로부터 $P_{r_1}=P_r(300\,\text{K})=1.3860$, $P_{r_2}=P_r(900\,\text{K})=75.29$를 구할 수 있다. 따라서

$P_2=P_1\left(\dfrac{P_{r_2}}{P_{r_1}}\right)=101\left(\dfrac{75.29}{1.3860}\right)=5.487\,\text{MPa}$이다.

또는 부표 A·22로부터 $s_1^\circ=1.70203$, $s_2^\circ=2.84856$을 구할 수 있다.

따라서 $P_2=P_1\exp\left[\dfrac{s_2^\circ-s_1^\circ}{R}\right]=101\exp\left[\dfrac{2.84856-1.70203}{0.287}\right]=5.486\,\text{MPa}$이다.

(2) 단열 변화에 대한 $P-v-T$관계식을 이용

$\dfrac{T_2}{T_1}=\left(\dfrac{P_2}{P_1}\right)^{\frac{\kappa-1}{\kappa}}=\left(\dfrac{v_1}{v_2}\right)^{\kappa-1}$와 공기의 평균온도(600 K)에서의 κ를 이용하면

$$P_2=P_1\left(\frac{T_2}{T_1}\right)^{\frac{\kappa}{\kappa-1}}=101\left(\frac{900}{300}\right)^{\frac{1.376}{1.376-1}}=5.628\,\text{MPa}$$

이다. 위의 결과와 비교를 해 보면 2.5%의 오차를 가진다.

보기 7.11

단열된 압축기에서 초기 상태 27℃, 100 kPa로부터 체적비가 7이 될 때까지 압축될 경우 압축 후의 공기 온도를 구하여라.

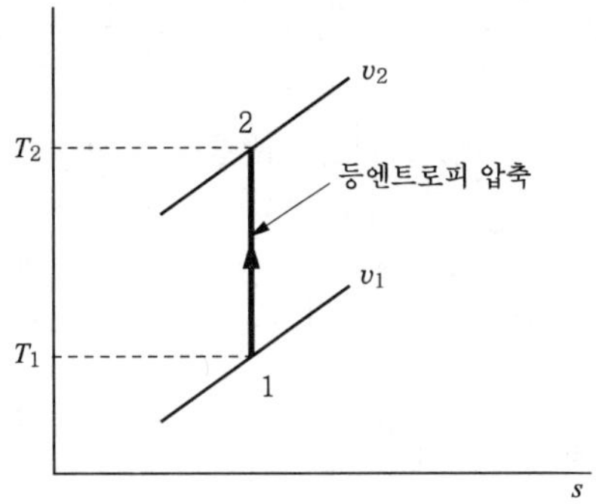

그림 7 · 21 보기 7.11의 설명도

풀이 $\frac{V_2}{V_1} = \frac{v_2}{v_1}$

식 (7 · 48)을 이용하면 $s = C$이므로

$$\left(\frac{v_2}{v_1}\right)_{s=c} = \frac{v_{r_2}}{v_{r_1}}$$

$T_1 = 27℃ = 300\text{K}$일 때 $v_{r_1} = 621.2$이므로

$$\therefore\ v_{r_2} = v_{r_1}\left(\frac{v_2}{v_1}\right) = 621.2 \times \frac{1}{7} = 88.743$$

따라서 이상 기체표로부터

$$v_{r_2} = 88.743 \rightarrow T_2 = 640.68\,\text{K}$$

$$\Delta T = T_2 - T_1 = 340.68℃$$

ΔT 만큼 온도가 상승하였다.

또 다른 방법으로는 단열 변화의 $P-v-T$ 관계로부터

$$\frac{T_2}{T_1} = \left(\frac{v_1}{v_2}\right)^{\kappa-1}$$

$$\therefore\ T_2 = T_1\left(\frac{v_1}{v_2}\right)^{\kappa-1}$$

를 이용하여도 구할 수 있다.

(5) 폴리트로프 변화(polytropic change)

폴리트로프 변화할 때의 비열을 c_n이라 하면 $\delta q = c_n dT$이므로 엔트로피의 변화는 다음 식으로 표시된다.

$$s_2 - s_1 = c_n \ln\frac{T_2}{T_1} = c_v \frac{n-\kappa}{n-1} \ln\frac{T_2}{T_1} = c_n \frac{n-\kappa}{n} \ln\frac{P_2}{P_1} \tag{7 · 49}$$

단위 몰당 엔트로피 변화 $(\bar{s}_2 - \bar{s}_1)$ kJ/kmol K를 구하면

$$\bar{s}_2 - \bar{s}_1 = \bar{c}_v \ln\frac{T_2}{T_1} + \overline{R} \ln\frac{v_2}{v_1}$$

또는

$$\bar{s}_2 - \bar{s}_1 = \bar{c}_p \ln\frac{T_2}{T_1} - \overline{R} \ln\frac{P_2}{P_1}$$

한편 비열이 온도에 따라서 변화하는 경우에는 다음 식으로 구한다.

$$s_2 - s_1 = \int_{T_1}^{T_2} c_v(T)\frac{dT}{T} + R\ln\frac{v_2}{v_1} \tag{7 · 50}$$

$$s_2 - s_1 = \int_{T_1}^{T_2} c_p(T)\frac{dT}{T} - R\ln\frac{P_2}{P_1} \tag{7 · 51}$$

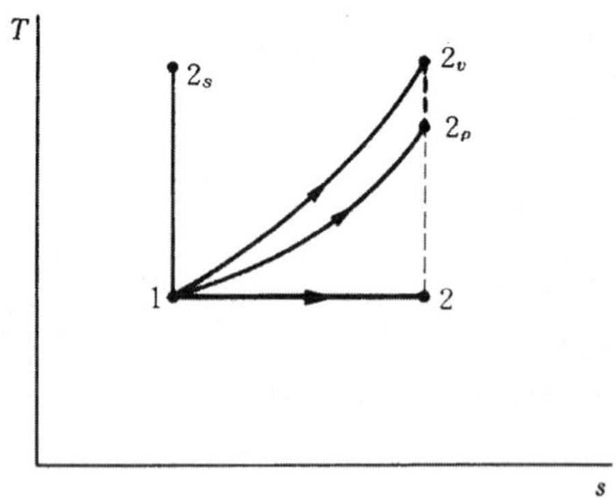

그림 7 · 22 엔트로피 증가량의 비교

이상의 각 경우에 대한 엔트로피 변화량을 $T-s$ 선도 위에 나타내면 그림 7 · 22와 같다. T_1을 일정(기준)으로 하고 T_2를 변수로 생각하면 정적, 정압, 등온, 단열, 폴리트로프 변화 등 어느 변화에서도 s는 온도 T의 지수 함수이므로 그림 7 · 22와 같이 지수 곡선이 된다.

이 선도에서 보는 바와 같이 각 변화에서는 항상 $T_2 > T_1$이며 이 때에는 $\ln\left(\frac{T_2}{T_1}\right) > 0$이므로

$$s_2 - s_1 \geq 0$$

이 된다. 여기서 등호는 단열 변화일 때이다. 즉, 각 상태 변화는 엔트로피가 증가하는 방향으로 진행됨을 알 수 있다.

일반적으로 엔트로피 증가량은

$$s_2 - s_1 = c_n \ln\frac{T_2}{T_1}$$

으로 표시되고 여기서 c_n은 다음과 같이 각 변화에서 정의된 비열을 넣어 계산할 수 있다.

$$c_n = c_v \frac{n-\kappa}{n-1}$$

$n=0$일 때 : $c_n = \kappa c_v = c_p$: 정압

$n=n$일 때 : $c_n = c_n$: 폴리트로프

$n=\kappa$일 때 : $c_n = 0$: 단열

$n=\infty$ 일 때 : $c_n = c_v$: 정적

보기 7.12

공기 1 kg을 대기압 760 mmHg에서 0℃로부터 50℃까지 가열할 경우의 엔트로피 변화를 구하여라. 단, 공기의 정압 비열은 $c_p = 1.005$ kJ/kg K로 계산한다.

풀이 식 (7 · 35)로부터 압력이 일정하므로

$$s_2 - s_1 = c_p \ln\frac{T_2}{T_1} = 1.005\ln\frac{323.15}{273.15} = 0.1689\,\text{kJ/kg K}$$

보기 7.13

체적 0.5 m^{3}인 용기에 150℃, 1 MPa의 상태로 공기를 충전하였다. 정적하에서 압력을 0.45 MPa까지 내리기 위하여 제거하여야 할 열량과 엔트로피의 변화를 구하여라. 단, 공기의 정적 비열은 $c_v = 0.719$ kJ/kg K로 한다.

풀이 정적 변화이므로

$$S_2 - S_1 = m\,c_v \ln\frac{P_2}{P_1},\quad m = \frac{P_1 V_1}{RT_1} = \frac{P_1 V_1}{RT_1} c_v \ln\frac{P_2}{P_1}$$

$$= \frac{1 \times 1000 \times 0.5}{0.287 \times 423.15} \times 0.719 \ln \frac{0.45}{1} = -2.3638\,\text{kJ/K}$$

여기서 (−)부호는 엔트로피가 감소하였음을 의미한다.

또한 방열량 Q_{12}는

$$T_2 = T_1 \left(\frac{P_2}{P_1} \right) = 423.15 \times \frac{0.45}{1} = 190.4175\,\text{K}$$

$$Q_{12} = m\, c_v (T_2 - T_1)$$
$$= 4.1171 \times 0.719 \times (190.4175 - 423.15) = -688.9336\,\text{kJ}$$

이다.

보기 7.14

2 kg의 공기가 300 K로부터 620 K까지 가열될 때의 엔트로피 변화를 구하여라. 이 때 압력은 100 kPa에서 500 kPa까지 변화하고, 공기의 정압 비열은 1.005 kJ/kg K이다.

풀이 $T_1 = 300\,\text{K}$, $T_2 = 620\,\text{K}$, $P_1 = 100\,\text{kPa}$, $P_2 = 500\,\text{kPa}$이므로

$$S_2 - S_1 = m\, c_p \ln \frac{T_2}{T_1} - m\, R \ln \frac{P_2}{P_1}$$
$$= 2 \times 1.005 \ln \frac{620}{300} - 2 \times 0.287 \ln \frac{500}{100}$$
$$= 0.5353\,\text{kJ/K}$$

보기 7.15

공기 3 kg이 300 K로부터 620 K까지 가열되는 동안 압력은 400 kPa에서 350 kPa까지 강하하였다. 이 때의 정압 비열은 $c_p = 1.005\,\text{kJ/kg K}$ 일정으로 보고 엔트로피의 변화를 구하여라.

풀이 엔트로피의 변화는

$$S_2 - S_1 = m\, c_p \ln \frac{T_2}{T_1} - m\, R \ln \frac{P_2}{P_1}$$
$$= 3 \times 1.005 \ln \frac{620}{300} - 3 \times 0.287 \ln \frac{350}{400}$$
$$= 2.3037\,\text{kJ/K}$$

보기 7.16

온도가 T_1, $T_2 (T_1 > T_2)$이고 질량이 같은 두 개의 금속 덩어리가 있다. 이들 두 개의 금속 덩어리를 접촉시켜 온도가 평형에 달하였을 때의 엔트로피의 변화를 구하여라.

풀이 두 금속이 접촉하여 고온측은 냉각되고, 저온측은 가열되어 평형 온도 T_{m}에 달하므로 그 온도는 $T_{\mathrm{m}} = \frac{1}{2}(T_1 + T_2)$이다.

온도 T_1인 고온 금속 덩어리의 엔트로피 감소는 질량을 m, 비열을 c라 하면

$$\Delta S_1 = \int_{T_1}^{T_m} mc\frac{dT}{T} = mc\ln\frac{T_m}{T_1}$$

또 온도 T_2인 저온 금속 덩어리는 온도가 T_{m}으로 상승하므로 엔트로피 증가는

$$\Delta S_2 = \int_{T_2}^{T_m} mc\frac{dT}{T} = mc\ln\frac{T_m}{T_2}$$

따라서 총 엔트로피의 변화는

$$\Delta S = \Delta S_1 + \Delta S_2 = mc\left(\ln\frac{T_m}{T_1} + \ln\frac{T_m}{T_2}\right)$$

$$= mc\ln\frac{T_m^2}{T_1 T_2} = 2mc\ln\frac{T_m}{\sqrt{T_1 T_2}}$$

여기서 $T_m = \frac{1}{2}(T_1 + T_2)$가 $\sqrt{T_1 T_2}$보다 크므로 $\Delta S > 0$로 되어 엔트로피는 증가한다.

7.7 비가역 과정의 엔트로피

실제의 상태 변화는 모두 비가역 변화이므로 여기서는 비가역 과정의 중요한 몇 가지 실제의 보기에 대하여 살펴보기로 한다.

[1] 마찰에 의한 열의 발생

2개의 고체 사이에 마찰(摩擦, friction)이 생기거나 흐르고 있는 유체가 그 내부에서 마찰을 일으키면 열이 발생한다. 지금 마찰이 수반되는 과정에서 마찰일이 열량 δQ로 변하여 물체에 가해질 경우 그 때의 온도를 T라 하면

$$dS > \frac{\delta Q}{T}$$

가 된다. 여기서 마찰이 발생하면 $\delta Q > 0$이므로 엔트로피는 $dS > 0$이 되어 반드시 증가한다.

[2] 열전달

그림 7 · 23과 같은 온도가 T_1인 고온 물체로부터 온도가 T_2인 저온 물체로 열량 δQ가 열전도, 대류, 복사 등에 의하여 열이 이동할 경우를 생각한다. 이들 두 열원의 온도가 변하지 않는다고 하면 고온 물체의 엔트로피는 감소하여 $dS_1 = -\delta Q/T_1$가 되고, 저온 물체의 엔트로피는 증가하여 $dS_2 = \delta Q/T_2$가 되므로 전체의 엔트로피의 변화는 다음 식으로 표시된다.

$$dS = dS_1 + dS_2 = \delta Q\left(\frac{1}{T_2} - \frac{1}{T_1}\right) \qquad (7 \cdot 52)$$

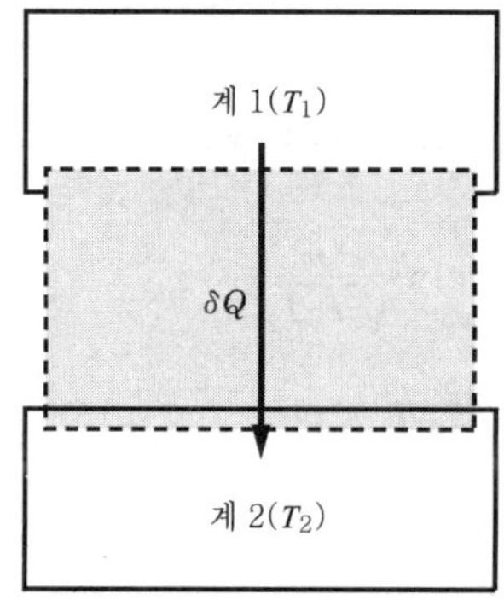

그림 7 · 23 $T_1 > T_2$인 두 열원에 의한 열전달

여기서 $T_1 > T_2$이므로

$$dS > 0$$

이 되어 엔트로피는 증가하고, 그 크기는 온도차 $(T_1 - T_2)$가 클수록 증가한다. 이처럼 고온의 물체에서 저온의 물체로 열이 전달되는 **열전달**(heat transfer)현상은 엔트로피의 증가를 수반하므로 비가역 현상임을 알 수 있고, 이 사실로부터 열전달이란 학문은 비가역 열역학(irreversible thermodynamics)에 속한다.

열의 흐름에 의한 엔트로피 증가의 보기로서 뜨거운 찻잔에 각설탕을 넣은 경우와 음료수를 냉장시키는 경우에 대하여 살펴보기로 한다.

그림 7 · 24 (a)의 경우, 찻잔 속에 들어 있는 뜨거운 차에 각설탕을 넣으면 계(컵)전체의 엔트로피 변화는 다음 식으로 구할 수 있다.

커피의 온도를 T_{coff}, 설탕의 온도를 T_{sug}, 열전달량을 Q라 하면

$$\begin{aligned} \Delta S &= \Delta S_{coff} + \Delta S_{sug} \\ &= -\frac{Q}{T_{coff}} + \frac{Q}{T_{sug}} = Q\left(\frac{1}{T_{sug}} - \frac{1}{T_{coff}}\right) \end{aligned} \qquad (7 \cdot 53)$$

여기서 $T_{sug} < T_{coff}$ 이므로

$$\Delta S > 0$$

이 되어 엔트로피는 증가된다.

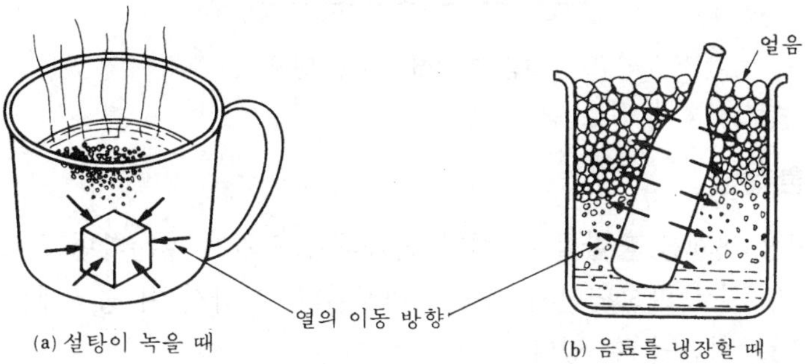

그림 7 · 24 열이동에 의한 엔트로피 증가

한편, 그림 **7 · 24** (b)의 경우와 같이 음료수를 냉장하는 경우 얼음의 온도를 T_{ice}, 음료의 온도를 T_{drink}라 하고, 이 때 음료로부터 얼음으로 이동되는 열량을 Q라 하면

$$\begin{aligned}\Delta S &= \Delta S_{ice} + \Delta S_{drink} \\ &= \frac{Q}{T_{ice}} + \frac{(-Q)}{T_{drink}} = Q\left(\frac{1}{T_{ice}} - \frac{1}{T_{drink}}\right)\end{aligned}$$

가 된다. 이 때 $T_{ice} < T_{drink}$이므로 계의 엔트로피는

$$\Delta S > 0$$

으로 되어 증가한다.

[3] 기체의 자유 팽창

그림 **7 · 25**와 같이 좌측 영역에는 가스가 들어 있고 우측 영역은 진공으로 되어 있는 계에서 가스와 진공실의 경계인 격벽을 제거하면 기체는 용기 전체에 가득 차게 될 것이다. 이와 같이 이상 기체가 체적 V_1으로부터 V_2까지 일을 하지 않고 팽창하는 경우에는 줄의 법칙(Joule's law)에 의하여 온도는 변하지 않으므로

$$dS = \frac{dU}{T} + \frac{PdV}{T} = mR\frac{dV}{V}$$

$$S_2 - S_1 = mR\ln\frac{V_2}{V_1} \tag{7 · 54}$$

가 된다. 이 때 $V_2 > V_1$이므로 $S_2 > S_1$, $\Delta S > 0$이 되어 엔트로피는 증가한다.

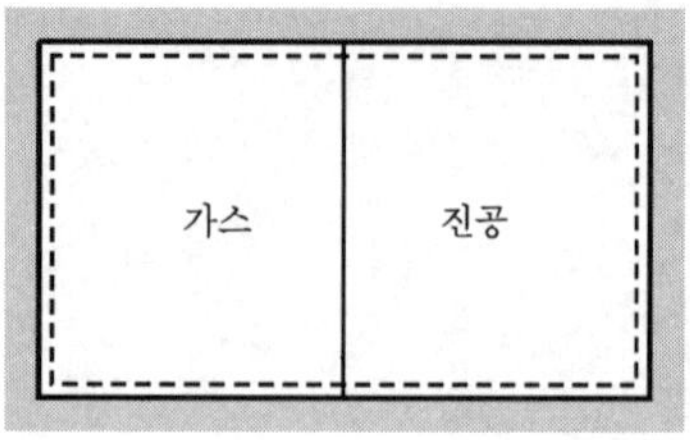

그림 7·25 자유 팽창

[4] 가스의 혼합

여러 종류의 이상 기체를 혼합할 때 화학 변화를 일으키지 않는다면 온도는 변하지 않으므로 각각의 기체는 서로 확산되면서 체적이 팽창된다. 따라서 이 경우에는 자유 팽창의 경우와 같은 방법으로 계산될 수 있다.

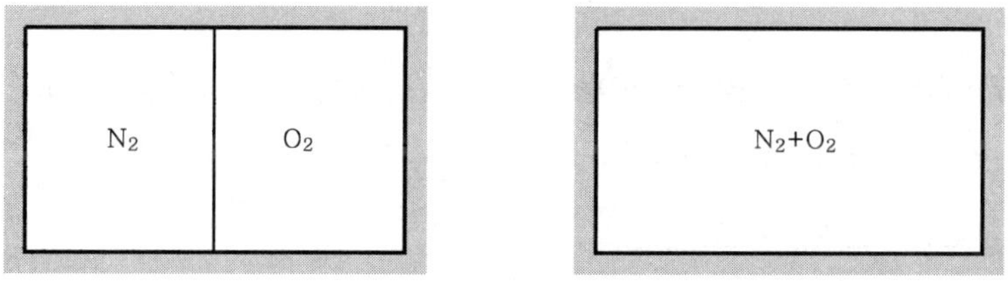

그림 7·26 가스의 혼합

그림 7·26과 같은 용기 속에 두 기체 N_2와 O_2가 격벽으로 분리된 공간에 들어 있다. 어느 순간 격벽을 제거하면 두 기체는 서로 혼합되어 N_2+O_2의 혼합 기체가 된다. 따라서 이 경우에는 자유 팽창의 경우와 같은 방법으로 계산될 수 있다

지금 n종의 기체가 처음의 체적 V_i, 최종 체적을 V, 기체 i의 질량을 m_i, 가스 상수를 R_i라 하면 총 엔트로피 변화 ΔS는 다음과 같이 표시된다.

$$\Delta S=\sum_{i=1}^{n} m_i R_i \ln\frac{V}{V_1} \tag{7·55}$$

여기서 최종 체적 V가 각 성분 기체의 체적 V_i보다 크므로(즉, $V>V_i$이므로) ΔS는 $\Delta S>0$가 되어 항상 증가한다.

[5] 스로틀링(throttling)

유체의 흐름 중에 스로틀링이 일어나도록 하면 교축(throttling) 전후에는 압력 강하(壓力降下, pressure drop)가 발생한다. 교축 전후의 압력을 각각 P_1, P_2라고 하면 이 과정 중은 등엔탈피 변화이므로 엔트로피 변화는 다음 식으로 표시된다.

$$dS = \frac{\delta Q}{T} = \frac{dH}{T} - V\frac{dP}{T}$$

여기서 $dH = 0$이므로

$$dS = -mR\frac{dP}{P}$$

$$\Delta S = S_2 - S_1 = -mR\ln\frac{P_2}{P_1} = mR\ln\frac{P_1}{P_2} \qquad (7 \cdot 56)$$

여기서 $P_1 > P_2$이므로 $S_2 > S_1$, 즉 ΔS는 $\Delta S > 0$, 양의 값이 되므로 엔트로피는 증가한다.

보기 7.17

대기 온도가 15℃이고, 실내의 공기 온도가 21℃인 경우 벽을 통하여 6000 kJ의 열량이 외부로 방열된다면 이 방의 내외 엔트로피 변화는 얼마인가?

풀이 실내 온도 $T_1 = 21 + 273.15 = 294.15\,\text{K}$, 실외 온도 $T_2 = 15 + 273.15 = 288.15\,\text{K}$이므로

$$\Delta S = 6000\left(\frac{1}{288.15} - \frac{1}{294.15}\right) = 0.4247\ \text{kJ/K}$$

가 된다. 따라서 엔트로피는 증가한다.

보기 7.18

5 kg의 공기가 들어 있는 체적 0.5 m^{3}인 용기 A와 체적이 0.3 m^{3}인 진공 용기 B를 밸브를 사이에 두고 연결하였다. 이 두 용기의 온도가 같을 때에 밸브를 열어서 용기 A, B의 압력이 평형에 달하였을 경우 엔트로피 증가를 구하여라. 다만, 공기의 기체 상수는 0.287 kJ/kg K이다.

풀이 이 과정은 이상 기체의 자유 팽창에 속하고, $T =$일정, $V_1 = 0.5\,\text{m}^3$, $V_2 = 0.5 + 0.3 = 0.8\,\text{m}^3$이므로

$$\Delta S = mR\ln\frac{V_2}{V_1}$$

$$= 5 \times 0.287\ln\frac{0.8}{0.5} = 0.6745\,\text{kJ/K}$$

따라서 엔트로피는 0.6745 kJ/K만큼 증가한다.

7.8 검사 체적에 대한 열역학의 제 2 법칙

열역학 제 2 법칙은 앞의 단원에서 다룬 검사 체적에 대한 열역학 제 1 법칙과 같은 방법으로 검사 체적에 적용할 수 있다. 앞의 7.5절에서 설명한 바와 같이 계의 열역학 제 2 법칙은 다음 식으로 표시된다.

$$dS = \frac{\delta Q}{T} + \delta S_{\text{gen}} \tag{7·57}$$

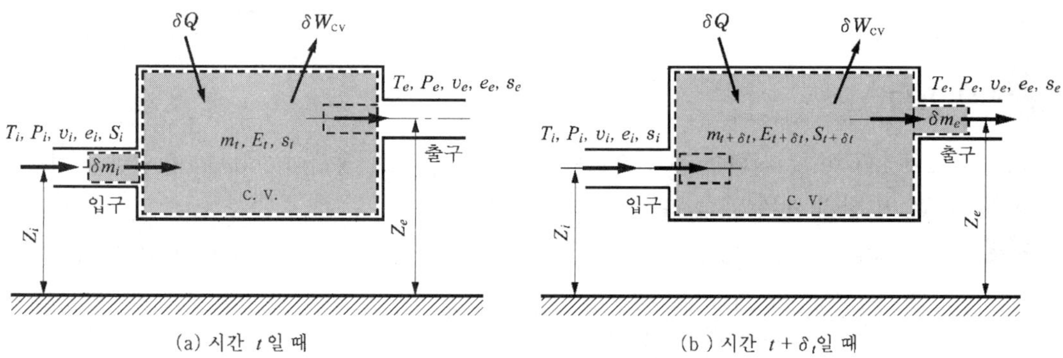

그림 7·27 검사 체적에 대한 열역학 제 2 법칙을 구하기 위한 설명도

그림 7·27에 표시된 바와 같이 검사 체적에서 δt시간 동안에 엔트로피 변화는

$$dS = S_{s,t+\delta t} - S_{s,t}$$

$$\frac{S_{s,t+\delta t} - S_{s,t}}{\delta t} = \frac{1}{\delta t}\left(\frac{\delta Q}{T}\right) + \frac{1}{\delta t}\delta S_{\text{gen}} \tag{7·58}$$

여기서

$S_{s,t+\delta t}$: 시간 $t+\delta t$일 때 계의 엔트로피

$S_{s,t}$: 시간 t일 때 계의 엔트로피

그림 7·27에 표시한 것과 같은 검사 체적에서 δt시간 동안 질량 δm_i가 입구 A_i를 통해 들어오고, 질량 δm_e가 출구 면적 A_e를 통하여 나가는 경우에 대하여 생각하기로 한다. 또한 면적 dA를 통하여 외부로부터 δQ가 전달되고 계가 외부에 대하여 δW_{cv}의 일을 한다.

그림 7·27에서 시간 t일 때 유입구 영역 i를 포함하는 계의 엔트로피 $S_{s,t}$는 검사 체적 내의 엔트로피 S_t와 영역 i로부터 검사 체적으로 들어가는 엔트로피 $\delta m_i s_i$의 합으로 표시된다. 따라서

$$S_{s,t} = S_t + \delta m_i s_i$$

한편 시간 $t+\delta t$일 때 계의 엔트로피는 검사 체적 내의 엔트로피 $S_{t+\delta t}$와 검사 체적으로부터 유출하는 엔트로피 $\delta m_e s_e$의 합이므로

$$S_{s,t+\delta t} = S_{t+\delta t} + \delta m_e s_e$$

가 된다. 따라서

$$S_{s,t+\delta t} - S_{s,t} = (S_{t+\delta t} - S_t) + (\delta m_e s_e - \delta m_i s_i) \tag{a}$$

또한 검사 체적의 열이동을 모든 검사 표면에 대하여 생각하면

$$\frac{1}{\delta t}\left(\frac{\delta Q}{T}\right) = \frac{1}{\delta t}\sum_{\text{cv}}\left(\frac{\delta Q}{T}\right) \tag{b}$$

가 된다. 같은 방법으로 식 (7·58)의 엔트로피 생성항은 검사 체적 내의 모든 비가역성에 의한 엔트로피 생성항의 합이므로

$$\frac{1}{\delta t}\delta S_{\text{gen}} = \frac{1}{\delta t}\sum_{\text{cv}}\delta S_{\text{gen}} \tag{c}$$

로 나타낼 수 있다.

식 (a), (b) 및 (c)를 식 (7·58)에 대입하면

$$\left(\frac{S_{t+\delta t} - S_t}{\delta t}\right) + \frac{\delta m_e s_e}{\delta t} - \frac{\delta m_i s_i}{\delta t} = \frac{1}{\delta t}\sum_{\text{cv}}\left(\frac{\delta Q}{T}\right) + \frac{1}{\delta t}\sum_{\text{cv}} S_{\text{gen}} \tag{7·59}$$

가 된다.

단위 시간당 변화율을 구하기 위하여 δt가 0에 접근할 때의 극한을 취하면

$$\frac{dS_{\text{cv}}}{dt} + \sum \dot{m}_e s_e - \sum \dot{m}_i s_i = \sum_{\text{cv}}\left(\frac{\dot{Q}_{\text{cv}}}{T}\right) + \sum_{\text{cv}} \dot{S}_{\text{gen}} \tag{7·60}$$

가 되며, 이 식은 **열역학 제 2 법칙**에 대한 일반식이 된다.

다시 말하면 식 (7·60)은 검사 체적 내의 엔트로피 변화율과 검사 체적으로부터 나가는 유효 엔트로피 유량의 합은 검사 체적의 전 전열면의 열전달량과 내부 비가역성의 합과 같음을 나타내는 식이다.

식 (7·60)의 우변 제1항 $\sum \frac{\dot{Q}}{T}$는 0이거나 (−)이며, 제 2 항 $\dot{S}_{\text{gen}}$은 0이거나 양(+)의 값을 가진다. 이 식의 최종 항을 생략할 수 있는 경우 식 (7·60)은 다음 식으로도 표시된다.

$$\frac{dS_{cv}}{dt}+\sum \dot{m}_e s_e-\sum \dot{m}_i s_i \geq \sum_{cv}\left(\frac{\dot{Q}_{cv}}{T}\right) \tag{7·61}$$

여기서 등호는 내부적으로 가역 과정을 의미하고 부등호는 내적 비가역 과정을 의미한다. 이 식에서 검사 체적을 유출·유입하는 질량 유동이 없고, 또 어느 순간의 온도가 일정하다면 식 (7·60)은 식 (7·25)와 같은 식이 된다.

식 (7·60)으로부터 검사 체적에 대한 엔트로피 생성에 대하여 표시하면

$$\dot{S}_{gen}=\frac{dS_{cv}}{dt}+\sum \dot{m}_e s_e-\sum \dot{m}_i s_i-\sum_{cv}\frac{\dot{Q}_{cv}}{T} \geq 0 \tag{7·62}$$

$$\left(\begin{array}{c}\text{비가역성에 의한}\\ \text{엔트로피 생성률}\end{array}\right)=\left(\begin{array}{c}\text{검사 체적 내의}\\ \text{엔트로피 변화율}\end{array}\right)+\left(\begin{array}{c}\text{질량 유동에 의한}\\ \text{유효 엔트로피 변화율}\end{array}\right)-\left(\begin{array}{c}\text{열전달에 의한 유효}\\ \text{엔트로피 변화율}\end{array}\right)$$

가 된다.

만일, 검사 체적 내로 질량 유입 및 유출이 없는 경우에는 다음 식으로 표시된다.

$$\dot{S}_{gen}=\frac{dS_{cv}}{dt}-\sum_{cv}\frac{\dot{Q}_{cv}}{T} \geq 0 \tag{7·63}$$

표 7·1은 폐쇄계(검사 질량)와 개방계(검사 체적)에 대한 지배 방정식을 요약한 것이다.

표 7·1 계의 보존 관계식

보존 관계	폐쇄계	유동계(개방계, 검사 체적)
질량	$\frac{dm}{dt}=0$	$\frac{dm_{cv}}{dt}=\sum m_i-\sum m_e$
제1법칙 (에너지)	$\dot{Q}=\frac{dE}{dt}+\dot{W}$	$\dot{Q}+\sum \dot{m}_i\left(h_i+\frac{V_i^2}{2}+gZ_i\right)$ $=\frac{dE_{cv}}{dt}+\sum \dot{m}_e\left(h_e+\frac{V_e^2}{2}+gZ_e\right)+\dot{W}_{cv}$
제2법칙 (엔트로피)	$\frac{dS}{dt}\geqq\sum\frac{\dot{Q}}{T}$ $\dot{S}_{gen}=\frac{dS}{dt}-\sum\frac{\dot{Q}}{T}\geq 0$	$\frac{dS_{cv}}{dt}+\sum m_e s_e-\sum m_i s_i\geq\sum\frac{\dot{Q}_{cv}}{T}$ $\dot{S}_{ebn}=\frac{dS_{cv}}{dt}+\sum \dot{m}_e s_e-\sum \dot{m}_i s_i-\sum\frac{\dot{Q}_{cv}}{T}\geq 0$

보기 7.19

그림 7·28과 같이 $T_A > T_B$인 유체에 접하고 있는 벽면에 열량 Q가 흐를 경우 열전달에 의한 계의 엔트로피 생성을 구하여라.

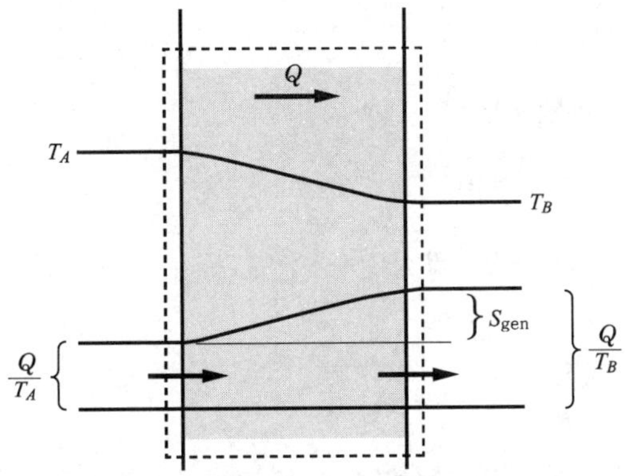

그림 7·28 열전달

풀이 $\dot{S}_{gen} = \frac{dS_{cv}}{dt} + \sum \dot{m}_e s_e - \sum \dot{m}_i s_i - \sum_{cv} \frac{\dot{Q}_{cv}}{T} \geq 0$

에서 우변에서 검사 체적 내의 엔트로피의 변화와 유체 유동이 없으므로

$$\frac{dS_{cv}}{dt} = 0, \quad \sum \dot{m}_e s_e - \sum \dot{m}_i s_i = 0$$

이다. 따라서

$$S_{gen} = -\sum_j \frac{Q_j}{T_j} = -\left(\frac{Q}{T_A} - \frac{Q}{T_B}\right) = Q\left(\frac{1}{T_B} - \frac{1}{T_A}\right) \geq 0$$

가 된다. 그림에서 $S_{gen} + \frac{Q}{T_A} = \frac{Q}{T_B}$와 같다.

[1] 정상 상태, 정상 유동 과정

정상 상태(定常狀態), 정상 유동 과정(定常流動過程)에서는 검사 체적 내의 임의의 어느 점에서 단위 질량당 엔트로피가 시간에 따라서 변하지 않으므로 식 (7·61)에서 가역 과정이면

$$\frac{dS_{cv}}{dt} = 0, \quad \frac{d}{dt}\int_V s\rho dV = 0$$

이다. 그러므로

$$\sum \dot{m}_e s_e - \sum \dot{m}_i s_i \geq \left(\frac{\dot{Q}_{cv}}{T} \right) \qquad (7 \cdot 64)$$

가 된다. 여기서 검사 체적을 출입하는 질량이 같고 단일 유로이면

$$\dot{m}(s_e - s_i) \geq \left(\frac{\dot{Q}_{cv}}{T} \right) \qquad (7 \cdot 65)$$

가 되며, 이 과정이 단열 과정이면

$$s_e \geq s_i, \ \ s_e - s_i \geq 0 \qquad (7 \cdot 66)$$

이 된다. 여기서 등호는 가역 단열 과정일 경우이다.

보기 7.20

어느 냉동 기술자가 R-134a를 냉매로 사용하는 냉동용 압축기의 상태가 다음과 같은 냉동 장치를 설계하려고 한다. 이 냉동기가 열역학 제 2 법칙에 위배되는가를 검토하여라.

압축기 입구 상태 : − 20℃의 포화 증기

압축기 출구 상태 : 1.40 MPa, 70℃의 과열 증기

풀이 식 (7 · 66)에서 보는 바와 같이 압축기 입구 및 출구의 엔트로피는 $s_e \geqq s_i$의 관계가 있으므로, R-134a 증기표로부터 s_e, s_i를 구하여 이 식을 만족하는가를 비교하면 된다.

R-134a 증기표로부터 −20℃에서 $s_i = 0.9332\,\text{kJ/kg K}$, 1.4 MPa, 70℃에서 $s_e = 0.9658\,\text{kJ/kg K}$이다. 따라서 $s_e \geqq s_i$가 되므로 열역학 제 2 법칙에 위배되지 않으며, 실현 가능한 설계이다.

[2] 균일 상태 균일 유동 과정(과도 유동 현상)

균일 상태 균일 유동 과정에서 검사 체적의 상태는 균일하며 유체의 입구 및 출구의 상태는 일정하다. 그러므로 검사 체적에 대한 제 2 법칙의 식은 다음과 같이 표시할 수 있다.

$$\frac{d}{dt}(ms)_{cv} + \Sigma \dot{m}_e s_e - \Sigma \dot{m}_i s_i = \sum_{cv} \left(\frac{\dot{Q}_{cv}}{T} \right) + \sum_{cv} \dot{S}_{gen} \qquad (7 \cdot 67)$$

이 식을 시간 t에 대하여 적분하면

$$\int_0^t \frac{d}{dt}(ms)_{cv} dt = (m_2 s_2 - m_1 s_1)_{cv}$$

$$\int_0^t \sum (\dot{m}_e s_e) \, dt = \sum m_e s_e$$

$$\int_0^t \sum(\dot{m}_i s_i)\,dt = \sum m_i s_i$$

가 되므로, 식 (7 · 67)을 시간 0~t에 대해 적분한 결과는

$$(m_2 s_2 - m_1 s_1)_{cv} + \sum m_e s_e - \sum m_i s_i = \int_0^t \left(\frac{\dot{Q}_{cv}}{T}\right) dt + \int_0^t \dot{S}_{gen}\,dt \tag{7 · 68}$$

검사 체적 내의 온도가 균일하므로

$$\int_0^t \sum_{cv}\left(\frac{\dot{Q}_{cv}}{T}\right) dt = \int_0^t \frac{1}{T}\sum_{cv} \dot{Q}_{cv}\,dt = \int_0^t \left(\frac{\dot{Q}_{cv}}{T}\right) dt$$

가 된다. 따라서 균일 유동 과정을 하는 경우에는

$$(m_2 s_2 - m_1 s_1)_{cv} + \sum m_e s_e - \sum m_i s_i = \int_0^t \left(\frac{\dot{Q}_{cv}}{T}\right) dt + S_{gen} \tag{7 · 69}$$

이 된다. 따라서 이 식을 S_{gen}에 대하여 표시하면

$$S_{gen} = (m_2 s_2 - m_1 s_1)_{cv} + \sum m_e s_e - \sum m_i s_i - \int_0^t \left(\frac{\dot{Q}_{cv}}{T}\right) dt \ge 0 \tag{7 · 70}$$

표 7 · 2 균일 상태 균일 유동 현상(과도 유도 과정)에 대한 보존 관계식

보존관계	관 계 식
질 량	$(m_2 - m_1)_{cv} = \sum m_i - \sum m_e$
제 1 법칙 (에너지)	$Q_{cv} + \sum\left(h_i + \frac{\boldsymbol{V}^2}{2} + gZ_i\right)$ $= \left\{m_2\left(u_2 + \frac{\boldsymbol{V}_2^2}{2} + gZ_2\right) - \left[m_1\left(u_1 + \frac{\boldsymbol{V}_1^2}{2} + gZ_1\right)\right]_{cv} + \sum\left(h_e + \frac{\boldsymbol{V}_e^2}{2} + gZ_e\right) + W_{cv}\right\}$
제 2 법칙 (엔트로피)	$(m_2 s_2 - m_1 s_1)_{cv} + \sum m_e s_e - \sum m_i s_i \ge \int_0^t \sum_{cv}\left(\frac{\dot{Q}_{cv}}{T}\right) dt$ $S_{gen} = (m_2 s_2 - m_1 s_1)_{cv} + \sum m_e s_e - \sum m_i s_i - \int_0^t \sum_{cv}\left(\frac{\dot{Q}_{cv}}{T}\right) dt \ge 0$

표 7 · 2는 과도 유동 현상 또는 균일 유동 과정에 대한 지배 방정식을 요약한 것이다.

[3] 가역 정상 상태, 정상 유동 과정

일반적으로 열과 일은 경로 함수(path function)이며 정상 유동계에서 열역학의 제 1 법칙은 다음과 같이 표시된다.

$$\delta q = dh + dke + dpe + \delta w \tag{a}$$

여기서

$$\delta q = Tds\,,\ \ Tds = dh - vdP$$

이므로

$$\delta q = dh - vdP \tag{b}$$

식 (b)를 식 (a)에 대입하면

$$-vdP = dke + dpe + \delta w$$

또는 $$\delta w = -vdP - dke - dpe$$

이므로 이 식을 적분하면

$$w = -\int_1^2 vdP - \Delta ke - \Delta pe \tag{7 · 71}$$

가 된다.

식 (7 · 71)은 작업 물질의 운동 에너지와 위치 에너지의 변화가 작은 경우의 터빈, 압축기 등의 유동 과정에서 하는 일을 구할 때에 적용할 수 있다.

그림 7 · 29는 폐쇄계(closed system)와 정상 유동 과정(steady flow system)에서의 일을 비교한 것이다. 여기서 보는 바와 같이 정상 유동계의 일은 $-\int_1^2 vdP$로 표시됨을 알 수 있다.

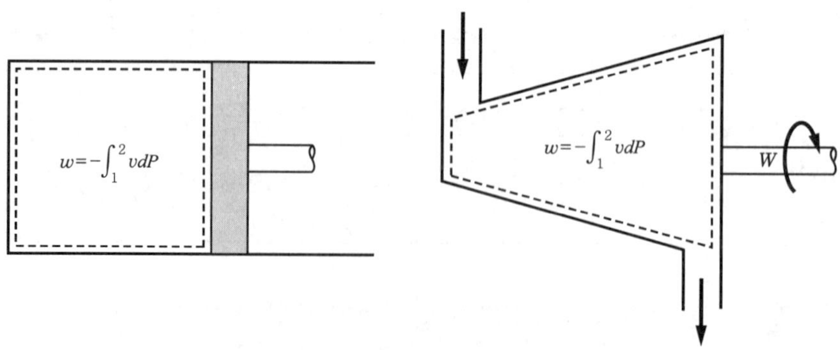

그림 7 · 29 폐쇄계와 정상 유동계의 일

이상에서 설명한 바와 같이 유동 과정에서 하는 일을 폐쇄계의 변위일과 구분하기 위하여 **공업일**(technical work) w_t라고도 표기한다.

$$w_t = -\int_1^2 v\,dP$$

만일 식 (7 · 71)에서 운동 에너지의 변화와 위치 에너지의 변화를 무시할 수 있는 경우에는

$$w = -\int_1^2 v\,dP \tag{7 · 72}$$

가 된다. 대부분의 압축기, 터빈 등의 경우에는 운동 및 위치 에너지의 변화를 무시할 수 있으며 이러한 장치의 일은 이 식으로 구할 수 있다.

식 (7 · 72)는 **정상 유동 장치**(steady-flow device)에서 내적으로 가역 과정을 하는 경우의 가역일을 구하는 식이다. 이 식은 유동계에서 정상 유동하는 장치의 가역일로서 폐쇄계의 변위일 Pdv와 구분하여야 한다.

식 (7 · 71)을 유동계의 입구(i)와 출구(e)에 대하여 다시 쓰면

$$w = -\int_i^e v\,dP + \frac{1}{2}(\boldsymbol{V}_i^2 - \boldsymbol{V}_e^2) + g(Z_i - Z_e) \tag{7 · 73}$$

가 된다.

또한, 정상 유동하는 계에 대한 열역학의 제 2 법칙은

$$\dot{m}(s_e - s_i) \geq \frac{1}{T}\sum_{\text{cv}} \dot{Q}_{\text{cv}} \tag{7 · 74}$$

이다. 가역 단열 과정이면 $\dot{Q}_{\text{cv}} = 0$이므로

$$s_e = s_i$$

가 된다.

가역 등온 과정이면

$$\dot{m}(s_e - s_i) = \frac{1}{T}\sum_{\text{cv}} \dot{Q}_{\text{cv}} = \frac{\dot{Q}_{\text{cv}}}{T}$$

또는 $$T(s_e - s_i) = \frac{\dot{Q}_{\text{cv}}}{\dot{m}} = q \tag{7 · 75}$$

가 된다.

열역학적 상태량 관계식 $Tds = dh - vdP$를 입 · 출구에 대하여 적용하고 적분하면

$$T(s_e - s_i) = (h_e - h_i) - \int_i^e v\,dP \tag{7·76}$$

로 표시된다.

식 (7·75)를 열역학 제1법칙의 식으로 표시하면

$$\frac{\dot{Q}_{cv}}{\dot{m}} + h_i + \frac{\boldsymbol{V}_i^2}{2} + g\,Z_i = h_e + \frac{\boldsymbol{V}_e^2}{2} + g\,Z_e + \frac{\dot{W}_{cv}}{\dot{m}}$$

또는 $$\frac{\dot{W}_{cv}}{\dot{m}} = \int_i^e Tds + (h_i - h_e) + \frac{\boldsymbol{V}_i^2 - \boldsymbol{V}_e^2}{2} + g\,(Z_i - Z_e)$$

가 된다. 여기서 $\dfrac{\dot{W}}{\dot{m}} = w$이므로, 이 식에 식 (7·76)을 대입하면 다음 식이 성립한다.

$$\begin{aligned} w &= -\int_i^e v\,dP + \frac{\boldsymbol{V}_i^2 - \boldsymbol{V}_e^2}{2} + g\,(Z_i - Z_e) \\ &= -\int_i^e v\,dP - \Delta ke - \Delta pe \end{aligned}$$

여기서 $\Delta ke = ke_e - ke_i$, $\Delta pe = pe_e - pe_i$이다.

이 때 정상 유동 과정이고 비체적이 일정한 경우 $w = 0$이면 다음과 같은 유체 역학에서 자주 사용하는 **베르누이 식**(Bernoulli equation)을 얻을 수 있다.

$$v\,(P_e - P_i) + \frac{1}{2}(\boldsymbol{V}_e^2 - \boldsymbol{V}_i^2) + g\,(Z_e - Z_i) = 0 \tag{7·77}$$

이 식은 가역 과정을 하는 **비압축성 유체**(非壓縮性流體, incompressible fluid)에 적용된다.

[4] 이상 기체가 정상 유동 과정 압축기에서 하는 가역 단열 압축

이상 기체가 압축기에서 가역 단열 압축되는 경우에 입구·출구를 각각 첨자 1, 2로 나타내어 적용하여 보기로 한다. 이 과정이 정상 유동 과정이고, 운동 에너지 및 위치 에너지의 변화를 무시할 수 있는 단열의 경우에는

$$w = -\int_1^2 v\,dP$$

$$Pv^{\kappa} = \text{일정}$$

이 된다. 그러므로

$$w = -\int_1^2 \frac{P_1^{\frac{1}{\kappa}} v_1}{P^{\frac{1}{\kappa}}} dP = -P_1^{\frac{1}{\kappa}} v_1 \int_1^2 \frac{dP}{P^{\frac{1}{\kappa}}}$$

$$= \frac{\kappa}{\kappa-1}(P_1 v_1 - P_2 v_2) = \frac{\kappa R}{\kappa-1}(T_1 - T_2)$$

$$= \frac{\kappa}{\kappa-1} R T_1 \left[1 - \left(\frac{P_2}{P_1}\right)^{\frac{\kappa-1}{\kappa}}\right]$$

$$= \frac{\kappa}{\kappa-1} P v_1 \left[1 - \left(\frac{P_2}{P_1}\right)^{\frac{\kappa-1}{\kappa}}\right] \tag{7·78}$$

가 된다.

폴리트로프 변화로 생각하면

$$w = \frac{n}{n-1}(P_1 v_1 - P_2 v_2)$$

$$= \frac{n}{n-1} R T_1 \left[1 - \left(\frac{P_2}{P_1}\right)^{\frac{n-1}{n}}\right]$$

$$= \frac{n}{n-1} P v_1 \left[1 - \left(\frac{P_2}{P_1}\right)^{\frac{n-1}{n}}\right] \tag{7·79}$$

또한, 압축이 등온으로 이루어지면 Pv = 일정이므로

$$w = -\int_1^2 v\,dP, \quad Pv = P_1 v_1$$

$$\therefore\ w = -\int_1^2 P_1 v_1 \frac{dP}{P}$$

$$= -P_1 v_1 \ln\frac{P_2}{P_1} = R T_1 \ln\frac{P_1}{P_2} \tag{7·80}$$

이 된다.

이와 같은 세 가지 과정을 $P-v$ 선도로 나타내면 그림 **7 · 30**과 같다. 이 선도의 각 과정 $1 \rightarrow 2$의 좌측 면적이 $-\int_1^2 v\,dP$가 된다.

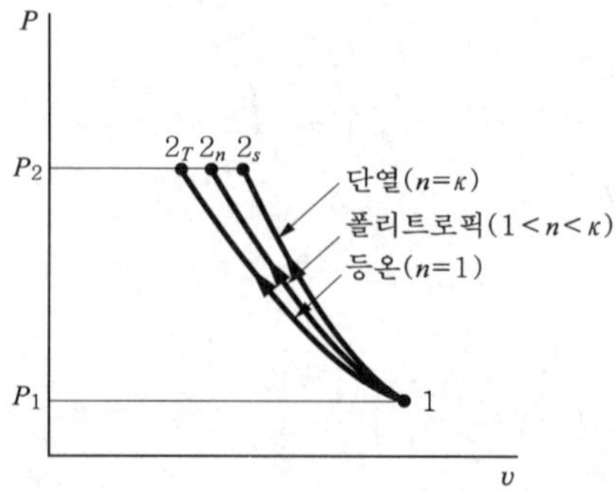

그림 7·30 등엔트로피, 폴리트로프, 등온 압축 과정의 $P-v$ 선도

보기 7.21

압력 0.1 MPa, 30℃인 물을 펌프로 6 MPa이 될 때까지 등엔트로피 압축할 경우 압축일을 구하여라.

풀이 물은 비압축성 물질이고, 등엔트로피 압축이므로

$$w=-\int_i^e vdP=-v(P_e-P_i)$$

$$=-0.00104(6000-100)=-6.136\,\text{kJ/kg}$$

보기 7.22

수증기를 0.2 MPa로부터 1 MPa까지, 그림 7·31과 같은 펌프와 압축기로 등엔트로피 압축할 때의 압축일을 구하여라. 단, 펌프 입구의 상태는 포화수이고, 압축기 입구의 상태는 포화 수증기이다. 또한, 운동 에너지와 위치 에너지의 변화는 무시한다.

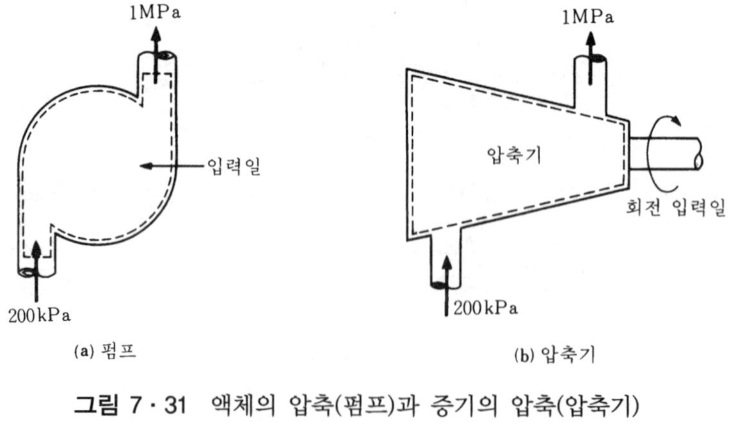

그림 7·31 액체의 압축(펌프)과 증기의 압축(압축기)

풀이 포화수(액체)와 증기의 압축을 $T-s$ 선도 위에 나타내면 그림 7·32와 같다.

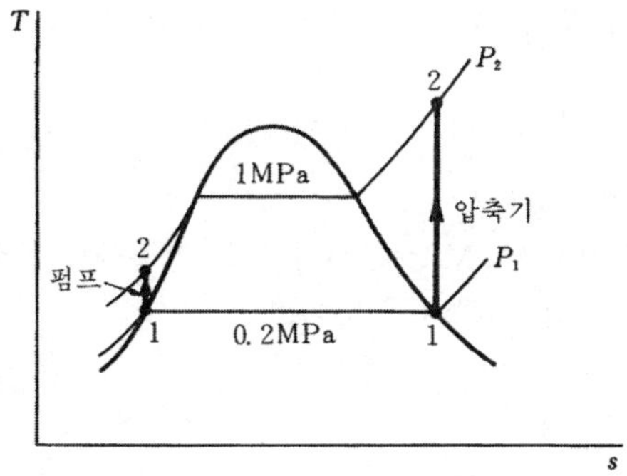

그림 7·32 펌프의 압축일과 압축기의 압축일

(1) 펌프의 압축일

증기표로부터 상태 1의 비체적은

$$P=200\,\text{kPa}\ ;\ v_1=v_f=0.001061\,\text{m}^3/\text{kg}$$

이며, 이 값은 v_2와 같으므로

$$w=-\int_1^2 vdP=-v_1(P_2-P_1)$$

$$=-0.001061(1000-200)=-0.8488\,\text{kJ/kg}$$

(2) 압축기의 압축일

압축기 입구의 상태가 포화 증기, 출구 상태는 과열 증기이며 이 과정은 등엔트로피 압축이므로

$$Tds=dh-v\,dP$$

$$\therefore\ dh=v\,dP$$

$$w=-\int_1^2 vdP=-\int_1^2 dh=h_1-h_2$$

따라서 입구의 엔탈피와 출구의 엔탈피를 증기표로부터 구하면

상태 1 : 포화 증기

$$P_1=200\,\text{kPa},\ h_1=2706.7\,\text{kJ/kg},\ s_1=7.1271\,\text{kJ/kg K}$$

상태 2 : 과열 증기

$$P_2=1\,\text{MPa},\ s_2=s_1=7.1271\,\text{kJ/kg K}$$

이 때 엔탈피 h_2를 과열 증기표로부터 보간법을 이용하여 구하면

$$h_2=3051.2+\frac{7.1271-7.1229}{7.3011-7.1229}\times(3157.7-3051.2)$$

$$=3053.7101\,\text{kJ/kg}$$

$$w=h_1-h_2=2706.7-3053.7101=-347.0101\,\text{kJ/kg}$$

동일한 압력비로 포화수를 압축하는 펌프일과 증기를 압축하는 압축기의 일을 비교하여 보면

$$\frac{w_{comp}}{w_{pump}}=\frac{347.0101}{0.8488}=408.824$$

즉, 증기를 압축하는 데 포화수의 압축일보다 약 409배의 일이 더 필요하다.

보기 7.23

0.1 MPa, 25℃의 공기를 흡입하여 1 MPa로 정상 유동 압축하는 압축기가 있다. 압축기의 압축일을 다음과 같은 세 가지 경우에 대하여 구하여라.

(1) 단열 압축, $\kappa=1.4$

(2) 폴리트로프 압축, $n=1.3$

(3) 등온 압축

풀이 (1) 가역 단열(등엔트로피) 압축하는 경우

$$w=\frac{\kappa}{\kappa-1}RT_1\left[1-\left(\frac{P_2}{P_1}\right)^{\frac{\kappa-1}{\kappa}}\right]$$

$$w=\frac{1.4}{1.4-1}\times 0.287\times 298.15\times\left[1-\left(\frac{1000}{100}\right)^{\frac{1.4-1}{1.4}}\right]$$
$$=-278.7362\,\text{kJ/kg}$$

(2) 폴리트로프 압축하는 경우

$$w=\frac{n}{n-1}RT_1\left[1-\left(\frac{P_2}{P_1}\right)^{\frac{n-1}{n}}\right]$$

$$w=\frac{1.3}{1.3-1}\times 0.287\times 298.15\times\left[1-\left(\frac{1000}{100}\right)^{\frac{1.3-1}{1.3}}\right]$$
$$=-260.0245\,\text{kJ/kg}$$

(3) 등온 압축하는 경우

$$w_{comp}=RT_1\ln\frac{P_1}{P_2}$$
$$=0.287\times 298.15\ln\frac{100}{1000}$$
$$=-197.0300\,\text{kJ/kg}$$

7.9 검사 체적에 대한 엔트로피 증가 원리

엔트로피의 증가 원리는 7 · 4절에서 다룬 바 있으나 여기서는 검사 체적에 대한 엔트로피의 증가 원리에 대하여 알아보기로 한다. 그림 7 · 33 (a)와 같이 검사 체적과 주위 사이에 열이동 및 물질 유동이 있는 경우에 대하여 생각하기로 한다.

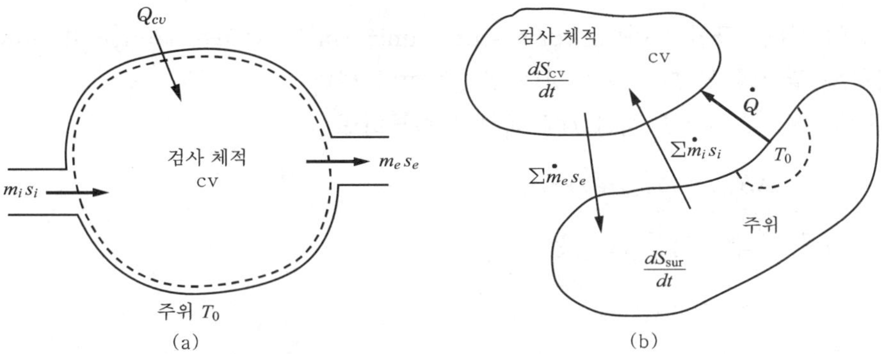

그림 7 · 33 열흐름과 엔트로피 변화

검사 체적의 온도가 T이고, 입구와 출구의 질량 유량은 $\dot{m}_i$, $\dot{m}_e$인 유동 과정의 열역학의 제 2 법칙은 다음 식으로 표시된다.

$$\frac{dS_{cv}}{dt} + \sum \dot{m}_e s_e - \sum \dot{m}_i s_i \geq \sum_{cv} \frac{\dot{Q}_{cv}}{T} \qquad (7 \cdot 81)$$

여기서 $\frac{dS_{cv}}{dt}$는 검사 체적 내의 엔트로피 변화율을 나타내고, $(\sum \dot{m}_e s_e - \sum \dot{m}_i s_i)$는 질량 유동에 의한 유효 엔트로피 유동을 나타낸다.

그리고 주위의 엔트로피 변화율은 그림 7 · 33 (b)에서

$$\frac{dS_{sur}}{dt} = \sum \dot{m}_e s_e - \sum \dot{m}_i s_i - \frac{\dot{Q}_{cv}}{T_0} \qquad (7 \cdot 82)$$

식 (7 · 81)과 식 (7 · 82)를 합하면 다음 관계가 성립한다.

$$\frac{dS_{net}}{dt} = \frac{dS_{cv}}{dt} + \frac{dS_{sur}}{dt} \geq \sum \frac{\dot{Q}_{cv}}{T} - \frac{\dot{Q}_{cv}}{T_0} \qquad (7 \cdot 83)$$

이 성립한다. 따라서 식 (7 · 83)은 엔트로피 증가 원리의 일반식이 된다.

여기서 $T_0 > T$이면 $\dot{Q}_{cv} > 0$이고, $T_0 < T$이면 $\dot{Q}_{cv} < 0$이므로

$$\frac{dS_{net}}{dt} = \frac{dS_{cv}}{dt} + \frac{dS_{sur}}{dt} = \sum \dot{S}_{gen} \geq 0 \qquad (7 \cdot 84)$$

가 된다.

유동계에서 유체가 정상 상태, 정상 유동하는 경우에는 식 (7 · 84)의 첫 번째 항인 $\frac{dS_{cv}}{dt} = 0$이므로 비가역성에 의한 엔트로피의 변화는 주위의 엔트로피 변화율로 표시된다. 그리고 균일 상태, 균일 유동(uniform state, uniform flow 또는 transient flow)에서는 검사 체적과 주위의 항 모두에 대하여 계산하여야 한다.

이 때에는 식 (7 · 84)를 시간 t에 대하여 적분하면

$$\Delta S_{net} = \Delta S_{cv} + \Delta S_{sur} \qquad (7 \cdot 85)$$

여기서 검사 체적에 관한 ΔS_{cv}는

$$\Delta S_{cv} = (m_2 s_2 - m_1 s_1)_{cv} \qquad (7 \cdot 86)$$

이고, 주위에 대해서는 식 (7 · 82)를 적분하면 되므로

$$\Delta S_{sur} = \sum m_e s_e - \sum m_i s_i - \frac{Q_{cv}}{T_0} \qquad (7 \cdot 87)$$

가 된다. 따라서

$$\Delta S_{total} = (m_2 s_2 - m_1 s_1)_{cv} + \sum m_e s_e - \sum m_i s_i - \frac{Q_{cv}}{T_0} \geq 0 \qquad (7 \cdot 88)$$

이 성립하며, ΔS_{net}을 ΔS_{total} 또는 S_{gen}으로도 표시한다. S_{gen}을 **엔트로피 생성**(entropy generation)이라 하고, $\dot{S}_{gen}$을 **엔트로피 생성률**(rate of entropy generation)이라 한다.

$$S_{gen} = \Delta S_{total}$$

또는

$$\Delta S_{total} = \Delta S_{cv} + \Delta S_{sur} \qquad (7 \cdot 89)$$

보기 7.24

그림 7 · 34와 같은 유동계에서 검사 체적으로 질량 m_i, 엔트로피 s_i인 물질이 들어와서 출구로 질량 m_e, 엔트로피 s_e로 나가는 경우 엔트로피 변화를 구하여라.

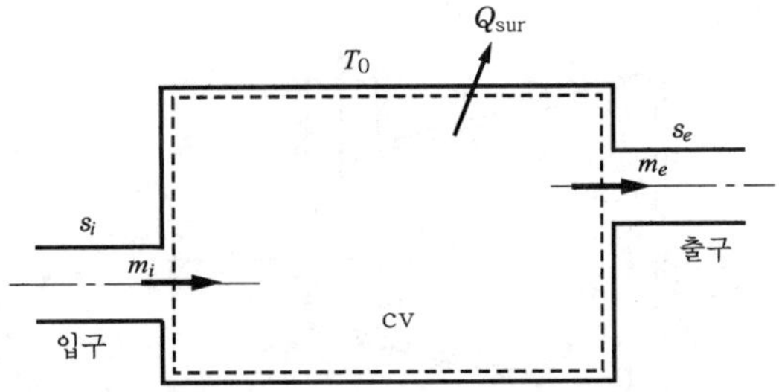

그림 7 · 34 보기 7.24의 설명도

풀이 그림 7 · 34에서 검사 체적과 주위 사이의 엔트로피 변화 ΔS는 다음 식으로 표시된다.

$$\Delta S_{cv} = (m_2 s_2 - m_1 s_1)_{cv}$$

$$\Delta S_{sur} = \frac{Q_{sur}}{T_0} + \Sigma m_e s_e - \Sigma m_i s_i$$

여기서

ΔS_{sur} : 주위의 엔트로피 변화

$\dfrac{Q_{sur}}{T_0}$: 열전달에 의한 엔트로피 흐름

$m_e s_e - m_i s_i$: 질량 이동에 의한 입 · 출구의 엔트로피 수송량

여기서 첨자 1, 2는 각각 처음 상태, 최종 상태를 의미하고, i는 입구 상태, e는 출구 상태를 나타낸다.

또한 $m_i s_i$는 주위로부터 검사 체적으로 들어가는 질량에 의한 엔트로피 이동량이고, $m_e s_e$는 검사 체적으로부터 주위로 나가는 질량에 의한 엔트로피 이동량이다.

따라서 유동계에 대한 엔트로피 증가 원리는 검사 체적 내의 엔트로피 변화 $(m_2 s_2 - m_1 s_1)_{cv}$, 입 · 출구의 엔트로피 이동량$(m_e s_e - m_i s_i)$와 주위와의 열전달량에 $\dfrac{Q_{sur}}{T_0}$ 의한 엔트로피 흐름의 합으로서 다음과 같이 표시된다.

$$S_{gen} = \Delta S_{total} = (m_2 s_2 - m_1 s_1)_{cv} + (m_e s_e - m_i s_i) + \frac{Q_{sur}}{T_0} \geq 0$$

보기 7.25

그림 7 · 35와 같은 유동계에서 유체가 정상 유동하는 경우의 엔트로피 변화와 엔트로피 생성률을 구하는 식을 유도하여라.

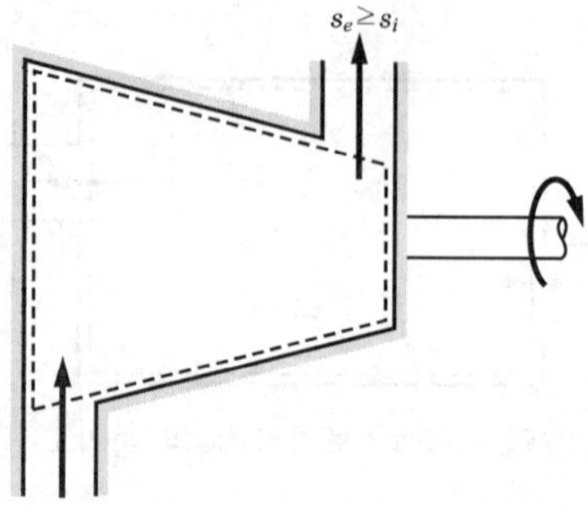

그림 7 · 35 질량 유동 및 열 유동에 의한 주위의 엔트로피의 변화

풀이 검사 체적 내의 임의의 점, 입구 · 출구에서 유체의 성질이 시간에 대하여 변하지 않는 정상류 과정에서는 다음 관계가 성립한다.

정상류 과정에서 검사 체적 내의 엔트로피 변화 $\Delta S_{cv}=0$이므로 총 엔트로피 변화 S_{gen} 또는 ΔS_{total}은 주위의 엔트로피 변화로 표시된다.

$$S_{gen}=\Delta S_{sur}=\frac{Q_{sur}}{T_0}+(m_e s_e-m_i s_i)\geq 0$$

이 식을 엔트로피 생성률, 즉 엔트로피 변화율 $\dot{S}_{gen}$ kW/K로 나타내면 다음과 같다.

$$\dot{S}_{gen}=\frac{\dot{Q}_{sur}}{T_0}+\sum\dot{m}_e s_e-\sum\dot{m}_i s_i\geq 0$$

이 흐름이 단일 유로(single-stream) 정상 유동 장치(steady-flow device) 내의 흐름이라면 $\dot{S}_{gen}$ kW/K 또는 s_{gen} kJ/kg K는 다음 식으로 표시된다.

$$\dot{S}_{gen}=\dot{m}(s_e-s_i)+\frac{\dot{Q}_{sur}}{T_0}\geq 0$$

또는

$$s_{gen}=(s_e-s_i)+\frac{q_{sur}}{T_0}\geq 0$$

따라서 그림 7 · 35와 같은 단일 유로의 단열 정상 유동 장치에서는 유체(물질)의 비가역성의 결과에 의하여 흐름의 방향으로 엔트로피는 증가한다.

보기 7.26

1000 K의 열원으로부터 2.5 MJ의 열량을 (1) 600 K와 (2) 750 K인 저열원에 방열하는 경우 엔트로피 변화를 구하고 어느 쪽이 더 비가역성이 큰가를 비교하여라.

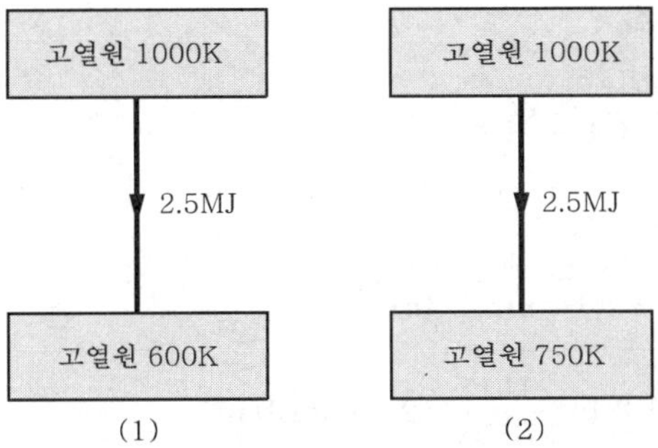

그림 7·36 보기 7.26의 설명도

풀이 (1) 600K인 저열원에 방열하는 경우

$$\Delta S_{T_H} = -\frac{Q}{T_H} = -\frac{2500}{1000} = -2.5\,\text{kJ/K}$$

$$\Delta S_{T_L} = \frac{Q}{T_L} = \frac{2500}{600} = 4.1667\,\text{kJ/K}$$

$$\Delta S_{\text{total}} = \Delta S_{TH} + \Delta S_{TL} = -2.5 + 4.1667 = 1.6667\,\text{kJ/K}$$

(2) 750 K인 저열원에 방열하는 경우

$$\Delta S_{T_H} = -\frac{Q}{T_H} = -\frac{2500}{1000} = -2.5\,\text{kJ/K}$$

$$\Delta S_{T_L} = \frac{Q}{T_L} = \frac{2500}{750} = 3.333\,\text{kJ/K}$$

$$\Delta S_{\text{total}} = \Delta S_{TH} + \Delta S_{TL} = -2.5 + 3.333 = 0.8333\ \text{kJ/K}$$

이상의 결과로부터 알 수 있는 바와 같이 (1)의 경우가 총 엔트로피 변화가 크므로 계와 주위 사이의 온도차가 클수록 비가역성은 더욱 증가함을 알 수 있다.

보기 7.27

온도 600℃, 60 kg의 주철(cast iron) 덩어리를 20℃인 호수에 넣었다. 이 금속 덩어리가 호수물과 열평형에 달하였을 때 다음 각 항의 엔트로피 변화를 구하여라.

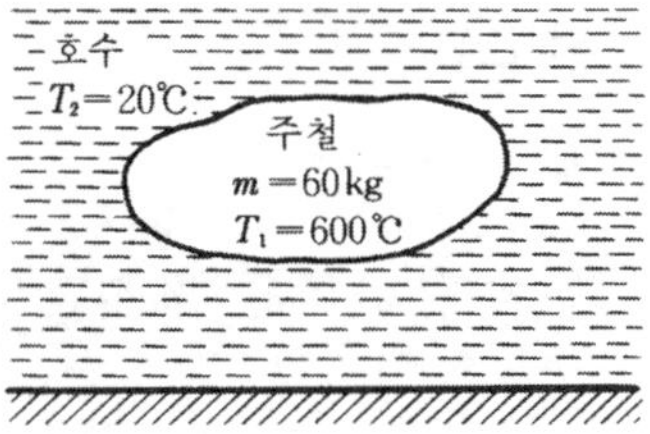

그림 7·37 보기 7.27의 설명도

(1) 주철의 엔트로피 변화
(2) 호수물의 엔트로피 변화
(3) 총 엔트로피 변화

풀이 (1) 주철의 엔트로피 변화

$$\Delta s_{\text{iron}} = m(s_2 - s_1) = m\,c_{\text{iron}} \ln \frac{T_2}{T_1}$$

$$= 60 \times 0.45 \ln \frac{293.15}{873.15} = 29.4684\,\text{kJ/K}$$

$$Q_{\text{iron}} = m\,c_{\text{iron}}(T_2 - T_1)$$

$$= 60 \times 0.45(293.15 - 873.15) = -15660\,\text{kJ}$$

(2) 호수물의 엔트로피 변화

$$Q_{\text{lake}} = -Q_{\text{iron}} = 15660\,\text{kJ}$$

$$\Delta S_{\text{lake}} = \frac{Q_{\text{lake}}}{T_{\text{lake}}} = \frac{15660}{293.15} = 53.4198\,\text{kJ/K}$$

(3) 총 엔트로피 변화

$$\Delta S_{\text{total}} = \Delta S_{\text{iron}} + \Delta S_{\text{lake}} = -29.4684 + 53.4198 = 23.9514\,\text{kJ}$$

$\Delta S_{\text{total}} = 23.9514\,\text{kJ}$로 양(+)의 값을 가지므로 비가역 과정을 하며 과정 중 엔트로피는 증가하였다.

7.10 엔트로피를 포함하는 열역학적 상태량 선도

열역학적 상태 변화를 다루는 데 있어서 상태량 선도는 과정의 열역학적 해석에 매우 중요하다. 열역학의 제 1 법칙에서 $P-v$, $T-v$ 선도 등을 이용하여 열역학적 상태 변화를 살펴본 것과 같이 엔트로피의 성질을 나타내는 선도를 이용하여 열역학적 상태 변화를 나타낼 수 있다. 열역학 제 2 법칙의 해석에 가장 널리 사용되는 선도로는 $T-s$ 선도와 $h-s$ 선도가 있다.

[1] 온도-엔트로피($T-s$) 선도

엔트로피의 정의로부터 계에 가해진 열량은

$$\delta Q_{\text{rev}} = TdS \qquad (7 \cdot 90)$$

로 표시된다.

그림 7·38에서 보는 바와 같이 $T-s$ 선도 상의 미소 면적 dA는 δQ에 상당하므로 상태

1→2까지의 변화하는 사이에 가해진 열량은

$$Q_{12} = \int_1^2 TdS$$

가 된다.

단위 질량에 대하여는

$$\delta q = Tds$$

$$q_{12} = \int_1^2 Tds$$

가 된다.

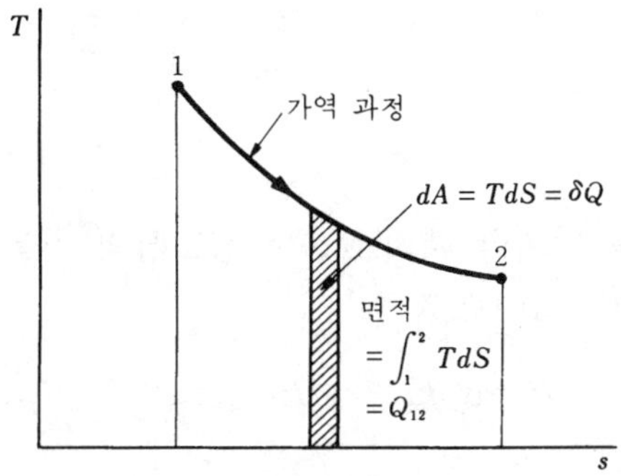

그림 7·38 $T-s$ 선도

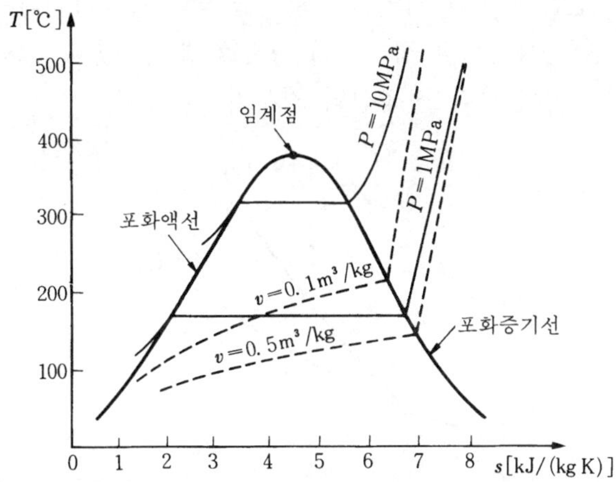

그림 7·39 순수 물질의 $T-s$ 선도

액체와 증기에 대한 일반적인 특성을 $T-s$ 선도 위에 나타내면 그림 7·39와 같다.

이 선도에서 보는 바와 같이 단일상의 영역에서 정적선(定積線)은 정압선(定壓線)보다 경사가 더 크고, 포화액과 증기의 혼합물(습증기) 영역에서는 정압선은 등온선과 나란함을 알 수 있다. 또한 압축액(壓縮液, compressed liquid) 영역에서 정압선은 포화액선에 매우 근접하게 되어 있다.

포화수와 포화 증기의 혼합물인 습증기 영역의 엔트로피 s는 다음 식으로 구한다.

이상 기체에 대한 Tds식은

$$Tds = du + Pdv = c_v\, dT + Pdv$$

정적과정에서는 $dv = 0$이므로

$$Tds = c_v\, dT$$

또는

$$\left.\frac{dT}{ds}\right)_{v=c} = \frac{T}{c_v} \tag{7·91}$$

가 된다. 식 (7·91)은 정적 변화할 때의 $T-s$ 선도상의 기울기이다.

한편 정압 과정에서는 $dP = 0$이므로

$$Tds = dh - v\,dP = c_p\, dT - v\,dP$$

$$Tds = c_p\, dT$$

$$\frac{dT}{ds} = \frac{T}{c_p} \tag{7·92}$$

가 된다. 식 (7·92)는 정압 변화할 때의 $T-s$ 선도상의 기울기이다. 따라서 이들 두 식을 비교하면 $T-s$ 선도 위의 정압선과 정적선의 경사를 알 수 있다. 그림 7·40에서 보는 바와 같이 $c_p > c_v$이므로 정압선보다 정적선의 경사가 더 크다.

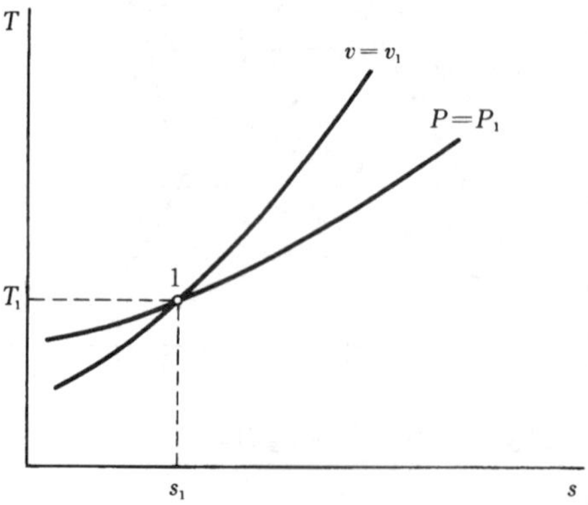

그림 7·40 선도 상의 정압선과 정적선

또한, 압축액(compressed liquid) 영역에서 정압선은 포화액선에 매우 근접하게 되어 있다. 포화수와 포화 증기의 혼합물인 습증기 영역의 엔트로피 s는 다음 식으로 구한다.

$$s = s_f + x(s_g - s_f)$$

$$s = s_f + x\, s_{fg}$$

여기서 s_f : 포화액의 비엔트로피 kJ/kg K

s_g : 포화 증기의 비엔트로피 kJ/kg K

$$s_{fg} = s_g - s_f$$

이며, 이들의 값은 수증기표에 주어져 있다. 수증기의 $T-s$ 선도를 부록에 게재하였다.

[2] 순수 물질의 $T-s$ 선도와 가열량

(1) 액체열

압력 일정하에서 0℃의 물 1 kg을 그 압력에 상당하는 포화 온도까지 높이는 데 필요한 열량을 **액체열**(液體熱, heat of liquid)이라 한다. 그림 **7·41**에서 0℃로부터 포화 온도 T_s℃까지 상태 변화할 때의 가열량, 즉 액체열 q_l kJ/kg은 다음 식으로 표시된다.

$$q_l = \int_0^{T_s} c\, dT \tag{7·93}$$

여기서 c는 물의 비열이며 액체의 경우 $c_p = c_c = c$이다.

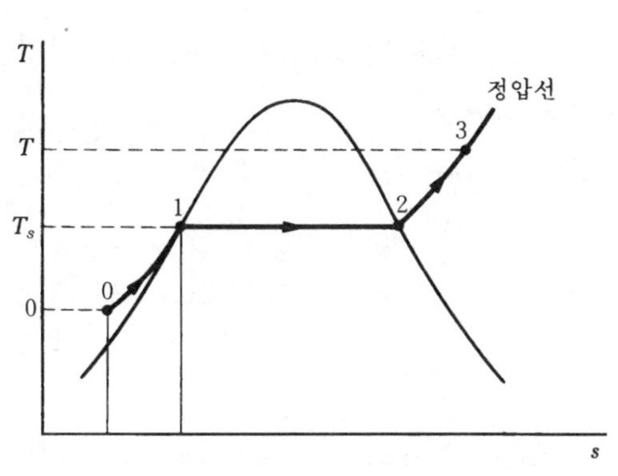

그림 7·41

물을 가열하는 경우 가열에 따른 체적의 변화가 아주 근소하므로(비압축성) 팽창일도 매우 적다. 따라서 0~T_s까지 온도 상승시키는 데 소요되는 열량의 대부분은 내부 에너지의 증가로 된다. 이들 관계를 열역학 제 1 법칙으로부터 구해 보면

$$\delta q = du + \int_0^1 P\,dv$$

0에서 1까지 적분하면

$$\int_0^1 \delta q = \int_0^1 du + \int_0^1 P\,dv$$

$$\therefore\ q_l = u_1 - u_0 + P(v_1 - v_0)$$

가 된다. 여기서 u_1, v_1은 u_f, v_f와 같고, $u_0 = 0$이며, $v_1 \fallingdotseq v_0$이므로

$$\therefore\ q_l = u_1 = u_f \tag{7・94}$$

가 된다.

또한, 포화수 1의 비엔탈피 h_1은

$$h_1 = u_1 + Pv_1 = q_l + Pv_0$$

로 표시되며, 여기서 압력이 매우 고압이 아닐 때에는 $Pv_0 \fallingdotseq 0$이다. 따라서

$$h_1 = q_l = h_f \tag{7・95}$$

이상의 관계로부터 액체열 q_l은

$$q_l = u_f = h_f \tag{7・96}$$

로 표시된다.

즉, 액체열 q_l은 포화수가 갖는 엔탈피의 크기와 같고, 또한 이것은 그 때의 내부 에너지의 크기와 같다. 포화수의 비엔트로피 s는

$$s = s_0 + \int_0^{T_s} c_{pf}\frac{dT}{T} \tag{7・97}$$

로 표시된다.

(2) 증발열

그림 7・42에서 상태 1의 포화수를 포화 온도에서 계속 가열하면 상태 2의 건포화 증기로 되며, 이 때 온도와 압력은 각각 포화 온도, 포화 압력의 일정의 상태로 된다.

포화수 또는 포화액을 정압하에 가열하여 포화 증기로 만드는 데 요하는 열량을 **증발열**(蒸發熱, heat of vaporization)이라 한다. 이 때의 증발열 r는 다음 식으로부터 유도된다.

열역학 제 1 기초식으로부터

$$\delta q = du + P\,dv$$

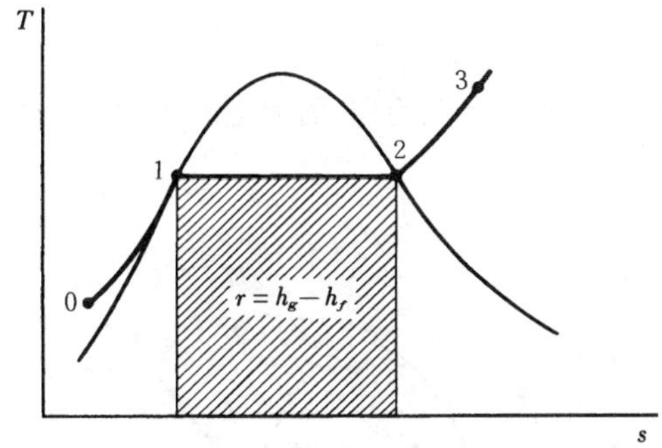

그림 7 · 42 증발열과 $T-s$ 선도

상태 1에서 2까지 적분하면

$$\begin{aligned} r &= \int_1^2 \delta q = \int_1^2 du + \int_1^2 P dv \\ &= u_2 - u_1 + P(v_2 - v_1) \\ &= u_g - u_f + P(v_g - v_f) \\ &= h_g - h_f \end{aligned} \quad (7 \cdot 98)$$

가 된다. 열역학의 제 2 기초식으로부터

$$\delta q = dh - vdP$$

$P=$일정이므로 $dP=0$

$$\delta q = dh$$

따라서

$$\begin{aligned} r &= \int_1^2 \delta q = \int_1^2 dh \\ &= h_2 - h_1 \\ &= h_g - h_f \end{aligned}$$

가 된다. 식 (7 · 98)에서 $u_g - u_f$는 증발에 수반되는 내부 에너지의 변화를 나타내는 것으로서 **내부 증발열**(內部蒸發熱, internal heat of vaporization) r_i라 하고, $P(v_g - v_f)$는 증발에 수반되는 체적 변화로 외부에 대하여 하는 일에 상당하는 열량으로서 이것을 **외부 증발열**(外部蒸發熱, external heat of vaporization) r_e라고 한다.

따라서 **증발열** r는 다음 식으로 표시된다.

$$r = u_g - u_f + P(v_g - v_f)$$

$$r = r_i + r_e$$

증발열은 그림 7·43에서 보는 바와 같이 임계압이 가까워질수록 작아져서 임계압에서 0이 된다.

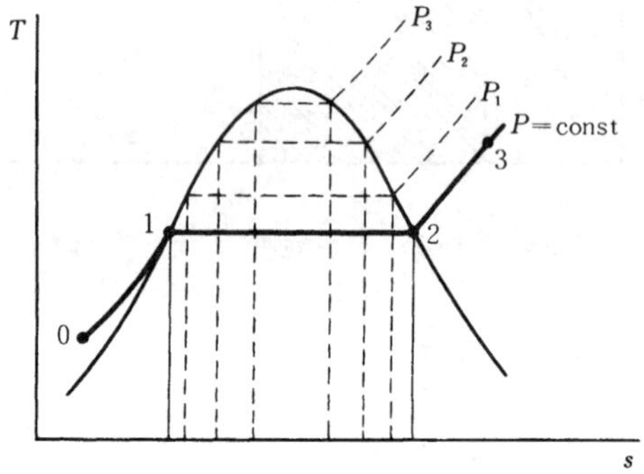

그림 7·43 압력의 변화와 증발열

증발에 따른 엔트로피 증가량 $s_g - s_f$는 $ds = \dfrac{\delta q}{T}$로부터

$$s_g - s_f = \frac{r}{T} \tag{7·99}$$

건도 x인 습증기의 비엔탈피 h와 비엔트로피 s는

$$\left.\begin{aligned} h &= h_f + x(h_g - h_f) \\ s &= s_f + x s_{fg} = s_f + x(s_g - s_f) \\ &= s_f + x\frac{r}{T_s} \end{aligned}\right\} \tag{7·100}$$

(3) 과열의 열

압력 일정하에서 건포화 증기를 더욱 가열하면 증기의 온도는 상승하여 포화 온도 이상으로 되어 과열 증기로 된다. 이 과정은 정압 변화이므로 과열 증기의 비엔탈피 h는

$$h = h_g + q_s \tag{7·101}$$

$$q_s = \int_{T_s}^{T} c_p\, dT \tag{7·102}$$

가 된다. 여기서 q_s는 포화 증기를 정압하에서 포화 온도 T_s로부터 임의의 온도 T까지 과열시키는 데 요하는 열량으로 **과열의 열**(heat of superheat)이라 한다. 그림 7·44에서 과열의 열은 $\overline{23}$ 아래의 면적으로 표시되며 과열 증기의 비엔트로피는 다음 식으로 구한다.

$$s = s_g + \int_{T_s}^{T} c_p \frac{dT}{T} \tag{7·103}$$

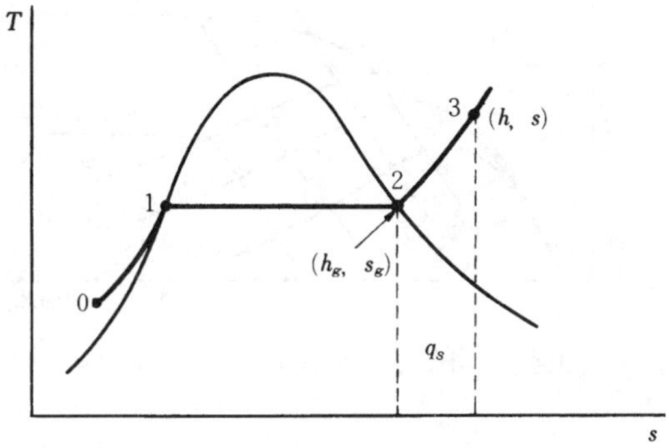

그림 7 · 44 과열의 열과 $T-s$ 선도

[3] 엔탈피－엔트로피$(h-s)$ 선도

$T-s$ 선도와 더불어 많이 사용되는 또 하나의 선도는 $h-s$ 선도이며, 이 선도는 압축기, 터빈, 노즐 등과 같은 정상류 장치의 해석에 매우 편리하다.

그림 **7 · 45**에서 상태 1은 터빈 입구의 증기 상태이고, 상태 2는 터빈 출구의 상태로 생각하기로 한다. 이 때 $h-s$ 선도의 수직 방향의 높이 Δh는 터빈의 출력이고, 가로 방향의 Δs는 이 과정 중의 비가역성에 의한 엔트로피의 변화를 나타낸 것이다. 이와 같이 물질의 엔탈피－엔트로피 관계를 나타내는 $h-s$ 선도를 **몰리에르 선도**(Mollier－diagram ; R. Mollier(1863～1935), 독일의 과학자)라고도 한다.

순수 물질(물)에 대한 $h-s$ 선도를 그리면 그림 **7 · 46**과 같다. 여기서 x는 건조도이다. 수증기의 $h-s$ 선도를 부록의 부도에 게재하였다.

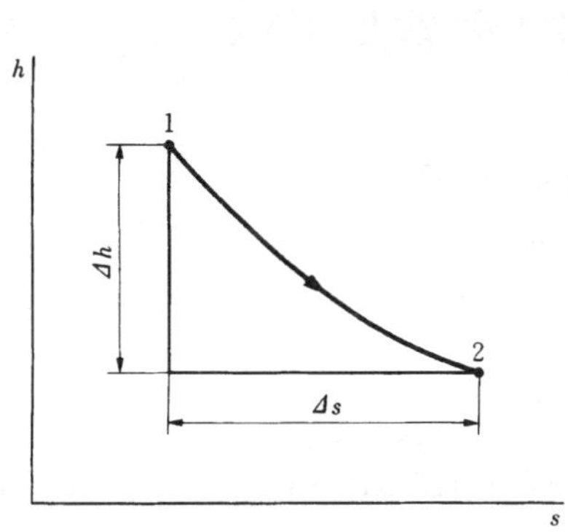

그림 7 · 45 $h-s$ 선도

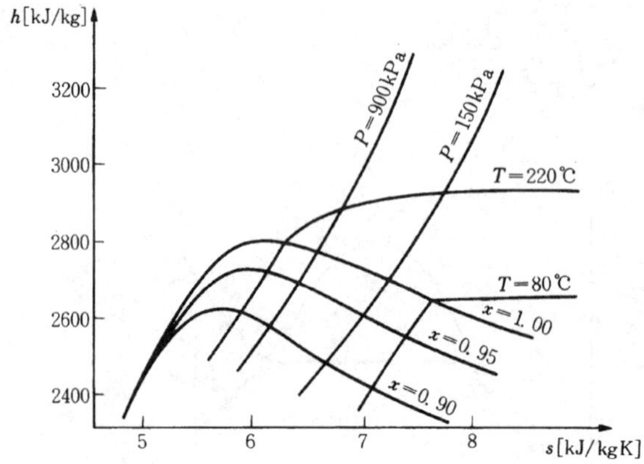

그림 7·46 순수 물질의 $h-s$ 선도

7.11 TdS 관계식

열역학 제 1 법칙과 제 2 법칙에 따른 엔트로피의 관계는 다음과 같이 나타낼 수 있다.

$$TdS = dU + PdV$$

또는

$$Tds = du + Pdv \tag{a}$$

이 식은 운동이나 중력 효과가 없는 단순한 압축성 물질에 대하여 적용할 수 있으며, 이를 제 1 TdS 식 또는 Gibbs식이라 한다.

식 (a)는 다음과 같이 나타낼 수 있다.

$$h = u + Pv$$
$$dh = du + Pdv + vdP$$
$$Tds = du + Pdv$$

따라서

$$Tds = dh - vdP \tag{b}$$

식 (a), (b)는 단일 압축성 물질계의 상태량 사이의 관계를 나타내는 식으로서 폐쇄계 또는 개방계에 적용된다.

따라서 식 (a), (b)로부터 엔트로피 변화 ds를 구하면

$$ds = \frac{du}{T} + \frac{Pdv}{T}$$

$$ds = \frac{dh}{T} - \frac{vdP}{T}$$

보기 7.28

압력 1 MPa, 350℃의 증기가 50 m/s의 속도로 터빈에 들어가서 100 kPa, 250 m/s의 상태로 유출한다. 터빈의 팽창 과정을 등엔트로피 과정으로 생각하고 터빈의 일을 구하여라.

풀이 단열 정상 유동 과정으로 생각하면

$$\dot{m}_1 = \dot{m}_2 = \dot{m}$$

$$q_{12} = 0$$

따라서 제 1 법칙의 식은

$$h_1 + \frac{V_1^2}{2} + gZ_1 = h_2 + \frac{V_2^2}{2} + gZ_2 + w_{12}$$

에서 위치 에너지 차를 무시하면

$$w_{12} = (h_1 - h_2) + \frac{V_1^2 - V_2^2}{2}$$

열역학 제 2 법칙에 의하여 터빈은 등엔트로피 변화하므로

$$s_1 = s_2$$

이다.

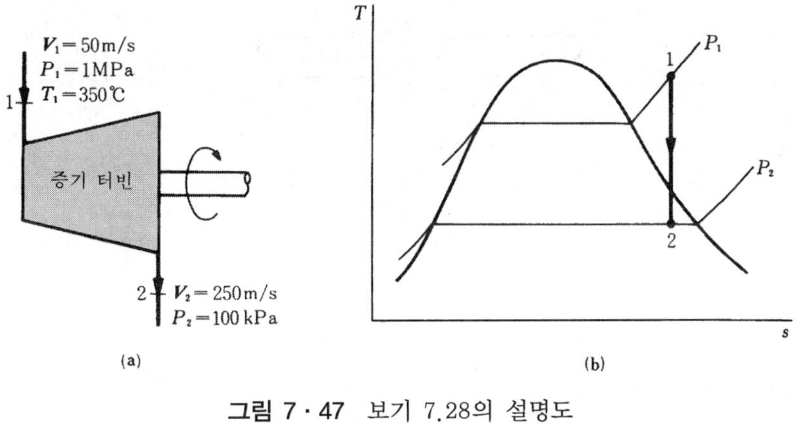

그림 7·47 보기 7.28의 설명도

증기표로부터 1 MPa, 350℃ ; $h_1 = 3157.7$ kJ/kg, $s_1 = 7.3011$ kJ/kg K

100 kPa ; $h_2 = ?$, $s_1 = s_2 = 7.3011$ kJ/kg K

$s_{2f} = 1.3026$ kJ/kg K, $s_{2g} = 7.3594$ kJ/kg K

여기서 상태 2는 습증기이므로

$$h_2 = h_{2f} + x_2(h_{2g} - h_{2f})$$

$$s_2 = s_{2f} + x_2(s_{2g} - s_{2f})$$

$$x_2 = \frac{s_2 - s_{2f}}{s_{2fg}} = \frac{7.3011 - 1.3026}{6.0568} = 0.9904$$

$$h_2 = 417.46 + 0.9904(2258.0) = 2653.7832\,\text{kJ/kg}$$

따라서 터빈 일은

$$w_{12} = (3157.7 - 2653.7832) + \frac{50^2 - 250^2}{2 \times 1000} = 473.9168\,\text{kJ/kg}$$

이다.

보기 7.29

압력 7 MPa이고 온도 400℃인 증기가 밸브를 통과하면서 2.5 MPa로 교축 되면서 유동한다. 이 과정 중의 엔트로피 생성량을 구하여라.

풀이 그림 7 · 48에서

상태 1 : 압력 7 MPa, 온도 400℃, 과열 증기표로부터

$h_1 = 3158.1$ kJ/kg, $s_1 = 6.4478$ kJ/kg K

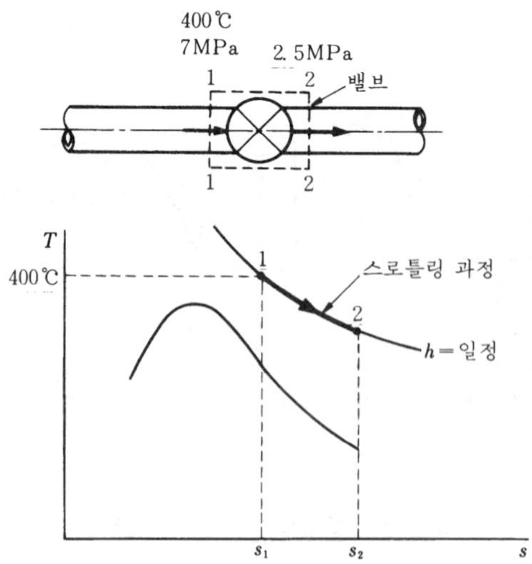

그림 7 · 48 보기 7.29에 대한 계통도와 $T-s$ 선도

상태 2 : 압력 2.5 MPa, $h_1 = h_2$이므로

$T = 350℃ : h = 3126.3\ \mathrm{kJ/kg},\ s = 6.8403\ \mathrm{kJ/kg\ K}$

$T = 400℃ : h = 3239.3\ \mathrm{kJ/kg},\ s = 7.0148\ \mathrm{kJ/kg\ K}$

이므로 $h_1 = h_2 = 3158.1\ \mathrm{kJ/kg}$일 때의 엔트로피를 과열 증기표로부터 계산하면

$$s_2 = 6.8403 + \frac{3158.1 - 3126.3}{3239.3 - 3126.3} \times (7.0148 - 6.8403) = 6.88941\ \mathrm{kJ/kg\ K}$$

따라서 밸브를 통과하는 사이의 과정은 엔트로피 증가 원리를 만족한다.

보기 7.30

그림 7·49와 같은 터빈에서 증기가 5000 kPa, 450℃로 들어가서 1400 kPa로 나올 때 이 터빈의 출력을 구하여라. 단, 터빈은 단열 팽창일을 하며 운동 및 위치 에너지 변화는 무시한다.

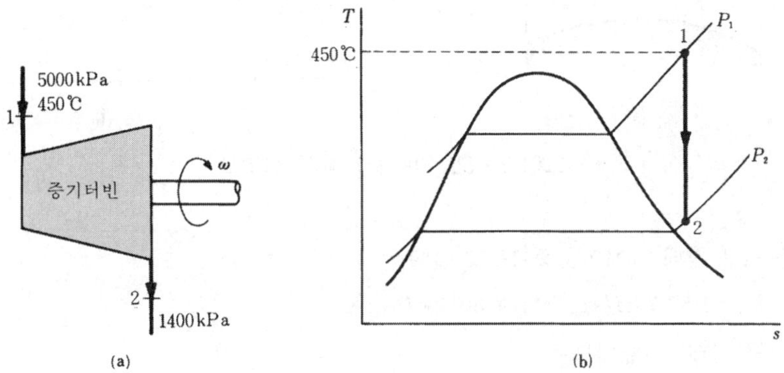

그림 7·49 보기 7.30의 설명도

풀이 상태 1 : $P_1 = 5\ \mathrm{MPa},\ T_1 = 450℃$,

과열 증기로부터

$h_1 = 3316.2\ \mathrm{kJ/kg},\ s_1 = 6.8186\ \mathrm{kJ/kg\ K}$

상태 2 : $P_2 = 1.4\ \mathrm{MPa},\ s_1 = s_2 = 6.8186\ \mathrm{kJ/kg\ K}$

$T = 250℃,\ s = 6.7467\ \mathrm{kJ/kg\ K},\ h = 2927.2\ \mathrm{kJ/kg}$

$T = 300℃,\ s = 6.9534\ \mathrm{kJ/kg\ K},\ h = 3040.4\ \mathrm{kJ/kg}$

따라서 구하고자 하는 h_2는

$$h_2 = 2927.2 + \frac{6.8186 - 6.7467}{6.9534 - 6.7467} \times (113.2)$$

$$= 2966.5763\ \mathrm{kJ/kg}$$

구하고자 하는 터빈 일은

$$w = h_1 - h_2 = 3316.2 - 2966.5763 = 349.6237\ \mathrm{kJ/kg}$$

보기 7.31

노즐 속을 가역 단열적으로 정상 유동하고 있는 증기의 상태가 다음과 같을 경우 노즐 출구 속도를 구하여라.

노즐 입구 : 1 MPa, 350℃, $V_1 = 50$ m/s

노즐 출구 : 0.5 MPa, $V_2 = ?$

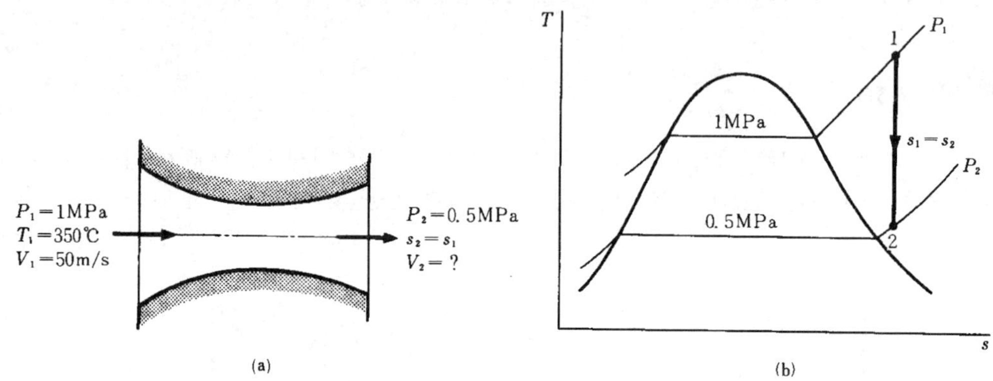

그림 7·50 보기 7.31의 설명도

풀이 노즐 입구 상태 : 1 MPa, 증기표(과열)로부터

$h_1 = 3157.7$ kJ/kg, $s_1 = 7.3011$ kJ/kg K

노즐 출구 상태 : 단열이므로

$s_1 = s_2 = 7.3011$ kJ/kg K, h_2는 $P_2 = 0.5$ MPa이므로

$T = 250$℃, $h = 2960.7$ kJ/kg, $s = 7.2709$ kJ/kg K

$T = 300$℃, $h = 3064.2$ kJ/kg, $s = 7.4599$ kJ/kg K

로부터

$$h_2 = 2960.7 + \frac{7.3011 - 7.2709}{7.4599 - 7.2709} \times (3064.2 - 2960.7)$$
$$= 2977.2381 \text{ kJ/kg}$$

노즐 내의 유동에 대한 에너지식을 세우면

$$h_1 + \frac{V_1^2}{2} = h_2 + \frac{V_2^2}{2}$$

$$\frac{V_2^2}{2} = (h_1 - h_2) + \frac{V_1^2}{2}$$

$$= (3157.7 - 2977.2381) + \frac{50^2}{2 \times 1000} = 181.719 \text{ kJ/kg}$$

따라서 출구 속도는

$$V_2 = 19.064\,\mathrm{m/s}$$

이다.

7.12 정상류 장치의 단열 효율

앞에서 설명한 바와 같이 상태 변화 과정에서 생기는 비가역성은 모든 정상 유동하는 장치의 성능을 저하시키는 요인이 된다. 여기서는 주로 정상류 유동을 하는 장치인 압축기, 터빈, 노즐 등에서 발생하는 변화 과정에 대하여 알아보기로 한다.

일반적으로 어떤 과정에서 기계의 효율은 주어진 조건에서 작동하는 기관의 실제 성능과 이상적인 과정에서 얻은 성능과의 비로부터 구할 수 있다. 이러한 관점에서 어느 기계 장치의 이론적인 성능과 실제 성능과의 비를 나타내는 척도의 하나가 **등엔트로피 효율** 또는 **단열 효율**(isentropic or adiabatic efficiency)이다.

[1] 터빈의 단열(또는 등엔트로피) 효율

정상 유동하는 터빈에서 작업 유체의 입구 상태와 출구 상태가 주어져 있을 때 단열 터빈이 가역 단열 과정하는 경우의 이상적인 일과 같은 조건에서 실제일의 비를 터빈의 **단열 효율**(adiabatic efficiency of a turbine)이라 한다.

터빈의 단열 효율을 η_t 라 하면

$$\eta_t = \frac{\text{실제 터빈일(actual turbine work)}}{\text{등엔트로피 터빈일(isentropic turbine work)}} = \frac{w_a}{w_s} \tag{7·104}$$

가 된다. 따라서 터빈의 팽창 과정의 엔탈피 차로 표시하면

$$\eta_t = \frac{h_1 - h_2}{h_1 - h_{2s}} \tag{7·105}$$

여기서 h_2는 터빈의 실제 출구 엔탈피이고, h_{2s}는 등엔트로피 과정에 대한 출구 상태의 엔탈피이다. 그림 **7·51**은 터빈의 단열 팽창 과정과 실제 팽창 과정을 비교한 것이다.

이 효율값은 장치의 설계에 따라 크게 영향을 받으며 적절하게 설계된 대형 터빈에서는 90% 이상이고, 소형 터빈 등에서는 70% 이하의 경우도 있다.

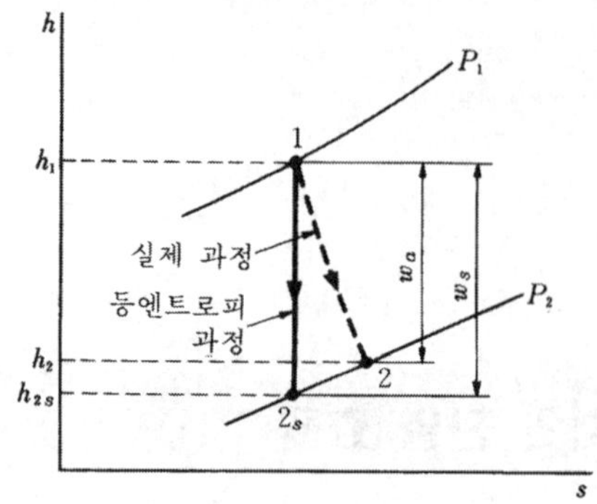

그림 7·51 단열 터빈의 등엔트로피 팽창 과정과 실제 팽창 과정의 $h-s$ 선도

보기 7.32

단열 터빈에서 입·출구 상태가 다음과 같이 주어져 있을 때 터빈의 등엔트로피 효율과 증기 유량을 구하여라.

터빈의 입구·출구 조건

입구 상태 : 3 MPa, 450℃

출구 상태 : 50 kPa, 150℃

터빈의 출력 : 2 MW

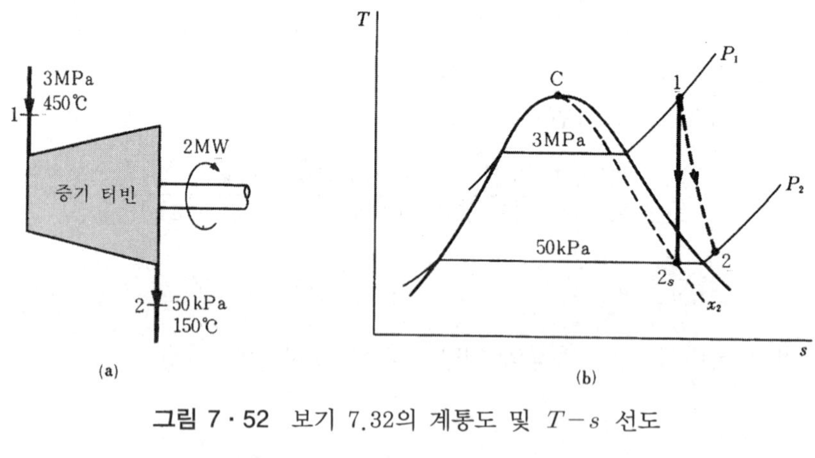

그림 7·52 보기 7.32의 계통도 및 $T-s$ 선도

풀이 증기표로부터 상태값을 구하면

상태 1 : $P_1 = 3\,\text{MPa}$, $T_1 = 450℃$: $h_1 = 3344.0\,\text{kJ/kg}$, $s_1 = 7.0834\,\text{kJ/kg K}$

상태 2 : $P_2 = 50\,\text{kPa}$, $T_2 = 150℃$: $h_2 = 2780.1\,\text{kJ/kg}$

등엔트로피 변화시의 출구 엔탈피는 $P_2 = 50\,\text{kPa}$에서

$s_1 = s_{2s} = 7.0834$ kJ/kg K

$s_f = 1.0910$ kJ/kg K

$s_g = 7.5939$ kJ/kg K, $s_{fg} = s_g - s_f = 6.5029$kJ/kgK

이므로

$$s_2 = s_{2f} + x_2(s_{2fg}) = 1.0910 + x_2(6.5029)$$

$$x_2 = \frac{7.0834 - 1.0910}{6.5029} = 0.9215$$

$$h_2 = h_{2f} + x_2(h_{2g} - h_{2f}) = h_{2f} + x_2 h_{2fg}$$

$P_2 = 50$ kPa, $h_{2f} = 340.49$ kJ/kg, $h_{2g} = 2645.9$ kJ/kg

$$h_2 = 340.49 + 0.9215(2645.9 - 340.49) = 2464.9253 \text{ kJ/kg}$$

따라서 터빈의 등엔트로피 효율 η_t는

$$\eta_t = \frac{h_1 - h_2}{h_1 - h_{2s}} = \frac{3344.0 - 2780.1}{3344.0 - 2464.9253} = 0.64147, \ 64.147\,\%$$

증기 유량은 정상류에 대한 에너지식으로부터 다음과 같이 구한다.

$$\dot{Q} = \dot{m}(\Delta h + \Delta ke + \Delta pe) + \dot{W}$$

$$\dot{W} = \dot{m}\,\Delta h$$

$$\dot{m} = \frac{\dot{W}}{\Delta h} = \frac{2 \times 1000}{3344.0 - 2780.1}$$
$$= 3.5467 \text{ kg/s}$$

[2] 압축기의 단열(등엔트로피) 효율

압축기의 단열 또는 등엔트로피 효율은 가스를 처음 상태로부터 주어진 압력까지 압축하는데 필요한 단열 압축일과 같은 조건에서 압축되는 실제일의 비로 표시된다. 따라서 **압축기의 단열** 또는 **등엔트로피 효율**(adiabatic or isentropic efficiency of a compressor) η_c는 다음 식으로 표시된다.

$$\eta_c = \frac{\text{등엔트로피 압축일(isentropic compressor work)}}{\text{실제 압축일(actual compressor work)}} = \frac{w_s}{w_a} \qquad (7 \cdot 106)$$

압축기의 입구 및 출구의 운동 에너지 및 위치 에너지의 변화를 무시하면 압축기 등엔트로피 효율 η_c는 다음 식으로 표시된다.

$$\eta_c = \frac{h_{2s} - h_1}{h_2 - h_1} \qquad (7 \cdot 107)$$

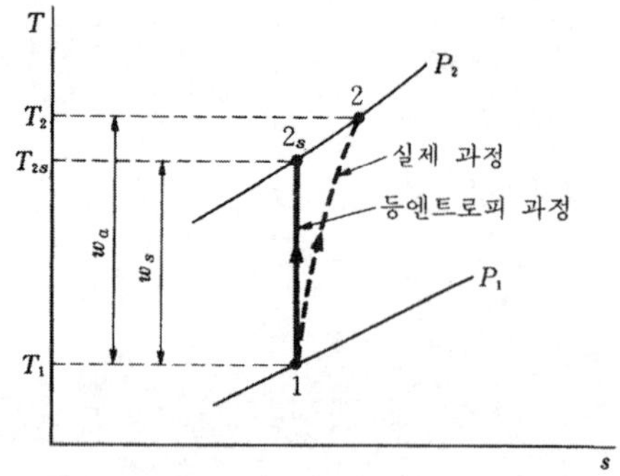

그림 7 · 53 압축기의 등엔트로피 압축

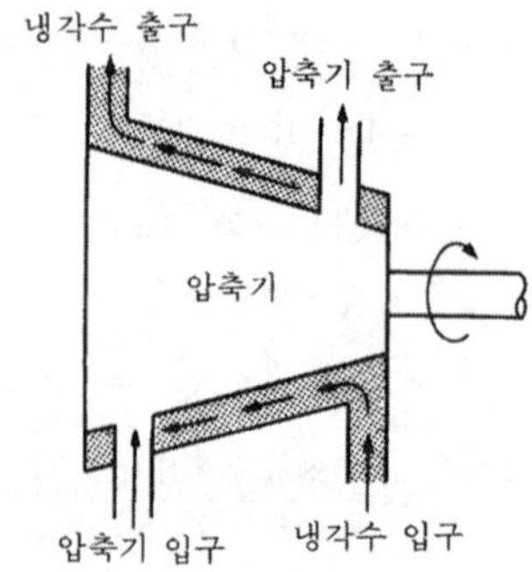

그림 7 · 54 압축기의 냉각 및 실제 압축 과정

실제 압축 과정에서 압축기는 압축 과정에서 생기는 온도 상승을 방지하기 위하여 그림 7 · 54와 같이 냉각수 또는 공기 냉각을 하고 있다. 압축기를 냉각하면 압축기의 일을 최소화할 수 있다. 이와 같이 등온 압축하는 경우의 **압축기의 등온 효율**(isothermal efficiency) η_{it}는

$$\eta_{it} = \frac{w_{it}}{w_s} \qquad (7 \cdot 108)$$

로 표시된다. 여기서 w_{it}는 등온 압축할 때의 소요일이다.

[3] 노즐의 단열 효율

노즐은 유체의 속도를 가속시키기 위하여 사용되는 단열 유로를 말한다. **노즐의 단열 효율**(adiabatic efficiency of a nozzle)은 동일한 입구 조건과 출구 압력 사이에서 노즐 출구의 운동 에너지와 등엔트로피 과정인 경우의 노즐 출구의 운동 에너지와의 비를 말한다.

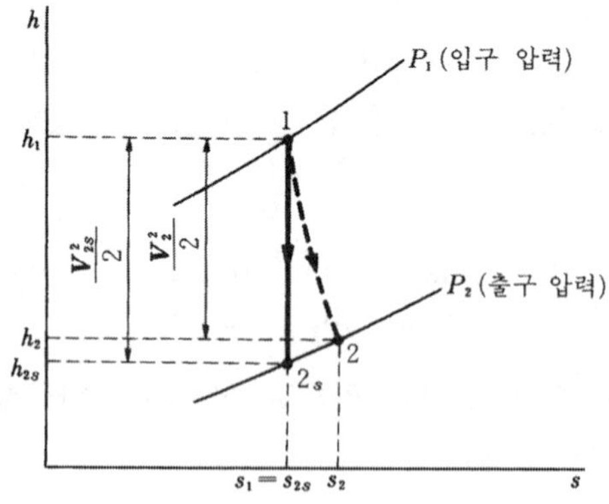

그림 7 · 55 단열 노즐의 실제 과정과 등엔트로피 과정의 $h-s$ 선도

노즐 효율을 η_n이라 하면

$$\eta_n = \frac{\text{노즐 출구에서의 실제 운동 에너지(actual KE at nozzle exit)}}{\text{노즐 출구에서의 등엔트로피 운동 에너지(isentropic KE at nozzle exit)}}$$

$$= \frac{\boldsymbol{V}_2^2}{\boldsymbol{V}_{2s}^2} \tag{7·109}$$

노즐이 외부에 대하여 일을 하지 않으며, 유체가 노즐을 통과할 때 출구 속도에 따른 운동 에너지에 비하여 입구 속도에 대한 운동 에너지를 무시할 수 있는 경우에는 다음 관계가 성립한다.

$$q_{12} + h_1 + \frac{\boldsymbol{V}_1^2}{2} = h_2 + \frac{\boldsymbol{V}_2^2}{2} + w_{12}$$

$$h_1 - h_2 = \frac{\boldsymbol{V}_2^2 - 0}{2}$$

가 된다. 따라서 노즐의 단열 효율 η_n은 그림 7·55로부터

$$\eta_n = \frac{h_1 - h_2}{h_1 - h_{2s}} \tag{7·110}$$

로 표시된다. 여기서 h_2는 실제 과정에서 노즐 출구의 엔탈피이고, h_{2s}는 등엔트로피 과정에서 노즐 출구의 엔탈피이다. 노즐의 단열 효율은 보통 90% 이상이다.

7.13 엔트로피의 물리적 의미

우리가 살고 있는 자연계에서 일어나는 상태 변화는 모두 비가역 변화를 수반하므로 엔트로피는 증가하며, 결코 감소하지 않는다. 그러므로 자연계의 상태 변화는 항상 일정한 방향성을 가지고 불평형의 상태로부터 일어나는 비가역 변화이며, 이 경우 평형 상태로부터의 불균형 상태의 정도 또는 비가역성의 크기를 나타내는 척도가 엔트로피이다.

이와 같이 자연계의 현상은 모두 비가역 변화이며, 이 비가역 변화에 따라서 끊임없이 질서 있는 상태에서 무질서의 상태로 옮겨가고 있는 것이다. 엔트로피란 자연계의 무질서의 정도를 나타내는 척도가 된다. 따라서 엔트로피의 크고 작음은 비가역성의 대소 또는 무질서의 정도를 나타내는 기준이 된다.

세면기(洗面器)에 물을 담고 여기에 붉은 잉크 한 방울을 떨어 뜨려 보기로 한다. 물 전체

는 얼마 안 가서 균일한 붉은 색으로 되고, 이렇게 된 물에서 잉크 분자만을 다시 하나의 방울로 모으는 것은 절대 불가능하다. 이와 같이 분자가 일정하게 분산되는 것은 무질서에 속한다.

다른 하나의 보기로 한 끝이 고온이고 다른 한 끝이 저온인 가는 금속봉을 생각하여 보기로 한다. 이 상태는 고・저온이 정열된 질서 있는 상태이다. 고온단은 주로 고에너지의 금속 원자가 집중되어 있고, 저온단에는 주로 저에너지의 금속 원자가 모여 있다고 생각할 수 있다. 그러나 시간이 지나면 열전도에 의하여 자발적으로 금속봉 전체가 균일 온도로 평균화된다. 바꾸어 말하면 원자의 에너지 분포가 균일하게 된다. 이것은 원자가 질서 있는 상태에서 무질서의 상태로 옮겨진 것이다.

이 밖에도 하나의 가스가 다른 가스 중에 확산(擴散, diffusion)하는 것, 농후한 용액(濃溶液, strong solution)을 물로서 희박 용액(稀薄溶液, weak solution)으로 만드는 것, 금속 또는 고체가 융해하는 것, 액체가 증발하는 것, 정압하에서 가스 온도가 상승하는 것, 등온하에서 체적이 증가하는 것 등 어느 것도 질서에서 무질서를 향하는 변화에 상당한다.

일반적으로 고상(固相, solid phase)에서는 분자간의 이동이 자유롭게 이루어질 수 없게 되므로 저 엔트로피의 상태로 되고, 기상(gas phase)에서는 분자 사이의 이동이 용이하며 무질서하게 움직일 수 있으므로 고 엔트로피의 상태로 된다.

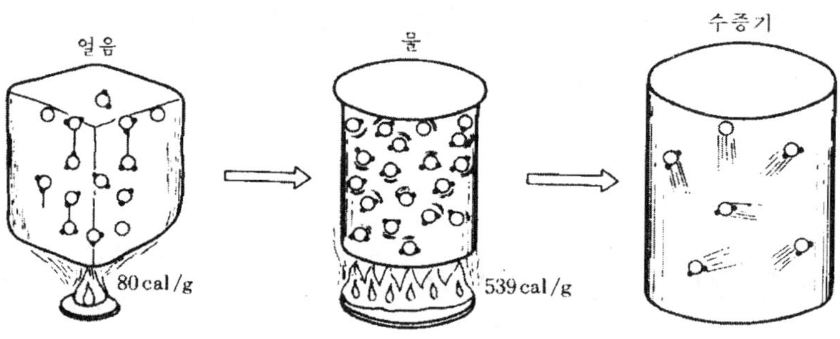

그림 7・56 물의 3태 변화

물의 상변화(相變化)를 생각하기로 한다. 등온 변화로서 엔트로피의 증가는 얼음의 융해나 물의 기화를 생각할 수 있다. 얼음이 녹으면 물로 되고, 이것이 기화하면 수증기로 된다. 얼음은 그림 **7・56**에 나타낸 것과 같이 6각형을 단위로 한 결정 구조를 가지고 있으며, 질서 있는 분자 배열을 하고 있다. 얼음이 융해하여 물로 되면 분자의 결합은 얼음의 경우보다 난잡한 구조로 된다. 얼음 1 g의 융해열은 336 J이고, 융점은 273 K이므로 얼음이 녹아서 물로 될 때의 엔트로피 증가는 336/273 = 1.23 kJ/kg K이다. 이 엔트로피 증가는 물의 분자를 무질서한 배열로 하기 위하여 소비된 결과가 된다.

증발의 엔트로피 증가는 물의 기화열이 2264 J/g 이고, 비점이 373 K이므로 엔트로피의 증가는 2264/373＝6.07 J/kg K이다. 이 증가는 물의 기체 분자가 자유로이 떠다니는 데 사용된다.

그러므로 얼음→물→수증기의 과정을 보면 화살표(→) 방향으로 분자 배열의 불규칙도가 증가한다. 따라서 수증기 쪽으로 갈수록 각 분자가 자유로이 움직이고 운동하는 상태의 가능성(확률)은 커지게 되고 이에 따라서 엔트로피는 증가하게 된다.

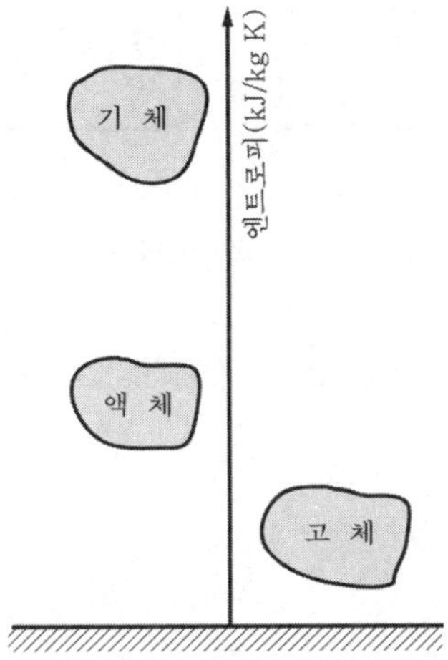

그림 7 · 57 분자 무질서의 정도

그림 **7 · 57**은 고체, 액체, 기체의 3상에 대한 엔트로피 정도를 나타낸 것이다. 앞에서 살펴본 바와 같이 얼음이 증기가 될 때까지의 엔트로피 변화를 살펴보면

(1) 0℃의 얼음 → 0℃의 물

얼음의 융해 잠열 ; 336 kJ/kg K

온도 ; 273 K

$$\Delta s_1 = \frac{336}{273} = 1.23\,\mathrm{kJ/kg\,K}$$

(2) 0℃의 물 → 100℃의 물

$$\Delta s_2 = \int_{273}^{373} c_p \frac{dT}{T} = 4.186 \ln \frac{373}{273} = 1.306\,\mathrm{kJ/kg\,K}$$

(3) 100℃의 물 → 100℃의 수증기

$$\Delta s_3 = \frac{Q}{T} = \frac{2264}{373} = 6.07\,\mathrm{kJ/kg\,K}$$

가 된다.

그림 **7 · 58**에서 상변화와 엔트로피의 증가에 대하여 알아보기로 한다.

즉, 얼음이 증기로 되는 과정에서 살펴본 것처럼 상태가 우측으로 갈수록 엔트로피는 증가하며, 이것은 질서 있는 상태에서 무질서의 상태로 변화해 가는 것에 대응한다. 물에 국한하지 않고 물질의 삼태(三態)에서 분자 배열은 고상→액상→기상의 순으로 혼란하게 섞이게 된다.

이러한 예에서 보는 바와 같이 물질의 계는 질서, 무질서인가에 따른 엔트로피와 어떠한 관계를 가지고 있음을 알 수 있다.

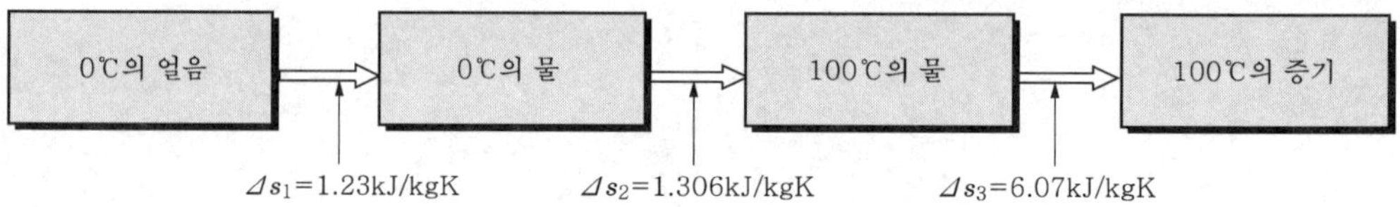

그림 7·58 상변화와 엔트로피

연 | 습 | 문 | 제

7.1 클라우지우스의 부등식에 대하여 설명하여라.

7.2 엔트로피가 변화의 경로에 무관한 상태량임을 증명하여라.

7.3 가역 과정의 엔트로피 변화를 다음 두 가지의 경우에 대하여 구하여라.
(1) 비압축성 물질
(2) 이상 기체

7.4 엔트로피 증가 원리에 대하여 설명하여라.

7.5 비가역 과정의 엔트로피 변화를 4가지 이상의 예를 들어 설명하여라.

7.6 다음 사항에 대하여 설명하여라.
(1) 압축기의 등엔트로피 효율
(2) 터빈의 등엔트로피 효율
(3) 노즐 효율

7.7 가역 및 비가역 냉동기가 동일한 열원 사이에서 작동될 때 클라지우스의 부등식이 성립함을 증명하여라.

7.8 열기관이 1100 K인 고온 열원으로부터 1000 kJ의 열을 받아서 온도가 320 K인 저온 열원에 600 kJ의 열을 방열할 때
(a) 클라우지우스의 부등식과
(b) 카르노 원리를 만족하는가를 알아보아라.

7.9 열기관이 매 시간당 70 MJ의 열을 1500 K인 노로부터 받아서 9 kW의 일을 하고 300 K인 물에 열을 방열한다. 클라우지우스 부등식을 만족하는가를 알아보아라.

7.10 어느 냉동기가 2℃인 냉동 영역에서 320 kJ/min의 열량을 24℃인 부엌에 380 kJ/min의 방열률로 방열하는 경우 클라지우스의 부등식과 카르노 원리를 만족하는가를 알아보아라.

7.11 열펌프가 8 kW의 동력을 소비하면서 실내를 20℃로 유지하기 위하여 78,000 kJ/h의 열량을 공급한다. 만일 외기(外氣) 온도가 −3℃라면 이 열펌프는 클라우지우스의 부등식을 만족하는가?

7.12 공기가 6 kW의 압축기에 의하여 P_1에서 P_2로 압축된다. 압축 도중 8℃인 주위로 열전달이 일어나면서 온도가 25℃로 일정하게 유지되었을 때 엔트로피 변화를 공기, 주위에 대하여 계산하여라.

7.13 마찰이 없는 피스톤–실린더 장치에서 포화액이 210 kPa로 들어있다. 지금 500℃의 열원으로부터 430 kJ의 열량이 가해질 경우 엔트로피의 변화를 구하여라. 단, 액상의 물은 정압 증발한다. 이 과정은 가역 과정인가? 비가역 과정인가?

7.14 카르노 사이클에서 600℃의 열원으로부터 900 kJ의 열이 등온 과정에서 가해 질 경우 작업물질의 엔트로피 변화, 열원의 엔트로피 변화와 과정 중의 총 엔트로피 변화를 구하여라.

7.15 R–12 냉매가 200 kPa에서 증발기 코일 속을 습증기 상태로 들어가서 저온 영역에서 80 kJ의 열을 흡수하고 같은 압력하에서 −5℃가 된다. 냉매의 엔트로피 변화, 저온 영역의 엔트로피와 총 엔트로피 변화를 구하여라.

7.16 증기 가열 장치의 증기 방열기의 용량이 20 L이고, 그 속에 과열 증기가 200 kPa, 250℃의 상태로 들어 있다. 방열기의 입구, 출구 밸브가 닫혀 있을 때 증기의 온도가 열전달에 의하여 80℃로 강하하였다. 엔트로피의 변화를 구하여라.

7.17 단열된 피스톤–실린더 장치에 2 L의 포화액이 200 kPa의 압력으로 들어 있다. 실린더 내에 전열기를 작동시켜 2500 kJ의 열을 가할 경우 엔트로피의 변화를 구하여라.

7.18 증기가 8 MPa, 450℃의 상태로 터빈으로 공급되어 일을 하고 50 kPa의 포화 증기로 터빈을 유출한다. 만일 터빈 출력이 5 MW이라면 엔트로피 생성은 얼마인가? 단, 증기 유량은 27,000 kg/h이고, 주위 공기 온도는 25℃이다.

7.19 증기 터빈 발전소에서 급수를 밀폐형 가열기로 가열할 때 급수 가열기로 들어가는 증기의 상태가 1 MPa, 200℃이고 출구 상태는 1 MPa의 포화액으로 유출된다. 급수는 2.5 MPa, 60℃의 상태로 들어가서 증기의 출구 온도보다 10℃ 낮은 온도로 나올 때 급수와 추기의 질량비, 엔트로피 변화를 구하여라.

7.20 90℃, 20 kg의 구리 조각을 200 L, 25℃의 물에 넣었을 경우 최종 평형 온도와 엔트로피 변화를 구하여라.

7.21 0.6 m^3의 강철로 된 용기에 물을 가득 채웠더니 용기와 물의 온도가 50℃가 되었다. 이 계가 25℃의 주위 공기와의 열전달에 의하여 냉각될 경우 엔트로피 변화를 구하여라. 단, 강철 용기의 질량은 20 kg이다.

7.22 이상 기체의 엔트로피 변화에 관한 다음 두 식이 같음을 증명하여라.

$$s_2 - s_1 = c_v \ln\frac{T_2}{T_1} + R\ln\frac{V_2}{V_1}$$

$$s_2 - s_1 = c_p \ln\frac{T_2}{T_1} - R\ln\frac{P_2}{P_1}$$

7.23 TdS식으로부터 다음 식이 성립함을 증명하여라.

$$s_2 - s_1 = c_p \ln\frac{T_2}{T_1} - R\ln\frac{P_2}{P_1}$$

7.24 $s_2 - s_1 = c_v \ln\frac{T_2}{T_1} - R\ln\frac{P_2}{P_1}$ (a)

$$\frac{T_2}{T_1} = \left(\frac{P_2}{P_1}\right)^{\frac{\kappa-1}{\kappa}} \quad \text{(b)}$$

식 (a)로부터 식 (b)가 성립함을 증명하여라.

7.25 이상 기체가 두 온도 사이를 정압 변화와 정적 변화하는 경우 어느 쪽의 엔트로피 변화가 더 큰가? 그 이유를 설명하여라.

7.26 산소가 피스톤-실린더 장치에서 25℃, 0.9 m^3/kg의 상태로부터 0.3 m^3/kg, 287℃까지 압축되는 경우 엔트로피 변화를 (a) 비열 일정일 때와 (b) 비열이 변화할 때에 대하여 구하여라.

7.27 0.4 m^{3}인 단열된 철제 용기 속에 CO_2 0.4 kg이 100 kPa의 상태로 들어 있다. 탱크 내의 압력이 120 kPa이 될 때까지 탱크 내에 설치된 날개차를 회전시켰을 경우 엔트로피의 변화를 구하여라. 단, 비열은 일정한 것으로 본다.

7.28 피스톤-실린더 장치에서 헬륨 가스가 150 kPa, 20℃의 상태로 0.7 m^{3}의 용기 속에 들어 있다. 이 가스를 $Pv^{1.32} = \mathrm{C}$의 압축으로 0.4 MPa, 140℃까지 압축할 경우 (a) 헬륨 엔트로피 변화, (b) 주위의 엔트로피 변화를 구하여라. 단, 주위의 온도는 20℃이다.

7.29 3 kg의 헬륨이 4 m^3/kg, 15℃의 상태로부터 0.6 m^3/kg, 80℃로 상태 변화하였다. 엔트로피 변화를 가역, 비가역 과정에 대하여 구하여라.

7.30 공기가 피스톤-실린더 장치에서 120 kPa, 27℃로부터 0.25 MPa까지 등온 압축될 경우 엔트로피 변화와 한 일을 구하여라.

7.31 공기가 단열된 노즐을 다음과 같은 입구·출구 조건으로 유동하고 있을 때 공기의 출구 속도를 구하여라.

입구 조건 : 압력 0.4 MPa, 온도 520 K, 속도 62 m/s
출구 조건 : 압력 80 kPa

7.32 공기가 노즐에 350 K, 0.3 MPa, 60 m/s의 상태로 공급되어 100 kPa, 340 m/s의 속도로 유출한다. 노즐로부터 20℃인 주위 매체로의 열손실이 3.4 kJ/kg일 경우 출구 온도와 총 엔트로피 변화를 구하여라.

7.33 증기 원동소에서 물펌프가 포화액을 30 kPa로부터 압력 8.5 MPa까지 가압하는 경우 운동 및 위치 에너지의 효과를 무시하면 펌프에 가해지는 출력은 몇 kW인가? 단, 유량은 60 kg/s이다.

7.34 증기가 터빈 내를 다음과 같은 조건으로 흐를 때 (1) 질량 유량, (2) 단열 효율을 구하여라. 단, 터빈 출력은 5.4 MW이다.

표 7 · 3

	터빈입구	터빈출구
온 도	600℃	100℃
압 력	7 MPa	50 kPa
속 도	90 m/s	150 m/s

7.35 아르곤 가스가 단열 터빈에 800℃, 1500 kPa의 상태로 들어가 200 kPa의 상태로 나올 경우 터빈 출력이 0.5 MW이라면 터빈 단열 효율은 얼마인가? 단, 질량 유량은 25 kg/min이다.

7.36 어느 열기관이(그림 7 · 59 참조) 800 K, 900 K인 열원으로부터 $\frac{Q_H}{3}$의 열량을 받아 저열원에 열을 방열하고 있다. 저열원의 온도가 400 K이라면 이 열기관의 최대 가능 열효율은?

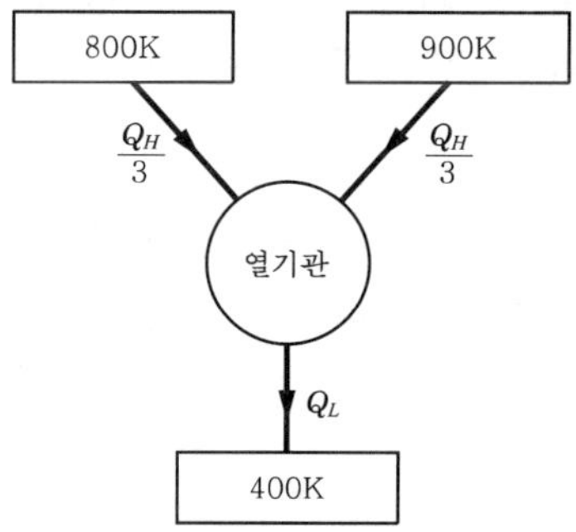

그림 7 · 59

7.37 열기관이 그림 7 · 60과 같이 500 K, 1000 K인 열원에서 각각 $\frac{Q_H}{3}$의 열량을 받아서 300 K인 저열원에 방출할 경우 열기관의 최대 열효율을 구하여라.

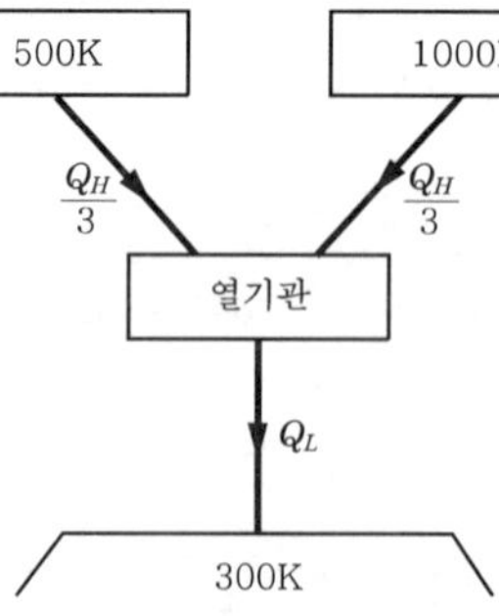

그림 7 · 60

7.38 그림 7 · 61과 같이 100 kg, 0℃물이 0℃의 얼음으로 될 때의 엔트로피 변화 Δs를 구하여라. 이 때 얼음의 융해열은 333 kJ/kg이다.

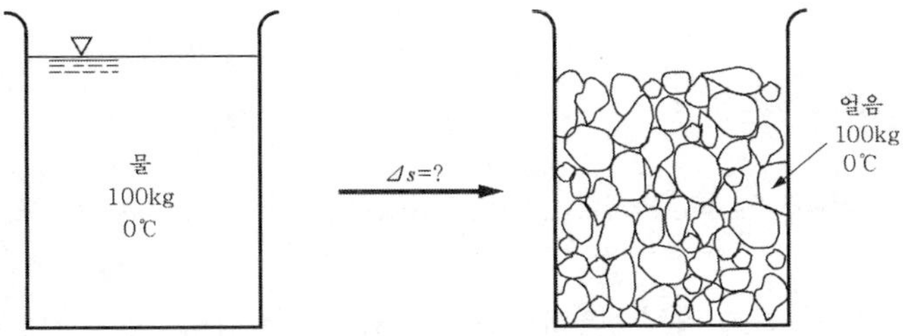

그림 7 · 61

7.39 증기 1 kg이 100 kPa로부터(온도 320℃) 상태 변화하여 500 kPa로 될 경우 가열량을 증기표의 엔트로피 변화를 이용하여 구하여라.

7.40 공기가 1 atm으로부터 2 atm으로 압축될 경우 최종 공기 온도를 구하여라. 단, 압축기의 효율(단열 효율)은 0.85이다. 단, 초기 공기 온도는 18℃이다.

7.41 노즐을 통하여 증기가 다음과 같은 입구 및 출구 조건으로 흐를 때 출구 속도를 구하여라. 단, 노즐 유동은 가역 단열 정상 유동 과정으로 가정한다.

입구 조건 : 300℃, 1 MPa, 속도 40 m/s
출구 조건 : 0.3 MPa

7.42 증기 터빈에 1 MPa, 300℃의 증기가 공급되어 15 kPa의 압력으로 터빈을 나온다. 이 터빈의 출력이 500 kJ/kg일 경우 터빈의 효율을 구하여라. 증기의 질량 유량은 200 kg/min이다.

7.43 이상 기체가 폴리트로픽($n \neq 1$)변화할 때의 단위 질량당 일을 구하는 식을 유도하여라. 단, 입구 · 출구는 1개이고 정상 유동 과정을 하는 유동으로 가정한다.

7.44 온도 15℃인 주위 공기에 75 kJ의 열량을 방열하는 계가 있다. 주위의 엔트로피 변화를 구하여라.

7.45 그림과 같은 피스톤–실린더 장치 내에 100℃인 물의 포화 혼합물이 들어 있다. 정압하에서 400 kJ의 열량이 온도 25℃인 주위로 전달될 때 H_2O의 엔트로피 변화, 주위 공기의 엔트로피 변화, 이 과정이 가역인지, 비가역인지를 결정하여라.

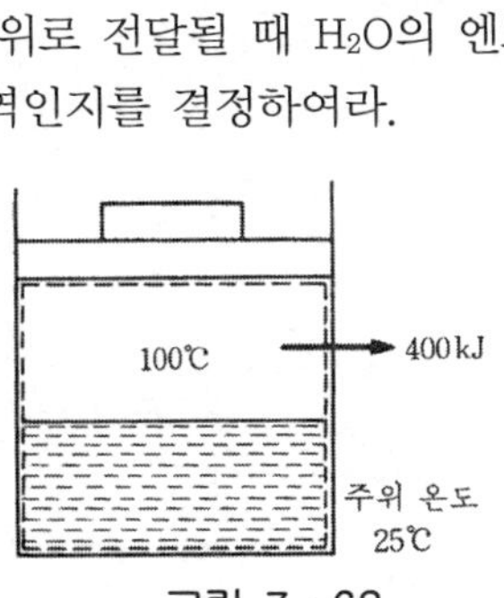

그림 7 · 62

7.46 공기가 가역 압축기에서 0.1 MPa, 300 K로부터 출구 압력 1 MPa까지 압축된다. 단열 압출할 때의 압축일과 등온 압축일을 구하여라.

7.47 앞의 문제와 같은 입구 조건에서 압축되어 폴리트로픽 압축($n=1.3$)될 경우 압축일을 구하여라. 단, 출구 압력은 1 MPa이다.

7.48 가역 정상 유동일(reversible steady-flow work)이 $w_t = -\int_1^2 vdP$로 표시됨을 증명하여라.

7.49 헬륨(helium)가스가 처음 압력 0.1 MPa로부터 압축되어 압축 말의 상태가 온도 120℃로 될 경우 압력은 몇 kPa인가? 단, 처음 온도는 10℃이고, 압축과정은 등엔트로피 변화이다.

7.50 이상 기체의 엔트로피 변화에 관한 식으로부터 $\left(\frac{T_2}{T_1}\right)_{s=c} = \left(\frac{v_1}{v_2}\right)^{\kappa-1}$로 표시됨을 증명하여라.

7.51 0℃의 얼음 1 kg을 같은 온도의 물로 만들 때의 엔트로피의 증가를 구하여라. 단, 얼음의 융해열은 80 cal/g, 열의 일당량은 4.1868 kJ/kcal이다.

7.52 이상 기체의 온도를 T_1으로부터 T_2까지 상승시키는 경우 압력 일정의 경우와 체적 일정의 변화할 경우 엔트로피 증가량을 비교하면 전자가 후자의 κ배임을 증명하여라.

CHAPTER

08 계의 열역학 제 2 법칙 해석

8.1 열에너지의 유효성

열기관이 절대 온도 T인 열원으로부터 열량 Q를 받아 T_0인 주위에 Q_0를 방열할 때 얻을 수 있는 최대일 W_{max}는

$$\eta = \frac{W}{Q} = \frac{Q - Q_0}{Q} = \frac{T - T_0}{T}$$

$$\frac{W}{Q} = \frac{T - T_0}{T}$$

$$\therefore \ W_{max} = Q\left(\frac{T - T_0}{T}\right) \tag{a}$$

에너지 보존 법칙으로부터 열기관에 주어진 열량 Q는

$$Q = W + Q_0$$

이다. 만일 이상적인 열기관이라면 방열량 Q_0는 최소치가 되므로 이것을 $Q_{0,\,min}$이라 하면

$$Q = W_{max} + Q_{0,\,min} \tag{b}$$

$$Q_{0,\,min} = Q - W_{max} = Q - Q\left(\frac{T - T_0}{T}\right) = Q\left(1 - \frac{T - T_0}{T}\right)$$

$$= \frac{T_0}{T} Q \tag{c}$$

이것을 $T-s$ 선도로 나타내면(카르노 사이클의 경우) 그림 8·1과 같다.

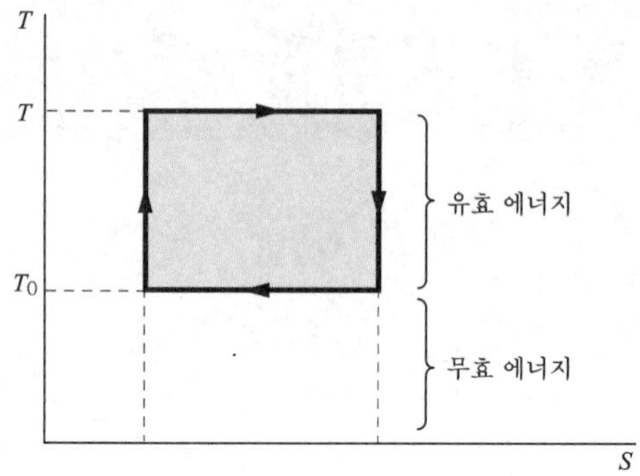

그림 8·1 카르노 사이클의 유효 에너지와 무효 에너지

열을 일로 변환하는 경우에는 작업 물질의 상태 변화를 이용하며, 열을 받아 계속하여 일을 하는 계(system)에서 열원으로부터 받은 열량의 일부는 일로 변환되고 그 나머지는 주위에 방열하여야 한다.

따라서 열원이 가지고 있는 열에너지는 일로 변환되는 부분과 일로 바꿀 수 없는 부분으로 나눌 수 있다. 이 때 일로 바꿀 수 있는 부분을 **유효**(有效) **에너지**(available energy) 또는 **엑서지**(exergy)라 하고, 일로 바꿀 수 없는 부분을 **무효**(無效) **에너지**(unavailable energy) 또는 **아너지**(anergy)라고 한다. 따라서 가열량을 Q, 식 (a)의 W_{max}, 유효 에너지 또는 엑서지를 Q_{av}, 무효 에너지 또는 아너지를 Q_{unav}라 하면 이들 사이에는 다음 관계가 있다.

$$Q = Q_{av} + Q_{unav} \tag{8·1}$$

일반적으로 처음 상태로부터 최종 상태까지 변화할 때 하는 일은 과정의 변화에 따라서 달라지며 일은 다음과 같은 함수 관계로 표시할 수 있다.

일$= f$(처음 상태, 과정의 경로, 마지막 상태)

유효 에너지 해석(availability analysis)에서 일을 최대로 하는 과정은 가역 과정일 때이다. 그러므로 모든 비가역성(irreversibility)은 일의 크기를 결정하는 요인이 된다. 결국 계는 과정의 끝이 기준 상태 또는 주위 상태(dead state)에 달하였을 때 일에 의한 출력은 최대로 된다.

계는 그림 8·2와 같이 피스톤-실린더 장치 내의 가스의 상태가 주위와 열역학적으로 평형 상태에 도달하였을 때를 **기준 상태**라고 한다. 이 상태에서는 주위와 열적으로 기계적으로 평형된 상태로서, 운동 에너지와 위치 에너지의 변화가 없으며, 주위와 화학적으로 반응하지 않는 상태이다.

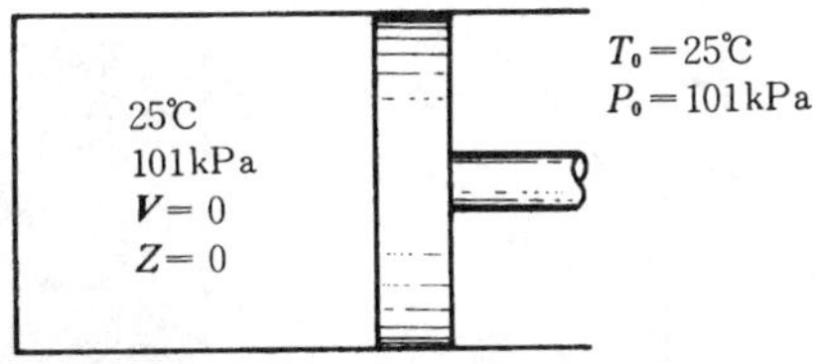

그림 8·2 평형 상태의 피스톤-실린더 장치

즉 기계적, 열적으로 평형된 상태이며 또한 화학적으로도 불활성이어야 한다. 이 밖에도 불평형인 자력(磁力, magnetic force), 전기적 및 표면 장력 효과 등이 없어야 한다. 이러한 상태를 첨자 0을 사용하여 P_0, T_0, h_0, s_0, u_0, … 등으로 표시하기로 한다.

특별한 지정이 없는 한 기준(주위) 상태 또는 표준 대기 상태는 $T_0 = 25℃$, $P_0 = 1\,\text{atm}$ (101.315 kPa)을 취한다. 이 상태에서 계의 유효 에너지는 0이다.

만일 상태 변화 말에 계의 온도가 주위의 온도보다 높다면 두 열원 사이에서 작동하는 열기관은 일을 할 수 있는 상태에 있다고 볼 수 있다. 만일 최종 압력이 주위의 압력보다 높으면 계는 주위 압력까지 팽창에 의하여 일을 할 수 있을 것이다. 만일 최종 속도가 0이 아니라면 터빈 등은 축을 돌려서 일을 할 수 있는 능력을 가지고 있는 결과가 된다.

계는 주어진 초기 상태로부터 최종 상태가 기준 상태가 될 때까지 가역적인 과정을 하는 경우 가능한 최대일을 할 수 있다. 이와 같이 주어진 상태에서 계가 일을 할 수 있는 유용한 일의 능력을 **유효성**(availability) 또는 **유효 에너지**(available energy)라고 한다.

주어진 상태에서 유효성은 계의 상태량과 주위의 조건에 따라서 달라진다. 유효성이란 말은 1940년대에 미국에서 소개되었고, 같은 의미로 독일에서는 엑서지로 소개되었다.

보기 8.1

다음 그림 **8·3**과 같은 풍력 터빈(wind turbine)이 바람에 의하여 회전하면서 발전(發電)하고 있다. 풍차의 지름이 15 m이고, 바람의 속도는 12 m/s이다. 바람이 정상 상태로 불고 있다고 생각하여 풍차가 낼 수 있는 유효 출력(available power)을 구하여라.

풀이 바람에 의한 유효 에너지는 풍차 날개의 운동 에너지에 상당하고, $1\,\text{J} = 1\,\text{N m} = 1\,\text{kg} \cdot \text{m}^2/\text{s}^2$이므로

$$\text{유효 에너지} = KE_1 = \frac{V^2}{2} = \frac{12^2}{2 \times 1000} = 0.072\,\text{kJ/kg}$$

풍차의 날개차 지름을 15 m라고 하면 날개차에 부딪히는 공기 유량은

$$\dot{m} = \rho A V_1 = 1.18 \times \frac{3.14}{4} \times (15)^2 \times 12 = 2501.01\,\text{kg/s}$$

가 된다. 따라서

$$\text{유효 출력} = \dot{m}\,KE_1 = 2501.01 \times 0.072 = 180.0727\,\text{kW}$$

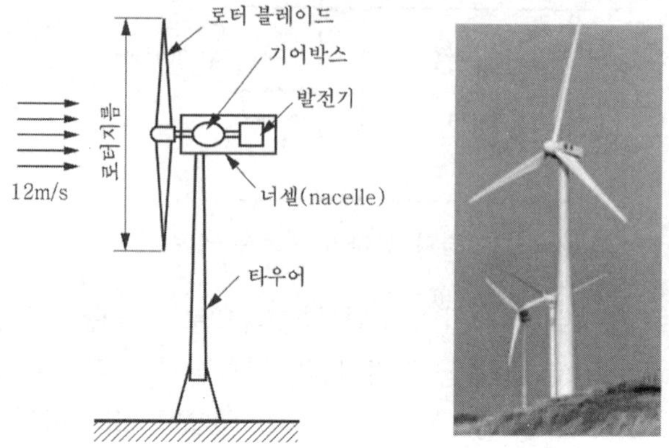

그림 8·3 보기 8.1의 풍력 터빈

8.2 가역일과 비가역성

앞에서 다룬 바와 같이 유효성 또는 유효 에너지 해석은 어느 주어진 조건하에서 유용한 일을 결정하는 데 매우 유용한 방법이다. 또한 가역일(reversible work)과 비가역성(irreversibility)은 열역학적 계의 상태 변화 과정을 논하는 데 중요하다. 그러면 먼저 열역학적 과정 중에 주위에 대하여 한 일 또는 주위에 의하여 한 일에 대하여 알아보기로 한다.

그림 8·4와 같은 피스톤-실린더 장치에서 실린더 내의 가스가 피스톤을 밀어서 외부에 대하여 하는 일 δW는 다음 식으로 주어진다.

δW =(피스톤이 임의의 압력 P에서 P_0인 주위 상태까지 하는 일)

+(주위 압력 P_0하의 하는 일)

$= \delta W_u + \delta W_0$

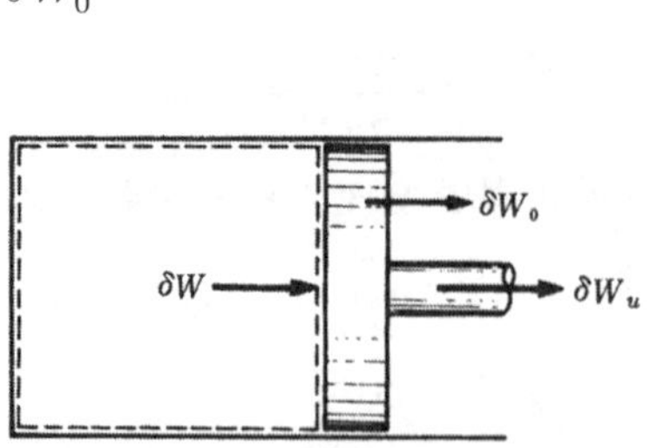

그림 8·4 피스톤-실린더 장치의 일

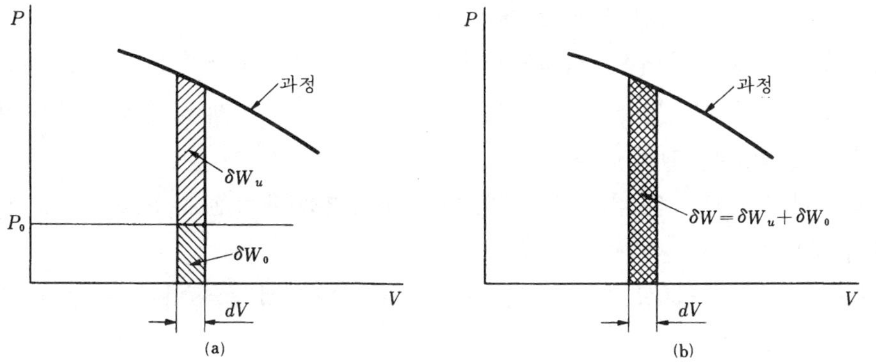

그림 8·5 유용일 W_u과 주위일 W_0

여기서 δW_u는 그림 **8·5**에서 보는 바와 같이 $P-V$ 선도에서 과정 중 유용한 일(useful work)이고, δW_0는 주위 압력 P_0 이하의 면적으로 표시되는 일로서 주위일(surroundings work)이 된다. 따라서

$$\delta W_u = (P-P_0)dV$$
$$\delta W_0 = P_0 dV$$

가 된다.

유용한 최대일 δW_u는

$$\delta W_u = \delta W - \delta W_0 \tag{8·2}$$

로 표시된다.

임의의 상태가 유용한 일을 할 수 있는 에너지를 가지고 있을 때, 유효한 일을 할 수 있는 능력을 **유효 에너지** 또는 **유용 에너지**(有效性, 有用性, availability)라 하고 Φ로 표시하기로 한다.

식 (8·2)에서 유용한 일(유용한 최대일) δW_u를 유효 에너지 $\delta\Phi$로 표시하면

$$\left.\begin{aligned}\delta\Phi &= \delta W - \delta W_0 \\ \delta\phi &= \delta w - \delta w_0\end{aligned}\right\} \tag{8·3}$$

단위 시간당 하는 일로 나타내면

$$\dot{\Phi} = \dot{W} - \dot{W}_0 \tag{8·4}$$

가 된다. 여기서 $\dot{\Phi} = \dfrac{\delta\Phi}{dt}$, $\dot{W} = \dfrac{\delta W}{dt}$, $\dot{W}_0 = \dfrac{\delta W_0}{dt}$이다.

이상에서 살펴 본 바와 같이 계의 유효 에너지 Φ는 계가 주위 상태 또는 기준 대기 상태에

작용하여 할 수 있는 가능한 **유용 최대일**이다.

가역일 W_{rev}는 계가 주어진 처음과 마지막 상태에서 과정동안 하는 유용한 일의 최대량 ($W_{rev} = W_{max}$)으로 정의된다. 즉, 가역일은 처음과 마지막 상태 사이의 과정이 가역인 경우의 유용한 출력(또는 입력)이다.

과정 중의 가역일 W_{rev}와 유효일 W_u의 차를 **비가역성**(非可逆性, irreversibility), **비가역 에너지** 또는 **엑서지 손실**이라 한다.

그림 8·6에서 비가역성 I와 단위 질량당의 비가역성 i는 다음과 같이 표시된다.

$$I = W_{rev} - W_u \text{ kJ} \tag{8·5}$$

$$i = w_{rev} - w_u \text{ kJ/kg} \tag{8·6}$$

단위 시간당의 비가역성을 비가역성률(非可逆性率, irreversibility rate)이라 하고 다음과 같이 표시한다.

$$\dot{I} = \dot{W}_{rev} - \dot{W}_u \text{ kW} \tag{8·7}$$

가역 과정에서는 실제일과 가역일이 같으므로 비가역성은 0이다. 이것은 가역 과정에서 엔트로피 변화가 없음을 의미한다.

모든 실제(비가역적) 과정에서 비가역성은 일을 하는 장치의 경우 $W_{rev} > W_u$이므로 양의 값을 가지며(그림 8·6 참조), 일을 받는 기계의 경우에는 $|W_{rev}| < |W_u|$이므로 음의 값을 갖는다.

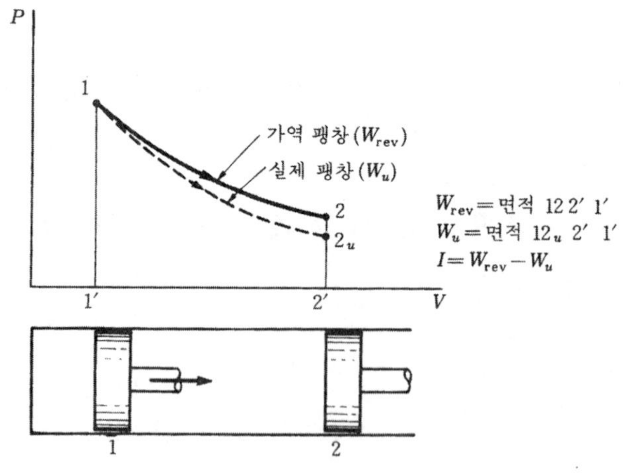

그림 8·6 비가역성의 설명도

보기 8.2

그림 8 · 7과 같은 열기관에서 보일러는 1300 K인 고열원으로부터 600 kW의 열량을 공급받고 외부에 대하여 200 kW의 일을 한 다음 300 K인 저열원에 방열하는 경우 (1) 가역 동력 $\dot{W}_{\rm rev}$ kW와 (2) 비가역성률 $\dot{I}$ kW를 구하여라.

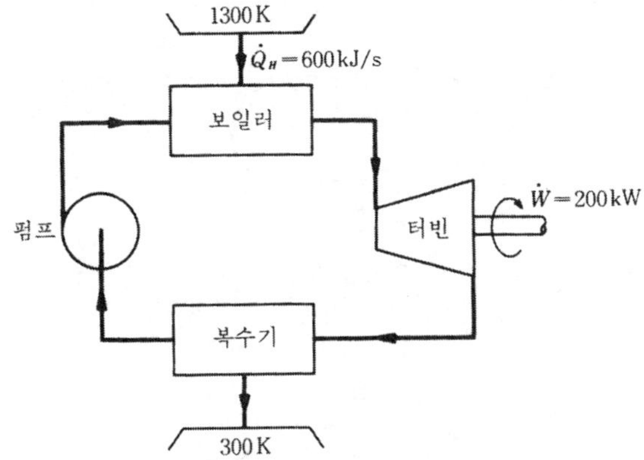

그림 8 · 7 보기 8.3의 열기관

풀이 (1) 가역적 일 : 동력(일) $\dot{W}_{\rm rev}$

$$\eta_{\rm th} = \frac{\dot{W}_{\rm rev}}{\dot{Q}_H}$$

$$\dot{W}_{\rm rev} = \eta_{\rm th}\,\dot{Q}_H = \left(1 - \frac{T_L}{T_H}\right)\dot{Q}_H$$

$$= \left(1 - \frac{300}{1300}\right) \times 600 = 461.538\,\text{kW}$$

이것이 가역 기관의 최대일이다.

(2) 비가역성률 $\dot{I}$

비가역성률(비가역 에너지율) $\dot{I}$ 는 가역일 $W_{\rm rev}$와 유용일 W_u의 차이므로

$$\dot{I} = \dot{W}_{\rm rev} - \dot{W}_u$$

$$= 461.538 - 200 = 261.538\,\text{kW}$$

즉, 이 열기관에서 261.538 kW의 동력(일)이 비가역성에 의하여 손실로 된다. 따라서 저열원의 방열량 Q_L은

$$\dot{Q}_L = \dot{Q}_H - \dot{W}_{\rm net}$$

$$= 600 - 461.538 = 138.462\,\text{kW}$$

가 된다.

보기 8.3

온도 180℃인 400 kg의 강철 덩어리가 냉각되어 25℃로 되었다. 이 때 주위의 온도가 25℃라면 가역일과 비가역성은 각각 몇 kJ이 되겠는가?

풀이 가역일은 강철 덩어리 온도 T와 주위 온도 T_0 사이에서 작동하는 그림 8·8과 같은 가상적인 가역 열기관을 생각하여 구하기로 한다.

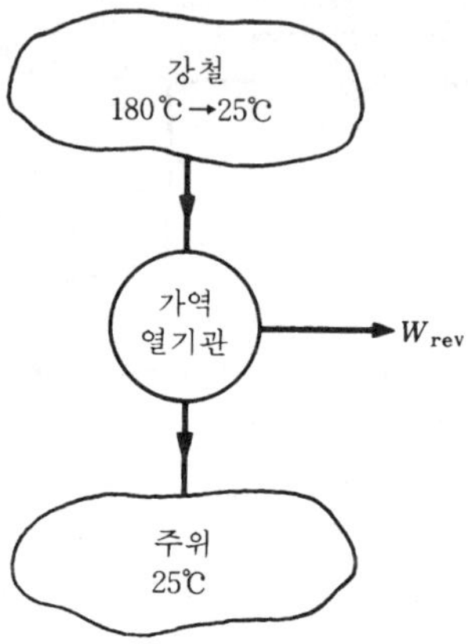

그림 8·8 가역적 열전달 과정을 가역열기관으로 가상한 경우

$$\delta W_{rev} = \eta_{th}\,\delta Q_H = \left(1-\frac{T_L}{T_H}\right)\delta Q_H = \left(1-\frac{T_0}{T_H}\right)\delta Q_H$$

$$W_{rev} = \int\left(1-\frac{T_L}{T_H}\right)\delta Q_H$$

여기서 $T_H = T = 180℃ = 453.15\text{ K}$, $T_0 = 25℃ = 298.15\text{ K}$이다.

열역학 제 1 법칙에서

$$\delta Q = dU + \delta W = mc\,dT$$

$$\delta Q_H = -\delta Q = -mc_{st,av}\,dT$$

여기서 $c_{st,av}$는 강의 평균 비열이며, $c_{st,av} = 0.45\text{ kJ/kg℃}$로 취한다. 따라서

$$W_{rev} = \int_{T_H}^{T_0}\left(1-\frac{T_0}{T}\right)(-m\,c_{st,av}\,dT)$$

$$= m\,c_{st,av}(T_H - T_0) - m\,c_{st,av}\,T_o \ln\frac{T_H}{T_0}$$

$$= 400\times 0.45\left[(453.15-298.15) - 298.15\ln\frac{453.15}{298.15}\right]$$

$$= 5433.5726\text{ kJ}$$

비가역성 I는

$$I = W_{\text{rev}} - W_u$$

여기서 강철 덩어리가 외부에 대하여 일을 하지 않으므로 $W_u = 0$

$$I = W_{\text{rev}} = 5433.5726\,\text{kJ}$$

가 된다. 이 문제에서 가역일(일을 할 수 있는 에너지)과 비가역성(폐기되는 에너지)은 같음을 알 수 있다.

8.3 열역학 제 2 법칙 효율

우리는 이미 열기관(heat engine), 냉동기(refrigerator) 및 열펌프(heat pump) 등에서 이들 기계의 성능을 나타내는 열효율과 성적 계수(成績係數) 또는 성능 계수(性能係數)를 구하고 그 성능을 판단하였다. 이와 같은 열효율과 성적 계수는 열역학 제1법칙에 바탕을 둔 정의이므로 **열역학 제 1 법칙 효율**(first law efficiency)이라고 한다.

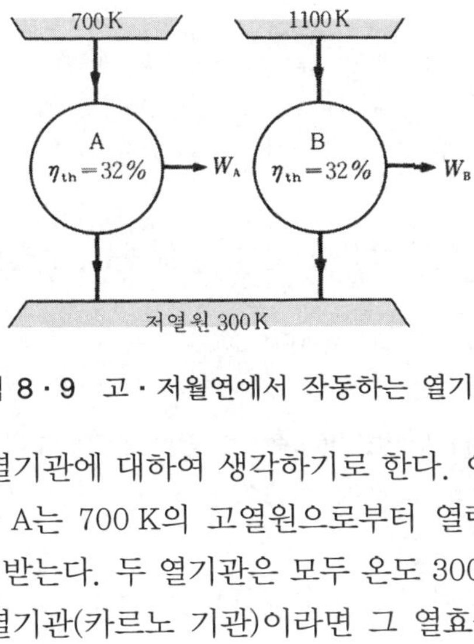

그림 8·9 고·저월연에서 작동하는 열기관

그림 **8·9**와 같은 2개의 열기관에 대하여 생각하기로 한다. 이들 두 열기관의 실제 열효율은 모두 32%이다. 열기관 A는 700 K의 고열원으로부터 열량을 공급받고, 열기관 B는 1100 K인 고열원에서 열량을 받는다. 두 열기관은 모두 온도 300 K인 저열원에 열량을 방열한다. 이들 열기관이 가역 열기관(카르노 기관)이라면 그 열효율은

$$\eta_{\text{rev, A}} = \left(1 - \frac{T_L}{T_H}\right)_{\text{A}} = 1 - \frac{300}{700} = 57.143\,\%$$

$$\eta_{\text{rev, B}} = \left(1 - \frac{T_L}{T_H}\right)_{\text{B}} = 1 - \frac{300}{1100} = 72.727\,\%$$

가 된다. 따라서 열기관 A, B의 열효율은 각각 57.143%, 72.727%가 된다. 즉, 가역 기관인 경우에는 열기관 B가 A보다 효율이 좋음을 알 수 있다. 그러나 실제로는 기관 B가 A와 동일한 열효율을 가지므로 A에 비하여 상대적으로 성능이 나쁘다고 볼 수 있다.

이와 같은 관점에서 보면 열역학 제 1 법칙의 효율만으로 열기관의 성능을 나타내는 것은 불합리한 점이 있음을 알 수 있다. 이와 같은 불합리성을 제거하기 위하여 제 2 법칙 효율이란 말이 사용된다. 열기관에서 실제 열효율(actual thermal efficiency) η_{th} 와 최대 가능(가역) 열효율(maximum possible(reversible) thermal efficiency)과의 비를 **제 2 법칙 효율**, **유효율**(effectiveness), 또는 **엑서지 효율**(exergy efficiency)이라 하고 다음과 같이 표시한다.

$$\eta_{II} = \frac{\eta_{th}}{\eta_{th,\,rev}} \text{(열기관)} \tag{8・8}$$

그림 **8・9**의 두 열기관에서 제 2 법칙 효율을 구해 보면

열기관 A : $\eta_{rev,\,A} = 32\%$, $\eta_{th,\,rev,\,A} = 57.143\%$

열기관 B : $\eta_{rev,\,B} = 32\%$, $\eta_{th,\,rev,\,B} = 72.727\%$

$$\eta_{II,\,A} = \frac{\eta_{th,\,A}}{\eta_{th,\,rev,\,A}} = \frac{0.32}{0.57143} = 0.56,\ 56\%$$

$$\eta_{II,\,B} = \frac{\eta_{th,B}}{\eta_{th,rev,B}} = \frac{0.32}{0.72727} = 0.44,\ 44\%$$

가 된다. 따라서 열기관 A는 유효일 에너지의 56%만을 유용한 일로 전환하였음을 의미하고, 열기관 B는 44%가 된다.

제 2 법칙 효율은 다음과 같이 유용한 일과 최대 가능(가역) 일과의 비로 표시할 수 있다.

$$\eta_{II} = \frac{W_u}{W_{rev}} = \frac{W_u}{W_{max}} \text{(일을 하는 기계)} \tag{8・9}$$

식 (8・9)에 표시된 정의는 터빈, 피스톤-실린더 장치 등과 같이 외부에 대하여 일을 하는 기계(work-producing devices)에 적용할 수 있다. 제 2 법칙 효율은 100%를 초과할 수 없다.

제 2 법칙 효율을 외부로부터 일을 받는 기계(work-consuming devices, 냉동기, 압축기 등)에 적용하면

$$\eta_{II} = \frac{W_{rev}}{W_u} = \frac{\epsilon}{\epsilon_{rev}} \text{(일을 받는 기계)} \tag{8・10}$$

으로 표시된다. 여기서 ϵ은 성적 계수이다. 즉, 냉동기, 압축기 등의 경우 제 2 법칙 효율은 최소(가역)일 입력(minimum work input)과 유용한 일 입력(useful work input)의 비로 표

시된다. 따라서 냉동기와 열펌프 등과 같은 사이클 장치에서는 성적 계수(coefficient of performance)의 비로 나타낼 수 있다.

제 2 법칙 효율을 유효 에너지 개념을 적용하여 나타내면 다음과 같이 표시된다.

$$\eta_{\text{II}} = \frac{\text{유용한 유효 에너지}}{\text{유효 에너지 입력}} = 1 - \frac{\text{유효 에너지 소산및 손실}}{\text{유효 에너지 입력}}$$

$$\eta_{\text{II}} = \frac{\text{회수된 엑서지}}{\text{엑서지 입력}} = 1 - \frac{\text{엑서지 소산}}{\text{엑서지 입력}}$$

8.4 폐쇄계에 대한 제 2 법칙의 해석

[1] 유효 에너지와 가역일

그림 8·10과 같은 피스톤-실린더 장치에서 상태 1로부터 상태 2(주위 상태 P_0, T_0)로 변화하는 과정에 대하여 제 2 법칙 효율을 적용하여 보기로 한다. 이 계는 주위에 대하여 정지된 상태로 있으므로 운동 에너지와 위치 에너지의 변화는 무시한다.

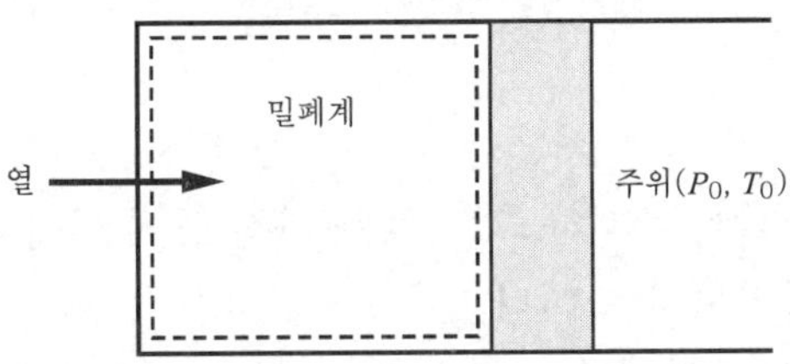

그림 8·10 주위와 열교환이 존재하는 밀폐계

제 1 법칙 : $Q = U_2 - U_1 + W$ (a)

제 2 법칙 : $S_{\text{gen}} = \Delta S_{\text{tot}} = \Delta S_{\text{sys}} + \Delta S_{\text{sur}}$

$$S_{\text{gen}} = (S_2 - S_1)_{\text{sys}} + \frac{Q_{\text{sur}}}{T_{\text{sur}}} \qquad \text{(b)}$$

여기서 주위 온도 $T_{\text{sur}} = T_0$, $Q_{\text{sur}} = -Q$, S_{gen}은 과정 중의 엔트로피 생성량이다. 이들 두 식 (a), (b)에서 Q를 소거하면

$$W = (U_1 - U_2) - T_0(S_1 - S_2) - T_0 S_{\text{gen}} \qquad (8 \cdot 11)$$

가 된다. 이 식에서 W가 과정 중의 **실제일**(actual work)이 된다. 이 과정 중에 체적이 변

화하므로 이 일의 일부는 주위에 대하여 한 일이 된다.

유용일(useful work)은 실제로 하는 총일(total work) W와 주위일(surroundings work) W_{sur}의 차로 표시되므로

$$W_u = W - W_{sur} = W - P_0(V_2 - V_1)$$
$$= (U_1 - U_2) - T_0(S_1 - S_2) + P_0(V_1 - V_2) - T_0 S_{gen} \quad (8 \cdot 12)$$

이 식은 폐쇄계에서 처음 상태로부터 최종 상태로 변화하는 사이에 하는 **유용일**(useful work)이 된다. 이 때 주위의 상태는 T_0, P_0이고 과정 중에 엔트로피 생성량은 S_{gen}이다.

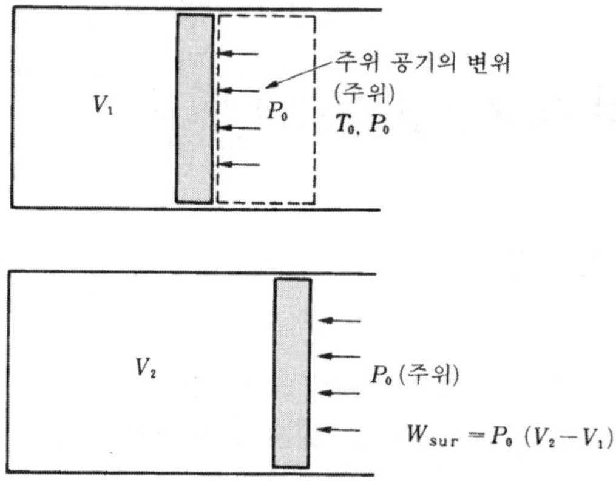

그림 8 · 11 주위일

만일 앞에서 고려된 경우와 같은 처음과 마지막 상태 사이에서 상태 변화하는 경우 계와 주위 사이에 가역적인 열전달이 존재하고 또 계가 과정 중에 마찰과 같은 비가역성이 존재하지 않는 경우에 대하여 살펴보기로 한다.

가역 변화에서는 엔트로피 생성이 없으므로 $S_{gen} = 0$이고, 유용일은 가역일(reversible work)이 되며 위의 식은

$$W_{rev} = (U_1 - U_2) - T_0(S_1 - S_2) + P_0(V_1 - V_2) \quad (8 \cdot 13)$$

가 된다. 이 식은 폐쇄계에서 상태 1, 2 사이에서 얻을 수 있는 **최대 유용일**(maximum useful work)이다.

주어진 상태에서 폐쇄계의 유효 에너지(closed-system availability)는 최대 유용일 에너지로 표시되므로 식 (8 · 13)에서 첨자 1, 2를 각각 무첨자, 첨자 0(기준 상태)으로 표시하고 최대 유용일에 상당하는 에너지를 Φ로 나타내면

$$\Phi = (U - U_0) - T_0(S - S_0) + P_0(V - V_0) \quad (8 \cdot 14)$$

$$\phi = (u - u_0) - T_0(s - s_0) + P_0(v - v_0) \quad (8 \cdot 15)$$

가 된다. 여기서 ϕ는 단위 질량당의 유효 에너지로서 이를 **비유효성**(比有效性) 또는 **비유효에너지**(specific availability) 또는 **엑서지**(exergy)라 한다. 이 유효 에너지는 주위의 온도와 압력에 의존되며, 주위 에너지를 기준으로 하여 측정한 일의 능력을 나타낸다.

폐쇄계에서 기준 상태(dead state)일 때의 유효 에너지는 $u = u_0$, $s = s_0$, $v = v_0$이므로 0이 된다.

상태 1, 2 사이의 과정에서 하는 가역일은 다음과 같이 표시된다.

$$W_{rev} = \Phi_1 - \Phi_2 \ \text{kJ} \tag{8・16}$$

$$w_{rev} = \phi_1 - \phi_2 \ \text{kJ/kg} \tag{8・17}$$

폐쇄계의 가역일은 유효 에너지의 변화로 표시되며, 최종 상태가 기준 상태에 달하였을 경우에는 $\Phi_2 = 0$이므로 가역일 W_{rev}는 Φ_1과 같다.

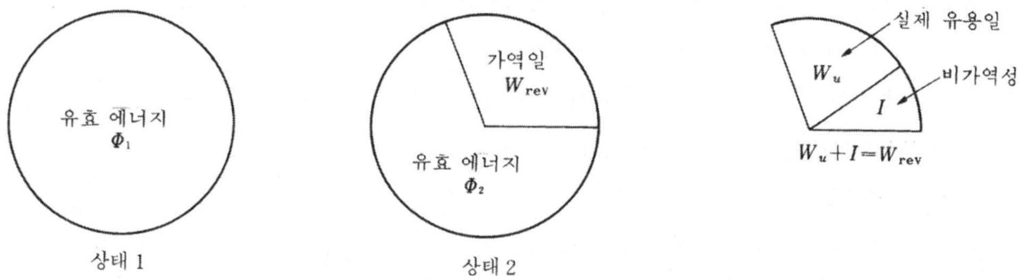

그림 8・12 유효 에너지와 가역일

그림 8・12는 가역일과 유효 에너지와의 관계를 나타낸 것이다. 폐쇄계에서 운동 에너지 및 위치 에너지의 변화는 경우에 따라서 적절하게 계산에 고려하여야 할 경우도 있다. 이때에는 U 대신 에너지 E를 사용하면 된다.

폐쇄계에서 과정중의 비가역성(irreversibility) 또는 비가역 에너지 I는 다음 식으로 표시된다.

$$I = W_{rev} - W_u = T_0 S_{gen} \ \text{kJ} \tag{8・18 a}$$

$$i = w_{rev} - w_u = T_0 s_{gen} \ \text{kJ/kg} \tag{8・18 b}$$

보기 8.4

피스톤-실린더 장치에서 0.07 kg의 증기가 1 MPa, 350℃의 상태로부터 200 kPa, 200℃로 팽창한다. 이 때 실린더로부터 주위로의 방열량이 2 kJ일 때 유효 에너지, 가역일, 비가역성, 제 2 법칙 효율을 구하여라. 단, 주위 상태는 T_0 =25℃, P_0 =100 kPa이다.

풀이 그림 8·13에 표시된 조건에 대해 증기표로부터 상태 1, 2의 내부 에너지, 비체적, 비엔트로피를 구하면

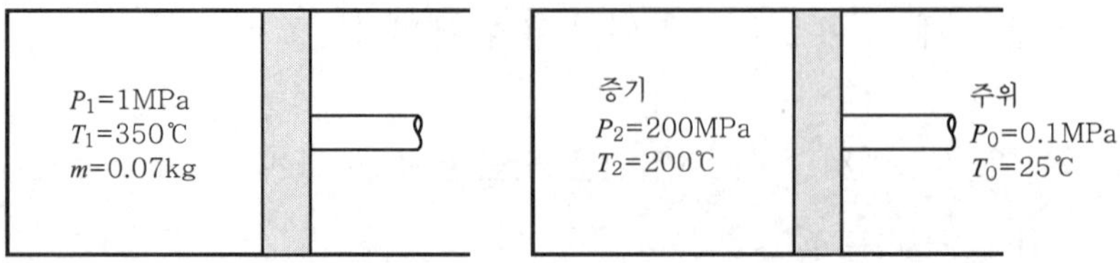

그림 8·13 카르노 사이클의 유효 에너지와 무효 에너지

상태 1 : $P_1 = 1\,\text{MPa}$, $T_1 = 350℃$이므로 과열 증기표에서 $v_1 = 0.2825\,\text{m}^3/\text{kg}$,

$u_1 = 2875.2\,\text{kJ/kg}$, $s_1 = 7.3011\,\text{kJ/kg K}$

상태 2 : $P_2 = 200\,\text{kPa}$, 200℃이므로 과열 증기표에서 $v_2 = 1.0803\,\text{m}^3/\text{kg}$,

$u_2 = 2654.4\,\text{kJ/kg}$, $s_2 = 7.5066\,\text{kJ/kg}$

주위 상태 : 100 kPa, 25℃이므로 포화 증기표로부터 $v_0 = 0.001003\,\text{m}^3/\text{kg}$,

$u_0 = 104.88\,\text{kJ/kg}$, $s_0 = 0.3674\,\text{kJ/kg}$

(1) 유효 에너지

상태 1, 2에서의 유효 에너지 Φ_1, Φ_2는

$$\begin{aligned}\Phi_1 &= m[(u_1-u_0)-T_0(s_1-s_0)+P_0(v_1-v_0)]\\ &= 0.07[(2875.2-104.88)-298.15\times(7.3011-0.3674)\\ &\quad +100\times(0.2825-0.001003)] = 51.1831\,\text{kJ}\end{aligned}$$

$$\begin{aligned}\Phi_2 &= m[(u_2-u_0)-T_0(s_2-s_0)+P_0(v_2-v_0)]\\ &= 0.07[(2654.4-104.88)-298.15\times(7.5066-0.3674)\\ &\quad +100\times(1.0803-0.001003)] = 37.0228\,\text{kJ}\end{aligned}$$

(2) 가역일

가역일은 $W_{\text{rev}} = \Phi_1 - \Phi_2$

$$= 51.1831 - 37.0228 = 14.1603\,\text{kJ}$$

(3) 비가역성

비가역성은 $I = W_{\text{rev}} - W_u$

여기서 W_u를 구하기 위하여 에너지식을 적용하면

$$Q - W = U_2 - U_1 = m(u_2 - u_1)$$

$$\begin{aligned}W &= m(u_1-u_2)+Q\\ &= 0.07\times(2875.2-2654.4)-2 = 13.456\,\text{kJ}\end{aligned}$$

이것은 과정 중의 총 일이므로 이 일은 팽창 중에 주위 공기를 밀어내는 일을 포함하므로 W_u는 아래와 같이 주어진다.

$$W_u = W - W_{sur} = W - P_0(V_2 - V_1) = W - mP_0(v_2 - v_1)$$
$$= 13.456 - 0.07 \times 100 \times (1.0803 - 0.2825) = 7.8714\,\text{kJ}$$

따라서

$$I = W - W_u = 14.1603 - 7.8714 = 6.2889\,\text{kJ}$$

가 된다. 그러므로 이 과정 중에 6.2889 kJ의 열량이 폐기된다. 다시 말하면 6.2889 kJ의 열량을 일로 바꿀 수 있으나 일에 이용되지 못하고 버려진 결과가 된다.

(4) 제 2 법칙 효율

제 2 법칙 효율 η_{II}는

$$\eta_{\text{II}} = \frac{W_u}{W_{\text{rev}}} = \frac{7.8714}{14.1603} = 0.5559,\ 55.59\%$$

따라서 일을 할 수 있는 능력이 있는 에너지 중에서 44.41%의 일이 이 과정 중에 방열되었다.

보기 8.5

그림 8·14와 같은 강철로 제작된 탱크 속에 공기 m kg이 P_1 kPa, T_1℃의 상태로 들어 있다. 이 공기를 날개차로 혼합하여 T_2℃까지 상승시켰을 경우 비가역성과 가역일을 구하여라. 단, 주위 공기의 온도는 T_0℃이고, 용기는 완전 단열된 상태에 있다.

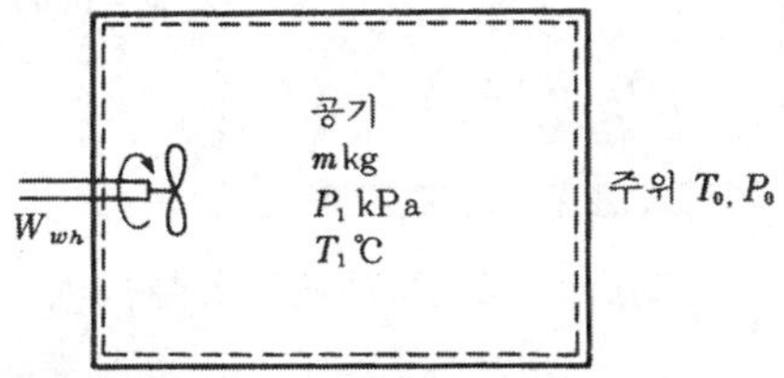

그림 8·14 보기 8.5의 설명도

풀이 (1) 비가역성

단열 과정이고 용기는 강철제 용기이므로

$$\Delta S_{\text{sur}} = \frac{Q_0}{T_0} = \frac{Q_{\text{sur}}}{T_0} = 0$$

이다. 따라서

$$I = T_0 S_{\text{gen}} = T_0(\Delta S_{\text{sys}} + \Delta S_{\text{sur}}) = T_0 \Delta S_{\text{sys}}$$
$$= T_0 m \left(c_v \ln\frac{T_2}{T_1} + R\ln\frac{V_2}{V_1} \right),\ \text{용기가 강철제 용기이므로}\ \ln\frac{V_2}{V_1} = 0$$
$$= T_0 m c_v \ln\frac{T_2}{T_1}$$

(2) 가역일

$$W_{rev} = (U_1 - U_2) - T_0(S_1 - S_2) + P_0(V_1 - V_2)$$

여기서

$S_2 - S_1 = S_{gen} = \Delta S_{sys}$, $V_1 = V_2$이므로

$$W_{rev} = (U_1 - U_2) + T_0 \Delta S_{sys} + 0$$

$$= m c_v (T_1 - T_2) + T_0 m c_v \ln \frac{T_2}{T_1}$$

가 된다.

보기 8.6

처음 온도 350℃인 3 kg의 주철 조각을 50℃인 물 120 kg이 들어 있는 단열 탱크 속에 넣었다. 주위 온도와 압력이 100 kPa, 25℃일 경우, (1) 최종 평형 온도, (2) 이 계의 총 유효 에너지, (3) 버려지는 일을 구하여라.

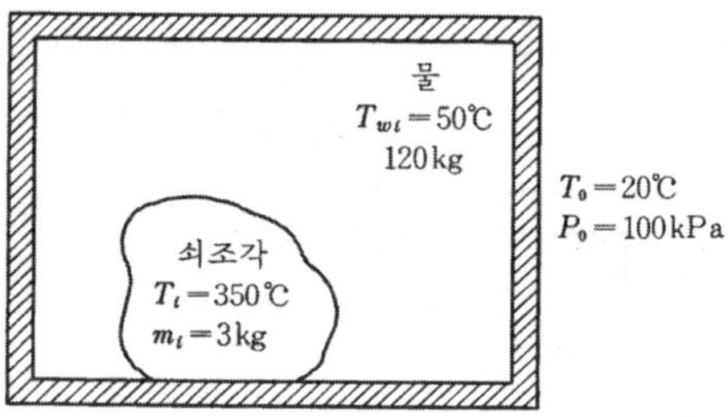

그림 8·15 보기 8.6의 설명

풀이 (1) 최종 평형 온도

열역학 제 1 법칙을 세우면

$$\cancelto{0}{Q} = \Delta U + \cancelto{0}{\Delta KE} + \cancelto{0}{\Delta PE} + \cancelto{0}{W}$$

여기서 $Q=0$, $\Delta KE=0$, $\Delta PE=0$, $W=0$이다.

평형 온도를 T_f ℃라 하면

$$0 = \Delta U_{iron} + \Delta U_{water}$$

$$0 = m_i c_i (T_f - T_i) + m_w c_w (T_f - T_w)$$

$$0 = 3 \times 0.45 (T_f - 350) + 120 \times 4.184 (T_f - 50)$$

$$\therefore \ T_f = 50.8045 ℃$$

(2) 유효 에너지

유효 에너지 Φ는 종량 성질(extensive property)이므로 복합계로 보고, 식을 세우면

$$\Phi = (U - U_0) - T_0(S - S_0) + P_0(V - V_0)$$

$V_1 = V_2$이므로, $P_0(V - V_0) = 0$

$$\therefore \ \Phi = mc(T - T_0) - T_0 mc \ln\frac{T}{T_0}$$

$$= mc\left(T - T_0 - T_0 \ln\frac{T}{T_0}\right)$$

가 된다.

주철 조각과 물의 유효 에너지를 각각 Φ_i, Φ_w라 하면

$$\Phi_{1i} = 3 \times 0.45 \times \left(623.15 - 293.15 - 293.15 \ln\frac{623.15}{293.15}\right)$$

$$= 147.0619 \, \text{kJ}$$

$$\Phi_{1w} = 120 \times 4.184 \times \left(323.15 - 293.15 - 293.15 \ln\frac{323.15}{293.15}\right)$$

$$= 721.8675 \, \text{kJ}$$

따라서 총 유효 에너지 Φ_1는

$$\Phi_1 = \Phi_{1i} + \Phi_{1w} = 147.0619 + 721.8675 = 868.9294 \, \text{kJ}$$

같은 방법으로 Φ_2를 구해 보면

$$\Phi_{2i} = 3 \times 0.45 \times \left(323.9545 - 293.15 - 293.15 \ln\frac{323.9545}{293.15}\right)$$

$$= 2.0430 \, \text{kJ}$$

$$\Phi_{2w} = 120 \times 4.184 \times \left(323.9545 - 293.15 - 293.15 \ln\frac{323.9545}{293.15}\right)$$

$$= 759.8216 \, \text{kJ}$$

$$\Phi_2 = \Phi_{2i} + \Phi_{2w} = 2.043 + 759.8216 = 761.8646 \, \text{kJ}$$

즉, 복합계(주철+물)의 유효 에너지는 비가역 열전달 과정에 의하여 $\Phi_1 = 868.9294$ kJ에서 $\Phi_2 = 761.8646$ kJ로 감소하였다.

(3) 비가역성

$$I = W_{\text{rev}} - W_u, \text{ 여기서 } W_u = 0$$

$$I = \Phi_1 - \Phi_2 = 868.9294 - 761.8646 = 107.0648 \, \text{kJ}$$

이것은 주철 조각이 350℃에서 50.8045℃로 냉각되는 사이에 107.0648 kJ의 가역일을 한 결과가 된다.

[2] 계로부터 다른 계 또는 물체로의 열전달이 있는 경우

폐쇄계가 온도 T_0인 주위에 접하여 상태 1→2 과정을 하는 경우에 대하여 생각하여 보기로 한다.

열역학 제 1 법칙과 제 2 법칙으로부터

$$U_2 - U_1 = Q - W = \int_1^2 \delta Q - W \tag{a}$$

$$S_2 - S_1 = \int_1^2 \frac{\delta Q}{T} + S_{gen} \tag{b}$$

식 (b)에 T_0를 곱하고 식 (a)로부터 빼주면

$$(U_2 - U_1) - T_0(S_2 - S_1) = \int_1^2 \delta Q - T_0 \int_1^2 \frac{\delta Q}{T} - W - T_0 S_{gen}$$

가 된다.

한편 유효 에너지 Φ는 식 (8 · 14)로 표시되므로 위의 식은

$$(\Phi_2 - \Phi_1) - P_0(V_2 - V_1) = \int_1^2 \left(1 - \frac{T_0}{T}\right) \delta Q - W - T_0 S_{gen}$$

가 된다. 따라서 폐쇄계의 유효 에너지는 다음과 같이 표시된다.

$$\underbrace{\Phi_2 - \Phi_1}_{\text{유효 에너지 변화}} = \underbrace{\underbrace{\int_1^2 \left(1 - \frac{T_0}{T}\right) \delta Q}_{\text{열교환에 의한 유효 에너지 이동량}} - \underbrace{[W - P_0(V_2 - V_1)]}_{\text{일에 의한 유효 에너지 이동량}}}_{\text{유효 에너지 이동량}} - \underbrace{T_0 S_{sen}}_{\text{유효 에너지 소멸}} \tag{c}$$

여기서

$\Phi_2 - \Phi_1$: 유효 에너지의 변화(availability change)

$\int_1^2 \left(1 - \frac{T_0}{T}\right) \delta Q$: 열교환에 의한 유효 에너지 이동량(availability transfer accompanying heat)

$W - P_0(V_2 - V_1)$: 일량에 의한 유효 에너지 이동량(availability transfer accompanying work)

$T_0 S_{gen} = I$: 비가역성(irreversibility) 또는 유효 에너지 소멸 (availability destruction)

계가 주위에 대하여 하는 최대일 W_{rev}는

$$W_{rev} = W - P_0(V_2 - V_1)$$

이므로 식 (c)에서 최대일, 즉 가역일 W_{rev}는 다음 식으로 표시된다. 여기서 W_{sur}는 $P_0(V_2 - V_1)$로 표시되는 주위일이다.

$$W_{\text{rev}} = (\Phi_1 - \Phi_2) + \int_1^2 \left(1 - \frac{T_0}{T}\right) \delta Q \tag{8 · 19}$$

8.5 유동계의 제 2 법칙 해석

[1] 정상 유동계의 제2법칙 해석

앞 절에서는 폐쇄계의 제 2 법칙 해석에 대하여 살펴보았다. 이 절에서는 노즐, 디퓨저, 터빈, 압축기, 열교환기 등과 같이 정상류 장치를 포함하는 계의 열역학 제 2 법칙 해석에 대하여 알아보기로 한다.

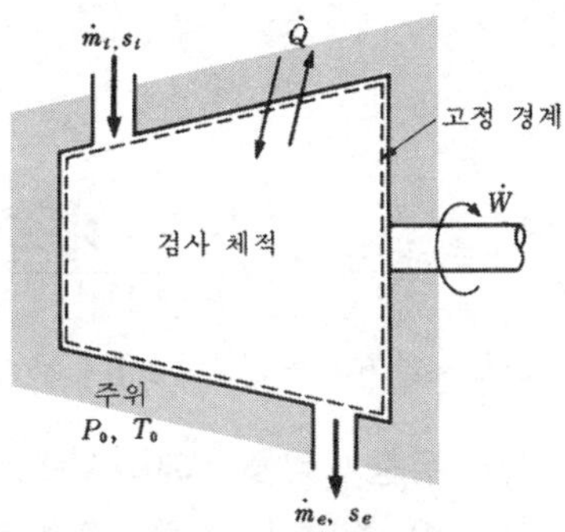

그림 8 · 16 주위와 열교환을 하는 정상류 터빈

그림 **8 · 16**과 정상류 장치(steady flow device)가 여러 개의 입·출구를 가지고 또 T_0, P_0인 주위의 물체와 열교환이 있는 경우 제 1 및 제 2 법칙을 적용하면 다음과 같다. 그림과 같이 터빈에 제 1 법칙을 적용하면

$$\dot{Q} + \Sigma \dot{m}_i \left(h_i + \frac{V_i^2}{2} + g Z_i\right) = \Sigma \dot{m}_e \left(h_e + \frac{V_e^2}{2} + g Z_e\right) + \dot{W} \tag{a}$$

제2법칙에 의한 엔트로피 평형식으로부터

$$\frac{dS_{\text{cv}}}{dt} = \sum_j \frac{\dot{Q}_j}{T} + \sum_i \dot{m}_i s_i - \sum_e \dot{m}_e s_e + \dot{S}_{\text{gen}} \tag{b}$$

정상 유동하는 장치의 경우에는 $\dfrac{dS_{cv}}{dt}=0$이고, 주위로부터 열전달에 의하여 $\dot{Q}$를 받는 경우 이들 두 식 (a), (b)에서 열전달항 $\dot{Q}$를 소거하면

$$\dot{W}=\Sigma\dot{m}_i\left(h_i+\frac{V_i^2}{2}+gZ_i-T_0s_i\right)-\Sigma\dot{m}_e\left(h_e+\frac{V_e^2}{2}+gZ_e-T_0s_e\right)-T_0\dot{S}_{gen} \quad (8 \cdot 20)$$

가 된다. 여기서 $\dot{S}_{gen}$은 **엔트로피 생성률**(rate of entropy generation)이다.

이 식은 과정 중의 실제일(actual work)을 구하는 식이며, 또 이 일 $\dot{W}$는 주위일 $\dot{W}_{sur}$을 포함하지 않는 유용일(useful work)이 된다.

따라서 가역일은 엔트로피 생성항 $\dot{S}_{gen}=0$으로 두어 구할 수 있다.

$$\dot{W}_{rev}=\Sigma\dot{m}_i\left(h_i+\frac{V_i^2}{2}+gZ_i-T_0s_i\right)-\Sigma\dot{m}_e\left(h_2+\frac{V_e^2}{2}+gZ_e-T_0s_e\right)\text{ kW} \quad (8 \cdot 21)$$

단일 유로를 갖는 정상 유동 장치에서는

$$\dot{W}_{rev}=\dot{m}\left[(h_i-h_e)-T_0(s_i-s_e)+\frac{V_i^2-V_e^2}{2}+g(Z_i-Z_e)\right]\text{ kW} \quad (8 \cdot 22\text{ a})$$

또는

$$w_{rev}=(h_i-h_e)-T_0(s_i-s_e)+\frac{V_i^2-V_e^2}{2}+g(Z_i-Z_e) \quad (8 \cdot 22\text{ b})$$

$$w_{rev}=T_0\Delta s-\Delta h-\Delta KE-\Delta PE\text{ kJ/kg} \quad (8 \cdot 22\text{ c})$$

유동하는 유체의 유효 에너지를 **유동 유효 에너지**(flow availability 또는 stream availability)라 하고 Ψ로 표시하고, 단위 질량당의 유동 유효 에너지를 ψ라 하면

$$\Psi=m\psi \quad (8 \cdot 23)$$

가 된다.

식 (8 · 22 c)에서 입구 상태를 임의 상태로 출구 상태를 주위 상태라 하면 $V_0=0$, $Z_0=0$이므로

$$\psi=(h-h_0)-T_0(s-s_0)+\frac{V^2}{2}+gZ\text{ kJ/kg} \quad (8 \cdot 24)$$

여러 개의 입 · 출구를 갖는 정상류 과정에 대한 가역일은

$$\dot{W}_{rev}=\Sigma\dot{m}_i\psi-\Sigma\dot{m}_e\psi_e\text{ kW} \quad (8 \cdot 25)$$

정상류 장치에서 단일 유로 유동일 경우에는

$$w_{\text{rev}} = \psi_i - \psi_e \text{ kJ/kg} \tag{8·26 a}$$

$$\dot{W}_{\text{rev}} = \dot{m}(\psi_i - \psi_e) \text{ kW} \tag{8·26 b}$$

정상류 장치에 대하여 폐쇄계와 같은 방법으로 가역일, 유효 에너지, 비가역성 등을 구해 보기로 한다.

정상 유동 과정에 대한 **비가역성률**(rate of irreversibility) $\dot{I}$ 또는 단위 질량당의 비가역성 i는 가역일과 유동일의 차로 표시된다.

$$\dot{I} = \dot{W}_{\text{rev}} - \dot{W}_u = T_0 \dot{S}_{\text{gen}} \text{ kW} \tag{8·27 a}$$

$$i = w_{\text{rev}} - w_u = T_0\, s_{\text{gen}} \text{ kJ/kg} \tag{8·27 b}$$

정상류 장치와 주위와 다른 물체 사이의 열전달이 있는 경우에는 폐쇄계의 경우와 같은 방법으로 취급된다.

정상류 장치가 온도 T인 경계로부터 열량 $\dot{Q}$의 열교환이 있는 경우에 $\dot{W}_{\text{rev}}$는 다음 식으로 구한다.

$$\dot{W}_{\text{rev}} = \sum \dot{m}_i\, \psi_i - \sum \dot{m}_e\, \psi_e + \dot{Q}\left(1 - \frac{T_0}{T}\right) \text{kW} \tag{8·28}$$

단열 터빈(adiabatic turbine)을 정상류 장치로 생각하고, Δke, Δpe를 무시하면 제2법칙 효율 $\eta_{\text{II turb}}$는

$$\begin{aligned} \eta_{\text{II turb}} &= \frac{\text{회수된 유효 에너지}}{\text{공급된 유효 에너지}} \\ &= \frac{w}{w_{\text{rev}}} = \frac{h_1 - h_2}{\psi_1 - \psi_2} \\ &= 1 - \frac{T_0\, s_{\text{gen}}}{\psi_1 - \psi_2} \end{aligned} \tag{8·29 a}$$

여기서 $s_{\text{gen}} = s_2 - s_1$이다.

한편 **단열 압축기**(adiabatic compressor)의 경우에는

$$\eta_{\text{II comp}} = \frac{w_{\text{rev, in}}}{w_{\text{in}}} = \frac{\psi_2 - \psi_1}{h_2 - h_1} = 1 - \frac{T_0\, s_{\text{gen}}}{h_2 - h_1} \tag{8·29 b}$$

이 된다.

그림 8·17과 같은 단열 열교환기에서 고온 공급 유효 에너지(exergy supplied)는 감소하고, 저온 유체의 경우에는 회수 유효 에너지(exergy recovered)이므로 제2법칙 효율 $\eta_{\text{II he}}$는

$$\eta_{\text{II he}} = \frac{\dot{m}_c(\psi_4 - \psi_3)}{\dot{m}_h(\psi_1 - \psi_2)} \tag{8 · 30 a}$$

또는

$$\eta_{\text{II he}} = 1 - \frac{T_0 \dot{S}_{\text{gen}}}{\dot{m}_h(\psi_1 - \psi_2)} \tag{8 · 30 b}$$

여기서 $\dot{S}_{\text{gen}} = \dot{m}_h(s_2 - s_1) + \dot{m}_c(s_4 - s_3)$

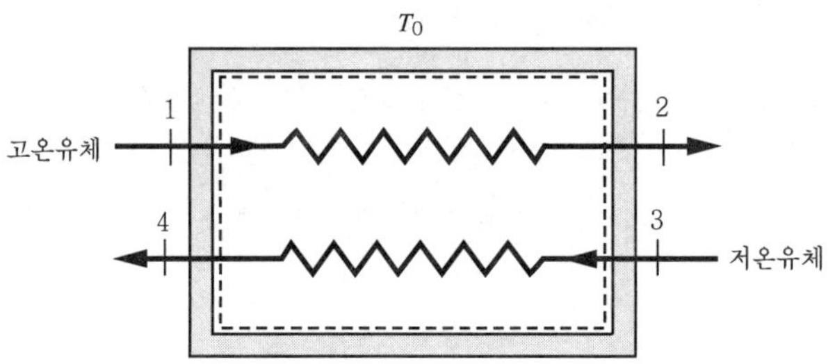

그림 8 · 17 혼합되지 않는 두 유체를 갖는 대향류 열교환기

보기 8.7

그림 8 · 18과 같은 크기의 터빈에 압력 3 MPa, 온도 500℃의 증기를 공급하여 일을 하고 0.2 MPa, 200℃의 상태로 터빈 출구를 나온다. 증기 터빈에서 주위로 방열되는 열량은 250 kW, 증기 유량은 9 kg/s이고 주위 온도와 압력은 25℃, 0.1 MPa이다. 이 터빈의 (1) 실제 출력, (2) 제2 법칙 효율, (3) 비가역성, (4) 입구 증기의 유효 에너지를 구하여라.

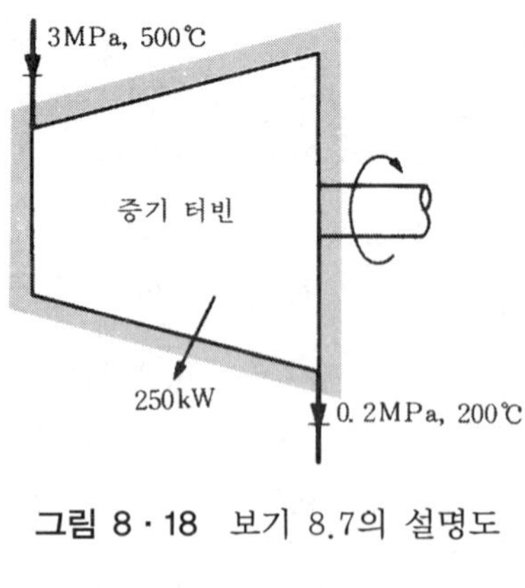

그림 8 · 18 보기 8.7의 설명도

풀이 증기표를 이용하여 상태 1, 2의 상태값을 구하면

상태 1 ; P=3 MPa, 500℃ (과열 증기표)

$$h_1 = 3456.5 \text{ kJ/kg}, \; s_1 = 7.2338 \text{ kJ/kg K}$$

상태 2 ; P=0.2 MPa, 200℃ (과열 증기)

$$h_2 = 2870.5 \text{ kJ/kg}, \; s_2 = 7.5066 \text{ kJ/kg K}$$

주위 상태 ; $P_0 = 100$ kPa, $T_0 = 25$℃ (포화 수증기)

$$h_0 \cong h_f (25℃) = 104.89 \text{ kJ/kg}$$

$$s_0 \cong s_f (25℃) = 0.3674 \text{ kJ/kg K}$$

(1) 실제 출력 $\dot{W}$

터빈에 제 1 법칙을 세우고 Δpe, Δke를 무시하면

$$\dot{Q} = \dot{m}(\Delta h + \Delta pe + \Delta ke) + \dot{W}$$

$$\dot{W} = \dot{Q} - \dot{m}\Delta h, \; \dot{m} = 9 \text{ kg/s}, \; \Delta pe \cong 0, \; \Delta ke \cong 0$$
$$= -250 - 9(2870.5 - 3456.5)$$
$$= 5024 \text{ kW}$$

(2) 최대 가능한 터빈의 출력, 즉 가역일 $\dot{W}_{\text{ren}}$

식 (8 · 22 b)로부터 $\dot{W}_{\text{ren}}$를 구하면

$$\dot{W}_{\text{rev}} = \dot{m}(h_i - h_e) - T_0(s_i - s_e) + \frac{\boldsymbol{V}_i^2 - \boldsymbol{V}_e^2}{2} + g(Z_i - Z_e)$$

여기서 $\Delta pe = \Delta ke \cong 0$으로 놓으면

$$\dot{W}_{\text{rev}} = \dot{m}[(h_i - h_e) - T_0(s_i - s_e)] = \dot{m}[(h_1 - h_2) - T_0(s_1 - s_2)]$$
$$= 9[(3456.5 - 2870.5) - 298.15(7.2338 - 7.5066)]$$
$$= 6006.0179 \text{ kW}$$

(3) 제 2 법칙 효율 η_{II}

제 2 법칙 효율 $\eta_{\text{II}} = \dfrac{\dot{W}_u}{\dot{W}_{\text{rev}}}$ 이므로

$$\eta_{\text{II}} = \frac{\dot{W}_u}{\dot{W}_{\text{rev}}} = \frac{5024}{6006.0179} = 0.8365, \; 83.65\%$$

따라서 16.35%의 일을 할 수 있는 에너지가 폐기됨을 의미한다.

(4) 비가역성 $\dot{I}$

식 (8 · 27 a)로부터

$$\dot{I} = \dot{W}_{\text{rev}} - \dot{W}_u = (6006.0179 - 5024) = 982.0179 \text{ kW}$$

즉, 유용한 일을 할 수 있는 에너지 982.0179 kW가 손실로 되고 있다.
비가역성은 엔트로피 생성을 이용하여 구할 수도 있다.

(5) 입구 증기의 유효 에너지(최대일) ψ_1

식 (8 · 24)로부터

$$\psi_1 = (h_1 - h_0) - T_0(s_1 - s_0) + \frac{V_1^2}{2} + gZ_1$$

여기서 $\frac{V_1^2}{2} = 0$, $gZ_1 = 0$

$$\psi_1 = (3456.5 - 104.89) - 298.15(7.2338 - 0.3674)$$
$$= 1304.3928\,\text{kJ/kg}$$

이것은 *ke* 및 *pe*의 값을 포함하지 않은 값이며, 입구 증기의 일의 능력은 1304.3928 kJ/kg이므로 증기 유량 9 kg/s에 대하여는 9×1304.3928＝11739.5352 kW가 된다.

따라서 터빈은 유효일(available work)의 5024/11739.5352＝0.42796, 즉 42.796 %가 유용한 일로 전환되었음을 알 수 있다.

보기 8.8

평행류 열교환기에서 입출구의 유동 조건이 그림 8 · 19와 같이 주어진 경우의 비가역성 $\dot{I}$를 구하여라. 단 이 열교환기는 잘 단열되어 있고 외부에 대하여 일을 하지 않는다.

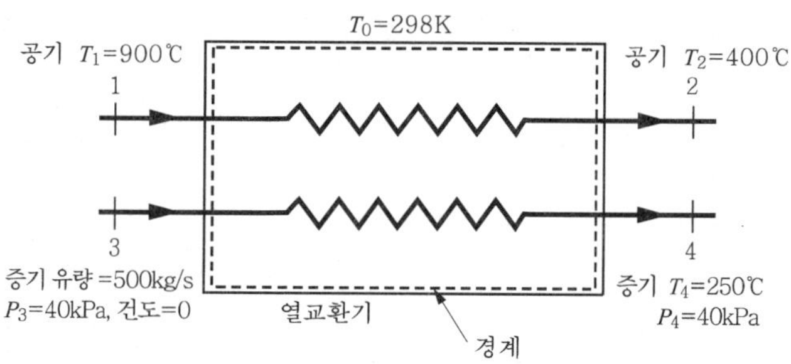

그림 8 · 19 보기 8.8의 평행류 열교환기

풀이 $\dot{I} = T_0\dot{S}_{\text{gen}}$

$$= T_0\left[(\dot{m}_2 s_2 - \dot{m}_1 s_1)_{\text{cv}} + \Sigma\dot{m}_e s_e - \Sigma\dot{m}_i s_i + \frac{\dot{Q}_{\text{sur}}}{T_0}\right]$$

여기서 $(\dot{m}_2 s_2 - \dot{m}_1 s_1)_{\text{cv}} = 0$, $\frac{\dot{Q}_{\text{sur}}}{T_0} = 0$이다.

질량 및 에너지 보존식은

$$\dot{m}_1 + \dot{m}_3 = \dot{m}_2 + \dot{m}_4$$

$$(\dot{m}_1 h_1 + \dot{m}_3 h_3) - (\dot{m}_2 h_2 + \dot{m}_4 h_4) = 0$$

여기서 $\dot{m}_1 = \dot{m}_2$, $\dot{m}_3 = \dot{m}_4$

$$\therefore\ \dot{m}_1 = -\dot{m}_3 \times \frac{h_3 - h_4}{h_1 - h_2} = -50 \times \frac{317.58 - 2976.33}{932.93 - 400.98} = 249.9\,\text{kg/s}$$

$$\dot{S}_{\text{gen}} = (\dot{m}_2 s_2 + \dot{m}_4 s_4) - (\dot{m}_1 s_1 + \dot{m}_3 s_3)$$
$$= \dot{m}_1(s_2 - s_1) + \dot{m}_3(s_4 - s_3)$$

$$s_2 - s_1 = s_2^\circ - s_1^\circ - R\ln\frac{P_2}{P_1} = (2.84856 - 1.99194) + 0 = 0.857\,\text{kJ/kg K}$$

$$s_4 - s_3 = 9.0501 - 1.0259 = 8.024\,\text{kJ/kg K}$$

$$\dot{I} = T_0\dot{S}_{\text{gen}} = 298 \times 615.36 = 183{,}377.28\,\text{kW} = 183.377\,\text{MW}$$

$$\dot{S}_{\text{gen}} = \dot{m}_1(s_2 - s_1) + \dot{m}_3(s_4 - s_3) = 249.9 \times 0.857 + 50 \times 8.024 = 615.36\,\text{kJ/K}$$

식 (8 · 27)을 이용하여도 같은 결과를 얻을 수 있다.

$$\dot{I} = \dot{W}_{\text{rev}} - \dot{W}_u$$
$$= \Sigma\dot{m}_i\psi_i - \Sigma\dot{m}_e\psi_e - \dot{Q}_R\left(1 - \frac{T_0}{T_R}\right) - \dot{W}_u$$

여기서 $\dot{Q}_R\left(1 - \frac{T_0}{T_R}\right) = 0$, $\dot{W}_u = 0$이다.

열교환기가 외부에 대하여 일을 하지 않고 경계로부터 열교환이 없다고 하면

$$\dot{I} = \Sigma\dot{m}_i\psi_i - \Sigma\dot{m}_e\psi_e$$
$$= \dot{m}_1\psi_1 + \dot{m}_3\psi_3 - \dot{m}_2\psi_2 - \dot{m}_4\psi_4$$
$$= \dot{m}_1(\psi_1 - \psi_2) + \dot{m}_3(\psi_3 - \psi_4)$$
$$= \dot{m}_1[(h_1 - h_2) - T_0(s_1 - s_2)] + \dot{m}_3[(h_3 - h_4) - T_0(s_3 - s_4)]$$
$$= 249.9[(932.93 - 400.96) - 298(-0.857)] + 50[(317.58 - 2976.33) - 298(-8.024)]$$
$$= 183380.36\,\text{kW} = 183.380\,\text{MW}$$

[2] 비정상 유동계의 제 2 법칙 해석

앞에서는 정상 유동계의 제 2 법칙 해석에 대하여 다루었으나 여기서는 과도현상이 수반되는 비정상 유동계의 제2법칙 해석에 대하여 알아보기로 한다. 저장 용기 내의 충전(充塡), 방출(放出) 등과 같은 과정은 시간에 따른 변화를 다루는 비정상 과정에 속한다.

(1) 균일 유동 과정(uniform flow process)

그림 **8 · 20**과 같은 상태 1로부터 2까지 균일 유동을 하는 검사 체적에 대하여 생각하기로 한다. 균일 유동계는 과정 중의 어느 순간에서의 검사 체적 내의 상태가 균일한 유동이다. 또한 검사 체적의 상태가 시간에 따라서 변화하며, 체적 내의 상태가 균일한 경우이다. 따라

서 어느 순간 검사 체적을 유출하는 질량의 상태는 어느 순간 검사 체적의 질량의 상태와 같다.

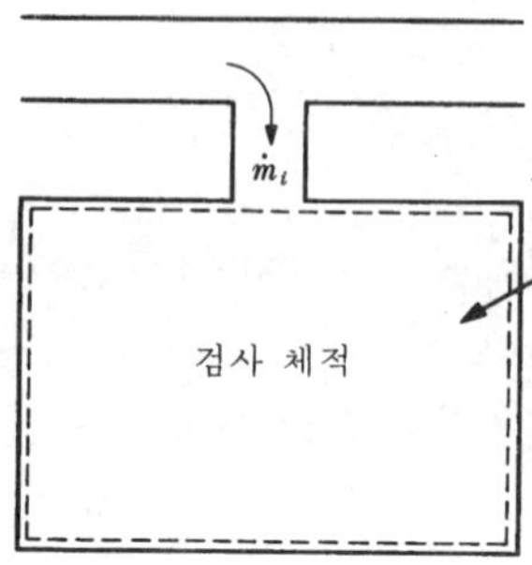

그림 8 · 20 균일 유동계

여러 개의 입 · 출구를 가지는 계가 주위와 열교환이 있는 균일 유동 과정을 하는 경우의 열역학 제1법칙과 제2법칙을 세우면

$$Q = \sum m_e\left(h_e + \frac{V_e^2}{2} + gZ_e\right) - \sum m_i\left(h_i + \frac{V_i^2}{2} + gZ_i\right) + (U_2 - U_1)_{cv} + W$$

$$S_{gen} = (S_2 - S_1)_{cv} + \sum m_e s_e - \sum m_i s_i + \frac{Q_{sur}}{T_0}$$

가 된다.

이들 두 식에서 열전달량 Q를 소거하면 W는 다음 식으로 표시된다.

$$W = \sum m_i\left(h_i + \frac{V_i^2}{2} + gZ_i - T_0 s_i\right) - \sum m_e\left(h_e + \frac{V_e^2}{2} + gZ_e - T_0 s_e\right) + [(U_1 - U_2) - T_0(S_1 - S_2)]_{cv} - T_0 S_{gen} \qquad (8 \cdot 31)$$

식 (8 · 31)의 일 W는 과정 중의 실제일이다.

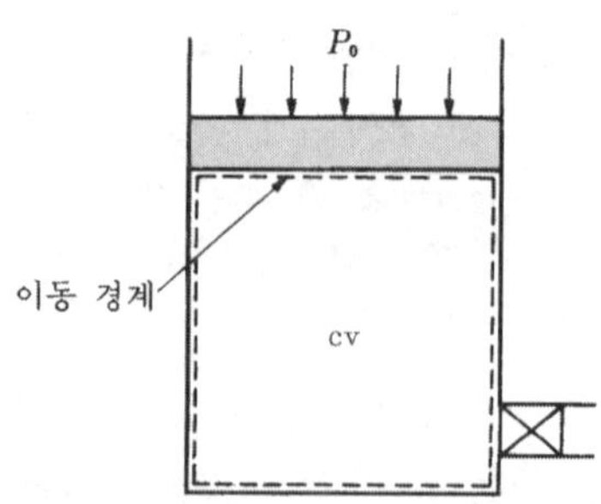

그림 8 · 21 이동 경계를 포함하는 균일 유동계

균일 유동계는 일반적으로 그림 8·21과 같이 경계의 이동을 포함하므로 주위일 $W_{sur} = P_0(V_2 - V_1)$을 고려하면 다음 식으로 주어진다.

$$W_{rev} = \sum m_i\left(h_i + \frac{V_i^2}{2} + gZ_i - T_0 s_i\right) - \sum m_e\left(h_e + \frac{V_e^2}{2} + gZ_e - T_0 s_e\right) + [(U_1 - U_2) - T_0(S_1 - S_2) + P_0(V_1 - V_2)]_{cv}\ \text{kJ} \quad (8 \cdot 32)$$

앞에서 다룬 밀폐계의 유효 에너지 식 (8·14)와 유동 유효 에너지 식 (8·23)의 정의를 이용하면 가역일은 다음과 같이 표시된다.

$$W_{rev} = \sum m_i \psi_i - \sum m_e \psi_e + (\Phi_1 - \Phi_2)_{cv}\ \text{kJ} \quad (8 \cdot 33)$$

균일 유동계의 유효성(availability of uniform flow system)은 식 (8·33)의 최대 가역 유효일 $W_{rev,\,max}$로 표시된다. 식 (8·33)에서 가역 최대일은 과정 말에서 검사 체적과 출구의 유효성이 $\Phi_2 = 0$, $\psi_e = 0$인 때이므로 유효 에너지는

$$W_{rev,\,max} = \sum m_i \psi_i + \Phi_{1cv} \quad (8 \cdot 34)$$

가 된다.

균일 유동 과정을 하는 계의 비가역성은 가역일과 유용일의 차로 구할 수 있다.

$$\therefore\ I = W_{rev} - W_u = T_0 S_{gen}\ \text{kJ} \quad (8 \cdot 35)$$

보기 8.9

그림 8·22와 같이 250 m^{3}의 강철제 탱크에 100 kPa, 300 K의 공기가 들어 있다. 이 공기를 압축기로 2 MPa, 300 K로 압축하는 과정에 소요되는 최소 압축일을 구하여라. 단, 주위 공기의 상태는 100 KPa, 300 K이다.

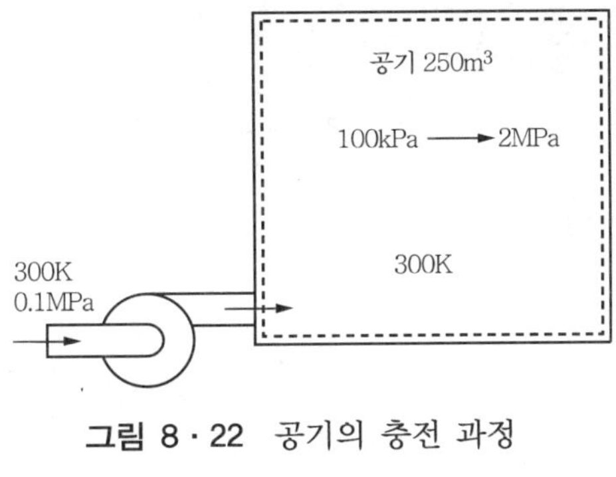

그림 8·22 공기의 충전 과정

풀이 이 과정은 탱크 내에 공기를 충전하는 과정이므로 균일 유동 과정에 속한다. 공기를 충전하는 데 소요되는 최소일(가역일)은 식 (8 · 31)로부터

$$W_{\text{rev}} = \sum m_i\left(h_i + \frac{V_i^2}{2} + gZ_i - T_0 s_i\right) - \sum m_e\left(h_e + \frac{V_e^2}{2} + gZ_e - T_0 s_e\right)$$
$$+ [(U_1 - U_2) - T_0(S_1 - S_2) + P_0(V_1 - V_2)]_{\text{cv}} \text{ kJ}$$

가 된다.

검사 체적으로부터 유출하는 질량 $m_e = 0$이므로 우변 제 2 항은 0이다. 또한 탱크의 부피가 일정하므로 $V_1 = V_2$이고, 운동 에너지와 위치 에너지를 무시하면

$$W_{\text{rev}} = m_i(h_i - T_0 s_i) + [(m_1 u_1 - m_2 u_2) - T_0(m_1 s_1 - m_2 s_2)]_{\text{cv}} \tag{a}$$

가 된다.

균일 유동 과정에 대한 질량 보존식은

$$\sum m_i - \sum m_e = (m_2 - m_1)_{\text{cv}} \tag{b}$$

$$m_i = m_2 - m_1$$

이다. 이 식을 W_{rev}에 관한 식 (a)에 넣어 정리하면

$$W_{\text{rev}} = [m_2(h_i - u_2) - m_1(h_i - u_1)] - T_0[m_2(s_i - s_2) - m_1(s_i - s_1)]$$

입구의 공기 온도는 처음과 마지막 상태가 모두 같으므로

$$T_i = T_1 = T_2 = 300 \text{ K}$$

이다. 300 K일 때 공기의 엔탈피와 내부 에너지는

$$h_i = 300.19 \text{ kJ/kg}$$

$$u_1 = u_2 = 214.07 \text{ kJ/kg}$$

이다.

탱크 내의 질량은

$$m_1 = \frac{P_1 V_1}{RT_1} = \frac{100 \times 250}{0.287 \times 300} = 290.3600 \text{ kg}$$

$$m_2 = \frac{P_2 V_2}{RT_2} = \frac{2000 \times 250}{0.287 \times 300} = 5807.2009 \text{ kg}$$

엔트로피의 변화는 $T_i = T_1 = T_2$, $P_1 = P_i$이므로

$$s_i - s_1 = c_{pm} \ln\frac{T_i}{T_1} - R\ln\frac{P_i}{P_1} = 0$$

$$s_i - s_2 = c_{pm} \ln\frac{T_i}{T_2} - R\ln\frac{P_i}{P_2} = -R\ln\frac{P_i}{P_2}$$

$$s_i - s_2 = -0.287 \ln\frac{100}{2000} = 0.8598 \text{ kJ/kg K}$$

따라서

$$W_{\text{rev}} = [5807.2009(300.19-214.07) - 290.36(300.19-214.07)]$$
$$-300[(5807.2009 \times 0.8598) - 0] = -1,022,799.062\,\text{kJ}$$

탱크 속에 공기를 300 K, 2 MPa로 채우기 위하여는 최소일 1,022,799.062 kJ의 일이 필요하다. 그러나 실제일은 이 최소일보다 비가역성에 상당하는 일만큼이 더 필요하다.

(2) 일반적인 비정상 유동 과정

식 (8 · 32)에 표시된 비정상 유동 과정에 대한 제 2 법칙 해석으로부터 가역일을 구하면

$$W_{\text{rev}} = \Sigma \int_1^2 \left(h_i + \frac{\boldsymbol{V}_i^2}{2} + gZ_i - T_0 s_i\right)\delta m_i - \Sigma \int_1^2 \left(h_e + \frac{\boldsymbol{V}_e^2}{2} + gZ_e - T_0 s_e\right)\delta m_e$$
$$+ [(U_1 - U_2) - T_0(S_1 - S_2) - P_0(V_1 - V_2)]_{\text{cv}}\ \text{kJ} \qquad (8 \cdot 36)$$

또는

$$W_{\text{rev}} = \Sigma \int_1^2 \psi_i\, \delta m_i - \Sigma \int_1^2 \psi_e\, \delta m_e + (\Phi_1 - \Phi_2)_{\text{cv}}\ \text{kJ} \qquad (8 \cdot 37)$$

식 (8 · 36)을 일률(동력, work ratio)로 나타내면

$$\dot{W}_{\text{rev}} = \Sigma \int_{A_i} \left(h_i + \frac{\boldsymbol{V}_i^2}{2} + gZ_i - T_0 s_i\right)\rho \boldsymbol{V}_i\, dA_i$$
$$- \Sigma \int_{A_e} \left(h_e + \frac{\boldsymbol{V}_e^2}{2} + gZ_e - T_0 s_e\right)\rho \boldsymbol{V}_e\, dA_e - \frac{d(E + P_0 V - T_0 S)_{\text{cv}}}{dt}\ \text{kJ/s}$$
$$(8 \cdot 38)$$

한편 계가 다른 물체와 열전달이 이루어지고 있을 때에는 식 (8 · 36)에 열전달항

$$\sum_{k=1}^{n} Q_k\left(1 - \frac{T_0}{T_k}\right)$$

를 고려하면 다음 식으로 표시된다.

$$W_{\text{rev}} = \Sigma \int_1^2 \left(h_i + \frac{\boldsymbol{V}_i^2}{2} + gZ_i - T_0 s_i\right)\delta m_i - \Sigma \int_1^2 \left(h_e + \frac{\boldsymbol{V}_e^2}{2} + gZ_e - T_0 s_e\right)\delta m_e$$
$$+ [(U_1 - U_2) - T_0(S_1 - S_2) - P_0(V_1 - V_2)]_{\text{cv}} + \sum_{k=1}^{n} Q_k\left(1 - \frac{T_0}{T_k}\right)\ \text{kJ} \qquad (8 \cdot 39)$$

8.6 요약 정리

■ **유효 에너지**(available energy) 또는 **엑서지**(exergy) : 계가 열원으로부터 받는 열량 중 일로 바꿀 수 있는 부분을 말한다.

■ **무효 에너지**(unavailable energy) 또는 **아너지**(anergy) : 열량 중 일로 바꿀 수 없는 부분을 말한다.

■ 유효 에너지와 무효 에너지와의 관계 : Q=유효 에너지+무효 에너지

■ **실제일**(actual work) W : 계가 하는 실제일로서 에너지 보존식으로부터 구한다.

■ **주위일**(surroundings work) W_0 또는 W_{sur} : 주위 압력 P_0에서 주위 물질(매체)을 계의 외부에서 배제하는 데 사용되는 일로서 이 일은 유용한 일로 사용될 수 없다.

■ **유용일**(useful work) W_u : 실제일과 주위 일의 차로서

$$W_u = W - W_{sur} = W - P_0(V_2 - V_1)\ \text{kJ} \tag{8·40}$$

여기서 W_{sur}은 사이클 장치, 정상류 장치, 고정 경계를 갖는 계에서는 0이다.

■ **가역일**(reversible work W_{rev} : 주어진 두 상태의 변화 과정에서 얻을 수 있는 유용일(useful work)의 최대값을 말한다.

임의 상태 1로부터 기준 상태로 되는 사이에 이용할 수 있는 에너지는 상태 변화가 가역일 때 최대가 된다.

■ **비가역성**(irreversibility) I : 가역일 W_{rev}와 유용일 W_u의 차로 표시된다.

$$I = W_{rev} - W_u = T_0 S_{gen}\ \text{kJ} \tag{8·41}$$

$$i = w_{rev} - w_u = T_0 s_{gen}\ \text{kJ/kg} \tag{8·42}$$

$$\dot{I} = \dot{W}_{rev} - \dot{W}_u = T_0 \dot{S}_{gen}\ \text{kW} \tag{8·43}$$

여기서 S_{gen}은 엔트로피 생성이다.

■ **제1법칙 효율**(열효율) η : 공급 열량 Q와 유효하게 한 일 W와의 비

$$\eta_{th} = \frac{W}{Q} = \left(1 - \frac{T_L}{T_H}\right)$$

로 표시된다.

■ **제2법칙 효율**(second law efficiency) η_{II} :

$$\text{열기관}: \eta_{II} = \frac{\text{열기관의 실제 열효율}(\eta_{th})}{\text{최대 가능 열효율}(\eta_{th,rev})} = \frac{\text{유용한 일}(W_u)}{\text{최대(가역)일}(W_{rev})}$$

냉동기 : $\eta_{\text{II}} = \dfrac{W_{\text{rev}}}{W_u}$

■ **폐쇄계의 제2법칙 해석** : 폐쇄계의 유효성(availability) ψ

$$\psi = (u - u_0) - T(s - s_0) + P_0(v - v_0) \text{ kJ/kg}$$

■ **유동계의 제2법칙 해석** : 유동계의 유효성 Ψ

$$\Psi = (h - h_0) - T(s - s_0) + \frac{\boldsymbol{V}^2}{2} + gZ \text{ kJ/kg}$$

여기서 첨자 0은 주위 P_0, T_0일 때의 상태를 의미한다.

■ **사이클 장치의 가역일**

열기관 : $W_{\text{rev}} = \eta_{\text{th, rev}}\, Q_H$

냉동기 : $W_{\text{rev}} = \dfrac{Q_L}{\epsilon_{\text{ref, rev}}}$

열펌프 : $W_{\text{rev}} = \dfrac{Q_H}{\epsilon_{\text{hp, rev}}}$

■ **유 동 계**

정상 유동계 ;

$$\begin{aligned}\dot{W}_{\text{rev}} &= \Sigma \dot{m}_i \left(h_i + \frac{\boldsymbol{V}_i^2}{2} + gZ_i - T_0 s_i\right) - \Sigma \dot{m}_e \left(h_e + \frac{\boldsymbol{V}_e^2}{2} + gZ_e - T_0 s_e\right) \\ &= \Sigma \dot{m}_i \psi_i - \Sigma \dot{m}_e \psi_e\end{aligned}$$

균일 유동계 ;

$$\begin{aligned}W_{\text{rev}} = &\Sigma m_i \left(h_i + \frac{\boldsymbol{V}_i^2}{2} + gZ_i - T_0 s_i\right) - \Sigma m_e \left(h_e + \frac{\boldsymbol{V}_e^2}{2} + gZ_e - T_0 s_e\right) \\ &+ [(U_1 - U_2) - T_0(S_1 - S_2) - P_0(V_1 - V_2)]_{\text{cv}} \text{ kJ}\end{aligned}$$

비정상 유동계의 일반형 :

$$\begin{aligned}W_{\text{rev}} = &\Sigma \int_1^2 \left(h_i + \frac{\boldsymbol{V}_i^2}{2} + gZ_i - T_0 s_i\right) \delta m_i - \Sigma \int_1^2 \left(h_e + \frac{\boldsymbol{V}_e^2}{2} + gZ_e - T_0 s_e\right) \delta m_e \\ &+ [(U_1 - U_2) - T_0(S_1 - S_2) - P_0(V_1 - V_2)]_{\text{cv}} + \sum_{k=1}^{n} Q_k \left(1 - \frac{T_0}{T_k}\right) \text{ kJ}\end{aligned}$$

연 | 습 | 문 | 제

8.1 유효 에너지와 무효 에너지에 대하여 설명하여라.

8.2 다음 용어를 간단히 설명하여라.

(1) 기준 상태 또는 주위 상태(dead state)
(2) 비가역성(irreversibility)
(3) 유효성(availability)
(4) 열역학 제1법칙 효율
(5) 열역학 제2법칙 효율

8.3 유동계의 제 2 법칙 해석에 대하여 기술하여라.

8.4 비정상 유동계의 제 2 법칙 해석에 관한 식을 기술하고 설명하여라.

8.5 유동일(flow work)과 가역일(reversible work)에 대하여 설명하여라.

8.6 가역일과 실제일이 같은 경우는 어떠한 경우인가?

8.7 어느 기계 장치가 최대일을 할 수 있는 최종 상태를 어떠한 상태라고 하는가?

8.8 비가역성이 존재하지 않는 계에서 가역일과 유용일과는 어떠한 관계가 있는가?

8.9 풍력 발전기의 로터 지름이 10 m이고, 바람의 속도가 7 m/s일 때 총 수요 전력이 320 kW이라면 풍차는 몇 개를 세워야 하겠는가? 주위 상태는 25℃, 101 kPa이고, 바람은 정상류로 생각한다.

8.10 밑면적 10,000 m^2인 호수의 물깊이가 10 m이다. 이 물을 호수 밑면으로부터 110 m 아래에 있는 발전소에 물을 공급하여 발전하는 경우 최대 전기일(kWh)을 구하여라.

8.11 1600 K인 열원으로부터 300 MJ/h의 열을 받아 일을 하고 298 K인 주위에 열을 방열하는 경우 이 열기관의 최대 효율과 유효성을 구하여라.

8.12 1500 K인 열원으로부터 600 kW의 열량을 받아서 350 kW의 일을 하는 열기관이 있다. 주위의 온도가 320 K일 경우 이론적으로 얻을 수 있는 효율 $\eta_{th,max}$와 가역일, 비가역성 $\dot{I}$, 이 기관의 제 2 법칙 효율을 구하여라.

8.13 900 K인 열원에서 100 kJ의 열량을 공급받는 열기관이 할 수 있는 유용일(useful work)은 몇 kJ인가? 단, 주위 온도는 298 K이다.

8.14 냉동기의 제 2 법칙 효율이 43 %, 흡수 열량이 200 kJ/min이다. 만일 주위 온도가 25℃일 경우 냉동기 내의 온도를 3℃로 유지하는 데 필요한 동력을 결정하여라.

8.15 피스톤-실린더 장치에서 초기 상태가 100 kPa, 25℃이고 공기 봉입량은 2.5 L이다. 이 공기를 압축하여 최종 상태가 500 kPa, 150℃로 압축될 때의 입력일이 1.2 kJ이라면

(1) 공기의 처음과 마지막 상태의 유효성
(2) 압축 과정의 최소일
(3) 제 2 법칙 효율

을 구하여라. 단, 주위의 온도는 25℃, 100 kPa이다.

8.16 단열된 피스톤-실린더 장치에 2.5 L의 포화수가 150 kPa의 압력으로 들어 있다. 전열기를 작동시켜서 2500 kJ의 열이 가해질 경우 최소일과 비가역성을 구하여라. 단, 주위 상태는 100 kPa, 25℃이다.

8.17 부피가 1.5 m^3인 강체 용기에 공기가 2.5 kg이 100 kPa의 압력으로 들어 있다. 날개차를 회전시켜서 탱크 내의 압력이 120 kPa이 되었을 때 날개차의 실제일을 구하여라. 단, 정적 비열은 0.72 kJ/kg K로 한다.

8.18 100 bar, 500℃의 증기가 60 bar로 스로틀링 될 때 손실일(비가역성)을 구하여라. 단, 주위의 공기는 20℃이다.

8.19 공기가 0.1 MPa, 17℃로부터 0.7 MPa, 167℃로 압축된다. 압축 과정은 정상류 압축이며 압축기 동력은 6.0 kW이다. 위치 및 운동 에너지 변화를 무시하며 공기 유효성 증가와 비가역성률을 구하여라. 단, 주위 온도는 17℃이고, 압축기의 유량은 1.8 kg/min이다.

8.20 공기가 100 kPa, 17℃로부터 600 kPa, 287℃까지 정상적으로 압축된다. 주위 온도가 초기 공기 온도와 같고, 유량이 3 kg/min일 경우 압축기의 최소 동력을 구하여라.

8.21 엔트로피 생성에 대하여 설명하여라.

8.22 카르노 사이클로 작동되는 열기관이 700 K와 300 K 사이에서 작동되는 경우 엔트로피 변화가 1.5 kJ/K이다. 다음 물음에 답하여라.

(1) 온도-엔트로피 선도를 그리고
(2) 열효율(제 1 법칙 효율)과
(3) 비가역성을 구하여라.

8.23 질량 9 kg, 온도 500 K인 구리 조각의 주위 온도가 300 K일 때 유효일(available work)을 구하여라. 다만 구리의 비열은 0.383 kJ/kg K이다.

8.24 부피가 1.8 m^3인 강체 탱크에 1 MPa, 423 K의 공기가 들어 있다. 공기가 주위 공기(온도 20℃)와 열교환에 의하여 20℃의 공기로 되었다면 유효일과 비가역성은 얼마인가?

8.25 체적 0.2 m^3의 정적 용기에 700 K, 350 kPa의 공기가 들어 있다. 공기의 온도가 주위와의 열전달로 인해 450 K로 떨어진다. 이 과정에서의 가역일과 비가역성을 계산하여라. 단, 주위의 온도는 298 K이고 압력은 100 kPa이다.

8.26 150 kPa, 450℃인 공기 5 kg이 강체 용기 속에 들어 있다. 용기의 벽을 통해 교반기가 설치되어 있고, 이 교반기가 강체 용기 내부에 70 kJ의 일을 한다. 이 과정 동안에 공기의 온도는 350℃의 온도를 가지는 열원으로부터 열전달이 일어나 일정하게 유지된다고 가정한다. 이 과정에서 (1) 공기를 계로 생각할 때, (2) 열원을 계로 생각할 때, (3) 공기와 열원 모두를 계로 할 때의 비가역성을 구하여라. 단, 주위의 온도와 압력은 각각 298 K, 100 kPa이다.

8.27 어느 열기관이 T_H, T_L사이에서 작동하고 외부에 대하여 w_{net}의 일을 하는 경우 열역학 제 2 법칙 효율(the second law efficiency) η_{II}를 구하여라. 단, 이 기관은 고열원에서 Q_H의 열량을 받고 저열원에 Q_L을 방열한다.

8.28 단열 터빈이 0.7 MPa, 1000℃의 가스를 받아 일을 하고 0.2 MPa, 665℃의 상태로 터빈을 나온다. 주위 온도가 25℃일 경우 터빈의 제 2 법칙 효율과 등엔트로피 효율을 구하여라.

8.29 균일 유동계의 유효 에너지 관계식을 유도하고 설명하여라.

8.30 정상류 단열 터빈과 공기 압축기의 유효 에너지를 구하는 식을 구하고 어떻게 다른지 설명하여라.

8.31 아너지(anergy)와 엑서지(exergy)를 설명하고 그 어원을 조사하여 보아라.

8.32 폐쇄계(closed system)의 열역학 제 2 법칙에 관한 식을 세우고 설명하여라.

8.33 냉동기의 열역학 제 2 법칙 효율이 $\eta_{II} = \dfrac{\text{COP}}{\text{COP}_{\text{Carnot}}}$로 표시됨을 증명하여라.

8.34 단열 압축기에서 유량이 3 kg/s, 입구 상태 320 K, 0.1 MPa로 유입하여 700 kPa, 560 K로 유출한다. 유효 에너지 변화를 구하여라. 단 T_0=298 K이다.

8.35 대향하여 고온 유체와 저온 유체가 열교환기 관속을 흐를 경우 유효 에너지 손실을 구하여라.

CHAPTER 09

가스 압축 및 팽창 시스템

이 장에서는 가스 동력 사이클, 냉동 사이클, 증기 동력 사이클에 사용되는 압축 및 팽창 과정에 적용되는 기초 이론과 이들에 사용되는 압축기 및 터빈에 관한 열역학적 기초 이론에 대하여 다루기로 한다.

가스 사이클에 관한 시스템에는 가스 동력 발생 장치, 냉동, 증기 동력 발생 장치 등이 있으며 이들 장치들은 유체의 유동 및 팽창 등을 이용하여 시스템 작동을 이루고 있다. 그러므로 동력 발생, 추진, 냉동 등의 사이클 해석에서는 유체의 압축과 팽창 과정에 적용되는 열역학적 이론을 알아두면 각종 사이클의 열역학적 해석에 쉽게 적용할 수 있다.

9.1 압축기의 개요

기체를 압축기로 압축할 때의 사이클은 동력 사이클과 반대의 사이클이며, 압축되는 유체가 공기나 가스일 경우에는 가스 사이클로 생각할 수 있다. 고압 공기는 공업적으로 가장 널리 사용되며, 압축 공기는 압축기(壓縮機, compressor)에 의하여 얻어진다. 압축기는 왕복 압축기(往復壓縮機, reciprocating comperssor), 회전 압축기(回轉壓縮機, rotary compressor), 터보 압축기(turbo compressor) 등이 있다.

[1] 왕복 압축기

왕복 압축기는 그림 9·1과 같이 피스톤의 왕복 운동(往復運動)에 의하여 공기를 흡입한 다음 소정의 압력으로 압축하여 송출시키는 압축기이다. 압축기는 사용 압력에 알맞은 압축 및 송출 성능을 가져야 한다.

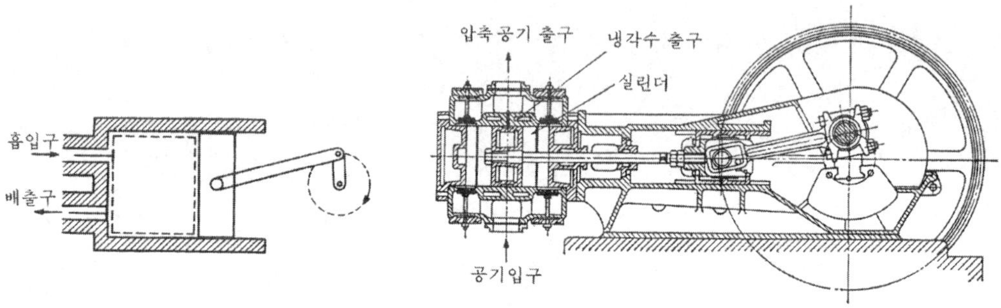

(a) 왕복 압축기의 원리 (b) 왕복식 공기 압축기

그림 9·1 왕복 압축기

[2] 회전 압축기

회전 압축기는 그림 9·2와 같이 2개의 회전하는 로브(lobe) 또는 스크루형(screw type) 회전체 등의 회전에 의하여 공기를 흡입, 압축, 송출시키는 압축기이다.

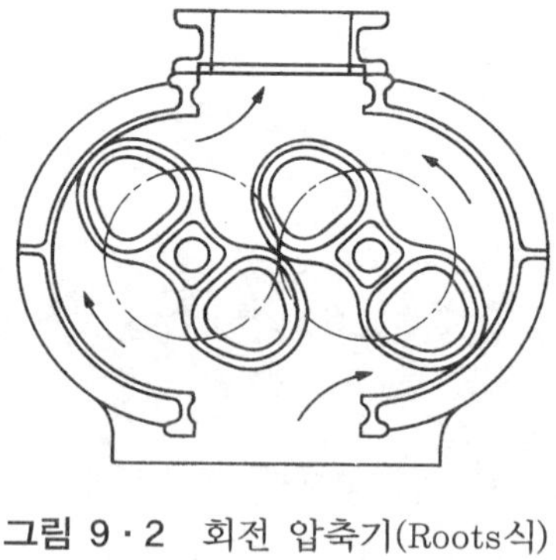

그림 9·2 회전 압축기(Roots식)

[3] 터보 압축기

터보 압축기는 그림 9·3과 같이 가스에 고속 회전 운동을 부여하고 그 원심력(遠心力, centrifugal force)으로 기체에 압력을 주어 압축하는 기계로서 **원심식 압축기**(centrifugal compressor)라고도 한다.

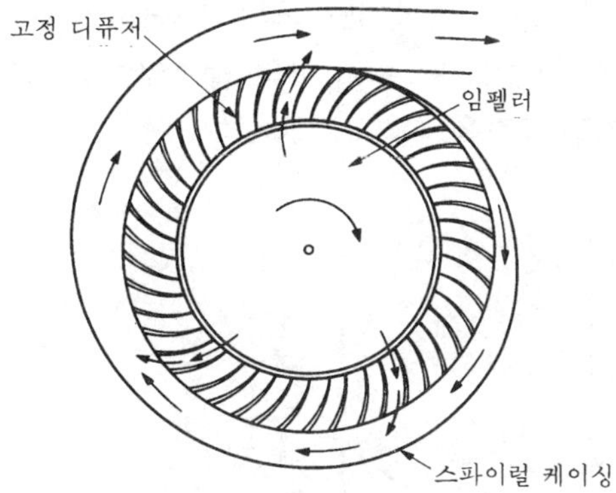

그림 9·3 터보 압축기

터보 압축기는 회전자인 로터와 고정자인 스테이터(stator)로 구성되어 있다. 로터는 운동 에너지와 압력을 높여 주고, 스테이터는 압력을 더욱 높여 주기 위하여 유체의 속도를 감소시키는 일을 한다. 원심 압축기에서 고정 디퓨저(stationary diffuser)는 확대 유로를 갖는 베인 또는 스파이럴 모양을 갖는 베인리스 환상 공간을 가지고 있어서 유체의 속도를 감소시키고 압력을 높여 주는 역할을 한다.

한편 축류 압축기(axial-flow compressor)는 각 단의 스테이터는 확대 유로를 이루는 베인열로 구성되어 있다.

이상과 같은 압축기는 열역학적으로 그 작동원리는 다를 바 없으나 왕복 압축기는 극간(隙間, clearance)이 있으나 회전식에서는 극간이 없는 점이 다르다. 여기서는 주로 왕복 압축기를 중심으로 다루기로 한다.

그림 9·4는 터보 기계의 가스 유동 방향에 따른 로터의 형식을 나타낸 것이다. 터보 기계는 가스(공기) 흐름에 따라서 축방향으로 가스가 유동하는 축류방식과, 반경 방향으로 흐르는 반경류(radial flow)방식, 가스흐름 방식에 따라서 이들 두 방식의 복합된 흐름을 갖는 혼류(mixed flow)방식이 있다.

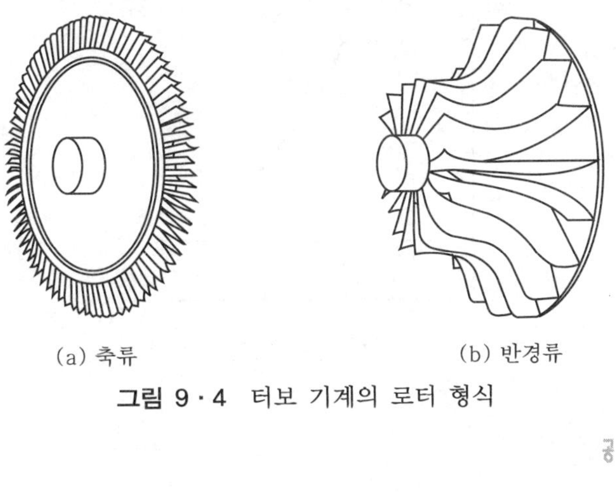

(a) 축류　　　(b) 반경류

그림 9·4 터보 기계의 로터 형식

그림 9·5는 터보 압축기 단에서의 등엔트로피 압축(isentropic compression)을 할 때 압축 과정을 나타낸 것이다. 과정 1→2는 로터의 압축일이고, 과정 2→3은 스테이터 또는 고정 디퓨저 내의 상태 변화 과정을 나타낸 것이다.

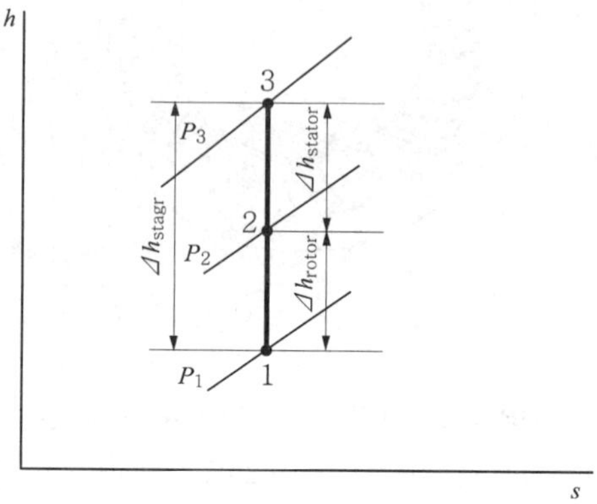

그림 9·5 단단 등엔트로피 압축

9.2 정상류 압축 과정

그림 9·6은 이상적인 왕복 압축기 사이클의 지압 선도(指壓線圖, indicator diagram)이다. 이것은 극간이 없는 경우로서 피스톤이 상사점(上死点)으로부터 하사점(下死点)으로 이동할 때 흡입 밸브가 열려서 공기가 흡입된다.

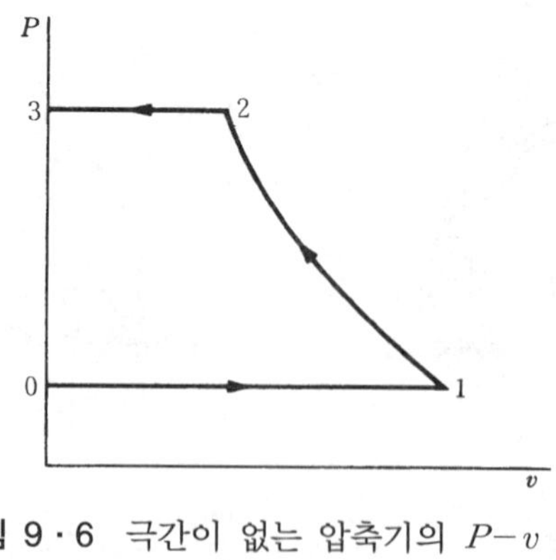

그림 9·6 극간이 없는 압축기의 $P-v$ 선도

피스톤이 0→1로 이동하는 동안 공기가 흡입되고, 과정 1→2에서 흡입된 공기가 압축된다. 압력이 P_2가 되면 송출 밸브가 자동적으로 열려서 일정 압력하에서 2→3까지 배출하게 된다. 이와 같이 하여 다음 행정이 시작되면 흡입 밸브가 열려서 실린더 내의 압력은 P_2로부터 P_1으로 순간적으로 저하하여 사이클 과정을 이루게 된다. 따라서 지압 선도의 면적(0 1 2 3 0)은 피스톤이 1 왕복하였을 때 소비된 일이 된다.

그림 **9·7**에서 압축 과정이 열교환이 없는 단열 과정으로 이루어진다면 단열 압축으로 되어 과정 1→2s 경로를 거치게 되며, 등온 압축한다면 1→2의 경로를 거친다. 실제의 압축 과정은 폴리트로프 압축이므로 과정 1→2_n에 따른다.

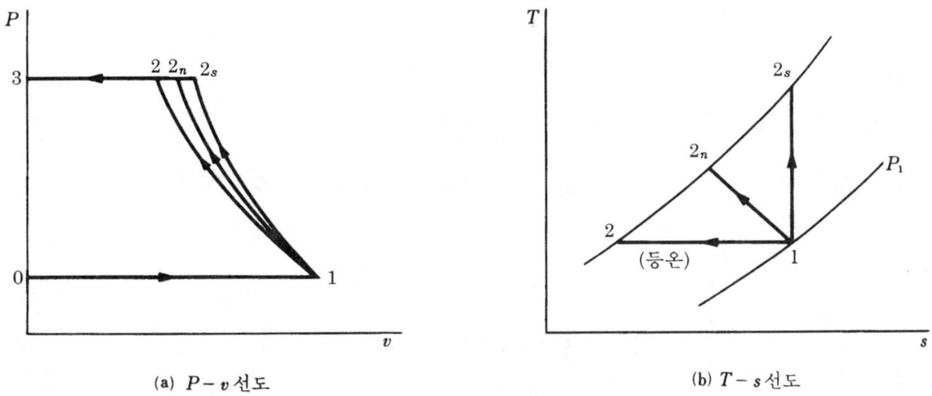

그림 9·7 여러 가지 압축 과정

압축기의 입구 및 출구에 대하여 정상 상태, 정상류 에너지 평형식을 세우면

$$q + h_1 + \frac{V_1^2}{2} + g Z_1 = h_2 + \frac{V_2^2}{2} + g Z_2 + w \tag{a}$$

가 된다. 여기서 첨자 1, 2는 각각 입구와 출구를 나타낸다.

한편 압축기의 열전달량은

$$q = \int_1^2 Tds \tag{b}$$

$$Tds = dh - vdP \tag{c}$$

가 된다. 따라서

$$q = \int_1^2 Tds = (h_2 - h_1) - \int_1^2 vdP \tag{d}$$

가 된다. 식 (a)를 다시 쓰면

$$w = \int_1^2 Tds + (h_1 - h_2) + \frac{1}{2}(\boldsymbol{V}_1^2 - \boldsymbol{V}_2^2) + g(Z_1 - Z_2) \tag{e}$$

식 (d)를 식 (e)에 대입하면

$$w = -\int_1^2 vdP + \frac{1}{2}(\boldsymbol{V}_1^2 - \boldsymbol{V}_2^2) + g(Z_1 - Z_2) \tag{9・1}$$

가 된다. 이 식이 정상 압축 과정에 대한 일을 구하는 식이다. 대부분의 경우 압축기 입구 및 출구의 운동 에너지 변화 및 위치 에너지의 변화는 무시($\Delta KE = \Delta PE = 0$)할 수 있으므로

$$w = -\int_1^2 vdP \tag{9・2}$$

로 표시할 수 있다.

식 (9・2)는 제 3 장에서 다룬 바와 같이 공업일(工業일, technical work) w_t에 상당한다. 폴리트로프 변화의 식 $Pv^n = \text{const.}$을 식 (9・2)에 대입하여 정리하면

$$\begin{aligned} w &= -\int_1^2 v\,dP \\ &= -\frac{n}{n-1}(P_2 v_2 - P_1 v_1),\ (n \neq 1) \end{aligned}$$

가 된다.

압축기 사이클을 $0 \rightarrow 1$, $1 \rightarrow 2$, $2 \rightarrow 3$, $3 \rightarrow 0$ 과정으로 나누어 생각하면

$$W_{01} = P_1(V_1 - V_0) = P_1 V_1$$

$$W_{12} = \frac{1}{\kappa - 1}(P_1 V_1 - P_2 V_2)$$

$$W_{23} = P_2(V_3 - V_2) = -P_2 V_2$$

$$W_{30} = 0$$

$$\therefore\ W_{\text{cycle}} = \Sigma W = \frac{\kappa}{\kappa - 1}(P_1 V_1 - P_2 V_2)$$

$$\therefore\ W_t = \frac{\kappa}{\kappa - 1}(P_1 V_1 - P_2 V_2) \tag{9・3}$$

로 표시된다.

[1] 등온 압축

등온 변화의 경우는 $Pv = \text{const.}$ 또는 $Pv^n =$ 일정에서 $n = 1$이므로 등온 압축일을 $W_{t,\text{is}}$라 하면 식 (9・2)로부터

$$W_{t,\mathrm{is}} = -\int_1^2 VdP = -\int_1^2 P_1 V_1 \frac{dP}{P}$$

$$= -P_1 V_1 \ln \frac{P_2}{P_1} \qquad (9 \cdot 4)$$

가 된다. 이 경우 도중에 기체가 흡수하는 열량 Q_{is} 는

$$Q_{\mathrm{is}} = W_{t,\mathrm{is}} \qquad (9 \cdot 5)$$

와 같다.

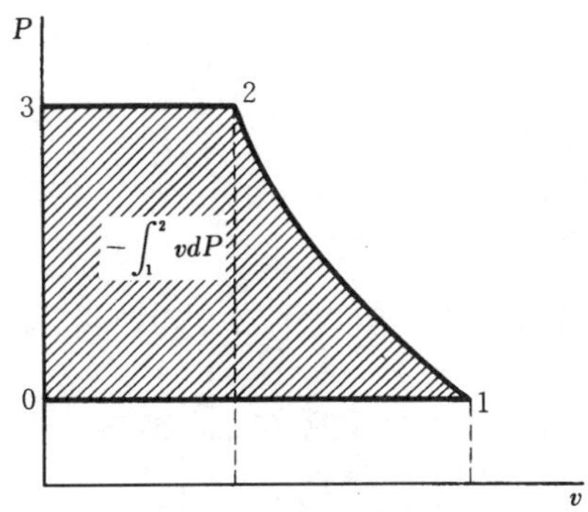

그림 9·8 공업일

압축기 운전에 필요한 동력 N_{is} 는 송출량을 $\dot{V}$라 하면

$$N_{\mathrm{is}} = -P_1 \dot{V}_1 \ln \frac{P_2}{P_1} \qquad (9 \cdot 6)$$

가 된다. 이것은 극간이 없는 압축기이므로 **등온 도시 동력**(等溫圖示動力) 또는 **등온 공기 동력**(等溫空氣動力)이라 한다.

[2] 단열 압축

압축 과정을 단열 압축으로 보면 압축일 $W_{t,\mathrm{ad}}$는 다음 식으로 표시된다.

$$W_{t,\mathrm{ad}} = \frac{\kappa}{\kappa-1}(P_1 V_1 - P_2 V_2) = \kappa W_{12} \qquad (9 \cdot 7)$$

따라서

$$W_{t,\mathrm{ad}} = \frac{\kappa}{\kappa-1} P_1 V_1 \left[1 - \left(\frac{P_2}{P_1}\right)^{\frac{\kappa-1}{\kappa}}\right]$$

$$W_{t,\,\mathrm{ad}} = \frac{\kappa}{\kappa-1} m R (T_1 - T_2)$$
$$= m c_p (T_1 - T_2) \qquad (9 \cdot 8)$$

여기서 κ는 비열비, R, c_p는 각각 가스 정수, 정압 비열이다.

한편 체적 V_1 대신에 체적 유량 $\dot{V}_1$을 사용하여 나타내면 소요 동력(所要動力) N_{ad}는

$$N_{\mathrm{ad}} = \frac{\kappa}{\kappa-1} P_1 \dot{V}_1 \left[1 - \left(\frac{P_2}{P_1}\right)^{\frac{\kappa-1}{\kappa}}\right]$$
$$= \frac{\kappa}{\kappa-1} \dot{m} R T_1 \left[1 - \left(\frac{P_2}{P_1}\right)^{\frac{\kappa-1}{\kappa}}\right] \qquad (9 \cdot 9)$$

가 된다. 여기서 $\dot{m}$는 질량 유량이다.

[3] 폴리트로프 압축

1→2 사이의 압축 과정을 폴리트로프 압축으로 생각하여 폴리트로프 지수 n 을 적용하면

$$W_{t,\,\mathrm{pol}} = \frac{n}{n-1} P_1 \dot{V}_1 \left[1 - \left(\frac{P_2}{P_1}\right)^{\frac{n-1}{n}}\right]$$
$$W_{t,\,\mathrm{pol}} = \frac{n}{n-1} \dot{m} R (T_1 - T_2) \qquad (9 \cdot 10)$$

가 된다. 이 때 폴리트로프 지수 n 은 냉각하지 않는 소형 단동 압축기(單動壓縮機, single acting compressor)에서 $n=1.25$, 대형 복동 압축기(復動壓縮機, double acting compressor)에서는 $n=1.35$ 정도이다.

또 작업 유체로부터 흡수하는 열량은

$$Q_{\mathrm{pol}} = c_v \frac{n-\kappa}{n-1} (T_1 - T_2)$$
$$= \frac{R}{\kappa-1} \frac{n-\kappa}{n-1} (T_1 - T_2)$$
$$= \frac{n-\kappa}{\kappa-1} \frac{1}{n} W_{t,\,\mathrm{pol}}$$
$$Q_{\mathrm{pol}} = \frac{n-\kappa}{n(\kappa-1)} W_{t,\,\mathrm{pol}} \qquad (9 \cdot 11)$$

또한 소요 동력 N_n은

$$N_n = \frac{n}{n-1} P_1 \dot{V}_1 \left[1 - \left(\frac{P_2}{P_1}\right)^{\frac{n-1}{n}}\right]$$

$$= \frac{n}{n-1} \dot{m} R T_1 \left[1 - \left(\frac{P_2}{P_1}\right)^{\frac{n-1}{n}}\right] \qquad (9 \cdot 12)$$

가 된다.

보기 9.1

0.1 MPa, 온도 20℃의 공기를 1 MPa까지 압축하는 압축기의 이론 소요 동력을 (1) 등온 압축, (2) 단열 압축, (3) 폴리트로트 압축(n=1.3)하는 경우에 대하여 각각 구하여라. 단, 공기 유량은 12 m^3/min이다.

풀이 (1) 등온 압축하는 경우($T_1 = T_2$ =20℃)

$$N_{is} = -P_1 \dot{V}_1 \ln\frac{P_2}{P_1} = -0.1 \times 1000 \times \frac{12}{60} \times \ln\frac{1}{0.1}$$

$$= -46.0517\,\text{kW}$$

$$\dot{Q}_{is} = N_{is} = -46.0517\,\text{kW}$$

(2) 단열 압축하는 경우

$$W_{t,ad} = \frac{\kappa}{\kappa-1} P_1 \dot{V} \left[1 - \left(\frac{P_2}{P_1}\right)^{\frac{\kappa-1}{\kappa}}\right]$$

$$W_{t,ad} = \frac{1.4}{1.4-1} \times 100 \times \frac{12}{60} \times \left[1 - \left(\frac{1000}{100}\right)^{\frac{1.4-1}{1.4}}\right]$$

$$= -65.1488\,\text{kW}$$

$$\dot{Q}_{ad} = 0$$

(3) 폴리트로프 압축(n = 1.3)의 경우

$$N_n = \frac{n}{n-1} P_1 \dot{V}_1 \left[1 - \left(\frac{P_2}{P_1}\right)^{\frac{n-1}{n}}\right]$$

$$W_{t,n} = \frac{1.3}{1.3-1} \times 100 \times \frac{12}{60} \times \left[1 - \left(\frac{1000}{100}\right)^{\frac{1.3-1}{1.3}}\right]$$

$$= -60.7754\,\text{kW}$$

$$\dot{Q}_n = \frac{n-\kappa}{n(\kappa-1)} W_{t,n} = \frac{1.3-1.4}{1.3(1.4-1)}(-60.7754)$$

$$= 46.7503\,\text{kW}$$

9.3 다단 압축 사이클

압축기의 압력비($=P_2/P_1$)가 클 때에는 폴리트로프 압축일 $W_{t,\,\mathrm{pol}}$과 등온 압축일 $W_{t,\,\mathrm{is}}$의 차가 커진다. 이러한 경우에는 압축일을 작게 하고 또 체적 효율(體積效率, volumetric efficiency)을 크게 하기 위하여 압축일을 여러 단(段, stage)으로 나누어 압축한다. 또 그 도중에 중간 냉각기(中間冷却器, intercooler)를 설치하며 압축 초의 온도까지 냉각하여 전체가 등온 압축에 가깝게 한다.

하나의 보기를 들면 그림 9 · 9와 같이 2단 압축하는 경우에 저압 실린더에서 P_1에서 P_b까지 압축하고 중간 냉각하여 온도가 T_b로부터 $T_a=T_1$이 되게 낮추고, 고압 실린더에서 $P_a=P_b$로부터 P_2까지 압축한다. 이렇게 하면 P_1에서 P_2까지 1단 폴리트로프 압축하는 경우보다 면적($ab2_n2$)만큼 소비일은 적어진다. 또한 단수를 증기시키면 그만큼 등온선 1→2is에 접근하게 되어 일은 작아진다.

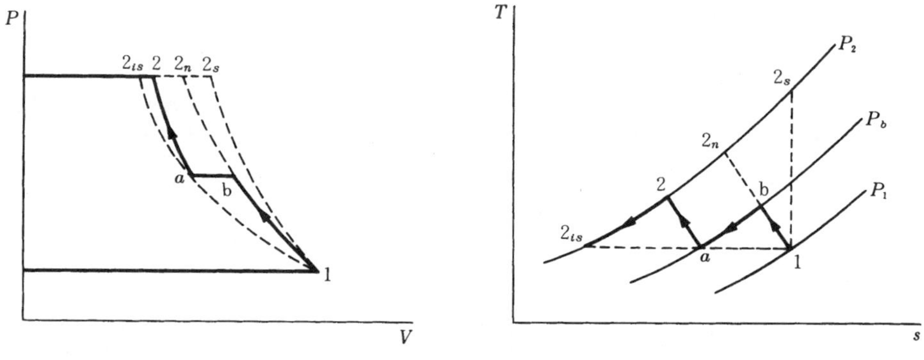

그림 9 · 9 2단 압축기 사이클

다단 압축의 경우 중간 압력 P_b를 초압 P_1과 최종 압력 P_2 사이의 어떠한 값으로 하는가가 중요하다. 최적 P_b값을 구하기 위하여 저압단(低壓段, low-pressure stage) 및 고압단(高壓段, high-pressure stage)의 압축이 모두 $Pv^n=$일정인 폴리트로프 압축이라고 가정하면

$$W_t = W_{t1} + W_{t2}$$

$$W_t = \frac{n}{n-1} m R T_1 \left[1-\left(\frac{P_b}{P_1}\right)^{\frac{n-1}{n}}\right] + \frac{n}{n-1} m R T_1 \left[1-\left(\frac{P_2}{P_b}\right)^{\frac{n-1}{n}}\right]$$

$$= -\frac{n}{n-1} m R T_1 \left[\left(\frac{P_b}{P_1}\right)^{\frac{n-1}{n}} + \left(\frac{P_2}{P_b}\right)^{\frac{n-1}{n}} - 2\right] \qquad (9 \cdot 13)$$

가 된다. 따라서 P_1에서 P_2까지 압축하는 데 필요한 총 일 W_t가 최소가 되는 조건으로부터 중간 압력 P_b를 구하면 된다.

식 (9・13)에서 우변 [ ] 내의 값을

$$Z=\left(\frac{P_b}{P_1}\right)^{\frac{n-1}{n}}+\left(\frac{P_2}{P_b}\right)^{\frac{n-1}{n}}-2$$

라 하고, $\frac{dZ}{dP_b}=0$일 때 P_b를 구하면

$$Z=\left(\frac{P_b}{P_1}\right)^{N}+\left(\frac{P_2}{P_b}\right)^{N}-2,\quad N=\frac{n-1}{n}$$

$$\frac{dZ}{dP_b}=N\frac{P_b^{N-1}}{P_1^N}-N\frac{P_2^N}{P_b^{N-1}}=0$$

$$\therefore\ {P_b}^2=P_1P_2$$

따라서

$$P_b=\sqrt{P_1P_2} \tag{9・14 a}$$

가 된다. 또는

$$\frac{P_b}{P_1}=\frac{P_2}{P_b}=\left(\frac{P_2}{P_1}\right)^{\frac{1}{2}} \tag{9・14 b}$$

가 된다. 즉, 각 단의 압력비가 같도록 중간 압력을 설정한다.

3단 압축기(3段壓縮機, three-stage compressor)에서 저압측 냉각기 압력 P_a는 식 (9・14 a)와 같은 방법으로 구하면

$$P_a=\sqrt[3]{{P_1}^2P_2} \tag{9・15 a}$$

여기서 P_1은 초압, P_2는 최종 압력이다.

따라서 고압측 중간 냉각기 압력을 P_b라 하면

$$P_b=\sqrt[3]{P_1{P_2}^2} \tag{9・15 b}$$

이 된다. 따라서 3단 이상의 압축의 경우에는 각 단의 압력비를 같도록 한다.

각 단의 분할한 단수(段數)를 j라 하면 단열 압축일 W_{tn}은

$$W_{\mathrm{tn}} = \frac{j\kappa}{\kappa - 1} P_1 \dot{V}_1 \left[1 - \left(\frac{P_2}{P_1} \right)^{\frac{\kappa - 1}{\kappa j}} \right] \tag{9 · 16 a}$$

가 된다. 송출 공기의 체적 유량을 $\dot{V}_1$, 소요 동력을 N_{ad}라 하면

$$N_{\mathrm{ad}} = \frac{j\kappa}{\kappa - 1} P_1 \dot{V}_1 \left[1 - \left(\frac{P_2}{P_1} \right)^{\frac{\kappa - 1}{\kappa j}} \right] \tag{9 · 16 b}$$

가 된다. 압력비는 보통 소형 압축기에서는 $P_2/P_1 = 6 \sim 15$, 중형에서는 5~8, 대형에서는 2~4 정도로 한다.

9.4 극간이 있는 압축기 사이클

실제의 왕복 압축기에서는 약간의 극간 체적(隙間體積, clearance volume)이 존재하므로 흡입 행정시 이 부분에 남아 있는 공기가 그림 **9 · 10**과 같이 3→4 과정에 따라 팽창하면서 흡입이 이루어진다. 따라서 실제의 흡입 행정은 과정 4→1에서 이루어지므로 행정 체적보다 작아진다.

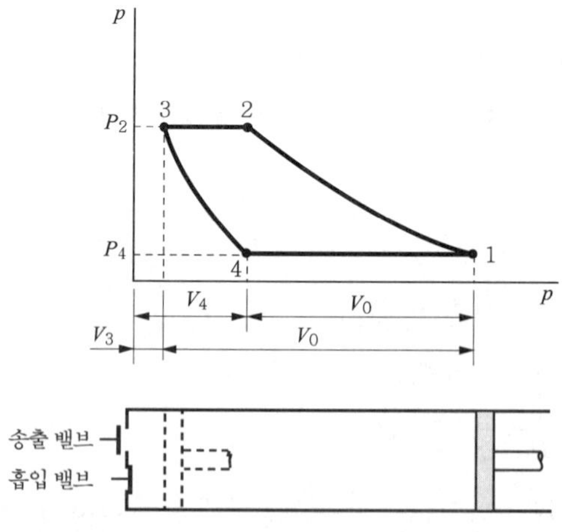

그림 9 · 10 극간이 있는 압축기 사이클

그림 **9 · 10**에서 극간 체적을 V_3, 행정 체적을 V_0라 하면 극간비(隙間比, clearance ratio) ϵ_0는 다음 식으로 표시된다.

$$\epsilon_0 = \frac{V_3}{V_0} = \frac{V_3}{V_1 - V_3} \tag{9·17}$$

이 때의 흡입 체적 V_s는

$$V_s = V_1 - V_4$$

이고, 행정 체적 V_0와 흡입 체적 V_s의 비를 **체적 효율**(體積效率, volumetric efficiency)이라고 한다.

$$\text{체적 효율} = \frac{\text{실제 배출 공기 체적}}{\text{행정 체적}} = \frac{\text{실제 배출 공기 질량}}{\text{행정 체적} \times \text{흡입 공기 밀도}}$$

$$\eta_v = \frac{V_s}{V_0} = \frac{V_1 - V_4}{V_0} \tag{9·18}$$

압축, 팽창 과정을 폴리트로프 변화로 생각하면 $PV^n = C$이므로

$$P_4 V_4^n = P_3 V_3^n, \quad V_4 = \left(\frac{P_3}{P_4}\right)^{\frac{1}{n}} V_3 = \left(\frac{P_2}{P_1}\right)^{\frac{1}{n}} V_3$$

가 된다. 따라서

$$\begin{aligned}
\eta_v &= \frac{V_s}{V_0} = \frac{V_1 - V_4}{V_0}, \quad V_0 = V_1 - V_3 \\
&= \frac{(V_1 - V_3) - (V_4 - V_3)}{V_0} \\
&= 1 - \frac{V_4 - V_3}{V_0} \\
&= 1 - \frac{V_3\left(\frac{P_2}{P_1}\right)^{\frac{1}{n}} - V_3}{V_0} \\
&= 1 + \frac{V_3}{V_0}\left[1 - \left(\frac{P_2}{P_1}\right)^{\frac{1}{n}}\right] \\
&= 1 + \epsilon_0 - \epsilon_0 \left(\frac{P_2}{P_1}\right)^{\frac{1}{n}}
\end{aligned} \tag{9·19}$$

여기서 $\epsilon_0 = \frac{V_3}{V_0}$(극간비)이고, P_1은 흡입 압력, P_2는 송출 압력이다.

일량은 1→2 과정의 좌측 면적으로부터 3→4 과정의 좌측 면적을 뺀 것과 같으므로

$$W_{\mathrm{tn}} = \frac{n}{n-1} P_1 (V_1 - V_4) \left[1 - \left(\frac{P_2}{P_1} \right)^{\frac{n-1}{n}} \right] \tag{9・20}$$

가 된다. 따라서 극간이 있는 압축기의 이론적인 일 W_{tn} 및 이론 소요 동력 N_n은

$$W_{\mathrm{tn}} = \frac{n}{n-1} P_1 V_1 \left[1 - \left(\frac{P_2}{P_1} \right)^{\frac{n-1}{n}} \right] \tag{9・21}$$

$$N_n = \frac{n}{n-1} P_1 \dot{V}_1 \left[1 - \left(\frac{P_2}{P_1} \right)^{\frac{n-1}{n}} \right] \tag{9・22}$$

가 된다. 극간비의 실용치는 소형에서는 $\epsilon_0 = 4 \sim 8\%$, 대형에서는 $2 \sim 5\%$ 정도이다. 식 (9・19)에서 체적 효율은

$$\eta_v = 1 + \epsilon_0 \left[1 - \left(\frac{P_2}{P_1} \right)^{\frac{1}{n}} \right] \tag{9・23}$$

이므로 ϵ_0이 증가할수록 또 P_2/P_1의 값이 클수록 η_v는 작아진다. 즉, 어느 값이 되면 $\eta_v = 0$이 되어 단순히 극간 내의 공기를 압축, 팽창을 되풀이하는 것과 같은 결과가 된다. 따라서 이 때의 $\dfrac{P_2}{P_1}$를 구하면

$$\left(\frac{P_2}{P_1} \right)_{\eta_v = 0} = \left(\frac{1}{\epsilon_0} + 1 \right)^n \tag{9・24}$$

이 된다. 하나의 보기로서 $\epsilon_0 = 0.05$, $n = 1.3$이면 $P_2/P_1 = 52.3462$에서 $\eta_v = 0$이 된다. 따라서 이것이 1단 압축기의 압력비의 한계이다.

보기 9.2

압력 0.1 MPa의 공기를 1 MPa까지 압축할 때 다음 값을 구하여라. 단, 공기의 처음 온도는 20℃이고 송출량은 10 m^3/min, 압축기의 회전 속도는 400 rpm이다.

(1) 중간 압력
(2) 중간 냉각기 출구 온도 30℃, $n = 1.3$일 때 각 단의 이론 소요 동력
(3) 고압단 및 저압단의 출구 공기 온도
(4) 고압단, 저압단 및 중간냉각기에서 냉각수에 전달되는 열량
(5) 체적 효율이 저압단에서 $\eta_v = 90\%$, 고압단에서 $\eta_v = 86\%$일 경우 각 실린더의 행정 체적

풀이 (1) 중간 압력

$$P_b = \sqrt{P_1 P_2} = \sqrt{100 \times 1000} = 316.2278\,\text{kPa}$$

$$\frac{P_b}{P_1} = \frac{P_2}{P_b} = \sqrt{\frac{P_2}{P_1}} = \sqrt{\frac{1000}{100}} = 3.1623$$

(2) 각 단의 이론 소요 동력

$$N_1 = \frac{n}{n-1} P_1 \dot{V}_1 \left[1 - \left(\frac{P_b}{P_1}\right)^{\frac{n-1}{n}}\right]$$

$$= \frac{1.3}{1.3-1} \times 100 \times \left(\frac{10}{60}\right) \times \left[1 - \left(\frac{316.2278}{100}\right)^{\frac{0.3}{1.3}}\right]$$

$$= -21.9788\,\text{kW}$$

제 2 단 입구 온도를 T_{bw}, 질량 유량을 $\dot{m}$ kg/s라 하면

$$\dot{m} = \frac{P_1 \dot{V}_1}{R T_1} = \frac{100 \times 10/60}{0.287 \times 293.15} = 0.1981\,\text{kg/s}$$

$$N_2 = \frac{n}{n-1} \dot{m} R T_{bw} \left[1 - \left(\frac{P_2}{P_b}\right)^{\frac{n-1}{n}}\right]$$

$$= \frac{1.3}{1.3-1} \times 0.1981 \times 0.287 \times (273.15 + 30) \times \left[1 - \left(\frac{1000}{316.2278}\right)^{\frac{0.3}{1.3}}\right]$$

$$= -22.7289\,\text{kW}$$

(3) 제 1 단 출구 온도 T_b 및 제 2 단 출구 온도 T_2

$$T_b = \left(\frac{P_b}{P_1}\right)^{\frac{n-1}{n}} T_1 = \left(\frac{316.2278}{100}\right)^{\frac{0.3}{1.3}} \times 293.15$$

$$= 382.3618\,\text{K} = 109.2118\,℃$$

$$T_2 = \left(\frac{P_2}{P_b}\right)^{\frac{n-1}{n}} T_{bw} = \left(\frac{1000}{316.2278}\right)^{\frac{0.3}{1.3}} \times 303.15$$

$$= 395.4050\,\text{K} = 122.2550\,℃$$

(4) 저압단(제 1 단), 고압단(제 2 단) 및 중간 냉각기의 방열량 $\dot{Q}_1$, $\dot{Q}_2$, $\dot{Q}_{ic}$

$$\dot{Q}_1 = \frac{n-\kappa}{n(\kappa-1)} N_1 = \frac{1.3-1.4}{1.3(1.4-1)} \times (-21.9788) = 4.2267\,\text{kW}$$

$$\dot{Q}_2 = \frac{n-\kappa}{n(\kappa-1)} N_2 = \frac{1.3-1.4}{1.3(1.4-1)} \times (-22.7289) = 4.3709\,\text{kW}$$

$$\dot{Q}_{ic} = m c_p (T_b - T_{bw}) = 0.1981 \times 1.005 \times (382.3618 - 303.15)$$

$$= 15.7703\,\text{kW}$$

(5) 저압단 · 고압단의 행정 체적 V_{01}, V_{02}

체적 효율을 η_v, 회전 속도를 n rpm, 1초 동안의 흡입 공기량은 $\eta_v V_0 n/60$이므로

$$\dot{V} = \eta_v V_0 \frac{n}{60}, \quad V_0 = \frac{\dot{V}}{\eta_v n/60}$$

$$V_{01} = \frac{\dot{V}}{\eta_{v_1} n/60} = \frac{10/60}{0.9 \times 400/60}$$

$$= 0.02778\,\mathrm{m}^3$$

$$P_b \dot{V} = \dot{m} R T_{bw}, \quad \dot{V} = \dot{m}\frac{R T_{bw}}{P_b}$$

$$V_{02} = \frac{\dot{m} R T_{bw}/P_b}{\eta_{v_2} n/60} = \frac{0.1981 \times 0.287 \times 303.15/316.2278}{0.86 \times 400/60}$$

$$= 0.00951\,\mathrm{m}^3$$

보기 9.3

중간 냉각이 완전한(처음 온도까지 냉각) 2단 압축기에서 압축일 W를 최소화하기 위하여는 중간 압력을 어떻게 결정하면 좋은가? 또 k단 압축기의 경우에는 어떻게 결정하는가?

풀이 식 (9 · 13)에서 소요 압축일을 최소로 하기 위하여 본문의 내용과 같이

$$Z = \left(\frac{P_b}{P_1}\right)^{\frac{n-1}{n}} + \left(\frac{P_2}{P_b}\right)^{\frac{n-1}{n}} - 2$$

을 $\dfrac{dZ}{dP_b} = 0$으로 놓아 P_b를 구하면

$$P_b^2 = P_1 P_2$$

가 된다. 단, k단 압축기에서는

$$\frac{P_{i+1}}{P_i} = \left(\frac{P_2}{P_b}\right)^{\frac{1}{k}}, \quad i = 1,\ 2,\ \cdots\cdots,\ k$$

보기 9.4

공기 압축기가 $P_1 = 1$ bar, $T_1 = 20$℃인 공기를 $P_2 = 6$ bar까지 압축한다. 이 압축기가 $n = 1.3$인 폴리트로프 압축을 하는 경우 압축일과 방열량을 구하여라. 단, 입구 · 출구에서 운동 에너지와 위치 에너지의 변화는 무시한다.

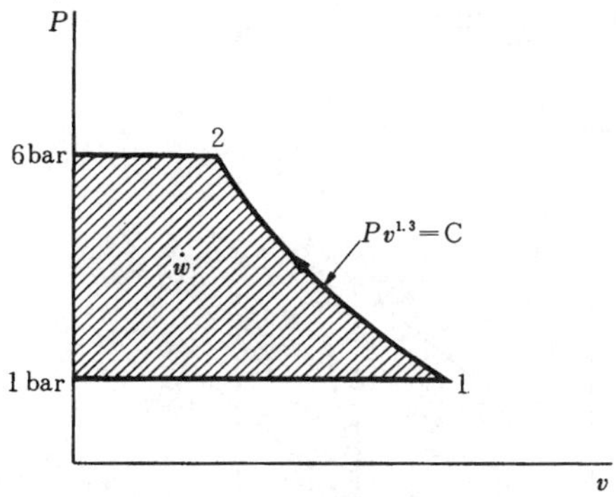

그림 9·11 보기 9.4의 $P-v$ 선도

풀이 그림 9·11과 같은 $P-v$ 선도에서 압축일은 $w=w_t$ (공업일)이므로

$$w=\frac{n}{n-1}R(T_1-T_2)$$

여기서 $T_1=293.15\,\text{K}$, $T_2=$미지이므로 T_2를 구하면

$$T_2=T_1\left(\frac{P_2}{P_1}\right)^{\frac{n-1}{n}}=293.15\left(\frac{600}{100}\right)^{\frac{1.3-1}{1.3}}=443.2648\,\text{K}$$

따라서

$$w=\frac{n}{n-1}R(T_1-T_2)=\frac{1.3}{1.3-1}\times 0.287\times(293.15-443.2648)$$
$$=-186.6928\,\text{kJ/kg}$$

방열량은 에너지 평형식으로부터

$$q+h_1=h_2+w_t$$

$$q=(h_2-h_1)+w_t$$

$$q=c_p(T_1-T_2)+w_t$$
$$=1.005\times(443.2648-293.15)-186.6928$$
$$=-35.8274\,\text{kJ/kg}$$

9.5 압축기의 여러 가지 효율

이상적인 압축기에서 압축은 그림 9·12와 같이 등온 압축과 단열 압축의 두 가지를 생각할 수 있다.

[1] 단열 압축 효율 또는 등엔트로피 효율

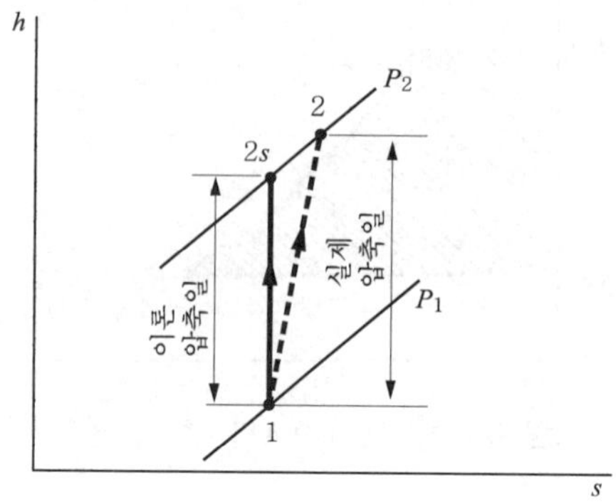

그림 9 · 12 단열 압축 과정과 실제 압축 과정의 $h-s$ 선도

그림 9 · 12에서 상태 1에서 상태 2까지 압축하는 경우 **단열 압축 효율**(adiabatic compression efficiency) 또는 **등엔트로피 압축 효율** η_c는 다음 식으로 구한다.

$$\eta_c = \frac{\text{단열 압축일}}{\text{실제 압축일}}$$

$$= \frac{h_{2s}-h_1}{h_2-h_1} = \frac{W_{\text{ad}}}{W} = \frac{N_{\text{ad}}}{N} \qquad (9 \cdot 25)$$

여기서

W_{ad} : 단열 압축일

W : 실제 압축일

N_{ad} : 단열 압축 소요 동력

N : 실제 압축 소요 동력

[2] 등온 압축 효율

그림 9 · 12에서 P_1에서 P_2까지 등온 압축하는 경우 **등온 압축 효율** η_{it}는 다음 식으로 구한다.

$$\eta_{is} = \frac{\text{등온 압축일}}{\text{실제 압축일}} = \frac{W_{\text{is}}}{W} = \frac{N_{\text{is}}}{N} \qquad (9 \cdot 26)$$

여기서

W_{is} : 등온 압축일

W : 실제 압축일

N_{is} : 등온 압축 소요 동력

N : 실제 압축 소요 동력

위에서 살펴본 바와 같이 압축기 효율이란 공급된 에너지를 얼마나 유효하게 압축일에 사용하였는가를 나타낸 것이다. 단, 여기서 P_1, P_2는 각각 처음 압력과 최종단 압력이다.

9.6 정상류 시스템의 팽창 과정

터빈이나 팽창 장치의 설계 목표는 출력을 최대로 하는 것이다. 터빈이나 팽창 장치의 팽창 과정은 단열 팽창으로 생각하나 실재로는 이론적인 단열 팽창 과정은 기대될 수 없으나 계산을 단순화하기 위하여 단열 팽창으로 생각하면 그림 9·13에서 과정 1→2s로 표시된다.

단열 터빈 효율(adiabatic turbine efficiency)η_t 는 다음 식으로 표시된다.

$$\eta_t = \frac{\text{실제 팽창일}}{\text{단열 팽창일}} = \frac{h_2 - h_1 + \dfrac{\boldsymbol{V}_1^2 - \boldsymbol{V}_2^2}{2}}{h_1 - h_{2s} + \dfrac{\boldsymbol{V}_1^2 - \boldsymbol{V}_{2s}^2}{2}}$$

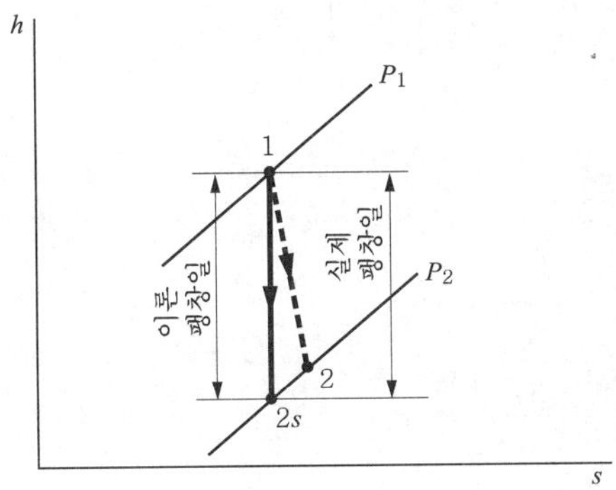

그림 9·13 단열과 팽창과 실제 팽창 과정

여기서 운동 에너지 차를 무시하면

$$\eta_t = \frac{h_1 - h_2}{h_1 - h_{2s}} \tag{9·27}$$

가 된다.

9.7 압축기 사이클의 요약

[1] 압축기 사이클의 일

압축기가 초기 상태 1에서 2까지 압축하는 데 필요한 일은 다음 식으로 구한다.

■ **등온 압축일**

$$w_{\text{tis}} = RT\ln\frac{P_1}{P_2}\ \text{kJ/kg}$$

■ **단열 압축일**

$$\begin{aligned} w_{\text{tad}} &= \frac{\kappa R}{\kappa - 1}(T_1 - T_2) \\ &= \kappa\frac{RT_1}{\kappa - 1}\left[1 - \left(\frac{P_2}{P_1}\right)^{\frac{\kappa - 1}{\kappa}}\right] \end{aligned}$$

■ **폴리트로프 압축일**

$$\begin{aligned} w_{tn} &= \frac{nR}{n-1}(T_1 - T_2) \\ &= \frac{nRT_1}{n-1}\left[1 - \left(\frac{P_2}{P_1}\right)^{\frac{n-1}{n}}\right] \end{aligned}$$

[2] 압축기의 소요 동력

■ **등온 압축**

$$N_{\text{tis}} = P_1\dot{V}_1\ln\frac{P_1}{P_2}\ \text{kW}$$

■ **단열 압축**

$$\begin{aligned} N_{\text{ad}} &= \frac{\kappa}{\kappa - 1}P_1\dot{V}_1\left[1 - \left(\frac{P_2}{P_1}\right)^{\frac{\kappa - 1}{\kappa}}\right] \\ &= \frac{\kappa}{\kappa - 1}\dot{m}RT_1\left[1 - \left(\frac{P_2}{P_1}\right)^{\frac{\kappa - 1}{\kappa}}\right] \end{aligned}$$

■ **폴리트로프 압축**

$$N_n = \frac{n}{n-1} P_1 \dot{V}_1 \left[1 - \left(\frac{P_2}{P_1} \right)^{\frac{n-1}{n}} \right]$$
$$= \frac{n}{n-1} \dot{m} R T_1 \left[1 - \left(\frac{P_2}{P_1} \right)^{\frac{n-1}{n}} \right]$$

[3] 다단 압축기의 중간 압력

각 단의 압력비가 같도록 중간 압력을 설정한다.

$$P_b = \sqrt{P_1 P_2}$$
$$\frac{P_b}{P_1} = \frac{P_2}{P_b}$$

여기서 P_1, P_2는 각각 처음과 마지막의 압력이다.

[4] 극간비(隙間比, clearance ratio)

$$\text{극간비} : \epsilon_0 = \frac{\text{극간 체적}}{\text{행정 체적}} = \frac{V_c}{V_0} \text{ 또는 } \frac{V_3}{V_0}$$

[5] 체적 효율(volumetric efficiency)

체적 효율 η_v는

$$\eta_v = \frac{\text{실제 배출 공기 체적}}{\text{행정 체적}}$$
$$= \frac{V_1 - V_4}{V_0} = 1 - \epsilon_0 \left(\frac{V_1}{V_2} - 1 \right)$$
$$= 1 - \epsilon_0 \left[\left(\frac{P_2}{P_1} \right)^{\frac{1}{n}} - 1 \right]$$

$\eta_v = 0$이 되는 압력비 : $\dfrac{P_2}{P_1} = \left(\dfrac{1}{\epsilon_0} + 1 \right)^n$

[6] 압축기 성능

① 단열 압축 효율

$$\eta_c = \frac{W_{ad}}{W} = \frac{N_{ad}}{N}$$

여기서 η_c은 기계 효율, N_e는 압축기의 축동력이다.

② 등온 압축 효율

$$\eta_{ct} = \frac{W_{\rm is}}{W} = \frac{N_{\rm is}}{N}$$

연 | 습 | 문 | 제

9.1 왕복동 압축기 사이클의 $P-v$ 선도를 그리고 각 과정을 설명하여라.

9.2 압축기의 종류와 그 구조를 설명하여라.

9.3 압축기에 대한 다음 용어들을 설명하여라.

(1) 극간비 (2) 행정 체적

(3) 회전 압축기 (4) 터보 압축기

(5) 공업일 (6) 절대일

9.4 압축기의 압축일을 등온 압축하는 경우와 단열 압축하는 경우에 대하여 구하여라.

9.5 중간 냉각하는 2단 압축기의 압축일을 최소로 하는 중간 압력을 구하는 식을 유도하여라. 또한 $P-v$, $T-S$ 선도를 그리고 등온 압축, 단열 압축 소요일이 어떻게 다른지를 표시하여라.

9.6 체적 효율 η_v를 정의하고

$$\eta_v = 1 + \epsilon_0 - \epsilon_0 \left(\frac{P_2}{P_1} \right)^{\frac{1}{n}}$$

로 표시됨을 보여라. 단, ϵ_0는 극간비이다.

9.7 1단 압축기의 압축비의 이론적 한계에 대하여 기술하여라.

9.8 다음 사항을 설명하여라.

(1) 등온 압축 효율

(2) 기계 효율

(3) 단열 압축 효율

(4) 전 단열 압축 효율

9.9 2단 압축기에서 다음과 같은 조건으로 헬륨 가스를 압축할 때 (1) 소요 동력, (2) 중간 냉각기 압력, (3) 중간 냉각기의 제거 열량을 구하여라.

압축기 유량 : 0.151 kg/s

압축기 입구 : 0.14 MPa, 27℃

압축기 출구 : 7 MPa

다만 폴리트로프 지수는 1.5로 한다.

9.10 문제 **9.9**와 같은 조건에서 3단 압축할 때의 소요 동력, 중간 압력, 중간 냉각기의 제거 열량을 구하여라. 단, 폴리트로프 지수는 1.3이다.

9.11 공기 압축기의 전동기 압력이 38 kW, 유량이 0.2 m^3/s, 입구 조건이 101.4 kPa, 출구 조건이 370 kPa이다. 전 단열 효율(overall adiabatic efficiency)을 구하여라.

9.12 문제 **9.11**과 같은 조건에서 작동되는 압축기의 전 등온 효율은 얼마인가?

9.13 왕복 압축기에서 흡입 초의 압력이 100 kPa, 온도가 300 K이고, 배출측 압력이 1000 kPa, 극간비가 4%일 경우 이론 체적 효율을 구하여라. 이 때 공기는 실린더 벽의 전열에 의하여 흡입 말의 온도는 38℃이고, 흡입 및 배기 밸브에서 압력 강하(pressure drop)는 5%이다.

9.14 문제 **9.13**에서 압축 소요일은 얼마인가?

9.15 왕복 압축기가 5%의 극간비를 가지고 있으며, 지름과 행정이 각각 25 cm, 30 cm이다. 압축기 회전 속도가 500 rpm이고, 압축 초의 공기 온도 30℃, 압력은 95 kPa, 송출 압력은 2 MPa일 경우 (1) 체적 효율, (2) 압축 소요 동력을 구하여라. 단, $n=1.3$이다.

9.16 문제 **9.15**에서 상사점에 남아 있는 공기량과 이 사이클의 $P-v$ 선도를 그려라.

9.17 천연 가스 압축기가 다음과 같은 조건에서 작동되고 있다.

흡입 초의 압력 100 kPa, 온도 300 K
송출 압력 500 kPa
송출량 100 m^3/s
폴리트로프 지수 $n=1.4$

(1) 소요 동력,
(2) 송출 가스 온도,
(3) 등온 압축 소요 동력

9.18 내연 기관에 루츠 블로어(Roots blower)가 사용되고 있다. 입구 공기 상태가 300 K, 98 kPa, 출구 상태 125 kPa이다. 송출 공기량이 2.0 m^3/s일 경우 소요 동력을 구하여라.

9.19 압축기가 100 kPa에서 600 kPa까지 공기를 압축하고 있다. 흡입 온도가 26℃, 배출 공기 온도가 250℃이고, 흡입 공기 파이프 지름이 0.45 m, 송출측 관지름은 0.25 m이다. 이 압축기의 공기 유량이 10 kg/s일 경우 공기 입·출구의 속도, 등엔트로피 효율, 소요 동력을 구하여라.

9.20 수냉 압축기의 입구 조건이 21℃, 97 kPa이고 출구 조건이 500 kPa, 135℃이다. 냉각수 입구 온도는 15℃, 출구 온도는 21℃, 냉각수량은 12 kg/h이고, 압축기의 공기 배출량은 0.15 m^3/s이다. 이 압축기의 소요 동력을 결정하여라.

9.21 1단 압축 단동식 압축기(single acting compressor)가 암모니아(ammonia) 건증기를 압축하고 있다. 실린더 보어(bore)가 20 cm, 행정이 26 cm, 회전 속도가 250 rpm, 흡입 온도가 −18℃, 압축말의 압력이 1 MPa이다. 실제 일은 가역일(등엔트로피)보다 20%가 더 소요되고 체적 효율은 0.85이다. 암모니아 유량, 압축일, 응축기의 방열량을 구하여라. 다만 응축기 출구의 암모니아는 포화액이고 온도는 20℃이다.

9.22 3단 압축기에서 2단 중간 냉각을 하는 경우 최적 중간 압력을 구하는 식을 구하여라.

9.23 압축기의 등엔트로피 효율에 대하여 설명하여라.

9.24 압축기가 공기를 101.3 kPa, 20℃로 흡입하여 450 kPa, 177.85℃로 압축하는 경우 압축기의 등엔트로피 효율을 구하여라.

9.25 20℃, 0.1 MPa의 공기를 왕복 압축기로 0.8 MPa까지 압축할 경우 체적 효율을 구하여라. 단, 극간 체적은 20 cm^{3}이고, 피스톤 배기량은 520 cm^3, $n=1.28$이다.

9.26 20℃, 0.1 MPa의 공기를 왕복 압축기로 0.8 MPa까지 압축할 경우 압축 공기 유량을 구하여라. 단, 회전 속도는 500 rpm, 극간 체적은 20 cm^{3}이고, 피스톤 배기량은 520 cm^3, $n=1.28$이다.

9.27 20℃, 0.1 MPa의 공기를 왕복 압축기로 0.8 MPa까지 압축할 경우 압축 공기 입력일을 구하여라. 단, 회전 속도는 500 rpm, 극간 체적은 20 cm^{3}이고, 피스톤 배기량은 520 cm^3, $n=1.28$이다.

9.28 2간 압축기에서 중간 압력 $P_i=\sqrt{P_H P_L}$로 표시됨을 증명하여라. 단, P_H, P_L은 각각 압축 말, 압축 초의 압력이다.

9.29 왕복 압축기에서 극간비(극간체적/행정 체적)가 증가할수록 체적 효율이 적어지는 이유를 설명하여라.

CHAPTER

10 가스 동력 사이클

10.1 이상 사이클

열역학의 응용에 관한 두 가지 중요한 분야는 동력 발생(動力發生, power generation)과 냉동(冷凍, refrigeration)이다. 동력의 발생이나 냉동은 모두 열역학적 사이클로 작동되는 계(system)에 의해서 이루어진다. 열역학적 사이클(thermodynamic cycle)은 다음과 같은 두 가지로 크게 나누어 볼 수 있다. 그 하나는 동력 사이클(power cycle)이고 다른 하나는 냉동사이클(refrigeration cycle)이다.

동력을 발생하는 기계 또는 시스템을 **기관**(機關, engine)이라 하고, 동력 발생 장치의 열역학적 사이클을 **동력 사이클**(power cycle)이라 한다.

열역학적 사이클은 사이클을 순환하는 동작 유체(또는 작업(동작) 물질)의 상(相, phase)에 따라서 **가스 사이클** 또는 **증기 사이클**로 나눌 수 있다. 가스 사이클에서 작업 물질 또는 동작 물질은 사이클 과정을 하는 동안 가스 상태를 유지하며, 증기 사이클은 사이클 과정 중에 증기와 액체의 상태 변화를 하면서 작동한다.

열역학적 사이클은 또 다른 방법으로 폐쇄(閉鎖) 사이클(closed cycle)과 개방(開放) 사이클(open cycle)로 나눌 수 있다.

폐쇄 사이클에서는 증기를 작업 유체로 하는 증기 원동소(蒸氣原動所, steam power plant)가 있으며, 이 때 증기는 사이클 내를 순환하면서 사이클 작용을 한다. 한편 **개방 사이클**에서 작업 유체는 폐쇄 사이클과 같이 순환하지 않고 새로운 혼합기를 필요로 한다. 하나의 보기를 들면 자동차용 기관은 연소 가스를 배출시키고 새로운 공기－연료의 혼합기를 흡입하여 작동 사이클을 이룬다.

기관은 기계적 사이클로 작동하지만 이 장치 내의 작업 물질은 완전한 열역학적 사이클로 작동되지 않는다. 즉, 순환하여 사용되지 못하고 연소 가스를 외부로 배출하고 새로운 혼합물을 공급받아야 하기 때문이다.

열기관(熱機關, heat engine)은 열에너지를 이용하여 동력을 얻는 기관으로서 작업 유체 또는 동작 물질에 열이 공급되는 방법에 따라서 **내연 기관**(內燃機關, internal combustion engine)과 **외연 기관**(外燃機關, external combustion engine)이 있다.

내연 기관은 기관 실린더 내에서 연료를 연소시켜 동력을 얻는 기관으로서 자동차용 가솔린 기관, 디젤 기관, 선박용 디젤 기관 등은 모두 내연 기관의 실제 예의 하나이다.

외연 기관은 증기 원동소와 같이 작업 물질을 외부로부터 가열하고 이 에너지로 동력을 얻는 기관을 말한다. 여기서는 주로 내연 기관 사이클을 다루고, 증기 동력 사이클에 대해서는 다음 장에서 다루기로 한다.

이론적으로 열기관 사이클을 취급할 때 동작 물질은 이상 기체로 가정하여 사이클 과정을 하는 것으로 생각한다. 이와 같이 동작 물질을 이상 기체로 생각하여 가역 과정을 하는 사이클을 **가스 사이클**(gas cycle)이라 한다.

내연 기관, 가스 터빈, 공기 압축기 등의 사이클은 근사적으로 가스 사이클이라 생각할 수 있다.

가스 사이클에서는 이상 기체를 동작 물질로 하므로 이상 기체에 대한 비교적 간단한 식을 사용하여 사이클을 해석할 수 있다.

가스 사이클을 다룰 때에는 해석을 간단히 하기 위해서 다음과 같은 가정을 한다.

① 동작 유체는 이상 기체이다.
② 비열은 일정하다.
③ 외부 열원으로부터 열량을 공급받는다.
④ 사이클 중의 방열은 주위에 방출된다.
⑤ 사이클 과정을 하는 동작 물질의 양은 일정하다.
⑥ 사이클을 이루는 과정들은 모두 가역 과정이다.

이와 같은 가정 아래에 공기를 작업 물질로 하는 이상 기체 사이클을 **공기 표준 사이클**(air standard cycle or cold-air standard cycle)이라 한다.

열기관의 실제 사이클에서 사용하는 연료나 동작 물질의 상태 변화에 따른 비가역성, 가동 부분의 마찰 손실, 동작 유체의 유동에 의한 와류의 발생, 기관 각부로부터의 전열 손실 등과 같은 손실이 수반된다.

실제 자동차용 가솔린 기관(흡기포트 분사식)의 예를 들면 처음의 동작 유체는 연료-공기 혼합기(fuel-air mixture)이다. 이것이 과정 중에 연소하여 연소 가스로 된다. 따라서 이 연소 가스는 초기의 혼합기와 다르며 또는 이상 기체의 성질과도 다르다. 또한 팽창 후에 연소 가스는 배출되고 새로운 혼합기가 유입되므로 이와 같은 일련의 상태 변화는 처음의 상태로 되돌아오지 않는다. 그러므로 엄밀한 의미에서는 이론적인 과정을 하는 사이클과는 다르나 연소실 내에서는 과정의 변화가 같은 상태를 되풀이하므로 하나의 사이클로 취급할 수 있다.

공기 표준 사이클과 실제 사이클(actual cycle)의 다른 점을 비교하면 표 10·1과 같다.

표 10·1 공기 표준 사이클과 실제 사이클의 비교

비교 사항	공기 표준 사이클	실제 사이클
① 동작 유체	이상 기체	압축 과정은 공기 또는 혼합기이고, 팽창 과정은 연소 가스이다.
② 비열의 변화	비열 일정	일반적으로 온도의 상승과 더불어 비열은 증가한다.
③ 압축 과정과 팽창 과정의 상태 변화	단열 변화	단열이 아니며 여러 가지 열손실이 수반된다.
④ 수열(受熱)과 방열(放熱)의 변화	정압 또는 정적하에 이루어짐	엄밀하게 정압, 정적 과정이 아니며, 열손실 및 고온(1800℃ 이상)에서 열해리 현상이 일어나서 열을 빼앗긴다.
⑤ 밸브 개폐 시기	상·하사점	흡기 효과, 소기 작용을 양호하게 하고, 출력 증대, 연료 소비율을 적게 하기 위하여 상·하사점 전후에서 밸브를 개폐한다.
⑥ 흡기, 배기 압력	대기압	흡기압은 대기압보다 조금 낮고, 배기압은 대기압보다 높다.

표 10·1의 ④에서 **열해리 현상**(熱解離現象, thermal dissociation)이란 온도 상승에 따른 가역적 열분해(可逆的熱分解)를 말한다. 예를 들면 연소 가스 중의 H_2O나 CO_2는 1800℃ 이상의 고온에서 다음 식으로 표시되는 흡열반응(吸熱反應)을 한다.

$$H_2O \rightleftarrows H_2 + \frac{1}{2}O_2 \,(241{,}741.5\text{kcal})$$

$$CO_2 \rightleftarrows CO + \frac{1}{2}O_2 \,(282{,}887.9\text{kcal})$$

따라서 연소 가스의 발생열은 열해리에 의해서도 열을 빼앗기는 결과가 된다.

10.2 내연 기관의 작동

[1] 작동 원리

내연 기관은 기관 내부에서 연료를 연소시켜 발생한 고온·고압의 가스가 직접 피스톤 또는 터빈에 작용하여 기계적인 일을 발생하는 열기관이다. 그림 10·1은 자동차에 사용하는 가솔린 기관(gasoline engine)의 주요부 구조를 나타낸 것이다. 기관의 주요부는 실린더 헤드(cylinder head), 실린더 블록(cylinder block), 밸브 기구(valve mechanism), 크랭크 축(crank shaft) 등으로 구성된다.

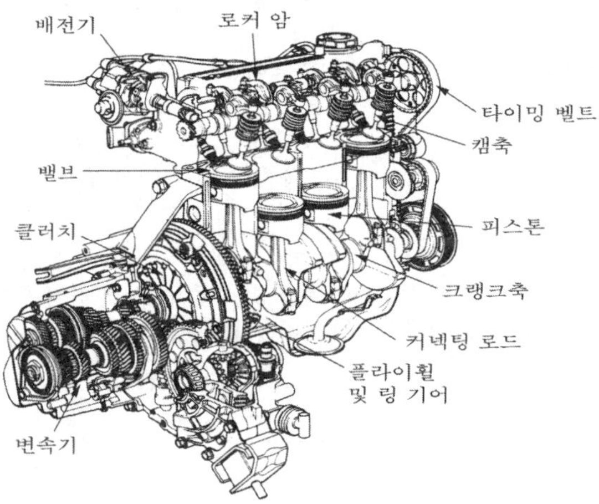

그림 10·1 자동차용 가솔린 기관의 구조

그림 10·2 디젤 엔진을 추진 동력으로 사용하는 탱커 선박
(Northrop Grumman Avondale, 길이 272.69 m, 선폭(beam) 46.20 m, 깊이(depth) 25.3 m, 출력 11,200 kW, 속도 16.0 knots)

그림 10 · 2는 디젤엔진을 추진 동력으로 사용하는 대형 탱커의 한 예를 나타낸 것이다. 한편 그림 10 · 3은 포트 분사식 가솔린 기관의 주요부 구조를 도시한 것이고, 그림 10 · 4는 피스톤식 가솔린 기관의 주요부 명칭을 나타낸 것이다.

피스톤은 실린더 내의 두 **사점**(死點, dead point) 사이를 왕복 운동하는 데 피스톤이 상승 운동할 때 최고 상승 위치를 **상사점**(上死點, top dead center, TDC)라 하고, 피스톤이 최하의 위치에 왔을 때의 위치를 **하사점**(下死點, bottom dead center, BDC)이라 한다.

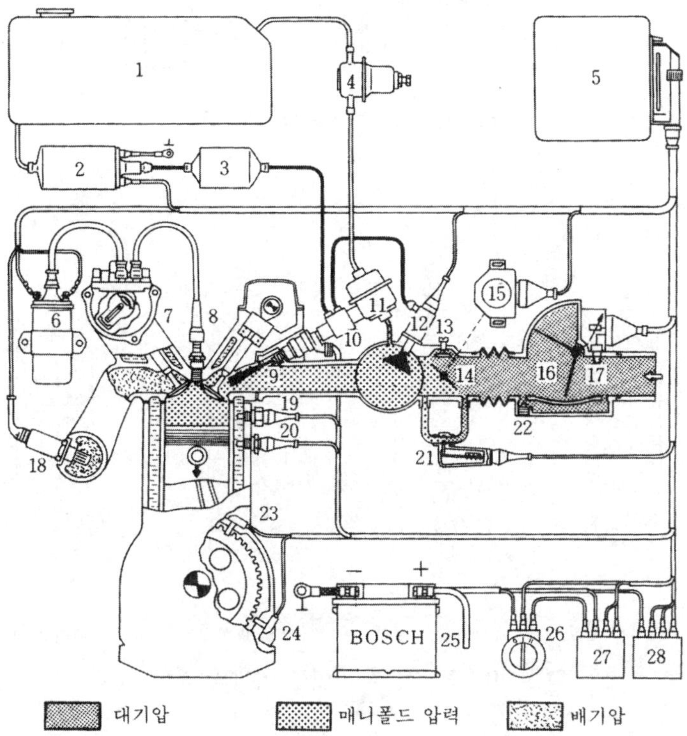

1. 연료 탱크
2. 전기식 연료 펌프
3. 연료 필터
4. 진동 댐퍼
5. ECU(전자 제어 유닛)
6. 점화 코일
7. 고전압 배전기
8. 점화 플러그
9. 연료 분사 밸브
10. 연료 분배기
11. 압력 조정기
12. 냉 시동 밸브
13. 공전 속도 조절 나사
14. 스로틀 밸브
15. 스로틀 밸브 스위치
16. 공기 유량 센서
17. 공기 온도 센서
18. 공연비 센서
19. 열-시간 스위치
20. 온도 센서
21. 보조 공기 장치
22. 공전 혼합기 조정 나사
23. 기준점 센서
24. 기관 속도 센서
25. 축전지
26. 점화 시동 스위치
27. 메인 릴레이
28. 펌프 릴레이

그림 10 · 3 가솔린 기관의 구조(오버 헤드 캠식, Bosch 시스템)

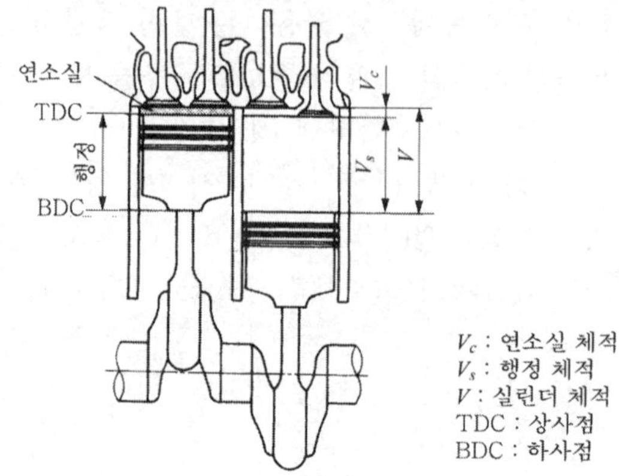

그림 10 · 4 피스톤과 실린더

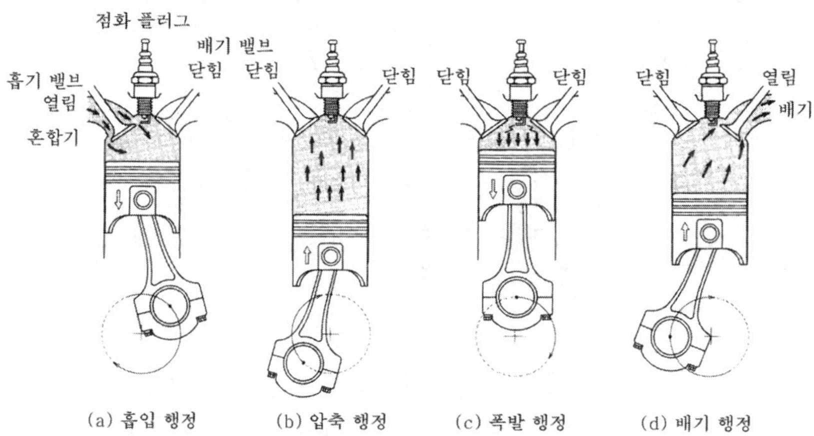

그림 10 · 5 4행정 사이클 기관의 작동

그림 **10 · 5**는 크랭크축 2회전에 1사이클을 마치는 4행정 사이클 기관을 나타낸 것이다.

상사점과 하사점 사이의 거리를 **행정**(行程, stroke)이라 한다. 피스톤이 상사점에 달하였을 때 형성되는 실린더 내의 체적(최소 체적이 된다)을 **극간 체적**(隙間體積, clearance volume) 또는 **연소실 체적**(燃燒室體積, volume of combustion chamber)이라 한다. 이 체적을 틈새 체적이라고도 부른다. 또한 피스톤이 상사점과 하사점 사이를 움직이면서 배제하는 체적을 **배기량**(排氣量, displacement volume) 또는 **행정 체적**(行程體積, stroke volume)이라 하며, 실린더 체적과 극간 체적과의 비를 **압축비**(壓縮比, compression ratio)라 한다.

$$r = \frac{V_1}{V_c} = \frac{V_c + V_s}{V_c} \qquad (10 \cdot 1)$$

여기서 V_1 : 실린더 체적(cylinder volume) m^3

V_c : 극간(연소실) 체적(隙間體積, clearance volume) m^3

V_s : 행정 체적 m^3

$V_1 = V_c + V_s$

(1) 4행정 사이클 기관의 작동

피스톤이 실린더 내를 왕복 운동하면서 사이클 과정을 할 때의 작동 과정을 설명하면 다음과 같다.

① **흡기 행정**(吸氣行程, intake or suction stroke)

피스톤이 내려가면서 흡기 밸브를 열고 실린더 내로 연료-공기의 혼합기(混合氣, fuel air mixture)를 흡입한다. 연료는 흡기관에 부착되어 있는 기화기(氣化器, carburettor) 또는 연료 분사 인젝터(injector)에서 분사되고 이것이 혼합기로 되어 실린더 안으로 들어간다.

② **압축 행정**(壓縮行程, compression stroke)

피스톤이 상승하면서 혼합기를 고온, 고압으로 압축하는 행정이다.

③ **폭발**(또는 팽창) **행정**(爆發行程, explosion or expansion stroke)

압축 행정말 무렵에 실린더 헤드에 설치된 점화 플러그에서 전기 불꽃을 발생시켜 혼합기에 점화 폭발시키는 행정이다. 이 행정에서 피스톤이 하향하면서 크랭크축을 회전시켜서 회전일을 얻으므로 **동력 행정**(動力行程, power stroke)이라고도 한다.

④ **배기 행정**(排氣行程, exhaust stroke)

피스톤이 상승하면서 배기 밸브를 열고 연소 가스를 밖으로 배출시키는 행정을 말한다. 이와 같이 4개의 행정을 하면서 1사이클을 완료하는 기관이 **4행정 사이클 기관**(four stroke cycle engine)이다.

(2) 2행정 사이클 기관의 작동

그림 10·6과 같이 피스톤이 2행정하는 사이에(크랭크축 1회전) 1사이클을 마치는 기관을 **2행정 사이클 기관**(two stroke-cycle engine)이라고 한다. 4행정 사이클 기관은 피스톤이 4행정, 즉 크랭크축이 2회전하는 동안에 1사이클을 끝마치는 데 대하여, 2행정 사이클 기관은 크랭크축이 1회전, 즉 2행정을 하는 사이에 1 사이클을 마치게 된다. 따라서 2행정 사이클 기관은 그 구조상 그림 10·6과 같이 흡입 밸브와 배기 밸브가 없고, 실린더 벽에 흡기 포트(흡기공), 배기 포트(배기공) 및 소기공이 설치되어 있다.

① **소기**

피스톤이 하강하면 그림 10·6 (a)와 같이 소기(掃氣) 포트(scavenge port)가 열려서 크랭실 내에 예압되어 있는 혼합기가 실린더 속에 남아 있는 연소 가스를 밀어내면서 흡입된다.

② **압축**

피스톤이 그림 10 · 6 (b)와 같이 상승하면서 소기 포트, 배기 포트의 순으로 닫히고 혼합기의 압축이 이루어진다. 이와 동시에 피스톤 하부의 크랭크실 내부가 부분 진공이 되어 리드 밸브(1방향 밸브)가 열리면서 혼합기가 흡기 포트(intake port)를 통하여 크랭크실로 흡입된다.

③ **연소**

그림 10 · 6 (c)와 같이 피스톤에 의하여 압축된 혼합기에 점화 플러그를 점화시키면 압축된 연료-공기 혼합기는 폭발적으로 연소하면서 피스톤을 내려 민다. 이 때 피스톤이 하강하면서 크랭크실 내로 흡입된 혼합기를 예압(豫壓)하게 된다.

④ **배기**

피스톤이 내려오면 배기 포트(exhaust port)가 열리면서 연소 가스가 배출된다.

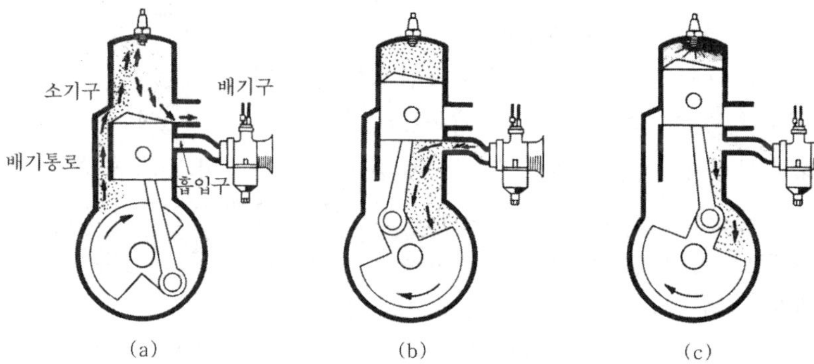

그림 10 · 6 2행정 사이클 가솔린 기관의 작동

[2] 2행정 사이클 기관과 4행정 사이클 기관의 비교

4행정 사이클 기관과 2행정 사이클 기관의 장점과 단점을 비교하면 다음과 같다.

(1) 4행정 사이클기관

① 장점

ⓐ 흡기 및 배기가 완전하므로 혼합기의 체적 효율이 높다. 따라서 평균 유효 압력이 높다.

ⓑ 2행정 사이클 기관에 비하여 혼합기의 흡입 손실이 적고, 연료 소비율이 적다.

ⓒ 각 행정이 완전하므로 폭발 행정 중 손실이 없고, 저속 운전을 원활히 할 수 있다.

ⓓ 기관 구조가 합리적이므로 각 행정의 작용이 원활하고, 실린더를 과열시키는 일이 적다.

② 단점

ⓐ 폭발 횟수가 2행정 사이클 기관보다 적으므로, 실린더 수가 적을 때는 원활한 운전이 어렵다.

ⓑ 밸브 기구가 복잡하고 부품 수가 많으므로, 기계적 소음이 크다.

(2) 2행정 사이클 기관

① 장점

ⓐ 실린더 지름, 행정 및 피스톤 속도가 동일한 조건하에서 소기 효율을 고려하지 않는다면 2행정 사이클 기관은 4행정 사이클 기관의 2배의 출력을 낼 수 있다. 그러나 실제로는 각 행정의 손실이 많으므로 소기 효율 및 기계 효율 등의 영향으로 1.5~1.6배의 출력을 가진다.

ⓑ 동일 조건하에서 폭발 횟수가 2배이므로 회전력이 4행정 사이클 기관보다 균일하다.

ⓒ 밸브 기구가 없거나 있어도 간단하고 부품 수가 적으므로 기계적 소음이 적다.

ⓓ 크랭크 케이스 압축식인 경우 제작비가 적게 든다.

② 단점

ⓐ 연소 가스를 배기하고 새로운 혼합기를 흡입하는 시간이 4행정 사이클보다 짧으므로 실제 유효 행정이 적어진다.

ⓑ 기관 구조상 흡기 포트와 배기 포트가 함께 열려 있는 기간이 길기 때문에 새로운 혼합기의 흡입 손실이 많아진다. 따라서 평균 유효 압력이 저하되고, 연료 소비율이 증가된다.

ⓒ 배기 포트가 실린더 벽 중앙에 있어서 실린더가 과열되어 열적 변형을 일으키기 쉽다.

이상의 비교에서 살펴본 바와 같이 2행정 사이클 기관은 4행정 사이클 기관과 그 기관의 크기 작동 상태가 동일하다면, 4행정 사이클 기관의 2배의 출력을 발생시킬 수 있으나, 실제로는 여러 가지 효율 및 손실로 인하여 이것보다는 적어진다.

왕복동 내연 기관(往復動內燃機關, reciprocating internal combustion engine)에서 자주 사용되는 용어로서 **평균 유효 압력**(平均有效壓力, mean effective pressure)이 있다. 이것은 피스톤이 사이클 과정을 하는 동안의 일과 같은 일을 갖는 실린더 내의 평균 압력으로서 그림 10·7에서 직사각형의 면적이 사이클의 일과 같을 때 세로축의 높이가 평균 유효 압력 P_m이 된다. 그림 10·7에서 사이클의 유효일 W_{net}는

$$W_{net} = P_m AL = P_m V_s \tag{10·2}$$

이다. 여기서

P_m : 평균 유효 압력

A : 피스톤 면적

L : 행정

V_s : 행정 체적

따라서

$$P_m = \frac{W_{\text{net}}}{V_s} = \frac{W_{\text{net}}}{V_1 - V_c} \tag{10 · 3}$$

이 된다.

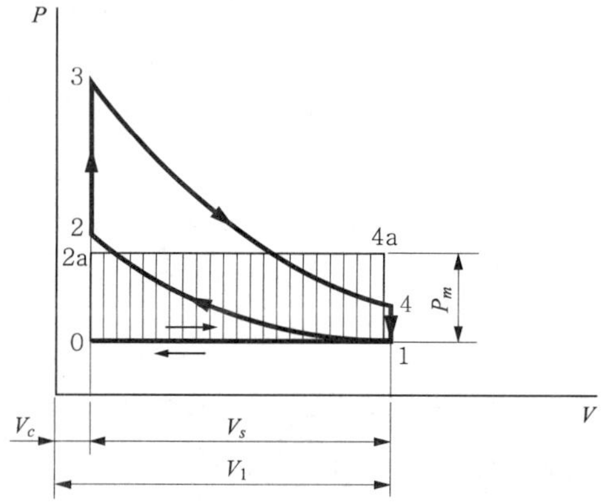

그림 10 · 7 사이클의 일과 평균 유효 압력

왕복동 기관 중에서 가솔린 기관과 같이 전기 불꽃에 의하여 점화하는 기관을 스파크 점화 기관 또는 전기 점화 기관(電氣點火機關, spark-ignition engine, SI engine)이라 하고, 디젤 기관과 같이 압축 착화하는 기관을 압축 착화 기관(壓縮着火機關, compression ignition engine, CI engine)이라 한다. 다음 절에서 다루게 될 오토 사이클과 디젤 사이클은 각각 SI기관과 CI기관의 이상 사이클이다.

10.3 오토 사이클

오토 사이클(Otto cycle)은 불꽃 점화 기관의 공기 표준 사이클로서 정적하에서 연소가 이루어지므로 **정적**(定積) **사이클**(constant volume cycle)이라고도 한다. 오토 사이클은 독일의 기술자 오토(Nikolaus August Otto)가 1876년 가솔린 기관의 원리를 적용하여 4행정 사이클 기관(four stroke cycle engine)을 제작한 것으로부터 유래된 말이다. 그림 10 · 8은 오토 사이클의 $P-v$ 및 $T-s$ 선도를 그린 것이다.

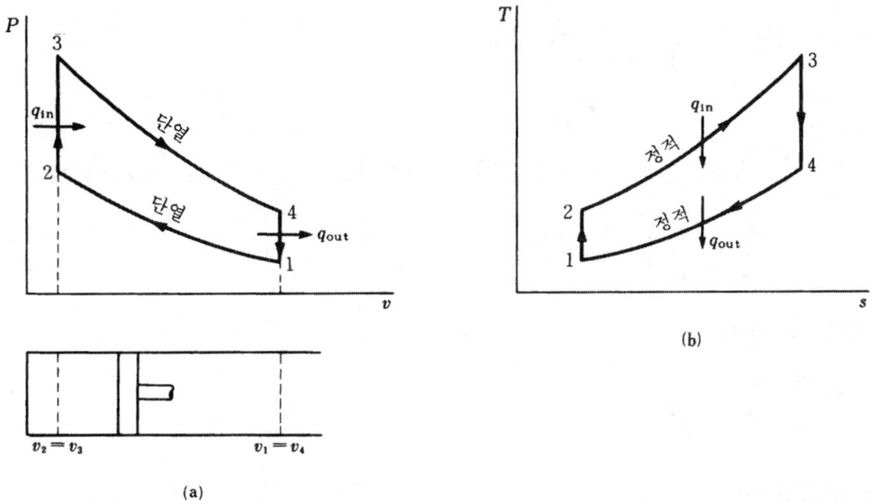

그림 10 · 8 오토 사이클의 $P-v$ 및 $T-s$ 선도

오토 사이클은 다음과 같은 4개의 가역 과정으로 구성된다.

과정 1→2 : **단열 압축**(斷熱壓縮, isentropic or adiabatic compression)
흡입된 가스를 상태 1→2까지 등엔트로피 압축하는 과정이다.

과정 2→3 : **정적 가열**(定積加熱, constant volume heat addition)
정적하에서 열량 q_{in}을 공급받는다.

과정 3→4 : **단열 팽창**(斷熱膨脹, isentropic or adiabatic expansion)
정적 가열되어 상태 3인 가스를 4까지 단열(등엔트로피) 팽창하는 과정이다.

과정 4→1 : **정적 방열**(定積放熱, constant volume heat rejection)
정적하에서 열량 q_{out}를 방열하는 과정이다.

오토 사이클에 대하여 열역학 제 1 법칙을 적용하면, 단위 질량에 대하여

$$q = u_2 - u_1 + w \text{ kJ/kg} \tag{10 · 4}$$

가 된다. 오토 사이클에서 과정 2→3과 4→1에서는 외부에 대하여 일하지 않으므로 제1법칙은 다음과 같이 표시된다.

$$q_{in} = q_{23} = u_3 - u_2 = c_v(T_3 - T_2) \tag{10 · 5}$$

$$q_{out} = -q_{41} = -(u_1 - u_4) = u_4 - u_1 = c_v(T_4 - T_1) \tag{10 · 6}$$

따라서 이상 공기의 표준 오토 사이클의 열효율(熱效率, thermal efficiency) $\eta_{th,O}$는

$$\eta_{th,O} = \frac{w_{net}}{q_{in}} = 1 - \frac{q_{out}}{q_{in}} = 1 - \frac{T_4 - T_1}{T_3 - T_2}$$

$$= 1 - \frac{T_1\left(\dfrac{T_4}{T_1} - 1\right)}{T_2\left(\dfrac{T_3}{T_2} - 1\right)} \qquad (10 \cdot 7)$$

가 된다. 여기서 과정 1→2, 3→4는 단열 과정이고, $v_2 = v_3$, $v_4 = v_1$이므로

$$\frac{T_2}{T_1} = \left(\frac{v_1}{v_2}\right)^{\kappa - 1} = \left(\frac{v_4}{v_3}\right)^{\kappa - 1} = \frac{T_3}{T_4}$$

가 성립된다. 따라서

$$\frac{T_4}{T_1} = \frac{T_3}{T_2}$$

그러므로 열효율은

$$\eta_{th,O} = 1 - \frac{T_1}{T_2} = 1 - \frac{1}{r^{\kappa - 1}} \qquad (10 \cdot 8)$$

가 된다. 여기서 r는 압축비로서 $r = \dfrac{v_1}{v_2} = \dfrac{v_4}{v_3}$이고, κ는 비열비이다.

식 (10 · 8)에서 보는 바와 같이 오토 사이클의 열효율은 압축비 r와 비열비 κ만의 함수이다. 그림 **10 · 9**는 오토 사이클의 압축비와 열효율과의 관계를 나타낸 것이다.

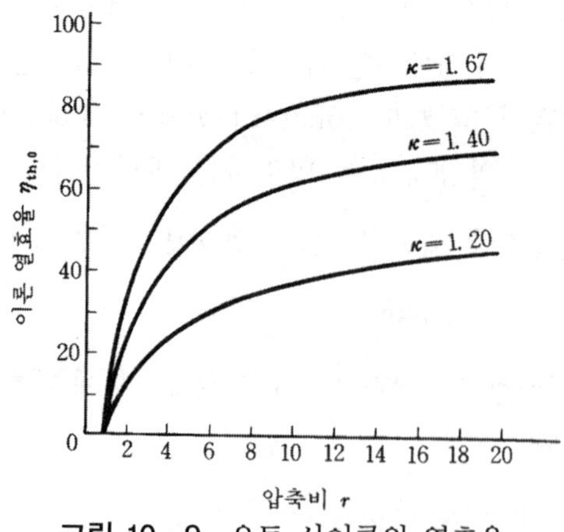

그림 10 · 9 오토 사이클의 열효율

이들 식에서 알 수 있는 바와 같이 압축비가 큰 기관일수록 이론 열효율의 값은 증가하나 실제로는 압축비 r가 지나치게 크면 노크가 일어나므로 r의 값은 대체로 7~10 정도이다. 이상의 관계를 이용하여 오토 사이클의 사이클 과정으로부터 사이클의 일과 평균 유효 압력을 구하여 보기로 한다. 오토 사이클의 일은

$$W = m(q_{\text{in}} - q_{\text{out}}) = m c_v [(T_3 - T_2) - (T_4 - T_1)] \tag{10·9}$$

과정 2→3 : 정적 과정이므로 $\dfrac{P_2}{T_2} = \dfrac{P_3}{T_3}$

$$T_3 = \frac{P_3}{P_2} T_2 = r_p T_1 r^{\kappa-1} \tag{10·10}$$

여기서 r_p는 압력 상승비로서 $r_p = \dfrac{P_3}{P_2}$이다.

과정 3→4 : 단열 변화이므로

$$T_3 v_3^{\kappa-1} = T_4 v_4^{\kappa-1}$$

$$T_4 = T_3 \left(\frac{v_3}{v_4}\right)^{\kappa-1} = \left(\frac{1}{r}\right)^{\kappa-1} T_1 r_p r^{\kappa-1} = T_1 r_p \tag{10·11}$$

식 (10·10), (10·11)을 식 (10·9)에 대입하여 정리하면

$$w = c_v [T_1 r^{\kappa-1}(r_p - 1) - T_1(r_p - 1)] = c_v [T_1 (r^{\kappa-1} - 1)(r_p - 1)]$$

$$= \frac{RT_1}{\kappa - 1}(r^{\kappa-1} - 1)(r_p - 1) \tag{10·12}$$

그리고 평균 유효 압력은

$$P_m = \frac{w}{v_1 - v_2}$$

$$= \frac{RT_1}{\kappa-1} \frac{(r^{\kappa-1} - 1)(r_p - 1)}{v_1\left(1 - \dfrac{v_2}{v_1}\right)} = \frac{P_1 (r^{\kappa} - r)(r_p - 1)}{(\kappa - 1)(r - 1)} \tag{10·13 a}$$

또는

$$P_m = \frac{w}{v_1 - v_2} = \frac{q_{\text{in}} \eta_{\text{th,O}}}{v_1\left(1 - \dfrac{v_2}{v_1}\right)} = \frac{P_1 q_{\text{in}}}{RT_1}\left(\frac{r}{r-1}\right)\left(1 - \frac{1}{r^{\kappa-1}}\right) \tag{10·13 b}$$

가 된다.

보기 10.1

오토 사이클로 작동하는 행정 체적 2000 cm^3, 압축비 7.5인 기관이 있다. 압축 초의 온도와 압력이 각각 20℃, 0.1 MPa이고, 최고 온도가 2080℃일 경우의 일과 이론 열효율을 구하여라. 단, 비열은 1.170 kJ/kg K, $R=0.287$ kJ/kg K이다.

풀이 $r=\dfrac{V_1}{V_2}$, $V_1-V_2=V_s$, $rV_2-V_2=V_1-V_2$

$$V_2(r-1)=V_1-V_2$$

$$V_2=\frac{V_1-V_2}{r-1}=\frac{2000}{7.5-1}=307.6923\,\text{cm}^3$$

$$V_1=rV_2=7.5\times 307.6923=2307.6923\,\text{cm}^3$$

따라서 사이클의 일은

$$W=m\,c_v T_1(r^{\kappa-1}-1)(r_p-1)$$

이므로 여기서 c_v, m, r_p, r을 구하면

$$c_v=c_p-R=1.170-0.287=0.883\,\text{kJ/kg K}$$

$$m=\frac{P_1V_1}{RT_1}=\frac{100\times 2.3077\times 10^{-3}}{0.287\times 293.15}=0.002743\,\text{kg}$$

$$\kappa=\frac{c_p}{c_v}=\frac{1.17}{0.883}=1.3250$$

$$r_p=\frac{P_3}{P_2}=\frac{T_3}{T_2}=\frac{T_3}{T_1r^{\kappa-1}}=\frac{273.15+2080}{293.15\times 7.5^{0.325}}=4.1703$$

$$W=0.002743\times 0.883\times 293.15\times(4.1703-1)(7.5^{0.325}-1)$$
$$=2.0818\,\text{kJ}$$

이론 열효율은

$$\eta_{\text{th},\,\text{o}}=1-\frac{1}{r^{\kappa-1}}=1-\frac{1}{7.5^{1.325-1}}=0.4805$$
$$=48.05\,\%$$

보기 10.2

공기 표준 오토 사이클에서 압축 초의 압력이 0.1 MPa, 온도 290 K이고, 공급 열량이 3000 kJ/kg일 때 열효율과 평균 유효 압력을 구하여라. 단, 이 기관의 압축비는 6이다.

풀이 열효율 $\eta_{th,O}$는

$$\eta_{th,O} = 1 - \frac{1}{r^{\kappa-1}} = 1 - \frac{1}{6^{1.4-1}} = 0.5116,\ 51.16\%$$

$$P_m = \frac{w}{v_1 - v_2} = \frac{\eta\, q_{in}}{v_1 - v_2}$$

여기서 q_{in} =3000 kJ/kg

$$v_2 = \frac{v_1}{r} = \frac{\dfrac{RT_1}{P_1}}{r} = \frac{0.287 \times 290}{6 \times 100} = 0.1387\,\mathrm{m^3/kg}$$

$$P_m = \frac{0.5116 \times 3000}{0.8323 - 0.1387} = 2212.8028\,\mathrm{kPa}$$

보기 10.3

이상 오토 사이클로 작동되는 행정 체적 200 cm^3, 압축비 7.5인 기관이 있다. 압축 초의 압력과 온도가 각각 0.1 MPa, 295 K이고, 정적 가열 과정에서 820 kJ/kg의 열량이 가해질 경우 (1) 사이클 중의 최고 압력과 온도, (2) 유효일, (3) 열효율, (4) 평균 유효 압력을 구하여라. 단, 공기의 비열은 온도에 따라 변화하는 것으로 생각한다.

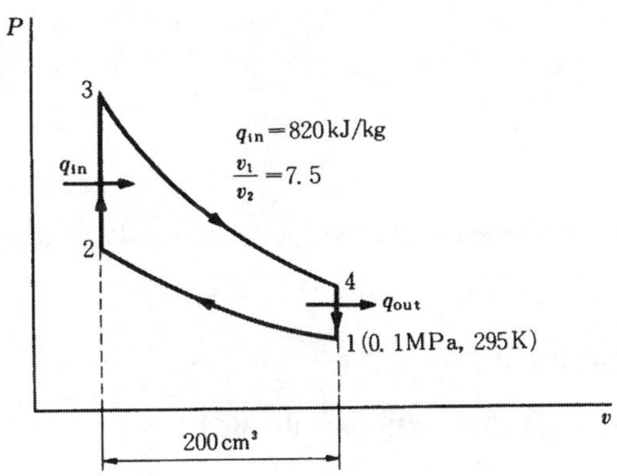

그림 10·10 보기 10.3의 설명도

풀이 (1) 사이클 중의 최고 압력과 온도

부록의 부표 A·22 공기의 이상 기체 기체표로부터

$$T_1 = 295\,\mathrm{K}\ ;\ u_1 = 210.49\,\mathrm{kJ/kg},\ v_{r1} = 647.9,\ r = 7.5$$

과정 1→2 ; 등엔트로피 압축

$$\frac{v_{r2}}{v_{r1}}=\frac{v_2}{v_1}=\frac{1}{r}\ :\ v_{r2}=\frac{v_{r1}}{r}=\frac{647.9}{7.5}=86.387$$

$v_{r2}=86.387$일 때 T_2, u_2를 보간하여 구하면

$$T_2=647.132,\ u_2=471.0273\,\text{kJ/kg}$$

$$\frac{P_2v_2}{T_2}=\frac{P_1v_1}{T_1}$$

$$P_2=P_1\left(\frac{v_1}{v_2}\right)\left(\frac{T_2}{T_1}\right)=100\left(\frac{647.132}{295}\right)(7.5)=1645.246\,\text{kPa}$$

과정 2→3 ; 정적 가열 과정

$$q_{\text{in}}=u_3-u_2$$

$$u_3=q_{\text{in}}+u_2=820+471.0273=1291.0273\,\text{kJ/kg}$$

$$T_3=1592.2008\,\text{K},\ v_{r3}=5.8984$$

$$\frac{P_2v_2}{T_2}=\frac{P_3v_3}{T_3}$$

$$P_3=P_2\left(\frac{v_2}{v_3}\right)\left(\frac{T_3}{T_2}\right)=1645.246\times\frac{1592.2008}{647.132}=4047.9562\,\text{kPa}$$

(2) 유효일

$$w=q_{\text{in}}-q_{\text{out}},\ q_{\text{out}}=u_4-u_1$$

$$\frac{v_{r4}}{v_{r3}}=\frac{v_4}{v_3}=r$$

$$v_{r4}=rv_{r3}=7.5\times 5.8984=44.2380$$

$$T_4=824.0281\,\text{K}$$

$$u_4=611.8850\,\text{kJ/kg}$$

$$q_{\text{out}}=u_4-u_1=611.8550-210.49=401.395\,\text{kJ/kg}$$

$$w_{\text{net}}=q_{\text{in}}-q_{\text{out}}=820-401.365=418.605\,\text{kJ/kg}$$

(3) 열효율

$$\eta_{\text{th,O}}=\frac{w_{\text{net}}}{q_{\text{in}}}=\frac{418.605}{820}=0.5105,\ 51.05\%$$

(4) 평균 유효 압력

$$P_m=\frac{w}{v_1-v_2}=\frac{w}{v_1\left(1-\frac{1}{r}\right)}$$

$$v_1 = \frac{RT_1}{P_1} = 0.287 \times \frac{295}{100} = 0.8466\,\mathrm{m^3/kg}$$

$$P_m = \frac{418.605}{0.8466\left(1 - \frac{1}{7.5}\right)} = 570.5242\,\mathrm{kPa}$$

10.4 디젤 사이클

디젤 사이클은 오토 사이클의 정적 가열 과정을 정압 가열로 바꾸어 놓은 사이클로 1892년 디젤(Rudolph Diesel, 독일의 기술자)에 의하여 제안되어 **디젤 사이클** 또는 **정압 사이클**이라 한다. 이 사이클은 저속 디젤 사이클의 기본 사이클이다.

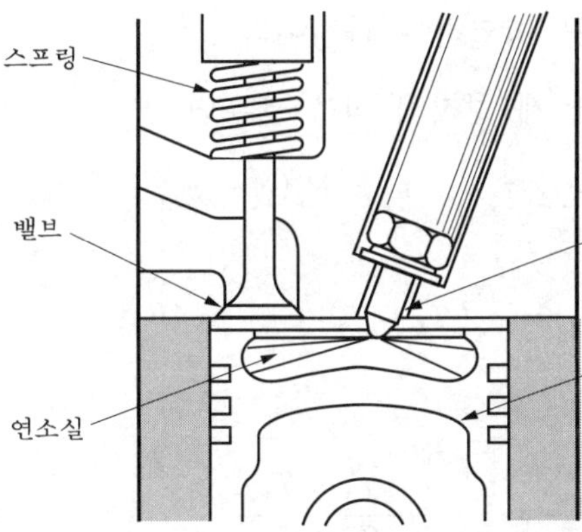

(a) 디젤 기관의 연소실

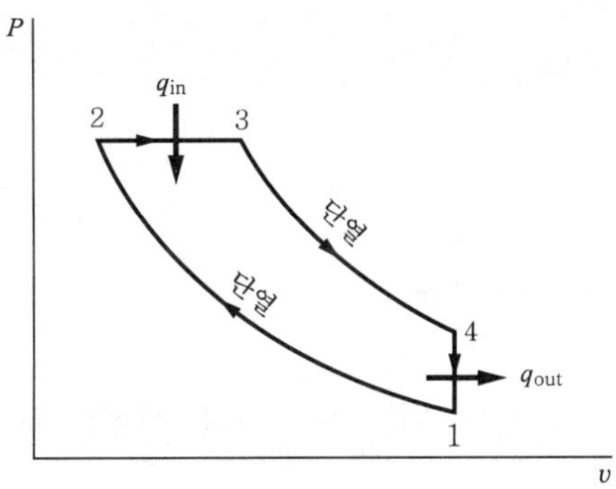

(b) P-v 선도

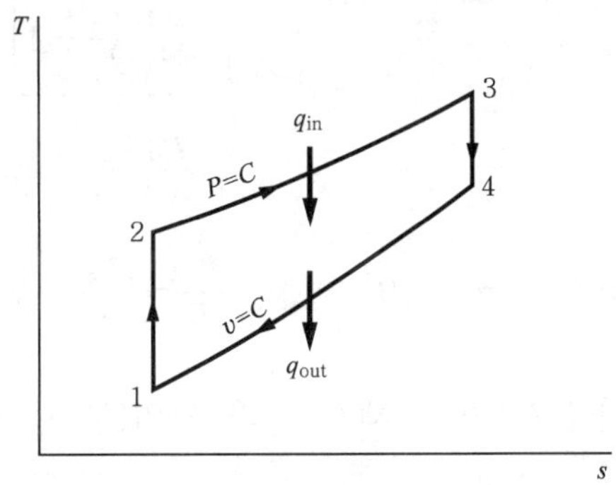

(c) T-s 선도

그림 10 · 11 디젤 기관의 $P-v$ 및 $T-s$ 선도

가솔린 기관에서는 공기-연료 혼합기를 자연 착화 이하의 온도로 압축한 다음 점화 플러그로 점화하여 연소시킨다. 그러나 디젤 기관은 공기만을 흡입하고 연료를 고압으로 분사하여 공기의 압축열로 자연 착화시키는 기관이다. 그러므로 가솔린 기관의 점화 플러그와 인젝터는 디젤 기관의 분사 장치와 노즐로 대치된다.

그림 10 · 11의 $P-v$ 선도에서 보는 바와 같이 디젤 사이클의 각 과정을 살펴보면 다음과 같다.

과정 $1 \rightarrow 2$: **단열 압축**(adiabatic compression)
흡입한 공기를 단열 압축한다.

과정 $2 \rightarrow 3$: **정압 가열 과정**(constant pressure heat addition)
압축된 공기 중에 외부로부터 열량 q_{in}을 공급받는 과정이다. 실제 엔진에서는 연료를 분사하여 압축 착화하는 과정이다.

과정 $3 \rightarrow 4$: **단열 팽창 과정**(isentropic expansion)
실린더 내 가스가 단열 팽창하여 동력을 얻는 과정이다.

과정 $4 \rightarrow 1$: **정적 방열 과정**(constant volume heat rejection)
정적하에 열량 q_{out}을 방열하는 과정이다.

과정 $2 \rightarrow 3$, $4 \rightarrow 1$에 대하여 열역학 제1법칙의 식을 세우면

$$q_{\text{in}} = q_{23} = u_3 - u_2 + w_{23} = u_3 - u_2 + P_2(v_3 - v_2)$$

$$= h_3 - h_2 = c_p(T_3 - T_2) \tag{10 · 14}$$

$$q_{\text{out}} = -(u_1 - u_4) + w_{41} = c_v(T_4 - T_1) \tag{10 · 15}$$

가 된다. 따라서 열효율 $\eta_{\text{th, D}}$는

$$\eta_{\text{th, D}} = \frac{w_{\text{net}}}{q_{\text{in}}} = 1 - \frac{q_{\text{out}}}{q_{\text{in}}} = 1 - \frac{c_v(T_4 - T_1)}{c_p(T_3 - T_2)}$$

$$= 1 - \frac{1}{\kappa} \frac{T_1\left(\dfrac{T_4}{T_1} - 1\right)}{T_2\left(\dfrac{T_3}{T_2} - 1\right)}$$

과정 $2 \rightarrow 3$; $P =$ 일정, $\dfrac{v_2}{T_2} = \dfrac{v_3}{T_3}$, $T_3 = \dfrac{v_3}{v_2} T_2 = r_c T_1 r^{\kappa - 1}$

가열(분사) 초의 체적 v_2와 가열(분사) 끝의 체적 v_3의 비$\left(r_c = \dfrac{v_3}{v_2}\right)$를 **체절비**(締切比, cut-off ratio) 또는 **분사 단절비**(噴射斷切比)라고 한다.

과정 $3 \rightarrow 4$; $Tv^{\kappa - 1} =$ 일정, $T_3 v_3^{\kappa - 1} = T_4 v_4^{\kappa - 1}$

$$T_4 = \left(\frac{v_3}{v_4}\right)^{\kappa-1} T_3 = \left(\frac{v_2}{v_4}\frac{v_3}{v_2}\right)^{\kappa-1} T_3 = \left(\frac{r_c}{r}\right)^{\kappa-1} r_c T_1 r^{\kappa-1} = T_1 r_c^{\kappa}$$

따라서

$$\frac{T_4}{T_1} = r_c^{\kappa}, \quad \frac{T_3}{T_2} = r_c$$

$$\eta_{\mathrm{th,D}} = 1 - \frac{1}{r^{\kappa-1}}\left[\frac{r_c^{\kappa}-1}{\kappa(r_c-1)}\right] \tag{10·16}$$

식 (10 · 16)에서 보는 바와 같이 디젤 사이클의 열효율은 오토 사이클의 열효율에 [ ] 내의 값을 곱한 것과 같다.

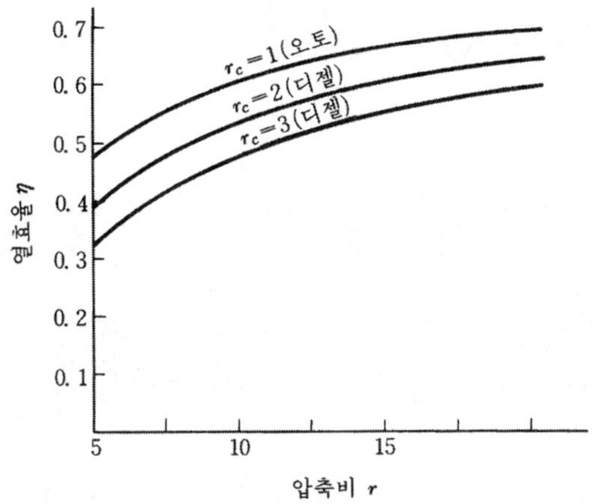

그림 10 · 12 디젤 기관의 열효율

그림 10 · 12는 디젤 사이클의 열효율을 체절비 변화에 대하여 도시한 것이다. 식 (10 · 16)에서 r_c는 항상 $r_c > 1$의 값을 가지므로 압축비가 동일하다면 디젤 사이클의 열효율은 오토 사이클의 열효율보다 항상 작다.

$$\eta_{\mathrm{th,O}} > \eta_{\mathrm{th,D}} \text{(압축비가 동일한 경우)}$$

한편 r_c값이 1에 근접할 경우, 오토 사이클의 효율에 접근하며 이론 열효율의 값은 커지게 된다.

한편 사이클 일은

$$W = m(q_{\mathrm{in}} - q_{\mathrm{out}}) = mc_v[\kappa(T_3 - T_2) - (T_4 - T_1)]$$

여기서

$$T_2 = T_1 r^{\kappa-1}, \quad T_3 = T_1 r_c r^{\kappa-1}, \quad T_4 = T_1 r_c^{\kappa}$$

$$W = mc_v T_1 [\kappa r^{\kappa-1}(r_c - 1) - (r_c^{\kappa} - 1)]$$

$$= \frac{mRT_1}{\kappa - 1}[\kappa r^{\kappa-1}(r_c - 1) - (r_c^{\kappa} - 1)] \tag{10 · 17}$$

이 된다.

평균 유효 압력을 구하면

$$P_m = \frac{w}{v_1 - v_2} = \frac{\dfrac{RT_1}{\kappa-1}[\kappa r^{\kappa-1}(r_c - 1) - (r_c^{\kappa} - 1)]}{v_1\left(1 - \dfrac{v_2}{v_1}\right)}$$

$$= \frac{P_1[\kappa r^{\kappa}(r_c - 1) - r(r_c^{\kappa} - 1)]}{(\kappa - 1)(r - 1)} \tag{10 · 18 a}$$

또는

$$P_m = \frac{w}{v_1 - v_2} = \frac{q_{\text{in}}\eta_{\text{th, D}}}{v_1\left(1 - \dfrac{v_2}{v_1}\right)}$$

$$= \frac{P_1\, q_{\text{in}}}{RT_1}\left(\frac{r}{r-1}\right)\left[1 - \frac{1}{r^{\kappa-1}}\left(\frac{r_c^{\kappa} - 1}{\kappa(r_c - 1)}\right)\right] \tag{10 · 18 b}$$

가 된다.

보기 10.4

공기 표준 사이클로 작동하는 디젤 사이클의 작동 조건이 다음과 같을 때 (1) 열효율, (2) 사이클당 일을 구하여라.

사이클 조건 ; 압축비 15, 체절비 2.0

압축 초의 온도 290 K

정압 비열 1.005 kJ/kg K

가스 상수 0.287 kJ/kg K

풀이 (1) 열효율 $\eta_{\text{th, D}}$

$$\eta_{\text{th, D}} = 1 - \frac{1}{r^{\kappa-1}} \frac{r_c^{\kappa} - 1}{\kappa(r_c - 1)}$$

여기서

$$r_c = 2, \ r = 15$$

$$\kappa = \frac{c_p}{c_v} = \frac{1.005}{1.005 - 0.287} = 1.3997$$

$$\eta_{\text{th, D}} = 1 - \frac{1}{15^{0.3997}} \frac{2^{1.3997} - 1}{1.3997(2-1)} = 0.6034,\ \ 60.34\%$$

(2) 사이클당 일 w kJ/kg

$$\begin{aligned} w &= \frac{RT_1}{\kappa - 1}[\kappa r^{\kappa-1}(r_c - 1) - (r_c^{\kappa} - 1)] \\ &= \frac{0.287 \times 290}{1.3997 - 1}[1.3997 \times 15^{0.3997}(2-1) - (2^{1.3997} - 1)] \\ &= 519.1487\,\text{kJ/kg} \end{aligned}$$

보기 10.5

압축비가 15인 공기 표준 디젤 사이클에서 압축 행정 초의 압력이 100 kPa, 온도가 300 K이고, 사이클 최고 온도가 2875 K일 경우 (1) 이론 열효율, (2) 평균 유효 압력을 구하여라. 단, $\kappa = 1.4$로 계산하여라.

풀이 (1) 이론 열효율 $\eta_{\text{th, D}}$

$$\eta_{\text{th, D}} = 1 - \frac{1}{r^{\kappa-1}} \frac{r_c^{\kappa} - 1}{\kappa(r_c - 1)}$$

여기서

$$r = 15,\ \ r_c = \frac{v_3}{v_2} = \frac{T_3}{T_2}$$

$$T_2 = T_1 r^{\kappa-1} = 300 \times 15^{1.4-1} = 886.2531\,\text{K}$$

$$r_c = \frac{2875}{886.2531} = 3.2440$$

따라서 $\eta_{\text{th, D}}$는

$$\eta_{\text{th, D}} = 1 - \frac{1}{15^{0.4}}\left[\frac{3.244^{1.4} - 1}{1.4(3.244 - 1)}\right] = 0.5481,\ \ 54.81\%$$

(2) 평균 유효 압력 P_m

$$\begin{aligned} P_m &= \frac{P_1[\kappa r^{\kappa}(r_c - 1) - r(r_c^{\kappa} - 1)]}{(\kappa - 1)(r - 1)} \\ &= \frac{100[1.4 \times 15^{1.4}(3.244 - 1) - 15(3.244^{1.4} - 1)]}{(1.4 - 1)(15 - 1)} \\ &= 1362.5109\,\text{kPa} \end{aligned}$$

보기 10.6

실린더 체적이 2070 cm^3이고, 연소실 체적이 115 cm^3인 공기 표준 디젤 사이클에서 압축 초의 온도와 압력이 각각 300 K, 100 kPa이고, 정압 가열 과정 말의 체적이 230 cm^3일 경우 (1) 압축비와 체절비, (2) 이론 열효율, (3) 평균 유효 압력을 구하여라.

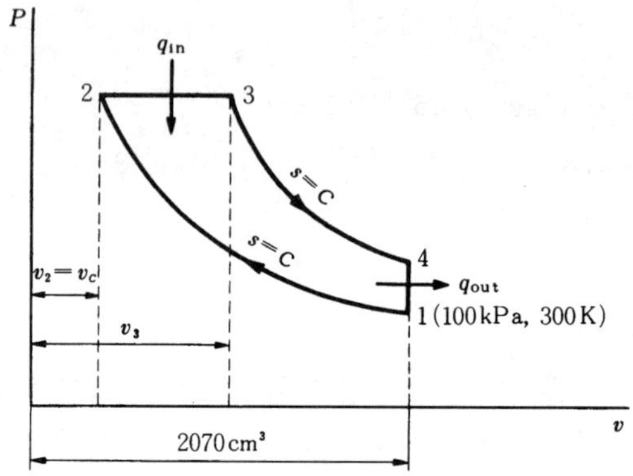

그림 10·13 보기 10.6의 설명도

풀이 (1) 압축비와 체절비

$$압축비 = \frac{v_1}{v_2} = \frac{실린더\ 체적}{연소실\ 체적} = \frac{2070}{115} = 18$$

$$체절비 = \frac{v_3}{v_2} = \frac{정압\ 과정\ 말의\ 체적}{압축\ 말의\ 체적} = \frac{230}{115} = 2$$

(2) 이론 열효율

$$\eta_{th,D} = 1 - \frac{q_{out}}{q_{in}} = 1 - \frac{u_4 - u_1}{h_3 - h_2}$$

부록의 공기에 대한 이상 기체 성질표를 이용하면 초기 온도 $T_1 = 300$ K이므로

$T_1 = 300$ K ; $u_1 = 214.07$ kJ/kg, $v_{r1} = 621.20$

$$\frac{v_{r2}}{v_{r1}} = \frac{v_2}{v_1} = \frac{1}{r}$$

$$v_{r2} = v_{r1} \times \frac{1}{r} = 621.2 \times \frac{1}{18} = 34.5111$$

부록의 공기표로부터 보간법으로 T_2, h_2를 구하면

$v_{r2} = 34.511$; $T_2 = 898.251$ K, $h_2 = 930.98$ kJ/kg

$$\frac{v_2}{T_2} = \frac{v_3}{T_3}$$

$$T_3 = \frac{v_3}{v_2} \times T_2 = \frac{230}{115} \times 898.251 = 1796.502\,\mathrm{K}$$

공기표로부터

$$T_3 = 1796.502\ \mathrm{K} : h_3 = 1999.1\ \mathrm{kJ/kg},\ \ v_{r3} = 3.97$$

$$\frac{v_{r4}}{v_{r3}} = \frac{v_4}{v_3} = \frac{v_4/v_2}{v_3/v_2} = \frac{r}{r_c}$$

$$v_{r4} = \frac{r}{r_c} \times v_{r3} = \frac{18}{2} \times 3.97 = 35.73$$

공기표로부터

$$v_{r4} = 35.73\ ;\ u_4 = 664.3\ \mathrm{kJ/kg},\ \ T_4 = 887.7\ \mathrm{K}$$

$$\eta_{\mathrm{th,D}} = 1 - \frac{u_4 - u_1}{h_3 - h_2} = 1 - \frac{664.3 - 214.07}{1999.1 - 930.98}$$

$$= 0.5785,\ \ 57.85\%$$

(3) 평균 유효 압력

$$P_m = \frac{w_{\mathrm{net}}}{v_1 - v_2} = \frac{q_{\mathrm{in}} - q_{\mathrm{out}}}{v_1\left(1 - \frac{1}{r}\right)}$$

$$q_{\mathrm{in}} = h_3 - h_2 = 1999.1 - 930.98 = 1068.120\,\mathrm{kJ/kg}$$

$$q_{\mathrm{out}} = u_4 - u_1 = 664.3 - 214.07 = 450.320\,\mathrm{kJ/kg}$$

$$P_1 v_1 = RT_1,\ \ v_1 = \frac{RT_1}{P_1} = \frac{0.287 \times 300}{100} = 0.861\,\mathrm{m^3/kg}$$

$$P_m = \frac{1068.120 - 450.230}{0.861\left(1 - \frac{1}{18}\right)} = 759.857\,\mathrm{kPa}$$

10.5 복합 사이클 또는 사바테(Sabathé) 사이클

지금까지 연소 과정이 정적 또는 정압하에 이루어지는 가스 동력 사이클에 대하여 살펴보았으나 이 과정은 극히 단순한 사이클로서 실제 과정과 상당한 차이가 있다. 그러므로 실제 디젤 기관 사이클 과정에 가깝도록 연료가 정적 과정과 정압 과정에서 공급되어 가열 과정이 이루어진다고 생각한 사이클이 **복합 사이클**(combined cycle) 또는 **사바테 사이클**(Sabathé cycle)이다.

이 사이클은 **2중 연소**(二重燃燒) **사이클** 또는 **2중 사이클**(dual combustion cycle 또는 dual cycle)이라고도 한다. 실제의 가솔린 기관이나 디젤 기관에서는 연소가 정적 또는 정압의 단일한 과정에서 이루어지는 것이 아니고 이들 두 과정이 복합된 형태로 이루어진다고 생각하는 것이 실제에 가깝다. 이 사이클은 중·고속 디젤 기관의 기준 사이클로서 $P-v$ 및 $T-s$ 선도를 그리면 그림 10 · 14와 같다.

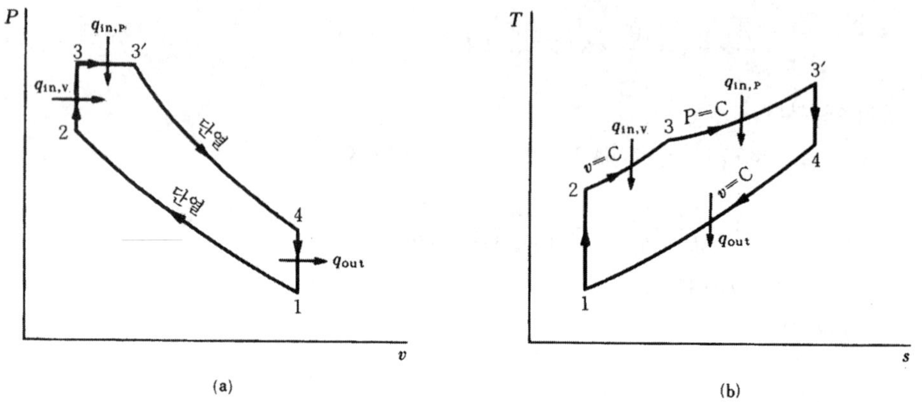

그림 10 · 14 복합 사이클(사바테 사이클)의 $P-v$ 및 $T-s$ 선도

사이클의 각 과정은

과정 $1 \to 2$: **단열 압축**(adiabatic compression)

과정 $2 \to 3$: **정적 가열**(constant volume heat addition, $q_{in,v}$ 공급)

과정 $3 \to 3'$: **정압 가열**(constant pressure heat addition, $q_{in,p}$ 공급)

과정 $3' \to 4$: **단열 팽창**(adiabatic expansion)

과정 $4 \to 1$: **정적 방열**(constant volume heat rejection, q_{out} 방열)

되는 과정으로 구성된다.

실제의 기관에서는 상사점 부근에서 분사된 연료는 그 일부가 정적 연소(定積燃燒)하고, 나머지는 정압 연소(定壓燃燒)한다. 따라서 정적 과정 $2 \to 3$에서 $q_{in,v}$가, 정압 과정 $3 \to 3'$에서 $q_{in,p}$가 공급되어 총 공급 열량은 $q_{1in} = q_{in,v} + q_{in,p}$가 된다.

동작 유체 1 kg당의 가열량, 방열량 및 유효일을 구하면

$$\text{가열량}: q_{in} = q_{in,v} + q_{in,p} = c_v(T_3 - T_2) + c_p(T_3' - T_3)$$

$$\text{방열량}: q_{out} = c_v(T_4 - T_1)$$

$$\text{유효일}: w = q_{in} - q_{out}$$

이므로 이론 열효율 $\eta_{th,S}$는

$$\eta_{\text{th, S}} = 1 - \frac{q_{\text{out}}}{q_{\text{in}}} = 1 - \frac{c_v(T_4 - T_1)}{c_v(T_3 - T_2) + c_v(T_3' - T_3)} \tag{10 · 19}$$

여기서, $T_2 = T_1\, r^{\kappa-1}$, $T_3 = \dfrac{P_3}{P_2} T_2 = r_p\, T_1 r^{\kappa-1}$

$$T_3' = \frac{v_3'}{v_3} T_3 = T_1 r_c r_p r^{\kappa-1}$$

$$T_4 = \left(\frac{v_3'}{v_4}\right)^{\kappa-1} T_3' = \left(\frac{v_3}{v_4}\frac{v_3'}{v_3}\right)^{\kappa-1} T_1 r_p r_c r^{\kappa-1} = T_1 r_p r_c^{\kappa}$$

$r_p = \dfrac{P_3}{P_2} = \dfrac{T_3}{T_2}$ 를 **최고 압력비** 또는 **압력 상승비**(壓力上昇比, pressure rise ratio)라 한다. 따라서 열효율 $\eta_{\text{th,S}}$는 다음 식으로 표시된다.

$$\eta_{\text{th, S}} = 1 - \frac{T_4 - T_1}{(T_3 - T_2) + \kappa(T_3' - T_3)}$$

$$= 1 - \frac{1}{r^{\kappa-1}}\left[\frac{r_p r_c^{\kappa} - 1}{r_p - 1 + \kappa r_p (r_c - 1)}\right] \tag{10 · 20}$$

식 (10 · 20)에서 $r_c = 1$이면 오토 사이클, $r_p = 1$이면 디젤 사이클의 열효율 식에 대응한다. 따라서 복합 사이클은 오토 사이클과 디젤 사이클의 중간적 성격을 갖는다.

사이클당 일은

$$w = q_{\text{in}} - q_{\text{out}} = c_v(T_3 - T_2) + c_p(T_3' - T_3) - c_v(T_4 - T_1) \tag{10 · 21}$$

가 되고, 평균 유효 압력은

$$P_m = \frac{P_1\left\{r^{\kappa}\left[(r_p - 1) + \kappa r_p (r_c - 1)\right] - r(r_c^{\kappa} r_p - 1)\right\}}{(\kappa - 1)(r - 1)} \tag{10 · 22 a}$$

또는

$$P_m = \frac{w}{v_1 - v_2} = \frac{q_{\text{in}}\eta_{\text{th, S}}}{v_1\left(1 - \dfrac{v_2}{v_1}\right)}$$

$$= \frac{P_1 q_{\text{in}}}{RT_1}\left(\frac{r}{r-1}\right)\left[1 - \frac{1}{r^{\kappa-1}} \cdot \frac{r_p r_c^{\kappa} - 1}{(r_p - 1) + \kappa r_p (r_c - 1)}\right] \tag{10 · 22 b}$$

이 된다.

보기 10.7

이상적인 복합 사이클에서 압축비가 18, 압력 상승비가 2, 체절비가 1.7인 경우의 열효율과 공급 열량 및 방열량을 구하여라. 단, 공기의 정압 비열은 1.005 kJ/kg K, 비열비 $\kappa=1.4$, 압축 초의 상태는 100 kPa, 20℃이다.

풀이 열효율 $\eta_{\text{th,S}}$는 문제에서 $r=18$, $r_p=2$, $r_c=1.7$, $\kappa=1.4$이므로

$$\eta_{\text{th,S}}=1-\frac{1}{r^{\kappa-1}}\left[\frac{r_p r_c^{\kappa}-1}{r_p-1+\kappa r_p(r_c-1)}\right]$$
$$=1-\frac{1}{18^{0.4}}\left[\frac{2\times1.7^{1.4}-1}{(2-1)+1.4\times2(1.7-1)}\right]$$
$$=0.6593,\ 65.93\%$$

공급 열량

$$q_{\text{in}}=q_{\text{in,v}}+q_{\text{in,p}}=c_v(T_3-T_2)+c_p(T_3'-T_3)$$

여기서

$$T_2=T_1\ r^{\kappa-1}=293.15\times18^{0.4}=931.5344\,\text{K}$$

$$T_3=T_1\ r_p r^{\kappa-1}=293.15\times2\times18^{0.4}=1863.0688\,\text{K}$$

$$T_3'=T_1\ r_c r_p r^{\kappa-1}=293.15\times1.7\times2\times18^{0.4}=3167.2170\,\text{K}$$

$$T_4=T_1\ r_p r_c^{\kappa}=293.15\times2\times1.7^{1.4}=1232.391\,\text{K}$$

$$c_v=\frac{c_p}{\kappa}=\frac{1.005}{1.4}=0.7179\,\text{kJ/kg K}$$

$$q_{\text{in}}=0.7179\times(1863.0688-931.5344)+1.005\times(3167.2170-1863.0688)$$
$$=1979.417\,\text{kJ/kg}$$

$$q_{\text{out}}=c_v(T_4-T_1)=0.7179\times(1232.391-293.15)$$
$$=674.28\,\text{kJ/kg}$$

10.6 오토 사이클, 디젤 사이클, 복합 사이클의 비교

오토 사이클, 디젤 사이클 및 복합 사이클의 열효율을 다음과 같이 두 가지 관점에서 비교하여 보기로 한다.

[1] 처음 온도, 압축비 및 공급 열량이 같을 경우

그림 10·15 (a)에 표시된 것과 같이 공급 열량 q_{in}이 동일하고, 압축비 r 및 처음 온도 T_1이 같으므로 각 사이클의 2-3 선, 2-3"선, 2-3'선 아래의 면적은 모두 같아야 한다. 즉,

$$\text{면적}(52365) = \text{면적}(523''6''5) = \text{면적}(523'6'5)$$

또한 $T-s$ 선도의 정압선은 정적선의 기울기보다 완만하므로 팽창 말의 상태점 4', 4", 4는 그림과 같은 순서로 된다. 따라서 방열량 q_{out}는

$$q_{\text{out, O}}(\text{면적 } 1465) < q_{\text{out, S}}(\text{면적 } 14''6''5) < q_{\text{out, D}}(\text{면적 } 14'6'5)$$

의 순서로 크고, 열효율은 이와 반대로

$$\eta_{\text{th, O}} > \eta_{\text{th, S}} > \eta_{\text{th, D}} \tag{10·23}$$

의 순서가 된다.

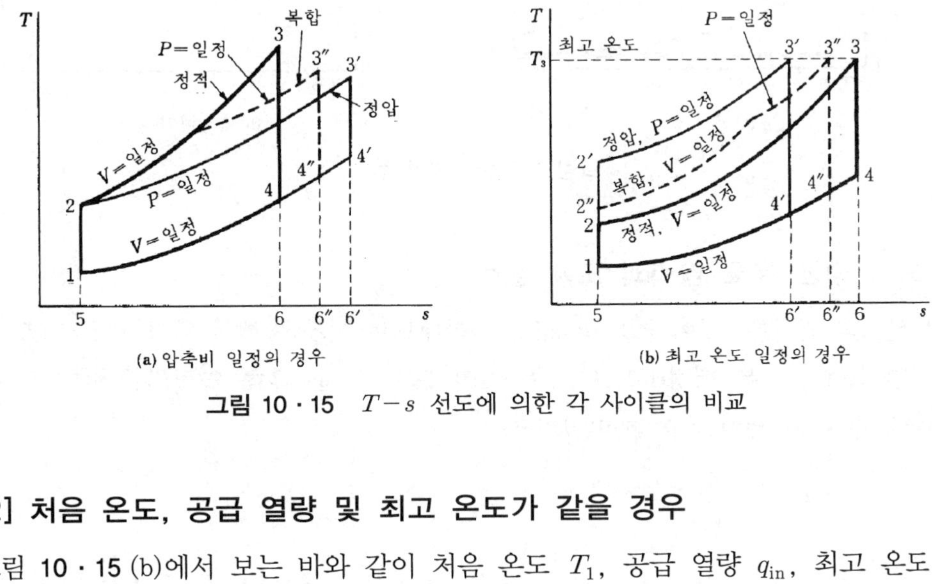

(a) 압축비 일정의 경우 (b) 최고 온도 일정의 경우

그림 10·15 $T-s$ 선도에 의한 각 사이클의 비교

[2] 처음 온도, 공급 열량 및 최고 온도가 같을 경우

그림 10·15 (b)에서 보는 바와 같이 처음 온도 T_1, 공급 열량 q_{in}, 최고 온도 $T_{\max}$ $(T_3' = T_3'' = T_3)$이 같을 경우에는 방열량 q_{out}이

$$q_{\text{out, O}} > q_{\text{out, S}} > q_{\text{out, D}} \tag{10·24}$$

의 순으로 크므로 열효율은 다음과 같은 순서가 된다.

$$\eta_{\text{th, D}} > \eta_{\text{th, S}} > \eta_{\text{th, O}} \tag{10·25}$$

10.7 출력 및 연료 소비율

내연 기관 실린더 내의 압력은 **지압기**(指壓器, indicator)에 의하여 채취되며, 이 선도는 세로축에 압력, 가로축에 실린더 체적에 대한 변위로 표시된다. 이와 같이 실린더 내의 압력-체적과의 관계를 그린 선도를 **지압 선도**(指壓線圖, indicator diagram)라 한다. 그림 10·16은 지압 선도의 한 보기를 나타낸 것이다.

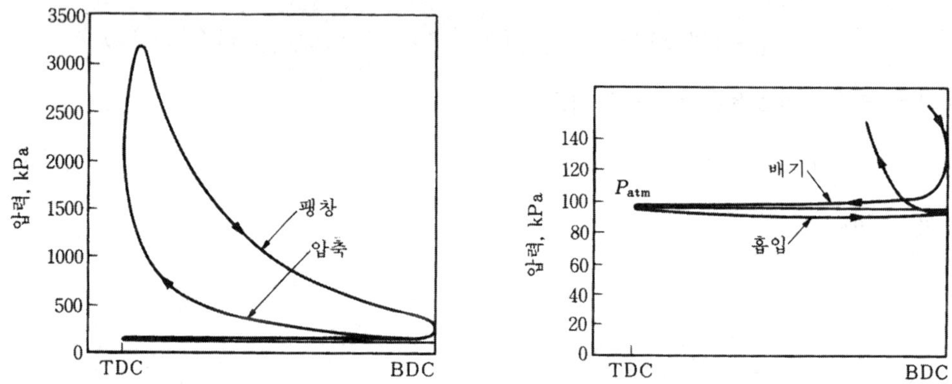

(a) $P-v$선도 (b) 흡·배기 과정

그림 10·16 지압 선도

[1] 도시 평균 유효 압력과 도시 출력

지압 선도의 면적은 1사이클일 W_i kJ을 나타내므로 이것을 행정 체적 V_s[$=AL$, A는 피스톤 면적(m^2), L은 행정(m)]로 나눈 것이 **도시 평균 유효 압력**(圖示平均有效壓力, indicated mean effective pressure)이다.

$$P_{mi} = \frac{W_i}{V_s} \tag{10·26}$$

기관이 1분간 하나의 실린더가 하는 일은 $P_{mi}ALn$으로 표시되므로 **도시 출력**(圖示出力, indicated power 또는 indicated horsepower) N_i kW는 다음 식으로 표시된다.

$$N_i = \frac{P_{mi}ALnza}{60,000} \tag{10·27}$$

여기서 P_{mi} : 도시 평균 유효 압력, Pa

A : 피스톤 면적, m^2

L : 행정, m
n : 회전 속도, rpm
z : 실린더 수
$a = \frac{1}{2}$(4행정 사이클 기관)
$a = 1$(2행정 사이클 기관)

[2] 도시 열효율

연료의 공급열은 연료 소비량 $\dot{m}_f$ kg/h와 연료의 저발열량 H_l kJ/kg의 곱으로 표시되므로 도시 출력으로부터 **도시 열효율**(圖示熱效率, indicated thermal efficiency) η_i를 구하면

$$\eta_i = \frac{3600 N_i}{\dot{m}_f H_l} \qquad (10 \cdot 28)$$

가 된다.

[3] 도시 연료 소비율

기관의 연료 소비량을 $\dot{m}_f$ kg/h, 기관의 출력을 N_i kW라 하면 도시 출력당 연료 소비량으로 표시되는 도시 연료 소비율(圖示燃料消費率, indicated specific fuel consumption) f_i g/kWh는 다음 식으로 표시된다.

$$f_i = \frac{\dot{m}_f \times 1000}{N_i} = \frac{3.6 \times 10^6}{\eta_i H_l} \qquad (10 \cdot 29)$$

이상은 주로 지압 선도에서 얻어지는 일을 기초로 하여 구한 것이다. 도시일에 **기계 효율**(機械效率, mechanical efficiency) η_m을 곱하여 구한 **제동일**(制動일, brake work)을 기초로 하여 구하면 제동 평균 유효 압력, 제동 마력, 제동 열효율, 제동 연료 소비율 등을 구할 수 있다.

제동 평균 유효 압력(制動平均有效壓力, brake mean effective pressure) P_{mb}는

$$P_{mb} = \eta_m P_{mi} \qquad (10 \cdot 30)$$

가 된다. 또한 **제동일**(brake work), **제동 마력** 또는 **축출력**(brake horse power 또는 horse power)을 각각 W_b, N_b로 표시하면

$$W_b = \eta_m W_i \qquad (10 \cdot 31)$$

$$N_b = \frac{\eta_m P_{mi} ALnza}{60{,}000} \qquad (10 \cdot 32)$$

가 된다.

[4] 기관의 성능 곡선

기관의 성능은 축출력, 축 토크, 회전 속도, 연료 소비율 등으로 표시된다. 기관의 출력, 회전력, 연료 소비량, 기계 효율, 열효율, 평균 유효 압력 등은 그 회전 속도에 따라 변화한다. 이와 같이 기관 성능을 표시하는 이들 요소가 회전 속도의 변화에 따라 변화하는 양을 곡선으로 표시한 것을 **기관의 성능 곡선**(engine performance curve)이라 한다. 기관의 정확한 성능을 알려면 이들 여러 가지 사항을 모두 종합하여 판단하여야 하나, 보통 기관에서 가장 중요한 요소인 축출력, 토크(회전력) 및 연료 소비량을 보아서 결정하는 것이 일반적인 방법이다. 따라서 기관의 회전 속도, 즉 회전수의 변화에 따라 기관의 축출력, 회전력, 연료 소비량의 변화를 표시한 것이 그림 10 · 17의 성능 곡선이다.

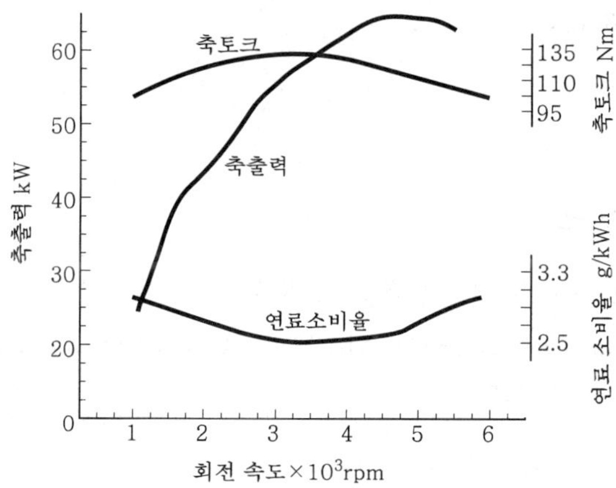

그림 10 · 17 자동차용 기관의 성능 곡선

[5] 동력 성능 측정

엔진의 동력 측정은 기관의 토크를 측정하여 구한다. 그림 10 · 18과 같이 **엔진 동력계**(engine dynamometer)를 이용하여 제동 하중을 측정하고 제동 출력은 다음 식을 이용하여 구한다.

기관의 회전 속도를 n rpm, 동력계 암 길이(arm length)를 R m, 동력계 하중을 W N이라 하면 제동 출력 N_e kW는 다음과 같이 계산한다.

$$N_e = \frac{2\pi WRn}{60 \times 1000} = \frac{2\pi Tn}{60 \times 1000} \text{kW}$$

여기서 $T = WR$(회전 토크)이다.

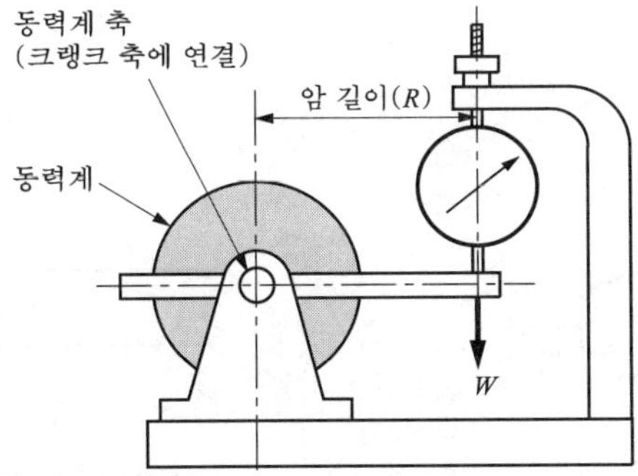

그림 10·18 동력계

10.8 스털링 사이클과 에릭슨 사이클

[1] 스털링 사이클(Stirling cycle)

스털링 사이클은 오토 사이클의 2개의 단열 과정을 각각 등온 변화(isothermal change)로 바꾸어 놓은 것으로서 그림 **10·19**와 같이 2개의 등온 과정과 2개의 정적 과정으로 구성된다. 이 사이클은 1828년 영국의 로버트 스털링(Robert Stirling, 1790~1878)에 의하여 제안된 사이클이다.

스털링 기관은 그림 **10·20**과 같이 2개의 대향 피스톤과 중앙에 재생기(再生器, regenerator)를 갖는 실린더 장치로 되어 있다. 재생기는 큰 열용량을 갖는 와이어 또는 세라믹 매트릭스(ceramic matrix)나 높은 열용량을 갖는 다공성(多孔性) 금속(porous metal)으로 되어 있다. 이것은 열에너지를 저장 또는 방출하는 기능을 갖고 있는 일종의 열교환기(熱交換器, heat exchanger)이다.

재생기와 피스톤 사이의 두 체적 중 어느 하나는 온도가 T_H로 유지되는 팽창 공간(膨脹空間, expansion space)이고, 다른 하나는 온도가 T_L인 압축 공간(壓縮空間, compression space)이다.

스털링 사이클의 작동 과정을 살펴보면 다음과 같다.

과정 1→2 : **등온 압축**(isothermal compression; heat rejection to external sink)
우측 피스톤이 재생기 쪽으로 이동하면서 가스를 압축한다. 이 때 가스로부터 저열원 T_L로 열량 q_{out}이 전달된다. 따라서 가스의 온도는 T_L = 일정으로 유지하면서 압력은 상승한다.

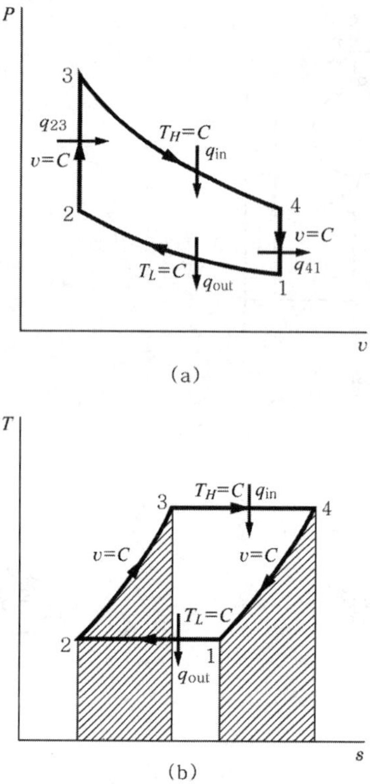

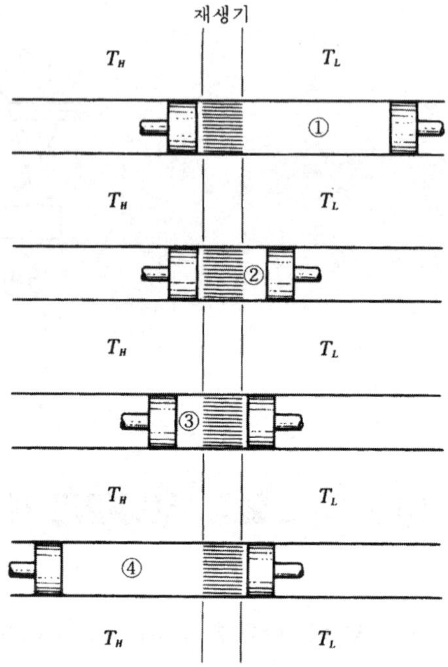

그림 10 · 19 스털링 사이클의 $P-v$ 및 $T-s$ 선도

그림 10 · 20 스털링 사이클의 작동

과정 2→3 : **정적 가열** 또는 **정적 재생**(constant volume heating or constant volume regeneration ; internal heat transfer from regenerator back to the working fluid)

두 피스톤이 동시에 좌측으로 같은 비율로 이동하여 체적 일정하에 가스는 왼쪽의 공간으로 이동한다. 이 때 가스는 재생기를 통과하게 되고 가스의 온도는 T_L에서 T_H로 상승하면서 재생기로부터 축열된 열량 q_{23}를 받는다.

과정 3→4 : **등온 팽창**(isothermal expansion; heat addtion from external source)

고열원 T_H로부터 열량 q_{in}을 공급받으며 가스는 등온적으로 팽창한다. 이 때 왼쪽 피스톤은 우측으로 이동하면서 일을 하고 압력은 4까지 저하한다.

과정 4→1 : **정적 방열** 또는 **정적 재생**(constant volume regeneration; internal heat transfer from the working fluid to regenerator)

두 피스톤이 같은 비율로 움직여서 정적 상태로 되고 가스는 오른쪽 공간으로 이동한다, 이 때 가스는 재생기에 방열하여 가스의 온도는 T_H에서 T_L로 강하한다.

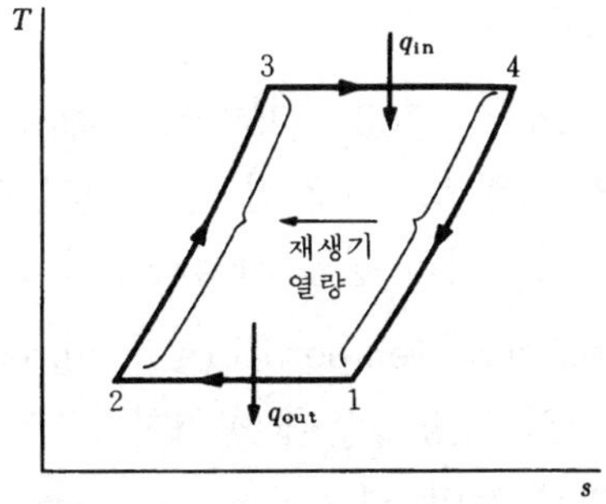

그림 10 · 21 스털링 사이클의 $T-s$ 선도

이와 같은 작동을 하면서 하나의 사이클을 이루게 된다. 여기서 주목할 일은 정적 과정 4→1 사이에 가스로부터 방열하여 재생기에 저장된 에너지는 과정 2→3 사이에서 받은 열량과 같은 점이다. 따라서 스털링 사이클의 $T-s$ 선도를 다시 그리면 그림 **10 · 21**과 같이 나타낼 수 있다.

스털링 사이클의 열효율은 다음과 같이 구한다. 정적 과정에서

$$q_{23} = c_v(T_3 - T_2)$$
$$q_{41} = c_v(T_4 - T_1)$$

이고, $T_3 = T_4$, $T_2 = T_1$이므로 $q_{23} = q_{41}$이 되어 완전 재생이 이루어진다. 따라서 출입은 등온 과정에서만 일어난다.

$$\text{공급 열량} : q_{\text{in}} = RT_H \ln\frac{v_4}{v_3}$$

$$\text{방열량} : q_{\text{out}} = RT_L \ln\frac{v_1}{v_2}$$

과정 2→3, 4→1은 정적 과정이므로 $v_2 = v_3$, $v_4 = v_1$이 되어

$$\frac{v_1}{v_2} = \frac{v_4}{v_3}$$

이므로 열효율 $\eta_{\text{th, Stirling}}$은

$$\eta_{\text{th, Stirling}} = 1 - \frac{q_{\text{out}}}{q_{\text{in}}} = 1 - \frac{T_L}{T_H} \tag{10 · 33}$$

가 된다. 이것은 최저 온도 T_L과 최고 온도 T_H 사이에서 작동하는 카르노 사이클의 열효율과 같다.

[2] 에릭슨 사이클(Ericsson cycle)

에릭슨 사이클은 에릭슨(Ericsson, 1803~1889)에 의해서 제안된 사이클로서 스털링 사이클의 2개의 정적 과정을 정압 과정으로 바꾸어 놓은 것과 같은 과정을 하는 사이클이다. 이 사이클은 그림 10 · 22와 같이 2개의 정압 과정과 2개의 등온 과정으로 구성된다.

과정 1→2 : **등온 압축**(constant temperature compression)
등온 압축하면서 열량 q_{out}를 방열한다.

과정 2→3 : **정압 가열** 또는 **정압 재생**(constant pressure regeneration)
정압하에서 재생기로부터 열량 q_{23}를 받는다.

과정 3→4 : **등온 팽창**(constant temperature expansion)
외부로부터 열량 q_{in}를 받아 등온 팽창한다.

과정 4→1 : **정압 방열** 또는 **정압 재생**(constant pressure regeneration)
정압하에 재생 열량 q_{41}을 방열한다.

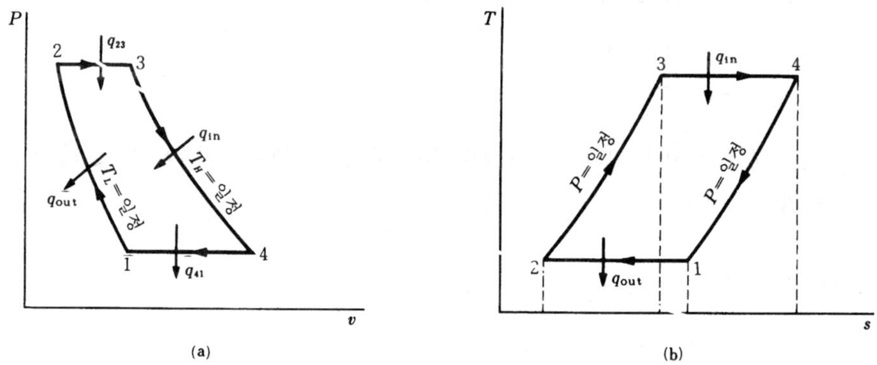

그림 10 · 22 에릭슨 사이클의 $P-v$ 및 $T-s$ 선도

에릭슨 사이클의 열효율$\eta_{th,Eri}$은 다음과 같이 구할 수 있다. 그림 10 · 22에서 $T_1 = T_2$, $T_3 = T_4$이므로

$$q_{23} = c_p(T_3 - T_2)$$
$$q_{41} = c_p(T_4 - T_1) = c_p(T_3 - T_2)$$

가 되어 $q_{23} = q_{41}$이 된다.

따라서 열효율은 다음 식으로 표시된다.

$$\eta_{th,Eri} = 1 - \frac{q_{out}}{q_{in}} = \frac{RT_L \ln \frac{v_1}{v_2}}{RT_H \ln \frac{v_4}{v_3}}$$

과정 1→2 ; $T_1 = T_2$, $P_1 v_1 = P_2 v_2$

$$\therefore \frac{v_1}{v_2} = \frac{P_2}{P_1}$$

과정 3→4 ; $T_3 = T_4$, $P_3 v_3 = P_4 v_4$

$$\therefore \frac{v_4}{v_3} = \frac{P_3}{P_4}$$

$$\eta_{\text{th, Eri}} = 1 - \frac{RT_L \ln \dfrac{P_2}{P_1}}{RT_H \ln \dfrac{P_3}{P_4}}$$

여기서 $P_2 = P_3$, $P_4 = P_1$이므로

$$\eta_{\text{th, Eri}} = 1 - \frac{T_L}{T_H}$$

이 된다. 이상의 결과로부터 카르노 사이클, 스털링 사이클, 에릭슨 사이클은 모두 가역 사이클이므로 다음 관계가 성립한다.

$$\eta_{\text{Carnot}} = \eta_{\text{h, Eri}} = \eta_{\text{th, Stirling}} = 1 - \frac{T_L}{T_H} \qquad (10 \cdot 34)$$

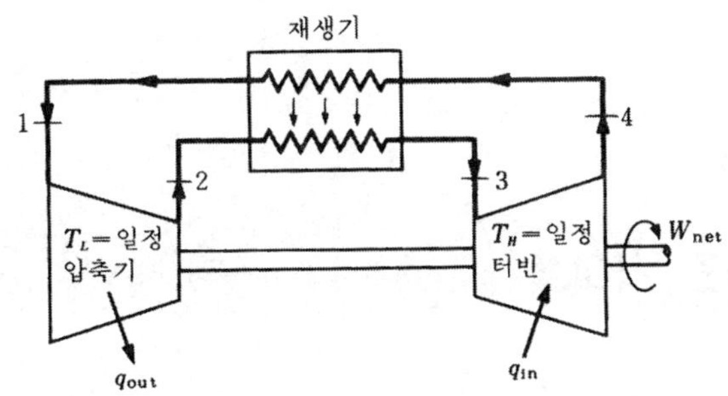

그림 10 · 23 정상류 에릭슨 사이클 기관

그림 **10 · 23**은 정상 유동계로 작동하는 에릭슨 사이클을 나타낸 것이다. 그림에서 1→2는 압축기의 등온 압축 과정이며, 이 때 열량 q_{out}이 방열되고, 과정 2→3은 정압 재생 과정으로 열량 q_{23}을 터빈에서 나온 가스로부터 받는다. 과정 3→4는 등온 팽창으로 외부로부터 열량 q_{in}을 공급받는다. 한편 과정 4→1은 터빈을 나온 작동유체가 재생기를 통과하는 과정으로 이 때의 재생열량은 q_{41}이다. 이 사이클에서 재생기는 대향류 열교환기(對向流

熱交換器, counter flow exchanger)이며 여기서 교환되는 열량은 동작 물질이 주고받게 되어 $q_{23} = q_{41}$이 된다.

보기 10.8

이상 기체를 작업 유체로 하는 에릭슨 사이클의 열효율이 카르노 사이클의 열효율과 같음을 엔트로피 변화를 이용하여 증명하여라.

풀이 열역학 제 2 법칙으로부터

$$q = T\Delta s$$

등온 과정에서 이상 기체의 엔트로피 변화는

$$\Delta s = c_p \ln\frac{T_f}{T_i} - R\ln\frac{P_f}{P_i}$$

가 된다. 여기서 첨자 i, f는 각각 처음과 마지막의 상태이다.

$$q_{\text{in}} = q_{34} = T_H(s_4 - s_3) = -RT_H\ln\frac{P_4}{P_3} = RT_H\ln\frac{P_3}{P_4}$$

$$q_{\text{out}} = q_{12} = -T_L(s_2 - s_1) = RT_L\ln\frac{P_2}{P_1}$$

여기서 $\dfrac{P_2}{P_1} = \dfrac{P_3}{P_4}$ 이므로

$$\eta_{\text{th, Eri}} = 1 - \frac{q_{\text{out}}}{q_{\text{in}}} = 1 - \frac{T_L}{T_H}$$

이 된다.

10.9 브레이턴 사이클

[1] 브레이턴 사이클의 열효율

브레이턴 사이클(Brayton cycle)은 미국의 브레이턴(George Brayton)에 의하여 1870년에 제안된 가스 터빈의 기본 사이클이다. 가스 터빈(gas turbine)은 그림 **10 · 24** 및 **10 · 25**와 같이 압축기(壓縮機, compressor), 연소기(燃燒器, combustor) 또는 연소실(燃燒室, combustion chamber), 터빈(turbine) 등의 주요부로 구성된다.

가스 터빈 사이클은 개방(開放) 사이클(open cycle)과 밀폐(密閉) 사이클(closed cycle)의 두 가지가 있다.

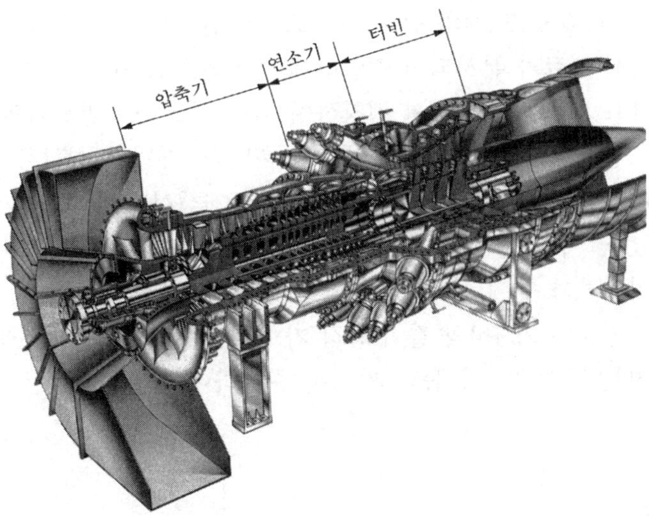

그림 10 · 24 가스 터빈(Mitsubishi Heavy Industries Ltd., 501F)

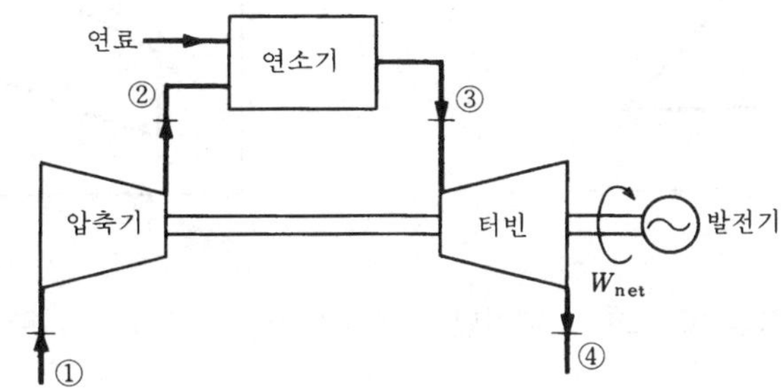

(a) 개방 사이클의 가스 터빈

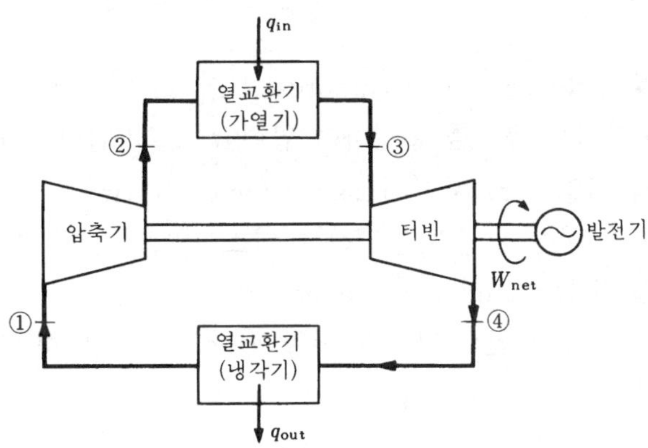

(b) 밀폐 사이클의 가스 터빈

그림 10 · 25 가스 터빈 사이클

개방 사이클은 그림 **10 · 25** (a)와 같이 대기로부터 흡입된 공기를 압축기로 압축하여 연소기로 보내고 여기서 연료가 분사되어 정압하에 연속적으로 연소시킨다. 연소실에서 연소된 고온, 고압의 연소 가스는 터빈에서 팽창하여 일을 하고, 이 발생일의 일부는 압축기를 구동하기 위하여 사용되고 나머지는 유효일로 사용된다. 개방 사이클은 터빈을 나온 연소 가스를 그대로 대기 중에 버리는 방식이며, 열효율을 개선시키기 위하여 배출 가스의 열을 회수하는 방식도 있다. 이와 같이 터빈에서 팽창일을 한 배기 가스를 외부로 배출하고 새로운 연료, 공기를 이용하여 열에너지를 얻는 사이클이 개방 사이클이다.

밀폐 사이클은 그림 **10 · 25** (b)와 같이 동작 가스를 가열 또는 냉각시키기 위하여 가열기 및 냉각기를 사용하는 방식으로서 동작 가스는 순환하여 사용한다.

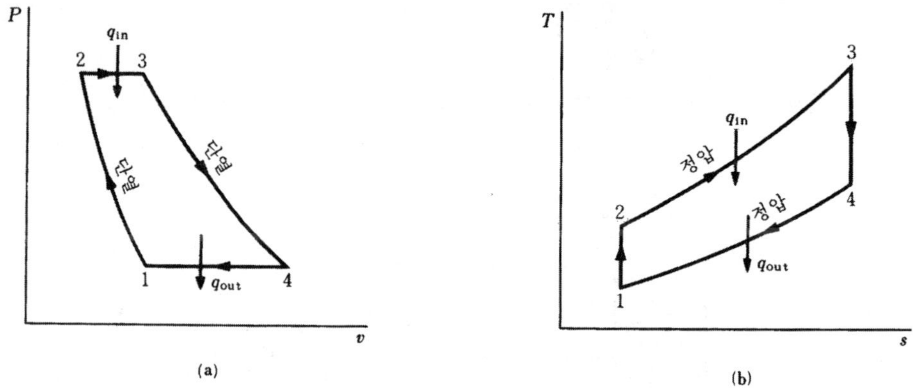

그림 10 · 26 브레이턴 사이클의 $P-v$ 및 $T-s$ 선도

브레이턴 사이클(가스 터빈 사이클)은 그림 **10 · 26**에 표시한 것과 같이 4개의 사이클 과정으로 구성된다.

과정 1 → 2 : **단열 압축**(isentropic compression)
압축기에서 공기를 흡입하여 압력 P_2로 가압하는 과정이다.

과정 2 → 3 : **정압 가열**(constant pressure heat addition)
연소기 내에서 일정 압력하에 연소시키는 과정이다.

과정 3 → 4 : **단열 팽창**(isentropic expansion)
터빈 내에서 연소 가스가 단열 팽창하여 일을 하는 과정이다.

과정 4 → 1 : **정압 방열**(constant pressure heat rejection)
정압하에 방열하여 처음 상태로 되는 과정이다.

브레이턴 사이클의 각 과정을 정상 유동 과정으로 보고 운동 에너지 변화와 위치 에너지 변화를 무시하여 가스 터빈 각 과정에 열역학 제 1 법칙을 세우면

$$q_{\text{in}} - q_{\text{out}} = h_e - h_i + w_t - w_c \tag{10 · 35}$$

여기서 첨자 i, e는 각각 입구·출구이고, w_t는 터빈일, w_c는 압축기일이다. 가스 터빈 사이클의 공급 열량 q_{in}과 방출 열량 q_{out}은 다음과 같이 표시된다.

$$q_{\text{in}} = q_{23} = h_3 - h_2 = c_p(T_3 - T_2) \tag{10 · 36}$$

$$q_{\text{out}} = q_{41} = h_4 - h_1 = c_p(T_4 - T_1) \tag{10 · 37}$$

따라서 이상 브레이턴 사이클(ideal Brayton cycle)의 열효율은

$$\eta_{\text{th, B}} = \frac{w_{\text{net}}}{q_{\text{in}}} = 1 - \frac{q_{\text{out}}}{q_{\text{in}}}$$

$$= 1 - \frac{c_p(T_4 - T_1)}{c_p(T_3 - T_2)} = 1 - \frac{T_1\left(\dfrac{T_4}{T_1} - 1\right)}{T_2\left(\dfrac{T_3}{T_2} - 1\right)}$$

과정 1→2와 3→4는 단열 과정이고 $P_2 = P_3$, $P_4 = P_1$이므로

$$\frac{T_2}{T_1} = \left(\frac{P_2}{P_1}\right)^{\frac{\kappa-1}{\kappa}} = \left(\frac{P_3}{P_4}\right)^{\frac{\kappa-1}{\kappa}} = \frac{T_3}{T_4}$$

가 된다. 따라서

$$\frac{T_4}{T_1} = \frac{T_3}{T_2}$$

가 된다. 따라서 구하고자 하는 이론 열효율은

$$\eta_{\text{th, B}} = 1 - \frac{1}{r_p^{\frac{\kappa-1}{\kappa}}} \tag{10 · 38}$$

여기서 $r_p = \dfrac{P_2}{P_1} = \dfrac{P_3}{P_4}$를 **압력비**(壓力比, pressure ratio)라 한다. 압력비의 범위는 소형의 경우는 $r_p = 5$ 정도이고 고성능 제트 엔진의 경우에는 $r_p = 20$ 정도이다. 한편 공연비(air-fuel ratio)는 대체로 60 : 1 정도이다.

식 (10 · 38)에서 알 수 있는 바와 같이 브레이턴 사이클의 열효율 $\eta_{\text{th, B}}$는 가스 터빈의 압력비 r_p와 동작 유체의 비열비 κ에 의존함을 알 수 있다. 따라서 실제 가스 터빈에서의 열효율은 이들 두 값에 의하여 크게 변하게 된다.

그림 10 · 27은 브레이턴 사이클의 열효율과 압력비와의 관계를 나타낸 것이다. 한편 브

레이턴 사이클의 발생하는 일은 다음 식으로 주어진다.

$$\dot{W} = \dot{m}\,[c_p(T_3 - T_2) - c_p(T_4 - T_1)] = \dot{m}\,[(h_3 - h_2) - (h_4 - h_1)]$$
$$= \dot{m}c_p\left\{T_3\left[1 - \left(\frac{1}{r_p}\right)^{\frac{\kappa-1}{\kappa}}\right] - T_1\left(r_p^{\frac{\kappa-1}{\kappa}} - 1\right)\right\} \qquad (10 \cdot 39)$$

가스 터빈 원동소에서 터빈일에 대한 압축기의 비를 **압축기－터빈일의 비**(back work ratio)라 하고 bwr로 표시하며

$$bwr = \frac{w_c}{w_t} = \frac{h_2 - h_1}{h_3 - h_4} = \frac{c_p(T_2 - T_1)}{c_p(T_3 - T_4)} \qquad (10 \cdot 40)$$

가 된다. 여기서 첨자 c, t는 각각 압축기와 터빈을 나타낸다. 가스 터빈에서 발생한 일은 유효일에 사용된 부분과 압축기를 구동하는 데 사용되는 일이 **되돌림일**(back work)에 상당하며, 이 비는 매우 커서 터빈일의 약 40～80% 이상이 압축기의 구동에 소요된다. 사이클 성능을 증가시키기 위하여 가스 터빈 입구 온도는 약 1130～1260℃ 정도로 한다.

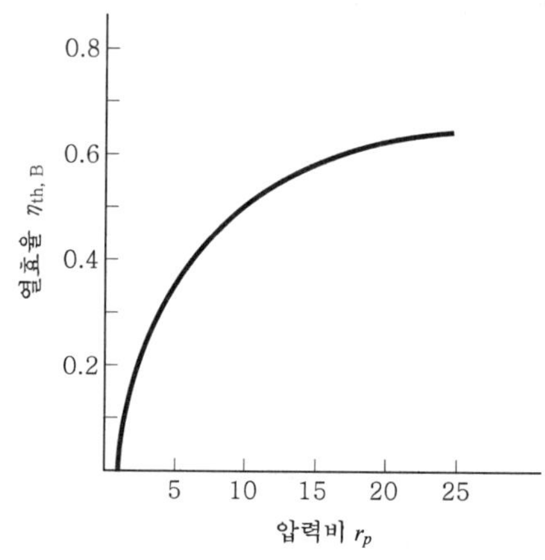

그림 10 · 27 브레이턴 사이클의 열효율과 압력비와의 관계

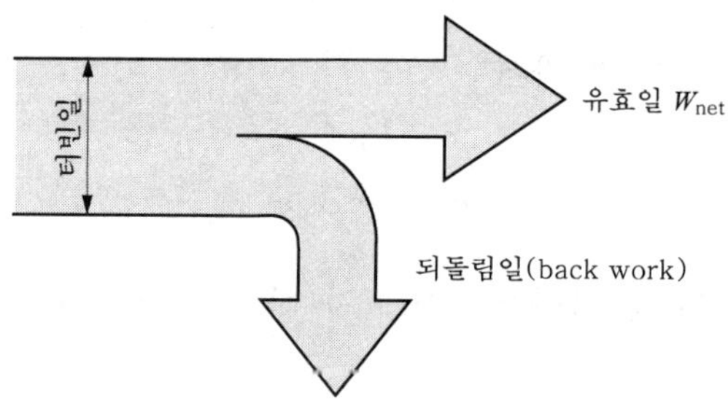

그림 10 · 28 유효일과 되돌림일

보기 10.9

압력비 $r_p = 9$인 공기 표준 브레이턴 사이클의 이론 열효율을 구하여라. 단, 공기의 비열비는 1.4이다.

풀이 식 (10 · 38)에서

$$\eta_{th,B} = 1 - \frac{1}{r_p^{\frac{\kappa-1}{\kappa}}} = 1 - \frac{1}{9^{\frac{0.4}{1.4}}} = 0.4662, \ 46.62\%$$

보기 10.10

압력비가 9인 브레이턴 사이클의 열효율을 압축비 9인 오토 사이클의 열효율과 비교하여라. 단, 비열비 $\kappa=1.4$이다.

풀이 $\eta_{th,B}=1-\dfrac{1}{9^{\frac{1.4-1}{1.4}}}=0.4662$, 46.62%

$$\eta_{th,O}=1-\frac{1}{\left(\dfrac{v_1}{v_2}\right)^{\kappa-1}}=1-\frac{1}{r^{\kappa-1}}$$

$$=1-\frac{1}{9^{0.4}}=0.5848,\ 58.48\%$$

따라서 브레이턴 사이클이 58.48−46.62=11.86% 효율이 낮다. 브레이턴 사이클에서

$$r_p=\frac{P_2}{P_1}=\left(\frac{v_1}{v_2}\right)^{\kappa}$$

이므로 식 (10·38)을 다시 쓰면

$$\eta_{th,B}=1-\frac{1}{\left(r^{\kappa}\right)^{\frac{\kappa-1}{\kappa}}}=1-\frac{1}{r^{\kappa-1}}$$

이 되어 이 식은 오토 사이클의 열효율의 식과 같다.

가스 터빈의 열효율 $\eta_{th,B}=1-\dfrac{T_1}{T_2}$이 되므로 이것은 식 (10·38)에 표시된 바와 같이 압축기 압력비 $\dfrac{P_2}{P_1}$의 함수 관계가 있다. 이것은 또한 체적비로 표시하면

$$\eta_{th,B}=1-\frac{1}{\left(\dfrac{v_1}{v_2}\right)^{\kappa-1}}$$

로 되어 오토 사이클의 열효율과 같은 식으로 표시된다. 그러나 가스 터빈은 원리적으로 **속도형 기계**(회전형)이고, 오토 사이클은 **용적용**(왕복형) 기계이므로 이 식을 가스 터빈에 적용하는 것은 의미가 없다. 따라서 가스 터빈의 열효율은 압력비 $\dfrac{P_2}{P_1}$의 함수 관계로 표시하여야 한다.

[2] 실제 가스 터빈 사이클과 이상 가스 터빈 사이클의 비교

실제 가스 터빈 사이클(actual gas turbine cycle)은 이상적인 브레이튼 사이클(ideal Brayton cycle)과 상당한 차이가 있다. 먼저 압축기의 압축일은 압축시의 비가역성(非可逆性, irreversibilities) 때문에 실제 압축이 이론적인 압력보다 더 많은 일이 필요하다. 또한 터빈의 경우에는 실제 터빈일이 이론적인 단열 팽창일보다 작다. 가스 터빈 사이클에서 터

빈 및 압축기의 비가역성으로 인하여 이들 요소를 통과하는 동작 유체의 엔트로피는 증가하여 그림 10 · 29에 표시된 $T-s$ 선도와 같은 과정을 거치게 된다.

그림 10 · 29 (a)에 표시된 바와 같이 압력 강하는 작으므로 이를 무시하고, 압축기와 터빈의 비가역성을 고려하여 그림 10 · 29 (b)와 같은 $T-s$ 선도로 표시하기로 한다. 이와 같이 압축기와 터빈의 실제일을 이론적인 일과 비교하기 위하여 다음과 같이 압축기와 터빈의 **단열 효율**(斷熱效率, isentropic efficiency) η_c, η_t를 구하여 보기로 한다.

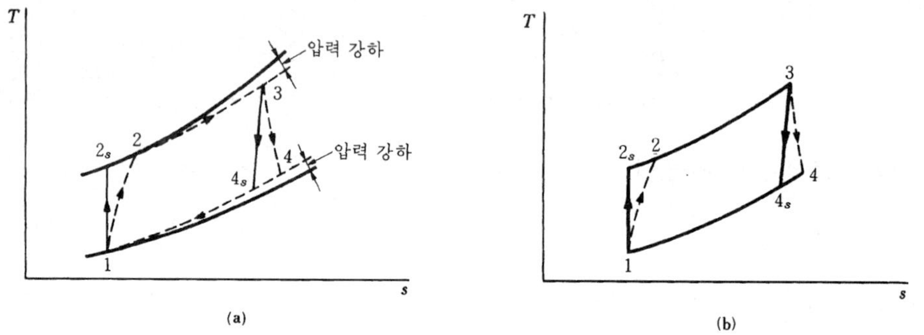

그림 10 · 29 비가역성에 의한 이상 사이클과 실제 가스터빈 사이클의 $T-s$ 선도상의 비교

압축기의 단열 효율(또는 등엔트로피 효율, isentropic efficiency of compressor)

$$\eta_c = \frac{w_s}{w} = \frac{h_{2s}-h_1}{h_2-h_1} \tag{10 · 41}$$

터빈의 단열 효율(또는 등엔트로피 효율, isentropic efficiency of turbine)

$$\eta_t = \frac{w}{w_s} = \frac{h_3-h_4}{h_3-h_{4s}} \tag{10 · 42}$$

여기서 상태 2, 4는 각각 압축기와 터빈의 실제 출구 상태를 나타내고 2_S와 4_S는 각각 압축기와 터빈 출구의 등엔트로피 상태를 나타낸 것이다. 등엔트로피 효율은 일반적으로 80~90% 정도이다.

보기 10.11

이상적인 브레이턴 사이클에서 압축기 입구 상태와 터빈 입구 온도가 일정할 때 단위 유량당 최대 출력을 발생하는 데 필요한 압축기의 압력비를 구하여라.

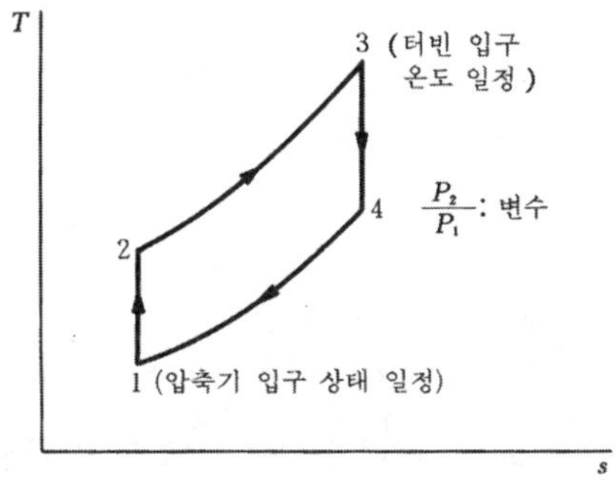

그림 10 · 30 보기 10.11의 설명도

풀이 운동 에너지와 위치 에너지의 효과를 무시하고, 사이클의 유효일을 구하면 그림 10 · 30에서

$$w=\frac{\dot{W}}{\dot{m}}=(h_3-h_4)-(h_2-h_1)$$

가 된다.

정압 비열 c_p가 일정하면

$$w=c_p[(T_3-T_4)-(T_2-T_1)]$$

이 식을 다시 쓰면

$$w=c_pT_1\left(\frac{T_3}{T_1}-\frac{T_4}{T_3}\frac{T_3}{T_1}-\frac{T_2}{T_1}+1\right)$$

과정 1→2, 3→4는 단열 과정이므로

$$\frac{T_2}{T_1}=\left(\frac{P_2}{P_1}\right)^{\frac{\kappa-1}{\kappa}},\quad \frac{T_3}{T_4}=\left(\frac{P_2}{P_1}\right)^{\frac{\kappa-1}{\kappa}}$$

따라서 사이클 일은

$$w=c_pT_1\left[\frac{T_3}{T_1}-\frac{T_3}{T_1}\left(\frac{P_1}{P_2}\right)^{\frac{\kappa-1}{\kappa}}-\left(\frac{P_2}{P_1}\right)^{\frac{\kappa-1}{\kappa}}+1\right]$$

가 된다.

단위 유량당 사이클 일을 최대로 하는 압축기의 압력비 $\frac{P_2}{P_1}$를 구하기 위하여 사이클 일을 압력비 $\left(r_p=\frac{P_2}{P_1}\right)$에 대하여 미분하여 0으로 놓으면

$$\frac{dw}{dr_p}=c_pT_1\frac{\kappa-1}{\kappa}\left[\frac{T_3}{T_1}r_p^{-\left(\frac{\kappa-1}{\kappa}\right)-1}-r_p^{\left(\frac{\kappa-1}{\kappa}\right)-1}\right]$$

$$=c_pT_1\frac{\kappa-1}{\kappa}\left(\frac{T_3}{T_1}r_p^{\frac{-2\kappa+1}{\kappa}}-r_p^{-\frac{1}{\kappa}}\right)=0$$

따라서

$$\frac{T_3}{T_1}r_p^{\frac{-2\kappa+1}{\kappa}} - r_p^{-\frac{1}{\kappa}} = 0$$

$$\frac{T_3}{T_1} = r_p^{\frac{2(\kappa-1)}{\kappa}}$$

$$\therefore\ r_p = \frac{P_2}{P_1} = \left(\frac{T_3}{T_1}\right)^{\frac{\kappa}{2(\kappa-1)}} \tag{10・43}$$

가 된다. 따라서 압축기 입구 온도 T_1과 터빈 입구 온도 T_3가 일정한 값으로 주어져 있을 때 터빈 일을 최대로 하는 압력비는 식 (10・43)으로 표시됨을 알 수 있다.

보기 10.12

공기를 동작 물질로 하는 개방 가스 터빈에서 압축기 입구 압력이 100 kPa, 온도가 300K, 터빈 입구 압력이 1.2 MPa, 온도가 1300 K일 경우 이상 브레이턴 사이클의 열효율과 발생일을 구하여라. 단, 공기의 비열비는 1.4, 가스 상수는 0.287 kJ/kg K이다.

풀이 터빈 입구 상태 $P_3 = 1200\,\text{kPa},\ T_3 = 1300\,\text{K}$

압축기 입구 상태 $P_1 = 100\,\text{kPa},\ T_1 = 300\,\text{K}$

$\kappa = 1.4,\ R = 0.287\,\text{kJ/kg K}$

열효율 $\eta_{\text{th,B}} = 1 - \frac{q_{\text{out}}}{q_{\text{in}}} = 1 - \frac{c_p(T_4 - T_1)}{c_p(T_3 - T_2)}$ 이므로 c_p, T_2, T_4를 구하면

$$c_p = \frac{\kappa R}{\kappa - 1} = \frac{1.4 \times 0.287}{1.4 - 1} = 1.005\,\text{kJ/kg K}$$

$$T_2 = T_1 r_p^{\frac{\kappa-1}{\kappa}} = 300 \times \left(\frac{1200}{100}\right)^{\frac{1.4-1}{1.4}} = 610.1811\,\text{K}$$

$$T_4 = \frac{T_3}{r_p^{\frac{\kappa-1}{\kappa}}} = \frac{1300}{12^{\frac{1.4-1}{1.4}}} = 639.1545\,\text{K}$$

$$\eta_{\text{th,B}} = 1 - \frac{(T_4 - T_1)}{(T_3 - T_2)}$$

$$= 1 - \frac{639.1545 - 300}{1300 - 610.1811} = 0.5083,\ 50.83\%$$

발생일은

$$W = m c_p[(T_3 - T_2) - (T_4 - T_1)]$$

$$w = c_p[(T_3 - T_2) - (T_4 - T_1)]$$

$$= 1.005[(1300 - 610.181) - (639.1545 - 300)]$$

$$= 352.4178\,\text{kJ/kg}$$

한편 압축기 일 w_c와 터빈일 w_t의 비 bwr는

$$bwr = \frac{w_c}{w_t} = \frac{h_2 - h_1}{h_3 - h_4} = \frac{T_2 - T_1}{T_3 - T_4}$$

$$= \frac{610.1811 - 300}{1300 - 639.1545} = 0.4694$$

10.10 재생식 브레이턴 사이클

브레이턴 사이클의 터빈에서 단열 팽창 후에 배출되는 가스는 고온이므로 열에너지 손실이 수반된다. 이와 같은 배기 에너지를 압축기에서 나온 공기(吸氣)의 가열에 이용하면 손실로 되는 열량을 유효하게 회수할 수 있다. 이와 같이 배기 가스의 폐열로 연소기로 들어가는 공기를 가열하도록 재생용 열교환기를 설치한 사이클을 **재생**(再生) **사이클**(regenerative cycle) 또는 **재생 브레이턴 사이클**(regenerative Brayton cycle)이라 한다.

그림 10 · 31은 **재생식 브레이턴 사이클**의 계통도와 $T-s$ 선도를 나타낸 것이다. 재생식 브레이턴 사이클의 각 과정을 살펴보면 다음과 같다.

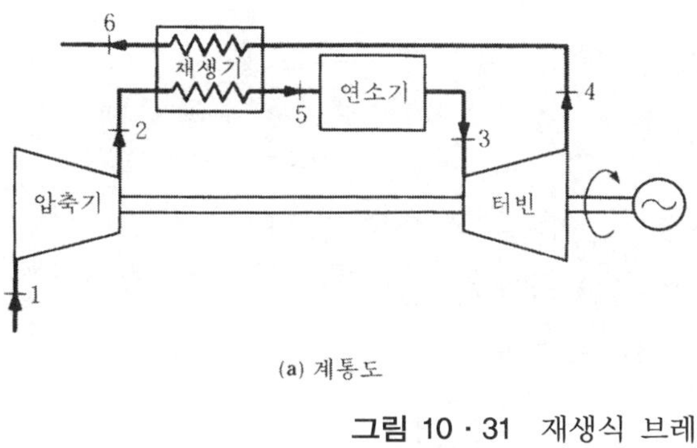

(a) 계통도

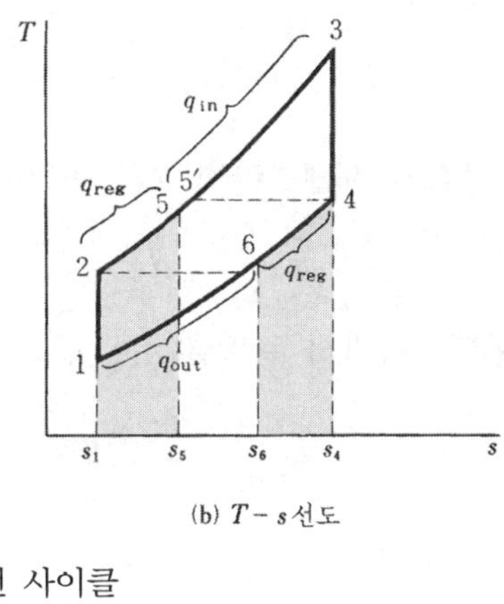

(b) $T-s$선도

그림 10 · 31 재생식 브레이턴 사이클

과정 1→2 : 압축기의 단열 압축 과정

과정 2→5 : 재생기의 재생 과정(정압 재생 열량, 열량 q_{reg}를 받음)

과정 5→3 : 연소기의 정압 연소 과정(공급 열량 q_{in})

과정 3→4 : 터빈의 단열 팽창 과정

과정 4→6 : 재생기로 회수되는 재생 과정(재생 열량 $q_{\rm reg}$)

과정 6→1 : 배출 가스로 나가는 정압 방열 과정(방열량 $q_{\rm out}$)

그림 **10 · 31**의 선도에서 재생기(再生器, regenerator) 또는 열교환기(熱交換器, heat exchanger)로부터 수열(受熱)에 의하여 얻을 수 있는 이론적인 최고 온도는 $T_5{}' = T_4$이므로 재생기의 열교환 열량의 이론적 최대값은

$$q_{\rm reg,\,max} = h_5{}' - h_2 = h_4 - h_2 \tag{10·44}$$

이다. 그러나 실제로는 T_4보다 낮은 온도인 T_5로 되므로 실제 열교환량은

$$q_{\rm reg,\,act} = h_5 - h_2 \tag{10·45}$$

로 된다. 따라서 **재생기의 효율**(regenerator effectiveness) $\eta_{\rm reg}$는 다음과 같이 표시된다.

$$\eta_{\rm reg} = \frac{q_{\rm reg,\,act}}{q_{\rm reg,\,max}} = \frac{h_5 - h_2}{h_4 - h_2} = \frac{T_5 - T_2}{T_4 - T_2} \tag{10·46}$$

일반적으로 재생기의 효율은 $\eta_{\rm reg} = 0.7$ 정도 또는 그 이하이다.

재생식 브레이턴 사이클에서 공급 열량 $q_{\rm in}$은 면적 (5 3 4 S_4 S_5 5)이고, 재생기로 회수되는 열량은 면적 (6 4 S_4 S_6 6)으로 표시된다. 이 열량은 면적 (2 5 S_5 S_1 2)= 면적 (6 4 $S_4 S_6$ 6)의 관계가 있다. 따라서

$$q_{\rm in} = c_p(T_3 - T_5)$$
$$w_{\rm net} = c_p(T_3 - T_4) - c_p(T_2 - T_1)$$

이상적인 재생기라면 $T_4 = T_5$이므로

$$q_{\rm in} = c_p(T_3 - T_4)$$

가 된다. 따라서 열효율 $\eta_{\rm thB,\,reg}$는

$$\eta_{\rm thB,\,reg} = \frac{w_{\rm net}}{q_{\rm in}} = \frac{c_p(T_3 - T_4) - c_p(T_2 - T_1)}{c_p(T_3 - T_4)}$$
$$= 1 - \frac{T_2 - T_1}{T_3 - T_4} = 1 - \frac{T_1}{T_3}\left[\frac{\dfrac{T_2}{T_1} - 1}{1 - \dfrac{T_4}{T_3}}\right]$$

과정 1→2, 3→4는 단열 변화이므로

$$\frac{T_2}{T_1}=\left(\frac{P_2}{P_1}\right)^{\frac{\kappa-1}{\kappa}},\quad \frac{T_4}{T_3}=\left(\frac{P_4}{P_3}\right)^{\frac{\kappa-1}{\kappa}}=\left(\frac{P_1}{P_2}\right)^{\frac{\kappa-1}{\kappa}}$$

$$r_p=\frac{P_2}{P_1}=\frac{P_3}{P_4}\ \text{: 압력비(pressure ratio)}$$

가 된다. 따라서

$$\eta_{\text{thB,reg}}=1-\frac{T_1}{T_3}\left[\frac{r_p^{\frac{\kappa-1}{\kappa}}-1}{1-\left(\frac{1}{r_p}\right)^{\frac{\kappa-1}{\kappa}}}\right]$$

$$=1-\frac{T_1}{T_3}r_p^{\frac{\kappa-1}{\kappa}}=1-\frac{1}{\tau}r_p^{\frac{\kappa-1}{\kappa}} \qquad (10 \cdot 47)$$

로 표시된다. 여기서 τ는 $\tau=\frac{T_3}{T_1}$로서 **온도비**(溫度比, temperature ratio)를 나타낸다. 그러므로 재생식 브레이턴 사이클의 열효율은 온도비(최고 온도/최저 온도) τ와 압력비 r_p에 의존됨을 알 수 있다.

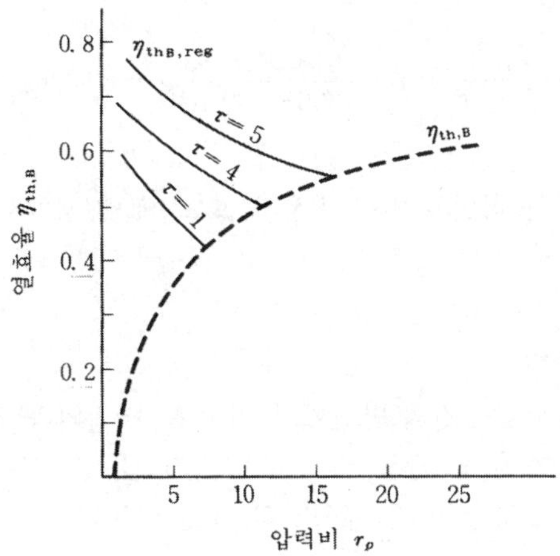

그림 10 · 32 재생식 브레이턴 사이클 열효율

그림 10 · 32는 재생 사이클의 열효율 $\eta_{\text{thB,reg}}$와 압력비 r_p와의 관계를 온도비 τ $(=T_3/T_1)$에 대하여 비교한 것이다.

보기 10.13

공기를 동작 물질로 하는 재생식 브레이턴 사이클에서 압축기 입구 압력이 100 kPa, 온도가 300 K, 터빈 입구 압력이 1.2 MPa, 온도가 1300 K일 경우 사이클의 열효율을 구하여라. 단, 공기의 비열비는 1.4, 가스 상수는 0.287 kJ/kg K이다.

풀이 압축기 입구 온도 $T_1 = 300\,\text{K}$

압축기 출구 온도 $T_2 = T_1\left(\frac{P_2}{P_1}\right)^{\frac{\kappa-1}{\kappa}} = 300\left(\frac{1200}{100}\right)^{\frac{1.4-1}{1.4}} = 610.1811\,\text{K}$

터빈 출구 온도 $T_4 = T_3\left(\frac{P_4}{P_3}\right)^{\frac{\kappa-1}{\kappa}} = 1300\left(\frac{100}{1200}\right)^{\frac{1.4-1}{1.4}} = 639.1545\,\text{K}$

유효일 $w = w_t - w_c$

$$\begin{aligned} w &= (h_3 - h_4) - (h_2 - h_1) \\ &= c_p\,[(T_3 - T_4) - (T_2 - T_1)] \\ &= 1.005\,[(1300 - 639.1545) - (610.1811 - 300)] \\ &= 352.4178\,\text{kJ/kg} \end{aligned}$$

압축기의 일 w_c와 터빈일 w_t의 비 bwr는

$$bwr = \frac{w_c}{w_t} = \frac{h_2 - h_1}{h_3 - h_4} = \frac{T_2 - T_1}{T_3 - T_4} = \frac{610.1811 - 300}{1300 - 639.1545} = 0.4694$$

$$\therefore\ \eta_{\text{th, B}} = 1 - \frac{T_2 - T_1}{T_3 - T_4} = 1 - \frac{610.181 - 300}{1300 - 639.1545} = 0.5306,\ 53.06\%$$

열효율은 재생하지 않는 경우(보기 10.12)보다 53.06−50.83=2.23% 개선된다. 동작 유체 1 kg 당 발생하는 일은 압축기와 터빈의 일이 변하지 않으므로 재생하지 않는 경우와 같다.

보기 10.14

보기 10.12와 같은 조건에서 압축기의 단열 효율이 0.8, 터빈의 단열 효율이 0.9인 재생식 브레이튼 사이클의 발생일과 열효율을 구하여라. 단, 압축기 입구 상태는 100 kPa, 300 K이고, 터빈의 입구 상태는 1300 K, 1.2 MPa이다. 재생기의 효율은 0.7이다.

풀이 압축 말의 온도 T_2와 팽창 말의 T_4는

$$\eta_c = \frac{h_{2s} - h_1}{h_2 - h_1} = \frac{T_{2s} - T_1}{T_2 - T_1}, \qquad \frac{T_{2s}}{T_1} = r_p^{\frac{\kappa-1}{\kappa}}$$

$$T_{2s} = T_1 r_p^{\frac{\kappa-1}{\kappa}} = 300 \times 12^{\frac{1.4-1}{1.4}} = 600.1811\,\text{K}$$

$$\eta_t = \frac{h_3 - h_4}{h_3 - h_{4s}} = \frac{T_3 - T_4}{T_3 - T_{4s}}, \qquad T_{4s} = \frac{T_3}{r_p^{\frac{\kappa-1}{\kappa}}} = \frac{1300}{12^{\frac{0.4}{1.4}}} = 639.1545\,\text{K}$$

로부터

$$T_2 = T_1 + \frac{1}{\eta_c}(T_{2s} - T_1) = 300 + \frac{1}{0.8} \times (610.1811 - 300) = 687.7264\,\text{K}$$

$$T_4 = T_3 - \eta_t(T_3 - T_{4s}) = 1300 - 0.9 \times (1300 - 639.1545) = 705.2391\,\text{K}$$

따라서 발생일 w 는

$$\begin{aligned} w &= w_t - w_c = c_p[\eta_t(T_3 - T_{4s}) - (T_{2s} - T_1)/\eta_c] \\ &= 1.005 \times [0.9 \times (1300 - 639.1545) - (610.1811 - 300)/0.8] \\ &= 208.070\,\text{kJ/kg} \end{aligned}$$

한편 터빈일과 압축기일의 비 bwr 는

$$bwr = \frac{w_c}{w_t} = \frac{h_2 - h_1}{h_3 - h_4} = \frac{T_2 - T_1}{T_3 - T_4} = \frac{687.7264 - 300}{1300 - 705.2391} = 0.6519$$

재생기 효율 $\eta_{\text{reg}} = \dfrac{h_5 - h_2}{h_4 - h_2} = \dfrac{c_p(T_5 - T_2)}{c_p(T_4 - T_2)}$

$$\begin{aligned} T_5 &= T_2 + \eta_{\text{reg}}(T_4 - T_2) \\ &= 687.7264 + 0.7 \times (705.2391 - 687.7264) \\ &= 699.985\,\text{K} \end{aligned}$$

열효율 $\eta_{\text{thB,reg}}$는

$$\begin{aligned} \eta_{\text{thB,reg}} &= \frac{w}{q_{\text{in}}} = \frac{w}{c_p(T_3 - T_5)} = \frac{208.070}{1.005 \times (1300 - 699.985)} \\ &= 0.3450,\ 34.50\% \end{aligned}$$

가스 터빈에서 압축기와 터빈의 비가역성은 사이클 성능의 주요 인자로 된다. 압축기, 터빈의 비가역성을 고려하여 효율을 계산한 결과를 앞에서 구한 보기 10.13의 결과를 비교하면 등엔트로피 과정의 경우에는 $\eta_{\text{th,B}} = 53.06\%$, 비가역 엔트로피 증가를 수반하는 경우에는 $\eta_{\text{th,B}} = 0.3450$으로 상당한 차이가 있음을 알 수 있다.

즉, 압축기 및 터빈의 비가역성은 사이클 효율을 저하시키고, 압축기의 압축일을 증가시킴과 아울러 터빈의 팽창일을 감소시키는 결과를 가져온다. 따라서 압축기 일과와 터빈일의 비 bwr 또한 증가하는 요인이 된다. 이상의 결과를 종합하면 표 10·2와 같다.

표 10·2 보기 10.12, 13, 14의 성능 비교

비교 사항	브레이턴 사이클 (보기 10.12)	재생 브레이턴 사이클 (보기 10.13)	비가역성을 고려한 사이클 (보기 10.14)
압축기 입구상태	$T_1 = 300$ K, $P_1 = 100$ kPa	$T_1 = 300$ K, $P_1 = 100$ kPa	$T_1 = 300$ K, $P_1 = 100$ kPa
터빈 입구상태	$T_3 = 1300$ K	$T_3 = 1300$ K	$T_3 = 1300$ K
압력비	12	12	12

표 10 · 2 보기 10.12, 13, 14의 성능 비교(계속)

비교 사항	브레이턴 사이클 (보기 10.12)	재생 브레이턴 사이클 (보기 10.13)	비가역성을 고려한 사이클 (보기 10.14)
열효율	50.83%	53.06%	34.50%
유효일	352.4178 kJ/kg	352.4178 kJ/kg	208.070 kJ/kg
bwr	0.4694	0.4694	0.6519

10.11 중간 냉각, 재열 및 재생 브레이턴(가스 터빈) 사이클

[1] 재열 가스 터빈 사이클

금속의 내열성(耐熱性) 문제로 터빈으로 들어가는 연소 가스의 온도는 어느 일정 온도 이상으로 높일 수 없다. 이 온도는 연소기의 연공비(fuel-air ratio)에 따라서 어느 정도 제어될 수 있다. 그러므로 터빈 입구 온도를 더 이상 높이지 않고 가스 터빈의 성능을 증가시킬 목적으로 그림 10 · 33에 표시된 것과 같은 재열에 의하여 터빈 팽창 과정을 2단으로 하면 사이클일을 크게 할 수 있다.

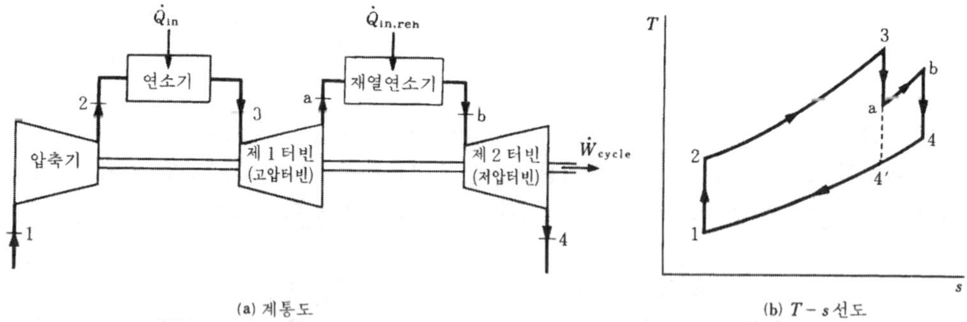

그림 10 · 33 재열 가스 터빈 사이클

제 1 터빈(고압 터빈)에서 상태 3으로부터 a까지 팽창하고, 동작 유체는 a → b까지 재열기 압력 일정하에서 가열(재열)된다. 재열 온도는 $T_b = T_3$로 하거나 T_3보다 낮게 한다. 재열된 가스는 제 2 터빈으로 들어가서 상태 b → 4까지 단열 팽창한다. 이렇게 함으로써 터빈 일은

$$w_t = w_{tH} + w_{tL} = (h_3 - h_a) + (h_b - h_4)\,\text{kJ/kg} \qquad (10 \cdot 48)$$

로 표시된다. 여기서 w_{tH}는 제1(고압) 터빈의 팽창일, w_{tL}은 제2(저압) 터빈의 팽창일이다. 따라서 사이클 유효일은 면적(ab 44'a)만큼 증가하는 결과로 표시된다. 그러므로 재열 가스 터빈 사이클의 열효율은

$$\eta_{\mathrm{th,reh}} = \frac{w_t - w_c}{q_{\mathrm{in}}} = \frac{w_{tH} + w_{tL} - w_c}{q_{\mathrm{in}}}$$

여기서

$$q_{\mathrm{in}} = q_{\mathrm{in,comb}} + q_{\mathrm{in,reh}} = (h_3 - h_2) + (h_b - h_a)\,\mathrm{kJ/kg} \quad (10 \cdot 49)$$

$$w_{tH} = (h_3 - h_a)\,\mathrm{kJ/kg} \quad (10 \cdot 50)$$

$$w_{tL} = (h_b - h_4)\,\mathrm{kJ/kg}$$

$$w_c = (h_2 - h_1)\,\mathrm{kJ/kg}$$

따라서

$$\eta_{\mathrm{th,reh}} = \frac{(h_3 - h_a) + (h_b - h_4) - (h_2 - h_1)}{(h_3 - h_2) + (h_b - h_a)} \quad (10 \cdot 51)$$

압축기일-터빈일의 비 bwr는

$$bwr = \frac{w_c}{w_t} = \frac{(h_2 - h_1)}{(h_3 - h_a) + (h_b - h_4)} \quad (10 \cdot 52)$$

또한 동작 물질의 질량 유량을 $\dot{m}$ kg/s라 하면 사이클의 유효일은

$$\dot{W}_{\mathrm{cycle}} = \dot{m}(w_t - w_c) = \dot{m}[(h_3 - h_a) + (h_b - h_4) + (h_2 - h_1)]\,\mathrm{kW} \quad (10 \cdot 53)$$

가 된다.

보기 10.15

재열 및 재생을 수반하는 가스 터빈 사이클에서 압축기 초의 압력이 100 kPa, 온도가 300 K이고 제1터빈 입구의 압력 1200 kPa, 팽창 말의 상태가 340 kPa, 이것이 팽창 말의 상태로 재열기에서 정압 가열되어 재열기 출구 온도가 1300 K로 되어 제2터빈으로 공급된다. 이 사이클의 (1) 이론 열효율, (2) 압축기-터빈일의 비를 구하여라. 단, 재생기의 효율은 100%이다.

풀이 (1) 이론 열효율

$$\eta_{\mathrm{th,reh}} = \frac{w_t - w_c}{q_{\mathrm{in}}} = \frac{(h_3 - h_a) + (h_b - h_4) - (h_2 - h_1)}{(h_3 - h_{3a}) + (h_b - h_a)}$$

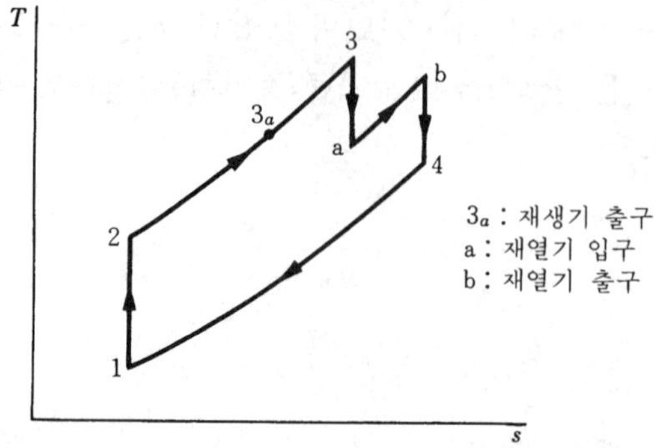

그림 10 · 34 보기 10.15의 $T-s$ 선도

여기서 T_2는

$$T_2 = T_1\left(\frac{P_2}{P_1}\right)^{\frac{\kappa-1}{\kappa}} = 300\left(\frac{1200}{100}\right)^{\frac{0.4}{1.4}} = 610.1811\,\text{K}$$

$T_3 = 1300\,\text{K}$, $T_b = T_3$, T_a는

$$T_a = T_3\left(\frac{P_a}{P_3}\right)^{\frac{\kappa-1}{\kappa}} = 1300\left(\frac{340}{1200}\right)^{\frac{0.4}{1.4}} = 906.686\,\text{K}$$

T_4는

$$T_4 = T_b\left(\frac{P_4}{P_b}\right)^{\frac{\kappa-1}{\kappa}} = 1300\left(\frac{100}{340}\right)^{\frac{0.4}{1.4}} = 916.415\,\text{K}$$

$$\begin{aligned} w_t &= (h_3 - h_a) - (h_b - h_4) \\ &= c_p[(T_3 - T_a) + (T_b - T_4)] \\ &= 1.005[(1300 - 906.686) + (1300 - 916.415)] \\ &= 780.7835\,\text{kJ/kg} \end{aligned}$$

$$\begin{aligned} w_c &= h_2 - h_1 = c_p(T_2 - T_1) \\ &= 1.005(610.1811 - 300) \\ &= 311.7320\,\text{kJ/kg} \end{aligned}$$

$$\begin{aligned} q_{\text{in}} &= (h_3 - h_{3a}) + (h_b - h_a) \\ &= c_p[(T_3 - T_{3a}) + (T_b - T_a)] \\ &= 1.005[(1300 - 916.415) + (1300 - 906.686)] \\ &= 780.7835\,\text{kJ/kg} \end{aligned}$$

따라서 사이클 일은

$$w = w_t - w_c = 780.7835 - 311.7320 = 469.0515\ \text{kJ/kg}$$

$$\eta_{\text{th, reh}} = \frac{780.7835 - 311.7320}{780.7835} = 0.6007,\ 60.07\%$$

(2) 압축기-터빈의 일의 비

$$bwr = \frac{w_c}{w_t} = \frac{311.7329}{780.7835} = 0.3993$$

보기 10.12에서 다룬 바와 같이 재생-재열을 하지 않는 가스 터빈 사이클의 열효율 $\eta_{th,B}$ = 50.83%보다 9.24% 성능이 향상됨을 알 수 있다.

[2] 중간 냉각을 수반하는 압축과정

가스 터빈은 압축기 일을 감소시켜서 터빈 원동소의 출력을 증가시킬 수 있으며, 이와 같은 목적으로 중간 냉각을 수반하는 **다단 압축 과정**(multi-stage compression processes)을 적용하고 있다. 그림 **10 · 35**는 중간 냉각기를 갖는 2단 압축 과정의 장치 계통도와 $P-v$ 및 $T-s$ 선도를 나타낸 것이다.

앞에서 설명한 바와 같이 등온 압축일이 단열 압축일보다 작으나, 실제 압축은 단열 압축에 가깝다. 그러므로 압력비(P_2/P_1)가 클 때에는 몇 개의 단(段, stage)으로 나누어 단열 압축하고, 압축에 의하여 온도가 상승한 가스를 고압 및 저압 압축기 사이에 설치된 중간 냉각기(intercooler)에 의하여 냉각시킨다. 이렇게 하여 여러 단으로 나누어 압축하면 압축과정은 등온 압축에 가깝게 되어 압축일은 감소하게 된다.

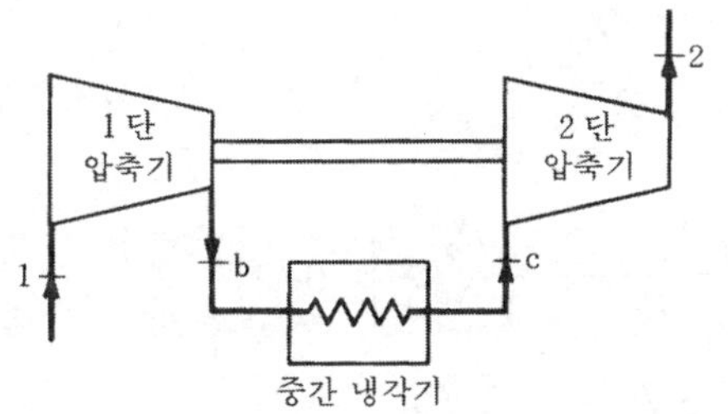

(a) 장치 계통도

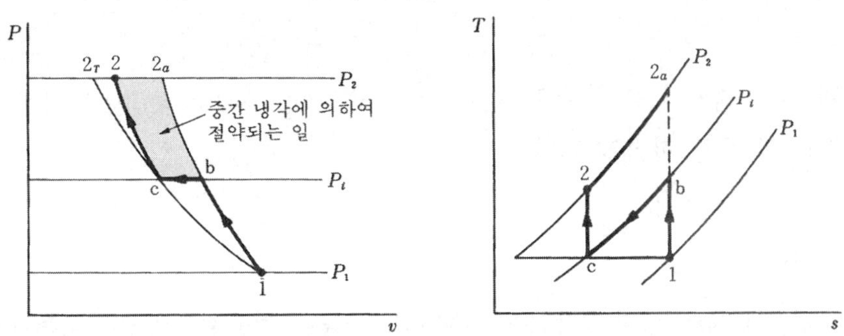

(b) $P-v$ 및 $T-s$ 선도

그림 10 · 35 중간 냉각 과정을 갖는 2단 압축 과정

그림 10 · 35와 같은 2단 압축에서 압축일을 최소로 하는 중간 냉각기 압력 P_i를 구하려면 압축기의 압축일 w_c를 구하고, 이것을 중간 압력 P_i에 대하여 미분하여 0으로 놓아 구할 수 있다.

압축기의 압축일은

$$w_c = w_{c1} + w_{c2} = (h_b - h_1) + (h_2 - h_c) \qquad (10 \cdot 54)$$

정압 비열 c_p가 일정하면

$$\begin{aligned} w_c &= c_p(T_b - T_1) + c_p(T_2 - T_c) \\ &= c_p T_1\left(\frac{T_b}{T_1} - 1 + \frac{T_2}{T_1} - \frac{T_c}{T_1}\right) \end{aligned}$$

여기서 $T_1 = T_c$

$$\frac{T_b}{T_1} = \left(\frac{P_i}{P_1}\right)^{\frac{\kappa-1}{\kappa}}, \quad \frac{T_2}{T_c} = \left(\frac{P_2}{P_i}\right)^{\frac{\kappa-1}{\kappa}}$$

이므로

$$w_c = c_p T_1\left(\frac{T_b}{T_1} + \frac{T_2}{T_c} - 2\right)$$

또 $\dfrac{\kappa-1}{\kappa} = N$이라 하면

$$\frac{dw_c}{dP_i} = c_p T_1 N\left(\frac{P_i^{N-1}}{P_1^N} - \frac{P_2^N}{P_i^{N+1}}\right) = 0$$

$$P_i^2 = P_1 P_2 \text{ 또는 } P_i = \sqrt{P_1 P_2}$$

$$\frac{P_i}{P_1} = \frac{P_2}{P_i} \qquad (10 \cdot 55)$$

가 된다. 따라서 압축기 일을 최소로 하는 중간 압력 P_i는 식(10 · 55)에 표시된 바와 같이 각 단의 압력비를 같게 하여야 한다.

보기 10.16

2단의 압축기에서 압축 초 및 중간 압력, 압력비가 다음과 같이 주어진 경우 압축기 출구 온도 T_2와 압축 소요일을 구하여라. 그리고 1단 압축하는 경우의 일과 비교하여 보아라.

압축 초의 압력 ; 100 kPa, 300 K

중간 냉각기 압력 ; 340 kPa
압축기 제 2 단 출구 압력 ; 1200 kPa, 압력비 $r_p = 12$

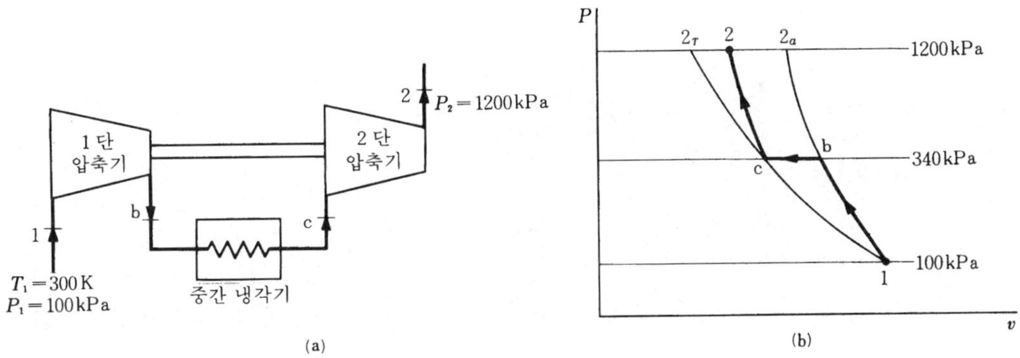

그림 10 · 36 보기 10.16의 압축 과정

풀이 (1) 2단 압축하는 경우

① 압축기 출구 온도 T_2

$$\frac{T_2}{T_c} = \left(\frac{P_2}{P_i}\right)^{\frac{\kappa-1}{\kappa}}$$, 여기서 P_i는 중간 압력

$$\therefore \ T_2 = T_c\left(\frac{P_2}{P_i}\right)^{\frac{\kappa-1}{\kappa}} = T_1\left(\frac{P_2}{P_i}\right)^{\frac{\kappa-1}{\kappa}}$$

$$T_2 = 300 \times \left(\frac{1200}{340}\right)^{\frac{0.4}{1.4}} = 430.1378\,\text{K}$$

② 압축일 w_c

$$\begin{aligned} w_c &= w_{c1} + w_{c2} \\ &= (h_b - h_1) + (h_2 - h_c) \\ &= c_p(T_b - T_1) + c_p(T_2 - T_c) \end{aligned}$$

여기서

$$\frac{T_b}{T_1} = \left(\frac{P_i}{P_1}\right)^{\frac{\kappa-1}{\kappa}}$$

$$T_b = T_1\left(\frac{P_i}{P_1}\right)^{\frac{\kappa-1}{\kappa}} = 300 \times \left(\frac{340}{100}\right)^{\frac{0.4}{1.4}} = 425.5713\,\text{K}$$

$$\begin{aligned} w_c &= 1.005 \times [(425.5713 - 300) + (430.1378 - 300)] \\ &= 256.9877\,\text{kJ/kg} \end{aligned}$$

(2) 1단 압축하는 경우

① 압출기 출구 온도 T_{2a}

$$\frac{T_{2a}}{T_1}=\left(\frac{P_2}{P_1}\right)^{\frac{\kappa-1}{\kappa}}$$

$$T_{2a}=T_1\left(\frac{P_2}{P_1}\right)^{\frac{\kappa-1}{\kappa}}=300\times\left(\frac{1200}{100}\right)^{\frac{0.4}{1.4}}=610.1811\,\mathrm{K}$$

② 압축일 w_c

$$w_c=h_{2a}-h_1=c_p(T_{2a}-T_1)=1.005(610.811-300)$$
$$=311.7320\,\mathrm{kJ/kg}$$

따라서 1단 압축하는 경우의 압축 소요일이 2단 압축하는 경우보다 더 커짐을 알 수 있다.

[3] 중간 냉각, 재열 및 재생 가스 터빈 사이클

가스 터빈 사이클에서는 압축기에 소요되는 동력의 비율이 매우 크다. 따라서 압축에 소요되는 동력을 경감시킬 목적으로 중간 냉각을 한다. 이 때 중간 냉각 단수를 증가시키면 압축 과정은 압축기 입구 온도와 같은 온도의 등온 과정이 되어 압축일은 감소한다. 또한 두 압력 사이에서 작동한 터빈의 출력은 재열에 의하여 팽창일을 증가시킬 수 있다. 그림 10·37, 10·38은 중간 냉각, 재생 및 재열 과정을 포함하는 가스 터빈 사이클의 계통도와 $P-v$ 및 $T-s$ 선도를 나타낸 것이다.

그림 10·38에서 보는 바와 같이 공기는 압축기에서 상태 1로 들어가서 중간 압력 P_2까지 등엔트로피 압축된다. 이 공기는 상태 2에서 상태 3까지 정압 냉각된다. 이 때 중간 냉각기를 떠나는 공기의 온도 T_3는 1단 압축기로 들어가는 공기의 온도 T_1과 같다. 중간 냉각기를 나온 공기는 등엔트로피 압축되어 상태 4로 된다.

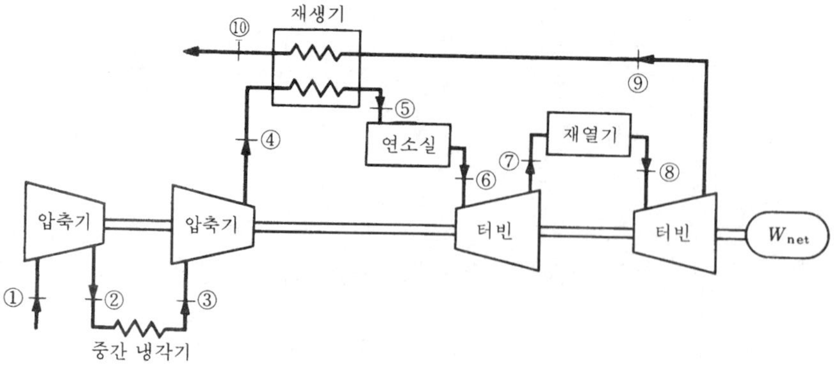

그림 10·37 중간 냉각, 재열 및 재생 가스 터빈 사이클 계통도

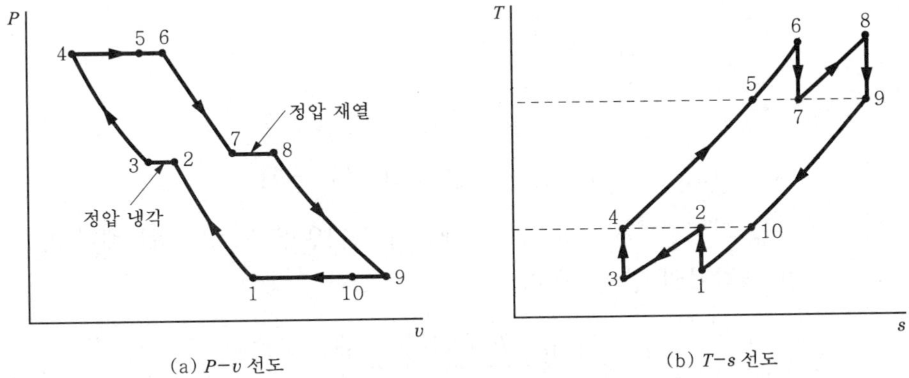

(a) $P-v$ 선도 (b) $T-s$ 선도

그림 10 · 38 중간 냉각, 재열 및 재생 가스 터빈 사이클

이와 같이 압축된 공기는 재생기(再生器, regenerator)로 들어가서 정압하에서 T_5까지 가열된다. 이상적인 재생기에서 가스는 터빈 출구 온도와 같은 온도로 되어 $T_5 = T_9$이 된다. 이와 같이 재생기를 통과한 공기는 연소실로 들어가서 과정 5→6으로 정압 가열되어 고압 터빈(제1터빈)에서 단열 과정 6→7의 팽창일을 하고 다시 재열기에서 과정 7→8까지 정압 가열된다. 이 때 재열기 출구 온도는 보통 $T_6 = T_8$되게 한다. 재열기를 나온 가스는 저압 터빈(제 2 터빈)에서 단열 팽창일을 하고 상태 9로 된다.

터빈 출구 온도 T_9인 배출 가스는 재생기로 들어가서 1단 압축기를 나온 공기를 가열하도록 열교환하고 온도는 T_{10}으로 되어 배기된다.

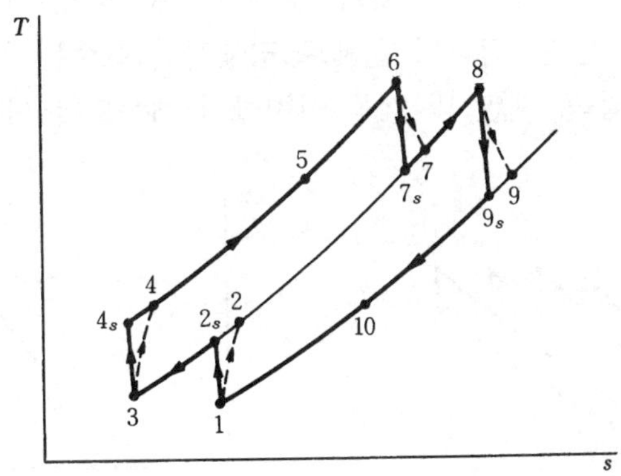

그림 10 · 39 중간 냉각, 재열 재생 가스 터빈 사이클의 비가역성을 고려한 $T-s$ 선도

그림 10 · 39는 중간 냉각 · 재열 · 재생 가스 터빈 사이클의 비가역성을 고려한 $T-s$ 선도를 나타낸 것이다. 여기서 첨자 s는 등엔트로피 변화를 나타낸 것이다. 이 사이클의 이론 열효율 $\eta_{\text{th, reh-reg}}$는 다음 식으로 구한다.

$$\eta_{\text{th, reh-reg}} = 1 - \frac{q_{\text{out}}}{q_{\text{in}}}$$

$$q_{\text{in}} = q_{\text{in, comb}} + q_{\text{in, reh}} = (h_6 - h_5) + (h_8 - h_7)$$

$$q_{\text{out}} = q_{\text{out, exh}} + q_{\text{out, ic}} = (h_{10} - h_1) + (h_2 - h_3)$$

단, $q_{\text{in, comb}}$는 연소기의 가열량, $q_{\text{in, reh}}$는 재열기의 가열량, $q_{\text{out, exh}}$는 배기 가스의 가열량, $q_{\text{out, ic}}$는 중간 냉각기의 방열량이다.

$$\eta_{\text{th, reh-reg}} = 1 - \frac{(h_{10} - h_1) + (h_2 - h_3)}{(h_6 - h_5) + (h_8 - h_7)} \tag{10 · 56 a}$$

이상적인 재생기이면 $h_9 = h_5$, $h_{10} = h_4$가 되고, 중간 냉각기가 $T_1 = T_3$이면 $h_1 = h_3$가 된다. 또는 사이클의 유효일은 $w = w_t - w_c$이므로 이들 관계식을 이용하면

$$\eta_{\text{th, reh-reg}} = \frac{w_t - w_c}{q_{\text{in}}}$$

$$= \frac{(h_6 - h_7) + (h_8 - h_9) - (h_2 - h_1) - (h_4 - h_3)}{(h_6 - h_5) + (h_8 - h_7)} \tag{10 · 56 b}$$

가 된다.

중간 냉각, 재열 및 재생 가스 터빈 사이클에서 압축단(壓縮段, compression stage)과 팽창단(膨脹段, expansion stage)수를 증가시키면 그림 **10 · 40**과 같은 다단 압축 및 다단 팽창 과정은 등온 압축 및 등온 팽창으로 되어, 앞에서 다룬 에릭슨(Ericsson cycle)이 되므로 이상 사이클에 접근하게 된다. 그러나 실제로 경제적인 단수는 2 또는 3단 정도이다.

그림 **10 · 41**은 다단 압축, 재열 및 재생 사이클이 계통도를 나타낸 것이다.

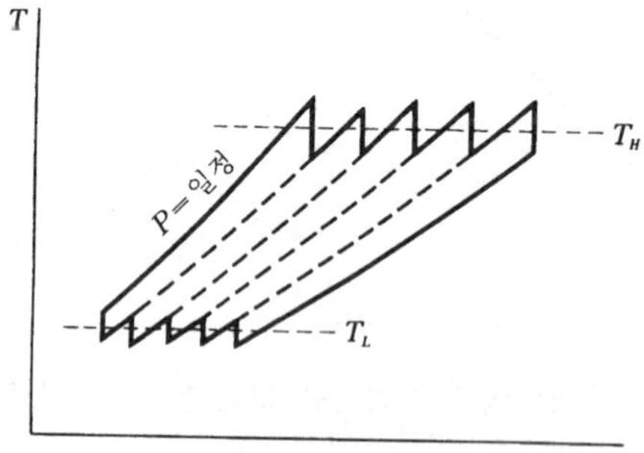

(a) 다단 압축 및 다단 팽창 사이클

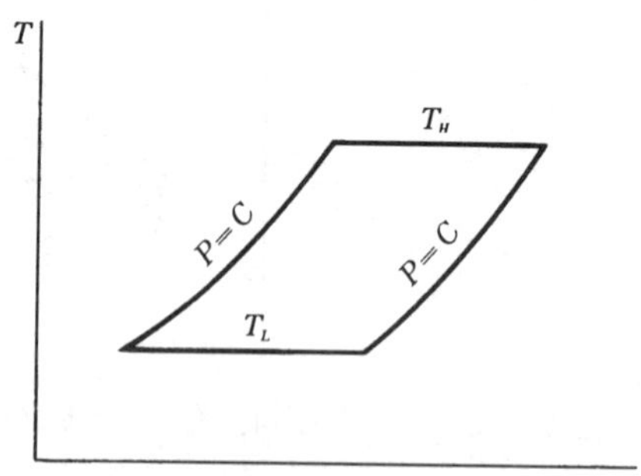

(b) 에릭슨 사이클

그림 10 · 40 다단 압축 및 다단 팽창 가스 터빈 사이클의 $T-s$ 선도

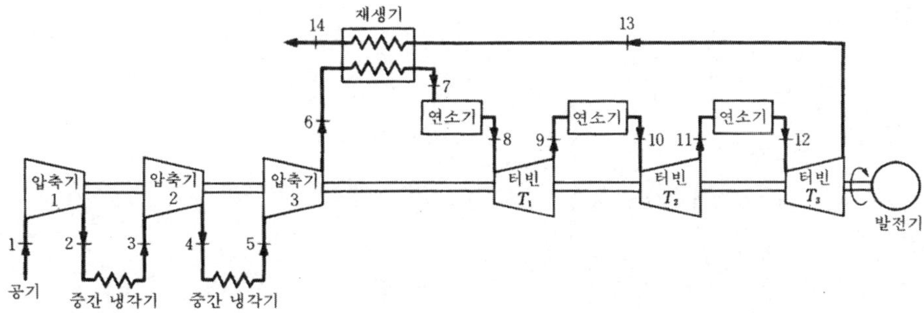

그림 10 · 41 다단 압축, 재열 및 재생 가스 터빈 사이클의 계통도

보기 10.17

2단 압축, 재열 및 재생 가스 터빈 사이클에서 압축 초의 압력, 온도가 각각 100 kPa, 300 K이고 질량 유량이 6 kg/s이다. 압축기 및 터빈의 총 압력비가 10이고, 제 1 터빈의 입구 압력은 1000 kPa, 팽창 말의 상태는 316 kPa이다. 한편 재열기 출구 온도는 1300 K이고, 각 압축기와 터빈의 등엔트로피 효율은 80%, 재생기효율은 82%이다. 이 사이클의 (1) 이론 열효율, (2) 압축기－터빈 일의 비, (3) 유효 출력을 구하여라.

풀이 이 사이클의 계통도와 $T-s$ 선도를 그리면 그림 10 · 42와 같다.

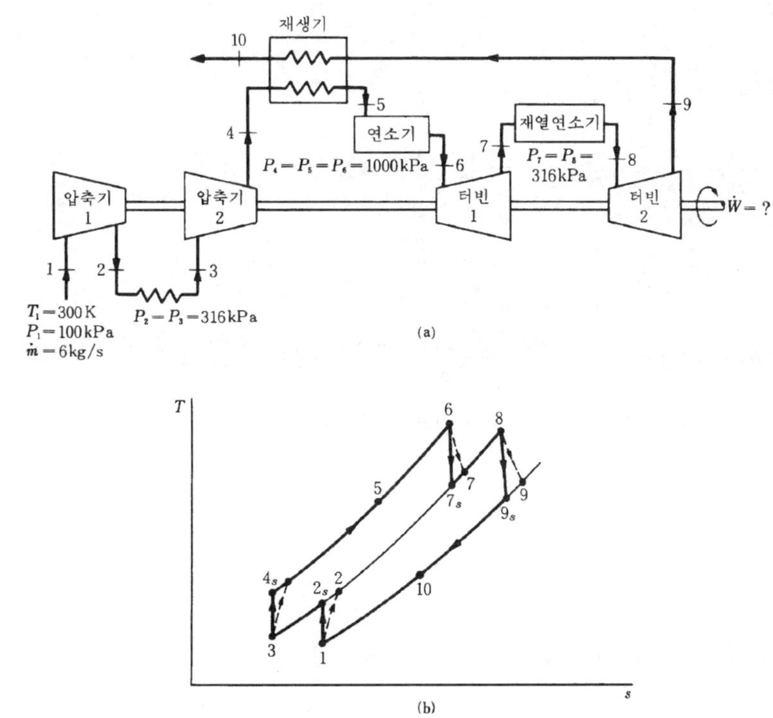

그림 10 · 42 보기 10.17의 사이클 계통도와 $T-s$ 선도

(1) 열효율

$$\eta_{\text{th, reh-reg}} t = \frac{w_t - w_c}{q_{\text{in}}}$$

$$w_t = (h_6 - h_7) + (h_8 - h_9)$$

$$w_c = (h_2 - h_1) + (h_4 - h_3)$$

$$\eta_{c1} = \frac{h_{2s} - h_1}{h_2 - h_1}, \quad h_2 = h_1 + \frac{h_{2s} - h_1}{\eta_{c1}}$$

$$h_2 = c_p T_1 + \frac{c_p(T_{2s} - T_1)}{\eta_{c1}}$$

$$\frac{T_{2s}}{T_1} = \left(\frac{P_2}{P_1}\right)^{\frac{\kappa-1}{\kappa}}$$

$$T_{2s} = T_1\left(\frac{P_2}{P_1}\right)^{\frac{\kappa-1}{\kappa}} = 300 \times \left(\frac{316}{100}\right)^{\frac{0.4}{1.4}} = 416.763\,\text{K}$$

$$h_2 = (1.005 \times 300) + \frac{1.005(416.763 - 300)}{0.8} = 448.183\,\text{kJ/kg}$$

$$\eta_{c2} = \frac{h_{4s} - h_3}{h_4 - h_3}, \quad h_4 = h_3 + \frac{h_{4s} - h_3}{\eta_{c2}}$$

여기서

$$h_3 = h_1, \quad T_3 = T_1$$

$$\frac{T_{4s}}{T_3} = \frac{T_{3s}}{T_1} = \left(\frac{P_4}{P_2}\right)^{\frac{\kappa-1}{\kappa}} = \left(\frac{1000}{316}\right)^{\frac{0.4}{1.4}} = 1.390$$

$$T_{4s} - T_3\left(\frac{P_4}{P_2}\right)^{\frac{\kappa-1}{\kappa}} = 300\left(\frac{1000}{316}\right)^{\frac{0.4}{1.4}} = 416.951\,\text{K}$$

$$h_4 = 300 \times 1.005 + \frac{1.005(416.951 - 300)}{0.8} = 448.420\,\text{kJ/kg}$$

$$\begin{aligned} w_c &= (448.183 - 301.50) + (448.420 - 301.50) \\ &= 293.603\,\text{kJ/kg} \end{aligned}$$

$$w_{t1} = h_6 - h_7$$

$$\eta_{t1} = \frac{h_6 - h_7}{h_6 - h_{7s}}$$

$$\eta_{t1}(h_6 - h_{7s}) = h_6 - h_7$$

$$h_7 = h_6 - \eta_{t1}(h_6 - h_{7s})$$

$$\frac{T_6}{T_{7s}} = \left(\frac{1000}{316}\right)^{\frac{0.4}{1.4}} = 1.389$$

$$T_{7s} = \frac{1300}{1.389} = 935.925\,\text{K}$$

$$h_7 = 1.005\,[1300 - 0.8 \times (1300 - 935.925)]$$
$$= 1013.784\,\text{kJ/kg}$$

$$w_{t2} = h_8 - h_9, \;\; \eta_{t2} = \frac{h_8 - h_9}{h_8 - h_{9s}}$$

$$h_9 = h_8 - \eta_{t2}(h_8 - h_{9s}) = c_p[T_8 - \eta_{t2}(T_8 - T_{9s})]$$

$$\frac{T_8}{T_{9s}} = \left(\frac{316}{100}\right)^{\frac{0.4}{1.4}} = 1.389$$

$$T_{9s} = \frac{1300}{1.389} = 935.925\,\text{K}$$

$$h_9 = 1.005\,[1300 - 0.8(1300 - 935.925)]$$
$$= 1013.784\,\text{kJ/kg}$$

$$w_t = w_{t1} + w_{t2}$$
$$= (h_6 - h_7) + (h_8 - h_9)$$
$$= 1.005 \times (1300 - 1013.784) + 1.005 \times (1300 - 1013.784)$$
$$= 585.432\,\text{kJ/kg}$$

$$q_{\text{in}} = (h_6 - h_5) + (h_8 - h_7)$$

$$\eta_{\text{reg}} = \frac{h_5 - h_4}{h_9 - h_4}$$

$$h_5 = h_4 + \eta_{\text{reg}}(h_9 - h_4)$$
$$= 448.42 + 0.82(1013.784 - 448.42)$$
$$= 912.018\,\text{kJ/kg}$$

$$q_{\text{in}} = [1.005(1300) - 912.018] + [1.005(1300) - 1013.784]$$
$$= 687.198\,\text{kJ/kg}$$

$$\eta_{\text{th,reh-reg}} = \frac{585.432 - 293.6032}{687.198}$$
$$= 0.4247, \;\; 42.47\,\%$$

(2) 압축기-터빈일 비 bwr

$$bwr = \frac{293.6032}{585.432} = 0.5015, \;\; 50.15\%$$

(3) 유효 출력

$$\begin{aligned}\dot{W} &= \dot{m}(w_{\text{net}}) \\ &= \dot{m}(w_t - w_c) \\ &= 6(585.432 - 293.6032) \\ &= 1750.9728\,\text{kW}\end{aligned}$$

10.12 제트 추진 사이클

제트 추진 장치(jet propulsion system)는 공기를 흡입하여 압축한 다음 연료를 분사시켜 고온으로 된 공기로 연소시키고 이 연소 가스를 노즐로부터 분출시켜 비행체(飛行體)를 추진시키는 것으로서 터보제트(turbojet), 터보프롭(turboprop), 램제트(ramjet) 기관 등이 있다.

일반적으로 제트 기관, 로켓 기관 등의 분류(제트) 추진 장치(噴流推進裝置)의 **전효율**(全效率) η_0는 열기관 효율과 달리 단위 시간당 공급 에너지(입력 에너지, energy input rate)에 대한 추진 동력(推進動力, propulsive power)의 비로 표시된다.

$$\eta_0 = \frac{\text{추력} \times \text{속도}}{\text{공급된 열량(에너지 입력)}} \tag{10・57}$$

또 추진 장치에서 열에너지를 운동 에너지로 어느 정도 변환시키는가가 **열효율**(thermal efficiency) 또는 **내부 효율**(內部效率) η_{th}이다. 여기서 η_{th}는 일반적인 열기관의 열효율에 상당한다.

$$\eta_{\text{th}} = \frac{\text{분류의 유량} \times \text{운동 에너지 증가분}}{\text{단위 시간당 입력에너지}} \tag{10・58}$$

추진 기관에서 운동 에너지를 얼마나 추진일에 유효하게 사용하였는가를 나타내는 것을 **추진 효율**(推進效率, propulsive efficiency) 또는 **외부 효율**(外部效率, external efficiency) η_p이라 하며 다음 식으로 표시된다.

$$\eta_p = \frac{\text{추력} \times \text{속도}}{\text{분류의 유량} \times \text{운동 에너지 증가분}} \tag{10・59}$$

따라서 추진 기관의 **전효율** η_0는 다음 식으로 표시된다.

$$\eta_0 = \eta_{\text{th}} \cdot \eta_p \tag{10・60}$$

[1] 터보제트 기관

터보제트 기관은 **디퓨저**(diffuser), **가스 발생부**(gas generator), **노즐**(nozzle)의 세 부분으로 구성되어 있다. 압축기 앞부분에 설치된 디퓨저는 기관으로 들어가는 속도를 감속하여 압력 상승에 따른 램 효과(ram effect)를 얻도록 한다. 가스 발생부는 압축기, 연소기와 터빈으로 구성되며 이것은 정치식(定置式) 터빈 원동소와 같은 구조를 갖는다.

터보제트 기관에서 터빈 출력은 압축기와 그 보조 장치(補助裝置, auxiliary equipment)를 구동하기에 충분한 것이어야 한다. 터빈 출구의 가스는 대기 압력보다 높으므로 주위로 방출되기 전에 팽창되면서 고속으로 노즐을 통과한다.

기관을 떠나는 공기의 속도의 변화는 추진력 또는 추력을 증가시켜 준다. 터보제트는 노즐 출구 속도를 증가시킬 목적으로 애프터 버너(after burner)를 설치한 것도 있다. 이것은 터빈 출구 부근에서 부가적인 연료를 분사시켜 연소시키는 일종의 재열기이다. 따라서 노즐 출구 속도는 더욱 증가하게 되고 이에 따라 터빈 추력은 증가한다. 그림 10 · 43은 터보제트의 구조 개요를 나타낸 것이고, 그림 10 · 44는 터보 제트 기관 사이클의 $P-v$, $T-s$ 선도를 나타낸 것이다.

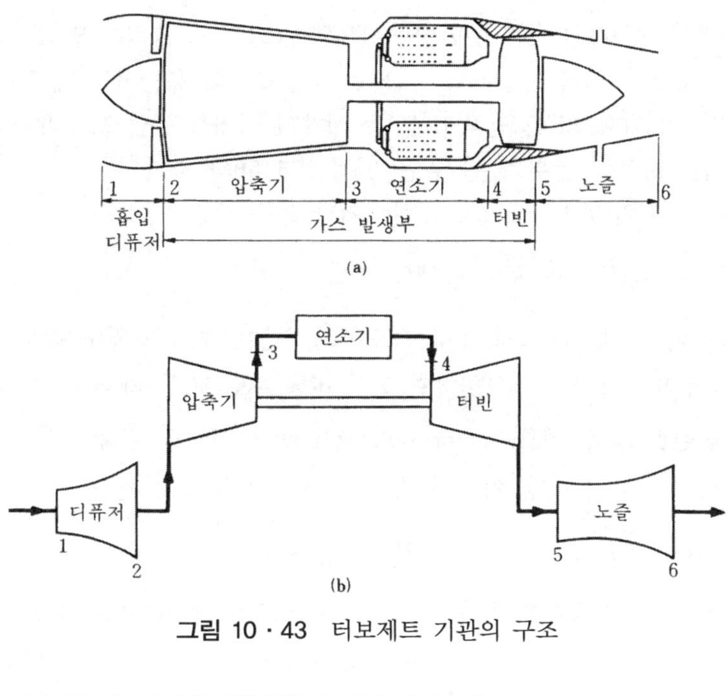

그림 10 · 43 터보제트 기관의 구조

터보제트 사이클의 각 과정을 설명하면 다음과 같다.

과정 1→2 : 동압(動壓, 램 압력)에 의한 **등엔트로피 압축**(디퓨저)

과정 2→3 : 압축기에 의한 **등엔트로피 압축**

과정 3→4 : **정압 연소**(정압 가열, 연소기)
과정 4→5 : 터빈의 **등엔트로피 팽창**
과정 5→6 : 노즐에서의 **등엔트로피 팽창**
과정 6→1 : **정압 방열**(대기 중에 방열)

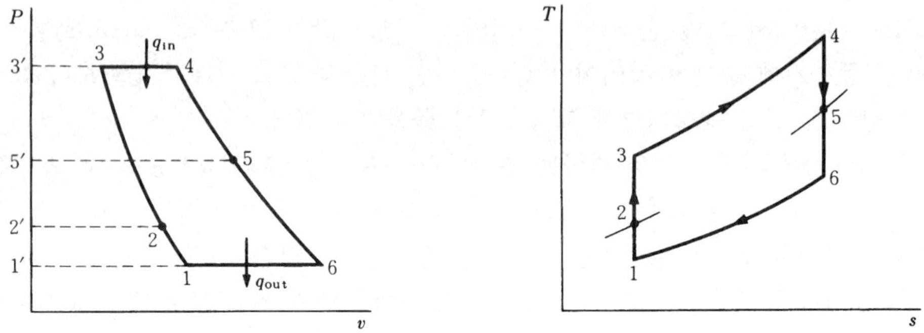

(a) $P-v$ 선도 (b) $T-s$ 선도

그림 10 · 44 터보제트 기관의 구조

그림 **10 · 44**에서 압축기의 동력은 면적 233'2'와 같고 터빈 출력은 면적 455'3'와 같으며, 이상적인 경우 터빈일은 압축기일과 같다. 또한 노즐로부터 유출하는 제트 분류의 운동 에너지는 면적 561'5'와 같다. 또한 면적 122'1'는 기체가 대기를 동압으로 압축하는 일로 소비되므로 이들의 관계로부터 분류가 한 일은 면적 123456과 같다.

터보제트 기관의 추력(推力, thrust) F는 기관 출구 속도와 입구 속도로부터

$$F=\dot{m}_e \boldsymbol{V}_e-\dot{m}_i \boldsymbol{V}_i=\dot{m}(\boldsymbol{V}_e-\boldsymbol{V}_i) \tag{10 · 61}$$

이 된다. 여기서 $\boldsymbol{V}_e$는 배기가스의 출구 속도이고, $\boldsymbol{V}_i$는 공기의 입구 속도이다. 그러므로 비행체가 정지 상태의 공기 중을 비행한다면 $\boldsymbol{V}_i$는 비행 속도 $\boldsymbol{V}_{\text{craft}}$가 된다. 기관의 추력으로부터 구한 동력, 즉 **추진 동력**(推進動力, propulsive power) $\dot{W}_p$ kW는 추력(推進力, propulsive force) F와 단위 시간당의 비행 거리인 속도 $\boldsymbol{V}$의 곱으로 표시된다.

$$\dot{W}_p=F\boldsymbol{V}_{\text{craft}}=\dot{m}(\boldsymbol{V}_e-\boldsymbol{V}_i)\boldsymbol{V}_{\text{craft}}\ \text{kW} \tag{10 · 62}$$

터보제트 기관은 기관으로부터 분출되는 분류에 의하여 추진하므로 터보제트 기관의 효율을 정치식 가스 터빈(stationary gas turbine)의 경우와 달리 열기관에서 효율 대신에 식 (10 · 57), (10 · 60)으로 표시되는 전효율 η_0가 사용된다.

$$\eta_0=\frac{\text{추진 동력}}{\text{에너지 입력률}}=\frac{\dot{W}_p}{\dot{Q}_{\text{in}}} \tag{10 · 57}$$

전효율 η_0는 연소 과정 중에 공급된 에너지가 얼마만큼 유효하게 추진 에너지로 전환되었는가를 나타내는 것이 된다.

(1) 터보제트의 에너지 해석

그림 10 · 45는 터보제트 추진 사이클의 $T-s$ 선도를 나타낸 것이다. 비행체를 추진시키는 힘은 기관을 관류하는 가스의 운동량 변화에 의하여 생기는 것으로, 추력(推力, thrust)은 열역학적 해석으로부터 구할 수 있다.

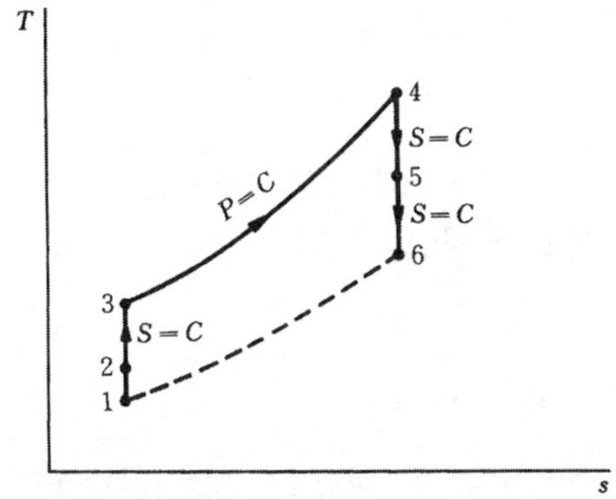

그림 10 · 45 이상 터보제트 사이클의 $T-s$ 선도

그림 10 · 45에 표시된 것과 같은 터보제트 추진 사이클에서 디퓨저, 압축기, 연소기, 터빈, 노즐 등에 열역학 제 1 법칙을 적용하면 다음과 같다.

디퓨저는 외부에 대하여 일을 하지 않고 열의 수수가 없으므로

$$h_1 + \frac{1}{2}\boldsymbol{V}_1^2 = h_2 + \frac{1}{2}\boldsymbol{V}_2^2$$

이 된다. 여기서 첨자 1, 2는 각각 디퓨저 입구와 출구를 나타낸다.

단열 압축기와 터빈의 경우에는

$$w_{\text{comp}} = w_t$$
$$h_3 - h_2 = h_4 - h_5$$

가 된다.

연소기의 정압 가열량 q_{in}은

$$q_{\text{in}} = h_4 - h_3$$

가 된다.

한편 노즐에서는

$$h_5 + \frac{1}{2}V_5^2 = h_6 + \frac{1}{2}V_6^2$$

가 된다. 따라서 첨자 5는 노출 입구, 6은 노즐 출구이다.

뉴턴의 제 2 법칙(Newton's second-law)에 의하면 제트 기관(jet engine)의 구동력(driving force) 또는 추력(스러스트, thrust)은 엔진을 통하여 흐르는 유체의 운동량 변화(change of momentum)와 같다.

지금 노즐이 주위 압력(ambient pressure)까지 팽창되는 경우, 기관에서 발생하는 추력은 다음 식으로 표시된다.

$$F = \dot{m}(V_6 - V_1) \tag{10・63}$$

여기서 $\dot{m}$은 공기 유량(mass flow rate of air)이다.

실제의 경우에는 공기와 연료가 공급되므로

$$\begin{aligned} F &= (\dot{m}_a + \dot{m}_f)V_6 - \dot{m}_a V_1 \\ &= \dot{m}_a(V_6 - V_1) + \dot{m}_f V_6 \end{aligned} \tag{10・64}$$

가 된다. 여기서 $\dot{m}_a$, $\dot{m}_f$는 각각 공기, 연료의 질량 유량이다. 단위 질량 유량당의 추력(thrust force)을 **비추력**(比推力, specific impulse)이라 한다.

제트기가 정지 공기(still air) 속을 $V_1 = V_{craft}$의 속도로 비행할 때 추력에 의하여 발생하는 동력은 다음 식으로 표시된다. 이 때 V_{craft}는 비행 속도이다.

$$\dot{W}_p = FV_1 = FV_{craft} = \dot{m}(V_6 - V_{craft})V_{craft} \tag{10・65}$$

따라서 단위 질량당의 일은

$$\dot{w}_p = (V_6 - V_{craft})V_{craft}$$

이다.

식 (10・65)는 기관을 통하여 기체가 관류할 때 하는 일에 상당하는 동력을 나타낸다.

추진 동력(推進動力, propulsive power) $\dot{W}_p$는 추력 F와 비행 속도 V_{craft}의 곱이므로 다음 관계가 성립한다.

$T-s$ 선도의 노즐 출구 6을 첨자 e로 나타내어 일반화하면 추력 F는

$$\begin{aligned} F &= (\dot{m}_a + \dot{m}_f)V_6 - \dot{m}_a V_{craft} \\ &= \dot{m}_a(1 + r_{fa})V_e - \dot{m}_a V_{craft} \end{aligned} \tag{10・66}$$

가 된다. 여기서 r_{fa}는 **연공비**(燃空比, fuel-air ratio)로 $r_{fa}=\dfrac{\dot{m}_f}{\dot{m}_a}$ 이다.

따라서 추진 동력 $\dot{W}_p$는 추력 F와 비행 속도 $\boldsymbol{V}_{\text{craft}}$의 곱이므로 다음 식으로 표시된다.

$$\begin{aligned}\dot{W}_p &= F\boldsymbol{V}_{\text{craft}}\\ &= \dot{m}_a[(1+r_{fa})\boldsymbol{V}_e-\boldsymbol{V}_{\text{craft}}]\mathbf{V}_{\text{craft}}\\ &= \dot{m}_a\boldsymbol{V}_e\boldsymbol{V}_{\text{craft}}\left[(1+r_{fa})-\frac{\boldsymbol{V}_{\text{craft}}}{\boldsymbol{V}_e}\right]\end{aligned} \tag{10 · 67}$$

여기서 $\dot{m}_a$는 공기 유량이다.

(2) 최대일 및 추진 효율

추진일(추진 동력)올 최대로 하는 기체(機體)의 속도 $\boldsymbol{V}_{\text{craft}}$는 식 (10 · 67)을 미분하여 구할 수 있다.

$$\frac{d\dot{W}_p}{d\boldsymbol{V}_{\text{craft}}}=0$$

$$\begin{aligned}\frac{d\dot{W}_p}{d\boldsymbol{V}_{\text{craft}}} &= \dot{m}_a\boldsymbol{V}_e\left[(1+r_{fa})-\frac{\boldsymbol{V}_{\text{craft}}}{\boldsymbol{V}_e}\right]+\dot{m}_a\boldsymbol{V}_e\boldsymbol{V}_{\text{craft}}\left[-\frac{1}{\boldsymbol{V}_e}\right]\\ &= \dot{m}_a\boldsymbol{V}_e\left[(1+r_{fa})-\frac{2\boldsymbol{V}_{\text{craft}}}{\boldsymbol{V}_e}\right]=0\end{aligned}$$

따라서 $\boldsymbol{V}_{\text{craft, opt}}$는

$$\boldsymbol{V}_{\text{craft, opt}}=\frac{\boldsymbol{V}_e(1+r_{fa})}{2} \tag{10 · 68}$$

따라서 **최대일**은 비행 속도(plane speed)가 제트 기관 출구 속도(gas exit velocity)의 **1/2**일 때임을 알 수 있다.

다음에 추진 효율 η_p는 식 (10 · 59)에 정의된 바와 같이 추력 F, 비행기 속도 $\boldsymbol{V}_{\text{craft}}$, 운동 에너지 증가량으로부터 구할 수 있다.

따라서 추진 효율 η_p는

$$\begin{aligned}\eta_p &= \frac{\text{추력}\times\text{속도}}{\text{분류 유량}\times\text{운동 에너지 증가량}}\\ &= \frac{\dot{m}_a[(1+r_{fa})\boldsymbol{V}_e-\boldsymbol{V}_{\text{craft}}]\boldsymbol{V}_{\text{craft}}}{\dot{m}_a(1+r_{fa})\left(\frac{1}{2}\boldsymbol{V}_e^2\right)-\dot{m}_a\left(\frac{1}{2}\boldsymbol{V}_{\text{craft}}^2\right)}\end{aligned}$$

$$= \frac{[(1+r_{fa})V_e V_{\text{craft}}] - V_{\text{craft}}^2}{\frac{1}{2}\left[(1+r_{fa})V_e^2 - V_{\text{craft}}^2\right]} \tag{10 · 69}$$

여기서 연공비 $r_{fa} = \dfrac{\dot{m}_f}{\dot{m}_a}$는 1에 비하여 매우 작으므로 생략하면 **외부 효율** 또는 **추진 효율**(propulsive efficiency)은 다음 관계가 성립한다.

$$\eta_p = \frac{V_{\text{craft}}(V_e - V_{\text{craft}})}{\frac{1}{2}\left(V_e^2 - V_{\text{craft}}^2\right)} = \frac{2V_{\text{craft}}}{V_e + V_{\text{craft}}}$$

$$= \frac{2}{1+\dfrac{V_e}{V_{\text{craft}}}} \tag{10 · 70}$$

이 식을 프루드 효율(Froude efficiency)이라고 한다. 이들 식 (10 · 66)과 식(10 · 70)으로부터 다음과 같은 사항을 알 수 있다.

(가) 식 (10 · 66)에서 $V_{\text{craft}}=0$일 때 추력 F는 최대로 되지만 추진 효율 η_p는 0이다. 이러한 현상은 비행체가 이륙(離陸, take off)할 때이며 이 때에는 최대의 추력을 필요로 한다.

(나) $V_{\text{craft}} = V_e$이면 추진 효율 $\eta_p = 100\%$가 되며 추력은 0이다.

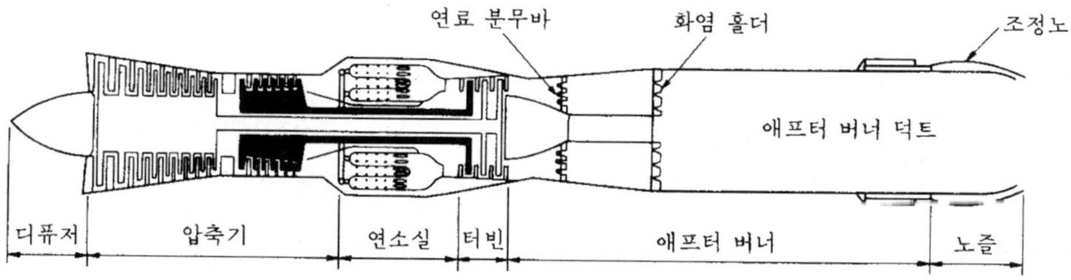

그림 10 · 46 애프터 버너를 갖는 터보제트 추진 기관
(자료: The Aircraft Gas Turbine and Its Operation
© United Technologies Corporation 1988)

(3) 애프터 버너를 갖는 터보제트 기관

터보제트는 그림 10 · 46과 같이 **디퓨저**, **압축기**, **연소실**, **터빈**, **애프터 버너**, **노즐**로 구성되어 있다. 공기 입구 통로(디퓨저)에서는 동압으로 압력이 상승(램효과)하고, 이어서 공기 압축기로 들어가 압축되어 연소실에서 연료가 분사되어 연소된다. 이 때 생긴 고온 · 고압의 연소 가스는 터빈으로 들어가 단열 팽창하고, 여기에서 생긴 동력으로 공기 압축기를 구동하고 나머지는 후부의 노즐로부터 분출한다. 이 때 분출 속도를 증대시킬 목적으로 애프터 버너를 사용한다. 애프터 버너를 사용하면 노즐 배기 속도를 증가시켜 추력을 현저하게 증가시킬 수 있으나 연료 소비는 매우 증가한다. 그러므로 후연소(after burning)는 일반적으로 이륙(離陸, take off)이나 군사 작전(military operation) 등과 같이 큰 추력을 필요로 할 경우 짧은 기간에만 사용한다.

그림 10·47에서 보는 바와 같이 애프터 버너붙이 터보제트 기관의 경우에는, 터빈에서 팽창일을 한 다음 상태 5→6의 정압 과정에서 후연소시키는 것으로서 재열에 상당하는 $T-s$ 선도로 표시된다. 애프터 버너에서 연소한 가스는 노즐로 들어가 6→7 과정을 거치면서 등엔트로피 팽창한다.

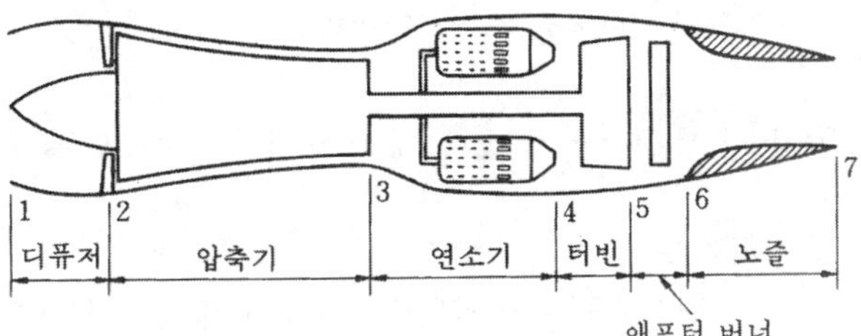

(a) 계통도

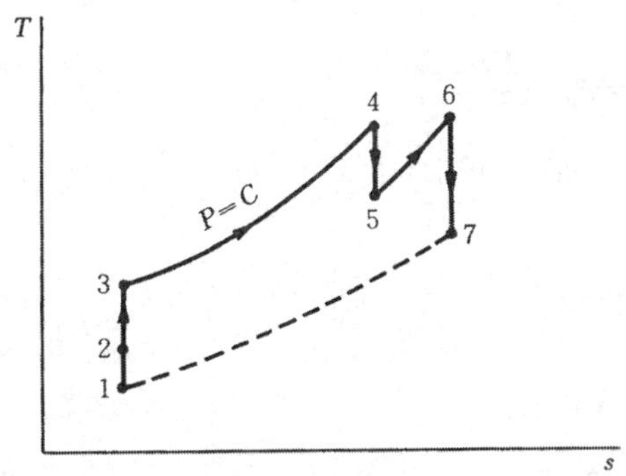

(b) T-s 선도

그림 10·47 애프터 버너를 갖는 터보 제트 기관의 장치 계통도와 $T-s$ 선도

보기 10.18

터보제트 비행기가 280 m/s의 속도로 대기압 0.6 bar, 온도 250 K인 4800 m 상공을 비행하고 있다. 압축기의 압력비가 8이고, 터빈 입구의 최고 온도는 1280 K이다. 이 기관의 다음 값을 구하여라. 단, 공기의 유량은 $\dot{m}=45\,\text{kg/s}$ 이다.

(1) 터빈 출구의 가스 압력과 온도

(2) 노즐 출구에서의 가스 속도

(3) 사이클의 전효율

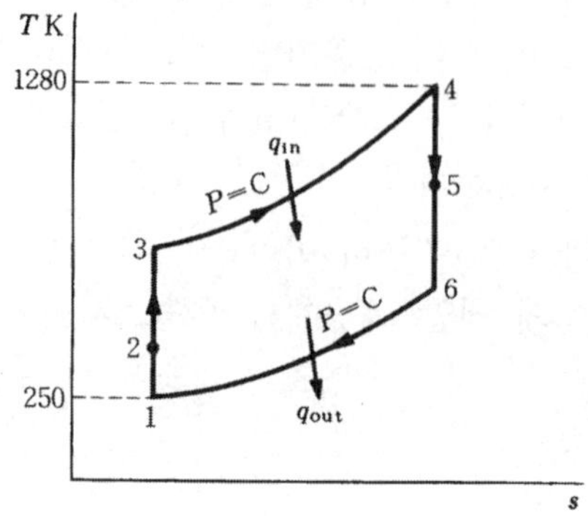

그림 10 · 48 보기 10.18의 $T-s$ 선도

풀이 $T-s$ 선도를 그리면 그림 10 · 48과 같다. 공기의 비열 $c_p=1.005$ kJ/kg K, 비열비 $\kappa=1.4$로 보고 계산하기로 한다.

(1) 터빈 출구의 압력과 온도

① 디퓨저 과정(1 → 2) : 터빈 출구의 압력과 속도를 구하기 위해서 아래와 같이 열역학 법칙을 적용한다. 기관이 정지되어 있고 공기가 280 m/s로 흐른다고 가정하면 디퓨저 출구의 속도는 $\boldsymbol{V}_2 \cong 0$으로 생각할 수 있다.

$$q_{12}+h_1+\frac{\boldsymbol{V}_1^2}{2}=h_2+\frac{\boldsymbol{V}_2^2}{2}+w_{12}$$

여기서 $\boldsymbol{V}_2=0$, $q_{12}=0$, $w_{12}=0$이므로

$$h_2-h_1=\frac{\boldsymbol{V}_1^2}{2}$$

또는

$$c_p(T_2-T_1)=\frac{\boldsymbol{V}_1^2}{2}$$

$$\therefore\ T_2=\frac{\boldsymbol{V}_1^2}{2c_p}+T_1=\frac{280^2}{2\times1.005}\times\frac{1}{1000}+250$$
$$=289.005\,\mathrm{K}$$

$$P_2=P_1\left(\frac{T_2}{T_1}\right)^{\frac{\kappa}{\kappa-1}}=60\times\left(\frac{289.005}{250}\right)^{\frac{1.4}{1.4-1}}=99.6620\,\mathrm{kPa}$$

② 압축기 과정(2 → 3) : 등엔트로피 압축이므로

$$r_p=\frac{P_3}{P_2}$$

$$P_3=r_pP_2=8\times99.6620=797.296\,\mathrm{kPa}$$

$$T_3 = T_2\left(\frac{P_3}{P_2}\right)^{\frac{\kappa-1}{\kappa}} = 289.005 \times \left(\frac{797.296}{99.662}\right)^{\frac{0.4}{1.4}} = 523.5173\,\mathrm{K}$$

③ 터빈의 팽창 과정($4 \rightarrow 5$) : 등엔트로피 과정이므로

$$W_{\mathrm{comp}} = W_{\mathrm{turb}}$$

$$h_3 - h_2 = h_4 - h_5$$

$$c_p(T_3 - T_2) = c_p(T_4 - T_5)$$

$$T_5 = T_4 - T_3 + T_2 = 1280 - 523.5173 + 289.005 = 1045.4876\,\mathrm{K}$$

$$P_5 = P_4\left(\frac{T_5}{T_4}\right)^{\frac{\kappa}{\kappa-1}} = 797.296 \times \left(\frac{1045.4876}{1280}\right)^{\frac{1.4}{1.4-1}} = 392.6457\,\mathrm{kPa}$$

따라서 터빈 출구 온도 $T_5 = 1045.4876\,\mathrm{K}$, 압력은 $P_5 = 392.6457\,\mathrm{kPa}$이다.

(2) 노즐 출구의 온도

노즐의 등엔트로피 과정($5 \rightarrow 6$) : 등엔트로피 팽창이므로

$$T_6 = T_5\left(\frac{P_6}{P_5}\right)^{\frac{\kappa-1}{\kappa}} = 1045.4876 \times \left(\frac{60}{392.6457}\right)^{\frac{0.4}{1.4}} = 611.2502\,\mathrm{K}$$

정상류 에너지의 식을 세우면

$$q_{56} + h_5 + \frac{\boldsymbol{V}_5^2}{2} = h_6 + \frac{\boldsymbol{V}_6^2}{2} + w_{56}$$

여기서 $q_{56} = w_{56} = 0$이므로

$$h_5 - h_6 = \frac{\boldsymbol{V}_6^2}{2}$$

또는

$$c_p(T_5 - T_6) = \frac{\boldsymbol{V}_6^2}{2}$$

$$\therefore\ \boldsymbol{V}_6 = \sqrt{2c_p(T_5 - T_6)}$$

$$= \sqrt{2 \times 1000 \times 1.005 \times (1045.4876 - 611.2502)}$$

$$= 934.2468\,\mathrm{m/s}$$

(3) 전효율 η_o

$$\dot{W}_p = \dot{m}(\boldsymbol{V}_e - \boldsymbol{V}_i)\boldsymbol{V}_{\mathrm{craft}},\ \text{여기서}\ \boldsymbol{V}_e = \boldsymbol{V}_6$$

$$= 45(934.2468 - 280) \times 280 \times \frac{1}{1000} = 8243.5097\,\mathrm{kW}$$

$$\dot{Q}_{\mathrm{in}} = \dot{m}(h_4 - h_3) = m\,c_p(T_4 - T_3) = 45 \times 1.005 \times (1280 - 523.5173)$$

$$= 34211.9301\,\mathrm{kW}$$

$$\eta_o = \frac{\dot{W}_p}{\dot{Q}_{in}} = \frac{8243.5097}{34211.9301} = 0.2410, \ 24.10\%$$

[2] 터보프롭 기관

터보프롭(turboprop or propjet) **기관**은 그림 10 · 49와 같이 터빈이 프로펠러를 구동하는 것으로서 속도가 600 km/h 이하일 때 적용된다.

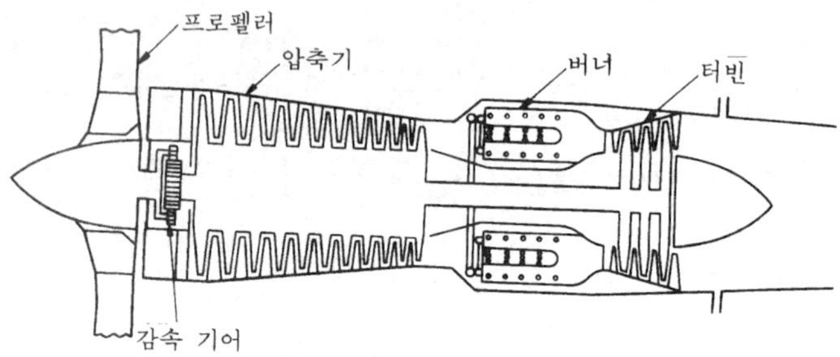

그림 10 · 49 터보프롭 기관

(자료 : The Aircraft gas Turbine Engine and Its Operation, ⓒ United Technologies Corporation, 1951, 1974)

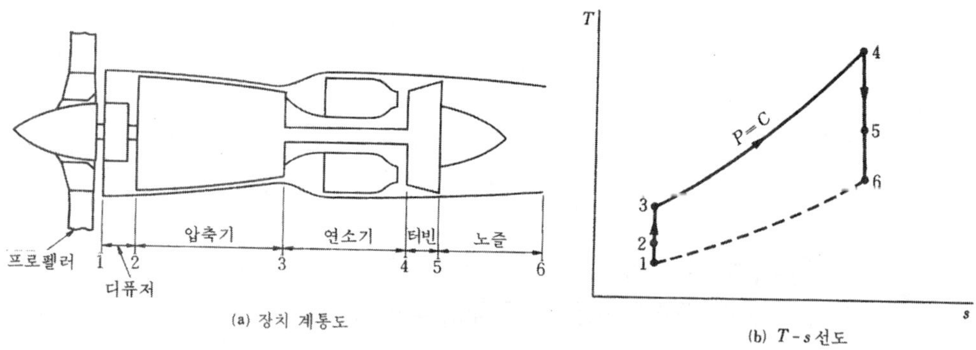

그림 10 · 50 터보프롭 기관의 장치 계통도와 $T-s$ 선도

일반적으로 터보프롭 기관의 추력은 주로 프로펠러로부터 나오며, 제트 효과(jet effect)는 작으며 보조로 사용된다. 그러나 프로펠러와 제트(분류)의 추력의 기여도는 설계에 따라서 제어될 수 있다. 터보프롭 기관은 프로펠러로부터 추력의 80～90%를 얻고, 배기 제트에서는 10～20%의 추력을 얻는다. 가스 터빈 엔진의 축회전 속도(약 12,000 rpm)가 매우 높기 때문에 프로펠러를 효율적으로 작동시키기 위하여 터빈 축과 프로펠러 사이에 감속 기어

(reduction gear system)를 장착한다. 터보프롭 기관은 분사 노즐로부터 얻는 동력은 거의 없기 때문에 사실상 가스 터빈 동력 장치(gas turbine power plant)라고 볼 수 있다. 그림 **10 · 50**은 이상 터보프롭 사이클(ideal turboprop cycle)의 $T-s$ 선도를 나타낸 것이다.

터보프롭 기관은 터빈이 압축기와 프로펠러를 구동하므로 터빈일(동력) $\dot{W}_t$는

$$\dot{W}_t = \dot{W}_{\text{comp}} + \dot{W}_{\text{prop}}$$

이 된다. 따라서 이상 공기 표준 사이클로 생각하면

$$\dot{m}(h_4 - h_5) = \dot{m}(h_3 - h_2) + \dot{W}_{\text{prop}} \tag{10 · 71}$$

이 된다. 여기서 $\dot{W}_{\text{comp}}$는 압축기 일, $\dot{W}_{\text{prop}}$은 프로펠러의 구동일이다.

터보프롭 기관은 터보제트와 프로펠러 항공기의 중간 속도 범위에서 경제적이다.

[3] 터보팬(또는 팬 제트) 기관

터보팬(또는 팬 제트) 기관(turbofan engine or fan-jet engine)은 압축기 앞에 회전익(回轉翼, rotating blades)과 고정 베인(stationary vanes)으로 구성된 축류 팬(axial-flow fan)으로 구성된다. 팬은 덕트 속에 설치되어 있으며 터보프롭 기관의 프로펠러와 흡사하다. 원리적으로 생각하면 터보팬 기관은 터보제트와 터보프롭 기관 양쪽을 절충한 방식이다. 따라서 터보팬 엔진은 이들 두 엔진의 성능 특성을 가지고 있다. 팬을 통과한 공기는 그림 **10 · 51, 52**와 같이 엔진 둘레의 덕트를 통하여 주위 공기로 배기된다. 다시 말하면 디퓨저는 공기를 팬으로 보내고 팬은 공기를 약간 더 압축시켜 압력비로 1.5~2.0 정도로 되게 하여 일부 공기는 바이패스 덕트로 들어가고 나머지는 압축기, 연소실, 터빈을 통과한다. 팬의 배기는 기관 총추력의 상당한 부분을 차지한다. 이 기관은 군용 및 상용 제트기(military and commercial jet aircraft)의 엔진으로 널리 사용된다. 특히 마하수 0.7~0.9 정도의 대형 여객기에도 사용된다.

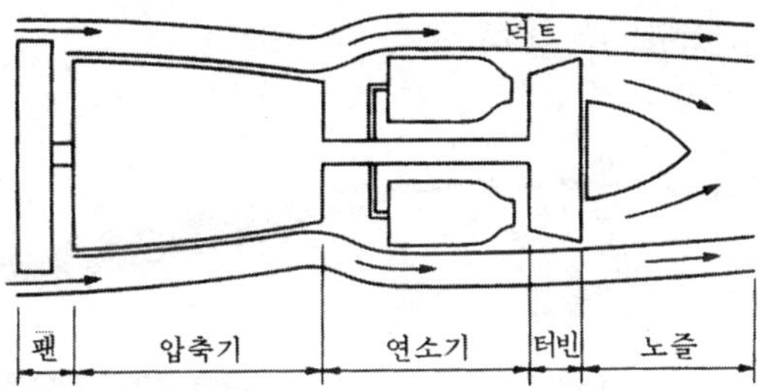

그림 10 · 51 터보팬 기관

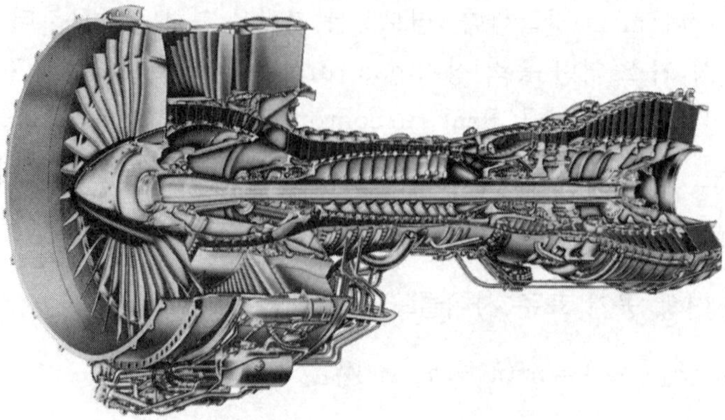

그림 10 · 52 터보팬 기관
(자료 : PW-2000 Turbofan; United Technology Corporation, Pratt & Whitney Co.)

터보팬 기관의 팬은 총 추력의 30~75%를 발생시키며 실제로는 바이패스비(bypass ratio)에 따라 추력은 달라진다. 여기서 **바이패스 비**란 기관 내를 흐르는 1차 공기량 $\dot{m}$과 팬을 흐르는 2차 공기량 $\dot{m}_b$의 비($\dot{m}_b/\dot{m}$)를 말한다. 팬을 통하여 흐르는 공기는 연료의 연소에 무관하며, 팬제트 노즐(fan jet nozzle)을 통하여 배기된다. 애프터 버너를 갖는 터보팬 기관은 속도가 마하수 2.0 이상의 초음속 항공기(超音速 航空機, supersonic airplane)로도 사용된다.

터보팬 기관의 바이패스 흐름(bypass flow)은 이륙(離陸, take off)시의 추력을 위하여 마련되어 있고, 기관 중심부의 가스 흐름은 비행을 위한 가스흐름으로 사용된다. 터보팬 기관은 비행 속도(flight speed) 1000 km/h까지의 항공기에 사용된다.

[4] 램제트

램제트(ramjet)는 그림 10 · 53과 같이 압축기가 없으며 공기 입구인 디퓨저에서 가스의 압축 효과를 이용하여 가압된 공기를 연소실로 보내고 여기서 연료를 연소시켜 노즐로부터 분출시키는 장치이다. 따라서 램제트는 정지 상태(static condition)에서는 디퓨저에서 압력 상승이 없기 때문에 작동될 수 없다.

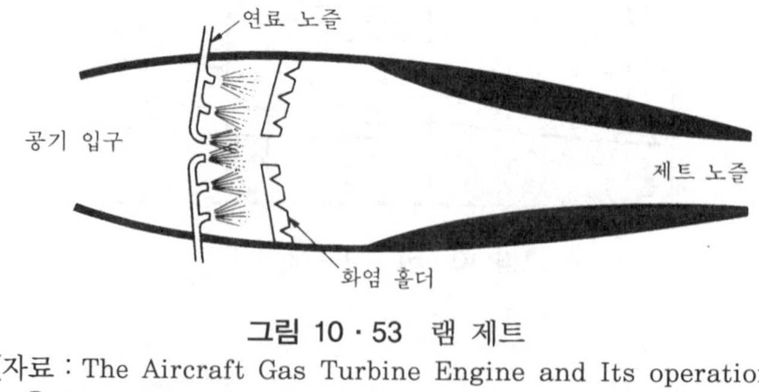

그림 10 · 53 램 제트
(자료 : The Aircraft Gas Turbine Engine and Its operation, ⓒ United Technologies Corporation, 1951, 1974, 1988)

다시 말하면 기관으로 들어오는 공기는 그 자신의 관성에 의하여 압축된다. 따라서 터보제트 기관에서 압축기와 터빈이 없는 경우에 상당한다. 따라서 램제트는 추진용 항공기, 우주선(spacecraft), 미사일(missile) 등의 원동기에 의하여 탑재(piggy back)되어 작동 속도(operating speed)까지 가속되어야 한다.

그림 10 · 54에서 보는 바와 같이 공기는 디퓨저로 들어와서 연소실에서 연료와 혼합 연소된다. 고온의 연소 생성물은 추진 노즐(propelling nozzle)을 통하여 팽창되어 추력을 얻는다.

램제트의 추력은 이상 공기 표준 사이클의 경우 다음 식으로 표시된다.

$$F = \dot{m}(\boldsymbol{V}_4 - \boldsymbol{V}_1) \qquad (10 \cdot 72)$$

앞에서 다룬 바와 같이 램제트는 외부 동력에 의하여 운전 속도가 될 때까지 작동될 수 없다. 그러므로 램제트를 작동시키기 위해서는 적어도 마하수 M=0.2 정도의 속도가 요구된다. 이렇게 하여 처음에는 점화장치에 의하여 시동하면 점화 없이 계속적인 연소가 일어나서 계속 비행할 수 있다.

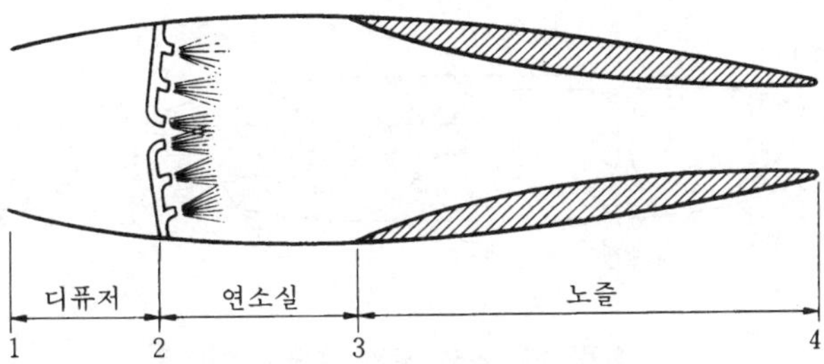

(a) 장치 계통도

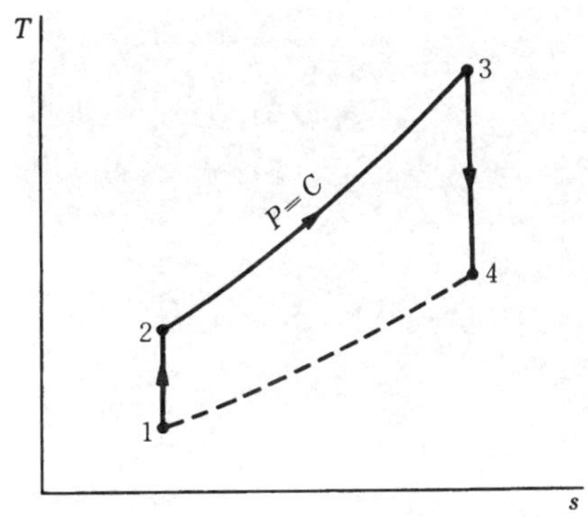

(b) $T-s$ 선도

그림 10 · 54 램제트 기관의 장치 계통도 및 $T-s$ 선도

10.13 로켓 기관 사이클

[1] 로켓의 분출 속도와 추력

로켓(rocket)은 그림 10 · 55와 같이 연소에 필요한 연료와 산화제(추진제, propellants)를 연소실에서 연소시키고 연소 생성물은 노즐에서 팽창되어 동력을 얻는다. 로켓에는 고체 연료를 연소시키는 고체 로켓과 2종의 연료를 연소실로 보내어 연소시키는 액체 로켓이 있다. 로켓 추진 장치의 열역학적 해석은 사이클을 하는 열기관의 터빈 노즐과 같이 단순한 팽창기로 취급한다.

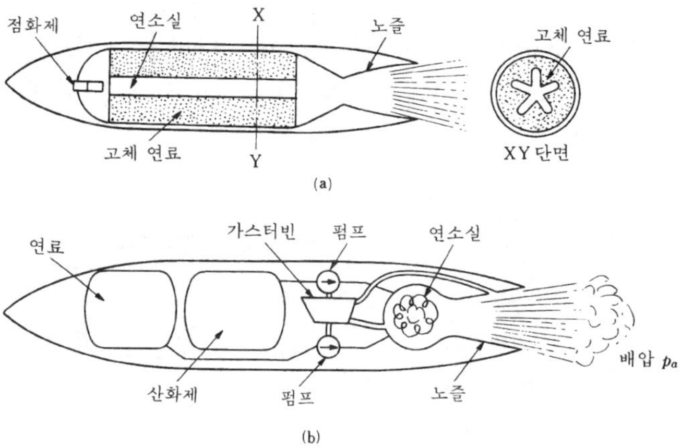

그림 10 · 55 로켓 추진 장치

그림 10 · 56 로켓에 의해 발사되는 우주선

고체 추진제(solid propellant)는 연소에 요구되는 연료와 산화제를 포함하고 있으며, **액체 추진제**(liquid propellant)는 연료와 산화제가 각각 분리된 탱크 내에 들어 있다.

그림 10 · 56은 로켓에 의하여 발사되는 우주선을 나타낸 것이고, 그림 10 · 57은 로켓 기관의 $T-s$ 선도를 도시한 것이다.

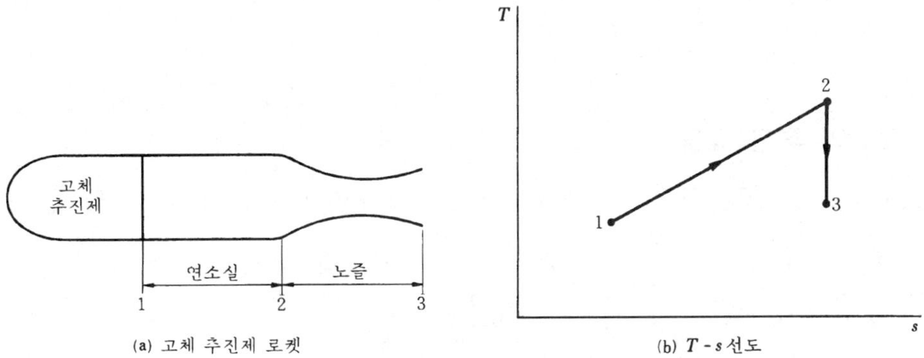

그림 10 · 57 로켓 기관의 $T-s$ 선도

연소실에서 생성되는 연소 가스의 압력과 온도를 각각 P_2, T_2라 하고 노즐 출구의 압력을 P_3, 분출 속도를 $\boldsymbol{V}_3$, 단면적을 A_3, 배압(背壓)을 P_a라 하면 로켓의 추력 F는

$$F = \dot{m}_a \boldsymbol{V}_3 + (P_3 - P_2)A_3 \tag{10 · 73}$$

로 계산된다. 여기서 $\dot{m}$는 가스 유량이다. 노즐 출구 압력 $P_3 = P_a$로 가정하고 동일 유량에서 식 (10 · 73)과 같은 추력을 갖는 가상 분류 속도(假想噴流速度)를 $\boldsymbol{V}_{3e}$라 하면

$$F = \dot{m}\,\boldsymbol{V}_{3e} \tag{10 · 74}$$

가 된다. 이 때 $\boldsymbol{V}_{3e}$를 **유효 분류 속도**(有效噴流速度, effective jet velocity)라 한다.

[2] 로켓의 내부 효율

로켓의 내부 효율은 일반적인 열기관의 열효율에 대응하는 것으로서 다음 식으로 주어진다.

$$\eta_{\text{th}} = \frac{\text{분류의 실제 } \boldsymbol{V}_{3e}\text{에 상당하는 운동 에너지}}{\text{진공까지 무손실 팽창시켰을 때의 이론 운동 에너지}}$$

$$= \left(\frac{\boldsymbol{V}_{3e}}{\boldsymbol{V}_{3\infty}}\right)^2 \tag{10 · 75}$$

여기서 $\boldsymbol{V}_{3\infty}$는 배압이 진공일 때의 이론 분출 속도이며, 기체 상수를 R라 하면

$$V_{3\infty} = \sqrt{\frac{2\kappa}{\kappa - 1}RT_0} \tag{10·76}$$

가 된다. 여기서 T_0는 이론 연소 가스 온도이다. 따라서 로켓의 내부 효율 η_{th}는

$$\eta_{\text{th}} = \frac{V_{3\infty}^2}{2}\frac{\kappa}{\kappa - 1}RT_0 \tag{10·77}$$

가 된다.

[3] 로켓의 추진 효율

추진 효율 η_p는 제트 추진의 경우와 같은 방법으로 구한다. 지금 로켓의 비행 속도를 V라 하면

$$\eta_p = \frac{\dot{m} V_{3e} V}{\dot{m}\frac{V^2}{2} + \dot{m}\frac{V_{3e}^2}{2}} = \frac{2\frac{V_{3e}}{V}}{1 + \frac{V_{3e}^2}{V^2}} \tag{10·78}$$

로 되며 제트 기관의 경우와 같이 $V_{3e} = V$ 일 때 $\eta_e = 1$로 되지만 $F = 0$이 되지 않는 점이 다르다.

10.14 가스 동력 사이클에 대한 제 2 법칙 해석

앞에서 다룬 바와 같이 카르노 사이클, 에릭슨 사이클, 스털링 사이클은 모두 가역적인 사이클이므로 비가역성은 포함하지 않는다. 그러나 가스 동력 사이클에서는 비가역성이 존재한다.

온도 T_R인 열원과 Q_R의 열교환이 있는 폐쇄계에 대한 비가역성 I는

$$I = T_0 S_{\text{gen}} = T_0\left[(S_e - S_i)_{\text{sys}} + \frac{Q_R}{T_R}\right] \text{ kJ} \tag{10·79}$$

여기서 T_0는 주위 온도이고, 첨자 i, e는 각각 과정의 처음과 마지막 상태이다. 같은 방법으로 정상 유동계에 대하여는

$$\dot{I} == T_0\dot{S}_{\text{gen}} = T_0\left[(\Sigma\dot{m}_e s_e - \Sigma\dot{m}_i s_i) + \frac{\dot{Q}_R}{T_R}\right] \text{ kW} \tag{10·80}$$

입구, 출구가 하나인 유로의 경우 단위 질량에 대해서는

$$i = T_0 s_{\text{gen}} = T_0\left(s_e - s_i + \frac{q_R}{T_R}\right) \text{kJ/kg} \qquad (10 \cdot 81)$$

가 된다. 사이클의 엔트로피는 처음 상태와 최종 상태가 같으므로 $s_i = s_e$이다. 그러므로 비가역성은 고 · 저 열원의 열이동량의 크기에 따라 달라진다. 즉

$$i = T_0 \sum \frac{q_i}{T_i} \text{ kJ/kg}$$

$T_H = T_L$인 열원 사이에서 열전달을 포함하는 사이클의 비가역성은

$$i = T_0\left(\frac{q_{\text{out}}}{T_L} - \frac{q_{\text{in}}}{T_L}\right) \text{kJ/kg} \qquad (10 \cdot 82)$$

가 된다. 또한 폐쇄계의 유효성(availability) ϕ와 유동계의 유효성 Ψ는

$$\phi = (u - u_0) - T_0(s - s_0) + P_0(v - v_0) \qquad (10 \cdot 83)$$

$$\Psi = (h - h_0) - T_0(s - s_0) + \frac{V^2}{2} + gZ \qquad (10 \cdot 84)$$

가 된다. 여기서 첨자 0은 주위 상태를 표시한다.

10.15 요 약

[1] 압축비, 평균 유효 압력

$$\text{압축비 } r = \frac{V_1}{V_c} = \frac{V_c + V_s}{V_c} = 1 + \frac{V_s}{V_c}$$

여기서

V_1 : 실린더 체적

V_2 : 극간 체적 또는 연소실 체적

V_s : 행정 체적

$$\text{평균 유효 압력 } P_{me} = \frac{W_{net}}{V_s} = \frac{W_{net}}{V_1 - V_2}$$

[2] 오토 사이클 또는 정적 사이클

오토 사이클은 불꽃 점화 기관(spark ignition engine)의 기본 이상 사이클로서 단열 압축, 정적 가열, 단열 팽창, 정적 방열로 이루어지는 사이클이다.

오토 사이클의 열효율

$$\eta_{\text{th, O}} = 1 - \frac{1}{r^{\kappa - 1}}$$

여기서

r : 압축비

κ : 비열비

[3] 디젤 사이클 또는 정압 사이클

디젤 사이클(Diesel cycle)은 저속 디젤 기관의 기본 이상 사이클로서 단열 압축, 정압 가열, 단열 팽창, 정적 방열 과정으로 이루어진다.

디젤 사이클의 열효율

$$\eta_{\text{th, D}} = 1 - \frac{1}{r^{\kappa - 1}} \frac{r_c^{\kappa} - 1}{\kappa(r_c - 1)}$$

여기서

r : 압축비

r_c : 분사 단절비(체절비)

κ : 비열비

[4] 사바테 사이클 또는 복합 사이클

사바테 사이클(Sabathé cycle)은 고속 디젤 기관의 기본이 되는 이상 사이클로서 가열 과정이 정적 및 정압하에 이루어지는 사이클이다.

사바테 사이클의 열효율

$$\eta_{\text{th, S}} = 1 - \frac{1}{r^{\kappa - 1}} \left[\frac{r_p r_c^{\kappa} - 1}{r_p - 1 + \kappa r_p (r_c - 1)} \right]$$

여기서

r : 압축비

r_c : 체절비

r_p : 압력비

κ : 비열비

[5] 오토, 디젤, 복합 사이클의 비교

① 처음 온도, 압축비, 공급 열량이 동일한 경우

$$\eta_{\text{th, O}} > \eta_{\text{th, S}} > \eta_{\text{th, D}}$$

② 처음 온도, 공급 열량, 최고 온도가 동일한 경우

$$\eta_{\text{th, D}} > \eta_{\text{th, S}} > \eta_{\text{th, O}}$$

[6] 스털링 사이클, 에릭슨 사이클

$$\eta_{\text{th, Stirling}} = 1 - \frac{T_L}{T_H}$$

$$\eta_{\text{th, Eri}} = 1 - \frac{T_L}{T_H}$$

[7] 브레이턴 사이클

가스 터빈 사이클의 기본 사이클로서 단열 압축, 정압 가열, 단열 팽창, 정압 방열 과정으로 구성된다.

브레이턴 사이클의 열효율

$$\eta_{\text{th, B}} = \frac{1}{r_p^{\frac{\kappa-1}{\kappa}}}$$

여기서

$r_p = \dfrac{P_2}{P_1}$: 압력비

κ : 비열비

[8] 재생식 브레이턴 사이클

$$\eta_{\text{th, reg}} = 1 - \frac{1}{\tau} r_p^{\frac{\kappa-1}{\kappa}}$$

여기서

$\tau = \dfrac{T_3}{T_1}$: 온도비

r_p : 압력비

[9] 중간 냉각-재열-재생 가스 터빈 사이클

그림 9 · 9에서

$$\eta_{\mathrm{th,\,reh-reg}} = \frac{w_t - w_c}{q_{\mathrm{in}}}$$

$$= \frac{(h_6 - h_7) + (h_8 - h_9) - (h_2 - h_1) - (h_4 - h_3)}{(h_6 - h_5)(h_8 - h_7)}$$

[10] 제트 추진 사이클

추진동력=추력×속도

내부 효율 $\eta_i = \dfrac{\text{분류의 유량} \times \text{운동 에너지 증가}}{\text{단위 시간당 입력에너지}}$

추진 효율또는 외부 효율

$$\eta_e = \frac{\text{추력} \times \text{속도}}{\text{분류의 유량} \times \text{운동 에너지 증가}}$$

전효율 $\eta_0 = \eta_i \times \eta_e$

연 | 습 | 문 | 제

10.1 가스 동력 사이클의 종류를 들고 설명하여라.

10.2 공기 표준 사이클이란 무엇인가?

10.3 다음 용어를 정의하여라.
(1) 이론 열효율
(2) 제동 열효율
(3) 체적 효율
(4) 가스 사이클
(5) 평균 유효 압력

10.4 오토 사이클의 $P-v$, $T-s$ 선도를 그리고 열효율을 구하여라.

10.5 오토 사이클의 평균 유효압력 P_m을 구하는 식을 유도하여라.

10.6 디젤 사이클의 $P-v$, $T-s$ 선도를 그리고 사이클의 열효율을 구하여라.

10.7 Sabathé 사이클의 $P-v$, $T-s$ 선도를 그리고 사이클의 열효율을 구하여라.

10.8 압축비가 피스톤형 내연 기관의 성능에 미치는 영향을 구하여라.

10.9 오토 사이클, 디젤 사이클 및 복합 사이클의 이론 열효율과 평균 유효 압력을 하는 컴퓨터 프로그램을 작성하여라.

10.10 압축 착화 기관과 전기 점화 기관(스파크 점화 기관)의 구조와 그 차이점에 대하여 기술하여라.

10.11 공기 1.6 kg을 작업 물질로 하는 카르노 기관의 고 · 저 열원의 온도가 1100 K, 340 K이고, 사이클 과정 중의 최저 · 최고 압력이 각각 20, 1750 kPa일 경우 사이클 출력을 구하여라. 단, 비열은 일정한 것으로 생각한다.

10.12 오토 사이클의 열역학적 사이클 과정을 설명하여라.

10.13 오토 사이클에서 압축비가 9이고, 초기 상태가 100 kPa, 17℃, 압축 초의 체적이 650 cm^3일 경우 사이클의 최고 온도와 최고 압력, 공급 열량, 열효율, 평균 유효 압력을 구하여라. 단, 등엔트로피 팽창 말의 온도는 800 K이다.

10.14 다음과 같은 조건으로 작동되는 카르노 사이클의 열효율, 최고 압력과 평균 유효 압력을 구하여라.

사이클 최고 온도=1500 K
사이클 최저 온도=340 K
최소 사이클 압력=101 kPa
사이클의 공급 열량=260 kJ
등온 팽창 말의 압력=28.23 MPa

10.15 공기 표준 디젤 사이클에서 압축 초의 압력이 101 kPa, 온도가 300 K이고, 압축비는 17이다. 가열량 2 MJ/kg일 경우 최고 압력, 최고 온도, 열효율, 평균 유효 압력을 구하여라.

10.16 공기를 작업 유체로 하는 오토 사이클 기관에서 상태를 $P_1=1$ bar, $T_1=20$℃, 단열 압축 후의 압력 $P_2=20$ bar, 연소 후의 압력 $P_3=70$ bar가 있다. 공기의 비열비를 $\kappa=1.4$로 할 때 다음의 값을 계산하여라.
(1) 압축비
(2) 극간비
(3) 단열 압축 후의 온도
(4) 연소 후의 공기의 온도
(5) 이론 열효율
(6) 평균 유효 압력

10.17 공기를 작업 유체로 하는 디젤 기관에서 압축비가 19이고, 단열 압축 초의 압력은 1 bar, 온도가 18℃이다. 최고 온도가 2500 K일 때 이 사이클의 열효율과 평균 유효 압력을 구하여라.

10.18 30℃, 1 bar의 공기 15 kg을 5 bar까지 압축할 때, 공기의 송출 온도를 100℃로 하기 위하여 압축 중에 얼마만큼의 열량을 제거하여야 하는가? 또, 그 때의 이론적인 일은 얼마인가? 그리고 단열 압축의 경우와 비교하여 열량은 얼마만큼 감소하는가?

10.19 다음 사항을 설명하고 그 계산식을 기술하여라.
(1) 두시 열효율
(2) 도시 연료 소비율
(3) 제동 열효율
(4) 제동 평균 유효 압력
(5) 도시 마력과 제동 압력

10.20 스털링 사이클의 $P-v$, $T-s$ 선도를 그리고 각 과정을 설명하고 열효율을 구하여라.

10.21 에릭슨 사이클의 $P-v$, $T-s$ 선도를 그리고 이론 열효율을 구하여라.

10.22 가스 터빈 사이클의 기본 사이클에 대하여 설명하라. 또한 $P-v$ 및 $T-s$ 선도를 그려라.

10.23 브레이턴 사이클의 이론 열효율을 구하여라.

10.24 브레이턴 사이클의 압축기에서의 압력비는 5이다. 압축기로 유입하는 공기의 압력은 1 bar, 온도는 20℃이다. 사이클의 최고 온도는 900℃, 공기 유량은 15 kg/s 이다. 비열이 일정하다고 하고 압축기의 일, 터빈의 일 및 사이클 열효율을 구하여라.

10.25 이상적인 재생기를 갖춘 에릭슨 사이클에서 900 kJ/kg의 열이 공급되는 온도는 1000℃, 방열하는 온도는 30℃이다. 등온 압축 초의 압력이 1 bar일 때 공기 1 kg당 압축기 일과 터빈 일, 사이클 열효율을 구하여라.

10.26 가스 터빈 사이클에서 다음 두 사이클의 각 과정과 사이클 계통도 $P-v$ 및 $T-s$ 선도를 그리고 이론 열효율을 구하여라.

(1) 재생 사이클

(2) 재열 사이클

10.27 중간 냉각·재열·재생 사이클의 이론 열효율을 구하는 식을 유도하고, 각 과정을 $T-s$ 선도, 계통도로 그리고 설명하여라. 또 이 사이클의 중간 냉각, 재열 단수를 많게 하면 사이클은 어떠한 과정을 하게 되는가?

10.28 다음 사항에 대하여 답하여라.

(1) 제트 추진 사이클의 추진 동력

(2) 터보제트 기관의 구조와 $T-s$ 선도

(3) 터보프롭 기관의 구조와 원리

(4) 램제트 기관의 구조와 원리

10.29 피스톤 기관에서 오토, 디젤, 사바테 사이클의 이론 열효율을 (1) 압축비 일정, 공급 열량이 같은 경우, (2) 공급 열량과 최고 온도가 같은 경우에 대하여 비교하여 보아라.

10.30 브레이턴 사이클 및 재열-재생 사이클의 이론 열효율을 구하는 컴퓨터 프로그램을 작성하여라.

10.31 브레이턴 사이클에서 $P_1=1.0$ bar, $P_2=4$ bar, $T_1=100$℃, $T_3=800$℃일 때

(1) 압축기일　　(2) 터빈일

(3) 유효일　　(4) 공급 열량

(5) 열효율을 구하여라

10.32 브레이턴 사이클에서 등엔트로피 효율(압축기, 터빈)을 고려한 경우의 열효율을 구하여라.

10.33 제트 추진 기관에 대한 다음 사항을 설명하여라.

(1) 추진 효율

(2) 램 압력 또는 램압

(3) 비추력(比推力)

10.34 공기 표준 오토 사이클에서 압축 초의 온도가 283 K이고 압축비가 8이다. 이 때의 압력이 1 bar, 이 실린더 체적이 2l이다. 이 사이클 각 과정 끝의 온도와 압력을 구하고 사이클 효율, 평균 유효 압력을 구하여라. 단, 사이클 최고 온도는 2300 K이다.

10.35 공기 표준 디젤 사이클의 $P-v$ 및 $T-s$ 선도를 그리고 열효율과 평균 유효 압력을 유도하여라.

10.36 공기 표준 내연 기관 사이클에서 다음 사항에 대하여 설명하여라.

(1) 압축비

(2) 공기 분사 단절비(空氣噴射斷絶比)

(3) 평균 유효 압력

(4) 실제 사이클

10.37 가스 터빈 사이클에서 압축기 입구 조건이 0.1 MPa, 22℃이고 출구 조건이 0.6 MPa이다. 터빈 입구 온도가 1173 K이고 재생기 효율이 0.8일 때 사이클 효율을 구하여라. 단, 비열비 $\kappa=1.4$이고 $c_p=1.03$ kJ/kgK로 한다. 재생기가 없을 경우와 비교하여 보아라.

10.38 중간 냉각·재열을 하는 2단 가스 터빈 사이클에서 압력비가 3.5이고 압축기 입구 온도가 27℃, 100 kPa, 터빈 입구 온도가 1027℃이다. 재생기 효율이 0.8, 비열비 $\kappa=1.4$일 경우 압축기 일, 터빈 일, 사이클의 열효율을 구하여라.

10.39 오토 사이클과 브레이턴 사이클의 차이점에 대하여 설명하고 열효율을 전자는 압축비의 함수로 후자는 압력비의 함수로 표시하는 이유를 알아보아라.

10.40 가솔린 기관과 디젤 기관의 연소실 구조를 그리고 각부 명칭과 작용을 조사하여라.

10.41 공기 표준 디젤 사이클에서 압축비 16, 분사 단절비 1.5, 압축 초의 온도가 20 ℃일 경우 사이클 효율을 구하여라.

10.42 문제 **10.41**에서 분사 단절비가 2.2로 되면 사이클 효율은 얼마로 되겠는가?

10.43 오토 사이클, 디젤 사이클, 사바테 사이클에서 공급 열량과 초기 온도, 압축비가 같을 때 사이클 효율은 어느 것이 가장 좋겠는가?

10.44 압축비 18, 체절비 1.5, 압력 상승비 1.7인 공기를 작업 물질로 하는 이상 복합 사이클에서 각 점의 상태와 열효율을 구하여라. 단, 초기 압력은 0.1 MPa, 온도는 293 K이다.

10.45 압력비가 9인 공기 표준 브레이턴 사이클의 열효율을 압력비 9인 오토 사이클의 열효율과 비교하여라.

10.46 복합 사이클에서 압축비=14, 압력 상승비=1.5, 체절비=2.3, 초기 압력 0.1 MPa, $v_1=0.80\ m^3/kg$일 경우 최고 압력과 열효율을 구하여라. 이 기관의 출력이 100 kW일 경우 가열량은 얼마인가? 단, $k=1.3$이다.

10.47 디젤 사이클에서 공기를 작업 유체로 하는 경우 사이클 열효율을 구하여라. 단, 압축비는 20, 체절비가 3이고, 초압과 초온은 각각 100 kPa, 20℃이다.

10.48 가스 터빈 사이클이 압력비 18, 최고 온도 700℃로 작동될 경우 열효율을 구하여라. 단, 공기 입구 온도는 20℃이고 압력은 100 kPa이다.

10.49 앞의 문제의 경우 공급열량 q_{in}을 구하여라.

10.50 공기 표준 오토 사이클에서 최고 온도가 1675 K, 최저 온도 300 K이고 압축비가 7일 경우

(1) 각 점의 온도, 압력

(2) 열효율

(3) 평균 유효 압력

을 구하여라. 단, 압축 초 압력은 1 atm이다.

CHAPTER

11 증기 동력 사이클

11.1 증기 원동소 사이클

증기 원동소(蒸氣原動所, steam power plant)란 에너지원이 갖는 증기의 열에너지(heat energy)를 동력(動力)으로 변환하는 장치를 말한다. 증기 원동소는 증기 보일러(boiler), 터빈(turbine), 복수기(復水器, condenser), 급수(給水) 펌프(feedwater pump) 및 그 밖의 보조 설비로 구성된다.

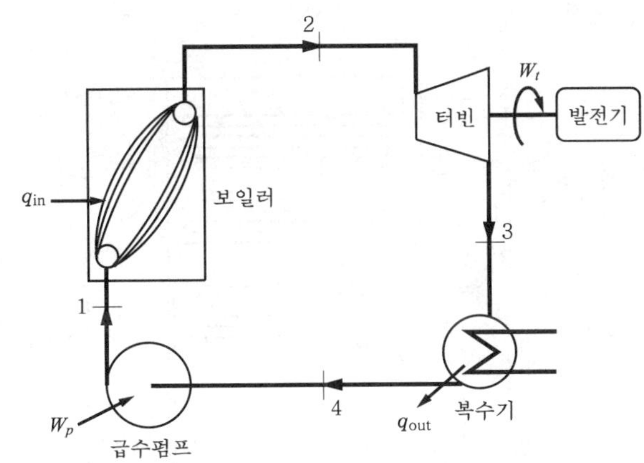

그림 11 · 1 단순 증기 원동소의 구성

그림 11 · 1은 화석연료(化石燃料, fossil fuel)를 사용하는 증기 원동소의 기본 구성을 나

타낸 것이다. 열역학적 해석을 위하여 이 시스템을 그림과 같이 보일러(boiler), 증기 터빈(steam turbine), 복수기(condenser), 급수 펌프(feed pump)의 4가지 주요 구성부로 나눌 수 있으며, 이 장에서는 증기 터빈 원동소의 주요 구성 요소를 중심으로 해석하기로 한다.

그림에서 **보일러**는 물을 가열하여 고온 고압의 증기로 만드는 장치이고, **터빈**은 고온 고압의 증기를 팽창시켜 동력을 얻는 주요부이다. 한편 **복수기**는 터빈에서 팽창한 증기를 복수(復水, condensing)시키기 위한 장치이고, **급수 펌프**는 복수기를 나온 물을 가압하여 보일러로 공급하는 장치이다. 터빈의 회전일은 발전기(generator)를 구동하여 전기 동력을 얻게 된다.

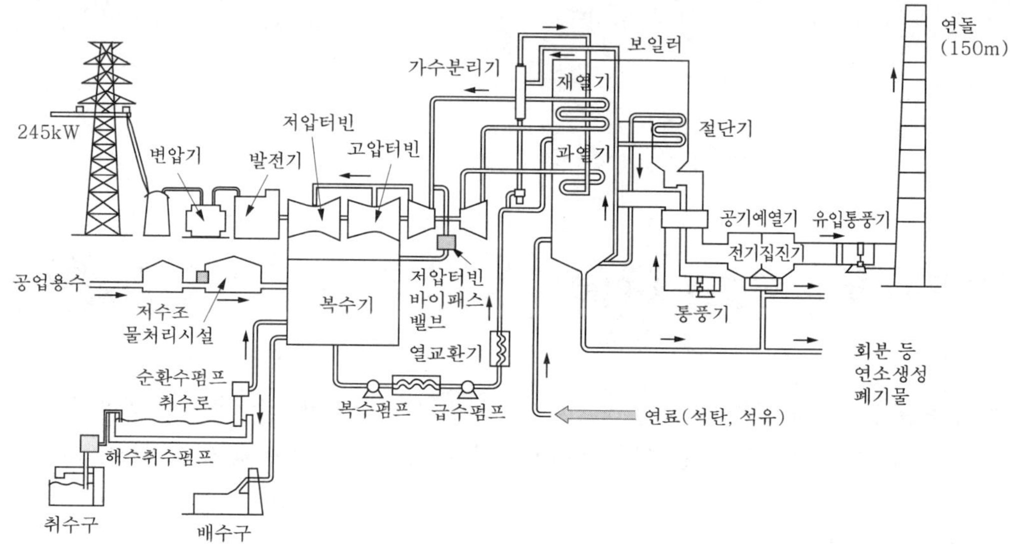

그림 11 · 2 증기 원동소의 보기(화력 발전소)

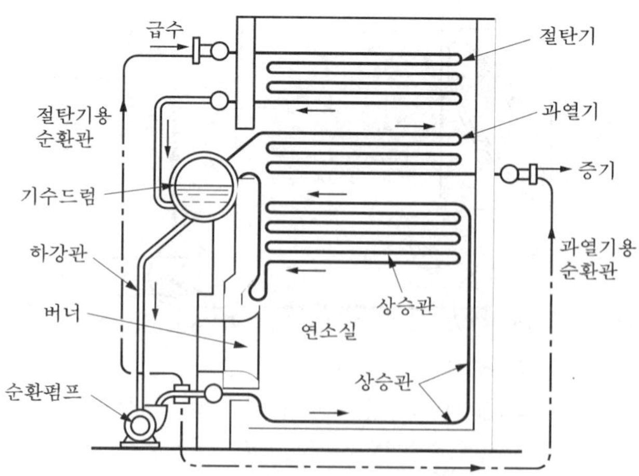

그림 11 · 3 강제 수관 보일러

그림 11·2는 증기 원동소 계통도를(화력 발전소)를 나타낸 것이고, 그림 11·3은 증기 보일러의 시스템을 나타낸 것이다. 한편 그림 11·4는 증기 터빈의 상·하부 케이싱과 로터(casing and rotor)의 구조를 나타낸 것이다.

(a) 상부 케이싱

(b) 하부 케이싱과 로터

그림 11·4 증기 터빈의 상·하부 케이싱과 로터
(자료 : Mitsubisi Heavy Industries, Ltd.)

11.2 카르노 증기 사이클

카르노 사이클은 일정한 고·저 열원의 온도 사이에서 작동되는 사이클 중에서 가장 효율적인 사이클이라고 하는 것을 앞에서 설명한 바 있다. 그러므로 증기 원동소에 대한 이상 사이클로 카르노 사이클을 선택하고자 생각하는 것은 당연할지도 모른다. 그러나 카르노 증기 사이클이 실현할 수 없음을 그림 11 · 5의 사이클 과정으로부터 알 수 있게 될 것이다.

그림 11 · 5 (a)에 도시한 물과 같은 순수 물질의 포화 영역 내에서 작동되는 카르노 사이클을 생각하여 보기로 한다. 이 경우 작업 유체인 물은 보일러에서 가역 및 등온 상태에서 가열(과정 2 → 3)되고 등엔트로피 상태에서 터빈을 통하여 팽창(과정 3 → 4)되며 복수기(물이 아닐 경우에는 응축기라고 한다)에서 가역 및 등온 상태에서 복수(과정 4 → 1)되어 상태 1로 되고, 펌프에서 등엔트로피 상태로 압축(과정 1 → 2)되어 보일러 입구 상태로 되돌아온다. 이와 같은 카르노 사이클의 경우 실제적인 면에서 실행되기에 적합하지 못한 몇 가지 사항들을 열거하면 다음과 같다.

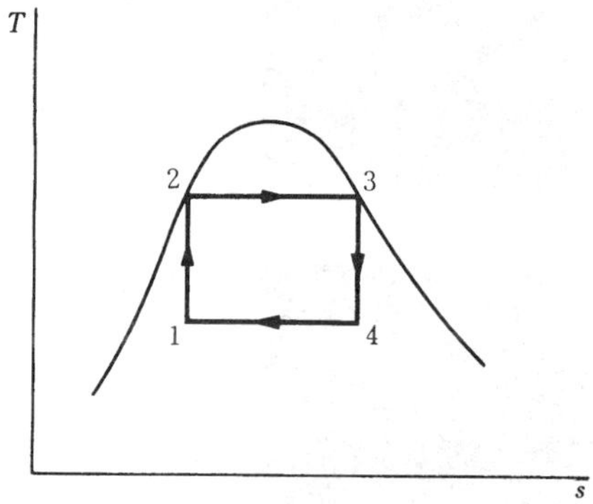

(a) 포화 영역 내의 경우

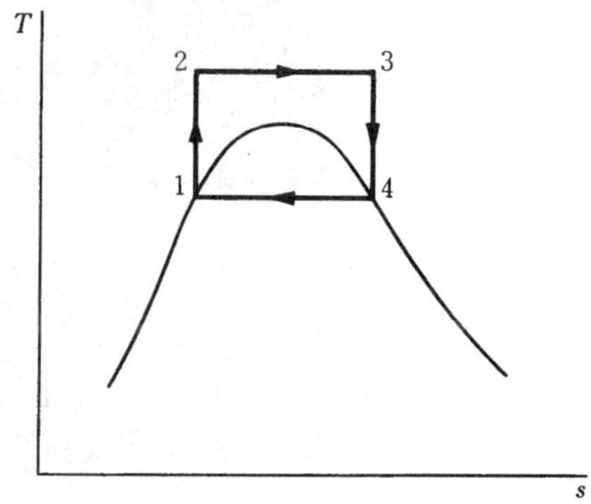

(b) 포화 영역 밖의 경우

그림 11 · 5 카르노 증기 사이클

(가) 그림 11 · 5에서 과정 2 → 3과 4 → 1의 경우는 등온 상태에서 습증기(wet vapor)인 2상 유체(二相流體, two-phase fluid)에 열이 공급되고 방출된다. 압력을 일정하게 유지하면 포화 영역 내에서는 그 압력에 상응하는 포화 온도가 일정하게 정해지므로, 과정 2 → 3과 4 → 1은 실제의 보일러와 복수기에서 매우 근사하게 실현될 수 있다. 그러나 사이클 과정이 습증기(2상 유체)에 국한될 경우, 사이클의 최대 온도가 작업 유체의 임계 온도(물의 경우 374.14℃) 아래로 유지되므로 이것은 결과적으로 열효율을 제한하는 요인이 된다.

(나) 등엔트로피 팽창 과정인 과정 3 → 4 동안에 증기의 건도가 감소하게 되어, 수분의 양이 많은 증기가 터빈 날개(氣翼, blade)에 작용하게 되어 날개의 부식과 마멸을 가져오게 되어 터빈 성능에 나쁜 영향을 미치게 된다. 그러나 포화 증기선의 경사가 매우 급한 작업 유체를 선택하여 사용할 경우에는 팽창 과정 3 → 4 동안에 증기의 건도를 증가시킬 수는 있으나, 근본적으로 증기의 건도를 높여줄 수는 없다.

(다) 급수 펌프의 등엔트로피 압축 과정인 과정 1 → 2를 수행하는 데는 다음과 같이 두 가지 어려운 점을 들 수 있다. 첫째 가압 과정 초의 상태 1에서 요구되는 건도를 얻도록 복수

과정을 제어하는 것은 쉬운 일이 아니며, 둘째로 2상 유체를 압축하는 펌프를 설계하는 것은 실용적이지 못하기 때문이다.

그림 11·5 (b)에 도시된 카르노 사이클을 이용할 경우 앞에서 언급된 문제들의 일부를 해결할 수는 있을 것이다. 그러나 등엔트로피 압축 과정에서 매우 높은 압력까지 압축시켜야 한다는 점과 임계점 이상에서의 등온 가열은 과정 중에 여러 개의 정압선과 만나게 되므로 압력이 변하는 상태에서 등온 가열에 의한 열전달이 이루어져야 하는 문제점이 있다. 이러한 과정은 실용상 가능하지도 않으며 작업물질에 따라서는 임계압 이상이 되어 이러한 과정을 얻을 수 없다. 그러므로 위에서 언급된 여러 가지 문제들을 종합해 볼 때 카르노 사이클을 증기 원동소에 대한 기본 사이클로는 채택할 수 없음을 알 수 있다.

11.3 랭킨 사이클

랭킨 사이클(Rankine cycle)은 1854년 영국의 랭킨(William J. M. Rankine)에 의하여 제안된 증기 원동소의 기본 사이클로서 그림 11·6과 같이 보일러, 증기 터빈(steam turbine), 복수기 및 급수 펌프로 구성된다. 그림 11·7은 랭킨 사이클의 $P-v$ 및 $T-s$ 선도를 나타낸 것이다.

급수 펌프에서 1→2 과정으로 가압된 물은 보일러로 공급되고 보일러 과정 2→3에서 발생한 증기는 고온, 고압의 과열 증기의 상태 3으로 된다. 이 고온, 고압의 증기는 터빈으로 들어가 과정 3→4를 거치면서 복수기 압력까지 단열 팽창하여 일을 하고, 저압 증기로 되어 복수기로 들어간다. 복수기에서는 4→1 과정을 거치면서 방열하여 복수된다. 각 과정을 요약하면 다음과 같다.

과정 1→2 : 급수 펌프, 물의 **가역 단열 압축 과정**(可逆斷熱壓縮過程, isentropic compression in a pump)

과정 2→3 : 보일러, 물의 **정압 가열 과정**(定壓加熱過程, constant pressure heat addition in a boiler)

과정 3→4 : 증기 터빈, 증기의 **가역 단열 팽창 과정**(可逆斷熱膨脹過程, isentropic expansion in a turbine)

과정 4→1 : 복수기, **정압 냉각 과정**(定壓冷却過程, constant pressure heat rejection in a condenser)

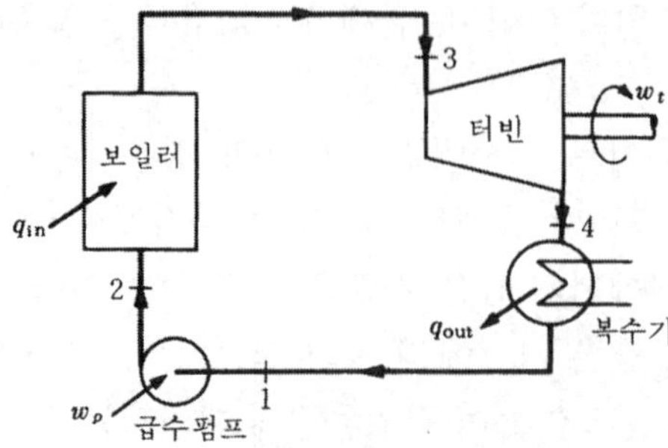

그림 11·6 이상 랭킨 사이클의 계통도

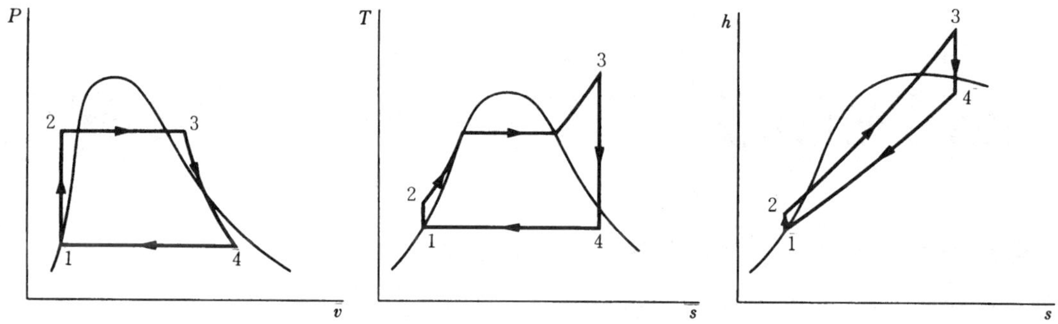

그림 11·7 랭킨 사이클

랭킨 사이클의 각부에서 출입하는 열량 및 일은 그 전후의 엔탈피 차(差)로 표시되므로 증기 유량 1 kg에 대하여 계산하면 다음과 같다. 정상류 에너지식은

$$q + h_i + \frac{V_i^2}{2} + gZ_1 = h_e + \frac{V_e^2}{2} + gZ_2 + w$$

여기서 운동 및 위치 에너지 변화를 무시하면

$$q - w = h_e - h_i$$

가 된다. 보일러와 복수기는 일을 포함하지 않으며, 펌프와 터빈은 등엔트로피 과정으로 생각한다.

한편

$$\text{펌프}\ ;\ q = 0,\quad w_p = h_2 - h_1 \cong v_1(P_2 - P_1)\ \text{kJ/kg} \qquad (11 \cdot 1)$$

여기서 $v_1 = v_{f(P_1)}$

$$\text{보일러}\ ;\ w = 0,\quad q_{in} = h_3 - h_2\ \text{kJ/kg} \qquad (11 \cdot 2)$$

터 빈 ; $q = 0$, $w_t = h_3 - h_4$ kJ/kg (11 · 3)

복수기 ; $w = 0$, $q_{out} = h_4 - h_1$ kJ/kg (11 · 4)

따라서 열효율 $\eta_{th,R}$는

$$\eta_{th,R} = \frac{w_{net}}{q_{in}} = 1 - \frac{q_{out}}{q_{in}} = 1 - \frac{h_4 - h_1}{h_3 - h_2} \qquad (11 \cdot 5)$$

가 된다. 위에서 설명한 랭킨 사이클의 각 과정들을 요약하면 표 11 · 1과 같다.

표 11 · 1 랭킨 사이클의 각 과정과 관계식

과 정	장 치	경 로	관 계 식	에너지 평형
1 → 2	펌 프	가역 단열 압축	$q_{12} = 0$, $s_1 = s_2$	$w_p = h_2 - h_1 \cong v_1(P_2 - P_1)$
2 → 3	보 일 러	정압 가열	$w_{23} = 0$, $P_2 = P_3$	$q_{in} = h_3 - h_2$
3 → 4	터 빈	가역 단열 팽창	$q_{34} = 0$, $s_3 = s_4$	$w = h_3 - h_4$
4 → 1	복 수 기	정압 냉각	$w_{41} = 0$, $P_4 = P_1$	$q_{out} = h_4 - h_1$

원동소 성능을 나타내는 지표로서 **펌프-터빈일 비**(back work ratio) bwr가 사용된다. 터빈일을 w_t, 펌프일을 w_p라 하면

$$bwr = \frac{w_p}{w_t} = \frac{h_2 - h_1}{h_3 - h_4}$$

이 된다. 증기 원동소에서 펌프-터빈일의 비는 비교적 적은 값이다. 그러므로 경우에 따라서 펌프일을 무시하고 원동소의 성능을 다루는 경우도 있다. 식 (11 · 5)의 각 상태에 대한 비엔탈피는 증기표 및 증기 선도를 사용하여 구한다.

보기 11.1

터빈 입구의 증기 상태가 4 MPa, 400℃이고, 터빈 출구의 상태가 75 kPa인 증기 원동소의 열효율을 구하여라.

풀이 각 점의 상태값을 부록의 증기표로부터 구하면

상태 1 : $P_1 = 75$ kPa(포화액), $h_1 = h_{1f} = 384.39$ kJ/kg

$v_1 = v_{1f} = 0.001037\ \text{m}^3/\text{kg}$, $s_1 = 1.2130$ kJ/kg K

상태 2 : $P_2 = 4\,\text{MPa}, s_1 = s_2$

$w_p = v_1(P_2 - P_1) = 0.001037(4000 - 75) = 4.0702$ kJ/kg

$h_2 = h_1 + v_1(P_2 - P_1) = h_1 + w_p = 384.39 + 4.0702 = 388.4602$ kJ/kg

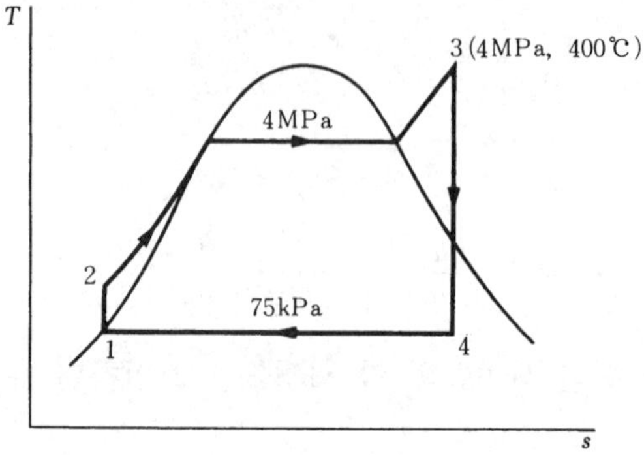

그림 11·8 보기 11.1의 $T-s$ 선도

상태 3 : $P_3=4\,\text{MPa}$, 400℃(과열 증기)

$$h_3=3213.6\,\text{kJ/kg},\ s_3=6.7690\,\text{kJ/kg K},\ v=0.07341\,\text{m}^3/\text{kg}$$

상태 4 : $P_4=75\,\text{kPa}$, $s_4=s_3$(습증기)

$$s_4=s_{4f}+x_4(s_{4g}-s_{4f}),\ s_{4g}=7.4564\,\text{kJ/kg K},\ s_{4fg}=6.2434\,\text{kJ/kg K}$$

$$x_4=\frac{s_4-s_{4f}}{s_{4fg}}=\frac{6.7690-1.2130}{6.2434}=0.8899$$

$$h_4=h_{4f}+x_4(h_{4g}-h_{4f})=384.39+0.8899(2278.6)=2412.1161\,\text{kJ/kg}$$

$$q_{\text{in}}=h_3-h_2=3213.6-388.4602=2825.1398\,\text{kJ/kg}$$

$$q_{\text{out}}=h_4-h_1=2412.1161-384.39=2027.7261\,\text{kJ/kg}$$

$$\eta_{\text{th,R}}=1-\frac{q_{\text{out}}}{q_{\text{in}}}=1-\frac{2027.7261}{2825.1398}=0.2823,\ 28.23\%$$

열효율은 터빈일과 펌프일을 이용하여 구할 수도 있으므로

$$w_t=h_3-h_4=3213.6-2412.1161=801.4839\,\text{kJ/kg}$$

$$w_p=h_2-h_1=388.4602-384.39=4.0702\,\text{kJ/kg}$$

$$\eta_{\text{th,R}}=1-\frac{w_t-w_p}{q_{\text{in}}}=\frac{801.4839-4.0702}{2825.1398}=0.2823,\ 28.23\%$$

이 원동소가 카르노 사이클로 작동된다면 그 때의 열효율은 $T_{\min}=91.78$℃(75 kPa의 포화 온도)이므로

$$\eta_{\text{th,Carnot}}=1-\frac{T_{\min}}{T_{\max}}=1-\frac{91.78+273.15}{400+273.15}=0.4579,\ 45.79\%$$

가 된다.

11.4 이상 사이클과 실제 사이클의 차이

실제 사이클은 그림 11・9와 같이 여러 가지 요소들의 비가역성(非可逆性) 때문에 이상적인 랭킨 사이클과는 상당한 차이점을 가지고 있다.

사이클 과정 중의 유체 마찰(流體摩擦, fluid friction)과 열손실(熱損失, heat losses)은 비가역성에 주류를 이루는 것이다. 유체 마찰은 보일러 내, 복수기, 각 구성 부품 사이의 관로(piping)에서 압력 강하(壓力降下, pressure drop)를 일으킨다. 이러한 결과로 보일러를 떠나는 증기는 이상적인 경우보다 압력은 낮아진다. 따라서 터빈 입구 상태는 관로 손실로 인하여 보일러 출구의 압력보다 낮아진다. 복수기에서도 같은 이유로 압력 강하가 수반된다.

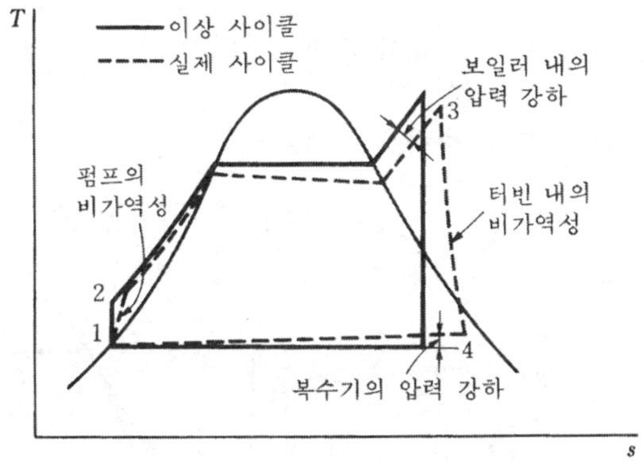

그림 11・9 이상 랭킨 사이클과 실제 사이클의 비교

비가역성의 또 다른 주요한 원인은 열손실이다. 이와 같은 손실들을 보상하기 위하여 더 많은 열량을 가해야 하며, 원동소의 마찰 손실, 열손실 등은 열효율(성능)을 저하시키는 주된 요인이 된다. 이와 같은 현상을 단순화하여 터빈과 펌프의 비가역성만을 고려하면 그림 11・10과 같다.

실제 과정에서 펌프와 터빈의 **단열 효율**(斷熱效率, adiabatic efficiency) 또는 **등엔트로피 효율**(isentropic efficiency)을 구하면

$$\textbf{펌프의 등엔트로피 효율}\ \eta_p = \frac{w_s}{w} = \frac{h_{2s} - h_1}{h_2 - h_1} < 1 \tag{11・6}$$

$$\textbf{터빈의 등엔트로피 효율}\ \eta_t = \frac{w}{w_s} = \frac{h_3 - h_4}{h_3 - h_{4s}} < 1 \tag{11・7}$$

로 표시된다. 여기서 w는 실제일, w_s는 가역 단열 과정의 일, 첨자 s는 등엔트로피 과정을 의미한다.

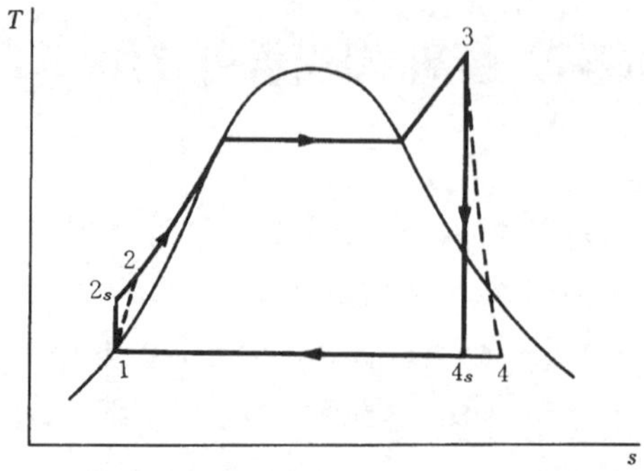

그림 11 · 10 랭킨 사이클의 펌프 및 터빈의 비가역성 효과

보기 11.2

그림 11 · 11과 같은 상태로 작동하는 증기 동력 사이클에서

(1) 사이클의 열효율,

(2) 증기 유량이 17 kg/s일 때의 출력을 구하여라.

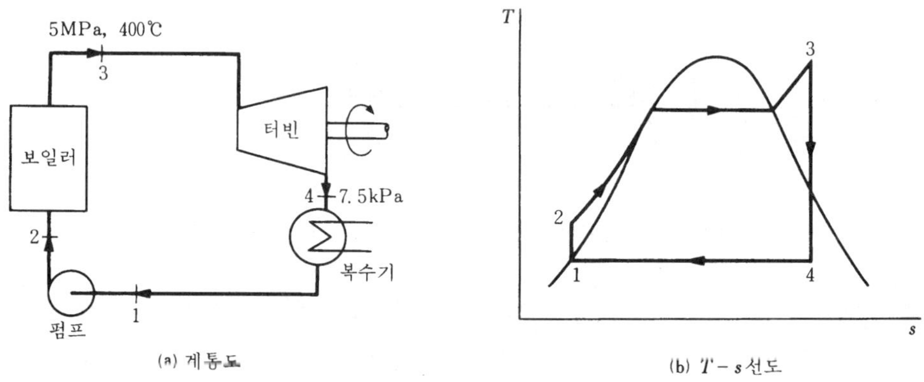

그림 11 · 11 보기 11.2의 설명도

풀이 상태 1 ; $P_1 = 7.5\,\text{kPa},\ v_{1f} = 0.001008\,\text{m}^3/\text{kg}$

$h_{1f} = 168.79\,\text{kJ/kg},\ h_{1g} = 2574.8\,\text{kJ/kg}$

$s_{1f} = 0.5764\,\text{kJ/kg K},\ s_{1g} = 8.2515\,\text{kJ/kg K}$

상태 2 ; $h_2 = h_1 + v_1(P_2 - P_1) = 168.79 + 0.001008(5000 - 7.5)$

$= 173.8224\,\text{kJ/kg}$

상태 3 ; $P_3 = 5\,\text{MPa},\ T_3 = 400℃$(과열 증기)

$h_3 = 3195.7\,\text{kJ/kg},\ s_3 = 6.6459\,\text{kJ/kg}$

상태 4 ; $P_4 = 7.5\,\text{kPa},\ s_4 = s_{1f} + x_4(s_{1fg})$

$$x_4 = \frac{6.6459 - 0.5764}{8.2515 - 0.5764} = 0.7908$$

$$h_4 = h_{4f} + x_4(h_{4fg}) = 168.79 + 0.7908(2574.8 - 168.79)$$
$$= 2071.4627\,\text{kJ/kg}$$

(1) 열효율 $\eta_{\text{th,R}}$

$$\eta_{\text{th,R}} = 1 - \frac{q_{\text{out}}}{q_{\text{in}}} = 1 - \frac{h_4 - h_1}{h_3 - h_2} = 1 - \frac{2071.4627 - 168.79}{3195.7 - 173.8224}$$
$$= 0.3704,\ \ 37.04\%$$

(2) 사이클 출력 $\dot{W}_{\text{net}}$

$$w_t = h_3 - h_4 = 3195.7 - 2071.4627 = 1124.2373\,\text{kJ/kg}$$

$$w_p = h_2 - h_1 = 173.8224 - 168.79 = 5.0324\,\text{kJ/kg}$$

$$\dot{W}_{\text{nen}} = \dot{m}(w_t - w_p) = 17 \times (1124.2373 - 5.0324) = 19026.4833\,\text{kW}$$

보기 11.3

보기 11.2와 같은 조건에서 작동되는 증기 원동소에서 터빈의 등엔트로피 효율이 87%, 펌프의 등엔트로피 효율이 85%일 경우 (1) 사이클의 열효율, (2) 출력, (3) 터빈 출구 증기의 건도를 구하여라.

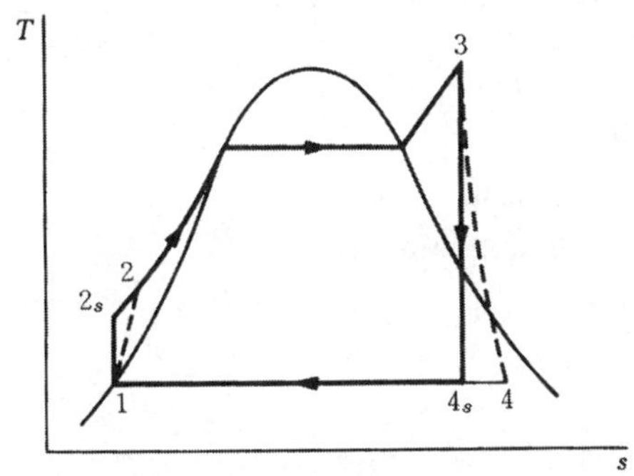

그림 11·12 보기 11.3의 $T-s$ 선도

풀이 $\eta_t = \dfrac{h_3 - h_4}{h_3 - h_{4s}}$

$$h_3 - h_4 = \eta_t(h_3 - h_{4s})$$

$$h_4 = h_3 - \eta_t(h_3 - h_{4s}) = 3195.7 - 0.87(1124.2373)$$
$$= 2217.6135\,\text{kJ/kg}$$

$$\eta_p = \frac{h_{2s} - h_1}{h_2 - h_1}$$

$$h_{2s}-h_1=\eta_p(h_2-h_1)=\eta_p h_2-\eta_p h_1$$

$$h_2=\frac{1}{\eta_p}(h_{2s}-h_1)+h_1$$

$$=\frac{1}{0.85}(173.8224-168.79)+168.79$$

$$=174.7105\,\text{kJ/kg}$$

(1) 열효율

$$\eta_{\text{th,R}}=1-\frac{q_{\text{out}}}{q_{\in}}=1-\frac{h_4-h_1}{h_3-h_2}$$

$$=1-\frac{2217.6135-168.79}{3195.7-174.7105}$$

$$=0.3218,\ 32.18\%$$

(2) 사이클의 출력 w_{net}

$$w_{\text{net}}=w_t-w_p$$

$$\dot{W}_{\text{net}}=\dot{m}(w_t-w_p)$$

$$w_t=h_3-h_4=3195.7-2217.6135=978.0865\,\text{kJ/kg}$$

$$w_p=h_2-h_1=174.7105-168.79=5.9205\,\text{kJ/kg}$$

$$\dot{W}_{\text{net}}=17\times(978.0865-5.9205)=16526.822\,\text{kW}$$

(3) 건도 x_4

$$h_4=h_{1f}+x_4(h_{1fg})$$

$$x_4=\frac{h_4-h_{1f}}{h_{1fg}}=\frac{2217.6135-168.79}{2574.8-168.79}=0.8515$$

11.5 랭킨 사이클의 성능에 영향을 미치는 인자

랭킨 사이클의 열효율을 향상시키기 위해서는 보일러에서의 증기 온도를 높여서 사이클 최고 온도 또는 사이클 평균 온도를 상승시키는 경우와 복수기의 방열 온도를 저하시키는 방법을 생각할 수 있다.

[1] 복수기 압력을 저하시키는 경우

복수기 내의 압력을 낮게 하면(lowering the condenser pressure) 사이클의 유효일이 증가하여 그림 11·13과 같이 사이클 일이 증가하여 효율은 증가한다.

복수기 압력 P_4를 P_4'로 낮추면 이에 상응하는 복수기의 방열 온도가 저하되며, 사이클 일은 회색 부분만큼 증가하여 사이클의 열효율은 증가한다. 그러나 이 경우 건도가 감소하게 되어 습분의 양이 상대적으로 많아지므로 터빈 날개에 부식(腐蝕, corrosion) 등을 야기하는 결과를 가져오게 되는 단점이 있다.

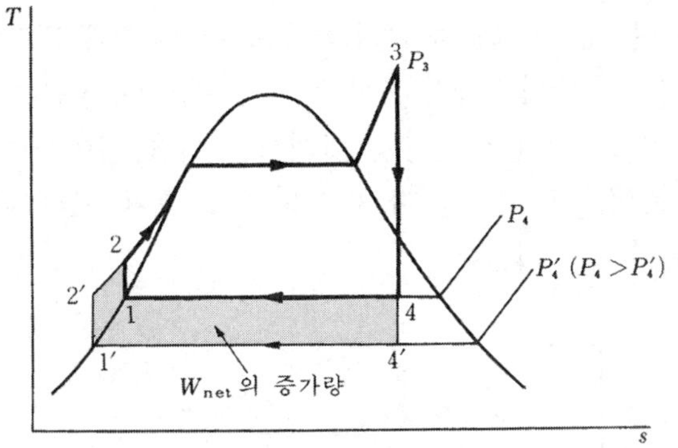

그림 11 · 13 복수기 압력 강하에 따른 유효일의 증가

[2] 사이클의 최고 온도(터빈 입구 온도)를 높이는 경우

보일러 압력의 변화 없이 보일러 출구, 즉 터빈 입구 과열 증기의 온도를 높이면(increasing the turbine inlet temperature) 그림 11 · 14와 같이 사이클 일이 증가되어 열효율은 증가한다. 이와 같은 방법은 터빈 출구의 증기 건도를 상승시켜 사이클 성능 및 터빈의 성능을 바람직한 방향으로 개선시킬 수 있다. 그러나 터빈 입구의 과열도를 높이는 것은 터빈 재료의 기계적 성질 때문에 제한을 받는다. 현재 터빈 입구 온도는 620℃ 정도이며 금속의 고온 특성이 향상되면 더 높일 수 있다.

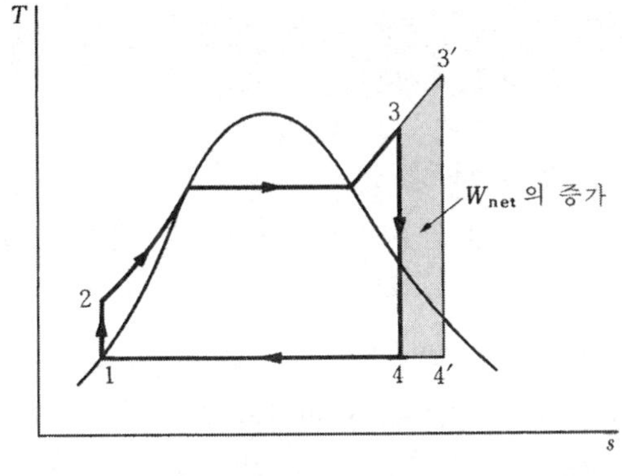

그림 11 · 14 터빈 입구 온도 상승과 유효일의 증가

[3] 보일러 압력을 상승시키는 경우

가열 과정에서 증기의 온도를 상승시키는 또 다른 방법의 하나는 보일러의 압력을 높이는 것(increasing the boiler pressure) 이다. 보일러의 압력이 상승하면 비등하는 온도는 당연히 높아지게 된다.

보일러 압력이 동력 사이클의 성능에 영향을 미치는 것은 그림 11 · 15와 같이 터빈 입구의 온도가 일정할 경우 사이클은 그림과 같이 좌측으로 치우치게 되고 터빈 출구의 건도는 저하한다. 이것은 성능 향상에 바람직하지 못한 것이며, 이러한 결점은 재열(再熱, reheating)에 의하여 보정할 수 있다. 재열 사이클에 대해서는 다음 절에서 다루기로 한다.

보일러의 작동 압력은 점차로 증가하여 30 MPa까지 증가하였으며 출력 1000 MW, 열효율도 개선되어 40%에 이르게 되었다.

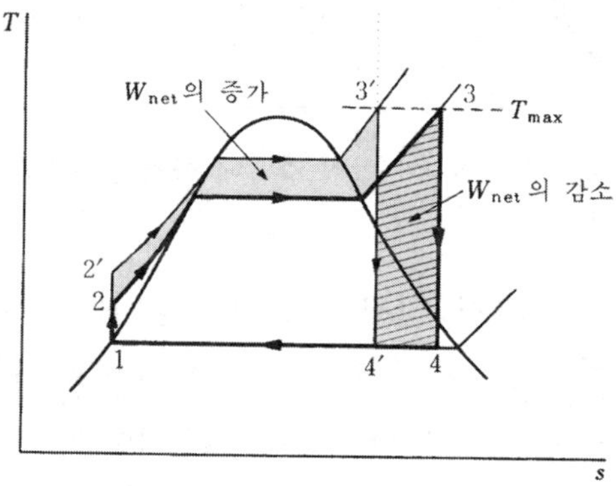

그림 11 · 15 보일러 압력 상승에 따른 사이클 일의 변화

보기 11.4

다음과 같은 랭킨 사이클로 작동하는 증기 원동소에서 터빈 입구의 상태가 4 MPa, 350℃이고 복수기 압력이 10 kPa일 경우 다음 사항을 구하여라.

(1) 사이클의 열효율

(2) 터빈 입구 온도를 500℃로 한 경우의 열효율

(3) 보일러 압력을 10 MPa, 터빈 입구 온도를 500℃로 상승시켰을 경우의 열효율

풀이 (1) 열효율 $\eta_{th,R}$

상태 1 : $P_1 = 10\,\text{kPa}$, $h_{1f} = 191.83\,\text{kJ/kg}$, $h_{1g} = 2584.7\,\text{kJ/kg}$

$h_{1fg} = 2392.8\,\text{kJ/kg}$, $v_1 = v_{1f} = 0.001010\,\text{m}^3/\text{kg}$

$s_1 = 0.6493\,\text{kJ/kg K} = s_{1f}$, $s_{1g} = 8.1502\,\text{kJ/kg K}$

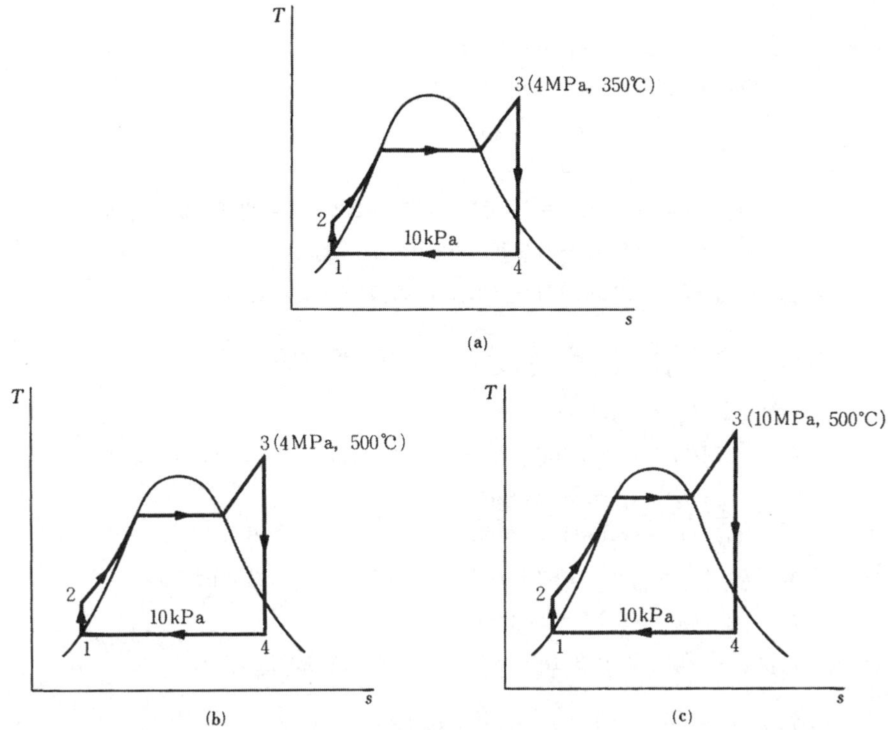

그림 11·16 보기 11.4의 $T-s$ 선도

상태 2 : $P_2 = 4\,\text{MPa}$, $s_2 = s_1$

$$w_p = h_2 - h_1 = v_1(P_2 - P_1) = 0.001010 \times (4000 - 10)$$
$$= 4.0299\,\text{kJ/kg}$$
$$h_2 = w_p + h_1 = 4.0299 + 191.93 = 195.96\,\text{kJ/kg}$$

상태 3 : $P_3 = 4\,\text{MPa}$, $T_3 = 350\,℃$(과열 증기)

$$h_3 = 3092.5\,\text{kJ/kg},\ s_3 = 6.5821\,\text{kJ/kg K},\ v = 0.06645\,\text{m}^3/\text{kg}$$

상태 4 : $s_3 = s_4$, $x = \dfrac{s_3 - s_{4f}}{s_{4g} - s_{4f}} = \dfrac{6.5821 - 0.6493}{8.1502 - 0.6493} = 0.7909$

$$h_4 = h_{4f} + x_4(h_{4fg}) = h_4 + x_4(h_{1fg})$$
$$= 191.83 + 0.7909 \times (2392.8) = 2084.2955\,\text{kJ/kg}$$

따라서

$$q_{\text{in}} = h_3 - h_2 = 3092.5 - 195.96 = 2896.54\,\text{kJ/kg}$$

$$q_{\text{out}} = h_4 - h_1 = 2084.2995 - 191.83 = 1892.4695\,\text{kJ/kg}$$

$$\eta_{\text{th,R}} = 1 - \frac{q_{\text{out}}}{q_{\text{in}}} = 1 - \frac{1892.4695}{2896.54} = 0.3466,\ 34.66\,\%$$

(2) $T_{max} = 500℃$일 경우

상태 3 : 온도 500℃, 압력 4 MPa(과열 증기)

$$h_3 = 3445.3\,\text{kJ/kg}, \ s_3 = 7.0901\,\text{kJ/kg K}$$

$$x_4 = \frac{s_4 - s_{4f}}{s_{4g} - s_{4f}} = \frac{7.0901 - 0.6493}{8.1502 - 0.6493} = 0.8587$$

$$h_4 = h_{4f} + x_4(h_{4g} - h_{4f}) = 191.83 + 0.8587(2392.8) = 2246.5274\,\text{kJ/kg}$$

$$q_{in} = h_3 - h_2 = 3445.3 - 195.96 = 3249.34\,\text{kJ/kg}$$

$$q_{out} = h_4 - h_1 = 2246.5274 - 191.83 = 2054.6974\,\text{kJ/kg}$$

$$\eta_{th,R} = 1 - \frac{q_{out}}{q_{in}} = 1 - \frac{2054.6974}{3249.34} = 0.3677, \ 36.77\%$$

(3) $T_{max} = 500℃$, $P_3 = 10$ MPa일 경우

상태 3 : $P_3 = 10\,\text{MPa}$, $T_3 = 500℃$, $h_3 = 3373.7\,\text{kJ/kg}$, $s_3 = 6.5966\,\text{kJ/kg K}$

$$x_4 = \frac{s_4 - s_{4f}}{s_{4g} - s_{4f}} = \frac{6.5966 - 0.6493}{8.1502 - 0.6493} = 0.7928$$

상태 4 : $h_4 = h_{4f} + x_4 h_{4fg} = 191.83 + 0.7928 \times 2392.8 = 2088.8418\,\text{kJ/kg}$

$$q_{in} = h_3 - h_2 = 3373.7 - 195.96 = 3177.74\,\text{kJ/kg}$$

$$q_{out} = h_4 - h_1 = 2088.8418 - 191.83 = 1897.0118\,\text{kJ/kg}$$

$$\eta_{th,R} = 1 - \frac{q_{out}}{q_{in}} = 1 - \frac{1897.0118}{3177.74} = 0.4030, \ 40.30\%$$

이상에서 보는 바와 같이 터빈 입구 온도 500℃일 때 압력이 4 MPa에서 10 MPa로 증가함에 따라 사이클 열효율이 34.67%에서 40.3%로 증가함을 알 수 있다. 동시에 증기의 건도는 0.8587에서 0.7928로 감소하였다.

11.6 재열 사이클 또는 재열 랭킨 사이클

랭킨 사이클의 열효율을 높이기 위하여 터빈 입구 증기의 압력(壓力)을 높게 하면 터빈 팽창 중의 건도가 저하하게 된다. 이와 같은 결점을 피하기 위하여 팽창 도중의 증기를 다시 재열기(再熱器, reheater)로 보내어 처음의 과열 온도(過熱溫度, superheated temperature)까지 가열하여 터빈에서 팽창시키는 방법이 이용되고 있다. 이것을 **재열**(再熱) **사이클**(reheat cycle)이라 하며, 이 사이클은 재열에 의하여 열효율은 높아진다.

그림 11 · 17 재열 터빈의 로터 형상(자료 : Mitsubishi Heavy Industries,Ltd.)

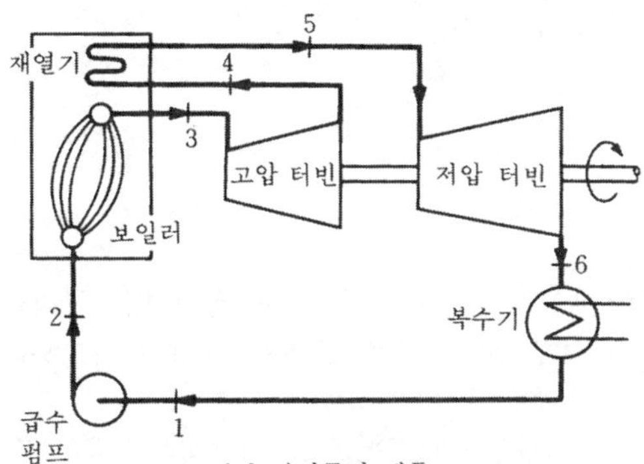

(a) 재열 사이클의 계통도

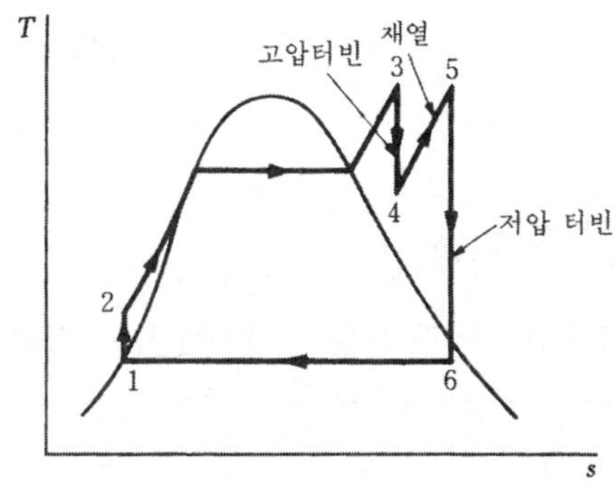

(b) 재열 사이클의 $T-s$선도

그림 11 · 18 재열 사이클

그림 11 · 18에서 재열 사이클의 열효율을 구하기 위하여 공급 열량 q_{in}과 사이클 일 w_{net}를 구하면

$$q_{\text{in}} = q_{23} + q_{\text{reh}} = (h_3 - h_2) + (h_5 - h_4)\ \text{kJ/kg} \tag{11 · 8}$$

$$\begin{aligned} w_{\text{net}} &= w_t - w_p = w_{tH} + w_{tL} - w_p \\ &= (h_3 - h_4) + (h_5 - h_6) - (h_2 - h_1)\ \text{kJ/kg} \end{aligned} \tag{11 · 9}$$

가 된다. 따라서 재열 사이클의 열효율 $\eta_{\text{th,reh}}$는

$$\begin{aligned} \eta_{\text{th,reh}} &= \frac{w_{\text{net}}}{q_{\text{in}}} = \frac{(h_3 - h_4) + (h_5 - h_6) - (h_2 - h_1)}{(h_3 - h_2) + (h_5 - h_4)} \\ &= 1 - \frac{h_6 - h_1}{(h_3 - h_2) + (h_5 - h_4)} \end{aligned} \tag{11 · 10}$$

가 된다. 재열 단수(段數, number of stage)를 증가시키면 터빈의 팽창 및 재열 과정은 그림 11 · 19와 같이 등온 과정으로 된다. 재열 단수는 경제적 운전을 고려하여 2단 정도로 한다.

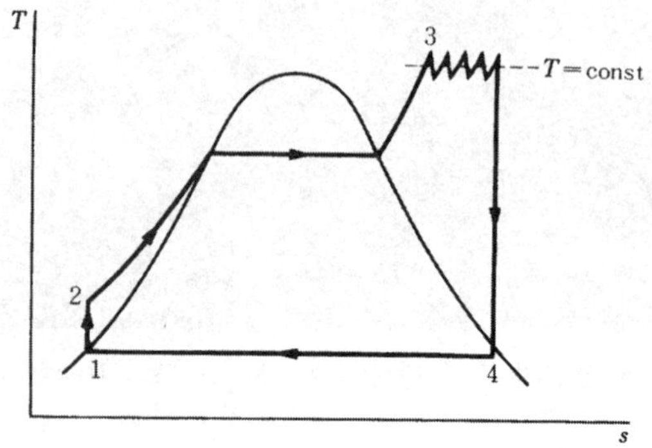

그림 11 · 19 재열 랭킨 사이클

보기 11.5

그림 11 · 20과 같은 재열 랭킨 사이클에서 각 상태점이 다음과 같을 경우 열효율을 구하여라. 그리고 이 사이클과 같은 터빈 입구 조건을 갖는 랭킨 사이클의 열효율을 구하여 비교하여라.

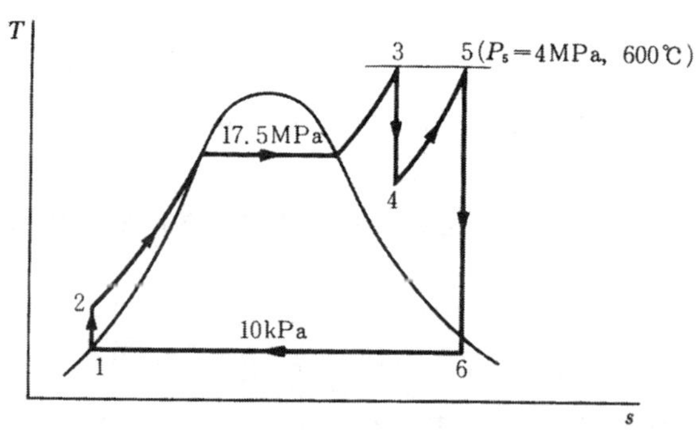

그림 11 · 20 보기 11.5의 $T-s$ 선도

풀이 각 점의 상태를 구하면

상태 1 : $P_1 = 10\,\text{kPa}$, $h_1 = h_{6f} = 191.83\,\text{kJ/kg}$, $s_1 = 0.6493\,\text{kJ/kg K}$

$s_f = 8.1502\,\text{kJ/kg K}$, $s_{1fg} = 7.5009\,\text{kJ/kg K}$

$h_{1fg} = 2392.8\,\text{kJ/kg}$, $v_1 = 0.001010\,\text{m}^3/\text{kg}$

상태 2 : $P_2 = 17.5\,\text{MPa}$

$w_p = v_1(P_2 - P_1) = 0.001010 \times (17.5 \times 1000 - 10) = 17.6649\,\text{kJ/kg}$

$$h_2 = h_1 + w_p = 191.83 + 17.6649 = 209.4949\,\mathrm{kJ/kg}$$

상태 3 : $P_3 = 17.5\,\mathrm{MPa}$, $T_3 = 600\,℃$, $h_3 = 3560.1\,\mathrm{kJ/kg}$, $s_3 = 6.5866\,\mathrm{kJ/kg\,K}$

상태 4 : $P_4 = 4\,\mathrm{MPa}$, $s_3 = s_4 = 6.5866\,\mathrm{kJ/kg\,K}$

$T = 350\,℃$, $s = 6.5821\,\mathrm{kJ/kg\,K}, h = 3092.5\,\mathrm{kJ/kg}$

$T = 400\,℃$, $s = 6.7690\,\mathrm{kJ/kg\,K}, h = 3213.6\,\mathrm{kJ/kg}$

보간법으로 h_4를 구하면 $h_4 = 3095.4157\,\mathrm{kJ/kg}$

상태 5 : $P_5 = 4\,\mathrm{MPa}$, $600\,℃$, $h_5 = 3674.4\,\mathrm{kJ/kg}$, $s_5 = 7.3688\,\mathrm{kJ/kg\,K}$

상태 6 : $P_6 = 10\,\mathrm{kPa}$

$$x_6 = \frac{s_5 - s_{6f}}{s_{6fg}} = \frac{7.3688 - 0.6493}{7.5009} = 0.8958$$

$$h_6 = h_{6f} + x_6 h_{6fg} = 191.83 + 0.8958 \times 2392.8 = 2335.3002\,\mathrm{kJ/kg}$$

열효율$\eta_{\mathrm{th,reh}}$는

$$\eta_{\mathrm{th,reh}} = 1 - \frac{q_{\mathrm{out}}}{q_{\mathrm{in}}} = 1 - \frac{h_6 - h_1}{(h_3 - h_2) + (h_5 - h_4)}$$

$$= 1 - \frac{2335.3002 - 191.83}{(3560.1 - 209.4949) + (3674.4 - 3095.4157)}$$

$$= 0.4545,\ 45.45\,\%$$

또는

$$\eta_{\mathrm{th,reh}} = \frac{w_{\mathrm{net}}}{q_{\mathrm{in}}} = \frac{(h_3 - h_4) + (h_5 - h_6) - (h_2 - h_1)}{(h_3 - h_2) + (h_5 - h_4)}$$

으로 계산하여도 같은 결과를 얻을 수 있다. 랭킨 사이클로 작동하는 경우의 열효율을 구하면

$$h_1 = 191.83\,\mathrm{kJ/kg},\ h_2 = 209.4949\,\mathrm{kJ/kg}$$

$$h_3 = 3560.1\,\mathrm{kJ/kg},\ s_3 = 6.5866\,\mathrm{kJ/kg\,K}$$

$$h_4 = h_{4f} + x_4 h_{4fg} = h_1 + x_4 h_{4fg}$$

$3 \to 4$ 과정이 등엔트로피 팽창이므로 $s_3 = s_4$이다. 따라서

$$s_3 = s_4 = s_1 + x_4 s_{4fg}$$

$$x_4 = \frac{s_3 - s_1}{s_{4g} - s_1} = \frac{6.5866 - 0.6493}{8.1502 - 0.6493} = 0.7915$$

$$h_4 = 191.83 + 0.7915 \times (2584.7 - 191.83) = 2085.7866\,\mathrm{kJ/kg}$$

$$\eta_{\mathrm{th,R}} = \frac{q_{\mathrm{out}}}{q_{\mathrm{in}}} = \frac{h_4 - h_1}{h_3 - h_2} = \frac{2085.7866 - 191.83}{3560.1 - 209.3375}$$

$$= 0.4348,\ 43.48\,\%$$

따라서 재열 사이클의 열효율이 랭킨 사이클의 열효율보다 높음을 알 수 있다.

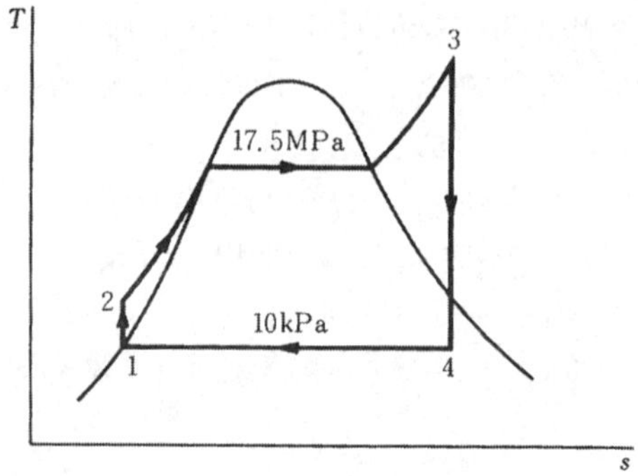

그림 11 · 21 랭킨 사이클로 작동할 경우

11.7 재생 사이클 또는 재생 랭킨 사이클

그림 11 · 22에 표시된 랭킨 사이클에서 보일러의 가열량 중에서 과정 2→2a 사이의 과정은 보일러 내의 물을 증발(포화) 온도까지 상승시키는 과정이다. 이 과정 중에 가해진 열량을 **액체열**(液體熱, heat of liquid)이라 한다. 따라서 이 과정의 온도를 높여서 가열 시작점 2의 온도를 높게 하면 가열량이 감소되어 사이클 효율을 높일 수 있다. 이러한 관점에서 액체(給水, feedwater)의 온도를 높일 수 있도록 보일러로 들어가기 전에 가열 공급하여 사이클 성능을 개선시킬 수 있다. 이와 같은 방법으로 터빈의 팽창 도중에 증기의 일부를 추출(抽出, bleeding 또는 extracting)하여 급수 가열기(給水加熱器, feedwater heater, 일종의 열교환기)로 보내어 복수기로부터 나온 물을 가열하여 보일러로 들어가는 급수의 온도를 높이도록 하는 재생(再生, regenerating) 과정을 갖는 사이클을 **재생 사이클**(regenerative cycle)이라 한다.

이와 같이 재생에 의하여 급수를 가열하는 데 사용되는 급수 가열기를 **재생기**(再生器, regenerator) 또는 **급수 가열기**(feedwater heater)라 한다.

재생은 사이클 효율을 향상시킬 뿐만 아니라 장치 내의 공기를 제거하여 보일러 내의 부식을 방지할 수 있는 이점을 가지고 있다. 그러므로 증기 원동소에서는 재생 과정을 이용하고 있으며, 급수 가열기에는 두 유체(추출 증기 및 급수)를 직접 혼합하는 **개방식 급수 가열기**(開放式給水加熱器, open feedwater heater)와 혼합하지 않고 간접 가열하는 **밀폐식 급수 가열기**(密閉式給水加熱器, closed feedwater heater)가 있다.

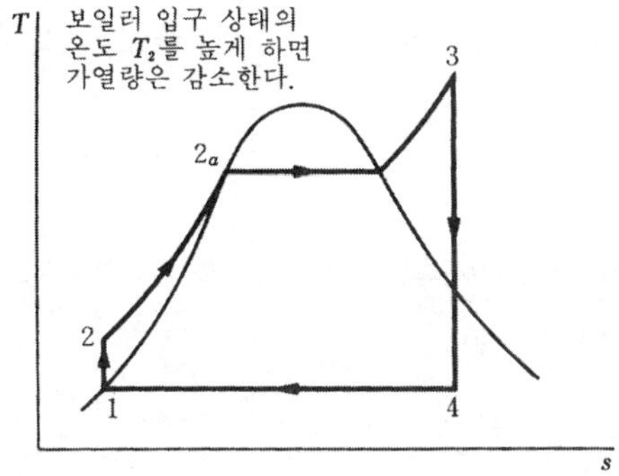

그림 11 · 22 랭킨 사이클의 가열량

[1] 급수 가열기의 형식과 재생 사이클의 열효율

(1) 개방식(혼합형) 급수 가열기

개방식 급수 가열기(open or direct contact feedwater heater)는 터빈으로부터 추출한 증기로 펌프를 나온 급수를 가열하는 일종의 혼합실의 기능을 갖는 가열기이다. 그림 11 · 23은 하나의 급수 가열기를 갖는 1단 재생 사이클의 계통도와 $T-s$ 선도를 나타낸 것이다.

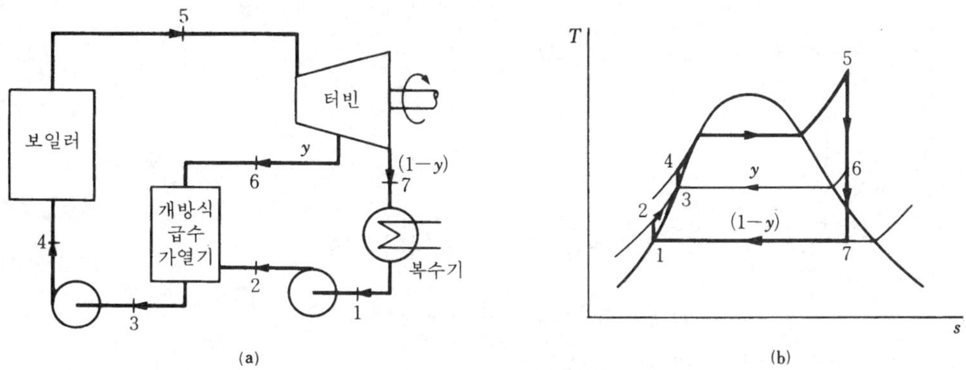

(a) (b)

그림 11 · 23 재생 사이클

터빈을 통과하여 복수기로 들어온 증기는 복수(復水)되어 펌프에 의하여 상태 2까지 등엔트로피 압축하여 상태 2로 급수 가열기로 보낸다. 급수 가열기로 들어간 증기는 터빈으로부터 추출된 증기와 혼합되어 급수의 온도는 상승하고 상태 3으로 된다. 다음에는 2단 펌프에 의하여 급수를 보일러 압력인 상태 4까지 단열적으로 가압한다. 보일러는 상태 4로부터 5까지 가열하여 과열 증기로 만들어 터빈으로 공급한다.

보일러를 나온 1 kg의 증기는 터빈으로 들어가서 상태 6까지 팽창하고 이 중 y kg이 급수 가열기로 추출(抽出)되고 나머지 $(1-y)$ kg이 복수기 압력까지 터빈에서 팽창하여 일을 한다.

그림 11 · 23에서 터빈 입구, 추기단(抽氣段), 터빈 출구의 질량 유량을 각각 $\dot{m}_5$, $\dot{m}_6$, $\dot{m}_7$ 이라 하면

$$\dot{m}_5 = \dot{m}_6 + \dot{m}_7$$

$$1 = \frac{\dot{m}_6}{\dot{m}_5} + \frac{\dot{m}_7}{\dot{m}_5}, \quad \frac{\dot{m}_6}{\dot{m}_5} = y$$

$$1 - y = \frac{\dot{m}_7}{\dot{m}_5}$$

이 된다. 따라서 상태 6에서 추가되는 질량 분율은 $\frac{\dot{m}_6}{\dot{m}_5} = y$, 터빈 출구의 질량 분율은 $(1-y)$가 된다. 만일 보일러로부터 공급되는 증기 유량이 $\dot{m}$ 이라면 복수기를 통과하는 증기량은 $\dot{m}(1-y)$가 된다.

1단 개방식 급수 가열기를 갖는 원동소에서는

$$\text{공급열량} : q_{\text{in}} = h_5 - h_4 \,\text{kJ/kg} \quad (11 \cdot 11)$$

$$\text{방 열 량} : q_{\text{out}} = (1-y)(h_7 - h_1)\,\text{kJ/kg} \quad (11 \cdot 12)$$

$$\text{터 빈 일} : w_t = (h_5 - h_6) + (1-y)(h_6 - h_7)\,\text{kJ/kg} \quad (11 \cdot 13)$$

$$\begin{aligned}\text{펌 프 일} : w_p &= (1-y)(h_2 - h_1) + (h_4 - h_3) \\ &= (1-y)w_{p1} + w_{p2}\,\text{kJ/kg} \quad (11 \cdot 14)\end{aligned}$$

가 된다. 여기서

$$y = \frac{\dot{m}_6}{\dot{m}_5} \text{(터빈으로부터 추출한 증기의 비율)}$$

$$w_{p1} = (1-y)(h_2 - h_1) = (1-y)v_1(P_2 - P_1)$$

$$w_{p2} = h_4 - h_3 = v_3(P_4 - P_3)$$

따라서 재생 사이클의 열효율은

$$\eta_{\text{th,reg}} = 1 - \frac{q_{\text{out}}}{q_{\text{in}}} = 1 - \frac{(1-y)(h_7 - h_1)}{h_5 - h_4} \quad (11 \cdot 15\,\text{a})$$

로 표시된다. 식 (11 · 15 a)에서 보는 바와 같이 재생 사이클에서는 보일러의 가열량이 $(h_5 - h_4)$로 재생을 하지 않는 경우보다 작아지므로 사이클 효율은 증가한다. 따라서 사이클 효율은 급수 가열기의 수가 증가할수록 증가한다. 그러나 실제 대형 원동소에서는 경제적인 최적 단수를 고려하여 급수 가열 단수를 결정한다.

(2) 밀폐식(표면형) 급수 가열기

증기 원동소의 급수 가열기의 다른 하나의 형태는 추출 증기와 복수기를 통과한 물이 직접 혼합하지 않고 열교환하는 형식이다. **밀폐식 급수 가열기**(closed feedwater heater)에서 급수는 터빈에서 추출된 증기에 의하여 가열된다. 증기 원동소에서 급수는 추출 증기의 열전달에 의하여 가열기의 출구 온도보다 낮은 온도로 유출된다.

그림 11 · 24는 밀폐형 급수 가열기의 형식을 나타낸 것으로서 (a)는 추기된 증기로 급수를 가열한 후 응축된 것을 펌프로 퍼올리는 방식이고, (b)는 추기된 증기의 포화액을 증기 트랩(steam trap)을 통과시켜서 저압으로 만들어 저압 급수 가열기 또는 복수기로 보내는 방식이다.

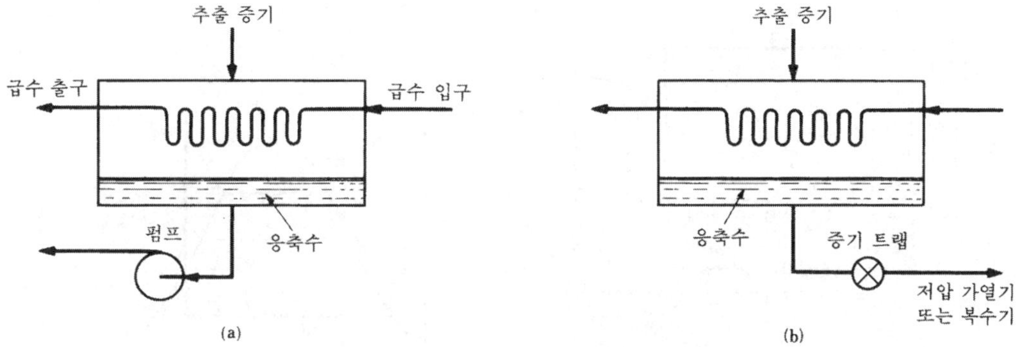

그림 11 · 24 밀폐형 급수 가열기의 형식

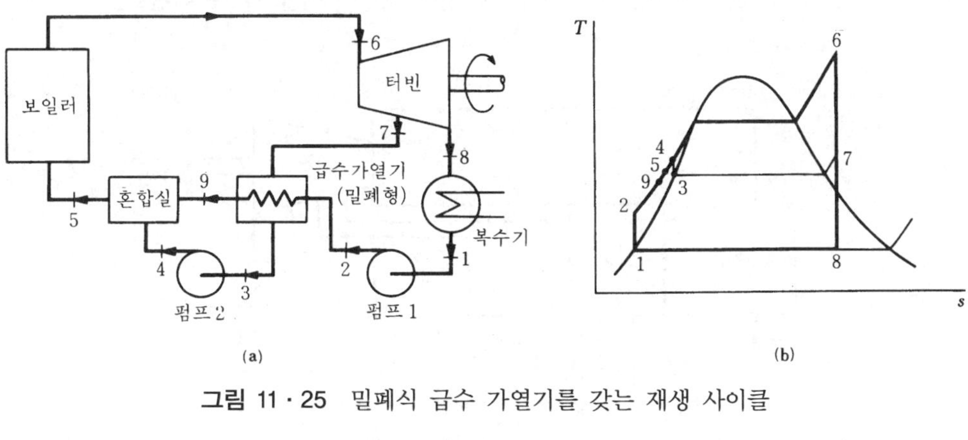

그림 11 · 25 밀폐식 급수 가열기를 갖는 재생 사이클

그림 11 · 25는 밀폐식 급수 가열기를 갖는 재생 사이클의 계통도와 $T-s$ 선도를 나타낸 것이다. 앞에서 다룬 바와 같이 밀폐식 열교환기는 추출 증기와 급수는 직접 혼합되지 않는

다. 밀폐식 가열기는 급수와 추기를 각 가열기에 분리하여 공급할 펌프를 필요로 하지 않는다. 밀폐식 급수 가열기로 추기되는 증기는 상태 7로 가열기로 들어가서 상태 3으로 유출되어 펌프 2에 의하여 상태 4까지 가압된다.

한편 복수기를 통하여 상태 1로 된 포화액은 급수 펌프에 의하여 상태 2로 된다. 이 증기는 급수 가열기 내를 통하는 사이에 상태 9로 가열되어 혼합실로 유입된다. 따라서 급수 가열기를 나온 상태 9의 증기와 상태 4인 증기가 혼합실에서 혼합되어 상태 5로 되고 그 온도는 T_5가 된다.

그림 11 · 26에서는 추기된 증기 y가 급수 가열기를 통과하여 열교환을 하고, 추기 압력은 증기 트랩(steam trap)을 통과하는 사이에 복수기 압력으로 강하하여 복수기에서 혼합된 다음 펌프를 거쳐서 보일러로 들어가는 형식이다.

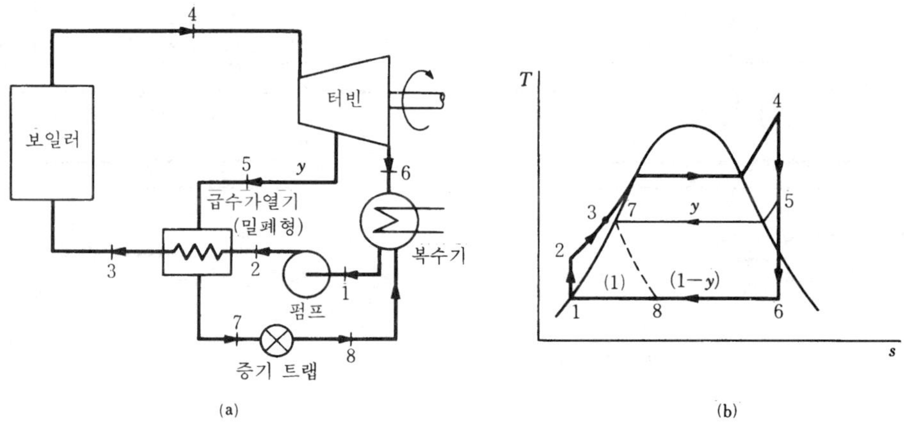

그림 11 · 26 밀폐형 급수 가열기를 갖는 재생 사이클의 $T-s$ 선도

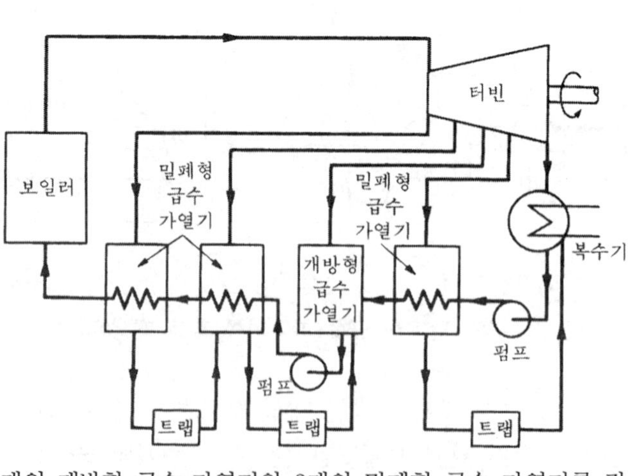

그림 11 · 27 1개의 개방형 급수 가열기와 3개의 밀폐형 급수 가열기를 갖는 재생 사이클

밀폐형에서는 추기단수가 증가하여도 펌프는 하나로 충분하다. 그러므로 실제의 증기의 원동소에서는 몇 단의 추기를 하는 경우에는 밀폐식과 개방식의 가열기를 조합하여 사용한다.

그림 11 · 27은 1개의 개방형 급수 가열기와 3개의 밀폐형 급수 가열기를 갖는 재생 사이클의 장치 계통도를 나타낸 것이다.

밀폐식 급수 가열기를 갖는 재생 증기 터빈 사이클의 열효율은 다음 식으로 표시된다.

그림 11 · 25의 경우

$$\eta_{\text{th,reg}} = 1 - \frac{q_{\text{out}}}{q_{\text{in}}} = 1 - \frac{(1-y)(h_8 - h_1)}{(h_6 - h_5)} \tag{11 · 15 b}$$

그림 11 · 26의 경우(증기 트랩이 있는 경우) ;

$$\eta_{\text{th,reg}} = 1 - \frac{q_{\text{out}}}{q_{\text{in}}} = 1 - \frac{(1-y)(h_6 - h_8) + (h_8 - h_1)}{(h_4 - h_3)} \tag{11 · 15 c}$$

[2] 추기율

재생 사이클의 **추기량**(抽氣量) 또는 **추기율**(抽氣率)은 급수 가열기의 에너지 평형으로부터 구할 수 있다.

(1) 개방형 급수 가열기를 사용한 경우

그림 11 · 28 (a)에 표시된 것과 같은 개방형(혼합형) 급수 가열기를 갖는 재생 사이클의 $T-s$ 선도에서 상태 2의 물 $(1-y)$ kg이 상태 6의 증기 y kg과 혼합하여 상태 3이 되므로 다음과 같이 구한다.

$$y(h_6 - h_3) = (1-y)(h_3 - h_2)$$

$$y(h_6 - h_3) + y(h_3 - h_2) = h_3 - h_2$$

$$\therefore y = \frac{h_3 - h_2}{h_6 - h_2} \tag{11 · 16}$$

(2) 밀폐형 급수 가열기를 사용한 경우

그림 11 · 28 (b)에 표시된 것과 같은 밀폐형 급수 가열기에서는

$$y(h_7 - h_3) = (1-y)(h_9 - h_2)$$

$$= (h_9 - h_2) - y(h_9 - h_2)$$

$$y = \frac{h_9 - h_2}{(h_7 - h_3) + (h_9 - h_2)} \tag{11 · 17}$$

가 된다.

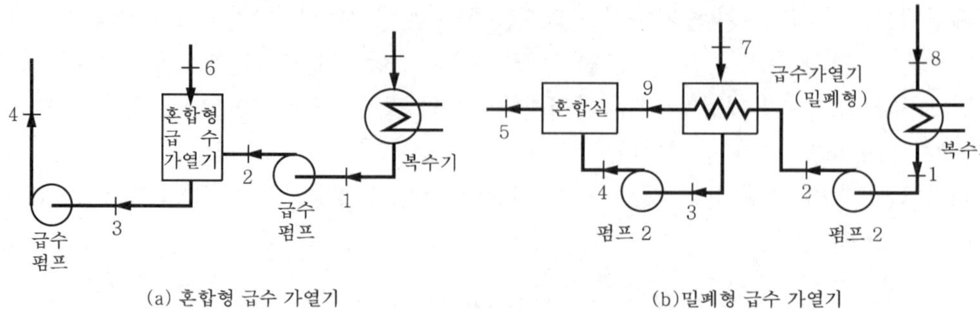

그림 11 · 28 급수 가열기의 형식

보기 11.6

재생 증기 원동소에서 터빈 입구의 상태가 15 MPa, 550℃이고, 추기단 압력이 1.4 MPa인 재생 사이클이 있다. 개방형 급수 가열기를 사용할 경우 추기량과 열효율을 구하여라. 이 사이클과 같은 조건에서 작동하는 랭킨 사이클의 효율을 구하여 비교하여라. 단, 터빈 출구의 압력은 10 kPa이다.

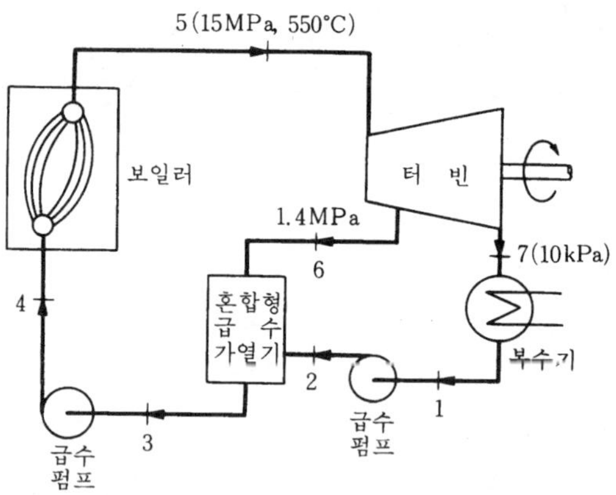

그림 11 · 29 장치 계통도

풀이 각 상태값을 구하면

상태 1 : 10 kPa, $v_1 = 0.001010\,\mathrm{m^3/kg}$

$h_1 = 191.83\,\mathrm{kJ/kg}$, $h_g = 2584.7\,\mathrm{kJ/kg}$, $h_{fg} = 2392.8\,\mathrm{kJ/kg}$

$s_1 = 0.6493\,\mathrm{kJ/kg\,K}$, $s_g = 8.1502\,\mathrm{kJ/kg\,K}$

상태 2 : $P_2 = 1.4\,\mathrm{MPa}$

$h_2 = h_1 + v_1(P_2 - P_1) = 191.83 + 0.00101(1400 - 10) = 193.2339\,\mathrm{kJ/kg}$

상태 3 : $P_3 = 1.4\,\text{MPa}$, $h_{3f} = 830.30\,\text{kJ/kg}$

상태 4 : $P_4 = 15\,\text{MPa}$, $w_{p2} = v_3(P_4 - P_3)$

$$w_{p2} = 0.001149(15000 - 1400) = 15.4904\,\text{kJ/kg}$$

$$h_4 = h_{3+}w_{P2} = 830.3 + 15.4904 = 845.7904\,\text{kJ/kg}$$

상태 5 : $P_5 = 15\,\text{MPa}$, $T_5 = 550\,℃$, $h_5 = 3448.6\,\text{kJ/kg}$, $s_5 = 6.5199\,\text{kJ/kg K}$

상태 6 : $P_6 = 1.4\,\text{MPa}$, $s_5 = s_6$

$$T = 200\,℃,\ h = 2803.3\,\text{kJ/kg},\ s = 6.4975\,\text{kJ/kg K}$$

$$T = 250\,℃,\ h = 2927.2\,\text{kJ/kg},\ s = 6.7467\,\text{kJ/kg K}$$

$$h_6 = 2814.4371\,\text{kJ/kg}$$

상태 7 : $P_7 = 10\,\text{kPa}$, $s_6 = s_5 = 6.5199\,\text{kJ/kg K}$, $s_7 = s_{7f} + x_7\,(s_{7fg})$

$$x_7 = \frac{s_7 - s_{7f}}{s_{7fg}} = \frac{s_5 - s_{7f}}{s_{7fg}} = \frac{6.5199 - 0.6493}{8.1502 - 0.6493} = 0.7827$$

추출되는 증기(추기)의 비율은

$$y = \frac{h_3 - h_2}{h_6 - h_2} = \frac{830.30 - 193.2339}{2814.4371 - 193.2339} = 0.2430$$

$$h_7 = h_{7f} + x_7 h_{7fg} = 191.83 + 0.7816 \times (2392.8) = 2062.0425\,\text{kJ/kg}$$

열효율은 $\eta_{\text{th,reg}} = 1 - \dfrac{q_{\text{out}}}{q_{\text{in}}}$ 로부터

$$q_{\text{in}} = h_5 - h_4 = 3448.6 - 845.7904 = 2602.8096\,\text{kJ/kg}$$

$$q_{\text{out}} = (1-y)(h_7 - h_1) = (1 - 0.2430) \times (2062.0425 - 191.83) = 1415.7509\,\text{kJ/kg}$$

이므로

$$\therefore\ \eta_{\text{th,reg}} = 1 - \frac{1415.7509}{2602.8096} = 0.4561,\ 45.61\,\%$$

랭킨 사이클의 경우 :

그림 11 · 30에서 h_5는 랭킨 사이클의 h_3에 해당하고 h_7은 h_4에 해당하므로

$$h_1 = 191.83\,\text{kJ/kg},\ s_1 = 0.6493\,\text{kJ/kg K}$$

$$h_2 = h_1 + v_1(P_2 - P_1) = 191.83 + 0.00101 \times (15000 - 10) = 206.9699\,\text{kJ/kg}$$

$$h_3 = 3448.6\,\text{kJ/kg}$$

$$h_4 = 2062.0425\,\text{kJ/kg}$$

$$\eta_{\text{th,R}} = 1 - \frac{q_{\text{out}}}{q_{\text{in}}} = 1 - \frac{2062.0425 - 191.83}{3448.6 - 206.9699} = 0.4231,\ 42.31\%$$

따라서 재생 사이클의 성능이 랭킨 사이클보다 개선되었음을 알 수 있다.

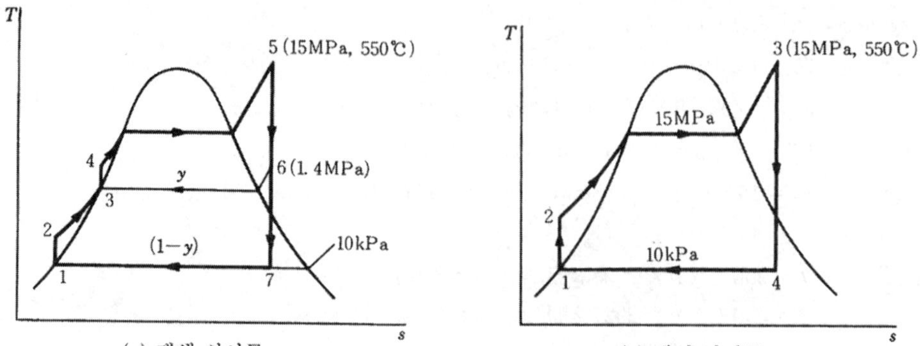

(a) 재생 사이클 (b) 랭킨 사이클

그림 11 · 30 보기 11.6의 $T-s$ 선도

11.8 재열-재생 사이클

재생 사이클에 의한 열효율 향상과 재열 사이클의 장점 중에 하나인 터빈 출구에서의 수분에 의한 성능 저하를 방지하는(터빈 출구의 증기의 건도를 증가시키는) 두 가지 장점을 조합한 사이클을 **재열-재생**(再熱-再生) **사이클**(reheat-regenerative cycle)이라 한다.

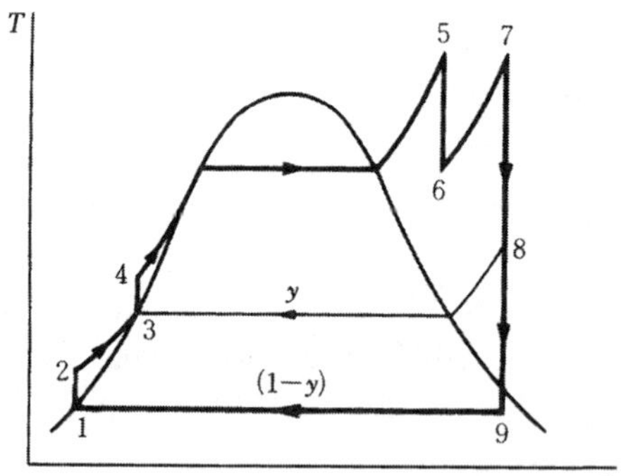

그림 11 · 31 재열-재생 사이클 $T-s$ 선도

그림 11 · 31과 같이 1단 재열, 1단 추기하는 사이클에 대한 이론 열효율 $\eta_{\text{th,reh-reg}}$는 다음 식으로 표시된다.

$$\eta_{\text{th,reh-reg}} = 1 - \frac{q_{\text{out}}}{q_{\text{in}}} = \frac{w_{\text{net}}}{q_{\text{in}}} = \frac{w_t - w_p}{q_{\text{in}}} \qquad (11 \cdot 18)$$

여기서

$$w_t = w_{tH} + w_{tL}$$
$$w_p = w_{p1} + w_{p2}$$

w_{tH} : 고압 터빈일
w_{tL} : 저압 터빈일
w_{p1} : 1단 펌프일
w_{p2} : 2단 펌프일

가열량 $q_{\text{in}} = (h_5 - h_4) + (h_7 - h_6)\,\text{kJ/kg}$ (11·19)

방열량 $q_{\text{out}} = (1-y)(h_9 - h_1)\,\text{kJ/kg}$ (11·20)

$$w_{tH} = h_5 - h_6\,\text{kJ/kg} \quad (11 \cdot 21)$$
$$w_{tL} = (h_7 - h_8) + (1-y)(h_8 - h_9)\,\text{kJ/kg} \quad (11 \cdot 22)$$
$$w_{p1} = (1-y)(h_2 - h_1)\,\text{kJ/kg} \quad (11 \cdot 23)$$
$$w_{p2} = h_4 - h_3\,\text{kJ/kg} \quad (11 \cdot 24)$$

따라서 이론 열효율은 다음 식으로 표시된다.

$$\eta_{\text{th,reh-reg}} = \frac{(h_5 - h_6) + (h_7 - h_8) + (1-y)(h_8 - h_9) - (1-y)(h_2 - h_1) - (h_4 - h_3)}{(h_5 - h_4) + (h_7 - h_6)} \quad (11 \cdot 25)$$

보기 11.7

이상 재열-재생식 랭킨 사이클에서 터빈 입구의 상태가 15 MPa, 550℃ 이고 복수기 압력이 10 kPa이다. 제 1 추기단 압력이 3.5 MPa이고, 제 2 추기단의 압력이 0.5 MPa일 경우 터빈으로부터의 추출되는 증기의 비율과 사이클의 열효율을 구하여라.

풀이 그림 11·32와 같은 $T-s$ 선도에서 각 점의 상태값을 구하면

$$h_1 = 191.83\,\text{kJ/kg},\ v_1 = 0.00101\,\text{m}^3/\text{kg}$$

$$h_2 = h_1 + v_1(P_3 - P_1) = 191.83 + 0.00101 \times (500 - 10) = 192.3249\,\text{kJ/kg}$$

$$h_3 = 640.23\,\text{kJ/kg},\ v_3 = 0.001093\,\text{m}^3/\text{kg}$$

$$h_4 = h_3 + v_3(P_4 - P_3) = 640.23 + 0.001093 \times (15000 - 0.5 \times 1000)$$
$$= 656.0785\,\text{kJ/kg}$$

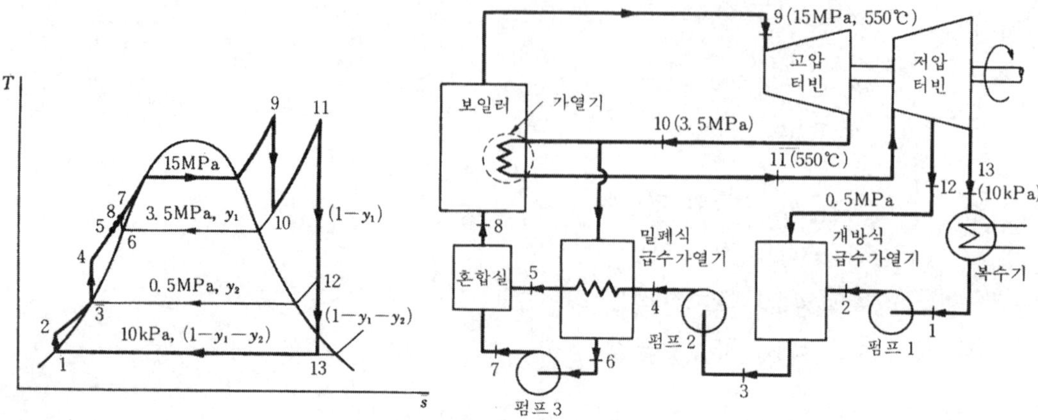

그림 11 · 32 보기 11.7의 설명도

이상적인 급수 가열기라면 $T_5 = T_6(3.5\text{MPa}, T_{\text{sat}} = 242.6℃)$이므로, 압축액 표를 찾아서 보간으로 구하면

$$h_5 = 1051.272\,\text{kJ/kg}$$

$$T_6 = T_{\text{sat}} = 242.6℃$$

$$h_6 = 1049.75\,\text{kJ/kg},\ \ v_6 = 0.001235\,\text{m}^3/\text{kg}$$

$$h_7 = h_6 + v_6(P_7 - P_6) = 1049.75 + 0.001235 \times (15000 - 3500)$$
$$= 1063.9525\,\text{kJ/kg}$$

h_8 : 혼합실 출구 엔탈피로서 다음의 (1) 추기율 계산에서 구한다.

$$h_9 = 3448.6\,\text{kJ/kg}$$

$$h_{10} = 3021.5777\,\text{kJ/kg},\ \ s_9 = s_{10} = 6.5199\,\text{kJ/kg K}$$

h_{11}, s_{11}, h_{12}, s_{12}를 과열 증기표 보간으로 구하면

$$h_{11} = 3564.65\,\text{kJ/kg},\ \ s_{11} = 7.2956\,\text{kJ/kg K}$$

$$h_{12} = 2974.2262\,\text{kJ/kg},\ \ s_{12} = 7.2956\,\text{kJ/kg K}$$

한편 h_{13}은 $P = 10\text{kPa}$이고 $s_{12} = s_{13}$이므로

$$s_{13} = s_{13f} + x_{13}s_{fg13}$$

$$x_{13} = \frac{s_{13} - s_{13f}}{s_{13fg}} = \frac{7.2956 - 0.6493}{7.5009} = 0.8861$$

$$h_{13} = h_{13f} + x_{13}(h_{13fg})$$
$$= 191.83 + 0.8861 \times 2392.8 = 2312.0901\,\text{kJ/kg}$$

(1) 추기율(추출되는 증기의 비율)의 계산

① 밀폐형 급수 가열기 y_1

$$\Sigma \dot{m}_i h_i = \Sigma \dot{m}_e h_e$$

$$y_1(h_{10} - h_6) = (1 - y_1)(h_5 - h_4)$$

$$y_1 = \frac{h_5 - h_4}{(h_{10} - h_6) + (h_5 - h_4)}$$

$$= \frac{1051.272 - 656.0785}{(3021.5777 - 1049.75) + (1051.272 - 656.0785)}$$

$$= 0.1669$$

② 개방형 급수 가열기 y_2

$$\Sigma \dot{m}_i h_i = \Sigma \dot{m}_e h_e$$

$$y_2 h_{12} + (1 - y_1 - y_2) h_2 = (1 - y_1) h_3$$

$$y_2 = \frac{(1 - y_1)(h_3 - h_2)}{h_{12} - h_2}$$

$$= \frac{(1 - 0.1669)(640.23 - 192.3249)}{2974.2262 - 192.3249}$$

$$= 0.1341$$

혼합실 출구의 엔탈피 h_8

$$\Sigma \dot{m}_i h_i = \Sigma \dot{m}_e h_e$$

$$\therefore\ h_8 = (1 - y_1) h_5 + y_1 h_7$$

$$= (1 - 0.1669) \times 1051.272 + 0.1669 \times 1063.9525 = 1055.6227\,\text{kJ/kg}$$

(2) 사이클 열효율 $\eta_{\text{th,reh-reg}}$

$$q_{\text{in}} = (h_9 - h_8) + (1 - y_1)(h_{11} - h_{10})$$

$$= (3448.6 - 1055.6227) + (1 - 0.1669)(3564.65 - 3021.5777)$$

$$= 2845.4108$$

$$q_{\text{out}} = (1 - y_1 - y_2)(h_{13} - h_1) = (1 - 0.1669 - 0.1341)(2312.0901 - 191.83)$$

$$= 1482.0618\,\text{kJ/kg}$$

$$\eta_{\text{th,reh-reg}} = 1 - \frac{q_{\text{out}}}{q_{\text{in}}}$$

$$= 1 - \frac{1482.0618}{2845.4108} = 0.5209,\ \ 52.09\,\%$$

또는

$$\eta_{\text{th,reh-reg}} = \frac{w_{\text{net}}}{q_{\text{in}}}$$

$$= \frac{(w_{tH} - w_{tL}) - (w_{p1} + w_{p2} + w_{p3})}{q_{\text{in}}}$$

으로 계산하여도 된다.

보기 11.8

밀폐식 급수 가열기와 개방식 급수 가열기를 갖는 그림 11·33과 같은 재열-재생 사이클에서 고압 터빈(제1터빈)의 입구 압력이 8 MPa, 500℃이고 출구 상태가 0.6 MPa이다. 증기는 0.6 MPa, 500℃까지 재열된 다음 저압 터빈(제2터빈)에서 팽창하여 0.0075 MPa까지 팽창된다. 증기는 고압 터빈에서 2 MPa의 압력으로 추출되어 밀폐형 급수 가열기로 들어가고 복수기로부터 보내온 증기는 복수되어 8 MPa, 205℃ 급수 가열기로부터 나와서 보일러로 공급된다.
밀폐형 급수 가열기로부터 나온 추출 증기는 증기 트랩(steam trap)을 거쳐서 개방형 급수 가열기로 들어가서 복수와 혼합된다. 개방형 급수 가열기 출구 압력은 0.3 MPa이다. 이 사이클의 유효 출력이 100 MW일 경우 다음 사항을 구하여라.

(1) 열효율
(2) 제1터빈으로 들어가는 증기 유량
(3) 재열-재생하지 않은 랭킨 사이클과의 열효율의 비교

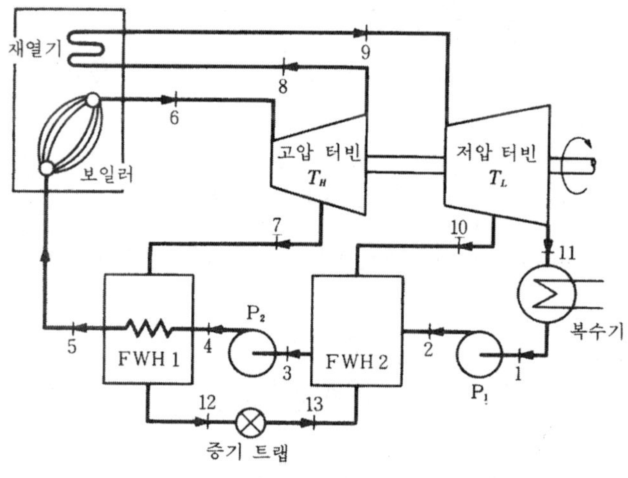

그림 11·33 사이클 계통도

풀이 그림 11·34에 표시된 것과 같은 $T-s$ 선도에서

상태 1 : $P_1 = 0.0075\,\text{MPa}$, $h_1 = 168.79\,\text{kJ/kg}$, $v_1 = v_{1f} = 0.001008\,\text{m}^3/\text{kg}$,
$v_{1g} = 19.24\,\text{m}^3/\text{kg}$

상태 2 : $h_2 = h_1 + v_1(P_2 - P_1) = 168.79 + 0.001008 \times (0.3 - 0.0075) \times 1000$
$= 169.0848\,\text{kJ/kg}$

상태 3 : $P_3 = 0.3\,\text{MPa}$, $h_3 = h_{3f} = 561.47\,\text{kJ/kg}$, $v_3 = 0.00173\,\text{m}^3/\text{kg}$

상태 4 : $P_4 = 8\,\text{MPa}$
$h_4 = h_3 + v_3(P_4 - P_3) = 561.47 + 0.001073 \times (8 - 0.3) \times 1000$
$= 569.7321\,\text{kJ/kg}$

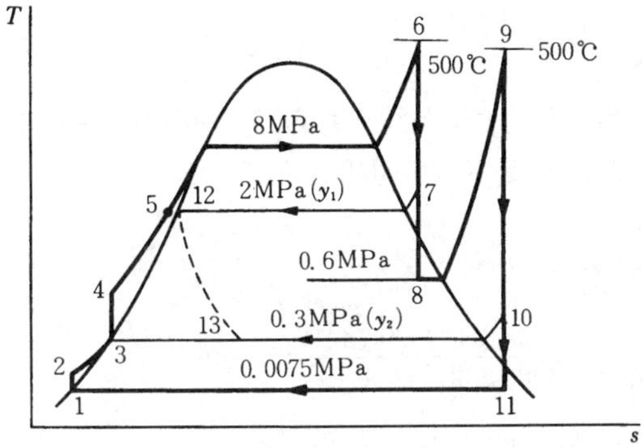

그림 11 · 34 $T-s$ 선도

상태 5 : $P_5 = 8\,\text{MPa}$, $h_5 = h_f + v_f(P_5 - P_{sat})$

여기서 h_f, v_f는 205℃에서 포화액의 비엔탈피, 비체적이다.

증기표에서 $T = 205℃$, $h_f = 875.04\,\text{kJ/kg}$, $v_f = 0.001164\,\text{m}^3/\text{kg}$, $P_{sat} = 1.723\,\text{MPa}$이므로

$$h_5 = 875.04 + 0.001164 \times (8 - 1.723) \times 1000 = 882.3464\,\text{kJ/kg}$$

상태 6 : $P_6 = 8\,\text{MPa}$, $T_6 = 500\,℃$, $h_6 = 3398.3\,\text{kJ/kg}$, $s_6 = 6.7240\,\text{kJ/kg K}$

상태 7 : $P_7 = 2\,\text{MPa}$, $s_1 = s_2 = 6.7240\,\text{kJ/kg K}$이므로

$T = 250\,℃$, $s = 6.5453\,\text{kJ/kg K}$, $h = 2902.9\,\text{kJ/kg}$

$T = 300\,℃$, $s = 6.7664\,\text{kJ/kg K}$, $h = 3023.5\,\text{kJ/kg}$

따라서

$$h_7 = h_{250} + \frac{s_6 - s_{250℃}}{s_{300℃} - s_{250℃}} \times (h_{300℃} - h_{250℃})$$

$$= 2902.9 + \frac{6.7240 - 6.5453}{6.7664 - 6.5453} \times (3023.5 - 2902.9)$$

$$= 3000.3727\,\text{kJ/kg}$$

상태 8 : $P_8 = 0.6\,\text{MPa}$, $s_7 = s_8 = 6.7249\,\text{kJ/kg}$

$$x_8 = \frac{s_7 - s_{8f}}{s_{8fg}} = \frac{6.7240 - 1.9312}{4.8288} = 0.9925$$

$$h_8 = h_{8f} + x_8 h_{8fg} = 670.560 + 0.9925 \times 2086.3 = 2741.2128\,\text{kJ/kg}$$

상태 9 : $P_9 = 0.6\,\text{MPa}$, $T_9 = 500\,℃$, $h_9 = 3482.8\,\text{kJ/kg}$, $s_9 = 8.0021\,\text{kJ/kg K}$

상태 10 : $P_{10} = 0.3\,\text{MPa}$, $s_9 = s_{10} = 8.0021\,\text{kJ/kg K}$

$T = 300\,℃$, $s = 7.7022\,\text{kJ/kg K}$, $h = 3069.3\,\text{kJ/kg}$

$T = 400\,℃$, $s = 8.0330\,\text{kJ/kg K}$, $h = 3275.0\,\text{kJ/kg}$

$$h_{10} = 3069.3 + \frac{8.0021 - 7.7022}{8.0330 - 7.7022} \times (3275.0 - 3069.3)$$

$$= 3255.7856\,\text{kJ/kg}$$

상태 11 : $P_{11} = 0.0075\,\text{MPa}$, $s_{11} = s_{10} = 8.0021\,\text{kJ/kg K}$

$$x_{11} = \frac{s_{10} - s_{11f}}{s_{11fg}} = \frac{8.0021 - 0.5765}{7.6750} = 0.9675$$

$$h_{11} = h_{11f} + x_{11} h_{11fg} = 168.79 + 0.9675 \times 2406.0 = 2496.595\,\text{kJ/kg}$$

상태 12 : $P_{12} = 2\,\text{MPa}$, $h_{2f} = 908.79\,\text{kJ/kg}$

각 단의 추기율

제 1 단의 추기율 ; $y_1(h_7 - h_{12}) = h_5 - h_4$

$$y_1 = \frac{h_5 - h_4}{h_7 - h_{12}} = \frac{882.3464 - 569.7321}{3000.3727 - 908.79} = 0.1495$$

제 2 단의 추기율 ; $(1 - y_1 - y_2) h_2 + y_2 h_{10} + y_1 h_{13} = h_3$

$$y_2 = \frac{h_2 - h_3 - y_1(h_2 - h_{13})}{h_2 - h_{10}}$$

여기서 증기 트랩에서는 등엔탈피로 변화하므로 $h_{13} = h_{12}$

$$y_2 = \frac{169.0848 - 561.47 - 0.1495(169.0848 - 908.79)}{169.0848 - 3255.7856} = 0.0913$$

(1) 사이클의 열효율 $\eta_{\text{th,reh-reg}}$

$$\eta_{\text{th,reh-reg}} = \frac{w_t - w_p}{q_{\text{in}}} = \frac{(w_{tH} + w_{tL}) - (w_{p1} - w_{p2})}{q_{\text{in,B}} + q_{\text{in,reh}}}$$

고압 터빈일

$$\begin{aligned} w_{tH} &= (h_6 - h_7) + (1 - y_1)(h_7 - h_8) \\ &= 3398.3 - 3000.3727 + (1 - 0.1495) \times (3000.3727 - 2741.2128) \\ &= 618.3427\,\text{kJ/kg} \end{aligned}$$

저압 터빈일

$$\begin{aligned} w_{tL} &= (h_9 - h_{10})(1 - y_1) + (h_{10} - h_{11})(1 - y_1 - y_2) \\ &= (3482.8 - 3255.7856) \times (1 - 0.1495) + (3255.7856 - 2496.595) \\ &\quad \times (1 - 0.1495 - 0.0913) \\ &= 769.4533\,\text{kJ/kg} \end{aligned}$$

펌프일

$$w_{p1} = h_4 - h_3 = 569.7321 - 561.47 = 8.2621\,\text{kJ/kg}$$

$$\begin{aligned} w_{p2} &= (1 - y_1 - y_2)(h_2 - h_1) \\ &= (1 - 0.1495 - 0.0913) \times (169.0848 - 168.79) \\ &= 0.2238\,\text{kJ/kg} \end{aligned}$$

보일러 가열량

$$q_{\text{in,B}} = h_6 - h_5 = 3398.3 - 882.3464 = 2515.9536\,\text{kJ/kg}$$

재열기 가열량

$$\begin{aligned} q_{\text{in,reh}} &= (1 - y_1)(h_9 - h_8) = (1 - 0.1495) \times (3482.8 - 2741.2128) \\ &= 630.72\,\text{kJ/kg} \end{aligned}$$

$$\eta_{th,reh-reg} = \frac{618.3427+769.4533-8.262-0.2238}{2515.9536+630.72} = 0.4383,\ 43.83\%$$

(2) 증기 유량 $\dot{m}$

$$\dot{W}_{net} = \dot{m}(w_t - w_p)$$

$$\dot{m} = \frac{\dot{W}_{net}}{w_{tH}+w_{tL}-w_{p1}-w_{p2}} = \frac{100\times1000\times3600}{1379.3101} = 261000.0463\,\text{kg/h}$$

(3) 랭킨 사이클의 경우

$$\eta_{th,R} = \frac{w_t - w_p}{q_{in}}$$

$$h_1 = 168.79\,\text{kJ/kg}$$

$$h_2 = h_1 + v_1(P_2 - P_1) = 168.79 + 0.001008\times(8-0.0075)\times1000$$
$$= 176.8464\,\text{kJ/kg}$$

$$h_3 = 3398.3\,\text{kJ/kg},\ s_3 = 6.7240\,\text{kJ/kg K}$$

$$x_4 = \frac{s_3 - s_{4f}}{s_{4fg}} = \frac{6.724-0.5765}{7.6750} = 0.8010$$

$$h_4 = h_{4f} + x_4 h_{4fg} = 168.79 + 0.801\times2406.0 = 2095.9960\,\text{kJ/kg}$$

$$\eta_{th,R} = \frac{(h_3-h_4)-(h_2-h_1)}{h_3-h_2}$$
$$= \frac{(3398.3-2095.996)-(176.8464-168.79)}{3398.3-176.8464}$$
$$= 0.4018,\ 40.18\,\%$$

따라서 재열-재생 사이클의 성능이 랭킨 사이클보다 개선되었음을 알 수 있다.

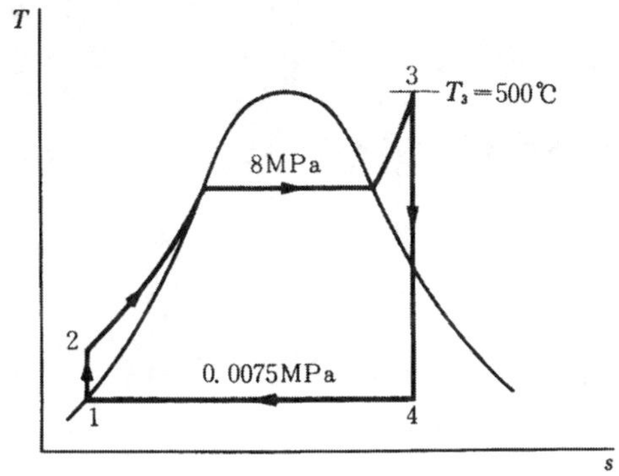

그림 11 · 35 랭킨 사이클의 경우

11.9 증기 동력 사이클의 제 2 법칙 효율

증기 원동소 사이클의 비가역성을 구하면

$$\dot{I} = T_0 \dot{S}_{\text{gen}} = T_0 (\dot{S}_{\text{out}} - \dot{S}_{\text{in}})$$

$$= T_0 \left(\Sigma \dot{m}_e s_e + \frac{\dot{Q}_{\text{out}}}{T_{b,_{\text{out}}}} - \Sigma m_i s_i - \frac{\dot{Q}_{\text{in}}}{T_{b,_{\text{in}}}} \right) \text{kW} \qquad (11 \cdot 26\text{ a})$$

단위 질량당의 비가역성 i는

$$i = T_0 s_{\text{gen}} = T_0 \left(s_e - s_i + \frac{q_{\text{out}}}{T_{b,_{\text{out}}}} - \frac{q_{\text{in}}}{T_{b,_{\text{in}}}} \right) \text{kJ/kg} \qquad (11 \cdot 26\text{ b})$$

가 된다. 여기서 $T_{b,_{\text{in}}}$, $T_{b,_{\text{out}}}$는 시스템에 열(열전달)이 유입, 유출되는 온도이고, 첨자 i, e는 각각 입구, 출구 상태를 표시한다. 사이클의 비가역성은 고 · 저 열원 사이의 열전달에 의존되므로

$$i = T_0 \left(\sum \frac{q_{\text{out}}}{T_{b,_{\text{out}}}} - \sum \frac{q_{\text{in}}}{T_{b,_{\text{in}}}} \right) \text{ kJ/kg} \qquad (11 \cdot 27)$$

이 된다. 고 · 저 열원 T_H, T_L사이의 열전달을 고려하면

$$i = T_0 \left(\frac{q_{\text{out}}}{T_L} - \frac{q_{\text{in}}}{T_H} \right) \text{ kJ/kg} \qquad (11 \cdot 28)$$

이 된다. 유동계의 유용성 또는 유효성은

$$\Psi = (h - h_0) - T_0 (s - s_0) + \frac{V^2}{2} + gZ \text{ kJ/kg} \qquad (11 \cdot 29)$$

여기서 첨자 0은 주위 상태를 의미한다.

11.10 열병합 발전

증기 원동소 사이클에서 일을 하고 배출되는 작업 유체의 잔류 열에너지는 주위에 방출되어 손실로 된다. 이와 같이 외부로 나가는 열에너지를 화학 공장, 섬유 공장, 정유, 제강,

식품 가공 등에 이용하여 터빈의 일과 공정 열원으로 사용하는 것을 **열병합 발전**(熱併合發電, cogeneration)이라 한다. 공정에 필요한 열원으로 공급되는 증기의 상태는 5~7 atm, 150~200℃ 정도이다.

많은 양의 공정 열량이 필요한 산업에서는 많은 전기 에너지를 소비한다. 이러한 열에너지 소비량을 폐기되는 열에너지로 사용하는 것은 에너지 절약 측면에서 매우 중요한 일이다.

증기 터빈 사이클이나 가스 터빈 사이클은 열병합 발전으로 적용할 수 있으며, 그림 **11 · 36**은 증기 터빈 열병합 발전의 계통도를 그린 것이다. 하나의 보기로서 공정용(工程用) 열량 $\dot{Q}_p = 120\,\text{kW}$(압력 0.5 MPa)가 필요한 경우, 증기는 터빈에서 팽창한 후의 상태가 $P = 0.5\,\text{MPa}$이어야 한다. 따라서 보일러의 공급 열량은 터빈 출력이 25 kW이므로 $\dot{Q}_{\text{in}} =$ 145 kW이어야 한다.

지금 보일러의 총공급된 열량을 얼마만큼 유용하게 이용하는가를 나타내는 것을 **이용 계수** 또는 **이용률**(利用率, utilization factor)이라 한다.

$$\text{이용률 } \xi_H = \frac{\text{유효일} + \text{공정 열량}}{\text{총공급 열량}} = \frac{\dot{W}_{\text{net}} + \dot{Q}_p}{\dot{Q}_{\text{in}}} \qquad (11 \cdot 30)$$

열병합 발전에서 터빈 또는 공정용 열량의 조절이 필요한 경우에는 그림 **11 · 37**과 같이 터빈 입구로 가는 도중에 팽창 밸브를 달아서 필요에 따라 공정 또는 터빈에 알맞은 증기를 보내게 한다. 만일 공정용 증기가 부족하다면 보일러를 나온 증기를 팽창 밸브를 통과시켜 공정용 가열기(process heater)의 통과유량을 증가시킨다.

또한 공정용 가열이 필요 없을 경우에는 증기는 모두 터빈을 통과시켜 터빈 출력이 최대로 되도록 한다.

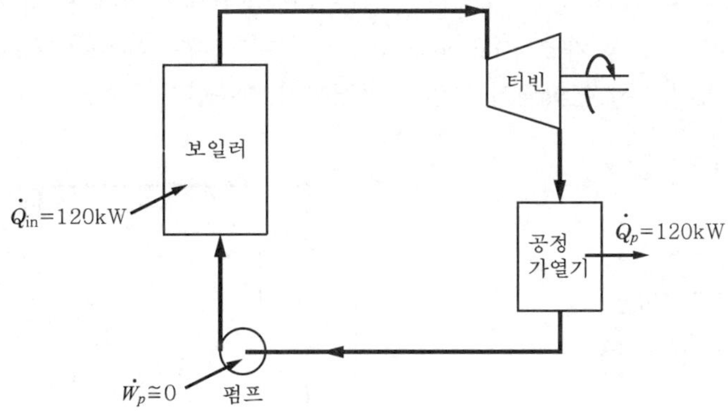

그림 11 · 36 이상적인 열병합 발전 플랜트

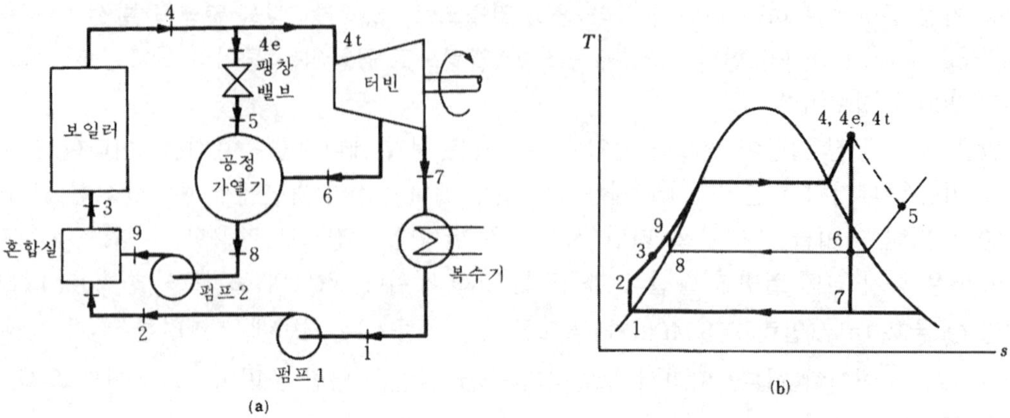

그림 11 · 37 부하 조절용 열병합 발전 장치

이와 같은 열병합 플랜트의 공급 및 방열량은 다음 식으로 구한다.

$$\dot{Q}_{in} = \dot{m}_3 (h_4 - h_3) \tag{11 · 31}$$

$$\dot{Q}_{out} = \dot{m}_7 (h_7 - h_1) \tag{11 · 32}$$

$$\dot{Q}_p = \dot{m}_5 h_5 + \dot{m}_6 h_6 - \dot{m}_8 h_8 \tag{11 · 33}$$

$$\dot{W}_t = (\dot{m}_4 - \dot{m}_5)(h_4 - h_6) + \dot{m}_7 (h_6 - h_7) \tag{11 · 34}$$

보기 11.9

식품 처리 공장(food processing plant)이 0.4 MPa, 3 kg/s의 증기를 열병합 발전 장치를 통하여 추기(抽氣)한다. 보일러는 8 MPa, 500℃, 6 kg/s의 증기를 발생하고, 이 사이클의 복수기 압력은 0.015 MPa이다. 공정 가열기(process heater) 출구의 증기는 포화액(saturated liquid)이고, 급수는 같은 압력에서 혼합되어 보일러 압력까지 입송한다.

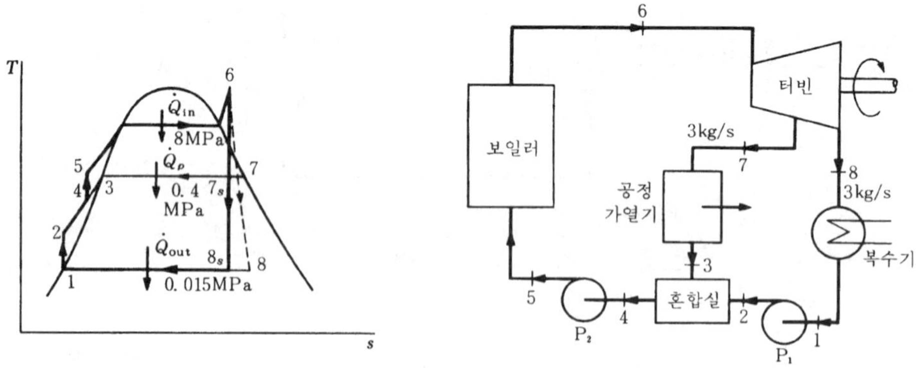

그림 11 · 38 보기 11.9의 $T-s$ 및 계통도

(1) 보일러의 가열량 $\dot{Q}_{\text{in}}$

(2) 터빈일 $\dot{W}_t$

(3) 터빈의 등엔트로피 효율이 0.85일 경우의 터빈 일 $\dot{W}_t$ 를 구하여라.

풀이 증기표로부터

상태 1 : $P_1 = 15\,\text{kPa},\ h_1 = 225.94\,\text{kJ/kg},\ v_1 = 0.001014\,\text{m}^3/\text{kg}$

상태 2 : $P_2 = 0.4\,\text{MPa},\ h_2 = h_1 + v_1(P_2 - P_1)$

$$h_2 = 225.94 + 0.001014 \times (0.4 - 0.015) \times 1000 = 226.3304\,\text{kJ/kg}$$

상태 3 : 공정 가열기 출구(포화액)이므로

$$h_3 = h\ (0.4\ \text{MPa의 포화액}) = 604.74\,\text{kJ/kg}$$

혼합실 : $\sum \dot{m}_i h_i = \sum \dot{m}_e h_e$

$$\dot{m}_4 h_4 = \dot{m}_3 h_3 + \dot{m}_2 h_2$$

$$h_4 = \frac{\dot{m}_3 h_3 + \dot{m}_2 h_2}{\dot{m}_4} = \frac{3 \times 604.74 + 3 \times 226.4}{6} = 415.5352\,\text{kJ/kg}$$

$$v_4 \cong v_f(h_f = 415.570\,\text{kJ/kg})$$

온도 기준 포화 증기표로부터 보간법에 의하여 구하면

$$v_4 = 0.00104 + (0.001044 - 0.00104) \times \frac{415.570 - 397.96}{419.04 - 397.96}$$

$$= 0.0010433\text{m}^3/\text{kg}$$

상태 5 : $h_5 = h_4 + v_4(P_5 - P_4) = 415.570 + 0.0010433 \times (8 - 0.4) \times 1000$

$$= 423.4991\,\text{kJ/kg}$$

상태 6 : $P_6 = 8\,\text{MPa},\ T_6 = 500℃ \rightarrow h_6 = 3398.3\,\text{kJ/kg},\ s_6 = 6.7240\,\text{kJ/kg K}$

상태 7 : $P_{7s} = 0.4\,\text{MPa},\ s_{7s} = s_6$

$$x_{7s} = \frac{s_{7s} - s_{7f}}{s_{7fg}} = \frac{6.724 - 1.7765}{5.1193} = 0.9664$$

$$h_{7s} = 604.74 + 0.9664(2133.8) = 2666.8443\,\text{kJ/kg}$$

상태 8 : $P_{8s} = 0.015\,\text{MPa} = 15\,\text{kPa},\ s_{8s} = s_{7s} = s_6$

$$x_{8s} = \frac{s_{7s} - s_1}{s_{8fg}} = \frac{6.724 - 0.7459}{7.2536} = 0.8229$$

$$h_{8s} = 225.94 + 0.8229 \times 2373.1 = 2178.8\ \ \text{kJ/kg}$$

(1) 보일러의 가열량

$$\dot{Q}_{\text{in}} = \dot{m}\,(h_6 - h_5) = 6(3398.3 - 423.4991) = 17848.8054\ \text{kW}$$

(2) 터빈의 일

$$\dot{W}_{ts} = \dot{m}_6(h_6 - h_7) + \dot{m}_8(h_7 - h_8)$$

$$= 6(3398.3 - 2666.8443) + 3(2666.8443 - 2178.8)$$

$$= 5852.8671\,\text{kW}$$

(3) 등엔트로피 효율, $\eta_t = 0.85$일 때의 터빈일

$$\dot{W}_t = \eta_t \dot{W}_{ts} = 0.85 \times 5852.8671$$
$$= 4974.937\,\text{kW}$$

11.11 복합 사이클

복합 사이클(combined cycle)은 내연 발전 방식의 가스 터빈 발전기와 일반적인 화력 발전 방식인 증기 터빈 발전기를 조합한 원동소 사이클이다. 따라서 복합 사이클은 증기 터빈 사이클(Rankine cycle)과 가스 터빈 사이클(Brayton cycle)을 복합하여 이들 사이클이 독립적으로 운전되는 경우보다 열효율을 향상시킨 사이클로서 **복합 가스-증기 사이클**(combined gas-vapor cycle)이라고도 한다.

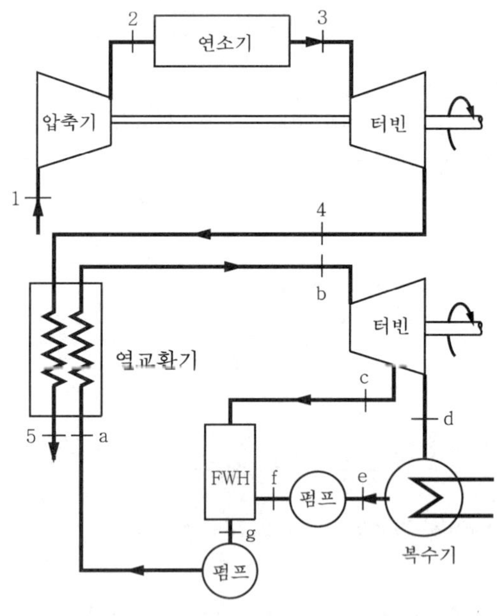

그림 11 · 39 복합 사이클 원동소

가스 터빈 사이클은 증기 사이클보다 높은 온도 범위에서 작동된다. 증기 원동소에서 터빈 입구에서 최대 유체 온도는 620℃ 정도이나, 가스 터빈의 경우는 약 1150℃에 달한다. 이러한 고온 가스는 사이클 성능을 향상시키는 데 기여하고 있으나 배출되는 가스 온도가

매우 높으므로(약 500℃ 정도) 이것이 열효율을 저해하는 요인이 되고 있다. 이러한 결점을 보완하는 것이 재생이나 성능 향상에는 한계가 있다. 이러한 관점에서 가스터빈 사이클에서 터빈을 나오는 높은 온도의 배출 가스를 이용하여 성능을 개선하는 사이클이 복합 사이클이다. 다시 말하면 가스 터빈의 고온 배기를 저온 사이클(증기 사이클)의 가열 에너지원으로 사용하는 것이다. 이러한 사이클이 그림 11·39의 복합 가스-증기 사이클이다. 이 사이클에서는 열교환기 내에서 배기 가스의 열량을 물을 가열하여 증기를 만드는 데 이용되므로(회수하므로) 증기 보일러는 가스 터빈의 배기열을 이용하게 된다. 따라서 이 사이클이 재열하는 경우는 적은 부가 연료로 가능하므로 효과적인 에너지 절약 효과를 가져오게 된다. 복합 사이클의 열효율은 약 40% 이상이다.

그림 11·39는 복합 사이클의 계통도를 나타낸 것이고, 그림 11·40은 복합 사이클의 계통도에 대한 $T-s$ 선도를 나타낸 것이다. 이 시스템에 사용된 가스 터빈 및 증기 터빈의 주요 제원은 표 11·2와 같다.

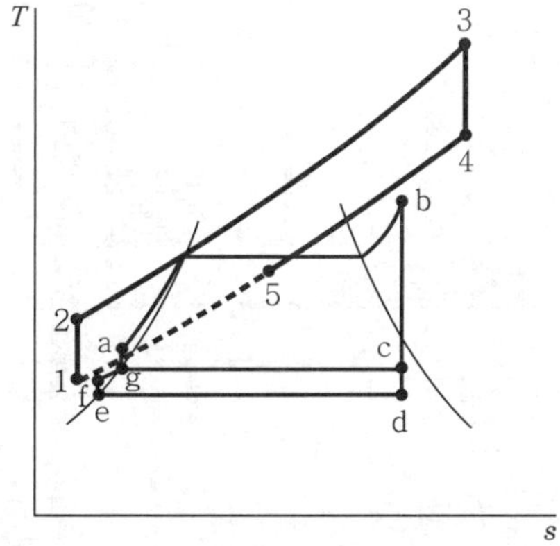

그림 11·40 복합 사이클 원동소의 $T-s$ 선도

표 11·2 복합 사이클의 주요 설비(그림 11·41 참조)의 보기

구 분	가 스 터 빈	발 전 기
가스 터빈 시스템	① 형식 : 반동, 축류형 ② 용량 : 105 MW, 4기 ③ 연료 : 액화천연가스 및 경유 ④ 배기 가스 온도 : 530℃	① 형식 : 공기 냉각, 동기기 ② 용량 : 142.2 MVA, 4기 ③ 전압 : 3.8 kV ④ 역률 : 0.9
증기 터빈 시스템	① 형식 : 반동 터빈 ② 용량 : 210.5 MW, 4기 ③ 증기 온도 : 503℃ ④ 증기 압력 : 74 kg/cm^2	① 형식 : 수소 냉각, 동기기 ② 용량 : 256 MVA ③ 전압 : 20 kV ④ 역률 : 0.9

이와 같이 가스-증기 복합 동력 사이클의 열효율 η_{comb}은 다음 식으로 나타낼 수 있다.

$$\eta_{\text{comb}} = \frac{W_g + W_s}{Q_{\text{g, in}}} = \frac{m_g w_g + m_s w_s}{m_g q_g} \qquad (11 \cdot 35)$$

여기서 첨자 g, s는 각각 가스 터빈과 증기 터빈을 나타낸다.

한편 석탄 부존 자원이 많은 경우에는 **가스화 복합 사이클**(integrated gasification combined cycle, IGCC)이 적용되고 있다. 이 방식은 앞에서 설명한 것과 같이 석탄을 가스화한 다음 이것을 연료로 하여 가스 터빈을 구동한다.

가스 터빈을 구동한 배기 가스로 보일러를 가열하여 증기를 발생하고, 이 증기로 증기 터빈을 구동하여 출력을 증가시키는 방식이다.

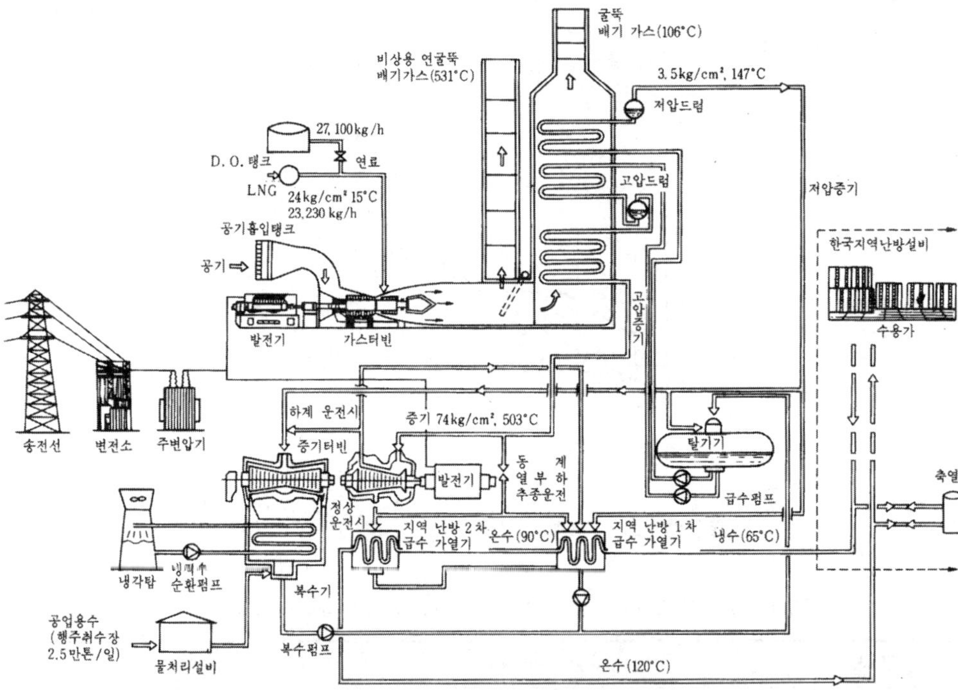

그림 11 · 41 복합 사이클 원동소의 보기

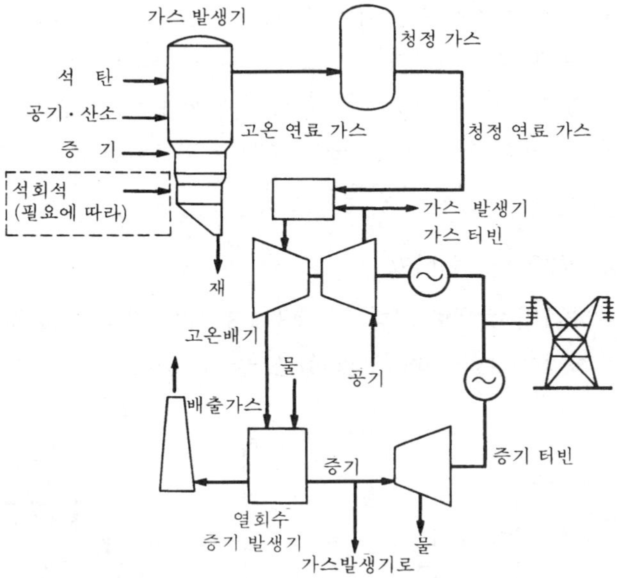

그림 11·42 가스화 복합 사이클의 계통도

11.12 2 유체 증기 사이클

물의 임계압은 22.09 MPa이고 임계온도는 374.14℃이다. 따라서 증기 동력 사이클에서 효율을 높이려면 초압을 높이고 과열도를 높여야 한다. 실제 동력용 보일러에서 노(furnace) 속의 가스 온도는 1300~1400℃ 정도이고, 보일러 압력이 7.0 MPa일 때 포화 온도는 286℃ 정도이다. 증기 사이클에서 물의 임계 압력보다 높은 압력을 사용하려면 증기 보일러의 재료를 더욱 고내구성 재료를 사용하여야 한다. 동력 사이클의 재료의 한도는 약 560℃ 정도이다.

Rankine 사이클에서 이상적인 동작 유체는 임계 온도가 높은 것이 좋다. 재료의 강도상 고온에서 포화 압력이 비교적 낮고 저온에서 포화 압력이 너무 낮지 않은 것이 요망된다. 저온에서 포화 압력이 너무 낮으면 저압부에서 증기의 비체적이 지나치게 커져서 기계의 저압부 크기가 증가할 뿐만 아니라 취급도 어려워진다. 이와 같은 이상적인 동작 물질로서의 성질을 모두 갖춘 물질은 거의 존재하지 않는다. 그러므로 수은이나 칼륨 등은 고온 범위에서 작동되면서 동시에 저압을 유지할 수 있는 유체이다. **2 유체 사이클** 또는 **2 유체 증기 사이클**(binary cycle or binary fluid vapor power cycle)은 고온 범위에서 작동되는 유체와 저온 범위에서 작동할 수 있는 두 가지 유체를 사용하는 증기 동력 사이클이다.

하나의 보기로 수은을 보면 임계 온도와 임계 압력이 높고, 포화액선이 비교적 급경사이어서 고온역에서는 이상적 동작 유체로 볼 수 있다. 그러나 포화 압력은 저온에서 매우 낮다.

지금 2 유체 사이클에서 고온측(1차) 유체의 단독 사용에 따른 열효율을 η_H, 저온측(2차) 유체의 단독 열효율을 η_L이라 하고, 이들 둘을 조합한 열효율을 η_{HL}이라 하면 다음 관계가 있다.

$$\eta_{HL} = \eta_H + (1 - \eta_H)\eta_L \tag{11 · 36}$$

2 유체 사이클의 대표적인 것으로 그림 **11 · 43**에 표시한 것과 같은 수은(水銀)–물 2 유체 사이클(mercury–water binary–vapor cycle)을 들 수 있다.

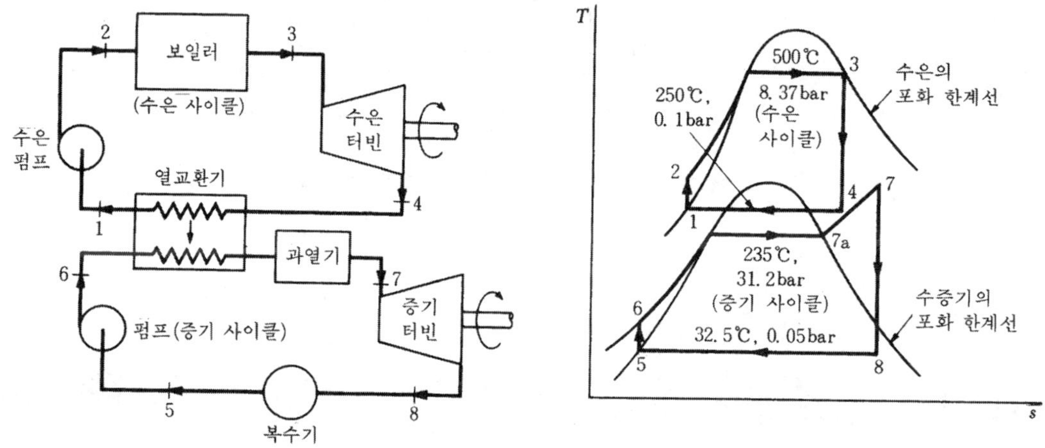

그림 11 · 43 2 유체 사이클(수은–물 2 유체 사이클)

수은 사이클은 12341로 구성되고, 수증기 사이클은 56785로 구성된다. 수은 터빈을 통과한 수은은 열교환기를 통과하는 사이에 방열하여 냉각되고, 반대로 물은 가열되어 보일러의 기능을 하게 된다. 이들 사이클의 작업 물질인 수은의 물성을 알아보면 수은의 임계 온도(臨界溫度)는 1460℃이고, 임계 압력은 1021.8529 bar이다. 또한 30℃일 때의 수은과 물의 포화 압력을 비교하여 보면 표 **11 · 3**과 같다.

표 11 · 3 물과 수은의 포화 압력과 비체적(30℃일 때)

	물	수 은
포화 압력	0.4241 bar	3.7×10^{-6} bar
비체적	5.92×10^{2} m³/kmol	6.82×10^{6} m³/kmol
분자량	18	200.6

따라서 수은을 저온부까지 사용하면 장치가 커지게 되므로 불리하다. 그러므로 고온 영역에서는 수은을 사용하고 저온 영역에서는 수증기를 사용하여 수은 증기의 응축기와 증기 보일러를 동시에 작동시키도록 열교환기로 만들면 이상적인 사이클에 가까운 사이클을 얻을 수 있다. 이와 같이 고·저 두 온도 영역에 각각의 동작 유체를 사용하는 증기 사이클을 2 **유체 사이클**(binary cycle or binary fluid cycle)이라 한다.

수은-증기 2 유체 사이클(그림 **11 · 43**)의 작동 조건을 살펴보면 다음과 같다.

수은 사이클 : 터빈 입구 상태 ; 500℃, 8.37 bar
열교환기 상태 ; 250℃, 0.1 bar
순환량 ; 9.73 kg

수증기 사이클 : 열교환기(보일러에 상당) 상태 ; 235℃, 31.2 bar
터빈 입구 상태 ; 31.2 bar, 400℃
복수기 상태 ; 32.5℃, 0.05 bar
순환량 ; 1 kg

이 사이클의 수은 응축기-증기 보일러에 대하여 에너지 평형을 세우면

$$m_M(h_4 - h_1) = m_S(h_{7a} - h_6) \tag{11 · 37}$$

가 된다.

각 터빈의 일과 사이클의 공급 열량은

$$w_M = h_3 - h_4$$
$$q_M = h_3 - h_2$$
$$w_S = h_7 - h_8$$
$$q_S = h_7 - h_6$$

가 된다.

따라서 사이클의 효율은

$$\eta_{HL} = \frac{W_{\text{net}}}{Q_{\text{in}}} = \frac{m_M w_M + m_S w_S}{m_M q_M + m_S q_S} = \frac{(m_M/m_S)\, w_M + w_S}{(m_M/m_S)\, q_M + q_S} \tag{11 · 38}$$

가 되고 수은 및 증기 사이클에 대하여 구하면 다음과 같다.

$$\eta_M = \frac{w_M}{q_M} \tag{11 · 39}$$

$$\eta_S = \frac{w_S}{q_S} \tag{11 · 40}$$

11.13 요 약

[1] 랭킨 사이클

랭킨 사이클(Rankine cycle)은 1854년 영국의 랭킨(William J.M.Rankine)에 의하여 제안된 증기 원동소의 기본 사이클로서 보일러, 증기 터빈(steam turbine), 복수기 및 급수펌프로 구성된다. 각 과정을 요약하면 다음과 같다.

과정 1→2 : 물의 가역 단열 압축 과정, 급수펌프
과정 2→3 : 물의 정압 가열 과정, 보일러
과정 3→4 : 가역 단열 팽창 과정, 증기 터빈
과정 4→1 : 정압 냉각 과정, 복수기,
랭킨 사이클의 열효율 $\eta_{\mathrm{th,\,R}}$은

$$\eta_{\mathrm{th,\,R}}=\frac{w_{\mathrm{net}}}{q_{\mathrm{in}}}=1-\frac{q_{\mathrm{out}}}{q_{\mathrm{in}}}=1-\frac{h_4-h_1}{h_3-h_2}$$

[2] 랭킨 사이클의 성능에 영향을 미치는 인자

(1) 복수기 압력을 저하시키는 경우

복수기 내의 압력을 낮게 하면 사이클의 유효일이 증가하여 사이클 일이 증가하여 효율은 증가한다.

(2) 사이클의 최고 온도(터빈 입구 온도)를 높이는 경우

보일러 압력의 변화없이 보일러 출구, 즉 터빈 입구 과열 증기의 온도를 높이면 사이클 일이 증가되어 열효율은 증가한다.

(3) 보일러 압력을 상승시키는 경우

가열 과정에서 증기의 온도를 상승시키는 또다른 방법의 하나는 보일러의 압력을 높혀서 사이클 성능을 개선시키는 사이클이다.

[3] 재열 사이클 또는 재열 랭킨 사이클

터빈의 팽창 도중의 증기를 다시 재열기(再熱器, reheater)로 보내어 처음의 과열 온도(superheated temperature)까지 가열하여 터빈에서 팽창시키는 사이클이 재열(再熱) 사이클(reheat cycle)이다.

재열 사이클의 열효율 $\eta_{\mathrm{th,reh}}$는

$$\eta_{\text{th,reh}} = \frac{w_{\text{net}}}{q_{\text{in}}} = \frac{(h_3 - h_4) + (h_5 - h_6) - (h_2 - h_1)}{(h_3 - h_2) + (h_5 - h_4)}$$

$$= 1 - \frac{h_6 - h_1}{(h_3 - h_2) + (h_5 - h_4)}$$

[4] 재생 사이클 또는 재생 랭킨 사이클

터빈의 팽창 도중에 증기의 일부를 추출(抽出, bleeding 또는 extracting)하여 급수 가열기(給水加熱器, feedwater heater, 일종의 열교환기)로 보내어 복수기로부터 나온 물을 가열하여 보일러로 들어가는 급수의 온도를 높이도록 하는 사이클을 **재생 사이클**(regenerative cycle)이라 한다.

급수 가열기에는 두 유체(추출 증기 및 급수)를 직접 혼합하는 **개방식 급수 가열기**(開放式給水加熱器, open feedwater heater)와 혼합하지 않고 간접 가열하는 **밀폐식 급수 가열기**(密閉式給水加熱器, closed feedwater heater)가 있다.

재생 사이클의 열효율 :

$$\eta_{\text{th,reg}} = 1 - \frac{q_{\text{out}}}{q_{\text{in}}} = 1 - \frac{(1-y)(h_7 - h_1)}{h_5 - h_4}$$

여기서 $y = \dot{m}_6/\dot{m}_5$를 추기율이다.

[5] 재열-재생 사이클

재생 사이클에 의한 열효율 향상과 재열 사이클의 장점인 터빈 출구에서의 수분에 의한 성능 저하를 방지하는(터빈 출구의 증기의 건도를 증가시키는) 두 가지 장점을 조합한 사이클을 **재열-재생**(再熱-再生) **사이클**(reheat-regenerative cycle)이다. 그림 11·31과 같이 1단 재열, 1단 추기하는 사이클에 대한 이론 열효율 $\eta_{th,reh-reg}$는 다음 식으로 표시된다.

$$\eta_{\text{th,reh-reg}} = 1 - \frac{q_{\text{out}}}{q_{\text{in}}} = \frac{w_{\text{out}}}{q_{\text{in}}} = \frac{w_t - w_p}{q_{\text{in}}}$$

$$\eta_{\text{th,reh-reg}} = \frac{(h_5 - h_6) + (h_7 - h_8) + (1-y)(h_8 - h_9) - (1-y)(h_2 - h_1) - (h_4 - h_3)}{(h_5 - h_4) + (h_7 - h_6)}$$

[6] 열병합 발전

증기 원동소 사이클에서 일을 하고 배출되는 작업 유체의 잔류 열에너지는 주위에 방출되어 손실로 된다. 이와 같이 외부로 나가는 열에너지를 화학 공장, 섬유 공장, 정유, 제강, 식품 가공 등에 이용하여 터빈의 일과 공정 열원으로 사용하는 것을 **열병합 발전**(熱倂合發

電, cogeneration)이라 한다. 공정에 필요한 열원으로 공급되는 증기의 상태는 5~7 atm, 150~200℃ 정도이다.

지금 보일러의 총공급된 열량을 얼마만큼 유용하게 이용하는가를 나타내는 것이 **이용 계수** 또는 **이용률(**利用率, utilization factor)라 한다.

$$\text{이용율 } \zeta_H = \frac{\text{유효일 + 공정 열량}}{\text{총공급 열량}} = \frac{W_{\text{net}} + Q_p}{q_{\text{in}}}$$

[7] 복합 사이클

복합 사이클(combined cycle)은 내연 발전 방식의 가스 터빈 발전기와 일반적인 화력 발전 방식인 증기 터빈 발전기를 조합한 원동소 사이클이다. 따라서 복합 사이클은 증기 터빈 사이클(Rankine cycle)과 가스터빈 사이클(Brayton cycle)을 복합하여 이들 사이클이 독립적으로 운전되는 경우보다 열효율을 향상시킨 사이클로서 **복합 가스-증기 사이클**(combined gas-vapor cycle)이라고도 한다.

[8] 2유체 증기 사이클

2유체 사이클 또는 **2유체 증기 사이클**(binary cycle or binary fluid vapor power cycle)은 고온 범위에서 작동되는 유체와 저온 범위에서 작동할 수 있는 두 가지 유체를 사용하는 증기 동력 사이클이다.

연 | 습 | 문 | 제

11.1 랭킨 사이클에서 터빈 입구의 상태가 포화 증기이고, 터빈의 등엔트로피 효율이 η_t, 펌프의 등엔트로피 효율이 η_p인 경우 사이클 효율과 증기 유량을 구하여라.

11.2 재열 사이클에서 재열하는 이유는 무엇인가?

11.3 재생 사이클과 재열 사이클의 펌프일과 터빈일의 비 w_p/w_t를 구하여라.

11.4 급수 가열기의 종류를 들고 그 구조와 원리를 설명하여라.

11.5 다음 사항에 대하여 간단히 설명하여라.

(1) 2 유체 사이클(binary cycle)
(2) 추기(抽汽 또는 抽氣)
(3) 증기 트랩(steam trap)
(4) 재열-재생 증기 동력 사이클

11.6 밀폐식 급수 가열기의 설치 방식에 대하여 설명하여라.

11.7 증기의 터빈 입구 상태와 복수기 압력이 증기 동력 사이클에 미치는 영향에 대하여 설명하여라.

11.8. 다음 사이클의 $P-v$, $T-s$ 및 $h-s$ 선도를 그리고, 사이클의 열효율을 구하여라.

(1) 랭킨 사이클
(2) 재열 사이클
(3) 재생 사이클
(4) 재열-재생 사이클

11.9 다음과 같은 사이클의 조건에서 작동되는 랭킨 사이클의 열효율, 증기 유량, 공급 열량, 방열량, 터빈일, 펌프일, 복수기의 냉각수 순환 유량을 구하여라.

표 11·4

	입 구	출 구
터 빈	8 MPa, 포화 증기	0.0075 MPa
펌 프	0.0075 MPa	

11.10 수증기를 매체로 하는 랭킨 사이클에서 터빈 입구의 압력이 18 MPa(증기의 상태는 포화 증기)이고, 사이클 출력이 100 MW일 때 증기 유량, 사이클의 열효율을 구하여라.

11.11 증기 터빈 사이클에서 터빈 입구 상태가 8 MPa, 480℃이고, 터빈 출구의 상태가 7.5 kPa인 랭킨 사이클의 사이클 효율을 구하여라. 단, 사이클의 출력은 100 MW이다.

11.12 문제 **11.11**의 경우 증기 순환량 및 펌프－터빈일 비를 구하여라.

11.13 다음과 같은 증기 원동소에서 각 점의 상태가 아래와 같이 주어진 경우 증기 유량 및 사이클 효율을 구하여라.

제 1 터빈 입구 : 2 MPa, 300℃　　제 2 터빈 입구 : 0.2 MPa, 300℃
복수기 압력 : 0.02 MPa　　등엔트로피 효율(각 터빈) : 0.81
급수 온도 : 40℃　　사이클 일 : 1 MW

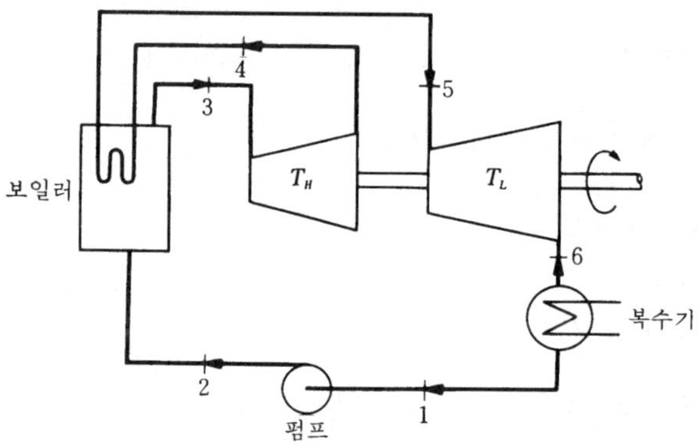

그림 11·44 원동소 계통도

11.14 증기 터빈 입구 상태 50 bar, 400℃이고, 복수 온도가 40℃인 이상 랭킨 사이클의 열효율을 구하여라.

11.15 문제 **11.14**에서 터빈의 등엔트로피 효율을 85%라 하면 터빈 출구의 건도와 열효율은 얼마인가?

11.16 증기 터빈 사이클에서 고압 터빈의 입구 압력이 80 bar, 500℃이고 그 출구 압력이 30 bar이다. 고압 터빈을 나온 증기를 같은 압력하에서 처음 온도까지 재열하여 0.02 MPa까지 팽창하는 재열 증기 원동소의 열효율을 구하여라.

11.17 다음과 같은 증기 원동소 사이클로 작동되는 재열 사이클의 열효율과 증기 유량을 구하여라.

고압 터빈 입구 : 10 MPa, 500℃　　고압 터빈 출구 : 1 MPa
저압 터빈 입구 : 1 MPa, 500℃　　저압 터빈 출구 : 10 kPa
각 터빈의 등엔트로피 효율 : 0.85　　펌프의 등엔트로피 효율 : 0.85
사이클 출력 : 210 MW

11.18 재생식 증기 터빈 사이클에서 다음 각 항을 랭킨 사이클과 비교할 때 어떻게 변화하는가?

(1) 터빈의 출력 (2) 가열량(공급 열량)

(3) 방열량 (4) 터빈 출구의 증기 건도

11.19 재생식 랭킨 사이클에서 터빈 입구 압력과 온도가 5 MPa, 400℃이고 추기단 압력이 0.4 MPa, 터빈출구 압력이 10 kPa이다. 이 사이클의 열효율을 구하여라. 단, 사이클의 계통도는 그림 11 · 45와 같다.

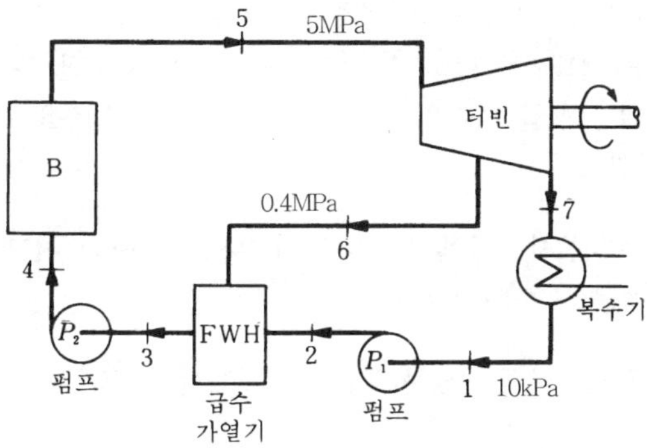

그림 11 · 45 문제 **11.19**의 계통도

11.20 문제 **11.19**와 같은 터빈의 입구, 출구 조건에서 작동하는 랭킨 사이클 효율을 구하여 재생 사이클의 열효율과 비교하여 보아라.

11.21 증기 원동소의 작동 조건이 다음과 같을 때 사이클의 열효율을 구하여라.

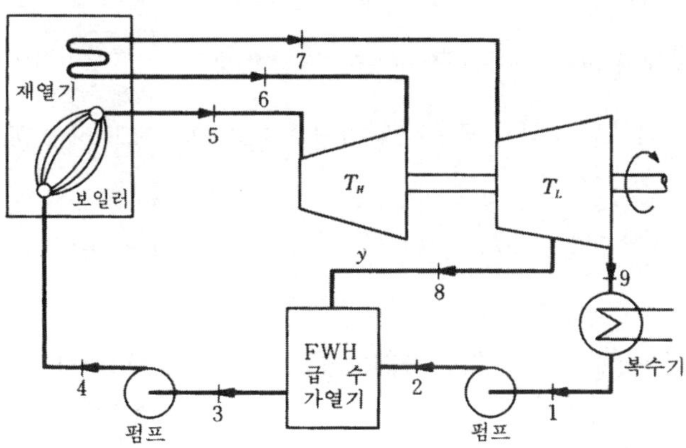

그림 11 · 46 문제 **10.21**의 계통도

상태 1 : 0.015 MPa
상태 2 : 6 bar
상태 3 : 6 bar
상태 4 : 100 bar
상태 5 : 100 bar, 500℃
상태 6 : 10 bar
상태 7 : 10 bar, 400℃
상태 8 : 6 bar
상태 9 : 0.15 bar

11.22 재열-재생식 랭킨 사이클 증기 원동소가 100 MW의 출력을 내고 있다. 고압 터빈 입구의 상태는 15 MPa, 600℃이고, 출구 상태는 10 bar이다. 저압 터빈의 팽창 도중에 증기 추출단의 압력이 제1단 추기에서 5 MPa, 제 2 단 추기에서 0.2 MPa 이고, 저압단 출구 압력은 5 kPa이다. 고압 터빈을 나온 증기는 1 MPa에서 500℃ 까지 재열되며, 제 1 단 추기는 밀폐형 급수 가열기로 보내고, 제 2 단 추기는 개방식 급수 가열기로 보낸다. 이론 열효율을 구하여라. 이 사이클의 계통도와 $T-s$ 선도를 그려라.

11.23 문제 **11.11**과 같은 랭킨 사이클에서 고열원의 온도가 1500 K이고 저열원의 온도가 290 K일 경우 각 과정의 비가역성을 구하여라.

11.24 문제 **11.23**과 같은 조건으로 작동되는 랭킨 사이클에서 보일러 출구 증기의 유효성(availability)을 구하여라.

11.25 열병합 발전(熱倂合發電, cogeneration)에 대하여 설명하고 사이클의 계통도와 $T-s$ 선도를 그리고 설명하여라.

11.26 2 유체 증기 사이클에 대하여 설명하고 그 특징을 알아보아라. 또한 계통도와 $T-s$ 선도를 그려라.

11.27 랭킨 사이클의 유효성과 비가역성에 대하여 설명하고, 그 계산식을 유도하여라.

11.28 2 유체 사이클에서 고온측 유체로 수은이 적당한 이유는 무엇인가?

11.29 증기 터빈 사이클에서 초압과 복수기 압력이 원동소 효율에 미치는 영향을 $T-s$, $-P-v$, $h-s$ 선도를 그리고 설명하여라.

11.30 2 유체 사이클에서 열교환기의 열평형식을 쓰고 두 사이클의 유량비를 구하는 식을 유도하여라.

11.31 랭킨 사이클에 대한 이상적 작업 유체로서의 요건을 기술하여라.

11.32 재열-재생식 증기 터빈 사이클의 이론 열효율을 구하는 컴퓨터 프로그램을 작성하여라.

11.33 증기의 열역학적 상태량을 구하는 컴퓨터 프로그램을 작성하여라.

11.34 재열 증기 터빈 사이클에서 사이클 작동 조건이 다음과 같을 때 사이클 효율을 구하여라.

고압 터빈 입구 : 6 MPa, 400℃ 고압 터빈 출구 : 4 MPa

재열기 출구 : 4 MPa, 500℃ 저압 터빈 출구 : 7.5 MPa

11.35 증기 원동소에서 고압 증기터빈으로 공급되는 증기가 2 MPa, 300℃이고, 이것이 팽창하여 포화증기로 되고 이 때의 압력은 600 kPa이다. 이 상태로부터 재열되어 온도가 300℃로 되어 저압터빈에서 25 kPa로 된다. 이 사이클의 열효율을 구하여라.

11.36 앞의 문제 **11.35**에서 급수 펌프일을 무시하면 사이클효율은 얼마로 되는가?

11.37 이상 Rankine 사이클의 작동 조건이 다음과 같을 때 증기 유량, 열전달량(복수기), 열효율을 구하여라.

사이클 조건 : 복수기 압력 8 kPa, 증기 터빈 입구 압력 20 MPa(포화증기)

사이클 출력 100 kW

11.38 증기 터빈 사이클에서 2단 팽창하면 사이클 성능은 어떻게 변하는가? 급수 펌프일을 무시한 경우와 무시하지 않은 경우의 사이클 효율을 구하고 그 결과에 대하여 설명하여라.

11.39 증기 터빈 사이클에서 보일러 압력이 2000 kPa이고 복수기 압력이 20 kPa일 경우 터빈일을 구하여라. 단, 터빈 입구 증기는 포화증기이다.

11.40 증기 원동소 사이클에서 터빈 입구 상태가 8 MPa, 450℃이고 복수기 압력 7.5 kPa일 경우 사이클효율을 구하여라.

11.41 문제 **11.40**에서 펌프 및 터빈의 단열 효율을 각각 0.80, 0.85라고 하면 열효율은 얼마인가? 이 사이클의 $T-s$ 선도를 그려라.

11.42 수은과 수증기 사이클을 이루는 2유체 사이클의 열효율을 구하는 식을 유도하여라.

11.43 압력 10 MPa, 온도 600℃의 증기를 공급하여 압력 2 MPa까지 팽창시킨 후 다시 초기 온도까지 재열하는 증기 원동소 사이클에서 복수기 압력 10 kPa까지 팽창시킬 경우 사이클 열효율을 구하여라.

11.44 1단재열 2단추기하는 재열·재생 증기 사이클에서 고압 터빈 입구 압력이 10 MPa이고, 온도가 600℃이고, 복수기 압력이 5 kPa일 경우 이론 열효율을 구하여라. 단, 고압 터빈은 2000kPa까지 팽창한 다음 정압하에서 초기 온도인 600℃까지 재열되고, 추기는 혼합 급수 가열기로 그림 **11·47**과 같이 추기된다. 이 때 급수 펌프일은 무시한다.

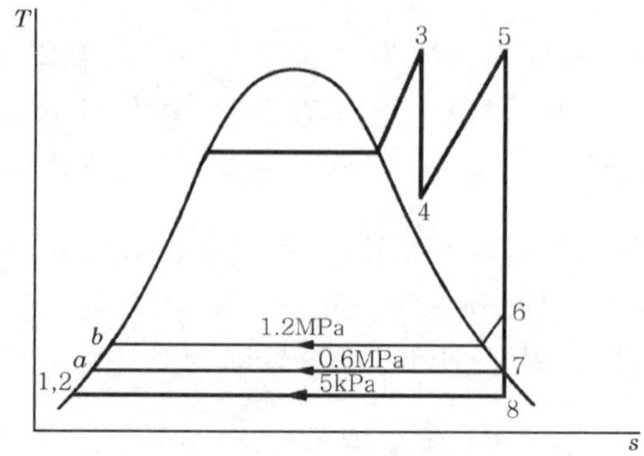

그림 11 · 47 문제 **11.44**의 설명도

11.45 다음과 같은 $T-s$ 선도로 표시되는 재생 증기 사이클의 열효율을 구하는 식을 쓰시오. 단, 급수 펌프일은 무시한다.

11.46 증기 터빈 사이클에서 급수 펌프일을 생략하여 계산하는 경우가 있는데 그 이유는 무엇인가?

CHAPTER

12 냉동 사이클

12.1 냉동 사이클의 구성

냉동(冷凍, refrigeration)이란 어느 물체 또는 영역으로부터 열을 흡수하여 그 온도를 주위의 온도보다 낮게 유지하는 기술을 말한다. 그러므로 냉동을 하기 위하여는 저온 물체로부터 고온 물체로 열을 이동시키는 것이 필요하다. 따라서 열기관(熱機關)과는 반대로 냉동 사이클이 작동하기 위하여는 외부로부터 일이 주어져야 한다. 이와 같이 냉동을 위한 장치가 **냉동기**(冷凍機, refrigerator)이다. 냉동기의 동작 유체를 **냉매**(冷媒, refrigerants)라 한다.

저온 물체로부터 고온 물체로 열을 이동시키는 것에는 냉동기 이외에 열펌프(heat pump)가 있다. 냉동기와 열펌프는 근본적으로는 같은 장치이나 그들의 목적이 다를 뿐이다. 냉동기는 저온 영역을 냉동실로 이용하고, 열펌프는 고온 영역을 목적 대상으로 하는 것이 다르다.

냉동기에서 저온 물체로부터 흡수하는 열량을 q_L kJ/kg, 고온측의 방열량을 q_H kJ/kg, 냉동 장치에 가해진 일을 w kJ/kg이라 하면 **성적 계수**(成績係數, coefficient of performance) COP 또는 ϵ은 다음과 같이 표시된다. 여기서 냉동기와 열펌프의 성적 계수를 각각 첨자 R, H를 붙여 표시하기로 한다.

$$\mathrm{COP}_R = \frac{\text{냉동 효과(refrigerating effect)}}{\text{압축에 필요한 입력일(work input)}} = \frac{q_L}{w} \tag{12・1}$$

$$\mathrm{COP}_H = \frac{\text{가열 효과(heating effect)}}{\text{압축에 필요한 입력일(work input)}} = \frac{q_H}{w} \tag{12・2}$$

따라서 $$\mathrm{COP}_H = \frac{w + q_L}{w} = 1 + \mathrm{COPR} \tag{12 · 3}$$

이상의 관계로부터 열펌프의 성적 계수는 $\mathrm{COP}_H > 1$의 관계가 있다.

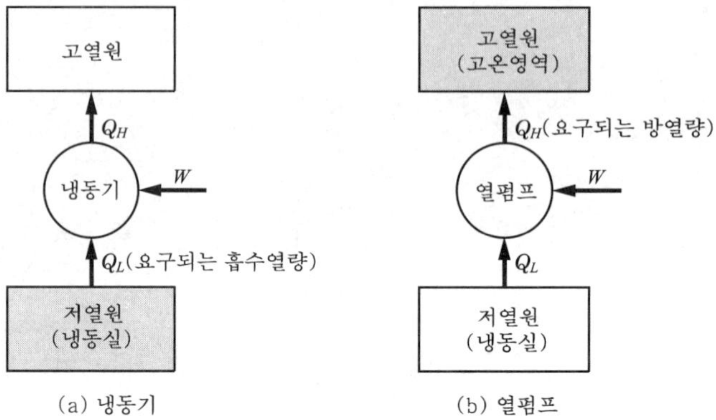

그림 12 · 1 냉동기 및 열펌프 계통도

12.2 역 카르노 사이클

카르노 사이클은 가역 사이클이므로 각 과정은 역 방향으로 작동시키는 것이 가능하다. 즉, 저열원으로부터 열을 흡수하여 고열원으로 방출하는 사이클을 생각할 수 있다. 이와 같은 사이클을 **역 기르노 사이클**(reversed Carnot cycle)이라 한다. 역카르노 사이클로 작동되는 냉동기 또는 열펌프를 **카르노 냉동기**(Carnot refrigerator) 또는 **카르노 열펌프**(Carnot heat pump)라 한다.

그림 12 · 2는 역 카르노 사이클의 계통도와 $T-s$ 선도를 나타낸 것이다. 냉매는 저열원 T_L에서 등온적으로 열을 흡수하고 상태 3까지 등엔트로피 압축된다. 고열원 T_H에서 열량 Q_H방열하고 상태 1까지 등엔트로피 팽창한다.

카르노 냉동기의 성적 계수 COP는

$$\mathrm{COP}_R = \frac{Q_L}{W} = \frac{Q_L}{Q_H - Q_L} = \frac{T_L}{T_H - T_L} = \frac{1}{\dfrac{T_H}{T_L} - 1} \tag{12 · 4}$$

카르노 열펌프의 성적 계수는

$$\mathrm{COP}_{HP} = \frac{Q_H}{W} = \frac{Q_H}{Q_H - Q_L} = \frac{T_H}{T_H - T_L} = \frac{1}{1 - \dfrac{T_L}{T_H}} \tag{12 · 5}$$

이 된다.

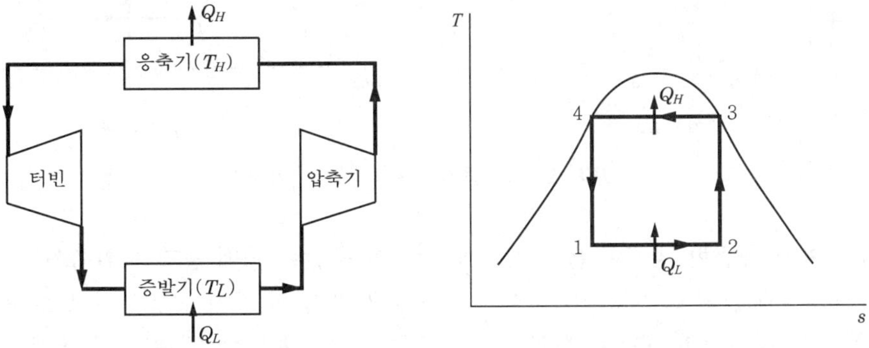

(a) 계통도　(b) $T-s$ 선도

그림 12 · 2　역 카르노 사이클

냉동기 및 열펌프의 성적 계수는 온도 범위가 증가할수록 작아진다. 온도의 상한값은 공냉식(空冷式) 응축기를 갖는 경우에는 대기 온도 이상, 온수를 만드는 열펌프에서는 온수 온도 이상이어야 한다. 열펌프의 대표적인 온도 범위는 $T_L = 5$ ℃ ~ $T_H = 55$ ℃ 정도이다.

앞에서 살펴본 바와 같이 역 카르노 사이클은 주어진 두 온도 범위에서 작동하는 가장 성능 좋은 냉동 사이클이다.

12.3 증기 압축 냉동 사이클

[1] 증기 압축 냉동 사이클의 개요

증기 압축 냉동(蒸氣壓縮冷凍) **사이클**(vapor-compression refrigeration cycle)은 냉동기 중에서 가장 널리 사용되는 사이클로서 그 구성은 그림 12 · 3과 같이 증발기(蒸發器, evaporator), 압축기(壓縮機, compressor), 응축기(凝縮器, condensor), 팽창(膨脹) 밸브(expansion valve)의 4가지 주요부로 되어 있다.

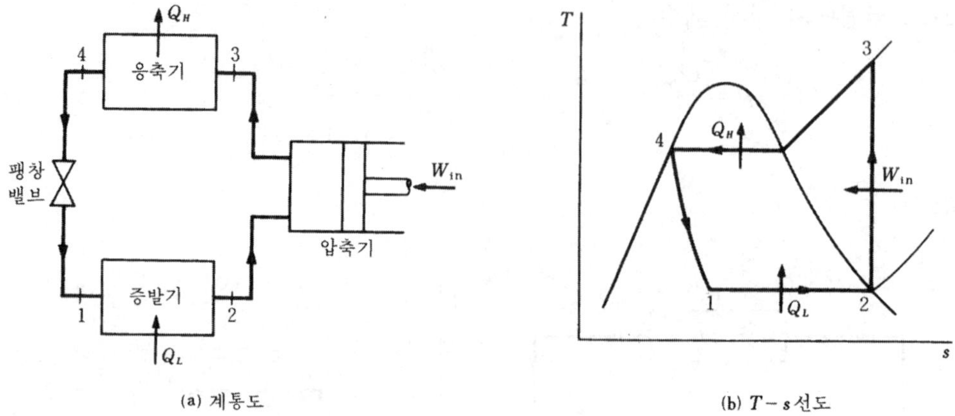

그림 12 · 3 증기 압축 냉동 사이클

증발기 내에서 증발한 냉매의 흡열 작용에 의하여 증발한 냉매 증기는 압축기로 들어가서 압축되어 고온 · 고압의 증기로 된다. 이 고온 · 고압의 냉매 증기를 응축기로 보내어 물 또는 공기 등으로 냉각하면 냉매는 모두 액체로 된다. 이렇게 하여 액체로 된 냉매를 팽창 밸브를 통하여 스로틀링(throttling)시키면 압력 강하가 생기고, 이 냉매를 다시 증발기로 보내어 흡열 작용을 하여 **냉동 효과**(冷凍效果, refrigeration effect)를 얻는다. 이와 같은 과정을 순환하여 냉동 사이클을 이루게 된다.

증기 압축 냉동 사이클의 주요한 4가지 작용에 대하여 설명하면 다음과 같다.

(1) 증발 과정(蒸發過程, evaporation process)

그림 12 · 3에서 보는 바와 같이 냉매는 액체로부터 기체로 상태 변화한다. 증발기(냉각 코일) 속에 있는 냉매는 주위로부터 증발에 필요한 잠열을 흡수하여 연속적으로 증발한다. 따라서 증발기 내는 냉매액과 냉매 증기가 공존한다.

냉매를 충분히 낮은 온도에서 증발시키기 위하여는 증발기 내의 압력을 적당히 낮게 유지시킬 필요가 있다. 증발기 내에서 증발한 냉매 증기는 압축기에 의하여 증발기로부터 배출된다. 이 때 냉매 증기는 건증기(乾蒸氣, dry vapor)이거나 다소 과열된 상태로 된다.

(2) 압축 과정(壓縮過程, compression process)

냉매 증기를 액화(液化)하기 쉬운 고온 · 고압의 응축기 압력상태로 되게 압축하는 과정이다. 압축기는 증발기 내를 일정 저온을 유지함과 아울러 증기를 소정의 고온 · 고압의 상태로 만들어 송출하는 두 가지 일을 한다.

압축기에 의하여 흡입된 냉매 증기는 실린더 내에서 압축되어 응축기 압력으로 송출된다.

(3) **응축 과정**(凝縮過程, condensation process)

압축기를 나온 냉매 증기를 액체 냉매로 만드는 과정이다. 응축기에서 냉매의 방열 냉각은 소형 냉동기는 공기로 냉각하고, 중형 · 대형 냉동기에서는 물로 냉각한다. 그림 12 · 3에서 보는 바와 같이 3→4 과정 사이에 냉각된 냉매는 과열 증기로부터 건증기, 습증기, 포화액의 상태로 되어 상태 4에서는 모두 액체로 된다. 이 때 방열되는 열량이 응축기의 방열량이다.

(4) **팽창 과정**(膨脹過程, throttling process)

냉매액을 증발하기 쉬운 상태로 만드는 과정으로서 응축기를 나온 냉매를 팽창 밸브에서 스로틀링 과정을 거치게 하여 증발하기 쉬운 상태까지 감압(減壓)시킨다. 따라서 팽창 밸브는 스로틀 밸브의 일종이며 감압 작용과 냉매의 유량 제어 작용의 두 가지 기능을 가지고 있다.

소형 냉동기(가정용 냉동 · 냉장고 등)에서는 팽창 밸브 대신에 모세관(毛細管, capillary tube)을 사용한다.

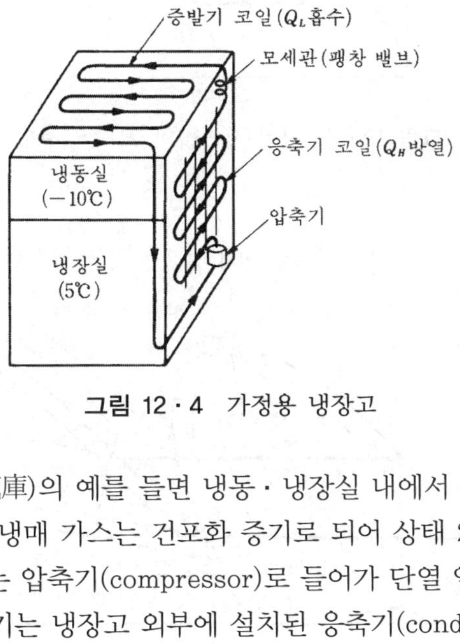

그림 12 · 4 가정용 냉장고

가정용 냉장고(冷凍冷藏庫)의 예를 들면 냉동 · 냉장실 내에서 공기나 냉장 물품으로부터 열을 흡수하여 증기로 된 냉매 가스는 건포화 증기로 되어 상태 2로 증발기(evaporator)를 나온다. 상태 2의 건증기는 압축기(compressor)로 들어가 단열 압축 되면서 상태 3으로 된다. 이 때 과열된 냉매 증기는 냉장고 외부에 설치된 응축기(condenser)에서 열교환에 의하여 방열 냉각되어 포화액인 상태 4로 된다. 다음에는 팽창 밸브(expansion valve)를 통과하면서 등엔탈피 팽창하여 포화 습증기(飽和濕蒸氣)인 상태 1로 된다.

이상의 증기 압축 냉동 사이클의 각 과정을 요약하면 다음과 같다.

과정 1→2 : 증발기 내의 **정압 증발 과정** (Q_L 흡수)

과정 2→3 : 압축기의 **등엔트로피 압축 과정** (압축일 W_{in})

과정 3→4 : 응축기에 의한 **정압 방열 과정** (Q_H 방열)

과정 4→1 : 팽창 밸브의 **등엔탈피 팽창** ($h_4 = h_1$)

이상의 과정을 $P-h$ 선도로 표시하면 그림 12·5와 같다. 이 선도에서 보는 바와 같이 냉동 사이클의 상태 변화를 $P-h$ 선도 위에 나타내면 각 과정의 방열량, 냉동 효과, 압축일 등을 수평선으로 표시할 수 있어서 매우 편리하다.

이와 같이 세로축을 압력, 가로축을 엔탈피로 잡아 냉매의 열역학적 성질을 나타낸 선도를 냉매의 **Mollier 선도**(Mollier diagram, Mollier ; 1863~1935)라 한다. 그림 12·6은 Mollier 선도와 냉동 사이클을 나타낸 것이다.

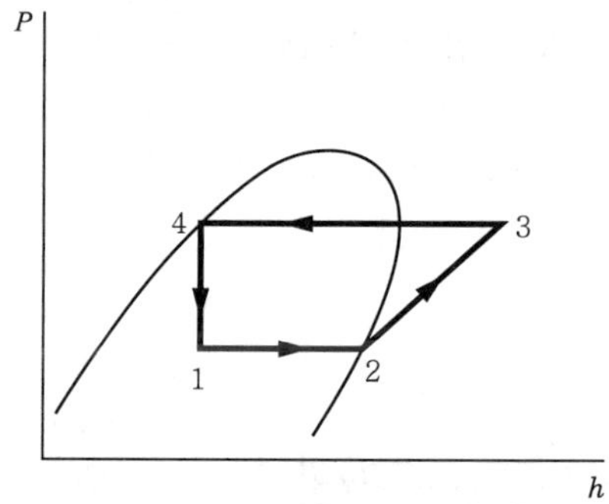

그림 12·5 냉동 사이클의 $P-h$ 선도

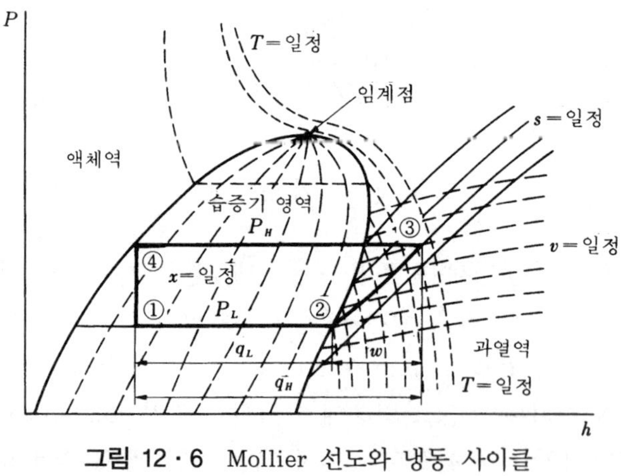

그림 12·6 Mollier 선도와 냉동 사이클

그림 12·5와 같은 냉동 사이클에서 운동 및 위치 에너지 변화는 압축기 일 및 열전달량에 비하여 매우 적으므로 무시할 수 있다.

증기 압축 냉동 사이클의 정상류 에너지식을 적용하면

$$q - w = h_e - h_i \tag{12·6}$$

가 된다.

응축기나 증발기는 일을 포함하지 않으며 또한 압축기는 단열 압축일을 하므로 냉동기 또는 열펌프의 성적 계수는 다음과 같이 표시된다.

$$\text{증발기의 흡수 열량}: q_L = h_2 - h_1 \ \text{kJ/kg} \tag{12·7}$$

$$\text{압축기의 압축일}: w = h_3 - h_2 \ \text{kJ/kg} \tag{12·8}$$

$$\text{응축기의 방열량}: q_H = h_3 - h_4 \ \text{kJ/kg} \tag{12·9}$$

$$\text{냉동기의 성적 계수}: \mathrm{COP_R} = \frac{q_L}{w_{\text{in}}} = \frac{h_2 - h_1}{h_3 - h_2} \tag{12·10}$$

$$\text{열펌프의 성적 계수}: \mathrm{COP_{HP}} = \frac{q_H}{w_{\text{in}}} = \frac{h_3 - h_4}{h_3 - h_2} \tag{12·11}$$

증발기 내에서 단위 질량의 냉매가 흡수하는 열량을 **냉동 효과**(冷凍效果, refrigeration effect)라 한다.

보기 12.1

R-134a를 냉매로 하는 냉동기에서 증발 압력이 0.14 MPa, 응축기 압력이 0.9 MPa이고, 냉매 순환량이 0.05 kg/s일 경우 (1) 냉동실에서의 흡수 열량 q_L, (2) 응축기의 방열량 q_H, (3) 성적 계수 COP를 구하여라.

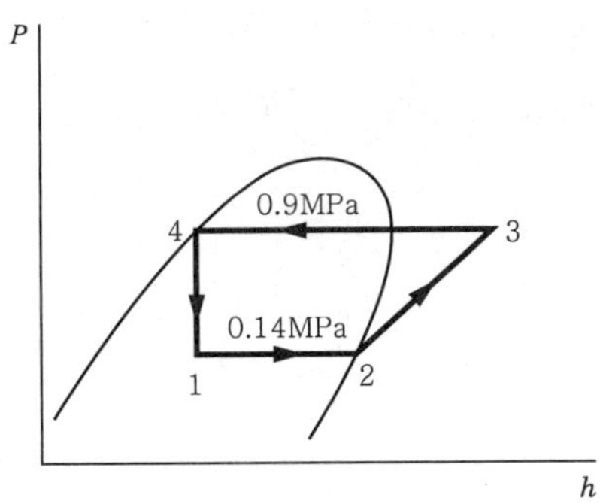

그림 12·7 보기 12.1의 $P-h$ 선도

풀이 부록의 R-134a 냉매 증기표로부터

$P_2 = 0.14\text{MPa}$, $h_2 = 236.04\,\text{kJ/kg}$, $s_2 = 0.9322\,\text{kJ/kg K}$

$P_3 = 0.9\,\text{MPa}$, $s_2 = s_3 = 0.9322\,\text{kJ/kg K} \rightarrow h_3 = 274.587\,\text{kJ/kg}$

$$h_4 = 99.56\,\text{kJ/kg}$$

$$h_4 \cong h_1 = 99.56\,\text{kJ/kg}$$

(1) 증발기의 흡수 열량

$$\dot{Q}_L = \dot{m}(h_2 - h_1) = 0.05(236.04 - 99.56) = 6.824\,\text{kW}$$

압축기의 공급 일량

$$\dot{W} = \dot{m}(h_3 - h_2) = 0.05 \times (274.587 - 236.04) = 1.9274\,\text{kW}$$

(2) 응축기의 방열량

$$\dot{Q}_H = \dot{m}(h_3 - h_4) = 0.05 \times (274.587 - 99.54) = 8.7524\,\text{kW}$$

(3) 성적 계수

$$\text{COP} = \frac{\dot{Q}_L}{\dot{W}} = \frac{6.824}{1.9274} = 3.5405$$

보기 12.2

R-134a를 냉매로 하는 증기 압축 냉동 사이클에서 저열원의 온도가 −4℃이고 응축기의 압력이 0.8 MPa, 냉동기의 냉매 유량이 0.029 kg/s일 경우 (1) 압축기 동력, (2) 냉동 효과, (3) 성적 계수, (4) 카르노 냉동기의 성적 계수를 구하여라.

풀이 −4℃ ; 부록의 R-134a의 증기표로부터

$$h_2 = h_g = 244.90\ \text{kJ/kg}$$

$$s_2 = 0.9213\ \text{kJ/kg}$$

응축기 입구 상태 : $s_3 = 0.9213\text{kJ/kgK}$, $s_2 = s_3$의 과열증기이므로 보간법으로 구하면

$$h_3 = 268.6889\text{kJ/kg}$$

응축기 출구 상태 ; 0.8MPa의 포화액($T_{sat} = 31.33$℃)이므로

$$h_4 = 93.42\text{kJ/kg}$$

또한 상태 4는

$$h_4 = h_1$$

가 된다.

(1) 압축기 동력 $\dot{W}$

$$\dot{W} = \dot{m}(h_3 - h_2) = 0.029 \times (268.689 - 244.90) = 0.6899\,\text{kW}$$

(2) 냉동 능력 $\dot{Q}_L$

$$\dot{Q}_L = \dot{m}(h_2 - h_1) = 0.029 \times (244.9 - 93.42) = 4.393\,\text{kW}$$

(3) 성적 계수 COP

$$\text{COP} = \frac{\dot{Q}_L}{\dot{W}} = \frac{4.393}{0.6899} = 6.3676$$

(4) 카르노 냉동기의 성적 계수$(\text{COP})_{\text{Carnot}}$

$$\text{COP}_{\text{Carnot}} = \frac{T_L}{T_H - T_L} = \frac{269.15}{304.48 - 269.15} = 7.6182$$

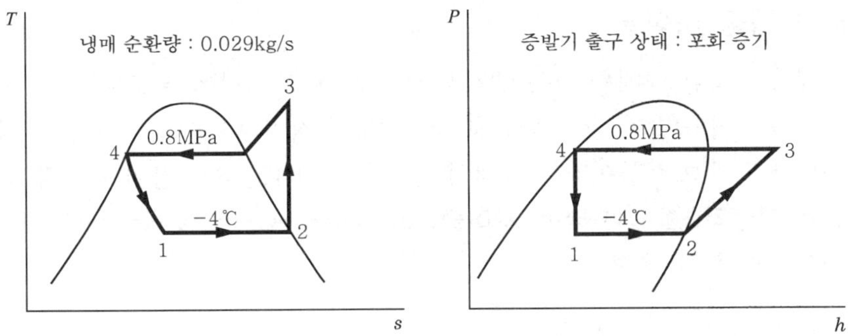

그림 12·8 보기 12.2의 $T-s$ 및 $P-h$ 선도

[2] 냉동 능력

냉동기가 저열원으로부터 흡열하여 이것을 고열원으로 이동시키는 **냉동 능력**(冷凍能力, refrigeration capacity)의 단위로는 **냉동 톤**(refrigeration ton, RT)을 사용한다.

1 냉동 톤이란 0℃의 물 1000 kg을 24시간 동안에 0℃의 얼음(ice)으로 만드는데 필요한 냉각 용량을 말한다. 냉동 톤의 단위로는 J/h, W, kcal/h 등의 단위로 표시한다.

물의 응고(凝固) 잠열은 333.6 kJ/kg(또는 79.68 kcal/kg)이므로

$$1\text{RT} = \frac{333.6 \times 1000}{24} = 13{,}900\text{kJ/h} = 3.8611\text{kW}$$

$$= \frac{79.68 \times 1000}{24} = 3320\text{kcal/h}$$

가 된다. 또한 Btu/h의 단위로는 물의 응고 잠열이 144 Btu/lb이고, 물 1 ton을 2000 lb로 하여 24시간 동안에 얼음으로 만드는 능력이므로

$$1\text{USRT} = \frac{144 \times 2000}{24} = 12{,}000\ \text{Btu/h}$$

$$= 200\ \text{Btu/min}$$

가 된다.

$$1\,\text{Btu} = 1.0554\,\text{kJ} = 0.2520\,\text{kcal} \text{ 이므로}$$
$$1\,\text{USRT} = 12000 \times 1.0554 \fallingdotseq 12{,}660\ \text{kJ/h}$$

따라서

$$1\ \text{RT} = 1.098\ \text{USRT}$$

이다.

[3] 과냉각 냉동 사이클

응축기 내에서 응축한 냉매를 더욱 냉각하여 포화 온도 이하의 온도로 팽창 밸브를 통과시켜 증발기로 보내면 증발기 입구에서 냉매의 건도가 작아져서 냉동 효과를 크게 할 수 있다. 이와 같이 팽창 밸브로 들어가는 냉매의 온도를 그림 12·8과 같이 과냉각 상태로 하는 냉동 사이클을 **과냉각**(過冷却) **냉동 사이클**(subcooled refrigeration cycle)이라 한다.

과냉각 사이클의 성적 계수는

$$\text{COP}_\text{R} = \frac{q_L}{w} = \frac{h_2 - h_1}{h_3 - h_2} \tag{12·12}$$

로 표시된다.

그림 12·9에서 응축기 출구 온도 T_4를 **과냉각 온도**(過冷却溫度, subcooled temperature)라 하고, $(T_H - T_4)$를 **과냉각도**(過冷却度: degree of subcooling)라 한다.

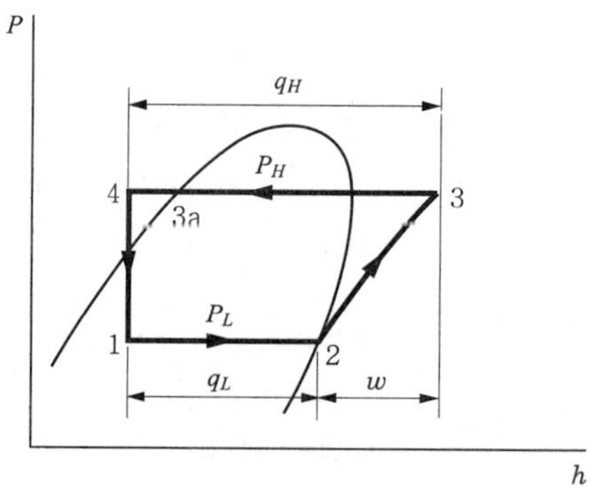

그림 12·9 과냉각 냉동 사이클

이 사이클 선도에서 보는 바와 같이 과냉각을 하지 않고 포화액의 상태로 팽창 밸브로 유입되는 경우와 비교하면 냉동 효과는 $\Delta q_L = h_{3a} - h_4$만큼 증가시킬 수 있다. 이와 같은 과냉각 냉동 사이클은 냉동기의 성능을 비교하는 기준으로 삼고 있으며 표 12·1과 같은 조건하에서 작동되는 냉동 사이클을 **표준 냉동 사이클**(standard refrigeration cycle)이라 한다.

표 12 · 1 표준 냉동 사이클

사이클 조건	미 국	일본, 독일
증발 온도	−15℃	−15℃
응축 온도	30℃	30℃
과냉각도	5℃	5℃
흡입 증기의 과열도	5℃	

표준 사이클의 조건으로는 표 12 · 1에서 보는 바와 같이 나라에 따라 약간 다른 값을 취하고 있다.

보기 12.3

냉매 R-134a를 동작 유체로 하는 증기 압축 냉동 사이클의 운전 조건이 다음과 같을 경우 (1) 압축기 동력, (2) 냉동 효과, (3) 성적 계수 (4) 응축기 말의 상태 4에서 4s까지 단열 팽창하는 경우의 성적계수를 구하여라.

응축기 압력 ; 1.0 MPa　　　　증발기 압력 ; 0.18 MPa
응축기 출구 상태 ; 포화액　　　　증발기 출구 상태 ; 포화 증기
냉매 순환량 ; 0.04 kg/s

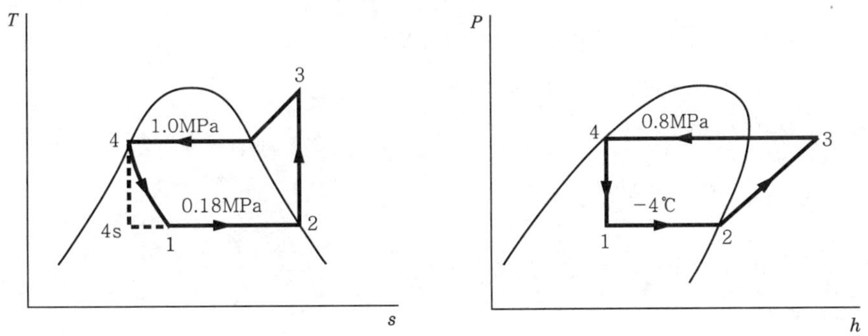

그림 12 · 10 보기 12.3의 $T-s$, $P-h$ 선도

풀이 상태 2 ; 0.18 MPa ; $h_2 = 239.71\,\text{kJ/kg}$, $s_2 = 0.9273\,\text{kJ/kg K}$

상태 3 ; 1.0 MPa, $s_2 = s_3 = 0.9273$ kJ/kg K일 때의 h_3를 보간법으로 구하면

$$h_3 = 275.2617\ \text{kJ/kg}$$

상태 4 ; 1.0 MPa일 때 $h_4(h_{f\,(1\text{MPa})}) = 105.29\,\text{kJ/kg}$

상태 1 ; $h_4 = h_1$

따라서

(1) 압축기 동력 $\dot{W}$

$$\dot{W} = \dot{m}(h_3 - h_2) = 0.04(275.2617 - 239.71) = 1.422\,\text{kW}$$

(2) 냉동 효과 $\dot{Q}_L$

$$\dot{Q}_L = \dot{m}(h_2 - h_1) = 0.04(239.71 - 105.29) = 5.3768\,\text{kW}$$

(3) 성적 계수 COP

$$\text{COP} = \frac{\dot{Q}_L}{\dot{W}} = \frac{5.3768}{1.422} = 3.781$$

(4) $4 \to 4s$까지 단열 팽창하는 경우의 COP
만일 팽창 밸브가 $4s$까지 단열 팽창한다면

$$s_4 = s_{4s} = 0.3838\text{kJ/kg K},\quad s_{4f} = 0.1352\text{kJ/kg K},\quad s_{4g} = s_2$$

$$s_{4s} = s_{4f} + x_{4s}(s_{4g} - s_{4f})$$

$$x_{4s} = \frac{s_{4s} - s_{4f}}{s_{4g} - s_{4f}}$$

$$x_{4s} = \frac{0.3838 - 0.1352}{0.9273 - 0.1352} = 0.3138$$

$$h_{4s} = h_{4f} + x_{4s}(h_{4fg}) = 33.45 + 0.3138(239.71 - 33.45) = 98.1743\text{kJ/kg}$$

$$\dot{Q}_L = \dot{m}(h_2 - h_{4s}) = 0.04(239.71 - 99.2057) = 5.6202\,\text{kW}$$

$$\dot{W} = \dot{m}(h_3 - h_2) = 0.04(288.8086 - 239.71) = 1.964\,\text{kW}$$

따라서 증발기 입구가 $4s$ 이면 $\dot{Q}_L = 5.6202\,\text{kW}$가 되어

$$\dot{Q}_{L4s} - \dot{Q}_{L1} = 5.6202 - 5.3678 = 0.2524\,\text{kW}$$

증가하고, 성적 계수는

$$\text{COP} = \frac{\dot{Q}_L}{\dot{W}} = \frac{5.6202}{1.964} = 2.8616$$

$$\text{COP}_{4s} - \text{COP}_1 = 2.8616 - 2.7376 = 0.124$$

만큼 증가한다.

만일 $4 \to 4s$를 단열 터빈으로 작동하는 경우, 터빈일은

$$\dot{W}_{4-4s} = \dot{m}(h_4 - h_{4s}) = 0.04(105.29 - 99.2057) = 0.2434\,\text{kW}$$

의 일을 발생하므로 압축기의 입력일은

$$\dot{W} = 1.964 - 0.2434 = 1.7206\text{kW}$$

가 된다. 따라서

$$\text{COP} = \frac{\dot{Q}_L}{\dot{W}} = \frac{5.6202}{1.7206} = 3.2664$$

이 되어 사이클 성능은 향상된다.

보기 12.4

R−134a를 냉매로 사용하는 증기 압축 냉동 사이클에서 압축기 입구 상태가 0.18 MPa, −10℃의 과열 증기이고, 응축기 입구 압력과 온도가 각각 1.0 MPa, 50℃이며, 응축기 출구 상태는 응축기 내의 압력 강하가 수반되어 0.90 MPa, 35.53℃인 상태로 팽창 밸브로 들어간다. 이 사이클의 $T-s$ 선도를 그리고 다음 사항을 구하여라. 단, 주위 온도는 20℃이다.

(1) 압축기 동력 $\dot{W}$ 및 등엔트로피 효율 η_c

(2) 냉동 효과 $\dot{Q}_L$

(3) 성적 계수 COP

(4) 압축기 및 팽창 밸브의 비가역성률 $\dot{I}_C$ 및 $\dot{I}_v$

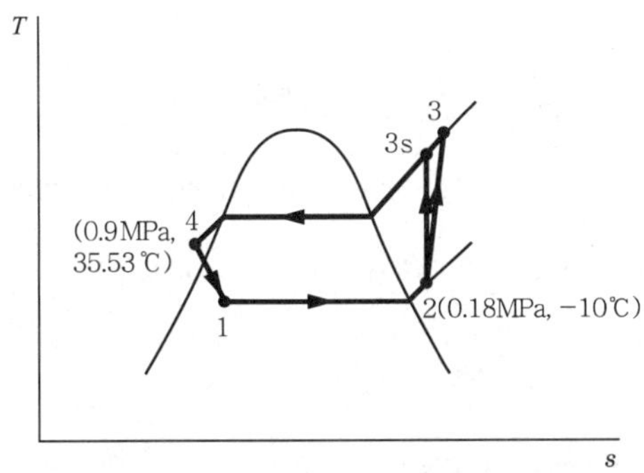

그림 12·11 보기 12.3의 $T-s$ 선도

풀이 상태 2 ; $P_2 = 0.18\text{MPa}, -10℃$ (과열 증기)

$h_2 = 242.06\text{kJ/kg}$, $s_2 = 0.9362\text{kJ/kg K}$

상태 3 ; 1 MPa, 50℃ : $h_3 = 280.19\text{kJ/kg}$ $s_3 = 0.9428\text{kJ/kg K}$

상태 3_s ; 1 MPa, $s_2 = s_{3s} = 0.9362\text{kJ/kg K}$이므로 보간하여 h_{3s}를 구하면

$h_{3s} = 278.0915\text{kJ/kg}$

상태 4 ; $P_4 = 0.90\text{MPa}$, 35.53℃ : $h_4 = h_{4f,35.53℃} = 99.56\text{kJ/kg}$

$h_4 = h_1 = 99.56\text{kJ/kg}$, $s_{4f,35.53℃} = 0.3656\text{kJ/kg K}$

(1) 압축기 동력 $\dot{W}$

$$\dot{W} = \dot{m}(h_3 - h_2) = 0.04(280.19 - 242.06)$$
$$= 1.5252\text{kW}$$

압축기의 등엔트로피 효율은

$$\eta_c = \frac{h_{3s} - h_2}{h_3 - h_2} = \frac{278.0915 - 242.06}{280.19 - 242.06} = 0.9450$$

(2) 냉동 효과 $\dot{Q}_L$

$$\dot{Q}_L = \dot{m}(h_2 - h_1) = 0.04(242.06 - 99.56) = 5.7\,\text{kW}$$

(3) 성적 계수 COP

$$\text{COP} = \frac{\dot{Q}_L}{\dot{W}} = \frac{5.7}{1.525} = 3.7372$$

(4) 압축기 및 팽창 밸브의 비가역성률

$$\dot{I}_c = \dot{T}_0(s_3 - s_2) = 0.04 \times 293.15 \times (0.9428 - 0.9362) = 0.0774\,\text{kW}$$

$$\dot{I}_v = T_0(s_1 - s_4)$$

여기서 s_1을 구하면

$$s_1 = s_f + x_1(s_{1g} - s_{1f})$$

$$x_1 = \frac{h_4 - h_{1f}}{h_{1g} - h_{1f}} = \frac{99.56 - 33.45}{239.71 - 33.45} = 0.3205$$

$$s_1 = s_{1f} + x_1(s_{1g} - s_{1f}) = 0.1352 + 0.3205(0.9273 - 0.1352) = 0.3891$$

$$\dot{I}_v = T_0(s_1 - s_4) = 0.04 \times 293.15 \times (0.3891 - 0.3656)$$
$$= 0.2756\,\text{kW}$$

[4] 모세관을 이용한 냉동 시스템

대부분의 소형 냉동 시스템에서는 팽창 밸브 대신에 모세관(capillary tube)을 사용한다. 이 장치는 왕복식 증기 압축 냉동 사이클에 적용되고 있다.

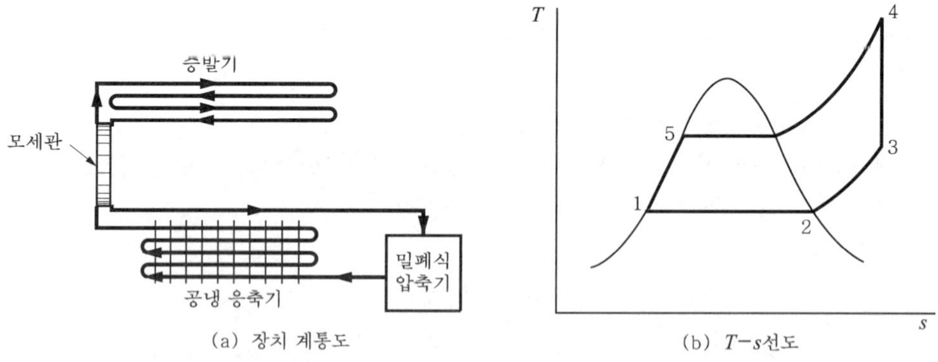

그림 12 · 12 모세관을 이용한 냉동 시스템 계통도

모세관을 이용한 시스템(capillary tube refrigeration system) 계통도를 그림 12 · 12 (a)에 나타내었다.

압축기와 전동기는 밀폐형으로 만들어서 냉매의 누설, 소음 등을 방지할 수 있다. 그러나 고장이 생겼을 때 수리가 어려운 결점을 지니고 있다. 모세관은 지름 0.762 mm로부터 1.27 mm 정도의 관이 사용된다. 그 길이는 1.5~6.05 mm 정도이다. 압력 강하(pressure drop)는 튜브의 길이에 따라서 결정된다. 따라서 튜브가 길수록 압력 강하는 더욱 커진다. 이것은 증발기의 압력과 온도가 더욱 낮아짐을 의미한다. 과냉각을 유도하기 위하여 모세관을 압축기의 흡입 라인에 붙여서 연결한다. 그림 12 · 12 (b)는 모세관 시스템의 $T-s$ 선도를 그린 것이다. 이 선도는 응축기 출구의 과냉각 및 증발기 출구의 과열이 없는 경우이며, $2 \rightarrow 3$ 과정의 엔탈피 상승은 $5 \rightarrow 1$ 과정의 엔탈피 강하량과 같다.

12.4 다단 압축 냉동 사이클

[1] 2단 압축 1단 팽창 사이클

냉동 사이클에서 압축비(壓縮比 또는 壓力比)가 크면 압축기 출구 온도가 높아져서 압축기의 체적 효율(體積效率, volumetric efficiency)이 저하한다. 특히 증발 온도가 저하하면 압축 압력비가 커지므로 압축 과정을 2 단, 3 단으로 나누어 압축하여야 하며 그 도중에 냉각 과정을 통하여 압축일을 감소시킨다. 각 단의 압력비는 7 정도이다.

그림 12 · 13은 2 단 압축 1단 팽창 사이클의 계통도와 $T-s$, $P-h$ 선도를 나타낸 것이다.

과정 $1 \rightarrow 2$: 증발기의 정압 증발 과정(q_L 흡열)
과정 $2 \rightarrow 3$: 저압 압축기의 단열 압축 과정(w_L 압축 소요일)
과정 $3 \rightarrow 4$: 중간 냉각기의 냉각 과정(q_c 방열)
과정 $4 \rightarrow 5$: 고압 압축기의 단열 압축 과정(w_H 압축 소요일)
과정 $5 \rightarrow 6$: 응축기의 정압 방열 과정(q_H 방열)
과정 $6 \rightarrow 1$: 팽창 밸브의 등엔탈피 과정($h_6 = h_1$)

$$\text{냉동 효과} : q_L = h_2 - h_1 \text{ kJ/kg} \tag{12 · 13}$$

$$\text{압축기의 소요일} : w = w_L + w_H = (h_3 - h_2) + (h_5 - h_4) \text{ kJ/kg} \tag{12 · 14}$$

$$\text{방열량} : q_H = h_5 - h_6 \text{ kJ/kg} \tag{12 · 15}$$

$$\text{성적 계수} : \text{COP} = \frac{q_L}{w} = \frac{h_2 - h_1}{(h_3 - h_2) + (h_5 - h_4)} \tag{12 · 16}$$

중간 냉각기의 방열량 : $q_m = h_3 - h_4$ kJ/kg (12 · 17)

중간 냉각 압력 : $P_m = \sqrt{P_L P_H}$ (12 · 18)

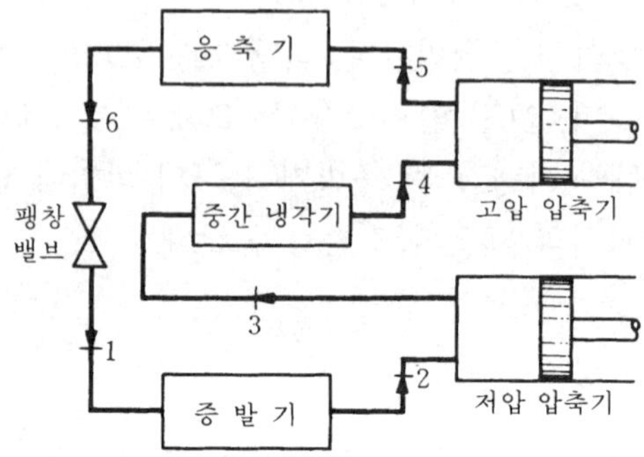

(a) 계통도

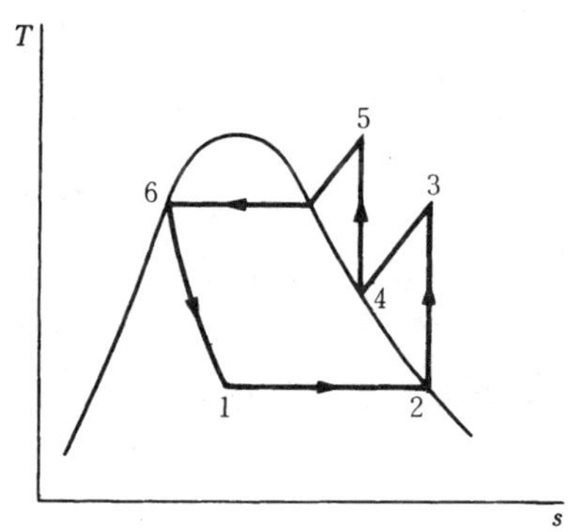

(b) $T-s$선도

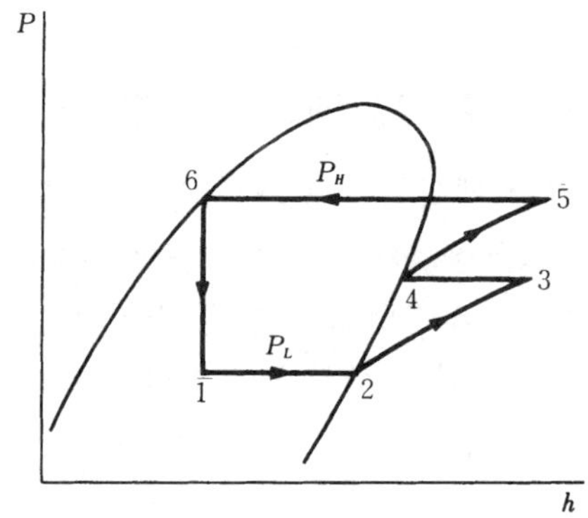

(c) $P-h$선도

그림 12 · 13 2단 압축 1단 팽창 사이클의 계통도와 $T-s$, $P-h$ 선도

[2] 2단 압축 2단 팽창 냉동 사이클

냉동 장치에서 냉각 온도가 −30℃ 이하의 저온이 되면 냉매의 증발 온도(증발 압력)가 낮아져서 지금까지 설명한 1대의 압축기로 1단 압축하면 압축비가 커지게 된다. 그러므로 압축기의 체적 효율(압축기의 이론적 피스톤 배제량과 실제로 흡수한 냉매 가스량의 비)이 저하하여 냉동기의 냉동 능력이 저하하고, 필요한 동력은 증가하여 효율이 떨어진다. 또한 압축 말의 가스 온도가 상승하여 실린더를 과열시키고 이에 따라 윤활유의 열화(劣化)를 일으키는 원인이 된다.

그러므로 이러한 문제점을 제거하기 위하여 압축을 2단으로 나누어 증발 압력으로부터 중간 압력까지 저압측 압축기(low pressure compressor)로 압축하고 중간 압력으로부터 응축 압력까지는 고압측 압축기(high pressure compressor)로 압축하여 각각의 압축비를 작게 함으로써 체적 효율의 저하와 실린더의 과열을 방지하는 방법을 이용하는 사이클이다.

이와 같이 2단 압축하는 경우에는 저압측 압축기 출구에 중간 냉각기(中間冷却器, intercooler)를 설치하여 저압측 압축기에서 나온 가스를 냉각하여 고압측 압축기로 유입되도록 한다. 이렇게 하면 고압측 압축기의 배출 가스의 온도를 낮출 수 있다. 여기서는 이 방법의 대표적인 사이클인 중간 냉각 2단 압축, 2단 팽창 사이클의 구성과 사이클 해석에 대하여 알아보기로 한다.

그림 12 · 14, 12 · 15는 2단 압축 2단 팽창 냉동 장치의 계통도와 $T-s$ 및 $P-h$ 선도를 도시한 것이다. 제 1 단 압축기(저압 압축기)에서 압축된 냉매 가스는 중간 냉각기에서 중간 압력의 증기로 될 때까지 냉각된 다음 이것을 2단 압축기(고압 압축기)에서 응축 압력까지 압축한다.

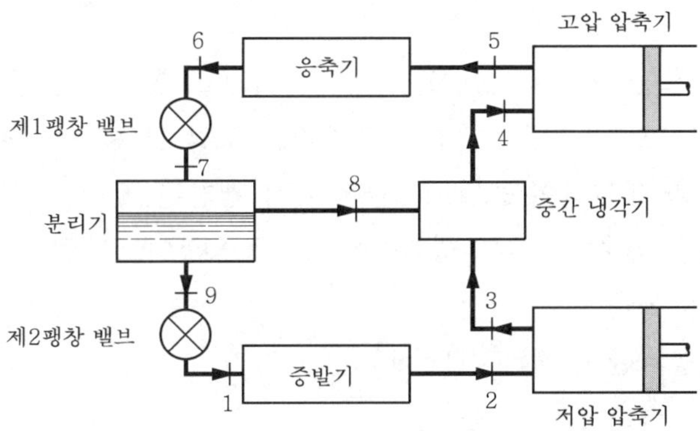

그림 12 · 14 기액 분리기와 중간 냉각기를 갖는 2 단 압축 2 단 팽창 냉동 사이클의 계통도

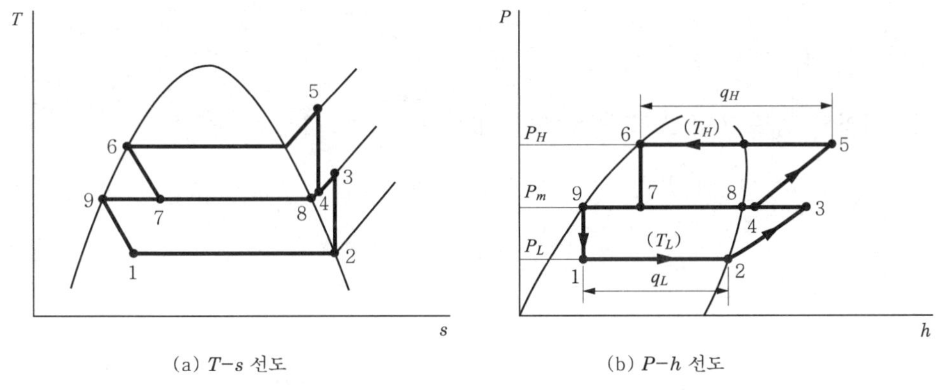

그림 12 · 15 중간 냉각이 불완전한 2 단 압축 2 단 팽창 냉동 사이클

한편 응축기에서 액화한 냉매는 제 1 팽창 밸브에서 중간 압력까지 감압되어 기액 분리기(氣液分離器, separator)에서 증기는 상부에, 액은 하부로 분리된다. 기액 분리기의 상부는 혼합실 역할을 하는 중간 냉각기를 통하여 고압측 압축기에 접속되어 있으므로 중간 냉각된 저압 압축기의 배출 가스와 함께 중간 냉각기를 거쳐 고압측 압축기로 흡입된다. 분리기를 통과한 냉매액은 제 2 팽창 밸브에서 증발 압력까지 감압되어 증발기로 들어가 냉동 작용을 한다.

상태 8의 포화 증기는 상태 3인 과열 증기와 혼합되어 상태 4의 증기로 되어 고압측 압축기로 들어간다. 따라서 상태 4의 엔탈피는 저압 압축기를 나온 $(1-x_7)$ kg의 증기가 갖는 엔탈피와 제 1 팽창 밸브를 통과한 냉매 증기 x_7 kg이 갖는 엔탈피의 합으로 표시된다.

$$h_4 = x_7 h_8 + (1-x_7) h_3 \text{ kJ/kg}$$

고압 압축기를 거치는 동안 2단으로 압축된 과열 냉매 증기는 응축기에서 냉각되어 상태 6으로 된다.

한편 제 1 팽창 밸브를 통과한 냉매는 기액 분리기를 통과하는 동안 x_7 kg의 증기와 $(1-x_7)$ kg의 냉매액으로 분리된다. 이 때의 증기는 고압 압축기로 들어가고, 나머지 냉매액은 제 2 팽창 밸브를 통과하여 증발 압력 P_L까지 팽창된다.

따라서 냉동 효과를 얻을 수 있는 냉매량은 $(1-x_7)$ kg이고, 증발기의 냉동 효과는 $(1-x_7)(h_2-h_1)$ kJ/kg이 된다.

제 1 팽창 밸브를 통과한 냉매의 건도 x_7은

$$h_7 = h_9 + x_7(h_8 - h_9)$$

$$x_7 = \frac{h_7 - h_9}{h_8 - h_9}$$

$$1 - x_7 = \frac{h_8 - h_7}{h_8 - h_9}$$

가 된다. 따라서 증발기의 흡열량(吸熱量) 또는 냉동 효과는

$$\begin{aligned} q_L &= (1-x_7)(h_2-h_1) = (1-x_7)(h_2-h_9) \\ &= \frac{(h_8-h_7)(h_2-h_9)}{h_8-h_9} \text{ kJ/kg} \end{aligned} \tag{12·19}$$

압축기의 압축 소요일

$$\begin{aligned} w &= w_L + w_H = (1-x_7)(h_3-h_2) + (h_5-h_4) \\ &= \frac{(h_8-h_7)(h_3-h_2) + (h_8-h_9)(h_5-h_4)}{(h_8-h_9)} \end{aligned} \tag{12·20}$$

중간 냉각기의 방열량 : $q_m = (1 - x_7)(h_3 - h_4)$ kJ/kg (12 · 21)

응축기의 방열량 : $q_H = (h_5 - h_6)$ kJ/kg (12 · 22)

중간 냉각 압력 $P_m = \sqrt{P_L P_H}$

여기서 w_L, w_H, P_H, P_L은 각각 저압 압축기일, 고압 압축기일, 응축기 압력, 증발기 압력이다. 이 사이클의 성적 계수는 다음과 같이 구한다.

$$\text{COP}_R = \frac{q_L}{w} = \frac{(1 - x_7)(h_2 - h_1)}{(1 - x_7)(h_3 - h_2) + (h_5 - h_4)} \qquad (12 \cdot 23)$$

보기 12.5

2 단 압축 냉동 사이클의 성능 계산

증발 압력 0.14 MPa, 응축 압력 0.9 MPa로 작동되는 2 단 압축 냉동 사이클에서 분리기 압력이 0.32 MPa이고, 분리기를 나온 증기는 저압 압축기를 통과한 과열 냉매 증기와 혼합되고 나머지는 제 2 팽창 밸브를 통과하여 냉동 효과를 얻는다. 증발기 출구의 냉매를 건증기로 가정하고 압축 과정을 등엔트로피 과정으로 가정하여 다음 사항을 구하여라. 다만 냉매는 R-134a이고, 응축기 출구 상태는 포화액이다.

(1) 분리기를 들어가기 전 증기의 건조도 x_7

(2) 증발기의 흡수 열량 q_L및 압축 소요일 w

(3) 성적 계수 COP

(4) 1 단 압축 냉동 사이클과 COP 비교

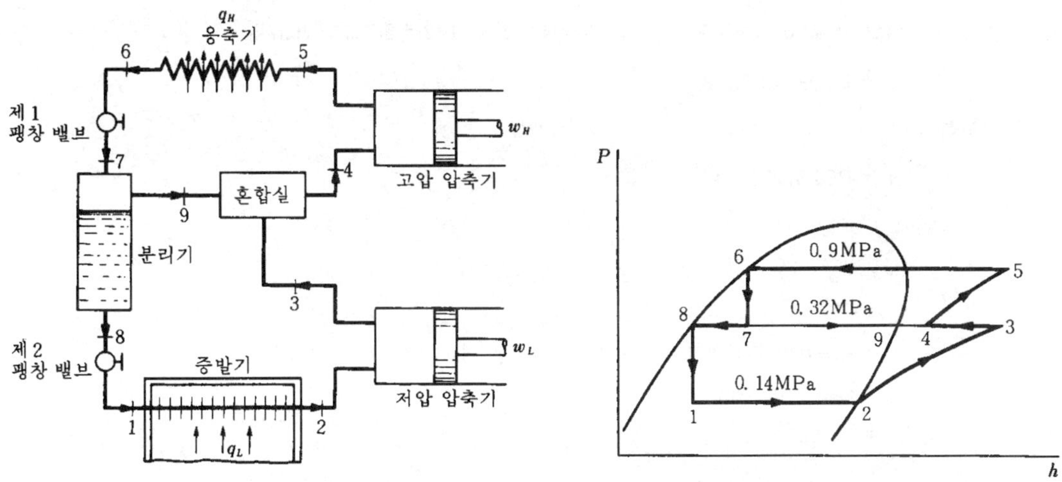

그림 12 · 16 보기 12.5의 $P-h$ 선도

풀이 (1) 제1팽창 밸브를 통과한 냉매의 건조도 x_7은

$$x_7 = \frac{(h_7 - h_8)}{(h_9 - h_8)} = \frac{(h_6 - h_8)}{(h_9 - h_8)}$$

R-134a 냉매표로부터

$$h_6 = 99.56\,\text{kJ/kg}(P_H = 0.9\,\text{MPa})$$

$$h_8(h_f) = 53.51\,\text{kJ/kg},\ \ h_9(h_g) = 248.66\,\text{kJ/kg}\,(P_{ic} = 0.32\,\text{MPa})$$

$$x_7 = \frac{99.56 - 53.51}{248.66 - 53.51} = 0.236$$

(2) 증발기의 냉동 효과 q_L

$$q_L = (1 - x_7)(h_2 - h_1) = (1 - x_7)(h_2 - h_8)$$

$$h_2 = 236.04\,\text{kJ/kg},\ \ h_8 = 53.51\,\text{kJ/kg}$$

$$q_L = (1 - 0.2360)(236.04 - 53.51) = 139.4529\,\text{kJ/kg}$$

압축기 입력에 상당하는 일 w

$$w = w_L + w_H = (1 - x_7)(h_3 - h_2) + (h_5 - h_4)$$

h_4를 구하기 위하여 혼합실에 대하여 에너지 평형식을 세우면

$$\cancel{Q}^{0} - \cancel{W}^{0} = \Sigma \dot{m}_e h_e - \Sigma \dot{m}_i h_i$$

$$1(h_4) = x_7 h_9 + (1 - x_7)h_3$$

여기서 $s_2 = s_3 = 0.9322$ kJ/kg K이므로 0.32 MPa에 대한 h_3를 구하면

$$h_3 = 252.7142\,\text{kJ/kg}$$

$$h_9 = 248.66\,\text{kJ/kg}$$

$$h_4 = 0.2360 \times 248.66 + (1 - 0.2360) \times 252.7142 = 251.7574\,\text{kJ/kg}$$

$$s_4 = 0.9288\,\text{kJ/kg K}$$

또한 h_5는 $s_4 = s_5$이므로

$$h_5 = 273.5727\,\text{kJ/kg}$$

압축일

$$\begin{aligned} w &= w_L + w_H \\ &= (1 - x_7)(h_3 - h_2) + (h_5 - h_4) \\ &= (1 - 0.2360)(252.7142 - 236.04) + (273.5727 - 251.7574) \\ &= 34.5544\,\text{kJ/kg} \end{aligned}$$

(3) 성적 계수 COP

$$\text{COP} = \frac{q_L}{w} = \frac{139.4529}{34.5544} = 4.0375$$

(4) 1단 압축 냉동 사이클과 COP 비교

$P_L = 0.14\text{MPa}$이므로

$h_2 = 236.04\,\text{kJ/kg},\ h_1 = h_4 = 99.56\text{kJ/kg}$

$P_H = 0.9\,\text{MPa},\ s_2 = s_3 = 0.9322\,\text{kJ/kgK}$이므로 보간법으로 h_3를 구하면

$h_3 = 275.5685\,\text{kJ/kg}$

따라서

$$q_L = h_2 - h_1 = 236.04 - 99.56 = 136.48\text{kJ/kg}$$

$$w = h_3 - h_2 = 275.5865 - 236.04 = 39.5465\text{kJ/kg}$$

$$q_H = h_3 - h_4 = 275.5865 - 99.56 = 176.0265$$

$$\text{COP} = \frac{q_L}{w} = \frac{136.54}{39.5465} = 3.4511$$

따라서 1단압축 1단팽창 사이클의 경우보다 냉동 성능이 향상됨을 알 수 있다.

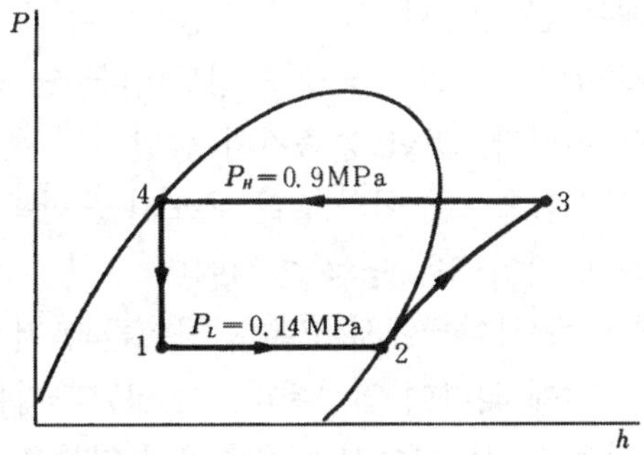

그림 12 · 17 1단압축 냉동 사이클의 $P-h$ 선도

[3] 다원 냉동 사이클

−70℃ 이하의 저온에서는 다단 압축 방식으로는 효율적인 사이클 실현이 곤란하므로 다원 냉동 사이클을 적용한다. **다원 냉동**(多元冷凍) **사이클**(cascade refrigeration cycle)은 초저온을 얻기 위하여 저온측과 고온측의 냉동 사이클을 독립시키는 방법이다. 이 방식은 냉동기를 저온용과 고온용으로 나누고, 그림 **12 · 18**과 같이 저온용 냉동기의 응축기 냉각을 고온용 냉동기의 증발기로 하도록 만든 것으로서 두 사이클의 냉매는 서로 대향하여 열교환기 내를 흐르도록 되어 있다. 그림 **12 · 18**과 같은 냉동 사이클을 **2원 냉동 사이클**(binary refrigeration cycle)이라고 한다.

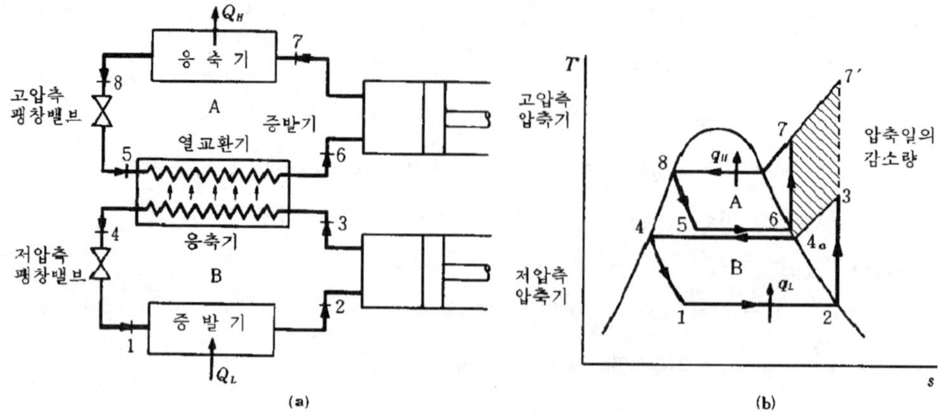

그림 12 · 18 2 원 냉동 사이클

이 사이클에서 고 · 저 두 온도 사이를 2 개 이상의 사이클로 나누고 각각의 온도 범위에 알맞은 냉매를 사용하는 사이클을 **다원 냉동**(多元冷凍) **사이클**이라 한다. 이 사이클은 증발기와 응축기의 온도차가 매우 큰 경우에 사용되는 방식이다.

산업용 저온 장치의 온도 범위는 $-25\sim-75$℃ 정도이다. 단 증기 압축 냉동 사이클로는 이와 같은 저온을 만족하기 어렵다. 또한 응축기와 증발기의 온도차는 더욱 커지게 된다. 그러므로 1단 압축에 의한 시스템으로는 이와 같은 온도차를 만족할 수 없다. 이러한 문제점을 개선하기 위하여 시도된 방법이 2원 냉동 방식이다.

그림 12 · 18과 같은 2 원 냉동 사이클에서 고온측 사이클과 저온측 사이클은 각각 열교환기(熱交換器, heat exchanger)에 의하여 연결된다. 이 열교환기는 고온측 사이클에서는 증발기의 역할을 하게 되고, 저온측 사이클에서는 응축기의 역할을 하게 된다. 이 때 고온측의 흡수 열량은 저온측의 응축 열량과 같으며 고 · 저온측 사이클을 각각 A, B 사이클이라 하면 다음 관계가 성립한다.

$$\dot{m}_A(h_6-h_5)=\dot{m}_B(h_3-h_4)$$

$$\frac{\dot{m}_A}{\dot{m}_B}=\frac{h_3-h_4}{h_6-h_5} \qquad (12 \cdot 24)$$

따라서 2 원 냉동 사이클의 성적 계수 $\mathrm{COP_{cascade}}$는

$$\mathrm{COP_{cascade}}=\frac{\dot{Q}_L}{\dot{W}_{\mathrm{in}}}=\frac{\dot{m}_B(h_2-h_1)}{\dot{m}_B(h_3-h_2)+\dot{m}_A(h_7-h_6)} \qquad (12 \cdot 25)$$

가 된다.

그림 12 · 18의 $T-s$ 선도에서 보는 바와 같이 압축기 일은 1 단 압축할 때보다 면적 $(4a\,3\,7'\,7)$만큼 작아진다.

보기 12.6

R-134a를 냉매로 사용하는 2원 냉동 사이클에서 증발기 압력이 0.1MPa이고 응축기 압력이 0.7MPa일 경우 (1) 저압측 사이클의 냉매 유량과 (2) 두 압축기의 소요 동력 및 (3) 냉동기의 성적 계수를 구하라. 단, 중간 압력은 0.32MPa, 열교환기는 대향류 열교환기이고, 고압측 사이클의 냉매 유량은 0.045kg/s이다.

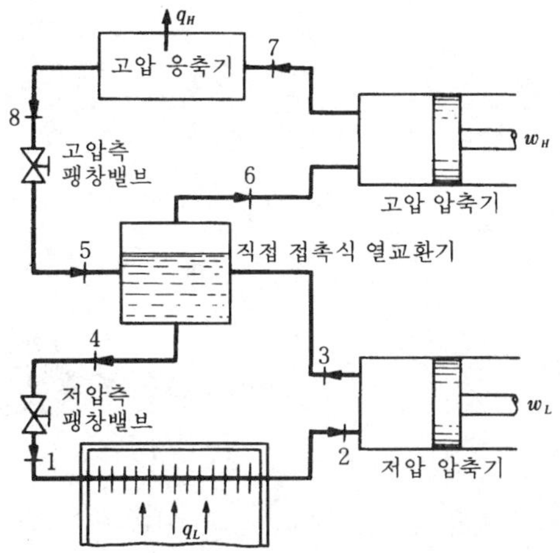

(a) 장치 계통도

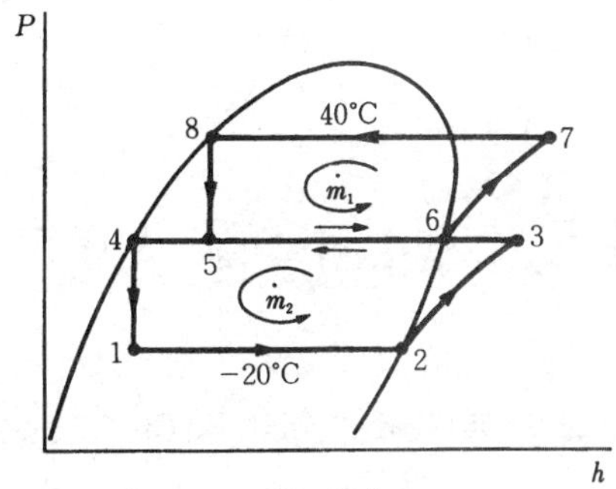

(b) $P-h$ 선도

그림 12·19 보기 12.6의 설명도

풀이 (1) 저압측 사이클의 냉매 유량

열교환기에 에너지 식을 적용하면

$$\frac{\dot{m}_A}{\dot{m}_B} = \frac{h_3 - h_4}{h_6 - h_5}$$

R-134a 냉매표로부터

$$P_L = 0.1\text{MPa} \ ;\ h_2 = 231.35\,\text{kJ/kg},\ \ s_2 = 0.9395\,\text{kJ/kg K},\ \ s_2 = s_3$$

$$P_{ic} = 0.32\text{MPa} \ ;\ h_4 = 53.31\,\text{kJ/kg},\ \ h_6 = 248.66\,\text{kJ/kg},$$
$$s_4 = 0.2089\,\text{kJ/kg K}\ \ , s_6 = 0.9177\ \text{J/kg}$$

$$P_H = 0.7\text{MPa} \ ;\ h_8 = 86.78\,\text{kJ/kg},\ \ h_8 = h_5 = 86.78\,\text{kJ/kg},$$
$$h_7(0.7\,\text{MPa}, 40℃) = 275.93\,\text{kJ/kg}$$

$P_{ic} = 0.32\text{MPa}$의 과열 증기 h_3를 보간하여 구하면 $h_3 = 255.7553\,\text{kJ/kg}$

$$\begin{aligned}\dot{m}_B &= \dot{m}_A(h_6 - h_5)/(h_3 - h_4)\\ &= 0.045(248.66 - 86.78)/(255.7553 - 53.31)\\ &= 0.03598\,\text{kg/s}\end{aligned}$$

증발기의 흡수 열량

$$\dot{Q}_L = \dot{m}_B(h_2 - h_1) = 0.03598(231.35 - 53.31) = 6.4058\,\text{kW}$$

(2) 두 압축기의 소요 동력

압축기의 소요 동력

$$\dot{W} = \dot{W}_L + \dot{W}_H = \dot{m}_A(h_3 - h_2) + \dot{m}_B(h_7 - h_6)$$
$$= 0.045(255.7553 - 231.35) + 0.03598(275.93 - 248.66)$$
$$= 2.0794\,\text{kW}$$

(3) 냉동기의 성적계수

$$\text{COP} = \frac{\dot{Q}_L}{\dot{W}} = \frac{6.4058}{2.0794} = 3.0806$$

12.5 흡수식 냉동 사이클

흡수식 냉동(吸收式冷凍) **사이클**(absorption refrigeration cycle)은 원리적으로는 증기 압축식 냉동 사이클과 동일하나 압축기에 의한 압축 작용을 냉매의 열역학적 성질을 이용하여 용액(溶液)에 의한 흡수(吸收)와 증발(蒸發)과정으로 바꾸어 놓은 것이다.

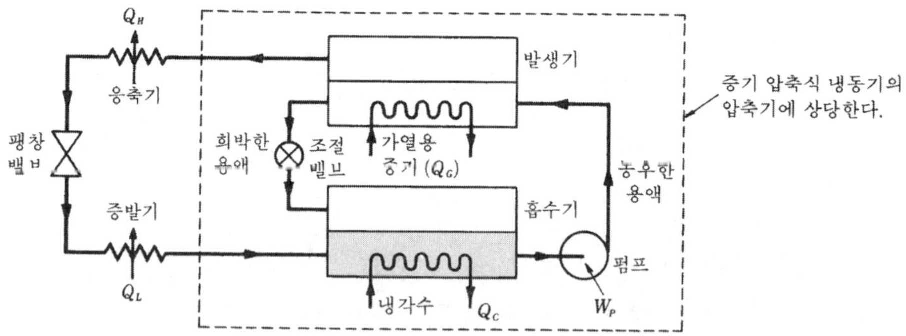

그림 12 · 20 흡수식 냉동 사이클의 계통도

그림 12 · 20에서 보는 바와 같이 흡수 냉동기는 발생기(發生器, generator), 응축기, 팽창 밸브, 증발기, 흡수기(吸收器, absorber)로 구성된다.

가장 널리 사용하는 물질은 물과의 친화력(親和力)이 있는 암모니아, 리튬 브로마이드(lithium bromide) 등의 혼합물이다. 암모니아 수용액의 경우 암모니아(ammonia, NH_3)는 냉매의 역할을 하고 물(water, H_2O)은 수송 매체의 역할을 한다. 또 다른 흡수식 냉동 장치에 사용되는 유체로는 물-리튬 브로마이드가 사용된다.

그림 12 · 20과 같은 장치에 NH_3-H_2O를 작업 유체로 하는 경우에 대하여 생각하여 보기로 한다.

흡수기에서 펌프에 의하여 퍼올린 농후한 암모니아 수용액(strong solution)은 발생기로 들어가서 가열되어 암모니아는 증발하여 응축기를 통하게 되고, 나머지는 묽은 용액(weak solution)으로 되어 흡수기로 보내진다.

응축기에서 방열 응축된 냉매는 암모니아 액으로 되고 이것이 팽창 밸브를 통과하면서 습증기로 되어 증발기로 들어가 흡열 작용을 하게 된다.

증발기에서 흡열 작용(냉동 효과)을 한 암모니아 증기는 흡수기에서 냉각되면서 농후한 수용액(NH_3-H_2O)으로 된다.

따라서 그림 12 · 20의 점선으로 표시한 부분(점선 4각형)은 증기 압축 냉동 사이클의 압축기에 상당한다. 그림 12 · 21은 가열원을 태양 에너지(solar energy)를 이용하는 암모니아-물 흡수 냉동 시스템의 구성의 보기를 나타낸 것이다. 발생기의 가열용 열원으로는 지열(地熱) 에너지(geothermal energy), 공장의 폐열 등을 사용할 수 있다.

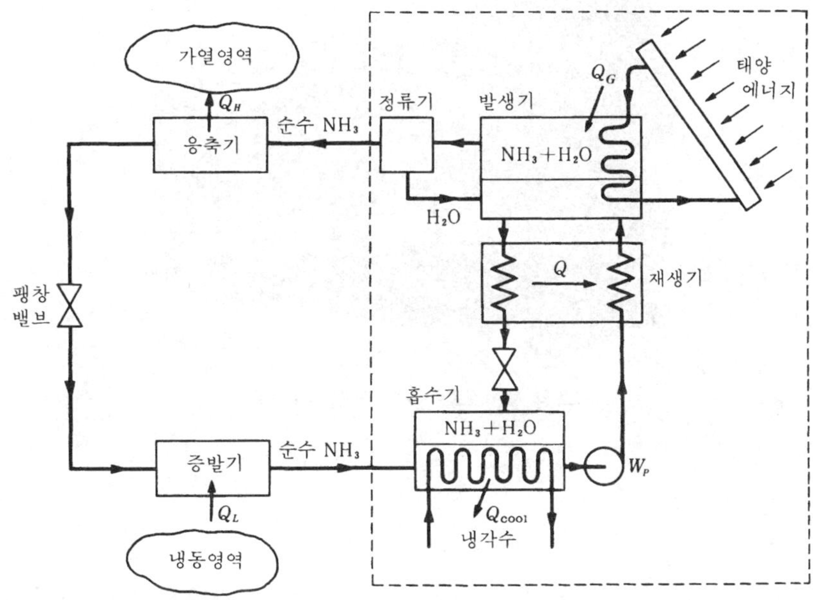

그림 12 · 21 NH_3-H_2O 흡수 냉동 시스템

증발기를 나온 암모니아 증기는 흡수기로 들어가서 암모니아 수용액(NH_3-H_2O)이 된다. 이 반응은 발열을 수반하며, 이 과정 중에 제거되는 열량은 Q_C이다.

NH_3-H_2O 용액은 펌프에 의하여 발생기로 보내지고 여기서 발생한 NH_3 수용액 증기는

정류기(rectifier)를 통과하는 동안 물은 분리되어 다시 발생기로 되돌아가게 된다.

고압의 암모니아 증기는 응축기로 들어가서 사이클을 이루고 고온의 암모니아-물 용액은 재생기(regenerator)를 통과하는 동안 열교환하고 스로틀 밸브를 통하여 흡수기로 들어간다. 흡수식 냉동 계통의 성적 계수 COP는

$$\text{COP}=\frac{Q_L}{Q_G+W_P}\cong\frac{Q_L}{Q_G} \tag{12・26}$$

가 된다. 여기서 Q_G는 발생기의 가열량이고, W_P은 펌프의 입력일에 상당하는 에너지이고 Q_L은 증발기의 흡수 열량이다.

흡수식 냉동기에서 열에너지 평형을 세우면

$$Q_G+Q_L+W_{\text{in,pump}}=Q_H+Q_C \tag{12・27}$$

가 되며, 여기서 Q_H, Q_L은 각각 응축기 및 흡수기의 방열량이다.

그림 12・22는 흡수식 냉동 시스템의 한 보기를 나타낸 것이다.

그림 12・22 흡수 냉동 시스템

12.6 열펌프 시스템

열펌프(heat pump)는 냉동기와 같이 열기관(熱機關)의 역 사이클로 작동되나 고온측의 방열을 이용하는 것이 다르다. 실용상 열펌프는 난방(煖房)을 목적으로 하는 경우가 많다. 열펌프의 에너지원은 보통 대기 중의 공기, 물, 태양열 또는 지열 등이 이용된다.

그림 12 · 23은 물을 작동 유체로 하는 열펌프로서 태양열(太陽熱)을 받아 어느 일정온도 이상으로 유지되는 물탱크 A를 저열원으로 하고 증발기를 통과하여 증발한 수증기를 압축하여 응축기로 보내어 난방할 영역으로 방열하게 한다.

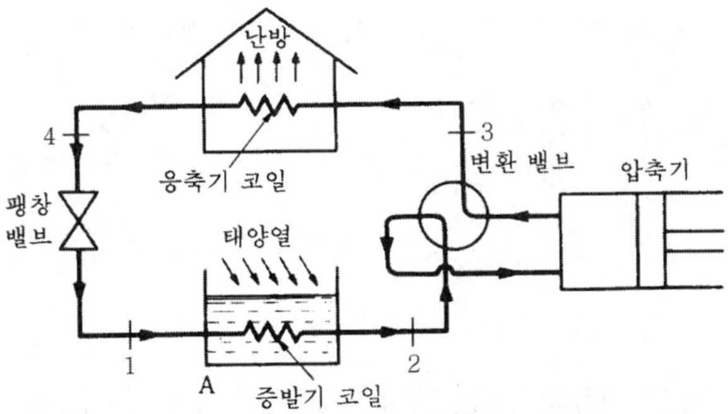

그림 12 · 23 열펌프의 구성 예(난방의 경우)

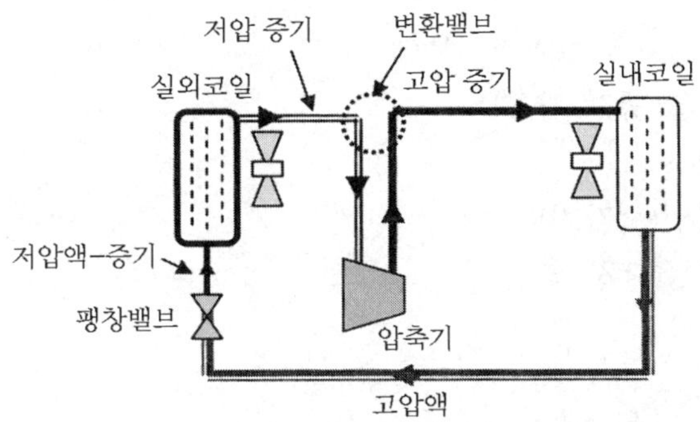

(a) 난방 모드(heating mode)

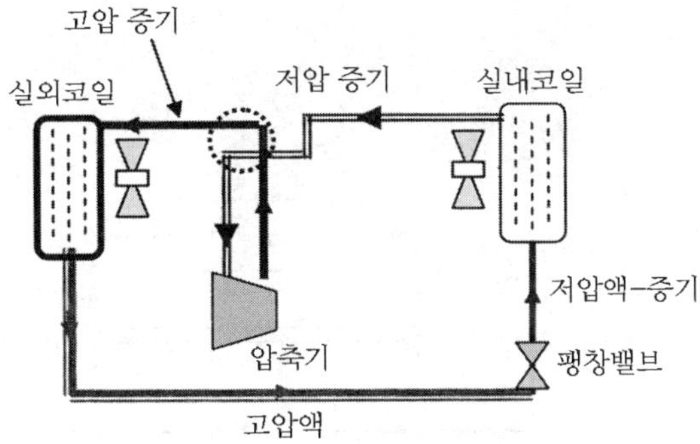

(a) 냉방 모드(cooling mode)

그림 12 · 24 열펌프의 작동(여름철 : 냉방, 겨울철 : 난방)

응축기 코일은 난방용(煖房用) 라디에이터(radiator)에 상당하며, 태양열 대신에 지열을 이용하는 경우도 있다. 이 시스템에서 변환 밸브를 반대로 하면 응축기 코일은 증발기로, 증발기는 응축기로 된다. 이 때에는 응축기 코일은 냉방용(冷房用) 라디에이터가 된다.

그림 12·24는 열펌프의 냉방 및 난방에 이용되는 경우의 보기를 회로로 나타낸 것이다. 증기 압축식 열펌프의 성적계수 COP_{hp}는 다음 식으로 구한다.

$$COP_{hp} = \frac{q_H}{w} = \frac{h_3 - h_4}{h_3 - h_2} \tag{12·28}$$

12.7 공기 압축 냉동 사이클

공기 압축 냉동 사이클은 그림 12·25와 같은 역 Brayton 사이클을 이루면서 작동하는 사이클이다. 그림에서 각 과정은 다음과 같다.

과정 1→2 : 정압 흡열(냉각 작용)
과정 2→3 : 단열 압축
과정 3→4 : 정압 방열(냉각기)
과정 4→1 : 단열 팽창(팽창 터빈)

$$\text{흡열량} : q_L = h_2 - h_1 = c_p(T_2 - T_1) \tag{12·29}$$

$$\text{방열량} : q_H = h_3 - h_4 = c_p(T_3 - T_4) \tag{12·30}$$

$$\text{일} : w = q_H - q_L \tag{12·31}$$

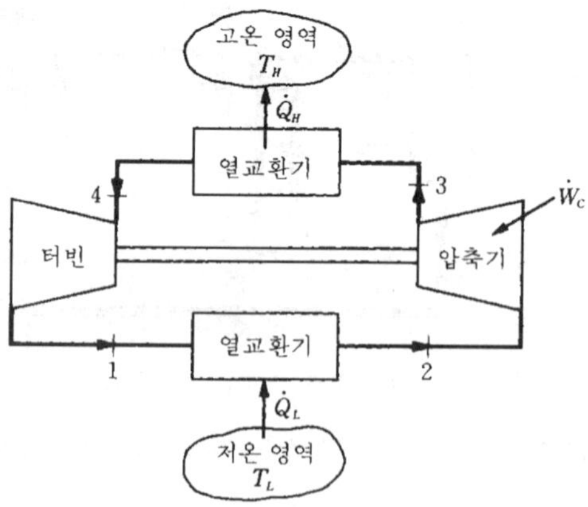

(a) 공기 압축 냉동 사이클 계통도

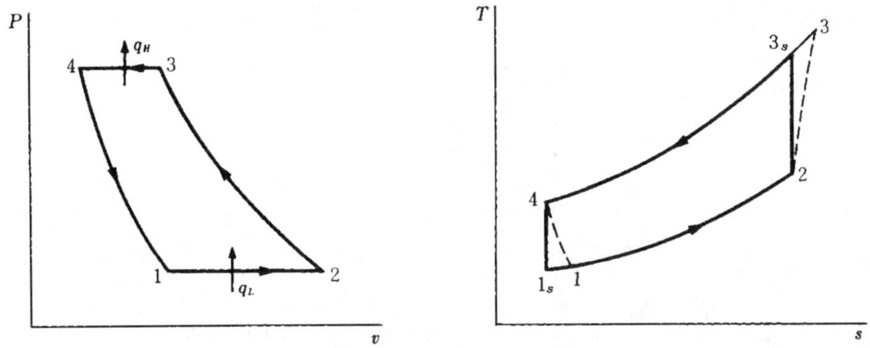

(b) P-v 선도 (c) T-s 선도

그림 12 · 25 공기 압축 냉동 사이클

따라서 성적 계수 COP는

$$\text{COP}=\frac{q_L}{w}=\frac{q_L}{q_H-q_L}$$

$$=\frac{T_2-T_{1s}}{(T_{3s}-T_4)-(T_2-T_{1s})}=\frac{1}{\dfrac{T_{3s}-T_4}{T_2-T_{1s}}-1}$$

여기서 과정 2→3, 4→1은 단열 과정이므로

$$\frac{T_3}{T_2}=\left(\frac{P_3}{P_2}\right)^{\frac{\kappa-1}{\kappa}},\qquad \frac{T_4}{T_1}=\left(\frac{P_4}{P_1}\right)^{\frac{\kappa-1}{\kappa}}$$

과정 1→2, 과정 3→4는 정압 과정이므로

$$P_1=P_2,\qquad P_3=P_4$$

$$\frac{T_3}{T_2}=\frac{T_4}{T_1}=\left(\frac{P_3}{P_2}\right)^{\frac{\kappa-1}{\kappa}}$$

이 된다.

따라서

$$\text{COP}=\frac{1}{\dfrac{T_{3s}}{T_2}-1}=\frac{1}{\left(\dfrac{P_3}{P_2}\right)^{\frac{\kappa-1}{\kappa}}-1} \qquad (12 \cdot 32)$$

터빈 효율을 η_t, 압축기 효율을 η_c라 하면 이 사이클의 실제 성적 계수는

$$\text{COP}=\frac{T_2-T_1}{\eta_c(T_3-T_2)-\dfrac{1}{\eta_t}(T_4-T_1)} \tag{12·33}$$

이 된다.

여기서

$$\eta_t=\frac{h_4-h_1}{h_4-h_{1s}}=\frac{T_4-T_1}{T_4-T_{1s}},\quad T_4-T_{1s}=\frac{1}{\eta_t}(T_4-T_1) \tag{12·34}$$

$$\eta_c=\frac{h_{3s}-h_2}{h_3-h_2}=\frac{T_{3s}-T_2}{T_3-T_2},\quad T_{3s}-T_2=\eta_c(T_3-T_2) \tag{12·35}$$

가 된다. 이 방식은 항공기용에 응용되고 있으며 그 시스템 계통도는 그림 **12·26**과 같다. 그림에서 공기는 압축기에서 2→3까지 압축되고, 열교환기에서 주위 공기의 냉각 작용으로 3→4 과정에서 냉각되어 기내 압력까지 4→1 과정으로 터빈에서 팽창된다. 이 때 발생하는 터빈일은 열교환기 내로 주위 공기를 흡입하는 팬을 구동하는데 사용된다. 이 사이클은 성적 계수가 낮은 특수한 경우에만 사용되며, 그림 **12·26**은 항공기에 사용되는 공기 압축 냉동 사이클의 실제 보기를 나타낸 것이다.

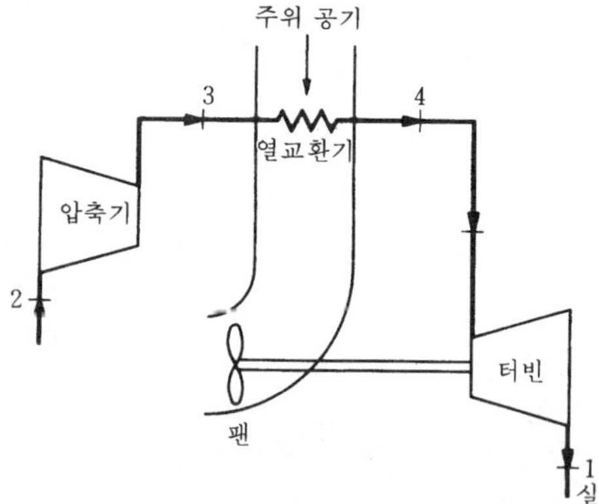

(a) 공기 냉동 사이클 계통도

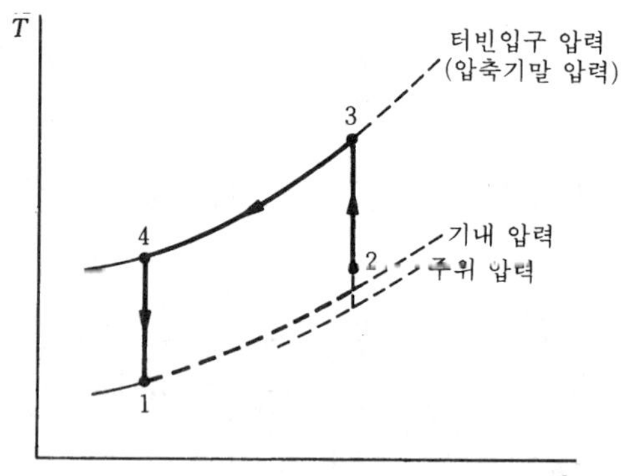

(b) $T-s$ 선도

그림 12·26 공기 냉동 사이클(항공기용)

12.8 재생식 공기 압축 냉동 사이클

공기 압축 냉동 사이클은 공기의 단열 팽창에 의한 온도 강하를 이용하는 것으로, 냉동실로부터 열을 빼앗긴 공기는 열교환기에서 고압 공기를 냉각시키면서 열교환 작용을 하여 주위 온도에 달하게 된다. 재생식 공기 압축 냉동 사이클은 그림 12・27과 같이 압축기에서 단열 압축된 공기는 고압으로 되어 방열기에서 냉각되고, 다시 열교환기(재생 열교환기)에서 냉동실의 온도와 거의 같은 온도로 냉각된다. 이 공기는 팽창 터빈을 통과하는 동안 팽창하여 저온으로 된다. 이와 같은 사이클을 이루는 것을 **재생식 공기 압축 냉동 사이클**(air refrigeration cycle with regenerative heat transfer)이라 한다.

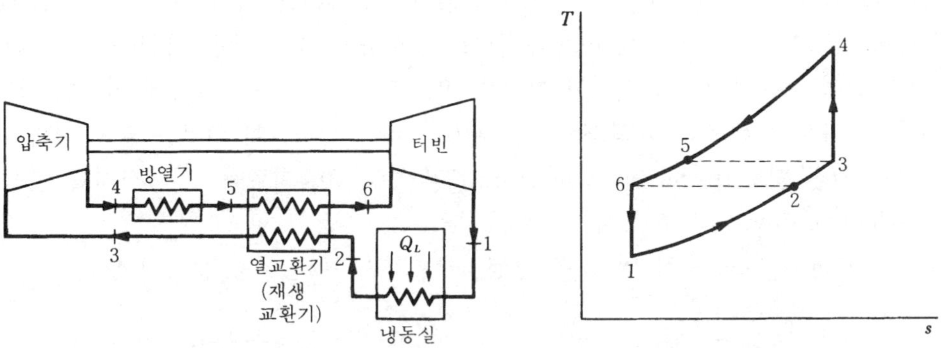

(a) 계통도　　(b) $T-s$선도

그림 12・27 재생식 공기 압축 냉동 사이클

그림 12・27에서

$$\text{압축기 일} : w_c = h_4 - h_3 = c_p(T_4 - T_3)$$
$$\text{터빈일} : w_t = h_6 - h_1 = c_p(T_6 - T_1)$$
$$\text{냉동 효과} : q_L = h_2 - h_1 = c_p(T_2 - T_1)$$

이다. 따라서 성적 계수 COP는 압축기가 일을 받아 사이클을 이루므로

$$\text{COP} = \frac{q_L}{w} = \frac{q_L}{w_c - w_t}$$
$$= \frac{T_2 - T_1}{(T_4 - T_3) - (T_6 - T_1)} \qquad (12 \cdot 36)$$

으로 표시된다. 여기서 완전 재생(完全再生, perfect regeneration)이 이루어진다면 $T_6 = T_2$가 된다. 그러므로 COP는

$$\mathrm{COP}=\frac{T_6-T_1}{(T_4-T_3)-(T_6-T_1)} \qquad (12 \cdot 37)$$

로 표시된다.

12.9 열전 동력 발생 및 냉동 시스템

지금까지 다룬 냉동 시스템은 모두 운동 부분과 여러 요소들의 복합 구조를 갖는다. 그러나 열전 시스템을 사용하면 이러한 운동 요소 없이 냉동 효과를 얻을 수 있다. 그림 12·28 (a)와 같이 서로 다른 두 금속 A, B를 폐회로로 연결하고 그 한 끝을 가열하면 이 폐회로에는 그림과 같이 전류 I가 흐른다. 이 현상은 1821년 Thomas Seebeck에 의하여 발견되어 그의 이름을 따서 **Seebeck 효과**(Seebeck effect)라고 한다. 이 회로는 열과 전기 효과를 가져오므로 열전 회로(thermoelectric circuit)라 하고, 이 회로를 갖는 장치를 열전 장치(thermoelectric device)라고 한다.

Seebeck 효과는 온도 측정 및 동력 발생의 두 가지 주된 응용 분야가 있다.

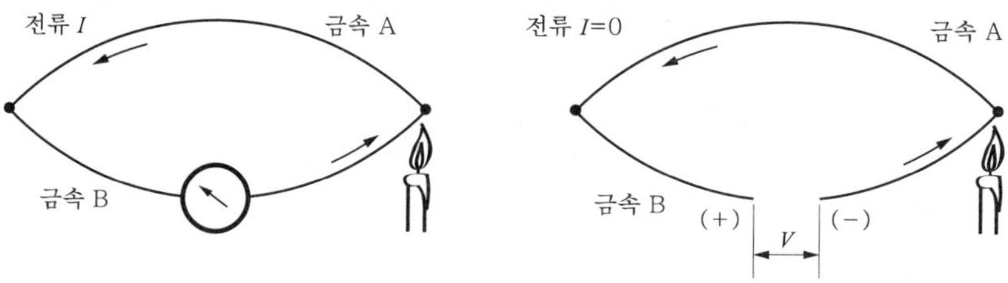

(a) 우측 접점을 가열하면 폐회로에 전류 I가 흐름

(b) 열전회로를 차단하면 전위차가 발생

그림 12·28 열전 회로

그림 12·28 (b)와 같이 회로를 차단하면 전류가 흐르지 않고 기전력 또는 전압계에 전압이 걸리게 된다. 이 때 발생 전압(전위차 ; potential difference)은 온도차와 사용된 재료의 함수이다. 이러한 원리는 온도 측정에 널리 사용되는 열전대(thermocouple)에 적용된다.

Seebeck 계수 α

$$\alpha=\frac{dV}{dT} \qquad (12 \cdot 38)$$

여기서

α : Seebeck 계수(V/K) 또는 열전 동력(thermoelectric power)

dV : 두 접점 사이의 기전력(V)

dT : 고온 접점과 저온 접점의 온도차(K)

Seebeck효과는 또한 열전 발전(thermoelectric power generation)에 사용된다. 그림 **12 · 29**는 열전 발전기의 원리를 나타낸 것이다.

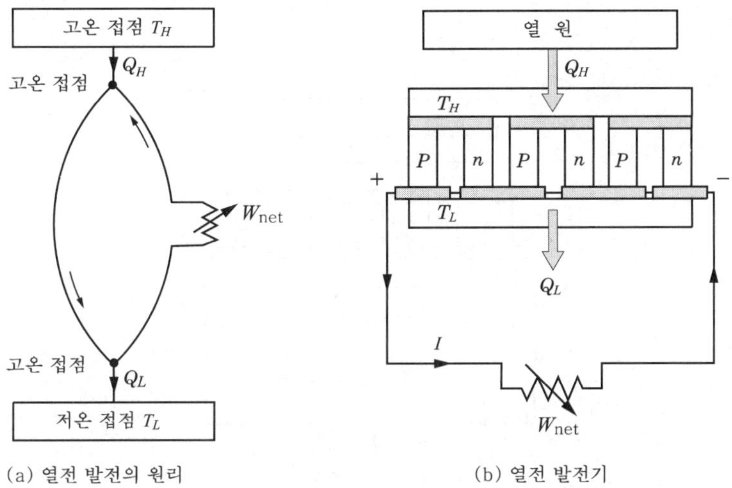

그림 12 · 29 열전 발전의 원리와 실제 보기

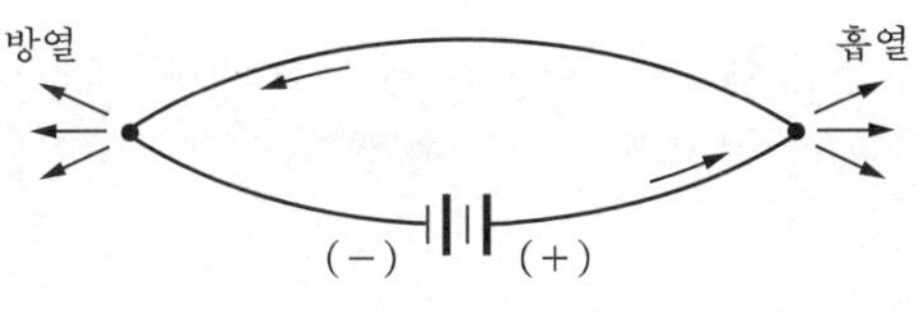

그림 12 · 30 열전 냉동기의 원리(Peltier 효과)

열은 고열원으로부터 Q_H를 받아 고온 접점으로 들어오고 저온 접점에서 저열원으로 Q_L을 방열한다. 이 때 $W_e = Q_H - Q_L$이 전기 에너지에 상당하는 일이다.

이 시스템의 결점은 효율이 낮은 점이다. 따라서 이 시스템의 성능 개선은 이상적인 장치 특성을 갖는 재료의 개발에 달려 있다. 한편 그림 **12 · 29** (b)는 P형, n형 반도체를 이용한 열전 발전기의 시스템 개요를 나타낸 것이다.

1834년 Jean Charles Athanase Peltier는 서로 다른 두 도체로 구성된 금속 A, B의 두 접점을 통하여 전류 I를 흐르게 하면 두 접점에서는 그림 **12 · 30**과 같이 열의 발생 또는 냉각이 일어난다. 이 현상을 **Peltier 효과**(Peltier's effect)라 하고 이것은 열전 냉동의 기초가 된다. 만일 전류의 방향이 역으로 되면 열의 발생과 냉각의 관계는 역으로 된다. 접점에서 열의 발생 또는 냉각에 의한 흡수 열량은 다음 식으로 표시된다.

$$Q_{P_{AB}} = \pi_{AB} I \tag{12 · 39}$$

여기서 π_{AB}를 Peltier 계수(Peltier coefficient)(V)이고, I는 전류이다.

그림 12 · 31은 반도체를 이용하는 열전 냉동 회로를 나타낸 것이다. 열은 냉동 영역에서 Q_L을 흡열하여 따뜻한 고온 환경에 Q_H를 방열한다. 이 때 두 열량의 차 $W_e = Q_H - Q_L$이 전기적인 일이다.

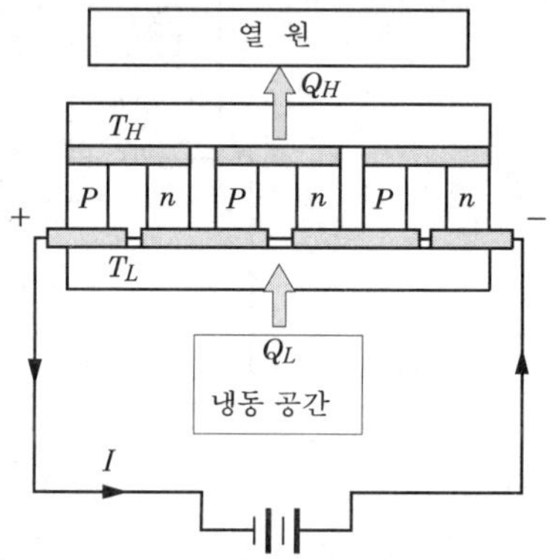

그림 12 · 31 반도체를 이용한 열전 냉동 회로

12.10 냉 매

일반적으로 냉동 효과를 얻기 위하여 사용되는 모든 물질(작업 물질)을 **냉매**(冷媒, refrigerant)라 하며 이러한 물질에는 기체, 고체, 액체가 있다. 그러나 우리가 보통 냉매라고 하는 것은 냉동 사이클에 사용되는 동작 물질로서 냉동 효과를 얻기 위하여 냉매의 증발 또는 팽창에 의하여 열을 흡수하는 물질을 말한다.

증발기에서 0℃ 이하의 냉각물을 만들 경우 물을 사용하면 얼어서 사용할 수 없게 된다. 따라서 물에 다른 물질을 섞어서 0℃ 이하의 온도에서도 얼지 않도록 만든 부동액(不凍液)을 **브라인**(brine)이라 한다. 따라서 브라인에 의한 열교환은 상변화를 일으키지 않고 액체 그대로의 현열을 사용한다. 이와 같이 냉매의 직접 팽창에 의하여 냉각된 브라인을 순환시켜서 소정의 냉동 효과를 얻는 경우가 있는데, 이 때 사용되는 브라인을 **2차 냉매**라 한다.

[1] 냉매의 구비 조건

냉매가 갖추어야 할 성질은 다음과 같다.

(1) 물리적 성질

① 응축 압력 P_H가 적당히 낮고, 액화(液化)하기 쉬울 것

응축기의 냉각수 온도에 상당하는 냉매의 포화 압력이 매우 높으면 배관, 기기의 내압 강도가 커야 할 뿐만 아니라 축봉장치(軸封裝置), 접합 부분 등에 냉매가 누설되기 쉽다.

② 증발 압력이 대기압보다 조금 높고 지나치게 낮지 않을 것

증발 온도 T_H에 상당하는 포화 압력 P_L이 낮아서 진공이 되면 누설부로부터 운전 중에 액화하기 어려운 공기나 공기 중의 수증기가 들어가서 성능의 저하가 생기기 쉽다.

③ 증발열 r또는 냉동 효과 q_L이 클 것

이것은 냉동 효과가 클수록 냉동기의 성적 계수가 증가하므로 q_L이 큰 것이 바람직하다.

④ 비체적 v가 작을 것

비체적이 작을수록 단위 냉동량당 배제 체적이 작아져서 압축기를 소형으로 할 수 있고, 냉동 효과는 증가한다.

⑤ 비열비$\left(\kappa = \dfrac{c_p}{c_v}\right)$가 작을 것

냉매 가스를 단열 압축할 때 온도와 압력 사이에는

$$\frac{T_2}{T_1} = \left(\frac{P_2}{P_1}\right)^{\frac{\kappa-1}{\kappa}}$$

의 관계가 있으므로 κ가 클수록 온도 상승도 증가한다. 따라서 고온에 의한 윤활유의 변질 등이 생기기 쉬우므로 κ가 작은 것이 바람직하다.

⑥ 임계점(critical point)이 높을 것

임계점에서는 액체 상태에서 곧 가스로 되어 냉동 효과를 달성할 수 없으므로 임계점이 높아야 한다.

⑦ 기·액 두 상(phase)에서 점성계수가 작을 것

⑧ 액체의 표면 장력이 작을 것

⑨ 응고점이 낮을 것

냉매가 정상 작동조건에서 응고하지 않아야 한다.

(2) 화학적 성질

① 화학적으로 안정하여 냉동기유를 변질, 열화시키지 않고 변질이 일어나지 않을 것

② 인화성, 폭발성, 부식성이 없을 것

③ 장치 재료를 부식시키지 않고, 실(seal), 전기 절연재 등을 침식하지 않을 것
④ 점도가 작고, 열전도성이나 전기 절연성 등이 좋을 것
⑤ 인체에 유해하지 않고 가축에 해를 끼치지 않을 것
⑥ 누설이 작고 누설되어도 용이하게 발견될 것
⑦ 비가연성이고, 폭발성이 없을 것
⑧ 증기의 단열 지수$\left(\kappa = \dfrac{c_p}{c_v}\right)$가 작을 것
⑨ 가격이 저렴하고 취급이 용이할 것

(3) 안전성에 관한 특성

① 공기와 혼합하여 연소하지 않아야 한다. 즉 냉매는 가연성이 없어야 한다.
② 냉매는 독성이 없어야 하며, 직접 또는 간접적으로 식품을 변질시키지 않아야 한다.
③ 냉매는 우리의 눈, 코, 폐, 피부 등에 자극을 주거나 유해하지 않아야 한다.

(4) 환경 효과

① 오존 파괴 계수가 작아야 한다.
오존 파괴 계수(Ozone Depletion Potential, ODP)란 오존층을 파괴하는 힘을 수치화 한 것으로서 CFC−11의 오존층 파괴 계수를 1.0으로 하여 동일 질량의 다른 물질이 방출되었을 때 오존층 파괴에 미치는 영향을 상대값으로 나타낸 것이다. 즉, 화합물 1kg당의 총 오존 파괴량을 CFC−11(trichlorofluoromethane : R−11) 1kg당의 총 오존 파괴량으로 나눈 것이다. 예를 들면 R−22(chlorodifluoromethane)의 ODP는 0.055, R−502는 0.334, R−134a는 염소를 함유하지 않으므로 ODP는 0이다.
② 지구 온난화 계수(GWP, Global Warming Potential)가 작아야 한다.
지구 온난화 계수(Global Warming Potential, GWP)는 이산화탄소, 메탄, 오존과 같이 온난화를 초래하는 가스가 지구온난화에 얼마나 영향을 미치는가를 나타내는 지수이다. 이산화탄소 1kg과 비교할 때 어느 특정 기체 1kg이 지구 온난화에 얼마나 영향을 미치는가를 나타낸다. 100년을 기준으로 이산화탄소의 온난화 효과를 1로 볼 때 메탄가스(CH_4)가 23, 일산화이질소 296, 수소불화탄소(HFCs) 112000 등이다. 특히, CFC−11을 기준으로 질량 베이스의 상대값으로 나타낸 경우는 HGWP라고 한다.

[2] 냉매의 종류

냉매에는 냉동 시스템 내의 증발과정에서 열을 흡수하여 냉각 효과를 얻는 물질로서 냉동, 공기조화, 열펌프 시스템 등에 사용된다.

내동 장치에 사용되는 냉매는 표 12 · 4와 같이 할로겐화탄소(halocarbons), 무기화합물

(inorganic compounds), 탄화수소(hydrocarbons), 공비혼합물(共沸混合物, azeotropic mixtures), 비공비 혼합물(inazeotropic mixtures) 등으로 분류할 수 있다.

표 12·2 여러 가지 냉매의 특성 및 환경·안전 데이터

냉매 번호	화학명	화학식	분자량	비점 (℃)	액밀도 (25℃)	대기 중 추정 수명(년)	ODP	HGWP	압축비
CFCs(Chlorofluorocarbons), halons BFCs 및 공비혼합물(azeotropic)									
R-11	trichlorofluoromethane	CCl_3F	137.4	23.8	1.476	45	1.000	1.0	3.33
R-12	dichlorodifluoromethane	CCl_2F_2	121	−29.8	1.311	100	1.000	3.2	2.53
R-13B1	bromotrifluoromethane	$CBrF_3$	148.93			640	10.0		
R-113	1,1,2-trichlorofluoroethane	CCl_2FCClF_2	187.39	47.6	1.565	85	0.80	1.4	3.87
R-114	1,2-dichlorotetrafluoroethane	CCl_2FCF_3	170.94	3.8	1.456	300	1.0	3.9	3.03
R-500	R-12/R-152(73.8/26.2)		99.31			300	1.0		2.55
R-502	R-22/R-115(48.8/51.2)		111.63	−45			0.283	4.10	
HFCs(Hydrofluorocarbons)									
R-32	difluoromethane	CH_2F_2	52.02	−51.7	0.96	5.0	0.0	0.14	2.51
R-125	pentafluoroethane	CHF_2CF_3	120.03	−48.1	1.190	29	0.0	0.84	2.47
R-134a	1,1,1,2-tetrafluoroethane	CH_2FCF_3	102.03	−26.1	1.202	13.8	0.0	0.26	2.79
R-143a	1,1,1-trifluoroethane	CH_3CF_3	84.0	−47.2	0.932	52	0.0		
R-152a	1,1-difluoroethane	CH_3CHF_2	66.05	−25	0.898	1.4	0.0		2.77
R-245cb	1,1,1,2,2-pentafluoropropane	$CF_3CF_2CH_3$	134.1	15.3	1.398(5℃)	7.2	0.0		
HFCs 공비 혼합물									
R-507	R-125/R-143(45/55)						0.0	0.98	
HCFCs(Hydroclorofluorocarbons) 및 공비 혼합물(Azeotropics)									
R-22	chlorodifluoromethane	$CHClF_2$	86.48	−40.8	1.191	11.9	0.05	0.40	2.46
R-123	2,2-dichloro-1,1,1-trifluoroethane	$CHCl_2CF_3$	152.93	27.9	1.462	1.4	0.02	0.02	3.59
R-124	2-chloro-1,1,2,2-terafluoroethane	$CHFClCF_3$	136.47	−12	1.461	6.1	0.02		2.90
R-401A	R-22/R-152a/R-124 (53/34/13)		94	−33.1	1.194		0.037	1130/4600	
R-401B	R-22/R-152a/R-124 (61/11/28)		93	−34.7	1.193		0.04	1220/4600	
무기 화합물(Inorganic compounds)									
R-717	ammonia	NH_3	17.03				0.0	0.0	2.87
R-718	water	H_2O	18.02				0.0		
R-729	air		28.97				0.0		

(1) 할로겐화탄소

할로겐화탄소는 플루오르(fluorine), 염소(chlorine), 브롬(bromine) 등의 할로겐족 원소를 하나 또는 그 이상 포함하는 화합물로서 오늘날 냉동 및 공조 시스템에 광범위하게 사용되는 물질이다. 이들 물질은 상품명을 따서 프레온(Freon), 아크톤(Arcton), 제네트론(Genetron), 이소트론(Isotron), 우론(Uron) 등으로 널리 불리어 왔다. 또한 이 냉매는 일반적으로 CFCs(염화불화탄소, chlorofluorocarbons) 냉매라고 하며, 그동안 냉매, 솔벤트(solvents), 발포제(foam blowing agents) 등으로도 많이 사용되어 온 물질이다. 가장 일반적인 CFCs로는 CFC-11 또는 R-11, CFC-12 또는 R-12, CFC-113 또는 R-113, CFC-114 또는 R-114 및 CFC-115 또는 R-115 등이다.

특히 R-11, R-12, R-22, R-113 및 R-114 등은 냉동 및 공기조화 장치에서 매우 일반적인 냉매로 사용되었을 뿐만 아니라 산업용으로 에어로졸(aerosols), 발포제(foams), 솔벤트(solvents) 등으로 많이 사용되어 왔다. 그러나 CFCs는 오존층의 파괴(ozone depletion)와 지구 온난화(global warming)를 초래하는 환경문제의 원인이 대두되면서 새로운 대체 냉매의 적용이 불가피하게 되었다.

한편 할론(Halons) 또는 BFCs는 브롬, 불소 및 탄소 원자를 포함하며 R-13B1, R-12B1 등이 있다. 이들은 매우 높은 오존 파괴 능력을 가지고 있는 물질이다. R-13B1은 과거 매우 낮은 온도의 증기 압축 냉동 사이클에 사용되었다.

(2) 탄화수소

탄화수소계(hydro carbons, HCs) 냉매는 주로 탄소와 수소의 화합물로 구성된다. HCs는 메탄(methane), 에탄(ethane), 부탄(butane), 시클로펜탄(cyclopentane) 등을 포함한다. HCs는 높은 가연성을 가지고 있으나 생산비가 저렴하고 오존 파괴 능력을 가지고 있지 않으며, 매우 낮은 온실 효과와 독성이 없으므로 대체 냉매로서의 장점을 가지고 있다. HCs계 냉매를 살펴보면 다음과 같다.

① HCFCs(hydrochlrorofluorocarbons)

HCFCs는 수소, 염소, 불소, 탄소 원자를 포함하는 물질로서 CFC 냉매보다 매우 짧은 수명을 가지며 오존 파괴 능력(ODPs)은 0.02~0.1이다.

R-22, R-123, R-124 등이 있으며 오늘날 가장 많이 사용되는 냉매이다.

(가) R-22(chlorodifluoromethane, CHF_2Cl) : 열역학적 성질이 암모니아에 유사하며 동일 응축 온도 및 증발 온도에 대한 압축비가 작으므로 2단압축에 의한 -80℃ 정도의 저온 달성이 가능하다. 1 RT당 피스톤 배제량은 암모니아와 거의 같으나 냉매 순환량은 7배 정도이다.

(나) R-123(2,2-dichloro-1,1,1-trifluoroethane, $CHCl_2CF_3$) : R-123은 현재 R-11의

대체 냉매로 사용되는 냉매이다. 물에 대한 용해성은 R-11의 약 2배이고, 수분에 대한 용해성은 약 6배이다. 유류를 잘 용해하며 절연 내력은 R-11보다 조금 낮다. 공기 중에는 불연성이나 산소 분위기에서는 연소성을 갖는다.

② HFCs(hydrofluorocarbons)

HFCs계 냉매는 수소, 불소, 탄소 원자를 포함하며 오존층의 파괴를 일으키지 않는다. HFCs계 냉매는 R-125, R-134a, R-32, R-143a, R-152a 및 R-245ca 등이 있다. 이들 중에서 **R-134a**는 자동차 및 각종 상용 냉동 장치에 사용되던 R-12의 대체로 사용하는 물질이다. 이 물질들의 CFCs 냉매의 대체 물질로서 오존층을 파괴하지 않으므로 오존층 파괴 능력은 ODP는 0이다. 일부 HFCs는 높은 GWP(global warming potential)를 갖는다. HFCs 냉매 중에서 가장 널리 사용되는 대체 냉매는 R-134a이다.

R-134a(1,1,1,2-tetrafluoroethane, CH_2FCF_3)는 R-12의 대체 냉매이며, 오존층 파괴 능력 ODP=0이고, 온실 효과도 매우 낮다. 화학적 성질도 상온에서 안정하며 열안정성 또한 높은 냉매이다. 공기 중에서 연소성이 없으며 비폭발성의 HFC 냉매이다.

또한 냉동기유에 대한 용해도가 극히 적은 반면에 물에 대한 친화력과 용해성이 매우 높은 결점이 있다.

③ Methyl bromide(CH_3Br)

탄소, 수소, 브롬으로 구성된 화합물로서 토양, 농작물의 효과적인 농약으로도 사용된다. 이것은 Br을 포함하고 있기 때문에 성층권 계면의 오존층을 파괴하며 ODF는 0.6이다.

④ Methyl chloroform(CH_3CCl_3)

탄소, 수소, 염소로 구성된 화합물로서 산업용 용재로도 사용된다. 오존 파괴 능력은 0.11이다.

⑤ HBFCs(hydrobromofluorocarbons)

수소, 브롬, 불소 및 탄소를 포함하는 화합물이다.

(3) 무기화합물

무기화합물 냉매로는 암모니아(ammonia, NH_3), 물(H_2O), 공기($0.21O_2+0.78N_2+0.01$ Ar), 이산화탄소(CO_2), 이산화황(SO_2) 등이 있다. 이들 중에서 가장 널리 사용되는 것은 암모니아이다.

① 암모니아(R-717)

무기화합물의 대표적인 냉매인 암모니아(ammonia, NH_3)는 냉매로서 열역학적 특성이 우수하고 또한 가격이 저렴하기 때문에 지금까지 가장 널리 사용하여 온 냉매이다. 단위 질량당 냉동 능력이 CFCs계 냉매에 비하여 크므로 소요 냉매 순환량이 작아도 된다. 그러나 응고 온도가 −77℃로 비교적 높으므로 극저온 냉동 장치에 사용할 수 없는 결점이 있다.

냉매 가스의 단열지수(c_p/c_v, 1 atm, 30℃)를 비교하여 보면 CFCs계가 약 1.1 정도이나 암모니아는 약 1.3 정도로 크므로 같은 흡입 가스 온도, 증발 온도, 응축 온도로 운전하여도 배출 온도가 높아지므로 실린더를 수냉식으로 하여야 한다.

특히 암모니아는 황동에 대하여 심한 부식성이 있으므로, 이들 재료를 배관재로 사용할 수 없다. 그러나 청동에 대한 부식성은 매우 적으므로 베어링 메탈로 사용할 수 있다. 또한 암모니아는 매우 심한 자극성 냄새가 있고, 매우 독성이 강하다. 따라서 공기 중에 0.5∼1% 존재하는 분위기에서 30분 정도 노출되면 인체에 치명적인 상해를 주는 유해한 물질이다.

암모니아는 가연성 가스이므로 대기 중에 13∼27% 함유한 경우 점화원이 있으면 폭발한다. 암모니아는 물에 극히 잘 용해한다. 따라서 만일 암모니아가 냉동기로부터 누설된 경우에는 이것을 물에 용해시키는 살수설비를 갖출 필요가 있다. 암모니아의 몰리에르 선도 및 그 열역학적 성질을 부록의 냉매표에 게재하였다.

② CO_2(R−744)

CO_2(carbon dioxide)는 가장 오래된 무기 냉매 중의 하나이다. 이 냉매는 무색(colorless), 무취(orderless), 비독성, 비가역성, 비폭발성 냉매로서 2원 냉동 사이클의 냉매로도 사용된다. 이 밖에도 고형 이산화탄소의 생산 및 식품 냉동 등에 사용된다.

③ 공기(R−729)

공기는 항공기의 공조 시스템과 냉동 시스템에 적용된다. 시스템이 성적 계수가 낮으며, 일부 냉동공장에서 식품 생산의 급속 냉동(rapid freezing)에 사용된다.

(4) 공비 혼합물(azeotropic mixture)

두 종류 이상의 단일 성분 냉매를 혼합하여 사용할 때 이것을 **혼합 냉매**(混合冷媒)라 한다. 혼합 냉매는 공비 혼합 냉매(共沸混合冷媒)와 비공비 혼합 냉매(非共沸混合冷媒)가 있다.

특히 냉매액이 증발하여 증기로 될 때 액의 조성과 같은 조성의 증기가 되는 현상을 **공비**(共沸)라 하고 이와 같은 성질을 갖는 냉매를 **공비 혼합 냉매**라 한다.

공비 혼합물 또는 공비 혼합 냉매는 서로 다른 성질을 가진 단일 성분의 두 물질을 혼합한 것으로서 그 특성은 단일 물질과 같은 거동을 갖는다.

① R−502

R−502는 가장 일반적인 공비 혼합 냉매로서 R−22 44.8%와 R−115 51.2%를 혼합한 물질이다. 성적계수가 R−22보다 높고 독성이 적어서 가정용 냉동 장치 및 식품 냉동 산업 등에 사용된다.

② R−500

R−500은 R−12 73.8%와 R−152a 26.2%를 혼합한 냉매로서 R−22의 전기적 특성이 대폭

개선된 성질을 갖는다. 공비 혼합 냉매에는 이 밖에도 R-503(R-13 59.9% + R-23 40.1%), R-504(R-32 48.2% + R-115 51.8%) 등이 있다.

(5) 대체 냉매

할로겐화 냉매의 대체 냉매는 오존을 파괴하지 않고 지구 온난화를 일으키지 않는 물질이어야 한다. 이러한 물질로는 앞에서 설명한 R-134a와 R-123가 그 대표적인 냉매이다.

① R-134a

R-134a는 비점이 −26℃(R-12 : −29.8℃)이고, 증발열이 205 kJ/kg(R-12 : 159 kJ/kg)인 HFCs계 냉매이다. 이 냉매는 실온에서 비연소성이고, 비독성인 물질로서 가정용 냉장고와 자동차 공기 조화 시스템에 많이 사용된다. R-134a냉동기 압축기는 R-22용에 비하여 압축기 배제량이 50% 정도 더 커야 한다. 따라서 R-22에 비하여 더 큰 지름의 배관을 사용하여야 한다. 이에 따라 R-22보다 시스템이 커지고 가격도 높아진다. R-134a는 강, 알루미늄, 구리 등을 부식시키지 않는다.

② R-123

R-123은 HCFCs계 냉매로서 비점은 27.1℃(R-11 : 23.8℃)이고, 잠열은 175 kJ/kg(R-11 : 194 kJ/kg), 분자량은 153이다. 이것은 원심 압축기를 사용하는 냉각 시스템(chiller system), 공기 조화기, 냉동기, 열펌프 시스템 등에 사용한다. 이 냉매는 R-11에 대한 대체 냉매이며, ODP 및 GWP는 R-11을 1이라 할 때 0.02이하이다.

③ 비공비 혼합물(nonzeotropic mixtures)

이 냉매는 R-400계열의 것으로서 R-401A, R-401B는 ODP=0으로서 R-11, R-12, R-500 및 R-502의 대체 냉매로 사용할 수 있다. 표 12·3는 R-400계열의 비공비 냉매 혼합물의 종류를 열거한 것이다.

표 12·3 R-400계열의 비공비 혼합물

냉매번호	물 질	GWP	농도 (중량 %)
R-401A	HCFC-22/HFC-152a/HCFC-124	1082	53/13/34
R-402A	HCFC-22/HFC-1125/HC-290	2326	38/60/2
R-403A	HCFC-22/PFC-218/HC-290	2675	75/20/5
R-403B	HCFC-22/HFC-218/HC-290	3682	56/39/5
R-404A	HFC-143a/HFC-125/HFC-134a	3260	52/44/4
R-406A	HCFC-22/HC-600a/HCFC-142b4	1755	55/4/41
R-407C	HFC-32/HFC-125/HFC-134a	1526	23/25/52

표 12 · 3 R-400계열의 비공비 혼합물(계속)

냉매번호	물 질	GWP	농도(중량 %)
R-408A	HCFC-22/HFC-143a/HFC-125	2743	47/46/7
R-409A	HCFC-22/HFC-142a/HCFC-124	1440	60/15/25
R-410A	HFC-32/HFC-125	1725	50/50
R-412A	HCFC-22/HCFC-142b/PFC-218	2040	70/25/5
R-413A	HCFC-134a/PFC-218/HC-600a	1774	88/9/3
R-414A	HCFC-22/HCFC-124/HCFC-142b/HC-600a	1329	51/28.5/16.5/4
R-415A	HCFC-22/HFC-23/HFC-152a	1966	80/5/15

④ 공비 혼합 냉매(azeotropic mixtures)

지금까지 많은 연구자에 의하여 공조 시스템의 R-22 및 가정용 냉장고, 산업용 냉동기 등에 사용되어 온 R-12, R-22, R-502 등의 대체 물질이 연구되어 왔다.

표 12 · 4는 R-500계열의 공비 혼합 냉매를 나타낸 것이다. 이들 중에 R-507은 R-12와 R-502의 대체 냉매의 하나이며 ODP=0이다.

표 12 · 4 R-500계열의 비공비 혼합물

냉매번호	물 질	GWP	농도(중량 %)
R-502	CFC-115/HFC-22	5576	51/49
R-507	HFC-143a/HFC-125	3300	50/50
R-508A	HFC-23/PFC-116	10175	39/61
R-508B	HFC-23/PFC-116	10350	46/54
R-509A	HCFC-22/PFC-218	4668	44/56

⑤ 암모니아(R-717)

암모니아는 앞에서 설명한 바와 같이 가장 오랜 역사를 가지고 널리 사용된 냉매이다. 이것은 포화 온도-포화 압력 관계와 단위 냉동 용량당 체적 유량 등의 특성이 R-22와 R-502와 매우 유사한 성질을 갖는다. 암모니아는 R-22 및 R-502에 대한 장점으로 가격이 저렴하고, 열전달 특성이 양호하고, 임계온도가 높으며 누설시 검출이 용이하다. 이뿐만 아니라 ODP 및 GWP가 0인 장점을 가지고 있으며 타 냉매에 비하여 배관 지름을 작게 할 수 있다.

⑥ CO_2(R-744)

CO_2는 비가연성, 비폭발성이며, 가격이 저렴하고 ODP=0, GWP=1인 물질로서 열적 안

정성이 큰 물질이다. 이 냉매는 매우 저온 냉동 및 산업용 과정에서 사용되어 온 R-13, R-13B1, R-503 냉매, R-11, R-12, R-113, R-114, R-115 등을 사용한 시스템에 대체될 수 있다.

⑦ 프로판(propane, R-290)

이 냉매는 암모니아에 근접한 열역학적 성질을 가지고 있으나 폭발 및 화재의 위험성이 매우 높은 물질이다. 프로판은 터보 압축기를 사용하는 시스템에 유리한 장점을 가지고 있다. 프로판 또는 탄화수소 혼합물은 R-12를 사용하던 가정용 냉동기, 냉각기, 소형 공조기 등에 사용할 수 있다.

(6) 브라인

브라인(brine)은 원래 염수(鹽水)를 의미하는 말이나 냉동에서는 간접 냉각식 냉동 장치의 2차 냉매(secondary refrigerant)로 사용되는 액체를 총칭한다.

① 브라인의 구비조건

(가) 비열이 클 것 : 비열이 크면 같은 냉동 능력에 대하여 브라인 순환 펌프의 용량, 배관 지름, 탱크 용량이 적어도 된다.

(나) 열전도율이 클 것 : 열전도율이 클수록 열교환기의 용량을 적게 할 수 있다.

(다) 점성이 적을 것 : 점성이 크면 배관 내의 브라인 순환시의 유동저항이 커서 펌프 용량을 증가시키는 요인이 된다.

(라) 동결 온도가 낮을 것 : 동결에 의한 시스템 및 순환 장치의 파손을 방지하기 위해서는 동결 온도가 낮아야 한다.

(마) 부식성이 적고 독성, 악취 등이 없을 것 : 장치의 부식 손상을 막고 누설시의 지해를 막을 수 있도록 독성 및 악취가 없어야 한다.

(바) 불연성 및 불활성일 것 : 연소성이 없고 금속과 화합하지 않는 특성을 가져야 한다.

② 브라인의 종류

(가) 염화칼슘($CaCl_2$) : 일반적으로 널리 사용되며 가격이 저렴하다. 동결 온도(비중 1.286, −55℃)가 낮고 부식성이 적다. 동결 온도가 낮아서 제빙, 동결, 냉장 등에 널리 적용되며, 농도를 변화시켜 적당한 동결 온도의 용액을 얻을 수 있다.

(나) 에틸렌글리콜($C_2H_6O_2$) : 첨가제를 넣어 부식성을 없앨 수 있으며 모든 금속 재료에 적용할 수 있다. 가격은 염화칼슘보다 고가이다.

(다) 염화나트륨(NaCl) : 동결 온도가 높고(비중 1.17, −21℃), 금속 부식성이 크나 식품에 대해서는 무해하다.

(7) 냉매의 호칭

냉매의 종류는 여러 가지가 있으며, 그 화학명은 매우 길어서 사용하기 불편하므로 냉매(refrigerant)의 머리 글자 R와 번호를 조합하여 R-12, R-22, R-729 등과 같이 표시한다. 여기서 머리 글자 R는 냉매를 표시하며, 냉매를 CFC-12, CFC-22 등과 같이도 표시한다.

여기서 CFC란 할로겐화 탄화수소 냉매로서 **CFC류**(Chlorofluorocarbons)가 냉매의 주류를 이루므로 할로겐화 탄화수소계는 CFC를 붙여 쓰는 것이 더욱 적절한 표현이다.

할로겐화 탄화수소계 및 탄화수소 냉매는 다음과 같이 번호를 붙인다.

$$\left.\begin{array}{l} C_mH_nF_pCl_q \\ n+p+q=2m+2 \end{array}\right\} \text{를 만족하는 식을 갖는다.}$$

$$\left.\begin{array}{l} \text{Refrigerant } xyz = \text{R}-xyz \\ \text{여기서 } x=m-1\ ;\ (\text{탄소 원자수}-1) \\ \qquad\quad y=n+1\ ;\ (\text{수소 원자수}+1) \\ \qquad\quad z=p\ ;\ (\text{불소 원자수}) \end{array}\right\} \tag{12 · 40}$$

식 (12 · 40)을 다른 말로 표시하면 냉매 번호에서 x (100자리의 숫자)는 탄소 원자수(carbon, C)에서 1을 뺀 값이다. 이 때 이 값이 0이면 생략한다. y(10자리의 숫자)는 수소 원자수(hydrogen, H)에 1을 더한 값, z(1자리의 숫자)는 불소(弗素, fluorine, F)의 원자수이다.

보기 12.7

$CHCl_2CF_3$(Dichlorotrifluoroethane)의 냉매 번호를 부여하여라.

풀이 R$-xyz$에서

$$x=m-1=2-1=1$$

$$y=n+1=1+1=2$$

$$z=p=3$$

따라서 냉매명은 R-123이다.

위의 식에서 $C_mH_nF_pCl_q$는 $n+p+q=2m+2$를 만족하여야 하므로 $n=1$, $p=3q=2$, $m=2$이므로 $1+3+2=2\times2+2$가 되므로 냉매 번호는 R-123이다.

보기 12.8

$CClF_3$의 냉매명을 구하여라.

풀이 R$-xyz$에서

$x=0,\ y=0+1,\ z=3$

따라서 $CClF_3$의 냉매명은 R-13이다.

이 밖에도 공비 혼합 냉매의 경우에는 500번 대의 번호를 부여하여 R-500, R-501, R-502 등과 같이 표시한다.

또한 무기냉매(無機冷媒)의 기호로는 숫자 7의 다음에 냉매의 분자량을 상수로 써서 나타낸다. 예를 들면 암모니아는 분자량 17.03이므로 R-717로 표시한다. 또한 물은 분자량이 18.02이므로 R-718, 공기는 R-729로 표시한다.

표 12·5은 주요 냉매의 사용 온도 범위를 나타낸 것이다.

표 12·5 주요 냉매의 사용 온도 범위

용도	냉매명	화학 기호	사용 온도 범위*	냉동기의 종류	주요 용도
일반용	R-22	$CHClF_2$	고·중·저·초저	왕복식	냉장 냉방, 열펌프, 화학 공업, 일반용
	R-500	CF_2Cl_2 (73.8%) CH_3-CHF_2 (26.2%)	고·중	왕복식	냉방용, 냉장용
	암모니아	NH_3	중·저	왕복식, 흡수식	제빙, 냉장 화학 공업, 어선, 기타
특수용	R-21	$CHFCl_2$	중·고	터보식 왕복식, 회전식	특수 냉방, 화학 공업, 소형 냉동기
	R-114	$C_2Cl_2F_4$	중·고	터보식	특수 냉방용, 화학 공업, 소형 냉동기
	에탄	C_2H_6	초저	왕복식	화학 공업, 저온 연구용
	에틸렌	C_2H_4	초저	왕복식	화학 공업, 저온 연구용
	프로판	C_3H_8	저·초저	왕복식	LPG 저장, LPG 탱커

* 표의 사용 온도 범위에서 고는 10~0℃, 중은 0~-20℃, 저는 -20℃~-60℃, 초저는 -60℃ 이하의 온도 범위이다.

[3] CFC류와 환경 문제

최근 과학 기술이나 인류 문명의 발달은 우리의 일상생활을 보다 편리하고 쾌적한 환경을 추구하는 데 크게 기여하여 왔으며, 특히 산업의 발달은 우리의 경제 개발과 생활공간의 쾌적화에 이용되는 냉동 및 공조 관련 시스템의 발전에 크게 공헌하여 왔다.

특히 CFC류에 의한 오존 분자(ozone molecule)의 감소나 화석 연료(化石燃料, fossile fuel)에 의한 온실 효과(溫室效果, green house effect), 산성비(acid rain), 산성 안개(acid fog)의 발생은 국경을 넘어 지구 전체에 확산되는 환경 문제(環境問題, environmental problems)가 되어 전 인류의 생존을 위협하며, 기상(氣象, weather) 변동이나 생태계(生態

界)의 이변(異變)을 가져오는 중대한 위험에 처해 있다고 볼 수 있다.

특히 산업의 고도성장에 따른 대기 오염, 수질 오탁(水質汚濁)이나 약해(藥害) 등 이른바 공해는 국지적 피해뿐만 아니라 모든 나라에 피해를 줄 수 있으므로 세계 여러 나라가 참여하는 대책이 필요하다. 특히 CFC류의 방출에 의한 환경문제는 전 지구 규모로 극히 서서히 진행되어 구체적인 피해는 상당한 기간이 경과한 후에 나타나므로 그 원인 규명이 어려운 실정이다.

CFC류는 불연성(不燃性), 무독(無毒)하며 화학적으로 안정하므로 그 동안 냉매, 작동 유체, 에어로졸 분무제(aerosol propellant), 플라스틱 발포제(發泡劑, foaming agent), 세정제(洗淨劑), 용제(溶劑), 전기 절연제(絶緣劑) 등으로 직접 또는 간접적으로 각종 산업 및 주거 환경의 쾌적화에 널리 사용되어 왔으며 이는 또한 각종 공업 기술의 발전에 일익을 담당하여 왔다.

(1) 성층권 오존과 CFC류

지구를 둘러싸고 있는 대기의 존재량을 생각하면 약 75%가 대류권(對流圈, troposphere)에 존재하고, 25%가 성층권(成層圈, stratosphere)에 존재하며, 극히 미량이 중간권(中間圈, mesosphere)과 열권(熱圈, ionosphere)에 존재한다.

열권에서는 주로 산소가 성층권에서는 주로 오존이 주된 역할을 하고 있다.

성층권에서는 고도 18 km 부근까지는 기온이 일정하고, 이 고도를 넘으면 온도는 연속적으로 상승한다. 그러므로 대류가 일어나지 않고 극히 안정된 성층 상태를 유지하고 있다.

성층권에서는 고도 20～35 km까지의 범위에서 오존 농도가 최대(8 ppm)로 되는 비교적 오존 농도가 높은 영역이 존재하고, 이것이 태양이 방사하는 자외선(紫外線, ultraviolet ray)을 흡수하여 지구 표면의 생물 생존을 가능하게 하고 있다.

현재 CFC류 거동과 관련하여 문제가 되고 있는 오존층이란 말은 엄밀하게 정의되지는 않으나 오존 농도가 비교적 높은 중부 및 하부 성층권을 가리키는 말이라고 생각할 수 있다.

(2) 성층권의 오존 생성과 소멸 기구

태양의 방사 스펙트라(radiation spectra) 중 가시광선(可視光線)으로부터 파장(wave length)이 짧은 자외선(파장 10～390 nm)이 광화학 반응(光化學反應, photochemical reaction)을 지배하고 있다. 오존의 생성(formation of ozone)은

산소의 해리(decomposition of oxygen molecule)

$$O_2 + h\nu \text{ (242 nm 또는 그 이하)} \rightarrow 2O \tag{12·41}$$

오존의 생성(generation of ozone)

$$O_2 + O + M \rightarrow O_3 + M^* \tag{12·42}$$

에 의한다. 여기서 $h\nu$는 광화학 에너지(photochemical energy)이고, M은 제 3 체(third body)로서 반응에는 관여하지 않고 과잉 에너지(excess energy)를 제거하는 공기 성분(N_2, O_2 등)이다.

반응 (12・41)은 대략 상부의 성층권에서 일어나고, 반응 (12・42)에 관여하는 O_2분자는 하부일수록 많으므로 이들 중간에 O_3농도가 극대로 된다.

한편 O_3의 소멸 반응(消滅反應, ozone depletion)은 다음과 같이 두 가지가 있다.

$$\text{오존의 소멸 ①};\ O_3 + O \rightarrow 2O_2 \qquad (12 \cdot 43)$$

$$\text{자외선의 흡수};\ O_3 + h\nu\ (320\text{ nm 또는 그 이하}) \rightarrow O + O_2 \qquad (12 \cdot 44)$$

그러나 반응 (12・44)에서 O_3는 겉보기에는 소실되나 곧 반응 (12・42)가 일어나서 O_3가 재생되므로 O_3는 반복하여 자외선을 흡수한다. 그 결과 반응 (12・42)와 반응 (12・44)이 평형되어 화학 평형이 성립한다.

위의 반응 외에 공기 중의 미량 성분에 의하여 별도의 O_3의 소멸 기구가 있음이 판명되었다. 지금 이 미량 성분의 화학종을 X로 나타내면

$$\text{오존의 소멸 ②};\ O_3 + X \rightarrow XO + O_2 \qquad (12 \cdot 45)$$

$$O + XO \rightarrow X + O_2 \qquad (12 \cdot 46)$$

와 같이 2 단계 반응(two-stage reaction)에서 X 자신은 변화하지 않고, O_3와 O가 2분자의 O_2로 변한다. 여기서 X는 일종의 촉매(觸媒, catalyst) 또는 반복하여 일어나는 반응의 담체(擔體, carrier in the reaction)로 불리우며 산화질소(酸化窒素, nitrogen oxide) NO, 수산기(水酸基, hydroxyl group) OH, 원자상의 염소(鹽素, clorine) Cl, 취소(臭素, bromine) Br 등이 이에 해당한다.

또 하부의 성층권에서는 O가 적기 때문에 다음 반응이 일어난다.

$$\text{오존의 소멸 ③};\ O_3 + OH \rightarrow HO_2 + O_2 \qquad (12 \cdot 47)$$

$$O_3 + HO_2 \rightarrow OH + 2O_2 \qquad (12 \cdot 48)$$

여기서 2 개의 O_3 분자가 3 개의 O_2분자로 변화한다. 또 성층권에서는 수분(水分)이 적고, OH기는 주로 메탄의 산화에 의하여 생긴다. 이와 같은 배경으로 CFC류의 대량 방출이 계속되면 오존층의 파괴가 계속 일어난다고 Molina와 Rowland가 1974년에 발표하였다.(1)

지금 CFC-12의 예를 들면

$$\text{CFC-12의 분해};\ CCl_2F_2 + h\nu \rightarrow CClF_2 + Cl \qquad (12 \cdot 49)$$

과 같이 자외선으로 분해하여 Cl이 생긴다.

Cl은 반응 (12・45, 46)의 X에 해당하므로 Cl이 촉매로 작용하여 O_3가 소실된다. 이 반응은 O농도가 높은 중부 성층권 위에서 일어나는 것으로 예측된다.

현재의 지표 대기 중의 전 염소 농도(total concentration of chlorine in the air)는 3 ppb(parts per billion) 정도로서 성층권에 달하는 것의 농도는 ppt(parts per thousand) 오더 이하이나 1개의 Cl이 수백개의 O_3를 파괴하기 때문에 ppt 오더의 CFC가 ppm(parts per million) 오더의 O_3를 공격하는 것을 무시할 수 없다. 이 Cl의 연쇄 반응(連鎖反應, chain reaction)의 정지 기구는

$$\text{Cl의 소멸};\ Cl + CH_4 \rightarrow HCl + CH_3 \tag{12·50}$$

$$Cl + NO_2 + M \rightarrow ClNO_2 + M^* \tag{12·51}$$

와 같이 CH_4나 NO_2 등의 미량 성분에 의한 것으로 생각하고 있다. 또 소화제(消火劑, fire extinguisher)로 쓰이는 할론류(bromofluorocarbon)의 Br도 Cl과 같은 거동을 한다.

표 12·6은 파장에 따라 자외선을 분류한 것이다.

파장이 긴 UV-A는 O_3에 의하여 거의 흡수되지 않으므로 O_3가 감소하여도 지상에서의 강도는 변하지 않는다.

표 12·6 태양으로부터 자외선의 분류

등 급	코 드	파 장	흡수 물질	생물학적 효과
장파장 자외선 (long wavelength ultraviolet)	UV-A	320~390	—	가벼운 영향 살균, 불임
중파장 자외선 (middle wavelength ultraviolet)	UV-B	280~320	O_3	유해 효과, 암 CO_2 동화작용 방해
단파장 자외선 (short wavelength ultraviolet)	UV-C	<280 <240	O_3 O_2	극히 유해 DNA의 소멸

생물에 유해한 UV-C는 오존 농도가 1/100이하로 되지 않는 한 지표에 도달하지 않는다. 따라서 오존 문제와 관련하여 중요한 자외선은 UV-B이다.

자외선의 생화학적 영향은 파장 이외에 강도와 조사 시간(照射時間)에 의존된다. 자외선의 조사 강도는 위도(緯度, latitude)에 따라서도 현저하게 다르나 지표의 평준값으로서 오존량이 10% 감소하면 UV-B의 강도가 20% 정도 증가하게 된다.

UV-B의 증가에 따라 식물의 탄산 동화 작용이 저해됨에 따라 지상의 식물의 생육(生育)이 늦어지고 농산물에 영향을 미치게 된다. 또 물 속의 플랑크톤(plankton)이 격감하고 새우, 게 등의 유충이 사멸하는 등 생태계에 큰 변화를 일으킬 가능성이 있다. 소 등과 같은 가축도 암(癌, cancer) 등에 의하여 수명이 짧아질 것으로 예측된다.

가장 중요한 문제는 인체의 피부암(皮膚癌)이나 눈의 장해가 발생하고, 이러한 장해를 증가시키는 원인의 하나가 되고 있다.

자외선에 대한 피해는 인종이나 생활 환경에 따른 차는 있으나 오존량이 10%가 감소하면

악성 피부암이 40% 증가한다고 한다. 이와 같이 성층권의 오존이 유해한 자외선을 차단하여 지상의 생물이 생존하는 데 적절한 환경을 유지하도록 하고 있으므로 오존층의 보존에 최선의 노력을 기울여야 할 것이다.

[4] 지표면 근방의 온실 효과

지표로부터 열(자외선)의 복사가 공기 중의 미량 가스 성분에 흡수되어 복사 냉각이 작아지고 기온의 상승을 초래하는 현상을 **온실 효과**(溫室效果, greenhouse effect)라 한다.

대기 중의 수증기나 이산화탄소(CO_2)가 없으면 여름에도 야간의 기온이 빙점(氷点) 이하로 강하한다고 한다.

지표 부근의 온도를 온난화(溫暖化)하는 온실 효과는 공기 중의 미량 가스가 적외선(赤外線, infrared ray ; 주로 파장 5~15μ)을 흡수하는 데 기인된다.

미국의 NASA(항공 우주국)이나 영국의 기상 연구소는 과거 100년간 지상의 평균 기온은 0.5℃ 상승한 것으로 발표하였으며 미국의 해양 대기국(The National Ocean and Atmospheric Administration)은 1958년 이후 10년마다 0.08℃의 상승을 보인 것으로 지적하였다.

지구 인구의 증가와 생활수준의 향상은 화석 연료의 소비를 증가시키게 되었고 이에 따라 온실 효과 가스는 증가하고 있다.

현재 온실 효과를 가져오는 가스를 열거하면 CO_2, H_2O 외에 CH_4, N_2O(아산화질소, nitrous oxide), O_3(오존, ozone), HCFCs(수소불화탄소, halogenated; CFC-11, 12), PFCs(과불화탄소, perfluorinated carbons, C_2F_6), SF_6(육불화황, sulfur hexafluoride) 등이 있다.

표 12·7 온실 효과 가스

가스	대기 농도 (Vol., ppm)	증가율 (%/년)	대기 수명 (년)	지구 온난화 기여율(%)	흡수 밴드 (μm)
CO_2	350	0.5	~500	49	2.8, 4.3, 13~15
CH_4	1.7	1.0	7~10	18	3.3, 7.6
N_2O	0.31	0.25	150	6	4.5, 7.8
O_3	0.02~10	1~2	< 5h	~2	9.3~9.7
CFC-11	2.3×10^{-4}	5	75	5	9.2, 11.8
CFC-12	3.8×10^{-4}	5	110	9	8.7, 9.1, 10.9
H_2O	-	0	-	~11	2~3, 5~7

1997년 일본 교토에서 열린 기후협약의 교토 의정서(Kyoto Protocol: 기후변화협약 제3차 당사국총회에서 합의된 국제협약)에 의하면 지구 온난화의 주범인 온실 가스를 줄이기

위한 구체적인 실천 지침을 담고 있다. 여기서 온실 가스란 대기층에서 온실의 유리처럼 지구를 에워싸 지구 표면의 온도를 높이는 가스를 말한다. 석유 등 화석 에너지를 태울 때 배출되는 이산화탄소(CO_2), 쓰레기 매립장 등에서 생성되는 메탄(CH_4), 전자제품 세척제로 쓰이는 수소불화탄소(HFCs)와 이산화질소(N_2O), 과불화탄소(PFCs), 육불화황(SF_6) 등 6가지이다. 이 중 이산화탄소의 배출량이 전체의 55%로 가장 많다.

CH_4는 습지대, 폐기물(廢棄物, waste deposit), 동물의 이뇨(泥尿, excrement), 사체(死體, dead body) 등의 메탄 발효(醱酵, fermentation)에 의하여 생기는 것이 대부분이고 일부 탄갱(炭坑, coal mine)이나 유전(油田, oil field)에 발생하고, 천연 가스의 누설, 화산(火山, volcano), 깊은 바닷속의 분출 기류 등에 함유되어 있다.

N_2O(一酸化二窒素, nitrous oxide, laughing gas)는 토양(土壤) 중의 박테리아(bacteria)의 연소, 질소 비료(窒素肥料, nitrogenous fertilizer)의 탈질(脫窒), 자연 방전 등에서 발생한다.

CFC류의 온실 효과는 CO_2의 1만배 이상이고, 또 소비 억제책을 쓴다 하더라도 수명이 길어서 당분간 온실 효과의 기여는 지속될 것으로 생각된다.

이후에도 온실 효과에 관여하는 가스의 방출이 계속되면 기온의 상승은 피할 수 없고 금후 100년 사이에 평균 기온이 3.5~4.5℃ 상승한다고 한다. 이 값은 일상생활에는 큰 지장이 없다고 생각되나 지구 전체의 평균 기온으로는 매우 큰 값이다.

이러한 기온 상승은 기상 변동에 의한 가뭄, 홍수를 비롯하여 생태계, 농경지 변화, 해류(海流), 해면의 변화 등이 발생하게 된다.

[5] CFC의 국제적 규제

CFC의 오존층 파괴 반응은 식 (12・49)에 의한 분해 반응이다. 그러므로 오존층의 보존을 위해서는 CFC류의 규제가 필요하게 되었고 이에 따라 1977년부터 에어로졸용 CFC의 사용 규제를 북미, EC 등에서 실시하였다.

국제적으로는 1985년의 「오존층 보호에 관한 비엔나 조약」에 기초를 두고 1987년에 「오존층을 파괴하는 물질에 관한 몬트리얼 의정서(Montreal Protocol on Substances that Deplete the Ozone Layer)」를 채택하기에 이르렀다. 그 후 1990년 6월 런던(London)에서 개최된 제 2 회 제약국 회의에서 「의정서 개정안」이 채택되었다. 여기서는 특정 냉매와 CFC 물질의 생산량과 소비량(생산+수입−수출)의 규제를 2000년 1월부터 전면 사용을 금하도록 하였다.

규제 대상이 되고 있는 냉매로는 CFC−11, CFC−12, CFC−113, CFC−114, CFC− 115, MCFC−22, R−502, 4염화탄소(carbon tetra chloride) 등이다.

[6] 냉매의 선택

성층권의 오존을 파괴할 염려가 없고 온실 효과가 작은 대체 물질로서 CFC류의 우수한 특성을 유지하는 기존 또는 새로운 할로겐화 탄화수소(halogenated hydrocarbons)를 검토하는 것이 유리하다. 할로겐화 탄화수소의 특징의 하나는 치환 원자를 바꾸어 물성이 다른 물질로 만들 수 있다는 점이다.

냉매 또는 대체 냉매를 선정할 때 갖추어야 할 성질(the desirable properties of refrigerants)은 냉매의 구비조건에 적합한 대체 물질이어야 한다.

여기서 C_2H_6계는 거의가 「신규 화학 물질」로 볼 수 있는 유력한 후보물질이다. 따라서 대체 냉매로는 HFC-134a, HCFC-22, HCFC-123, R-502 등이 있다.

12.11 식품의 냉동과 동결

[1] 식품의 냉동과 동결의 개요

과실이나 야채류 등은 그 특유의 신선도와 맛과 냄새, 그리고 저장 수명을 길게 하기 위하여 냉장 보관한다. 산지(産地)에서 생산품을 만들기 전에 냉장하였다가 시장이나 보관 창고에 나가기 전에 냉장하는 것을 **예냉**(precooling)이라 한다.

따라서 냉동식품의 질은 냉동률(rate of freezing)에 크게 영향을 받으며 냉동 공기의 속도는 식용 생산품의 수분 저감률에 영향을 미치는 열전달률에 영향을 미치는 요인이 된다.

박테리아, 효모, 곰팡이 등의 미생물(miceroorganism)은 공기, 물, 토양, 유기물 및 비가공 식품류 등에 광범위하게 번식하고 있다. 또한 이들은 식품을 변질시키거나 냄새, 맛을 없게 하며 그 형상과 신선도를 저하시키며 심지어는 부패하게 만드는 요인이 된다. 따뜻한 온도는 식품 변질과 부패의 주된 요인이 된다.

미생물은 보통 20~60℃의 온도 범위에서 가장 잘 증식한다. 이들은 높은 온도에서 성장률이 감소하며, 70℃ 이상의 높은 온도에서는 죽는다. 냉각(냉장)은 미생물의 성장률을 감소시키고, 신선 식품의 저장 수명을 길게 하는 가장 효과적이고 실제적인 방법이다. 4℃ 또는 그 이하의 온도는 안전 냉동 온도로 볼 수 있다. 미생물의 성장률은 온도가 3℃ 상승하면 약 2 배로 된다.

육류, 생선, 야채류, 과실 등과 같은 신선 식품이 저장 수명(storage life)은 보통 1~4℃의 온도(동결 온도 이상)에 저장하면 며칠 동안 저장할 수 있다. 또한 식품의 저장 수명은 -18~-35℃에서 저장하면 수개월 동안 저장할 수 있다.

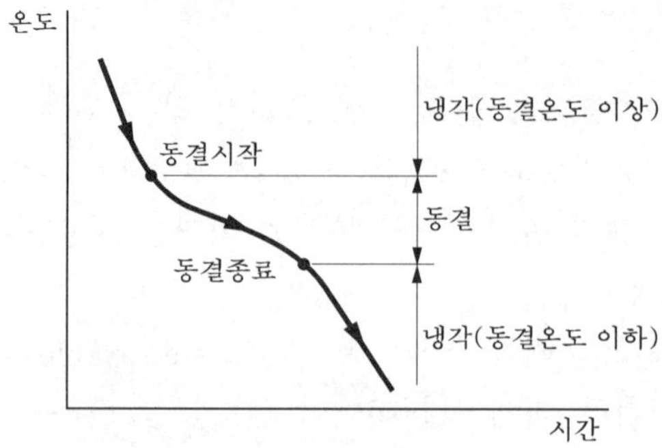

그림 12 · 32 식품의 동결 곡선

일반적으로 식품의 냉동은 그림 12 · 32와 같이 3가지 단계를 거친다.

① **냉각**(cooling) : 상(phase)의 변화 없이 식품이 동결 시작점까지 냉각되는 과정으로 식품의 현열(sensible heat)을 제거한다.

② **동결**(freezing) : 동결 시작 온도에서 동결 종료 온도까지 얼리는 과정으로 식품의 잠열을 제거하는 과정이다.

③ **동결온도 이하의 냉각**(further cooling) : 과동결(subfreezing) 과정으로 동결 종료 온도 이하의 온도로 냉각하여 동결 식품의 현열을 제거하는 과정이다.

표 12 · 8 식품의 저장 온도

품 명	최저 안전 온도 ℃
수박(watermelon)	4
피망(sweet pepper)	7
가지(eggplant)	7
토마토(tomato)	13
당근 (carrot)	0~1
사과(apple)	1~4
고구마(sweet potato)	13
오이(cucumber)	10
감자(potato)	3~4
호박(pumpkin)	10
파인애플	7~10
생선(fish)	1~2
육류(쇠고기)	−1~(+1)
육류(돈육)	0~1
육류(냉동)	−12(2~8개월 저장)
육류(냉동)	−18(4~12개월 저장)

신선한 과일, 야채류 등은 살아 있는 농산물이므로 지속적으로 열을 발산하여 냉장실의 냉동 부하에 부가된다. 대부분의 과실 및 야채류의 저장 수명을 길게 하기 위한 **최적 저장**

온도(optimum storage temperature)는 동결 온도(freezing temperature)보다 0.5~1℃ 정도 높은 온도이다. 그러나 이것은 바나나, 오이와 같은 일부 과실과 야채류에 대해서는 적용되지 않는다(보통 0~10℃에 저장). 저온에 저장하여 생기는 조직의 손상을 **냉각 손상**(chilling injury)이라 하고 이렇게 되면 식품의 변색, 사과 등이 얼어서 뭉크러짐, 표피 오점, 잘 익은 부분의 손상이 일어난다. 이와 같은 냉각 손상은 냉각 손상을 초래하는 냉장 온도와 냉장 기간에 의존되며 온도가 낮을수록, 저장 기간이 길수록 심해진다.

냉각 손상은 과동결 온도 이하에 장기간 노출되어 생기는 동결 손상(freezing injury)과 다르다. 동결 손상은 고착, 과실의 동결 상처, 급격한 수분 손실로 인한 건조 등이 발생한다. 동결 과정에서 생기는 수분 손실은 저장품의 품질을 저해하며 가격을 저하시키는 원인이 된다.

수분 손실의 최소화 방법

① 식품의 저장 온도를 가능한 한 범위에서 낮게 한다.

② 저장실의 상대 습도를 가능한 한 높게 할 것

③ 저장실의 공기 속도를 높게 하지 않는다.

[2] 식품의 열적 성질

식품의 성질은 시간과 온도에 따라 달라지며, 식품의 열적 성질은 수분 함량에 영향을 받는다. 식품의 비열과 잠열은 수준에 기초하여 계산된다.

식품의 비열은 Siebel의 식에 의하여 다음 식으로 표시된다. 식품의 동결 전, 후의 비열을 각각 $c_{p_{fr}}$, $c_{p_{frz}}$이라 하면

$$c_{p_{fr}} = 3.35w + 0.84 \text{ kJ/kg℃} \tag{12・52 a}$$

$$c_{p_{frz}} = 1.26w + 0.84 \text{ kJ/kg℃} \tag{12・52 b}$$

여기서 w 는 식품 수분의 비율이다. 이 식은 0℃의 물과 얼음의 비열을 기초로 한 것이다. 그리고 식품의 동결 또는 융해시의 잠열 h_L(kJ/kg)은 물의 잠열(334 kJ/kg)에 의존되며 다음 식으로 구한다.

$$h_L = 334w \tag{12・53}$$

보기 12.9

사과의 동결 온도는 −1.1℃이고, 수분 백분율은 84%이다. 비열과 잠열을 구하여라.

풀이 동결 전의 상태 :

$$c_{p_{fr}} = 3.35w + 0.84 = 3.35 \times 0.84 + 0.84 = 3.654 \text{ kJ/kg℃}$$

동결 후의 상태 :

$$c_{p_{frz}} = 1.26w + 0.84 = 1.26 \times 0.84 + 0.84 = 1.8984\,\text{kJ/kg℃}$$

잠열 :

$$h_L = 334w = 334 \times 0.84 = 280.56\,\text{kJ/kg}$$

[3] 식품의 냉동

과실과 야채류는 흔히 신선도나 향, 그리고 저장 수명을 길게 한다. 야채류나 과실의 대부분은 물로 구성되어 있다. 지금 과실이나 야채류로부터 제거되는 열량 $\dot{Q}_{\text{res}}(W)$은 다음 식으로 표시된다.

$$\dot{Q} = \frac{m\,c_p(T_i - T_f)}{\Delta t} \tag{12・54}$$

여기서 c_p : 평균 비열

m : 질량

T_i, T_f : 처음과 마지막 온도

Δt : 냉각 시간

과실 및 야채류의 호흡열(heat of respiration)은 표 **12・9**과 같다. 냉장에서 초기 호흡률(initial rate of respiration)을 처음 1~2일 동안 적용하고 장기간 냉장할 때에는 장기간 평형률을 사용한다. 호흡에 따른 냉동 부하(refrigeration load) $\dot{Q}$(W)는 다음과 같이 구한다.

$$\dot{Q}_{\text{res}} = \sum m_i \dot{q}_{\text{res},\,i} \tag{12・55}$$

표 12・9 과실류와 야채류의 호흡열

품 명	호흡열(mW/kg)	
	5℃	20℃
딸기(strawberry)	48~98	303~581
수박(watermelon)		51~ 74
사과 (apple)	13~36	44~137
복숭아(peach)	19~27	176~304
자두(plum)	12~27	53~ 77
당근(carrot)	20~58	64~117
양배추(cabbage)	22~87	121~437
상추(lettuce)	39~87	169~298
버섯(mushroom)	211	782~939
감자(potato)	11~35	13~ 92
토마토(tomato)		71~120

보기 12.10

사과를 저장하는 저온 창고에 사과 400상자를 저장하고 있다. 1상자의 무게는 15 kg이고 사과 50 개가 들어 있다. 사과 상자만의 무게를 2.4 kg, 비열은 1.7 kJ/kg℃이고, 사과의 비열은 3.65 kJ/kg℃이다. 사과의 호흡열이 0.36 W/kg일 경우 사과의 냉각률을 0.2℃/h로 유지하기 위하여 저장실에서 제거해야 할 열량을 구하여라. 단, 벽의 열손실은 무시한다.

풀이 에너지 평형은

$$\dot{Q}_{res} - \dot{Q}_{out} = \Delta\dot{U}_{apple} + \Delta\dot{U}_b$$

$$m_{apple} = 15 \times 400 = 6000\,\text{kg}$$

$$m_b = 2.4 \times 400 = 960\,\text{kg}$$

$$\Delta\dot{U}_{apple} = m\,c_p \frac{\Delta T}{\Delta t} = 6000 \times 3.65 \times (-0.2)$$

$$= -4380\,\text{kJ/h} = -1216.667\,\text{W}$$

$$\Delta\dot{U}_b = m\,c_p \frac{\Delta T}{\Delta t} = 960 \times 1.7 \times (-0.2)$$

$$= -326.4\,\text{kJ/h} = -90.667\,\text{W}$$

$$\dot{Q}_{res} = m_{apple}\,q_{res}$$

$$= 6000 \times 0.36 = 2160\,\text{W}$$

$$\dot{Q}_{total} = \dot{Q}_{res} + \Delta U_{apple} = -\Delta U_b$$

$$= 2160 + 1216.667 + 90.667 = 3467.334\,\text{W}$$

따라서 3467.334 W의 열을 저장실로부터 제거해야 한다.

12.12 요 약

[1] 냉동 및 성적계수

냉동(冷凍, refrigeration)이란 어느 물체 또는 영역으로부터 열을 흡수하여 그 온도를 주위의 온도보다 낮게 유지하는 기술을 말한다.

냉동기의 **성적 계수**(成績係數, coefficient of performance) COP :

$$\text{COP}_R = \frac{\text{냉동효과(refrigerating effect)}}{\text{압축에 필요한 입력일(work input)}}$$

$$\text{COP}_H = \frac{\text{가열효과(heating effect)}}{\text{압축에 필요한 입력일(work input)}}$$

$$\text{COP}_H = \frac{w + q_L}{w} = 1 + \text{COP}_R$$

[2] 증기 압축 냉동 사이클

증발기의 흡수열량 $q_L = h_2 - h_1 \text{ kJ/kg}$

압축기의 압축일 $w = h_3 - h_2 \text{ kJ/kg}$

응축기의 방열량 $q_H = h_3 - h_4 \text{ kJ/kg}$

냉동기의 성적계수 $\text{COP}_R = \dfrac{q_L}{w_{\text{in}}} = \dfrac{h_2 - h_1}{h_3 - h_2}$

[3] 냉동 능력

냉동 능력(冷凍能力, refrigeration capacity)의 단위로는 **냉동 톤**(refrigeration ton, RT)를 사용한다. **1 냉동 톤**이란 0℃의 물 1000 kg을 24 시간 동안에 0℃의 얼음(ice)으로 만드는데 필요한 냉각 용량을 말한다. 냉동 톤의 단위로는 J/h, W, kcal/h 등의 단위로 표시한다.

물의 응고(凝固) 잠열은 333.6 kJ/kg(또는 79.68 kcal/kg)이므로

$$1\text{RT} = \frac{333.6 \times 1000}{24} = 13900\,\text{kJ/h} = 3.8611\,\text{kW}$$

$$= \frac{79.68 \times 1000}{24} = 3320\,\text{kcal/h}$$

[4] 다단 압축 냉동 사이클

(1) 2단 압축 1단 팽창 사이클

그림 12·12에서

냉동 효과 : $q_L = h_2 - h_1\,\text{kJ/kg}$

압축기의 소요일 : $w = w_L + w_H = (h_3 - h_2) + (h_5 - h_4)\,\text{kJ/kg}$

방열량 : $q_H = h_5 - h_6\,\text{kJ/kg}$

성적 계수 : $\text{COP} = \dfrac{q_L}{w} = \dfrac{h_2 - h_1}{(h_3 - h_2) + (h_5 - h_4)}$

중간 냉각기의 방열량 :

중간 냉각 압력 :

(2) 2단 압축 2단 팽창 냉동 사이클

냉동 장치에서 냉각 온도가 −30℃ 이하의 저온이 되면 냉매의 증발 온도(증발 압력)가 낮아져서 지금까지 설명한 1대의 압축기로 1단 압축하면 압축비가 커지게 된다. 그러므로 압축을 2단으로 나누어 증발 압력으로부터 중간 압력까지 저압측 압축기(low pressure compressor)로 압축하고 중간 압력으로부터 응축 압력까지는 고압측 압축기(high pressure compressor)로 압축하여 각각의 압축비를 작게함으로서 체적 효율의 저하와 실린더의 과열을 방지하는 방법을 이용하는 사이클이다.

그림 12·14에서 제1팽창 밸브를 통과한 냉매의 건도 x_7은

$$h_7 = h_9 + x_7(h_8 - h_9)$$

$$x_7 = \frac{h_7 - h_9}{h_8 - h_9}$$

$$1 - x_7 = \frac{h_8 - h_7}{h_8 - h_9}$$

가 된다. 따라서 증발기의 흡열량(吸熱量) 또는 냉동 효과는

$$q_L = (1 - x_7)(h_2 - h_1) = (1 - x_7)(h_2 - h_9)$$
$$= \frac{(h_8 - h_7)(h_2 - h_9)}{h_8 - h_9} \text{kJ/kg}$$

압축기의 압축 소요일

$$w = w_L + w_H$$
$$= (1 - x_7)(h_3 - h_2) + (h_5 - h_4)$$
$$= \frac{(h_8 - h_7)(h_3 - h_2) + (h_8 - h_7)(h_5 - h_4)}{(h_8 - h_9)}$$

중간 냉각기의 방열량 : $q_m = (1 - x_7)(h_3 - h_4)$ kJ/kg

응축기의 방열량 : $q_H = (h_5 - h_6)$kJ/kg

중간 냉각 압력 : $P_m = \sqrt{P_L P_H}$

[5] 다원 냉동 사이클

−70℃ 이하의 저온에서는 다단 압축 방식으로는 효율적인 사이클 실현이 곤란하므로 다원 냉동 사이클을 적용한다. **다원 냉동**(多元冷凍) **사이클**(cascade refrigeration cycle)은 초저온을 얻기 위하여 저온측과 고온측의 냉동 사이클을 독립시키는 방법이다.

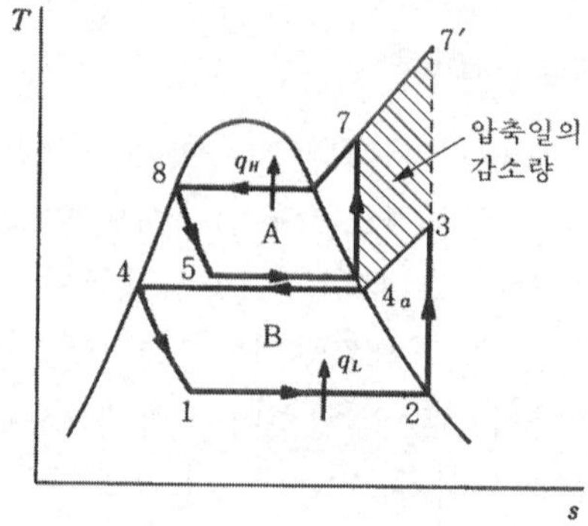

그림 12 · 33 2원 냉동 사이클

그림 12 · 33과 같은 2원 냉동 사이클에서

$$\dot{m}_A(h_6-h_5)=\dot{m}_B(h_3-h_4)$$

$$\frac{\dot{m}_A}{\dot{m}_B}=\frac{h_3-h_4}{h_6-h_5}$$

따라서 2원 냉동 사이클의 성적 계수 $\mathrm{COP_{cascade}}$는

$$\mathrm{COP_{cascade}}=\frac{\dot{Q}_L}{\dot{W}_{\mathrm{in}}}=\frac{\dot{m}_B(h_2-h_1)}{\dot{m}_B(h_3-h_2)+\dot{m}_A(h_7-h_6)}$$

가 된다.

[6] 냉매의 구비 조건

냉매라고 하는 것은 냉동 사이클에 사용되는 동작 물질로서 냉동 효과를 얻기 위하여 냉매의 증발 또는 팽창에 의하여 열을 흡수하는 물질을 말한다.

냉매가 갖추어야 할 성질 :

(1) 물리적 성질

① 응축 압력 P_H가 적당히 낮고, 액화(液化)하기 쉬울 것
② 증발 압력이 대기압보다 조금 높고 지나치게 낮지 않을 것
③ 증발열 r 또는 냉동 효과 q_L이 클 것
④ 비체적 v가 작을 것
⑤ 비열비$\left(\kappa=\dfrac{c_p}{c_v}\right)$가 작을 것
⑥ 임계점(critical point)이 높을 것

(2) 화학적 성질

① 화학적으로 안정하고 윤활유를 변화시키지 않을 것
② 인화성, 폭발성, 부식성이 없을 것
③ 점도가 작고, 열전도성이나 전기 절연성 등이 좋을 것
④ 인체에 유해하지 않고 가축에 해를 끼치지 않을 것
⑤ 누설이 작고 누설되어도 용이하게 발견될 것
⑥ 증기의 단열 지수$\left(\kappa = \dfrac{c_p}{c_v}\right)$가 작을 것
⑦ 가격이 저렴하고 취급이 용이할 것

[7] 냉매의 종류

냉매에는 할로겐화탄소(halocarbons), 무기화합물(inorganic compounds), 탄화수소(hydrocarbons), 공비혼합물(共沸混合物,azeotropic mixtures), 비공비 혼합물(inazeotropic mixtures) 등이 있다.

(1) 할로겐화탄소

할로겐화탄소는 플루오르(fluorine), 염소(chlorine), 브롬(bromine) 등의 할로겐족 원소를 하나 또는 그 이상 포함하는 화합물로서 오늘날 냉동 및 공조 시스템에 광범위하게 사용되는 물질이다. 가장 일반적인 CFCs로는 CFC-11 또는 R-11, CFC-12 또는 R-12, CFC-113 또는 R-113, CFC-114 또는 R-114 및 CFC-1115 또는 R-115 등이다.

(2) 탄화수소

탄화수소(hydrocarbons,HCs)**계 냉매**는 주로 탄소와 수소의 화합물로 구성된다. HCs는 메탄(methane), 에탄(ethane), 부탄(butane), 시클로펜탄(cyclopentane) 등을 포함한다.

(a) **HCFCs**(hydrochlorofluorocarbons) HCFCs는 수소, 염소, 불소, 탄소 원자를 포함하는 물질로서 CFC냉매보다 매우 짧은 수명을 가지며 오존 파괴 능력(ODPs)은 0.02-0.1이다. R-22, R-123, R-124 등이 있으며 오늘날 가장 많이 사용되는 냉매이다.

① R-22(chlorodifluoromethane, CHF_2Cl)
② R-123(2, 2-Dichloro-1, 1, 1-trifluoroethane,)

(b) **HFCs**(hydrofluorocarbons) HFCs계 냉매는 수소, 불소, 탄소 원자를 포함하며 오존층의 파괴를 일으키지 않는다. HFCs계 냉매는 R-125, R-134a, R-32, R-143a, R-152a 및 R-245ca 등이 있다. 이들 중에서 R-134a(1, 1, 1, 2-Tetrafluoroethane,)는 자동차 및 각종 상용 냉동 장치에 사용되던 R-12의 대체로 사용하는 물질이다.

(3) **무기화합물**

무기화합물 냉매로는 암모니아(ammonia, NH_3), 물(H_2O), 공기($0.21O_2+0.78N_2+0.01Ar$), 이산화탄소(CO_2), 이산화황(SO_2) 등이 있다. 이들 중에서 가장 널리 사용되는 것은 암모니아이다.

(4) 공비 혼합물(azeotropic mixture)

두 종류 이상의 단일 성분 냉매를 혼합하여 사용할 때 이것을 혼합 냉매(混合冷媒)라 한다. 혼합 냉매는 공비 혼합 냉매(共沸混合冷媒)와 비공비 혼합 냉매(非沸混合冷媒)가 있다.

(5) 브라인

브라인(brine)은 원래 염수(鹽水)를 의미하는 말이나 냉동에서는 간접 냉각식 냉동 장치의 2차 냉매(secondary refrigerant)로 사용되는 액체를 총칭한다.

[8] 냉매의 호칭

(1) 냉매의 호칭

할로겐화 탄화수소계 및 탄화수소 냉매는 다음과 같이 번호를 붙인다.

$$C_mH_nF_pCI_q$$
$$n+p+q=2m+2$$

를 만족하는 식을 갖는다.

따라서 냉매 번호 R−xyz는 다음과 같이 정한다.

Refrigerant xyz=R−xyz

여기서 x$=m-1$; (탄소 원자수−1)
y$=n+1$; (수소 원자수 +1)
z$=p$; (불소 원자수)

(2) 오존 파괴 계수와 온실 효과

① 오존 파괴 계수(Ozone depletion potential ; ODP)

물질마다의 오존의 파괴 영향의 크기를 나타내는 지표로서 각 화합물 1kg당 의 총 오존 파괴량을 CFC−11 1kg당의 오존 파괴량으로 나눈 값으로 나타낸다.

② 온실 효과

지표로부터 열(자외선)의 복사가 공기중의 미량 가스 성분에 흡수되어 복사 냉각이 작아지고 기온의 상승을 초래하는 현상을 **온실 효과**(溫室效果, greenhouse effect)라 한다.

온실 효과 가스 : CO_2, H_2O 외에 CH_4(메탄, methane), N_2O(아산화질소, nitrous oxide), O_3(오존, ozone), HCFCs(수소불화탄소, halogenated fluorocarbon CFC-11, 12 등), PFCs(과불화탄소, perfluorinated carbons ; C_2F_6), SF_6(육불화황, sulfur hexafluoride) 등이 있다.

③ 지구 온난화 계수(Global warming potential ; GWP)

물질마다의 지구 온난화의 영향의 크기를 나타내는 지표로서 이산화탄소 또는 CFC-11을 기준으로 한 질량 베이스의 상대값으로 나타낸다. 특히 CFC-11베이스의 경우는 HGWP라고 한다.

[9] 식품의 냉동과 동결의 개요

일반적으로 식품의 냉동은 다음과 같이 3가지 단계를 거친다.

(1) 냉각(cooling)

상(phase)의 변화없이 식품이 동결 시작점까지 냉각되는 과정으로 식품의 현열(sensible heat)을 제거한다.

(2) 동결(freezing)

동결 시작 온도에서 동결 종료 온도까지 얼리는 과정으로 식품의 잠열을 제거하는 과정이다.

(3) 동결 온도 이하의 냉각(further cooling)

과동결(subfreezing)과정으로 동결 종료 온도 이하의 온도로 냉각하여 동결 식품의 현열을 제거하는 과정이다.

〈참고문헌〉

1. Japanese Association of refrigeration, Japan Flon Gas Association, Thermophysical properyies of environmentally acceptable fluorocarbons, 2~9, 16, 1991.
2. Ibrahiim Dincer, Refrigeration system and Applications, Wiley, pp.98~99, 2003.

연 | 습 | 문 | 제

12.1 다음에 열거하는 용어를 설명하여라.

(1) 냉동　　(2) 냉동기
(3) 열펌프　　(4) 성적 계수
(5) 역 카르노 사이클　　(6) 2원 냉동 사이클

12.2 증기 압축식 냉동 사이클의 구조와 작동 원리, 저열원으로부터의 흡수 열량, 응축기의 방열량, 성적 계수를 구하여라.

12.3 냉동기와 열펌프의 구조와 원리를 설명하고 성적 계수를 구하여라.

12.4 냉동기의 기본 사이클을 $P-h$ 선도로 그리고 각 과정을 설명하여라.

12.5 다단 압축 냉동 사이클에서 중간 압력 P_m을 구하는 식을 유도하여라.

12.6 다음 사항을 간단히 설명하여라.

(1) 냉동톤　　(2) 냉동 능력
(3) 흡수식 냉동기　　(4) 팽창 밸브

12.7 다음 주요 부품은 열역학적으로 어떠한 작용을 하는가?

(1) 압축기　　(2) 응축기
(3) 팽창 밸브　　(4) 증발기

12.8 표준 냉동 사이클에 대하여 설명하여라.

12.9 가르노 냉동기가 R-12를 냉매로 하여 다음과 같은 사이클 조건을 갖는 냉동 사이클의 압축 소요일, 터빈의 하는 일, 증발기의 흡수 열량, 성적 계수를 구하여라.
사이클 조건 : 응축 온도=30℃, 증발 온도=−10℃

12.10 정상류 카르노 냉동기가 R-12를 냉매로 사용하고 있다. 증발 압력이 120 kPa이고 응축 온도가 32℃일 경우 $T-s$ 선도를 그리고 COP, 냉동기의 흡수 열량, 유효 입력을 구하여라.

12.11 R-12를 냉매로 하는 정상류 카르노 사이클에서 사이클 최고 온도가 30℃, 최저 온도가 −20℃이고, 저열원의 흡수 과정 초기와 말기의 건도가 각각 0.2, 0.87일 경우 다음 사항을 구하여라. $T-s$ 선도를 그리고 COP, 응축기 및 증발기 압력, 이 냉동기에 공급된 일을 구하여라.

12.12 냉매 R-12를 사용하는 냉동기가 다음과 같은 조건하에서 작동한다.

응축 압력 ; 0.7848 MPa　　팽창 밸브 입구 ; 포화액

증발 압력 ; 0.1288 MPa　　　　증발기 출구 ; 포화 증기
냉매 유량 ; 0.15 kg/s

$T-s$ 선도를 그리고, 저열원의 흡수 열량, 압축기의 입력, 주위에 방열하는 열량, COP를 구하여라.

12.13 증기 압축 냉동 사이클에서 응축기 출구 온도 28℃, 증발기 출구(압축기 입구)온도 −10℃로 주어졌을 경우 성적 계수를 구하여라. 다만 냉매는 R−12이고, 응축기 출구 및 압축기 입구는 각각 포화액, 포화 증기이다.

12.14 압축기 입구 온도가 −20℃이고, 응축기 압력이 900 kPa인 증기 압축 냉동 사이클에서 응축기 출구(팽창 밸브 입구)상태가 포화액이고, 압축기 입구 온도가 포화 증기일 때 성적 계수 COP를 구하여라.

12.15 이상 증기 압축 냉동 사이클에서 응축기 압력이 700 kPa, 1000 kPa, 1200 kPa이고, 증발온도가 −20℃, 냉매 유량이 0.06 kg/s일 경우 각 응축 압력에 대한 성적 계수와 냉동 능력을 구하여라. 다만 압축기 입구와 응축기 출구 냉매 상태는 포화 상태이다.

12.16 증기 압축 냉동 사이클에서 냉매 순환량이 7 kg/min이고, 압축기 입구의 상태가 −20℃, 140 kPa이고 출구 압력은 700 kPa, 압축기의 등엔트로피 효율이 70%, 응축기 출구의 냉매 상태는 700 kPa, 포화액이다. 이 사이클의 작업 유체가 R−12일 경우

(1) 성적 계수
(2) 냉동 효과
(3) 압축기 및 팽창 밸브의 비가역성률
(4) 증발기와 응축기를 통과하는 냉매의 유효 에너지 변화를 구하여라.

단, 주위 온도는 20℃이다.

12.17 2단 압축 2단 팽창 증기 압축 냉동 사이클에서 제1단 압축기로 들어가는 냉매의 온도가 −30℃이고, 분리기(또는 플래시 체임버)와 직접 접촉 열교환기의 작동 압력이 400 kPa이고, 응축기 압력이 1200 kPa이다. 팽창 밸브에 들어가는 입구상태가 1200 kPa, 400 kPa 모두 포화액일 경우

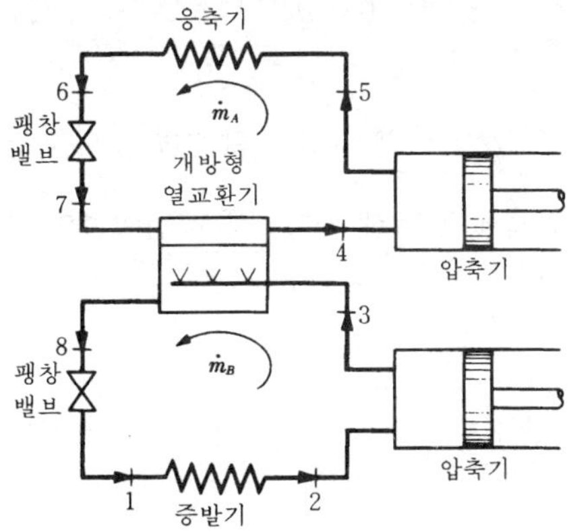

그림 12·34 문제 **12.17**의 계통도

(1) 압축기의 소요 동력 (2) 성적 계수

를 구하여라. 단, 이 냉동 사이클의 냉동 능력은 12 냉동 톤이다.

12.18 흡수식 냉동 사이클의 계통도를 그리고 작동 원리를 설명하여라.

12.19 냉동기의 팽창 밸브를 냉매가 통과할 때 일어나는 변화에 대하여 설명하여라.

12.20 2원 냉동 사이클의 계통도와 $T-s$ 선도를 그리고 냉동 효과, 성적 계수를 구하여라.

12.21 냉매가 갖추어야 할 물리적 성질과 화학적 성질에 대하여 설명하여라.

12.22 냉매의 호칭 방법에 대하여 설명하여라.

12.23 다음과 같은 냉매의 화학식과 화학명을 써넣어라.

표 12 · 10

냉매 번호	화학명	화학식
R-12		
R-21		
R-113		
R-500		

12.24 공비 혼합 냉매의 특성에 대하여 설명하여라.

12.25 다음 냉매의 특성에 대하여 기술하여라.

(1) R-11 (2) R-12

(3) R-21 (4) R-22

(5) 암모니아 (6) 메틸 클로라이드

12.26 암모니아를 사용하는 냉동 장치의 부품이나 배관에서 주의하여야 할 사항에는 어떠한 것들이 있는가?

12.27 프레온계 냉매를 사용할 때의 주의 사항에 대하여 알아보아라.

12.28 다음 그림과 같은 2단 압축 1단 팽창 사이클에서 사이클의 작동 조건이 다음과 같이 주어져 있을 때 성적 계수를 구하여라.

고압측 응축기 온도 ; 40℃

고압측 응축기 출구 ; 포화액

증발기 온도 ; −40℃

증발기 출구 ; 포화 증기

중간 압력 ; 0.261 MPa

단, 열교환기는 개방형(open type)이다.

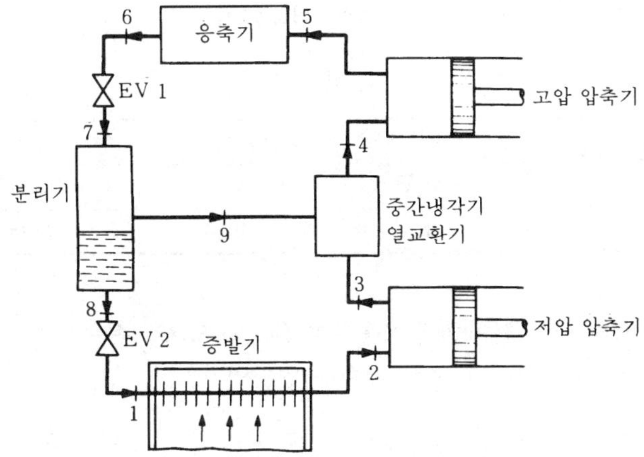

그림 12 · 35 문제 **12.28**의 계통도

12.29 역 브레이턴 사이클(공기 압축 냉동 사이클)의 계통도와 $T-s$ 선도를 그리고 성적 계수를 구하여라.

12.30 가스의 액화 과정을 계통도와 $T-s$ 선도를 그리고 설명하여라.

12.31 흡수식 냉동기의 성적 계수를 구하여라.

12.32 냉동기와 열펌프는 어떻게 다른지 설명하고 성적 계수를 구하여라.

12.33 압축기로 들어가는 냉매의 상태가 포화 증기, 습증기, 과열 증기일 경우 압축기 성능에 미치는 영향에 대하여 설명하고 각각 $P-h$ 선도 위에 그려보아라.

12.34 응축 온도와 증발 온도가 냉동 사이클 성능에 미치는 영향에 대하여 설명하여라.

12.35 어느 냉동기로 얼음 1톤을 만드는 데 50 kWh의 동력이 필요하다면 이 냉동기에 20℃의 물이 들어가서 −12℃의 얼음을 만들 경우 성적 계수는 얼마인가? 단, 얼음의 융해열은 80 kcal/kg, 비열은 0.5 kcal/kg℃이다.

12.36 공기 냉동기가 압축기 입구 온도와 출구 온도가 각각 −5℃, 100℃, 팽창기 입구 및 출구에서 각각 10℃, −65℃일 경우 냉동 효과와 방열량, 성적 계수를 구하여라. 단, 공기의 정압 비열은 0.287 kJ/kg K이다.

12.37 2 단 압축 1 단 팽창 사이클과 2 단 압축 2 단 팽창 사이클의 $T-s$ 및 $P-h$ 선도를 그리고 그 성능에 대하여 논하여라.

12.38 최고 압력 5 bar, 최저 압력이 1.03 bar인 공기를 냉매로 하는 역 브레이턴 사이클의 최저 온도가 −20℃라면 성적 계수는 얼마인가?

12.39 R-12를 냉매로 하는 1단 압축 냉동 사이클에서 응축 온도가 30℃일 경우 증발 온도가 다음과 같을 때 성적 계수를 구하여 다음 표 속에 써넣어라.

표 12 · 11

응축 온도	증발 온도		
	−10℃	−20℃	−30℃
30℃	COP=	COP=	COP=

12.40 2단 압축 1단 팽창 냉동 사이클에서 응축기 온도가 30℃, 증발기 온도가 −30℃이고, 중간 냉각기의 냉각 온도가 30℃이라면 성적 계수는 얼마인가?

12.41 냉동 효과를 나타내는 단위로 냉동 톤이 주로 사용된다. 1냉동 톤은 0℃의 물 1000 kg을 24시간 동안에 0℃의 얼음으로 만드는 데 요하는 냉각 용량을 말한다. 1냉동 톤을 J/h, W, kcal/h 및 kcal/min의 단위로 나타내어 보아라.

12.42 CFC 냉매의 오존층 파괴 기구를 설명하고 대체 냉매에 대하여 아는 바를 설명하여라.

12.43 지구 표면의 온실 효과(greenhouse effect)에 대하여 아는 바를 기술하여라.

12.44 역 카르노 사이클로 작동되는 냉동기에서 증발기 온도가 −5℃이고, 응축기 온도가 30℃일 경우 성적 계수를 구하여라.

12.45 냉매 R-134a로 작동되는 증기압축 냉동 사이클에서 증발기 온도가 −4℃, 응축기 온도가 34℃일 경우 성적 계수를 구하여라.

12.46 그림 12 · 35와 같은 R-134a를 사용하는 증기압력식 냉동기에서 증발기 온도가 5℃이고, 응축기 온도가 34℃일 경우 성적 계수를 구하여라.

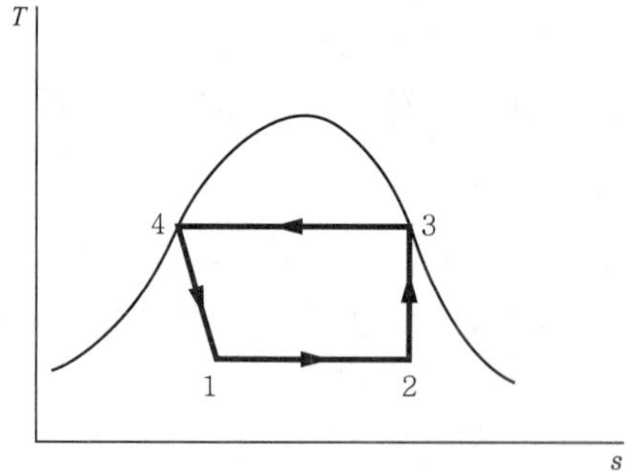

그림 12 · 36

12.47 이상 냉동 사이클에서 응축기 온도가 30℃이고, 증발기 온도가 −15℃일 경우 냉동기의 성적 계수를 구하여라. 열펌프로 작동될 경우의 성적 계수를 구하여라.

12.48 온도 273 K와 303 K의 두 열원 사이에서 작동되는 냉동기의 가능한 최대 성적 계수는 얼마인가? 단, 주위의 온도는 300 K이다.

12.49 문제 **12.48**에서 실제 성적 계수가 2.0이라면 제 2 법칙 효율은 얼마인가?

12.50 2 원냉동 사이클의 시스템 계통도를 그리고 2 단 압축 2 단 팽창 사이클과의 차이점을 상술하여라.

CHAPTER

13 열역학의 일반 관계식

13.1 상태량의 수학적 기초

순수 물질의 열역학적 상태를 규정하는 상태량에는 온도, 압력, 비체적, 내부 에너지, 엔트로피 등 여러 가지가 있으나, 이들 중에서 독립적으로 변화할 수 있는 2 개의 상태량을 독립변수로 취하면 다른 모든 상태량은 이들의 함수로 나타낼 수 있다. 여기서 독립적인 2 개의 상태량을 취할 때, 열과 직접 관련된 상태량 하나와 열과 직접 관련이 없는 상태량을 각각 택하는 것이 일반적이다. 예를 들면 $(T,\ v)$, $(s,\ P)$, $(T,\ P)$, $(s,\ v)$ 등과 같은 조합을 들 수 있다.

지금 독립적으로 변화하는 상태량을 x, y 그리고 임의의 제 3 의 상태량을 z라 하면 이들 사이에는 다음의 관계가 성립한다.

$$z = f(x,y) \tag{13・1}$$

이 식으로 표시되는 3 개의 상태량 x, y, z 사이의 관계로부터 유도되는 상태량의 미계수(微係數) 상호간의 관계식은 물질의 종류나 상태(고체, 액체, 기체)에 관계없이 항상 성립하므로 **열역학의 일반 관계식**(一般關係式, general relation of thermodynamics)이라 한다.

모든 열역학의 일반 관계식은 미분을 포함하므로 이 장에서는 미분과 이에 관련된 열역학적 기초에 대하여 다루기로 한다.

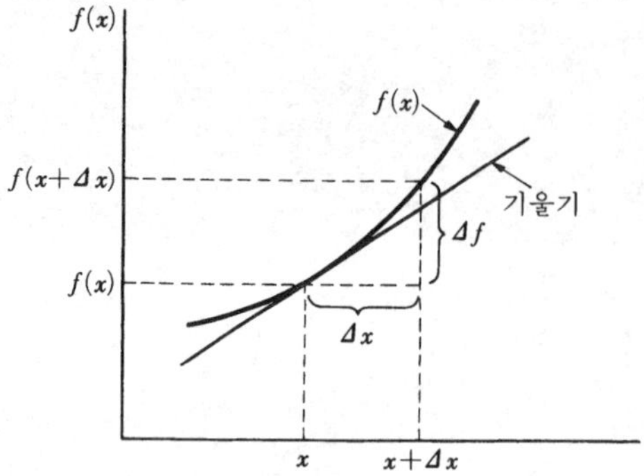

그림 13 · 1

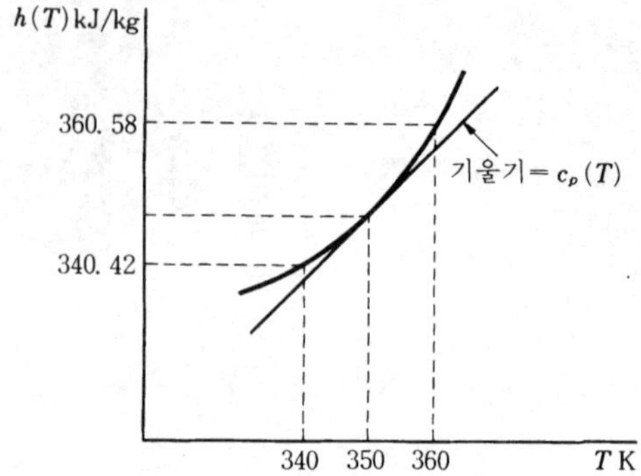

그림 13 · 2 보기 13.1의 도식 표시

지금 함수 $f(x)$의 미분은 그림 13 · 1에서

$$\frac{df}{dx} = \lim_{\Delta x \to 0} \frac{\Delta f}{\Delta x} = \lim_{\Delta x \to 0} \frac{f(x+\Delta x) - f(x)}{\Delta x} \tag{13 · 2}$$

로 표시된다.

보기 13.1

이상 기체의 정압 비열 c_p는 온도만의 함수로서 온도 T에서 다음 식으로 주어진다.

$$c_p(T) = \frac{dh(T)}{dT}$$

온도가 350K일 때의 정압 비열을 구하여라.

풀이 공기의 상태량 표(부록 부표 A · 22)로부터 엔탈피를 구하면

340K: $h = 340.42\,\text{kJ/kg}$

360K: $h = 360.58\,\text{kJ/kg}$

따라서 $T = 350\,\text{K}$일 때의 c_p를 구하면

$$c_{p,\,350\,\text{K}} = \left[\frac{dh(T)}{dT}\right]_{T=350\,\text{K}} \cong \left[\frac{\Delta h(T)}{\Delta T}\right]_{T \cong 350\,\text{K}}$$

$$= \frac{h_{360\,\text{K}} - h_{340\,\text{K}}}{360 - 340}$$

$$= \frac{360.58 - 340.42}{360 - 340} = 1.008\,\text{kJ/kg K}$$

이 값과 부록에 제시한 공기에 대한 정압 비열의 표로부터 350 K일 때의 c_p의 값을 찾으면 1.008 kJ/kg K로 일치하는 결과임을 알 수 있다.

$z=f(x,y)$에서 y를 고정하고 x만을 변화시켰을 때 z의 도함수를 x에 대한 편도함수(偏導函數, partial derivative)라고 한다.

$$\left(\frac{\partial z}{\partial x}\right)_y = \lim_{\Delta x \to 0}\left(\frac{\partial z}{\partial x}\right)_y = \lim_{\Delta x \to 0}\frac{z(x+\Delta x, y)-z(x,y)}{\Delta x} \qquad (13 \cdot 3)$$

그림 13 · 3에서 독립변수 x, y가 Δx, Δy 만큼 변화한 경우 Δz는

$$\Delta z = z(x+\Delta x, y+\Delta y) - z(x,y)$$

로 표시된다.

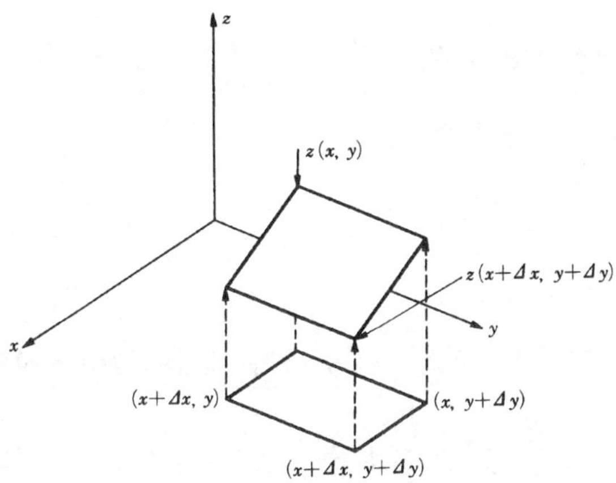

그림 13 · 3 함수 $z(x, y)$에 대한 전미분 dz의 도식적 표기

이 식에 $z(x,y+\Delta y)$를 넣어 정리하면

$$\Delta z = z(x+\Delta x, y+\Delta y) - z(x, y+\Delta y) + z(x, y+\Delta y) - z(x,y)$$

또는

$$\Delta z = \frac{z(x+\Delta x, y+\Delta y) - z(x,y+\Delta y)}{\Delta x}\Delta x + \frac{z(x, y+\Delta y) - z(x, y)}{\Delta y}\Delta y$$

$\Delta x \to 0$, $\Delta y \to 0$일 때의 극한을 취하면

$$dz = \left(\frac{\partial z}{\partial x}\right)_y dx + \left(\frac{\partial z}{\partial y}\right)_x dy \qquad (13 \cdot 4)$$

식 (13 · 4)에서 $\left(\frac{\partial z}{\partial x}\right)_y$ 또는 $\left(\frac{\partial z}{\partial y}\right)_x$의 의미는 각각 y 또는 x를 일정하게 유지한 상태에서의 미분임을 의미하며, 이 식이 **전미분**(全微分, total differential)의 기본 관계식이다.

13.2 상태량의 편미분 계수

식 (13・1)을 다시 쓰면

$$z = f(x,y)$$

이것의 전미분은

$$dz = \left(\frac{\partial z}{\partial x}\right)_y dx + \left(\frac{\partial z}{\partial y}\right)_x dy$$

이고, 여기서 **편미분 계수**(偏微分係數) $\left(\frac{\partial z}{\partial x}\right)_y$, $\left(\frac{\partial z}{\partial y}\right)_x$는 각각 독립 변수 y, x를 일정하게 한 값이므로 다음과 같이 나타낼 수 있다.

$$\left(\frac{\partial z}{\partial x}\right)_y = M,\ \left(\frac{\partial z}{\partial y}\right)_x = N \tag{13・5}$$

$$dz = Mdx + Ndy \tag{13・6}$$

식 (13・6)의 편미분 계수 M, N을 각각 y, z에 대하여 편미분하면

$$\left(\frac{\partial M}{\partial y}\right)_x = \frac{\partial^2 z}{\partial y\,\partial x},\ \left(\frac{\partial N}{\partial x}\right)_y = \frac{\partial^2 z}{\partial x\,\partial y}$$

가 된다. 따라서 이들의 관계를 다시 쓰면

$$\left(\frac{\partial M}{\partial y}\right)_x = \left(\frac{\partial N}{\partial x}\right)_y \tag{13・7}$$

가 성립된다. 이 식은 dz가 전미분인가 아닌가, 즉 $z(x,y)$가 점함수인가 경로 함수인가를 판정하는 관계식으로서 편미분에서 중요한 관계식이다.

다음에는 열역학적 일반 관계식에서 식 (13・7)과 함께 유용하게 사용되는 편미분 계수의 사이클릭(순환) 관계식(cyclic relations)에 대하여 알아보기로 한다.

함수 $z = z(x,y)$를 z, y가 독립 변수이고, x를 종속 변수로 생각할 수 있으므로 $x = x(y,z)$로 표시하고 전미분을 구하면

$$dx = \left(\frac{\partial x}{\partial y}\right)_z dy + \left(\frac{\partial x}{\partial z}\right)_y dz \tag{13・8}$$

가 된다.

식 (13・4)와 식 (13・8)에서 dx를 소거하면

$$dz = \left(\frac{\partial z}{\partial x}\right)_y dx + \left(\frac{\partial z}{\partial y}\right)_x dy$$
$$= \left[\left(\frac{\partial z}{\partial x}\right)_y \left(\frac{\partial x}{\partial y}\right)_z + \left(\frac{\partial z}{\partial y}\right)_x\right] dy + \left(\frac{\partial x}{\partial z}\right)_y \left(\frac{\partial z}{\partial x}\right)_y dz$$

이 식을 다시 쓰면

$$\left[\left(\frac{\partial z}{\partial x}\right)_y \left(\frac{\partial x}{\partial y}\right)_z + \left(\frac{\partial z}{\partial y}\right)_x\right] dy = \left[1 - \left(\frac{\partial x}{\partial z}\right)_y \left(\frac{\partial z}{\partial x}\right)_y\right] dz \qquad (13 \cdot 9)$$

가 된다 식 (13 · 9)에서 y, z는 독립적으로 변화되므로 모든 임의의 경우에 대해서 식 (13 · 9)는 성립되어야 한다. 여기서 y를 일정하다고 취하면 $dy = 0$이므로

$$\left(\frac{\partial x}{\partial z}\right)_y \left(\frac{\partial z}{\partial x}\right)_y = 1 \quad \text{또는} \quad \left(\frac{\partial x}{\partial z}\right)_y = \frac{1}{\left(\frac{\partial z}{\partial x}\right)_y} \qquad (13 \cdot 10)$$

그리고 식 (13 · 9)에서 z가 일정하다고 하면 $dz = 0$이므로

$$\left(\frac{\partial z}{\partial x}\right)_y \left(\frac{\partial x}{\partial y}\right)_z = -\left(\frac{\partial z}{\partial y}\right)_x$$

또는

$$\left(\frac{\partial x}{\partial y}\right)_z \left(\frac{\partial y}{\partial z}\right)_x \left(\frac{\partial z}{\partial x}\right)_y = -1 \qquad (13 \cdot 11)$$

식 (13 · 10)을 **교환 법칙**(reciprocity rule), 식 (13 · 11)을 **순환 관계식**(cyclic relation)이라 한다. 이들 두 식은 열역학에서 자주 사용되는 관계식이다.

보기 13.2

이상 기체의 상태 방정식을 사용하여 압력이 일정할 경우 순환 편미분 관계와 교환 공식이 성립함을 증명하여라.

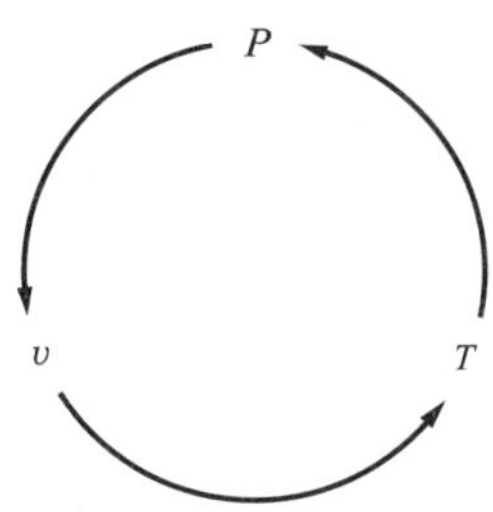

그림 13 · 4 순환 관계식

풀이 P, v, T 사이의 순환 관계식은

$$\left(\frac{\partial P}{\partial v}\right)_T\left(\frac{\partial v}{\partial T}\right)_P\left(\frac{\partial T}{\partial P}\right)_v=-1 \qquad \text{(a)}$$

로 표시된다. 이 식은 그림 13・4와 같은 간단한 그림으로 쉽게 응용할 수 있다.

여기서

$$P=P(v,T)=\frac{RT}{v}:\left(\frac{\partial P}{\partial v}\right)_T=-\frac{RT}{v^2}$$

$$v=v(P,T)=\frac{RT}{P}:\left(\frac{\partial v}{\partial T}\right)_P=\frac{R}{P}$$

$$T=T(P,v)=\frac{Pv}{R}:\left(\frac{\partial T}{\partial P}\right)_v=\frac{v}{R}$$

가 된다.

따라서 이들의 관계를 식 (a)에 대입하면

$$\left(-\frac{RT}{v^2}\right)\left(\frac{R}{P}\right)\left(\frac{v}{R}\right)=-\frac{RT}{Pv}=-1$$

이 되므로 식 (a)가 성립한다.

압력 P=일정이면

$$\left(\frac{\partial v}{\partial T}\right)_P=\frac{1}{\left(\frac{\partial T}{\partial v}\right)_P} \qquad \text{(b)}$$

$Pv=RT$에서 P=일정이므로 $Pdv=RdT$

$$\left(\frac{\partial v}{\partial T}\right)_P=\frac{R}{P},\ \left(\frac{\partial T}{\partial v}\right)_P=\frac{P}{R}$$

따라서 식 (a)와 (b)가 성립된다.

보기 13.3

다음 식으로 표시되는 미분이 완전 미분인가 아닌가를 판정하여라.

(1) $dy=(x+3z)dx+(3x-z)dz$

(2) $dz=4xydx+2x^2dy$

(3) $dx=y^3e^2dz+ye^2dy$

풀이 (1) $dy=Mdx+Ndz$, $M=(x+3z)$, $N=3x-z$

$$\left(\frac{\partial M}{\partial z}\right)_x=3,\ \left(\frac{\partial N}{\partial x}\right)_z=3$$

따라서

$$\left(\frac{\partial M}{\partial z}\right)_x=\left(\frac{\partial N}{\partial x}\right)_z$$

이므로 dy는 완전 미분이다.

(2) $dz = Mdx + Ndy$, $M = 4xy$, $N = 2x^2$

$$\left(\frac{\partial M}{\partial y}\right)_x = 4x,\ \left(\frac{\partial N}{\partial x}\right)_y = 4x$$

∴ dz는 완전 미분이다.

(3) $dx = Mdz + Ndy$, $M = y^3e^2$, $N = ye^2$

$$\left(\frac{\partial M}{\partial y}\right)_z = 3y^2e^2,\ \left(\frac{\partial N}{\partial z}\right)_y = 0$$

∴ dx는 완전 미분이 아니다.

보기 13.4

다음 식이 완전 미분인가 아닌가를 판정하고 완전 미분인 것은 상태식 $z = z(x, y)$의 함수형으로 표시하여라.

(1) $dz = ydx - xdy$

(2) $dz = 2xydx + x^2dy$

풀이 (1) $M = y$, $N = -x$ 이고 $\left(\frac{\partial M}{\partial y}\right)_x = 1$, $\left(\frac{\partial N}{\partial x}\right)_y = -1$ 이므로 dz는 완전 미분이 아니다.

(2) $M = 2xy$, $N = x^2$이고 $\left(\frac{\partial M}{\partial y}\right)_x = 2x$, $\left(\frac{\partial N}{\partial x}\right)_y = 2x$이므로 dz는 완전 미분이다.

$$M = \left(\frac{\partial z}{\partial x}\right)_y = 2xy \text{ 를 적분하면 } z = x^2y + C_1(y)$$

$$N = \left(\frac{\partial z}{\partial y}\right)_x = x^2 + \frac{dC_1(y)}{dy} = x^2$$

따라서 $C_1(y) =$ 일정이므로 $z = x^2y + C_1$이 구하는 상태식이다.

13.3 Maxwell 관계식

비유동계에 대한 열역학 제 1 법칙과 제 2 법칙으로부터

$$du = Tds - Pdv \tag{13·12}$$

$$dh = Tds + vdP \tag{13·13}$$

또한, Gibbs 함수(Gibbs function) g와 Helmholtz 함수(Helmholtz function) f는 다음 식으로 정의된다.

$$f = u - Ts \tag{13·14}$$

$$g = h - Ts \tag{13·15}$$

이 식을 미분하면

$$df = du - Tds - sdT$$

가 된다.

이들 식에 식 (13·12), (13·13)의 관계를 대입하면

$$df = -sdT - Pdv \tag{13·16}$$

$$dg = -sdT + vdP \tag{13·17}$$

이들의 관계를 쉽게 이해하도록 하기 위하여 다음과 같은 **학습 보조 선도**(mnemonic diagram)를 소개하기로 한다.

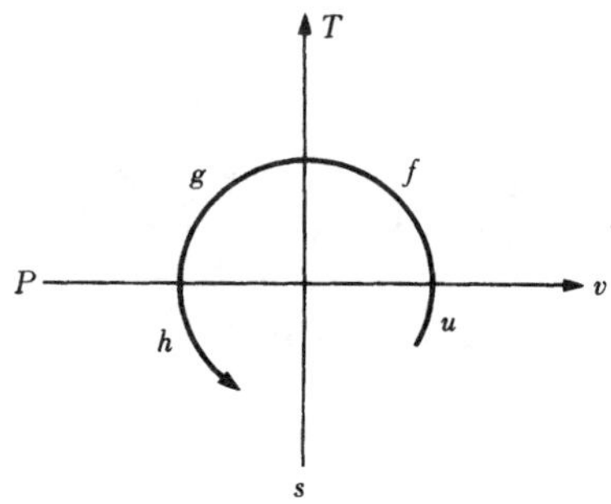

그림 13·5 u, f, g, h의 미분을 구하기 위한 참고도

그림 13·5와 같이 직각 좌표를 잡고 그 상방향과 우측 방향에 화살표를 그려서 반시계 방향으로 차례로 u, f, g, h를 기입한다. 여기서 s, v, T, P의 위치를 정할 때에는 $du = Tds - Pdv$의 관계로부터 $u = u(s, v)$임을 알 수 있으므로 u를 포함하는 상태값은 u, s에 의존된다.

부호는 → 방향이 (+)이고 그 반대 방향은 (−)를 취한다. 즉, 내부 에너지의 변화를 구하려면 s, v의 미분에 각각 s, v에 대응하는 상태값을 곱하고 이들을 더하면 된다. 따라서 Tds는 (+)이고, Pdv는 (−)가 되어

$$du = Tds - Pdv$$

가 된다. 이와 같은 방법으로 f, g, h에 대하여도 적용할 수 있다.

앞의 식 (13 · 12), (13 · 13), (13 · 16), (13 · 17)을 $z=z(x,y)$의 형태로 표시하면

$$u=u(s,v),\ du=\left(\frac{\partial u}{\partial s}\right)_v ds+\left(\frac{\partial u}{\partial v}\right)_s dv \tag{13 · 12 a}$$

$$h=h(s,P),\ dh=\left(\frac{\partial h}{\partial s}\right)_P ds+\left(\frac{\partial h}{\partial P}\right)_s dP \tag{13 · 13 a}$$

$$f=f(v,T),\ df=\left(\frac{\partial f}{\partial v}\right)_T dv+\left(\frac{\partial f}{\partial T}\right)_v dT \tag{13 · 16 a}$$

$$g=g(P,T)\ dg=\left(\frac{\partial g}{\partial P}\right)_T dP+\left(\frac{\partial g}{\partial T}\right)_P dT \tag{13 · 17 a}$$

가 된다.

식 (13 · 12), (13 · 13), (13 · 16), (13 · 17)과 식 (13 · 12 a), (13 · 13 a), (13 · 16 a), (13 · 17 a)를 비교하면

$$T=\left(\frac{\partial u}{\partial s}\right)_v,\ -P=\left(\frac{\partial u}{\partial v}\right)_s \tag{13 · 12 b}$$

$$T=\left(\frac{\partial h}{\partial s}\right)_P,\ v=\left(\frac{\partial h}{\partial P}\right)_s \tag{13 · 13 b}$$

$$-P=\left(\frac{\partial f}{\partial v}\right)_T,\ -s=\left(\frac{\partial f}{\partial T}\right)_v \tag{13 · 16 b}$$

$$v=\left(\frac{\partial g}{\partial P}\right)_T,\ -s=\left(\frac{\partial g}{\partial T}\right)_P \tag{13 · 17 b}$$

가 된다.

여기서 식 (13 · 12 b)로부터

$$\left(\frac{\partial T}{\partial v}\right)_s=\frac{\partial^2 u}{\partial v\,\partial s},\ -\left(\frac{\partial P}{\partial s}\right)_v=\frac{\partial^2 u}{\partial s\,\partial v}$$

가 되므로, $\left(\frac{\partial T}{\partial v}\right)_s=-\left(\frac{\partial P}{\partial s}\right)_v$의 관계가 성립된다.

같은 방법으로 식 (13 · 13 b), (13 · 16 b), (13 · 17 b)에 적용하면 다음 관계식이 성립한다.

$$\left(\frac{\partial T}{\partial v}\right)_s=-\left(\frac{\partial P}{\partial s}\right)_v \tag{13 · 18}$$

$$\left(\frac{\partial T}{\partial P}\right)_s=\left(\frac{\partial v}{\partial s}\right)_P \tag{13 · 19}$$

$$\left(\frac{\partial s}{\partial v}\right)_T=\left(\frac{\partial P}{\partial T}\right)_v \tag{13 · 20}$$

$$\left(\frac{\partial s}{\partial P}\right)_T = -\left(\frac{\partial v}{\partial T}\right)_P \tag{13 · 21}$$

가 성립한다. 식 (13 · 18)로부터 식 (13 · 21)까지를 **Maxwell 관계식**(Maxwell's relations)이라고 한다. 이 관계식은 열역학적 관계식을 구하는 데 매우 유용한 식이다.

Maxwell 관계식은 엔트로피 변화 등과 같은 직접 측정할 수 없는 양들을 P, v, T 등과 같은 측정 가능한 상태량으로 나타내는 데 이용된다.

Maxwell 관계식의 활용을 쉽게 하기 위하여 그림 13 · 5에서 다룬 학습 보조 선도를 그림 13 · 6과 같은 마름모꼴로 변형하고 그 모서리에 T, v, s, P를 취한다.

그림에서 T와 v(화살표 부분), $P-s$를 2 중선으로 연결하고 T, v, s, P 앞에 편미분 기호를 붙인다. 이 그림에서 어느 하나의 변(邊) 양단에 있는 편미분 계수는 이것에 대응하는 변의 양단에 있는 편미분 계수와 같다. 다만 2 중선의 양단에 있는 편미분 계수를 취할 때는 어느 한쪽에 (–)부호를 붙인다.

그림 13 · 6에서

$$\left(\frac{\partial T}{\partial P}\right)_s = \left(\frac{\partial v}{\partial s}\right)_P, \quad \left(\frac{\partial P}{\partial T}\right)_v = \left(\frac{\partial s}{\partial v}\right)_T$$

$$\left(\frac{\partial T}{\partial v}\right)_s = -\left(\frac{\partial P}{\partial s}\right)_v, \quad \left(\frac{\partial v}{\partial T}\right)_P = -\left(\frac{\partial s}{\partial P}\right)_T$$

가 된다. 이와 같이 하면 Maxwell 관계식을 정리해 두는 데 편리하다.

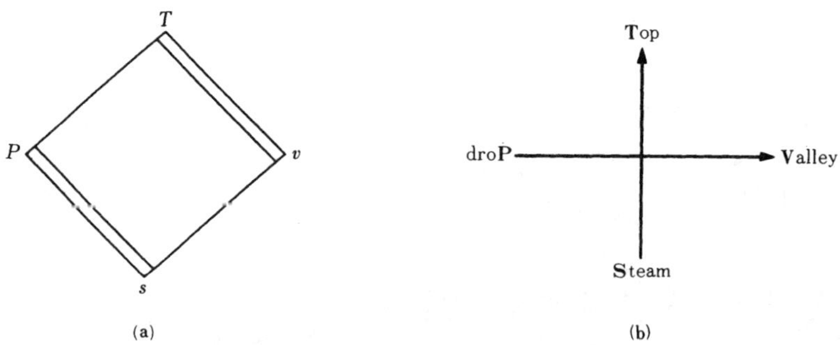

그림 13 · 6 Maxwell 관계식의 학습 보조 선도

그림 13 · 6의 기억을 용이하게 하기 위하여 다음과 같이 생각하면 더욱 편리하다. 물을 가열하면 증기가 생기고 가열된 증기(steam, 엔트로피 s)는 위로(top, 온도 T) 올라가므로 $\overset{T}{\underset{s}{\updownarrow}}$ 로 표시된다. 위로(top) 올라간 수증기는 다시 응축하여 비, 물방울(drop, 압력 P)이 되어 낙하하고, 물은 높은 곳에서 반드시 골짜기(valley, 체적 v)로 흐르므로 화살표는 $P \rightarrow v$로 된다.

13.4 Clapeyron 식

Maxwell 관계식은 열역학에서 사용되는 여러 가지 일반 관계식을 도출하는 데 유용하게 사용되는 식이다.

Clapeyron 식(Clapeyron equation)은 P, v, T 데이터로부터 상변화(相變化, phase change)에 대한 엔탈피 변화를 구하는 식이다.

이 관계식은 물이 액상(液相)으로부터 기상(氣相)으로 변화할 때 증발열을 구하거나 증발열로부터 비체적을 구할 때 사용된다. 이 식은 또한 증발뿐만 아니라 융해(融解) 또는 승화(昇華)의 경우에도 적용되는 중요한 식이다.

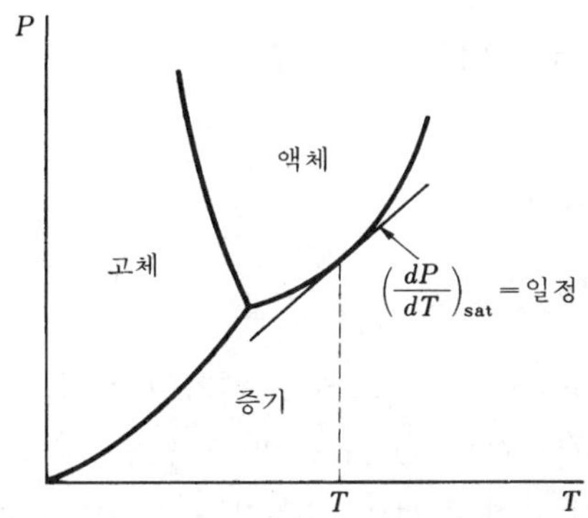

그림 13·7 압력 또는 온도 일정에서 포화곡선의 기울기

앞절에서 다룬 Maxwell 관계식의 세 번째 식에서

$$\left(\frac{\partial P}{\partial T}\right)_v = \left(\frac{\partial s}{\partial v}\right)_T \tag{13·20}$$

가 된다. 순수 물질이 포화액의 상태로부터 포화 증기로 상변화할 때 그것은 등온 변화하게 된다. 특히 포화 영역(saturation region)에서 압력과 온도는 체적에 독립적이므로 식 (13·20)의 편미분은 다음과 같이 전미분으로 나타낼 수 있다.

$$\left(\frac{\partial P}{\partial T}\right)_v = \left(\frac{dP}{dT}\right)_{\text{sat}} \tag{1}$$

앞절에서 다룬 Maxwell 관계식의 식 (13·20)을 액상과 기상에 대하여 나타내면

$$\left(\frac{\partial s}{\partial v}\right)_T = \frac{s_g - s_f}{v_g - v_f} = \frac{s_{fg}}{v_{fg}} \tag{2}$$

가 된다. 그러므로 평형 상태에 있는 두 상(two phase)에 대해서 다시 쓰면 다음과 같다.

$$\frac{dP}{dT}=\frac{s_g-s_f}{v_g-v_f} \tag{3}$$

정압 상변화 과정의 경우에는 $dP=0$이므로

$$Tds=dh-vdP \tag{4}$$

$$T\int_f^g ds=\int_f^g dh$$

$$T(s_g-s_f)=(h_g-h_f) \tag{5}$$

$$Ts_{fg}=h_{fg}$$

여기서 (h_g-h_f)는 **상변화 과정의 잠열**(latent heat of phase transformation)이다. 식 (5)를 식 (3)에 대입하여 정리하면

$$\frac{dP}{dT}=\frac{h_g-h_f}{T(v_g-v_f)} \tag{13・22 a}$$

$$h_{fg}=h_g-h_f=T(v_g-v_f)\frac{dP}{dT} \tag{13・22 b}$$

이 식을 **Clapeyron 식**(Clapeyron equation)이라고 한다. 이 식은 프랑스의 엔지니어이면서 물리학자인 Clapeyron(E. Clapeyron : 1799~1864)에 의하여 얻어진 식으로서 온도가 주어진 경우 $P-T$ 선도의 포화 곡선의 기울기를 측정하여 증발의 잠열을 구하는 중요한 열역학적 관계식이다.

액체-고체 과정(liquid-solid transformation)에서는

$$\frac{dP}{dT}=\frac{h_f-h_i}{T(v_f-v_i)}=\frac{h_{if}}{Tv_{if}}$$

저압 증발 과정에서는 $v_g \gg v_f$ 이므로 $v_{fg}\cong v_g$이다. 증기를 이상 기체로 생각하면 $v_g=RT/P$ 이므로

$$\left(\frac{dP}{dT}\right)_{\text{sat}}=\frac{Ph_{fg}}{RT^2} \tag{13・23}$$

$$\left(\frac{dP}{P}\right)_{\text{sat}}=\frac{h_{fg}}{R}\left(\frac{dT}{T^2}\right)_{\text{sat}} \tag{13・24}$$

가 된다. 식 (13・24)를 적분하면

$$\ln\left(\frac{P_2}{P_1}\right)_{\text{sat}} \cong \frac{h_{fg}}{R}\left(\frac{1}{T_1}-\frac{1}{T_2}\right)_{\text{sat}} \qquad (13 \cdot 25)$$

가 된다. 이 식을 **Clapeyron-Clausius 식**(Clapeyron-Clausius equation)이라 한다.

고체-기체 과정(승화 과정)에서는 식 (13 · 25)의 h_{fg} 대신 **승화열**(昇華熱, heat of sublimation) h_{ig}를 넣어 계산한다.

보기 13.5

포화수(飽和水)에 대한 P, v, T 데이터로부터 100℃일 때의 증발열(h_g-h_f), 내부 에너지 변화(u_g-u_f), 엔트로피의 변화(s_g-s_f)를 구하여라.

풀이 Clapeyron 식을 적용하면

$$h_{fg} = Tv_{fg}\left(\frac{dP}{dT}\right)_{\text{sat}}$$

여기서 $T=100℃$, $v_{fg}=(1.6729-0.001044)_{100℃}$

$$\left(\frac{dP}{dT}\right)_{\text{sat}} \cong \left(\frac{\Delta P}{\Delta T}\right)_{100℃} = \frac{120.82-84.55}{105-95} = 3.6270$$

$$\therefore\ h_{fg} = (273.15+100)\times(1.6729-0.001044)\times 3.6270 = 2262.7151\ \text{kJ/kg}$$

$$\begin{aligned} u_g-u_f &= h_g-h_f-P(v_g-v_f) \\ &= 2262.7151-(1.0135\times 100)(1.6729-0.001044) \\ &= 2093.2725\ \text{kJ/kg} \end{aligned}$$

$$s_g-s_f = \frac{1}{T}(h_g-h_f) = \frac{1}{373.15}\times 2262.7151 = 6.0638\ \text{kJ/kg K}$$

보기 13.6

산소의 증발 엔탈피가 105 K에서 196.425 kJ/kg이다. 이 때의 포화 압력이 378.59 kPa라면 10 K일 때의 증기 압력은 얼마인가?

풀이 식 (13 · 25)에서 $T_1=105\text{K}$, $T_2=110\text{K}$이므로

$$\ln\left(\frac{P_2}{P_1}\right)_{\text{sat}} \cong -\frac{h_{fg}}{R}\left(\frac{1}{T_2}-\frac{1}{T_1}\right)_{\text{sat}}$$

$$\ln\left(\frac{P_2}{P_1}\right)_{\text{sat}} = \frac{-196.425}{8.3143/32}\left(\frac{1}{110}-\frac{1}{105}\right) = 0.32727$$

따라서

$$P_2 = P_1 e^{0.32727} = 378.59\, e^{0.32727} = 525.1710\,\text{kPa}$$

산소의 증기표로부터 110 K일 때의 포화 압력을 구하면 543.50 kPa이다.

13.5 내부 에너지 및 엔탈피를 포함하는 일반 관계식

[1] 내부 에너지 변화

내부 에너지를 온도와 비체적의 함수라 하면

$$u = u(T, v)$$

$$du = \left(\frac{\partial u}{\partial T}\right)_v dT + \left(\frac{\partial u}{\partial v}\right)_T dv$$

$$= c_v dT + \left(\frac{\partial u}{\partial v}\right)_T dv \qquad (13 \cdot 26)$$

이 식에서 편미분 $\left(\frac{\partial u}{\partial v}\right)_T$를 구하기 위하여 Tds 식을 적용하면

$$Tds = du + Pdv$$

온도 일정인 상태에서 양변을 dv로 나누면

$$T\left(\frac{\partial s}{\partial v}\right)_T = \left(\frac{\partial u}{\partial v}\right)_T + P$$

Maxwall 관계식을 이용하면

$$\left(\frac{\partial s}{\partial v}\right)_T = \left(\frac{\partial P}{\partial T}\right)_v \text{ 이므로}$$

$$\left(\frac{\partial u}{\partial v}\right)_T = T\left(\frac{\partial P}{\partial T}\right)_v - P$$

가 된다. 이 식을 식 (13 · 26)에 대입하면

$$du = c_v dT + \left[T\left(\frac{\partial P}{\partial T}\right)_v - P\right] dv \qquad (13 \cdot 27)$$

가 된다.

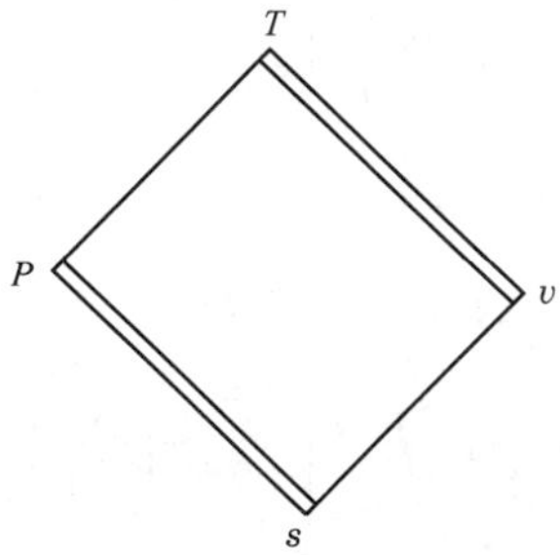

그림 13・8 Maxwall 관계식

따라서 압축성물질에 대한 내부 에너지의 변화는 다음 식으로 표시된다.

$$u_2 - u_1 = \int_{T_1}^{T_2} c_v\, dT + \int_{v_1}^{v_2} \left[T\left(\frac{\partial T}{\partial P}\right)_v - P \right] dv \qquad (13 \cdot 28)$$

[2] 엔탈피 변화

엔탈피에 관한 관계식도 내부 에너지의 경우와 같은 방법으로 전개할 수 있다. 엔탈피를 온도와 압력의 함수라고 하면

$$h = h(T, P)$$

$$dh = \left(\frac{\partial h}{\partial T}\right)_P dT + \left(\frac{\partial h}{\partial P}\right)_T dP \qquad (13 \cdot 29)$$

가 된다. 여기서 $\left(\frac{\partial h}{\partial T}\right)_P = c_p$ 이므로

$$dh = c_p\, dT + \left(\frac{\partial h}{\partial P}\right)_T dP \qquad (13 \cdot 30)$$

여기서 $\left(\frac{\partial h}{\partial P}\right)_T$ 를 구하기 위하여 제 2 Tds 식을 적용하면

$$Tds = dh - vdP$$

양변을 $T=$ 일정하에 dP로 나누면

$$\left(\frac{\partial h}{\partial P}\right)_T = v + T\left(\frac{\partial s}{\partial P}\right)_T$$

우변에 Maxwell 관계식을 적용하면

$$\left(\frac{\partial s}{\partial P}\right)_T = -\left(\frac{\partial v}{\partial T}\right)_P \text{ 이므로}$$

$$dh = c_p\,dT + \left[v - T\left(\frac{\partial v}{\partial T}\right)_P\right]dP \tag{13 · 31}$$

가 된다.

따라서 식 (13 · 31)을 적분하면 엔탈피 변화는

$$h_2 - h_1 = \int_{T_1}^{T_2} c_p\,dT + \int_{P_1}^{P_2}\left[v - T\left(\frac{\partial v}{\partial T}\right)_P\right]dP \tag{13 · 32}$$

로 표시된다.

보기 13.7

이상 기체의 내부 에너지가 온도만의 함수임을 증명하여라.

풀이 식 (13 · 27)로부터

$$du = c_v\,dT + \left[T\left(\frac{\partial P}{\partial T}\right)_v - P\right]dv$$

이상 기체의 상태식 : $Pv = RT$

$$\therefore\ T\left(\frac{\partial P}{\partial T}\right)_v - P = T\frac{R}{v} - P = P - P = 0$$

$\therefore\ du = c_v\,dT$ 이므로 이상 기체의 u는 온도만의 함수이다.

보기 13.8

van der Waals 상태 방정식을 사용하여 내부 에너지의 변화를 구하여라. 단, $c_v = k_1 + k_2 T$이고, k_1, k_2는 상수이다.

풀이 식 (13 · 28)로부터

$$u_2 - u_1 = \int_{T_1}^{T_2} c_v\,dT + \int_{v_1}^{v_2}\left[T\left(\frac{\partial T}{\partial P}\right)_v - P\right]dv \tag{13 · 28}$$

van der Waals 식은

$$P = \frac{RT}{v-b} - \frac{a}{v^2} \text{ 이므로} \tag{a}$$

$$\left(\frac{\partial T}{\partial P}\right)_v = \frac{R}{v-b} \tag{b}$$

$$T\left(\frac{\partial P}{\partial T}\right)_v - P = \frac{RT}{v-b} - \frac{RT}{v-b} + \frac{a}{v^2} = \frac{a}{v^2} \tag{c}$$

식 (c)를 식 (13 · 28)에 대입하면 다음 관계를 얻을 수 있다.

$$u_2 - u_1 = \int_1^2 (k_1 + k_2 T)\, dT + \int_1^2 \frac{a}{v^2} dv$$

$$= k_1(T_2 - T_1) + k_2\left(\frac{T_2^{\,2}}{2} - \frac{T_1^{\,2}}{2}\right) + a\left(\frac{1}{v_1} - \frac{1}{v_2}\right)$$

보기 13.9

과열 증기가 온도 450℃ 일정인 상태에서 압력 5 MPa로부터 7 MPa로 상태 변화하는 경우, 내부 에너지의 변화를 P, v, T 데이터를 이용하여 구하여라.

풀이 $u = u(T, v)$, 식 (13 · 27)의 관계로부터

$$du = c_v dT + \left[T\left(\frac{\partial P}{\partial T}\right)_v - P\right] dv$$

가 되며, 등온 과정으로 $dT = 0$

$$\therefore\ du_T = \left[T\left(\frac{\partial P}{\partial T}\right)_v - P\right] dv$$

$$(u_2 - u_1)_T \cong \left[T\left(\frac{\partial P}{\partial T}\right)_v - P\right]_m (v_2 - v_1)$$

여기서 $\left[T\left(\frac{\partial P}{\partial T}\right)_v - P\right]_m$ 은 평균값을 의미한다.

상태 1 : $P_1 = 5\,\text{MPa},\ T_1 = 450℃ \rightarrow v_1 = 0.06330\,\text{m}^3/\text{kg}$

$$\left(\frac{\partial P}{\partial T}\right)_{v_1} \cong \left[\frac{(6-4)\,\text{MPa}}{(577.01 - 329.30)℃}\right]_{v_1 = 0.06330} = 0.008074\,\text{MPa/K}$$

상태 2 : $P_2 = 7\,\text{MPa},\ \text{T}_2 = 450℃ \rightarrow \text{v}_2 = 0.044168\,\text{m}^3/\text{kg}$

$$\left(\frac{\partial P}{\partial T}\right)_{v_2} \cong \left[\frac{(8-6)\,\text{MPa}}{(535.41 - 368.79)℃}\right]_{v_2 = 0.044168} = 0.01200\,\text{MPa/K}$$

따라서

$$\left[T\left(\frac{\partial P}{\partial T}\right)_v - P\right]_1 = (723.15)(0.008074) - 5 = 0.8387\,\text{MPa}$$

$$\left[T\left(\frac{\partial P}{\partial T}\right)_v - P\right]_2 = (723.15)(0.01200) - 7 = 1.6778\,\text{MPa}$$

가 된다.

$\left[T\left(\frac{\partial P}{\partial T}\right)_v - P\right]$ 의 평균값은

$$\left[T\left(\frac{\partial P}{\partial T}\right)_v - P\right]_m = \frac{0.8387 + 1.6778}{2} = 1.2583\,\text{MPa}$$

따라서

$$(u_2 - u_1)_T \cong \left[T\left(\frac{\partial P}{\partial T}\right)_v - P \right]_m (v_2 - v_1)$$
$$= 1.2583 \times (0.044168 - 0.06330)\,\text{MPa}$$
$$= -0.02407\,\text{MJ/kg} = -24.07\,\text{kJ/kg}$$

증기표를 이용하여 구하면

$$u_2 = 2978.00\,\text{kJ/kg}\,(P_2 = 7\,\text{MPa},\ T_2 = 450℃),$$

$$u_1 = 2999.70\,\text{kJ/kg}\,(P_1 = 5\,\text{MPa},\ T_1 = 450℃)$$

이므로

$$u_2 - u_1 = (2978.00 - 2999.70) = -21.70\,\text{kJ/kg}$$

13.6 엔트로피 및 비열을 포함하는 관계식

[1] 엔트로피 변화

엔트로피 변화의 식은 다음과 같이 구할 수 있으며, 그 결과로부터 정적 및 정압 과정에서의 중요한 열역학적 관계식을 유도할 수 있다.

엔트로피 s를 (T, v) 또는 (T, P)의 함수로 생각하면 s의 미분식은 다음과 같이 표시된다.

지금

$$s = s(T, v)$$

라 하면

$$ds = \left(\frac{\partial s}{\partial T}\right)_v dT + \left(\frac{\partial s}{\partial v}\right)_T dv$$

$$= c_v \frac{dT}{T} + \left(\frac{\partial s}{\partial v}\right)_T dv \tag{13·33}$$

Maxwell 관계식을 이용하면

$$\left(\frac{\partial s}{\partial v}\right)_T = \left(\frac{\partial P}{\partial T}\right)_v \quad \text{이므로}$$

$$ds = c_v \frac{dT}{T} + \left(\frac{\partial P}{\partial T}\right)_v dv \tag{13·34}$$

또는 $$s_2 - s_1 = \int_{T_1}^{T_2} c_v \frac{dT}{T} + \int_{v_1}^{v_2} \left(\frac{\partial P}{\partial T}\right)_v dv \tag{13·35}$$

가 된다.

같은 방법으로

$$s = s(T, P)$$

라 하면 그 미분은

$$\begin{aligned} ds &= \left(\frac{\partial s}{\partial T}\right)_P dT + \left(\frac{\partial s}{\partial P}\right)_T dP \\ &= c_p \frac{dT}{T} - \left(\frac{\partial v}{\partial T}\right)_P dP \end{aligned} \tag{13·36}$$

또는 $$s_2 - s_1 = \int_{T_1}^{T_2} c_p \frac{dT}{T} - \int_{P_1}^{P_2} \left(\frac{\partial v}{\partial T}\right)_P dP \tag{13·37}$$

가 된다.

[2] 체적 팽창 계수, 등온 압축률 및 등엔트로피 압축률

단일상(單一相, single phase) 영역에서 비체적 v 를 온도와 압력의 함수로 나타내면 다음 관계가 성립한다.

$$v = v(T, P)$$

$$dv = \left(\frac{\partial v}{\partial T}\right)_P dT + \left(\frac{\partial v}{\partial P}\right)_T dP \tag{a}$$

입력이 일정한 상태에서 온도 1℃ 상승하였을 때 체적 변화와 처음 체적과의 비를 **체적 팽창 계수**(體積膨脹係數, volume expansivity or coefficient of volume expansion) β라 한다.

식 (a)에서 $dP = 0$, $dT = 1$℃ 이므로

$$\beta \equiv \frac{dv}{v} = \frac{1}{v}\left(\frac{\partial v}{\partial T}\right)_P \tag{13·38}$$

가 된다.

또한, 온도 일정하에서 압력이 단위 압력만큼 상승하였을 때, 체적 변화와 처음 체적과의 비를 **등온 압축률**(等溫壓縮率, isothermal compressibility) k로 표시하면

$$k \equiv -\frac{dv}{v} = -\frac{1}{v}\left(\frac{\partial v}{\partial P}\right)_T \tag{13·39}$$

가 된다.

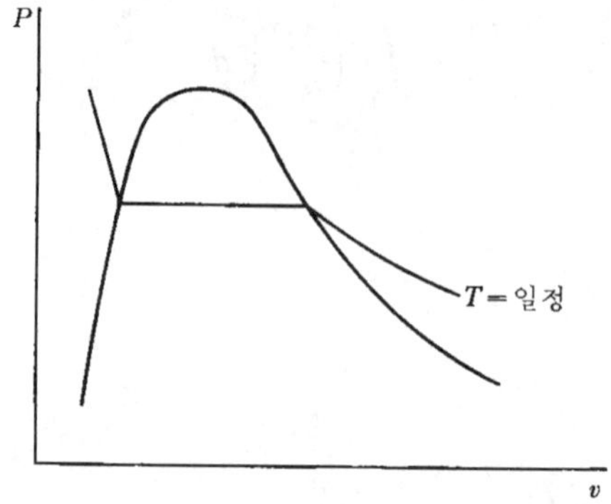

그림 13・9 등온 가압 과정

실험에 의하면 등온 상태에 압력이 증가하면 그림 13・9에서 보는 바와 같이 물질의 비체적은 감소하므로 $\left(\dfrac{\partial v}{\partial P}\right)_T < 0$이 된다. 식 (13・39)에서 (−)부호(negative sign)는 등온 압축률을 항상 (+)로 하기 위하여 붙인 것이다.

체적 팽창 계수 β와 등온 압축률 k는 열역학적 상태량이며 비체적과 같이 T와 P의 함수이다. 표 13・1은 물에 대한 체적 팽창 계수와 등온 압축률을 나타낸 것이다.

표 13・1 물의 체적 팽창 계수 β와 등온 압축률 k (압력 1 atm일 때)

온 도 (T ℃)	밀 도 (kg/m^3)	체적 팽창 계수 β $\beta\times10^6(K)^{-1}$	등온 압축률 k $k\times10^6(bar)^{-1}$
0	999.84	−68.14	50.89
10	999.70	87.90	47.81
20	998.21	206.6	45.90
30	995.65	303.1	44.77
40	992.22	385.4	44.24
50	988.04	457.8	44.18

1 atm에서 물은 4℃일 때 최대 밀도의 상태(state of maximum density)이고, 이 때에는 $\beta=0$이 된다.

한편, 엔트로피가 일정한 상태에서 압력이 변화하였을 경우, 체적 변화와 처음 체적 변화의 비를 **등엔트로피 압축률**(isentropic compressibility) α라 하면

$$\alpha \equiv \frac{1}{v}\left(\frac{\partial v}{\partial P}\right)_s \qquad (13 \cdot 40)$$

가 된다.

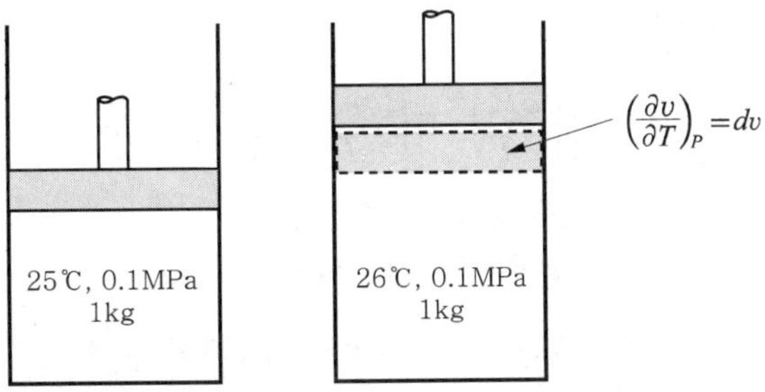

그림 13·10 체적 팽창 계수 β의 설명도

등엔트로피 압축률은 음파의 이동과 관계가 있으며, α를 측정하면 음속을 구할 수 있다. 음속 c는

$$c = \sqrt{\left(\frac{\partial P}{\partial \rho}\right)_s} = \sqrt{-v^2\left(\frac{\partial P}{\partial v}\right)_s}$$

로 표시되고,

$$\left(\frac{\partial P}{\partial v}\right)_s = \frac{1}{\left(\frac{\partial v}{\partial P}\right)_s}$$

의 관계가 있으므로, 음속과 등엔트로피 압축률 사이에는

$$c = \sqrt{\frac{v}{\alpha}} \tag{13·40}$$

의 관계가 성립한다.

[3] 비열 및 비열비에 관한 일반 관계식

앞에서 우리는 내부 에너지, 엔탈피, 엔트로피 등의 변화를 압력, 온도, 비체적에 관한 함수 관계로 나타내는 것을 다루었다. 여기에서는 비열이 온도, 압력 또는 비체적과 어떠한 관계를 가지고 있는가에 대하여 알아보기로 한다.

식 (13·34)와 식 (13·36)을 이용하여 정압 비열 c_p와 정적 비열 c_v와의 차 $(c_p - c_v)$를 구해 보기로 한다.

$$c_p\frac{dT}{T} - \left(\frac{\partial v}{\partial T}\right)_P dP = c_v\frac{dT}{T} + \left(\frac{\partial P}{\partial T}\right)_v dv \tag{a}$$

또, 상태식 $P = P(T, v)$를 미분하면

$$dP = \left(\frac{\partial P}{\partial T}\right)_v dT + \left(\frac{\partial P}{\partial v}\right)_T dv \tag{b}$$

식 (b)를 식 (a)에 대입하면

$$(c_p - c_v)\,dT = T\left[\left(\frac{\partial P}{\partial T}\right)_v + \left(\frac{\partial v}{\partial T}\right)_P \left(\frac{\partial P}{\partial v}\right)_T\right] dv$$

$$+ T\left(\frac{\partial v}{\partial T}\right)_P \left(\frac{\partial P}{\partial T}\right)_v dT \tag{c}$$

식 (c)의 우변 제 1 항에 아래의 식 (d)의 사이클 관계식을 적용하면 0이 되므로 비열의 차는 다음 관계가 성립한다.

$$\left.\begin{aligned} &\left(\frac{\partial v}{\partial T}\right)_P \left(\frac{\partial T}{\partial P}\right)_v \left(\frac{\partial P}{\partial v}\right)_T = -1 \\ &\left(\frac{\partial P}{\partial T}\right)_v = -\left(\frac{\partial v}{\partial T}\right)_P \left(\frac{\partial P}{\partial v}\right)_T \end{aligned}\right\} \tag{d}$$

$$c_p - c_v = T\left(\frac{\partial v}{\partial T}\right)_P \left(\frac{\partial P}{\partial T}\right)_v \tag{13・41}$$

식 (d)를 식 (13・41)에 대입하면

$$c_p - c_v = -T\left(\frac{\partial v}{\partial T}\right)_P^2 \left(\frac{\partial P}{\partial v}\right)_T \tag{13・42}$$

가 성립된다. 이 식은 앞에서 다룬 체적 팽창 계수 β와 등온 압축률 k에 관한 정의식

$$\beta \equiv \frac{1}{v}\left(\frac{\partial v}{\partial T}\right)_P$$

$$k \equiv -\frac{1}{v}\left(\frac{\partial v}{\partial P}\right)_T$$

를 적용하면

$$c_p - c_v = \frac{vT\beta^2}{k} \tag{13・43}$$

이 된다.

이들 관계식으로부터 몇 가지 결론을 내려보기로 한다.

(1) 등온 압축률 k는 모든 물질에 대하여 양의 값(positive quantity)을 가지며, 체적 팽창 계수 β는 몇 가지 물질에 대해서는 음(陰, negative)의 값을 가진다(보기 : 4℃ 이하의 물). 그러나 β^2의 값은 항상 양의 값 또는 0이다. 따라서 정압 비열(constant pressure specific heat) c_p는 항상 정적 비열(constant volume specific heat) c_v보다 크거나 또는 정적 비열과 같다. 즉

$$c_p \geqq c_v \tag{13・44}$$

(2) $(c_p - c_v)$의 값은 절대 온도가 0에 접근하면 0에 접근한다.

(3) 두 비열은 비압축성 물질(incompressible substance)에서는 $v=$일정이므로 서로 같다.

보기 13.10

이상 기체의 경우, 정압 비열 c_p와 정적 비열 c_v의 차가 R와 같음을 증명하라.

풀이 식 (13 · 42)에서

$$c_p - c_v = -T\left(\frac{\partial v}{\partial T}\right)_P^2 \left(\frac{\partial P}{\partial v}\right)_T$$

$Pv = RT$ 로부터

$$P = \frac{RT}{v}, \quad \left(\frac{\partial P}{\partial v}\right)_T = -\frac{RT}{v^2} = -\frac{P}{v}$$

$$v = \frac{RT}{P}, \quad \left(\frac{\partial v}{\partial T}\right)_P = \frac{R}{P}, \quad \left(\frac{\partial v}{\partial T}\right)_P^2 = \left(\frac{R}{P}\right)^2$$

따라서

$$c_p - c_v = -T\left(\frac{R}{P}\right)^2\left(-\frac{P}{v}\right) = R$$

$$\therefore \; c_p - c_v = R$$

다음에는 비열비 $\kappa = \dfrac{c_p}{c_v}$에 대하여 알아보기로 한다.

$$c_v = T\left(\frac{\partial s}{\partial T}\right)_v, \quad \frac{c_v}{T} = \left(\frac{\partial s}{\partial T}\right)_v = \frac{-1}{\left(\frac{\partial v}{\partial s}\right)_T \left(\frac{\partial T}{\partial v}\right)_s}$$

$$c_p = T\left(\frac{\partial s}{\partial T}\right)_P, \quad \frac{c_p}{T} = \left(\frac{\partial s}{\partial T}\right)_P = \frac{-1}{\left(\frac{\partial P}{\partial s}\right)_T \left(\frac{\partial T}{\partial P}\right)_s}$$

이들 두 식으로부터

$$\frac{c_p}{c_v} = \frac{\left(\frac{\partial v}{\partial s}\right)_T \left(\frac{\partial T}{\partial v}\right)_s}{\left(\frac{\partial P}{\partial s}\right)_T \left(\frac{\partial T}{\partial P}\right)_s} \qquad (13 \cdot 45)$$

여기서

$$\left(\frac{\partial s}{\partial P}\right)_T = \frac{1}{\left(\frac{\partial P}{\partial s}\right)_T}, \quad \left(\frac{\partial P}{\partial T}\right)_s = \frac{1}{\left(\frac{\partial T}{\partial P}\right)_s}$$

이므로 식 (13 · 45)는 다음과 같이 표시된다.

$$\frac{c_p}{c_v} = \left[\left(\frac{\partial v}{\partial s}\right)_T\left(\frac{\partial s}{\partial P}\right)_T\right]\left[\left(\frac{\partial P}{\partial T}\right)_s\left(\frac{\partial T}{\partial v}\right)_s\right] \tag{13 · 46}$$

또한 $\left(\frac{\partial v}{\partial P}\right)_T = \left(\frac{\partial v}{\partial s}\right)_T\left(\frac{\partial s}{\partial P}\right)_T, \quad \left(\frac{\partial P}{\partial v}\right)_s = \left(\frac{\partial P}{\partial T}\right)_s\left(\frac{\partial T}{\partial v}\right)_s$

의 관계를 이용하면

$$\kappa = \frac{c_p}{c_v} = \left(\frac{\partial v}{\partial P}\right)_T\left(\frac{\partial P}{\partial v}\right)_s \tag{13 · 47}$$

가 된다.

비열비 κ를 등온 압축률 k와 등엔트로피 압축률(isentropic compressibility) α의 비로 나타내면

$$\alpha \equiv -\frac{1}{v}\left(\frac{\partial v}{\partial P}\right)_s$$

이므로

$$\kappa = \frac{k}{\alpha} \tag{13 · 48}$$

가 된다.

엔트로피에 관한 관계식으로부터 정적 비열에 대한 비체적의 영향을 구하면

$s = s(T, v)$의 관계로부터

$$ds = \left(\frac{\partial s}{\partial T}\right)_v dT + \left(\frac{\partial s}{\partial v}\right)_T dv$$

여기서 $c_v = T\left(\frac{\partial s}{\partial T}\right)_v$ 이고, Maxwall 관계식에서 $\left(\frac{\partial s}{\partial v}\right)_T = \left(\frac{\partial P}{\partial T}\right)_v$ 이므로

$$ds = c_v\frac{dT}{T} + \left(\frac{\partial P}{\partial T}\right)_v dv$$

가 된다. 전미분의 조건으로부터

$$\frac{\partial}{\partial v}\left(\frac{c_v}{T}\right)_T = \frac{\partial}{\partial T}\left[\left(\frac{\partial P}{\partial T}\right)_v\right]_v$$

또는 $$\left(\frac{\partial c_v}{\partial v}\right)_T = T\left(\frac{\partial^2 P}{\partial T^2}\right)_v \tag{13·49}$$

가 된다. 같은 방법으로 정압 비열에 대한 압력의 영향을 구하면 $s = s(T, P)$의 관계로부터

$$\begin{aligned} ds &= \left(\frac{\partial s}{\partial T}\right)_P dT + \left(\frac{\partial s}{\partial P}\right)_T dP \\ &= T\left(\frac{\partial s}{\partial T}\right)_P \frac{dT}{T} - \left(\frac{\partial v}{\partial T}\right)_P dP \\ &= c_p \frac{dT}{T} - \left(\frac{\partial v}{\partial T}\right)_P dP \end{aligned}$$

전미분의 조건으로부터

$$\frac{\partial}{\partial P}\left(\frac{c_p}{T}\right)_T = -\frac{\partial}{\partial T}\left[\left(\frac{\partial v}{\partial T}\right)_P\right]_P$$

또는 $$\left(\frac{\partial c_p}{\partial P}\right)_T = -T\left(\frac{\partial^2 v}{\partial T^2}\right)_P \tag{13·50}$$

가 된다.

저압, 정압 비열(0 압력에서의 정압 비열)을 c_{p0} 라 하고 식 (13·50)을 적분하면

$$c_p = c_{p0} - T\int_0^P \left(\frac{\partial^2 v}{\partial T^2}\right)_P dP \tag{13·51}$$

가 된다.

보기 13.11

60℃, 10 MPa인 물의 체적 팽창 계수 β와 등온 압축률 k를 구하고 이 들 두 값을 이용하여 $(c_p - c_v)$를 구하여라.

풀이 (a) 체적 팽창 계수 β

$$\beta = \frac{1}{v}\left(\frac{\partial v}{\partial T}\right)_P$$

부록의 압축수표(壓縮水表)를 이용하면

$$\beta \cong \frac{1}{v}\left(\frac{\Delta v}{\Delta T}\right)_P = \frac{1}{0.0010127}\left(\frac{0.0010245 - 0.0010034}{80 - 40}\right)_{P=10\,\mathrm{MPa}}$$
$$= 0.000520885/\mathrm{K}$$

(b) 등온 압축률 k

$$k = -\frac{1}{v}\left(\frac{\partial v}{\partial P}\right)_T \cong -\frac{1}{v}\left(\frac{\Delta v}{\Delta P}\right)_T$$
$$= \frac{1}{0.0010127}\left(\frac{0.0010116-0.0010138}{12.5-7.5}\right)_{P=60℃}$$
$$= 0.0004345/\text{MPa}$$

(c) 정압 비열과 정적 비열의 차 $(c_p - c_v)$

$$c_p - c_v = \frac{vT\beta^2}{k}$$
$$= \frac{0.0010127 \times (273.15+60) \times 0.00052088^2}{0.0004345}$$
$$= 0.21067\,\text{kJ/kg K}$$

보기 13.12

300℃, 1.4 MPa에서 증기의 정압 비열이 2.2230 kJ/kg K이다. 과열 증기의 P, v, T 데이터를 이용하여 300℃, 1.8 MPa일 때의 정압 비열을 구하여라.

풀이 이 보기는 실험으로부터 얻은 P, v, T 데이터를 이용하여 정압 비열을 구하는 경우로서 온도가 300℃로 일정하므로, 식 (13 · 50)을 적분하면

$$c_p(P_2, T_1) - c_p(P_1, T_1) = -T_1 \int_{P_1}^{P_2} \left(\frac{\partial^2 v}{\partial T^2}\right)_P dP$$

가 된다.

이 식에서 압력 일정하의 편미분 값을 구하기 위하여 평균 압력을 구하면

$$P_m = \frac{1400+1800}{2} = 1600\,\text{kPa}$$

따라서

$$c_p(P_2, T_1) \cong c_p(P_1, T_1) - T_1\left(\frac{\partial^2 v}{\partial T^2}\right)_{P_m}(P_2 - P_1)$$

으로 정압 비열을 구할 수 있다.

여기서 $\left(\frac{\partial^2 v}{\partial T^2}\right)_{Pm}$ 은 Taylor 급수를 이용하면

$$\left(\frac{\partial^2 v}{\partial T^2}\right)_i \cong \frac{v_{i+1} - 2v_i + v_{i-1}}{(\Delta T)^2}$$

로 근사 계산할 수 있으므로

$$\left(\frac{\partial^2 v}{\partial T^2}\right)_{Pm} = \left(\frac{v_{350℃} - 2v_{300℃} + v_{250℃}}{(\Delta T)^2}\right)_{P=1.6\text{MPa}}$$

$$= \frac{0.17456 - 2 \times 0.15862 + 0.14184}{50^2} = -3.36 \times 10^{-7} \text{m}^3/\text{kg K}$$

이 값의 정확도를 검산하기 위하여

$$c_p = \left(\frac{\partial h}{\partial T}\right)_P$$

의 관계로부터 정압 비열을 구하면

$$c_p(T_2, P_2) = c_p(P_2, T_1) \simeq \left(\frac{h_{350℃} - h_{250℃}}{350 - 250}\right)_{P=1.8\text{MPa}}$$

$$= \left(\frac{3141.2 - 2911.0}{100}\right)_{P=1.8\text{MPa}} = 2.3020 \text{kJ/kg K}$$

가 된다.

보기 13.13

임의의 순수 물질에 대하여 그 체적의 상태 변화가 다음 식으로 표시됨을 증명하여라.

$$\frac{dv}{v} = \beta dT - kdP$$

풀이 지금 비체적을 $v = v(P, T)$라 하고, 이 관계가 순수 물질에 대하여 성립한다고 생각하면

$$dv = \left(\frac{\partial v}{\partial P}\right)_T dP + \left(\frac{\partial v}{\partial T}\right)_P dT$$

이 식의 양변을 v로 나누면

$$\frac{dv}{v} = \frac{1}{v}\left(\frac{\partial v}{\partial P}\right)_T dP + \frac{1}{v}\left(\frac{\partial v}{\partial T}\right)_P dT$$

여기서 체적 팽창 계수 β와 등온 압축률 k의 정의로부터

$$\beta = \frac{1}{v}\left(\frac{\partial v}{\partial T}\right)_P$$

$$k = -\frac{1}{v}\left(\frac{\partial v}{\partial P}\right)_T$$

를 $\frac{dv}{v}$식에 대입하면

$$\frac{dv}{v} = \beta dT - kdP$$

가 된다.

보기 13.14

엔탈피가 $h = P(1-e^{-s})$로 표시될 경우 다른 상태량을 구하여라. 여기서 P는 압력(kPa), s는 비엔트로피(kJ/kg K)이다.

풀이 일반 관계식으로부터

온도 : $T = \left(\frac{\partial h}{\partial s}\right)_P = Pe^{-s}$

비체적 : $v = \left(\frac{\partial h}{\partial P}\right)_s = (1-e^{-s})$

내부 에너지 : $u = h - Pv$

$$= h - P(1-e^{-s}) = 0$$

비 Helmholtz 에너지 : $f = u - Ts = u - s\left(\frac{\partial h}{\partial s}\right)_P = u - sPe^{-s}$

$$= -sPe^{-s}$$

정적 비열 : $c_v = \left(\frac{\partial u}{\partial T}\right)_v = 0$

정압 비열 : $c_p = \left(\frac{\partial h}{\partial T}\right)_P = \left(\frac{\partial h}{\partial s}\right)_P \left(\frac{\partial s}{\partial T}\right)_P = -Pe^{-s}\frac{c_p}{T} = 0$

체적 팽창 계수 : $\beta = \frac{1}{v}dv = \frac{1}{v}\left(\frac{\partial v}{\partial s}\right)_P \left(\frac{\partial s}{\partial T}\right)_P = \frac{1}{v}e^{-s}\left(\frac{\partial s}{\partial T}\right)_P = 0$

등온 압축률 : $k = -\frac{1}{v}dv = -\frac{1}{v}\left(\frac{\partial v}{\partial P}\right)_T = -\frac{1}{v}\left(\frac{\partial v}{\partial s}\right)_T \left(\frac{\partial s}{\partial P}\right)_T$

$$= -\frac{1}{v}e^{-s}\left(\frac{\partial s}{\partial P}\right)_T = -\frac{1}{v}e^{-s}(-\beta v) = 0$$

13.7 Joule-Thomson 계수

스로틀링(throttling) 또는 교축이란 유체가 흐르는 관로(管路)에 작은 구멍을 갖는 다공성(多孔性) 플러그(porous plug), 모세관(毛細管, capillary tube)을 두거나 밸브, 콕 등의 개도(開度)를 극히 적게 하여 흐름의 저항이 일어나는 현상으로서, 스로틀링이 일어나기 전의 단면 1의 압력보다 스로틀링 후인 단면 2에서의 압력이 마찰로 인하여 저하하는 현상을 말한다. 그러나 관마찰과 같이 관로가 길 때 일어나는 압력 강하는 스로틀링이라 하지 않는다. 스로틀링 전후의 운동 에너지와 위치 에너지의 변화는 무시할 수 있으므로 엔탈피는 일정하다.

스로틀링 과정에 대한 **Joule-Thomson 계수**(Joule-Thomson coefficient) μ_J는 다음과 같이 정의된다.

$$\mu_J \equiv \left(\frac{\partial T}{\partial P}\right)_h \tag{13·52}$$

이 계수는 등엔탈피 과정에 대한 온도 변화와 압력 변화의 비로서 표시된다.

스로틀링 과정에서 μ_J의 값은

$\mu_J < 0$: 온도 상승

$\mu_J = 0$: 온도 일정

$\mu_J > 0$: 온도 강하

Joule-Thomson 계수 μ_J와 정압 비열 c_p와의 사이에는 다음과 같은 관계가 있다.

$$\left(\frac{\partial T}{\partial P}\right)_h \left(\frac{\partial P}{\partial h}\right)_T \left(\frac{\partial h}{\partial T}\right)_P = -1$$

이 식에서 첫 번째 편미분 계수는 μ_J이고, 세 번째의 것은 c_p에 상당하므로

$$\mu_J = -\frac{1}{c_p}\left(\frac{\partial h}{\partial P}\right)_T \tag{13·53}$$

의 관계가 있다.

여기서 등온 계수(constant-temperature coefficient) $\left(\frac{\partial h}{\partial P}\right)_T$는

$$dh = Tds + vdP$$

$$\left(\frac{\partial h}{\partial P}\right)_T = T\left(\frac{\partial s}{\partial P}\right)_T + v$$

Maxwall 관계식 $\left(\frac{\partial s}{\partial P}\right)_T = -\left(\frac{\partial v}{\partial T}\right)_P$ 를 이용하면

$$\left(\frac{\partial h}{\partial P}\right)_T = v - T\left(\frac{\partial v}{\partial T}\right)_P \tag{a}$$

식 (13·53)에 식 (a)를 대입하면

$$\mu_J = \frac{1}{c_p}\left[T\left(\frac{\partial v}{\partial T}\right)_P - v\right] \tag{13·54}$$

가 된다.

완전 가스의 스로틀링을 생각하면

$$Pv = RT,\ v = \frac{RT}{P}$$

$$\left(\frac{\partial v}{\partial T}\right)_P = \frac{R}{P} \tag{b}$$

식 (b)를 식 (13 · 54)에 대입하면

$$\mu_J = \frac{1}{c_p}\left[T\left(\frac{R}{P}\right) - v\right] = 0 \tag{13 · 55}$$

이 된다. 즉, 이상 기체의 스로틀링(교축)에서는 Joule-Thomson 효과는 나타나지 않는다. 그러나 실재 기체의 경우에는 Joule-Thomson 효과가 나타나며, 특히 특정 온도에서는 $\mu_J = 0$으로 된다. 이 특정한 온도를 **역전 온도**(逆轉溫度, inversion temperature)라 한다. 이 온도는 물질에 따라서 상이하며, 공기의 역전 온도는 484℃, 수소는 −72℃이다. 따라서 이들 가스가 이 온도 이상에서는 $\mu_J < 0$이 되어 교축에 의하여 기체 온도는 오히려 상승한다.

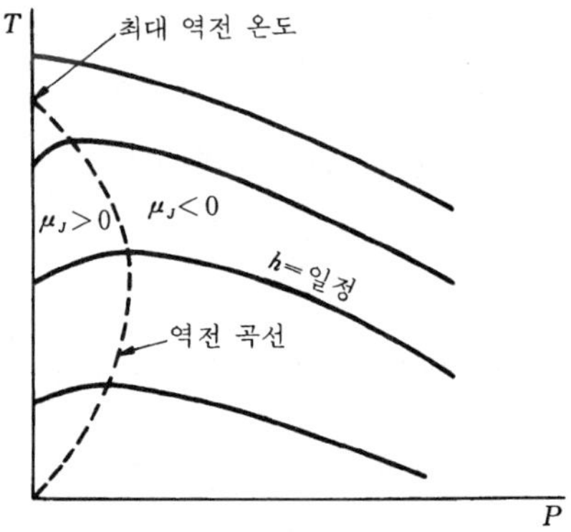

그림 13 · 11 $T-P$ 선도 위의 등엔탈피 선과 역전 곡선

표 13 · 2 주요 기체의 최대 역전 온도

기 체	최대 역전 온도 K
헬륨(Helium)	40
수소(Hydrogen)	202
공기(Air)	603
질소(Nitrogen)	621
아르곤(Argon)	723
산소(Oxygen)	761
이산화탄소(Carbon dioxide)	1500

그림 13·11은 $T-P$ 선도 위에 등엔탈피 선을 나타낸 것으로서 $\mu_J=0$일 때의 궤적(軌跡)을 연결한 점선을 **역전 곡선**(逆轉曲線, inversion curve 또는 inversion line)이라 한다.

이 선도에서는 $\mu_J>0$인 영역(점선 좌측)에서는 **냉각 효과**를 일으키고 $\mu_J<0$(점선 우측) 영역에서는 **가열 효과**가 일어난다.

주요 가스의 최대 역전 온도(maximum inversion temperature)를 살펴보면 표 13·2와 같다.

Joule-Thomson 계수를 비열, 압력, 비체적, 온도로부터 구해보기로 한다. 앞에서 다룬 바와 같이 엔탈피 변화의 일반식을 다시 쓰면 식 (13·31)에서

$$dh=c_p dT+\left[v-T\left(\frac{\partial v}{\partial T}\right)_P\right]dP$$

이므로 이 식을 엔탈피 일정하에 정리하면

$$\left(\frac{\partial T}{\partial P}\right)_h=\frac{1}{c_p}\left[T\left(\frac{\partial v}{\partial T}\right)_P-v\right]$$

가 된다.

한편 μ_J의 정의식을 이용하면

$$\left.\begin{aligned}\mu_J&=\frac{1}{c_p}\left[T\left(\frac{\partial v}{\partial T}\right)_P-v\right]\\&=-\frac{1}{c_p}\left[v-T\left(\frac{\partial v}{\partial T}\right)_P\right]\end{aligned}\right\}\tag{13·55}$$

의 관계가 성립된다.

보기 13.15

800 KPa, 300℃의 증기가 압력 200 kPa까지 스로틀링될 경우 Joule-Thomson 계수와 증기의 최종 온도를 구하여라.

풀이 스로틀링 전후의 엔탈피는 $h_i=h_e=3056.5\,\text{kJ/kg}$, 교축 후의 압력이 200 kPa이므로 과열 증기표로부터 200 kPa, $h_e=3056.5\,\text{kJ/kg}$일 때의 온도를 구하면 $T_e=292.41\,℃$이다.

따라서

$$\mu_J=\left(\frac{\partial T}{\partial P}\right)_h=\left(\frac{535.56-573.15}{200-800}\right)_h=0.01265\,\text{K/kPa}$$

보기 13.16

400℃, 7 MPa인 상태에 있는 증기의 Joule-Thomson 계수를 증기표를 이용하여 구하여라.

풀이 부록의 과열 증기표로부터

$$\mu_J = \left(\frac{\partial T}{\partial P}\right)_h \cong \left(\frac{\Delta T}{\Delta P}\right)_h$$

$$\mu_J \cong \left(\frac{407.4046 - 392.8838}{8-6}\right)_{h=3158.1\,\text{kJ/kg}}$$
$$= 7.2604\ \text{K/MPa}$$

13.8 증기의 상태식

이상 기체의 상태식은 매우 간단한 형태이므로 그 응용 범위도 제한된다. 이러한 제한 때문에 좀더 광범위한 영역의 기체에 대한 $P-v-T$ 거동을 표시할 수 있는 상태식이 필요하게 되었다.

실재 기체(實在氣體, real gas)에 대한 상태식은 여러 연구자들에 의하여 발표되었으며, 이들 가운데서 van der Waals 상태식, Beattie-Bridgeman 상태식, Redlich-Kwong 상태식과 Benedict-Webb-Rubin의 상태식 등이 널리 알려져 있다.

[1] van der Waals의 상태식

이상 기체의 상태식 $Pv = RT$는 실재의 가스나 증기에 대하여는 극히 저압에서만 제한적으로 적용될 수 있는 것에 불과하다. 이상 기체의 상태식은 분자의 크기가 없고, 또 분자 사이의 상호 작용이 없다는 가정하에 유도된 P, v, T 사이의 관계식이다. 그러나 실재 기체의 경우, 분자는 그 크기를 가지며 또한 분자 사이에 당기는 인력이나 배척하려는 분자 사이의 힘이 작용하고 있다. 이러한 관점에서 van der Waals(J. D. van der Waals, 네덜란드의 물리학자)는 1873년에 분자의 크기와 분자 사이의 힘을 고려하여 다음과 같은 상태식을 제안하였다.

$$\left(P + \frac{a}{v^2}\right)(v-b) = RT$$

$$P = \frac{RT}{v-b} - \frac{a}{v^2} \quad \text{또는} \quad P = \frac{\overline{R}T}{\overline{v}-b} - \frac{a}{\overline{v}^2} \tag{13 · 56}$$

여기서 a, b는 물질의 종류에 따른 상수이고, R는 기체 상수이다. 이 식의 a/v^2는 분자간의 인력(引力, intermolecular attraction force)을 고려한 수정항이다. 이러한 상수 a, b를 고려하여 van der Waals는 이상 기체의 상태식의 비체적을 $v-b$로 표시하고, 압력을 분자간의 인력을 고려한 $P+a/v^2$로 표시하는 상태식을 제안하였다. 또, 단위 질량의 분자 자신이 차지하는 체적을 b라 하면, 기체 분자가 자유로이 이동할 수 있는 공간은 $(v-b)$가 된다. 여기서 b를 여체적(餘體積, covolume)이라 한다.

표 13·3은 van der Waals 상태식의 상수 a, b를 나타낸 것이다.

van der Waals 상태식은 a, b 및 R의 3 개의 상수를 포함하는 v에 관한 3 차식으로 표시된다. 식 (13·56)을 변형하면

$$(Pv^2+a)(v-b)=RTv^2 \tag{13·57}$$

$$v^3-\frac{(RT+Pb)v^2}{P}+\frac{a}{P}v-\frac{ab}{P}=0 \tag{13·58}$$

이 된다. $T=$일정에서 $P-v$ 사이의 관계를 그리면 그림 13·12와 같다.

표 13·3 van der Waals 상태식의 상수 a, b의 값

기 체	a kPa $(m^3/kmol)^2$	b $m^3/kmol$
공기(Air)	137.052	0.0366
물(Water)	550.7	0.0304
산소(Oxygen)	136.9	0.0315
수소(Hydrogen)	24.7	0.0265
암모니아(Ammonia)	423.3	0.0373
질소(Nitrogen)	136.1	0.0385
탄산 가스(Carbon dioxide)	364.3	0.0427
일산화 탄소(Carbon monoxide)	146.3	0.0394
헬륨(Helium)	3.41	0.0234

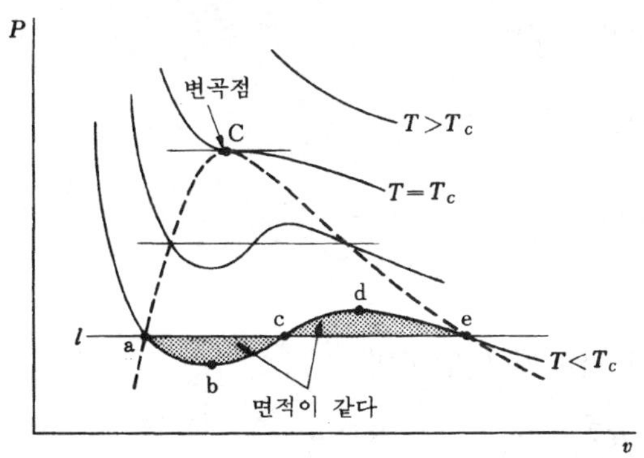

그림 13·12 van der waals 식과 증기의 상태

먼저 상수 a, b를 구하여 보기로 한다. 임계점 C에서는 수평한 접선을 가지며, 이 때 임계점은 식 (13·58)의 변곡점(變曲點, inflection point)이다. 따라서 다음 조건을 만족한다.

$$\left(\frac{\partial P}{\partial v}\right)_T = 0 \text{ (기울기가 0)} \tag{13·59}$$

$$\left(\frac{\partial^2 P}{\partial v^2}\right)_T = 0 \text{ (변곡점)} \tag{13·60}$$

이 조건을 사용하여 van der Waals 식을 변형하면, 식 (13·56)으로부터

$$P = \frac{RT}{v-b} - \frac{a}{v^2} \tag{a}$$

$$\left(\frac{\partial P}{\partial v}\right)_T = \frac{-RT}{(v-b)^2} + \frac{2a}{v^3} = 0 \tag{b}$$

$$\left(\frac{\partial^2 P}{\partial v^2}\right)_T = \frac{2RT}{(v-b)^3} - \frac{6a}{v^4} = 0 \tag{c}$$

여기서 임계점의 비체적을 v_c, 압력을 P_c, 온도를 T_c라 하고, 식 (a), (b), (c)를 a, b, R에 대하여 풀어 보기로 한다.

먼저 식 (b)에서

$$RT_c = \frac{2a}{v_c^3}(v_c - b)^2 \tag{d}$$

식 (c)에서

$$RT_c = \frac{3a}{v_c^4}(v_c - b)^3 \tag{e}$$

시 (d), (c)를 v_c에 대하여 풀면

$$v_c = 3b, \quad b = \frac{1}{3}v_c \tag{f}$$

이 식을 (d)에 대입하면

$$a = \frac{9}{8}RT_c v_c \tag{g}$$

가 된다.

식 (g), (f)를 식 (a)의 관계에 대입하면

$$P_c = \frac{3}{8}\frac{RT_c}{v_c} \text{ 또는 } R = \frac{8P_c v_c}{3T_c}$$

따라서

$$\left.\begin{aligned} a &= 3P_c v_c^2 \\ b &= \left(\frac{1}{3}\right)v_c \\ R &= \frac{8P_c v_c}{3T_c} \end{aligned}\right\} \quad (13 \cdot 61)$$

가 된다 이와 같이 하여 특이점(임계점)의 수치를 이용하여 a, b, R를 계산한다.

식 (13 · 58)은 v에 대한 3차 방정식이므로 3개의 해를 가진다. 즉, 3개 모두 실수해(實數解)를 나타내는 $T < T_c$의 영역 그림 **13 · 12**에서는 $T=$ 일정의 상태 변화는 a b c d e와 같은 곡선이나 어느 압력 P에서는 점 a, c, e가 식 (13 · 57)의 근(根)이 된다. 이 때 면적 (a b c)가 면적 (c d e)와 같도록 수평선 l (ace)을 그으면 a가 포화액, e가 포화 증기가 되고, 각 압력에서 이들의 궤적(軌跡)이 포화액선, 포화 증기선이 된다. 따라서 습증기의 상태에서 등온선은 수평선 a c e로 표시된다. 그림에서 점선이 **포화 한계선**(飽和限界線)이다.

앞에서 구한 식 (13 · 61)을 식 (13 · 56)에 대입하고, 환산 상태량 $P_R = P/P_c$, $v_R = v/v_c$, $T_R = T/T_c$로 표시되는 무차원량(無次元量)을 적용하면

$$\left(P_R + \frac{3}{v_r^2}\right)\left(v_r - \frac{1}{3}\right) = \frac{8}{3}T_R \quad (13 \cdot 62)$$

가 성립한다. 이와 같이 무차원량으로 표시되는 상태식을 **환산 상태식**(換算狀態式, reduced equation of state)이라 한다. 2−6절에서 다룬 바와 같이 환산 상태량(P_R, T_R, v_R)을 사용하면 모든 물질의 성질이 동일하게 표시된다.

보기 13.17

$T=300$ K인 질소가 비체적 0.0089 m^3/kg로 존재할 때의 압력 P를 van der Waals 상태식을 사용하여 구하여라. 단, $a=0.1746$ kPa(m^3/kg)^2, $b=1.381$ m^3/kg$\times10^{-3}$이다.

풀이 van der Waals 상태식으로부터

$$\begin{aligned} P &= \frac{RT}{v-b} - \frac{a}{v^2} \\ &= \frac{0.297\times300}{0.0089-0.00138} - \frac{0.1746}{0.0089^2} \\ &= 11848.23\,\text{kPa} \end{aligned}$$

보기 13.18

van der Waals 방정식을 이용하여 450℃, 17.5 MPa에서의 물의 비체적을 방정식의 근을 구하는데 사용되는 Newton 방법을 이용하여 구하여라.

풀이 van der Waals 상태식으로부터

$$P = \frac{RT}{(v-b)} - \frac{a}{v^2}$$

여기서 $a = 1714.89$ Nm4/kg2

$b = 1.6957 \times 10^{-3} \mathrm{m^3/kg}$

$R = 461.52 \mathrm{Nm/kg\,K}$

van der Waals 방정식을 비체적 v에 대하여 정리하면 다음과 같이 된다.

$$f(v) = Pv^3 - (Pb + RT)v^2 + av - ab = 0$$

도함수는 다음과 같다.

$$f'(v) == 3Pv^2 - 2(Pb + RT)v + a$$

위의 두 식에 상수값을 대입하면

$$f(v) = 17.5 \times 10^6 v^3 - 363{,}424\, v^2 + 1714.98\, v - 2.90809$$

$$f'(v) = 52.5 \times 10^6 v^2 - 726{,}846\, v + 1714.98$$

여기서 Newton 방법을 간략하게 설명하면 다음과 같다.

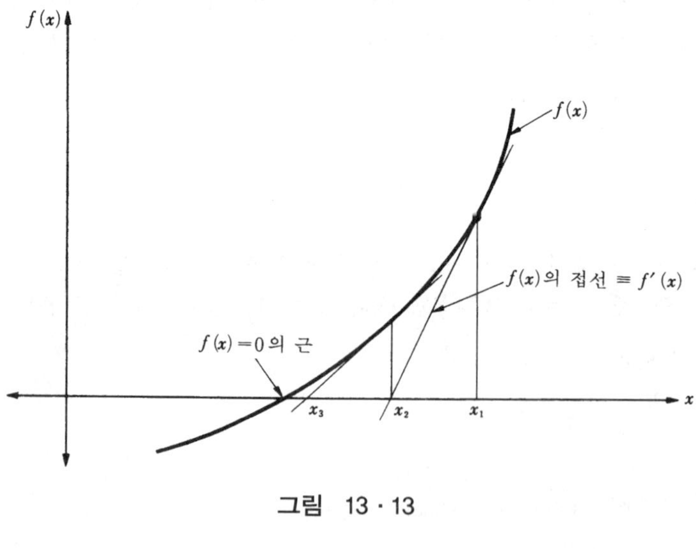

그림 13 · 13

비선형 함수를 그림 13 · 13에 나타낸 것처럼 $f(x)$라 하면, $f(x)$의 도함수는 x에서의 기울기이다. $f(x)$의 값이 0이 되는 x좌표의 값을 구하는 것이 주된 목적이다. 우선 x의 좌표를 x_1을 가정하여 그 위치에서 함수값을 계산한 다음 x_1에서의 기울기를 구한다. 이 값들을 이용하여 x에 대한 이전의 가정값을 수정한다. 이 과정을 $f(x)=0$이 만족될 때까지 반복한다. 이 때 반복 과정은 다음과 같은 알고리즘을 사용한다.

$$X_{\text{new}} = X_{\text{old}} - \frac{f(X_{\text{old}})}{f(X_{\text{old}})}$$

Newton의 방법을 이용할 때 도함수가 필요하기 때문에 비선형 방정식은 해석적이어야 한다. 만일, 근을 구하고자 하는 방정식이 미분 가능하지 않으면 Secant 방법을 이용하여야 한다. 아래 주어진 프로그램을 이용하여 비체적 v 에 대한 3 차방정식인 $f(v)=0$을 만족시키는 v값을 구한다. 이 프로그램은 x를 종속 변수로 사용한다. 비체적 v에 대한 초기값은 이상 기체의 값을 이용한다.

따라서 계산 결과는 $v=0.01496\,\text{m}^3/\text{kg}$이다.

```
C        *********************************************************************
C        *                  EXAMPLE 13-18 VAN DER WAALS EQUATION             *
C        *********************************************************************
C
C        PURPOSE:
C               THIS PROGRAM IS TO CALCULATE THE SPECIFIC VOLUME OF VAN DER
C               WAALS EQUATION AT TEMPERATURE AND PRESSURE BY USING NEWTON
C               METHOD.
C
C        GIVEN CONDITION:
C               A(Nm^4/kg^2) : CONSTANT FROM THE VAN DER WAALS EQUATION (WATER)
C               B(m^3/kg)         : CONSTANT FROM THE VAN DER WAALS EQUATION (WATER)
C               R(Nm/kgK)         : GAS CONSTANT (WATER)
C
C        INPUT DATA:
C               T(K)              : GIVEN TEMPERATURE
C               P(kPa)            : GIVEN PRESSURE
C               V(m^3/kg)         : INTIAL CONDITION
C
C        RESULT:
C               V(m^3/kg)         : THE SPECIFIC VOLUME FOR GIVEN CONDITIONS (T & P)
C
C        REMARKS:
C               1. YOU MUST CONVERT THE UNIT OF T & P ENTERING THE INPUT DATA.
C               2. IF YOU APPLY THIS PROGRAM TO THE OTHER GASES, YOU CHANGE THE
C               CONSTANTS(A, B, R) IN THIS PROGRAM.
C
C**********************************************************************
C
         PRINT *,'*******************************************************'
         PRINT *,' THIS PROGRAM IS TO CALCULATE THE SPECIFIC VOLUME OF  '
         PRINT *,' VAN DER WAALS EQUATION AT TEMPERATURE AND PRESSURE   '
         PRINT *,' BY USING NEWTON METHOD.                              '
         WRITE(*,*)
         PRINT *,'               ENTER THE INPUT PARAMETERS             '
         WRITE(*,*)
C
C**********************************************************************
C        DECLARATION OF VARIABLES AND THE CONSTANTS(A, B, R) OF VAN DER WAALS EQUATION
C
         A=1714.98
         B=0.0016957
         R=461.52
         DELTA=1.0
C
C**********************************************************************
C        ENTER THE INPUT DATA(T & P) GIVEN BY THE THIS PROBLEM
C
         WRITE(*,10)
10       FORMAT(' ENTER THE GIVEN TEMPERATURE (`C) : '₩)
         READ *, T
         WRITE(*,20)
20       FORMAT(' ENTER THE GIVEN PRESSURE (MPa) : '₩)
         READ *, P
         WRITE(*,30)
30       FORMAT(' ESTIMATE INITIAL SPECIFIC VOLUME V (m^3/kg) : '₩)
         READ *, V1
         WRITE(*,*)
         WRITE(*,*) '   ITER      VOLD     F(VOLD)    F`(VOLD)     DELTA V '
```

```
C
C*****************************************************************************
C       CONVERT THE UNIT OF PHYSICAL PROPERTIES : T(K), P(Pa)
C
        T=T+273.15
        P=P*10**6
C
C*****************************************************************************
C       NEWTON METHOD
C
        DO WHILE(ABS(DELTA/V1) .GT. 0.00001)
                K=K+1
                F=P*V1**3-(P*B+R*T)*V1**2+A*V1-A*B
                FP=3*P*V1**2-2*(P*B+R*T)*V1+A
                DELTA=F/FP
.               WRITE (*,100) K, V1, F, FP, DELTA
100             FORMAT (5X,I2,3X,F9.6,2X,F9.6,2X,F9.3,2X,F10.9)
                V2=V1-DELTA
                V1=V2
        ENDDO
C
C*****************************************************************************
C       PRINT OUT THE SPECIFIC VOLUME
C
        WRITE(*, *)
        PRINT *,'                        RESULT
'
        WRITE(*,200) V1

200     FORMAT (2X,'THE SPECIFIC VOLUME IS ',F8.6, 1X,'(m^3/kg)')
        PRINT *,'***********************************************************
        STOP
        END

**************************************************************
*                   CACULATION RESULTS                       *
**************************************************************
  THIS PROGRAM IS TO CALCULATE THE SPECIFIC VOLUME OF
  VAN DER WAALS EQUATION AT TEMPERATURE AND PRESSURE
  BY USING NEWTON METHOD.

                ENTER THE INPUT PARAMETERS

 ENTER THE GIVEN TEMPERATURE (`C) : 450
 ENTER THE GIVEN PRESSURE (MPa) : 17.5
 ESTIMATE INITIAL SPECIFIC VOLUME V (m^3/kg) : 0.019

    ITER      VOLD      F(VOLD)     F`(VOLD)     DELTA V
      1     0.019000   18.513342    6857.407   .002699758
      2     0.016300    4.277231    3816.354   .001120764
      3     0.015179    0.593797    2778.707   .000213695
      4     0.014966    0.019625    2595.830   .000007560
      5     0.014958    0.000023    2589.448   .000000009

                         RESULT

  THE SPECIFIC VOLUME IS 0.014958 (m^3/kg)
**************************************************************
```

[2] Beattie-Bridgeman의 상태식

Beattie-Bridgeman의 상태식은 1928년에 제안된 다음과 같이 5 개의 실험적으로 결정된 상수를 포함하는 상태식이다.

$$P = \frac{\overline{R}T}{\overline{v}^2}\left(1 - \frac{c}{\overline{v}T^3}\right)(v + B) - \frac{A}{\overline{v}^2} \qquad (13 \cdot 63)$$

여기서

$$A = A_0\left(1 - \frac{a}{\overline{v}}\right), \quad B = B_0\left(1 - \frac{b}{\overline{v}}\right) \qquad (13 \cdot 64)$$

이 식에서 상수 A_0, a, B_0, b, c는 가스에 따라 서로 다른 상수이며, 식 (13 · 64)의 상수값은 표 13 · 4와 같다. 이 표의 Beattie-Bridgeman 상태식의 상수값은 $\bar{v}$가 몰 비체적 m^3/kmol, T는 절대 온도 K, P는 압력 kPa, R는 일반 기체 상수 8.3143 kJ/kmol K일 때의 값이다.

표 13 · 4 Beattie-Bridgeman 상태식의 상수

기 체	A_0	a	B_0	b	$c\times10^{-4}$
공 기	131.8441	0.01931	0.04611	−0.001101	4.34
산 소	151.0857	0.02562	0.04624	0.004208	4.80
수 소	20.0117	−0.00506	0.02096	−0.04359	0.0504
아 르 곤	130.7802	0.02328	0.03931	0.0	5.99
질 소	136.2315	0.02617	0.05046	−0.00691	4.20
탄산가스	507.2836	0.07132	0.10476	0.07235	66.0
헬 륨	2.1886	0.05984	0.01400	0.0	0.0040

Beattie-Bridgeman 상태식은 밀도가 $0.8\rho_c$정도까지 높은 정확도를 갖는 것으로 알려져 있다. 여기서 ρ_c는 임계점에서 물질의 밀도이다.

[3] Redlich-Kwong의 상태식

1949년 Redlich와 Kwong은 van der Waals 상태식을 보다 광범위하게 적용할 수 있는 2개의 상수를 사용하는 다음과 같은 상태식을 제안하였다.

$$P=\frac{\overline{R}T}{(\bar{v}-b)}-\frac{a}{\bar{v}(\bar{v}+b)T^{0.5}} \tag{13 · 65}$$

여기서 a, b는 van der Waals 상태식의 상수와 다른 값이다. 두 개의 실험적인 상수는 임계 상태의 데이터로부터 다음과 같이 표시된다.

$$a=0.427\frac{\overline{R}^2T_c^{2.5}}{P_c} \tag{13 · 66}$$

$$b=0.0866\frac{\overline{R}T_c}{P_c} \tag{13 · 67}$$

[4] Redlich-Kwong-Soave의 상태식

Redlich-Kwong의 상태식을 개선한 것이 Redlich-Kwong-Soave의 상태식으로 이 식은 3개의 상수를 적용하였다.

$$P = \frac{\overline{R}T}{\overline{v}-b} - \frac{a}{\overline{v}(\overline{v}+b)T^{0.5}}\left\{1+m\left[1-\left(\frac{T}{T_c}\right)^{0.5}\right]\right\}^2 \tag{13·68}$$

여기서 m은 다음 식으로 주어진다.

$$m = 0.48 + 1.57\omega - 0.176\omega^2 \tag{13·69}$$

이 식에서 ω는 각 기체에 따른 이탈 계수(acentric factor)로서 아래 표 13·5에 나타내었다.

표 13·5 Redlich-Kwong 상수 및 이탈 계수

가스	Redlich-Kwong 상수		이탈계수, ω
	a(kPa · $m^6/kmol^2$)	b(m^3/kmol)	
아세틸렌(C_2H_2)	8030	0.0362	0.1873
공기	1580	0.0253	0.0074
아르곤(Ar)	1680	0.0222	0.0000
이산화탄소(CO_2)	6450	0.0297	0.2276
일산화탄소(CO)	1720	0.0274	0.06630
부탄(C_4H_{10})	29000	0.0806	0.1931
에탄(C_2H_6)	9860	0.0450	0.099
에틸렌(C_2H_4)	7860	0.0404	0.08520
헬륨(He)	8.0	0.0165	0.3900
메탄(CH_4)	3210	0.0298	0.01080
질소(N_2)	1550	0.0267	0.0430
산소(O_2)	1740	0.0221	0.02180
물(H_2O)	14300	0.0211	0.3449

[5] Benedict-Webb-Rubin의 상태식

Benedict, Webb, Rubin은 Beattie-Bridgeman 상태식의 상수를 8개로 확장한 다음과 같은 식으로 표시하였다.

$$P = \frac{\overline{R}T}{\overline{v}} + \left(B_0\overline{R}T - A_0 - \frac{C_0}{T^2}\right)\frac{1}{\overline{v}^2} + \frac{b\overline{R}T-a}{\overline{v}^3} + \frac{a\alpha}{\overline{v}^6} + \frac{c}{\overline{v}^3T^2}\left(1+\frac{\gamma}{\overline{v}^2}\right)e^{-\gamma/\overline{v}^2} \tag{13·70}$$

여기서 P는 kPa, $\overline{v}$는 m^3/kmol, $\overline{R}$=8.3143 kPa m^3/kmol K이고, 이 식의 8 개 상수값은 표 13·6과 같다.

이 상태식은 밀도가 $2.5\rho_c$까지의 범위에서 적용된다.

표 13·6 Benedict-Webb-Rubin 상태식의 상수

물질(가스)	a	A_0	b	B_0	c	C_0	α	γ
메탄(CH_4)	5.00	187.91	0.003380	0.04260	2.578×10^5	2.286×10^6	1.244×10^{-4}	0.0060
n-부탄(C_4H_{10})	190.68	1021.6	0.039998	0.12436	3.205×10^7	1.006×10^8	1.101×10^{-3}	0.0340
질소(N_2)	2.54	106.73	0.002328	0.04074	7.379×10^4	8.164×10^5	1.272×10^{-4}	0.0053
일산화탄소(CO)	3.71	135.87	0.002632	0.05454	1.054×10^4	8.673×10^5	1.350×10^{-4}	0.0060
이산화탄소(CO_2)	13.86	277.30	0.007210	0.04991	1.511×10^6	1.404×10^7	8.470×10^{-5}	0.00539

[6] Virial 상태식

네델란드의 Kammerlingh Onnes는 1901년에 Pv의 곱을 다음과 같이 무한급수(無限級數)의 형태로 전개한 실재 가스에 관한 **virial 상태식**을 제안하였다. 여기서 virial이란 라틴말로서 힘(force)을 의미한다. 즉, 분자 상호간의 작용하는 분자 인력(引力)을 나타낸다.

v에 관하여 전개한 경우

$$Pv = RT\left(1 + \frac{B}{v} + \frac{C}{v^2} + \frac{D}{v^3} + \dots\right) \tag{13·71}$$

P에 대하여 전개한 경우

$$Pv = RT(1 + B'P + C'P^2 + D'P^3 + \dots) \tag{13·72}$$

가 된다. 이들 두 식에서 계수 B, C, D, … 및 B', C', D', …등은 온도의 함수이며, 이들은 각각 제 2 virial 계수, 제 3 virial 계수, …라 한다. 이 상태식은 전개식이므로 P, v, T의 관계가 정확히 표시되는 항까지를 취하면 되지만, 보통의 계산에서 제 3 virial 계수항까지 만으로도 정확한 결과를 얻을 수 있다.

van der Waals, Beattie-Bridgeman, Benedict-Webb-Rubin의 상태식의 정확도를 질소에 대하여 비교한 결과에 의하면, Benedict-Webb-Rubin의 상태식이 가장 정확히 맞는 것으로 나타났다.

보기 13.19

온도 200 K, 비체적 0.005016 m^3/kg인 질소 가스의 압력을 다음에 제시한 방법으로 구하여라.

(1) 질소 가스표

(2) 이상 기체의 상태식

(3) van der Waals 상태식
(4) Redlich-Kwong 상태식
(5) Beattie-Bridgeman 상태식
(6) Benedict-Webb-Rubin 상태식

풀이 (1) 과열 질소표(부록 A · 21)로부터

$$T=200\text{ K},\ v=0.005016\text{ m}^3/\text{kg} \rightarrow P=10\text{ MPa}=10\times1000\text{ kPa}$$

(2) 이상 기체의 상태식

$$Pv=RT$$

$$P=\frac{RT}{v}=\frac{0.297\times200}{0.005016}=11842.105\text{ kPa}$$

따라서 과열 질소 증기표에 의한 값과의 오차는 18.42%이다.

(3) van der Waals 상수표로부터

$$a=136.1\text{kPa}(\text{m}^3/\text{kmol})^2=136.1\text{kPa}\,\text{m}^6/\text{kmol}^2$$
$$=136.1/28.012^2=0.1734\text{ m}^6/\text{kg}^2$$

$$b=0.0385\text{ m}^3/\text{kmol}=0.0385/28.012=0.0013744\text{ m}^3/\text{kg}$$

식 (13 · 56)으로부터

$$P=\frac{RT}{v-b}-\frac{a}{v^2}=\frac{0.297\times200}{0.005016-0.0013744}-\frac{0.1734}{0.005016^2}$$
$$=9417.8213\text{ kPa}$$

과열 질소표의 값에 대한 오차는 5.822%이다.

(4) Redlich-Kwong의 상태식

식 (13 · 65)로부터

$$P=\frac{\overline{R}T}{(\overline{v}-b)}-\frac{a}{\overline{v}(\overline{v}+b)T^{0.5}}$$

$$v-0.005016\times28.02=0.1405\text{ m}^3/\text{kmol}$$

여기서 a, b는

$$a=0.42748\frac{\overline{R}^2T_c^2}{P_c}=0.42748\frac{\left(\frac{8.3143}{28.02}\right)^2\times126.2^{5/2}}{3390}=1559.6093$$

$$b=0.0866\frac{\overline{R}T_c}{P_c}=0.08664\frac{\left(\frac{8.3143}{28.02}\right)^2\times126.2}{3390}=0.0268$$

$$P=\frac{\overline{R}T}{(\overline{v}-b)}-\frac{a}{\overline{v}(\overline{v}+b)T^{0.5}}=\frac{\left(\frac{8.3143}{28.02}\right)\times200}{0.1405-0.0268}-\frac{1559.6093}{0.01405(0.1405+0.0268)\times200^{0.5}}$$
$$=9935.3467$$

따라서 과열 질소 증기표에 의한 값과의 오차는 0.647%이다.

(5) Beattie-Bridgeman 상태식

Beattie-Bridgeman 상수를 표 13 · 4로부터 찾으면

$$A_0 = 136.2315,\ a = 0.02617$$

$$B_0 = 0.05046$$

$$b = -0.00691$$

$$c = 4.20 \times 10^{-4}$$

한편 $v = 0.1405\,\mathrm{m^3/kmol}$

식 (13 · 63), (13 · 64)로부터

$$P = \frac{\overline{R}T}{\overline{v}^2}\left(1 - \frac{C}{\overline{v}\,T^3}\right)(\overline{v} + B) - \frac{A}{\overline{v}^2}$$

여기서

$$A = A_0\left(1 - \frac{a}{\overline{v}}\right)$$

$$B = B_0\left(1 - \frac{b}{\overline{v}}\right)$$

이들 식에 위의 값을 대입하여 계산하면 $A = 110.8566$, $B = 0.05294$이다.

$$P = \frac{\overline{R}T}{\overline{v}^2}\left(1 - \frac{C}{\overline{v}\,T^3}\right)(\overline{v} + B) - \frac{A}{\overline{v}^2}$$

$$= \frac{8.3143 \times 200}{(0.1405)^2}\left(1 - \frac{4.2 \times 10^4}{0.1405 \times 200^3}\right)(0.1405 + 0.05294) - \frac{110.8566}{(0.1405)^2}$$

$$= 10{,}678.548\,\mathrm{kPa}$$

과열 질소의 증기표에 대한 오차는 6.785%이다.

(6) Benedict-Webb-Rubin의 상태식

$$P = \frac{\overline{R}T}{\overline{v}} + \left(B_0\overline{R}T - A_0 - \frac{C_0}{T^2}\right)\frac{1}{\overline{v}^2} + \frac{b\overline{R}T - a}{\overline{v}^3} + \frac{a\,\alpha}{\overline{v}^6} + \frac{c}{\overline{v}^3 T^2}\left(1 + \frac{\gamma}{\overline{v}^2}\right)e^{-\gamma/\overline{v}^2}$$

여기서

$$a = 2.54,\ A_0 = 106.73$$

$$b = 0.002328,\ B_0 = 0.04074$$

$$c = 7.379 \times 10^4,\ C_0 = 8.164 \times 10^5$$

$$\alpha = 1.272 \times 10^{-4},\ \gamma = 0.0053$$

$$\overline{R} = 8.3143\ \mathrm{kJ/kmol\,K},\ \overline{v} = 0.1405\ \mathrm{m^3/kmol}$$

이들 값을 넣어 P를 구하면 $P = 9992.925\,\mathrm{kPa}$

따라서 과열 질소표의 결과와 비교하면 오차는 0.071%로서 오차가 가장 적음을 알 수 있다.

13.9 실재 가스의 엔탈피, 내부 에너지 및 엔트로피 변화

[1] 실재 가스의 엔탈피 변화

실재(實在) 가스의 엔탈피 변화(enthalpy changes of real gases)는 온도와 압력에 따라서 다음 식으로 주어진다.

$$h_2 - h_1 = \int_{T_1}^{T_2} c_p\, dT + \int_{P_1}^{P_2} \left[v - T\left(\frac{\partial v}{\partial T}\right)_p \right] dP \qquad (13 \cdot 73)$$

여기서 P_1, T_1 및 P_2, T_2는 가스의 처음과 마지막 상태의 온도와 압력이다. 등온 과정에서는 $dT = 0$, 정압 과정에서는 $dP = 0$이 된다.

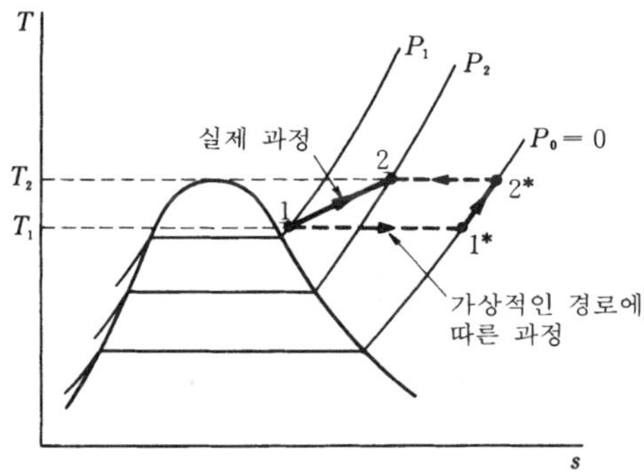

그림 13 · 14 실재 가스의 엔탈피 변화

그림 **13 · 14**에서 엔탈피 변화 $h_2 - h_1$은 식 (13 · 73)으로부터 구할 수 있다. 이 때 1 → 2 과정에 따른 엔탈피 변화 $h_2 - h_1$은 2 개의 등온 과정(T_1 = 일정, T_2 = 일정)과 하나의 등압 과정(P_0 = 일정)으로 이루어진다고 생각할 수 있다. 여기서 압력 P_0는 매우 낮거나 0이고, 첨자 *는 이상 기체 상태(압력 0, 온도 T)를 나타내고, 첨자를 붙이지 않은 것은 실재 기체를 나타낸다.

과정 1 → 2 사이에서 실재 가스의 엔탈피 변화 $h_2 - h_1$은 다음과 같이 나타낼 수 있다.

$$h_2 - h_1 = (h_2 - h_2^*) + (h_2^* - h_1^*) + (h_1^* - h_1) \qquad (13 \cdot 74)$$

식 (13 · 73)에서

$$h_2 - h_2^* = 0 + \int_{P_2^*}^{P_2} \left[v - T\left(\frac{\partial v}{\partial T}\right)_P \right]_{T = T_0} dP$$

$$= \int_0^{P_2} \left[v - T\left(\frac{\partial v}{\partial T}\right)_P \right]_{T=T_2} dP \qquad (13 \cdot 75)$$

$$h_2^* - h_1^* = \int_{T_1^*}^{T_2^*} c_p\, dT + 0 = \int_{T_2}^{T_1} c_{p0}(T)dT \qquad (13 \cdot 76)$$

$$h_1^* - h_1 = 0 + \int_{P_1}^{P_1^*} \left[v - T\left(\frac{\partial v}{\partial T}\right)_P \right]_{T=T_1} dP$$

$$= \int_0^{P_1} \left[v - T\left(\frac{\partial v}{\partial T}\right)_P \right]_{T=T_1} dP \qquad (13 \cdot 77)$$

h와 h^*의 차를 **잔차(殘差) 엔탈피** 또는 **이탈 엔탈피**(enthalpy departure)라 하며, 이것은 온도 일정 하에서 압력 변화에 따른 엔탈피 변화를 나타낸 것이다.

잔차 엔탈피의 계산은 기체의 $P-v-T$의 자료를 필요로 한다. 이와 같은 데이터가 없을 때에는 압축 계수(compressibility factor) Z를 포함하는 $Pv = ZRT$ 관계식을 이용하여 구한다.

식 (13・77)에 $v = \dfrac{ZRT}{P}$를 대입하여 다음과 같이 어느 임의의 온도 T와 압력 P에서의 잔차 엔탈피를 구한다.

$$v = \frac{ZRT}{P}$$

$$\left(\frac{\partial v}{\partial T}\right)_P = \frac{ZR}{P} + \frac{RT}{P}\left(\frac{\partial Z}{\partial T}\right)_P$$

이들 두 식으로부터 식 (13・77)의 [ ] 내의 값을 구하면

$$\left.\begin{aligned} v - T\left(\frac{\partial v}{\partial T}\right)_P &= \frac{ZRT}{P} - T\left[\frac{ZR}{P} + \frac{RT}{P}\left(\frac{\partial Z}{\partial T}\right)_P\right] \\ &= -\frac{RT^2}{P}\left(\frac{\partial Z}{\partial T}\right)_P \end{aligned}\right\} \qquad (13 \cdot 78)$$

$$(h^* - h)_T = RT^2 \int_0^P \left(\frac{\partial Z}{\partial T}\right)_P \frac{dP}{P}$$

이 식을 환산 상태량(換算狀態量, reduced properties)을 사용하여 나타내면

$$T = T_C T_R, \quad P = P_C P_R$$

$$v - T\left(\frac{\partial v}{\partial T}\right)_P = -\frac{RT_R}{P_C} \cdot \frac{T_R^2}{P_R}\left(\frac{\partial Z}{\partial T_R}\right)_{P_R}$$

이 식을 식 (13・77)에 대입하면

$$\frac{(h^* - h)}{RT_C} = T_R^2 \int_0^{P_R} \left(\frac{\partial Z}{\partial T_R}\right)_{P_R} \frac{dP_R}{P_R}$$

이것을 몰 기준(mole basis)으로 나타내면

$$\left.\begin{aligned} \frac{(\overline{h}^* - \overline{h})}{\overline{R}T_C} &= T_R^2 \int_0^{P_R} \left(\frac{\partial Z}{\partial T_R}\right)_{P_R} \frac{dP_R}{P_R} \\ \text{또는} \quad \frac{\overline{h}^*(T) - \overline{h}(T, P)}{\overline{R}T_C} &= T_R^2 \int_0^{P_R} \left(\frac{\partial Z}{\partial T_R}\right)_{P_R} \frac{dP_R}{P_R} \end{aligned}\right\} \tag{13 · 79}$$

가 된다. 이 때 $Z_h = \dfrac{\overline{h}^* - \overline{h}}{\overline{R}T_C}$ 를 **엔탈피 이탈 계수**(enthalpy departure factor)라 하며, 이것은 환산 압력과 환산 온도만에 의존된다. 식 (13 · 79)는 P_R, T_R에 따른 압축 계수로부터 또는 수치 계산으로 구할 수 있다. $\dfrac{\overline{h}^* - \overline{h}}{\overline{R}T_C}$ 값은 부록의 선도와 같이 P_R, T_R의 함수의 형태로 도식적으로 나타낼 수 있는데 이 그래프를 **일반화한 엔탈피 이탈 선도**(generalized enthalpy departure chart)라 한다.

두 상태 사이의 비엔탈피 변화는 다음 식으로 구할 수 있다.

$$\overline{h}_2 - \overline{h}_1 = \overline{h}_2^* - \overline{h}_1^* - \overline{R}T_C\left[\left(\frac{\overline{h}^* - \overline{h}}{\overline{R}T_C}\right)_2 - \left(\frac{\overline{h}^* - \overline{h}}{\overline{R}T_C}\right)_1\right] \tag{13 · 80}$$

여기서 우변의 $\overline{h}_2^* - \overline{h}_1^*$는 이상 기체로 가정한 두 점 사이의 비엔탈피 변화를 나타낸 것이다.

$\overline{R}T_C\left[\left(\dfrac{\overline{h}^* - \overline{h}}{\overline{R}T_C}\right)_2 - \left(\dfrac{\overline{h}^* - \overline{h}}{\overline{R}T_C}\right)_1\right]$ 은 같은 온도 범위에서 이상 기체 모델로 고려한 엔탈피 변화에 대한 실재 기체의 엔탈피 변화의 편차 보정항에 상응한다. 또한, 이 값은 일반화된 엔탈피 보정 선도로부터 구한, 엔탈피 변화를 이용하여 구한 식 (13 · 80)에서 알 수 있는 바와 같이 이상 기체에 대해서는 $\overline{h}^* - \overline{h} = 0$이 된다.

[2] 실재 가스의 내부 에너지 변화

실재 가스의 내부 에너지 변화(internal energy changes of real gases)는 엔탈피 변화로부터 구할 수 있다.

엔탈피는

$$\overline{h} = \overline{u} + P\overline{v} = \overline{u} + Z\overline{R}T$$

로 표시되므로

$$\overline{u_2} - \overline{u_1} = (\overline{h}_2 - \overline{h}_1) - \overline{R}(Z_2 T_2 - Z_1 T_1)$$

이 된다. 여기서 Z는 압축 계수이다.

[3] 실재 가스의 엔트로피 변화

실재 가스의 엔트로피 변화(entropy changes of real gases)는 앞에서 다룬 엔탈피 변화와 같은 방법으로 구할 수 있다.

엔트로피 일반 관계식은 식 (13 · 37)로부터

$$s_2 - s_1 = \int_{T_1}^{T_2} c_p \frac{dT}{T} - \int_{P_1}^{P_2} \left(\frac{\partial v}{\partial T}\right)_P dP \tag{13 · 37}$$

여기서 첨자 1, 2는 각각 처음과 마지막 상태를 나타낸다.

그림 **13 · 14**와 같은 과정에 대한 엔트로피 변화는

$$s_2 - s_1 = (s_2 - s_2^*) + (s_2^* - s_1^*) + (s_1^* - s_1) \tag{13 · 81}$$

으로 표시된다. 여기서 첨자 *는 이상 기체 상태를 의미한다.

온도 일정하에서 이상 기체가 0 압력으로부터 임의의 압력까지에 대한 엔트로피 변화는

$$s_P^* - s_0^* = -\int_0^P \left(\frac{\partial v}{\partial T}\right)_P dP = -\int_0^P \frac{R}{P} dP$$

가 된다. 이 식에서 s_P^*는 압력 P, 온도 T하의 이상 기체 상태의 엔트로피이고, s_0^*는 $P=0$, 온도 T일 때 이상 기체의 엔트로피이다.

환산 상태값을 적용하면

$$s_P^* - s_0^* = -R\int_0^{P_R} \frac{dP_R}{P_R} \tag{13 · 82}$$

온도 일정일 때 실재 가스가 0 압력으로부터 임의의 압력까지 상태 변화하는 경우 엔트로피 변화를 구하면

$$s_P - s_0^* = \int_0^P \left(\frac{\partial v}{\partial T}\right)_P dP \tag{13 · 83}$$

$Pv = ZRT$를 적용하면

$$s_P - s_0^* = \int_0^P \frac{R}{P}\left[Z + T\left(\frac{\partial Z}{\partial T}\right)_P\right] dP$$

$$s_P - s_0^* = -R\int_0^{P_R}\left[Z + T_R\left(\frac{\partial Z}{\partial T_R}\right)_{P_R}\right]\frac{dP_R}{P_R} \qquad (13 \cdot 84)$$

식 (13 · 84)로부터 식 (13 · 81)를 빼면

$$\left.\begin{aligned} & s_P - s_0^* = -R\int_0^{P_R}\left[(Z-1) + T_R\left(\frac{\partial Z}{\partial T_R}\right)_{P_R}\right]\frac{dP_R}{P_R} \\ \text{또는} \quad & \bar{s}_P - \bar{s}_0^* = -\bar{R}\int_0^{P_R}\left[(Z-1) + T_R\left(\frac{\partial Z}{\partial T_R}\right)_{P_R}\right]\frac{dP_R}{P_R} \end{aligned}\right\} \qquad (13 \cdot 85)$$

또는

식 (13 · 85)의 우변은 T_R와 P_R만의 함수이다.

식 (13 · 85)를 다시 쓰면

$$\frac{(\bar{s}^* - \bar{s})_{T,P}}{\bar{R}} = -\int_0^{P_R}\left[(Z-1) + T_R\left(\frac{\partial Z}{\partial T_R}\right)_{P_R}\right]\frac{dP_R}{P_R} \qquad (13 \cdot 86)$$

가 된다. 식 (13 · 86)의 $(\bar{s}^* - \bar{s})_{T,P}$를 엔트로피 이탈(entropy departure)이라 하고, $\frac{(\bar{s}^* - \bar{s})_{T,P}}{\bar{R}}$ 를 **엔트로피 이탈 계수**(entropy departure factor)라 한다.

식 (13 · 86)의 적분은 부록의 압축성 계수 선도에 표시된 자료를 이용하여 구할 수 있다. $\frac{(\bar{s}^* - \bar{s})_{T,P}}{\bar{R}}$의 값은 T_R, P_R의 함수 형태로 도시적으로 구한다. 이 그래프를 **일반화한 엔트로피 이탈 선도**(generalized entropy departure chart)라 한다. 이 선도는 주어진 압력 P, 온도 T에서의 엔트로피와 같은 P, T하에서 이상 기체가 갖는 엔트로피와의 편차를 나타내는 선도이다.

과정 1→2 사이의 엔트로피 변화는 다음 식으로 주어진다.

$$s_2 - s_1 = s_2^* - s_1^* + [(s_2 - s_2^*) - (s_1 - s_1^*)] \qquad (13 \cdot 87)$$

식 (13 · 87)은 두 상태 사이의 엔트로피 변화를 나타낸 것으로서 이것은 이상 기체 모델을 사용하여 구한 엔트로피 변화와 이상 기체의 거동으로부터 이탈된 차이를 고려한 보정항으로 표시한다.

$$\bar{s}_2 - \bar{s}_1 = \bar{s}_2^* - \bar{s}_1^* - \bar{R}\left[\left(\frac{\bar{s}^* - \bar{s}}{\bar{R}}\right)_2 - \left(\frac{\bar{s}^* - \bar{s}}{\bar{R}}\right)_1\right] \qquad (13 \cdot 88)$$

식 (13 · 88)에서 $\bar{s}_2^* - \bar{s}_1$는 이상 기체로 가정한 두 상태 사이의 엔트로피 변화를 나타낸

것이고, $\left[\left(\frac{\overline{s}^* - \overline{s}}{\overline{R}}\right)_2 - \left(\frac{\overline{s}^* - \overline{s}}{\overline{R}}\right)_1\right]$은 엔트로피 실제값에 대한 이상 기체의 엔트로피 변화의 보정항이다.

보기 13.20

10 MPa, 300 K의 상태로 터빈으로 공급된 가스가 4 MPa, 250 K의 상태로 터빈을 나오는 경우, 터빈이 하는 일을 일반화된 엔탈피 보정 선도를 이용하여 구하여라. 다만, 터빈 장치 내를 흐르는 동작 물질은 질소이고, 유동은 정상 유동으로 가정한다. 이 터빈에서 열전달 및 운동 에너지 변화와 위치 에너지 변화는 무시한다.

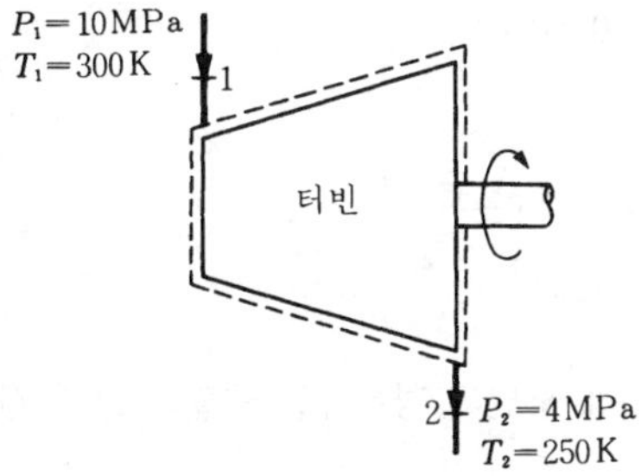

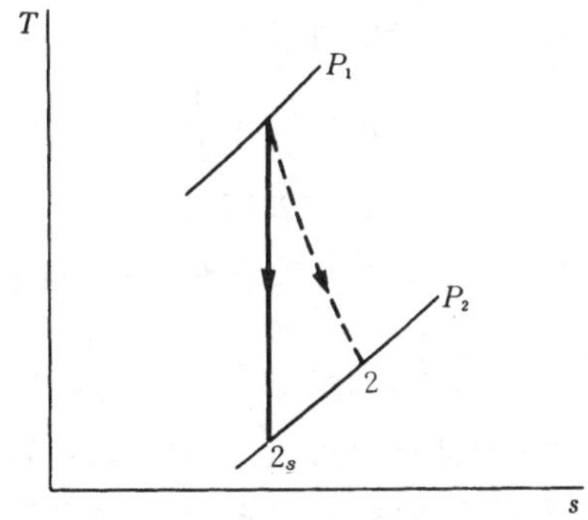

그림 13·15 보기 13.19의 설명도

풀이 터빈 장치에 대하여 에너지 평형식을 세우면

$$h_1 + \frac{V_1^2}{2} + gZ_1 + \frac{\dot{Q}_{cv}}{\dot{m}} = h_2 + \frac{V_2^2}{2} + gZ_2 + \frac{\dot{W}_{cv}}{\dot{m}}$$

$$\Delta ke = 0, \ \Delta pe = 0, \ \dot{Q}_{cv} = 0$$

$$\therefore \ \frac{\dot{W}_{cv}}{\dot{m}} = w = h_1 - h_2$$

$$h_1 - h_2 = \frac{1}{M}\left\{\overline{h}_1^* - \overline{h}_2^* - \overline{R}T_C\left[\left(\frac{\overline{h}^* - \overline{h}}{\overline{R}T_C}\right)_1 - \left(\frac{\overline{h}^* - \overline{h}}{\overline{R}T_C}\right)_2\right]\right\}$$

여기서 M은 분자량, $M=28$, $T_1=300\text{K}$, $T_2=250\text{K}$이므로 부록의 질소 가스의 상태량 표로부터

$$\overline{h}_2^* - \overline{h}_1^* = 8723 - 7266 = 1457.0 \text{kJ/kmol}$$

또 $\frac{\overline{h}^* - \overline{h}}{\overline{R}T_C}$는 $T_C = 126\text{K}$, $P_C = 33.9\text{bar}$이므로 부록의 선도로부터

$$\text{입구}:\ T_{R_1}=\frac{T_1}{T_C}=\frac{300}{126}=2.3810$$

$$P_{R_1}=\frac{P_1}{P_C}=\frac{10}{3.39}=2.9499$$

$$\text{출구}:\ T_{R_2}=\frac{T_2}{T_C}=\frac{250}{126}=1.9841$$

$$P_{R_2}=\frac{P_2}{P_C}=\frac{4}{3.39}=1.1799$$

따라서 선도로부터 구하면

$$\left(\frac{\bar{h}^*-\bar{h}}{\bar{R}T_C}\right)_1\approx 0.5,\ \left(\frac{\bar{h}^*-\bar{h}}{\bar{R}T_C}\right)_2\approx 0.3$$

이다. 이들 값을 대입하면

$$w=h_1-h_2=\frac{1}{28}[1457.0-8.3143\times 126(0.5-0.3)]$$
$$=44.5529\,\text{kJ/kg}$$

만일, 이상 기체 모델을 적용한다면 1457 kJ/kg의 일을 하므로

$$w=\frac{1}{M}(\bar{h}_2^*-\bar{h}_1^*)=\frac{1}{28}\times 1457.0=52.0357\,\text{kJ/kg}$$

그러므로 52.0357 kJ/kg의 일을 한다. 따라서 이상 기체 모델의 경우에는 엔탈피 보정 선도로부터 구한 값보다 11.79 % 더 큰 출력을 얻게 된다.

보기 13.21

앞의 보기와 같은 조건으로 작동되는 터빈의 엔트로피 변화를 구하여라.

풀이 엔트로피 변화

$$\bar{s}_2-\bar{s}_1=\frac{1}{M}\left\{\bar{s}_2^*-\bar{s}_1^*-\bar{R}\left[\left(\frac{\bar{s}^*-\bar{s}}{\bar{R}}\right)_2-\left(\frac{\bar{s}^*-\bar{s}}{\bar{R}}\right)_1\right]\right\}$$

여기서 $\bar{s}_2^*-\bar{s}_1^*=\bar{s}^\circ(T_2)-\bar{s}^\circ(T_1)-\bar{R}\ln\frac{P_2}{P_1}$

부표로부터 $\bar{s}^\circ(T_2)-\bar{s}^\circ(T_1)$을 구하여 윗 식에 대입하면

$$\bar{s}_2^*-\bar{s}_1^*=186.37-191.682-8.3143\times\ln\frac{4}{10}=2.3063\,\text{kJ/kmol K}$$

부표로부터 $\frac{\bar{s}^*-\bar{s}}{\bar{R}}$를 구하면 $T_{R1}=2.3810,\ P_{R1}=2.9499$

$T_{R2}=1.9481,\ P_{R2}=1.1799$로부터

$$\left(\frac{\bar{s}^* - \bar{s}}{\bar{R}}\right)_1 \approx 0.19, \quad \left(\frac{\bar{s}^* - \bar{s}}{\bar{R}}\right)_2 \approx 0.12 \text{ 이므로}$$

$$\therefore \quad s_2 - s_1 = \frac{1}{28}[2.3063 - 8.3143 \times (0.12 - 0.19)]$$
$$= 0.1032\,\text{kJ/kg K}$$

따라서 엔트로피 생성은

$$\frac{\dot{S}_{gen}}{\dot{m}} = s_2 - s_1 = 0.1032\,\text{kJ/kg K}$$

이다.

13.10 Fugacity와 Fugacity 함수

퓨가시티(Fugacity)는 1901년 루이스(G. L. Lewis)에 의하여 소개된 가상적인 압력(fictitious pressure)으로서 혼합물 및 상의 평형을 다룰 때 매우 중요하다. 퓨가시티는 이상 기체의 상태식을 적용할 수 없는 경우에 소개된 상태량이다.

Gibbs 함수 $g \equiv h - Ts$로부터

$$dg = -s\,dT + v\,dP$$

온도 일정일 경우

$$dg = v\,dP_T \tag{13 · 89}$$

가 된다. 이상 기체의 경우에는

$$dg = \frac{RT}{P}dP_T = RTd(\ln P)_T \tag{13 · 90}$$

가 된다.

루이스는 식 (13 · 90)을 실제 기체에 대하여 다음과 같은 형태로 표시하였다.

$$dg \equiv RTd(\ln f_g)_T \tag{13 · 91}$$

여기서 f_g는 다음을 만족하는 실재 기체에 대한 상태량으로서 **퓨가시티**(fuacity)라고 한다.

$$\lim_{P \to 0} \frac{f_g}{P} = 1 \tag{13 · 92}$$

따라서 $P \to 0$, $f_g \to 0$가 된다.

퓨가시티 f는 실재 기체에서 이상 기체의 압력 P에 상당하는 양으로서 단위는 압력의 단위와 같다.

식 (13・89)와 식 (13・91)로부터

$$d(\ln f_g)_T = \frac{v}{RT} dP_T \tag{13・93}$$

가 된다.

압축 계수 $Z = \dfrac{Pv}{RT}$를 이용하면

$$d(\ln f_g)_T = \frac{Z}{P} dP_T = Zd(\ln P)_T \tag{13・94}$$

식 (13・94)의 양변에 $d(\ln P)_T$를 빼주면

$$d(\ln f_g)_T - d(\ln P)_T = Zd(\ln P)_T - d(\ln P)$$

또는 $$d\left(\ln \frac{f_g}{P}\right)_T = (Z-1)d(\ln P)_T$$

가 된다.

온도 일정에서 윗식을 P'에서 P까지 적분하면

$$\int_{P'}^{P} d\left(\ln \frac{f_g}{P}\right) = \int_{P'}^{P} (Z-1)d(\ln P)_T$$

또는

$$\left[\frac{f_g}{P}\right]_{P'}^{P} = \int_{P'}^{P} (Z-1)d(\ln P)_T \tag{a}$$

여기서 P'를 0에 접근하도록 취하면 식 (13・92)에서

$$\lim_{P' \to 0} \frac{f_g}{P} = 1 \text{ 이므로}$$

식 (a)는

$$\left(\ln \frac{f_g}{P}\right) = \int_{0}^{P} (Z-1)d(\ln P)_T \tag{b}$$

가 된다.

식 (b)를 환산 압력 $P_R = \dfrac{P}{P_C}$로 나타내면

$$\left(\ln\frac{f_g}{P}\right) = \int_0^{P_R}(Z-1)\,d(\ln P_R)_T \tag{13 · 95}$$

가 된다. 여기서 $\dfrac{f_g}{P}$를 퓨가시티 계수(fugacity coefficient)라 한다. 부록의 부표는 일반화한 퓨가시티 계수와 P_R, T_R의 관계를 나타낸 것이다.

보기 13.22

질소가 압축기에서 정상 상태로 압축된다. 압축 초의 상태는 101.325 kPa, 300 K이고, 압축 후의 상태는 20 MPa이다. 압축 소요일을 구하여라.

풀이 제 1 법칙 : $\delta q = dh - v\,dP$, 공업일 : $w = -\int_1^2 v\,dP$

제 2 법칙 : $\delta q = T ds$

따라서 이들 두 식으로부터

$$\delta w = T ds - dh$$

$$w = T(s_2 - s_1) - (h_2 - h_1)$$
$$= (h_1 - T_1 s_1) - (h_2 - T_2 s_2)$$

$g = h - Ts$ 이고, $T_1 = T_2 = T$

이므로

$$w = (g_1 - g_2)_T = RT\ln\left(\frac{f_1}{f_2}\right)_T$$

$$P_{R1} = \frac{P_1}{P_c} = \frac{101.325}{3400} = 0.0298$$

$$T_{R1} = \frac{T_1}{T_c} = \frac{300}{126} = 2.3810$$

$$P_{R2} = \frac{P_2}{P_c} = \frac{25{,}000}{3400} = 7.3529$$

$$T_{R2} = \frac{T_2}{T_c} = \frac{T_1}{T_C} = 2.3810$$

일반화한 퓨가시티 계수표로부터

$$\left(\frac{f_g}{P}\right)_1 \approx 1.0$$

$$\left(\frac{f_g}{P}\right)_2 \approx 0.9$$

따라서 $f_{g1} \approx P_1 = 101.325\,\text{kPa}$

$$f_{g2} \approx 0.90\,P_2 = 0.9 \times 25{,}000 = 22{,}500\,\text{kPa}$$

구하고자 하는 압축 소요일은

$$w = RT_1 \ln\left(\frac{f_{g1}}{f_{g2}}\right)_{T_1} = \frac{8.3143}{28.013} \times 300 \ln\frac{101.325}{22{,}500}$$

$$= -481.0792\,\text{kJ/kg}$$

13.11 열역학의 일반 관계식 요약

열역학적 상태량은 직접 측정 가능한 양도 있으나 그렇지 않은 것도 많이 있다. 그러므로 직접 측정할 수 없는 상태량을 측정 가능한 상태량을 이용하여 계산하기 위해 열역학적 일반 관계식이 필요하다.

단순 압축성 물질에 대한 P, v, T 및 s의 편미분 관계식은 맥스웰의 관계식을 이용하여 나타낼 수 있다.

[1] 일반적인 열역학적 관계식

$$du = Tds - Pdv$$
$$dh = Tds + vdP$$
$$df = -sdT - Pdv$$
$$dg = -sdT - vdP$$

[2] Maxwell 관계식

$$\left(\frac{\partial T}{\partial v}\right)_s = -\left(\frac{\partial P}{\partial s}\right)_v$$
$$\left(\frac{\partial T}{\partial P}\right)_s = \left(\frac{\partial v}{\partial s}\right)_P$$
$$\left(\frac{\partial s}{\partial v}\right)_T = \left(\frac{\partial P}{\partial T}\right)_v$$

$$\left(\frac{\partial s}{\partial P}\right)_T = -\left(\frac{\partial v}{\partial T}\right)_P$$

[3] Clapeyron식

상변환에 대한 증발의 잠열을 구하는 식으로서

$$\left(\frac{dP}{dT}\right)_{\text{sat}} = \frac{h_{fg}}{Tv_{fg}}$$

로 표시된다.

저압에서 액체-증기, 고체-증기의 상변화에서는

$$\ln\left(\frac{P_2}{P_1}\right)_{\text{sta}} = \frac{h_{fg}}{R}\left(\frac{T_2 - T_1}{T_1 T_2}\right)_{\text{sat}}$$

의 관계가 있다.

[4] 내부 에너지 및 엔탈피를 포함하는 일반 관계식

$$du = c_v dT + \left[T\left(\frac{\partial P}{\partial T}\right)_v - P\right] dv$$

$$dh = c_p dT + \left[v - T\left(\frac{\partial v}{\partial T}\right)_P\right] dP$$

$$ds = \frac{c_v}{T} dT + \left(\frac{\partial P}{\partial T}\right)_v dv$$

$$ds = \frac{c_P}{T} dT - \left(\frac{\partial v}{\partial T}\right)_P dP$$

[5] 비열을 포함하는 일반 관계식

체적 팽창 계수 $\beta = \frac{1}{v}\left(\frac{\partial v}{\partial T}\right)_P$

등온 압축률 $k = -\frac{1}{v}\left(\frac{\partial v}{\partial P}\right)_T$

$$c_p - c_v = -T\left(\frac{\partial^2 v}{\partial T^2}\right)_P \left(\frac{\partial P}{\partial v}\right)_T$$

$$c_p - c_v = \frac{vT\beta^2}{k}$$

$$\left(\frac{\partial c_v}{\partial v}\right)_T = T\left(\frac{\partial^2 P}{\partial T^2}\right)_v$$

$$\left(\frac{\partial c_p}{\partial P}\right)_T = -T\left(\frac{\partial^2 v}{\partial T^2}\right)_P$$

Joule–Thomson 계수 : $\mu_J \equiv \left(\frac{\partial T}{\partial P}\right)_h$

$$\mu_J = -\frac{1}{c_p}\left[v - T\left(\frac{\partial v}{\partial T}\right)_P\right]$$

[6] 실재 기체의 일반화한 엔탈피 및 엔트로피 변화

$$\bar{h}_2 - \bar{h}_1 = \bar{h}_2^* - \bar{h}_1^* - \bar{R}T_C\left[\left(\frac{\bar{h}_2^* - \bar{h}_1}{\bar{R}T_C}\right)_2 - \left(\frac{\bar{h}_2^* - \bar{h}_1}{\bar{R}T_C}\right)_1\right]$$

$$\bar{u}_2 - \bar{u}_1 = \bar{h}_2 - \bar{h}_1 - \bar{R}(Z_2T_2 - Z_1T_1)$$

$$\bar{s}_2 - \bar{s}_1 = \bar{s}_2^* - \bar{s}_1^* - \bar{R}\left[\left(\frac{\bar{s}^* - \bar{s}}{\bar{R}}\right)_2 - \left(\frac{\bar{s}^* - \bar{s}}{\bar{R}}\right)_1\right]$$

여기서 $\frac{\bar{h}^* - \bar{h}}{\bar{R}T_C}$, $\frac{\bar{s}^* - \bar{s}}{\bar{R}}$는 각각 일반화된 엔탈피 및 엔트로피 선도로부터 구한다.

〈참고문헌〉

1. Kenneth Wark, Jr., Advanced Thermodynamics for Engineers, pp.168~185, McGraw–Hill, 1995.
2. Redlich, O., and J. N. S. Kwong, "On the Thermodynamics of Solutions, V. An Equation of State. Fugacities of Gaseous Solutions," *Chem. Rev.*, **44** : 233, 1949.
3. Soave, G., "Equilibrium Constants from a Modified Redlich–Kwong Equatin of State," *Chem. Eng. Sci.*, **27** : 1197, 1972.
4. Benedict, O., G. B. Webb, and L. C. Rubin : *J. Chem. Phys.*, **8**(4) : 334~345(1940).
5. Kenneth Wark, Jr., Donald E. Richards, Thermodynamics, McGraw–Hill, 1999.
6. Yunas A. Cengel, Introduction to Thermodynamics and Heat Transfer, McGraw–Hill, 1997.

연 | 습 | 문 | 제

13.1 열역학적 일반 관계식을 이용하여 Maxwall 관계식을 유도하여라.

13.2 이상 기체에서 $P=$일정인 선이 $T-v$ 평면에서 직선으로 표시됨을 증명하여라.

13.3 Van der Waals 식에 따르는 기체가 $T-P$ 평면에서 $v=$일정인 선을 구하는 식을 유도하여라.

13.4 상태 방정식이 $P(v-b)=RT$로 표시될 경우, 사이클릭 관계 $\left(\frac{\partial T}{\partial P}\right)_v$를 구하여라.

13.5 열역학의 일반 관계식을 사용하여 다음 관계식을 유도하여라.

(1) $c_p = T\left(\frac{\partial v}{\partial T}\right)_P\left(\frac{\partial P}{\partial T}\right)_s$ (2) $c_v =- T\left(\frac{\partial P}{\partial T}\right)_v\left(\frac{\partial v}{\partial T}\right)_s$

13.6 체적 팽창 계수를 β, 등온 압축률을 k라 할 때

$$\left(\frac{\partial s}{\partial v}\right)_T =- \frac{\beta}{k},\ \left(\frac{\partial s}{\partial P}\right)_T =- \beta v$$

임을 증명하여라.

13.7 다음 식이 성립함을 증명하여라.

(1) $\dfrac{c_p}{c_v} = \dfrac{\left(\frac{\partial P}{\partial v}\right)_s}{\left(\frac{\partial P}{\partial v}\right)_T}$ (2) $\left(\frac{\partial T}{\partial v}\right)_s =- \frac{T}{c_v}\left(\frac{\partial P}{\partial T}\right)_v$

13.8 완전 가스의 상태식 $Pv=RT$로부터 팽창계수 $\beta=\frac{1}{T}$, 등온 압축률 $k=\frac{1}{P}$로 표시됨을 밝혀라.

13.9 $h-s$ 선도에서 정압선의 경사가 온도 일정인 선과 같음을 증명하여라.

13.10 Clapeyron 식은 어떤 경우에 적용되는 식인가?

13.11 32℃ 인 R-12 냉매의 증발의 잠열을 Clapeyron 식을 사용하여 구하여라.

13.12 이상 기체가 스로틀링할 때의 Joule-Thomson 계수 μ_J를 구하여라.

13.13 이상 기체의 엔탈피가 온도만의 함수임을 증명하여라.

13.14 등온 과정에서 이상 기체의 상태식 $P=\frac{RT}{v-b}-\frac{a}{v^2}$로부터 Δu, Δh 및 Δs를 구하여라.

13.15 $c_p - c_v$의 값을 다음과 같은 가스에 대하여 구하여라.

(1) 이상 기체

(2) Van der Waals 기체

13.16 비압축성 물질에 대한 $c_p - c_v$의 값을 구하여라.

13.17 Joule-Thomson 계수가 $\mu_J = \dfrac{1}{c_p}\left[T\left(\dfrac{\partial v}{\partial T}\right)_P - v\right]$로 표시됨을 증명하여라.

13.18 Van der Waals의 상태식 $P = \dfrac{RT}{v-b} - \dfrac{a}{v^2}$를 이용하여 증기의 임계점에서 상수 a, b를 구하여라.

13.19 역전 온도(inversion temperature)란 어떤 온도인가?

13.20 다음 사항을 설명하고 식으로 나타내어라.

(1) 체적 팽창 계수　　(2) 등온 압축률

(3) 등엔트로피 압축률

13.21 엔트로피 h가 $h = h(T, P)$로 표시될 때 $dh = c_p dT + \left[v - T\left(\dfrac{\partial v}{\partial T}\right)_P\right] dP$로 표시됨을 증명하여라.

13.22 엔트로피가 $ds = c_v \dfrac{dT}{T} - \left(\dfrac{\partial P}{\partial T}\right)_v dv$ 로 표시됨을 증명하여라.

13.23 완전 가스에서 정압 비열 c_p가 $c_v + R$로 표시됨을 증명하여라.

13.24 $P-v$ 선도상의 임의의 상태점에서 단열선의 경사가 그 상태점을 통과하는 등온선 경사의 비열비 배(倍)와 같음을 증명하여라.

13.25 열역학의 일반 관계식을 사용하여 정압 비열 c_p와 정적 비열 c_v의 차가 다음 식으로 표시됨을 증명하여라.

$$c_p - c_v = \frac{vT\beta^2}{k}$$

여기서 k는 등온 압축률이고, β는 체적 팽창 계수이다.

13.26 열역학의 일반 관계식을 사용하여 다음 관계가 성립함을 증명하여라.

$$\kappa = \frac{k}{\alpha}$$

여기서 α는 등엔트로피 압축률이고, κ는 비열비, k는 등온 압축률이다.

13.27 Van der Waals 가스에서 $\left(\dfrac{\partial c_v}{\partial v}\right)_T = 0$이 됨을 증명하여라.

13.28 증기가 45 bar, 673 K에서 35 bar까지 스로틀링 될 경우 온도 변화와 Joule- Thomson 계수를 구하여라.

13.29 Van der Waals 유체에서 정적 비열 c_v가 압력에 무관함을 증명하여라.

13.30 기체의 상태 방정식 $P(v-b)=RT$로 주어질 경우 Joule–Thomson 계수를 구하는 식을 유도하여라. 단, b는 상수이다.

13.31 Joule–Thomson 계수의 값이 다음과 같이 표시되는 경우, 다음 표에 알맞은 답을 써넣어라.

μ_J의 값	스로틀링 과정 후의 상태
$\mu_J > 0$	
$\mu_J < 0$	
$\mu_J = 0$	

13.32 온도가 300 K인 구리(copper)가 다음과 같은 물성값을 가질 때 비열을 구하여라.

$c_p = 25.0\,\mathrm{J/mol\,K}$, $\beta = 50.4\times10^{-6}\,\mathrm{K^{-1}}$

$\kappa = 7.78\times10^{-12}\,\mathrm{Pa^{-1}}$, $v = 7.06\,\mathrm{cm^3/mol}$

13.33 R–12 냉매의 온도에 따른 포화 압력, 비체적이 다음과 같이 주어졌을 때 260.6 K일 때의 증발의 잠열을 구하여라.

T K	P bar	v_g m^3/kg	v_f m^3/kg
253.0	1.5	0.110	6.859×10^{-4}
260.6	2.0	0.0840	6.970×10^{-4}
266.9	2.5	0.0681	7.067×10^{-4}

13.34 열역학 일반 관계식을 이용하여 다음 관계가 성립함을 증명하여라.

(1) $h_2 - h_1 = \int_1^2 c_p dT + \int_1^2 \left[v - t\left(\frac{\partial v}{\partial T}\right)_P\right] dP$

(2) $s_2 - s_1 = \int_1^2 c_p \frac{dT}{T} - \int_1^2 \left(\frac{\partial v}{\partial T}\right)_P dP$

(3) $u_2 - u_1 = \int_1^2 c_v dT + \int_1^2 \left[T\left(\frac{\partial P}{\partial T}\right)_v - P\right] dv$

13.35 정압 비열과 정적 비열의 관계가 $c_p > c_v$임을 증명하여라.

13.36 다음 관계가 성립함을 증명하여라.

(1) $\left(\dfrac{\partial c_v}{\partial v}\right)_T = T\left(\dfrac{\partial^2 P}{\partial T^2}\right)_v$　　　(2) $\left(\dfrac{\partial c_p}{\partial P}\right)_T = -T\left(\dfrac{\partial^2 v}{\partial T^2}\right)_P$

13.37 온도 273 K와 281 K 사이에서 H_2O가 $v=1+a(T-277)^2$ 으로 표시된다. 정압 비열이 온도가 일정할 때 감소함을 밝혀라. 여기서 a는 양의 상수이다.

13.38 정압 비열과 정적 비열의 차가 이상 기체에 대해 $c_p-c_v=R$로 표시됨을 증명하여라.

13.39 비열비의 관계가 $\dfrac{\kappa}{\kappa-1}=\dfrac{\left(\dfrac{\partial P}{\partial T}\right)_s}{\left(\dfrac{\partial P}{\partial T}\right)_v}$ 로 표시됨을 증명하여라.

13.40 다음에 열거한 용어들을 정의하고 설명하여라.

(1) 체적 팽창 계수(coefficient of volume expansion)

(2) 등온 압축률(isothermal compressibility coefficient)

(3) 등엔트로피 압축률(isentropic compressibility coefficient)

(4) 압력 계수(pressure coefficient)

13.41 순수 물질의 임계 온도를 $P-v$ 선도에 표시한 다음, 수학적 조건을 쓰고 설명하여라.

13.42 임계점에서 증발 엔탈피가 0임을 증명하여라.

13.43 210℃에서 물의 증발열을 다음 값을 이용하여 구하여라.

200℃ : 15.54 bar, $v_g=0.1274\text{m}^3/\text{kg}$, $v_f=0.0011565\text{m}^3/\text{kg}$

210℃ : 19.06 bar, $v_g=0.1044\text{m}^3/\text{kg}$, $v_f=0.0011726\text{m}^3/\text{kg}$

220℃ : 23.18 bar, $v_g=0.08619\text{m}^3/\text{kg}$, $v_f=0.00119\text{m}^3/\text{kg}$

13.44 이상 기체의 내부 에너지가 $du=c_v dT$로 표시됨을 증명하여라.

13.45 냉매 R-134a가 등온적으로 20℃에서 0.28 MPa로부터 0.36 MPa까지 압축될 경우 엔트로피 변화를 냉매표와 열역학의 일반 관계식을 이용하여 구하여라.

13.46 Redlich-Kwong의 상태식은 Van der Waals 상태식과 어떻게 다른지 설명하여라.

13.47 이상 기체의 엔탈피가 온도만의 함수로 나타낼 수 있는지를 설명하여라.

13.48 Maxwell 관계식을 사용하여 이상 기체에 대한 $\left(\dfrac{\partial s}{\partial v}\right)_T$ 의 값을 구하여라.

13.49 일반화한 압축계수(generalized compressibility factor)를 설명하고, 일반화한 압축계수 선도의 기본 구조를 그리고 간단히 설명하여라.

13.50 Joule–Thomson 계수는 무엇을 나타내는 계수이며, 역전 곡선(inversion line)과 역전 온도(inversion temperature)에 대하여 설명하여라.

CHAPTER

14 이상 기체 혼합물과 가스-증기 혼합물

14.1 기체 혼합물의 질량과 몰분율

기체 혼합물(氣體混合物, gas mixture)의 상태량을 구하기 위하여는 혼합물을 이루고 있는 각 성분 가스의 상태량을 알아야 한다. 기체 혼합물의 조성은 각 성분 요소의 몰수에 바탕을 둔 **몰 분석**(molar analysis)과 질량에 바탕을 둔 **질량 분석**(gravimetric analysis)의 두 가지가 있다.

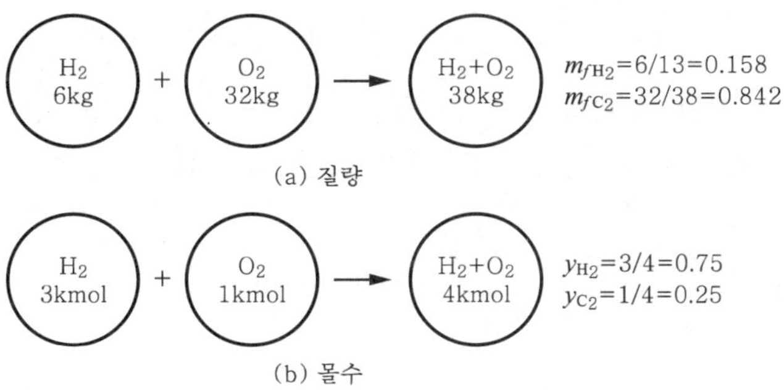

그림 14·1 혼합물의 질량과 몰 수

지금 k 종의 성분 기체로 된 혼합물에서 총 질량을 m, 몰수를 n이라 하면

$$m = \sum_{i=1}^{k} m_i \tag{14·1}$$

$$n = \sum_{i=1}^{k} n_i \tag{14・2}$$

의 관계가 성립한다.

혼합물 질량에 대한 어느 성분 기체의 질량 m_i의 비를 **질량 분율**(質量分率, mass fraction) m_{fi}라 정의한다.

$$m_{fi} \equiv \frac{m_i}{m} \tag{14・3}$$

혼합물의 몰수(mole number) n에 대한 성분 기체 i에 대한 몰수의 비를 **몰분율**(mole fraction) y_i라 한다.

$$y_i = \frac{n_i}{n} \tag{14・4}$$

따라서 질량 분율 및 몰분율의 합은

$$\sum_{i=1}^{k} m_{fi} = 1 \tag{14・5}$$

$$\sum_{i=1}^{k} y_i = 1 \tag{14・6}$$

이 된다.

물질의 질량 m은 몰수 n과 분자량(分子量) M의 곱이므로

$$m = nM \tag{14・7}$$

이 된다.

또한 혼합 기스의 **평균 분자량**(平均分子量, average molar mass)과 **평균 기체 상수**(average or apparent gas constant)를 각각 M_m, R_m이라 하면

$$M_m = \frac{m}{n} = \frac{\sum m_i}{n} = \sum_{i=1}^{k} y_i M_i \text{kg/kmol} \tag{14・8}$$

$$R_m = \frac{\overline{R}}{M_m} \text{kJ/kg K}$$

보기 14.1

산소(O_2) 4kg, 질소(N_2) 5 kg과 메탄(CH_4) 14 kg, 이산화탄소(CO_2) 6 kg으로 구성된 기체 혼합물의 (1) 각 성분 기체의 질량 분율, (2) 각 성분 기체의 몰분율, (3) 평균 분자량과 혼합물의 기체 상수를 구하여라.

풀이 (1) 각 성분 기체의 질량 분율

$$m = m_{O_2} + m_{N_2} + m_{CH_4} + m_{CO_2} = 4 + 5 + 14 + 6 = 29\,\text{kg}$$

$$m_{fO_2} = \frac{m_{O_2}}{m} = \frac{4}{29} = 0.13793$$

$$m_{fN_2} = \frac{m_{N_2}}{m} = \frac{5}{29} = 0.17241$$

$$m_{fCH_4} = \frac{m_{CH_4}}{m} = \frac{14}{29} = 0.48276$$

$$m_{fCO_2} = \frac{m_{CO_2}}{m} = \frac{6}{29} = 0.20690$$

(2) 각 성분 기체의 몰분율

$$n_{O_2} = \frac{m_{O_2}}{M_{O_2}} = \frac{4}{32} = 0.1250\,\text{kmol}$$

$$n_{N_2} = \frac{m_{N_2}}{M_{N_2}} = \frac{5}{28} = 0.1789\,\text{kmol}$$

$$n_{CH_4} = \frac{m_{CH_4}}{M_{CH_4}} = \frac{14}{16} = 0.8750\,\text{kmol}$$

$$n_{CO_2} = \frac{m_{CO_2}}{M_{CO_2}} = \frac{6}{44} = 0.1364\,\text{kmol}$$

$$n = n_{O_2} + n_{N_2} + n_{CH_4} + n_{CO_2}$$
$$= 0.1250 + 0.1786 + 0.8750 + 0.1364 = 1.3150\,\text{kmol}$$

$$y_{O_2} = \frac{n_{O_2}}{n} = \frac{0.1250}{1.3150} = 0.09505$$

$$y_{N_2} = \frac{n_{N_2}}{n} = \frac{0.1786}{1.3150} = 0.1358$$

$$y_{CH_4} = \frac{n_{CH_4}}{n} = \frac{0.8750}{1.3150} = 0.6654$$

$$y_{CO_2} = \frac{n_{CO_2}}{n} = \frac{0.1364}{1.3150} = 0.1037$$

(3) 평균 분자량 및 기체 상수

$$M_m = \frac{m}{n} = \frac{29}{1.3150} = 22.0532\,\text{kg/kmol}$$

$$M_m = \sum y_i\, M_i = y_{O_2} M_{O_2} + y_{N_2} M_{N_2} + y_{CH_4} M_{CH_4} + y_{CO_2} M_{CO_2}$$

$$R_m = \frac{\overline{R}}{M_m} = \frac{8.3143}{22.0532} = 0.3770\,\text{kJ/kg K}$$

보기 14.2

공기는 질소와 산소가 다음과 같은 몰분율로 구성되어 있다.
공기의 구성 ; N_2 : 0.79, O_2 : 0.21
(1) 공기의 평균 분자량, (2) 공기의 질량 분율을 구하여라.

풀이 (1) 평균 분자량 M_m

$$M_m = \sum y_i\, M_i = 0.79 \times 28.02 + 0.21 \times 32$$
$$= 28.8558\,\text{kg/kg mol}$$

(2) 질량 분율

$$m_{fN_2} = \frac{m_{N_2}}{m} = \frac{M_{N_2} y_{N_2}}{M_m} = \frac{28.02 \times 0.79}{28.8558} = 0.7671$$

$$m_{fO_2} = \frac{m_{O_2}}{m} = \frac{M_{O_2} y_{O_2}}{M_m} = \frac{32 \times 0.21}{28.8585} = 0.2329$$

14.2 이상 기체 혼합물의 $P-v-T$ 관계

이상 기체 혼합물의 $P-v-T$ 관계는 다음과 같이 두 가지 모델에 의하여 설명된다. 그 하나는 분압의 법칙으로 알려진 Dalton의 법칙(Dalton's law)이고 다른 하나는 Amagat 법칙(Amagat's law)이다.

[1] Dalton의 분압 법칙

Dalton의 분압 법칙(Dalton's law of additive pressures)은 "기체 혼합물의 압력은 각 성분 기체가 단독으로 혼합물의 온도에서 전 체적을 차지하고 있을 때의 각 성분 기체 압력의 합과 같다"는 법칙이다.

그림 14·2에서 보는 바와 같이 각 성분 기체 A, B가 각각 혼합물의 온도 T, 체적 V로 존재할 때의 분압 P_A, P_B의 합이 전압이 된다.

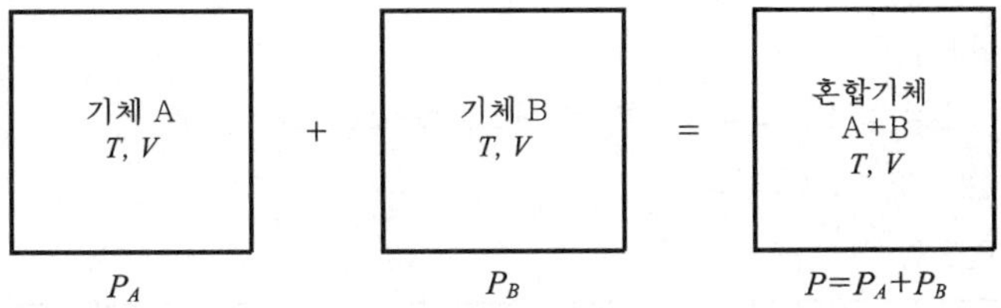

그림 14·2 Dalton의 분압 법칙

혼합물과 각 성분 기체에 대하여 이상 기체의 상태 방정식을 적용하면

$$\text{혼 합 물}: PV = n\overline{R}T \tag{a}$$

$$n = n_A + n_B \tag{b}$$

$$\text{성분 가스}: P_A V = n_A \overline{R}T \tag{c}$$

$$P_B V = n_B \overline{R}T \tag{d}$$

가 된다. 식 (a), (c), (d)를 식 (b)에 대입하면

$$\frac{PV}{\overline{R}T} = \frac{P_A V}{\overline{R}T} + \frac{P_B V}{\overline{R}T}$$

$$P = P_A + P_B$$

$$\therefore\ P = \sum_{i=1}^{k} P_i(T, V) \tag{14·9}$$

여기서 P_i는 각 성분 기체의 **분압**(分壓, component pressure 또는 partial pressure)이다. 이상 기체의 각 성분 가스의 압력을 P_i라 하고, 몰분율을 y_i라 하면

$$\frac{P_i(T, V)}{P} = \frac{\dfrac{n_i \overline{R}T}{V}}{\dfrac{n\overline{R}T}{V}} = \frac{n_i}{n} = y_i \tag{14·10}$$

가 된다. 여기서

$$P_i = y_i P$$

를 이상 기체의 분압(分壓)이라 한다.

[2] Amagat 법칙

Amagat 법칙(Amagat's law of additive volumes)은 "기체 혼합물의 체적은 각 성분 기체가 단독으로 혼합물의 온도에서 전 압력을 차지하고 있을 때의 각 성분 기체의 체적의 합과 같다"는 법칙이다.

그림 14 · 3에서 보는 바와 같이 혼합 기체의 체적은 각 성분 기체가 T, P 하에서 갖는 체적 V_A, V_B의 합으로 표시된다.

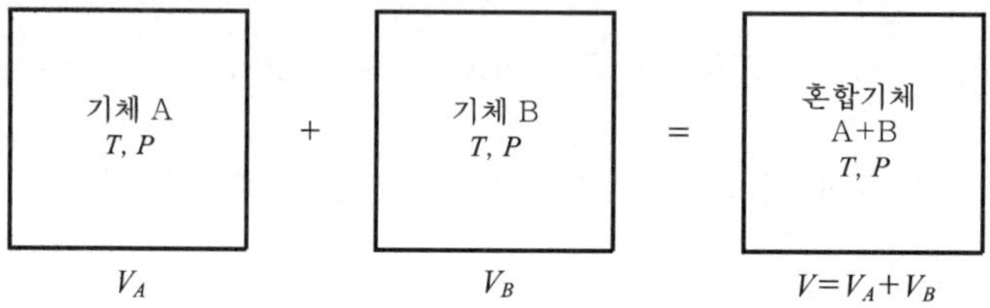

그림 14 · 3 Amagat 법칙

혼합물과 각 성분 기체에 대하여 이상 기체의 상태 방정식을 적용하면

$$\text{혼합물}: PV = n\overline{R}T \tag{a}$$

$$n = n_A + n_B \tag{b}$$

$$\text{성분 가스}: PV_A = n_A\overline{R}T \tag{c}$$

$$PV_B = n_B\overline{R}T \tag{d}$$

가 된다. 식 (a), (c), (d)를 식 (b)에 대입하면

$$\frac{PV}{\overline{R}T} = \frac{PV_A}{\overline{R}T} + \frac{PV_B}{\overline{R}T}$$

$$V - V_A + V_B$$

가 된다.

$$\therefore\ V = \sum_{i=1}^{k} V_i\,(T, P) \tag{14 · 11}$$

여기서 V_i는 각 성분 기체의 체적(component volume)이다. 이상 기체의 각 성분 가스의 체적을 V_i라 하고, 몰분율을 y_i라 하면

$$\frac{V_i(T,P)}{V}=\frac{\dfrac{n_i\overline{R}\,T}{P}}{\dfrac{n\overline{R}\,T}{P}}=\frac{n_i}{n}=y_i \tag{14 · 12}$$

와 같다.

그러므로 이상 기체 혼합물인 경우, 식 (14 · 11)과 식 (14 · 12)로부터

$$\frac{P_i}{P}=\frac{V_i}{V}=\frac{n_i}{n}=y_i \tag{14 · 13}$$

이 된다.

보기 14.3

강체 용기(剛體容器, rigid tank)에 3 kmol의 질소와 5 kmol의 이산화탄소가 300 K, 10 MPa로 들어 있을 때 탱크의 부피를 구하여라.

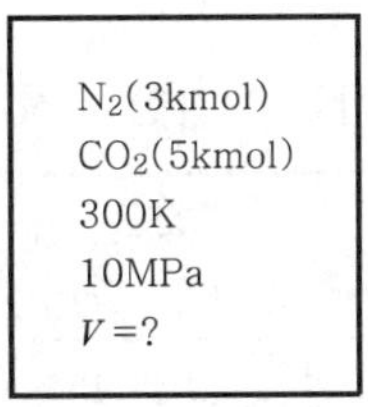

그림 14 · 4 보기 14.3의 설명

풀이 N_2와 CO_2의 혼합물이므로

$$PV=n\overline{R}\,T$$

$$n=n_{N_2}+n_{CO_2}=3+5=8\,\text{kmol}$$

$$V=\frac{n\overline{R}\,T}{P}=\frac{8\times 8.3143\times 300}{10000}=1.9954\,\text{m}^3$$

보기 14.4

기체 혼합물의 체적 분석 결과가 다음과 같을 때 분자량과 기체 상수를 구하여라.

CO_2 : 13%, O_2 : 3%, N_2 : 80%, CO : 4%

풀이 문제 풀이를 쉽게 하기 위하여 다음과 같이 표 14 · 1을 만들어 보기로 한다.

혼합물의 분자량 : $M_m=\sum y_i M_i=5.72+0.96+22.40+1.12=30.20\,\text{kg/kmol}$

$$M_m = \frac{1}{\Sigma m_{fi}/M_i} = \frac{1}{0.03310} = 30.20$$

$$R = \frac{\overline{R}}{M_m} = \frac{8.3143}{30.20} = 0.2753\,\text{kJ/kg K}$$

표 14·1 기체 혼합물의 체적 분석 및 계산(보기 14.4)

성분 기체 i	체적백분율 %	몰분율 y_i	분자량 M_i	혼합물 kmol당 질량(kg) $y_i M_i$	질량 분율(%) $y_i M_i / M_m$
CO_2	13	0.13	44.0	5.72	5.72/30.20=18.940
O_2	3	0.03	32.0	0.96	0.96/30.20=3.179
N_2	80	0.8	28.0	22.40	22.4/30.20=74.172
CO	4	0.04	28.0	1.12	1.12/30.20=3.709
계				30.20	100.000

만일 질량 분석에 의하여 계산하면 표 14·2와 같다.

표 14·2 기체 혼합물의 질량 분석 및 계산(보기 14.4)

성분 기체 i	질량 분율 m_{fi}	분자량 M_i	혼합물 kg당 kmol, m_{fi}/M_i	몰분율 y_i	체적 분율(%) V_i/V
CO_2	0.1894	44.0	0.0043	0.13	13.0
O_2	0.03179	32.0	0.00099	0.03	3.0
N_2	0.74172	28.0	0.02649	0.8	80.0
CO	0.03709	28.0	0.00132	0.04	4.0
계			0.03310	1.000	100.0

[3] 이상 기체 혼합물의 조성

열역학적 계는 둘 또는 그 이상의 성분을 함유한 혼합물의 경우가 많다. 혼합물의 성질(properties of mixture)을 계산하기 위하여는 혼합물의 조성(組成, composition)을 알아야 한다. 조성은 각 성분의 몰수로부터 혼합 비율을 구할 수 있으므로 총 몰수(total number of moles) n 은

$$n = n_1 + n_2 + \ldots + n_j = \sum_{i=1}^{k} n_i \tag{14·14}$$

로 표시된다. 여기서 n_i는 성분 기체 i의 몰수이다.

몰분율(mole fraction) y_i는

$$y_i = \frac{n_i}{n} \tag{14 · 4}$$

가 된다.

한편 몰분율의 합은 다음 식으로 표시된다.

$$1 = \sum_{i=1}^{k} n_i \tag{14 · 6}$$

즉, 각 성분 기체의 몰분율을 모두 합하면 1이 된다.

한편 기체 혼합물이 체적 V, 온도 T일 경우 전압(全壓, total pressure)은 분압의 합과 같으므로

$$P = P_1 + P_2 + P_3 + ... + P_k \rbrack_{T,V} \tag{14 · 9}$$

로 표시된다. 여기서 P_1, P_2, ⋯ 등은 각 성분이 혼합물과 같은 온도와 체적을 차지하였을 때의 분압을 나타낸다.

혼합물의 분압은 압축 계수(compressibility factor) Z를 사용하여 다음과 같이 나타낼 수 있다.

$$P_i = \frac{Z_i n_i \overline{R} T}{V}$$

따라서 혼합물의 압력 P는

$$P = \frac{Z n \overline{R} T}{V}$$

가 된다.

이들 두 식을 식 (14 · 9)에 대입하여 정리하면, 혼합물의 압축 계수 Z는 다음과 같이 표시된다.

$$Z = \sum_{i=1}^{k} y_i Z_i \Bigg\rbrack_{T,V} \tag{14 · 15}$$

한편 온도 T, 압력 P인 기체 혼합물의 체적 V는 각 성분 기체의 체적을 합한 것과 같다.

따라서

$$V = V_1 + V_2 + V_3 + ... \rbrack_{P,T} \tag{14 · 11}$$

체적 V_i, V를 압축 계수를 이용하여 나타내면 $Z_i = PV_i/n_i\overline{R}T$ 이므로

$$V_i = \frac{Z_i n_i \overline{R} T}{P}$$

$$V = \frac{Zn\overline{R}T}{P}$$

이들 두 식을 식 (14 · 11)에 대입하면

$$Z = \sum_{i=1}^{k} y_i Z_i \Bigg]_{P,T} \qquad (14 \cdot 16)$$

이 된다.

14.3 이상 기체 혼합물의 내부 에너지, 엔탈피, 비열 및 엔트로피

혼합물의 종량 성질(extensive properties)은 각 성분 기체의 성질을 합하여 구한다. 기체 혼합물의 내부 에너지 U, 엔탈피 H, 엔트로피 S는 다음 식으로 구한다.

$$U = \sum_{i=1}^{k} U_i = \sum_{i=1}^{k} m_i u_i = \sum_{i=1}^{k} n_i \overline{u}_i \text{ kJ} \qquad (14 \cdot 17)$$

$$H = \sum_{i=1}^{k} H_i = \sum_{i=1}^{k} m_i h_i = \sum_{i=1}^{k} n_i \overline{h}_i \text{ kJ} \qquad (14 \cdot 18)$$

$$S = \sum_{i-1}^{k} S_i = \sum_{i-1}^{k} m_i s_i = \sum_{i=1}^{k} n_i \overline{s}_i \text{ kJ/K} \qquad (14 \cdot 19)$$

이와 같은 기법으로 내부 에너지의 변화 ΔU, 엔탈피의 변화 ΔH, 엔트로피의 변화 ΔS를 구하면 각각 다음 식으로 표시된다.

$$\Delta U = \sum_{i=1}^{k} \Delta U_i = \sum_{i=1}^{k} m_i \Delta u_i = \sum_{i=1}^{k} n_i \Delta \overline{u}_i \text{ kJ} \qquad (14 \cdot 20)$$

$$\Delta H = \sum_{i=1}^{k} \Delta H_i = \sum_{i=1}^{k} m_i \Delta h_i = \sum_{i=1}^{k} n_i \Delta \overline{h}_i \text{ kJ} \qquad (14 \cdot 21)$$

$$\Delta S = \sum_{i=1}^{k} \Delta S_i = \sum_{i=1}^{k} m_i \Delta S_i = \sum_{i=1}^{k} n_i \Delta \overline{s}_i \text{ kJ/K} \qquad (14 \cdot 22)$$

온도가 25℃인 두 성분 기체, 이산화탄소와 질소가 혼합되어 혼합 기체를 이루고 있다면 강도 성질(强度性質, intensive property)인 혼합물의 온도는 25℃가 된다. 그러나 단위 질량 또는 단위 몰당의 혼합물의 내부 에너지 u, 엔탈피 h, 엔트로피 s 또는 $\bar{u}$, $\bar{h}$, $\bar{s}$는 식 (14・17)~(14・19)를 혼합물의 질량, 또는 몰수로 위의 식을 나누어서 구한다.

$$u = \sum_{i=1}^{k} m_{fi}\, u_i \text{ kJ/kg} \tag{14・23}$$

$$\bar{u} = \sum_{i=1}^{k} y_i\, \bar{u}_i \text{ kJ/kmol} \tag{14・24}$$

$$h = \sum_{i=1}^{k} m_{fi}\, h_i \text{ kJ/kg} \tag{14・25}$$

$$\bar{h} = \sum_{i=1}^{k} y_i\, \bar{h}_i \text{ kJ/kmol} \tag{14・26}$$

$$s = \sum_{i=1}^{k} m_{fi}\, s_i \text{ kJ/kg K} \tag{14・27}$$

$$\bar{s} = \sum_{i=1}^{k} y_i\, \bar{s}_i \text{ kJ/kmol K} \tag{14・28}$$

같은 방법으로 기체 혼합물의 비열(比熱)은 다음 식으로 구한다.

$$c_v = \sum_{i=1}^{k} m_{fi}\, c_{vi} \text{ kJ/kg K} \tag{14・29}$$

$$\bar{c}_v = \sum_{i=1}^{k} y_i\, \bar{c}_{vi} \text{ kJ/kmol K} \tag{14・30}$$

$$c_p = \sum_{i=1}^{k} m_{fi}\, c_{pi} \text{ kJ/kg K} \tag{14・31}$$

$$\bar{c}_p = \sum_{i=1}^{k} y_i\, \bar{c}_{pi} \text{ kJ/kmol K} \tag{14・32}$$

이상에서 알 수 있는 바와 같이 단위 질량당 또는 단위 몰당의 상태량은 질량 분율(mass fraction, m_{fi}) 또는 몰분율(mole fraction, y_i)을 포함하는 식으로 표시된다.

이상의 관계식은 이상 기체 혼합물과 실재 기체 혼합물에도 그대로 적용된다.

이상 기체 혼합물 중의 성분 기체 i의 비엔트로피 변화 Δs_i 또는 $\Delta \bar{s}_i$는 다음 식으로 구한다.

$$\Delta s_i = s_{i2}^{\circ} - s_{i1}^{\circ} - R_i \ln \frac{P_{i2}}{P_{i1}} \text{ kJ/kg K} \tag{14・33}$$

$$= c_{pi}\ln\frac{T_{i2}}{T_{i1}} - R_i\ln\frac{P_{i2}}{P_{i1}}\ \text{kJ/kg K} \qquad (14 \cdot 34)$$

$$\Delta\bar{s}_i = \bar{s}^\circ_{i2} - \bar{s}^\circ_{i1} - \bar{R}\ln\frac{P_{i2}}{P_{i1}}\ \text{kJ/kg K} \qquad (14 \cdot 35)$$

$$= \bar{c}_{pi}\ln\frac{T_{i2}}{T_{i1}} - \bar{R}\ln\frac{P_{i2}}{P_{i1}}\ \text{kJ/kg K} \qquad (14 \cdot 36)$$

여기서 P_{i1}, P_{i2}는 각각 상태 1, 2에서 성분 기체의 압력이며 이들은

$$P_{i1} = y_{i1}P_1, \quad P_{i_2} = y_{i2}P_2$$

로 표시된다.

보기 14.5

질소와 아르곤으로 구성된 이상 기체 혼합물(ideal gas mixture)이 가열기 내를 60 kg/min의 유량으로 흐른다. 가열기 입구의 상태가 30 ℃, 1 atm, 가열기 출구 상태가 200 ℃, 1 atm이고 혼합 기체의 40 %(체적 분율)가 질소라면 가열량은 몇 kJ/min이어야 하겠는가? 단, $\bar{c}_{p\text{N}_2} = \frac{7}{2}R$, $\bar{c}_{p\text{Ar}} = \frac{5}{2}\bar{R}$이다.

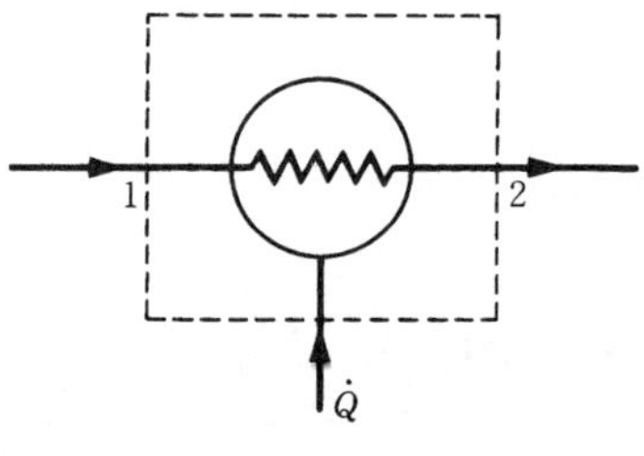

그림 14 · 5 보기 14.5의 설명도

풀이 그림 14 · 5와 같은 가열기 계통도에서 입구와 출구를 각각 1, 2, 가열량을 $\dot{Q}$라 하면

$$\dot{Q} = \dot{m}(h_2 - h_1) = \frac{\dot{m}(\bar{h}_2 - \bar{h}_1)}{M}$$

$$d\bar{h} = \bar{c}_p dT$$

$$\bar{h}_2 - \bar{h}_1 = \bar{c}_p(T_2 - T_1)$$

여기서 $\bar{c}_p = \sum_{i=1}^{2} y_i\bar{c}_{pi}$

$$\bar{c}_p = 0.4 \times \frac{7}{2} R + 0.6 \times \frac{5}{2} R$$

혼합물의 평균 분자량 M

$$M = \sum y_i M_i = y_{N_2} M_{N_2} + y_{Ar} M_{Ar}$$
$$= 0.4 \times 28 + 0.6 \times 39.95 = 35.17\,\text{kg/kmol}$$

가열량 $\dot{Q}$는 $\dot{m} = 60$ kg/min, $\bar{c}_p = 24.1115$ kJ/kmol K, $T_1 = 30$℃, $T_2 = 200$℃이므로

$$\dot{Q} = \frac{\dot{m}(\bar{h}_2 - \bar{h}_1)}{M} = \frac{\dot{m}\bar{c}_p (T_2 - T_1)}{M}$$
$$= \frac{60 \times 24.1115 \times (200 - 30)}{35.17}$$
$$= 6992.815\,\text{kJ/min}$$

보기 14.6

체적 조성으로 이산화탄소(CO_2) 80%와 산소(O_2) 20%로 혼합된 혼합 기체가 노즐을 통하여 단열 팽창한다. 노즐 입구의 상태가 $V_1 = 5$ m/s, $P_1 = 5$ atm, $T_1 = 700$ K이고, 노즐 출구에서 $P_2 = 1$ atm이다. 노즐 출구 온도, 엔트로피 변화 및 출구 속도를 구하여라.

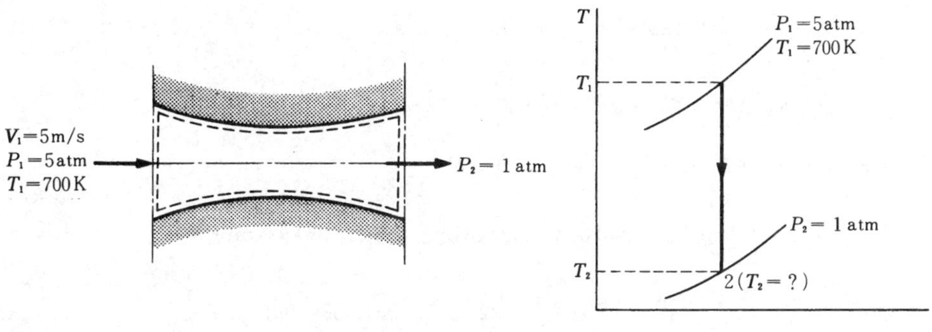

그림 14 · 6 보기 14.6의 설명도

풀이 (1) 노즐 출구 온도 T_2

혼합물의 엔트로피 변화 $\bar{s}_2 - \bar{s}_1$은

$$\bar{s}_2 - \bar{s}_1 = y_{CO_2} \Delta \bar{s}_{CO_2} + y_{O_2} \Delta \bar{s}_{O_2} = 0$$

엔트로피 변화에 관한 식 (14 · 35)을 이용하면

$$y_{CO_2}\left[\bar{s}^{\circ}_{CO_{2,2}} - \bar{s}^{\circ}_{CO_{2,1}} - \bar{R}\ln\frac{P_2}{P_1}\right] + y_{O_2}\left[\bar{s}^{\circ}_{O_{2,2}} - \bar{s}^{\circ}_{O_{2,1}} - \bar{R}\ln\frac{P_2}{P_1}\right] = 0$$

다시 쓰면

$$y_{CO_2}\bar{s}^{\circ}_{CO_{2,2}}+y_{O_2}\bar{s}^{\circ}_{O_{2,2}}=y_{CO_2}\bar{s}^{\circ}_{CO_{2,1}}+y_{O_2}\bar{s}^{\circ}_{O_{2,1}}+(y_{CO_2}+y_{O_2})\bar{R}\ln\frac{P_2}{P_1}$$

$$y_{CO_2}+y_{O_2}=1,\ y_{CO_2}=0.8,\ y_{O_2}=0.2$$

$T_1=700$ K일 때의 이산화탄소와 산소의 상태량을 부표로부터 구하면

$$0.8\,\bar{s}^{\circ}_{CO_{2,2}}+0.2\,\bar{s}^{\circ}_{O_{2,2}}=0.8\times250.663+0.2\times231.358+8.3143\ln\frac{1}{5}$$
$$=233.4207\,\text{kJ/kmol K}$$

노즐 출구 온도 T_2를 구하기 위하여 $\bar{s}^{\circ}_{CO_{2,2}}=\bar{s}^{\circ}_{CO_2}(T_2)$, $\bar{s}^{\circ}_{O_{2,2}}=\bar{s}^{\circ}_{O_2}(T_2)$의 값을 부표에서 구하여

$$0.8\bar{s}^{\circ}_{CO_{2,2}}+0.2\bar{s}^{\circ}_{O_{2,2}}=233.4207$$

을 만족하도록 시행 착오법으로 반복 계산한다(표 14·3 참조).

$T=500$ K에서 $y_{CO_2}\bar{s}^{\circ}_{CO_{2,2}}+y_{O_2}\bar{s}^{\circ}_{O_{2,2}}=0.8\times234.814+0.2\times220.859$
$=232.023\,\text{kJ/kmol K}$

$T=520$ K에서 $y_{CO_2}\bar{s}^{\circ}_{CO_{2,2}}+y_{O_2}\bar{s}^{\circ}_{O_{2,2}}=0.8\times236.575+0.2\times221.812$
$=233.6224\,\text{kJ/kmol K}$

$\bar{s}_2=\bar{s}_1$이 되는 온도를 구하면 $T_2=517.6\,\text{K}$이다.

(2) 각 성분 기체의 엔트로피의 변화 $\Delta\bar{s}^{\circ}_{CO_2}$, $\Delta\bar{s}^{\circ}_{O_2}$

$$\Delta\bar{s}^{\circ}_{CO_2}=\bar{s}^{\circ}_{CO_{2,2}}-\bar{s}^{\circ}_{CO_{2,1}}-\bar{R}\ln\frac{P_2}{P_1}$$

$T=517.6\,\text{K}$일 때의 $\Delta\bar{s}^{\circ}_{CO_2}$를 구하여 대입하면

$$\Delta\bar{s}^{\circ}_{CO_2}=236.365-250.663-8.3143\ln\frac{1}{5}=-0.9137\,\text{kJ/kmol K}$$

$$\Delta\bar{s}^{\circ}_{O_2}=\bar{s}^{\circ}_{O_{2,2}}-\bar{s}^{\circ}_{O_{2,1}}-\bar{R}\ln\frac{P_2}{P_1}=221.667-231.358-8.3143\ln\frac{1}{5}$$
$$=3.6904\,\text{kJ/kmol K}$$

표 14·3

온 도	$\bar{s}^{\circ}_{CO_2}$(kJ/kmol K)	$\bar{s}^{\circ}_{O_2}$(kJ/kmol K)	$\bar{h}_{O_2}$(kJ/kmol)	$\bar{h}_{CO_2}$(kJ/kmol)
⋮	⋮	⋮	⋮	⋮
500	234.814	220.859	14,770	17,678
510	235.700	221.206	15,082	18,126
520	236.575	221.812	15,359	18,576
530	237.436	222.409	15,708	19,029
700	250.663	231.358	21,184	27,125
⋮	⋮	⋮	⋮	⋮

(3) 노즐 출구 속도 V_2

노즐에 대하여 에너지식을 세우면

$$q+h_1+\frac{V_1^2}{2}+g\,Z_1=h_2+\frac{V_2^2}{2}+g\,Z_2+w \text{ 에서}$$

$q=0$, $w=0$ 그리고 위치 에너지 변화를 무시하면

$$h_1+\frac{V_1^2}{2}=h_2+\frac{V_2^2}{2}$$

$$V_2=\sqrt{V_1^2+2(h_1-h_2)}$$

여기서 (h_1-h_2)는

$$h_1-h_2=\frac{\overline{h}_1-\overline{h}_2}{M}=\frac{1}{M}\left[y_{CO_2}(\overline{h}_1-\overline{h}_2)_{CO_2}+y_{O_2}(\overline{h}_1-\overline{h}_2)_{O_2}\right]$$

$$M=y_{CO_2}M_{CO_2}+y_{O_2}M_{O_2}=0.8\times44+0.2\times32$$
$$=41.6\,\text{kg/kmol}$$

부표로부터 $T_1=700\text{K}$, $T_2=517.6\text{K}$ 일 때의 $\overline{h}_{CO_2}$, $\overline{h}_{O_2}$를 각각 구하면

$$h_1-h_2=\frac{1}{41.6}[0.8(27{,}125-18{,}468)+0.2(21{,}184-15{,}292.5)]$$
$$=194.805\,\text{kJ/kg}$$

따라서 V_2는

$$V_2=\sqrt{5^2+2\times194.805\times1000}=624.207\,\text{m/s}$$

14.4 가스-증기 혼합물(습공기)의 성질

[1] 건공기와 습공기

일반적으로 수분(水分)을 함유한 공기를 **습공기**(濕空氣, moist air or humid air)라 하며, 수분을 포함하지 않는 공기를 **건공기**(乾空氣, dry air) 또는 **공기**라고 한다.

건공기는 표 **14 · 4**와 같이 질소(窒素, nitrogen), 산소(酸素, oxygen), 아르곤(argon), 이산화탄소(carbon dioxide) 등으로 구성되어 있는 혼합 기체이다.

습공기는 건공기와 수증기의 2 성분계 혼합 기체이다.

습공기 중의 수분의 상태는 과열 증기, 안개, 이슬, 눈 등 여러 가지로 변화하면서 존재한다.

표 14 · 4 건공기의 성분

	질 소	산 소	아르곤	이산화탄소
체적 조성	0.7809	0.2095	0.0093	0.0003
질량 조성	0.7553	0.2314	0.0128	0.0005

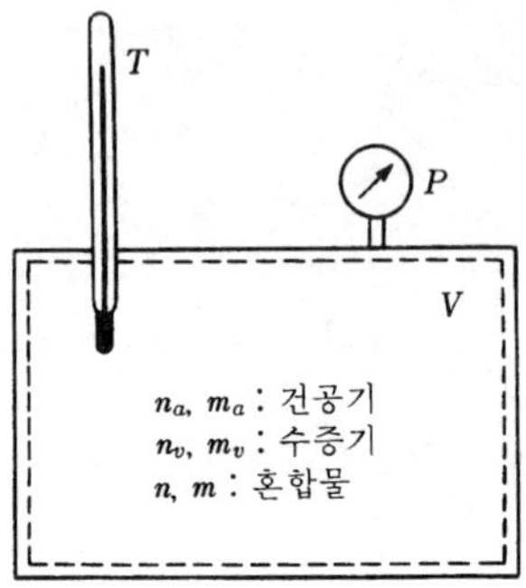

그림 14 · 7 건공기와 수증기의 혼합물

그림 14 · 7과 같은 압력 P, 온도 T, 체적 V인 습공기가 들어 있는 폐쇄계를 생각하기로 한다. 혼합 기체에 대하여 이상 기체의 상태식을 적용하면

$$P = \frac{n\overline{R}T}{V} = \frac{m\dfrac{\overline{R}}{M}T}{V} \text{ kPa} \tag{14 · 37}$$

가 된다.

여기서 n, m, M은 혼합기의 몰수, 질량, 분자량을 나타낸다.

한편 건공기와 수증기의 분압(分壓, partial pressure)을 각각 P_a, P_v라 하면

$$\left.\begin{aligned} P_a &= \frac{n_a\overline{R}T}{V} = \frac{m_a\dfrac{\overline{R}}{M_a}T}{V} \\ P_v &= \frac{n_v\overline{R}T}{V} = \frac{m_v\dfrac{\overline{R}}{M_v}T}{V} \end{aligned}\right\} \tag{14 · 38}$$

여기서 첨자 a는 건공기, 첨자 v는 수증기를 나타낸다.

습공기의 압력을 P라 하면

$$P = P_a + P_v \tag{14 · 39}$$

가 된다.

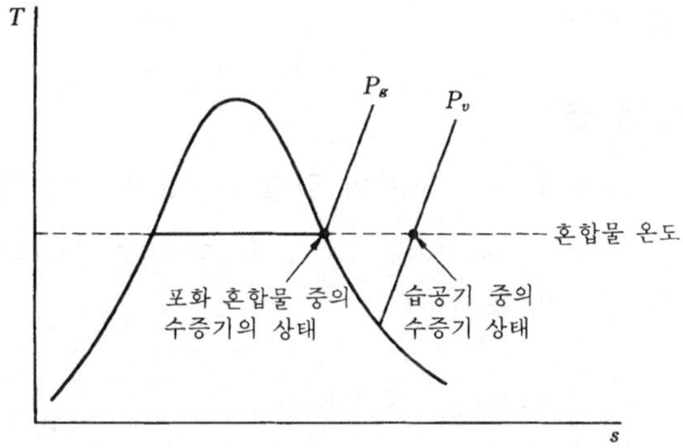

그림 14 · 8 공기-물 혼합물 중의 수증기에 대한 $T-v$ 선도

그림 14 · 8은 습공기 중의 수증기(water vapor)의 상태를 도시한 것이다. 이 선도에서 습공기 중의 수증기는 분압 P_v, 온도 T인 과열된 상태로 존재한다.

수증기의 분압이 혼합물의 온도에서 물의 포화 압력 P_g에 달하였을 때 혼합물은 포화되어 있다고 한다.

포화 공기(飽和空氣, saturated air)는 건공기와 포화 수증기와의 혼합물이다. 습공기 중의 수증기량은 건공기일 때 0이고, 혼합물(moist air)이 포화되었을 때 최대값으로 된다.

공기 조화(空氣調和, air conditioning)에 사용되는 습공기의 온도는 대개 −10℃에서 50℃ 정도이다. 이 범위에서 건공기는 정압 비열이 1.005 kJ/kg K인 이상 기체로 취급하며, 이 때 비열의 오차는 0.2% 이하로서 무시할만한 값이다.

0℃를 기준 온도로 하여 건공기의 엔탈피 변화(enthalpy change of dry air)를 구하면

$$h_a = c_p T = 1.005\,T \text{ kJ/kg} \tag{14 · 40}$$

$$\Delta h_a = c_p \Delta T = 1.005\Delta T \text{ kJ/kg} \tag{14 · 41}$$

여기서 T는 온도(℃)이고, ΔT는 온도 변화이다.

수증기의 Mollier 선도를 보면 저압에서 과열 수증기의 엔탈피는 주어진 온도에서 포화 수증기의 엔탈피와 거의 같은 값을 가진다. 그러므로 공기 중의 수증기 엔탈피는 같은 온도에 있는 포화 수증기의 엔탈피와 같게 놓을 수 있다.

즉,

$$h_v[T, P(\text{저압})] \cong h_g(T) \tag{14 · 42}$$

0℃에서 수증기의 엔탈피는 2501.3 kJ/kg이다. −20℃ ~ 50℃의 온도 범위에서 수증기의 비열은 1.82 kJ/kg K이다.

따라서

$$h_g(T) \cong 2501.3 + 1.82\,T \text{ kJ/kg} \tag{14 · 43}$$

여기서 T는 건구 온도(℃)이다.

[2] 절대 습도와 상대 습도

일정량의 습공기 속에 들어 있는 건공기의 질량 m_a kg과 수증기의 질량 m_v kg의 비를 **절대 습도**(絶對濕度, absolute humidity 또는 humidity ratio) 또는 **비습도**(比濕度, specific humidity)라 하고 ω로 표시한다.

$$\omega = \frac{m_v}{m_a} \text{ kg 수증기/kg 건공기(da)} \tag{14·44 a}$$

$$\omega = \frac{m_v}{m_a} = \frac{\dfrac{P_v V}{R_v T}}{\dfrac{P_a V}{R_a T}} = \frac{R_a P_v}{R_v P_a} \text{ kg 수증기/kg 건공기(da)} \tag{14·44 b}$$

이 식의 단위에서 da는 건공기를 나타낸 것이다.

$P_a = P - P_v$, $R_a = 0.2870$ kJ/kg K, $R_v = 0.4615$ kJ/kg K를 대입하여 정리하면

$$\omega = 0.622\frac{P_v}{P_a} = 0.622\frac{P_v}{P - P_v} \tag{14·45}$$

가 되며 ω의 단위는 (kg 수증기/kg 건공기)이다.

지금 1 kg의 건공기를 생각하여 보기로 한다. 건공기는 수증기를 포함하지 않으므로 절대 습도는 0이다. 이 건공기에 수증기를 혼입하면 절대 습도는 증가하게 될 것이다.

수증기 또는 습분(濕分)이 증가하면 공기의 절대 습도는 수분을 더 이상 함유할 수 없을 때까지 증가하게 된다. 이러한 한계점에 달한 공기를 **포화 공기**(飽和空氣, saturated air)라 한다.

또한 **상대 습도**(相對濕度, relative humidity) ϕ는 혼합물이 온도에서 물의 포화 압력 P_g와 혼합물 중의 수증기 분압 P_v와의 비로 표시된다.

따라서

$$\phi = \frac{P_v}{P_g} = \frac{\dfrac{m_v R_v T}{V}}{\dfrac{m_g R_v T}{V}} = \frac{m_v}{m_g} \tag{14·46}$$

여기서 P_g는 공기의 온도에 대한 건포화 증기의 증기압(포화 압력)이고, P_v는 습공기 중의 수증기 분압이다. 또 m_v는 혼합물 중의 수증기 질량이고, m_g는 같은 온도를 유지하면서 함유할 수 있는 최대 수분량(수증기량)이다.

이상 기체 관계식으로부터 상대 습도 ϕ는 다음 식으로 표시할 수 있다

$$\phi = \frac{v_g}{v_v} = \frac{\rho_v}{\rho_g} \tag{14·47}$$

식 (14 · 45)와 식 (14 · 46)을 조합하면 절대 습도와 상대 습도와의 관계를 구하는 다음 식을 얻을 수 있다.

$$\left.\begin{aligned} \phi &= \frac{\omega P}{(0.622+\omega)P_g} \\ \omega &= 0.622\frac{\phi P_g}{P-\phi P_g} \end{aligned}\right\} \tag{14·48}$$

하나의 보기로써 25℃, 1 atm의 공기 1 kg에 수증기 0.01 kg이 첨가되었다면 절대 습도는 ω = 0.01 kg(수증기) / kg(건공기)이 되고, 만일 그 온도에서 첨가할 수 있는 최대 수증기량을 0.02 kg이라고 하면 상대 습도는 $\phi = m_v/m_g = 0.01/0.02 = 50\%$가 된다.

습공기의 내부 에너지 U, 엔탈피 H, 엔트로피 S 등의 종량성 상태량(從量性狀態量 또는 從量性質, extensive property)은 혼합물 중에 포함된 건공기(첨자 a)와 수증기(첨자 v)의 상태량의 합으로 표시된다.

$$H = H_a + H_v = m_a h_a + m_v h_v \tag{14·49}$$

이 식을 m_a로 나누면

$$h = \frac{H}{m_a} = h_a + \frac{m_v}{m_a}h_v = h_a + \omega h_v \tag{14·50}$$

여기서 h : 건공기 단위 질량당 혼합물의 비엔탈피
h_a : 건공기 단위 질량당 건공기의 비엔탈피
h_v : 수증기 단위 질량당 수증기의 비엔탈피
ω : 절대 습도

이다. 공기 조화 과정에서 건공기의 비엔탈피는

$$h = c_{pa}T$$

로 표시되고 $c_{pa} = 1.005\,\text{kJ/kg℃}$이다.

수증기의 엔탈피 h_v는 혼합물 온도에서의 h_g와 거의 같으므로

$$h_v \cong h_g \tag{14·51}$$

$$\therefore\ h = h_a + \omega h_g = c_{pa}T + \omega h_g \tag{14·52}$$

가 된다.

습공기의 상태량 계산에서 습공기 중의 건공기와 수증기는 일정 비열을 가지는 이상 기체의 거동을 따른다고 생각한다.

한편 건공기 단위 질량당 습공기의 비엔트로피 s는

$$s = s_a + \omega s_v$$

로 표시된다. 여기서 s_a는 건공기, s_v는 수증기의 비엔트로피이다.

보기 14.7

실(room)내의 공기가 25℃, 100 kPa, 상대 습도 60%의 상태로 존재할 때 다음 사항을 구하여라. 단, 실내 공간의 크기는 70 m^{3}이다.

(1) 건공기의 분압 P_a　　(2) 공기의 절대 습도 ω

(3) 공기의 엔탈피 h　　(4) 건공기와 수증기의 질량 m_a, m_v

풀이 (1) 건공기 분압 P_a

$$P_a = P - P_v$$

$$P_g = 3.169\,\text{kPa}$$

$$P_v = \phi P_g = 0.6 \times 3.169 = 1.9014\,\text{kPa}$$

$$P_a = 100 - 1.9014 = 98.0986\,\text{kPa}$$

(2) 공기의 절대 습도 ω

$$\omega = 0.622\frac{P_v}{P - P_v} = 0.622 \times \frac{1.9014}{100 - 1.9014}$$

$$= 0.01206\,\text{kg/kg da}$$

(3) 공기의 비엔탈피 h kJ/kg

$$h = h_a + \omega h_v \cong c_{pa} T + \omega h_g$$

부록의 수증기 표로부터 25℃, $h_g = 2547.2$ kJ/kg이므로

$$h = 1.005 \times 25 + 0.01206 \times 2547.2$$

$$= 55.8442\,\text{kJ/kg da}$$

수증기의 엔탈피는 식 (14 · 43)으로부터

$$h_{g(T=25℃)} \cong 2501.3 + 1.82 \times 25 = 2546.8\,\text{kJ/kg}$$

(4) 건공기 및 수증기의 질량 m_a, m_v

$$m_a = \frac{P_a V_a}{R_a T} = \frac{98.0986 \times 70}{0.286 \times 298.15} = 80.5304\,\text{kg}$$

$$m_v = \frac{P_v V_v}{R_v T} = \frac{1.9014 \times 70}{0.4619 \times 298.15} = 0.9665\,\text{kg}$$

여기서 m_v는 다음 식으로도 구할 수 있다.

$$\omega = \frac{m_v}{m_a}$$

$$m_v = \omega m_a = 0.01206 \times 80.5304 = 0.9712\,\text{kg}$$

보기 14.8

1 kg의 습공기가 초압 1 atm, 건구 온도 20℃, 상대 습도 60%의 상태의 강체로 된 밀폐 용기 속에 들어 있다. 습공기의 온도를 45℃로 높이는 데 요하는 가열량을 구하여라. 또한 최종 압력과 상대 습도를 구하여라. 계로 가해지는 열량은 온도 100℃인 열원으로부터 받는다. 이 과정 중에 생기는 총 엔트로피 변화를 구하여라.

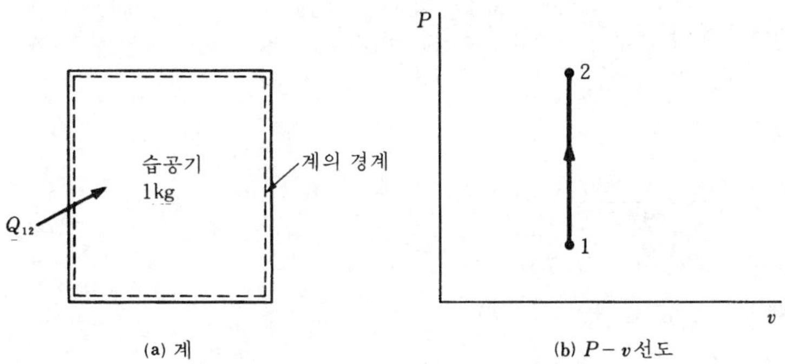

그림 14 · 9 보기 14.8의 설명도

풀이 습공기를 이상 기체로 생각하여 상태 변화를 도시하면 용기의 부피가 일정하므로 그림 14 · 9와 같다.

혼합물의 상태 방정식은

$$PV = mRT$$

밀폐된 강체 용기($V=$ 일정)이므로

$$\frac{P_1}{T_1} = \frac{P_2}{T_2}$$

$$P_2 = \frac{T_2}{T_1} \times P_1 = \frac{318.15}{293.15} \times 1 = 1.0853\,\text{atm}$$

질량 보존식을 적용하면 건공기와 수증기는

$$m_{a1} = m_{a2} = m_a$$

$$m_{v1} = m_{v2}$$

또는 $\omega_1 m_{a1} = \omega_2 m_{a2}$가 된다.

따라서 절대 습도는

$$\omega_1 = \omega_2 = \omega$$

이다.

초기 상태에서 수증기의 분압은

$$P_v 1 = \phi P_{g1} = 0.60 \times 2.3389 = 1.4033\,\text{kPa}$$

절대 습도는

$$\omega = \omega_1 = 0.622 \frac{Pv\,1}{P_1 - P_{v\,1}}$$
$$= 0.622 \times \frac{1.4033}{101.325 - 1.4033}$$
$$= 0.0087354$$

상태 2 에서의 증기압은

$$P_{v\,2} = \frac{\omega_2 P_2}{0.622 + \omega} = \frac{0.0087354 \times 1.0853 \times 101.3}{0.622 + 0.0087354}$$
$$= 1.5226\ \text{kPa}$$

따라서 상대 습도 ϕ_2는

$$\phi_2 = \frac{P_{v\,2}}{P_{g\,2}} = \frac{1.5226}{9.5935}$$
$$= 0.1587 \text{ 또는 } 15.87\%$$

계로 가해지는 열량 Q_{12}는

$$Q_{12} = U_2 - U_1$$
$$= m_a[(h_2 - h_1) - v(P_2 - P_1)]$$

여기서 $(h_2 - h_1)$은

$$h_2 - h_1 = c_{pa}(T_2 - T_1) + \omega c_{pv}(T_2 - T_1)$$
$$= 1.005(45 - 20) + (0.0087354)(1.82)(1.005)(45 - 20)$$
$$- 25.5244\,\text{kJ/kg da}$$

건공기의 단위 질량당 혼합물 체적은

$$v = v_a = \frac{\overline{R}\,T_a}{M_a P_a} = \frac{\overline{R}\,T_a}{M_a(P - P_v)}$$
$$= \frac{8.314 \times 293.15}{28.98 \times (101.3 - 1.403)}$$
$$= 0.8419\,\text{m}^3/\text{kg da}$$

습공기의 질량은

$$m = m_a + m_v = m_a\left(1 + \frac{m_v}{m_a}\right) = m_a(1 + \omega)$$

$$m_a = \frac{m}{1+\omega} = \frac{1}{1+0.0087354}$$
$$= 0.9913\,\text{kg da}$$

따라서 가열량 Q_{12}는

$$Q_{12} = m_a[(h_2 - h_1) - v(P_2 - P_1)],\quad 1\,\text{atm} = 101.3\,\text{kPa}$$
$$= 0.9913[25.5244 - 0.8422 \times (1.0853 - 1)(101.3)]$$
$$= 18.0883\,\text{kJ}$$

또한 밀폐계에 대한 총 엔트로피 변화는

$$\Delta S_{\text{tot}} = \Delta S_{\text{sys}} + \Delta S_{\text{sur}}$$

계의 엔트로피 변화는

$$\Delta S_{\text{sys}} = m_a(s_2 - s_1)$$
$$= m_a\left[(c_{pa} + \omega c_p v)\ln\frac{T_2}{T_1} - (R_a + \omega R_v)\ln\frac{P_2}{P_1}\right]$$
$$= 0.9913 \times \left[(1.005 + 0.0087354 \times 1.82)\ln\frac{318.15}{293.15}\right.$$
$$\left. -(0.287 + 0.0087354 \times 0.4615)\ln\frac{1.0853 \times 101.325}{101.325}\right]$$
$$= 0.059206\,\text{kJ/K}$$

주위의 엔트로피 변화는

$$\Delta S_{\text{sur}} = \frac{Q_{\text{sur}}}{T_{\text{sur}}} = -\frac{Q_{12}}{T_{\text{sur}}}$$
$$= -\frac{18.2471}{100 + 273.15} = -0.04890\,\text{kJ/K}$$

따라서 총 엔트로피 변화는

$$\Delta S_{\text{tot}} = \Delta S_{\text{sys}} + \Delta S_{\text{sur}} = 0.059206 - 0.04890 = 0.010306\,\text{kJ/K}$$

즉, 총 엔트로피 변화는 양(+)의 값을 가지므로 이 과정은 비가역이다.

[3] 노점 온도

공기 중에 수분이 많은 날 아침에 유리창에 이슬이 맺혀 있는 것을 우리는 경험하고 있다. 이것은 공기 중에 포함된 과잉 수분이 차가운 표면에서 응축하여 이슬(dew)을 형성하기 때문이다. 무더운 여름철에는 낮에 비교적 많은 양의 수분이 증발한다. 밤이 되어 기온이 떨어지면 공기 중의 수분은 그 일부가 차가운 표면에 접촉하면서 응축되어 이슬을 형성하게 된다.

노점 온도(露點溫度, dew point temperature)란 대기 중의 공기가 정압하에 냉각되어 응축이 일어나기 시작하는 온도를 말한다.

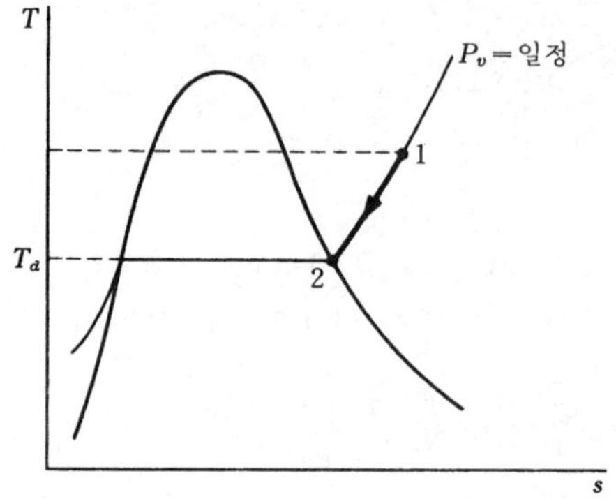

그림 14 · 10 노점 온도

그림 14 · 10에 나타낸 것과 같이 노점 온도 T_d는 상태 1로 존재하는 수증기가 압력 P_v하에서 냉각되어 건포화 증기점인 상태 2에 달하는 온도로서 이 점에 이르게 되면 응축(凝縮)이 일어나게 된다.

따라서 노점 온도 T_d는 수증기압 P_v의 포화 온도 T_{sat}에 상당하는 온도이다. 그러므로 이 때의 상대 습도는 $\phi = 100\%$가 된다.

$$T_d = T_{\text{sat}, P_v} \tag{14 · 53}$$

노점 온도에 관한 또 다른 하나의 보기를 들면 무덥고 습한 날씨에 청량 음료(清凉飮料)를 파는 자동 판매기(vending machine)에서 음료가 들어 있는 캔(can)을 꺼낼 때 캔 둘레에 이슬이 맺혀 있는 것을 흔히 보게 된다. 이것은 통 속의 음료 온도가 주위 공기의 노점 온도보다 낮기 때문에 벽에 결로 현상(結露現象)이 생기게 되는 것이다.

보기 14.9

겨울철 실내 온도가 20℃이고 상대 습도가 70%일 경우 창(窓) 유리에 응축이 생기기 시작하는 온도는 몇 도인가?

풀이 수증기의 분압 P_v를 구하면

$$\phi = \frac{P_v}{P_g}, \quad P_v = \phi P_g$$

$$P_v = 0.7 \times 2.339 = 1.6373\,\text{kPa}$$

$$T_d = T_{\text{sat}, P_v = 1.637\,\text{kPa}} = 14.29℃$$

따라서 창유리 내면의 온도가 14.29℃ 이하로 되면 결로(結露)한다(그림 14 · 11 참조). 따라서 결로를 막기 위해서는 유리 내면 온도를 이 온도 이상으로 유지하여야 한다.

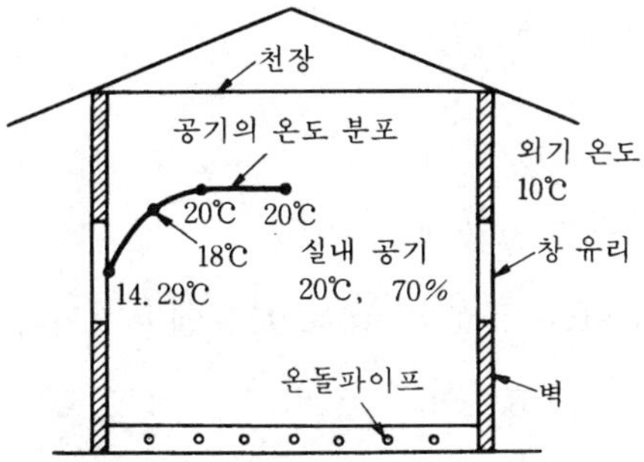

그림 14 · 11 실내의 공기 온도

[4] 단열 포화

그림 14 · 12 (a)와 같이 바닥에 물을 채운 긴 단열적인 관로에 불포화 공기를 유입하고 물의 일부를 증발시켜 출구에서 포화 공기($\phi = 100\%$)로 되게 하는 과정을 **단열 포화 과정**(斷熱飽和過程, adiabatic saturation process)이라 한다. 이 때의 출구 온도 T_2를 **단열 포화 온도**(斷熱飽和溫度, adiabatic saturation temperature)라 한다.

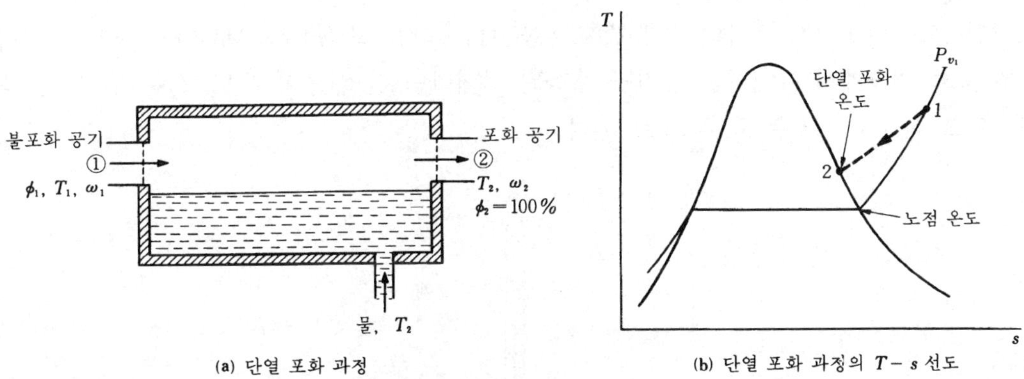

그림 14 · 12 단열 포화 과정

단열 포화 과정에 대하여 질량 보존식을 적용하면

$$\text{건공기 ; } \dot{m}_{a1} = \dot{m}_{a2} = \dot{m}$$

$$\text{수증기 ; } \dot{m}_{w1} + \dot{m}_f = \dot{m}_{w2} \text{ 또는 } \dot{m}_a \omega_1 + \dot{m}_f = \dot{m}_a \omega_2$$

가 된다. 여기서 $\dot{m}_f$는 물의 증발률이다.

또 이 계에 에너지 보존식을 적용하면

$$\Sigma \dot{m}_i h_i = \Sigma \dot{m}_e h_e, \quad \dot{Q} = 0, \quad \dot{W} = 0$$

$$\dot{m}_a h_1 + \dot{m}_f h_{f2} = \dot{m}_a h_2$$

또는

$$\dot{m}_a h_1 + \dot{m}_a(\omega_2 - \omega_1)h_{f2} = \dot{m}_a h_2$$

여기서 h_f는 포화수(saturated liquid water)의 엔탈피이다.

위의 식을 $\dot{m}_a$로 나누고 다시 정리하면

$$h_1 + (\omega_2 - \omega_1)h_{f2} = h_2$$

$$(c_p T_1 + \omega_1 h_{g1}) + (\omega_2 - \omega_1)h_{f2} = (c_p T_2 + \omega_2 h_{g2})$$

$$\omega_1 = \frac{c_p(T_2 - T_1) + \omega_2 h_{fg2}}{h_{g1} - h_{f2}} \tag{14 · 54}$$

절대 습도 ω_2는 포화 상태의 절대 습도이므로 $\phi_2 = 1.0$, $P_{v2} = P_{g2}$이므로

$$\omega_2 = 0.622\frac{P_{g2}}{P_2 - P_{g2}} \tag{14 · 55}$$

가 된다.

단열 포화 과정에서 공기의 절대 습도는 식 (14 · 54), 식 (14 · 55)로부터 구할 수 있다. 만일 유로 입구에서 유입하는 공기가 포화된 상태라면 단열 포화 온도 T_2는 입구 온도와 같으므로 식 (14 · 54)는 $\omega_1 = \omega_2$로 된다.

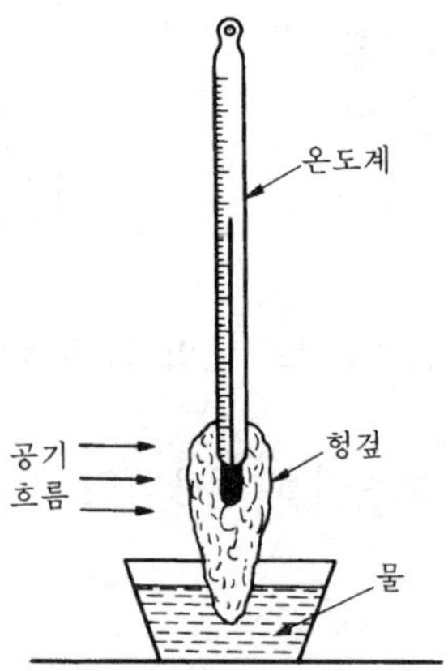

그림 14 · 13 습구 온도계

일반적으로 단열 포화 온도는 입구 온도와 노점 온도 사이의 온도이다. 단열 포화 과정의 간단한 보기는 건 · 습구 온도계의 습구 온도(濕球溫度, wet-bulb temperature)의 측정 원리이다. 습구 온도계는 그림 14 · 13과 같이 불포화 공기가 흐름에 따라 물에 젖어 있는 헝겊

으로부터 물이 증발하여 온도가 저하하게 되어 공기와 물 사이에 온도차가 생기게 된다. 시간이 경과함에 따라 증발에 의한 물의 열손실과 공기로부터 얻은 열량이 평형되어 물의 온도는 안정된다. 이 때의 온도계 눈금이 습구 온도가 된다.

보기 14.10

건구 및 습구 온도계로 공기의 온도를 측정한 결과 건구 온도가 25℃이고, 습구 온도는 20℃이었다. 이 때 공기의 절대 습도, 상대 습도 및 엔탈피를 구하여라. 단, 공기의 압력은 101.325 kPa이다.

풀이 절대 습도

$$\omega_1 = \frac{c_p(T_2 - T_1) + \omega_2 h_{fg2}}{h_{g1} - h_{f2}}$$

$$\omega_2 = 0.622 \times \frac{P_{g2}}{P_2 - P_{g2}}$$

여기서 T_2는 습구 온도이다.

$$\omega_2 = 0.622 \times \frac{2.339}{101.325 - 2.339} = 0.01502\,\text{kg/kg da}$$

$$\omega_1 = \frac{1.005 \times (20 - 25) + 0.01502 \times 2454.1}{2547.2 - 83.96} = 0.01292\,\text{kg/kg da}$$

상대 습도 : $\phi_1 = \dfrac{\omega_1 P_2}{(0.622 + \omega_1) P_{g1}}$

$$= \frac{0.01292 \times 101.325}{(0.622 + 0.01292) \times 2.339} = 0.88152,\ 88.152\%$$

공기의 엔탈피 : $h_1 = h_{a1} + \omega_1 h_{v1} \cong c_p T_1 + \omega_1 h_{g1}$

$$= 1.005 \times 25 + 0.01292 \times 2547.2 = 58.0348\,\text{kJ/kg da}$$

[5] 습공기 선도

습공기 선도(濕空氣線圖, psychrometric chart)는 습공기의 여러 가지 성질을 나타내는 선도로서 $h-s$ 선도, $\omega-T$ 선도 등이 있다.

습공기 선도는 공기의 압력이 1 atm(101.325 kPa)일 때의 습공기의 건구 온도, 습구 온도, 절대 습도, 상대 습도, 엔탈피, 노점 온도 등을 나타내는 선도이다. 부록의 부도에 습공기 선도를 게재하였다.

습공기 선도의 기본 구조는 그림 **14・14**와 같다. 이 그림에서 보는 바와 같이 건구 온도(乾球溫度, dry bulb temperature) T는 가로축에 나타내고, 세로축은 절대 습도 ω를 나타낸다. 이 선도의 좌측 끝의 곡선은 포화선(飽和線, saturation line)이고, 이 곡선은 상대 습도 100%인 곡선이다. 또한 선도 내부에 상대 습도 일정인 곡선이 포화선과 동일한 형상으로 그려져 있으며, 비체적, 엔탈피, 습구 온도 일정의 직선이 왼쪽에서 우측을 향하여 일정하게 주어진 경사로 그려져 있다.

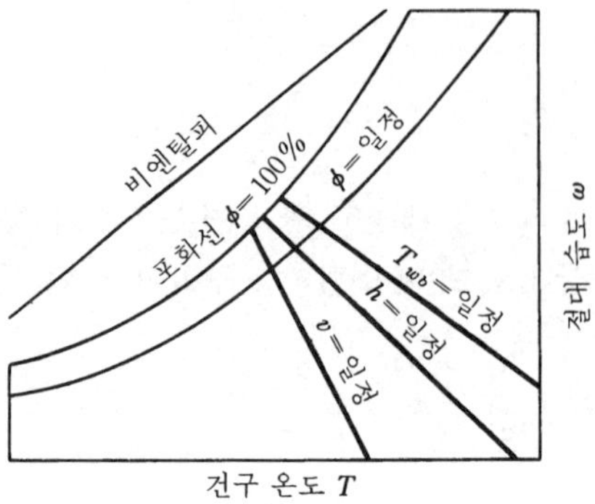

그림 14·14 습공기 선도의 구조

엔탈피 일정선은 습구 온도 일정인 선과 매우 근접한 거의 평행선에 가깝도록 되어 있어서 특정 선도에서는 습구 온도선이 엔탈피선으로 사용되는 경우도 있다.

포화 공기(飽和空氣, saturated air)의 건구 온도, 습구 온도, 노점 온도는 모두 같다. 그러므로 공기의 어느 점에서의 노점 온도는 그 점에서부터 포화선까지 수평선(ω = 일정선)을 그어 그 교점을 구하면 그 점이 노점 온도가 된다.

습공기 선도는 **공기 조화 과정**(空氣調和過程, air-conditioning process)의 상태 변화를 나타내는 데 매우 편리하게 사용할 수 있다.

[6] 습공기 선도의 사용법

습공기 선도(psychrometric chart)에서 공기의 열역학적 성질을 구할 때에는 다음과 같이 각 상태값을 찾는다. 건구 온도는 가로축에 주어져 있으며 건구 온도 일정선은 수직선으로 표시되고 세로축은 절대 습도이며 선도에서 수평선은 절대 습도를 표시한다.

습공기 선도를 이용하려면 먼저 습공기의 2 개의 상태량을 알고 있으면 나머지 값은 선도로부터 구한다.

먼저 하나의 보기를 들면 그림 **14·16**에서 건구 온도 25℃, 상대습도 60%인 선의 교점 A를 구하면 이 점이 구하고자 하는 공기의 상태이다. A점에서 수평선을 그어 세로축(ω)과의 교점을 구하면 절대 습도는 ω = 0.012 kg수증기 /kg da가 되고, 좌측의 포화선과의 교점을 구하면 T_d =16.25℃가 된다.

다음에는 점 A로부터 습구 온도 일정선을 따라가면 T_{w_b} =19.5℃가 되고, 등엔탈피선으로부터 엔탈피를 구하면 56 kJ/kg da, 비체적을 구하면 0.861 m^3/kg da가 된다.

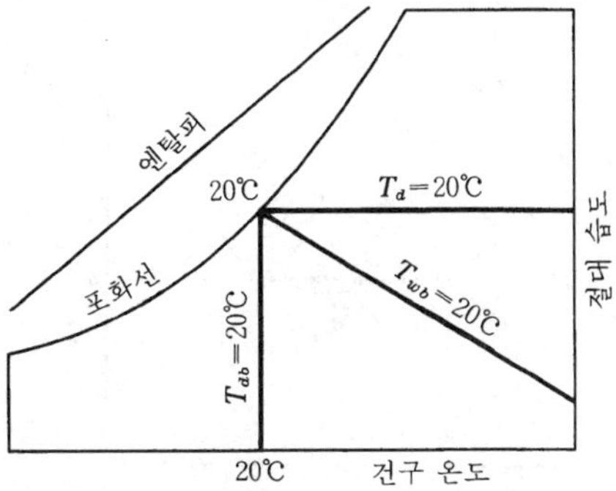

그림 14 · 15 포화선과 노점 온도, 건구 온도 및 습구 온도와의 관계

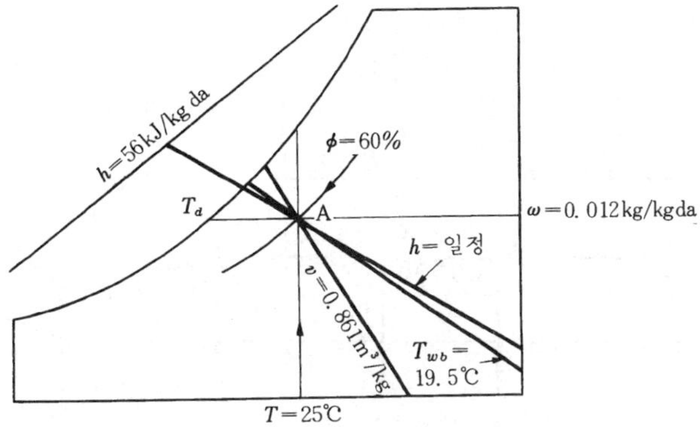

그림 14 · 16 습공기 선도의 사용법

14.5 공기 조화 과정

[1] 습공기의 가열 또는 냉각

그림 14 · 17과 같이 습분의 증가 또는 감소 없이 습공기를 가열(heating) 또는 냉각(cooling)하는 경우에는 습공기 선도상에서 수평선으로 표시된다. 따라서 절대 습도 ω = 일정으로 된다.

정상 상태, 정상류 가열의 경우에 대한 에너지 평형은

$$\dot{m}_a h_1 \pm \dot{Q} = \dot{m}_a h_2 \tag{14 · 56}$$

여기서 $+\dot{Q}$는 가열, $-\dot{Q}$는 냉각의 경우이다.

또, 입구 공기의 엔탈피와 출구 공기의 엔탈피는

$$h_1 = h_{a1} + \omega_1 h_{v1} \tag{14 · 57}$$

$$h_2 = h_{a2} + \omega_2 h_{v2} \tag{14 · 58}$$

여기서 h_1, h_2는 습공기 선도로부터 구할 수 있다.

식 (14 · 56)은

$$\dot{Q} = \dot{m}_a(h_2 - h_1) = \dot{m}_a c_p (T_2 - T_1) \tag{14 · 59}$$

여기서 $c_p = c_{p_a} + c_{p_v}\omega$이고, c_{pa}는 건공기의 정압 비열, c_{pv}는 수증기의 정압 비열이다.

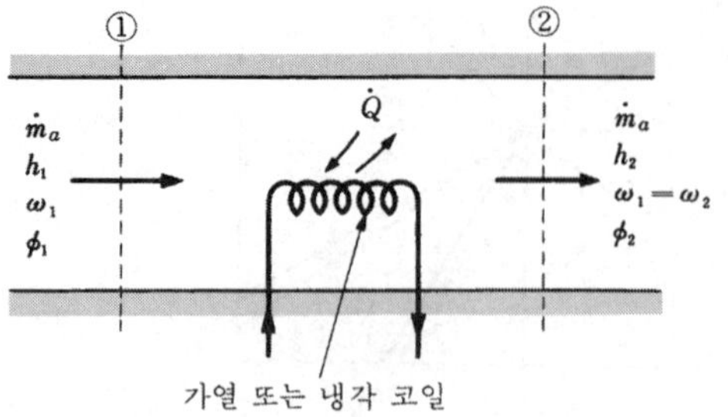

그림 14 · 17 가열 또는 냉각

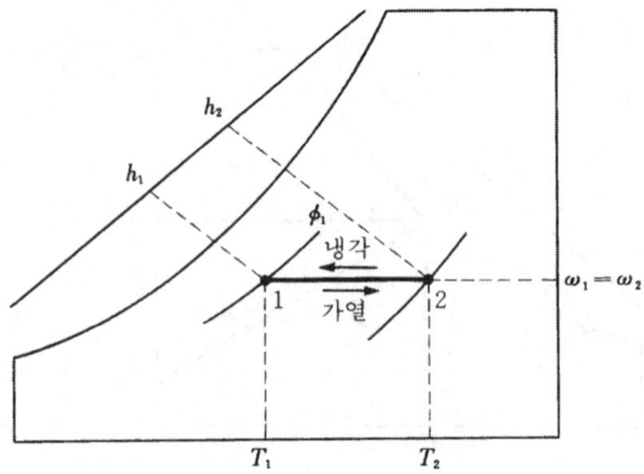

그림 14 · 18 가열 또는 냉각 과정

[2] 습공기의 냉각과 감습

그림 14 · 19와 같이 습공기를 **냉각 · 감습**(冷却 · 減濕, cooling and dehumidifying of moist air)할 때에는 습공기는 노점 이하의 온도로 냉각되어 수증기는 응축 분리된다.

이 때 응축하여 분리되는 질량을 $\dot{m}_w$, 그 엔탈피를 h_w라 하면

$$\text{에너지 평형} : \dot{m}_a h_1 = \dot{Q} + \dot{m}_a h_2 + \dot{m}_w h_w \tag{14 · 60}$$

$$\text{응축수의 질량 평형} : \dot{m}_a \omega_1 = \dot{m}_w + \dot{m}_a \omega_2 \tag{14 · 61}$$

식 (14 · 60)와 식 (14 · 61)로부터

$$\dot{Q} = \dot{m}_a(h_1 - h_2) - \dot{m}_a(\omega_1 - \omega_2)h_w \tag{14 · 62}$$

가 된다. 이 과정을 습공기 선도로 표시하면 그림 14 · 20과 같다.

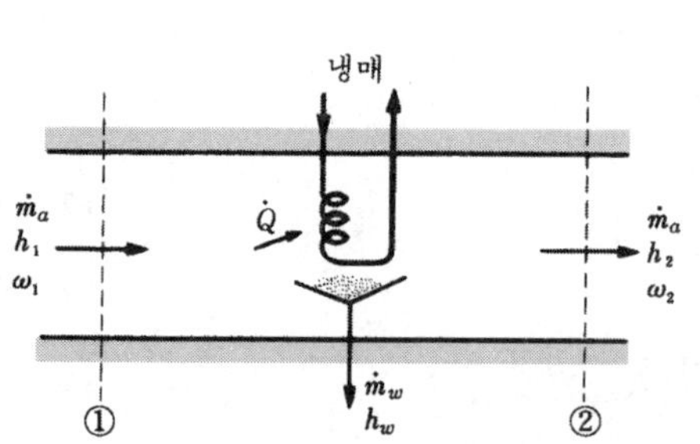

그림 14 · 19 냉각 감습 장치

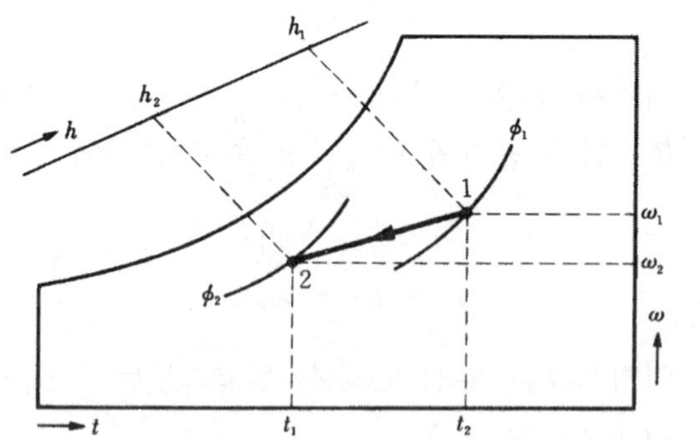

그림 14 · 20 냉각 감습 과정

습공기의 냉각 감습 과정은 현열 및 잠열의 열전달 과정(sensible and latent heat transfer)을 포함한다. 현열 과정은 건구 온도 강하에 따른 열전달이고 잠열 과정은 절대습도의 저하에 따른 열전달 과정이다.

[3] 습공기의 가열 및 가습 과정

습공기의 **가열 및 가습**(加熱.加濕, heating and humidifying of moist air)은 그림 **14・21**과 같이 공기의 가열 장치와 가습을 위한 물의 분무 장치(噴霧裝置, spray device)에 의하여 이루어진다.

이 경우에도 냉각・감습의 경우와 같은 방법으로 아래의 식을 유도할 수 있다.

$$\text{에너지 평형} : \dot{m}_a h_1 + \dot{Q} + \dot{m}_w h_w = \dot{m}_a h_2 \tag{14・63}$$

$$\text{응축수의 질량 평형} : \dot{m}_a \omega_1 + \dot{m}_w = m_a \omega_2 \tag{14・64}$$

식 (14・64)에서 $\dot{m}_w$를 구하여 식 (14・63)에 대입하여 정리하면

$$\frac{h_2 - h_1}{\omega_2 - \omega_1} = \frac{\dot{Q}}{\dot{m}_a(\omega_2 - \omega_1)} + h_w \tag{14・65}$$

또는

$$\frac{h_2 - h_1}{\omega_2 - \omega_1} = \frac{\dot{Q}}{\dot{m}_w} + h_w \tag{14・66}$$

가 된다.

만일 가열하지 않고 가습만하는 경우, 즉 단열 가습(adiabatic humidification of moist air)하는 과정은 식 (14・66)에서 $\dfrac{\dot{Q}}{\dot{m}_w} = 0$이므로

$$\frac{h_2 - h_1}{\omega_2 - \omega_1} = \frac{\Delta h}{\Delta \omega} = h_w \tag{14・67}$$

이 된다.

그림 **14・22**에서 좌측 상부의 반원형 스케일(semi-circular scale)은 식 (14・66), (14・67)의 $\dfrac{\Delta h}{\Delta \omega}$와 현열비(顯熱比, sensible heat factor)를 구하는 눈금이다. 이 경우 조화선(調和線, process line) $\overline{12}$와 나란한 직선을 반원형 스케일 중심에서 그어 스케일의 안쪽 교점을 읽으면 *SHF*, 바깥쪽은 $\dfrac{\Delta h}{\Delta \omega}$가 된다. 여기서 **현열비**란 공기조화 과정에서 현열에 의한 전열 $\dot{Q}_s$와 총열부하(전열량, 全熱量) $\dot{Q}$의 비로 정의된다.

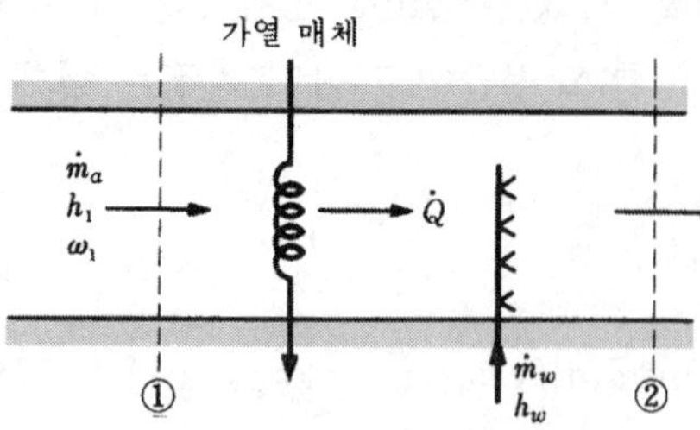

그림 14 · 21 가열 가습 장치

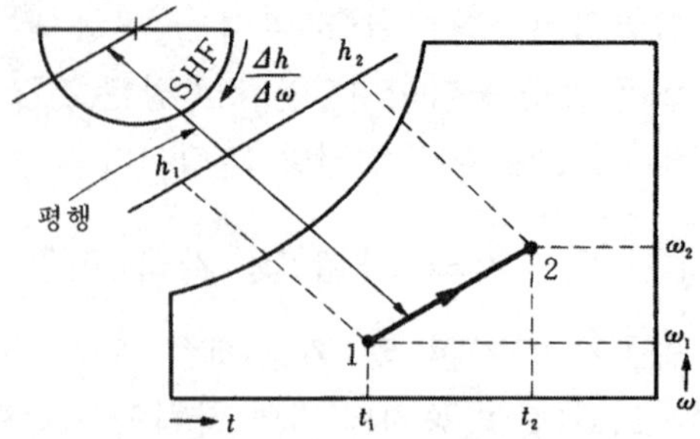

그림 14 · 22 습공기의 가열 가습 과정

$$SHF = \frac{\dot{Q}_s}{\dot{Q}} = \frac{\dot{Q}_s}{\dot{Q}_s + \dot{Q}_l} \tag{14 · 68}$$

이 식에서 $\dot{Q}_l$는 조화 과정의 잠열량(潛熱量)이다.

[4] 습공기의 단열 혼합

그림 14 · 23은 입구 1, 2로부터 습공기를 유입하여 **단열 혼합**(斷熱混合, adiabatic mixing of moist air)하는 과정을 나타낸 것이다. 이 경우에는

$$\text{에너지 평형} : \dot{m}_{a1}h_1 + \dot{m}_{a2}h_2 = \dot{m}_{a3}h_3 \tag{14 · 69}$$

$$\text{건공기의 질량 평형} : \dot{m}_{a1} + \dot{m}_{a2} = \dot{m}_{a3} \tag{14 · 70}$$

$$\text{수증기의 질량 평형} : \dot{m}_{a1}\omega_1 + \dot{m}_{a2}\omega_2 = \dot{m}_{a3}\omega_3 \tag{14 · 71}$$

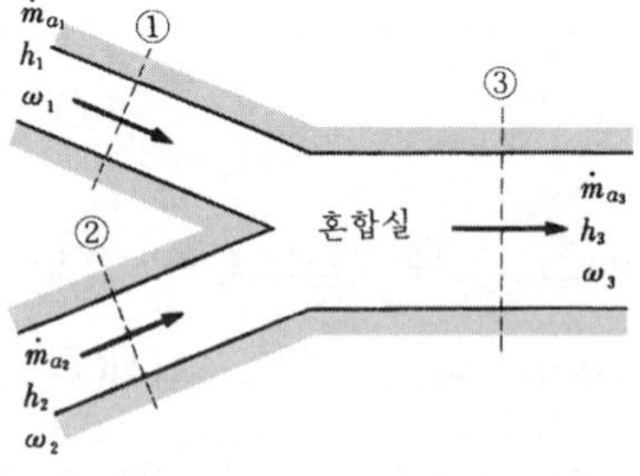

그림 14 · 23 단열 혼합 과정

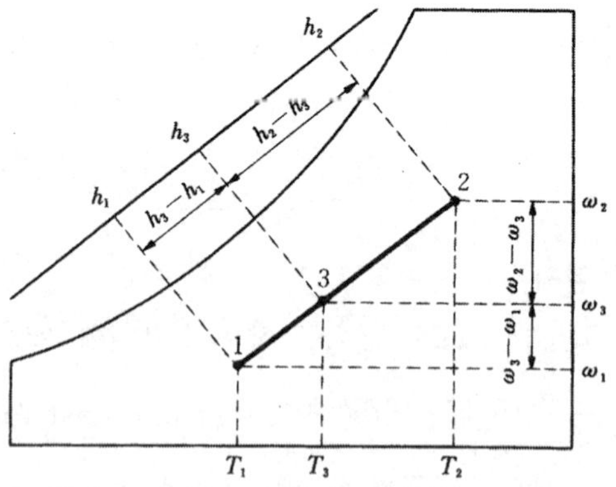

그림 14 · 24 습공기의 단열 혼합 과정

이들 식을 조합하여 정리하면

$$\frac{h_2-h_3}{h_3-h_1}=\frac{\omega_2-\omega_3}{\omega_3-\omega_1}=\frac{\dot{m}_{a1}}{\dot{m}_{a2}} \tag{14 · 72}$$

가 된다. 이들 관계는 그림 14 · 24에서

$$\frac{\dot{m}_{a1}}{\dot{m}_{a2}}=\frac{\overline{32}}{\overline{13}},\quad \frac{\dot{m}_{a1}}{\dot{m}_{a3}}=\frac{\overline{32}}{\overline{12}},\quad \frac{\dot{m}_{a2}}{\dot{m}_{a3}}=\frac{\overline{13}}{\overline{12}} \tag{14 · 73}$$

가 된다.

식 (14 · 72)에서 보는 바와 같이 질량비 $\frac{\dot{m}_{a1}}{\dot{m}_{a2}}$은 $\frac{\omega_2-\omega_3}{\omega_3-\omega_1}$ 또는 $\frac{h_2-h_3}{h_3-h_1}$의 비와 같음을 알 수 있다.

[5] 공기 조화 과정의 비교

거주 실내 공간(居住室內空間, living space)이나 산업 시설(industrial facility)을 요구되는 온도와 습도로 만드는 과정을 **공기 조화 과정**(air conditioning processes)이라 한다. 이러한 과정들은 앞에서 다룬 바와 같이 단순한 가열 및 냉각, 냉각 · 감습, 가열 · 가습, 습공기의 혼합 과정 등이 있으며, 실제의 공기 조화 과정은 이와 같은 과정을 조합하여 이루어진다.

앞에서 다룬 공기 조화 과정을 습공기 선도 위에 간단히 표시하면 그림 14 · 25와 같다.

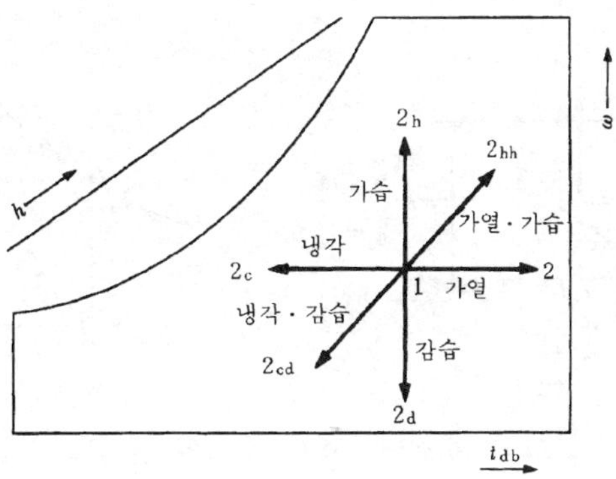

그림 14 · 25 공기 조화 과정

과정 $1\rightarrow2$: 가열 과정(가열량 $\dot{Q}$, $\omega=$일정)
과정 $1\rightarrow2_{hh}$: 가열 가습 과정(가열량 $\dot{Q}$, 가습량 $(\omega_{2hh}-\omega_1)$)
과정 $1\rightarrow2_h$: 가습 과정(가열량 $\dot{Q}=0$, 가습량 $(\omega_{2h}-\omega_1)$)

과정 $1 \to 2_c$: 냉각 과정(냉각 열량 $\dot{Q}$, ω = 일정)

과정 $1 \to 2_{cd}$: 냉각 감습 과정(냉각 열량 $\dot{Q}$, 감습량 $(\omega_{2\,cd} - \omega_1)$)

보기 14.11

습공기가 30℃, 60%의 상대 습도로 감습기의 냉동 코일로 들어가서 20℃의 포화 공기 상태로 유출된다. 이 때 공기 유량이 2.0 kg/s일 경우 제거되는 응축 열량을 구하고 이 열량을 냉동톤으로 나타내어라.

풀이 감습기에 에너지 평형식을 세우면

$$\dot{m}_a h_1 - \dot{Q} = \dot{m}_w h_{w2} + \dot{m}_a h_2$$

가 된다. 냉각하여 응축수를 제거하기 위해서는 공기를 냉각하여 포화 공기(노점)에 이르도록 냉각시킨 후 20℃까지 상태 변화해야 한다.

20℃ ; 증기표에서 $H_2O(l)$의 엔탈피 $h_{f2} = h_{w2} = 83.69$ kJ/kg이고, 질량 보존식으로부터

$$\dot{m}_w = \dot{m}_a(\omega_1 - \omega_2) = 2.0(0.0161 - 0.01466) = 0.00288\,\text{kg}\;H_2O(l)/\text{s}$$

$$\dot{Q} = \dot{m}_a(h_1 - h_2) - \dot{m}_w h_{w2},\;\; h_1 = 71.5\text{kJ/kg}(30℃, 60\%),\;\; h_2 = 58\text{kJ/kg}(20℃, 100\%)$$

$$= 2(71.5 - 58.0) - 0.00288 \times (83.96) = 26.758\,\text{kW}$$

냉동톤(refrigeration ton, RT)으로 표시하면

$$\dot{Q} = \frac{26.758}{3.8612} = 6.930\,\text{RT}$$

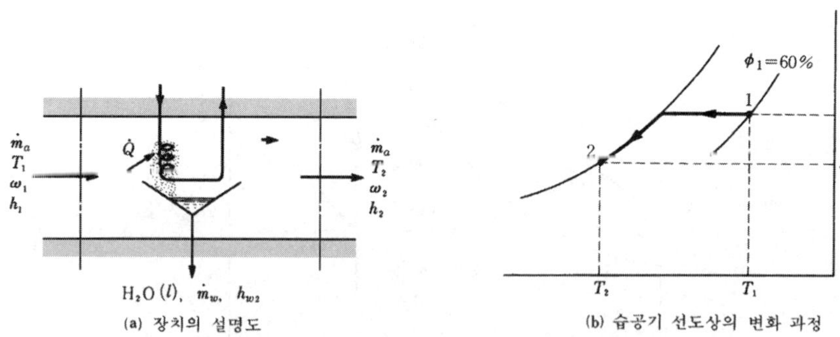

(a) 장치의 설명도 (b) 습공기 선도상의 변화 과정

그림 14·26 보기 14.11의 설명도

보기 14.12

습공기가 가습 가열 장치 내를 28℃, 80%의 상대 습도로 유입되어 28℃, 50%의 상대 습도로 유출한다. 공기 유량이 0.60 m^3/s일 경우 냉각 열량과 가열량을 구하여라.

풀이 냉각 코일에서 제거되는 열량을 구하기 위하여 에너지 평형식을 세우면

$$\dot{m}_a h_1 = \dot{Q}_1 + \dot{m}_w h_{w2} + \dot{m}_a h_2$$

유량은

$$\dot{V}_1 = \dot{m}_a v_{a1}$$

$$\dot{m}_a = \frac{\dot{V}}{v_{a1}} = \frac{0.60}{0.875} = 0.685\,\text{kg/s}$$

$$\dot{Q}_1 = \dot{m}_a(h_1 - h_2) - \dot{m}_w h_{w2}$$

$$\dot{m}_{w2} = \dot{m}_a(\omega_1 - \omega_2)$$

T_2에서 $h_{w2} = h_w$ 이므로

$$\dot{Q}_1 = \dot{m}_a(h_1 - h_2) - \dot{m}_a(\omega_1 - \omega_2)h_{w2}$$

습공기 선도에서 각 점의 상태를 구하면

$T_1 = 28℃$, $\phi_1 = 80\% \rightarrow h_1 = 78.0\,\text{kJ/kg}$, $\omega_1 = 0.0194$

$T_3 = 28℃$, $\phi_3 = 50\% \rightarrow$ 상태 2는 상태 1에서 노점 온도까지 냉각하고 상태 3(T_3, ϕ_3)에서 수평으로 $\phi_2 = 100\%$인 점과의 교점을 구하면 $T_2 = 17℃$, $\phi_2 = 100\%$가 되므로 $h_2 = 47.5\,\text{kJ/kg}$, $\omega_2 = 0.012$, $h_{w2} = h_{f2} = 71.378\text{kJ/kg}$(물의 포화 증기표)가 된다.

$$\dot{Q}_1 = \dot{m}_a\{(h_1 - h_2) - (\omega_1 - \omega_2)h_{w2}\} = 0.685 \times \{(78 - 47.5) - (0.0184 - 0.012) \times 71.378\}$$
$$= 20.53\,\text{kW}$$

냉동 코일의 냉동 능력은 20.53/3.8612=5.3170 냉동톤이다.
가열기에 에너지 평형식을 세우면

$$\dot{m}_a h_2 + \dot{Q}_2 = \dot{m}_a h_3$$

$$\dot{Q}_2 = \dot{m}_a(h_3 - h_2),\ \ T_1 = T_3\text{이므로 } h_3 = 58.5\,\text{kJ/kg}(T_3 = 28℃, \phi_3 = 50\%)$$
$$= 0.685 \times (58.5 - 47.5) = 7.533\,\text{kW}$$

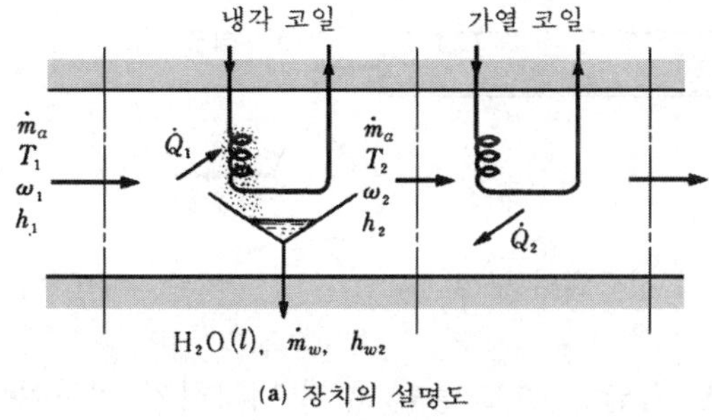

(a) 장치의 설명도

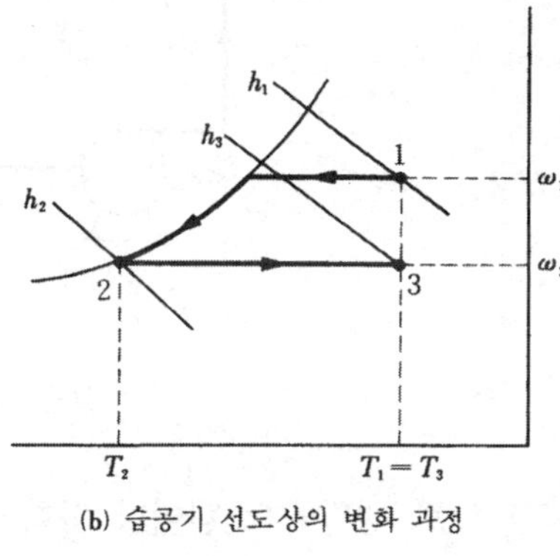

(b) 습공기 선도상의 변화 과정

그림 14·27 보기 14.12의 설명도

14.6 냉 각 탑

공업적으로 냉각용 물을 사용하는 예는 많지만 해변이나 하천이 가까운 곳을 제외하고는 다량의 냉각수를 연속적으로 얻기가 곤란할 때가 많다. 그러므로 온도가 올라간 냉각용 물은 대기 중에서 냉각하여 다시 사용하는 경우가 많다.

이 방법의 하나로 그림 14 · 28과 같은 **냉각지**(冷却地, cooling pond) 또는 **살수지**(撒水地, spray pond)를 이용하여 냉각시키는 방법이 있다. 냉각지에 의한 방법은 대개 개방된 큰 연못을 필요로 하고 또 연못 표면으로부터의 열전달이 느리기 때문에 효과적이지 못하며, 같은 냉각 능력을 얻는 살수지의 20배의 큰 면적을 필요로 하는 결점이 있다.

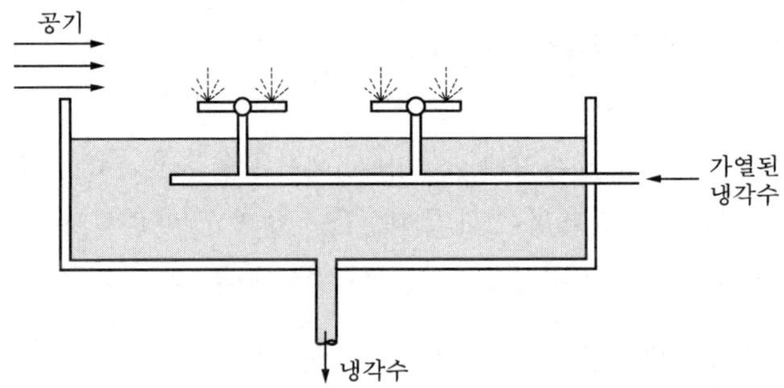

그림 14 · 28 살수지

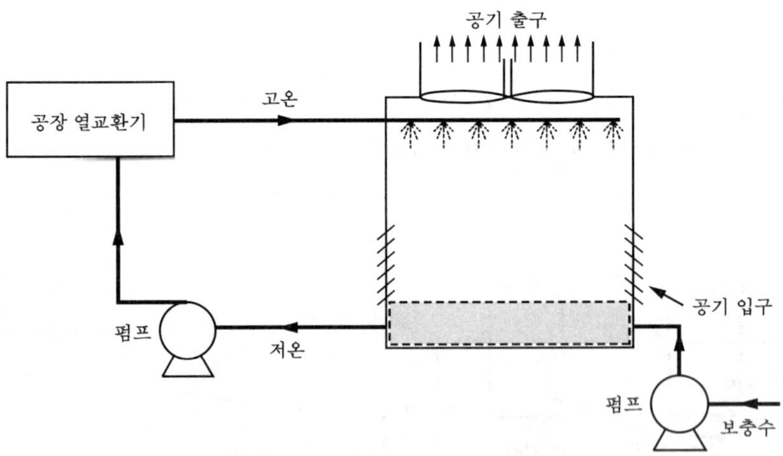

그림 14 · 29 냉각탑 시스템의 구성

그러므로 냉방 시스템이나 화학 공장 등에서 가열된 물을 능률 좋게 냉각하기 위하여는 그림 14 · 29와 같은 폐쇄 루프형의 **냉각탑**(冷却塔, cooling tower)이 사용된다. 냉각탑은 냉동기의 응축기용 냉각수 및 화력 발전소 설비의 복수기(復水器)의 냉각수 등을 냉각하는 데 사용된다.

그림 14・30은 원형 냉각탑의 한 예를 나타낸 것이고, 그림 14・31은 대향류형 냉각탑의 실제 물 및 공기의 유동 형태를 나타낸 것이다. 공기는 냉각탑의 아래로부터 공급되어 위쪽으로 흐르며 그 사이에 물과 공기를 잘 접촉시키기 위한 충전물(充塡物)이 들어 있다. 또한 그 위에 온도가 높아진 냉각용수를 살수하는 설비가 마련되어 있다. 물은 공기와 열교환을 하는 동시에 그 일부가 공기 중으로 증발함에 따라서 열을 빼앗겨 냉각된다. 냉각된 물은 아래쪽으로 나간다. 냉각탑에서 냉각된 물의 온도는 이상적으로는 단열 포화 온도가 된다. 이 때 충전물의 면적, 높이 등의 설계는 이동 현상론에 기초를 두어 계산하며, 여기서는 주로 간단한 열평형식과 냉각탑의 기초 계산에 대하여 다루기로 한다.

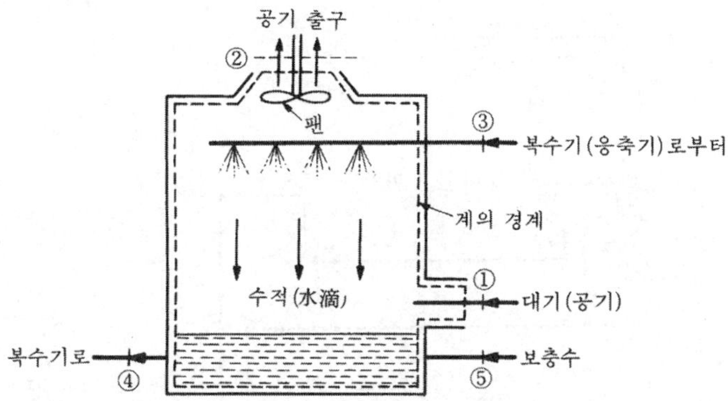

그림 14・30 냉각탑의 구조 **그림 14・31** 대향류형 냉각탑

그림 14・31과 같은 냉각탑 내의 유동을 정상류로 보고 건공기에 질량 보존식을 세우면

$$\dot{m}_{a1} = \dot{m}_{a2} = \dot{m}_a$$

수증기에 대하여는

$$\omega_1 \dot{m}_{a1} + \dot{m}_3 + \dot{m}_5 = \omega_2 \dot{m}_{a2} + \dot{m}_4$$

가 된다.

일반적으로 냉각탑에 들어가는 응축수 유량은 나가는 유량과 같으므로

$$\dot{m}_3 = \dot{m}_4 = \dot{m}_w$$

또한 보충수(補充水, makeup water) 유량 $\dot{m}_5$는

$$\dot{m}_5 = (\omega_2 - \omega_1)\dot{m}_a$$

가 된다.

이번에는 운동 에너지 및 위치 에너지를 무시하고 냉각탑에 에너지식을 세우면

$$\dot{m}_{a1}h_1 + \dot{m}_3 h_3 + \dot{m}_5 h_5 = \dot{W} + \dot{m}_4 h_4 + \dot{m}_{a2} h_2$$

$$\dot{m}_a(h_1 - h_2) + \dot{m}_w(h_3 - h_4) + \dot{m}_5 h_5 - \dot{W} = 0$$

자연 통풍 냉각탑(自然通風冷却塔, natural-draft cooling tower)에서는 $\dot{W}=0$이고 강제 통풍 냉각탑(强制通風冷却塔, force-draft cooling tower)에서는 팬에 가해지는 에너지가 에너지 보존식의 다른 항에 비하여 작으므로 무시하면

$$\dot{m}_w(h_3 - h_4) + \dot{m}_a(h_1 - h_2) + \dot{m}_5 h_5 = 0$$

가 성립한다. 그림 14·32는 냉각탑의 설치 계통도를 나타낸 것이다.

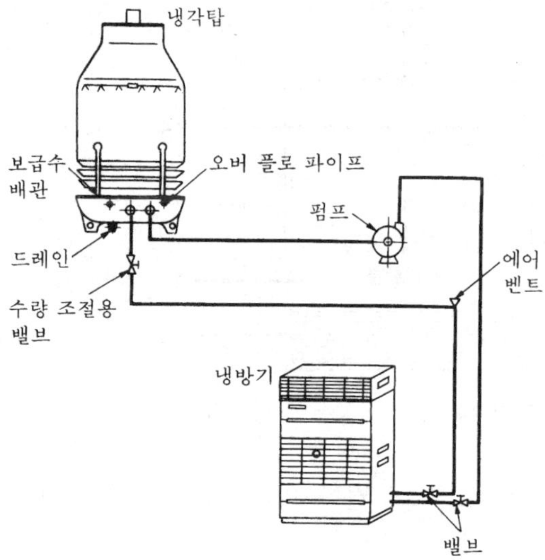

그림 14·32 냉각탑 설치 계통도

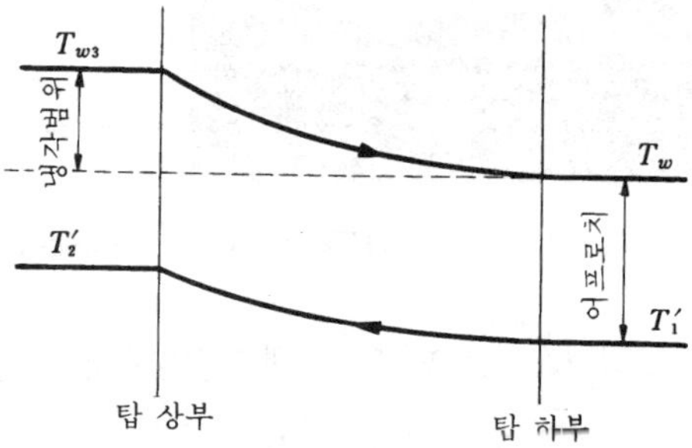

그림 14·33 어프로치와 냉각 범위

그림 14·33에서와 같이 냉각탑 하부에서의 수온을 T_{w3}, 외기의 습구 온도를 T_1라 할 때 $(T_w - T_1)$를 **어프로치**(approach) ΔT_A라 하고, 탑 상부에서의 온도차 $(T_{w3} - T_w)$를 **냉각 범위**(range)라 한다. 일반으로 어프로치의 값은 5℃ 정도이고, 냉각 범위의 값은 압축식 냉동기에서 5℃ 정도, 흡수식 냉동기의 경우 6~9℃ 정도이다. 한편 $(T_2' - T_1')$는 5℃ 정도이다.

냉각수량 L과 풍량 G는 냉각 열량을 q_c kJ/h라 하면 다음 식으로 표시된다.

$$L = \frac{q_c}{(T_{w3} - T_w)} \text{ kg/h} \qquad (14 \cdot 74)$$

$$G = \frac{q_c}{(h_2 - h_1)} \text{ kg/h} \tag{14·75}$$

q_c는 압축식 냉동기에서는 냉방 부하의 약 3배, 흡수식에서는 2.5배 정도이다. 여기서 h_1, h_2는 $T_1' - T_2'$에서 포화 공기의 엔탈피 kJ/kg이다.

냉각 장치의 **냉각 효율**(冷却效率) η_c는 다음의 식으로 표시된다.

$$\eta_t = \frac{\text{온수 온도} - \text{냉수 온도}}{\text{온수 온도} - \text{입구 공기의 습구 온도}} \times (\%) \tag{14·76}$$

이 식을 다시 쓰면

$$\eta_t = \frac{\text{냉각 범위}}{\text{냉각 범위} + \text{어프로치}} \times 100(\%) \tag{14·77}$$

로 표시된다.

강제 통풍형 냉각탑의 설계에 필요한 주요 자료를 살펴보면 다음과 같다.

일반적으로 물 공기비 $L/G = 0.6 \sim 1.4$ 정도(대체로 $0.9 \sim 1.1$ 정도), 단위 면적당 수량 $L/G = 3600 \sim 9000$ kg/m²h 정도이다. 여기서 F는 탑의 단면적(m²)이다. 또한 탑 내의 풍속은 $V = 2 \sim 2.5$ m/s(보통 2 m/s) 정도이고, 최대 풍속은 3 m/s 이내이다. 냉각 열량 q_c kJ/h는 다음 식으로 구한다.

$$q_c = K_a F Z (MED) \tag{14·78}$$

여기서 K_a ; 총괄 물질 이동 계수 kJ/m³hΔh

Δh ; 엔탈피 차 kJ/kg

Z ; 충전층의 유효 높이 m

MED ; 대수 평균 엔탈피 차(logarithmic mean enthaphy difference)

$$MED = \frac{\Delta_1 - \Delta_2}{\ln \dfrac{\Delta_1}{\Delta_2}} \tag{14·79}$$

여기에서

$\Delta_1 = h_{w3} - h_2$

$\Delta_2 = h_w - h_1$

h_{w3}, h_w ; 입구 및 출구 수온에 상당하는 포화 공기의 엔탈피 kJ/kg

h_1, h_2 ; 입구 및 출구 공기의 엔탈피 kJ/kg

또한 풍량을 Gm³/h라 하면

$$G = 3600FV, \quad F = \frac{G}{3600\,V} \tag{14·80}$$

가 된다. 그리고 K_a의 값은 공기조화 · 냉동공학 관계 자료를 참고로 하여 구한다.

보기 14.13

수량(水量) 27.2 m^3/h의 물을 냉각 범위를 8℃ 정도로 냉각시키고자 하는 경우 냉각 효율을 구하여라. 외기의 습구 온도(입구 공기)는 18℃이다.

풀이 냉각 범위=8℃이고, 냉각수 출구 온도 T_w는 $T_w \geq T_1 + 3$℃ 정도로 잡는 것이 보통이므로 $T_w = 18 + 3 = 21$℃, 냉각 범위가 8℃이므로 냉각탑 상부의 입구 온도 T_{w3}은

$$T_{w3} = T_w + 8 = 29℃$$

따라서 냉각 효율 η_c는

$$\eta_t = \frac{29-21}{(29-21)+3} = 0.73, \quad \eta_t = 73\%$$

이다.

14.7 기체 혼합물 및 습공기의 요약

[1] 질량 분율 및 몰분율

$$m_{fi} = \frac{m_i}{m}, \quad y_i = \frac{n_i}{n}$$

$$\sum_{i=1}^{k} m_{fi} = 1, \quad \sum_{i=1}^{k} y_i = 1$$

[2] Dalton의 분압 법칙

$$P = \sum_{i=1}^{k} P_i(T, V)$$

Amagat의 법칙

$$V = \sum_{i=1}^{k} V_i(T,P)$$

이상 기체의 혼합물인 경우

$$\frac{P_i}{P} = \frac{V_i}{V} = \frac{n_i}{n} = y_i$$

[3] 혼합 기체의 성질

$$U = \sum_{i=1}^{k} U_i = \sum_{i=1}^{k} m_i u_i = \sum_{i=1}^{k} n_i \overline{u}_i \text{ kJ}$$

$$H = \sum_{i=1}^{k} H_i = \sum_{i=1}^{k} m_i h_i = \sum_{i=1}^{k} n_i \overline{h}_i \text{ kJ}$$

$$S = \sum_{i=1}^{k} S_i = \sum_{i=1}^{k} m_i s_i = \sum_{i=1}^{k} n_i \overline{s}_i \text{ kJ/K}$$

$$u = \sum_{i=1}^{k} m_{fi} u_i \text{ kJ/kg}$$

$$\overline{u} = \sum_{i=1}^{k} y_i \overline{u}_i \text{ kJ/kmol}$$

$$h = \sum_{i=1}^{k} m_{fi} h_i \text{ kJ/kg}$$

$$\overline{h} = \sum_{i=1}^{k} y_i \overline{h}_i \text{ kJ/kmol}$$

$$s = \sum_{i=1}^{k} m_{fi} s_i \text{ kJ/kg K}$$

$$\overline{s} = \sum_{i=1}^{k} y_i \overline{s}_i \text{ kJ/kmol}$$

같은 방법으로 기체 혼합물의 비열(比熱)은 다음 식으로 구한다.

$$c_v = \sum_{i=1}^{k} m_{fi} c_{vi} \text{ kJ/kg K}$$

$$\overline{c}_v = \sum_{i=1}^{k} y_i \overline{c}_{vi} \text{ kJ/kmol K}$$

$$c_p = \sum_{i=1}^{k} m_{fi} c_{pi} \text{ kJ/kg K}$$

$$\bar{c}_p = \sum_{i=1}^{k} y_i \bar{c}_{pi} \text{ kJ/kmol K}$$

[4] 습공기의 성질

수증기를 전혀 함유하지 않는 공기를 건공기(乾空氣, dry air)라 하고, 수증기를 포함하는 공기를 습공기(濕空氣, moist air)라 한다. 습공기의 조화 과정에서는 건공기와 수증기 모두 이상 기체로 취급한다.

습공기의 압력(전압)은

$$P = P_a + P_v \text{ kPa}$$

여기서 P_a, P_v는 각각 건공기 및 수증기의 분압

$$\Delta h_a = c_p \Delta T = 1.005 \Delta T \text{ kJ/kg}$$

공기 중의 수증기의 엔탈피는

$$h_v(T, \text{ 저압}) \cong h_g(T) \cong 2510.3 + 1.82T$$

가 된다.

습공기의 절대 습도 또는 비습도(absolute humidity 또는 specific humidity) ω는

$$\omega = \frac{m_v}{m_a} = 0.622 \frac{P_v}{P - P_v} \text{kg H}_2\text{O/kg da}$$

여기서 m_v : 수증기의 질량
m_a : 건공기의 질량
P_v : 수증기의 분압

상대 습도(relative humidity) ϕ는

$$\phi = \frac{m_v}{m_g} = \frac{\frac{P_v V}{R_v T}}{\frac{P_g V}{R_v T}} = \frac{P_v}{P_g}$$

여기서 $P_g = P_{\text{sat}}(T)$이다.

절대 습도와 상대 습도와의 관계는

$$\phi = \frac{\omega P}{(0.622+\omega)P_g}$$

$$\omega = 0.622\frac{\phi P_g}{P-\phi P_g}$$

습공기의 엔탈피는

$$h = h_a + \omega h_v \cong h_a + \omega h_g$$

로 표시된다. 여기서 h는 엔탈피, 첨자 a, v는 각각 건공기와 수증기를 나타낸다.

습공기가 정압하에서 냉각될 때 응축(condensation)이 일어나는 온도를 노점 온도(露点溫度, dew point temperature) T_{dp} 라 한다.

$$T_{dp} = T_{\text{sat}}(P_v)$$

단열 포화 과정에서 절대 습도 ω_1은 다음 식으로 구한다.

$$\omega_1 = \frac{c_{pa}(T_2 - T_1) + \omega h_{fg2}}{h_{g1} - h_{f2}}$$

$$\omega_2 = \frac{0.622 P_{g2}}{P_2 - P_{g2}}$$

습공기의 조화 과정에서 질량 보존식과 에너지 보존에 관한 식을 적용하면

건공기 : $\Sigma \dot{m}_{ai} = \Sigma \dot{m}_{ae}$

수증기 : $\Sigma \dot{m}_{wi} = \Sigma \dot{m}_{we}$

에너지 : $\dot{Q} - \dot{W} = \Sigma \dot{m}_e h_e = \Sigma \dot{m}_i h_i$

가 된다. 여기서 i, e는 각각 입구와 출구의 상태를 표시한다.

연 | 습 | 문 | 제

14.1 이상 기체 혼합물이 다음과 같은 체적 조성으로 되어 있을 때 질량 조성을 구하여라.
N_2 : 62 %, CO_2 : 30 %, O_2 : 8 %

14.2 이상 기체 혼합물이 다음과 같은 지량 조성을 가질 때 이들 각 성분 기체의 체적 조성을 구하여라.
N_2 : 35 %, H_2 : 35 %, CO_2 : 30 %

14.3 문제 **14.2**에서 혼합물의 압력이 55 kPa이라면 각 성분 기체의 분압은 얼마인가?

14.4 체적 조성으로 CO_2 ; 66 %, N_2 ; 34 %로 구성된 혼합물의 체적비가 등온적으로 체적의 5 배로 되었을 경우의 엔트로피 변화 ΔS를 구하여라.

14.5 기체 혼합물이 수소 25 %, 질소 55 %, 이산화탄소 30 %(질량 조성)로 구성되어 있다. 혼합물의 압력과 온도가 각기 69 kPa, 21℃일 때 다음 사항을 구하여라.
(1) 각 성분 기체의 분압　　(2) 기체 상수
(3) 분자량　　(4) 엔탈피

14.6 문제 **14.5**에서 혼합물의 내부 에너지와 엔트로피를 구하여라.

14.7 기체 혼합물이 다음과 같은 체적 조성이 O_2 : 28 %, CO_2 : 40 %, N_2 : 32 %일 경우 아래의 값들을 구하여라.
(1) 질량 분석　　(2) 성분 기체의 분압
(3) 혼합물의 분자량
다만, 혼합물의 전압은 100 kPa, 온도는 32℃이다.

14.8 기체 혼합눌의 질량 조성으로 다음과 같이 구성되어 있다.
N_2=19%, He=20%, SO_2=31%, CO_2=30%
혼합물의 압력과 온도는 101 kPa, 27℃이다.
(1) 체적 조성　　(2) 각 성분 기체의 분압
(3) 혼합물의 비열

14.9 공기의 체적 조성이 다음과 같을 때 질량 조성을 구하여라.

표 14 · 5

성분 기체	N_2	O_2	Ar	계
조성(V) %	78.08	20.96	0.96	100 %

14.10 기체 혼합물이 150 kPa, 300 K의 상태에서 질량 조성으로 질소 20 %, 산소 40 %, 이산화탄소 40 %의 혼합물이 체적 26 m^3의 용기 속에 들어 있다. 이 용기의 가스 온도가 600 K가 되었을 때 가열량을 구하여라.

14.11 문제 **14.10**에서 혼합물이 열교환기를 통하여 1 kg/s로 흐를 경우 온도 변화가 처음 온도의 2 배가 되었다면 가열량은 얼마인가?

14.12 그림 **14 · 34**와 같은 절연된 강체 용기에 질소 0.30 m^3와 수소 0.15 m^3가 들어 있다. 각 기체의 압력과 온도가 210 kPa, 93℃일 때 격벽을 제거한다면 두 가스의 혼합에 의한 엔트로피의 변화를 구하여라.

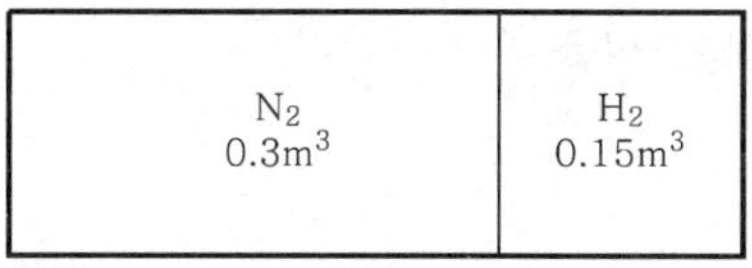

그림 14 · 34

14.13 에틸렌(ethylene)이 6 L의 구형 용기에 260℃, 2750 kPa의 압력으로 들어 있다. 이 가스를 체적 60 L의 질소 용기(압력 10.1 MPa, 온도 260℃)에 넣어 혼합하는 경우 최종 압력은 얼마인가?

14.14 기체 혼합물에 대한 몰 분석과 질량 분석에 대하여 설명하여라.

14.15 다음 사항에 대하여 간단히 기술하여라.

(1) 평균 기체 상수
(2) Dalton의 법칙
(3) Amagat의 법칙

14.16 이상 기체 혼합물의 내부 에너지, 엔탈피, 엔트로피를 구하는 식을 쓰고 설명하여라.

14.17 이상 기체 혼합물의 엔트로피 변화를 구하는 식을 유도하고 설명하여라.

14.18 격벽으로 분리된 용기에 n_a 몰의 기체와 n_b 몰의 기체가 들어 있다. 이들 두 기체가 같은 온도와 압력으로 들어 있을 경우 이 용기의 격벽을 분리하여 두 기체가 단열 혼합할 때 엔트로피의 변화를 구하는 식을 유도하여라.

14.19 혼합 기체의 중량 조성이 산소 20 %, 질소 12 %, 이산화탄소 68 %로 구성된 경우 가스 상수와 혼합물의 분자량을 구하여라.

14.20 혼합물의 기체 상수를 (1) 혼합물의 분자량, (2) 성분 가스의 가스 상수와 질량, (3) 성분 가스의 분자량과 몰분율로부터 구하는 식을 기술하여라.

14.21 10 kg의 산소와 20 kg의 질소로 된 혼합 기체의 가스 상수, 몰분율을 구하여라.

14.22 기체 혼합물이 3.20 kg CO_2, 1.5 kg H_2O, 12 kg N_2로 조성되어 있을 때 기체 상수를 구하여라.

14.23 기체 혼합물이 1 kg H_2O(증기), 4 kg CO_2, 3 kg O_2, 15 kg N_2로 조성되어 있다. 각 기체의 체적 조성을 구하여라.

14.24 100 kPa, 20℃의 공기 1 kg에 10 g의 수증기가 들어 있다면 수증기의 분압은 얼마인가?

14.25 공기의 체적 조성이 질소 78 %, 산소 21%, 아르곤 1.0 %로 구성된 경우 공기의 분자량, 공기의 질량조성, 가스 상수, 300 K일 때의 정적비열을 구하여라.

14.26 혼합 기체의 온도를 구하는 식을 유도하여라.

14.27 혼합 기체의 질량비가

$$\frac{m_i}{m} = \frac{M_i}{M}\frac{V_i}{V}$$

로 표시됨을 증명하여라. 단 M은 분자량, V는 체적이다.

14.28 수증기 5 kg과 공기 18 kg을 혼합하여 20 m^{3}의 용기 속에 봉입하였다. 탱크 속의 혼합기의 온도가 70℃라면 용기 내의 압력은?

14.29 수증기 5 kg과 공기 18 kg을 혼합하여 20 m^{3}의 용기 속에 봉입하였다. 탱크 속의 혼합기의 온도가 70℃라면 용기 내의 혼합 기체의 정압 비열은 얼마인가?

14.30 혼합 기체의 다음관계가 성립함을 증명하여라.

(1) $\sum_{i=1}^{k} m_{fi} = 1$, $\sum_{i=1}^{k} y_i = 1$

(2) $M_m = \sum_{i=1}^{k} y_i M_i$, $R_m = \dfrac{\overline{R}}{M_m}$

(3) Dalton의 분압 법칙 $P = P_A + P_B$

(4) Amagat 법칙 $V = V_A + V_B$

14.31 습공기와 건공기는 어떻게 다른가? 또, 건공기의 질량 조성과 체적 조성에 대하여 알아보아라.

14.32 다음 용어를 간단히 설명하여라.

(1) 포화 공기 (2) 절대 습도

(3) 상대 습도 (4) 건구 온도와 습구 온도

14.33 습공기의 절대 습도가 $\omega = 0.622 P_v / (p - P_v)$로 표시됨을 증명하여라. 단, P, P_v는 각각 전압, 수증기 분압이다.

14.34 습공기의 절대 습도와 상대 습도 사이의 관계가

$$\omega = 0.622 \frac{\phi p_g}{P - \phi P_g}$$

로 표시됨을 증명하여라.

14.35 다음 표 속에 알맞은 관계식을 써넣어라.

표 14 · 6

	엔 탈 피	엔 트 로 피
습공기		
건공기		

14.36 노점 온도(dew temperature)를 $T-s$ 선도 위에 나타내고 설명하여라.

14.37 단열 포화 과정이란 어떠한 과정인가?

14.38 습공기 선도의 구조를 그리고 그 사용법을 설명하여라.

14.39 습공기의 조화 과정을 설명하고, 각 과정을 습공기 선도 위에 표시하여라.

14.40 습공기의 가열 · 가습 및 냉각 · 감습 과정을 습공기 선도 위에 나타내고 열 · 수분비 $(h_2 - h_1)/(\omega_2 - \omega_1)$를 구하는 식을 유도하여라.

14.41 다음 용어를 설명하여라.

(1) 열-수분비($\Delta h / \Delta \omega$)
(2) 현열비
(3) 단열 혼합
(4) 잠열 부하와 현열 부하

14.42 냉각탑의 원리와 그 기능을 설명하고, 사용하는 실제 계통도를 그려보아라.

14.43 냉각탑에서 어프로치와 냉각 범위란 무엇인가?

14.44 습공기가 0.15 MPa, 120℃, 상대 습도 10%의 상태로 45 m^{3}의 밀폐 용기 속에 들어 있다. 이 습공기의 온도가 25℃로 되었을 경우

(1) 초기 상태의 노점 온도
(2) 응축이 시작되는 온도
(3) 응축된 질량을 구하여라.

14.45 100 kPa, 25℃의 공기가 65%의 상대 습도로부터 등온적으로 응축할 때 응축 압력을 구하여라.

14.46 2 m^3, 35℃, 100 kPa, ϕ=70%의 공기가 30℃까지 열교환기에서 냉각될 때 이 과정 중에 한 일과 열전달량을 구하여라.

14.47 30℃, 200 kPa, 50%의 상대 습도가 열교환기로 유입되어 20℃까지 냉각된다. 습공기 흐름에 대한 열전달량을 구하여라. 단, 열교환기 유량은 800 kg/h이다.

14.48 밀폐된 강체 탱크에 습공기가 80℃의 물과 평형되어 있다. 건공기가 10 kg, 수증기가 0.8 kg, 물이 0.2 kg이다. 만일, 탱크가 160℃로 가열된다면 (1) 최종 압력과 (2) 열전달량은 얼마인가?

14.49 건구 온도 30℃, 습구 온도 20℃인 회의실 내의 압력이 4 atm일 경우 절대 습도를 구하여라.

14.50 문제 **14.49**와 같은 조건에서 놓여 있는 실험실의 절대 습도를 습공기 선도를 이용하여 구하여라.

14.51 25℃, 1 atm, $\phi=65\%$의 공기가 감습기를 통과하여 20℃까지 냉각 응축된다. 건공기 1 kg에 대한 (1) 열전달량 kJ/kg da, (2) 응축된 물의 질량 kg/kg da를 구하여라. 단, $\Delta KE=\Delta PE=0$이다.

14.52 습공기의 단열 혼합 과정에 대한 에너지식과 질량 보존식을 세워 습공기 선도에 표시하여라.

14.53. 습공기 선도에서 노점 온도를 구하는 과정을 도시하고 노점 온도의 정의에 대하여 설명하여라.

14.54 냉각탑에서 물의 유량이 30 m^3/h인 냉각수를 처음 온도로부터 7℃ 정도 냉각시키고자 할 경우, 냉각 효율을 구하여라. 단, 외기의 습구 온도는 19℃이다.

14.55 습공기 선도 위에 다음 값을 나타내어 보아라.

(1) 건구 온도 (2) 습구 온도
(3) 노점 온도 (4) 상대 습도와 절대 습도
(5) 엔탈피와 비체적

14.56 다음 값을 습공기 선도 위에 나타내어라.

표 14·7

문항	건구 온도(℃)	습구 온도(℃)	비엔탈피(kJ/kg)	절대습도(kg/kgda)	상대 습도(%)
1	30	30			
2	35				25
3				0.0142	45
4	25	35			

14.57 다음 값을 습공기 선도를 사용하여 다음 빈 칸의 값을 구하여라.

표 14·8

문항	건구 온도(℃)	습구 온도(℃)	비엔탈피(kJ/kg)	절대습도(kg/kgda)	상대 습도(%)
1	40	35			
2	32				35
3				0.0130	42
4	29	25			

14.58 건공기와 대기 중의 공기는 어떻게 다른가?

14.59 절대 습도와 상대 습도는 우리 인체의 쾌적 환경에 어떤 영향을 미치는가?

14.60 정적 용기에 공기가 30℃이며, 1 m^3의 상태로 들어 있다. 만일 30℃의 물 0.15 kg을 분사할 경우 압력이 100 kPa이라면

(1) 상대 습도

(2) 물을 증발시키는 데 필요한 가열량은 얼마인가?

14.61 물의 포화 압력을 P_g, 습공기 중의 수증기의 분압을 P_v라 하면 상대 습도 ϕ를 구하는 식은?

14.62 일정량의 습공기 속에 들어 있는 건공기의 질량 m_a kg, 수증기의 질량 m_v kg, 건공기 및 수증기의 가스 상수, 각각 R_a, R_v, 건공기의 분압을 P_a와 수증기의 분압을 P_v라 할 때 절대 습도(絶對濕度, absolute humidity 또는 humidity ratio) ω를 구하는 식은?

14.63 상대 습도(相對濕度, relative humidity) ϕ와 절대 습도 ω 사이의 관계를 구하는 식은? 단, 습공기의 전압을 P, 수증기의 포화압력을 P_g이다.

CHAPTER

15 반응 혼합물과 연소

15.1 연료의 종류

연료(燃料, fuels)란 그 자신의 내부 구조의 변화 또는 타물질과의 반응에 의하여 화학 에너지(chemical energy) 또는 핵(核) 에너지(nuclear energy)를 지속적으로 열에너지로 변화시키는 물질을 말한다. 연료는 그 형태로 보아 고체 연료(固體燃料, solid fuels), 액체 연료(液體燃料, liquid fuels) 및 기체 연료(氣體燃料, gaseous fuels)로 분류된다.

공업적으로 사용되는 연료의 주성분은 탄소(炭素, carbon)와 수소(水素, hydrogen)이지만 그 밖의 성분으로는 산소(酸素, oxygen), 질소(窒素, nitrogen), 유황(硫黃, sulphur), 수분(水分, water content), 회분(灰分, ash) 등을 함유하고 있는 것도 있다.

연소(燃燒, combustion)란 연료 속에 함유된 탄소, 수소 등의 가연 성분(可燃成分)이 급격한 산화 반응(酸化反應)에 의하여 빛과 열을 발생시키는 현상을 말한다.

[1] 고체 연료

고체 연료로는 석탄(石炭, coal), 목재(木材, wood), 코크스(cokes) 등이 있으며 이들 중에서 가장 중요한 석탄은 탄화(炭化)의 정도, 즉 연료비(燃料比, fuel ratio)에 따라 표 15 · 1과 같이 분류된다. 여기서 **연료비**란 고정 탄소(固定炭素)/휘발분(揮發分)을 말한다.

연료의 고정 탄소, 휘발분, 수분, 회분(灰分) 등의 실용적 성분을 분석하는 것을 **공업 분석**(工業分析, proximate analysis)이라 하고, 이것에 대하여 일반 유기 화합물의 분석과 같이 C, H_2, S, O_2, N_2 등 조성 원소의 함유량을 분석하는 것을 **원소 분석**(元素分析, ultimate analysis)이라 한다.

표 15 · 1 공업 분석에 의한 석탄의 분류

분석항목 \ 종류	무연탄(無煙炭)	역청탄(瀝青炭)	갈 탄(褐炭)
연료비	4~12	1.5~4	1.5 이하
발열량	33.49 MJ/kg	31.40 MJ/kg	31.40 MJ/kg
고정탄소(중량 %)	85 이상	60~80	50 이하
휘발분(〃)	7.5 이하	20~25	35 이상
회분(〃)	5~10	8~25	10~35
황분(〃)	0.10~2.0	0.3~2.5	0.5~3.5
수분(〃)	2.0~5.5	1.5~7.5	3.0~2.5
비중	1.3~1.7	1.2~1.5	1.1~1.3

[2] 액체 연료

액체 연료로는 석유계 연료 외에 알코올(alcohol), 타르 등이 있다. 석유계 연료는 탄소와 수소로 되어 있고, 이들 양자의 결합 상태에 따라 여러 가지 종류가 있으나 C_mH_n의 형태인 탄화수소(炭化水素, hydrocarbon)이다.

표 15 · 2는 석유계 연료의 원소 분석치(元素分析値)를 나타낸 것이고, 표 15 · 3은 석유계 연료의 성질을 나타낸 것이다.

표 15 · 2 석유계 연료의 원소 분석치(질량 %)

종류	탄소	수소	유황	산소	질소	회분	수분
원유(原油)	84~87	11~14	0~3	0~2	0~1		
중유(重油)	84.98	10.85	4.15			~0.1	~0.5
경유(輕油)	85.70	13.53	0.77				
등유(燈油)	85.48	14.27	0.25				

표 15 · 3 석유계 연료의 성질

명칭	비점 범위 ℃	비중	고발열량 MJ/kg	용도
나프타(naphtha)	< 250	0.65~0.75	46.1	화학 원료, 가스 제조, 제트기관 연료
가솔린(gasoline)	< 200	0.65~0.75	46.1	불꽃 점화 기관 연료
등 유(kerosene)	180~300	0.79~0.85	41.9	가정용 연료, 제트기, 석유 기관 연료
경 유 (light oil)	250~360	0.83~0.88	41.9	고속 디젤 기관
중 유(heavy oil)	< 350	0.83~0.97	33.7~41.9	디젤 기관 연료, 일반용 연료
아스팔트(asphalt)			41.7	보일러, 소성로
피 치 (pitch)			35.6	보일러
석 유 코 크 스			32.7~37.5	시멘트 소성, 보일러

연료의 대표적인 것으로는 가솔린(gasoline), 등유(燈油, kerosene), 경유(輕油, light oil), 중유(重油, heavy oil), 원유(原油, crude oil) 등이 있다.

[3] 기체 연료

기체 연료(gaseous fuel)의 주성분은 일산화탄소(CO), 수소, 메탄(CH_4) 외에 C_mH_n의 구조를 갖는 기체 상태의 탄화수소 등이 혼합되어 있으며, 액화 석유 가스(liquified petroleum gas, LPG), 석탄 가스(coal gas)가 널리 사용된다. 표 15 · 4는 기체 연료의 성분 개략치(체적 %)를 나타낸 것이다.

액화 석유 가스는 석유의 제조 과정에서 발생하는 프로판(propane, C_3H_8) 또는 부탄(butane, C_4H_{10})을 주성분으로 한 가스로써 상온에서도 7 bar 정도의 압력에서 비중이 0.6~0.7 정도의 액체로 존재하므로 수송이 편리하고 발열량(46,046 kJ/kg)이 높으며 독성이 적은 이점이 있다.

표 15 · 4 기체 연료의 성분 개략치(체적 %)

종 류	CO	H_2	CH_4	C_2H_6	C_3H_8	C_4H_{10}	C_2H_4	C_3H_6	C_4H_8	CO_2	O_2	N_2
석탄 가스	4	54	29	1	0		3	1		2	1	5
수성(水性) 가스	39.7	50.8	0.8							4.7		4.7
발생로 가스	27	10	0	0	0		0	0		6	0	56
고로(高爐) 가스	27	2	0	0	0		0	0		11	0	60
천연 가스(건성)			94.6							3.2	0.1	1.9
천연 가스(습성)			88	6	4	2						
액화 석유 가스(1)					1.7	98.3						
액화 석유 가스(2)				0.9	98.2	0.9						

(1) 부탄(공업용), (2) 프로판(공업용)

15.2 연소 반응

지금 연소 반응을 하는 계가 수소(H_2)를 연료로 하고 산소(O_2)와 결합하여 연소하는 경우를 생각하여 보기로 한다. 수소와 산소를 체적비로 2 : 1로 혼합한 가스에 점화하면 급격한 화학 반응을 일으켜서 H_2O로 되고, 이 때 다량의 반응열(反應熱, heat of reaction)을 발생하여 자신의 온도는 상승한다. 수소(H_2)와 산소(O_2)가 결합하여 연소하는 화학 반응에서 각 원소의 총질량은 다음과 같이 일정하게 보존된다.

$$\underset{2\text{ kg의 수소}}{H_2} + \underset{16\text{ kg의 산소}}{\frac{1}{2}O_2} \rightarrow \underset{2\text{ kg의 수소 } 16\text{ kg의 산소}}{H_2O} \qquad (15 \cdot 1)$$

식 (15・1)과 같은 연소 현상에서 반응을 일으키는 물질을 **반응 물질**(反應物質, reactants)이라 하고, 반응의 결과로 인하여 생성되는 물질을 **생성 물질**(生成物質, products)이라 한다. 식 (15・1)에서 화살표는 반응의 방향을 나타낸다.

연료와 공기로 구성된 반응 물질과 연소 반응에 의한 생성물을 구성하는 화학종(化學種, chemical species)을 X_1, X_2, ⋯ X_s, 반응 물질과 생성 물질의 **양론 계수**(量論係數, stoichiometric coefficient, 각 성분의 몰 수) ν_j', ν_j''라 하면

$$\sum_{j=1}^{s} \nu_j' X_j \rightarrow \sum_{j=1}^{s} \nu_j'' X_j \qquad (15 \cdot 2)$$

가 된다. 여기서 s는 화학종의 수를 나타낸다.

보기 15.1

다음과 같은 간단한 수소, 산소 반응을 식 (15・2)를 이용하여 반응 물질과 생성 물질의 양론 계수(각 성분의 몰 수)를 각각 ν_j', ν_j'' 화학종의 수 s, 화학종 X_1, X_2, ⋯ X_s를 구하여라.

$2H_2 + O_2 \rightarrow 2H_2O$

풀이 식 (15・2)에서 화학종 X_1, X_2, X_3 를 각각 H_2, O_2, H_2O라 하면, 양론 계수는 각각 $\nu_1' = 2$, $\nu_2' = 1$, $\nu_3' = 0$, $\nu_1'' = 0$, $\nu_2'' = 0$, $\nu_3'' = 2$가 되고, $s = 3$이 된다.

이와 같이 연료와 산화제가 과부족 없이 완전히 연소하여 안정된 연소 생성물이 생길 때 반응 물질의 혼합 비율을 **양론비**(量論比, stoichiometric ratio) 또는 **이론비**(理論比, theoretical ratio)라 한다.

다시 말하면 단위량의 연료를 완전 연소시키는 데 필요 충분한 O_2의 양을 **양론 산소량** 또는 **이론 산소량**이라 하고, 이론 산소량만을 포함한 공기량을 양론 공기량 또는 **이론 공기량**(theoretical or stoichiometric amount of air)이라 한다.

연소 장치에 실제로 공급되는 연료와 공기의 질량비를 **연공비**(燃空比, fuel-air ratio)라 하고, 그 역수를 **공연비**(空燃比, air-fuel ratio)라 한다. 또 연공비와 이론 연공비와의 비(연공비/이론 연공비)를 **당량비**(當量比, equivalence ratio) ϕ라 하고, 그 역수, 즉 공연비

와 이론 공연비의 비를 **공기 과잉률**(空氣過剩率, air excess ratio) λ 라 한다. 당량비가 1, 즉 이론 혼합비와 같은 경우를 **화학 양론비**(化學量論比, stoichiometric ratio)라 한다.

$$\text{공기 과잉률 } \lambda = \frac{\text{실제 공연비}}{\text{이론 공연비}} = \frac{(AF)_{act}}{(AF)_{stoi}} \tag{15・3}$$

$$\text{당량비 } \phi = \frac{\text{실제 연공비}}{\text{이론 연공비}} = \frac{(FA)_{act}}{(FA)_{stoi}} \tag{15・4}$$

여기서 $(AF)_{stoi}$는 이론 공연비, $(AF)_{act}$는 실제 공연비, $(FA)_{act}$는 실제 연공비, $(FA)_{stoi}$는 이론 연공비이다.

[1] 연소의 기초식

석탄, 석유, 천연 가스 등 공업적으로 많이 사용되는 연료의 주된 가연 성분(可燃性分)은 탄소(C)와 수소(H_2)이고 소량의 황(S)을 함유하고 있다. 따라서 이들 세 원소의 연소 반응식이 연소 기초식이 된다.

$$C + O_2 = CO_2 - 407\,MJ/kmol(C) \tag{15・5}$$

$$C + O = CO - 123\,MJ/kmol(C) \tag{15・6}$$

$$CO + \frac{1}{2}O_2 = CO_2 - 284\,MJ/kmol(CO) \tag{15・7}$$

$$H_2 + \frac{1}{2}O_2 = H_2O\,(g) - 241\,MJ/kmol(H_2) \tag{15・8}$$

$$H_2 + \frac{1}{2}O_2 = H_2O(l) - 287\,MJ/kmol(H_2) \tag{15・9}$$

$$S + O_2 = SO_2 - 297\,MJ/kmol(S) \tag{15・10}$$

이들 식 중에서 식 (15・8)을 살펴 보면 정압하에서 H_2 1 kmol(2 kg)이 O_2 1/2 kmol (16 kg)과 연소하여 H_2O 1 kmol(18 kg)이 됨과 동시에 241 MJ의 열량을 발생함을 의미한다. 또 $H_2O(g)$와 $H_2O(l)$의 구분은 연소 생성물인 H_2O가 증기 상태 또는 물의 형태인가를 나타내는 것으로서 H_2O가 액상인가 기상인가에 따라 연소열은 H_2O 1 kmol(18 kg)의 증발열에 상당하는 열량만큼의 차이가 생기게 된다. 그러므로 연료의 발열량에는 연소 생성물 중의 H_2O가 물의 형태인 것을 **고발열량**(高發熱量, higher heating value)이라 하고, H_2O가 증기의 형태인 것을 **저발열량**(低發熱量, lower heating value)이라 한다.

C가 연소하여 CO를 생성할 경우의 연소열은 CO_2로 될 때의 연소열의 1/3 정도로 감소된다. 그러므로 이와 같이 불완전 연소하면 매우 큰 에너지 손실을 초래할 뿐만 아니라 공해를 유발시키는 요인이 된다. 연소 과정에서 CO와 같이 가연 성분이 발생할 경우의 연소를 **불완전 연소**(不完全燃燒, incomplete combustion)라 한다.

다음은 많이 사용되는 연료 중에서 메탄(CH_4), 에탄(C_2H_6), 에틸렌(C_2H_4), 프로판(C_3H_8)의 연소 반응식을 나타낸 것이다.

$$CH_4 + 2O_2 = CO_2 + 2H_2O(l) - 891\,\mathrm{MJ/kmol} \qquad (15 \cdot 11)$$

$$C_2H_6 + 3.5O_2 = 2CO_2 + 3H_2O(l) - 1561\,\mathrm{MJ/kmol} \qquad (15 \cdot 12)$$

$$C_2H_4 + 3O_2 = 2CO_2 + 2H_2O(l) - 1424\,\mathrm{MJ/kmol} \qquad (15 \cdot 13)$$

$$C_3H_8 + 5O_2 = 3CO_2 + 4H_2O(l) - 2110\,\mathrm{MJ/kmol} \qquad (15 \cdot 14)$$

건공기(乾空氣, dry air)는 몰(mole) 또는 체적 조성으로 산소가 20.99 %(약 21 %), 질소가 78.03 %이고, 아르곤(argon)이 0.94 %, 나머지가 CO_2 0.03 %, H_2 0.01 % 등으로 구성된다. 따라서 건조 공기는 약 21 %의 산소, 79 %의 질소로 구성되어 있는 것으로 생각하여 산소 1 몰이 연소실로 공급된다면

$$\frac{0.79}{0.21} = 3.76(\mathrm{mol}N_2/\mathrm{mol}\,O_2)$$

의 질소가 수반되어야 하므로 다음 관계가 있다.

$$1\ \mathrm{kmol}\ O_2 + 3.76\ \mathrm{kmol}\ N_2 \rightarrow 4.76\ \mathrm{kmol}\ \text{공기}$$

일반적으로 탄화수소(炭化水素)계 연료 C_mH_n이 이론 공기로써 연소 반응할 때의 반응은 다음과 같이 나타낼 수 있다.

$$C_mH_n + x\,O_2 + 3.76\,x\,N_2 \rightarrow a\,CO_2 + b\,H_2O + 3.76\,x\,N_2 \qquad (15 \cdot 15)$$

이 때 탄소 평형(carbon balance)으로 부터 $m = a$

수소 평형(hydrgen balance)으로 부터 $n = 2b$, $b = \dfrac{n}{2}$

산소 평형(oxygen balance)으로 부터 $2x = 2a + b$, $x = m + \dfrac{n}{4}$

따라서 위의 반응식은

$$C_mH_n + \left(m + \frac{n}{4}\right)O_2 + 3.76\left(m + \frac{n}{4}\right)N_2 \longrightarrow$$

$$m\,CO_2 + \frac{n}{2}H_2O + 3.76\left(m + \frac{n}{4}\right)N_2 \qquad (15 \cdot 16)$$

로 표시된다.

보기 15.2

메탄(CH_4)이 이론 공기로 완전 연소할 때의 공연비를 구하고 150%의 이론 공기(50 %의 과잉 공

기)로 연소할 때의 반응식을 구하여라.

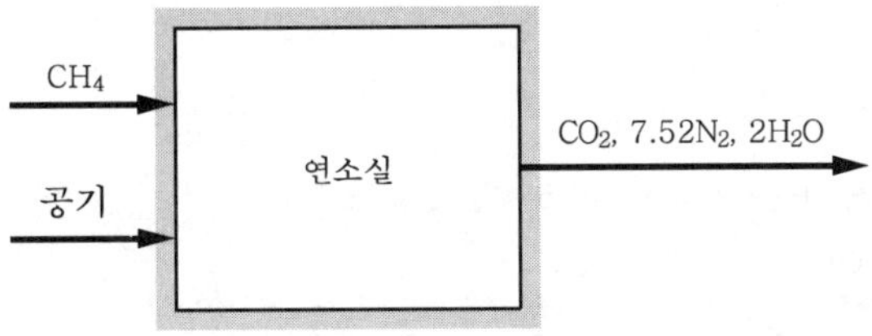

그림 15・1 보기 15.2의 설명도

풀이 식 (15・15)로부터

$$CH_4 + 2O_2 + 7.52\,N_2 \rightarrow CO_2 + 2H_2O + 7.52\,N_2$$

연료 $m_f = 1 \times 16.04 = 16.04$ kg 연료

공기 $m_a = 9.52 \times 28.97 = 275.7944$ kg 공기

이론 공연비 $AF = \dfrac{m_a}{m_f} = \dfrac{275.7944}{16.04} = 17.1941$ kg 공기/kg 연료

150%의 이론 공기로 연소할 경우

$$CH_4 + (1.5)(2)\,O_2 + (1.5)(7.52)\,N_2 \rightarrow CO_2 + 2H_2O + (1.5-1)(2)\,O_2 + 11.28\,N_2$$

$$CH_4 + 3O_2 + 11.28\,N_2 \rightarrow CO_2 + 2H_2O + O_2 + 11.28\,N_2$$

$m_f = 1 \times 16.04 = 16.04$ kg 연료

$m_a = 1.5 \times 2 \times (1 + 3.76) \times 28.97 = 413.6916$ kg 공기

공연비 $AF = \dfrac{m_a}{m_f} = \dfrac{413.6916}{16.04} = 25.7912$ kg 공기/kg 연료

보기 15.3

옥탄(octane, C_8H_{18})이 150%의 이론 공기로 완전 연소할 때의 공연비와 몰분율(mole fraction)을 구하여라.

풀이 연소 반응식을 세우면

$$C_8H_{18} + 1.5(12.5)\,O_2 + 1.5(12.5)(3.76)\,N_2 \longrightarrow$$

$$8CO_2 + 9H_2O + (1.5-1)(12.5)\,O_2 + 1.5(3.76)(12.5)\,N_2$$

$m_f = 1 \times 114 = 114$ kg 연료

$m_a = 1.5 \times 12.5(1 + 3.76)(28.97) = 2585.5725$ kg 공기

$$\text{공연비 AF} = \frac{m_a}{m_f} = \frac{2585.5725}{114} = 22.6804\ \text{kg 공기/kg 연료}$$

생성 물질의 몰수를 n_p라 하면

$$\begin{aligned} n_p &= n_{CO_2} + n_{H_2O} + n_{O_2} + n_{N_2} \\ &= 8 + 9 + (0.5 \times 12.5) + (1.5 \times 3.76 \times 12.5) \\ &= 93.75\,\text{kmol} \end{aligned}$$

따라서 몰분율은 $y_i = \dfrac{n_i}{n_p}$ 이므로

$$y_{CO_2} = \frac{8}{93.75} = 0.0853,\ \ 8.53\%$$

$$y_{H_2O} = \frac{9}{93.75} = 0.0960,\ \ 9.60\%$$

$$y_{O_2} = \frac{6.25}{93.75} = 0.0667,\ \ 6.67\%$$

$$y_{N_2} = \frac{70.5}{93.75} = 0.7520,\ \ 75.20\%$$

가 된다.

보기 15.4

C_6H_{14}(헥산, hexane)이 건조 공기로 연소하는 경우, 연소 생성물(건조) 100 mL의 가스 분석 결과가 CO_2 : 8mL, CO : 5.7mL, O_2 : 3mL, N_2 : 83.3mL이었다. 연소 과정 중의 공연비, 생성물의 노점 온도(露點溫度)를 구하여라. 단 연소 생성물의 압력은 1 atm이다.

풀이 $x C_6H_{14} + y(O_2 + 3.76 N_2) \longrightarrow 5.7\,CO + 8.0\,CO_2 + 3\,O_2 + 83.3\,N_2 + z\,H_2O$

질량 평형 C: $6x = 5.7 + 8.0$

H: $14x = 2z$

O: $2y = 5.7 + (8.0 \times 2) + 6 + z$

N_2: $3.76\,y = 83.3$

이들 식을 풀면

$$x = 2.28,\ \ y = 21.83,\ \ z = 15.96$$

이 된다. 따라서 연소 반응식은

$$2.28\,C_6H_{14} + 21.83(O_2 + 3.76\,N_2) \longrightarrow$$

$$5.7\,CO + 8.0\,CO_2 + 3\,O_2 + 83.3\,N_2 + 15.96\,H_2O$$

공연비를 몰기준으로 구하면

$$\text{AF} = \frac{(4.76)(21.83)}{2.28} = 45.5749\ \text{mol 공기/mol 연료}$$

생성물의 전압과 수증기 분압의 비는

$$\frac{P_v}{P} = \frac{15.96}{5.7+8.0+3+83.3+15.96} = 0.1376$$

따라서 수증기 분압은

$$P_v = 0.1376 \times P = 0.1376 \times 101.3 = 13.9388\,\text{kPa}$$

그러므로 노점 온도는 이 압력에 상당하는 포화 온도이므로

$$T_{dp} = 52.3℃$$

가 된다.

보기 15.5

조성이 미지인 탄화수소 연료의 연소 생성물의 조성(체적 기준)이 건가스 기준으로 다음과 같은 경우 (1) 공연비, (2) 질량 기준 연료의 조성, (3) 질량 기준의 이론공기 %를 계산하여라.

$CO_2 = 8.05\%$　　　　$O_2 = 8.8\%$

$CO = 0.85\%$　　　　$N_2 = 82.3\%$

풀이 연소 반응식은

$$C_mH_n + aO_2 + bN_2 \longrightarrow 8.05CO_2 + 0.85CO + 8.8O_2 + cH_2O + 82.3N_2$$

질소 : $b = 82.3$

공기의 조성으로부터 $\frac{b}{a} = 3.76$, $a = \frac{82.3}{3.76} = 21.89$

산소 : $a = 21.89 = 8.05 + \frac{0.85}{2} + 8.8 + \frac{c}{2}$

$\therefore\ c = 9.23$

탄소 : $m = 8.05 + 0.85 = 8.9$

수소 : $n = 2c = 2 \times 9.23 = 18.46$

따라서 연료의 조성을 $C_{8.9}H_{18.46}$이 된다.

(1) 공연비

$$AF = \frac{(21.89+82.3) \times 28.97}{8.9(12)+18.46(1)} = 24.096\ \text{kg 공기/kg 연료}$$

(2) 연료의 질량 조성

$$탄소 = \frac{8.9(12)}{8.9(12)+18.46(1)} = 85.26\%$$

$$수소 = \frac{18.46(1)}{8.9(12)+18.46(1)} = 14.74\%$$

(3) 이론공기(이론적인 연소 반응식으로부터)

$$C_{8.9}H_{18.46}+13.5\,O_2+13.5(3.76)\,N_2 \longrightarrow 8.9\,CO_2+9.23\,H_2O+50.8\,N_2$$

이론 공연비$(AF)_{th}=\dfrac{(13.5+50.76)\times 28.97}{8.9(12)+18.46(1)}=14.862$ kg 공기/kg 연료

공기비 $\% = \dfrac{24.096}{14.862}\times 100 = 162.13\,\%$

15.3 생성 엔탈피와 연소 엔탈피

열역학에서 다루는 반응계에서 반응 물질과 생성 물질은 온도와 압력뿐만 아니라 그 조성에 따라서도 달라진다. 화학 반응에서 물질의 성질은 그 물질의 조성 및 화학적 변화를 계산하는 데 사용하는 기준의 설정이 필요하다. 그러므로 우리는 어느 기준 상태를 정하고 그 때의 엔탈피 또는 내부 에너지의 값을 0 으로 잡는다.

특히 화학적 변화에서 기준 상태는 25 ℃, 1 atm으로 취하고 이 때를 **표준 기준 상태**(標準基準狀態, standard reference state)라 한다. 이 상태에서 갖는 열역학적 성질의 값을 상부 첨자 "°"를 붙여서 u°, h°, s° 등으로 표시한다.

반응계(反應系, reactive system)에서 열역학적 상태량 값은 기준 상태값으로부터 계산한다. 그러므로 반응계의 상태량 변화는 임의의 상태의 값과 기준 상태의 값의 차이로부터 구할 수 있다.

하나의 보기로 N_2의 550 K일 때 1 kmol의 엔탈피는 $\overline{h}_{550K}-\overline{h}^\circ$ 로 표시되므로 부표로부터 구하면

$$\overline{h}_{550K}=16064 \text{ kJ/kmol}$$
$$\overline{h}^\circ_{298K}=8669 \text{ kJ/kmol}$$
$$\overline{h}_{550K}-\overline{h}^\circ_{298K}=16064-8669=7395.0 \text{ kJ/kmol}$$

이다.

그림 **15・2**와 같은 연소 과정에서 산소(oxygen)와 탄소(carbon)가 반응하여 CO_2를 생성하는 경우에 대하여 알아보기로 한다.

반응 물질(reactant)인 탄소와 산소는 모두 25℃, 1 atm으로 공급되고, 연소실에서 반응하여 CO_2가 생성되어 1 atm, 25℃의 상태로 배출된다.

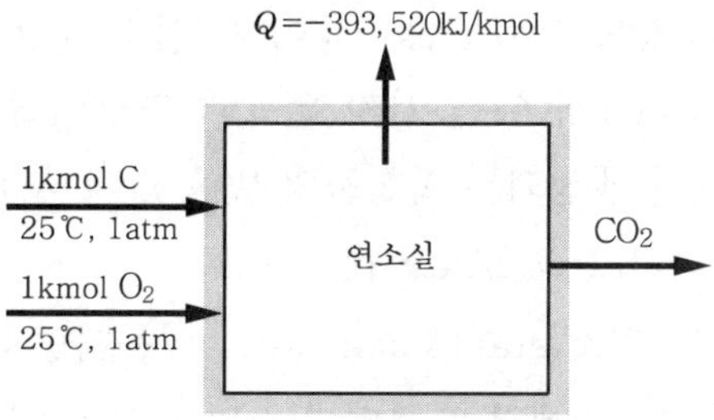

그림 15 · 2 연소 엔탈피

탄소의 연소 반응은 발열 반응(發熱反應, exothermic reaction)으로 CO_2를 생성할 때 393,520 kJ/kmol의 열량이 연소실에서 주위로 전달된다. 이 과정은 외부에 대하여 일을 하지 않으므로 정상류 에너지식으로부터 과정 중의 열전달량은 생성 물질과 반응 물질의 엔탈피 차로 표시된다. 따라서

$$Q+H_R=W+H_P$$
$$Q=H_P-H_R=-393,520\ \text{kJ/kmol} \qquad (15 \cdot 17)$$

가 된다. 여기서 H_P, H_R는 각각 생성 물질의 엔탈피와 반응 물질의 엔탈피를 나타낸다.

이 때 반응 물질과 생성 물질은 모두 같은 상태이므로 이 과정 중의 엔탈피 변화(enthalpy change)는 계의 화학 조성의 변화에 따른 것이다.

반응 엔탈피(enthalpy of reaction) h_{RP}는 그림 **15 · 3**과 같이 주어진 상태에서 완전 반응할 때 생성물의 엔탈피와 반응물의 엔탈피 차(差)로 정의된다.

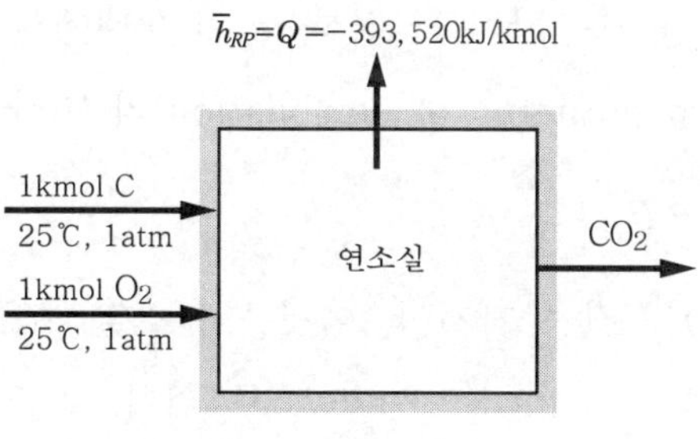

그림 15 · 3 연소 엔탈피

연소 과정(combustion process)에서 반응 엔탈피는 보통 **연소 엔탈피**(combustion enthalpy)라고 한다. 이것은 주어진 압력과 온도에서 연료 1 kmol(또는 1 kg)이 완전 연소할 때 방출하는 열량으로 h_{RP}로 표시한다.

$$h_{RP}=H_P-H_R,\ h_{RP}=\sum_P n_j\,\overline{h}_j-\sum_R n_i\,\overline{h}_i \qquad (15 \cdot 18)$$

탄소(C)의 연소 엔탈피는 −393,520 kJ/kmol 이다. 연소 엔탈피는 압력과 온도에 따라서 달라진다. 부록에 25℃, 1 atm에서 여러 가지 연료의 연소 엔탈피 h_{RP}를 게재하였다.

한편 원소(元素) 상태로부터 생성되는 화합물의 반응 엔탈피를 그 화합물의 **생성 엔탈피**(enthalpy of formation)라 하고 $\overline{h}_f$로 표시한다.

기준 상태에서 모든 안정된 원소(stable elements, 이를테면 O_2, N_2, H_2 및 C의 생성 엔탈피는 0이다. 따라서 25℃, 1 atm에서 안정된 원소의 $\overline{h}_f^\circ = 0$ 이다. 여기서 안정된 상태란 25℃, 1 atm에서 화학적으로 안정된 상태를 말한다.

정상 유동 과정에서(25℃, 1 atm) 원소 C와 O_2로부터 CO_2를 생성할 때 엔탈피 변화는 $H_P - H_R = -393,520$ kJ/kmol이 된다. 그러나 안정된 원소 C와 O_2의 생성 엔탈피가 0이므로 $H_R = 0$이 된다.

따라서 기준 상태에서 CO_2의 생성 엔탈피 $\overline{h}_{f,\,CO_2}^\circ$는

$$\overline{h}_{f,\,CO_2}^\circ = -393,520 \text{ kJ/kmol}$$

이 된다. 여기서 (−) 기호는 C와 O_2가 결합하여 CO_2 1 kmol이 될 때 화학적 에너지(chemical energy) 393,520 kJ/kmol이 계로부터 주위로 방출됨을 나타낸다. 한편 (+) 기호는 흡열(吸熱)이 일어나는 반응을 뜻한다.

부표에 H_2O를 비롯하여 여러 가지 물질에 대한 $\overline{h}_f^\circ$를 게재하였다. 이 표에서 보는 바와 같이 25℃에서 $H_2O(l)$과 $H_2O(g)$의 차는 증기표에서 25℃의 h_{f_g}의 값과 거의 같다.

연소 반응계에서 변화 전후의 계의 에너지 차($\varDelta H = h_{RP}^\circ = H_P - H_R$)는 측정 상태에 따라서 다르므로 1 atm, 25℃의 표준 상태를 정하고, 이 상태에서 측정되는 엔탈피차 h_{RP}°를 **표준 연소 엔탈피**(standard enthalpy of combustion)라 한다. 이것을 h_{RP}°라 하면

$$h_{RP}^\circ = H_P - H_R$$

가 된다. 이 때 h_{RP}°는 (−)의 값을 가지며, 이것을 **연소열**(燃燒熱, heat of combustion) 또는 **발열량**(heating value or calorific value)이라 한다. 즉 이 값은 등온 정압하의 연소열의 표준값이다. 다시 말하면 연료의 발열량은 연료의 연소 엔탈피의 절대치로 표시된다. 이와 같이 연료의 발열량은 연료가 완전 연소하여 연소 가스가 최초의 온도가 될 때까지 방출하는 열량을 말한다.

$$\text{발열량} = |h_{RP}| \text{ kJ/kg 연료} \tag{15・19}$$

연료가 수소 원자를 포함하는 경우에는 연소 생성물 중 H_2O가 생긴다. 발열량은 생성물 중의 H_2O의 상(相, phase)에 따라서 달라진다. 생성물 중의 H_2O가 액체 상태로 존재할 때

를 **고발열량**(高發熱量, higher heating value) H_h라 하고, 증기 상태로 존재하는 것을 **저발열량**(低發熱量, lower heating value) H_l이라 한다. 즉, 연소 가스 중에 포함되어 있는 수증기가 응축되지 않고 가스 상태로 존재할 때의 발열량이 저발열량이고, 수증기가 응축하여 잠열이 방출되는 경우의 발열량이 고발열량이다. 자동차 엔진과 같은 경우에는 보통 연소가스 온도가 고온이므로 수분은 증기 상태로 배기 밸브를 나오므로 저발열량을 적용한다.

고발열량과 저발열량 사이의 관계는

$$H_h = H_l + (n\bar{h}_{fg})_{H_2O} \text{ kJ/kg 연료} \qquad (15 \cdot 20)$$

가 된다. 여기서 n은 몰수이고, $\bar{h}_{fg}$는 반응온도에서 물의 증발 엔탈피(enthalpy of vaporization of water)이다.

보기 15.6

25℃, 1 atm에서 옥탄(octane, C_8H_{18})의 연소 엔탈피(발열량)를 구하여라. 단, H_2O는 액상으로 존재한다.

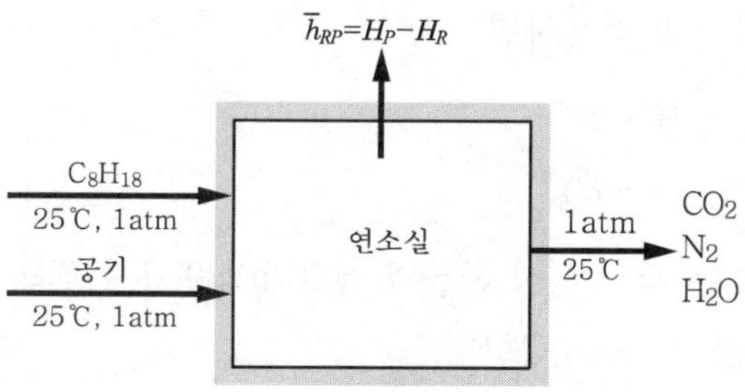

그림 15·4 보기 15.6의 연소 과정

풀이 옥탄의 반응식은

$$C_8H_{18}(g) + 12.5\,O_2 + 3.76(12.5)\,N_2 \longrightarrow 8\,CO_2 + 9\,H_2O + 3.76(12.5)\,N_2$$

$$H_P = \sum_P n_j \bar{h}^\circ_{f,j} = (n\bar{h}^\circ_f)_{CO_2} + (n\bar{h}^\circ_f)_{H_2O(l)} + (n\bar{h}^\circ_f)_{N_2}$$
$$= 8\times(-393{,}520) + 9\times(-285{,}830) + 0$$
$$= -5{,}720{,}630\,\text{kJ}$$

$$H_R = \sum_R n_i \bar{h}^\circ_{f,i} = (n\bar{h}^\circ_f)_{C_8H_{18}} + (n\bar{h}^\circ_f)_{O_2} + (n\bar{h}^\circ_f)_{N_2}$$
$$= 1\times(-208{,}450) + 0 + 0$$
$$= -208{,}450\,\text{kJ}$$

$$\begin{aligned}\bar{h}_{RP} &= H_P - H_R \\ &= -5{,}720{,}630 + 208{,}450 \\ &= -5{,}512{,}180\,\text{kJ/kmol } C_8H_{18}\end{aligned}$$

이 값은 C_8H_{18}의 고발열량 $H_h = -5{,}512{,}200$ kJ/kmol과 거의 같은 값이다. 이 문제의 경우 H_2O가 액체 상태이므로 고발열량에 상당한다.

15.4 반응계에 대한 열역학 제 1 법칙

제 5 장에서 다룬 열역학의 제 1 법칙을 정상 유동하는 계와 폐쇄된 반응계에 적용하여 보기로 한다.

[1] 정상 유동계

정상 유동 반응계(reacting steady-flow system)에서 운동 에너지 및 위치 에너지를 무시하고 열역학의 제 1 법칙을 적용하면

$$Q + H_R = W + H_P$$

$$Q - W = H_P - H_R \tag{15・21}$$

가 된다. 여기서 H_P, H_R는 각각 생성 물질의 엔탈피와 반응 물질의 엔탈피를 나타낸 것이다.

또한 H_P와 H_R는 다음 식으로 구한다.

$$H_P = \sum_P n_j[\bar{h}_f^\circ + (\bar{h} - \bar{h}_{298}^\circ)]_j \text{ kJ} \tag{15・22}$$

$$H_R = \sum_R n_i[\bar{h}_f^\circ + (\bar{h} - \bar{h}_{298}^\circ)]_i \text{ kJ} \tag{15・23}$$

따라서

$$Q - W = \sum_P n_j[\bar{h}_f^\circ + (\bar{h} - \bar{h}_{298}^\circ)]_j - \sum_R n_i[\bar{h}_f^\circ + (\bar{h} - \bar{h}_{298}^\circ)]_i \tag{15・24}$$

여기서 $\bar{h}_f^\circ$는 기준 상태에서의 물질의 화학적 엔탈피(생성 엔탈피)를 말하고, $(\bar{h} - \bar{h}_{298}^\circ)$은 기준 온도로부터 온도 T까지 사이의 엔탈피 변화로서 현열(顯熱) 및 잠열(潛熱) 엔탈피(sensible and latent enthalpy)이다. 이 값은 부표에 게재하였다.

[2] 폐쇄계

화학 반응하는 정지된 폐쇄계(reacting stationary closed system)에서 에너지 보존식을 적용하면

$$Q = U_P - U_R + W \text{ kJ} \tag{15・25}$$

가 된다. 여기서 U_P는 생성 물질의 내부 에너지, U_R는 반응 물질의 내부 에너지이다.

내부 에너지는

$$\overline{u} = \overline{h} - P\overline{v} = \overline{h} - \overline{R}T$$
$$\overline{u}_f^{\circ} + (\overline{u} - \overline{u}_{298}^{\circ}) = \overline{h}_f^{\circ} + (\overline{h} - \overline{h}_{298}^{\circ}) - P\overline{v}$$

이므로 식 (15・25)는 다음 식으로 표시된다.

$$Q - W = \sum_P (n\overline{u})_j - \sum_R (\overline{n}u)_i$$
$$Q - W = \sum_P n_j(\overline{h} - \overline{R}T)_j - \sum_R n_i(\overline{h} - \overline{R}T)_i \tag{15・26}$$

이 식을 다시 쓰면

$$Q - W = \sum_P n_j[\overline{h}_f^{\circ} + (\overline{h} - \overline{h}_{298}^{\circ}) - \overline{R}T]_j - \sum_R n_i[\overline{h}_f^{\circ} + (\overline{h} - \overline{h}_{298}^{\circ}) - \overline{R}T]_i \tag{15・27}$$

또는

$$Q - W = \sum_P n_j[\overline{h}_f^{\circ} + (\overline{h} - \overline{h}_{298}^{\circ})]_j - \sum_R n_i[\overline{h}_f^{\circ} + (\overline{h} - \overline{h}_{298}^{\circ})]_i - \overline{R}T\sum_P n_j + \overline{R}T\sum_R n_i \tag{15・28}$$

가 된다. 여기서 첨자 P는 생성 물질, R는 반응 물질을 나타낸다.

보기 15.7

프로판(propane, C_3H_8) 가스가 정상류 연소실로 들어가 연소하여 600 K로 나온다. 연소실 입구에서 프로판의 상태는 1 atm, 25℃이고, 출구 압력은 1 atm이다. 프로판이 완전 연소하는 것으로 가정하고, 연소 생성물 중의 H_2O가 증기 상태일 때 연소실로부터의 열전달량 Q kJ/kmol(연료)를 구하여라. 단, 과잉 공기는 100 %(이론 공기 200 %)로 연소한다.

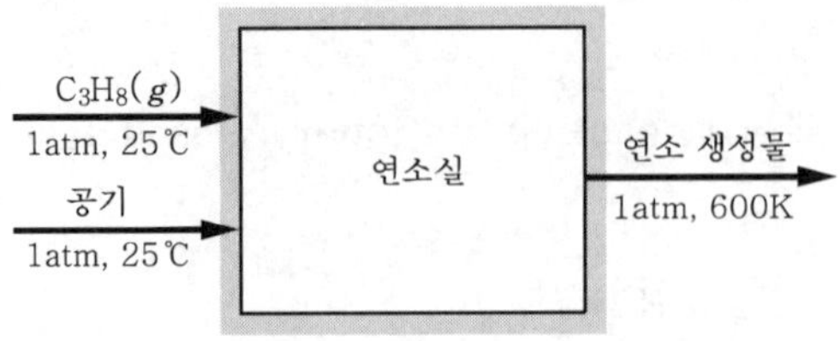

그림 15 · 5 보기 15.7의 설명도

풀이 연소 반응식을 세우면 100 % 이론 공기일 때에는

$$C_3H_8+5O_2+5(3.76)N_2 \longrightarrow 3CO_2+4H_2O+18.8N_2$$

100 %의 과잉 공기가 공급되므로

$$C_3H_8+(2)(5)O_2+3.76(2)(5)N_2 \longrightarrow 3CO_2+4H_2O+(2-1)(5)O_2+37.6N_2$$

식 (15 · 24)로부터

$$Q=\sum_P n_j[\bar{h}_f^\circ+(\bar{h}-\bar{h}_{298}^\circ)]_j-\sum_R n_i[\bar{h}_f^\circ+(\bar{h}-\bar{h}_{298}^\circ)]_i$$

$$=3[\bar{h}_f^\circ+(\bar{h}-\bar{h}_{298}^\circ)]_{CO_2}+4[\bar{h}_f^\circ+(\bar{h}-\bar{h}_{298}^\circ)]_{H_2O}+5[\bar{h}_f^\circ+(\bar{h}-\bar{h}_{298}^\circ)]_{O_2}$$

$$+37.6[\bar{h}_f^\circ+(\bar{h}-\bar{h}_{298}^\circ)]_{N_2}-[\bar{h}_f^\circ+(\bar{h}-\bar{h}_{298}^\circ)]_{C_3H_8}$$

부표로부터

$$\bar{h}_{f,C_3H_8}^\circ=-103{,}850\,\text{kJ/kmol},\quad \bar{h}_{f,H_2O}^\circ=-241{,}820\,\text{kJ/kmol},$$

$$\bar{h}_{f,CO_2}^\circ=-393{,}520\,\text{kJ/kmol}$$

부표로부터

$$Q=3[-393{,}520+(22{,}280-9{,}364)]_{CO_2}+4[-241{,}820+(20{,}402-9{,}904)]_{H_2O}(g)$$

$$+5[0+(17{,}929-8{,}682)]_{O_2}+37.6[0+(17{,}563-8{,}669)]_{N_2}-1\times(103{,}850)$$

$$=-1{,}582{,}600\,\text{kJ/kmol}\ C_3H_8$$

여기서 (−) 부호는 연소 과정에서 열량 Q가 계로부터 주위로 전달(방열)됨을 의미한다.

보기 15.8

정적 용기 내에서 메탄(CH_4) 1 kmol이, 25℃에서 3 kmol의 O_2와 연소하여 연소 생성물의 온도가 1000 K일 경우 탱크 내의 압력과 열전달량을 구하여라.

풀이 연소 반응식을 세우면

$$CH_4+3O_2 \longrightarrow CO_2+2H_2O+O_2$$

반응 물질과 생성 물질을 이상 기체로 보면

$$P_RV=n_R\bar{R}T_R,\quad P_PV=n_P\bar{R}T_P,$$

$n_P = 4,\ n_R = 4$

$$\frac{P_R}{P_P} = \frac{n_R T_R}{n_P T_P}$$

$$P_P = \frac{P_R n_P T_P}{n_R T_R} = \frac{1 \times 4 \times 1000}{4 \times (273.15 + 25)} = 3.354\ \text{atm}$$

열전달량 Q는

$$Q - W = \sum_P n_j[\bar{h}_f^\circ + (\bar{h} - \bar{h}_{298}^\circ) - \bar{R}T]_j - \sum_R n_i[\bar{h}_f^\circ + (\bar{h} - \bar{h}_{298}^\circ) - \bar{R}T]_i$$

$\bar{h}_{f,CH_4}^\circ = -74{,}850\,\text{kJ/kmol},\ \bar{h}_{f,H_2O}^\circ = -241{,}820\,\text{kJ/kmol},$

$\bar{h}_{f,CO_2}^\circ = -393{,}520\,\text{kJ/kmol}$

$W = 0$

$$\begin{aligned} Q = {} & 1 \times [-393{,}520 + (42{,}769 - 9{,}364) - 8.314 \times 1000]_{CO_2} + 2 \times [-241{,}820 + \\ & (35{,}882 - 9{,}904) - 8.314 \times 1000]_{H_2O} + 1 \times [31{,}389 - 8{,}682 - 8.314 \times 1000]_{O_2} \\ & - 1 \times [-74{,}850 + 0 - 8.314 \times 298]_{CH_4} - 3 \times [0 + 0 - 8.314 \times 298]_{O_2} \\ = {} & -717{,}587.712\,\text{kJ/kmol CH}_4 \end{aligned}$$

$$Q = \frac{717{,}587.712}{16} = 44{,}849.232\ \text{kJ/kg CH}_4$$

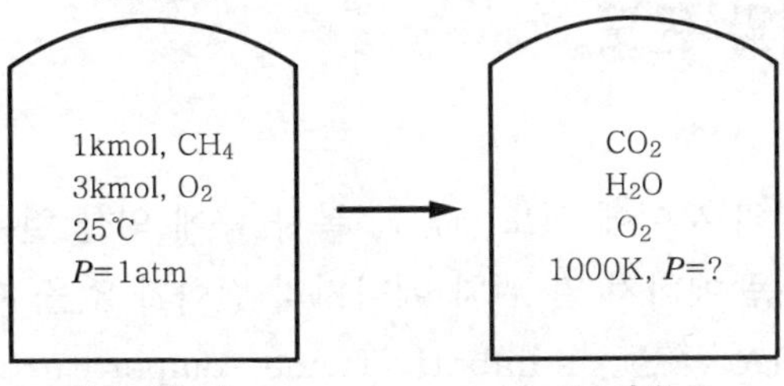

그림 15·6 보기 15.8의 설명도

보기 15.9

어느 연소 시스템에 메탄 가스가 1 atm, 25℃로 공급되어 연소하는 경우 연소 엔탈피를 구하여라. 다만, 연소 생성물의 온도는 25℃이고, H_2O는 액상이다.

풀이 연소 반응식을 세우면

$$CH_4 + 2O_2 + 7.52N_2 \longrightarrow CO_2 + 2H_2O + 7.52N_2$$

연소 엔탈피 h_{RP}는 식 (15・18)로부터

$$\begin{aligned}\bar{h}_{RP} &= \sum_P n_j[\bar{h}_f^\circ + (\bar{h} - \bar{h}_{298}^\circ)]_j - \sum_R n_i[\bar{h}_f^\circ + (\bar{h} - \bar{h}_{298}^\circ)]_i \\ &= [\bar{h}_f^\circ + (\bar{h} - \bar{h}_{298}^\circ)]_{CO_2} + 2[\bar{h}_f^\circ + (\bar{h} - \bar{h}_{298}^\circ)]_{H_2O} \\ &\quad + 7.52[\bar{h}_f^\circ + 0]_{N_2} - [\bar{h}_f^\circ + (\bar{h} - \bar{h}_{298}^\circ)]_{CH_4} - 0 - 0\end{aligned}$$

$$\bar{h}_{f,CO_2}^\circ = -393{,}520\ \text{kJ/kmol},\quad \bar{h}_{f,H_2O(l)}^\circ = -285{,}830\ \text{kJ/kmol}$$

$$\bar{h}_{f,CH_4}^\circ = -74{,}850\ \text{kJ/kmol},\quad \bar{h}_{f,N_2}^\circ = 0\ \text{kJ/kmol}$$

$$\begin{aligned}\bar{h}_{RP} &= -393{,}520 + 2(-285{,}830) - (-74{,}850) \\ &= -890{,}330\ \text{kJ/kmol 연료}\end{aligned}$$

단위 질량당의 엔탈피를 구하면

$$h_{RP}^\circ = \frac{\bar{h}_{RP}}{M} = \frac{-890{,}330}{16.04} = -55{,}506.8579\ \text{kJ/kg 연료}$$

가 된다.

15.5 단열 화염 온도

연소 과정에서 계와 주위 사이에 전도, 대류, 복사 등에 의한 열손실이 없고, 외부에 대하여 일을 하지 않으며, 운동 에너지 및 위치 에너지의 변화가 없을 때 연소 가스의 최종 온도를 **단열 화염 온도**(斷熱火炎溫度, adiabatic flame temperature)라 한다.

그림 15・7에서 보는 바와 같이 열손실이 존재하지 않을 때 화염 온도는 T_{max}로 된다. 정상류 연소 과정의 에너지식으로부터

$$Q - W = H_P - H_R$$

$Q = 0$, $W = 0$ 이므로

$$H_P = H_R \tag{15・29}$$

가 된다. 즉, 정압 연소(定壓燃燒) 과정에서 연소 반응 전후의 엔탈피는 보존되므로 미연 가스의 엔탈피와 연소 가스의 엔탈피가 같아지는 온도를 찾으면 이 온도가 단열 화염 온도가 된다.

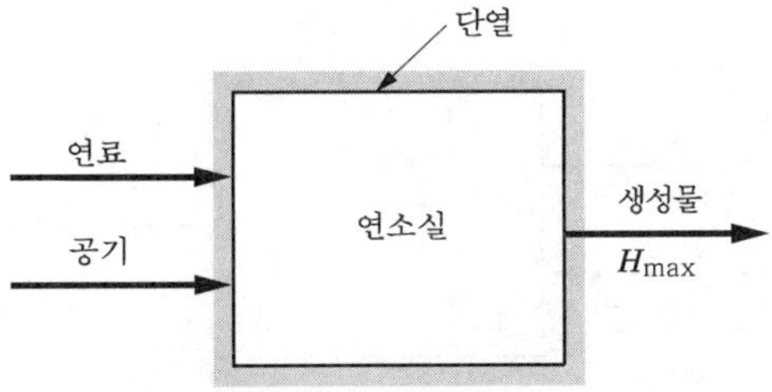

그림 15 · 7 단열 화염 온도

지금 미연 혼합기(未然混合氣)의 온도를 T_R, 연소 가스의 온도를 T_P라 하면

$$H_{P,T_P} = H_{R,T_R} \tag{15 · 30}$$

가 된다. 이 식에서 온도 T_P를 구하면 이것이 단열 화염 온도가 된다. 여기서 H_{P,T_P}와 H_{R,T_R}는 각각 온도 T_P, T_R일 때의 생성 물질, 반응 물질의 엔탈피를 말한다.

식 (15 · 30)을 다시 쓰면 다음 식으로 표시된다.

$$\sum_P n_j[\bar{h}_f^\circ + (\bar{h} - \bar{h}_{298}^\circ)]_j = \sum_R n_i[\bar{h}_f^\circ + (\bar{h} - \bar{h}_{298}^\circ)]_i \tag{15 · 31}$$

여기서 반응 물질의 엔탈피 $\sum_R n_i[\bar{h}_f^\circ + (\bar{h} - \bar{h}_{298}^\circ)]_i$는 용이하게 구할 수 있으나 생성 물질의 엔탈피 $\sum_P n_j[\bar{h}_f^\circ + (\bar{h} - \bar{h}_{298}^\circ)]_j$는 $H_R = H_P$로 되는 생성 물질의 온도를 정확히 알아야만 하므로 반응 물질의 엔탈피 H_R와 생성 물질의 엔탈피 H_P가 같아지는 생성 물질의 온도를 **시행 착오법**(試行錯誤法, trial and error method)으로 구한다. 단열 화염 온도의 계산을 다음 예제로 구해 보기로 한다.

보기 15.10

25℃, 1 atm의 액체 상태인 옥탄(octane, $C_8H_{18}(l)$)이 단열된 연소실 내에서 공기와 반응하여 연소한다. 이 때 공기의 입구 상태는 25℃, 1 atm이고, 이론 공기는 100 %이다. 옥탄의 단열 화염 온도를 구하여라. 다만, 이 연소 장치는 정상 연소이며, 운동 및 위치 에너지는 무시한다.

풀이 그림 15 · 8에서 $W=0$, $Q=0$이면

$$\sum_P n_j[\bar{h}_f^\circ + (\bar{h} - \bar{h}_{298}^\circ)]_j = \sum_R n_i[\bar{h}_f^\circ + (\bar{h} - \bar{h}_{298}^\circ)]_i \tag{a}$$

연소 반응식은

$$C_8H_{18} + 12.5\,O_2 + 47\,N_2 \rightarrow 8\,CO_2 + 9\,H_2O(g) + 47\,N_2 \tag{b}$$

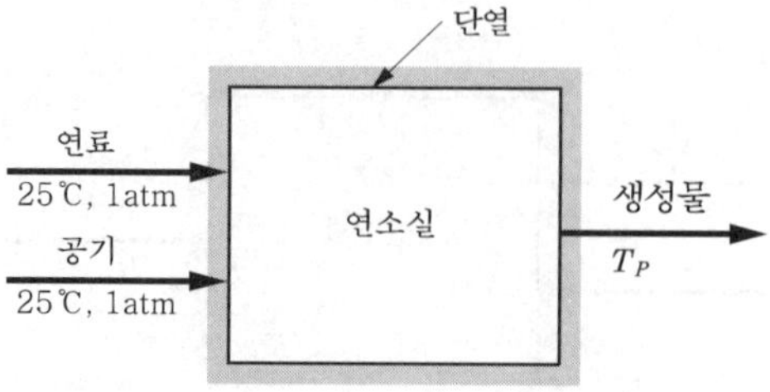

그림 15·8 보기 15.10의 설명도

따라서 부표로부터 $\bar{h}_f^\circ$, $(\bar{h}-\bar{h}_{298}^\circ)$를 구하면

$$\bar{h}_{f,CO_2}^\circ = -393,520\,\text{kJ/kmol},$$

$$\bar{h}_{f,H_2O(g)}^\circ = -241,820\,\text{kJ/kmol}$$

$$\bar{h}_{f,C_8H_{18}}^\circ = -249,950\,\text{kJ/kmol}$$

따라서 식 (a)를 다시 쓰면

$$\sum_P n_j[(\bar{h}-\bar{h}_{298}^\circ)]_j = \sum_R n_i[(\bar{h}-\bar{h}_{298}^\circ)]_i + \sum_R n_i \bar{h}_{f,i}^\circ - \sum_P n_j \bar{h}_{f,j}^\circ$$

여기서 반응 물질의 $\sum_R n_i[(\bar{h}-\bar{h}_{298}^\circ)]_i$ 는 25℃, 1 atm이므로 0이다. 따라서

$$\begin{aligned}
&8[(\bar{h}-\bar{h}_{298}^\circ)]_{CO_2} + 9[(\bar{h}-\bar{h}_{298}^\circ)]_{H_2O} + 47[(\bar{h}-\bar{h}_{298}^\circ)]_{N_2} \\
&\quad = (\bar{h}_{f,C_8H_{18}}^\circ + 12.5\,\bar{h}_{f,O_2}^\circ + 47\,\bar{h}_{f,N_2}^\circ) - (8\,\bar{h}_{f,CO_2}^\circ + 9\,\bar{h}_{f,H_2O}^\circ + 47\,\bar{h}_{f,N_2}^\circ) \\
&\quad = -249,950 - [8\times(-393,520) + 9\times(-241,820)] \\
&\quad = 5,074,590\ \text{kJ/kmol 연료}
\end{aligned}$$

따라서 우변의 값과 같아지는 생성 물질의 $\sum_P n_j[(\bar{h}-\bar{h}_{298}^\circ)]_j$를 구하면 된다. 그러나 좌변의 값은 생성 물질의 온도 T_P에 따라 달라지므로 T_P를 부록의 부표를 이용하여 시행 착오법으로 구하여야 한다.

먼저 생성 물질의 온도를 $T_P = 2550\,\text{K}$로 가정하여 보면

$$\begin{aligned}
\sum_R n_j[(\bar{h}-\bar{h}_{298}^\circ)]_j &= 8(134,368-9,364)_{CO_2} + 9(111,565-9,904)_{H_2O} \\
&\quad + 47(84,814-8,669)_{N_2} \\
&= 5,493,796.0\ \text{kJ/kmol 연료}
\end{aligned}$$

따라서 $H_P = H_R$를 만족하지 않으므로, 같은 방법으로 $H_P = H_R$를 만족하는 T_P를 반복하여 계산하면 $T_P = 2394.52\,\text{K}$이다.

다음 표는 T_P의 값을 구하기 위한 과정을 이해하기 쉽게 표로 나타낸 것이다.

따라서 $\sum_P n_j(\bar{h}-\bar{h}_{298}^\circ) = 5,074,590\,\text{kJ/kmol}$ 연료이므로 T_P는 $2300\,\text{K} < T_P < 2400\,\text{K}$임을 알 수 있다.

표 15·5 TP 의 계산 과정

	2550 K	2400 K	2300 K
$8(\bar{h}-\bar{h}^{\circ}_{298})_{CO_2}$	8(134,368−9,364) = 1,000,032	926,304	877,368
$9(\bar{h}-\bar{h}^{\circ}_{298})_{H_2O}$	9(111,565−9,904) = 914,949	842,436	794,655
$47(\bar{h}-\bar{h}^{\circ}_{298})_{N_2}$	47(84,814−8,669) = 3,579,003	3,320,597	3,149,329
$\sum_P n_j(\bar{h}-\bar{h}^{\circ}_{298})$	5,493,796 kJ/kmol	5,089,337 kJ/kmol	4,821,352 kJ/kmol

T_P의 계산 과정의 프로그램은 다음과 같다.

```
C          ******************************************************************
C          *                    EXAMPLE 15-9 ADIABATIC FLAME TEMPERATURE
C          ******************************************************************
C          PURPOSE:
C                    THIS PROGRAM IS TO CALCULATE THE ADIABATIC FLAME TEMPERATURE
C                    OF A HYDROCARBON (CmHn) FUEL BY USING SECANT METHOD.
C
C          GIVEN:
C                    C_CO2            : CHEMICAL COEFFICIENT OF PRODUCT'S CARBON DIOXIDE
C                    C_H2O            : CHEMICAL COEFFICIENT OF PRODUCT'S GAS PHASE WATER
C                    C_N2             : CHEMICAL COEFFICIENT OF PRODUCT'S NITROGEN
C                    C_O2             : CHEMICAL COEFFICIENT OF PRODUCT'S OXYGEN
C
C                    HF_FUEL          : HYDROCABON'S FUEL ENTHALPY OF FORMATION [KJ/KMOL]
C                    HF_*             : EACH SPECIES' ENTHALPY OF FORMATION [KJ/KMOL]
C                    H298_*         : EACH SPECIES' ENTHALPY OF STANDARD STATE
C                                       (298K, 1ATM) [KJ/KMOL]
C
C                    *_1              : INITIAL VALUE FOR SECANT METHOD
C                    *_2              : OLD VALUE FOR SECANT METHOD
C                    *_3              : NEW VALUE FOR SECANT METHOD
C
C                    ERROR_A          : ACTUAL ERROR FROM THE TEMPERATURE
C                    ERROR_S          : THEORETICAL ERROR DETERMINED BY SIGNIFICANT DIGITS
C
C          INPUT DATA:
C                    M                : THE NUMBER OF CARBON IN THE FUEL
C                    N                : THE NUMBER OF HYDROGEN IN THE FUEL
C                    AIREXCESS : AIR EXCESS RATIO (%)
C

C          RESULTS:
C                    T3 (K)           : THE ADIABATIC FLAME TEMPERATURE OF FUEL
C
C          REMARKS:
C                    IF YOU WANT TO OTHER FUELS' ADIABATIC FLAME TEMPERATURE SUCH AS
C                    METHANE, ACETYLENE, ETHYLENE, ETHANE, PROPYLENE, PROPANE, N-BUTANE,
C                 N-OCTANE, N-DODECANE, BENZENE IN THE TABLE A-31 OF APPENDIX OF TEXTBOOK,
C                    YOU JUST ENTER THE NUMBER OF CARBON AND HYDROGEN OF THE FUELS.
C******************************************************************************
C
           DIMENSION T(156),H_CO2(156),H_H2O(156),H_O2(156),H_N2(156),F(156)
           INTEGER M, H, P, K
           REAL FUEL, CO2, H2O, N2, O2
           PRINT *,'*******************************************************'
           PRINT *,' THIS PROGRAM IS TO CALCULATE THE ADIABATIC FLAME
           PRINT *,' TEMPERATURE BY USING THE SECANT METHOD.
           WRITE(*, *)
C******************************************************************************
C          INPUT DATA OF TEMPERATURE & ENTHALPY ARRAY
C
           DATA T/      0,  220,  230,  240,  250,  260,  270,  280,  290,
     &                298,  300,  310,  320,  330,  340,  350,  360,  370,
     &                380,  390,  400,  410,  420,  430,  440,  450,  460,
                          data omitted
     &                3150, 3200, 3250/
```

```
      DATA H_CO2/     0,    6601,   6938,   7280,   7627,   7979,
     &             8335,    8697,   9063,   9364,   9431,   9807,
     &            10186,   10570,  10959,  11351,  11748,  12148,
     &            12552,   12960,  13372,  13787,  14206,  14328,
     &               data omitted
     &           162226, 165341, 168456, 171576, 174695, 177822/
      DATA H_H2O/     0,    7295,   7628,   7961,   8294,   8627,
     &             8961,    9296,   9631,   9904,   9966,  10302,
     &            10639,   10976,  11314,  11652,  11992,  12331,
     &               data omitted
     &           136264, 139051, 141846, 144648, 147457, 150272/
      DATA H_O2/      0,    6404,   6694,   6984,   7275,   7566,
     &             7858,    8150,   8443,   8682,   8736,   9030,
     &             9325,    9620,   9916,  10213,  10511,  10809,
     &               data omitted
     &           106780, 108778, 110784, 112795, 114809, 116827/
      DATA H_N2/      0,    6391,   6683,   6975,   7266,   7558,
     &             7849,    8141,   8432,   8669,   8723,   9014,
     &             9306,    9597,   9888,  10180,  10471,  10763,
     &               data omitted
     &           101407, 103260, 105115, 106972, 108830, 110690/
C*************************************************************************
C     ENTER THE FUEL-TYPE
C
400   WRITE(*,410)
410   FORMAT(' ENTER THE CARBON NUMBER OF FUEL) : '\)
      READ *, M
      WRITE(*,*)
C
      IF (M .EQ. 1) THEN
            PRINT *,'THIS FUEL IS METHANE.'
            FUEL = -74850
            N = 4.
C
            ELSE IF (M .EQ. 2) THEN
505                 WRITE(*,500)
500                 FORMAT(' ENTER THE HYDROGEN NUMBER OF FUEL) : '\)
                    READ *, N
                    IF (N .EQ. 2) THEN
                          WRITE(*,*), 'THIS FUEL IS ACETYLENE (C2H2).'
                          FUEL = 226730
                    ELSE IF (N .EQ. 4) THEN
                          WRITE(*,*), 'THIS FUEL IS ETHYLENE (C2H4).'
                          FUEL = 52280
                    ELSE IF (N .EQ. 6) THEN
                          WRITE(*,*), 'THIS FUEL IS ETHANE (C2H6).'
                          FUEL = -84680
                    ELSE
                    WRITE (*,*)
                    WRITE(*,*),'ENTER THE HYDROGEN NUMBER AGAIN AMONG 2, 4, 6'
                          GOTO 505
                    END IF
C
            ELSE IF     (M .EQ. 3) THEN
515                 WRITE(*,510)
510                 FORMAT(' ENTER THE HYDROGEN NUMBER OF FUEL) : '\)
                    READ *, N
                    IF (N .EQ. 6) THEN
                          WRITE(*,*), 'THIS FUEL IS PROPYLENE (C3H6).'
                          FUEL = 20410
                          ELSE IF (N .EQ. 8) THEN
                                WRITE(*,*), 'THIS FUEL IS PROPANE (C3H8).'
                                FUEL = -103850
                          ELSE
                                WRITE (*,*)
                    WRITE(*,*),'ENTER THE HYDROGEN NUMBER AGAIN AMONG 6, 8'
                                GOTO 515
                    END IF
C
            ELSE IF     (M .EQ. 4) THEN
                    WRITE(*,*),' THIS FUEL IS N-BUTANE (C4H10).'
                    FUEL = -126150
                    N = 10.
C
            ELSE IF     (M .EQ. 6) THEN
                    WRITE(*,*),' THIS FUEL IS BENZENE (C6H6).'
                    FUEL = 82930
                    N = 6.
```

```
C
                    ELSE IF       (M .EQ. 8) THEN
                    WRITE(*,*), 'THIS FUEL IS OCTANE (C8H18).'
                    N = 18.
                    WRITE (*,*)
525                 WRITE(*,520)
520         FORMAT(' ENTER THE PHASE OF FUEL (1:GAS, 2:LIQUID) 1 OR 2 : '\)
                    READ *, P
                    IF (P .EQ. 1) THEN
                                        FUEL = -249950
                              ELSE IF (P .EQ. 2) THEN
                                        FUEL = -208450
                              ELSE
                                        WRITE (*,*)
                                        PRINT*,'ENTER THE FUEL PHASE AGAIN. TYPE 1 OR 2'
                                        GOTO 525
                              END IF
C
                    ELSE IF       (M .EQ. 12) THEN
                              WRITE(*,*),' THIS FUEL IS N-DODECANE (C12H26).'
                              FUEL = -291010
                              N = 26.
C
                    ELSE
                              WRITE(*,*),'ENTER THE CARBON NUMBER AMONG 1~4, 6, 8, 12'
                              WRITE(*,*)
                              GOTO 400
            END IF
C*********************************************************************
C           ENTER THE AIR EXCESS RATIO
C
            WRITE (*,*)
            WRITE (*,20)
20          FORMAT(' ENTER THE AIR EXCESS RATIO (%) : '\)
            READ *, AIREXCESS
            C_CO2 = M
            C_H2O = N/2.
            C_N2   = 3.76*(M + N/4.)*(AIREXCESS/100. + 1.)
            C_O2   = (AIREXCESS/100.)*(M + N/4.)
            HF_FUEL = FUEL
            HF_CO2 = -393520.
            HF_H2O = -241820.
         HF_N2 = 0.
            HF_O2 = 0.
            H298_CO2 = 9364.
            H298_H2O = 9904.
            H298_N2 = 8669.
            H298_O2 = 8682.
C*********************************************************************
C           DO ITERATION TO FIND THE INITIAL VALUE FOR SECANT METHOD
C
            WRITE(*, *)
            PRINT *, '      T          H_CO2          H_H2O          H_O2          H_N2'
C
            DO I = 1, 156
            LEFT = C_CO2*(H_CO2(I) - H298_CO2) + C_H2O*(H_H2O(I) - H298_H2O)
     &          + C_O2*(H_O2(I) - H298_O2) + C_N2*(H_N2(I) - H298_N2)
            RIGHT = HF_FUEL - C_CO2*HF_CO2 - C_H2O*HF_H2O
            F(I) = LEFT - RIGHT
                    IF(F(I) .LE. 0) THEN
                              J = I
                    ENDIF

            WRITE(*, 30) T(I), H_CO2(I), H_H2O(I), H_O2(I), H_N2(I)
30          FORMAT(F7.1, 2X, 4(F9.1, 2X))
            ENDDO
C*********************************************************************
C           PREPARE THE INITIAL VALUE
C
            T1 = T(J + 1)
            T2 = T(J + 2)
            T3 = T(J + 3)
            F1 = F(J + 1)
            F2 = F(J + 2)
            H_CO2_1 = H_CO2(J + 1)
            H_CO2_2 = H_CO2(J + 2)
            H_H2O_1 = H_H2O(J + 1)
            H_H2O_2 = H_H2O(J + 2)
            H_O2_1 = H_O2(J + 1)
            H_O2_2 = H_O2(J + 2)
```

```
C***********************************************************************
C          ERROR_S COULD ADJUST ACCORDING TO THE SIGNIFICANT DIGITS
C
           ERROR_A = ABS((T3 - T2)/T3 * 100)
           ERROR_S = 0.005
C***********************************************************************
C          THE SECANT METHOD
C
           DO WHILE(ERROR_A .GE. ERROR_S)
                        T3 = T2 - (T2 - T1)/(F2 - F1)*F2
                        H_CO2_3 = H_CO2_2 - (H_CO2_2 - H_CO2_1)/(F2 - F1)*F2
                        H_H2O_3 = H_H2O_2 - (H_H2O_2 - H_H2O_1)/(F2 - F1)*F2
                        H_O2_3 = H_O2_2 - (H_O2_2 - H_O2_1)/(F2 - F1)*F2
                        H_N2_3 = H_N2_2 - (H_N2_2 - H_N2_1)/(F2 - F1)*F2
                        F3=C_CO2*(H_CO2_3-H298_CO2)+C_H2O*(H_H2O_3 - H298_H2O)
     &                 +C_O2*(H_O2_3-H298_O2)+C_N2*(H_N2_3-H298_N2)
     &                 -HF_FUEL-C_CO2*HF_CO2-C_H2O*HF_H2O
                        T1 = T2
                        H_CO2_1 = H_CO2_2
                        H_H2O_1 = H_H2O_2
                        H_O2_1 = H_O2_2
                        H_N2_1 = H_N2_2
                        F1 = F2
                        T2 = T3
                        H_CO2_2 = H_CO2_3
                        H_H2O_2 = H_H2O_3
                        H_O2_2 = H_O2_3
                        H_N2_2 = H_N2_3
                        F2 = F3
                        ERROR_A = ABS((T3 - T2)/T3 * 100)
           ENDDO
C
C***********************************************************************
C          PRINT OUT THE ADIABATIC FLAME TEMPERATURE
C
           WRITE(*, *)
           WRITE(*, *)
           PRINT *,'                    RESULT
                                        '
           WRITE(*, 40) T3
40         FORMAT(' THE ADIABATIC FLAME TEMPERATURE IS ', F7.2, ' K')
           PRINT *,'*****************************************************'
           STOP
           END
```

```
*******************************************************
*                CALCULATION RESULTS                  *
*******************************************************
 THIS PROGRAM IS TO CALCULATE THE ADIABATIC FLAME
 TEMPERATURE BY USING THE SECANT METHOD.

ENTER THE CARBON NUMBER OF FUEL) : 8

THIS FUEL IS OCTANE (C8H18).

ENTER THE PHASE OF FUEL (1:GAS, 2:LIQUID) 1 OR 2 : 1

ENTER THE AIR EXCESS RATIO (%) : 0

                   RESULT

THE ADIABATIC FLAME TEMPERATURE IS 2394.52 K
*******************************************************
```

보기 15.11

25℃, 1 atm의 액체 상태인 옥탄(octane, $C_8H_{18}(l)$)이 앞의 보기와 같은 연소 조건에서 450 %의 이론 공기로 연소하는 경우 단열 화염 온도를 구하여라.

풀이 연소 반응식은

$$C_8H_{18} + 4.5(12.5)\,O_2 + 4.5(3.76)(12.5)\,N_2 \longrightarrow$$

$$8CO_2 + 9H_2O + (4.5-1)(12.5)O_2 + 211.5N_2$$

$$C_8H_{18} + 56.25O_2 + 211.5N_2 \longrightarrow 8CO_2 + 9H_2O + 43.75O_2 + 211.5N_2$$

단열 화염 온도를 구하기 위하여 앞의 보기와 같은 방법으로 계산하면

$$8(\overline{h} - \overline{h}^\circ_{298})_{CO_2} + 9(\overline{h} - \overline{h}^\circ_{298})_{H_2O} + 43.75(\overline{h} - \overline{h}^\circ_{298})_{O_2} + 211.5(\overline{h} - \overline{h}^\circ_{298})_{N_2}$$

$$= 5{,}074{,}590\,\text{kJ/kmol 연료}$$

우변을 만족하는 온도 T_P를 반복 계산하여 구하면

$$T_P = 895.27\,\text{K}$$

이다.

15.6 반응계의 엔트로피 변화

반응계의 엔트로피 생성 S_{gen}은 과정 중의 총 엔트로피 변화와 같으므로

$$S_{\geq n} = \Delta S_{sys} + \Delta S_{sur} \geq 0 \text{ kJ/K} \tag{15·32}$$

가 된다. 여기서 ΔS_{sys}는 계의 엔트로피 변화이고, ΔS_{sur}는 주위의 엔트로피 변화이다.

반응계에서 ΔS_{sys}는 반응실 내에서 반응할 때의 엔트로피 변화로써

$$\Delta s_{sys} = S_P - S_R = \sum n_P \overline{s}_P - \sum n_R \overline{s}_R \text{ kJ/K} \tag{15·33}$$

가 된다.

한편 ΔS_{sur}은

$$\Delta S_{sur} = \frac{Q_{sur}}{T_0} \text{ kJ/K} \tag{15·34}$$

여기서 Q_{sur}은 계로부터 주위로의 열전달량이다.

절대 0°를 기준으로 하여 구한 화합물의 엔트로피를 절대 엔트로피(absolute entropy)라 한다. 일반적으로 편람이나 표에는 1 atm, 25℃의 값을 나타내고 있다.

압력이 $P_0 = 1$ atm이고 온도 T인 상태로부터 온도 T, 압력 P인 상태로 상태 변화하는 경우 엔트로피 변화는 다음 식으로 구한다.

$$\overline{s}(T, P) = \overline{s}^\circ(T, P_0) - \overline{R}\ln\frac{P}{P_0}$$

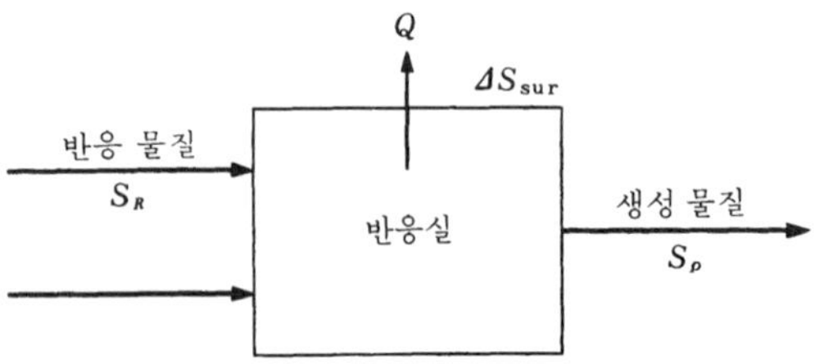

(a) 반응계의 엔트로피 변화

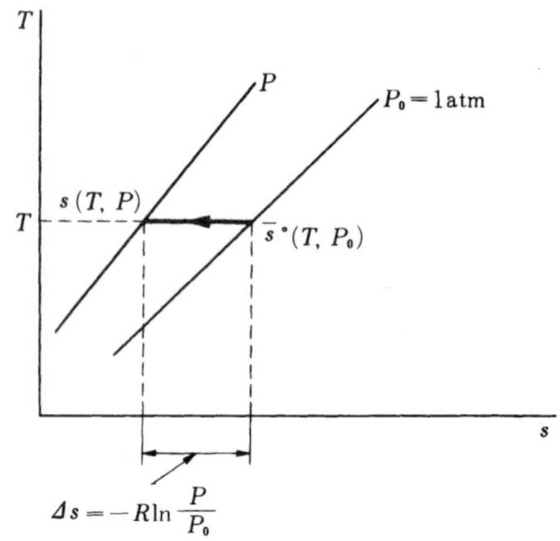

(b) 반응계의 T - s 선도

그림 15 · 9 반응계의 엔트로피와 $T-v$ 선도

이상 기체 혼합물 중에서 성분 기체 i의 엔트로피는 다음과 같이 구할 수 있다.

$$\bar{s}_i = \bar{s}_i(T, P_i) \tag{a}$$

화학 반응에서 생성물질 P와 반응물질 R 사이의 엔트로피 차는

$$\Delta S = S_P - S_R = \sum_P n_j \bar{s}_j(T_P, P_j) - \sum_R n_i \bar{s}_i(T_R, P_i) \tag{b}$$

로 표시된다.

생성 물질과 반응 물질 중에 성분 기체의 엔트로피 변화를 구하기 위하여 엔트로피 변화에 대한 식을 적용하면

$$d\bar{s} = \bar{c}_p \frac{dT}{T} - \bar{R}\frac{dP}{P} \tag{c}$$

가 된다.

$P_0 = 1$ atm, $T_0 = 0$ K를 기준으로 하여 식 (c)를 적분하면

$$\int_{T_0, P_0}^{T, P} ds = \int_{T_0}^{T} c_p \frac{dT}{T} - \bar{R}\int_{P_0}^{P}\frac{dP}{P} \tag{d}$$

여기서 우변 제1항은 $\bar{s}^\circ(T)$로 표시할 수 있으므로

$$\bar{s}(T, P_i) - \bar{s}(T_0, P_0) = \bar{s}^\circ(T) - \bar{R}\ln\frac{P}{P_0}$$

가 된다.

열역학 제 3 법칙에 의하면 $\bar{s}(T_0, P_0) = 0$이므로, 성분 기체의 엔트로피는 다음 식으로 표시된다.

$$\bar{s}(T, P_i) = \bar{s}^\circ(T) - \bar{R}\ln\frac{P}{P_0}\ \text{kJ/kmol K} \qquad (15 \cdot 35)$$

여기서 $s^\circ(T)$는 압력 P_0, 온도 T일 때의 절대 엔트로피이다. 온도 T이고 분압이 P_i인 이상 기체 혼합물 중의 i 성분에 대한 엔트로피를 $\bar{s}_i(T, P_i)$라 하면

$$\left.\begin{aligned} \bar{s}_i(T,P_i) &= \bar{s}_i^\circ(T) - \bar{R}\ln\frac{y_iP}{P_0} \\ \bar{s}_i(T,P_i) &= \bar{s}_i^\circ(T) - \bar{R}\ln\frac{P_i}{P_0} \end{aligned}\right\} \qquad (15 \cdot 36)$$

가 된다. 이 식에서 분압(分壓) P_i는

$$P_i = y_iP$$

이며 y_i는 몰분율, P는 혼합물의 전압(全壓, total pressure)이다. $\bar{s}_i^\circ(T)$는 온도 T이고 압력 P_0인 성분 기체 i의 절대 엔트로피이다.

식 (15 · 36)에서 $P_i = y_iP$, $P_0 = 1\text{atm}$이므로

$$\bar{s}_i(T,P) = \bar{s}_i^\circ(T) - \bar{R}\ln y_iP \qquad (15 \cdot 37)$$

로 표시된다.

온도 T, 압력 P일 때의 Gibbs 함수 $\bar{g}$는

$$\bar{g}(T,P) = \bar{g}_f^\circ + [\bar{g}(T,P) - \bar{g}(T_0,P_0)] = \bar{g}_f^\circ + \Delta\bar{g} \qquad (15 \cdot 38)$$

여기서 $\bar{g}_f^\circ$는 25℃, 1 atm에서의 생성 Gibbs 함수이다.

식 (15 · 38)에서 보는 바와 같이 표준 상태가 아닐 때의 Gibbs 함수는 표준 상태에서의 생성 Gibbs 함수에 표준 상태와 임의의 상태 사이의 Gibbs 함수 차를 더한 것과 같다.

식 (15 · 38)에서 $\Delta\bar{g}$는

$$\Delta\bar{g} = [\bar{h}(T,P) - \bar{h}(T_0,P_0)] - [T\bar{s}(T,P) - T_0\bar{s}(T_0,P_0)] \qquad (15 \cdot 39)$$

로 표시된다.

보기 15.12

표준 상태에서 메탄(methane, CH_4)의 생성 Gibbs 함수를 구하여라.

풀이 메탄의 생성 반응은

$$C + 2H_2 \longrightarrow CH_4$$

이 반응의 Gibbs 함수 변화는

$$\bar{g}_P - \bar{g}_R = (\bar{h} - T\bar{s})_{CH_4} - (\bar{h} - T\bar{s})_C - 2(\bar{h} - T\bar{s})_{H_2}$$

$$= (\bar{h}_{CH_4} - \bar{h}_C - 2\bar{h}_{H_2}) - T(\bar{s}_{CH_4} - \bar{s}_C - 2\bar{s}_{H_2})$$

가 된다. 표준 상태이므로 $\bar{g}_R = \bar{h}_C = \bar{h}_{H_2} = 0$, $\bar{g}_P - \bar{g}^\circ_{f,CH_4}$, $\bar{g}^\circ_{f,C} = 0$, $\bar{g}^\circ_{f,H_2} = 0$

$$\bar{g}^\circ_{f,CH_4} = \bar{h}^\circ_{f,CH_4} - T(\bar{s}^\circ_{CH_4} - \bar{s}^\circ_C - 2\bar{s}^\circ_{H_2})$$

부록의 표에서 생성 엔탈피와 절대 엔트로피를 구하면

$$\bar{h}^\circ_{f,CH_4} = -74{,}850\,\text{kJ/kmol}$$

$$\bar{s}^\circ_{CH_4} = 186.16\,\text{kJ/kmol K}$$

$$\bar{s}^\circ_C = 5.74\,\text{kJ/kmol K}$$

$$\bar{s}^\circ_{H_4} = 130.68\,\text{kJ/kmol K}$$

따라서

$$\bar{g}^\circ_{f,CH_4} = -74{,}850 - 298.15[186.16 - 5.74 - 2(130.68)]$$

$$= -50{,}717.739\,\text{kJ/kmol}$$

15.7 반응계의 엔트로피 평형

반응계에 대하여 엔트로피 평형식을 세우면 탄화수소 연료에 대하여는 다음 관계가 성립한다.

$$C_mH_n + \left(m + \frac{n}{4}\right)O_2 + 3.76\left(m + \frac{n}{4}\right)N_2 \rightarrow$$

$$mCO_2 + \frac{n}{2}H_2O + 3.76\left(m + \frac{n}{4}\right)N_2$$

$$\sum \frac{\dot{Q}_j / \dot{T}_j}{\dot{n}_F} + \overline{s_F} + \left(m + \frac{n}{4}\right)\overline{s_{O_2}} + 3.76\left(m + \frac{n}{4}\right)\bar{s}_{N_2} - \left[m\bar{s}_{CO_2} + \frac{n}{2}\bar{s}_{H_2O} + 3.76\left(m + \frac{n}{4}\right)\bar{s}_{N_2}\right] + \frac{\dot{S}_{gen}}{\dot{n}_F} = 0 \qquad (15 \cdot 40)$$

여기서 $\sum \frac{\dot{Q}_j / \dot{T}_j}{\dot{n}_F}$: 열전달량에 의한 엔트로피

$\bar{s}_F$: 연료의 엔트로피

$\left(m + \frac{n}{4}\right)\bar{s}_{O_2} + 3.76\left(m + \frac{n}{4}\right)\bar{s}_{N_2}$: 공기의 엔트로피

$\left[m\bar{s}_{CO_2} + \frac{n}{2}\bar{s}_{H_2O} + 3.76\left(m + \frac{n}{4}\right)\bar{s}_{N_2}\right]$: 생성물의 엔트로피

$\frac{\dot{S}_{gen}}{\dot{n}_F}$: 엔트로피 생성

$\dot{n}_F$: 연료의 몰유량(mol/s)

보기 15.13

메탄이 정적 연소 할 때의 엔트로피 변화를 구하여라. 단, 초기 조건은 25℃, 1 atm이고, 생성물의 온도는 1000 K이다.

풀이 메탄의 연소 반응식은

$$CH_4 + 2O_2 \longrightarrow CO_2 + 2H_2O$$

따라서 반응 물질 및 생성 물질의 엔트로피는

$$S_R = n_{CH_4}\bar{s}_{CH_4}(T_1, y_{CH_4}P_1) + n_{O_2}\bar{s}_{O_2}(T_1, y_{O_2}P_1)$$

여기서 $n_{CH_4} = 1$, $n_{O_2} = 2$, $y_{CH_4} = \frac{1}{3}$, $y_{O_2} = \frac{2}{3}$, $y_{O_2} = \frac{2}{3}$

$$S_P = n_{CO_2}\bar{s}_{CO_2}(T_2, y_{CO_2}P_2) + n_{H_2O}\bar{s}_{H_2O}(T_2, y_{H_2O}P_2)$$

여기서 $n_{CO_2} = 1$, $n_{H_2O} = 2$, $y_{H_2O} = \frac{2}{3}$, $P_1 = P_0$, $T_1 = 25$℃ 이다.

따라서

$$\bar{s}_{CH_4}(T_1, y_{CH_4}P_1) = \bar{s}^{\circ}_{CH_4}(T_0) - \bar{R}\ln\frac{y_{CH_4}P_0}{P_0}$$

$$= 186.16 - 8.314\ln\frac{1}{3} = 195.294\,\text{kJ/kmol K}$$

$$\bar{s}_{O_2}(T_1, y_{O_2}P_1) = \bar{s}^{\circ}_{O_2}(T_0) - \bar{R}ln\frac{y_{O_2}P_0}{P_0}$$

$$= 205.03 - 8.314\ln\frac{2}{3} = 208.401\,\text{kJ/kmol K}$$

$T_2 = 1000\text{K}$, $P_2 = 3.354\text{atm}\left(P_2 = P_1\frac{T_2}{T_1} = \frac{1\times1000}{298.15} = 3.354\right)$일 경우 생성물의 엔트로피는

$$\bar{s}_{CO_2}(T_2, y_{CO_2}P_2) = \bar{s}^{\circ}_{CO_2}(T_2) - \bar{R}\ln\frac{y_{CO_2}P_2}{P_0}$$

$$= 269.215 - 8.314\ln\left[\frac{1}{3}(3.354)\right]$$

$$= 268.2876\,\text{kJ/kmol K}$$

$$\bar{s}_{H_2O}(T_2, y_{H_2O}P_2) = \bar{s}^{\circ}_{H_2O}(T_2) - \bar{R}\ln\frac{y_{H_2O}P_2}{P_0}$$

$$= 232.597 - 8.314\ln\left[\frac{2}{3}(3.354)\right]$$

$$= 225.9068\,\text{kJ/kmol K}$$

$$\Delta S = S_P - S_R$$

$$= [268.2876 + 2(225.9068)] - [195.294 + 2(208.401)]$$

$$= 108.005\,\text{kJ/K}$$

보기 15.14

액체 옥탄이 25 ℃, 1 atm의 상태로 단열된 반응실로 들어가서 같은 온도와 압력의 공기와 반응한다. 생성물이 1 atm의 압력하에서 나올 때 연료 kmol당 엔트로피 생성을 구하여라. 다만, 이 반응은 정상 상태로 이루어지며 운동 에너지 및 위치 에너지 차는 무시된다.

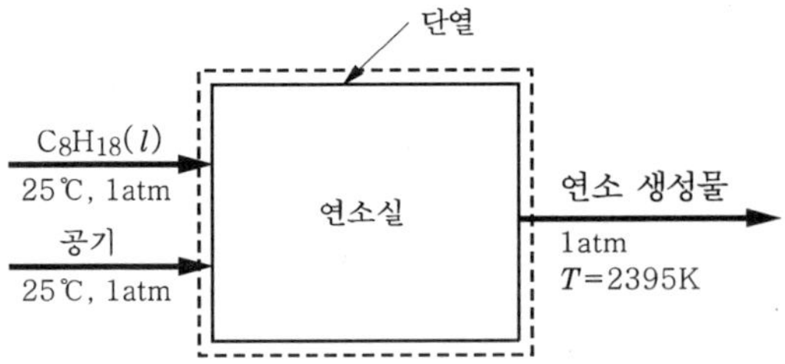

그림 15·10 보기 15.14의 설명도

풀이 연소 반응식을 세우면

$$C_8H_{18}(l) + 12.5\,O_2 + 3.76(12.5)\,N_2 \longrightarrow 8\,CO_2 + 9\,H_2O + 3.76(12.5)\,N_2$$

연료 단위 몰당 엔트로피 평형식을 쓰면

$$\sum_j \frac{\dot{Q}_j/T_j}{\dot{n}_F} + \bar{s}_F + 12.5\bar{s}_{O_2} + 47\bar{s}_{N_2} - 8\bar{s}_{CO_2} - 9\bar{s}_{H_2O} - 47\bar{s}_{N_2} + \frac{\dot{S}_{gen}}{\dot{n}_F} = 0$$

가 된다. 이 식을 $\dfrac{\dot{S}_{gen}}{\dot{n}_F}$ 에 대하여 나타내면

$$\frac{\dot{S}_{gen}}{\dot{n}_F} = 8\bar{s}_{CO_2} + 9\bar{s}_{H_2O} + 47\bar{s}_{N_2} - \bar{s}_F - 12.5\bar{s}_{O_2} - 47\bar{s}_{N_2}$$

문제에서 연료는 25 ℃, 1 atm의 상태로 공급되므로 액체 상태인 옥탄의 절대 엔트로피는

$$\bar{s}_F = \bar{s}_{C_8H_{18}(l)}(T_0) = 360.79\,\text{kJ/kmol K}$$

이다. 부록의 표를 사용하여 공기 중의 $\bar{s}_{O_2}$, $\bar{s}_{N_2}$를 구하면

$$\begin{aligned}\bar{s}_{O_2} &= \bar{s}^\circ_{O_2}(T_0) - \bar{R}\ln\frac{y_{O_2}P_0}{P_0}\\ &= 205.03 - 8.314\ln 0.21\\ &= 218.0052\,\text{kJ/kmol K}\end{aligned}$$

$$\begin{aligned}\bar{s}_{N_2} &= \bar{s}^\circ_{N_2}(T_0) - \bar{R}\ln\frac{y_{N_2}P_0}{P_0}\\ &= 191.5 - 8.314\ln 0.79\\ &= 193.4598\,\text{kJ/kmol K}\end{aligned}$$

생성물은 1 atm, 2395 K(단열 화염 온도)로 나오며 몰분율은

$$y_{CO_2} = \frac{8}{64} = 0.125,\quad y_{H_2O}(g) = \frac{9}{64} = 0.1406,\quad y_{N_2} = \frac{47}{64} = 0.7344$$

이다. 따라서 부록의 표로부터 2395 K 일 때의 절대 엔트로피를 구하여 $\bar{s}_{CO_2}$, $\bar{s}_{H_2O}$, $\bar{s}_{N_2}$의 값을 구하면

$$\bar{s}_{CO_2} = \bar{s}^\circ_{CO_2} - \bar{R}\ln y_{CO_2} = 320.173 - 8.314\ln 0.125 = 337.46\,\text{kJ/kmol K}$$

$$\bar{s}_{H_2O} = \bar{s}^\circ_{H_2O} - \bar{R}\ln y_{H_2O} = 273.986 - 8.314\ln 0.1406 = 290.30\,\text{kJ/kmol K}$$

$$\bar{s}_{N_2} = \bar{s}^\circ_{N_2} - \bar{R}\ln y_{N_2} = 258.503 - 8.314\ln 0.7344 = 261.07\,\text{kJ/kmol K}$$

따라서 엔트로피 생성은

$$\begin{aligned}\frac{\dot{S}_{gen}}{\dot{n}_F} &= 8\bar{s}_{CO_2} + 9\bar{s}_{H_2O} + 47\bar{s}_{N_2} - \bar{s}_F - 12.5\bar{s}_{O_2} - 47\bar{s}_{N_2}\\ &= 8(337.46) + 9(290.30) + 47(261.07) - 360.79 - 12.5(218.01)\\ &\quad - 47(261.07)\\ &= 2226.465\,\text{kJ/kmol(옥탄) K}\end{aligned}$$

15.8 반응계의 제 2 법칙 해석

반응계의 엔트로피 생성 또는 엔트로피 변화와 비가역성 I의 관계는

$$W_{rev} - W_u = I$$
$$I = T_0 S_{gen} \ \text{kJ} \qquad (15 \cdot 41)$$

가 되고, 여기서 W_{rev}는 가역일, W_u는 유효일, T_0는 주위의 온도이다.

반응계를 해석할 때 계의 유효성(availability) 변화, 즉 과정 중의 가역일에 대하여 생각하기로 한다.

정상류 연소 과정에서 운동 및 위치 에너지를 무시하면

$$W_{rev} = \sum_R n_i[\bar{h}_f^\circ + (\bar{h} - \bar{h}_{298}^\circ) - T_0\bar{s}]_i - \sum_P n_j[\bar{h}_f^\circ + (\bar{h} - \bar{h}_{298}^\circ) - T_0\bar{s}]_j \qquad (15 \cdot 42)$$

가 된다.

만일 연소실이 온도 T_R인 열원과 Q_P의 열전달이 이루어진다면 W_{rev}식에서 $Q_R\left(1 - \dfrac{T_0}{T_R}\right)$을 빼면 된다.

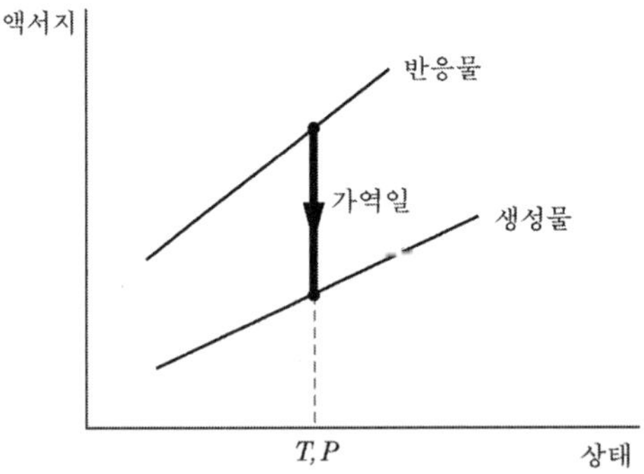

그림 15 · 11 화학 반응시의 반응물과 생성물의 유효 에너지 차이

반응 물질과 생성 물질이 모두 주위 온도 T_0이면 물질 1 mol 당 Gibbs 에너지는 $(\bar{h} - T_0\bar{s}) = (\bar{h} - T\bar{s})_{T_0} = \bar{g}_0$ 이므로 W_{rev}는

$$W_{rev} = \sum_R n_i \bar{g}_{0i} - \sum_P n_j \bar{g}_{0j} \qquad (15 \cdot 43)$$

$$W_{rev} = \sum_R n_i[\bar{g}_f^\circ + (\bar{g}_{T_0} - \bar{g}_{298}^\circ)]_i - \sum_P n_j[\bar{g}_f^\circ + (\bar{g}_{T_0} - \bar{g}_{298}^\circ)]_j \ \text{kJ} \qquad (15 \cdot 44)$$

여기서 $\bar{g}_f^\circ$ 는 생성 Gibbs함수(안정된 원소 N_2, O_2 등이 25℃, 1 atm일 경우 $\bar{g}_f^\circ=0$)이고, $(\bar{g}_{T_0}-\bar{g}_{298}^\circ)$은 온도 T_0와 $T=298\,\text{K}$일 때의 Gibbs함수의 차이이다.

특수한 경우로 $T_{\text{react}}=T_{\text{product}}=T_0=25\,℃$ 이고, $P_i=1$ atm이면 식 (15・44)는 다음과 같이 표시된다.

$$W_{\text{rev}}=\sum_R n_i\bar{g}_{fi}^\circ-\sum_P n_j\bar{g}_{fj}^\circ \tag{15・45}$$

$T_0=25℃$, 1 atm에서 안정된 원소 C와 O_2가 반응하여 CO_2를 생성하는 경우

$$C+O_2 \longrightarrow CO_2$$

이 반응식에서 $\bar{g}_{f,C}^\circ$, $\bar{g}_{f,O_2}^\circ=0$이고, $(\bar{g}-\bar{g}_{298}^\circ)=0$ 이므로

$$W_{\text{rev}}=-\sum_P n_j\left[\bar{g}_f^\circ+(\bar{g}-\bar{g}_{298}^\circ)\right]_j=-\bar{g}_{f,CO_2}^\circ$$

가 된다. 따라서 위의 식 (15・44), (15・45)에서 $-\bar{g}_f^\circ$ 값은(25℃, 1 atm에서의 Gibbs 함수값) 25℃, 1 atm의 상태의 안정된 원소들로부터 같은 조건하의 화합물을 만드는데 필요한 가역일을 나타낸다(그림 15・12 참조). $\bar{g}_f^\circ$ 의 값을 부록의 표 A・31에 게재하였다.

$C+O_2\rightarrow CO_2$반응의 경우 가역일 W_{rev}는

$$W_{\text{rev}}=-\bar{g}_{f,CO_2}^\circ=-(-394{,}360)=394{,}360\,\text{kJ/kmol}$$

이 된다.

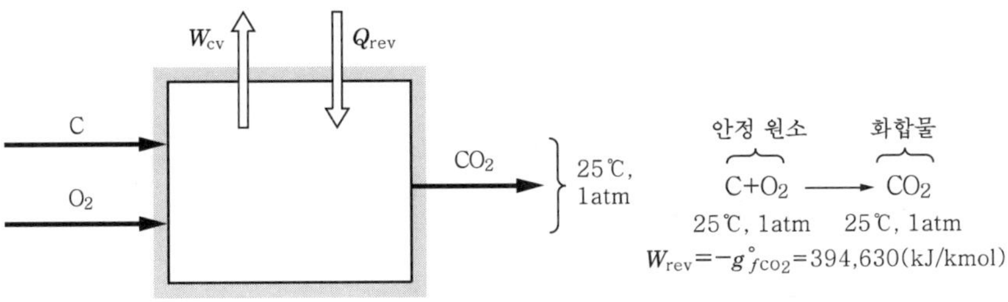

그림 15・12

보기 15.15

25℃, 1 atm의 상태에서 1 kmol의 C가 산소 1 kmol과 결합하여 CO_2를 생성할 경우 가역일을 구하여라. 단 생성물의 온도와 압력은 25℃, 1 atm이다.

풀이 연소 반응식은

$$C + O_2 \rightarrow CO_2$$

가역일 W_{rev}는

$$W_{rev} = \sum_R n_i \bar{g}^\circ_{f,i} - \sum_P n_j \bar{g}^\circ_{f,j}$$

$$= n_C \bar{g}^\circ_{f,C} + n_{O_2} \bar{g}^\circ_{f,O_2} - n_{CO_2} \bar{g}^\circ_{f,CO_2},\ n_C \bar{g}^\circ_{f,C} = 0,\ n_{O_2} \bar{g}^\circ_{f,O_2} = 0$$

$$= -n_{CO_2} \bar{g}^\circ_{f,CO_2}$$

$$= -1 \times (-394{,}360) = 394{,}360\,\text{kJ/kmol}$$

또는

$$W_{rev} = \sum_R n_i [\bar{h}^\circ_f + (\bar{h} - \bar{h}^\circ_{298}) - T_0 \bar{s}]_i - \sum_P n_j [\bar{h}^\circ_f + (\bar{h} - \bar{h}^\circ_{298}) - T_0 \bar{s}]_j$$

$$= \sum_R n_i [\bar{h}^\circ_f - T_0 \bar{s}]_i - \sum_P n_j [\bar{h}^\circ_f - T_0 \bar{s}]_j$$

$$= n_C \left[\bar{h}^\circ_f - T_0 \bar{s}\right]_C + n_{O_2} \left[\bar{h}^\circ_f - T_0 \bar{s}\right]_{O_2} - n_{CO} \left[\bar{h}^\circ_f - T_0 \bar{s}\right]_{CO_2}$$

부록 A-31을 이용하면

$$W_{rev} = 1 \times (0 - 298 \times 5.74) + 1 \times (0 - 298 \times 205.04) - 1 \times (-393{,}520 - 298 \times 213.8)$$

$$= 394{,}419\,\text{kJ/kmol}$$

보기 15.16

에탄(C_2H_6) 가스가 25℃, 1 atm의 상태로 정상류 연소실로 공급되어 공기와 이론 혼합비로 연소한다. 연소 생성물의 온도가 900 K일 경우 엔트로피 변화를 구하여라. 연소 과정 중에 열은 25℃인 주위에 전달된다. 이 과정 중의 비가역성 I를 구하여라.

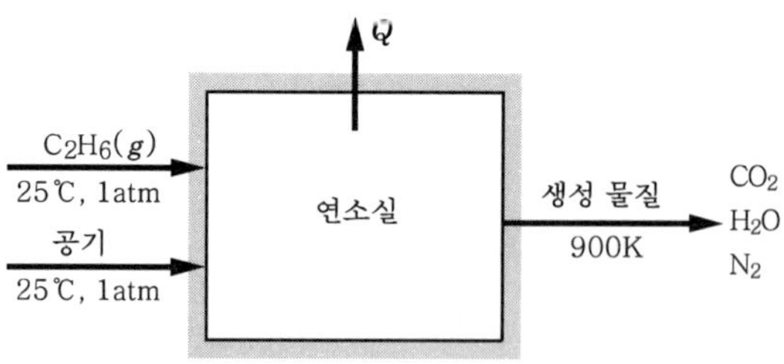

그림 15・13 보기 15.13의 설명도

풀이 그림 15・13과 같은 연소 장치에서 연소 반응식을 세우면

$$C_2H_6 + 3.5\,O_2 + 3.5(3.76)\,N_2 \longrightarrow 2\,CO_2 + 3\,H_2O + 13.16\,N_2$$

반응 물질의 총 몰수는

$$n_R = \sum_R n_i = 1 + 3.5 + 13.16 = 17.66$$

반응 물질의 몰분율은

$$y_{C_2H_6} = \frac{n_{C_2H_6}}{n_R} = \frac{1}{17.66} = 0.0566$$

$$y_{O_2} = \frac{3.5}{17.66} = 0.1982$$

$$y_{N_2} = \frac{13.16}{17.66} = 0.7452$$

$$\Delta S = S_P - S_R = \sum_P n_j \bar{s}_j - \sum_R n_i \bar{s}_i$$

$$\bar{s}_{C_2H_6} = \bar{s}^{\circ}_{C_2H_6} - \bar{R}\ln(y_{C_2H_6}P_m) = 229.49 - 8.314\ln(0.0566 \times 1)$$
$$= 253.3657\,\text{kJ/kmol K}$$

$$\bar{s}_{O_2} = \bar{s}^{\circ}_{O_2} - \bar{R}\ln(y_{O_2}P_m) = 205.04 - 8.314\ln(0.1982 \times 1)$$
$$= 218.4960\,\text{kJ/kmol K}$$

$$\bar{s}_{N_2} = \bar{s}^{\circ}_{N_2} - \bar{R}\ln(y_{N_2}P_m) = 191.61 - 8.314\ln(0.7452 \times 1)$$
$$= 194.0552\,\text{kJ/kmol K}$$

$$S_R = \sum_R n_i \bar{s}_i$$
$$= 1 \times 253.3657 + 3.5 \times 218.4960 + 13.16 \times 194.0552$$
$$= 3{,}571.8681\,\text{kJ/K}$$

한편 생성 물질의 총 몰수는

$$n_P = \sum_P n_j = 2 + 3 + 13.16 = 18.16$$

$$y_{CO_2} = \frac{n_{CO_2}}{n_R} = \frac{2}{18.16} = 0.1101$$

$$y_{H_2O} = \frac{3}{18.16} = 0.1652$$

$$y_{N_2} = \frac{n_{N_2}}{n_R} = \frac{13.16}{18.16} = 0.7247$$

따라서 부표로부터 $\bar{s}^{\circ}$ 구하여 계산하면

$$S_P = \sum_P n_j \bar{s}_j$$

$$\bar{s}_{CO_2} = \bar{s}^{\circ} - \bar{R}\ln(y_{CO_2}P_m) = 263.559 - 8.314\ln(0.1101 \times 1)$$
$$= 281.9027\,\text{kJ/kmol K}$$

$$\bar{s}_{H_2O} = \bar{s}^{\circ} - \bar{R}\ln(y_{H_2O}P_m) = 228.321 - 8.314\ln(0.1652 \times 1)$$
$$= 243.2912\,\text{kJ/kmol K}$$

$$\bar{s}_{N_2} = \bar{s}^{\circ} - \bar{R}\ln(y_{N_2}P_m) = 224.647 - 8.314\ln(0.7247 \times 1)$$
$$= 227.3241\,\text{kJ/kmol K}$$

$$S_P = \sum_P n_j \bar{s}_j$$
$$= 2 \times 281.9027 + 3 \times 243.2912 + 13.16 \times 227.3241$$
$$= 4{,}285.2642\,\text{kJ/K}$$

따라서

$$\Delta S_{sys} = S_P - S_R = 4{,}285.2642 - 3{,}571.8681 = 713.3961\,\text{kJ/K}$$

정압 연소 과정에서 계로부터 주위로의 열전달량은

$$Q = H_P - H_R = \sum_P n_j[\bar{h}_f^{\circ} + (\bar{h} - \bar{h}_{298}^{\circ})]_j - \sum_R n_i[\bar{h}_f^{\circ} + (\bar{h} - \bar{h}_{298}^{\circ})]_i$$

여기서 $\bar{h}^{\circ}_{f,CO_2} = -393{,}520\,\text{kJ/kmol}$, $\bar{h}^{\circ}_{f,H_2O} = -241{,}820\,\text{kJ/kmol}$, $\bar{h}^{\circ}_{f,C_2H_6} = -84{,}680\,\text{kJ /kmol}$ 이다.

$$H_P = 2 \times [-393{,}520 + (37{,}405 - 9{,}364)]_{CO_2} + 3 \times [-241{,}820$$
$$+ (31{,}828 - 9{,}904)]_{H_2O} + 13.16[0 + (26{,}890 - 8{,}669)]_{N_2}$$
$$= -1{,}150{,}857.64\,\text{kJ/kmol}$$

$$H_R = 1 \times [-84{,}680]_{C_2H_6} + 0 + 0 = -84{,}680\,\text{kJ/kmol}$$

$$Q = H_P - H_R = -1{,}150{,}857.64 - (-84{,}680) = -1{,}066{,}177.64\,\text{kJ/kmol } C_2H_6$$

주위의 엔트로피 변화 ΔS_{sur} 는

$$\Delta S_{sur} = \frac{Q_{sur}}{T_0} = -\frac{Q}{T_0} = -\frac{1{,}066{,}087.64}{298.15} = 3{,}575.9773\,\text{kJ/K}$$

연소 과정 중의 총엔트로피 변화는

$$\Delta S = \Delta S_{sys} + \Delta S_{sur} = 713.3961 + 3{,}575.9773$$
$$= 4{,}289.3734\,\text{kJ/K}$$

연소 과정의 비가역성 I는

$$I = T_0 \Delta S = T_0 S_{gen} = 298.15 \times 4{,}289.3734$$
$$= 1{,}278{,}876.679\,\text{kJ}$$

15.9 연료 전지

연료 전지(fuel cell)는 연료의 화학적 에너지를 직접 전기적 에너지로 변환하는 장치로서 직접 발전이라고도 한다. 일반적으로 열기관에 의한 전력의 생산에는 연료의 화학 에너지 → 열에너지 → 역학적 에너지 → 전기적 에너지의 3 단계의 과정을 거친다. 이것에 대하여 연료 전지는 열에너지를 경유하지 않고 직접 화학 에너지를 전기 에너지로 변환하는 특징을 갖는다.

연료 전지의 구조를 연료로 수소, 산화제로 산소를 사용하는 예를 그림 **15 · 14**에 나타내었다. 전해액으로써 묽은 황산과 같은 산성 수용액을 사용한 경우의 수소측의 전극인 **연료극**(anode)에서 일어나는 반응은

$$2H_2(g) \rightarrow 4H^+ + 4e^- \qquad (15 \cdot 46)$$

로 되어 수소가 수소 이온(H^+)과 전자(e^-)로 나누어지는 수소의 이온화 반응이 일어난다.

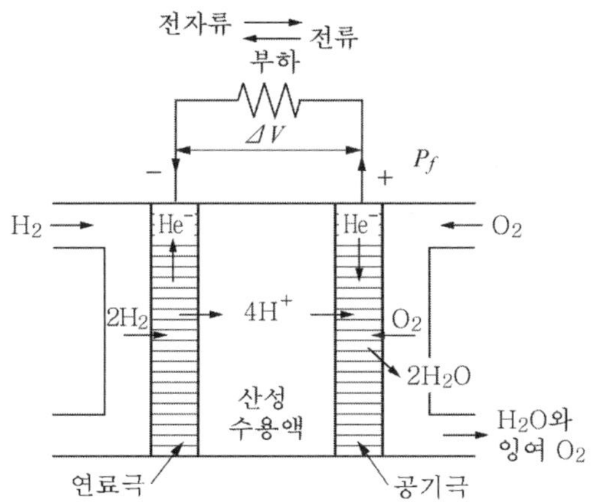

그림 15 · 14 수소-산소 연료 전지

H^+는 전해액을 거쳐 산소측의 전극, 즉 **공기극**(cathode)의 방향으로 흐르고, e^-는 외부 회로 도선을 거쳐 연료극측으로부터 공기극측으로 흐르게 된다.

공기극은 산소와 수소이온 및 전자와의 반응에 의하여

$$O_2(g) + 4H^+ + 4e^- \longrightarrow 2H_2O(l) \qquad (15 \cdot 47)$$

가 된다. 따라서 연료 전지 전체의 반응은 다음과 같이 된다.

$$2H_2(g) + O_2(g) \longrightarrow 2H_2O(l)$$

연료 전지에서 화학 반응에 의하여 연료가 갖는 표준 반응열은 $\Delta h^{\circ}_{f,298}$을 방출한다. 이 가운데 전기 에너지로 변환하는 양은 엑서지를 Ψ라 하면

$$\Psi_{max} = -\Delta G \tag{15·48}$$

이다. 수소 2 kmol 당의 전기 에너지는

$$\Psi = 4N_0 e \Delta V$$

$$\Delta V = -\frac{\Delta G}{4N_0 e} \tag{15·49}$$

가 된다. 여기서 N_0는 아보가드로수(1kmol 중의 분자수), e는 전자 1개당의 전하, ΔV는 양전극간의 전위차이다.

H_2가 $\frac{1}{2}O_2$와 반응하여 1 kmol의 $H_2O(l)$를 생성할 때의 표준 자유 엔탈피의 증가량, ΔG°_{298}은 $H_2O(l)$의 표준 생성 자유 엔탈피 $\Delta G^{\circ}_{f,298}$와 같으므로 표 **15·6**으로부터

$$\Delta G^{\circ}_{298} = -237.35\,\mathrm{MJ/kmol}$$

$$N_0 = 6.023 \times 10^{26}\,\mathrm{kmol^{-1}}$$

$$e = 1.602 \times 10^{-19}\,\mathrm{C}\ (1\mathrm{C} = 1\mathrm{As})$$

이므로 연료 전지 반응에서 생기는 최대 전위차는

$$\Delta V = \frac{2 \times 237.35 \times 10^6}{4 \times 6.023 \times 10^{26} \times 1.602 \times 10^{-19}} = 1.23\,V$$

이 값은 최대값이고 실제 전압은 이보다 낮다.

연료 전지의 에너지 **변환 효율** η_{fc}는

$$\eta_{fc} = \frac{\Psi}{-\Delta H^{\circ}_{298}} = \frac{\Delta G^{\circ}_{298}}{\Delta H^{\circ}_{298}} \tag{15·50}$$

로 표시된다. 이 식에 표 **15·6**의 값을 대입하면

$$\eta_{fc} = \frac{237.35}{286.03} = 0.83,\ 83\%$$

가 되어 변환 효율은 83%이다.

등온 등압 과정에서 유효 에너지는

$$\Psi \leq (H_1 - T_0 S_1) - (H_0 - T_0 S_0) = G_1 - G_0 = -\Delta G = \Psi_{max} \tag{15·51}$$

표 15 · 6 각종 연료 전지의 이론 에너지 효율

전지 반응	$\Delta G^{\circ}_{f,298}$ MJ / kmol	$\Delta H^{\circ}_{f,298}$ MJ / kmol	η_{f_c} $\Delta G^{\circ}_{f,298}$ $/\Delta H^{\circ}_{f,298}$
$H_2+\frac{1}{2}O_2 \rightarrow H_2O(l)$	−237.3	−286.0	0.829
$CH_4+2O_2 \rightarrow CO_2+2H_2O(l)$	−818.3	−890.7	0.919
$C_2H_6+\frac{7}{2}O_2 \rightarrow 2CO_2+3H_2O(l)$	−1,468.0	−1,560.4	0.941
$C_3H_8+5O_2 \rightarrow 3CO_2+4H_2O(l)$	−2,109.2	−2,220.9	0.950
$C_4H_{10}+\frac{13}{2}O_2 \rightarrow 4CO_2+5H_2O(l)$	−2,748.8	−2,879.6	0.955
$C_5H_{12}+8O_2 \rightarrow 5CO_2+6H_2O(l)$	−3,388.1	−3,537.5	0.958
$C_8H_{18}(g)+\frac{25}{2}O_2 \rightarrow 8CO_2+9H_2O(l)$	−5,309.0	−5,514.2	0.963
$C_8H_{18}(L)+\frac{25}{2}O_2 \rightarrow 8CO_2+9H_2O(l)$	−5,298.3	−5,472.7	0.968
$C_{10}H_{22}(g)+\frac{31}{2}O_2 \rightarrow 10CO_2+11H_2O(l)$	−6,589.7	−6,832.2	0.965
$CH_3OH(g)+\frac{3}{2}O_2 \rightarrow CO_2+2H_2O(l)$	−703.4	−764.3	0.920
$CH_3OH(L)+\frac{3}{2}O_2 \rightarrow CO_2+2H_2O(l)$	−702.8	−726.9	0.967
$NH_3+\frac{3}{4}O_2 \rightarrow \frac{1}{2}N_2+\frac{3}{2}H_2O(l)$	−355.9	−382.7	0.930
$N_2H_4+O_2 \rightarrow N_2+2H_2O(l)$	−602.0	−622.3	0.967
$C+\frac{1}{2}O_2 \rightarrow CO$	−137.3	−110.6	1.211
$C+O_2 \rightarrow CO_2$	−394.5	−393.6	1.002
$CO+\frac{1}{2}O_2 \rightarrow CO_2$	−257.2	−283.1	0.909

식 (15 · 50)의 η_{f_c}를 식 (15 · 51)을 써서 바꾸면

$$\eta_{fc}=\frac{H_1-H_0+T_0(S_0-S_1)}{-\Delta H^{\circ}_{298}}=1+\frac{T_0(S_0-S_1)}{-\Delta H^{\circ}_{298}} \qquad (15 \cdot 52)$$

가 된다. 변환 효율이 1 이상인 것은 반응이 흡열 반응으로써 주위로부터 열을 흡수하여 $-\Delta H^{\circ}_{298}$ = 양의 값이 되기 때문이다.

표 15·7은 수소–산소 연료 전지의 이론 에너지 효율에 대한 온도 의존성을 나타낸 것이다.

표 15·7 수소–산소 연료 전지의 이론 에너지 효율

전지 반응	온도(℃)	ΔG° MJ/kmol	ΔH° MJ/kmol	$\eta_{f_c}\left(\dfrac{\Delta G^\circ}{\Delta H^\circ}\right)$
$H_2+\frac{1}{2}O_2 \rightarrow H_2O(g)$	127	−223.8	−242.7	0.922
	227	−219.2	−243.5	0.900
	427	−209.2	−245.6	0.852
	727	−192.5	−248.1	0.776
	1207	−176.1	−249.8	0.705

연 | 습 | 문 | 제

15.1 고발열량과 저발열량에 대하여 설명하여라.

15.2 다음 사항을 설명하여라.

(1) 연료 지수
(2) 질소 지수
(3) 공업 분석
(4) 원소 분석
(5) 공기 과잉률
(6) 화학종
(7) 당량비
(8) 공연비
(9) 연공비
(10) 평형 상수
(11) 양론 계수
(12) 이론 공기
(13) 생성 엔탈피
(14) 반응 엔탈피
(15) 자유 수소
(16) 단열 화염 온도

15.3 자유 생성 엔탈피에 대하여 실례를 들어 설명하여라.

15.4 단열 화염 온도를 구하는 방법에 대하여 설명하여라.

15.5 탄화수소계(C_mH_{2m+2}) 연료가 연소할 때 화학 반응식을 구하여라.

15.6 발열 반응과 흡열 반응에 대하여 설명하여라.

15.7 반응계에 대하여 열역학 제1법칙을 적용하고 반응 엔탈피를 구하는 과정을 설명하여라.

15.8 정적 연소 과정의 연소 엔탈피와 정압 연소 과정의 연소 엔탈피는 어떻게 다른지 에너지식으로부터 설명하여라.

15.9 반응계의 엔트로피 변화를 구하는 과정을 기술하여라.

15.10 프로판(C_3H_8)이 공기를 이용하여 정상 연소하고 있다. 연소실로 들어가는 전열량 Q kJ/kmol을 구하여라. 단 반응 물질과 생성 물질의 상태는 25℃, 1 atm이다.

15.11 부탄(C_4H_{10})이 180 %의 이론 공기로 연소할 때의 연소 반응식을 구하여라.

15.12 메탄(CH_4)이 순수한 산소를 이용하여 연소한다. 이론 혼합비로 연소할 경우 공연비를 구하여라.

15.13 헥산(C6H_{14})이 건공기 중의 산소를 이용하여 연소한다. 건연소 가스 생성물의 체적 조성을 분석한 결과가 다음과 같을 경우 공연비와 생성물 중의 수증기 분압을 구하여라. 단 압력은 1 atm이다.

분석값 CO_2 : 8.5 mL, O_2 : 3.0 mL, CO : 5.0 mL, N_2 : 83.5 mL

15.14 25℃, 1 atm에서 아세틸렌의 생성 엔탈피를 구하여라.

15.15 50 %의 C_7H_{16}과 50 %의 C_8H_{18}이 20 %의 과잉 공기로 산화 반응한다. 연료 50 kg이 연소할 때 필요한 공기의 질량과 생성물의 체적 분석값을 구하여라.

15.16 액체 부탄(C_4H_{10}) 900 kg을 완전 연소시키는 데 필요한 액체 산소량을 구하여라.

15.17 연료의 조성이 미지인 탄화수소의 연소 생성물이 다음과 같은 조성을 가질 때 질량 기준 공연비, 연료의 조성을 구하여라. 단, 연료는 공기를 이용하여 연소하며, 생성물 조성은 체적 백분율이다.

탄산 가스 12 %　　　　산소 2.20 %
일산화탄소 0.41 %　　　　질소 85.39 %

15.18 기체 상태의 $C_{12}H_{16}(g)$이 이론 공기로 연소할 때의 공연비와 연료의 질량과 생성된 물의 질량비($m_{C_{12}H_{26}}/m_{H_2O}$)를 구하여라.

15.19 석탄 시료(試料)가 다음과 같은 체적 조성을 가질 때 고발열량을 구하여라. 단, C, H_2, S의 연소열은 각각 33700 kJ/kg, 141875 kJ/kg, 9300 kJ/kg 이다. (시료 분석값 C : 85 %, H = 4.5 %, O_2 : 4.5 %, N_2 = 1 %, S = 1 %, 회분 = 4 %)

15.20 연료가 다음과 같은 조성으로 공급되어 150 %의 이론 공기로 연소하는 경우 공연비(질량비)를 구하여라.

연료 CH_4 : 65 %, C_2H_6 : 25 %, CO : 10 %

15.21 메탄이 공기와 결합하여 다음과 같은 화학 반응을 할 때 연공비, 공연비, 과잉 공기, 이론 공기 %, 당량비를 구하여라.

$CH_4+2.5(O_2+3.76\,N_2) \rightarrow CO_2+0.5\,O_2+9.4\,N_2+2\,H_2O$

15.22 에탄(C_2H_6)이 130 %의 이론 공기로 연소하는 경우 공연비와 생성 물질의 노점 온도를 구하여라.

15.23 연료 $C_{12}H_{26}$이 150 %의 이론 공기로 연소하는 경우 연소 생성물의 건가스 체적 조성과 압력 100 kPa, 550℃일 때 습가스 체적 유량을 구하여라. 단, 연료의 공급 유량은 0.75 kg/sec이다.

15.24 액체 상태 옥탄의 저발열량을 구하여라. 단, 온도와 압력은 25℃, 1 atm 이다.

15.25 25℃, 1 atm에서 기체 상태의 옥탄이 정적 연소할 때의 저발열량을 구하여라.

15.26 메탄의 고발열량과 저발열량을 구하여라.

15.27 옥탄을 25℃, 1 atm으로 공급하여 공기 중의 산소와 반응시킨다. 운동 및 위치 에너지 효과를 무시하고 연소 생성물의 단열 화염 온도를 구하여라.

15.28 문제 **15.27**과 같은 조건에서 연소하는 옥탄이 이론 공기 200 %, 400 % 일 때의 단열 화염 온도를 구하여라.

15.29 다음 연료의 조성을 알아보아라.

(1) 가솔린 (2) 디젤 연료

(3) 천연 가스 (4) LPG

15.30 N_2는 연료의 연소 반응과 연소 생성물 조성에 어떤 작용을 하는지 알아보아라.

15.31 공연비와 당량비와는 어떻게 다른가?

15.32 완전 연소와 불완전 연소에 대하여 설명하고 연소 생성물은 어떻게 다른가?

15.33 연소에서 100% 이론 공기란 어떤 조건의 공기를 의미하는가? 120%의 이론 공기와 60% 과잉 공기(excess air)에 대하여 설명하여라.

15.34 아세틸렌이 이론 공기로 연소할 때의 공연비와 연공비를 구하여라.

15.35 다음 연료의 연소 반응을 세우고 공연비를 구하여라.

(1) CH_4가 160 %의 이론 공기로 연소할 때

(2) C_3H_6이 50 %의 과잉 공기로 연소할 때

15.36 연소 엔탈피와 반응 엔탈피의 차이점을 설명하여라.

15.37 생성 엔탈피(enthalpy of formation)와 연소 엔탈피(enthalpy of combustion)는 어떻게 다른가?

15.38 액체 부탄이 25℃, 400 %의 이론 공기로 600℃에서 연소하는 경우 단열 화염 온도를 구하여라.

15.39 CO가 25℃에서 200%의 공기와 반응하는 경우 열전달량을 구하여라. 단, 반응은 정적 연소이고 온도는 1200 K이다.

15.40 정상 유동하는 반응계에 대한 엔트로피 변화를 구하는 식을 세우고 각 항에 대하여 설명하여라.

15.41 정상 유동하는 반응계에 대한 유효에너지 변화로부터 비가역성 I를 구하는 식을 세우고 설명하여라.

15.42 수소–산소 연료 전지(fuel cell)의 화학 반응식을 세우고 반응 원리에 대하여 설명하여라.

15.43 연료 전지의 구조를 연료로 수소, 산화제로 산소를 사용하는 예를 그림으로 나타내고 설명하여라.

15.44 연료 전지의 화학 반응에서 에너지 변환효율 η_{fc}를 구하는 식을 유도하여라.

15.45 연료 전지 자동차의 작동 원리에 대하여 알아보아라.

15.46 다음 탄화수소의 분자식을 쓰고 그 예를 들어 보아라.

(1) Paraffin계　　(2) Olefin계

(3) Naphthene계　　(4) Aromatic계

CHAPTER

16 화학 평형

16.1 평형 조건

[1] 화학 평형 조건

계가 주위와 고립되어 열역학적 상태량의 변화가 생기지 않을 때 그 계는 평형 상태에 있다고 볼 수 있다. 만일 계가 고립되어 압력변화가 생기지 않는다면 계는 **기계적 평형**(mechanical equilibrium)에 달하였음을 나타내고, 계가 온도 변화를 수반하지 않는다면 **열적 평형**(thermal equilibrium)에 있다고 볼 수 있다.

계가 주위의 영향을 받지 않는다면 압력과 온도는 변화하지 않을 것이나 화학적 조성(化學的組成, chemical composition)의 변화가 수반될 수 있다.

어느 계가 주어진 온도, 압력하에서 계의 화학적 조성이 시간의 경과에 따라 전혀 변하지 않는 상태를 **화학 평형**(化學平衡, chemical equilibrium) 에 달하였다고 한다.

일정 질량인 단순 압축성 물질로 된 계에서 온도와 압력이 균일한 계의 에너지 평형의 미분형은

$$\delta Q = dU + PdV$$

가 된다.

한편 반응 또는 비 반응계에 대한 엔트로피 증가 원리는 다음 식으로 표시된다.

$$dS_{\text{sys}} \geqq \frac{\delta Q}{T} \qquad (16 \cdot 1)$$

단열계(斷熱係, adiabatic system)에서는

$$dS \geqq 0 \tag{16·2}$$

가 된다.

단열계 내에서 화학 반응(chemical reaction)은 그림 16·1에 나타낸 것과 같이 점 A로부터 시작하여 엔트로피가 증가하는 방향으로 진행된다. 즉 엔트로피가 최대가 되었을 때 반응은 정지된다. 그러므로 반응을 수반하는 단열계의 해석에서 엔트로피는 매우 중요한 상태량이 된다.

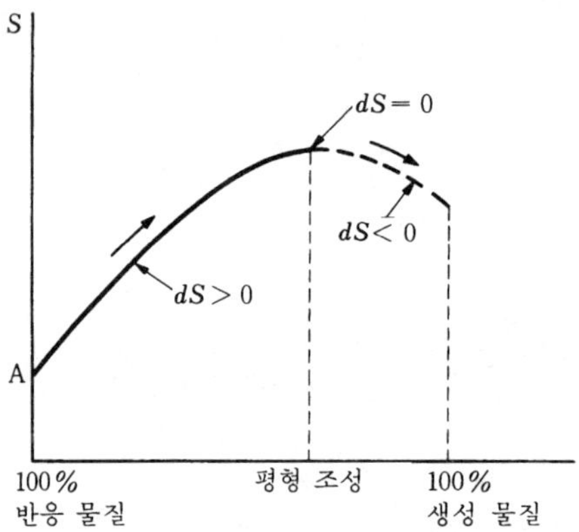

그림 16·1 폐쇄계의 단열 화학 반응과 평형 조건

따라서 폐쇄 단열계(閉鎖斷熱係, closed adiabatic system)에서 화학적 평형 조건 (criterion for chemical reaction)은 다음과 같다.

$$dS = 0 \text{ (단열 폐쇄계)} \tag{16·3}$$

주어진 온도와 압력하에 준평형(準平衡) 일(quasi-equilibrium work)을 하는 반응을 수반하는 단순 압축성 물질로 된 계에서 열역학의 제 1 및 제 2 법칙을 다시 쓰면

$$\delta Q = dU + PdV$$

$$dS \geq \frac{\delta Q}{T}$$

가 되고 이들 두 식으로부터

$$TdS - dU - PdV \geq 0 \text{ 또는 } dU + PdV - TdS \leq 0 \tag{16·4}$$

$$(dS)_{U,V} \geq 0 \tag{16·5}$$

한편 S, V가 일정하면 식 (16·4)는

$$(dU)_{S,V} \leq 0 \tag{16·6}$$

이 된다.

식 (16 · 4)와 엔탈피 식을 조합하면

$$dH - VdP - TdS \leq 0 \tag{16·7}$$

이 식을 식 (16 · 6)과 같은 형태로 나타내면

$$(dS)_{H,P} \geq 0 \tag{16·8}$$

$$(dH)_{S,P} \leq 0 \tag{16·9}$$

다음에는 **정압 등온 반응**(constant pressure and constant temperature reaction)을 하는 폐쇄계에서 일이 없는 화학 반응에 대하여 다루어 보기로 한다.

Gibbs 함수(Gibbs function)의 미분은

$$G = H - TS$$

$$dG = dH - TdS - SdT$$

$$= dU + PdV + VdP - TdS - SdT$$

$$dG - VdP + SdT = -(TdS - dU - PdV)$$

이 식에서 우변의 (−)부호를 제외하면 식 (16 · 4)와 같다. 따라서

$$dG - VdP + SdT \leq 0 \tag{16·10}$$

이 된다. 그러므로 주어진 온도와 압력하에 일어나는 과정에 대해서는 $dT=0$, $dP=0$ 이므로

$$(dG)_{T,P} \leq 0 \tag{16·11}$$

이 성립된다.

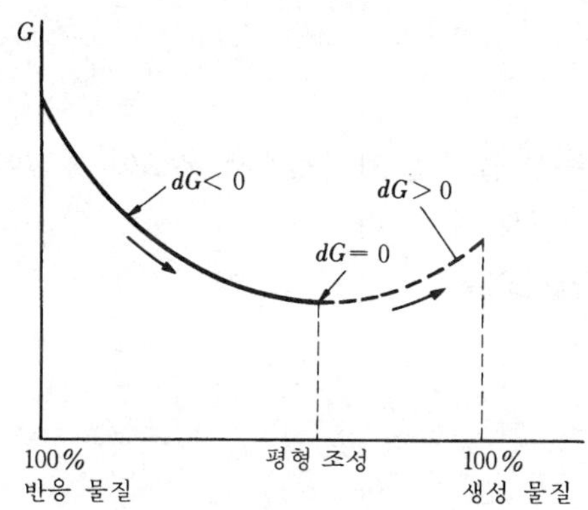

그림 16 · 2 주어진 온도, 압력 일정일 때의 화학 평형조건

따라서 주어진 압력과 온도에서 화학 반응은 Gibbs 함수를 감소시키는 방향으로 진행된다. 반응은 Gibbs 함수가 최소가 되는 평형 조건에서 정지한다. 그러므로 화학적 평형 조건은 다음 식으로 표시된다.

$$(dG)_{T,P} = 0 \tag{16・12}$$

그림 16・2는 Gibbs 함수와 평형 조성과의 관계를 나타낸 것이다.

보기 16.1

포화액과 포화 증기가 평형되어 있을 때 포화액과 포화 증기의 Gibbs 함수가 같음을 증명하여라.

풀이 포화액과 포화 증기가 같은 온도와 압력에 있다면 Gibbs 함수는

$$G = m_f g_f + m_g g_g$$

가 된다. 여기서 첨자 f, g는 각각 포화액, 포화 증기의 상태를 나타낸다.

정압, 등온 상태에서 혼합물의 Gibbs 함수의 변화 $(dG)_{T,P}$는 온도와 압력이 일정할 때 g_f와 g_g는 일정하므로

$$(dG)_{T,P} = g_f dm_f + g_g dm_g$$

가 된다. 질량 보존의 법칙으로부터

$$-dm_g = dm_f$$

평형 조건식 (16・11)로부터

$$(dG)_{T,P} = 0 = dm_f (g_f - g_g)$$

따라서 $g_f = g_g$

가 성립한다.

또한

$$h_f - Ts_f = h_g - Ts_g$$

$$h_g - h_f = T(s_g - s_f)$$

$$\therefore\ h_{fg} = Ts_{fg}$$

이번에는 정지된 단순 압축성 물질의 폐쇄계에서 온도와 체적이 일정한 경우의 평형 조건은 앞에서와 같은 방법으로 구할 수 있다.

열역학 제 1 법칙과 제 2 법칙으로부터

$$dS \geq \frac{\delta Q}{T}$$

$$\delta Q = dU + PdV$$

가 된다. 이들 두 식에서

$$dU + PdV - TdS \leq 0 \tag{16·13}$$

정적 등온 반응을 하는 경우에는

$$dU - TdS \leq 0 \tag{16·14}$$

Helmholtz 함수 $f = u - Ts$ 를 적용하면

$$dF = dU - TdS$$

가 된다. 따라서 평형의 조건은 다음 식으로 표시된다.

$$(dF)_{T,V} \leq 0 \tag{16·15}$$

그러므로 정적, 등온하에 단순 압축성 물질을 포함하는 폐쇄계의 평형 조건은 Helmholtz 함수를 최소값으로 할 때이다.

$$(dF)_{T,V} = 0 \tag{16·16}$$

정적 연소 폐쇄계에서 반응은 Helmholtz 함수가 감소하는 방향으로 진행되며, 이 함수가 최소값에 달할 때 평형 조성을 가지며 반응은 정지한다.

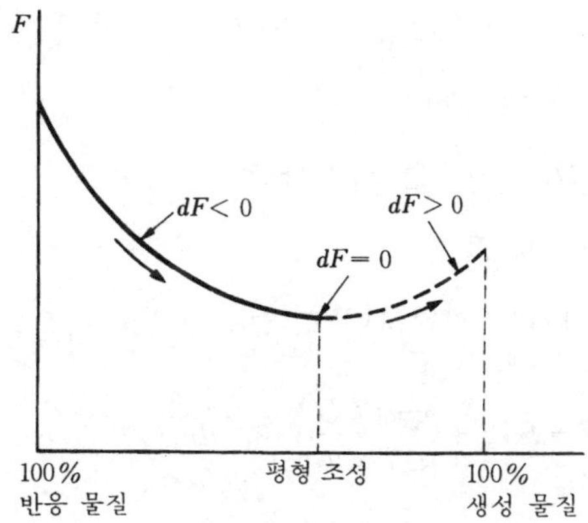

그림 16·3 등온, 정적 반응에서의 평형 조건

[2] Gibbs 함수와 일반 평형 조건

앞절에서 Gibbs 함수가 평형의 조건에 응용됨을 다룬 바 있다. 단일상, 단일 성분계(single-phase, single component system)의 종량 성질(extensive properties)은 2개의 독립적인 강도 성질(intensive properties) 과 계의 크기(size of system)의 함수로 표시된다.

지금 2 개의 독립적 성질로 온도와 압력을 취하고 계의 크기로 몰수 n을 취하면 Gibbs 함수는 다음 식으로 표시할 수 있다.

$$G = G(T, P, n)$$

단일 상, 다성분계(single-phase, multicomponent system)에 대해서는 Gibbs 함수는 온도, 압력, 각 성분의 몰수의 함수로 생각할 수 있으므로

$$G = G(T,\ P,\ n_1,\ n_2,\ \cdots,\ n_i,\ \cdots,\ n_k) \qquad (16 \cdot 17)$$

로 표시된다. 따라서 dG는

$$dG = \left(\frac{\partial G}{\partial P}\right)_{T, n_i} dP + \left(\frac{\partial G}{\partial T}\right)_{P, n_i} dT + \sum_{i=1}^{k}\left(\frac{\partial G}{\partial n_i}\right)_{P, T, n_i} dn_j \qquad (16 \cdot 18)$$

여기서 우변 1, 2 항의 편미분의 n_i는 P 또는 T가 변화하는 동안 각 화학종의 몰수가 일정함을 의미한다. 또한 n_j는 각 성분 원소 j를 제외한 성분원소의 몰수를 나타낸다. 식 (16 · 14)는 화학적 조성이 변하지 않는 혼합물 즉 순수 물질에 적용할 수 있다.

순수 물질에 열역학 제1, 2 법칙을 적용하면

$$dH - TdS = VdP \qquad \text{(a)}$$

Gibbs함수의 미분은

$$dG = dH - TdS - SdT \qquad \text{(b)}$$

가 된다. 이들 두 식에서 $dH - TdS$를 소거하면

$$dG = VdP - SdT$$

가 된다. 이 식과 식 (16 · 18)을 비교하면 식 (16 · 18)은 다음과 같이 나타낼 수 있다.

$$dG = VdP - SdT + \sum_{i=1}^{k}\left(\frac{\partial G}{\partial n_i}\right)_{P, T, n_j} dn_i \qquad (16 \cdot 19)$$

순수 물질에서 평형상태에 있기 위해서는 온도와 압력이 일정해야 한다. 압력이 일정하면 기계적 평형(mechanical equilibrium)을 얻을 수 있고, 온도 일정 조건은 열평형 (thermal equilibrium)에 있음을 의미한다. 또한 계의 완전 평형을 위해서는 계를 구성하는 화학 물질의 각 화학종이 일정해야 한다.

따라서 일반적인 경우 평형 상태(equilibrium state)에서는

$$dP = 0,\ dT = 0,\ dn_j = 0$$

이어야 한다. 이 조건을 식 (16 · 19)에 적용하면

$$dG = 0 \tag{16·20}$$

가 되어 폐쇄계의 열역학적 평형 조건이 된다.

결론적으로 완전한 열역학적 평형은 열적, 기계적, 화학적 평형을 만족해야 한다. 다시 말하면 어느 계가 열적 평형이면 $dT = 0$, 기계적 평형이라면 $dP = 0$, 화학적 평형이기 위해서는 각 화학종의 양의 변화가 일어나지 않아야 하므로 $dn = 0$이 되어 식 (16 · 19)의 우변 최종항이 0이 된다.

16.2 반응 평형식

주어진 온도와 압력으로 존재하는 4 개의 화학 조성 A, B, C, D로 구성된 혼합물의 각 성분의 몰수를 n_A, n_B, n_C, n_D라 하고, 반응 물질 A, B가 생성 물질 C, D로 되는 미소 변화를 생각하면

$$dn_{\mathrm{A}}\,A + dn_{\mathrm{B}}\,B \longrightarrow dn_{\mathrm{C}}\,C + dn_{\mathrm{D}}\,D \tag{16·21}$$

가 된다.

평형 조건은

$$(dG)_{T,P} = \Sigma\,(dG_i)_{T,P} = \Sigma\,(\bar{g}_i dn_i)_{T,P} = 0 \tag{16·22}$$

또는
$$\bar{g}_{\mathrm{C}} dn_{\mathrm{C}} + \bar{g}_{\mathrm{D}}\, dn_{\mathrm{D}} + \bar{g}_{\mathrm{A}}\, dn_{\mathrm{A}} + \bar{g}_{\mathrm{B}}\, dn_{\mathrm{B}} = 0 \tag{16·23}$$

여기서 g를 몰 Gibbs 함수(molar Gibbs function) 또는 화학적 퍼텐셜(chemical potential)이라 하고 dn은 각 성분의 몰수의 미소 변화를 나타낸다.

각 성분의 몰수 변화 $dn's$를 구하기 위하여 이론 반응식(theoretical reaction)을 세우면 다음과 같다.

$$\nu_{\mathrm{A}}\mathrm{A} + \nu_{\mathrm{B}}\mathrm{B} \rightleftarrows \nu_{\mathrm{C}}\mathrm{C} + \nu_{\mathrm{D}}\mathrm{D} \tag{16·24}$$

여기서 ν는 양론 계수(stoichiometric coefficient)이다.

식 (16 · 24)에서 반응이 좌측에서 우측으로 진행되면 반응 물질 A, B는 점차적으로 감소되고, C, D는 증가하게 될 것이다.

평형 상태에서 각 성분의 몰 수를 n_{Ae}, n_{Be}, n_{Ce}, n_{De}라 하고 **반응도**(反應度, degree of reaction)를 ϵ라 하면

$$\left.\begin{aligned} n_A &= n_{Ae} - \nu_A \epsilon \\ n_B &= n_{Be} - \nu_B \epsilon \\ n_C &= n_{Ce} + \nu_C \epsilon \\ n_D &= n_{De} + \nu_D \epsilon \end{aligned}\right\} \qquad (16 \cdot 25)$$

가 된다. 여기서 A, B의 변화가 (−)인 것은 A, B가 C, D로 되기 때문이다.

식 (16 · 25)를 미분하면

$$\left.\begin{aligned} dn_A &= -\nu_A \, d\epsilon \\ dn_B &= -\nu_B \, d\epsilon \\ dn_C &= +\nu_C \, d\epsilon \\ dn_{r,D} &= +\nu_D \, d\epsilon \end{aligned}\right\} \qquad (16 \cdot 26)$$

가 된다.

식 (16 · 26)를 식 (16 · 22)에 대입하면

$$(dG)_{T,P} = (\nu_C \bar{g}_C + \nu_D \bar{g}_D - \nu_A \bar{g}_A - \nu_B \bar{g}_B) d\epsilon = 0$$

반응은 평형이 이루어지는 점에서 완결되므로 평형이 되기 위해서는 $(dG)_{T,P} = 0$이어야 한다. 따라서

$$\nu_C \bar{g}_C + \nu_D \bar{g}_D - \nu_A \bar{g}_A - \nu_B \bar{g}_B = 0 \qquad (16 \cdot 27)$$

가 된다. 이 식이 반응 물질과 생성 물질의 양론 계수와 몰 Gibbs 함수 사이의 관계를 나타내는 식으로서 화학 반응의 평형 조건을 나타내는 기본식이 된다. 이 식은 상(phase)에 무관하게 어떠한 화학 반응에도 적용된다.

16.3 이상 기체의 평형 상수

이상 기체 혼합물에서, 엔트로피, Gibbs 함수 등은 온도와 압력의 함수이다. 온도가 일정할 때 압력 변화에 따른 Gibbs 함수의 변화는 Gibbs 함수의 정의와 등온 과정에 대한 엔트로피의 변화로부터 유도된다.

$$\bar{g} = \bar{h} - T\bar{s}$$

$$\Delta \bar{s} = -\bar{R}\ln\frac{P_2}{P_1} \tag{16 · 28}$$

따라서

$$(\Delta \bar{g})_T = \Delta \bar{h} - T\Delta \bar{s} = -T\Delta \bar{s} = \bar{R}T\ln\frac{P_2}{P_1} \tag{16 · 29}$$

가 된다.

온도 T이고, 이상 기체 혼합물 중의 분압이 P_i인 성분 가스 i의 Gibbs 함수는 다음 식으로 표시된다.

$$\bar{g}_i(T, P_i) = \bar{g}_i^{\circ}(T) + \bar{R}T\ln P_i \tag{16 · 30}$$

여기서 $\bar{g}^{\circ}(T)$는 온도 T, 압력 $P = 1$ atm 에서 성분 기체 i의 Gibbs 함수이고, P_i는 대기압하에서 성분 기체 i의 분압이다.

식 (16 · 30)의 관계를 식 (16 · 27)에 대입하면

$$\nu_{\mathrm{C}}[\bar{g}_{\mathrm{C}}^{\circ}(T) + \bar{R}T\ln P_{\mathrm{C}}] + \nu_{\mathrm{D}}[\bar{g}_{\mathrm{D}}^{\circ}(T) + \bar{R}T\ln P_D]$$
$$-\nu_{\mathrm{A}}\left[\bar{g}_{\mathrm{A}}^{\circ}(T) + \bar{R}T\ln P_{\mathrm{A}}\right] - \nu_{\mathrm{B}}\left[\bar{g}_{\mathrm{B}}^{\circ}(T) + \bar{R}T\ln P_{\mathrm{B}}\right] = 0 \tag{16 · 31}$$

표준 상태의 Gibbs 함수(standard-state Gibbs function) 변화를 $\Delta G^{\circ}(T)$라 하면

$$\Delta G^{\circ}(T) = \nu_{\mathrm{C}}\bar{g}_{\mathrm{C}}^{\circ}(T) + \nu_{\mathrm{D}}\bar{g}_{\mathrm{D}}^{\circ}(T) - \nu_{\mathrm{A}}\bar{g}_{\mathrm{A}}^{\circ}(T) - \nu_{\mathrm{B}}\bar{g}_{\mathrm{B}}^{\circ}(T) \tag{16 · 32}$$

로 표시된다.

식 (16 · 31)로 부터

$$\Delta G^{\circ}(T) = -\bar{R}T(\nu_{\mathrm{C}}\ln P_{\mathrm{C}} + \nu_{\mathrm{D}}\ln P_{\mathrm{D}} - \nu_{\mathrm{A}}\ln P_{\mathrm{A}} - \nu_{\mathrm{B}}\ln P_{\mathrm{B}})$$
$$= -\bar{R}T\ln\frac{P_{\mathrm{C}}^{\nu_{\mathrm{C}}}P_{\mathrm{D}}^{\nu_{\mathrm{D}}}}{P_{\mathrm{A}}^{\nu_{\mathrm{A}}}P_{\mathrm{B}}^{\nu_{\mathrm{B}}}} \tag{16 · 33}$$

이상 기체 혼합물의 **화학 평형 상수**(平衡常數, equilibrium constant) K_P는 다음 식으로 표시된다.

$$K_P = \frac{P_{\mathrm{C}}^{\nu_{\mathrm{C}}}P_{\mathrm{D}}^{\nu_{\mathrm{D}}}}{P_{\mathrm{A}}^{\nu_{\mathrm{A}}}P_{\mathrm{B}}^{\nu_{\mathrm{B}}}} \text{ 또는 } K_C = \frac{C_{\mathrm{C}}^{\nu_{\mathrm{C}}}C_{\mathrm{D}}^{\nu_{\mathrm{D}}}}{C_{\mathrm{A}}^{\nu_{\mathrm{A}}}C_{\mathrm{B}}^{\nu_{\mathrm{B}}}} \tag{16 · 34}$$

여기서 C는 농도(濃度)이고, $C_i = \dfrac{P_i}{P}$로 표시된다. 이 때 K_P를 압력 평형 상수, K_C를 **농도 평형 상수**라고 하며, 반응 전후에 분자수의 변화가 없을 때에는 $K_P = K_C$가 된다. 따라서

$$\Delta G^\circ(T) = -\bar{R}T\ln K_P \tag{16 · 33 a}$$

식 (16 · 33)과 (16 · 34)로부터 K_P를 구하면

$$K_P = \exp\left(-\frac{\Delta G^\circ(T)}{\bar{R}T}\right) \tag{16 · 35}$$

가 된다. 이 식에서 알 수 있는 바와 같이 주어진 온도에서 이상 기체 혼합물의 평형 상수 K_P는 같은 온도에 대한 표준 Gibbs 함수의 변화로부터 구할 수 있다. 일반적으로 반응 속도는 반응에 관여하는 각 물질 농도의 곱에 비례하는데, 가스일 때는 농도 대신에 분압 P_i를 쓸 수 있다.

이상 기체 혼합물에서 성분 기체 i의 분압 P_i는

$$P_i = y_i P = \frac{n_i}{n}P$$

로 구할 수 있다. 여기서 n_i는 성분 기체 i의 몰수, n은 혼합 기체의 총 몰수이다.

식 (16 · 34)의 분압을 $P_i = y_i P = \frac{n_i}{n}P$ 의 관계를 이용하여 정리하면

$$K_P = \frac{n_C^{\nu_C} n_D^{\nu_C}}{n_A^{\nu_A} n_B^{\nu_B}}\left(\frac{P}{n}\right)^{\nu_C+\nu_D-\nu_A-\nu_B}$$

$$= \frac{y_C^{\nu_C} y_D^{\nu_C}}{y_A^{\nu_A} y_B^{\nu_B}} P^{\nu_C+\nu_D-\nu_A-\nu_B} \tag{16 · 36}$$

이 된다. 이 식은 두 개의 반응 물질과 두 개의 생성 물질을 포함하는 반응에 대한 평형 상수를 구하는 식이다. 그림 **16 · 4**는 몇 가지 단순 반응에 대한 온도에 따른 $\ln K_P$를 나타낸 것이다.

이상에서 살펴본 바와 같이 평형 상수 K_P는 식 (16 · 34), (16 · 35)와 식 (16 · 36)으로 표시된다. 식 (16 · 36)은 주어진 온도와 압력에서 반응 혼합물의 조성을 구하는 데 매우 유용한 식이다. 이러한 평형 상수에 관한 관계식으로부터 다음과 같은 결론을 얻을 수 있다.

(1) 평형 상수 K_P는 온도만의 함수이다. K_P는 평형 혼합물의 압력에 의존되지 않으며 불활성(不活性) 가스(inert gas)의 존재에는 영향을 받지 않는다. 이것은 K_P가 온도만에 의존되는 $\Delta G^\circ(T)$에 따라 변하고, 또한 불활성 기체의 $\Delta G^\circ(T)$는 0이기 때문이다.

그러므로 주어진 온도에서 다음의 4가지 반응은 같은 K_P값을 갖는다.

1 atm에서 $H_2 + \frac{1}{2}O_2 \rightleftarrows H_2O$

5 atm에서 $H_2 + \frac{1}{2}O_2 \rightleftarrows H_2O$

2 atm에서 $H_2 + \frac{1}{2}O_2 + 3N_2 \rightleftarrows H_2O + 3N_2$($N_2$: 불활성 기체)

3 atm에서 $H_2 + 2O_2 + 3N_2 \rightleftarrows H_2O + 1.5O_2 + 3N_2$

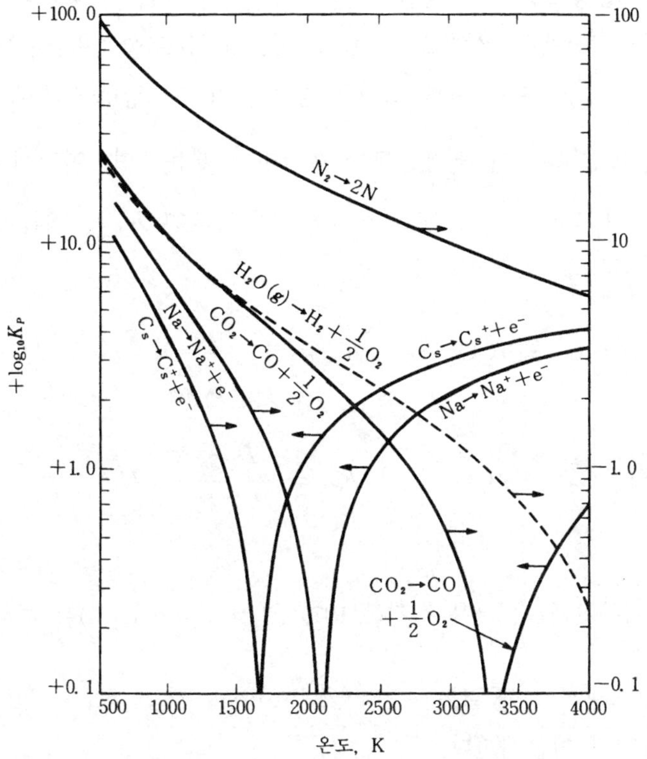

그림 16·4 몇 가지 반응에 대한 평형 정수

(2) 역반응(逆反應)의 평형 상수 K_P는 $1/K_P$ 이다. 이것은 식 (16·34)에서 쉽게 알 수 있다. 역반응에 대해서는 반응 물질과 생성 물질이 서로 반대로 되며 평형 상수 K_P는 다음과 같이 $1/K_P$ 이 된다. 부록의 표로부터

$$2000\text{K에서 } H_2O \rightleftarrows H_2 + \frac{1}{2}O_2, \quad K_P = 2.9018 \times 10^{-4}$$

$$H_2 + \frac{1}{2}O_2 \rightleftarrows H_2O, \quad K_P = 3.44611 \times 10^3$$

(3) K_P가 클수록 반응의 완결도는 증가한다. 만일 생성 물질의 평형 조성이 증가하면 생성 물질의 분압이 반응 물질의 분압보다 커져서 K_P는 증가한다. 따라서 K_P가 증가하면 반

응의 완결도는 증가한다.

$K_P > 1000$ 또는 $\ln K_P > 7$인 반응은 반응이 완결된 것으로 생각하고 또 $K_P < 0.001$ 또는 $\ln K_P < -7$인 것은 반응이 일어나지 않는 것으로 생각한다.

하나의 보기로서 $N_2 \rightleftharpoons 2N$ 인 반응에서 $T = 5000$ K이면 $K_P = -6.807$이므로 N_2가 N으로 되는 해리는 5000 K 이하에서는 일어나지 않는다.

(4) 혼합물 압력은 평형 조성에 영향을 미친다. 그러나 평형 상수에는 영향을 미치지 않는다. 이것은 식 (16 · 36)에서 $P^{\Delta\nu}(\Delta\nu = \Sigma\nu_P - \Sigma\nu_R)$를 포함하기 때문이다.

(5) 불활성 기체(inert gases)는 평형 조성에 영향을 미치나 평형 상수에는 영향을 미치지 않는다. 이것은 식 (16 · 36)에서 $\left(\frac{1}{n}\right)^{\Delta\nu}$ 항을 포함하기 때문이며, 여기서 $n = \Sigma n_i$이다.

(6) 양론 계수(stoichiometric coefficient)가 2 배로 되면 K_P는 제곱이 된다.

하나의 보기를 들면

$$CO + \frac{1}{2}O_2 \rightleftharpoons CO_2 \qquad K_{P_1} = \frac{P_{CO_2}}{P_{CO}P_{O_2}^{\frac{1}{2}}}$$

$$2CO + O_2 \rightleftharpoons 2\,CO_2 \qquad K_{P_2} = \frac{P_{CO_2}^{\ 2}}{P_{CO}^{\ 2}P_{O_2}} = K_{P_1}^{\ 2}$$

가 된다.

(7) 평형 조성을 이루고 있는 자유 전자(自由電子, free electron)는 하나의 이상 기체로 취급한다.

2500 K 이상의 고온에서 기체 분자는 해리가 일어나며 더욱 고온이 되면 원자는 다음과 같이 전자를 방출하면서 이온화한다.

$$H_2 \rightleftharpoons 2H$$

고온으로 가열되면

$$H \rightleftharpoons H^+ + e^- \tag{16 · 37}$$

해리와 이온화 효과(dissociation and ionization effect)는 저압에서 더욱 현저하다. 앞의 수소의 해리 반응과 이온화 반응에서 평형 상수를 구하면

$$K_P = \frac{n_{H^+}^{\nu_{H+}}\, n_{e-}^{\nu_{e-}}}{n_H^{\nu_H}}\left(\frac{P}{n}\right)^{\Delta\nu}$$

여기서 $n = n_{r,H} + n_{H+} + n_{e-}$

$$\Delta\nu=\nu_{H^+}+\nu_{e^-}-\nu_H=1+1-1=1$$

이 된다.

보기 16.2

298K, 1 atm에서 $CO+\frac{1}{2}O_2 \rightleftarrows CO_2$반응에 대한 평형 상수를 구하여라.

풀이 $\Delta G^\circ(T)=\nu_C\bar{g}_C^\circ(T)+\nu_D\bar{g}_D^\circ(T)-\nu_A\bar{g}_A^\circ(T)-\nu_B\bar{g}_B^\circ(T)$

$$=\nu_C(\bar{h}_C-T\bar{s}_C)+\nu_D(\bar{h}_D-T\bar{s}_D)-\nu_A(\bar{h}_A-T\bar{s}_A)-\nu_B(\bar{h}_B-T\bar{s}_B)$$

$$=(\nu_C\bar{h}_C+\nu_D\bar{h}_D-\nu_A\bar{h}_A-\nu_B\bar{h}_B)-T(\nu_C\bar{s}_C+\nu_D\bar{s}_D-\nu_A\bar{s}_A-\nu_B\bar{s}_B)$$

따라서

$$\Delta G^\circ(T)=(\bar{h}_{CO_2}-\bar{h}_{CO}-\frac{1}{2}\bar{h}_{O_2})-T(\bar{s}^\circ_{CO_2}-\bar{s}^\circ_{CO}-\frac{1}{2}\bar{s}^\circ_{O_2})$$

여기서 $T=298$ K, $P=1$ atm 이므로

$$\Delta G^\circ(T)=(\bar{h}^\circ_{f,CO_2}-\bar{h}^\circ_{f,CO}-\frac{1}{2}\bar{h}^\circ_{f,O_2})-[(\bar{h}-\bar{h}^\circ_{f,298})_{CO_2}-(\bar{h}-\bar{h}^\circ_{f,298})_{CO}$$

$$+\frac{1}{2}(\bar{h}-\bar{h}^\circ_{f,298})_{O_2}]+T[(\bar{s}^\circ_{CO_2}-\bar{s}^\circ_{CO}-\frac{1}{2}\bar{s}^\circ_{O_2})]$$

또 $(\bar{h}-\bar{h}^\circ_{298})=0$

$$\Delta G^\circ(T)=[-393{,}520-(-110{,}530)]-298[213.69-197.54-\frac{1}{2}(250.03)]$$

$$=-250548.23\,\text{kJ/kmol}$$

식 (16 · 33)으로부터

$$\Delta G^\circ(T)=-\bar{R}T\ln\frac{P_C^{\nu_C}P_D^{\nu_D}}{P_A^{\nu_A}P_B^{\nu_B}}$$

$$\ln K_P=-\frac{\Delta G^\circ(T)}{\bar{R}T}=-\frac{250{,}548.23}{8.3143\times 298.15}=-101.072$$

부록의 표로부터 구하면 $\ln K_P=-103.777$ 이므로 거의 일치함을 알 수 있다.

보기 16.3

25℃에서 $N_2\rightarrow 2N$으로 되는 반응의 평형 상수 K_P를 구하고 이를 부표의 값과 비교하여 보아라.

풀이 평형 상수를 식 (16 · 35)로부터 구하면

$$K_P=\exp\left[-\frac{\Delta G^\circ(T)}{(\bar{R}T)}\right]$$

여기서 $\Delta G^\circ(T) = \nu_{\mathrm{N}} \bar{g}^\circ_{\mathrm{N}}(T) - \nu_{\mathrm{N_2}} \bar{g}^\circ_{\mathrm{N_2}}(T)$

부표 25℃, 1 atm 일 때의 $\bar{g}^\circ_N = \bar{g}^\circ_f$ 이므로

$$\Delta G^\circ(T) = 2(455{,}510) - 0 = 911{,}020\,\mathrm{kJ/kmol}$$

따라서

$$\ln K_P = \frac{911{,}020}{8.3143 \times 298.15} = 367.5082$$

부표로부터 구하면 $\ln K_P = 367.480$ 으로 거의 일치하는 값이다.

보기 16.4

3000 K일 때 $2\,H_2O \rightarrow 2\,H_2 + O_2$ 반응에 대한 평형 상수를 구하여라.

풀이 이론 반응식은

$$H_2O \rightarrow H_2 + \frac{1}{2}O_2$$

3000 K에서 평형 상수는

$$\ln K_P = -3.086$$

$$K_P = \frac{P_c^{\nu_c} P_D^{\nu_D}}{P_A^{\nu_A} P_B^{\nu_B}} = \frac{P_{H_2} P_{O_2}^{\frac{1}{2}}}{P_{H_2O}} = 0.04568$$

문제에서 실제 주어진 반응식은 반응 물질과 생성 물질의 몰수를 2배 한 것이므로

$$K_P = \frac{P_{H_2}{}^2 P_{O_2}}{P_{H_2}O^2} = (0.04568)^2 = 2.0871 \times 10^{-3}$$

이다.

보기 16.5

1 kmol의 CO와 1/2 kmol의 O_2가 일정 압력하에 혼합물의 형태로 들어있다. 혼합물의 온도가 2600 K로 되었을 때의 평형 조성을 구하여라. 단 압력은 1 atm이다.

풀이 반응식은

$$CO + \frac{1}{2}O_2 \longrightarrow xCO + yCO_2 + zO_2$$

C 평형 : $1 = x + y$

O 평형 : $2 = x + 2y + 2z$

이들의 관계로부터

$$y = 1 - x$$

$$z = \frac{x}{2}$$

따라서 화학 반응식은

$$CO + \frac{1}{2}O_2 \rightarrow xCO + (1-x)CO_2 + \frac{x}{2}O_2$$

가 된다.

혼합물의 몰 수는

$$n = x + (1-x) + \frac{x}{2} = 1 + \frac{x}{2}$$

각 성분 기체의 분압은

$$P_{CO} = \frac{x}{1+\frac{x}{2}}, \quad P_{CO} = \frac{2x}{2+x}P$$

$$P_{CO_2} = \frac{(1-x)}{1+\frac{x}{2}}, \quad P_{CO_2} = \frac{2(1-x)}{2+x}P$$

$$P_{O_2} = \frac{\frac{x}{2}}{1+\frac{x}{2}}, \quad P_{O_2} = \frac{x}{2+x}P$$

양론 반응은

$$CO_2 \rightarrow CO + \frac{1}{2}O_2$$

이다. 2600 K에서 $\ln K_P = -2.801$이므로

$$K_P = \frac{P_{CO}P_{O_2}^{\frac{1}{2}}}{P_{CO_2}} = 0.06075$$

또는

$$K_P = \frac{P_C^{\nu_C}P_D^{\nu_D}}{P_A^{\nu_A}P_B^{\nu_B}} = \frac{\left(\frac{2xP}{2+x}\right)\left(\frac{xP}{2+x}\right)^{\frac{1}{2}}}{\frac{2(1-x)P}{2+x}} = 0.06075$$

$$x^3P - 0.00369x^3 + 0.01107x - 0.00738 = 0$$

$P = 1\,\text{atm}$에서 x를 구하면

$$x = 0.176$$

$$y = 1 - x = 0.824$$

$$z=\frac{x}{2}=0.088$$

이다. 따라서 2600 K, 1 atm 에서 구하고자 하는 평형 조성은

$$CO+\frac{1}{2}O_2 \rightarrow 0.176\,CO+0.824\,CO_2+0.088\,O_2$$

가 된다.

보기 16.6

1 kmol의 CO와 $\frac{1}{2}$ kmol의 O_2, 1 kmol N_2 혼합물이 용기 내에 들어 있다. 이 때 용기 내의 온도가 2600 K이고, 압력이 1 atm일 경우 평형 조성을 구하여라.

풀이 반응식은

$$CO+\frac{1}{2}O_2+N_2 \rightarrow xCO+(1-x)CO_2+\frac{x}{2}O_2+N_2$$

평형 상태에서 가스의 총 몰수는

$$n=x+(1-x)+\frac{x}{2}+1=2+\frac{x}{2}$$

양론 반응식은

$$CO_2 \rightleftarrows CO+\frac{1}{2}O_2$$

이므로 평형 상수 K_P는 2600 K에서 $K_P=0.06075$이다.

$$\frac{K_P=P_{CO}P_{O_2}^{\frac{1}{2}}}{P_{CO_2}}=\frac{\left(\frac{xP}{2+\frac{x}{2}}\right)\left(\frac{x/2P}{2+\frac{x}{2}}\right)^{1/2}}{\frac{(1-x)}{2+\frac{x}{2}}P}=0.06075$$

$P=1$ atm일 때 x에 대하여 풀면

$$x=0.212$$

$$y=(1-x)=0.788$$

$$z=\frac{x}{2}=0.106$$

가 된다.

따라서

$$CO+\frac{1}{2}O_2+N_2 \rightarrow 0.212\,CO+0.788\,CO_2+0.106\,O_2+N_2$$

가 된다.

16.4 평형 상수와 반응 엔탈피와의 관계

앞 절에서 평형 상수 K_P가 Gibbs 함수 $\Delta G^\circ(T)$에 관계됨을 살펴보았다. 만일 반응 온도가 변화한다면 $\Delta G^\circ(T)$의 값은 이에 따라서 변하게 될 것이다. 그러므로 이 절에서는 반응 온도(reaction temperature)가 변화함에 따라 $\Delta G^\circ(T)$가 어떻게 변화하는 가에 대하여 알아보기로 한다.

혼합물의 단순 반응에서

$$\nu_A A + \nu_B B \rightleftarrows \nu_C C + \nu_D D \tag{16·38}$$

가 되고 Gibbs 함수 G는 다음 식으로 표시된다.

$$G = H - TS = U + PV - TS$$
$$dG = dU + PdV + VdP - TdS - SdT$$

여기서 $TdS = dU + PdV$, $dU = TdS - PdV$이므로

$$dG = VdP - SdT$$

가 된다. 따라서 정압 반응에서는

$$\left(\frac{\partial G}{\partial T}\right)_P = -S \tag{16·39}$$

또 화학 반응에서 Gibbs 함수의 변화는 다음 식으로 표시된다.

$$\Delta G = G_P - G_R$$
$$= (H - TS)_{prod} - (H - TS)_{react} \tag{16·40}$$

또는

$$\Delta G = \Delta H - T\Delta S \tag{16·41}$$

반응이 일어날 때 Gibbs 함수의 변화에 미치는 온도의 영향을 구하기 위하여 식 (16·40)을 온도 T에 대하여 편미분하면

$$\left(\frac{\partial G}{\partial T}\right)_P = \left(\frac{\partial G_P}{\partial T}\right)_P - \left(\frac{\partial G_R}{\partial T}\right)_P \tag{16·42}$$

식 (16·39)를 이용하면

$$\left(\frac{\partial \Delta G}{\partial T}\right)_P = -S_{prod} + S_{react} = -\Delta S$$

식 (16 · 41)에 $\Delta S = -\left(\frac{\partial \Delta G}{\partial T}\right)_P$ 를 대입하여 정리하면

$$\left(\frac{\partial \Delta G}{\partial T}\right)_P = \frac{\Delta G - \Delta H}{T} \tag{16 · 43}$$

가 된다. 식 (16 · 43)을 **Gibbs-Helmholtz의 식**(Gibbs-Helmholtz equation)이라 한다. 이 식을 1 atm인 표준 상태의 압력에 대하여 적용하면

$$\left(\frac{\partial \Delta G^\circ}{\partial T}\right)_P = \frac{\Delta G^\circ - \Delta H^\circ}{T} \tag{16 · 44}$$

가 된다. 여기서 ΔG°, ΔH°는 각각 표준 상태에서 Gibbs 함수의 변화와 엔탈피 변화를 의미한다.

식 (16 · 35)에서 지수 $\Delta G^\circ(T)/T$가 나타나므로 이 값을 압력 일정하에 편미분하면

$$\frac{\partial}{\partial T}\left(\frac{\Delta G^\circ}{T}\right) = \frac{1}{T}\left(\frac{\partial \Delta G^\circ}{\partial T}\right)_P - \frac{\Delta G^\circ}{T^2}$$

가 된다.

또 식 (16 · 44)에서 $\left(\frac{\partial \Delta G^\circ}{\partial T}\right)_P$ 를 위의 식에 대입하면

$$\frac{\partial}{\partial T}\left(\frac{\Delta G^\circ}{T}\right) = -\frac{\Delta H^\circ}{T^2} \tag{16 · 45}$$

가 된다.

식 (16 · 33)을 다시 쓰면

$$\Delta G^\circ(T) = -\overline{R}\,T \ln K_P \tag{16 · 46}$$

따라서

$$\overline{R}\,T \ln K_P = -\Delta G^\circ$$

그러므로

$$\left[\frac{\partial(\ln K_P)}{\partial T}\right]_P = \frac{1}{\overline{R}}\frac{\partial}{\partial T}\left(\frac{\Delta G^\circ}{T}\right)_P = \frac{\Delta H^\circ}{\overline{R}T^2} \tag{16 · 47 a}$$

가 된다. 식 (16 · 47 a)를 **반 호프의 식**(van't Hoff isobar equation)이라 한다.

이 식에서 ΔH°는 반응 엔탈피 $\overline{h}_{RP}$ 식 (15 · 18)로 표시할 수 있다.

만일, 온도가 T_1에서 T_2까지 미소 변화할 때에 반응 엔탈피가 일정하다면 식 (16 · 47 a)를 적분할 때

$$\frac{d(\ln K_P)}{d(1/T)} = -\frac{\Delta \overline{h}_{RP}}{\overline{R}} \qquad (16 \cdot 47\text{ b})$$

$$\ln \frac{K_{P_2}}{K_{P_1}} = -\frac{\Delta \overline{h}_{RP}}{\overline{R}}\left(\frac{1}{T_2} - \frac{1}{T_1}\right) \qquad (16 \cdot 48)$$

이 된다.

식 (16 · 48)은 발열 반응[發熱反應, exothermic reaction, $\overline{h}^{\circ}_{RT}$가 (−)값]에서 K_P의 값이 반응 온도가 증가함에 따라 감소함을 의미한다. 따라서 발열 반응에서 K_{P2}의 값은 K_{P1}의 값보다 작아야 한다.

보기 16.7

일산화 탄소 CO(g)의 반응 $CO + \frac{1}{2}O_2 \rightleftarrows CO_2$에서 평형 상수 K_P는 3000 K에서 3.055이다. 반 호프의 식을 이용하여 2000 K일 때의 K_P를 구하여라.

풀이 T= 2000 K일 때의 $\overline{h}_{RP}$를 구하면

$$\overline{h}^{\circ}_{RP} = \overline{h}_P - \overline{h}_R$$

$$\overline{h}_P = \sum_P n_j[\overline{h}^{\circ}_f + (\overline{h} - \overline{h}^{\circ}_{298})]_j$$

$$= 1 \times [-393{,}520 + (100{,}804 - 9364)]_{CO_2} = -302{,}080 \text{ kJ/kmol}$$

$$\overline{h}_R = \sum_R n_i[\overline{h}^{\circ}_f + (\overline{h} - \overline{h}^{\circ}_{298})]_i$$

$$= 1 \times [-110{,}530 + (65{,}408 - 8669)]_{CO} + \frac{1}{2} \times [0 + (67{,}881 - 8682)]_{O_2}$$

$$= -24{,}191.5 \text{ kJ/kmol}$$

$$\overline{h}^{\circ}_{RP} = -302{,}080 + 24{,}191.5 = -277{,}888.5 \text{ kJ/kmol}$$

T= 3000 K일 때

$$\overline{h}_P = 1 \times [-393{,}520 + (162{,}226 - 9364)]_{CO_2} = -240{,}658 \text{ kJ/kmol}$$

$$= [-110{,}530 + (102{,}210 - 8669)]_{CO} + 0.5 \times [0 + (106{,}780 - 8682)]_{O_2}$$

$$= 32{,}060 \text{ kJ/kmol}$$

$$\overline{h}^{\circ}_{RP} = -240{,}658 - 32{,}060 = -272{,}718 \text{ kJ/kmol}$$

따라서, $\Delta \overline{h}^{\circ}_{RP} = -277{,}888.5 - (-272{,}718) = -5170.5$ kJ/kmol로서 $\overline{h}^{\circ}_{RP}$($T$= 2000 K, 또는 3000 K)에 비하여 상대적으로 작은 값이므로, 식 (16 · 48)을 이용하여 2000 K일 때의 K_P값을 구할 수 있다.

$(\bar{h}^\circ_{RP})_{T_1}$, $(\bar{h}^\circ_{RP})_{T_2}$의 평균을 취하면

$$-\frac{(272{,}718+277{,}888.5)}{2}=-275{,}303.25\text{kJ/kmol}$$

$$\ln\frac{K_{P2}}{K_{P1}}=-\frac{275{,}303.25}{8.314}\left(\frac{1}{2000}-\frac{1}{3000}\right)=-5.5189$$

$$\frac{K_{P2}}{K_{P1}}=249.3606 \text{ 또는 } K_{P2}=761.7966$$

부록의 표로부터 구하면 765.5966이므로 오차는 0.4964%이다.

보기 16.8

수소의 연소 과정이 2000 K에서 다음 식으로 표시될 때 반응 엔탈피 h_{RP}를 엔탈피 데이터와 평형 상수값 K_P를 이용하여 구하여라.

$$H_2+\frac{1}{2}O_2 \longrightarrow H_2O$$

풀이 엔탈피 데이터를 이용하면

$$\bar{h}_{RP}=\sum_P n_j[\bar{h}^\circ_f+(\bar{h}-\bar{h}^\circ_{298})]_j-\sum_R n_i[\bar{h}^\circ_f+(\bar{h}-\bar{h}^\circ_{298})]_i$$

$$=n_{H_2O}[\bar{h}^\circ_f+(\bar{h}-\bar{h}^\circ_{298})]_{H_2O}-n_{H_2}[\bar{h}^\circ_f+(\bar{h}-\bar{h}^\circ_{298})]_{H_2}-n_{O_2}[\bar{h}^\circ_f+(\bar{h}-\bar{h}^\circ_{298})]_{O_2}$$

부록의 부표로부터 각 엔탈피 값을 구입하여 대입하면

$$\bar{h}_{RP}=[-241{,}820+(92{,}940-9904)]_{H_2O}-[0+(68{,}328-8468)]_{H_2}$$
$$-0.5[0+(75{,}484-8682)]_{O_2}$$
$$=-252{,}045.0\text{kJ/kmol}$$

이번에는 평형 상수 K_P값을 이용하면

$T=2000$ K에서 $\ln K_P=8.145$, $K_P=3446.1054$

$T=2400$ K에서 $\ln K_P=5.619$, $K_P=275.7390$

이 값을 식 (16 · 48)에 대입하면

$$\ln\frac{K_{P2}}{K_{P1}}=\frac{\Delta\bar{h}_{RP}}{\bar{R}}\left(\frac{1}{T_1}-\frac{1}{T_2}\right)$$

$$\Delta\bar{h}_{RP}=\frac{\bar{R}\ln\dfrac{K_{P2}}{K_{P1}}}{\left(\dfrac{1}{T_1}-\dfrac{1}{T_2}\right)}=\frac{8.314\times\ln\dfrac{275.7390}{3446.1054}}{\dfrac{1}{2000}-\dfrac{1}{3000}}=-125{,}984.30\text{kJ/kmol}$$

이상에서 보는 바와 같이 온도차가 400 K이나 $\bar{h}_{RP}$의 값은 거의 같은 결과임을 알 수 있다.

16.5 상의 평형

우리는 이미 앞에서 주어진 온도와 압력하에서 계의 평형 상태는 Gibbs 함수가 최소가 되는 상태임을 다룬 바 있다. 따라서 반응하거나 또는 반응하지 않는 계의 평형 조건은 다음 식으로 표시된다.

$$(dG)_{T,P} = 0$$

앞 절에서 우리는 반응계의 평형 조건에 대하여 다루었으므로 여기서는 비반응 다상계(非反應多相系, nonreacting multiphase system)에 대하여 알아보기로 한다.

우리는 일상생활에서 옷을 빨아서 말리는 경우 또는 유리창에 묻어 있는 수분이 증발하는 경우 등에서 수분이 증발하여 젖은 옷이 마르고 유리창의 수분이 증발하여 건조한 상태로 되는 것을 흔히 경험하게 된다. 이와 같은 경우는 물이 증발하면서 기상으로 되며, 이 때에 하나의 상에서 다른 상으로 질량 이동이 수반됨을 알 수 있다. 젖은 빨래는 수분이 많이 함유된 습공기(濕空氣, humid air)보다 건공기 중에서 더 빨리 마르게 된다. 즉 상대 습도(relative humidity) 100%인 환경에서는 젖은 옷은 마르지 않는다. 이 경우에는 액상(liquid phase)에서 증기상(vapor phase)으로 옮겨가지 않게 되며, 두 상은 평형 상태에 있게 된다. 그러나 온도나 압력이 변화한다면 상의 평형 조건은 변화하게 된다.

[1] 단일 성분계의 상평형

물과 같이 하나의 단일 순수 물질의 2상 평형 조건은 주어진 온도와 압력하에서 포화액과 포화 증기의 혼합물로부터 쉽게 도출할 수 있다. 순수 물질의 혼합물(기액 혼합물)의 총 Gibbs 함수는

$$G = m_f g_f + m_g g_g$$

로 표시된다. 여기서 g_f, g_g는 각각 액상과 증기상의 비 Gibbs 함수(specific Gibbs function)이다.

지금 혼합물 중의 액체의 미소량 dm_f가 일정 압력과 온도하에서 증발한다면 총 Gibbs 함수의 변화는 다음 식으로 표시된다.

$$(dG)_{T,P} = g_f dm_f + g_g dm_g$$

일정한 온도, 압력에서는 g_f, g_g는 일정하므로 $(dG)_{T,P} = 0$이 된다. 질량 보존 법칙으로부터 $dm_g = - dm_f$이므로

$$(dG)_{T,P} = (g_f - g_g) dm_f$$

가 되고, 이것은 0 이므로

$$g_f = g_g \tag{16·49}$$

가 된다.

그러므로 순수 물질의 두 상은 각 상이 같은 비Gibbs 함수를 가질 때 평형 상태에 있게 된다. 또한 3 중점(三重點, triple point)에서는 각 상의 비Gibbs 함수가 같은 경우이다.

만일 $g_f > g_g$이면 분명하게 두 상은 그 순간 평형 상태에 있지 않게 된다. 따라서 제 2 법칙은 $(dG)_{T,P} = (g_f - g_g)dm_f \le 0$이어야 하므로 dm_f는 반드시 (−)이어야 한다. 이것은 액상이 $g_f = g_g$가 될 때까지 증발하게 됨을 의미한다. 그러므로 Gibbs 함수의 차는 상변화(相變化, phase change)의 작용력(driving force)이 되고, 온도차(temperature difference)는 열전달의 작용력이 됨을 알 수 있다.

보기 16.9

110℃의 포화수와 포화 증기로 구성된 혼합물이 상평형 조건을 만족하는가를 조사하여라.

풀이 증기표로부터

$$h_f = 461.3\,\text{kJ/kg},\ s_f = 1.4185\,\text{kJ/kg K},$$

$$h_g = 2691.5\,\text{kJ/kg},\ s_g = 7.2387\,\text{kJ/kg K}$$

따라서

$$g_f = h_f - Ts_f = 461.3 - 383.15 \times 1.4185 = -82.198\,\text{kJ/kg}$$

$$g_g = h_g - Ts_g = 2691.5 - 383.15 \times 7.2387 = -82.0079\,\text{kJ/kg}$$

이들 두 값은 거의 같은 값이므로

$$g_f = g_g$$

가 되어 평형 상태를 만족한다.

[2] 상률(相律)

균질계(均質係, homogeneous system)란 거시적 관점에서 그 내부의 성질(상태량)이 불변이거나 변하여도 연속적으로 변하며 결코 불연속 또는 급격히 변하지 않는 계를 말한다. 이와 같은 균질계의 응집 상태(凝集狀態, state of aggregation)를 상(相, phase)이라 한다. **불균질계**(不均質係, heterogeneous system)는 2 개 또는 둘 이상의 상으로 구성되며, 상의 경계에서 성질이 불연속적으로 변화한다.

일반적으로 물질은 고상(固相), 액상(液相), 기상(氣相)의 3종이 있으며, 또 동일 물질의 고상에서도 그 결정 상태에 따라 여러 가지 상이 있으며 그 때의 조건에 따라서 하나의 상으로부터 다른 상으로 변할 수 있다. 물의 증발은 액상으로부터 기상으로의 변화이다.

물질의 둘 또는 둘 이상의 상이 혼합하여 있어서 평형 상태를 유지할 때는 상의 수, 물질 성분의 수 및 자유로이 선택할 수 있는 상태량의 수 사이에는 다음과 같은 일정한 관계가 있다.

일반적으로 물질이 몇 개의 상이 공존하여 평형 상태에 있을 때 자유도(自由度, degree of freedom), 즉 자유로 선택 할 수 있는 강도성 상태량(intensive properties)의 수는 Gibbs(J. W. Gibbs)의 **상률**(相律, phase rule)에 의하여 구할 수 있다.

$$F = C - P + 2 \qquad (16 \cdot 50)$$

여기서 F : 자유도, 자유로 선택할 수 있는 강도성 상태량의 수

C : 혼합물을 구성하는 성분 물질의 수(단일 물질일 때 $C = 1$)

P : 상의 수

보기 16.10

단일 성분이 다음과 같은 상으로 존재할 때 자유도 F를 구하여라.

(1) 단일 성분(물)의 물질이 기상, 액상, 고상 중의 어느 하나의 상으로 존재할 때

(2) 단일 성분의 물질이 기상, 액상, 고상 중의 임의의 2 상이 공존할 때

(3) 단일 성분의 물질이 기상, 액상, 고상의 3 상이 공존할 때(3 중점)

풀이 (1) 단일 성분이 기상, 액상, 고상 중의 어느 하나의 상으로 존재하는 경우

$$F = C - P + 2 = 1 - 1 + 2 = 2$$

즉, 순수 물질이 단일상으로 평형 상태로 존재하려면 2개의 강도성 상태량이 주어져야 한다.

(2) 단일 성분이 임의의 2상으로 존재하는 경우

$$F = C - P + 2 = 1 - 2 + 2 = 1$$

즉, 단일 성분이 2상으로 존재하려면 1개의 독립적인 강도성 상태량이 주어져야 한다.

(3) 단일 성분이 3상 공존하는 경우

$$F = C - P + 2 = 1 - 3 + 2 = 0$$

즉, 순수 물질의 3중점에서는 변화할 수 있는 성질이 없음을 의미한다.

보기 16.11

다음과 같은 경우 독립적으로 선택할 수 있는 상태량의 수를 구하여라.

(1) 순수 물질의 증발 과정

(2) 물과 알코올 혼합물의 기액 공존 상태

(3) n종 기체의 혼합물

풀이 식 (16 · 50)에 의하여

(1) $F=C-P+2=1-2+2=1$

(2) $F=C-P+2=2-2+2=2$

(3) $F=C-P+2=n-1+2=n+1$

[3] 순수 물질의 2상 평형

순수 물질의 2상으로 구성된 계의 평형에 대하여 알아보기로 한다. 이 계는 평형에 있고 각 상은 같은 온도와 압력의 상태로 존재한다. 이 계에 대한 Gibbs 함수는

$$G=n'\bar{g}'(T,P)+n''\bar{g}''(T,P) \tag{16 · 51}$$

가 된다. 여기서 첨자 ′, ″는 각각 상 1, 2를 나타낸다.

온도와 압력 일정하에서 미분하면

$$dG)_{T,P}=\bar{g}'dn'+\bar{g}''dn'' \tag{16 · 52}$$

가 된다. 순수 물질의 총량은 일정하므로 하나의 상이 증가하면 다른 하나의 상은 감소한다. 따라서 $dn''=-dn'$ 이 되므로 식 (16 · 52)는 다음과 같이 된다.

$$dG)_{T,P}=(\bar{g}'-\bar{g}'')dn \tag{16 · 53}$$

평형 상태에서는 $dG)_{T,P}=0$ 이므로 각 상의 몰 Gibbs 함수는

$$\bar{g}'=\bar{g}'' \tag{16 · 54}$$

가 된다. 이 식은 상변화에 대한 클레페이론 식(Clapeyron equation)의 유도에 사용된다.

Gibbs 함수가 온도와 압력의 함수이므로

$$\bar{g}'=\bar{g}'(T,P),\ d\bar{g}'=\left(\frac{\partial\bar{g}'}{\partial T}\right)_P dT+\left(\frac{\partial\bar{g}'}{\partial P}\right)_T dP$$

$$\bar{g}''=\bar{g}''(T,P),\ d\bar{g}''=\left(\frac{\partial\bar{g}''}{\partial T}\right)_P dT+\left(\frac{\partial\bar{g}''}{\partial P}\right)_T dP$$

가 된다. 여기서 $d\bar{g}'=d\bar{g}''$, $P=P_{sat}(T)$ 이므로

$$\left(\frac{\partial\bar{g}'}{\partial T}\right)_P+\left(\frac{\partial\bar{g}'}{\partial T}\right)_T\frac{dP_{sat}}{dT}=\left(\frac{\partial\bar{g}''}{\partial T}\right)_P+\left(\frac{\partial\bar{g}''}{\partial P}\right)_T\frac{dP_{sat}}{dT}$$

$$\left(\frac{\partial\bar{g}'}{\partial T}\right)_P=-\bar{s}',\ \left(\frac{\partial\bar{g}'}{\partial T}\right)_T=\bar{v}'$$

$$\left(\frac{\partial \bar{g}''}{\partial T}\right)_P = -\bar{s}'', \ eft(\frac{\partial \bar{g}''}{\partial P}\right)_T = \bar{v}''$$

따라서

$$-\bar{s}' + \bar{v}'\frac{dP_{\text{sat}}}{dT} = -\bar{s}'' + \bar{v}''\frac{dP_{\text{sat}}}{dT}$$

이 식을 다시 정리하면

$$\frac{dP_{\text{sat}}}{dT} = \frac{\bar{s}'' - \bar{s}'}{\bar{v}'' - \bar{v}'}$$

가 된다. 또한 $g = \bar{h} - Ts$ 이므로 식 (16 · 54)로부터

$$\bar{h}' - T\bar{s}' = \bar{h}'' - T\bar{s}''$$

또는

$$\bar{s}'' - \bar{s}' = \frac{\bar{h}'' - \bar{h}'}{T}$$

로 표시된다.

따라서 Clapeyron식은

$$\frac{dP_{\text{sat}}}{dT} = \frac{1}{T}\frac{(\bar{h}'' - \bar{h}')}{(\bar{v}'' - \bar{v}')} \qquad (16 \cdot 55)$$

순수 물질의 포화액을 첨자 f, 포화 증기를 첨자 g로 나타내면

$$\frac{dP_{\text{sat}}}{dT} = \frac{1}{T}\frac{(\bar{h}_g - \bar{h}_f)}{(\bar{v}_g - \bar{v}_f)} \qquad (16 \cdot 56)$$

이 된다.

Clapeyron식에 관한 문제는 증기의 성질에서 다룬 바 있으므로 여기서는 생략하기로 한다. 만일 액체 또는 고체의 비체적 $\bar{v}'$은 증기의 비체적 $\bar{v}''$에 비하여 무시할 수 있고, 또 증기를 이상 기체로 보면 $\bar{v}_2 = \bar{R}T/dP_{\text{sat}}$가 되므로

$$\frac{dP_{\text{sat}}}{dT} = \frac{\bar{h}'' - \bar{h}'}{\bar{R}T^2/P_{\text{sat}}}$$

$$\frac{d\ln P_{\text{sat}}}{dT} = \frac{\bar{h}'' - \bar{h}'}{\bar{R}T^2} \qquad (16 \cdot 57)$$

가 된다. 이 식을 **Clausius-Clapeyron의 식**이라 한다.

[4] 다성분 다상계의 평형

그림 16 · 5는 2 성분 A, B가 두 상 1, 2의 상태로 동일한 온도와 압력하에 있는 경우를 나타낸 것이다.

다성분 다상계(equilibrium of multicomponent, multiphase system)에서 각 상에 다음 식을 적용하면

$$G = G(T, P, n_1, \cdots, n_k)$$

$$dG)_{T,P} = \sum_{i=1}^{k} \left(\frac{\partial G}{\partial n_i} \right)_{P, T, n_1} dn_i$$

가 된다. 이 식을 다시 쓰면

$$dG)_{T,P} = \sum_{i=1}^{k} \mu_i \, dn_i$$

여기서

$$\mu_i = \left(\frac{\partial G}{\partial n_i} \right)_{P, T, n_l}$$

로 표시되며, 이것을 **화학적 퍼텐셜**(chemical potential)이라 한다.

이들 관계식으로부터 $dG)_{T,P}$를 구하면

$$dG')_{T,P} = \mu_A' dn_A' + \mu_B' dn_B'$$
$$dG'')_{T,P} = \mu_A'' dn_A'' + \mu_B'' dn_B'' \qquad (16 \cdot 58)$$

가 된다.

두 상의 사이에 물질 전달이 있다고 하더라도 화학 반응이 없다면 A, B의 총량은 일정하나. 그러므로 어느 하나의 상이 증가하면 다른 상은 감소되어야 한다.

따라서

$$dn_A'' = -dn_A', \quad dn_B'' = -dn_B' \qquad (16 \cdot 59)$$

식 (16 · 58), (16 · 59)에서 계의 Gibbs 함수의 변화는

$$dG)_{T,P} = dG')_{T,P} + dG'')_{T,P}$$
$$= (\mu_A' - \mu_A'') dn_A' + (\mu_B' - \mu_B'') dn_B' \qquad (16 \cdot 60)$$

가 된다. 여기서 n_A', n_B'이 독립적으로 변화하고, $dG)_{T,P} = 0$ 이기 위하여는 ( ) 내의 값이 0 이어야 하므로

$$\mu_A' = \mu_A'', \quad \mu_B' = \mu_B'' \tag{16·61}$$

이 되어야 한다.

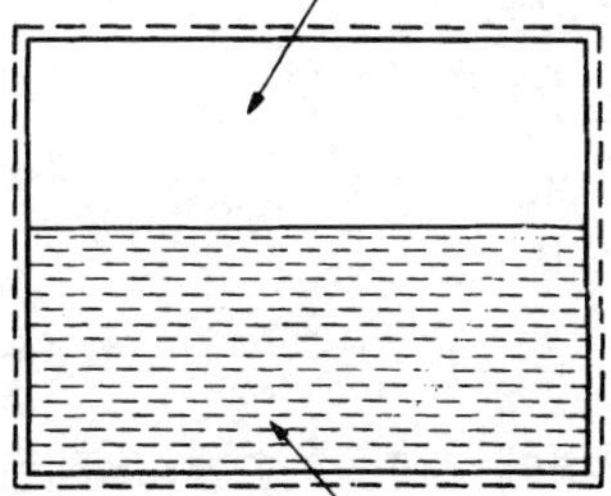

그림 16 · 5 2 성분 2 상으로 구성된 계

평형 상태에서 각 성분의 화학적 퍼텐셜은 각 상에서 모두 같다.

그림 **16 · 5**에서 특수한 경우로 성분 B의 화학 퍼텐셜이 두 상 모두 같다면 $\mu_B' = \mu_B''$가 되고 식 (16 · 60)은 다음 식으로 표시된다. 이와 같은 결과는 단일 성분 2 상계에서도 같은 결과가 된다.

$$dG)_{T,P} = (\mu_A' - \mu_B')dn_A'$$

온도와 압력 일정하에서 발생하는 계의 과정은 Gibbs 함수가 감소하므로

$$dG)_{T,P} < 0$$

가 된다. 따라서 위의 식은

$$(\mu_A' - \mu_B')dn_A' < 0$$

가 된다.

여기서 부등호는 $\mu_A' > \mu_B'$이면 $dn_A' < 0$ 이므로 상 A의 물질이 높은 화학 퍼텐셜로부터 이동되어 나오는 것을 암시한다. 또한 $\mu_A' < \mu_B'$이면 $dn_A' > 0$이 되므로 화학 퍼텐셜이 높은 쪽에서 낮은 쪽으로 이동하여 dn_A'가 증가함을 의미한다. 이와 같이 화학 퍼텐셜은 물질 전달의 구동력(또는 작용력, driving force)이 됨을 알 수 있다.

16.6 요 약

단순 압축성 폐쇄계의 일반 평형 조건은

$$dU + PdV - TdS \leqq 0$$
$$dH + VdP - TdS \leqq 0$$
$$dF + PdV - SdT \leqq 0$$
$$dG + VdP - SdT \leqq 0$$

가 된다.

또한 폐쇄된 단순 압축성계의 평형에 대한 특수한 조건은 다음 식으로도 표시된다.

$$(dS)_{U,V} \geqq 0$$
$$(dU)_{S,V} \leqq 0$$
$$(dG)_{T,P} \leqq 0$$

이상 기체의 평형 상수와 Gibbs 함수의 변화와의 관계

$$\Delta G^\circ(T) = -\overline{R}\,T\ln\frac{P_C^{\nu_C}P_D^{\nu_D}}{P_A^{\nu_A}P_B^{\nu_B}} = -\overline{R}\,T\ln K_P$$

$$K_P = \frac{P_C^{\nu_C}P_D^{\nu_D}}{P_A^{\nu_A}P_B^{\nu_B}}$$

평형 상수와 반응 엔탈피와의 관계

$$\text{van't Hoff 식 : } \frac{d\ln K_P}{dT} = \frac{\Delta H^\circ}{\overline{R}T^2}$$

Clapeyron-Clausius 식

$$\frac{d\ln P_{sat}}{dT} = \frac{\overline{h}'' - \overline{h}'}{\overline{R}T^2}$$

연 | 습 | 문 | 제

16.1 계의 화학 평형 조건에 대하여 설명하여라.

16.2 다음 반응에 대한에 대한 Gibbs 함수 ΔG°를 (1) 생성 Gibbs 함수와 (2) 생성 엔탈피 자료를 이용하여 구하여라. 단, 온도는 25℃이다.

$CH_4(g) + 2O_2 \rightleftarrows CO_2 + 2H_2O(g)$

16.3 평형 상수표를 이용하여 다음 반응이 2500 K에서 일어날 때 $\log_{10}K$를 구하여라.

(1) $H_2O + \frac{1}{2}O_2 \rightleftarrows H_2O$

(2) $H_2 \rightleftarrows H_2O + \frac{1}{2}O_2$

16.4 다음과 같은 3개의 반응에서

(1) $CO + H_2O \rightleftarrows H_2 + CO_2$

(2) $2CO_2 \rightleftarrows 2CO + O_2$

(3) $2H_2O \rightleftarrows 2H_2 + O_2$

$K_c = K_a^2 K_b$임을 증명하여라.

16.5 다음 반응에서 $K_b = K_a K_c$임을 증명하여라.

(1) $CO_2 + H_2 \rightleftarrows CO + H_2O$ (2) $CO_2 \rightleftarrows CO + \frac{1}{2}O_2$

(3) $H_2O \rightleftarrows H_2 + \frac{1}{2}O_2$

16.6 평형 상수 K_P가 다음 식으로 표시됨을 증명하여라.

$\Delta G^\circ(T) = -\overline{R}\,T\ln K_P$

16.7 다음과 같은 반응이 1000 K에서 일어날 때 반응 평형 상수를 구하여라.

$H_2 + \frac{1}{2}O_2 \rightleftarrows H_2O$

16.8 5500 K에서 다음 반응이 1 atm에서 일어날 때 평형 조성을 구하여라.

$C + H_2 \rightleftarrows CH_2$(5500 K)

이 때 $K_P = 0.003$이고, $P = 1$ atm이다.

16.9 문제 **16.8**에서 압력이 $P = 20$ atm이 되면 평형 조성은 어떻게 변화하겠는가?

16.10 혼합물의 Gibbs 함수가 $G=G(T,P,n_i)$로 표시될 때

$$dG=-SdT+VdP+\sum_i\left(\frac{\partial G}{\partial n_i}\right)_{T,P,n_j}dn_i$$

로 됨을 증명하여라. 또 $\mu_i\equiv\left(\frac{\partial G}{\partial n_i}\right)_{T,P,n_j}$ 가 온도 일정일 때 $\left(\frac{\partial \mu_i}{\partial P}\right)_{T,n_j}=\overline{V}_i$ 임을 증명하여라. 단 $\overline{V}_i$ 는 부분몰 체적이다.

16.11 다음 반응에 대한 표준 Gibbs 함수의 변화를 구하여라. 단, 반응온도는 3000 K이다.

$$H_2O \rightleftarrows H_2+\frac{1}{2}O_2$$

16.12 다음 사항에 대하여 설명하여라.

(1) Clapeyron 식　　(2) van't Hoff 식
(3) 상률(相律)　　(4) 평형 상수

16.13 온도 T_1일 때의 평형 상수가 주어져 있을 경우, 온도 T_2일 때의 평형 상수를 구하여라.

16.14 물이 1 atm에서 고온으로 가열되어 H_2O가 O_2, H_2 및 HO로 해리될 때 HO 분율을 구하여라.

16.15 단일 성분, 압축성 폐쇄계에서 다음 식이 성립함을 증명하여라.

$$\left(\frac{\partial S}{\partial T}\right)_P>0,\quad \left(\frac{\partial P}{\partial V}\right)_S<0$$

16.16 1 kmol의 CO_2가 해리되어 CO_2, CO 및 O_2로 될 때 평형 조성을 구하여라. 단, 1 atm, 3000 K이고 $\log_{10}K_P=-0.485$이다.

반응식 : $CO_2 \longrightarrow (1-x)CO_2+yCO+zO_2$

16.17 1 kmol의 H_2O가 해리하여 H_2O, O_2, H_2의 평형 혼합물을 이룬다. 1 atm, 3000 K일 때 평형 조성을 구하여라. 단, 3000 K일 때 $K_P=0.04539$이다.

반응식 : $H_2O \longrightarrow (1-x)H_2O+yH_2+zO_2$

16.18 다음과 같이 구성된 계의 자유도(degree of freedom) 수를 구하여라.

(1) 얼음, 물 증기
(2) 증기
(3) 얼음, 증기, 건공기
(4) 1 atm하의 N_2, O_2
(5) 액체, 수은, 물, 수은과 물의 증기

16.19 100℃인 물의 2 상 혼합물이 가지고 있는 Gibbs 함수가 포화액과 포화 증기에서 같음을 증기표로부터 구하여라($g=h-Ts$ 를 이용하여 구함).

16.20 습증기 영역에서 포화액과 포화 증기의 Gibbs 함수가 같음을 증발의 잠열 $(h_g - h_f)$을 이용하여 구하여라.

16.21 어느 주어진 온도, 압력하에 존재하는 CO_2, CO, O_2의 평형 혼합물의 압력이 2배로 되면 평형 상수 K_P는 어떻게 변하겠는가?

16.22 van't Hoff식은 무엇을 계산하는 데 사용하는 식인가?

16.23 2 상으로 구성된 계(습증기)의 Gibbs함수가 포화액과 포화 증기에 대하여 어떻게 다른지 설명하여라.

16.24 Clausius-Clapeyron식은 무엇을 계산하는 식인지 설명하여라.

16.25 다음 사항에 대하여 알아보아라.

(1) 기계적 평형조건
(2) 열적 평형조건
(3) 화학적 평형조건
(4) 반응도
(5) 압력 평형상수와 농도 평형상수
(6) 다성분 다상계

CHAPTER

17 기체의 유동

17.1 가스 유동의 기초

지금까지는 주로 가스 또는 증기가 상태 변화하는 경우의 에너지 수수(授受)와 상태량의 변화, 사이클과 효율 등에 대하여 다루었다. 이러한 경우에는 주로 가스나 증기의 온도, 압력 및 비체적과 열 에너지와의 관계를 다루었을 뿐이며 유동의 상태에는 무관하게 다루었다. 그러나 공학상으로는 고온 기체나 증기가 유동하는 경우의 실례가 매우 많다. 이와 같은 경우에는 가스나 증기가 갖는 열 에너지가 운동 에너지로 변환되며 이것이 운동량(運動量, momentum)의 변화를 일으켜서 공업일의 형태로 이용하게 된다.

이와 같이 운동 에너지를 이용하는 장치나 기계로는 우리들 주위에 있는 기계로부터 각종 산업용 장치에 이르기까지 여러 가지 형태의 것이 있다. 이러한 기계나 장치 내를 공기나 증기가 유동할 때 열역학적으로 취급 대상이 되는 유동을 살펴보면 다음과 같은 것들이 있다.

표 17·1 기체 유동의 보기

유 동 양 식	유 동 현 상
(1) 관내 유동	압축 공기 또는 고온·고압 증기 등을 관내로 수송하는 경우
(2) 팽창 유동	노즐 또는 오리피스(orifice) 등에서의 유동
(3) 회전 유동	터빈 블레이드 내의 증기 흐름, 원심 압축기 내의 공기 흐름
(4) 압축 유동	이젝터(ejector)나 디퓨저(diffuser) 등에서의 유동

[1] 연속 방정식

일반적으로 유체가 유로 내를 흐를 때 유동의 상태가 시간에 따라서 변하지 않는 유동을 **정상 유동**(定常流動, steady flow)이라고 한다.

유동에는 층류(層流, laminar flow)와 난류(亂流, turbulent flow)가 있다. 일반적으로 원관(圓管)의 경우는 레이놀즈수(Reynold's number)에 의하여 유동 형태가 정해지며 이 값이 3000 이하인 경우에는 층류로 되고 약 3000 이상인 경우에는 난류로 된다.

$$Re = \frac{VD}{\nu} < 3000$$

$$Re = \frac{VD}{\nu} > 3000 \qquad (17 \cdot 1)$$

여기서 V는 평균 속도(m/s)이고, D는 지름(m), ν는 동점성 계수(動粘性係數, kinematic viscosity) (m^2/s)이다. 그림 17·1에서 보는 바와 같이 동일 단면의 관로 내에서도 흐름의 속도는 관벽에서는 0이고, 중앙에서 최대로 되며 또 층류인가 난류인가에 따라서도 그 흐름의 속도 분포는 달라진다. 그러나 공학상의 문제를 다룰 때 우리는 유로의 임의 단면에서 유체의 속도는 그 단면의 평균 속도를 취하여 계산한다.

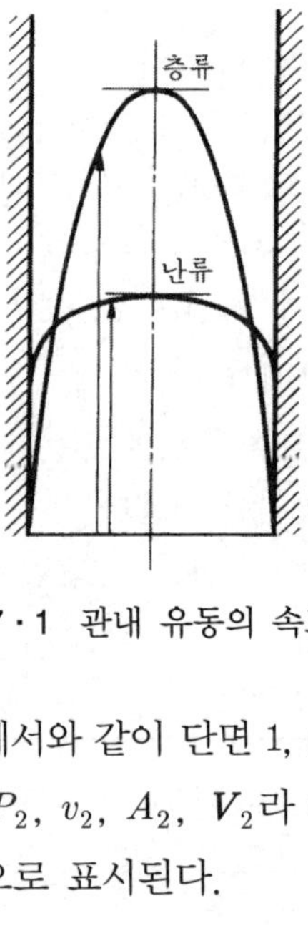

그림 17·1 관내 유동의 속도 분포

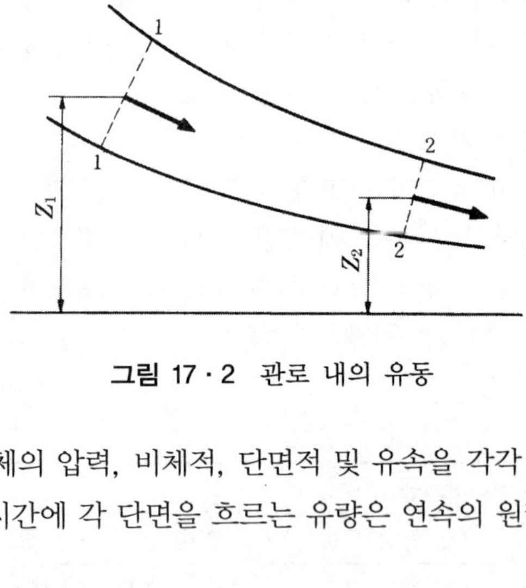

그림 17·2 관로 내의 유동

그림 17·2에서와 같이 단면 1, 2에서의 기체의 압력, 비체적, 단면적 및 유속을 각각 P_1, v_1, A_1, V_1, P_2, v_2, A_2, V_2라 하면 단위 시간에 각 단면을 흐르는 유량은 연속의 원리로부터 다음 식으로 표시된다.

$$\dot{m} = \frac{AV}{v} = \rho AV \qquad (17 \cdot 2)$$

여기서 v는 비체적(m^3/kg), V는 평균 유속(m/s)이고, ρ는 밀도(kg/m^3)이다.

질량 유량은 단면 1, 2에서 같으므로

$$\dot{m}=\frac{A_1 V_1}{v_1}=\frac{A_2 V_2}{v_2} \tag{17·3}$$

가 된다.

식 (17·2)를 미분형으로 나타내면 그림 17·3으로부터 다음과 같이 유도할 수 있다.

유입 질량=유출 질량

또는

$$\rho A V=(\rho+\Delta\rho)(A+\Delta A)(V+\Delta V)$$

에서 우변항을 전개한 후 둘 이상의 미소량들의 곱으로 구성된 항(예를 들면 $\Delta\rho\Delta A\Delta V$, $\rho\Delta A\Delta V$ 등)들을 무시하고 정리하면

$$\frac{\Delta\rho}{\rho}+\frac{\Delta A}{A}+\frac{\Delta V}{V}=0$$

으로 된다.

각 미소량들의 극한값을 취하면

$$\frac{d\rho}{\rho}+\frac{dA}{A}+\frac{dV}{V}=0 \tag{17·4}$$

와 같이 표시할 수 있다.

[2] 운동량 방정식

그림 17·3과 같이 유체가 덕트 내를 좌측으로부터 우측으로 흐를 때 거리 dx인 요소에 대하여 생각하여 보기로 한다.

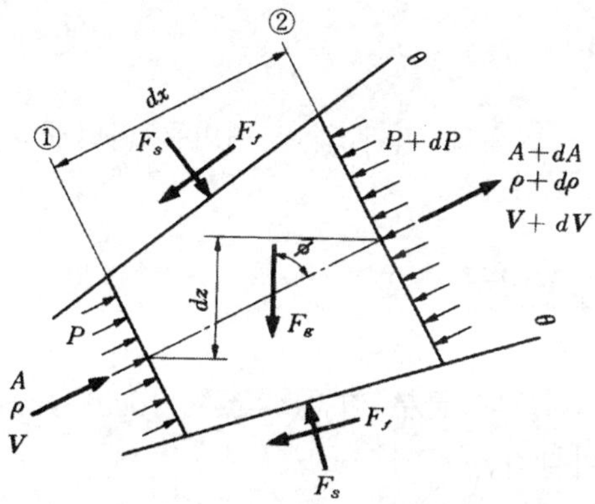

그림 17·3 덕트 내를 유동하는 유체의 요소에 작용하는 힘

이 요소에는 그림과 같이 유입면 1, 유출면 2에 작용하는 압력에 의한 힘, 중력에 의한 힘(gravitational force), 유체에 의하여 관벽(管壁)에 작용하는 힘, 또한 관벽의 마찰력 등의 5 가지 힘이 작용한다.

유입면 1에 작용하는 유체 압력에 의한 힘 F_1은

$$F_1 = PA \tag{1}$$

또 유출면 2에 작용하는 유체 압력에 의한 힘 F_2는

$$\begin{aligned} F_2 &= -(P+dP)(A+dA) = -PA - PdA - AdP - dPdA \\ &= -PA - PdA - AdP \end{aligned} \tag{2}$$

여기서 2 차항인 $dPdA$는 무시하였다.

만일 운동 방향의 유체에 작용하는 중력은 유체의 평균 밀도를 $\rho+(d\rho/2)$라 하면 다음 식으로 표시된다.

$$\begin{aligned} F_g &= -g\left(\rho+\frac{d\rho}{2}\right)\left(A+\frac{dA}{2}\right)\cos\phi\, dx \\ &= -g\rho A dz \end{aligned} \tag{3}$$

여기서 2 차항은 무시하였다.

또한 운동하는 유체에 의하여 작용하는 측벽에 작용하는 힘은 유체의 평균 압력을 $P+(dP/2)$라 하면

$$\begin{aligned} F_s &= \left(P+\frac{dP}{2}\right)\sin\theta\, dA \\ &= PdA \end{aligned} \tag{4}$$

가 된다.

관의 측벽에 작용하는 마찰력(摩擦力, frictional force) F_f는

$$F_f = AdP_f$$

로 표시되며, 여기서 dP_f는 마찰에 의한 압력 변화를 나타낸다.

dP_f는

$$dP_f = -\frac{f\rho V^2 dx}{2D}$$

로 표시된다. 여기서 D는 덕트의 국부 지름(局部徑, local diameter)이다.

따라서 측벽에 걸리는 마찰력은

$$F_f = -\frac{f\rho A V^2 dx}{2D} \tag{5}$$

이다.

뉴턴의 운동 제 2 법칙에 의하여 모든 외력(外力, external force)의 합은 유체의 질량과 가속도의 곱과 같아야 한다.

$$\begin{aligned} F_1 + F_2 + F_g + F_s + F_f &= m a \\ &= PA - PA - PdA - AdP - \rho g A dz + PdA - \frac{f\rho A V^2 dx}{2D} \\ &= \left(\rho + \frac{d\rho}{2}\right)\left(A + \frac{dA}{2}\right)(dx)\frac{dV}{dt} = \rho A V dV \end{aligned} \tag{6}$$

여기서는 2 차항을 무시하였다. 또한 가속도는

$$\frac{dV}{dt} = \frac{dx}{dt}\frac{dV}{dx} = V\frac{dV}{dt}$$

으로 표시될 수도 있다.

이들 관계로부터 운동 방정식을 다시 쓰면

$$\left.\begin{aligned} & dP + \rho V dV + g\rho dz + \frac{f\rho A V^2 dx}{2D} = 0 \\ \text{또는} \quad & \frac{dP}{\rho} + V dV + g dz + \frac{f V^2 dx}{2D} = 0 \end{aligned}\right\} \tag{17·5 a}$$

만일 마찰이 없는 유동이라면 $F_f = 0$이므로 식 (17 · 5 a)는

$$\frac{dP}{\rho} + V dV + g dz = 0 \tag{17·5 b}$$

이 된다.

비압축성 유체(非壓縮性流體, incompressible fluid)에서는 식 (17 · 5 a)를 적분하면

$$\frac{P_1}{\rho} + \frac{{V_1}^2}{2} + g Z_1 = \frac{P_2}{\rho} + \frac{V_2^2}{2} + g Z_2 + h_l \tag{17·6}$$

가 되며 이를 **수정 Bernoulli 방정식**(modified Bernoulli equation)이라 한다. 여기서 h_l은 유체 마찰에 의한 손실 에너지로서

$$h_l = f\frac{L}{D}\frac{V^2}{2} \tag{17·7}$$

로 표시된다. 여기서 L은 관로의 길이, D는 관의 지름, V는 평균 속도, f는 마찰 계수이

다. 한편 그림 17 · 4와 같은 관로에서 유로가 입구와 출구 각각 1개인 경우 검사 체적에 대한 운동량 방정식은 다음과 같이 표시된다. 검사 체적에 작용하는 힘을 $\vec{F}$, 속도 벡터를 $\vec{V}$라 하면

$$\vec{F} = \dot{m}_2 \vec{V}_2 - \dot{m}_1 \vec{V}_1 \tag{17 · 8}$$

가 된다. 여기서 정상류일 경우에는 $\dot{m}_1 = \dot{m}_2 = \dot{m}$으로 표시된다.

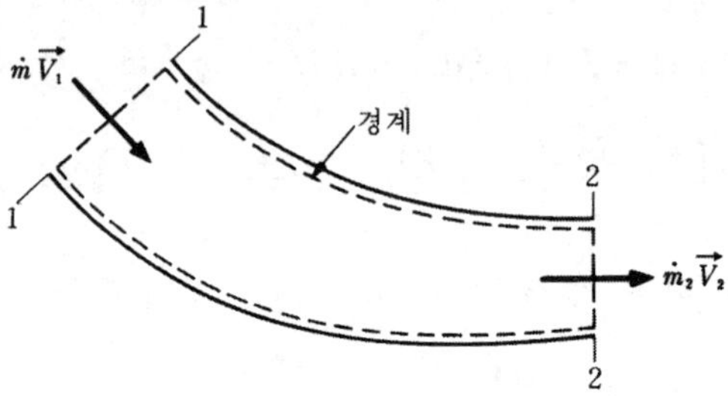

그림 17 · 4 질량 유동에 따른 운동량 이론

보기 17.1

관로에 기체가 흐를 때 입구 단면적이 $0.1\,m^2$이고 출구 단면적이 $0.07m^2$이며, 유체의 밀도는 $3.90\,kg/m^3$이다. 입구 속도가 32 m/s이라면 검사 체적에 작용하는 힘은 얼마인가?

풀이 정상류로 생각하고, 입구, 출구를 각각 1, 2로 표시하면

$$\rho_1 A_1 V_1 = \rho_2 A_2 V_2$$

$$V_2 = \left(\frac{\rho_1 A_1}{\rho_2 A_2}\right) V_1 = \frac{0.1}{0.07} \times 32 = 45.7142 \text{ m/s}$$

$$F = (\rho_2 A_2 V_2) V_2 - (\rho_1 A_1 V_1) V_1 = 3.90(0.07 \times 45^2) - 3.90(0.1 \times 32^2) = 153.465 \text{ N}$$

보기 17.2

그림 17 · 5와 같은 관 속을 20℃의 물이 12 kg/s로 흐르고 있다. 관의 길이가 105 m이고, 마찰에 의한 압력 강하가 200 kPa일 때 관의 지름을 구하여라. 단 마찰 계수는 $f = 0.02$이다.

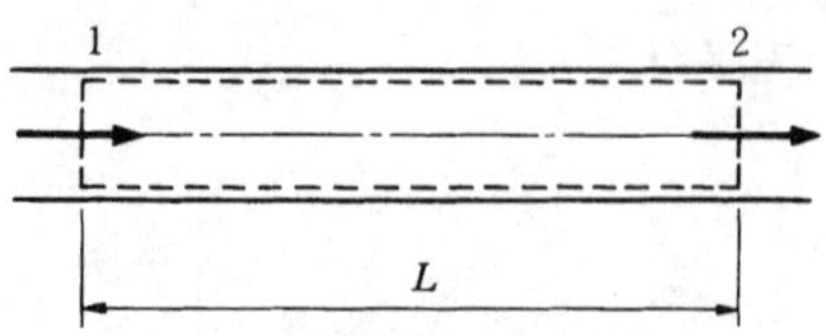

그림 17 · 5 보기 17.2의 설명도

풀이 $h_l = f\dfrac{L}{D}\dfrac{V^2}{2} = \dfrac{\Delta P}{\rho}$ (1)

$F = (\rho_2 A_2 V_2) V_2 - (\rho_1 A_1 V_1) V_1$ (2)

$\dot{m} = \rho A V$ (3)

$A = \dfrac{\pi}{4} D^2$

식 (2), (3)을 식 (1)에 대입하면

$$\frac{\Delta P}{L} = \frac{8f\dot{m}^2}{\pi^2 \rho D^5} \tag{4}$$

물의 비체적은 20℃에서 $v_f = 0.0010017\,\mathrm{m^3/kg}$이므로

$$\rho = \frac{1}{v} = \frac{1}{0.0010017} = 998.3029\,\mathrm{kg/m^3}$$

이다.

따라서 D는 식 (4)에서

$$D^5 = \frac{8Lf\dot{m}^2}{\pi^2 \rho \Delta P} = \frac{8 \times 105 \times 0.02 \times 12^2}{\pi^2 \times 998.3029 \times 200 \times 10^3} = 1.22766 \times 10^{-6}$$

구하고자 하는 지름은

$$D = 0.06574\,\mathrm{m}$$

이다.

[3] 에너지 방정식

유체가 관로의 단면 1로부터 단면 2로 정상 유동하는 경우의 에너지 식은 다음과 같이 표시된다.

$$q_{12} - w_{12} = (h_2 - h_1) + \frac{1}{2}(V_2^2 - V_1^2) + g(Z_2 - Z_1)$$

단면 1, 2가 매우 근접한 경우에 이 식을 미분형으로 표시하면

$$\delta q = dh + V dV + g dZ + \delta w \tag{17 · 9}$$

가 된다. 여기서 w는 공업일(technical work) w_t에 해당된다.

[4] 엔트로피 식

엔트로피의 성질을 유동계에 적용하면 에너지식으로부터

$$dh + d\left(\frac{V^2}{2}\right) + d(gZ) = \delta q - \delta w$$

가 된다. 이 식에서 위치 에너지의 변화와 일을 무시하면

$$dh + VdV - \delta q = 0 \tag{17 · 10}$$

이 된다. 이 식에서 내부 에너지, 위치 에너지의 변화, 외부에 하는 일 및 열전달이 없는 경우에는 식 (17 · 9)에서

$$VdV = -dh$$

가 된다.

한편 Tds 식은

$$Tds = dh - vdP = dh - \frac{dP}{\rho} \tag{17 · 11}$$

이므로 식 (17 · 10)으로부터

$$VdV = -dh + \delta q = -vdP = -\frac{dP}{\rho} \tag{17 · 12}$$

가 된다. 여기서 $\delta q = dh - vdP$이다.

17.2 정체 엔탈피

지금까지 다루어 온 정적 엔탈피는 유체와 측정 장치 사이에 상대 운동이 없다고 생각하였을 때의 엔탈피이다. 고속 유동(高速流動, high velocity flow)에서 유체의 속도 변화는 유체의 정적 상태량(靜的狀態量, static property of fluid)을 변화시키는 요인이 된다. 그러므로 고속 흐름에서는 속도 효과(velocity effect)를 고려한 고속 유체의 성질을 나타내는 식으로 표시되어야 한다. 그림 **17 · 6**과 같은 압축성 유동에서 정체점 0의 압력, 밀도, 온도에 대하여 생각하여 보기로 한다.

유체가 압축성이므로 정체점(停滯点, stagnation point) 0에서의 압력 상승은 유체의 압축을 일으키고, 또한 그 점에서 높은 밀도(ρ_0)와 온도(T_0)를 생기게 한다. 이러한 압축 효과들은 주로 속도 V의 크기에 달려 있고 이것은 고속에서 크고, 저속에서는 작을 것이며 경우에 따라서는 무시할 수 있다.

정체점에서 속도는 0 이고, 압력은 P_0로 표시한다. 정체(停滯) 엔탈피(stagnation enthalpy) h_0는 등엔트로피 유동에서 정체 상태(停滯狀態, stagnation state)의 엔탈피로서 정적 엔탈피 h와 속도 에너지 $\frac{V^2}{2}$의 합으로 표시된다.

$$h_0 = h + \frac{V^2}{2} \tag{17 · 13}$$

유체의 위치 에너지를 무시하였을 때 정체 엔탈피는 유동하는 유체 단위 질량당의 총 에너지가 된다. **정체 엔탈피**는 유체의 운동 에너지를 무시할 경우에는 정적 엔탈피와 같아진다.

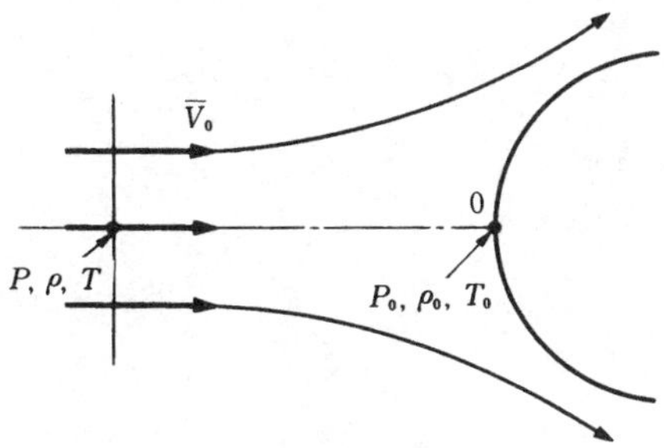

그림 17 · 6

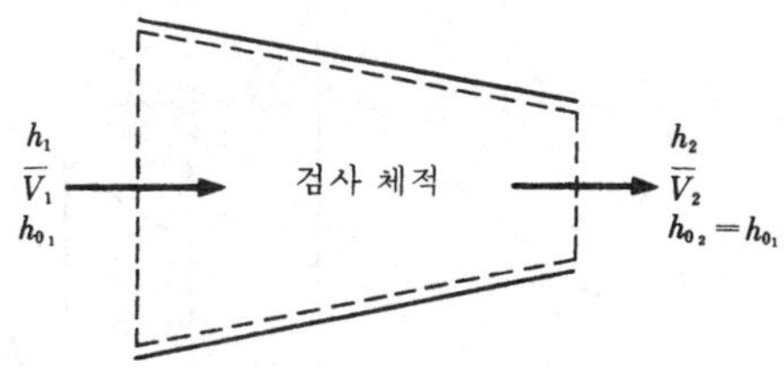

그림 17 · 7 단열 덕트 내의 정상 유동하는 노즐

지금 그림 17 · 7과 같이 노즐, 디퓨저 또는 단열 유동을 하는 유로 등에서 축일(shaft work)과 전기적인 일(electrical work)을 하지 않는 경우 단일 유동에 대하여 위치 에너지를 무시할 수 있을 때에는 에너지 보존식은 다음과 같이 표시된다.

$$q - w = (h_2 - h_1) + \left(\frac{V_2^2}{2} - \frac{V_1^2}{2}\right) + g(Z_2 - Z_1)$$

$$0 = (h_2 - h_1) + \left(\frac{V_2^2}{2} - \frac{V_1^2}{2}\right)$$

$$h_1 + \frac{V_1^2}{2} = h_2 + \frac{V_2^2}{2} \tag{17 · 14}$$

또는

$$h_{01} = h_{02} \tag{17 · 15}$$

이 식은 계에 어떠한 일이나 위치 에너지가 존재하지 않는 것으로 생각하고 에너지 보존식을 적용한 경우로서 정상 유동하는 경우에는 유체의 정체 엔탈피가 일정함을 나타내는 식이다.

만일 유체의 속도가 상태 2에서 0 이라면 식 (17 · 14)는

$$h_1 + \frac{V_1^2}{2} = h_2 = h_{02}$$

가 된다.

정체 과정(stagnation process)동안 유체의 운동 에너지는 엔탈피(내부 에너지+유동 에너지)로 변하여 유체의 온도와 압력을 증가시킨다.

정체 상태에서 유체의 정체 압력, 정체 온도, 정체 밀도 등의 열역학적 성질을 정체 상태량 또는 **정체 성질**(停滯性質, stagnation properties)이라 하고, 정체 상태량은 첨자 0을 붙여서 표시한다.

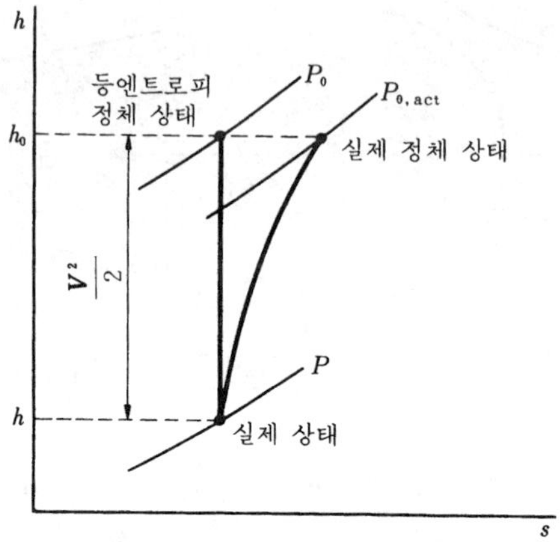

그림 17 · 8 $h-s$ 선도

실제 등엔트로피 정체 과정을 엔탈피-엔트로피 선도로 나타내면 그림 17 · 8과 같다. 정체 과정이 가역 단열 과정일 때 정체 상태를 등엔트로피 정체 상태(isentropic stagnation state)라 한다. 이와 같은 등엔트로피 정체 과정에서 유체의 엔트로피는 일정하며, $h-s$ 선도에서 보는 바와 같이 실제 정체 과정에서 정체 압력은 유체 마찰에 의하여 등엔트로피 압력보다 낮다.

정체 과정은 때때로 등엔트로피 과정으로도 생각하며 이 때에는 등엔트로피 정체 성질들은 정체 상태량으로 표시된다.

유체가 이상 기체일 때 정체 엔탈피는 다음 식으로 나타낼 수 있다.

정체 엔탈피를 정의하는 식을 $h_0 - h = \dfrac{V^2}{2}$의 형태로 표현하면 비열이 일정한 이상 기체의 경우 엔탈피 차는 $c_p(T_0 - T) = \dfrac{V^2}{2}$으로 되며

$$\therefore\ T_0 = T + \frac{V^2}{2c_p} \tag{17 · 16}$$

이 된다.

여기서 T_0를 **정체 온도**(stagnation temperature) 또는 **전온도**(全溫度, total temperature)

라 한다. 이 온도는 단열 과정에서 정지 상태에서 얻을 수 있는 이상 기체의 온도이다. 식 (17・16)의 두 번째 항 $\frac{\boldsymbol{V}^2}{2c_p}$은 과정 중의 온도 상승으로서 동적 온도(動的溫度, dynamic temperature)라 한다. 하나의 보기로서 300 K의 공기가 120 m/s의 속도로 흐르는 공기의 동적 온도는

$$\frac{\boldsymbol{V}^2}{2c_p}=\frac{120^2}{2\times 1.005}\times\frac{1}{1000}=7.1642\text{K}$$

가 된다. 따라서 동적 온도는 7.1642 K이므로 정체 온도는 307.1642 K가 된다. 저속 유동에서는 정체 온도와 정적 온도는 모두 같다. 그러나 고속 유동에서는 정지된 프로브(probe)에 의하여 측정된 온도 즉 정체 온도는 유체의 온도보다 높다.

정체 압력(停滯壓力, stagnation pressure) P_0는 정압과 속도 압력의 합으로 표시된다.

$$P_0 = P + \frac{\rho \boldsymbol{V}^2}{2}$$

정체 압력 P_0는 이상 기체에 대하여 온도 T, T_0가 주어져 있을 때 다음 식으로 표시된다.

$$\frac{P_0}{P}=\left(\frac{T_0}{T}\right)^{\frac{\kappa}{\kappa-1}} \tag{17・17}$$

여기서 κ는 비열비 $\kappa=\frac{c_p}{c_v}$이다. 식 (17・17)을 다시 쓰면

$$\frac{\rho_0}{\rho}=\left(\frac{T_0}{T}\right)^{\frac{\kappa}{\kappa-1}} \tag{17・18}$$

가 된다.

단일 유동, 정상 유동 장치에서 에너지 식은

$$q-w=(h_{02}-h_{01})+g(Z_2-Z_1) \tag{17・19 a}$$

이 된다.

만약 유체가 이상 기체이고, 비열이 일정하면

$$q-w=c_p(T_{02}-T_{01})+g(Z_2-Z_1) \tag{17・19 b}$$

가 된다.

보기 17.3

60℃, 8 bar의 공기가 160 m/s의 속도로 유로 내를 흐를 때 정체 압력, 정체 온도 및 정체 밀도를 구하여라.

풀이 $T_0 = T + \dfrac{V^2}{2c_p} = (60+273.15) + \dfrac{160^2}{2\times 1.005} \times \dfrac{1}{1000}$

$= 345.889\,\text{K} = 72.736\,℃$

$$P_0 = P\left(\frac{T_0}{T}\right)^{\frac{\kappa}{\kappa-1}} = 800 \times \left(\frac{72.736+273.15}{60+273.15}\right)^{\frac{1.4}{0.4}}$$

$= 912.255\,\text{kPa}$

$$\rho_0 = \frac{P_0}{RT_0} = \frac{912.255}{0.287\times 345.889} = 9.1896\,\text{kg/m}^3$$

보기 17.4

온도와 압력이 각각 20℃, 100 kPa이고 유체 속도가 290 m/s일 경우의 정체 압력과 정체 온도를 구하여라.

풀이 정체 엔탈피 식으로부터 정체 온도를 구하면

$$h_0 = h + \frac{V^2}{2}$$

$$T_0 = T + \frac{V^2}{2c_p} = 293.15 + \frac{290^2}{2\times 1.005} \times \frac{1}{1000} = 334.991\,\text{K}$$

정체 압력은

$$P_0 = P\left(\frac{T_0}{T}\right)^{\frac{\kappa}{\kappa-1}} = 100\left(\frac{334.991}{293.15}\right)^{\frac{1.4}{0.4}} = 159.514\,\text{kPa}$$

보기 17.5

항공기(aircraft)가 순항 속도(巡航速度) 290 m/s로 고도 5500 m 상공을 비행하고 있다. 이 때 대기압은 50 kPa이고, 온도는 250 K이다. 공기는 압축기로 들어가기 전에 디퓨저에서 감속되어 압축되며, 이 때 디퓨저와 압축기는 등엔트로피 과정으로 압축된다. 압축기 입구의 압력과 압축기의 단위 질량당의 일을 구하여라. 단, 압축기의 정체 압력비는 8.5이다.

풀이 공기를 이상 기체로 생각하면

$c_p = 1.005\,\text{kJ/kg K},\ \kappa = 1.4$

$$T_{01}=T_1+\frac{V_1^2}{2c_p}=250+\frac{290^2}{2\times1.005}\times\frac{1}{1000}=291.841\text{K}$$

$$P_{01}=P_1\left(\frac{T_{01}}{T_1}\right)^{\frac{\kappa}{\kappa-1}}=50\left(\frac{291.841}{250}\right)^{\frac{1.4}{0.4}}=85.9393\,\text{kPa}$$

압축기 출구 상태는

$$T_{02}=T_{01}\left(\frac{P_{02}}{P_{01}}\right)^{\frac{\kappa-1}{\kappa}}=291.841\left(\frac{8.5}{1}\right)^{\frac{1.4-1}{1.4}}=537.8914\,\text{kPa}$$

압축기의 일은

$$w=c_p(T_{01}-T_{02})=1.005\times(291.841-537.8914)=-247.2807\,\text{kJ/kg}$$

보기 17.6

유속 110 m/s의 공기 중에 그림 17 · 9와 같이 온도계를 삽입할 경우 온도계의 지시값과 실제 온도와는 얼마만큼의 차이가 생기겠는가?

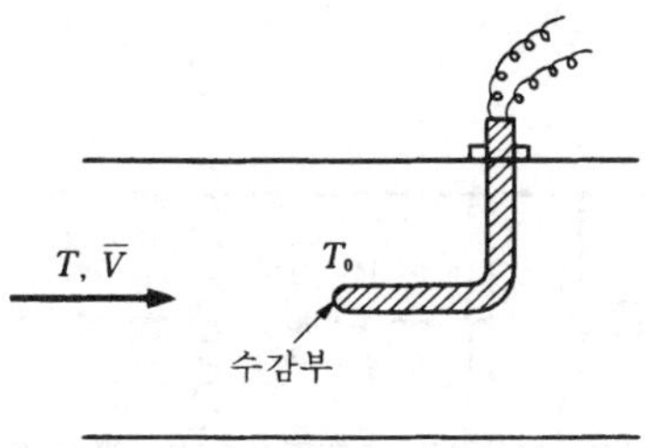

그림 17 · 9 기체 흐름 중의 온도계

풀이 온도계는 정체(전) 온도 T_0를 지시하므로

$$T_0-T=\frac{V^2}{2c_p}=\frac{110^2}{2\times1.005}\times\frac{1}{1000}=6.0199℃$$

17.3 음속과 마하수

압축성 유동(壓縮性流動, compressible flow)에서 중요한 파라미터는 음속(音速, velocity of sound, sonic velocity, acoustic velocity) c 이다. **음속**이란 유체 속을 진행하는 압력파

의 전파 속도이다.

그림 17 · 10은 음파(音波, sound wave)의 전파를 해석하기 위하여 나타낸 그림이다. 그림 17 · 10 (a)는 압력파가 우측으로 속도 c로 움직이고 있는 경우로서 이 때에 압력파는 피스톤의 작은 변위에 의하여 이루어진다. 그림에서 보는 바와 같이 압력파의 좌측 영역의 압력, 밀도, 온도는 음파의 우측의 정지 유체(停止流體, stationary fluid)와 달리 속도는 $\Delta \boldsymbol{V}$, 압력은 $P+dP$, 온도는 $T+dT$, 밀도는 $\rho+d\rho$의 상태로 존재한다.

그러나 음파와 함께 이동하는 관찰자의 경우에는 우측으로부터 P, ρ, T, c의 상태로 검사 체적으로 들어와서 속도 $c-d\boldsymbol{V}$, 압력 $P+dP$, 밀도 $\rho+d\rho$, 온도 $T+dT$로 검사 체적을 유출한다. 그림 17 · 10 (b)에서 정상 상태의 질량 보존식은

$$\rho Ac=(\rho+d\rho)A(c-d\boldsymbol{V})$$

가 된다. 여기서 고차 미분항을 무시하면

$$c\,d\rho-\rho d\boldsymbol{V}-d\rho\, d\boldsymbol{V}=0 \tag{17 · 20}$$

따라서

$$d\boldsymbol{V}=\left(\frac{c}{\rho}\right)d\rho \tag{17 · 21}$$

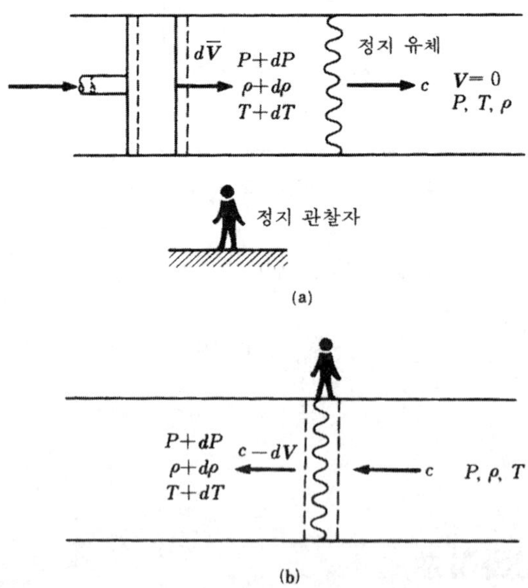

그림 17 · 10 음파의 전파를 해석하기 위한 설명도

다음에는 운동량 방정식 식 (17・8)을 검사 체적에 적용하여 보기로 한다. 음파의 두께가 얇고 또 벽에 작용하는 전단력(剪斷力, shearing force)과 중력 효과를 무시하면 다음 관계가 성립한다.

$$PA-(P+dP)A=\dot{m}(c-d\boldsymbol{V})-\dot{m}c$$
$$=\dot{m}(c-d\boldsymbol{V}-c)$$
$$=(\rho Ac)(-d\boldsymbol{V})$$

따라서

$$AdP=\rho Acd\boldsymbol{V}$$
$$dP=\rho cd\boldsymbol{V} \qquad (17\cdot22)$$

식 (17・21)과 식 (17・22)로부터

$$c^2=\frac{dP}{d\rho} \qquad (17\cdot23)$$

음파의 전파 과정이 등엔트로피 과정이므로 $P=P(\rho,s)$라 하면

$$dP=\left(\frac{\partial P}{\partial\rho}\right)_s d\rho+\left(\frac{\partial P}{\partial s}\right)_\rho ds$$

또는

$$\frac{dP}{d\rho}=\left(\frac{\partial P}{\partial\rho}\right)_s+\left(\frac{\partial P}{\partial s}\right)_\rho\frac{ds}{d\rho}$$

가역 단열 과정에서 $ds=0$ 이므로

$$c^2=\left(\frac{\partial P}{\partial\rho}\right)_s,$$

또는 $$c=\sqrt{\left(\frac{\partial P}{\partial\rho}\right)_s} \qquad (17\cdot24)$$

가 된다.

단열 변화에서

$$Pv^\kappa=\text{일정 또는 } P\left(\frac{1}{\rho}\right)^\kappa=\text{일정} \qquad (17\cdot25)$$

이므로 식 (17・25)를 미분하면

$$\frac{dP}{d\rho}=\left(\frac{\partial P}{\partial\rho}\right)_s=\frac{\kappa P}{\rho} \qquad (17\cdot26)$$

또는

$$c^2 = \kappa P v$$

$$c = \sqrt{\kappa P v} \tag{17·27}$$

만일 유체가 이상 기체라면

$$\therefore \quad c = \sqrt{\kappa R T} \tag{17·28}$$

가 된다.

이 식에서 알 수 있는 바와 같이 이상 기체의 음속 c 는 온도만의 함수이다. 압축성 유체의 취급에서 다음 식으로 표시되는 무차원수(無次元數)인 **마하수**(Mach number) M을 사용하는 것이 편리하다.

$$M = \frac{\boldsymbol{V}}{c}$$

여기서 속도 $\boldsymbol{V}$는 국소 실제 속도이고, c는 같은 장소에서의 음속이다. 마하수를 도입하여 유동의 형태를 분류하면 다음과 같이 나눌 수 있다.

$M < 1$; 아음속 유동(亞音速流動, subsonic flow)
$M = 1$; 음속 유동(音速流動, sonic flow)
$M > 1$; 초음속 유동(超音速流動, supersonic flow)
$M \gg 1$; 극초음속 유동(極超音速流動, hypersonic flow)
$M \cong 1$; 음속에 가까운 유동(transonic flow)

보기 17.7

그림 17·11에 나타낸 것과 같은 디퓨저에 25℃의 공기가 250 m/s의 속도로 유입하는 경우의 음속과 입구 유속에 대한 마하수를 구하여라.

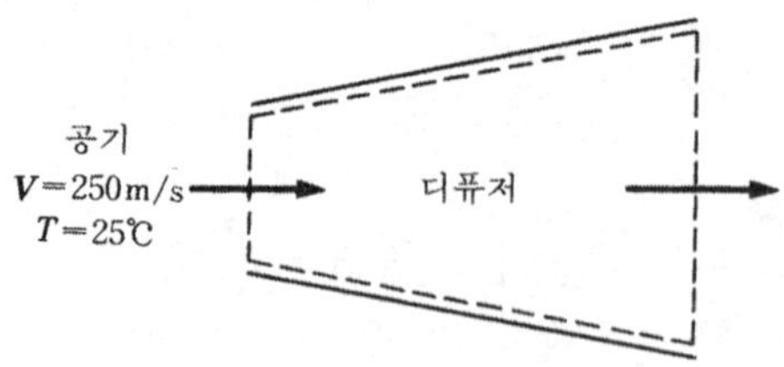

그림 17·11 보기 17.7의 설명도

풀이 공기를 이상 기체로 보고 식 (17・28)로부터 c를 구하면

$$c = \sqrt{\kappa RT}$$

이므로 여기서, $\kappa = 1.4$, $R = 0.287$ kJ/kmol K, $T = 298.15$ K를 대입하면

$$1\,\text{kJ} = 1000\,\text{Nm} = 1000\,\text{kg m}^2/\text{s}^2$$

이므로

$$c = \sqrt{1.4 \times 0.287 \times 298.15 \times 1000} = 346.1166\,\text{m/s}$$

마하수는 식 (17・29)로부터

$$M = \frac{\boldsymbol{V}}{c} = \frac{250}{346.1166} = 0.7223 < 1$$

따라서 유입 상태의 유동은 아음속이다.

보기 17.8

제트 비행기가 1000 km/h의 속도로 비행하고 있을 때의 마하수를 구하여라. 단, 공기의 온도는 25℃이다.

풀이 공기를 이상 기체로 보면 $c = \sqrt{\kappa RT}$ 에서 $\kappa = 1.4$, $R = 0.287$ kJ/kmol K, $T = 25$℃ 이므로

$$c = \sqrt{1.4 \times 287 \times 298.15} = 336.1156\,\text{m/s}$$

마하수는

$$\boldsymbol{V} = 1000\,\text{km/h} = 277.778\,\text{m/s}$$

$$M = \frac{\boldsymbol{V}}{\bar{c}} = \frac{277.778}{346.1166} = 0.8026$$

보기 17.9

온도 473.15 K인 질소(窒素, nitrogen)의 음속을 구하여라.

풀이 질소의 기체 상수 R는

$$R = \frac{\overline{R}}{M} = \frac{8314}{28} = 296\,\text{J/kg K}$$

$$\kappa = 1.4$$

$$c = \sqrt{\kappa RT}$$

$$c = \sqrt{1.4 \times 296 \times 473.15} = 442.8017\,\text{m/s}$$

17.4 노즐 및 디퓨저 내의 등엔트로피 유동

앞에서 설명한 바와 같이 압축성 유동은 공학적으로 그 응용 분야가 매우 넓다. 여기서는 주로 아음속 및 초음속 노즐 및 디퓨저의 형상을 결정하는 방법과 그 유동 특성과 압력과의 관계 등에 대하여 다루기로 한다.

노즐 유동을 이해하기 위해서는 질량 보존식, 에너지식, 운동량 방정식과 이상 기체의 상태량 관계식 등을 적용하여야 한다.

[1] 아음속 및 초음속 유동의 유로 면적 변화와 Mach수의 관계

노즐이나 디퓨저의 형상이 축소, 확대, 또는 축소-확대 등 어느 것에 해당되는가를 알기 위해서는 이들에 관련된 미분 관계식을 적용하여 구하여야 한다.

노즐 또는 디퓨저의 검사 체적에 질량 보존식을 적용하면

$$\rho A V = \text{일정}$$

이 식을 미분형으로 표시하면

$$d(\rho A V) = 0$$

$$A V dP + \rho A dV + \rho V dA = 0$$

각 항을 $\rho A V$로 나누면 앞에서 다룬 식 (17・4)가 된다.

$$\frac{d\rho}{\rho} = \frac{dV}{V} = \frac{dA}{A} \tag{17・4}$$

한편 정상류 에너지 식에서 $\dot{Q}_{cv}=0$, $\dot{W}_{cv}=0$, 위치 에너지 효과를 무시하면

$$h_1 + \frac{V_1^2}{2} = h_2 + \frac{V_2^2}{2}$$

또는 $$h + \frac{V^2}{2} = \text{일정}$$

으로 된다.

이 식을 미분하면

$$dh + V dV = 0$$

또는

$$dh = - V dV \tag{17・30}$$

등엔트로피 유동에서

$$Tds = dh - v\,dP$$

$$dh = v\,dP = \frac{1}{\rho}dP \tag{17・31}$$

이므로 이 식을 식 (17・30)에 대입하면

$$\frac{dP}{\rho} + \boldsymbol{V}d\boldsymbol{V} = 0 \tag{17・32}$$

또는

$$\frac{dP}{\rho} = -\boldsymbol{V}d\boldsymbol{V}$$

식 (17・23)에서 $dP = c^2 d\rho$ 이므로 이 식을 식 (17・32)에 대입하면

$$\frac{c^2 d\rho}{\rho} = -\boldsymbol{V}d\boldsymbol{V}$$

$$\frac{d\rho}{\rho} = -\frac{\boldsymbol{V}d\boldsymbol{V}}{c^2} = -\frac{\boldsymbol{V}^2}{c^2}\frac{d\boldsymbol{V}}{\boldsymbol{V}} \tag{17・33}$$

가 된다. 식 (17・33)을 식 (17・34)에 대입하면

$$\frac{dA}{A} = -\frac{d\boldsymbol{V}}{\boldsymbol{V}} - \frac{d\rho}{\rho}$$

$$= -\frac{d\boldsymbol{V}}{\boldsymbol{V}}\left(1 - \frac{\boldsymbol{V}^2}{c^2}\right)$$

가 된다. 또는 마하수 $M = \dfrac{\boldsymbol{V}}{c}$를 넣어 나타내면

$$\frac{dA}{A} = -\frac{d\boldsymbol{V}}{\boldsymbol{V}}(1 - M^2) \tag{17・34}$$

가 된다.

식 (17・34)는 속도에 따라서 노즐 또는 디퓨저의 유로 면적(유로 형상)이 어떻게 변화하는가를 나타내는 식이다. 이 식으로부터 다음과 같이 4가지의 경우를 생각할 수 있다.

식 (17・34)에서 $M = 1$이면 아음속과 초음속 유동을 가름하는 분기점이 된다. 노즐 또는 디퓨저에서 $M = 1$일 때의 유로 면적을 **최소 유로 면적**이라 하며, 이 때의 유로 부분을 **목**(throat)이라 한다.

노즐은 유속을 가속시키는 유로이며, 반면에 디퓨저는 유속을 감속시키는 유로에 속한다.

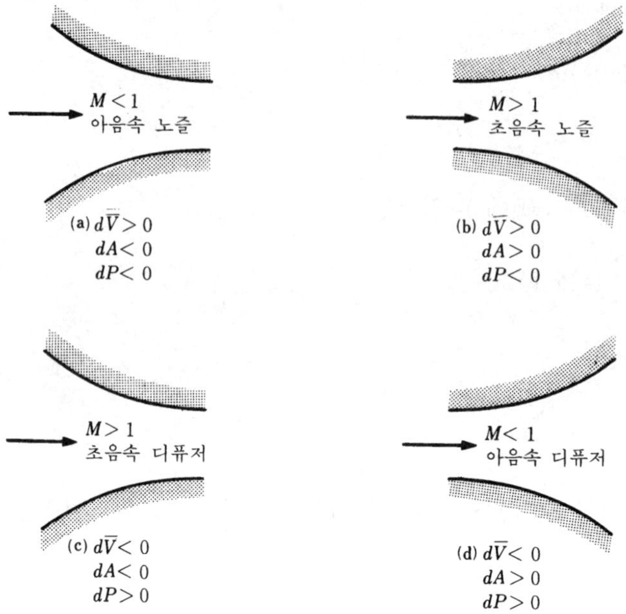

그림 17·12 노즐과 디퓨저

표 17·2 노즐과 디퓨저의 형상과 유동 형태

구 분	속도 변화	마하수	면적의 변화	유로의 형상
(a) 아음속 노즐 (subsonic nozzle)	$dV>0$	$M<1$	$dA<0$	덕트는 유동 방향으로 축소된다.
(b) 초음속 노즐 (supersonic nozzle)	$dV>0$	$M>1$	$dA>0$	덕트는 유동 방향으로 확대된다.
(c) 초음속 디퓨저 (supersonic diffuser)	$dV<0$	$M>1$	$dA<0$	덕트는 유동 방향으로 축소된다.
(d) 아음속 디퓨저 (subsonic diffuser)	$dV<0$	$M<1$	$dA>0$	덕트는 유동 방향으로 확대된다.

[2] 이상 기체의 등엔트로피 흐름에 대한 상태 관계식

이번에는 이상 기체의 비열비 κ와 마하수 M의 관계로부터 기체의 정적 상태량과 정체 상태량 사이의 관계를 구하여 보기로 한다. 이 때 기체의 유동은 등엔트로피 흐름이고, 기체의 비열은 일정한 것으로 생각하여 다루기로 한다.

이상 기체가 유로 내를 흐를 때 기체의 온도 T와 정체 온도 T_0 사이에는 다음과 같은 관계가 있다.

$$T_0 = T + \frac{V^2}{2c_p}$$

$$\frac{T_0}{T} = 1 + \frac{V^2}{2c_p T}$$

여기서 $c_p = \frac{\kappa R}{\kappa - 1}$, $c^2 = \kappa RT$, $M = \frac{V}{c}$ 이므로

$$\frac{V^2}{2c_p T} = \frac{V^2}{2\frac{\kappa}{\kappa-1}RT} = \left(\frac{\kappa-1}{2}\right)\frac{V^2}{c^2} = \left(\frac{\kappa-1}{2}\right)M^2$$

따라서

$$\frac{T_0}{T} = 1 + \left(\frac{\kappa-1}{2}\right)M^2 \tag{17 · 35}$$

가 되며, 이 식은 T_0와 T 사이의 관계를 나타내는 식이 된다.

한편 정체 압력과 정적 압력 사이의 비는 식 (17 · 35)와 $\frac{P_0}{P} = \left(\frac{T_0}{T}\right)^{\frac{\kappa}{\kappa-1}}$ 의 관계로부터 다음과 같이 표시된다.

$$\frac{P_0}{P} = \left[1 + \left(\frac{\kappa-1}{2}\right)M^2\right]^{\frac{\kappa}{\kappa-1}} \tag{17 · 36}$$

또한 정체 밀도와 정적 밀도 사이의 비는 식 (17 · 35)와 $\frac{\rho_0}{\rho} = \left(\frac{T_0}{T}\right)^{\frac{1}{\kappa-1}}$ 의 관계로부터

$$\frac{\rho_0}{\rho} = \left[1 + \left(\frac{\kappa-1}{2}\right)M^2\right]^{\frac{1}{\kappa-1}} \tag{17 · 37}$$

가 된다.

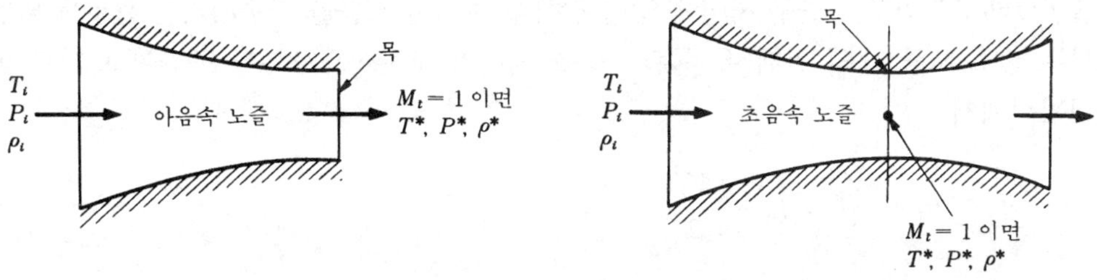

그림 17 · 13 노즐 목의 마하수 $M_t = 1$일 때의 임계 상태값

식 (17 · 34)에서 보는 바와 같이 $M < 1$, $dV > 0$ 이면 축소 노즐이 되고, $M=1$은 노즐 목에서 발생하며 이 때의 속도는 **임계 속도**(臨界速度, critical velocity)가 된다. 이와 같이 마하수 1인 곳, 즉 노즐 목(출구)에서의 유체의 성질을 **임계 상태량**(臨界狀態量, critical properties)이라 하고, 이 때의 상태량 사이의 비를 **임계비**(臨界比, critical ratio)라 한다. 임계 상태값을 *표를 붙여서 나타내기로 한다.

$M=1$일 때 식 (17 · 35)~(17 · 37)은 다음과 같이 표시된다.

$$\frac{T^*}{T_0} = \frac{2}{\kappa+1} \tag{17 · 38}$$

$$\frac{P^*}{P_0} = \left(\frac{2}{\kappa+1}\right)^{\frac{\kappa}{\kappa-1}} \tag{17 · 39}$$

$$\frac{\rho^*}{\rho_0} = \left(\frac{2}{\kappa+1}\right)^{\frac{1}{\kappa-1}} \tag{17 · 40}$$

표 17 · 3은 주요 기체의 임계 압력비, 임계 온도비, 임계 밀도비를 나타낸 것이다.

표 17 · 3 주요 기체의 등엔트로피 유동시의 임계 압력비, 임계 온도비, 임계 밀도비

임계비	과열 증기 $\kappa=1.3$	고온 연소 가스 $\kappa=1.33$	공기 $\kappa=1.4$	단원자 기체 $\kappa=1.67$
$\frac{P^*}{P_0}$	0.5457	0.5404	0.5283	0.4867
$\frac{T^*}{T_0}$	0.8696	0.8584	0.8333	0.7491
$\frac{\rho^*}{\rho_0}$	0.6276	0.6295	0.6340	0.6497

[3] 축소 노즐의 임계 유동

노즐(nozzle)은 입구와 출구 사이에 압력 강하를 주어서 흐름을 가속시키는 관로를 말한다. 여기서는 축소 노즐 내의 임계 유동 관계식을 에너지 보존식으로부터 구하여 보기로 한다.

에너지식에서

$$h_1 + \frac{V_1^2}{2} = h_2 + \frac{V_2^2}{2}$$

$$h_1 - h_2 = \frac{1}{2}(V_2^2 - V_1^2)$$

$$V_2 = \sqrt{2(h_1 - h_2) + V_1^2}$$

입구 속도 V_1을 무시할 수 있는 경우에 임의의 단면에서의 속도 V는

$$V = \sqrt{2\Delta h}$$

가 된다. 엔탈피 변화 $(h_1 - h) = c_p(T_1 - T)$를 이용하여 V를 다시 쓰면

$$\begin{aligned} V &= \sqrt{2c_p(T_1 - T) + V_1^2} \\ &= \sqrt{\frac{2\kappa}{\kappa-1}RT_1\left[1-\left(\frac{P}{P_1}\right)^{\frac{\kappa-1}{\kappa}}\right] + V_1^2} \end{aligned} \tag{17・41}$$

$V_1 \cong 0$이면

$$V = \sqrt{\frac{2\kappa}{\kappa-1}RT_1\left[1-\left(\frac{P}{P_1}\right)^{\frac{\kappa-1}{\kappa}}\right]}$$

또 유량은 $v = v_0\left(\frac{P_0}{P}\right)^{\frac{1}{\kappa}} = \frac{1}{\rho_0}\left(\frac{P_0}{P}\right)^{\frac{1}{\kappa}}$ 이므로,

$$\begin{aligned} \dot{m} &= \frac{AV}{v} \\ &= A\sqrt{\frac{2\kappa}{\kappa-1}\frac{P_0}{v_0}\left[\left(\frac{P}{P_0}\right)^{\frac{2}{\kappa}} - \left(\frac{P}{P_1}\right)^{\frac{\kappa+1}{\kappa}}\right]} \end{aligned} \tag{17・42}$$

P_0, T_0가 일정할 때 출구 압력 P를 감소시켜가면 $\dot{m}$은 점차 증가하여 어느 압력 $P = P^*$에서 최대로 된다. 이 P^*를 노즐의 **임계 압력**(臨界壓力, critical pressure)이라 한다. 식 (17・42)에서 유량을 최대로 하는 조건을 구하기 위하여 우변 [ ]의 식을 Z라 하고 압력비 $P/P_0 = r$에 대하여 미분하여 0으로 놓으면

$$Z = \left(\frac{P}{P_0}\right)^{\frac{2}{\kappa}} - \left(\frac{P}{P_0}\right)^{\kappa + \frac{1}{\kappa}}$$

$$\begin{aligned} \frac{dZ}{dr} &= \frac{2}{\kappa}r^{\frac{2}{\kappa}-1} - \frac{\kappa+1}{\kappa}r^{\frac{\kappa+1}{\kappa}-1} \\ &= \frac{2}{\kappa}r^{\frac{2-\kappa}{\kappa}} - \frac{\kappa+1}{\kappa}r^{\frac{1}{\kappa}} = 0 \end{aligned}$$

또는

$$(\kappa+1)r^{\frac{1}{\kappa}} = 2r^{\frac{2-\kappa}{\kappa}}$$

양 변을 $r^{\frac{2-\kappa}{\kappa}}$ 로 나누면 나누면

$$r^{\frac{\kappa-1}{\kappa}} = \frac{2}{\kappa+1}$$

또는

$$r = \left(\frac{2}{\kappa+1}\right)^{\frac{\kappa}{\kappa-1}} = \frac{P^*}{P_0} \tag{17·43}$$

가 된다. 이 때 압력비 $r = \left(\frac{2}{\kappa+1}\right)^{\frac{\kappa}{\kappa-1}}$ 를 **임계 압력비**(臨界壓力比, critical pressure ratio)라 하며 r^*로 표시한다.

또한 T^*는

$$T^* = T_0\frac{2}{\kappa+1}$$

따라서 임계 유속은

$$\boldsymbol{V}^* = \sqrt{\frac{2\kappa}{\kappa+1}RT_0} = \sqrt{\kappa RT^*} = c^* \tag{17·44}$$

가 된다.

압력이 임계 압력에 달하였을 때의 유량을 **임계 유량**(臨界流量, critical flow) $\dot{m}^*$라 하며, $\dot{m}^*$은 다음과 같이 구한다.

$$\begin{aligned}
\dot{m}^* &= A^*\sqrt{2\frac{\kappa}{\kappa-1}\frac{P_0}{v_0}\left[\left(\frac{2}{\kappa+1}\right)^{\frac{2}{\kappa-1}} - \left(\frac{2}{\kappa+1}\right)^{\frac{\kappa+1}{\kappa-1}}\right]} \\
&= A^*\sqrt{2\frac{\kappa}{\kappa-1}\frac{P_0}{v_0}\left(\frac{2}{\kappa+1}\right)^{\frac{2}{\kappa-1}}\left[1-\left(\frac{2}{\kappa+1}\right)^{\frac{\kappa+1}{\kappa-1}-\frac{2}{\kappa-1}}\right]} \\
&= A^*\sqrt{2\frac{\kappa}{\kappa-1}\frac{P_0}{v_0}\left(\frac{2}{\kappa+1}\right)^{\frac{2}{\kappa-1}}\left(\frac{\kappa-1}{\kappa+1}\right)} \\
&= A^*\sqrt{\left(\frac{2}{\kappa+1}\right)^{\frac{2}{\kappa-1}}\left(\frac{\kappa}{\kappa+1}\right)2\frac{P_0}{v_0}}
\end{aligned}$$

$$= A^*\left(\frac{2}{\kappa+1}\right)^{\frac{1}{\kappa-1}}\sqrt{2\frac{P_0}{v_0}\left(\frac{\kappa}{\kappa+1}\right)}$$

$$= A^*\tau_{max}\sqrt{2\frac{P_0}{v_0}} \qquad (17 \cdot 45)$$

여기서

$$\tau_{max} = \left(\frac{2}{\kappa+1}\right)^{\frac{1}{\kappa-1}}\sqrt{\frac{\kappa}{\kappa+1}}$$

이고, 이 때 τ_{max}을 **임계 유량 계수**(臨界流量係數, critical flow coefficient)라 한다.

17.5 노즐 내의 질량 유량에 미치는 배압의 영향

단면 축소 또는 축소-확대 노즐(converging or converging-diverging nozzle)은 증기 터빈 또는 가스 터빈, 항공기 추진 계통(推進系統, propulsion system)을 비롯하여 각종 산업 분야에서 널리 이용되고 있다. 여기서는 노즐의 출구 속도, 질량 유량, 노즐 내의 압력 변화에 미치는 배압(背壓, back pressure)의 영향에 대하여 알아보기로 한다.

[1] 축소 노즐

그림 17·14에 나타낸 것과 같은 단면 축소(縮小) 노즐(converging nozzle)을 통하여 흐르는 아음속 유동에 대하여 생각하기로 한다.

노즐 입구에서 압력과 온도는 각각 P_r, T_r이고, 입구에서는 매우 큰 용기에 접하고 있어서 입구 속도를 무시할 수 있는 경우로 생각한다.

그림 17·14에 표시한 바와 같이 노즐 출구 주위의 배압(背壓, back pressure)을 낮추면 유로의 길이에 따른 압력 변화는 그 크기에 따라서 달라진다.

만일 배압이 $P_b = P_1$이면 입구 압력과 같은 경우이며 이 때에는 유동은 존재하지 않으며 압력 분포는 일정한 직선(수평선)이 된다.

배압이 $P_b = P_2$이면 출구 압력 P_e는 P_2로 저하하며, 이 때에는 유동 방향으로 압력이 강하한다.

배압이 저하하여 $P_3 = P^*$(임계 압력)에 달하면 질량 유량은 최대값에 달하고, 더 이상 압력을 강하시켜도 유속은 $M=1$이 되고, 유량은 변하지 않는다. 이와 같은 상태의 흐름을

초킹(choking) 또는 **폐색**(閉塞)이라 한다.

더욱 압력을 저하시켜 배압이 P_4에 달하거나 또는 그 이하가 되어도 노즐 길이에 따른 압력 분포에는 영향을 미치지 않는다.

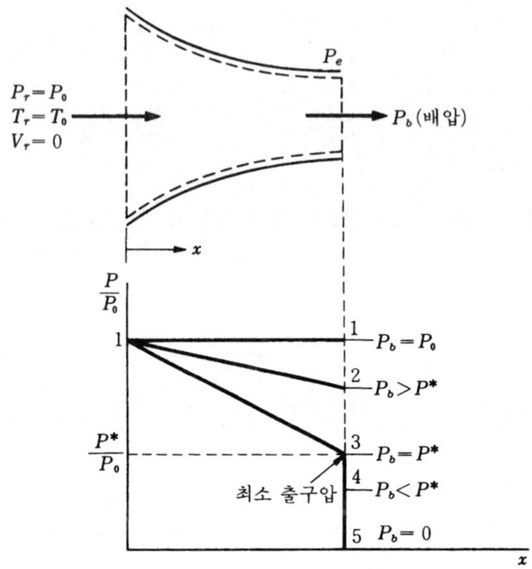

그림 17·14 축소 노즐의 압력 분포에 미치는 배압의 영향

정상 유동 조건하에서 질량 유량은 일정하므로 다음 식으로 표시된다.

$$\dot{m}=\rho A V=\left(\frac{P}{RT}\right)A(M\sqrt{\kappa RT})=PAM\sqrt{\frac{\kappa}{RT}} \tag{1}$$

또 식 (17·35)에서 T를 구하면

$$T=\frac{T_0}{1+\left(\frac{\kappa-1}{2}\right)M^2}$$

가 되고, 식 (17·36)에서 P를 구하면

$$P=\frac{P_0}{\left[1+\left(\frac{\kappa-1}{2}\right)M^2\right]^{\frac{\kappa}{\kappa-1}}}$$

가 된다. 이들 T, P를 식 (1)에 대입하면 다음 식이 성립한다.

$$\dot{m} = \frac{AMP_0\sqrt{\dfrac{\kappa}{RT_0}}}{\left[1+\left(\dfrac{\kappa-1}{2}\right)M^2\right]^{\frac{\kappa+1}{2(\kappa-1)}}} \tag{17·46}$$

이 식에서 알 수 있는 바와 같이 노즐 내를 흐르는 유체의 질량 유량은 유체의 정체 상태량, 유로 면적, 마하수의 함수이다. 이와 같은 관계는 노즐의 어느 단면에서도 유효하므로 노즐의 길이에 따른 어느 단면에서도 유량 $\dot{m}$을 구할 수 있다.

식 (17 · 46)에서 최대 유량은 노즐의 최소 단면적(목)의 위치가 되며, $M=1$일 때 유량은 최대로 된다. 최대 질량 유량은 $M=1$일 때이고, 단면적이 A^*일 때이므로 식 (17 · 46)은

$$\dot{m}_{\max} = A^*P_0\sqrt{\frac{\kappa}{RT_0}}\left(\frac{2}{\kappa+1}\right)^{\frac{\kappa+1}{2(\kappa-1)}} \tag{17·47}$$

로 표시된다.

어느 특정 이상 기체에서 주어진 노즐 면적에 따른 최대 질량 유량은 유입하는 기체의 정체 압력과 온도에 따라서 정해진다. 유량은 정체 압력 또는 온도의 변화에 따라서 달라지며, 또 목 면적(throat area)에 의하여도 달라진다.

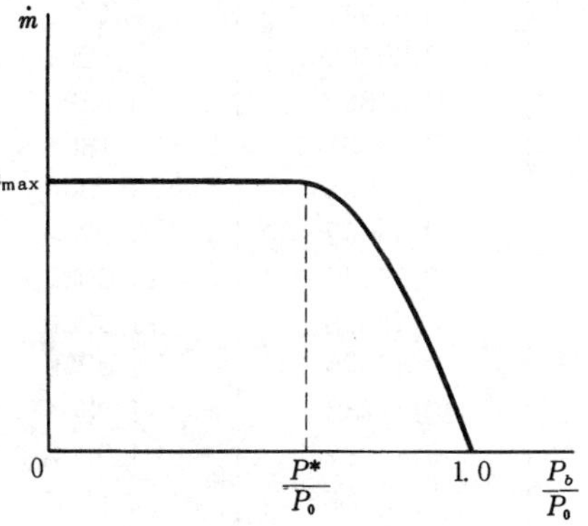

(a) 축소 노즐의 질량 유량 $\dot{m}$에 미치는 배압 P_b의 영향

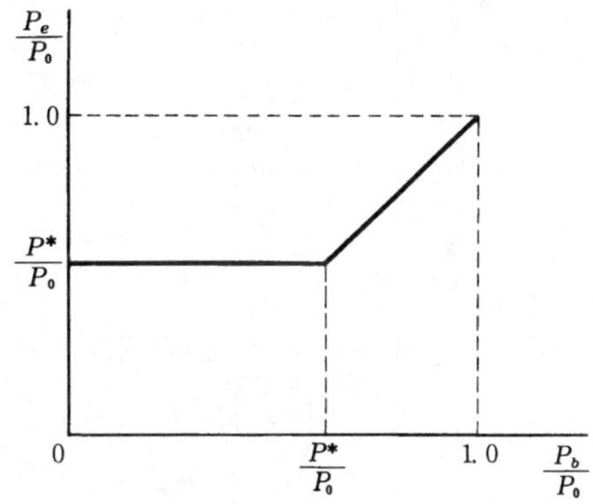

(b) 축소 노즐의 출구 압력 P_e에 미치는 배압 P_b의 영향

그림 17 · 15

축소 노즐에서 P_b/P_0와 질량 $\dot{m}$과의 관계를 나타내면 그림 17 · 15와 같다. 그림에서 보는 바와 같이 기체 질량 유량은 P_b/P_0가 감소함에 따라 증가하다가 $P_b=P^*$에 달하였을 때 최대가 된 다음 임계 압력비가 작아져도 유량은 더 이상 증가하지 않는다.

한편 노즐 출구 압력 P_e에 미치는 배압의 영향을 살펴보면

$P_b \geq P^*$ 이면 $P_e = P_b$

$P_b < P^*$ 이면 $P_e = P^*$

가 된다. 다시 말하면 그림 17・15 (b)에서 보는 바와 같이 배압이 임계 압력 P^*보다 낮은 경우에는 축소 노즐 출구 압력 P_e는 임계 압력 P^*와 같고, 출구에서 마하수는 1이 되며, 이 때 질량 유량은 최대 또는 폐색의 상태가 된다. 유량이 같고, 유체의 정체 상태량이 같을 때 식 (17・46)과 (17・47)에서 A/A^*를 구하면

$$\frac{A}{A^*} = \frac{1}{M}\left[\left(\frac{2}{\kappa+1}\right)\left(1+\frac{\kappa-1}{2}M^2\right)\right]^{\frac{\kappa+1}{2(\kappa-1)}} \qquad (17 \cdot 48)$$

이 된다. 표 17・4는 $\kappa = 1.4$일 때 A/A^*를 마하수의 함수로 나타낸 것이다.

표 17・4 κ=1.4 일 때 이상 기체에 대한 1차원 압축성 유동 함수

M	M^*	$\frac{T}{T_0}$	$\frac{P}{P_0}$	$\frac{A}{A_0}$
0	0	1.00000	1.00000	∞
0.10	0.1094	0.99800	0.99303	5.8218
0.20	0.2182	0.99206	0.97250	2.9635
0.30	0.3257	0.98232	0.93947	2.0351
0.40	0.4313	0.96899	0.89562	1.5901
0.50	0.5345	0.95238	0.84302	1.3398
0.60	0.6348	0.93284	0.78400	1.1882
0.70	0.7317	0.91075	0.72092	1.0943
0.80	0.8251	0.88652	0.65602	1.0382
0.90	0.9146	0.86058	0.59126	1.0088
1.00	1.0000	0.83333	0.52828	1.0000
1.10	1.0812	0.80515	0.46835	1.0079
1.20	1.1583	0.77640	0.41238	1.0304
1.30	1.2311	0.74738	0.36092	1.0663
1.40	1.2999	0.71839	0.31424	1.1149
1.50	1.3646	0.68965	0.27240	1.1762
1.60	1.4254	0.66138	0.23527	1.2502
1.70	1.4825	0.63372	0.20259	1.3376
1.80	1.5360	0.60680	0.17404	1.4390
1.90	1.5861	0.58072	0.14924	1.5552
2.00	1.6330	0.55556	0.12780	1.6875
2.10	1.6769	0.53135	0.10935	1.8369
2.20	1.7179	0.50813	0.09352	2.0050
2.30	1.7563	0.48591	0.07997	2.1931
2.40	1.7922	0.46468	0.06840	2.4031
2.50	1.8258	0.44444	0.05853	2.6367

표 17 · 4 κ=1.4 일 때 이상 기체에 대한 1차원 압축성 유동 함수(계속)

M	M^*	$\frac{T}{T_0}$	$\frac{P}{P_0}$	$\frac{A}{A_0}$
2.60	1.8572	0.42517	0.05012	2.8960
2.70	1.8865	0.40684	0.04295	3.1830
2.80	1.9410	0.38941	0.03685	3.5001
2.90	1.9398	0.37286	0.03165	3.8498
3.00	1.9460	0.35714	0.02722	4.2346

이상 기체의 1차원 등엔트로피 흐름의 해석에 적용되는 다른 파라미터는 M^*이다. 이것은 노즐 목에서의 음속과 국소 속도와의 비로써 표시된다.

$$M^* = \frac{V}{c^*} \tag{17 · 49}$$

$$M^* = \frac{Mc}{c^*} = \frac{M\sqrt{\kappa RT}}{\sqrt{\kappa RT^*}} = M\sqrt{\frac{T}{T^*}} \tag{17 · 50}$$

여기서 M은 국소 마하수(local Mach number)이고, T는 국소 온도, T^*는 임계 온도이다. 식 (17 · 35)와 식 (17 · 38)에서 T와 T^*를 구하여 식 (17 · 50)에 대입하면 다음 식이 성립한다.

$$M^* = M\sqrt{\frac{\kappa+1}{2+(\kappa-1)M^2}} \tag{17 · 51}$$

표 17 · 4에 M^*의 값도 아울러 게재하였다.

보기 17.10

탄환(彈丸)이 총구(銃口)로부터 280 m/s의 속도로 발사되고 있다. 공기의 온도가 20℃, 압력이 100 kPa일 때 등엔트로피 정체 압력과 정체 온도를 구하여라.

풀이 공기를 이상 기체로 보면

$$\begin{aligned} c &= \sqrt{\kappa RT} \\ &= \sqrt{1.4\times0.287\times1000\times293.15} = 343.2021\,\text{m/s} \end{aligned}$$

마하수는

$$M = \frac{V}{c} = \frac{280}{343.2021} = 0.8158$$

$$T_0 = T\left[1+\frac{\kappa-1}{2}M^2\right]$$

$$= 293.15 \times \left[1 + \frac{1.4-1}{2} \times 0.8159^2\right] = 332.1796\,\text{K}$$

$$P_0 = P\left(\frac{T_0}{T}\right)^{\frac{\kappa}{\kappa-1}} = 100 \times \left(\frac{332.1796}{293.15}\right)^{\frac{1.4}{0.4}} = 154.869\,\text{kPa}$$

보기 17.11

단면 축소(음속 노즐) 노즐 출구 면적이 50 mm이고, 정체 상태량이 750 kPa, 500 K일 때 최대 유량을 구하여라.

풀이 $A^* = \frac{\pi}{4} \times \left(\frac{50}{1000}\right)^2 = 0.001963\,\text{m}^2$

$P_0 = 750\,\text{kPa}$, $T_0 = 500\,\text{K}$

$$\dot{m}_{\max} = A^* \sqrt{\frac{\kappa}{RT_0}} \left(\frac{2}{\kappa+1}\right)^{\frac{\kappa+1}{2(\kappa-1)}}$$

$$= 0.001963 \times 750 \times 1000 \sqrt{\frac{1.4}{287 \times 500}} \left(\frac{2}{1.4+1}\right)^{\frac{1.4+1}{2(1.4-1)}}$$

$$= 2.66\,\text{kg/s}$$

[2] 단면 축소-확대 노즐

일반적으로 노즐을 생각하면 유로의 단면은 유로의 방향으로 단면적이 감소하는 경우를 생각하게 된다. 그러나 축소 노즐에서 최고 속도는 노즐 목에서 $M = 1$일 때이다. 앞에서 설명한 바와 같이 축소 노즐(converging nozzle)에서는 압력비가 임계값에 달하면 노즐 출구에서 유속은 음속(音速)으로 제한된다. 그러나 노즐 후에 압력을 저하시키면 가스는 팽창을 계속하여 엔탈피는 강하한다. 그리므로 이 엔달피의 삼소를 속도 에너지로 변환하기 위하여는 축소 노즐 출구 후부에도 유로를 두어 흐름을 제어할 필요가 있다. 이와 같이 하여 엔트로피의 증가를 막고 음속 이상의 속도를 얻도록 한 노즐이 **축소-확대 노즐**(縮小-擴大 노즐, conveging-diverging nozzle 또는 convergent-divergent nozzle)이다. 이러한 노즐을 **초음속**(超音速) **노즐**(supersonic nozzle)이라고도 하며, 발명자 드 라발(De Laval)의 이름을 따서 **라발 노즐** 또는 간단히 확대 노즐(divergent nozzle)이라고도 한다.

노즐 내를 흐르는 기체의 속도를 초음속($M > 1$)으로 하기 위하여는 축소 노즐 목에 확대류 단면을 갖는 아음속 노즐을 접속하여야 한다. 이와 같은 축소-확대 노즐은 초음속 항공기의 기본적인 요소이다.

주어진 입구 조건에서 축소-확대 노즐 내의 흐름은 다음에 설명하는 바와 같이 배압에 의하여 제어된다.

그림 17 · 16과 같은 축소-확대 노즐에서

① A의 경우 : 배압이 $P_B = P_e = P_0$ (경우 A)에 상당하며, 이때 유체는 흐르지 않는다.

② B, C의 경우($P_0 > P_e > P_b$) : 배압이 P_0 보다 조금 낮은 경우에 흐름은 아음속이며, 질량 유량은 초크 흐름의 경우보다 낮다. 유체의 속도는 축소부에서 증가하면서 목($M < 1$)부에서 최대로 된다. 그러나 확대부에서는 디퓨저로서 작용한다.

③ D의 경우 : 노즐 목 압력이 임계 압력 P^*로 되며 목에서 유체는 음속에 달한다. 그러나 확대부에서는 디퓨저로서 작용하여 유체의 속도는 아음속으로 된다. 이 경우 질량 유량은 최대값이다.

④ E, F의 경우 : 유체는 노즐 목에서 음속이 되고 압력이 저하함에 따라서 확대부에서 초음속이 된다. 이 가속도는 목과 출구 사이에서 갑자기 정지하게 되는데 이것을 **수직 충격파**(垂直衝擊波, normal shock wave)라 한다. 이것은 속도를 갑자기 저하시켜 아음속 수준으로 되게 하며 이 때 압력은 급증한다.

⑤ G의 경우 : $P_b = P_e$ 가 되면 수직 충격파는 노즐 출구 단면(g)에서 형성된다. 그러므로 그 흐름은 확대부 전단면에 걸쳐서 초음속으로 된다. 그러나 속도는 노즐을 떠나기 직전에 수직 충격파에 의하여 아음속으로 된다. 배압이 감소하다가 어느 특정 압력 이하가 되면 H 또는 J 등과 같은 현상이 발생하는데 이를 **경사 충격파**(oblique shock wave)라 한다.

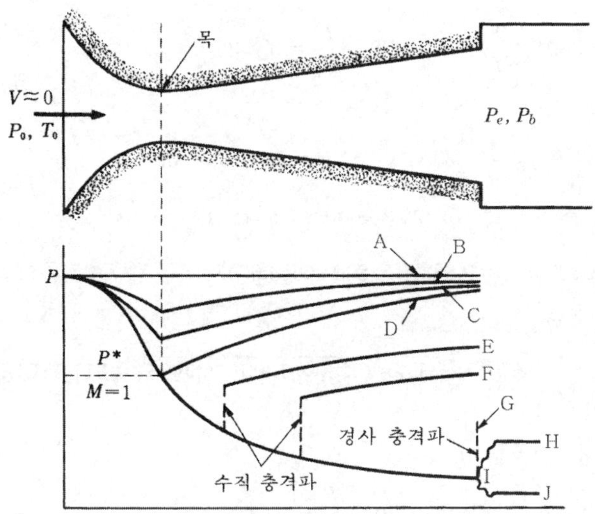

그림 17 · 16 단면 축소-확대 노즐의 작동에 미치는 배압의 영향

보기 17.12

그림 17·17과 같은 축소-확대 노즐에서 공기가 10 bar, 526.85℃의 상태로 유입한다. 흐름은 정상류 등엔트로피 1차원 유동이고, 출구 마하수는 2.1, 노즐 목 단면적은 25 cm^2이다.
(1) 노즐 목 조건과, (2) 출구 단면적, (3) 유량을 구하여라.

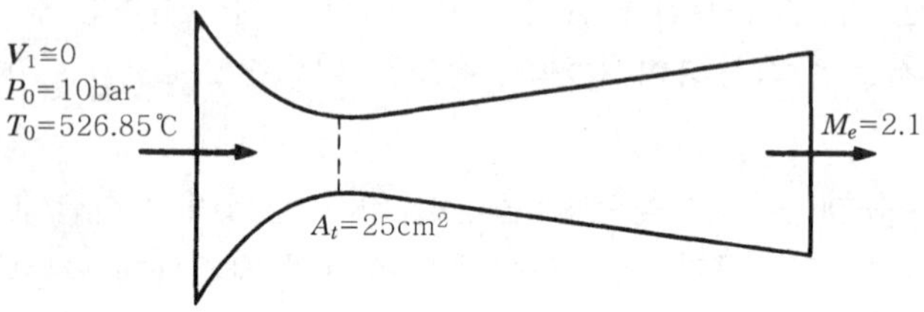

그림 17·17 보기 17.12의 설명도

풀이 입구의 정체 밀도 ρ_0 :

$$\rho_0 = \frac{P_0}{RT_0} = \frac{1000}{0.287 \times 800} = 4.3554\,\mathrm{kg/m^3}$$

(1) 노즐 목 조건

노즐 목에서는 $M=1$이므로 부표에서

$$\frac{\rho^*}{\rho_0} = 0.63394, \quad \frac{P^*}{P_0} = 0.52828, \quad \frac{T^*}{T_0} = 0.8333$$

이므로

$$\rho^* = 0.63394\,\rho_0 = 0.63394 \times 4.3554 = 2.7611\,\mathrm{kg/m^3}$$

$$P^* = 0.52828\,P_0 = 0.52828 \times 1000 = 528.28\,\mathrm{kPa}$$

$$T^* = 0.83333\,T_0 = 0.83333 \times 800 = 666.664\,\mathrm{K}$$

노즐 목에서의 속도

$$V^* = c^* = \sqrt{\kappa R T^*} = \sqrt{1.4 \times 0.287 \times 1000 \times 666.664} = 517.5573\,\mathrm{m/s}$$

(2) 출구 단면적 :

출구 마하수가 2.1 이므로

$$\frac{P_e}{P_0} = 0.10935, \quad \frac{\rho_e}{\rho_0} = 0.20580, \quad \frac{T_e}{T_0} = 0.53135$$

따라서

$$P_e = 0.10935\,P_0 = 0.10935 \times 1000 = 109.350\,\mathrm{kPa}$$

$$T_e = 0.53135\,T_0 = 0.53135 \times 800 = 425.080\,\mathrm{K}$$

$$\rho_e = 0.20580\,\rho_0 = 0.20580 \times 4.3554 = 0.8963\,\mathrm{kg/m^3}$$

$$A_e = 1.6875\,A^* = 1.6875 \times 25 = 42.1875\,\text{cm}^2$$

$$\therefore\ \boldsymbol{V}_e = M_e c_e = M_e\sqrt{\kappa R T_e}$$

$$= 2.1 \times \sqrt{1.4 \times 287 \times 425.08} = 867.8798\,\text{m/s}$$

(3) 노즐의 질량 유량 $\dot{m}$:

$$\dot{m} = \rho^* A^* \boldsymbol{V}^*$$

$$= 2.7611 \times 25 \times \frac{1}{10^4} \times 517.5573 = 3.5726\,\text{kg/s}$$

17.6 수직 충격파

초음속 노즐(超音速노즐, supersonic nozzle)에서 어느 특정 조건일 때에는 유동의 불연속 현상이 발생하는데 이것을 **충격파**(衝擊波, shock wave)라 한다.

그림 17·18과 같은 1차원 단열 유동에서 충격파는 유동 방향에 수직한 방향으로 발생한다. 충격파를 포함하는 검사 체적의 상태는 정상 상태이고, $\dot{W}_{cv} = 0$, $\dot{Q}_{cv} = 0$이며, 위치 에너지 효과는 무시한다. 충격파의 두께는 매우 얇으며 그 차수는 대략 10~5 cm정도이다.

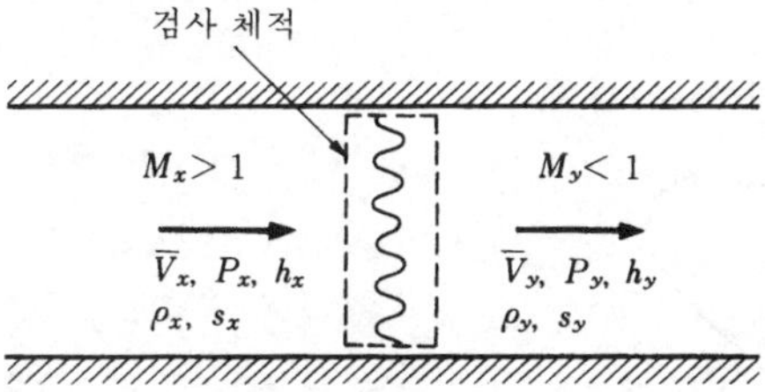

그림 17·18 충격파

충격파의 상류 영역(upstream)의 상태를 첨자 x로, 하류 영역(downstream)의 상태를 y로 표시하면 검사 체적에 대한 열역학 제1법칙은

$$h_x + \frac{\boldsymbol{V}_x^2}{2} = h_y + \frac{\boldsymbol{V}_y^2}{2} \tag{17·52}$$

또는

$$h_{ox} = h_{oy} \tag{17·53}$$

가 된다.

질량 보존의 식은

$$\rho_x A V_x = \rho_y A V_y$$

또는

$$\rho_x V_x = \rho_y V_y \tag{17·54}$$

로 표시된다.

또한 운동량 보존식은

$$A(P_x - P_y) = \dot{m}(V_y - V_x) \tag{17·55}$$

열역학 제 2 법칙은

$$s_y - s_x \geq 0 \tag{17·56}$$

가 된다.

식 (17 · 52)와 식 (17 · 54)를 조합하여 $h-s$ 선도로 나타내면 그림 **17 · 19**와 같은 Fanno 선이 얻어진다.

또한 같은 방법으로 연속 방정식 (17 · 54)와 운동량 방정식 식(17 · 55)를 조합하여 $h-s$ 선도 위에 나타내면 Rayleigh 선이 얻어진다.

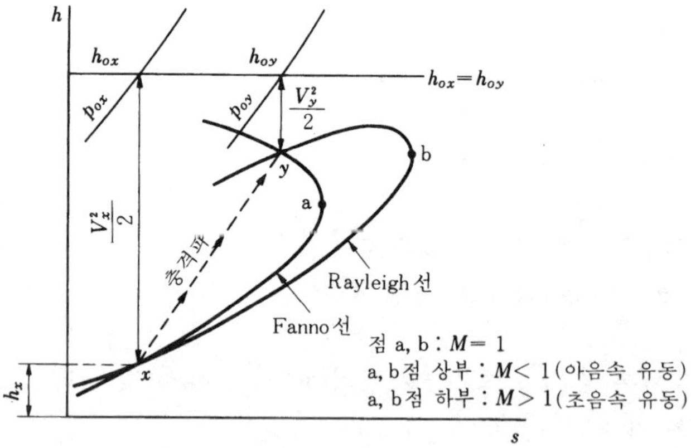

그림 17 · 19 충격파의 $h-s$ 선도

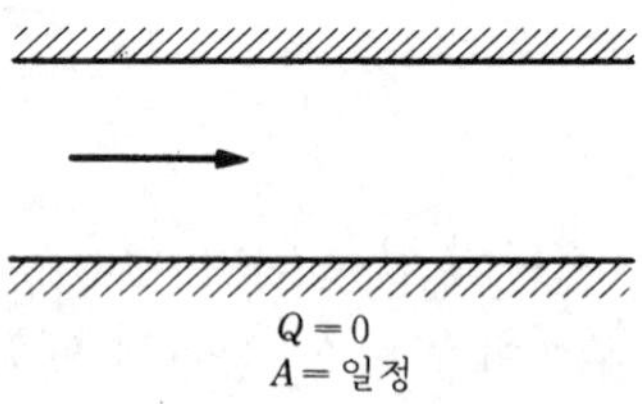

그림 17 · 20 Fanno 선 흐름

여기서 Fanno 선 흐름(Fanno line flow)이란 비열 일정인 이상 기체가 그림 **17 · 20**과 같은 일정한 단면적을 갖는 유로를 통하여 외부일(external work)이 없이 1차원 정상 단열 흐름하는 경우이다.

한편 그림 **17 · 21**에서 보는 바와 같이 일정 단면적의 유로를 마찰 없이 정상 유동하면서 열전달이 수반되어 q kJ/kg의 열이 가스에 전달되는 흐름을 Rayleigh 선 흐름이라 한다.

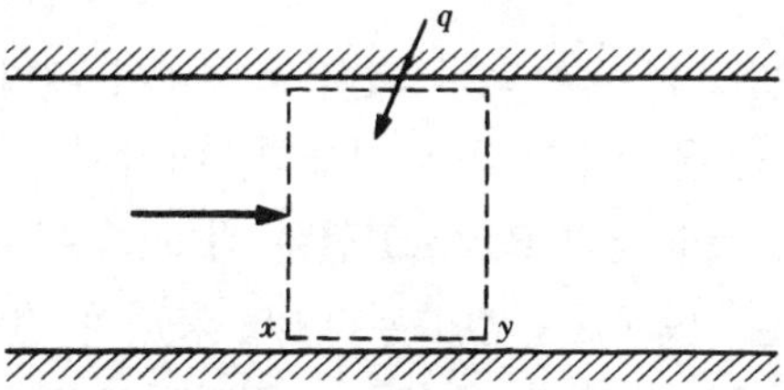

그림 17·21 Rayleigh 선 흐름

그림 17·19에서 Fanno 선 및 Rayeigh 선의 두 곡선의 최대 엔트로피 점인 a, b에 대하여 에너지 및 질량 보존식에 첨자를 생략하여 다시 쓰면

$$h+\frac{\boldsymbol{V}^2}{2}=\text{일정},\ \ \rho\boldsymbol{V}=\text{일정}$$

이 된다. 에너지 식을 미분하면

$$dh+\boldsymbol{V}d\boldsymbol{V}=0 \tag{a}$$

가 된다.

유로 단면적이 일정하고, 정상류이면 연속 방정식은

$$\dot{m}=\rho\boldsymbol{V}=\text{일정}$$

이므로 이 식을 미분하면

$$\rho d\boldsymbol{V}+\boldsymbol{V}d\rho=0$$

$$d\boldsymbol{V}=-\boldsymbol{V}\frac{d\rho}{\rho} \tag{b}$$

가 된다. 식 (b)를 식 (a)에 대입하면

$$dh-\boldsymbol{V}^2\frac{d\rho}{\rho}=0$$

가 되고 이것이 Fanno 선의 미분형이다.

최대 엔트로피점 a에서 $ds=0$이므로 $Tds=dh-vdP$이므로 $dh=Tds+vdP=\dfrac{dP}{\rho}$가 된다. 따라서

$$\frac{dP}{\rho}-\boldsymbol{V}^2\frac{d\rho}{\rho}=0\ \ (s=\text{일정에서})$$

이식을 $\boldsymbol{V}$에 대하여 풀면

$$V=\left(\frac{dP}{d\rho}\right)^{1/2} \tag{c}$$

가 된다. 따라서 이 때의 속도 V는 음속이 되어 $M=1$이 된다. 그러므로 점 a, b의 상부 곡선은 아음속을, 아래쪽 곡선은 초음속을 나타낸다. 여기서 x는 충격파 전의 상태이고, y는 충격파 후의 상태이다. Fanno선과 Rayligh선은 점 x, y에서 서로 사귀며 이 점이 질량 보존식, 운동량, 에너지 식을 만족하는 점이 된다. 또 충격파 전이 초음속이고, 충격파 이후가 아음속이며 충격파 전의 Mach 수가 클수록 충격파의 세기는 증가한다.

그림 **17・19**에서 보는 바와 같이 s_x는 s_y 보다 작다. 이것은 충격파를 통한 흐름은 단열 비가역임을 의미한다. 따라서 충격파 전・후면의 상태는 Fanno, Rayleigh 두 곡선의 사귀는 점 x, y로 표시되며, 두 점 사이의 변화는 단열 비가역이므로 $\Delta s>0$이다. 충격파가 생기면 기체의 흐름은 초음속 흐름에서 갑자기 아음속 흐름으로 옮겨지고 속도는 $M>1$에서 $M<1$로 급변하며 압력은 급격히 상승한다.

에너지 보존식 (17・53)에서 충격파 전후의 엔탈피는 일정하므로, 이상 기체의 경우 $h=h(T)$로부터

$$T_{0x}=T_{0y} \tag{17・57}$$

가 된다. 이 식은 충격파 전후의 이상 기체의 정체 온도가 일정함을 나타내는 식이다. 충격파 전후의 정적 온도와의 비 T_y/T_x는 식 (17・35)를 이용하면

$$\frac{T_{0x}}{T_x}=1+\left(\frac{\kappa-1}{2}\right)M_x^2 \tag{1}$$

$$\frac{T_{0y}}{T_y}=1+\left(\frac{\kappa-1}{2}\right)M_y^2 \tag{2}$$

이 된다. 식 (1)을 식 (2)로 나누면 $T_{0x}=T_{0y}$ 이므로

$$\frac{T_y}{T_x}=\frac{1+M_x^2(\kappa-1)/2}{1+M_y^2(\kappa-1)/2} \tag{17・58}$$

이 된다. 이상 기체의 상태 방정식에서

$$\rho_x=\frac{P_x}{RT_x},\ \rho_y=\frac{P_y}{RT_y}$$

를 질량 보존식 $\rho_x V_x=\rho_y V_y$에 대입시키고, $M=V/c$ 와 $c=\sqrt{\kappa RT}$를 이용하면 다음 관계가 성립한다.

$$\frac{T_y}{T_x}=\frac{P_y\boldsymbol{V}_y}{P_x\boldsymbol{V}_x}=\frac{P_yM_yc_y}{P_xM_xc_x}=\frac{P_yM_y\sqrt{T_y}}{P_xM_x\sqrt{T_x}}=\left(\frac{P_y}{P_x}\right)^2\left(\frac{M_y}{M_x}\right)^2 \tag{17・59}$$

식 (17・58)과 식 (17・59)로부터 충격파 전후의 압력비 P_y/P_x를 구하면

$$\frac{P_y}{P_x}=\frac{M_x\sqrt{1+M_x^2(\kappa-1)/2}}{M_y\sqrt{1+M_y^2(\kappa-1)/2}} \tag{17・60}$$

이 성립된다.

식 (17・55)로부터

$$P_x-P_y=\frac{\dot{m}}{A}(\boldsymbol{V}_y-\boldsymbol{V}_x)=\rho\boldsymbol{V}_y^2-\rho\boldsymbol{V}_x^2$$

여기서 $\rho\boldsymbol{V}^2=\left(\frac{P}{RT}\right)(Mc)^2=\left(\frac{P}{RT}\right)(M\sqrt{\kappa RT})^2$

$$\rho\boldsymbol{V}^2=\kappa PM^2$$

따라서 $P_x(1+\kappa M_x^2)=P_y(1+\kappa M_y^2)$

또는

$$\frac{P_y}{P_x}=\frac{1+\kappa M_x^2}{1+\kappa M_y^2} \tag{17・61}$$

식 (17・60)과 식 (17・61)로부터

$$\frac{1+\kappa M_x^2}{1+\kappa M_y^2}=\frac{M_x\sqrt{1+\frac{\kappa-1}{2}M_x^2}}{M_y\sqrt{1+\frac{\kappa-1}{2}M_y^2}}$$

$$M_y^2=\frac{M_x^2+\frac{2}{\kappa-1}}{2M_x^2\kappa(\kappa-1)-1} \tag{17・62}$$

가 된다.

충격파는 초음속 항공기(超音速航空機, supersonic aircraft)나 탄환(彈丸, bullet)의 앞쪽에 일어난다.

부록에 $\kappa=1.4$인 이상 기체에 대한 충격파 전후의 상태량의 비를 게재하였다. 또한 충격파 전・후의 엔트로피 변화는 다음 식으로 표시된다.

$$s_y-s_x=c_p\ln\frac{T_y}{T_x}-R\ln\frac{P_y}{P_x} \tag{17・63}$$

그림 17 · 23은 $(s_y - s_x)/R$와 마하수 M_x 사이의 관계를 나타낸 것이다.

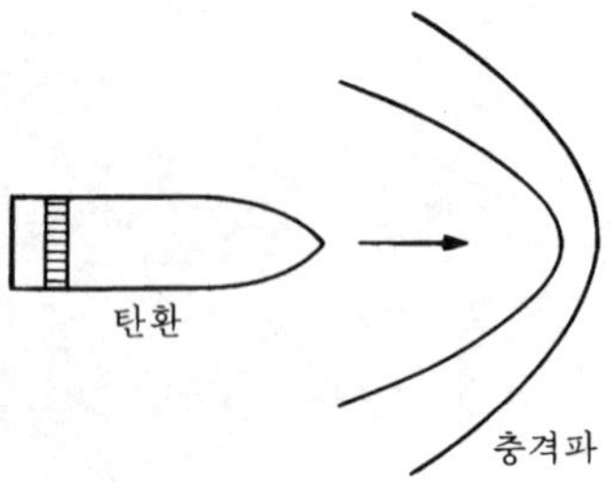

그림 17 · 22 탄환과 충격파

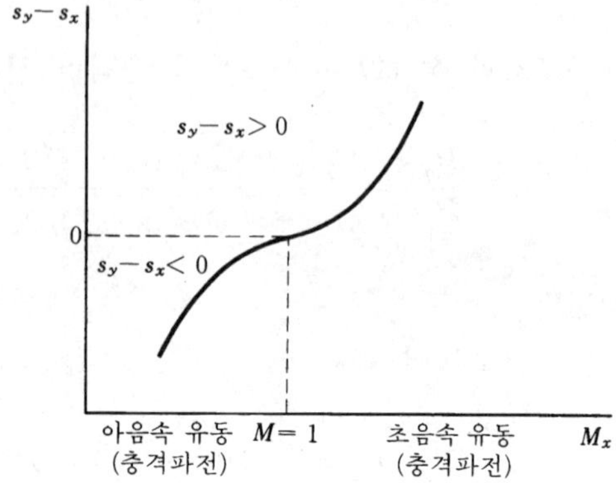

그림 17 · 23 충격파 전후의 엔트로피 변화

보기 17.13

그림 17 · 24와 같이 터널 속의 충격파 전후의 상태가 주어져 있을 때 상태 ②의 모든 상태량과 엔트로피 변화를 구하여라.

상태 1 : $T_1 = 20$℃,

$P_1 = 1$ atm, $V_1 = 670$ m/s

상태 2 : $T_2 = 220$℃

비열비 : $\kappa = 1.4$

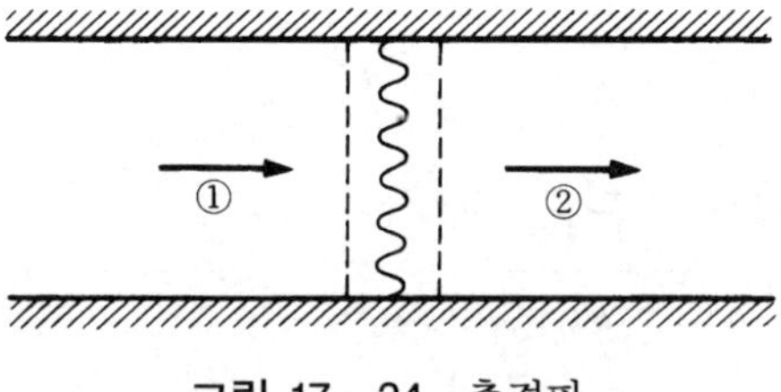

그림 17 · 24 충격파

풀이 충격파에 대한 검사 체적에 제 1 법칙을 적용하면

$$\begin{aligned} V_2^2 &= V_1^2 + 2(h_1 - h_2) \\ &= V_1^2 + 2c_p(T_1 - T_2) \\ &= 670^2 + 2 \times \frac{1.4}{1.4-1} \times 287 \times (293.15 - 493.15) \end{aligned}$$

$$V_2 = 217.0253\,\text{m/s}^2$$

상태 1 :

$$\rho_1 = \frac{P_1}{RT_1} = \frac{101.3}{0.287 \times (273.15 + 20)} = 1.2040\,\text{kg/m}^3$$

상태 2 :

$$\rho_1 A V_1 = \rho_2 A V_2$$

$$\rho_2 = \frac{V_1}{V_2}\rho_1 = \frac{670}{217.0253} \times 1.204 = 3.717\,\text{kg/m}^3$$

$$P_2 = \rho_2 RT_2 = 3.717 \times 0.287 \times 493.15 = 526.0821\,\text{kPa}$$

$$c_2 = \sqrt{\kappa RT_2} = \sqrt{1.4 \times 0.287 \times 1000 \times 493.15} = 445.1378\,\text{m/s}$$

$$M_2 = \frac{V_2}{c_2} = \frac{217.0253}{445.1378} = 0.4875$$

또 상태 1의 마하수는

$$M_1 = \frac{V_1}{c_1} = \frac{V_1}{\sqrt{\kappa RT}} = \frac{670}{\sqrt{1.4 \times 287 \times 293.15}} = 1.9522$$

$$T_{01} = T_1\left(1 + \frac{\kappa - 1}{2}M_1^2\right) = 293.15\left(1 + \frac{1.4 - 1}{2} \times 1.9522^2\right) = 516.5939\ \text{K}$$

따라서

$$T_{02} = T_2\left(1 + \frac{\kappa - 1}{2}M_2^2\right) = 493.15\left(1 + \frac{1.4 - 1}{2} \times 0.4875^2\right) = 516.590\ \text{K}$$

또한

$$P_{01} = P_1\left(1 + \frac{\kappa - 1}{2}M_1^2\right)^{\frac{\kappa}{\kappa - 1}} = 101.3\left(1 + \frac{1.4 - 1}{2} \times 1.9522^2\right)^{\frac{1.4}{0.4}}$$
$$= 735.8974\,\text{kPa}$$

$$P_{02} = P_2\left(1 + \frac{\kappa - 1}{2}M_2^2\right)^{\frac{\kappa}{\kappa - 1}} = 526.0821\left(1 + \frac{1.4 - 1}{2} \times 0.4875^2\right)^{\frac{1.4}{0.4}}$$
$$= 618.9249\,\text{kPa}$$

따라서 엔트로피 변화 $(s_2 - s_1)$는

$$s_2 - s_1 = c_p \ln\frac{T_2}{T_1} - R\ln\frac{P_2}{P_1}$$
$$= 1.005\ln\frac{493.15}{293.15} - 0.287\ln\frac{526.0821}{101.3} = 0.04993\,\text{kJ/kgK}$$

17.7 노즐 및 오리피스에 의한 유량 측정

그림 17 · 25와 같은 관로 유동에서 노즐 또는 오리피스(nozzle or orifice)에 의한 질량 유량의 측정 방법에 대하여 알아보기로 한다. 관로 유동이 단열적이고 정상 유동으로 가정하여 노즐 또는 오리피스 전 · 후의 차압(pressure difference)을 측정하여 유동 속도를 구하고 이로부터 질량 유량을 구할 수 있다.

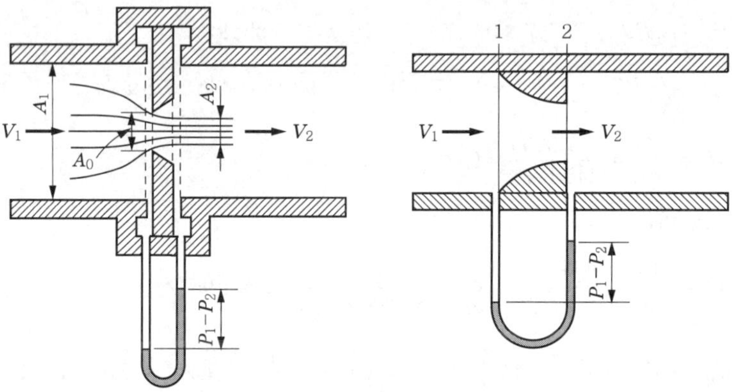

(a) 오리피스 (b) 노즐

그림 17 · 25 오리피스 또는 노즐에 의한 유량 측정 장치

그림 17 · 25에서 노즐 또는 오리피스 전 · 후의 상태를 각각 1, 2라고 속도, 압력, 온도를 각각 $\boldsymbol{V}_1$, $\boldsymbol{V}_2$, P_1, P_2, T_1, T_2라고 하면 질량 유량 $\dot{m}$은 다음 식으로 표시된다.

$$\dot{m} = \frac{A_1 \boldsymbol{V}_1}{v_1} = \frac{A_2 \boldsymbol{V}_2}{v_2}$$

에너지식은

$$h_1 + \frac{\boldsymbol{V}_1^2}{2} = h_2 + \frac{\boldsymbol{V}_2^2}{2}$$

$$\frac{\boldsymbol{V}_2^2 - \boldsymbol{V}_1^2}{2} = \frac{\boldsymbol{V}_2^2 - \boldsymbol{V}_2^2\left(\dfrac{A_2 v_1}{A_1 v_2}\right)^2}{2} = (h_1 - h_2)$$

또는

$$V_2 = \sqrt{\frac{2v(h_1 - h_2)}{\left[1 - \left(\frac{A_2 v_1}{A_1 v_2}\right)^2\right]}} = \epsilon \sqrt{2} \times \sqrt{h_1 - h_2}$$

여기서

$$\epsilon = \frac{1}{\sqrt{1 - \left(\frac{A_2 v_1}{A_1 v_2}\right)^2}}$$

따라서 유량은

$$\dot{m} = \frac{A_2 V_2}{v_2} = \frac{A_2 \epsilon}{v_2} \sqrt{2(h_1 - h_2)} = \frac{A_2 \epsilon}{v_2} \sqrt{2c_p (T_1 - T_2)}$$

$$= \frac{A_2 \epsilon}{v_2} \sqrt{2c_p T_1 \left(1 - \frac{T_2}{T_1}\right)} \qquad (17 \cdot 64)$$

등엔트로피 흐름으로 가정하면

$$\frac{T_2}{T_1} = \left(\frac{P_2}{P_1}\right)^{\frac{\kappa - 1}{\kappa}}$$

$$\dot{m} = \frac{A_2 \epsilon}{v_2} \sqrt{2c_p T_1 \left\{1 - \left(\frac{P_2}{P_1}\right)^{\frac{\kappa - 1}{\kappa}}\right\}}$$

비체적 v_2는 $v_2 = v_1 \left(\frac{P_2}{P_1}\right)^{-1/\kappa}$ 이므로 v_2를 위의 식에 대입하면

$$\dot{m} = \frac{A_2 \epsilon}{v_1} \sqrt{2c_p T_1 \left\{\left(\frac{P_2}{P_1}\right)^{\frac{2}{\kappa}} - \left(\frac{P_2}{P_1}\right)^{\frac{\kappa + 1}{\kappa}}\right\}} \qquad (17 \cdot 65)$$

노즐에서의 마찰 및 와류 효과를 고려한 노즐 계수 C를 고려하면 유량 $\dot{m}$은

$$\dot{m} = C A_2 \epsilon \rho_1 \sqrt{2c_p T_1 \left\{\left(\frac{P_2}{P_1}\right)^{\frac{2}{\kappa}} - \left(\frac{P_2}{P_1}\right)^{\frac{\kappa + 1}{\kappa}}\right\}} \qquad (17 \cdot 66)$$

가 된다.

17.8 요 약

고속 유체 유동에 대한 열역학적 관계식을 요약하면 다음과 같다.

연속 방정식 ;

$$\dot{m}=\frac{A_1 \boldsymbol{V}_1}{v_1}=\frac{A_2 \boldsymbol{V}_2}{v_2}$$

$$\frac{d\rho}{\rho}+\frac{dA}{A}+\frac{d\boldsymbol{V}}{\boldsymbol{V}}=0$$

에너지 방정식 ;

$$\delta q = dh + \boldsymbol{V} d\boldsymbol{V} + g\,dZ + \delta w$$

정체 엔탈피 ;

$$h_0 = h + \frac{\boldsymbol{V}^2}{2}$$

정체 온도 ;

$$T_0 = T + \frac{\boldsymbol{V}^2}{2c_p}$$

정체 압력과 정적 압력의 비 ;

$$\frac{P_0}{P}=\left(\frac{T_0}{T}\right)^{\frac{\kappa}{\kappa-1}}$$

$$\frac{\rho_0}{\rho}=\left(\frac{T_0}{T}\right)^{\frac{\kappa}{\kappa-1}}$$

음속(sonic velocity) ;

$$c^2=\left(\frac{\partial P}{\partial \rho}\right)_s,$$

또는 $$c=\sqrt{\left(\frac{\partial P}{\partial \rho}\right)_s}$$

$$c=\sqrt{\kappa R T}$$

마하수 M ; 실제 속도와 음속과의 비

$$M = \frac{\boldsymbol{V}}{c}$$

유동의 형태 ; $M = 1$: 음속 유동

$M < 1$: 아음속 유동

$M > 1$: 초음속 유동

$M \gg 1$: 극초음속 유동

$M \simeq 1$: 음속에 가까운 유동

노즐 또는 디퓨저의 형상(면적) 변화율 ;

$$\frac{dA}{A} = -\frac{d\boldsymbol{V}}{\boldsymbol{V}}\left(1 - \frac{\boldsymbol{V}^2}{c^2}\right) = -\frac{d\boldsymbol{V}}{\boldsymbol{V}}(1 - M^2)$$

정체 상태량과 정적 상태량의 비 ;

$$\frac{P_0}{P} = \left[1 + \left(\frac{\kappa - 1}{2}\right)M^2\right]^{\frac{\kappa}{\kappa - 1}}$$

$$\frac{\rho_0}{\rho} = \left[1 + \left(\frac{\kappa - 1}{2}\right)M^2\right]^{\frac{1}{\kappa - 1}}$$

임계 상태의 온도비, 압력비 ;

$$\frac{T^*}{T_0} = \frac{2}{\kappa + 1}$$

$$\frac{P^*}{P_0} = \left(\frac{2}{\kappa + 1}\right)^{\frac{\kappa}{\kappa - 1}}$$

$$\frac{\rho^*}{\rho_0} = \left(\frac{2}{\kappa + 1}\right)^{\frac{1}{\kappa - 1}}$$

노즐 유동의 유량 ;

$$\dot{m} = \frac{AMP_0\sqrt{\dfrac{\kappa}{RT_0}}}{\left[1 + \left(\dfrac{\kappa - 1}{2}\right)M^2\right]^{\frac{\kappa + 1}{2(\kappa - 1)}}}$$

$$\frac{A}{A^*} = \frac{1}{M}\left(\frac{2}{\kappa + 1}\right)\left(1 + \frac{\kappa - 1}{2}M^2\right)^{\frac{\kappa + 1}{2(\kappa - 1)}}$$

노즐 목에서 국소 속도와 음속과의 비 ;

$$M^* = \frac{V}{c^*}$$

$$M^* = M\sqrt{\frac{\kappa+1}{2+(\kappa-1)M^2}}$$

충격파 ;

$$T_{0x} = T_{0y}$$

$$M_y^2 = \frac{M_x^2 + \dfrac{2}{\kappa-1}}{2M_x^2\kappa(\kappa-1)-1}$$

연 | 습 | 문 | 제

17.1 정체 엔탈피란 무엇인가? 또 정적 엔탈피와는 어떻게 다른가?

17.2 동적 온도(dynamic temperature)란 어떻게 정의되는 온도인가?

17.3 다음 사항에 대하여 설명하여라.

(1) 정체 상태량 (2) 마하수

(3) 임계 압력비 (4) 단면 축소 노즐

(5) 단면 축소-확대 노즐 (6) 전압

17.4 노즐 유동의 형태는 다음과 같은 조건에서 어떠한 흐름으로 되는지 써 넣어라.

(1) $M=1$; (2) $M>1$;

(3) $M<1$; (4) $M\gg 1$;

(5) $M\simeq 1$;

17.5 등엔트로피 흐름에서 음속이 $c=\sqrt{\kappa RT}$ 로 표시됨을 증명하여라.

17.6 노즐의 단면 변화율이 $\dfrac{dA}{A}=\dfrac{d\boldsymbol{V}}{\boldsymbol{V}}(1-M^2)$ 로 표시됨을 증명하여라.

17.7 노즐과 디퓨저는 어떻게 다른가를 설명하여라.

17.8 노즐 유동에서 초킹에 대하여 설명하여라.

17.9 단면 축소 노즐에서 최대 유량 $\dot{m}_{\max}$ 을 구하는 식을 유도하여라.

17.10 온도 20℃인 대기 중을 제트 비행기가 1000 km/h의 속도로 비행할 때의 마하수를 구하여라.

17.11 유속 110 m/s의 공기 중에 온도계를 넣었을 때 온도계의 지시와 실제 공기 온도와는 얼마나 차이가 생기겠는가?

17.12 마하수 0.85, 고도 1000 m(압력 26.5 kPa, 온도 −52℃)를 비행하는 터보 제트기의 압축기 입구 온도와 압력을 구하여라.

17.13 압력 4 MPa, 온도 573.15 K, 속도 1800 km/h인 과열 증기가 디퓨저에서 30 m/s까지 감속될 때의 엔탈피 증가를 구하여라. 단, 디퓨저 효율은 0.85이다.

17.14 820 kPa, 373.15 K의 공기가 180 m/s로 유동할 때의 정체 압력, 온도, 밀도를 구하여라.

17.15 파이프 속을 증기가 140 m/s로 흐르고 그 때의 온도는 250℃, 압력은 1.4 MPa이다. 정체 엔탈피를 구하여라.

17.16 온도 288.15 K, 120 m/s의 기류를 25 m/s까지 감속하는 디퓨저에서 디퓨저 효율이 0.8 일 때 입구·출구 사이의 온도 상승, 압력 회복비(P_2/P_1)를 구하여라.

17.17 단면 축소-확대 노즐의 출구 면적이 4.0 cm^2이고 출구의 상태가 대기압이고, M=2.3 이다. 입구의 정체 온도가 130℃일 때 (1) 정체 압력, (2) 출구 온도, (3) 목 면적, (4) 유량을 구하여라.

17.18 축소-확대 노즐에서 입구 온도가 60℃, 압력이 101.3 kPa, 노즐 목의 마하수가 0.7, 출구의 마하수가 0.4, 노즐 목 면적이 90 cm^2, 출구 면적이 125 cm^2이다. 또한 배압이 90 kPa일 때 목의 온도, 압력, 밀도와 유량을 구하여라.

17.19 다음 표는 노즐과 디퓨저의 형상과 유동 형태를 나타낸 것이다. 속도 변화, 마하수, 유로 단면 형태 등을 써넣어라.

구분		속도 변화	마하수	단면적 변화 및 유로 현상
노즐	아음속 노즐 초음속 노즐			
디퓨저	아음속 노즐 초음속 노즐			

17.20 공기가 덕트 내를 210 kPa, 속도 215 m/s로 흐르고 있을 때 정체 온도와 압력을 구하여라. 다만 공기의 온도는 28℃이고, $c_p = 1.004$ kJ/kg K 이다.

17.21 축소 노즐에서 출구 면적이 6.5 cm^2, 노즐 입구의 정체 압력과 정체 온도는 8 bar, 120℃이다. 배압이 4.23 bar일 때 질량 유량을 구하여라.

17.22 단면 축소 확대 노즐에서 유량 $\dot{m}$을 최대로 하는 임계 압력비 P^*/P_0를 구하여라. 여기서 P_0는 노즐 입구의 상태이다.

17.23 표준 대기압에서의 음속을 구하여라.

17.24 이산화탄소가 단면 축소-확대 노즐에서 다음과 같은 조건하에서 흐를 때 임계 압력과 온도를 구하여라.

유량 ; 6 kg/s,   입구 압력 ; 1.4 MPa

입구 온도 ; 473 K,   노즐 출구 압력 ; 200 kPa

17.25 공기가 단면 축소-확대 노즐에서 다음 조건하에서 정상 1차원 유동을 하고 있다. 출구의 마하수가 3이고 목 면적은 20 cm^2이다. 목, 출구 조건과 유량을 구하여라.

입구 조건 T_0= 800 K, P_0= 1000 kPa, $\boldsymbol{V}_i \simeq 0$, $\rho_0 = 4.355$ kg/m^3

17.26 고속 덕트 내의 유체가 단열 정상 유동할 때 Fanno 선 상의 최대 엔트로피 점이 음속 $M=1$ 임을 증명하여라.

17.27 노즐 유동에서 Fanno 선 흐름과 Rayleigh 흐름을 설명하여라.

17.28 노즐 또는 오리피스를 이용하여 유량을 측정하는 원리에 대하여 설명하여라.

17.29 35℃의 공기의 음속을 구하여라. 단, 비열비는 1.4이다.

CHAPTER

18 열 전 달

18.1 열역학과 열전달

열전달(熱傳達, heat transfer)이란 온도차에 의한 에너지의 이동 현상을 가리킨다. 열역학이 에너지의 다른 형태와 열(heat) 사이의 관계를 취급하는 반면에 열전달은 계에서 일어나는 열전달량의 해석에 주안점을 두고 있다. 열이동에 의한 에너지 전달은 직접 측정할 수는 없으나, 온도라고 하는 측정 가능한 양과 관련하여 생각할 수 있기 때문에 물리적인 의미를 갖고 있다. 계에 온도 구배(temperature gradient)가 존재할 때 열의 흐름이 존재하기 때문에, 계의 온도 분포를 구하는 것은 열전달 연구에서 매우 중요하다.

계의 온도 분포가 구해지면 열유속(단위 시간당, 단위 면적당 열전달량)은 온도 구배와 열유속을 연결시키는 관계식을 이용하여 쉽게 구할 수 있다. 온도 분포와 열흐름을 결정하는 것은 많은 공학 문제에서 중요한 위치를 차지하고 있다. 예를 들면 보일러, 응축기, 라디에이터 등과 같은 열교환기 설계에서 크기 및 성능을 결정할 때 열전달 해석이 수반되어야 한다. 한편, 냉·난방 공조기기 응용에서도 열전달 해석은 필수적이다.

열과 에너지 사이의 관계를 다루는 학문 분야가 열역학이며, 이것은 다른 자연 법칙들과 같이 자연에서 일어나는 모든 과정들에 대해서 성립된다. 앞에서 배운 바와 같이 열역학 제 1 법칙이란, 에너지는 생성되거나 소멸되는 것이 아니라 단지 형태가 변화되기 때문에 에너지가 보존됨을 나타낸다. 즉, 열역학 제 1 법칙은 에너지의 변형을 양적으로만 다룰 뿐 변형의 방향에 대해서는 제한을 가하지 않는다. 그러나 열이 낮은 온도의 영역에서 높은 온도의 영역으로 자발적으로 이동될 수 없음을 경험으로부터 알 수 있다. 이러한 열흐름의 방향성에 대한 법칙이 바로 곧 열역학 제 2 법칙이다. 모든 열전달 과정은 에너지 전달과 변환을 수반하므로 열역학의 제 2 법칙뿐만 아니라 제 1 법칙도 만족되어야 한다.

[1] 열역학의 제한성

고전 열역학은 거시적인 관점에서 계의 상태를 다룰 뿐 물질의 구조(structure of matter)에 대해서는 어떠한 가정도 하지 않기 때문에, 열역학 문제를 해석할 때는 물질의 구조에 대한 자세한 정보를 필요로 하지 않고 직접 측정될 수 있는 압력, 체적, 온도 등과 같은 양에 의해서 계의 상태를 나타내는 것이 필요하다.

열역학적인 관점에서 볼 때, 어떤 과정 동안 전달되는 열의 양은 계의 에너지 변화와 한 일의 합과 같은데, 이러한 해석은 열흐름의 기구나 열을 전달하기 위해 요구되는 시간 등은 고려하지 않고 단지 과정이 일어나는 동안 계에 공급 또는 계로부터 방출되는 열량이 얼마인지를 나타낼 뿐이다. 일정량의 열이 계에 전달되는 데 어느 정도의 시간이 걸릴 것인가 하는 문제는 일반적으로 고전 열역학 해석에 포함되지 않는다. 즉, 변수로서 시간의 의미가 열역학적 해석에서는 그리 크게 부각되지 않는다.

[2] 열전달

온도차가 주어져 있을 경우, 열전달률을 결정하는 것은 공학적인 측면에서 매우 중요하다. 주어진 시간 동안 일정량의 열을 전달시키기 위해 요구되는 장치의 크기, 비용 등을 예측하기 위해서 상세한 열전달 해석은 필수적이다. 예를 들어 보일러, 가열기, 냉장고 그리고 열교환기와 같은 장치들의 크기는, 전달되는 열의 양뿐만 아니라 열이 전달되는 비율(transfer rate)에 따라 크게 좌우된다. 이처럼 여러 공학 분야에서 발생되는 많은 열적 문제는 열역학 및 열전달 해석이 요구된다.

일반적으로 열전달의 형태로는 전도, 복사, 대류를 들 수 있는데, 엄밀한 의미에서는 전도와 복사만이 열전달 과정으로 분류되어야 한다. 그 이유는 전도와 복사는 단지 온도차에 의해서만 그 열전달 과정이 이루어지는데 반해, 대류는 기계적인 질량 유동이 수반되기 때문에 엄밀한 의미에서 열전달의 정의를 만족시키지 못하기 때문이다. 그러나 대류도 에너지의 이동을 수반하기 때문에 대류에 의한 열전달이라고 하는 용어가 통용되고 있다.

18.2 전 도

[1] 평면벽의 열전도

미시적인 관점에서 관찰할 경우 전도의 물리적 현상은 매우 복잡하지만, 거시적 관점에서 현상론적 법칙(phenomenological law)을 이용하여 나타낼 수 있다. 전도 열전달을 나타내는 현상론적 법칙은 1822년에 프랑스 과학자인 Fourier에 의해 제안되었는데, 이 법칙은 다음과 같은 간단한 예를 통해 설명할 수 있다.

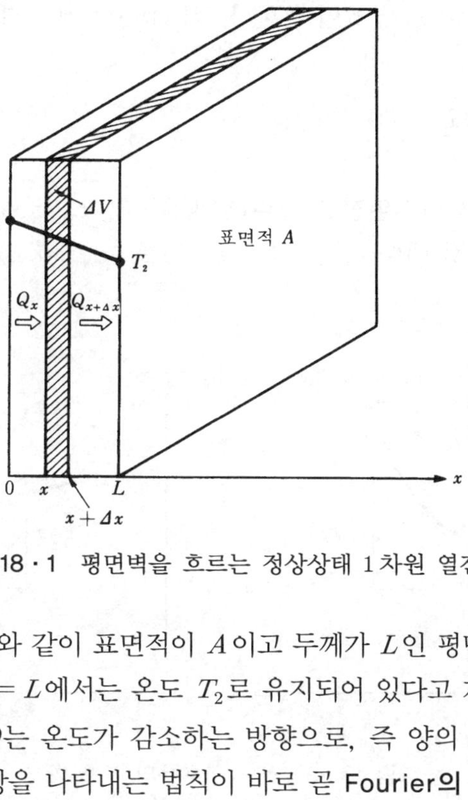

그림 18 · 1 평면벽을 흐르는 정상상태 1차원 열전도

그림 18 · 1에서 보는 바와 같이 표면적이 A이고 두께가 L인 평면벽이 $x=0$에서는 온도 T_1으로 유지되고 있고, $x=L$에서는 온도 T_2로 유지되어 있다고 가정한다. 만약, $T_1 > T_2$ 라면 벽을 통한 열흐름 Q는 온도가 감소하는 방향으로, 즉 양의 x방향으로 흐를 것이다. 이러한 열흐름에 대한 현상을 나타내는 법칙이 바로 곧 **Fourier의 열전도 법칙**이며, 이 법칙이 의미하는 바는 다음과 같다. 균일 물질에서 국소 열유속은 (−)의 국소 온도 구배에 비례한다는 것이며 다음과 같이 표시된다.

$$\frac{Q}{A} = q \qquad (18 \cdot 1)$$

그리고

$$q \propto -\frac{dT}{dx} \qquad (18 \cdot 2)$$

여기서 q는 열유속으로서 열흐름에 수직인 단위 면적당 열흐름을 나타내며 차원은 (W/m^2)이고, T는 국소 온도(K 또는 ℃)이며 x는 흐름 방향의 좌표이다. 이 식에서의 음(−)의 부호는 열은 높은 온도에서 낮은 온도의 방향으로 흘러야 한다는 원리인 열의 방향성을 제시하는 열역학 제 2 법칙의 결과인 것이다.

그림 18 · 2 (a)의 경우, x가 증가함에 따라 온도가 증가하므로 온도 구배는 양(+)이 되며, 이 때 열흐름 방향은 음(−)이므로 식 (18 · 2)에 음(−)의 부호가 있어야 함을 알 수 있다. 그림 18 · 2 (b)에서는 온도 구배가 음(−)이며, 이 때 열흐름 방향은 양(+)이므로 이 경우에도 식 (18 · 2)에 음(−)의 부호가 있어야 한다. 식 (18 · 2)에 비례 상수 k를 도입시키면, 식 (18 · 2)는

$$q = -k\frac{dT}{dx}$$

로 되며, 이 때 k는 그 물질의 **열전도 계수**(熱傳導係數, thermal conductivity)라 하고 차원은 (W/mK 또는 W/m ℃)이다. 한편, 식 (18 · 2)를 **Fourier 열전도 법칙**(Fourier's law)이라고 한다.

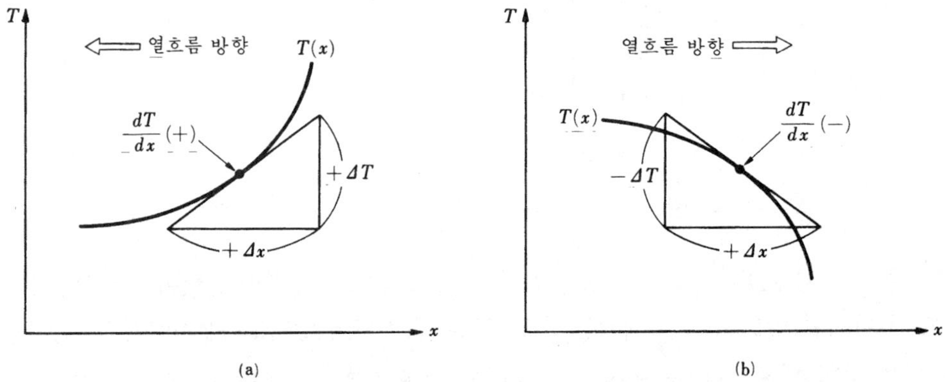

그림 18 · 2 전도 열흐름의 부호 개념

주어진 물질의 열전도 계수의 크기는 그 물질의 미시적 구조에 많은 영향을 받는다. 또한, 온도에 따라 변하지만 많은 공학 문제에서 그 변화 정도가 작아 온도에 따른 변화가 무시되는 경우도 많다. 여러 물질에 대한 k값이 표 18 · 1에 주어져 있다. 그림 18 · 1에서 x와 $x+\Delta x$ 사이에 위치한 요소 체적 ΔV를 고려해 볼 때 ΔV는 폐쇄계(closed system)로 간주할 수 있다. 정상 상태라 가정할 경우, 온도는 시간에 따라 변하지 않으므로 $\frac{dT}{dt}=0$이 된다.

표 18·1 여러 물질의 열전도 계수 κ(300 K)

물 질	열전도 계수(W/mk)
구리	386
알루미늄	204
주철(1%C)	43
수은	8.4
콘크리트	1.4
유리	0.81
물	0.611
엔진 오일	0.15
공기	0.027
R-12	0.071
PVC	0.092

한편, 요소 체적 내에서 발생되는 열이 없다고 가정할 때 이 계에 에너지 보존 법칙을 적용하면 그 계의 유효 열출입량(net heat flow)은 0이 된다. 열은 위치 x에서의 벽면을 통과하여 요소 체적 ΔV안으로 흘러 들어오고, 위치 $x+\Delta x$에서의 벽면을 통해 요소 체적 ΔV를 빠져나가므로 이 계에 대한 에너지 보존 방정식은

$$Q|_x = Q|_{x+\Delta x} = \text{상수}$$

로 된다. 한편 Fourier 법칙으로부터

$$Q = qA = -kA\frac{dT}{dx} \tag{18·3}$$

가 성립된다.

식 (18·3)을 변수 분리시킨 후 벽두께 L에 대해 적분을 수행하면

$$\frac{Q}{A}\int_0^L dx = -\int_{T_1}^{T_2} k\,dT \tag{18·4}$$

가 성립한다.

이 때 Q와 A는 상수이기 때문에 적분 기호 밖으로 나올 수 있다. 만약, 열전도 계수 k의 온도에 따른 변화가 무시될 수 있다면 식 (18·4)는 다음과 같이 된다.

$$\frac{Q}{A}L = -k(T_2 - T_1) = k(T_1 - T_2)$$

또는

$$Q = \frac{T_1 - T_2}{L/kA} \qquad (18 \cdot 5)$$

식 (18 · 5)를 Ohm의 법칙 $I = \frac{E}{R}$와 비교해보면 Q는 전류 I와 $\Delta T = T_1 - T_2$는 전압 E와 대응된다.

이 경우 전기 저항에 대응되는 $R = \frac{L}{kA}$을 **열저항**(熱抵抗, thermal resistance) 이라 한다.

[2] 다층 복합벽의 열전도

그림 **18 · 3**에 나타난 것과 같은 서로 다른 두 재료가 완전 접촉(perfect contact) 상태로 구성된 복합 재료를 고려하기로 한다. 이 경우 열역학 제1법칙인 에너지 보존 법칙으로부터 각 층을 통과하는 열흐름은 같아야 함을 알 수 있다.

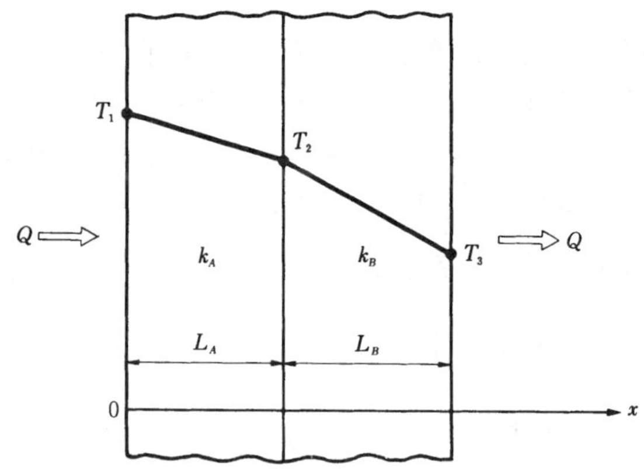

그림 18 · 3 접촉면에서 완전 접촉 조건을 갖는 복합평면 벽에서의 1차원 정상상태 열전도에 대한 온도 분포

$$Q = \frac{T_1 - T_2}{L_A/k_A A} = \frac{T_2 - T_3}{L_B/k_B A} = 상수$$

또는

$$Q\left(\frac{L_A}{k_A A}\right) = T_1 - T_2$$

$$Q\left(\frac{L_B}{k_B A}\right) = T_2 - T_3$$

위의 두 식에서 접촉면 온도 T_2를 소거하면

$$Q\left(\frac{L_A}{k_A A}+\frac{L_B}{k_B B}\right)=T_1-T_3$$

또는

$$Q=\frac{T_1-T_3}{\dfrac{L_A}{k_A A}+\dfrac{L_B}{k_B B}}=\frac{\Delta T}{R_A+R_B} \tag{18 · 6}$$

로 된다.

식 (18 · 6)은 앞에서 언급된 열저항 개념을 도입하여 쉽게 구할 수 있다. 전기 회로에 상응하는 열회로를 그림 **18 · 3**에 대해 구성해 보면, 그림 **18 · 4**와 같이 나타낼 수 있다. 전기저항 상사성(electrical resistance analogy)을 이용하면 Q는

$$Q=\frac{\Delta T}{R_A+R_B}$$

로 쉽게 구할 수 있으며 그 결과는 식 (18 · 6)과 같다.

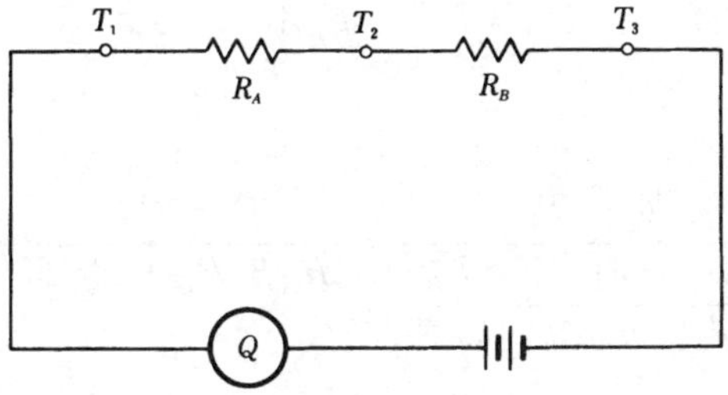

그림 18 · 4 그림 18 · 3에 대한 열회로

여기서 L_A^-과 L_A^+은 각각 $x=L_A-\delta$과 $x=L_A+\delta$을 나타내며, $\delta(>0)$은 0에 가까운 매우 작은 수를 의미한다. 즉, 온도가 서로 같고 열유속이 같음을 알 수 있다. 다음에는 두 물질의 접촉면에서의 조건이 불완전 접촉이라고 가정할 때, 완전 접촉인 경우와 어떠한 차이점이 있는지 살펴보기로 한다. 이 불완전 접촉인 경우에 대한온도 분포는 그림 **18 · 5**와 같이 표시된다.

이 경우 두 물질의 접촉면에서 온도의 급격한 강하가 존재함을 볼 수 있는데, 이것은 열접촉 저항에 기인한다. 이 때의 저항은

$$R_c=\frac{1}{h_c A} \tag{18 · 7}$$

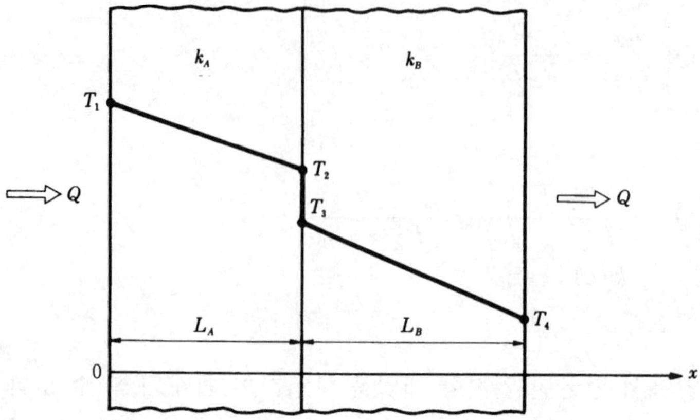

그림 18 · 5 접촉면에서 불완전 접촉조건을 갖는 복합평면벽에서 1차원 정상상태 열전도에 대한 온도분포

각 층(each layer)을 통과하는 열흐름률 Q는 에너지 보존 법칙으로부터

$$Q = \frac{T_1 - T_2}{\dfrac{L_A}{k_A A}} = \frac{T_2 - T_3}{\dfrac{1}{h_c A}} = \frac{T_3 - T_4}{\dfrac{L_B}{k_B A}} = \text{상수} \tag{18 · 8}$$

로 주어지며 위의 식은

$$Q = \frac{T_1 - T_4}{\dfrac{L_A}{k_A A} + \dfrac{1}{h_C A} + \dfrac{L_B}{k_B A}} = \frac{T_1 - T_4}{R_A + R_C + R_B} \tag{18 · 9}$$

가 된다. 이들 열저항을 열회로로 나타내면 그림 18 · 6과 같다.

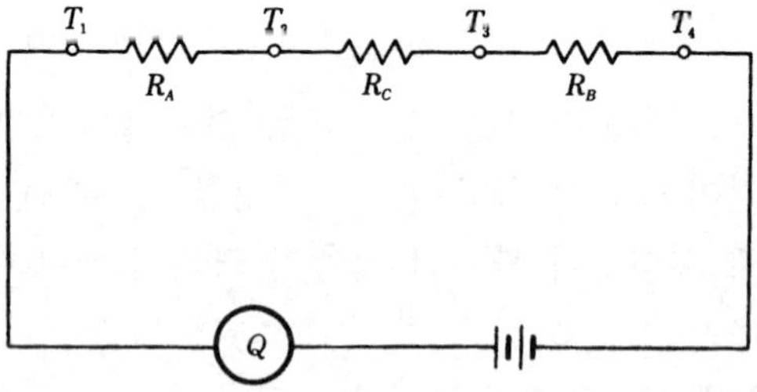

그림 18 · 6 열회로도

보기 18.1

그림 18·7은 산업용 노(industrial furnace)의 벽의 구성을 나타내고 있다. 첫 번째 벽의 재질은 열전도율이 $k_1 = 1.0$ W/(m ℃)이고, 두께가 $L_1 = 0.2$ m인 내화 점토 벽돌이며, 두 번째의 벽은 열전도율이 $k_2 = 0.05$ W/(m ℃)이고, $L_2 = 0.03$ m인 절연물로 이루어져 있다. 내벽의 온도는 $T_i = 830$℃, 외벽의 온도는 $T_o = 30$℃로 유지되고 있을 때 열흐름은 1차원적이라 가정하고 열저항 개념을 이용하여 노(爐) 벽을 통한 열전달률을 구하여라. 단, 두 재질이 접촉된 부분은 완전 접촉 조건으로 가정한다.

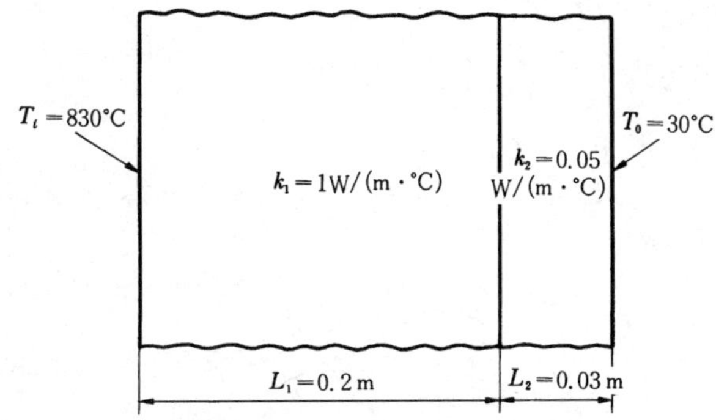

그림 18·7 보기 18.1의 설명도

풀이 노 벽을 통한 열전달률을 구하기 위해 식 (18·6)을 이용하면 다음과 같다.

$$Q = \frac{T_i - T_o}{\dfrac{L_1}{k_1 A} + \dfrac{L_2}{k_2 A}}$$

$$q = \frac{Q}{A} = \frac{T_i - T_o}{\dfrac{L_1}{k_1} + \dfrac{L_2}{k_2}} = \frac{830 - 30}{\dfrac{0.2}{1} + \dfrac{0.03}{0.05}} = 1\,\text{kW/m}^2$$

[3] 원통의 열전도

그림 18·8에 도시된 내부 반지름이 r_1, 외부 반지름이 r_2이며, 길이가 L인 중공원통(中空圓筒, hollow cylinder)을 생각하기로 한다. 이 때 원통의 내부면과 외부면은 각기 온도 T_1과 T_2 상태로 유지되고 있다고 가정한다. 내부에서의 에너지 생성이 없고 정상 상태라고 가정할 때 반지름 r와 $r + \Delta r$ 사이에 위치한 미소 제어 체적(elemental control volume)에 대해 에너지 보존 법칙을 적용하면 다음과 같다. 이 경우 반지름 r인 면을 통하여 흐르는 반지름 $r + \Delta r$ 인 면을 통한 열흐름과 같아야 하므로 다음의 식이 성립된다.

$$Q|_r = Q|_{r+\Delta r} \tag{18·10}$$

즉, Q는 r에 관계없이 일정하며

$$Q = A\,q = 2\pi r L\left(-k\frac{dT}{dr}\right) \tag{18·11}$$

의 관계가 성립된다. 열전도 계수 k가 온도의 함수가 아닌 경우 식 (18·11)은 다음과 같이 표시된다.

$$\frac{Q}{2\pi k L} = -r\frac{dT}{dr} = \text{상수} = C_1 \tag{18·12}$$

적분하면 온도 $T(r)$는

$$T(r) = -C_1 \ln r + C_2 \tag{18·13}$$

로 된다.

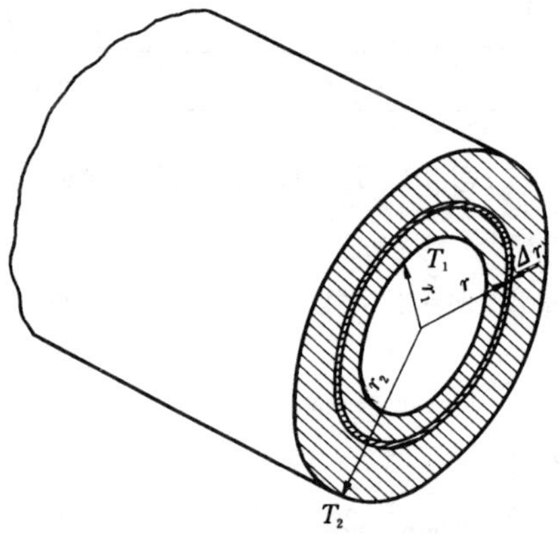

그림 18·8 중공원통

식 (18·13)에 있는 두 상수를 결정하기 위해 필요한 경계조건은 다음과 같다.

$$r = r_1 \text{ 에서 } T = T_1 \tag{18·14 a}$$

$$r = r_2 \text{ 에서 } T = T_2 \tag{18·14 b}$$

식 (18·14)를 식 (18·13)에 적용하면 C_1과 C_2에 대한 방정식은

$$T_1 = -C_1 \ln r_1 + C_2 \tag{18·15 a}$$

$$T_2 = -C_1 \ln r_2 + C_2 \tag{18·15 b}$$

가 된다. 위의 두 식으로부터 C_1과 C_2를 결정하면

$$C_1 = \frac{T_1 - T_2}{\ln\left(\frac{r_2}{r_1}\right)} \tag{18 · 16 a}$$

$$C_2 = T_1 + \frac{T_1 - T_2}{\ln\left(\frac{r_2}{r_1}\right)} lnr \tag{18 · 16 b}$$

이 된다.

식 (18 · 16)을 식 (18 · 13)에 대입하고 정리하면 온도 분포 $T(r)$는 다음과 같이 주어진다.

$$\frac{T - T_1}{T_2 - T_1} = \frac{\ln\left(\frac{r}{r_1}\right)}{\ln\left(\frac{r_2}{r_1}\right)} \tag{18 · 17}$$

Q는 식 (18 · 12)로부터 $Q = 2\pi k L C_1$이므로

$$Q = \frac{2\pi k L (T_1 - T_2)}{\ln\left(\frac{r_2}{r_1}\right)} \tag{18 · 18}$$

로 주어진다. 그러므로 중공 원통의 열저항은 다음과 같이 표시된다.

$$R = \frac{\ln\left(\frac{r_2}{r_1}\right)}{2\pi k L} \tag{18 · 19}$$

식 (18 · 19)에 주어진 중공 원통의 열저항을 이용하여 다층 복합벽의 열전도에서의 회로 개념이 원통에서도 쉽게 적용될 수 있다.

18.3 열 복 사

모든 물체는 그 물체의 온도 때문에 에너지를 방출하는데, 이러한 에너지를 **열복사**(熱輻射, thermal radiation)라 한다. 열복사의 파장 범위는 0.1~100 μm에 해당되며, 이 범위는 자외선의 일부와 가시 광선의 전범위 그리고 적외선의 상당 부분을 차지한다. 물체가 발산하는 복사 에너지는 Maxwell의 전자파 이론에 따른 전자파의 형태로 또는 Planck의 가정

에 따른 양자의 형태로 공간 속에 전파된다. 복사 열전달의 해석에 이들 두 개념이 이용된다. 물체에 의한 복사 에너지의 방사 또는 흡수는 체적 과정(bulk process)이다.

즉, 물체의 내부에서 발생되는 복사는 표면을 통해 방사된다. 역으로 물체의 표면에 입사하는 복사는 그 매체 속으로 침투되면서 소멸된다. 입사된 복사의 대부분이 표면에서부터 매우 짧은 거리 안에서 소멸될 때 이러한 복사를 표면 복사라 하며, 예를 들어 금속 표면에 입사하는 열복사는 표면으로부터 수 Å(angstrom)의 거리 안에서 소멸되기 때문에 금속은 열복사에 불투명하다. 복사 에너지가 소멸 없이 전파되는 매체는 진공뿐이다.

그림 18·9에 표시된 바와 같이 물체에 입사하는 복사 에너지 유속(radiative flux)을 G라 할 때, 복사의 일부는 반사되고 다른 일부는 물체에 흡수되며 나머지가 투과된다. 반사율(reflectivity) ρ, 흡수율(absorptivity) α 및 투과율(transmissivity) τ는 각각 입사한 에너지 G에 대한 반사, 흡수 및 투과된 에너지의 비율이라 할 때, 이 물체에 열역학 제1법칙을 적용하면 다음과 같다.

$$G=\rho G+\alpha G+\tau G=(\rho+\alpha+\tau)G$$
$$\therefore\ \rho+\alpha+\tau=1$$

이 됨을 알 수 있다.

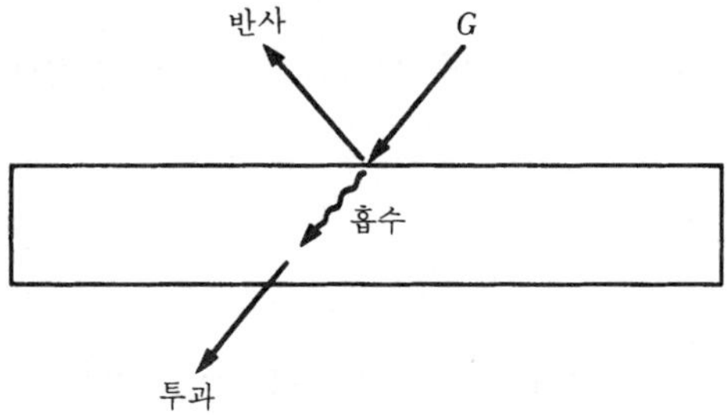

그림 18·9 복사의 형태

한편 대부분의 고체 물체는 열복사를 투과시키지 못하기 때문에 많은 문제에서 투과율을 0으로 놓을 수 있다. 이 때 $\rho+\alpha=1$이 성립된다. 물체의 표면에 입사하는 복사 에너지 유속을 조사(irradiation) $G\,(\mathrm{N/m^2})$라 하고, 방사(emission)와 반사(reflection)에 의해 물체의 표면을 떠나는 열유속을 출사(radiosity) $J\,(\mathrm{W/m^2})$로 표시하기로 한다.

흑체(black body)라고 불리는 이상 복사체(ideal radiator)는 모든 입사 에너지 G를 흡수하고 반사는 일체 하지 않는다고 가정한다. 결과적으로 흑체 표면을 떠나는 복사 에너지 모두는 표면에 의해서 방사되는 것이며, **Stefan-Boltzmann 법칙**에 의해서 다음과 같이 주어진다.

$$J=E_b=\sigma T^4 \tag{18·20}$$

여기서 E_b는 이상적인 복사체에 의해서 단위 시간 및 단위 면적당 복사되는 에너지로서 흑체의 방사력(blackbody emissive power)이라 하고, T는 절대온도(K), σ는 Stefan-Boltzmann 상수($\cong 5.67 \times 10^{-8}\ \mathrm{W/m^2K^4}$)이다.

그림 18 · 10에는 온도 T_2 상태로 유지되고 있는 흑체의 공동(enclosure) 안에 표면적이 A_1인 흑체 물체가 놓여 있다.

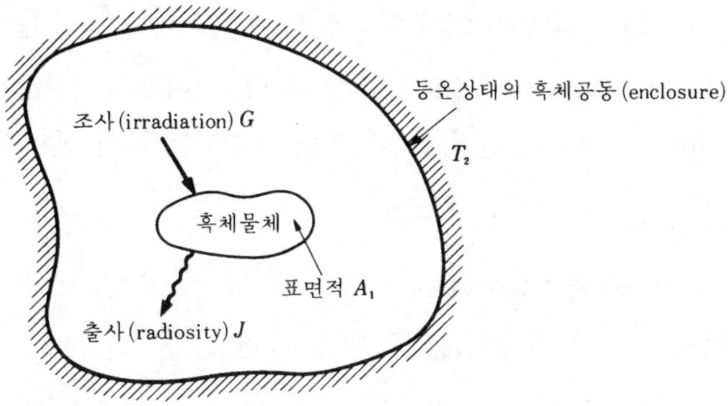

그림 18 · 10 흑체 물체와 흑체 공동 사이의 복사관계

열평형 상태에서 그 물체의 온도 역시 T_2 상태가 되며, 그 물체에 입사되는 복사 에너지는 그 물체를 떠나는 복사 에너지와 같아야 한다.

$$G_1 A_1 = J_1 A_1 = \sigma T_2^{\,4} A_1$$

$$\therefore G_1 = \sigma T_2^{\,4} \qquad (18 \cdot 21)$$

만약, 그 물체의 온도가 $T_1 (> T_2)$이라고 한다면 그 물체의 출사(radiosity)는 $\sigma T_1^{\,4}$이지만 그 물체에 입사되는 조사(irradiation)는 $\sigma T_2^{\,4}$이다. 이 경우 그 물체의 표면에 대한 정미 복사 열유속(net radiant heat flux)을 q_1이라고 할 때 q_1은 다음과 같이 표시될 수 있다.

$$q_1 = J_1 - G_1 = \sigma T_1^{\,4} - \sigma T_2^{\,4} \qquad (18 \cdot 22)$$

$T_1 = T_2$인 경우 식 (18 · 22)는 $J_1 = G_1$으로 되어 식 (18 · 21)로 됨을 알 수 있다.

방사율이 ϵ_1 표면적이 A_1인 매우 작은 불투명 평판이 절대 온도 T_1 상태로 유지된 채 절대 온도 T_2 상태의 매우 큰 면적 A_2의 주위에 노출된 그림 18 · 11의 상태를 생각해 보기로 한다.

공간은 열복사에 투명한 공기로 채워져 있다고 가정한다. 이 때 표면 A_1에서 방사되는 에너지는

$$A_1 \epsilon_1 \sigma T_1^{\ 4}$$

으로 주어지며, 여기서 ϵ 은 실제 표면에서의 방사율로서 다음과 같이 정의된다.

$$\epsilon = \frac{E}{E_b}$$

여기서 E 는 실제 표면의 방사력(emissive power)이며, E_b는 흑체의 방사력을 나타낸다. 작은 면적 A_1에 비해서 매우 큰 주위의 면적은 흑체로서 근사화될 수 있으므로 주위 면적 A_2에 의해 방사되는 복사열 유속은 σT_2^4 으로 나타낼 수 있고, 이것은 바로 곧 표면 A_1에 입사되는 복사 열유속이 된다. 그러므로 면적 A_2에 의해 흡수되는 복사 에너지는 다음과 같다.

$$A_1 \alpha_1 \sigma T_2^{\ 4}$$

여기서 α_1은 면적 A_1의 흡수율이다.

이 때 면적 A_1에서 순수 복사 손실을 Q_1이라 하면

$$Q_1 = A_1 \epsilon_1 \sigma T_1^{\ 4} - A_1 \alpha_1 T_2^{\ 4} \qquad (18 \cdot 23)$$

으로 되며, $\epsilon_1 = \alpha_1$이라 가정하면 식 (18 · 23)은 다음의 식으로 주어진다.

$$Q_1 = A_1 \epsilon_1 \sigma (T_1^{\ 4} - T_2^{\ 4}) \qquad (18 \cdot 24)$$

식 (18 · 24)는 온도 T_1 상태의 작은 표면적 A_1과 온도 T_2의 주위 사이에서 일어나는 복사열 교환을 계산하는 데 사용될 수 있다.

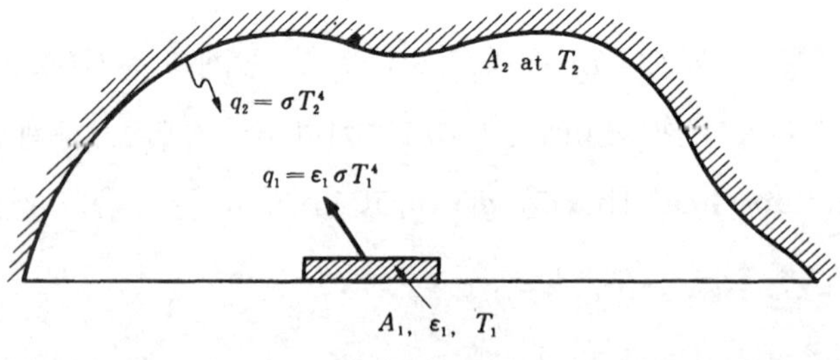

그림 18 · 11 표면 A_1과 그 주변 A_2 사이의 복사 열교환

보기 18.2

지름이 10 cm인 구(球)가 진공 상태로 유지되고 있는 매우 큰 방 안에 걸려 있다. 방벽의 온도는 300 K로 유지되고 있다. 구 표면의 방사율이 $\epsilon = 0.8$이며, 온도가 500 K로 일정한 상태로 있을 때 구로부터 방벽으로의 열손실률을 구하여라.

풀이 식 (18 · 24)를 이용하여 열손실률을 구하면 다음과 같다.

$$Q = A\epsilon\sigma(T_1^4 - T_2^4)$$
$$= (\pi \times 0.1^2)(0.8)(5.67 \times 10^{-8}) \times (500^4 - 300^4)$$
$$= 77.52\,\mathrm{W}$$

18.4 대 류

유체의 온도와 고체 표면의 온도가 서로 다를 경우 유체가 고체 표면 위를 흐르거나 관 속을 흐를 때, 고체에 대한 유체의 상대 운동의 결과로서 유체와 고체 표면 사이에서 열전달이 일어나는데, 이러한 열전달 형태를 **대류**(對流, convection)라 한다.

대류 열전달의 물리적 현상은 먼저 분자 운동에 기인한 에너지 이동인 전도와 이 전도에 유체의 거시적 운동에 의한 에너지 전달이 부가되는 두 가지 형태로 이루어진다.

유체 운동은 많은 수의 분자들로 구성된 유체가 외부의 힘에 의해 움직임으로써 일어난다. 이 외부의 힘이 밀도차에 의해서 생긴다면 그 대류를 **자연 대류**라 하고, 외부의 힘이 펌프 또는 팬에 의해 발생되는 압력차에 기인된다면 **강제 대류**라고 한다. 한편 유동의 형태는 관 내의 유동과 같은 내부 유동(internal flow)과 자동차 표면 위를 흐르는 유동과 같은 외부 유동(external flow)으로 분류되며, 또한 강제 및 자연 대류 유동은 상황에 따라서 층류 및 난류 유동이 된다.

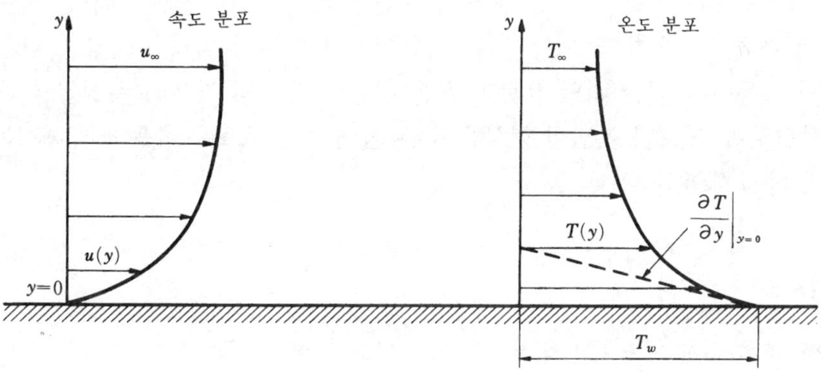

그림 18 · 12 가열된 평판 위를 흐르는 유체의 속도와 온도분포

온도 T_∞의 유체가 온도 $T_w(> T_\infty)$로 유지되는 가열된 평판 위를 흐르는 경우에 대한 속도 및 온도 분포를 그림 18 · 12에 나타내었다. 대류 열전달률은 일반적으로 유체가 흐르

는 고체 표면의 기하학적 형태와 온도, 유체의 온도와 속도, 유체의 물성값 등의 복합적인 함수이기 때문에 유동장에서의 대류 열전달량과 온도 분포를 결정하는 문제는 상당히 복잡하다.

그림 18・12와 같이 가열된 평판 위를 유체가 흐를 때 온도 T_w인 평판과 T_∞인 유체 사이에서 일어나는 열전달 계산을 단순화시키기 위해 대류 열전달 계수 h를 다음과 같이 정의한다.

$$q = h(T_w - T_\infty) = h\Delta T \tag{18・25}$$

식 (18・25)를 **Newton의 냉각 법칙**(Newton's law of cooling)이라고 한다.

유체는 평판과 유체 사이의 경계에서 점착 조건에 의해 움직이지 않기 때문에 열은 그 곳에서 단지 전도에 의해서만 전달된다. 만약, 이 경계면에서의 온도 구배를 안다면 전도에 의한 열유속은 다음 식에 의해 구할 수 있다.

$$q_c = -k_f \left.\frac{\partial T}{\partial y}\right|_{y=0} \tag{18・26}$$

에너지 보존을 고려할 경우, 경계면에서 식 (18・25)와 식 (18・26)은 서로 같아야 한다.

즉 $$q_c = -k_f \left.\frac{\partial T}{\partial y}\right|_{y=0} = h(T_w - T_\infty)$$

각종 열 교환기에서 쉽게 접할 수 있는 관 안을 흐르는 유체에 대한 대류 열전달 문제의 경우에는, 식 (18・25)에서의 T_∞는 체적 온도 또는 혼합 평균 온도라고 불리는 문제에 맞게 평균화된 유체 온도 T_b로 대치된다.

일반적으로 대류 열전달 계수 h는 유동의 형태, 물체의 기하학적 형태, 유로 면적, 유체의 물리적 성질, 평균 온도, 그리고 물체의 표면을 따른 위치 등에 의해 변하며, 열전달의 형태가 강제 대류, 자연 대류 또는 혼합 대류인지의 여부에 따라 변한다.

평판 위의 유동이나 원관 내의 유동과 같은 단순한 유동의 경우에는 열전달 계수는 해석적으로 결정될 수도 있으나 복잡한 현상을 갖는 물체 위를 흐르는 유동에 대해서는 실험적인 방법을 이용해 구해야 한다.

보기 18.3

면적이 20 m×20 m인 지붕 표면의 온도가 20℃이고, 주위 공기의 온도가 −3℃일 때 자연 대류에 의한 열전달량을 구하여라. 단 평균 대류 열전달 계수는 10 W/m^2 K이다.

풀이 지붕으로부터 주위 공기로의 대류 열전달량을 식 (18・25)로부터 구하면 다음과 같다.

$$Q = qA = hA(T_{\text{roof}} - T_{\text{air}}) = 10\times400(20-(-3))$$
$$= 92{,}000\,\text{W}$$

18.5 복합 열전달

지금까지 열전달의 세 가지 형태인 전도, 복사 및 대류를 각각 다루었다. 그러나 많은 실질적인 상황에서 열전달 현상은 이들 열전달 형태가 복합된 **복합 열전달**(combined heat transfer)의 형태로 일어난다.

예를 들어 대류와 복사가 동시에 일어나는 경우를 살펴보면 다음과 같다. 그림 18 · 13에 나타난 것과 같이 면적이 A인 작은 평판의 방사율이 ϵ이고, 평판의 온도는 T_w로 유지되고 있을 때, 이 평판은 열전달 계수가 h_c인 온도 T_∞의 유체와 대류에 의해 열교환을 하며, 동시에 온도 T_s인 주위와 복사에 의해 열교환을 하게 된다.

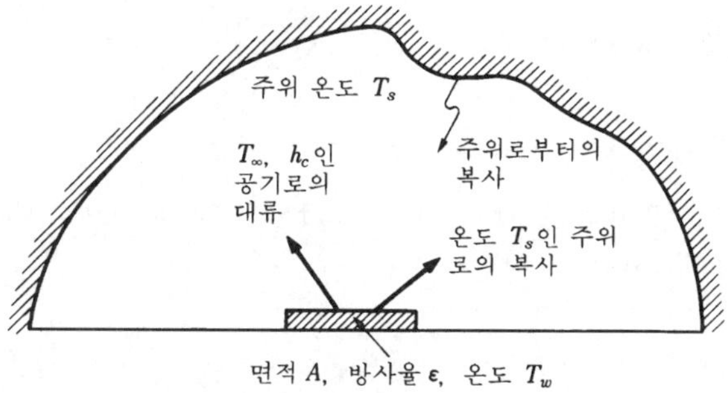

그림 18 · 13 대류와 복사 열전달

평판의 단위 면적당 일어나는 열손실량을 q_w라고 할 때 대류와 복사가 동시에 일어나는 위의 문제에 대해 에너지 보존 법칙을 적용하면 다음과 같다.

$$q_w = h_c(T_w - T_\infty) + \epsilon\sigma(T_w^4 - T_s^4)$$

여기서 $h_c(T_w - T_\infty)$는 대류항이고, $\epsilon\sigma(T_w^4 - T_s^4)$는 복사항이다. 복합 열전달에 대한 현상을 보기 18.4를 통해 자세히 살펴보기로 한다.

보기 18.4

그림 18 · 14와 같이 지름이 5 cm이고 길이가 2 m인 원통에 고온의 물이 흐르고 있다. 주위의 온도가 0℃인 외부에 대류와 복사에 의해 원통의 표면으로부터 열이 손실되고 있다. 대류 열전달 계수값이 $h = 20\ \text{W/m}^2\ ℃$이며, 원통의 벽온도가 $T_w = 125℃$일 때, 이 원통으로부터의 열손실량을 구하여라. 이 때 물체는 흑체라고 가정한다.

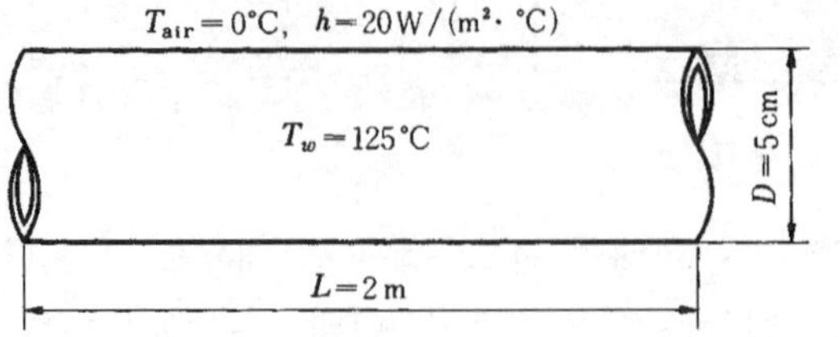

그림 18 · 14

풀이 총 열손실량을 Q_T라 할 때 에너지 평형식을 세우면

$$Q_T = Q_{rad} + Q_{conv}$$

가 되며, 여기서

$$Q_{rad} = A\sigma(T_w^4 - T_{air}^4)$$

$$Q_{conv} = Ah(T_w - T_{air})$$

이므로

$$\therefore Q_T = A\sigma(T_w^4 - T_{air}^4) + Ah(T_w - T_{air})$$
$$= (\pi \times 0.05 \times 2)\{5.67 \times 10^{-8}(398.15^4 - 273.15^4) + 20 \times (398.15 - 273.15)\}$$
$$= 1133.86 \text{ W}$$

18.6 열교환기

대부분의 열기기 및 열시스템(thermal system)에는 열교환기(heat exchanger)가 사용된다. 이들은 한 유체로부터 다른 유체로 열을 흐르게 한다. 서로 다른 상태로 존재하는 같은 물질을 직접 혼합하는 직접 접촉식 열교환기(direct-contact heat exchanger)가 사용되는 경우도 있으나 대부분의 경우에는 한 유체가 관 내를 흐르면서 다른 관 속을 흐르는 유체에 대하여 열을 전달하게 하는 평행류(parallel-flow), 대향류(counterflow), 직교류(cross flow) 형태의 열교환기가 사용된다.

지금 그림 18 · 15와 같은 평행류 열교환기(원통다관식, shell and tube type)의 온도 분포에 대하여 알아보기로 한다.

열교환기의 미소 길이에 대한 미소 면적 dA를 통하는 열전달량 q는 고온 유체의 열손실, 저온 유체의 받은 열량, 열교환기 내의 전달 열량의 3가지 열이동의 평형으로부터 계산할 수 있다.

$$q = -\dot{m}_h c_{ph} dT_h = \dot{m}_c c_{pc} dT_c = UdA(T_h - T_c) \qquad (18 \cdot 27)$$

여기서 (−)부호는 고온 유체로부터 열손실을 의미하고 저온 유체의 경우는 열을 받으므로 (+)이다. 그림 18 · 15에서 ΔT는 어느 미소 면적 dA를 통하여 흐르는 고온 및 저온 유체의 온도차(difference between hot and cold fluid temperature)이다.

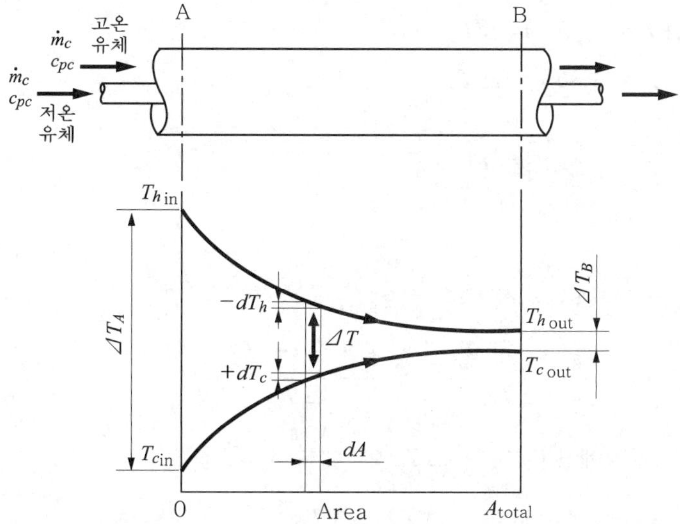

그림 18 · 15 평행류 열교환기의 온도-면적 선도

$$\Delta T_A = T_{h_{\in}} - T_{c_{\in}} \qquad (18 \cdot 28)$$

$$\Delta T_B = T_{h_{out}} - T_{c_{out}} \qquad (18 \cdot 29)$$

이 식 (18 · 27)을 다시 쓰면

$$\frac{UdA}{C_h} = \frac{-dT_h}{T_h - T_c}$$

$$\frac{UdA}{C_c} = \frac{-dT_c}{T_h - T_c}$$

여기서 $C_h = m_h c_{ph}$, $C_c = m_c c_{pc}$이다.

이들 두 식을 합하면

$$\frac{UdA}{C_h} + \frac{UdA}{C_c} = \frac{dT_c - dT_h}{T_h - T_c}$$

여기서 $\theta = T_h - T_c$라 하면

$$\frac{UdA}{C_h} + \frac{UdA}{C_c} = \frac{-d\theta}{\theta} \qquad (18 \cdot 30)$$

열관류 계수 U가 일정하다고 보고 열교환기의 A로부터 B까지 적분하면

$$\left(\frac{U}{C_h} + \frac{U}{C_c}\right)\int_A^B dA = -\int_A^B \frac{d\theta}{\theta}$$

여기서 $A_A = 0,\ \theta_A = \Delta T_A$

$A_B = A,\ \theta_A = \Delta T_B$

$$\left(\frac{UA}{C_h} + \frac{UA}{C_c}\right) = \ln\left(\frac{\Delta T_A}{\Delta T_B}\right) \qquad (18 \cdot 31)$$

또한 q는

$$q = UA\Delta T = C_h(T_{h_{in}} - T_{h_{out}}) = C_c(T_{c_{out}} - T_{c_{in}})$$

$$UA = \frac{C_h(T_{h_{in}} - T_{h_{out}})}{\Delta T_m} = \frac{C_c(T_{c_{out}} - T_{c_{in}})}{\Delta T_m}$$

이 식을 식 (18 · 29)에 대입하여 ΔT_m에 대하여 풀면

$$\Delta T_m = LMTD = \frac{\Delta T_A - \Delta T_B}{\ln(\Delta T_A / \Delta T_B)} \qquad (18 \cdot 32)$$

여기서 $LMTD$를 **대수 평균 온도차**(log mean temperature difference)라 한다.
따라서 이 열교환기의 총 열전달량은

$$q = UA \cdot LMTD \qquad (18 \cdot 33)$$

이 식은 열교환기의 총 열전달 면적을 계산할 때 사용된다.
그림 18 · 16은 대향류 열교환기의 온도-면적 선도를 나타낸 것이다.
대향류의 경우에는

$$\Delta T_A = \Delta T_B$$

이므로 열전달량은

$$q = UA\Delta T_m = UA\Delta T_A \qquad (18 \cdot 34)$$

가 된다.
그림 18 · 17은 대향류식 원통 다관식 열교환기의 구조의 한 보기를 나타낸 것이다.

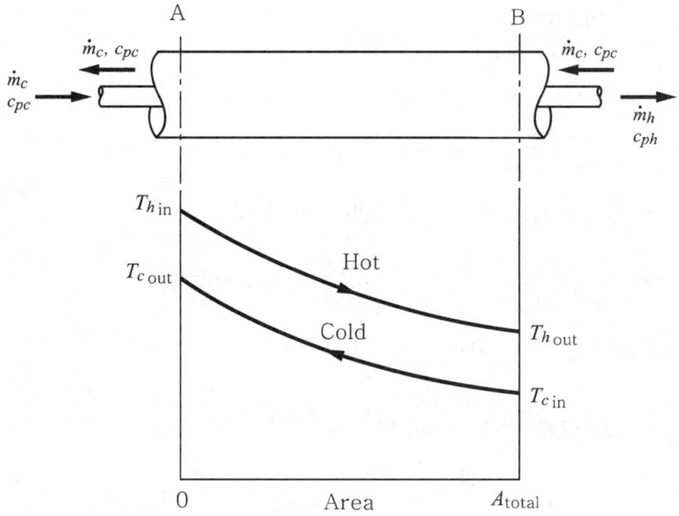

그림 18 · 16 대향류 열교환기의 온도-면적 선도

그림 18 · 17 원통다관식 열교환기

보기 18.5

0.5 kg/s의 유량으로 흐르는 오일 냉각기에서 오일을 125℃에서 65℃로 냉각한다. 냉각용 물의 $c_p = 4.18\text{kJ/kg K}$이고, 온도 10℃에서 유입 유량이 0.5 kg/s일 경우 파이프 안지름이 30 mm인 관을 사용한다면 관의 길이는 얼마로 설계해야 하는가?. 단, 열관류 계수는 85 W/m^2 K이고 오일의 $c_{p\text{oil}} = 3.35\,\text{kJ/kg K}$이다.

풀이 대향류 냉각기

$$q_{H_2O} = q_{\text{oil}}$$

$$\dot{m}\,c_p(\Delta T_{H_2O}) = \dot{m}c_{p\,\text{oil}}(\Delta T_{\text{oil}})$$

$$\Delta T_{H_2O} = \frac{(0.5)(3.35)(60)}{(0.5)(4.18)} = 48.086$$

$$\Delta T_{H_2O} = 48.086 + 10 = 58.086℃$$

$$\Delta T_B = T_{h\,out} - T_{c\,in} = 65 - 10 = 55℃$$

$$\Delta T_A = T_{h\,in} - T_{c\,out} = 125 - 58.086 = 66.914℃$$

$$LMTD = \frac{\Delta T_A - \Delta T_B}{\ln(\Delta T_A / \Delta T_B)} = \frac{66.914 - 55}{\ln(66.914/55)} = 60.762$$

$$q = \dot{m}\, c_p \Delta T_{oil} = 0.5 \times 3.35 \times 60 = 100.5\,\text{kW}$$

$$A = \frac{q}{U \times LMTD} = \frac{100500}{85 \times 60.762} = 19.459\,\text{m}^2$$

$A = \pi d L$이므로, $L = \frac{A}{\pi d} = \frac{19.459}{(3.14)(0.03)} = 206.571\,\text{m}$

평행류 냉각기

$$\Delta T_B = 125 - 10 = 115℃$$

$$\Delta T_A = 65 - 58.086 = 6.914℃$$

$$LMTD = \frac{115 - 6.914}{\ln(115/6.914)} = 38.446$$

$$q = \dot{m} c_p \Delta T_{oil} = 0.5 \times 3.35 \times 60 = 100.5\,\text{kW}$$

$$A = \frac{q}{U \times LMTD} = \frac{100500}{85 \times 38.446} = 30.754\,\text{m}^2$$

$A = \pi d L$, $L = \frac{A}{\pi d} = \frac{30.754}{(3.14)(0.03)} = 326.48\,\text{m}$

평행류 열교환기로 하면 대향류 열교환기보다 약 1.58배의 면적이 더 필요하게 된다.

연 | 습 | 문 | 제

18.1 열전도계수와 열전달계수는 어떻게 다른가?

18.2 다음 그림과 같은 내화벽돌, 단열벽돌, 보통벽돌로 이루어진 노(furnace) 벽이 있다. 열전도계수(W/mK)와 벽의 두께, 내외의 온도가 그림에 표시된 바와 같을 때 열손실 열량을 구하여라. 단, 단면적은 $1m^2$이다.

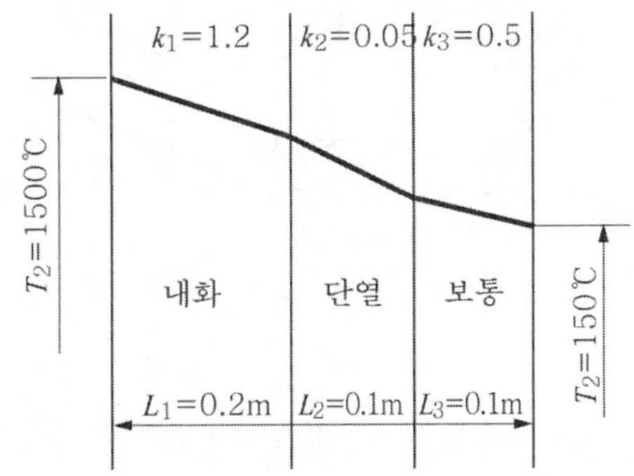

그림 18 · 18

18.3 평면벽이 15 cm 두께이고 면적이 2 m^2일 경우 벽 내외의 온도차가 55℃일 경우 전도열량을 구하여라. 단 $k=0.5$ W/mK이다.

18.4 앞의 문제의 경우 전도에 의한 열저항 R를 구하여라.

18.5 고온 유체와 접하고 있는 고체벽이 있을 때 대류에 의한 열전달량을 구하는 식을 쓰고 설명하여라.

18.6 다음 사항에 대하여 설명하여라.

(1) 열전달　　(2) 대류
(3) 전도　　(4) 복사
(5) 열관류 계수　　(6) Fourier 열전도 법칙
(7) Newton의 냉각법칙　　(8) Stefan–Boltzmann 법칙

18.7 평행류 열교환기와 대향류 열교환기의 차이점에 대하여 설명하여라.

18.8 복사에 의한 열전달량은 어떻게 구하는가?

18.9 대수 평균 온도차에 대하여 설명하여라.

18.10 그림과 같은 피복 단열된 관에서 관 내부 중심 온도가 T_i℃이고, 외부 주위 온도가 T_0℃, 관과 피복재의 열전도 계수를 각각 k_1, k_2 W/mK, 관 내외면의 온도가 T_1, T_2℃, 피복재의 표면 온도가 T_3℃일 경우 열전달량 q W와 열저항을 구하는 식을 유도하여라.

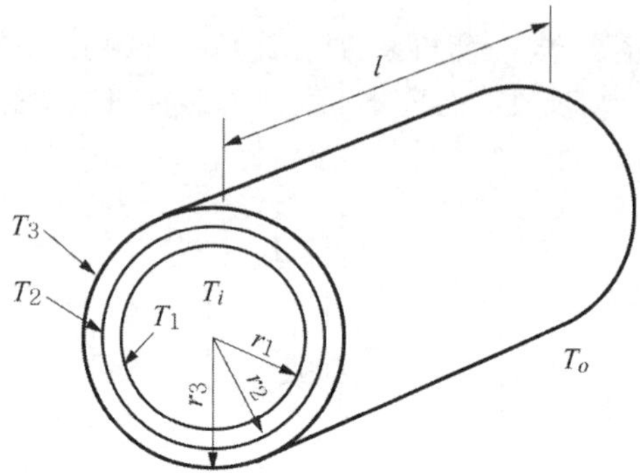

그림 18 · 19

18.11 표면 온도가 600℃이고, 표면적 500 cm^2인 회색체로부터 온도 100℃의 흑체 표면에 복사될 경우 복사 열전달량을 구하여라. 단, 회색체의 복사율은 0.6이다.

18.12 평행류 열교환기와 대향류 열교환기의 온도-면적과의 관계를 그림으로 나타내고 설명하여라.

1장 연습문제 정답

1.1~1.9 본문참조

1.10 v=0.1077 m^3/kg, 0.1826 m^3/kg,
ρ= 5.4762 kg/m^3

1.11 20 bar, 20.394 kgf/cm^2
15,001.2 mmHg, 19.7384 atm
290.076 psi

1.12 본문참조

1.13 (a) 68°F (b) −4°F
(c) −40°F (d) 37.778℃
(e) −40℃ (f) 4.444℃

1.14 입구 131.0196 kgf/cm^2, 128.4857 bar,
출구 0.0399 kgf/cm^2, 39.99 mbar

1.15 0.2660 kcal/kg℃

1.16 본문의 표 1·9 참조

1.17 10.309 kg, 17.216 N

1.18 993.28 mbar

1.19 117.2556 N

1.20 19.613 kJ

1.21 1.929×104 kJ

1.22 351.175 Nm

1.23 23.697 분

1.24 251607℃

1.25 77.021 kW

1.26 2.85시간

1.27 1.0507 bar

1.28 98.795 kPa

1.29 102.581 kPa

1.30 59.65 kPa

1.31 3,120 kg

1.32 133.76 MJ/day

1.33 15 K, 59 °F

1.34 29.861 ℃

1.35 95.76 kPa

1.36 114.3 kPa

1.37 33 kPa

1.38 76.0℃

1.39 612.5 J/kg

1.40 3136 J/kg

1.41 3157.895 kg

1.42 −76.003 kPa, 0.816 mH_2O

1.43 9.899 m/s

1.44 227.720 kPa

1.45 9770 N/m^2, 1000 kg/m^2

1.46 (a) 0.05, 0.49, 0.5, 4.9
(b) 0.4077, 2.452, 4.077, 40
(c) 0.5, 19.62, 20, 196.2
(d) 10, 0.1, 98.1, 981

1.47 (a) 294.3, 394.3, 2955
(b) 50, 5.097, 1124
(c) 105, 0.5097, 787

1.48 22.222 kg

2장 연습문제 정답

2.1~2.12 본문참조

2.13 $x=0.70286$

2.14 $x=0.04193$

2.15 $x=0.7665$

2.16 $q_{12}=2015.3$ kJ/kg, $w_{12}=193.3$ kJ/kg, $u_2-u_1=1822$ kJ/kg

2.17 1283.206 kJ/kg

2.18 $v=0.35988$ m^3/kg, $h=1626.135$ kJ/kg

2.19 311.3 kPa

2.20 $v=30.352$m^3/kg, $P=3.169$kPa, $u=1718.324$kJ/kg

2.21 $\Delta v=0.6702$ m^3

2.22 $v_2=RT_1/P_1$, $v_3=RT_3/P_3$

2.23 $h_2-h_1=1031.89$ kJ/kg, $c_p/\overline{R}$를 이용한 경우 $h_2-h_1=1025.0$ kJ/kg

2.24 외부 증발열=176.8 kJ/kg, 내부 증발열=2025.8 kJ/kg

2.25 1.3836 kg

2.26 386.3071℃

2.27 48.5206 kg

2.28 1.4232 kg/s

2.29 579.980 kJ/kg

2.30 $W=921.525$ kJ, $U_3=6093.489$ kJ

2.31 본문참조

2.32 6162.347 kW

2.33 $v=0.125$ m^3/kg, $x=0.4049$, $m_w=23.804$kg, $m_v=16.196$kg, $V_w=0.0262$m^3, $V_v=4.9738$m^3

2.34 0.0491 m^3/kg

2.35 0.287 kJ/kg K

2.36 0.0322 kg

2.37 0.181 kJ/kg K, 45.9354 kg/kmol

2.38 148.4696 kJ/kg

2.39 23.384 kJ

2.40 −450.74 kJ/kg

2.41 $v_1=v_2=0.08643$m^3/kg, $v_3=0.0011555$m^3/kg, $x_2=0.67568$

2.42 $w_{13}=-159.66$kJ/kg, $q_{13}=-1412.801$ kJ/kg

2.43 $r=2046.56$kJ/kg

2.44 0.07344 m^3/kg, 2523.413 kJ/kg, 5.7334 kJ/kg K

2.45 0.6709

2.46 2576.57 kJ/kg, 581.13 kJ/kg

2.47 29.423 MJ

2.48 1856.9 kJ/kg, $\Delta T=175.2$℃

2.49 0.9178

2.50 0.9093

3장 연습문제 정답

3.1~3.5 본문참조

3.6 (1) 15.0 kJ, (2) 11.750 kJ

3.7 $W = W_{12} + W_{23} + W_{31} = 7.5234\,\text{kJ}$

3.8 $W_{12} = 0$

3.9 −72.0873 kJ

3.10 $W_{12} = \dfrac{mR(T_2 - T_1)}{1-n}$

3.11 281.25 kJ

3.12 0.8989 kW

3.13 1360 kJ/kg

3.14 13211.00917 N

3.15 $W = -\dfrac{1}{2}AEl_0\epsilon^2$, A=단면적

3.16 본문참조

3.17 본문참조

3.18 −126 kJ

3.19 71.4143 m/s

3.20 64.5497 m/s

3.21 $I = \pi\rho t\dfrac{R^4}{2}$, $KE = \dfrac{1}{2}I\omega^2$

3.22 11.1524 kJ

3.23 15.080 kW

3.24 204.8℃

3.25 58.9284 J

3.26 104.7198

3.27 −360

3.28 38.5588 kJ

3.29 본문참조

3.30 (1) 20 kJ, (2) 16.82 kJ

3.31 2.461 kJ

3.32 $W_{12} = \int_{r_1}^{r_2} P4\pi r^2 dr$

3.33 91648.4625 kJ

3.34 57.18 %

3.35 $0.0589\,\text{m}^3/\text{kg}$, $166.4683\,\text{N/m}^3$

3.36 −52.5281 kJ

3.37 15.432 kW

3.38 95.5045 kW

3.39 509.60 kg

3.40 $\Delta u = 28.3072\,\text{kJ/kg}$

3.41 (1) $0.833\,\text{m}^3/\text{kg}$, (2) 25 kJ/kg

3.42 (1) 70 W, (2) 150.0 kJ

3.43 161.0 kJ

3.44 (1) 114.405 kPa, (2) 55.402 J,
(3) 135.202 J

3.45 $Q_{12} = 75.028\,\text{kJ}$, $Q_{31} = 51.0\,\text{kJ}$

3.46 (2) $W_{cycle} = -9.869\,\text{kJ}$,
(3) $Q_{12} = 39.4\,\text{kJ}$

3.47 $Q_{in} = 22222.222\,\text{kJ}$,
$Q_{out} = 12222.222\,\text{kJ}$

3.48 135000 kJ

3.49 고온물체 : 냉동기가 있는 실내공기,
저온물체 : 냉동기 내부

3.50 고온물체 : 외기, 저온물체 : 실내공기

3.51 $Q_L = 7500\,\text{kJ}$, $Q_H = 10000\,\text{kJ}$

3.52 $Q_H = 22000\,\text{kJ}$, $Q_L = 16200\,\text{kJ}$

3.53 −1036.8 kJ

3.54 −1.28 kJ

3.55 0.1856 kJ

3장 연습문제 정답

3.56 $W_{12} = 1.725\ \mathrm{kJ}$, $W_{12,p} = 0.45\ \mathrm{kJ}$,

$W_{12,\,\mathrm{spring}} = 1.275\ \mathrm{kJ}$

3.57 $W = EI\Delta t\ \mathrm{kJ}$

3.58 $254.972\ \mathrm{kJ}$, $4.2495\ \mathrm{kW}$

3.59 $9420\ \mathrm{kJ}$

3.60 $93827.1605\ \mathrm{kJ}$

3.61 $W = 50\ \mathrm{kJ}$, $Q = 1\ \mathrm{MJ}$

3.62 $W = -120\ \mathrm{kJ}$, $Q = -320\ \mathrm{kJ}$

4장 연습문제 정답

4.1~4.18 본문참조

4.19 13.1361 kg

4.20 0.1482 kJ/kg K

4.21 $g_{O2}=0.2330$, $g_{N2}=0.7670$,
$M_{air}=28.84$ kg/kmol,
$c_p=1.0090$ kJ/kg,
$R=0.288$ kJ/kg K

4.22 $Q_{12}=-1985.2961$ kJ,
$W_{12}=-567.2$ kJ,
$\Delta U=-148.0961$ kJ

4.23 $P_2/P_1=4.0018$, $v_3/v_1=2.6927$,
$Q_{12}=666.775$ kJ, $W_{23}=290.7796$ kJ

4.24 단열 변화 : −71.75 kJ,
폴리트로프 변화 : −85.037 kJ

4.25 $P_2=696.441$ kPa,
$T_2=519.109$ K, $W=-0.003706$ kJ

4.26 0.7737 m^3/kg, 22.4 m^3

4.27 3.43 kg

4.28 3.379 m^3

4.29 $Q=331.65$ kJ, $\Delta U=236.94$ kJ,
$\Delta H=331.65$ kJ

4.30 294.17 kJ

4.31 $U_2-U_1=294.17$ kJ,
$H_2-H_1=400.008$ kJ

4.32 $R=0.2375$ kJ/kg K

4.33 78.947 kPa, $W_{12}=120.150$ kJ,
$Q_{12}=W_{12}$

4.34 0.0375 m^3, $Q_{12}=W_{12}=-166.355$ kJ

4.35 620 K, $Q_{12}=1557.75$ kJ,
$W_{12}=444.85$ kJ, $U_2-U_1=1112.9$ kJ

4.36 $Q=91.17$ kJ, $P_2=342$ kPa

4.37 본문참조

4.38 $V_1=1.722$ m^3, $V_2=6.888$ m^3,
$W_{12}=916.207$ kJ

4.39 526.83 kPa, 437.276 K, 0.7146 m^3

4.40 564.659 K, 1995.259 kPa,
$W_{12}=-16.6$ kJ

4.41 $M=22.54$, $R=0.3689$ kJ/kg K,
$g_1=0.0186$, $g_2=0.9814$

4.42 3.242 kPa

4.43 2.387 kPa

4.44 $g_{O_2}=0.23203$, $g_{N_2}=0.75411$,
$g_{CO_2}=0.00046$, $g_{Ar}=0.0134$

4.45 74.7578 kW

4.46 92.25 kJ

4.47 163.69 K, 0.0091 m^3, 2.27 kJ

5장 연습문제 정답

5.1~5.12 본문참조

5.13 −1.2 kJ/kg

5.14 (1) 150 kJ, (2) −50 kJ, (3) 220 kJ, (4) −340 kJ, (5) −60 kJ

5.15 100 kJ, 47.855℃

5.16 60 kJ/kg

5.17 49.6155 kJ/s

5.18 2857 kJ/kg

5.19 −1.2024 kJ/kg

5.20 −409.1275 kJ/kg

5.21 −17.7778 kJ/kg

5.22 −8 kJ

5.23 2.5 kJ/kg

5.24 88,400 kJ, 48,357.672 kJ

5.25 174.365 m/s

5.26 19.461kW

5.27 2.85 kJ

5.28 10.6×10^3 MJ

5.29 13500 kJ

5.30 $W=2575.1$ kJ, $Q=1875.1$ kJ

5.31 60.0255 kW

5.32 377.926 kW

5.33 5990.1 kJ

5.34 (1) $\rho_i=50.779\ \text{kg/m}^3$,

(2) $m_i=85.2472$ kg/s,

(3) $v_e=191.1254$ m/s

5.35 15.646 MW

5.36 1287.711 m/s

5.37 6800 kJ

5.38 1424.261 kJ/kg

5.39 80 kJ

5.40 −400.95 kJ/kg

5.41 0.0597 kg/s

5.42 203.3409 kg/s

5.43 400 kJ/kg

5.44 0 kJ/kg

5.45 2087.641 kJ/kg

5.46 99.19%

5.47 750 kJ

5.48 $L(t)=5-(5-L_0)\exp(-0.0324t)$

5.49 0.591 K

5.50 462.963 kJ

5.51 146 kJ

5.52 $h_2-h_1=0$ kJ/kg

5.53 137.50 kW

5.54 0.02827 kg/s, 0.997 m/s

5.55 −210 kJ, −430 kJ

5.56 −3.67 kW

5.57 −310 kJ/kg

5.58 32.536 kg/min

5.59 $\dot{Q}_{in}=366{,}847.44$ kW,

$\dot{W}_t=127{,}422.984$ kW

$\dot{W}_p=-20{,}140.8$ kW,

$\dot{m}_w=3639.966$ kg/s

5.60 29.244%

5.61 $\dot{Q}_{cv}=1689.592$ kJ,

$m_1-m_2=0.8601$ kg

5.62 105,388.88 kJ

5.63 8 kJ, 4 kJ/kg

5장 연습문제 정답

5.64 2205.56 kJ/kg

5.65 KE=6 kJ, PE=11.76 kJ/kg

5.66 1865 kJ/kg

5.67 55.837 분

5.68 −250 kJ/kg

5.69 108.286 kJ/s

6장 연습문제 정답

6.1~6.10 본문참조

6.11 타당하지 않음

6.12 $\eta_c = 0.644$,

$\dot{W} = 463.680\ \text{kJ/h} = 0.1288\ \text{kW}$

6.13 $\dot{Q}_L = 256.320\ \text{kJ/h}$, $\epsilon = 0.5528$

6.14 $\eta = 0.6644$, $W = 7.9728\ \text{kJ/s}$

6.15 $\epsilon = 1.898$

6.16 958.788 K

6.17 $Q_H = 2142.857\ \text{kJ}$, $Q_L = 1392.857\ \text{kJ}$

6.18 $\eta_c = 66.25\%$, $Q_L = 135.039\ \text{kJ}$

6.19 $\epsilon = 11.269$, $\dot{W} = 0.3204\ \text{kW}$

6.20 857,355 kW

6.21 −270.37℃

6.22 $\eta_{(+)} < \eta_{(-)}$

6.23 (1) $T = (T_H + T_L)/2$,

(2) $T = \sqrt{T_H T_L}$

6.24 (1) $\epsilon_{\text{max,ref}} = \dfrac{1-\eta_{\text{max}}}{\eta_{\text{max}}}$,

(2) $\eta_{\text{max,hp}} = \dfrac{1}{\eta_{\text{max}}}$

6.25 (1) 불가능, (2) 비가역,

(3) 가역, (4) 비가역

6.26 (1),(2) : 에너지 보존, 제2법칙 등을 만족한다.

6.27 열효율이 $\eta_{\text{max}} = 0.5342$ 이하이어야 한다.

6.28 $\eta = 40\%$에서는 가역 기관이어야 한다.

$\eta = 45\%$에서는 실현될 수 없다.

6.29 $7985.3981\ \text{m}^2$

6.30 $14640.523\ \text{m}^2$

6.31 $\eta_{\text{max}} = 0.2145$

6.32 (1) 비가역, (2) 불가능,

(3) 비가역, (4) 불가능

6.33 0.03457 kW

6.34 $W = 0.82305\ \text{kW}$, $W_{\text{min}} = 0.1628\ \text{kW}$

6.35

6.36 $\epsilon_{\text{hp}} = 16.66$, $\epsilon_{\text{hp,max}} = 29.3$,

위배되지 않는다.

6.37 $\epsilon_{\text{hp}} = 1.9841$, $\epsilon_{\text{hp,max}} = 12.8696$

6.38 19651.996원

6.39 (1) $\dfrac{Q_H'}{Q_H} = \dfrac{T_H'(T_H - T_L)}{T_H(T_H' - T_L')}$,

(2) $\dfrac{Q_H'}{Q_H} > 1$이면 $\dfrac{T_L}{T_L'} < \dfrac{T_H}{T_H'}$

6.40 (2) $W_{12} = 137.145\ \text{kJ}$,

$Q_{12} = 1363.120\ \text{kJ}$,

$W_{23} = 401.711\ \text{kJ}$,

$Q_{23} = 0$,

$W_{34} = -80.93\ \text{kJ}$

$Q_{34} = 1079.498\ \text{kJ}$,

$W_{41} = -174.191\ \text{kJ}$, $Q_{41} = 0$,

(3) $\eta = 0.208$, 20.8%

6.41 본문참조

6.42 9.2138 kW

6.43 68.42%, 21.895 kJ

6.44 본문참조

6.45 본문참조

6.46 본문참조

6.47 1463.28원

6.48 0.7273

6장 연습문제 정답

6.49 11.308

6.50 7.325

6.51 본문참조

6.52 본문참조

6.53 (1) 3.5, (2) 1.25, (3) 2

6.54 본문참조

6.55 12 kJ, COP = 3

6.56 성적계수=4.31, Q_L=21.55 kW

6.57 66.67%

6.58 본문참조

6.59 (1) (2) (4) : O, (3) (5) : X

7장 연습문제 정답

7.1~7.7 본문참조

7.8 (a) -0.9659 kJ/K<0,

(b) $\eta_{th} < \eta_{th,rev}$

7.9 $\oint \frac{\delta Q}{T} = -0.02184$ kW/K<0

7.10 0.0193 kW/K, $COP_{th} < COP_{th,rev}$

7.11 $\oint \frac{\delta Q}{T} = -0.0233$ kW/K<0

7.12 $\dot{s}_{gen} = 0.0013$ kW/K>0

7.13 $\dot{s}_{gen} = 0.533$ kW/K>0, 비가역 과정

7.14 1.0309 kW/K, -1.0309 kW/K, 0

7.15 0.3071 kJ/K, -0.2985 kJ/K,

0.0086 kJ/K

7.16 -0.0724 kJ/K

7.17 6.3545 kJ/K

7.18 8.8120 kW/K

7.19 0.2265, 0.1780 kW/K kg 급수

7.20 25.5942℃, 0.1597 kJ/K

7.21 8.3992 kJ/K

7.22 본문참조

7.23

7.24 본문참조

7.25 본문참조

7.26 (a) 0.1499 kJ/kg K,

(b) 0.1480 kJ/kg K

7.27 0.0884 kJ/K

7.28 (a) -0.0439 kJ/K,

(b) 0.2384 kJ/K,

$\Delta S_{total} = 0.1945$ kJ/K

7.29 -9.9182 kJ/K

7.30 $\Delta s = -0.2106$ kJ/kg K,

$w = -63.18$ kJ/kg

7.31 624.711 m/s

7.32 290.928 K, $\Delta s_{total} = 0.141$ kJ/kg K

7.33 -519.3804 kW

7.34 $\dot{m} = 5.6215$ kg/s, $\eta_{turb} = 81.68\%$

7.35 85.41%

7.36 52.78%

7.37 55.0%

7.38 122 kJ/K

7.39 -447.294 kW

7.40 366.155 K

7.41 735.9 m/s

7.42 67.39%

7.43 본문참조

7.44 0.2603 kJ/K

7.45 0.270 kJ/K, 비가역

7.46 -280.4658 kJ/kg,

-198.2526 kJ/kg

7.47 -261.6380 kJ/kg

7.48 본문참조

7.49 315.425 kPa

7.50 본문참조

7.51 1.2262 kJ/K

7.52 본문참조

8장 연습문제 정답

8.1~8.8 본문참조

8.9 21개

8.10 31305.5556 kWh

8.11 67.813 kW

8.12 $\eta_{th,max}=0.787$, $\dot{W}_{rev}=472.2\,kW$,
$\dot{I}=152.2\,kW$, $\eta_{II}=0.6777$

8.13 $W_{max}=66.889\,kJ$

8.14 $W=0.6179\,kW$

8.15 $\Phi_1=0$, $\Phi_2=0.2293\,kJ$,
$W_{rev}=-0.2293\,kJ$, $\eta_2=19.11\%$

8.16 $W_{rev}=-497.7052\,kJ$, $I=1937.096\,kJ$

8.17 $W_{pw}=-75.262\,kJ$

8.18 $i=64.1084\,kJ/kg$

8.19 $\dot{I}=0.2576\,kW$, $W_{rev}=-5.7424\,kW$

8.20 $W_{rev}=-11.509\,kW$

8.21 본문참조

8.22 $\eta_I=0.5714$, $I=0$

8.23 161.16 kJ

8.24 238.0879 kJ, 238.0879 kJ

8.25 $W_{rev}=152.528\,kJ$, $I=152.528\,kJ$

8.26 (1) 33.48 kJ, (2) 33.48 kJ,
(3) 33.48 kJ

8.27 본문참조

8.28 $\eta_{II}=0.9954$, $\eta_t=0.9857$

8.29~8.33 본문참조

8.34 744.9 kW

8.35 본문참조

9장 연습문제 정답

9.1~9.8 본문참조

9.9 −519.0181 kW, $\dot{Q}$=216.2617 kW,
P_2=989.9495 kPa

9.10 −429.4558 kW, $\dot{Q}$=165.1784 kW

9.11 0.8359

9.12 0.6908

9.13 0.7861

9.14 −276.4638 kJ

9.15 W = −27.3 kW, η_v =0.529

9.16 m_3 =0.00842 kg

9.17 (1) −20433.6863 kW,
(2) 475.1459 K,
(3) −16094.379 kW

9.18 −54 kW

9.19 V_1 =53.9686 m/s,
V_2 =50.9703 m/s,
η_{comp} =0.8923,
W= −2251.2 kW

9.20 −19.836 kW

9.21 $\dot{m}$ =0.05213 kg/s,
$\dot{W}$= −13.2452 kW,
$\dot{Q}$= −70.9195 kW

9.22 본문참조

9.23 본문참조

9.24 0.991

9.25 η_v =0.8432

9.26 0.2607 kg/min

9.27 −0.9621 kW

9.28 본문참조

9.29 본문참조

10장 연습문제 정답

10.1~10.10 본문참조

10.11 $W_{\text{net}} = 126.3407$ kJ

10.12 본문참조

10.13 $P_3 = 5979.0357$ kPa,
$T_3 = 1926.5797$ K,
$Q_{\text{in}} = 0.6357$ kJ,
$\eta_0 = 0.5847$,
$P_m = 696.9375$ kPa

10.14 $\eta_c = 0.7733$, $P_1 = 51.641$ MPa,
$P_m = 209.911$ kPa

10.15 $P_{\max} = 5332.7323$ kPa,
$T_{\max} = 2921.8028$ K,
$\eta_d = 0.5743$,
$P_m = 1431.4558$ kPa

10.16 (1) 8.5, (2) 0.133, (3) 416.7℃,
(4) 2140.95℃, (5) 57.7%,
(6) 9.59 bar

10.17 $\eta_d = 61.3\%$, $P_m = 1.211$ MPa

10.18 제거 열량=1259.99 kJ,
이론일=2310.35 kJ,
일의 감소=355.05 kJ

10.19~10.23 본문참조

10.24 $\dot{W}_c = 2578.71$ kW, $\dot{W}_t = 6518.4$ kW,
$\eta_B = 36.9\%$

10.25 $W_c = 214.2$ kJ, $W_t = 0.8$ kJ/kg,
$\eta_B = 76.2\%$

10.26~10.30 본문참조

10.31 (1) 182.182 kJ/kg,
(2) 352.679 kJ/kg,
(3) 170.497 kJ/kg
(4) 521.318 kJ/kg,
(5) 0.3271

10.32 본문참조

10.33 본문참조

10.34 $T_2 = 650.164$ K, $T_4 = 1001.1332$ K,
$\eta_0 = 0.5647$, $P_m = 381.998$ kPa

10.35 본문참조

10.36 본문참조

10.37 $\eta_B = 0.4006$, $\eta_{B,\text{reg}} = 0.5324$

10.38 $W_c = 259.5131$ kJ/kg,
$W_T = 786.2115$ kJ/kg, $\eta = 0.5967$

10.39 본문참조

10.40 본문참조

10.41 $\eta_d = 0.6399$

10.42 $\eta_d = 0.6042$

10.43 오토 사이클 > 사바테 사이클
> 디젤 사이클

10.44 $P_2 = 5719.808$ kPa,
$T_2 = 931.057$ K,
$P_3 = 9723.6748$ kPa,
$T_3 = 1582.797$ K,
$P_3' = 9723.6748$ kPa,
$T_3' = 2374.19$ K,
$P_4 = 300$ kPa,
$T_4 = 878.707$ K,
$\eta_s = 0.667$, 66.6%

10장 | 연습문제 정답

10.45 본문참조

10.46 $\eta = 0.4881$, $Q_{in} = 204.876\ \text{kW}$

10.47 0.6061

10.48 0.5621

10.49 304.883 kJ/kg

10.50 $P_2 = 15.245\ \text{atm}$,

$T_2 = 653.372\ \text{K}$,

$P_3 = 39.083\ \text{atm}$

$T_4 = 769.083\ \text{K}$,

$\eta = 0.5408$,

$P_m = 892.969\ \text{kPa}$

11장 연습문제 정답

11.1~11.8 본문참조

11.9 $\eta_R = 0.6806$,

$\dot{m} = 204939$ kg/h,

$q_{in} = 2581.154$ kJ/kg,

$q_{out} = 824.536$ kJ/h,

$w_t = 1764.674$ kJ/kg,

$w_p = 8.056$ kJ/kg,

$\dot{m}_w = 2,019,358.266$ kg/h

11.10 $\dot{m} = 4.014 \times 10^5$ kg/h,

$\eta_R = 0.3871$

11.11 $\eta_R = 0.3988$

11.12 $\dot{m} = 284,614.094$ kg/h,

$bwr = 0.0063$

11.13 $\dot{m} = 1.3366$ kg/s, $\eta_{reh} = 0.2345$

11.14 $\eta_R = 0.3703$

11.15 $x = 0.8610$, $\eta_R = 0.3145$

11.16 $\eta_{reh} = 0.389$

11.17 $\eta_{reh} = 0.359$, $\dot{m} = 154.8439$ kg/s

11.18 본문참조

11.19 $\eta_{reg} = 0.3781$

11.20 $\eta_R = 0.3529$

11.21 $\eta_{reh-reg} = 0.4146$, 41.46%

11.22 $\dot{m} = 57.9268$ kg/s, $bwr = 0.0091$,

$\eta_{reh-reg} = 48.57\%$

11.23 $i_{23} = 1150.662$ kJ/kg,

$i_{41} = 142.845$ kJ/kg

11.24 $\Psi_3 = 1419.489$ kJ/kg

11.25~11.33 본문참조

11.34 $\eta_{reh} = 38.38\%$

11.35 27.64%

11.36 27.68%

11.37 91.21 kJ/s, 49.48%

11.38 본문참조

11.39 879.225kJ/kg, 34.53%

11.40 39.7%

11.41 33.55%

11.42 본문참조

11.43 45.12%

11.44 48.82%

11.45 본문참조

11.46 본문참조

12장 연습문제 정답

12.1~12.8 본문참조

12.9 $w_c = 20.7983$ kJ/kg,
$w_t = 3.8764$ kJ/kg,
$q_L = 117.2071$ kJ/kg,
COP=5.6354

12.10 COP=4.2859, $q_L = 108.479$ kJ/kg,
$w = 25.310$ kJ/kg

12.11 COP=5.06, $P_H = 0.7449$ MPa,
$P_L = 0.15093$ MPa,
$w = 21.3208$ kJ/kg

12.12 $\dot{Q}_L = 16.554$ kJ/s,
$\dot{Q}_H = 21.336$ kJ/s,
$\dot{W} = 4.782$ kW, COP=3.4617

12.13 COP=5.8609

12.14 COP=3.392

12.15 COP=4.319, 3.052, 2.578,
$\dot{Q}_L = 1.9868$, 1.7485, 1.6128 RT

12.16 COP=2.8628, $\dot{Q}_L = 13.6173$ kW,
$I_C = 1.4887$ kW, $I_v = 0.6078$ kW
$\phi_2 - \phi_1 = -24.5939$ kJ/kg,
$\phi_4 - \phi_3 = -3.4174$ kJ/kg

12.17 $\dot{Q}_L = 38.6066$ kW, COP = 2.5253

12.18~12.27 본문참조

12.28 COP=2.46

12.29 COP$= \dfrac{1}{r_p^{\frac{\kappa-1}{\kappa}} - 1}$

12.30

12.31 COP$= \dfrac{\dot{Q}_L}{\dot{Q}_H + \dot{W}_P}$

12.32~12.34 본문참조

12.35 COP=2.4651

12.36 2.0

12.37

12.38 COP=1.7528

12.39 COP (−10.C)=5.502,
COP (−20.C)=4.0717,
COP (−30.C)=3.1131

12.40 COP=4.5331

12.41 13.9×10^6 J/h, 3.861×10^3 W,
3320 kcal/h, 553.5 kcal/min

12.42~12.43 본문참조

12.44 11.126

12.45 5.797

12.46 5.804

12.47 5.73, 6.73

12.48 9.1

12.49 21.97%

12.50 본문참조

13장 연습문제 정답

13.1~13.2 본문참조

13.3 $\left(\frac{\partial T}{\partial P}\right)_v = \frac{1}{R}(v-b)$

13.4~13.13 본문참조

13.14 $\Delta u = \left(\frac{1}{v_1} - \frac{1}{v_2}\right)a,$

$$\Delta h = 2a\left(\frac{1}{v_1} - \frac{1}{v_2}\right) + RT\left(\frac{v_2}{v-a} - \frac{v_1}{v-a}\right)$$

$$\Delta u = R\ln\frac{v_2-b}{v_1-b}$$

13.15 $c_p - c_v = R,$

$$c_p - c_v = T\left(\frac{1}{\frac{2a(v-a)}{RT} + \frac{T}{c-a}}\right)^2\left(\frac{RT}{(v-a)^2} - \frac{2a}{v^3}\right)$$

13.16 $c_p - c_v = 0$

13.17~13.27 본문참조

13.28 $T_2 - T_1 = -7.44℃,$

$\mu_J = 0.744℃/\text{bar}$

13.29 $\left(\frac{\partial c_v}{\partial v}\right)_T = 0$

13.30 $\mu_J = -\frac{b}{c_p}$

13.31 본문참조

13.32 24.308 J/mol K

13.33 148.712 kJ/kg

13.34~13.42 본문참조

13.43 1905.199 kJ/kg

13.44 본문참조

13.45 −0.02828 kJ/kg K

13.46~13.50 본문참조

14장 연습문제 정답

14.1 m_{fN_2} : 52.42 %,

m_{fCO_2} : 39.86 %,

m_{fO_2} : 7.72 %

14.2 N_2 : 6.43 %, H_2 : 90.06 %,

CO_2 : 3.51 %

14.3 P_{N_2} : 3.537 kPa, P_{H_2} : 49.536 kPa,

P_{CO_2} : 1.930 kPa

14.4 0.3995 kJ/kg K

14.5 P_{H_2} =56.9595 kPa,

P_{N_2} =8.9286 kPa,

P_{CO_2} =3.1119 kPa,

R_m =1.2587 kJ/kg K,

M_m =6.6042 kg/kmol,

h =1292.718 kJ/kg

14.6 u =922.6479 kJ/kg,

s =1.10824 kJ/kg K

14.7 m_{fO_2} =0.2523, m_{fCO_2} =0.4955,

m_{fN_2} =0.2523, M_m =35.52,

P_{O_2} =28 kPa, P_{CO_2} =40 kPa,

P_{N_2} =32 kPa

14.8 N_2=0.0992, He=0.7305,

SO_2=0.0707, CO_2=0.09960,

P_{N_2} =10.0192 kPa,

P_{He} =73.7805 kPa,

P_{SO_2} =7.1407 kPa,

c_{pm} =1.6828 kJ/kg K

14.9 N_2 : 67.46 %, O_2 : 20.70 %,

Ar : 11 84 %

14.10 8269.791 kJ

14.11 297.6 kW

14.12 0.16432 kJ/kg K

14.13 9431.982 kPa

14.14~14.18 본문참조

14.19 R = 0.2095 kJ/kg K,

M = 39.6887 kg/kmol

14.20

14.21 0.2845 kJ/kg K,

y_{O_2} =0.3043,

y_{N_2} =0.6957

14.22 0.2911 kJ/kg K

14.23 H_2O : 0.0717, CO_2 : 0.1170,

O_2 : 0.1209, N_2 : 0.6904

14.24 1.62 kPa

14.25 M =28.9675,

m_{N_2} =21.850 kg,

m_{O_2} =6.718 kg,

m_{Ar} =0.3995 kg,

R_m =0.2870 kJ/kg K,

c_v =0.7173 kJ/kg K

14.26~14.27 본문참조

14.28 P= 128.1568 kPa

14.29 c_p = 0.8686 kJ/kg K

14.30~14.43 본문참조

14.44 P_{v1} =19.58 kPa,

v_1 =9.1345 m^3/kg,

$m_{v1} - m_{v2}$ =3.889 kg

14.45 P_2 =153.8462 kPa

14장 연습문제 정답

14.46 $W = -6.3897$ kJ,
$Q = -22.5908$ kJ

14.47 −7978.8792 kJ

14.48 529.195 kPa, 4041.232 kJ

14.49 0.01052 kg/kg da

14.50 0.01052 kg/kg da

14.51 1.6574 kg/kg da, 0.0018 kg/kg da

14.52~14.53 본문참조

14.54 0.7

14.55~14.59 본문참조

14.60 100%, 93.936 kJ

14.61~14.63 본문참조

15장 연습문제 정답

15.1~15.9 본문참조

15.10 $Q=-2,220,030$ kJ/kmol

15.11 $C_4H_{10}+11.7\ O_2+43.99\ N_2$

$\rightarrow 4\ CO_2+5\ H_2O+5.2\ O_2+43.99\ N_2$

15.12 A/F=2 mol 산소/mol 연료,

4 kg O_2/kg 연료

15.13 46.2778 kmol 공기/kmol 연료,

13.7838 kPa

15.14 −226,730 kJ/kmol

15.15 908.261 kg, CO_2=10.51 %,

H_2O=11.91 %, N_2=74.287 %,

O_2=3.293 %

15.16 3227.4 kg

15.17 17.194 kg 공기/kg 연료,

C=0.817, H=0.183

15.18 15.0065 kg 공기/ kg 연료,

$m_{C_{12}H_{26}}/m_{H_2O}=0.7265$

15.19 $h_{RP}=28091.33$ kJ/kg

15.20 23.1272 kg 공기/kg 연료

15.21 F/A=0.04662 kg CH_4/kg air,

A/F=4 kg air/kg CH_4,

과잉 공기=25 %,

이론 공기=125 %, 당량비 $\phi=0.8$

15.22 A/F=20.8029 kg 공기/kg 연료,

$T_{dp}=50.641$℃

15.23 CO_2 : 0.0955, O_2 : 0.07362,

N_2 : 0.83088,

$\dot{V}=2511.6266\ m^3/min$

15.24 5074667 kJ/kmol

15.25 44802 kJ/kg

15.26 $(h_{RP})_H=-55496$ kJ/kg,

$(h_{RP})_L=-50009.5369$ kJ/kg

15.27 2395 K

15.28 200 %일 때 $T_f=1510.41$℃,

400 %일 때 $T_f=965.07$℃

15.29~15.37 본문참조

15.38 1215 K

15.39 −156,110 kJ/kmol

15.40~15.46 본문참조

16장 연습문제 정답

16.1 본문참조

16.2 (1) $-800,750$ kJ/kmol,

(2) $-800,885$ kJ/kmol

16.3~16.6 본문참조

16.7 $K_P=1.19\times10^8$

16.8 $x=0.9985$,

$y=0.5985$,

$z=0.0015$

16.9 $x=0.9713$,

$y=0.9713$,

$z=0.0287$

16.10 본문참조

16.11 $\Delta G^\circ=74743$ kJ

16.12 본문참조

16.13

$$K_P(T_2)=K_P(T_1)\exp\left[-\frac{\Delta H}{\overline{R}}\left(\frac{T_1-T_2}{T_1T_2}\right)\right]$$

6.14~16.15 본문참조

16.16 $x=0.436$, $y=x$, $z=0.218$

16.17 $1-x=0.852$,

$y=x=0.148$,

$z=0.074$

16.18 (1) 0, (2) 2, (3) 2, (4) 3, (5) 1

16.19 $g_f=-68.63$ kJ/kg,

$g_g=-68.83$ kJ/kg

16.20~16.25 본문참조

17장 연습문제 정답

17.1 본문참조

17.2 855

17.3~17.9 본문참조

17.10 $M=0.8094$

17.11 6.02℃

17.12 $T_0=253.106\ \text{K}$,
$P_0=42.5012\ \text{kPa}$

17.13 $\Delta h=105.8675\ \text{kJ/kg}$

17.14 $T_0=349.2694\ \text{K}$,
$P_0=967.47\ \text{kPa}$,
$\rho_0=9.6515\ \text{kg/m}^3$

17.15 2937.0 kJ/kg

17.16 $T_2-T_1=6.8532$℃,
$P_2/P_1=1.0682$

17.17 $P_0=1267.0387\ \text{kPa}$,
$T_e=195.8946\ \text{K}$,
$A_t=1.8239\ \text{m}^2$,
$\dot{m}=0.46519\ \text{kg/s}$

17.18 $T_t=303.4153\ \text{K}$,
$P_t=73.03\ \text{kPa}$,
$\rho_t=0.8365\ \text{kg/m}^3$,
$\dot{m}=1.8401\ \text{kg/s}$

17.19 본문참조

17.20 $T_0=51$℃, $P_0=271.73\ \text{kPa}$

17.21 1.059 kg/s

17.22 $\dfrac{P^*}{P_0}=\left(\dfrac{2}{\kappa+1}\right)^{\frac{\kappa}{\kappa-1}}$

17.23 362 m/s

17.24 767.76 kPa, 413.402 K

17.25 $P^*=0.5283\ \text{MPa}$,
$T^*=666.6\ \text{K}$,
$\rho^*=2.761\ \text{kg/m}^3$,
$V^*=517.5\ \text{m/s}$,
$P_e=27.22\ \text{kPa}$,
$T_e=285.7\ \text{K}$,
$\rho_e=0.33198\ \text{kg/m}^3$

17.26 본문참조

17.27 본문참조

17.28 본문참조

17.29 $c=351.787\ \text{m/s}$

18장 연습문제 정답

18.1 본문참조

18.2 569.621 W

18.3 366.667 W

18.4 $R = 0.15$ K/W

18.5~18.10 본문참조

18.11 955.084 W

18.12 본문참조

◀ ◀ ◀ 부 록 ▶ ▶ ▶

[부록 1] (그리스 문자)

		이름과 설명
Α	α	알파(ALPHA) : 그리스문자의 첫 번째 글자이다.
Β	β	베타(BETA)
Γ	γ	감마(GAMMA)
Δ	δ	델타(DELTA)
Ε	ε	입실론(EPSILON) : 입실론 소문자 2번째 형태는 “집합원소” 기호로 많이 사용된다.
Ζ	ζ	제타(ZETA)
Η	η	에타(ETA)
Θ	θ	쎄타(THETA)
Ι	ι	이오타(IOTA)
Κ	κ	카파(KAPPA)
Λ	λ	람다(LAMBDA)
Μ	μ	뮤(MU)
Ν	ν	뉴(NU)
Ξ	ξ	크사이(XI)
Ο	ο	오미크론(OMICRON) : 알파벳의 ‘o’와 비슷해서 거의 안 쓴다.
Π	π	파이(PI) : 파이의 소문자는 보통 원의 지름에 대한 비율로 많이 쓴다. 파이의 대문자는 “곱하기”의 기호로 많이 쓴다.
Ρ	ρ	로(RHO)
Σ	σ	시그마(SIGMA) : 시그마의 대문자는 “더하기”의 기호로 많이 쓴다.
Τ	τ	타우(TAU)
Υ	υ	웁실론(UPSILON)
Φ	φ	화이(PHI) : 소문자 2개는 바꿔서 많이 사용된다.
Χ	χ	카이(CHI)
Ψ	ψ	프사이(PSI)
Ω	ω	오메가(OMEGA) : 그리스문자의 마지막 글자이다.

[부표 A · 1] 분자량, 가스 상수, 임계 상수

물 질	분자식	분자량 kg/kmol	R kJ/kg K	온 도 T_c K	압 력 R_c MPa	체적 v_c m^3/kmol
Ammonia	NH_3	17.03	0.4882	405.5	11.28	0.0724
Argon	Ar	39.948	0.2081	151	4.86	0.0749
Bromine	Br_2	159.808	0.0520	584	10.34	0.1355
Carbon dioxide	CO_2	44.01	0.1889	304.2	7.39	0.0943
Carbon monoxide	CO	28.011	0.2968	133	3.50	0.0930
Chlorine	Cl_2	70.906	0.1173	417	7.71	0.1242
Deuterium(normal)	D_2	4.00	2.0785	38.4	1.66	–
Helium	He	4.003	2.0769	5.3	0.23	0.0578
Hydrogen(normal)	H_2	2.016	4.1240	33.3	1.30	0.0649
krypton	Kr	83.80	0.09921	209.4	5.50	0.0924
Neon	Ne	20.183	0.4119	44.5	2.73	0.0417
Nitrogen	N_2	28.013	0.2968	126.2	3.39	0.0899
Nitrous oxide	N_2O	44.013	0.1889	309.7	7.27	0.0961
Oxygen	O_2	31.999	0.2598	154.8	5.08	0.0780
Sulfur dioxide	SO_2	64.063	0.1298	430.7	7.88	0.1217
Water	H_2O	18.015	0.4615	647.3	22.09	0.0568
Xenon	Xe	131.30	0.06332	289.8	5.88	0.1186
Benzene	C_6H_6	78.115	0.1064	562	4.92	0.2603
n–Butane	C_4H_{10}	58.124	0.1430	425.2	3.80	0.2547
Carbon tetrachloride	CCl_4	153.82	0.05405	556.4	4.56	0.2759
Chloroform	$CHCl_3$	119.38	0.06964	536.6	5.47	0.2403
Dichlorodifluoromethane(R–12)	CCl_2F_2	120.91	0.06876	384.7	4.01	0.2179
Dichlorofluoromethane	$CHCl_2F$	102.92	0.08078	451.7	5.17	0.1973
Ethane	C_2H_6	30.070	0.2765	305.5	4.88	0.1480
Ethyl alcohol	C_2H_5OH	46.07	0.1805	516	6.38	0.1673
Ethylene	C_2H_4	28.054	0.2964	282.4	5.12	0.1242
n–Hexane	C_6H_{14}	86.178	0.09647	507.9	3.03	0.3677
Methane	CH_4	16.043	0.5182	191.1	4.64	0.0993
Methyl alcohol	CH_3OH	32.042	0.2595	513.2	7.95	0.1180
Methyl chloride	CH_3Cl	50.488	0.1647	416.3	6.68	0.1430
Propane	C_3H_8	44.097	0.1885	370	4.26	0.1998
Propene	C_3H_6	42.081	0.1976	365	4.62	0.1810
Propyne	C_3H_4	42.065	0.2075	401	5.35	–
Trichlorofluoromethane	CCl_3F	137.37	0.06052	471.2	4.38	0.2478
Air	–	28.97	0.2870	–	–	–

자료 : Gordon J. Van Wylen and Richard E. Sonntag, *Fundamentals of Classical Thermo–dynamics*, SI Version, 3d ed., Wiley, New York, 1986, P.650, table A.6. Originally published in K. A. Kobe and R. E. Lynn, Jr., *Chemical Review*, vol. 52, pp. 117~236, 1953.

[부표 A · 2a] 여러 가지 이상 기체의 비열(300K)

가 스	분 자 식	c_{po} kJ/kg K	c_{vo} kJ/kg K	κ
Air	–	1.005	0.718	1.400
Argon	Ar	0.5203	0.3122	1.667
Butane	C_4H_{10}	1.7164	1.5734	1.091
Carbon Dioxide	CO_2	0.846	0.657	1.289
Carbon Monoxide	CO	1.040	0.744	1.400
Ethane	C_2H_6	1.7662	1.4897	1.186
Ethylene	C_2H_4	1.5482	1.2518	1.237
Helium	He	5.1926	3.1156	1.667
Hydrogen	H_2	14.307	10.183	1.405
Methane	CH_4	2.2537	1.7354	1.299
Neon	Ne	1.0299	0.6179	1.667
Nitrogen	N_2	1.039	0.743	1.400
Octane	C_8H_{18}	1.7113	1.6385	1.044
Oxygen	O_2	0.918	0.658	1.395
Propane	C_3H_8	1.6794	1.4909	1.126
Steam	H_2O	1.8723	1.4108	1.327

자료 : Gordon J. Van Wylen and Richard E, Sonntag, *Fundmentals of Classical Thermo−dynamics*, SI Version, 3d ed., Wiley, New York, 1986, p. 651. table A. 8.

[부표 A · 2b] 여러 온도에서의 비열값

온 도	c_{po} kJ/kg K	c_{vo} kJ/kg K	κ	c_{po} kJ/kg K	c_{vo} kJ/kg K	κ	c_{po} kJ/kg K	c_{vo} kJ/kg K	κ
	공 기			이산화탄소(CO_2)			일산화탄소(CO)		
250	1.003	0.716	1.401	0.791	0.602	1.314	1.039	0.743	1.400
300	1.005	0.718	1.400	0.846	0.657	1.288	1.040	0.744	1.399
350	1.008	0.721	1.398	0.895	0.706	1.268	1.043	0.746	1.398
400	1.013	0.726	1.395	0.939	0.750	1.252	1.047	0.751	1.395
450	1.020	0.733	1.391	0.978	0.790	1.239	1.054	0.757	1.392
500	1.029	0.742	1.387	1.014	0.825	1.229	1.063	0.767	1.387
550	1.040	0.753	1.381	1.046	0.857	1.220	1.075	0.778	1.382
600	1.051	0.764	1.376	1.075	0.886	1.213	1.087	0.790	1.376
650	1.063	0.776	1.370	1.102	0.913	1.207	1.100	0.803	1.370
700	1.075	0.788	1.364	1.126	0.937	1.202	1.113	0.816	1.364
750	1.087	0.800	1.359	1.148	0.959	1.197	1.126	0.829	1.358
800	1.099	0.812	1.354	1.169	0.980	1.193	1.139	0.842	1.353
900	1.121	0.834	1.344	1.204	1.015	1.186	1.163	0.866	1.343
1000	1.142	0.855	1.336	1.234	1.045	1.181	1.185	0.888	1.335
	수 소 H_2			질 소 N_2			산 소 O_2		
250	14.051	9.927	1.416	1.039	0.742	1.400	0.913	0.653	1.398
300	14.307	10.183	1.405	1.039	0.743	1.400	0.918	0.658	1.395
350	14.427	10.302	1.400	1.041	0.744	1.399	0.928	0.668	1.389
400	14.476	10.352	1.398	1.044	0.747	1.397	0.941	0.681	1.382
450	14.501	10.377	1.398	1.049	0.752	1.395	0.956	0.696	1.373
500	14.513	10.389	1.397	1.056	0.759	1.391	0.972	0.712	1.365
550	14.530	10.405	1.396	1.065	0.768	1.387	0.988	0.728	1.358
600	14.546	10.422	1.396	1.075	0.778	1.382	1.003	0.743	1.350
650	14.571	10.447	1.395	1.086	0.789	1.376	1.017	0.758	1.343
700	14.604	10.480	1.394	1.098	0.801	1.371	1.031	0.771	1.337
750	14.645	10.521	1.392	1.110	0.813	1.365	1.043	0.783	1.332
800	14.695	10.570	1.390	1.121	0.825	1.360	1.054	0.794	1.327
900	14.822	10.698	1.385	1.145	0.849	1.349	1.074	0.814	1.319
1000	14.983	10.859	1.380	1.167	0.870	1.341	1.090	0.830	1.313

자료 : Kenneth Wark, *Thermodynamics*, 5th ed., McGraw-Hill, 1989, p. 838, table A-4M. Originally published in *Tables of Thermal Properties of Gases*, NBS Circ. 564, 1955.

[부표 A · 2c] 이상 기체의 온도 변화에 따른 $\bar{c}_p$의 변화

$$\frac{\bar{c}_p}{\bar{R}}=\alpha+\beta T+\gamma T^2+\delta T^3+\epsilon T^4$$

T의 단위는 K, 온도 범위 300~1000 K

	α	$\beta\times10^3$	$\gamma\times10^6$	$\delta\times10^9$	$\epsilon\times10^{12}$
CO	3.710	−1.619	3.692	−2.032	0.240
CO_2	2.401	8.735	−6.607	2.002	
H_2	3.057	2.677	−5.180	5.521	−1.812
H_2O	4.070	−1.108	4.152	−2.964	0.807
O_2	3.626	−1.878	7.056	−6.764	2.156
N_2	3.675	−1.208	2.324	−0.632	−0.226
Air(dry)	3.653	−1.334	3.291	−1.910	0.275
NH_3	3.591	0.494	8.345	−8.383	2.730
NO	4.046	−3.418	7.982	−6.114	1.592
NO_2	3.459	2.065	6.687	−9.556	3.620
SO_2	3.267	5.324	0.684	−5.281	2.559
SO_3	2.578	14.556	−9.176	−0.792	1.971
CH_4	3.826	−3.979	24.558	−22.733	6.963
C_2H_2	1.410	19.057	−24.501	16.391	−4.135
C_2H_4	1.426	11.383	7.989	−16.254	6.749

자료 : Kenneth Wark, *Thermodynamics*, 5 th ed., McGraw−Hill, 1989, p. 839, table A−4 M.

[부표 A · 2d] 온도 변화에 따른 $\bar{c}_p$의 변화

$$\bar{c}_p = a + bT + cT^2 + dT^3$$

T ; K, $\bar{c}_p$; kJ/kmol K

물 질	분자식	a	b	c	d	온도 범위 K	% 오차 최대	평균
Nitrogen	N_2	28.90	-0.1571×10^{-2}	0.8081×10^{-5}	-2.873×10^{-9}	273–1800	0.59	0.34
Oxygen	O_2	25.48	1.520×10^{-2}	-0.7155×10^{-5}	1.312×10^{-9}	273–1800	1.19	0.28
Air		28.11	0.1967×10^{-2}	0.4802×10^{-5}	-1.966×10^{-9}	273–1800	0.72	0.33
Hydrogen	H_2	29.11	-0.1916×10^{-2}	0.4003×10^{-5}	-0.8704×10^{-9}	273–1800	1.01	0.26
Carbon Monoxide	CO	28.16	0.1675×10^{-2}	0.5372×10^{-5}	-2.222×10^{-9}	273–1800	0.89	0.37
Carbon Dioxide	CO_2	22.26	5.981×10^{-2}	-3.501×10^{-5}	7.469×10^{-9}	273–1800	0.67	0.22
Water Vapor	H_2O	32.24	0.1923×10^{-2}	1.055×10^{-5}	-3.595×10^{-9}	273–1800	0.53	0.24
Nitric Oxide	NO	29.34	-0.09395×10^{-2}	0.9747×10^{-5}	-4.187×10^{-9}	273–1500	0.97	0.36
Nitrous Oxide	N_2O	24.11	5.8632×10^{-2}	-3.562×10^{-5}	10.58×10^{-9}	273–1500	0.59	0.26
Nitrogen Dioxide	NO_2	22.9	5.715×10^{-2}	-3.52×10^{-5}	7.87×10^{-9}	273–1500	0.46	0.18
Ammonia	NH_3	27.568	2.5630×10^{-2}	0.99072×10^{-5}	-6.6909×10^{-9}	273–1500	0.91	0.36
Sulfur	S_2	27.21	2.218×10^{-2}	-1.628×10^{-5}	3.986×10^{-9}	273–1800	0.99	0.38
Sulfur Trioxide	SO_2	25.78	5.795×10^{-2}	-3.812×10^{-5}	8.612×10^{-9}	273–1800	0.45	0.24
Sulfur Trioxide	SO_3	16.40	14.58×10^{-2}	-11.20×10^{-5}	32.42×10^{-9}	273–1300	0.29	0.13
Acetylene	C_2H_2	21.8	9.2143×10^{-2}	-6.527×10^{-5}	18.21×10^{-9}	273–1500	1.46	0.59
Benzene	C_6H_6	−36.22	48.475×10^{-2}	-31.57×10^{-5}	77.62×10^{-9}	273–1500	0.34	0.20
Methanol	CH_4O	19.0	9.152×10^{-2}	-1.22×10^{-5}	-8.039×10^{-9}	273–1000	0.18	0.08
Ethanol	C_2H_6O	19.9	20.96×10^{-2}	-10.38×10^{-5}	20.05×10^{-9}	273–1500	0.40	0.22
Hydrogen chloride	HCl	30.33	-0.7620×10^{-2}	1.327×10^{-5}	-4.338×10^{-9}	273–1500	0.22	0.08
Methane	CH_4	19.89	5.024×10^{-2}	1.269×10^{-5}	-11.01×10^{-9}	273–1500	1.33	0.57
Ethane	C_2H_6	6.900	17.27×10^{-2}	-6.406×10^{-5}	7.285×10^{-9}	273–1500	0.83	0.28
Propane	C_3H_8	−4.04	30.48×10^{-2}	-15.72×10^{-5}	31.74×10^{-9}	273–1500	0.40	0.12
n-Butane	C_4H_{10}	3.96	37.15×10^{-2}	-18.34×10^{-5}	35.00×10^{-9}	273–1500	0.54	0.24
i-Butane	C_4H_{10}	−7.913	41.63×10^{-2}	-23.01×10^{-5}	49.91×10^{-9}	273–1500	0.25	0.13
n-Pentane	C_5H_{12}	6.774	45.43×10^{-2}	-22.46×10^{-5}	42.29×10^{-9}	273–1500	0.56	0.21
n-Hexane	C_6H_{14}	6.938	55.22×10^{-2}	-28.65×10^{-5}	57.69×10^{-9}	273–1500	0.72	0.20
Ethylene	C_2H_4	3.95	15.64×10^{-2}	-8.344×10^{-9}	17.67×10^{-9}	273–1500	0.54	0.13
Propylene	C_3H_6	3.15	23.83×10^{-2}	-12.18×10^{-9}	24.62×10^{-9}	273–1500	0.73	0.17

자료 : B. G. Kyle, *Chemical and Process Thermodynamics*, Prentice-Hall, Englewood Cliffs, 1984

[부표 A · 3a] 여러 가지 고체 및 액체의 비열(25℃)

고 체	c_p kJ/kg K	ρ kg/m^3	액 체	c_p kJ/kg K	ρ kg/m^3
Aluminium	0.900	2,700	Ammonia	4.800	602
Copper	0.386	8,900	Ethanol	2.456	783
Granite	1.017	2,700	Refrigerant-12	0.977	1,310
Graphite	0.711	2,500	Mercury	0.139	13,560
Iron	0.450	7,840	Methanol	2.550	787
Lead	0.128	11,310	Oil(light)	1.800	910
Rubber(soft)	1.840	1,100	Water	4.184	997
Silver	0.235	10,470			
Tin	0.217	5,730			
Wood(most)	1.760	350~700			

자료 : Gordon J. Van Wylen and Richard E. Sonntag, *Fundamentals of Classical Thermodynamics*, SI Version, 3d ed., Wiley, New York, 1986. p. 651

[부표 A · 3b] 여러 온도에서의 비열값

액 체

물 질	상 태	c_p kJ/kg K	물 질	상 태	c_p kJ/kg K
Water	1 atm, 273 K	4.217	Benzene	1 atm, 15 ℃	1.80
	1 atm, 280 K	4.198		1 atm, 65 ℃	1.92
	1 atm, 300 K	4.179	Glycerin	1 atm, 10 ℃	2.32
	1 atm, 320 K	4.180		1 atm, 50 ℃	2.58
	1 atm, 340 K	1.188	Mercury	1 atm, 10 ℃	0.138
	1 atm, 360 K	4.203		1 atm, 315 ℃	0.134
	1 atm, 373 K	4.218	Sodium	1 atm, 95 ℃	1.38
Ammonia	Sat., −20 ℃	4.52		1 atm, 540 ℃	1.26
	Sat., 50 ℃	5.10	Propane	1 atm, 0 ℃	2.41
Refrigerant−12	Sat., −40 ℃	0.883	Bismuth	1 atm, 425 ℃	0.144
	Sat., −20 ℃	0.908		1 atm, 760 ℃	0.164
	Sat., 50 ℃	1.02	Ethyl alcohol	1 atm, 25 ℃	2.43

고 체

물 질	온 도	c_p kJ/kg K	물 질	온 도	c_p kJ/kg K
Ice	200 K	1.56	Silver	20 ℃	0.233
	220 K	1.71		200 ℃	0.243
	240 K	1.86	Lead	−173 ℃	0.118
	260 K	2.01		−50 ℃	0.126
	270 K	2.08		27 ℃	0.129
	273 K	2.11		100 ℃	0.131
Aluminium	200 K	0.797		200 ℃	0.136
	250 K	0.859	Copper	−173 ℃	0.254
	300 K	0.902		−100 ℃	0.342
	350 K	0.929		−50 ℃	0.367
	400 K	0.949		0 ℃	0.381
	450 K	0.973		27 ℃	0.386
	500 K	0.997		100 ℃	0.393
Iron	20 ℃	0.448		200 ℃	0.403

자료 : Kenneth Wark, *Thermodynamics*, 5th ed., McGraw−Hill, 1989, p. 813, table A−22 M.

[부표 A·4] 포화 증기표(온도 기준)

온도 ℃ T	포화 압력 kPa P_{sat}	비체적 m^3/kg 포화액 v_f	포화 증기 v_g	내부에너지 kJ/kg 포화액 u_f	증발 u_{fg}	포화 증기 u_g	엔탈피 kJ/kg 포화액 h_f	증발 h_{fg}	포화 증기 h_g	엔트로피 kJ/kg K 포화액 s_f	증발 s_{fg}	포화 증기 s_g
0.01	0.6113	0.001000	206.14	0.00	2375.3	2375.3	0.01	2501.3	2501.4	0.0000	9.1562	9.1562
5	0.8721	0.001000	147.12	20.97	2361.3	2382.3	20.98	2489.6	2510.6	0.0761	8.9496	9.0257
10	1.2276	0.001000	106.38	42.00	2347.2	2389.2	42.01	2477.7	2519.8	0.1510	8.7498	8.9008
15	1.7051	0.001001	77.93	62.99	2333.1	2396.1	62.99	2465.9	2528.9	0.2245	8.5569	8.7814
20	2.339	0.001002	57.79	83.95	2319.0	2402.9	83.96	2454.1	2538.1	0.2966	8.3706	8.6672
25	3.169	0.001003	43.36	104.88	2304.9	2409.8	104.89	2442.3	2547.2	0.3674	8.1905	8.5580
30	4.246	0.001004	32.89	125.78	2290.8	2416.6	125.79	2430.5	2556.3	0.4369	8.0164	8.4533
35	5.628	0.001006	25.22	146.67	2276.7	2423.4	146.68	2418.6	2565.3	0.5053	7.8478	8.3531
40	7.384	0.001008	19.52	167.56	2262.6	2430.1	167.57	2406.7	2574.3	0.5725	7.6845	8.2570
45	9.593	0.001010	15.26	188.44	2248.4	2436.8	188.45	2394.8	2583.2	0.6387	7.5261	8.1648
50	12.349	0.001012	12.03	209.32	2234.2	2443.5	209.33	2382.7	2592.1	0.7038	7.3725	8.0763
55	15.758	0.001015	9.568	230.21	2219.9	2450.1	230.23	2370.7	2600.9	0.7679	7.2234	7.9913
60	19.940	0.001017	7.671	251.11	2205.5	2456.6	251.13	2358.5	2609.6	0.8312	7.0784	7.9096
65	25.03	0.001020	6.197	272.02	2191.1	2463.1	272.06	2346.2	2618.3	0.8935	6.9375	7.8310
70	31.19	0.001023	5.042	292.95	2176.6	2569.6	292.98	2333.8	2626.8	0.9549	6.8004	7.7553
75	38.58	0.001026	4.131	313.90	2162.0	2475.9	313.93	2321.4	2635.3	1.0155	6.6669	7.6824
80	47.39	0.001029	3.407	334.86	2147.4	2482.2	334.91	2308.8	2643.7	1.0753	6.5369	7.6122
85	57.83	0.001033	2.828	355.84	2132.6	2488.4	355.90	2296.0	2651.9	1.1343	6.4102	7.5445
90	70.14	0.001036	2.361	376.85	2117.7	2494.5	376.92	2283.2	2660.1	1.1925	6.2866	7.4791
95	84.55	0.001040	1.982	397.88	2102.7	2500.6	397.96	2270.2	2668.1	1.2500	6.1659	7.4159
	P_{sat} MPa											
100	0.10135	0.001044	1.6729	418.94	2087.6	2506.5	419.04	2257.0	2676.1	1.3069	6.0480	7.3549
105	0.12082	0.001048	1.4194	440.02	2072.3	2512.4	440.15	2243.7	2683.8	1.3630	5.9328	7.2958
110	0.14327	0.001052	1.2102	461.14	2057.0	2518.1	461.30	2230.2	2691.5	1.4185	5.8202	7.2387
115	0.16906	0.001056	1.0366	482.30	2041.4	2523.7	482.48	2216.5	2699.0	1.4734	5.7100	7.1833
120	0.19853	0.001060	0.8919	503.50	2025.8	2529.3	503.71	2202.6	2706.3	1.5276	5.6020	7.1296
125	0.2321	0.001065	0.7706	524.74	2009.9	2534.6	524.99	2188.5	2713.5	1.5813	5.4962	7.0775
130	0.2701	0.001070	0.6685	546.02	1993.9	2539.9	546.31	2174.2	2720.5	1.6344	5.3925	7.0269
135	0.3130	0.001075	0.5822	567.35	1977.7	2545.0	567.69	2159.6	2727.3	1.6870	5.2907	6.9777
140	0.3613	0.001080	0.5089	588.74	1961.3	2550.0	589.13	2144.7	2733.9	1.7391	5.1908	6.9299
145	0.4154	0.001085	0.4463	610.18	1944.7	2554.9	610.63	2129.6	2740.3	1.7907	5.0926	6.8833
150	0.4758	0.001091	0.3928	631.68	1927.9	2559.5	632.20	2114.3	2746.5	1.8418	4.9960	6.8379
155	0.5431	0.001096	0.3468	653.24	1910.8	2564.1	653.84	2098.6	2752.4	1.8925	4.9010	6.7935
160	0.6178	0.001102	0.3071	674.87	1893.5	2568.4	675.55	2082.6	2758.1	1.9427	4.8075	6.7502
165	0.7005	0.001108	0.2727	696.56	1876.0	2572.5	697.34	2066.2	2763.5	1.9925	4.7153	6.7078
170	0.7917	0.001114	0.2428	718.33	1858.1	2576.5	719.21	2049.5	2768.7	2.0419	4.6244	6.6663
175	0.8920	0.001121	0.2168	740.17	1840.0	2580.2	741.17	2032.4	2773.6	2.0909	4.5347	6.6256

[부표 A·4] 포화 증기표(온도 기준, 계속)

온도 ℃ T	포화 압력 kPa P_{sat}	비체적 m^3/kg		내부에너지 kJ/kg			엔탈피 kJ/kg			엔트로피 kJ/kg K		
		포화액 v_f	포화 증기 v_g	포화액 u_f	증발 u_{fg}	포화 증기 u_g	포화액 h_f	증발 h_{fg}	포화 증기 h_g	포화액 s_f	증발 s_{fg}	포화 증기 s_g
180	1.0021	0.001127	0.19405	762.09	1821.6	2583.7	763.22	2015.0	2778.2	2.1396	4.4461	6.5857
185	1.1227	0.001134	0.17409	784.10	1802.9	2587.0	785.37	1997.1	2782.4	2.1879	4.3586	6.5465
190	1.2544	0.001141	0.15654	806.19	1783.8	2590.0	807.62	1978.8	2786.4	2.2359	4.2720	6.5079
195	1.3978	0.001149	0.14105	828.37	1764.4	2592.8	829.98	1960.0	2790.0	2.2835	4.1863	6.4698
200	1.5538	0.001157	0.12736	850.65	1744.7	2595.3	852.45	1940.7	2793.2	2.3309	4.1014	6.4323
205	1.7230	0.001164	0.11521	873.04	1724.5	2597.5	875.04	1921.0	2796.0	2.3780	4.0172	6.3952
210	1.9026	0.001173	0.10441	895.53	1703.9	2599.5	897.76	1900.7	2798.5	2.4248	3.9337	6.3585
215	2.104	0.001181	0.09479	918.14	1682.9	2601.1	920.62	1879.9	2800.5	2.4714	3.8507	6.3221
220	2.318	0.001190	0.08619	940.87	1661.5	2602.4	943.62	1858.5	2802.1	2.5178	3.7683	6.2861
225	2.548	0.001199	0.07849	963.73	1639.6	2603.3	966.78	1836.5	2803.3	2.5639	3.6863	6.2503
230	2.795	0.001209	0.07158	986.74	1617.2	2603.9	990.12	1813.8	2804.0	2.6099	3.6047	6.2146
235	3.060	0.001219	0.06537	1009.89	1594.2	2604.1	1013.62	1790.5	2804.2	2.6558	3.5233	6.1791
240	3.344	0.001229	0.05976	1033.21	1570.8	2604.0	1037.32	1766.5	2803.8	2.7015	3.4422	6.1437
245	3.648	0.001240	0.05471	1056.71	1546.7	2603.4	1061.23	1741.7	2803.0	2.7472	3.3612	6.1083
250	3.973	0.001251	0.05013	1080.39	1522.0	2602.4	1085.36	1716.2	2801.5	2.7927	3.2802	6.0730
255	4.319	0.001263	0.04598	1104.28	1596.7	2600.9	1109.73	1689.8	2799.5	2.8383	3.1992	6.0375
260	4.688	0.001276	0.04221	1128.39	1470.6	2599.0	1134.37	1662.5	2796.9	2.8838	3.1181	6.0019
265	5.081	0.001289	0.03877	1152.74	1443.9	2596.6	1159.28	1634.4	2793.6	2.9294	3.0368	5.9662
270	5.499	0.001302	0.03564	1177.36	1416.3	2593.7	1184.51	1605.2	2789.7	2.9751	2.9551	5.9301
275	5.942	0.001317	0.03279	1202.25	1387.9	2590.2	1210.07	1574.9	2785.0	3.0208	2.8730	5.8938
280	6.412	0.001332	0.03017	1227.46	1358.7	2586.1	1235.99	1543.6	2779.6	3.0668	2.7903	5.8571
285	6.909	0.001348	0.02777	1253.00	1328.4	2581.4	1262.31	1511.0	2773.3	3.1130	2.7070	5.8199
290	7.436	0.001366	0.02557	1278.92	1297.1	2576.0	1289.07	1477.1	2766.2	3.1594	2.6227	5.7821
295	7.993	0.001384	0.02354	1305.2	1264.7	2569.9	1316.3	1441.8	2758.1	3.2062	2.5375	5.7437
300	8.581	0.001404	0.02167	1332.0	1231.0	2563.0	1344.0	1404.9	2749.0	3.2534	2.4511	5.7045
305	9.202	0.001425	0.019948	1359.3	1195.9	2555.2	1372.4	1366.4	2738.7	3.3010	3.3633	5.6643
310	9.856	0.001447	0.018350	1387.1	1159.4	2546.4	1401.3	1326.0	2727.3	3.3493	2.2737	5.6230
315	10.547	0.001472	0.016867	1415.5	1121.1	2536.6	1431.0	1283.5	2714.5	3.3982	2.1821	5.5804
320	11.274	0.001499	0.015488	1444.6	1080.9	2525.5	1461.5	1238.6	2700.1	3.4480	2.0882	5.5362
330	12.845	0.001561	0.012996	1505.3	993.7	2498.9	1525.3	1140.6	2665.9	3.5507	1.8909	5.4417
340	14.586	0.001638	0.010797	1570.3	894.3	2464.6	1594.2	1027.9	2622.0	3.6594	1.6763	5.3357
350	16.513	0.001740	0.008813	1641.9	776.6	2418.4	1670.6	893.4	2563.9	3.7777	1.4335	5.2112
360	18.651	0.001893	0.006945	1725.2	626.3	2351.5	1760.5	720.3	2481.0	3.9147	1.1379	5.0526
370	21.03	0.002213	0.004925	1844.0	384.5	2228.5	1890.5	441.6	2332.1	4.1106	0.6865	4.7971
374.14	22.09	0.003155	0.003155	2029.6	0	2029.6	2099.3	0	2099.3	4.4298	0	4.4298

자료 : Gordon J. Van Wylen and Richard E. Sonntag, *Fundamentals of Classical Thermodynamics*, English/SI Version, 3rd ed., Wiley, New York, 1986, pp. 635~637, table A.1.1 Originally published in Joseph H. Keenan, Frederick G. Keyes, Philip G. Hill, and Joan G. Moore, *Steam Tables*, SI Units, Wiley, New York, 1978.

[부표 A · 5] **포화 증기표**(압력 기준)

압력 kPa P	포화온도 ℃ T_{sat}	비체적 m^3/kg 포화액 v_f	비체적 포화증기 v_g	내부에너지 kJ/kg 포화액 u_f	내부에너지 증발 u_{fg}	내부에너지 포화증기 u_g	엔탈피 kJ/kg 포화액 h_f	엔탈피 증발 h_{fg}	엔탈피 포화증기 h_g	엔트로피 kJ/kg K 포화액 s_f	엔트로피 증발 s_{fg}	엔트로피 포화증기 s_g
0.6113	0.01	0.001000	206.14	0.00	2375.3	2375.5	0.01	2501.3	2501.4	0.0000	9.1562	9.1562
1.0	6.98	0.001000	129.21	29.30	2355.7	2385.0	29.30	2484.9	2514.2	0.1059	8.8697	8.9756
1.5	13.03	0.001001	87.98	54.71	2338.6	2393.3	54.71	2470.6	2525.3	0.1957	8.6322	8.8279
2.0	17.50	0.001001	67.00	73.48	2326.0	2399.5	73.48	2460.0	2533.5	0.2607	8.4629	8.7237
2.5	21.08	0.001002	54.25	88.48	2315.9	2404.4	88.49	2451.6	2540.0	0.3120	8.3311	8.6432
3.0	24.08	0.001003	45.67	101.04	2307.5	2408.5	101.05	2444.5	2545.5	0.3545	8.2231	8.5776
4.0	28.96	0.001004	34.80	121.45	2293.7	2415.2	121.46	2432.9	2554.4	0.4226	8.0520	8.4746
5.0	32.88	0.001005	28.19	137.81	2282.7	2420.5	137.82	2423.7	2561.5	0.4764	7.9187	8.3951
7.5	40.29	0.001008	19.24	168.78	2261.7	2430.5	168.79	2406.0	2574.8	0.5764	7.6750	8.2515
10	45.81	0.001010	14.67	191.82	2246.1	2437.9	191.83	2392.8	2584.7	0.6493	7.5009	8.1502
15	53.97	0.001014	10.02	225.92	2222.8	2448.7	225.94	2373.1	2599.1	0.7549	7.2536	8.0085
20	60.06	0.001017	7.649	251.38	2205.4	2456.7	251.40	2358.3	2609.7	0.8320	7.0766	7.9085
25	64.97	0.001020	6.204	271.90	2191.2	2463.1	271.93	2346.6	2618.2	0.8931	6.9383	7.8314
30	69.10	0.001022	5.229	289.20	2179.2	2468.4	289.23	2336.1	2625.3	0.9439	6.8247	7.7686
40	75.87	0.001027	3.993	317.53	2159.5	2477.0	317.58	2319.2	2636.8	1.0259	6.6441	7.6700
50	81.33	0.001030	3.240	340.44	2143.4	2483.9	340.49	2305.4	2645.9	1.0910	6.5029	7.5939
75	91.78	0.001037	2.217	384.31	2112.4	2496.7	384.39	2278.6	2663.0	1.2130	6.2434	7.4564
MPa P												
0.100	99.63	0.001043	1.6940	417.36	2088.7	2506.1	417.46	2258.0	2675.5	1.3026	6.0568	7.3594
0.125	105.99	0.001048	1.3749	444.19	2069.3	2513.5	444.32	2241.0	2685.4	1.3740	5.9104	7.2844
0.150	111.37	0.001053	1.1593	466.94	2052.7	2519.7	467.11	226.5	2693.6	1.4336	5.7897	7.2233
0.175	116.06	0.001057	1.0036	486.80	2038.1	2524.9	486.99	2213.6	2700.6	1.4849	5.6868	7.1717
0.200	120.23	0.001061	0.8857	504.49	2025.0	2529.5	504.70	2201.9	2706.7	1.5301	5.5970	7.1271
0.225	124.00	0.001064	0.7933	520.47	2013.1	2533.6	520.72	2191.3	2712.1	1.5706	5.5173	7.0878
0.250	127.44	0.001067	0.7187	535.10	2002.1	2537.2	535.37	2181.5	2716.9	1.6072	5.4455	7.0527
0.275	130.60	0.001070	0.6573	548.59	1991.9	2540.5	548.89	2172.4	2721.3	1.6408	5.3801	7.0209
0.300	133.55	0.001073	0.6058	561.15	1982.4	2543.6	561.47	2163.8	2725.3	1.6718	5.3201	6.9919
0.325	136.30	0.001076	0.5620	572.90	1973.5	2546.4	573.25	2155.8	2729.0	1.7006	5.2646	6.9652
0.350	138.88	0.001079	0.5243	583.95	1965.0	2548.9	584.33	2148.1	2732.4	1.7275	5.2130	6.9405
0.375	141.32	0.001081	0.4914	594.40	1956.9	2551.3	594.81	2140.8	2735.6	1.7528	5.1647	6.9175
0.40	143.63	0.001084	0.4625	604.31	1949.3	2553.6	604.74	2133.8	2738.6	1.7766	5.1193	6.8959
0.45	147.93	0.001088	0.4140	622.77	1934.9	2557.6	623.25	2120.7	2743.9	1.8207	5.0359	6.8565
0.50	151.86	0.001093	0.3749	639.68	1921.6	2561.2	640.23	2108.5	2748.7	1.8609	4.9606	6.8213
0.55	155.48	0.001097	0.3427	655.32	1909.2	2564.5	655.93	2097.0	2753.0	1.8973	4.8920	6.7893
0.60	158.85	0.001101	0.3157	669.90	1897.5	2567.4	670.56	2086.3	2756.8	1.9312	4.8288	6.7600
0.65	162.01	0.001104	0.2927	683.56	1886.5	2570.1	684.28	2076.0	2760.3	1.9627	4.7703	6.7331
0.70	164.97	0.001108	0.2729	696.44	1876.1	2572.5	697.22	2066.3	2763.5	1.9922	4.7158	6.7081
0.75	167.78	0.001112	0.2556	708.64	1866.1	2574.7	709.47	2057.0	2766.4	2.0200	4.6647	6.6847

[부표 A · 5] 포화 증기표(압력 기준, 계속)

압력 kPa P	포화 온도 ℃ T_{sat}	비체적 m^3/kg		내부에너지 kJ/kg			엔탈피 kJ/kg			엔트로피 kJ/kg K		
		포화액 v_f	포화 증기 v_g	포화액 u_f	증발 u_{fg}	포화 증기 u_g	포화액 h_f	증발 h_{fg}	포화 증기 h_g	포화액 s_f	증발 s_{fg}	포화 증기 s_g
0.80	170.43	0.001115	0.2404	720.22	1856.6	2576.8	721.11	2048.0	2769.1	2.0462	4.6166	6.6628
0.85	172.96	0.001118	0.2270	731.27	1847.4	2578.7	732.22	2039.4	2771.6	2.0710	4.5711	6.6421
0.90	175.38	0.001121	0.2150	741.83	1838.6	2580.5	742.83	2031.1	2773.9	2.0946	4.5280	6.6226
0.95	177.69	0.001124	0.2042	751.95	1830.2	2582.1	753.02	2023.1	2776.1	2.1172	4.4869	6.6041
1.00	179.91	0.001127	0.19444	761.68	1822.0	2583.6	762.81	2015.3	2778.1	2.1387	4.4478	6.5865
1.10	184.09	0.001133	0.17753	780.09	1806.3	2586.4	781.34	2000.4	2781.7	2.1792	4.3744	6.5536
1.20	187.99	0.001139	0.16333	797.29	1791.5	2588.8	798.65	1986.2	2784.8	2.2166	4.3067	6.5233
1.30	191.64	0.001144	0.15125	813.44	1777.5	2591.0	814.93	1972.7	2787.6	2.2515	4.2438	6.4953
1.40	195.07	0.001149	0.14084	828.70	1764.1	2592.8	830.30	1959.7	2790.0	2.2842	4.1850	6.4693
1.50	198.32	0.001154	0.13177	843.16	1751.3	2594.5	844.89	1947.3	2792.2	2.3150	4.1298	6.4448
1.75	205.76	0.001166	0.11349	876.46	1721.4	2597.8	878.50	1917.9	2796.4	2.3851	4.0044	6.3896
2.00	212.42	0.001177	0.09963	906.44	1693.8	2600.3	908.79	1890.7	2799.5	2.4474	3.8935	6.3409
2.25	218.45	0.001187	0.08875	933.83	1668.2	2602.0	936.49	1865.2	2801.7	2.5035	3.7937	6.2972
2.5	223.99	0.001197	0.07998	959.11	1644.0	2603.1	962.11	1841.0	2803.1	2.5547	3.7028	6.2575
3.0	233.90	0.001217	0.06668	1004.78	1599.3	2604.1	1008.42	1795.7	2804.2	2.6457	3.5412	6.1869
3.5	242.60	0.001235	0.05707	1045.43	1558.3	2603.7	1049.75	1753.7	2803.4	2.7253	3.4000	6.1253
4	250.40	0.001252	0.04978	1082.31	1520.0	2602.3	1087.31	1714.1	2801.4	2.7964	3.2737	6.0701
5	263.99	0.001286	0.03944	1147.81	1449.3	2597.1	1154.23	1640.1	2794.3	2.9202	3.0532	5.9734
6	275.64	0.001319	0.03244	1205.44	1384.3	2589.7	1213.35	1571.0	2784.3	3.0267	2.8625	5.8892
7	285.88	0.001351	0.02737	1257.55	1323.0	2580.5	1267.00	1505.1	2772.1	3.1211	2.6922	5.8133
8	295.06	0.001384	0.02352	1305.57	1264.2	2569.8	1316.64	1441.3	2758.0	3.2068	2.5364	5.7432
9	303.40	0.001418	0.02048	1350.51	1207.3	2557.8	1363.26	1378.9	2742.1	3.2858	2.3915	5.6722
10	311.06	0.001452	0.018026	1393.04	1151.4	2544.4	1407.56	1317.1	2724.7	3.3596	2.2544	5.6141
11	318.15	0.001489	0.015987	1433.7	1096.0	2529.8	1450.1	1255.5	2705.6	3.4295	2.1233	5.5527
12	324.75	0.001527	0.014263	1473.0	1040.7	2513.7	1491.3	1193.6	2684.9	3.4962	1.9962	5.4924
13	330.93	0.001567	0.012780	1511.1	985.0	2496.1	1531.5	1130.7	2662.2	3.5606	1.8718	5.4323
14	336.75	0.001611	0.011485	1548.6	928.2	2476.8	1571.1	1066.5	2637.6	3.6232	1.7485	5.3717
15	342.24	0.001658	0.010337	1585.6	869.8	2455.5	1610.5	1000.0	2610.5	3.6848	1.6249	5.3098
16	347.44	0.001711	0.009306	1622.7	809.0	2431.7	1650.1	930.6	2580.6	3.7461	1.4994	5.2455
17	352.37	0.001770	0.008364	1660.2	744.8	2405.0	1690.3	856.9	2547.2	3.8079	1.3698	5.1777
18	357.06	0.001840	0.007489	1698.9	675.4	2374.3	1732.0	777.1	2509.1	3.8715	1.2329	5.1044
19	361.54	0.001924	0.006657	1739.9	598.1	2338.1	1776.5	688.0	2464.5	3.9388	1.0839	5.0228
20	365.81	0.002036	0.005834	1785.6	507.5	2293.0	1826.3	583.4	2409.7	4.0139	0.9130	4.9269
21	369.89	0.002207	0.004952	1842.1	388.5	2230.6	1888.4	446.2	2334.6	4.1075	0.6938	4.8013
22	373.80	0.002742	0.003568	1961.9	125.2	2087.1	2022.2	143.4	2165.6	4.3110	0.2216	4.5327
22.09	374.14	0.003155	0.003155	2029.6	0	2029.6	2099.3	0	2099.3	4.4298	0	4.4298

자료 : Gordon J. Wylen and Richard E. Sonntag, *Fundamentals of Classical Thermodynamics*, English/SI Version, 3rd ed., Wiley, New York, 1986, pp. 638~640, table A.1.2. Originally published in Joseph H. Keenan, Frederic G. Keyes, Philip G. Hill, and Joan G. Moore, Steam Tables, SI Units, Wiley, New York, 1978.

[부표 A · 6] 과열 증기표

T ℃	v m^3/kg	u kJ/kg	h kJ/kg	s kJ/kg K	v m^3/kg	u kJ/kg	h kJ/kg	s kJ/kg K	v m^3/kg	u kJ/kg	h kJ/kg	s kJ/kg K
	P=0.01 MPa(45.81 ℃)				P=0.05 MPa(81.33 ℃)				P=0.10 MPa(99.63 ℃)			
Sat.	14.674	2437.9	2584.7	8.1502	3.240	2483.9	2645.9	7.6939	1.6940	2506.1	2675.5	7.3594
50	14.869	2443.9	2592.6	8.1749								
100	17.196	2515.5	2687.5	8.4479	3.418	2511.6	2682.5	7.6947	1.6958	2506.7	2676.2	7.3614
150	19.512	2587.9	2783.0	8.6882	3.889	2585.6	2780.1	7.9401	1.9364	2582.8	2776.4	7.6134
200	21.825	2661.3	2879.5	8.9038	4.356	2659.9	2877.7	8.1580	2.172	2658.1	2875.3	7.8343
250	24.136	2736.0	2977.3	9.1002	4.820	2735.0	2976.0	8.3556	2.406	2733.7	2974.3	8.0333
300	26.445	2812.1	3076.5	9.2813	5.284	2811.3	3075.5	8.5373	2.639	2810.4	3074.3	8.2158
400	31.063	2968.9	3279.6	9.6077	6.209	2968.5	3278.9	8.8642	3.103	2967.9	3278.2	8.5435
500	35.679	3132.3	3489.1	9.8978	7.134	3132.0	3488.7	9.1546	3.565	3131.6	3488.1	8.8342
600	40.295	3302.5	3705.4	10.1608	8.057	3302.2	3705.1	9.4178	4.028	3301.9	3704.4	9.0976
700	44.911	3479.6	3928.7	10.4028	8.981	3479.4	3928.5	9.6599	4.490	3479.2	3928.2	9.3398
800	49.526	3663.8	4159.0	10.6281	9.904	3663.6	4158.9	9.8852	4.952	3663.5	4158.6	9.5652
900	54.141	3855.0	4396.4	10.8396	10.828	3854.9	4396.3	10.0967	5.414	3854.8	4396.1	9.7767
1000	58.757	4053.0	4640.6	11.0393	11.751	4052.9	4640.5	10.2964	5.875	4052.8	4640.3	9.9764
1100	63.372	4257.5	4891.2	11.2287	12.674	4257.4	4891.1	10.4859	6.337	4257.3	4891.0	10.1659
1200	67.987	4467.9	5147.8	11.4091	13.597	4467.8	5147.7	10.6662	6.799	4467.7	5147.6	10.3463
1300	72.602	4683.7	5409.7	11.5811	14.521	4683.6	5109.6	10.8382	7.260	4683.5	5409.5	10.5183
	P=0.20 MPa(120.23 ℃)				P=0.30 MPa(133.55 ℃)				P=0.40 MPa(143.63 ℃)			
Sat.	0.8857	2529.5	2706.7	7.1272	0.6058	2543.6	2725.3	6.9919	0.4625	2553.6	2738.6	6.8959
150	0.9596	2576.9	2768.8	7.2795	0.6339	2570.8	2761.0	7.0778	0.4708	2564.5	2752.8	6.9299
200	1.0803	2654.4	2870.5	7.5066	0.7163	2650.7	2865.6	7.3115	0.5342	2646.8	2860.5	7.1706
250	1.1988	2731.2	2971.0	7.7086	0.7964	2728.7	2967.6	7.5166	0.5951	2726.1	2964.2	7.3789
300	1.3162	2808.6	3071.8	7.8926	0.8753	2806.7	3069.3	7.7022	0.6548	2804.8	3066.8	7.5662
400	1.5493	2966.7	3276.6	8.2218	1.0315	2965.6	3275.0	8.0330	0.7726	2964.4	3273.4	7.8985
500	1.7814	3130.8	3487.1	8.5133	1.1867	3130.0	3486.0	8.3251	0.8893	3129.2	3484.9	8.1913
600	2.013	3301.4	3704.0	8.7770	1.3414	3300.8	3703.2	8.5892	1.0055	3300.2	3702.4	8.4558
700	2.244	3478.8	3927.6	9.0194	1.4957	3478.4	3927.1	8.8319	1.1215	3477.9	3926.5	8.6987
800	2.475	3663.1	4158.2	9.2449	1.6499	3662.9	4157.8	9.0576	1.2372	3662.4	4157.3	8.9244
900	2.705	3854.5	4395.8	9.4566	1.8041	3854.2	4395.4	9.2692	1.3529	3853.9	4395.1	9.1362
1000	2.937	4052.5	4640.0	9.6563	1.9581	4052.3	4639.7	9.4690	1.4685	4052.0	4639.4	9.3360
1100	3.168	4257.0	4890.7	9.8458	2.1121	4256.8	4890.4	9.6585	1.5840	4256.5	4890.2	9.5256
1200	3.399	4467.5	5147.5	10.0262	2.2661	4467.2	5147.1	9.8389	1.6996	4467.0	5146.8	9.7060
1300	3.630	4683.2	5409.3	10.1982	2.4201	4683.0	5409.0	10.0110	1.8151	4682.8	5408.8	9.8780
	P=0.50 MPa(151.86 ℃)				P=0.60 MPa(158.85 ℃)				P=0.80 MPa(170.43 ℃)			
Sat.	0.3749	2561.2	2748.7	6.8213	0.3157	2567.4	2756.8	6.7600	0.2404	2576.8	2769.1	6.6628
200	0.4249	2642.9	2855.4	7.0592	0.3520	2638.9	2850.1	6.9665	0.2608	2630.6	2839.3	6.8158
250	0.4744	2723.5	2960.7	7.2709	0.3938	2720.9	2957.2	7.1816	0.2931	2715.5	2950.0	7.0384
300	0.5226	2802.9	3064.2	7.4599	0.4344	2801.0	3061.6	7.3724	0.3241	2797.2	3056.5	7.2328
350	0.5701	2882.6	3167.7	7.6329	0.4742	2881.2	3165.7	7.5464	0.3544	2878.2	3161.7	7.4089
400	0.6173	2963.2	3271.9	7.7938	0.5137	2962.1	3270.3	7.7079	0.3843	2959.7	3267.1	7.5716
500	0.7109	3128.4	3483.9	8.0873	0.5920	3127.6	3482.8	8.0021	0.4433	3126.0	3480.6	7.8673
600	0.8041	3299.6	3701.7	7.3522	0.6697	3299.1	3700.9	8.2674	0.5018	3297.9	3699.4	8.1333
700	0.8969	3477.5	3925.9	8.5952	0.7472	3477.0	3925.3	8.5107	0.5601	3476.2	3924.2	8.3770
800	0.9896	3662.1	4156.9	8.8211	0.8245	3661.8	4156.5	8.7367	0.6181	3661.1	4155.6	8.6033
900	1.0822	3853.6	4394.7	9.0329	0.9017	3853.4	4394.4	8.9486	0.6761	3852.8	4393.7	8.8153
1000	1.1747	4051.8	4639.1	9.2328	0.9788	4051.5	4638.8	9.1485	0.7340	4051.0	4638.2	9.0153
1100	1.2672	4256.3	4889.9	9.4224	1.0559	4256.1	4889.6	9.3381	0.7919	4255.6	4889.1	9.2050
1200	1.3596	4466.8	5146.6	9.6029	1.1330	4466.5	5146.3	9.5185	0.8497	4466.1	5145.9	9.3855
1300	1.4521	4682.5	5408.6	9.7749	1.2101	4682.3	5408.3	9.6906	0.9076	4681.8	5407.9	9.5575

[부표 A · 6] 과열 증기표(계속)

T ℃	v m³/kg	u kJ/kg	h kJ/kg	s kJ/kg K	v m³/kg	u kJ/kg	h kJ/kg	s kJ/kg K	v m³/kg	u kJ/kg	h kJ/kg	s kJ/kg K
	P=1.00 MPa(179.91 ℃)				P=1.20 MPa(187.99 ℃)				P=1.40 MPa(195.07 ℃)			
Sat.	0.19444	2583.6	2778.1	6.5865	0.16333	2588.8	2784.8	6.5233	0.14084	2592.8	2790.0	6.4693
200	0.2060	2621.9	2827.9	6.6940	0.16930	2612.8	2815.9	6.5898	0.14302	2603.1	2803.3	6.4975
250	0.2327	2709.9	2942.6	6.9247	0.19234	2704.2	2935.0	6.8294	0.16350	2698.3	2927.2	6.7467
300	0.2579	2793.2	3051.2	7.1229	0.2138	2789.2	3045.8	7.0317	0.18228	2785.2	3040.4	6.9534
350	0.2825	2875.2	3157.7	7.3011	0.2345	2872.2	3153.6	7.2121	0.2003	2869.2	3149.5	7.1360
400	0.3066	2957.3	3263.9	7.4651	0.2548	2954.9	3260.7	7.3774	0.2178	2952.5	3257.5	7.3026
500	0.3541	3124.4	3478.5	7.7622	0.2946	3122.8	3476.3	7.6759	0.2521	3121.1	3474.1	7.6027
600	0.4011	3296.8	3697.9	8.0290	0.3339	3295.6	3696.3	7.9435	0.2860	3294.4	3694.8	7.8710
700	0.4478	3475.3	3923.1	8.2731	0.3729	3474.4	3922.0	8.1881	0.3195	3473.6	3920.8	8.1160
800	0.4943	3660.4	4154.7	8.4996	0.4118	3659.7	4153.8	8.4148	0.3528	3659.0	4153.0	8.3431
900	0.5407	3852.2	4392.9	8.7118	0.4505	3851.6	4392.2	8.6272	0.3861	3851.1	4391.5	8.5556
1000	0.5871	4050.5	4637.6	8.9119	0.4892	4050.0	4637.0	8.8274	0.4192	4049.5	4636.4	8.7559
1100	0.6335	4255.1	4392.9	9.1017	0.5278	4254.6	4888.0	9.0172	0.4524	4254.1	4887.5	8.9457
1200	0.6798	4465.6	5145.4	9.2822	0.5665	4465.1	5144.9	9.1977	0.4855	4464.7	5144.4	9.1262
1300	0.7261	4681.3	5407.4	9.4543	0.6051	4680.9	5407.0	9.3698	0.5186	4680.4	5406.5	9.2984
	P=1.60 MPa(201.41 ℃)				P=1.80 MPa(207.15 ℃)				P=2.00 MPa(212.42 ℃)			
Sat.	0.12380	2596.0	2794.0	6.4218	0.11042	2598.4	2797.1	6.3794	0.09963	2600.3	2799.5	6.3409
225	0.13287	2644.7	2857.3	6.5518	0.11673	2636.6	2846.7	6.4808	0.10377	2628.3	2835.8	6.4147
250	0.14184	2692.3	2919.2	6.6732	0.12497	2686.0	2911.0	6.6066	0.11144	2679.6	2902.9	6.5453
300	0.15862	2781.1	3034.8	6.8844	0.14021	2776.9	3029.2	6.8226	0.12547	2772.6	3023.5	6.7664
350	0.17456	2866.1	3145.4	7.0694	0.15457	2863.0	3141.2	7.0100	0.13857	2859.8	3137.0	9.9564
400	0.19005	2950.1	2154.2	7.2374	0.16847	2947.7	3250.9	7.1794	0.15120	2945.2	3247.6	7.1271
500	0.2203	3119.5	3472.0	7.5390	0.19550	3117.9	3469.8	7.4825	0.17568	3116.2	3467.6	7.4317
600	0.2500	3293.3	3693.2	7.8080	0.2220	3292.1	3691.7	7.7523	0.19960	3290.9	3690.1	7.7024
700	0.2794	3472.7	3919.7	8.0535	0.2482	3471.8	3918.5	7.9983	0.2232	3470.9	3917.4	7.9487
800	0.3086	3658.3	4152.1	8.2808	0.2742	3657.6	4151.2	8.2258	0.2467	3657.0	4150.3	8.1765
900	0.3377	3850.5	4390.8	8.4935	0.3001	3849.9	4390.1	8.4386	0.2700	3849.3	4389.4	8.3895
1000	0.3668	4049.0	4635.8	8.6938	0.3260	4048.5	4635.2	8.6391	0.2933	4048.0	4634.6	8.5901
1100	0.3958	4253.7	4887.0	8.8837	0.3518	4253.2	4886.4	8.8290	0.3166	4252.7	4885.9	8.7800
1200	0.4248	4464.2	5143.9	9.0643	0.3776	4463.7	5143.4	9.0096	0.3398	4463.3	5142.9	8.9607
1300	0.4538	4679.9	5406.0	9.2364	0.4034	4679.5	5405.6	9.1818	0.3631	4679.0	5405.1	9.1329
	P=2.50 MPa(223.99 ℃)				P=3.00 MPa(233.90 ℃)				P=3.50 MPa(242.60 ℃)			
Sat.	0.07998	2603.1	2803.1	6.2575	0.06668	2604.1	2804.2	6.1869	0.05707	2603.7	2803.4	6.1253
225	0.08027	2605.6	2806.3	6.2639								
250	0.08700	2662.6	2880.1	6.4085	0.07058	2644.0	2855.8	6.2872	0.05872	2623.7	2829.2	6.1749
300	0.09890	2761.6	3008.8	6.6438	0.08114	2750.1	2993.5	6.5390	0.06842	2738.0	2977.5	6.4461
350	0.10976	2851.9	3126.3	6.8403	0.09053	2843.7	3115.3	6.7428	0.07678	2835.3	3104.0	6.6579
400	0.12010	2939.1	3239.3	7.0148	0.09936	2932.8	3230.9	6.9212	0.08453	2926.4	3222.3	6.8405
450	0.13014	3025.5	3350.8	7.1746	0.10787	3020.4	3344.0	7.0834	0.09196	3015.3	3337.2	7.0052
500	0.13993	3112.1	3462.1	7.3234	0.11619	3108.0	3456.5	7.2338	0.09918	3103.0	3450.9	7.1572
600	0.15930	3288.0	3686.3	7.5960	0.13243	3285.0	3682.3	7.5085	0.11324	3282.1	3678.4	7.4339
700	0.17832	3468.7	3914.5	7.8435	0.14838	3466.5	3911.7	7.7571	0.12699	3464.3	3908.8	7.6837
800	0.19716	3655.3	4148.2	8.0720	0.16414	3653.5	4145.9	7.9862	0.14056	3651.8	4143.7	7.9134
900	0.21590	3847.9	4387.6	8.2853	0.17980	3846.5	4385.9	8.1990	0.15402	3845.0	4384.1	8.1276
1000	0.2346	4046.7	4633.1	8.4861	0.19541	4045.4	4631.6	8.4009	0.16743	4044.1	4630.1	8.3288
1100	0.2532	4251.5	4884.6	8.6762	0.21098	4250.3	4883.3	8.5912	0.18080	4249.2	4881.9	8.5192
1200	0.2718	4462.1	5141.7	8.8569	0.22652	4460.9	5140.5	8.7720	0.19415	4459.8	5139.3	8.8000
1300	0.2905	4677.8	5404.0	9.0291	0.24206	4676.6	5402.8	8.9442	0.20749	4675.5	5401.7	8.8723

[부표 A · 6] 과열 증기표(계속)

T ℃	v m³/kg	u kJ/kg	h kJ/kg	s kJ/kg K	v m³/kg	u kJ/kg	h kJ/kg	s kJ/kg K	v m³/kg	u kJ/kg	h kJ/kg	s kJ/kg K
	P=4.0 MPa(250.40 ℃)				P=4.5 MPa(257.49 ℃)				P=5.0 MPa(263.99 ℃)			
Sat.	0.04978	2602.3	2801.4	6.0701	0.04406	2600.1	2798.3	6.0198	0.03944	2597.1	2794.3	5.9734
275	0.05457	2667.9	2886.2	6.2285	0.04730	2650.3	2863.2	6.1401	0.04141	2631.3	2838.3	6.0544
300	0.05884	2725.3	2960.7	6.3615	0.05135	2712.0	2943.1	6.2828	0.04532	2698.0	2924.5	6.2084
350	0.06645	2826.7	3092.5	6.5821	0.05840	2817.8	3080.6	6.5131	0.05194	2808.7	3068.4	6.4493
400	0.07341	2919.9	3213.6	6.7690	0.06475	2913.3	3204.7	6.7047	0.05781	2906.6	3195.7	6.6459
450	0.08002	3010.2	3330.3	6.9363	0.07074	3005.0	3323.3	6.8746	0.06330	2999.7	3316.2	6.8186
500	0.08643	3099.5	3445.3	7.0901	0.07651	3095.3	3439.6	7.0301	0.06857	3091.0	3433.8	6.9759
600	0.09885	3279.1	3674.4	7.3688	0.08765	3276.0	3670.5	7.3110	0.07869	3273.0	3666.5	7.2589
700	0.11094	3462.1	3905.9	7.6198	0.09847	3459.9	3903.0	7.5631	0.08849	3457.6	3900.1	7.5122
800	0.12287	3650.0	4141.5	7.8502	0.10911	3648.3	4139.3	7.7942	0.09811	3646.6	4137.1	7.7440
900	0.13469	3843.6	4382.3	8.0647	0.11965	3842.2	4380.6	8.0091	0.10762	3840.7	4378.8	7.9593
1000	0.14645	4042.9	4628.7	8.2662	0.13013	4041.6	4627.2	8.2108	0.11707	4040.4	4625.7	8.1612
1100	0.15817	4248.0	4880.6	8.4567	0.14056	4246.8	4879.3	8.4015	0.12648	4245.6	4878.0	8.3520
1200	0.16987	4458.6	5138.1	8.6376	0.15098	4457.5	5136.9	8.5825	0.13587	4456.3	5135.7	8.5331
1300	0.18156	4674.3	5400.5	8.8100	0.16139	4673.1	5399.4	8.7549	0.14526	4672.0	5398.2	8.7055
	P=6.0 MPa(275.64 ℃)				P=7.0 MPa(285.88 ℃)				P=8.0 MPa(295.06 ℃)			
Sat.	0.03244	2589.7	2784.3	5.8892	0.02737	2580.0	2772.1	5.8133	0.02352	2569.8	2758.0	5.7432
300	0.03616	2667.2	2884.2	6.0674	0.02947	2632.2	2838.4	5.9305	0.02426	2590.9	2785.0	5.7906
350	0.04223	2789.6	3043.0	6.3335	0.03524	2769.4	3016.0	6.2283	0.02995	2747.7	2987.3	6.1301
400	0.04739	2892.9	3177.2	6.5408	0.03993	2878.6	3158.1	6.4478	0.03432	2863.8	3138.3	6.3634
450	0.05214	2988.9	3301.8	6.7193	0.04416	2978.0	3287.1	6.6327	0.03817	2966.7	3272.0	6.5551
500	0.05665	3082.2	3422.2	6.8803	0.04814	3073.4	3410.3	6.7975	0.04175	3064.3	3398.3	6.7240
550	0.06101	3174.6	3540.9	7.0288	0.0195	3167.2	3530.9	6.9486	0.04516	3159.8	3521.0	6.8778
600	0.06525	3266.9	3658.4	7.1677	0.05565	3260.7	3650.3	7.0894	0.04845	3254.4	3642.0	7.0206
700	0.07352	3453.1	3894.2	7.4234	0.06283	3448.5	3888.3	7.3476	0.05481	3443.9	3882.4	7.2812
800	0.08160	3643.1	4132.7	7.6566	0.06981	3639.5	4128.2	7.5822	0.06097	3636.0	4123.8	7.5173
900	0.08958	3837.8	4375.3	7.8727	0.07669	3835.0	4371.8	7.7991	0.06702	3832.1	4368.3	7.7351
1000	0.09749	4037.8	4622.7	8.0751	0.08350	4035.0	4619.8	8.0020	0.07301	4032.8	4616.9	7.9384
1100	0.10536	4243.3	4875.4	8.2661	0.09027	4240.9	4872.8	8.1933	0.07896	4238.6	4870.3	8.130
1200	0.11321	4454.0	5133.3	8.4474	0.09703	4451.7	5130.9	8.3747	0.08489	4449.5	5128.5	8.3115
1300	0.12106	4669.6	5396.0	8.6199	0.10377	4667.3	5393.7	8.5475	0.09080	4665.0	5391.5	8.4842
	P=9.0 MPa(303.40 ℃)				P=10.0 MPa(311.06 ℃)				P=12.5 MPa(327.89 ℃)			
Sat.	0.02048	2557.8	2742.1	5.6772	0.018026	2544.4	2724.7	5.6141	0.013495	2505.1	2673.8	5.4624
325	0.02327	2646.6	2856.0	5.8712	0.019861	2610.4	2809.1	5.7568				
350	0.02580	2724.4	2956.6	6.0361	0.02242	2699.2	2923.4	5.9443	0.016126	2624.6	2826.2	5.7118
400	0.02993	2848.4	3117.8	6.2854	0.02641	2832.4	3096.5	6.2120	0.02000	2789.3	3039.3	6.0417
450	0.03350	2955.2	3256.6	6.4844	0.02975	2943.4	3240.9	6.4190	0.02299	2912.5	3199.8	6.2719
500	0.03677	3055.2	3386.1	6.6576	0.03279	3045.8	3373.7	6.5966	0.02560	3021.7	3341.8	6.4618
550	0.03987	3152.2	3511.0	6.8142	0.03564	3144.6	3500.9	6.7561	0.02801	3125.0	3475.2	6.6290
600	0.04285	3248.1	3633.7	6.9589	0.03837	3241.7	3625.3	6.9029	0.03029	3225.4	3604.0	6.7810
650	0.04574	3343.6	3655.3	7.0943	0.04101	3338.2	3748.2	7.0398	0.03248	3324.4	3730.4	6.9218
700	0.04857	3439.3	3876.5	7.2221	0.04358	3434.7	3870.5	7.1687	0.03460	3422.9	3855.3	7.0536
800	0.05409	3632.5	4119.3	7.4596	0.04859	3628.9	4114.8	7.4077	0.03869	3620.0	4103.6	7.2965
900	0.05950	3829.2	4364.8	7.6783	0.05349	3826.3	4361.2	7.6272	0.04267	3819.1	4352.5	7.5182
1000	0.06485	4030.3	4614.0	7.8821	0.05832	4027.8	4611.0	7.8315	0.04658	4021.6	4603.8	7.7237
1100	0.07016	4236.3	4867.7	8.0740	0.06312	4234.0	4865.1	8.0237	0.05045	4228.2	4858.8	7.9165
1200	0.07544	4447.2	5126.2	8.2556	0.06789	4444.9	5123.8	8.2055	0.05430	4439.3	5118.0	8.0937
1300	0.08072	4662.7	5389.2	8.4284	0.07265	4460.5	5387.0	8.3783	0.05813	4654.8	5381.4	8.2717

[부표 A · 6] 과열 증기표(계속)

T ℃	v m³/kg	u kJ/kg	h kJ/kg	s kJ/kg K	v m³/kg	u kJ/kg	h kJ/kg	s kJ/kg K	v m³/kg	u kJ/kg	h kJ/kg	s kJ/kg K
	P=15.0 MPa(342.24 ℃)				P=17.5 MPa(354.75 ℃)				P=20.0 MPa(365.81 ℃)			
Sat.	0.010337	2455.5	2610.5	5.3098	0.007920	2390.2	2528.8	5.1419	0.005834	2293.0	2409.7	4.9269
350	0.011470	2520.4	2692.4	5.4421								
400	0.015649	2740.7	2975.5	5.8811	0.012447	2685.0	2902.9	5.7213	0.009942	2619.3	2818.1	5.5540
450	0.018445	2879.5	3156.2	6.1404	0.015174	2844.2	3109.7	6.0184	0.012695	2806.2	3060.1	5.9017
500	0.02080	2996.6	3308.6	6.3443	0.017358	2970.3	3274.1	6.2383	0.014768	2942.9	3238.2	6.1401
550	0.02293	3104.7	3448.6	6.5199	0.019288	3083.9	3421.4	6.4230	0.016555	3062.4	3393.5	6.3348
600	0.02491	3208.6	3582.3	6.6776	0.02106	3191.5	3560.1	6.5866	0.018178	3174.0	3537.6	6.5048
650	0.02680	3310.3	3712.3	6.8224	0.02274	3296.0	3693.9	6.7357	0.019693	3281.4	3675.3	6.6582
700	0.02861	3140.9	3840.1	6.9572	0.02434	3398.7	3824.6	6.8736	0.02113	3386.4	3809.0	6.7933
800	0.03210	3610.9	4092.4	7.2040	0.02738	3601.8	4081.1	7.1244	0.02385	3592.7	4069.7	7.0544
900	0.03546	3811.9	4343.8	7.4279	0.03031	3804.7	4335.1	7.3507	0.02645	3797.5	4326.4	7.2830
1000	0.03875	4015.4	4596.6	7.6348	0.03316	4009.3	4589.5	7.5589	0.02897	4003.1	4582.5	7.4925
1100	0.04200	4222.6	4852.6	7.8283	0.03597	4216.9	4846.4	7.7531	0.03145	4211.3	4840.2	7.6874
1200	0.04523	4433.8	5112.3	8.0108	0.03876	4428.3	5106.6	7.9360	0.03391	4422.8	5151.0	7.8704
1300	0.04845	4649.1	5376.0	8.1840	0.04154	4643.5	5370.5	8.1093	0.0.3636	4638.0	5365.1	8.0442
	P=25.0 MPa				P=30.0 MPa				P=35.0 MPa			
375	0.0019731	1798.7	1848.0	4.0320	0.0017892	1737.8	1791.5	3.9305	0.0017003	1702.9	1762.4	3.8722
400	0.006004	2430.1	2580.2	5.1418	0.002790	2067.4	2151.1	4.4728	0.002100	1714.1	1987.6	4.2126
425	0.007881	2609.2	2806.3	5.4723	0.005303	2455.1	2614.2	5.1504	0.003428	2253.4	2373.4	4.7747
450	0.009162	2720.7	2949.7	5.6744	0.006735	2619.3	2821.4	5.4424	0.004961	2498.7	2672.4	5.1962
500	0.011123	2884.3	3162.4	5.9592	0.008678	2820.7	3081.1	5.7905	0.006927	2751.9	2994.4	5.6282
550	0.012724	3017.5	3335.6	6.1765	0.010168	2970.3	3275.4	6.0342	0.008345	2921.0	3213.0	5.9026
600	0.014137	3137.9	3491.4	6.3602	0.011446	3100.5	3443.9	6.2331	0.009527	3062.0	3395.5	6.1179
650	0.015433	3251.6	3637.4	6.5229	0.012596	3221.0	3598.9	6.4058	0.01575	3189.8	3559.9	6.3010
700	0.016646	3361.3	3777.5	6.6707	0.013661	3335.8	3745.6	6.5606	0.011533	3309.8	3713.5	6.4631
800	0.018912	3574.3	4047.1	6.9345	0.15623	3555.5	4024.2	6.8332	0.013278	3536.7	4001.5	6.7450
900	0.021045	3783.0	4309.1	7.1680	0.017448	3768.5	4291.9	7.0718	0.014883	3754.0	4274.9	6.93.86
1000	0.02310	3990.9	4568.5	7.3802	0.019196	3978.8	4554.7	7.2867	0.016410	3966.7	4541.1	7.2064
1100	0.02512	4200.2	4828.2	7.5765	0.020903	4189.2	4816.3	7.4845	0.017895	4178.3	4804.6	7.4037
1200	0.02711	4412.0	5089.9	7.7605	0.022589	4401.3	5079.0	7.6692	0.019360	4390.7	5068.3	7.5910
1300	0.02910	4626.9	5354.4	7.9342	0.024266	4616.0	5344.0	7.8432	0.020815	4605.1	5333.6	7.7653
	P=40.0 MPa				P=50.0 MPa				P=60.0 MPa			
375	0.0016407	1677.1	1742.8	3.8290	0.0015594	1638.6	1716.6	3.7639	0.0015028	1609.4	1699.5	3.7141
400	0.0019077	1854.6	1930.9	4.1135	0.0017309	1788.1	1874.6	4.0031	0.0016335	1745.4	1843.4	3.9318
425	0.002532	2096.9	2198.1	4.5029	0.002007	1959.7	2060.0	4.2734	0.0018165	1892.7	2001.7	4.1626
450	0.003693	2365.1	2512.8	4.9459	0.002486	2159.6	2284.0	4.5884	0.002085	2053.9	2179.0	4.4121
500	0.005622	2678.4	2903.3	5.4700	0.003892	2525.5	2720.1	5.1726	0.002956	2390.6	2567.9	4.9321
550	0.006984	2869.7	3149.1	5.7785	0.005118	2763.6	3019.5	5.5485	0.003956	2658.8	2896.2	5.3441
600	0.008094	3022.6	3346.4	6.0114	0.006112	2942.0	3247.6	5.8178	0.004834	2861.1	3151.2	5.6452
650	0.009063	3158.0	3520.6	6.2054	0.006966	3093.5	3441.8	6.0342	0.005595	3028.8	3364.5	5.8829
700	0.009941	3283.6	3681.2	6.3750	0.007727	3230.5	3616.8	6.2189	0.006272	3177.2	3553.5	6.0824
800	0.011523	3517.8	3978.7	6.6662	0.009076	3479.8	3933.6	6.5290	0.007459	3441.5	3889.1	6.4109
900	0.012962	3739.4	4257.9	6.9150	0.010283	3710.3	4224.4	6.7882	0.008508	3681.0	4191.5	6.6805
1000	0.014324	3954.6	4527.6	7.1356	0.011411	3930.5	4501.1	7.0146	0.009480	3906.4	4475.2	6.9127
1100	0.015642	4167.4	4793.1	7.3364	0.012496	4145.7	4770.5	7.2184	0.010409	4124.1	4748.6	7.1195
1200	0.016940	4380.1	5057.7	7.5224	0.013561	4359.1	5037.2	7.4058	0.011317	4338.2	5017.2	7.3083
1300	0.018229	4594.3	5323.5	7.6969	0.014616	4572.8	5303.6	7.5808	0.012215	4551.4	5284.3	7.4837

자료 : Gordon J. Van Wylen and Richard E. Sonntag, *Fundamentals of Classical Thermodynamics*, English/SI Version, 3rd ed., Wiley, New York, 1986, pp.641~648, table A.1. 3. Originally published in Joseph H. Keenan, Frederick G. Keyes, Philip G. Hill, and Joan G. Moore, Steam Tables, SI Units, Wiley, New York, 1978.

[부표 A · 7] 압축액(압축수)표

T ℃	v m^3/kg	u kJ/kg	h kJ/kg	s kJ/kg K	v m^3/kg	u kJ/kg	h kJ/kg	s kJ/kg K	v m^3/kg	u kJ/kg	h kJ/kg	s kJ/kg K
	P=2.5 MPa(223.99 ℃)				P=5.0 MPa(263.99 ℃)				P=7.5 MPa(290.59 ℃)			
Sat.	0.0011973	959.1	962.1	2.5546	0.0012859	1,147.8	1,154.2	2.9202	0.0013677	1,282.0	1,292.2	3.1649
0	0.0009990	−0.00	2.50	−0.0000	0.0009977	0.04	5.04	0.0001	0.0009965	0.06	7.54	0.0002
20	0.0010006	83.80	86.30	0.2961	0.0009995	83.65	88.65	0.2956	0.0009984	83.50	90.99	0.2950
40	0.0010067	167.25	169.77	0.5715	0.0010056	166.95	171.97	0.5705	0.0010045	166.64	174.18	0.5696
60	0.0010160	250.67	253.21	0.8298	0.0010149	250.23	255.30	0.8285	0.0010138	249.79	257.40	0.8272
80	0.0010280	334.29	336.86	1.0737	0.0010268	333.724	338.85	1.0720	0.0010256	333.15	340.84	1.0704
100	0.0010423	418.24	420.85	1.3050	0.0010410	17.52	422.72	1.3030	0.0010397	416.81	424.62	1.3011
120	0.0010590	502.68	505.33	1.5255	0.0010576	501.80	507.09	1.5233	0.0010562	500.94	508.86	1.5211
140	0.0010784	587.82	590.52	1.7369	0.0010768	586.76	592.15	1.7343	0.0010752	585.72	593.78	1.7317
160	0.0011006	673.90	676.65	1.9404	0.0010988	672.62	678.12	1.9375	0.0010970	671.37	679.59	1.9346
180	0.0011261	761.16	763.97	2.1375	0.0011240	759.63	765.25	2.1341	0.0011219	759.13	766.55	2.1308
200	0.0011555	849.9	852.8	2.3294	0.0011530	848.1	853.9	2.3255	0.0011505	846.3	854.9	2.3216
220	0.0011898	940.7	943.7	2.5174	0.0011866	938.4	944.4	2.5128	0.0011835	936.2	945.1	2.5083
240					0.0012264	1,037.5	1,037.5	2.6979	0.0012225	1,028.6	1,037.8	2.6925
260					0.0012749	1,127.9	1,134.3	2.8830	0.0012696	1,124.4	1,134.0	2.8763
280									0.0013288	1,225.4	1,235.4	3.0631

T ℃	v m^3/kg	u kJ/kg	h kJ/kg	s kJ/kg K	v m^3/kg	u kJ/kg	h kJ/kg	s kJ/kg K	v m^3/kg	u kJ/kg	h kJ/kg	s kJ/kg K
	P=10 MPa(311.96 ℃)				P=12.5 MPa(327.89 ℃)				P=15 MPa(342.24 ℃)			
Sat.	0.0014524	1,393.0	1,407.6	3.3596	0.0015466	1,495.2	1,511.2	3.5286	0.0016581	1585.6	1610.5	3.6848
0	0.0009952	0.09	10.04	0.0002	0.0009940	0.13	12.56	0.0003	0.0009928	0.15	15.05	0.0004
20	0.0009972	83.86	93.33	0.2945	0.0009961	83.21	95.67	0.2940	0.0009950	83.06	97.99	0.2934
40	0.0010034	166.35	176.38	0.5686	0.0010024	166.05	178.58	0.5676	0.0010013	165.76	180.78	0.5666
60	0.0010127	249.36	259.49	0.8258	0.0010116	248.94	261.58	0.8245	0.0010105	248.51	263.67	0.8232
80	0.0010245	332.59	342.83	1.0688	0.0010233	332.03	344.82	1.0672	0.0010222	331.48	346.81	1.0656
100	0.0010385	416.12	426.50	1.2992	0.0010373	415.42	428.39	1.2973	0.0010361	414.74	430.28	1.2955
120	0.0010549	500.08	510.64	1.5189	0.0010535	499.24	512.41	1.5167	0.0010522	498.40	514.19	1.5145
140	0.0010737	584.68	595.42	1.7292	0.0010722	583.66	597.07	1.7267	0.0010707	582.66	598.72	1.7242
160	0.0010953	670.13	681.08	1.9317	0.0010935	668.91	682.58	1.9288	0.0010918	667.71	684.09	1.9260
180	0.0011199	756.65	767.84	2.1275	0.0011178	755.19	769.16	2.1242	0.0011159	753.76	770.50	2.1210
200	0.0011480	844.5	856.0	2.3178	0.0011456	842.8	587.1	2.3141	0.0011433	841.0	858.2	2.3104
220	0.0011805	934.1	945.9	2.5039	0.0011776	932.0	946.7	2.4995	0.0011748	929.9	947.5	2.4953
240	0.0012187	1,026.0	1,038.1	2.6872	0.0012150	1,023.4	1,038.5	2.6821	0.0012114	1020.8	1039.0	2.6771
260	0.0012645	1,121.1	1,133.7	2.8699	0.0012597	1,117.8	1,133.5	2.8637	0.0012550	1114.6	1133.4	2.8576
280	0.0013216	1,220.9	1,234.1	3.0548	0.0013148	1,216.6	1,233.0	3.0469	0.0013084	1212.5	1232.1	3.0393
300	0.0013972	1,328.4	1,342.3	3.2469	0.0013867	1,322.3	1,339.6	3.2361	0.0013770	1316.6	1337.3	3.2260
320					0.0014895	1,439.9	1,458.5	3.4399	0.0014824	1431.1	1453.2	3.4247
340									0.0016311	1567.5	1591.9	3.6546

[부표 A · 7] 압축액(압축수)**표**(계속)

T ℃	v m³/kg	u kJ/kg	h kJ/kg	s kJ/kg K	v m³/kg	u kJ/kg	h kJ/kg	s kJ/kg K	v m³/kg	u kJ/kg	h kJ/kg	s kJ/kg K
	P=20 MPa(365.81 ℃)				*P*=30 MPa				*P*=50 MPa			
Sat.	0.002036	1785.6	1826.3	4.0139								
0	0.0009904	0.19	20.01	0.0004	0.0009856	0.25	29.82	0.0001	0.0009766	0.20	49.03	0.0014
20	0.0009928	82.77	102.62	0.2923	0.0009886	82.17	111.84	0.2899	0.0009804	81.00	130.02	0.2848
40	0.0009992	165.17	185.16	0.5646	0.0009951	164.04	193.89	0.5607	0.0009872	1 61.86	211.21	0.5527
60	0.0010084	247.68	267.85	0.8206	0.0010042	246.06	276.19	0.8154	0.0009962	242.98	292.79	0.8052
80	0.0010199	330.40	350.80	1.0624	0.0010156	328.30	358.77	1.0561	0.0010073	324.34	374.70	1.0440
100	0.0010337	413.39	434.06	1.2917	0.0010290	410.78	441.66	1.2844	0.0010201	405.88	456.89	1.2703
120	0.0010496	496.76	517.76	1.5102	0.0010445	493.59	524.93	1.5018	0.0010348	487.65	539.39	1.4857
140	0.0010678	580.69	602.04	1.7193	0.0010621	576.88	608.75	1.7098	0.0010515	569.77	622.35	1.6915
160	0.0010885	665.35	687.12	1.9204	0.0010821	660.82	693.28	1.9096	0.0010703	652.41	705.92	1.8891
180	0.0011120	750.95	773.20	2.1147	0.0011047	745.59	778.73	2.1024	0.00109121	735.69	790.25	2.0794
200	0.0011388	837.7	860.5	2.3031	0.0011302	831.4	865.3	2.2893	0.0011146	819.7	875.5	2.2634
220	0.0011695	925.9	949.3	2.4870	0.001159	918.3	953.1	2.4711	0.0011408	904.7	961.7	2.4419
240	0.0012046	1016.0	1040.0	2.6674	0.0011920	1006.9	1042.6	2.6490	0.0011702	990.7	1049.2	2.6158
260	0.0012462	1108.6	1133.5	2.8459	0.0012303	1097.4	1134.3	2.8243	0.0012034	1078.1	1138.2	2.7860
280	0.0012965	1204.7	1230.6	3.0248	0.0012755	1190.7	1229.0	2.9986	0.0012415	1167.2	1229.3	2.9537
300	0.0013596	1306.1	1333.3	3.2071	0.0013304	1287.9	1327.8	3.1741	0.0012860	1258.7	1323.0	3.1200
320	0.0014437	1415.7	1444.6	3.3979	0.0013997	1390.7	1432.7	3.3539	0.0013388	1353.3	1420.2	3.2868
340	0.0015684	1539.7	1571.0	3.6075	0.0014920	1501.7	1546.5	63.5426	0.0014032	1452.0	1522.1	3.4557
360	0.0018266	1702.8	1739.3	3.8772	0.0016265	1626.6	1675.4	3.7494	0.0014838	1556.0	1630.2	3.6291
380					0.0018691	1781.4	1837.5	4.0012	0.0015884	1667.2	1746.6	3.8101

자료 : Gordon J. Van Wylen and Richard E, Sonntag, *Fundamentals of Classical Thermodynamics*, SI Version, 3rd ed., Wiley, New York, 1986, pp.627~628, table A.1.4. Originally published in Joseph H, Keenan, Frederick G. Keyes, Philip G. Hill, and Joan G. Moore, *Steam Tables*, SI Units, Wiley, New York, 1978.

[부표 A · 8] 포화 고체(얼음) 증기표

포화 온도 ℃ T_{sat}	압력 kPa P_{sat}	비체적 m^3/kg		내부에너지 kJ/kg			엔탈피 kJ/kg			엔트로피 kJ/kg K		
		포화 얼음 v_s	포화 증기 v_g	포화 얼음 u_s	승화 u_{sg}	포화 증기 u_s	포화 얼음 h_s	승화 h_{sg}	포화 증기 h_s	포화 얼음 s_s	승화 s_{sg}	포화 증기 s_g
0.01	0.6113	1.0908	206.1	−333.40	2708.7	2375.3	−333.40	2834.8	2501.4	−1.221	10.378	9.156
0	0.6108	1.0908	206.3	−333.43	2708.8	2375.3	−333.43	2834.8	2510.3	−1.221	10.378	9.157
−2	0.5176	1.0904	241.7	−337.62	2710.2	2372.6	−337.62	2835.3	2497.7	−1.237	10.456	9.219
−4	0.4375	1.0901	283.8	−341.78	2711.6	2369.8	−341.78	2835.7	2494.0	−1.253	10.536	9.283
−6	0.3689	1.0898	334.2	−345.91	2712.9	2367.0	−345.91	2836.2	2490.3	−1.268	10.616	9.348
−8	0.3102	1.0894	394.4	−350.02	2714.2	2364.2	−350.02	2836.6	2486.6	−1.284	10.698	9.414
−10	0.2602	1.0891	466.7	−354.09	2715.5	2361.4	−354.09	2837.0	2482.9	−1.299	10.781	9.481
−12	0.2176	1.0888	553.7	−358.14	2716.8	2358.7	−358.14	2837.3	2479.2	−1.315	10.865	9.550
−14	0.1815	1.0884	658.8	−362.15	2718.0	2355.9	−362.15	2837.6	2475.5	−1.331	10.950	9.619
−16	0.1510	1.0881	786.0	−366.14	2719.2	2353.1	−366.14	2837.9	2471.8	−1.346	11.036	9.690
−18	0.1252	1.0878	940.5	−370.10	2720.4	2350.3	−370.10	2838.2	2468.1	−1.362	11.123	9.762
−20	0.1035	1.0874	1128.6	−374.03	2721.6	2347.5	−374.03	2838.4	2464.3	−1.377	11.212	9.835
−22	0.0853	1.0871	1358.4	−377.93	2722.7	2344.7	−377.93	2838.6	2460.6	−1.393	11.302	9.909
−24	0.0701	1.0868	1640.1	−381.80	2723.7	2342.0	−381.80	2838.7	2456.9	−1.408	11.394	9.985
−26	0.0574	1.0864	1986.4	−385.64	2724.8	2339.2	−385.64	2838.9	2453.2	−1.424	11.486	10.062
−28	0.0469	1.0861	2413.7	−389.45	2725.8	2336.4	−389.45	2839.0	2449.5	−1.439	11.580	10.141
−30	0.0381	1.0858	2943	−393.23	2726.8	2333.6	−393.23	2839.0	2445.8	−1.455	11.676	10.221
−32	0.0309	1.0854	3600	−396.98	2727.8	2330.8	−396.98	2839.1	2442.1	−1.471	11.773	10.303
−34	0.0250	1.0851	4419	−400.71	2728.7	2328.0	−400.71	2839.1	2438.4	−1.486	11.872	10.386
−36	0.0201	1.0848	5444	−404.40	2729.6	2325.2	−404.40	2839.1	2434.7	−1.501	11.972	10.470
−38	0.0161	1.0844	6731	−408.06	2730.5	2322.4	−408.06	2839.0	2430.9	−1.517	12.073	10.556
−40	0.0129	1.0841	8354	−411.70	2731.3	2319.6	−411.70	2839.9	2427.2	−1.532	12.176	10.644

자료 : Gordon J. Van Wylen and Richard E, Sonntag, *Fundamentals of Classical Thermodynamics*, SI Version, 3rd ed., Wiley, New York, 1986, p.629, table A.1.5. Originally published in Joseph H, Keenan, Frederick G. Keyes, Philip G. Hill, and Joan G. Moore, *Steam Tables*, SI Units, Wiley, New York, 1978.

[부도 A · 1] 증기의 온도(T)-엔트로피(s) 선도

자료 : Joseph, H. Keenan, Frederick G. Keys, Philp S. Hill, and Joan S. Moore, Steam Tables (International System of Units－S. I.) Copyright ⓒ 1969, John Wiley & Sons, Inc.

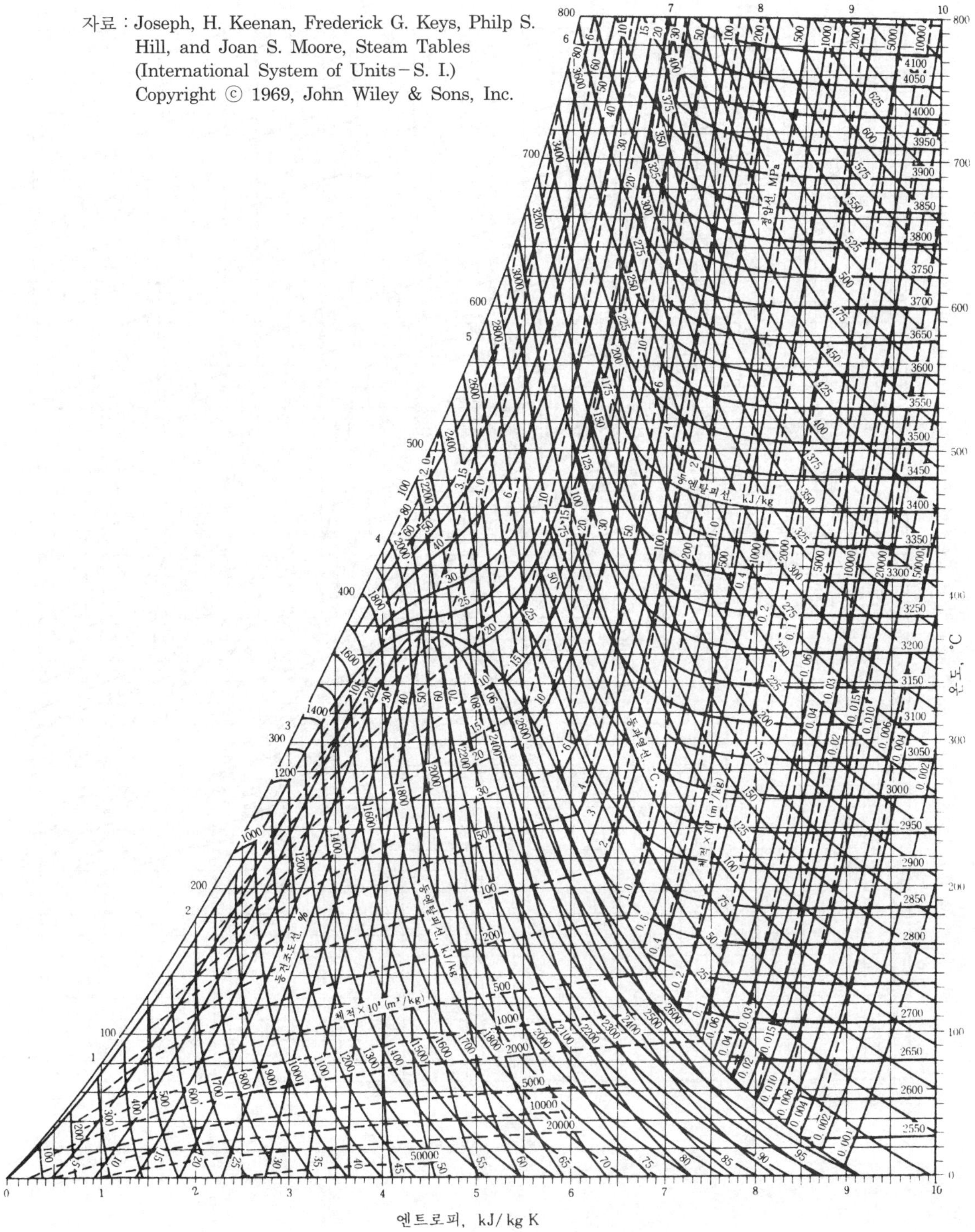

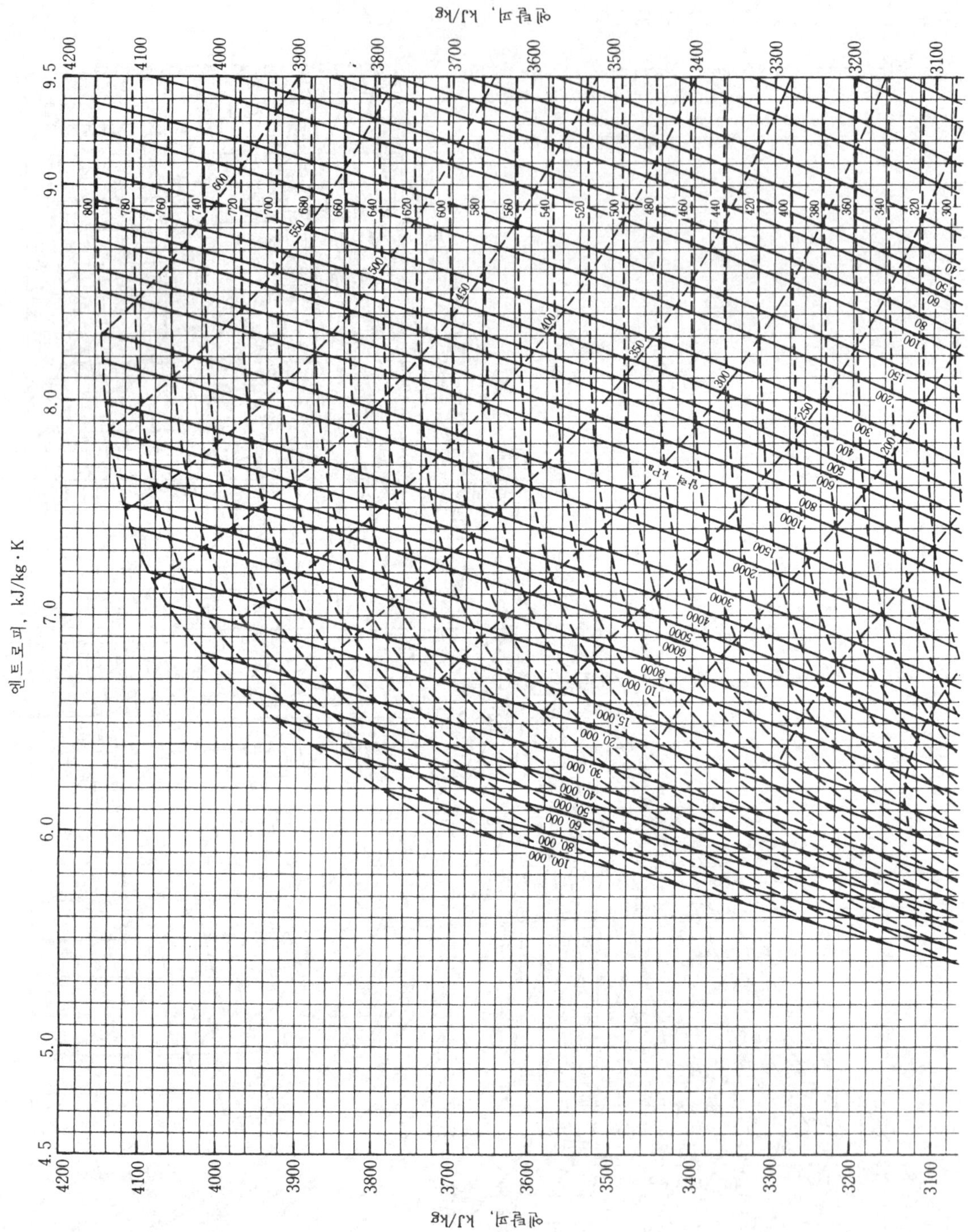
엔탈피, kJ/kg
엔트로피, kJ/kg·K
압력, kPa
엔탈피, kJ/kg

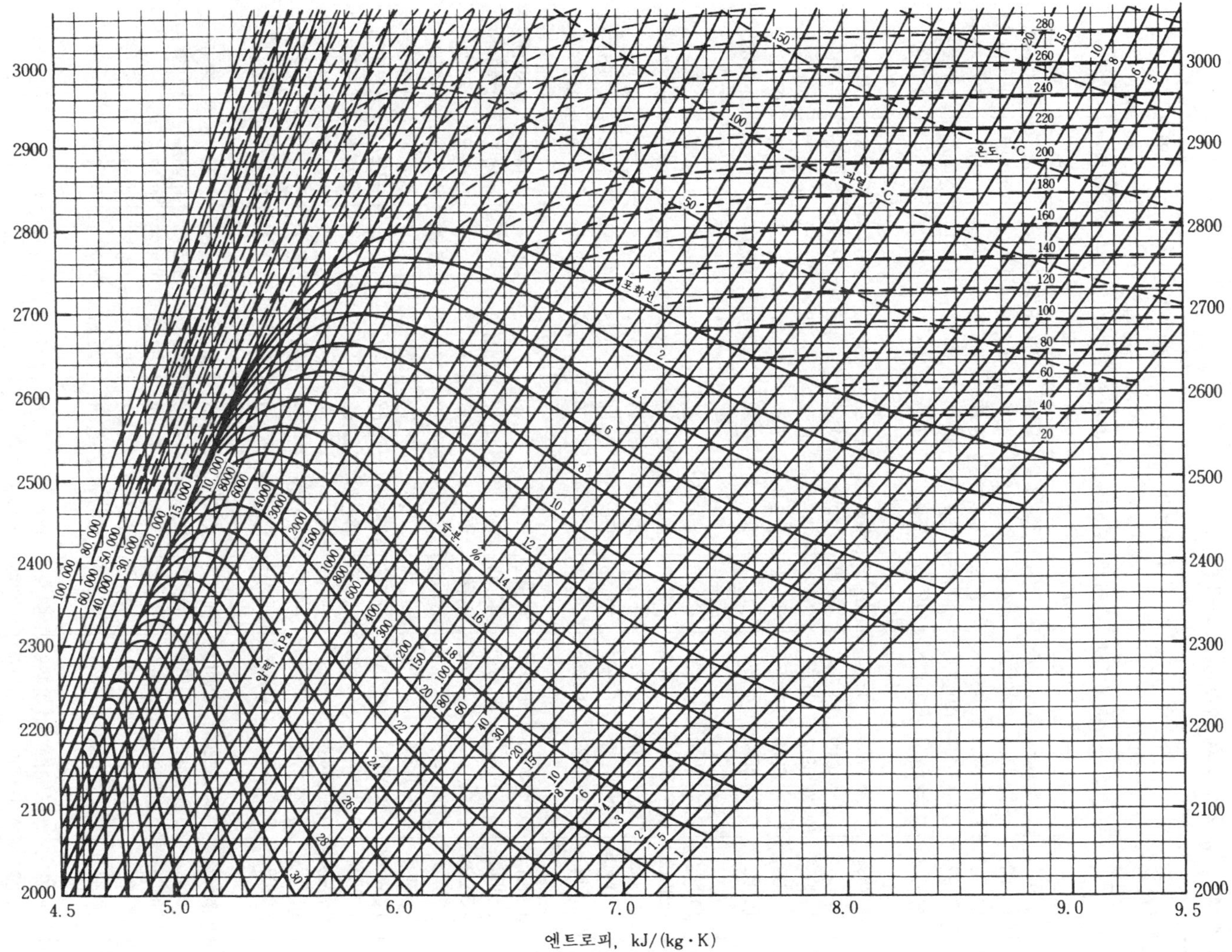

[부도 A · 2] 증기의 엔탈피(h)-엔트로피(s) 선도(증기의 Mollier 선도)

자료 : ASME Steam Tables, American Society of Mechanical Engineers, New York, 1967

[부표 A · 9] R-12의 포화 증기표(온도 기준)

온도 ℃ T	포화압력 MPa P_{sat}	비체적 m^3/kg 포화액 v_f	포화증기 v_g	내부에너지 kJ/kg 포화액 u_f	포화증기 u_g	엔탈피 kJ/kg 포화액 h_f	증발 h_{fg}	포화증기 h_g	엔트로피 kJ/kg K 포화액 s_f	포화증기 s_g
−40	0.06417	0.0006595	0.24191	−0.04	154.07	0	169.59	169.59	0	0.7274
−35	0.08071	0.0006656	0.19540	4.37	156.13	4.42	167.48	171.90	0.0187	0.7219
−30	0.10041	0.0006720	0.15938	8.79	158.20	8.86	165.33	174.20	0.0371	0.7170
−28	0.10927	0.0006746	0.14728	10.58	159.02	10.65	164.46	175.11	0.0444	0.7153
−26	0.11872	0.0006773	0.13628	12.35	159.84	12.43	163.59	176.02	0.0517	0.7135
−25	0.12368	0.0006786	0.13117	13.25	160.26	13.33	163.15	176.48	0.0552	0.7126
−24	0.12880	0.0006800	0.12628	14.13	160.67	14.22	162.71	176.93	0.0589	0.7119
−22	0.13953	0.0006827	0.11717	15.92	161.48	16.02	161.82	177.83	0.0660	0.7103
−20	0.15093	0.0006855	0.10885	17.72	162.31	17.82	160.92	178.74	0.0731	0.7087
−18	0.16304	0.0006883	0.10124	19.51	163.12	19.62	160.01	179.63	0.0802	0.7073
−15	0.18260	0.0006926	0.09102	22.20	164.35	22.33	158.64	180.97	0.0906	0.7051
−10	0.21912	0.0007000	0.07665	26.72	166.39	26.87	156.31	183.19	0.1080	0.7019
−5	0.26096	0.0007078	0.06496	31.27	168.42	31.45	153.93	185.37	0.1251	0.6991
0	0.30861	0.0007159	0.05539	35.83	170.44	36.05	151.48	187.53	0.1420	0.6965
4	0.35124	0.0007227	0.04895	39.51	172.04	39.76	149.47	189.23	0.1553	0.6946
8	0.39815	0.0007297	0.04340	43.21	173.63	43.50	147.41	190.91	0.1686	0.6929
12	0.44962	0.0007370	0.03860	46.93	175.20	47.26	145.30	192.56	0.1817	0.6913
16	0.50591	0.0007446	0.03442	50.67	176.78	51.05	143.14	194.19	0.1948	0.6898
20	0.56729	0.0007525	0.03078	54.44	178.32	54.87	140.91	195.78	0.2078	0.6884
24	0.63405	0.0007607	0.02759	58.25	179.85	58.73	138.61	197.34	0.2207	0.6871
26	0.66954	0.0007650	0.02614	60.17	180.61	60.68	137.44	198.11	0.2271	0.6865
28	0.70648	0.0007694	0.02478	62.09	181.36	62.63	136.24	198.87	0.2335	0.6859
30	0.74490	0.0007739	0.02351	64.01	182.11	64.59	135.03	199.62	0.2400	0.6853
32	0.78485	0.0007785	0.02231	65.96	182.85	66.57	133.79	200.36	0.2463	0.6847
34	0.82636	0.0007832	0.02118	67.90	183.59	68.55	132.53	201.09	0.2527	0.6842
36	0.86948	0.0007880	0.02012	69.86	184.31	70.55	131.25	201.80	0.2591	0.6836
38	0.91423	0.0007929	0.01912	71.84	185.03	72.56	129.94	202.51	0.2655	0.6831
40	0.96065	0.0007980	0.01817	73.82	185.74	74.59	128.61	203.20	0.2718	0.6825
42	1.0088	0.0008033	0.01728	75.82	186.45	76.63	127.25	203.88	0.2782	0.6820
44	1.0587	0.0008086	0.01644	77.82	187.13	78.68	125.87	204.54	0.2845	0.6814
48	1.1639	0.0008199	0.01488	88.88	188.51	82.83	123.00	205.83	0.2973	0.6802
52	1.2766	0.0008318	0.01349	86.00	189.83	87.06	119.99	207.05	0.3101	0.6791
56	1.3972	0.0008445	0.01224	90.18	191.10	91.36	116.84	208.20	0.3229	0.6779
60	1.5259	0.0008581	0.01111	94.43	192.31	95.74	113.52	209.26	0.3358	0.6765
112	4.1155	0.001792	0.00179	175.98	175.98	183.35	0	183.35	0.5687	0.5687

자료 : Kenneth Wark, *Thermodynamics*, 5th ed., McGraw−Hill, 1983, pp. 862~863, table A−16M.

[부표 A · 10] R-12의 포화 증기표(압력 기준)

포화 압력 MPa P_{sat}	온도 ℃ T	비체적 m^3/kg		내부에너지 kJ/kg		엔탈피 kJ/kg			엔트로피 kJ/kg K	
		포화액 v_f	포화증기 v_g	포화액 u_f	포화증기 u_g	포화액 h_f	증발 h_{fg}	포화증기 h_g	포화액 s_f	포화증기 s_g
0.06	−41.42	0.0006578	0.2575	−1.29	153.49	−1.25	170.19	168.94	−0.0054	0.7290
0.10	−30.10	0.0006719	0.1600	8.71	158.15	8.78	165.37	174.15	0.0368	0.7171
0.12	−25.74	0.0006776	0.1349	12.58	159.95	12.66	163.48	176.14	0.0526	0.7133
0.14	−21.91	0.0006828	0.1168	15.99	161.52	16.09	161.78	177.87	0.0663	0.7102
0.16	−18.49	0.0006876	0.1031	19.07	162.91	19.18	160.23	179.41	0.0784	0.7076
0.18	−15.38	0.0006921	0.09225	21.86	164.19	21.98	158.82	180.80	0.0893	0.7054
0.20	−12.53	0.0006962	0.08354	24.43	165.36	24.57	157.50	182.07	0.0992	0.7035
0.24	−7.42	0.0007040	0.07033	29.06	167.44	29.23	155.09	184.32	0.1168	0.7004
0.28	−2.93	0.0007111	0.06076	33.15	169.26	33.35	152.92	186.27	0.1321	0.6980
0.32	1.11	0.0007177	0.05351	36.85	170.88	37.08	150.92	188.00	0.1457	0.6960
0.40	8.15	0.0007299	0.04321	43.35	173.69	43.64	147.33	190.97	0.1691	0.6928
0.50	15.60	0.0007438	0.03482	50.30	176.61	50.67	143.35	194.02	0.1935	0.6899
0.60	22.00	0.0007566	0.02913	56.35	179.09	56.80	139.77	196.57	0.2142	0.6878
0.70	27.65	0.0007686	0.02501	61.75	181.23	62.29	136.45	198.74	0.2324	0.6860
0.80	32.74	0.0007802	0.02188	66.68	183.13	67.30	133.33	200.63	0.2487	0.6845
0.90	37.37	0.0007914	0.01942	71.22	184.81	71.93	130.36	202.29	0.2634	0.6832
1.0	41.64	0.0008023	0.01744	75.46	186.32	76.26	127.50	203.76	0.2770	0.6820
1.2	49.31	0.0008237	0.01441	83.22	188.95	84.21	122.03	206.24	0.3015	0.6799
1.4	56.09	0.0008448	0.01222	90.28	191.11	91.46	116.76	208.22	0.3232	0.6778
1.6	62.19	0.0008660	0.01054	96.80	192.95	98.19	111.62	209.81	0.3329	0.6758

자료 : Kenneth Wark, *Thermodynamics*, 5th ed., McGraw−Hill, 1989, p. 864. table A−17M.

[부표 A · 11] R-12의 과열 증기표

온도 ℃	v m^3/kg	u kJ/kg	h kJ/kg	s kJ/kg K	v m^3/kg	u kJ/kg	h kJ/kg	s kJ/kg K
	0.060 MPa(T_{sat}=−41.42 ℃)				0.10 MPa(T_{sat}=−30.10 ℃)			
Sat.	0.2575	153.49	168.94	0.7290	0.1600	158.15	174.15	0.7171
−40	0.2593	154.16	169.72	0.7324				
−20	0.2838	163.91	180.94	0.7785	0.1677	163.22	179.99	0.7406
0	0.3079	174.05	192.52	0.8225	0.1827	173.50	191.77	0.7854
10	0.3198	179.26	198.45	0.8439	0.1900	178.77	197.77	0.8070
20	0.3317	184.57	204.47	0.8647	0.1973	184.12	203.85	0.8281
30	0.3435	189.96	210.57	0.8852	0.2045	189.57	210.02	0.8488
40	0.3552	195.46	216.77	0.9053	0.2117	195.09	216.26	0.8691
50	0.3670	201.02	223.04	0.9251	0.2188	200.70	222.58	0.8889
60	0.3787	206.69	229.41	0.9444	0.2260	206.38	228.98	0.9084
80	0.4020	218.25	242.37	0.9822	0.2401	218.00	242.01	0.9464
	0.14 MPa(T_{sat}=−21.91 ℃)				0.18 MPa(T_{sat}=−15.38 ℃)			
Sat.	0.1168	161.52	177.87	0.7102	0.0922	164.20	180.80	0.7054
−20	0.1179	162.50	179.01	0.7147				
−10	0.1235	167.69	184.97	0.7378	0.0925	164.39	181.03	0.7181
0	0.1289	172.94	190.99	0.7602	0.0991	172.37	190.21	0.7408
10	0.1343	178.28	197.08	0.7821	0.1034	177.77	196.38	0.7630
20	0.1397	183.67	203.23	0.8035	0.1076	183.23	202.60	0.7846
30	0.1449	189.17	209.46	0.8243	0.1118	188.77	208.89	0.8057
40	0.1502	194.72	215.75	0.8447	0.1160	194.35	215.23	0.8263
50	0.1553	200.38	222.12	0.8648	0.1201	200.02	221.64	0.8464
60	0.1605	206.08	228.55	0.8844	0.1241	205.78	228.12	0.8662
80	0.1707	217.74	241.64	0.9225	0.1322	217.47	241.27	0.9045
100	0.1809	229.67	255.00	0.9593	0.1402	229.45	254.69	0.9414
	0.20 MPa(T_{sat}=−12.53 ℃)				0.24 MPa(T_{sat}=−7.42 ℃)			
Sat.	0.0835	165.37	182.07	0.7035	0.0703	167.45	184.32	0.7004
0	0.0886	172.08	189.08	0.7325	0.0729	171.49	188.99	0.7177
10	0.0926	177.50	196.02	0.7548	0.0763	176.98	195.29	0.7404
20	0.0964	183.00	202.28	0.7766	0.0796	182.53	201.63	0.7624
30	0.1002	188.56	208.60	0.7978	0.0828	188.14	208.01	0.7838
40	0.1040	194.17	214.97	0.8184	0.0860	193.80	214.44	0.8047
50	0.1077	199.86	221.40	0.8387	0.0892	199.51	220.92	0.8251
60	0.1114	205.62	227.90	0.8585	0.0923	205.31	227.46	0.8450
80	0.1187	217.35	241.09	0.8969	0.0985	217.07	240.71	0.8836
100	0.1259	229.35	254.53	0.9339	0.1045	229.12	254.20	0.9208
120	0.1331	241.59	268.21	0.9696	0.1105	241.41	267.93	0.9566

[부표 A · 11] R-12의 과열 증기표(계속)

온도 ℃	v m³/kg	u kJ/kg	h kJ/kg	s kJ/kg K	v m³/kg	u kJ/kg	h kJ/kg	s kJ/kg K
	0.28 MPa(T_{sat}=−2.93 ℃)				0.32 MPa(T_{sat}=1.11 ℃)			
Sat.	0.06076	169.26	186.27	0.6980	0.05351	170.88	188.00	0.6960
0	0.06166	170.89	188.15	0.7049				
10	0.06464	176.45	194.55	0.7279	0.05590	175.90	193.79	0.7167
20	0.06755	182.06	200.97	0.7502	0.05852	181.57	200.30	0.7393
30	0.07040	187.71	207.42	0.7718	0.06106	187.28	206.82	0.7612
40	0.07319	193.42	213.91	0.7928	0.06355	193.02	213.36	0.7824
50	0.07594	199.18	220.44	0.8134	0.06600	198.82	219.94	0.8031
60	0.07865	205.00	227.02	0.8334	0.06841	204.68	226.57	0.8233
80	0.08399	216.82	240.34	0.8722	0.07314	216.55	239.96	0.8623
100	0.08924	228.29	253.88	0.9095	0.07778	228.66	253.55	0.8997
120	0.09443	241.21	267.65	0.9455	0.08236	241.00	267.36	0.9358
	0.40 MPa(T_{sat}=8.15 ℃)				0.50 MPa(T_{sat}=15.60 ℃)			
Sat.	0.04321	173.69	190.97	0.6928	0.03482	176.61	194.02	0.6899
10	0.04363	174.76	192.21	0.6972				
20	0.04584	180.57	198.91	0.7204	0.03565	179.26	197.08	0.7004
30	0.04797	186.39	205.58	0.7428	0.03746	185.23	203.96	0.7235
40	0.05005	192.23	212.25	0.7645	0.03922	191.20	210.81	0.7457
50	0.05207	198.11	218.94	0.7855	0.04091	197.19	217.64	0.7672
60	0.05406	204.03	225.65	0.8060	0.04257	203.20	224.48	0.7881
80	0.05791	216.03	239.19	0.8454	0.04578	215.32	238.21	0.8281
100	0.06173	228.20	252.89	0.8831	0.04889	227.61	252.05	0.8662
120	0.06546	240.61	266.79	0.9194	0.05193	240.10	266.06	0.9028
140	0.06913	253.23	280.88	0.9544	0.05492	252.77	280.23	0.9379
	0.60 MPa(T_{sat}=22.00 ℃)				0.70 MPa(T_{sat}=27.65 ℃)			
Sat.	0.02913	179.09	196.57	0.6878	0.02501	181.23	198.74	0.6860
30	0.03042	184.01	202.26	0.7068	0.02535	182.72	200.46	0.6917
40	0.03197	190.13	209.31	0.7297	0.02676	189.00	207.73	0.7153
50	0.03345	196.23	216.30	0.7516	0.02810	195.23	214.90	0.7378
60	0.03489	202.34	223.27	0.7729	0.02939	201.45	222.02	0.7595
80	0.03765	214.61	237.20	0.8135	0.03184	213.88	236.17	0.8008
100	0.04032	227.01	251.20	0.8520	0.03419	226.40	250.33	0.8398
120	0.04291	239.57	265.32	0.8889	0.03646	269.05	264.57	0.8769
140	0.04545	252.31	279.58	0.9243	0.03867	251.85	278.92	0.9125
160	0.04794	265.25	294.01	0.9584	0.04085	264.83	293.42	0.9468

[부표 A · 11] R-12의 과열 증기표(계속)

온도 ℃	v m³/kg	u kJ/kg	h kJ/kg	s kJ/kg K	v m³/kg	u kJ/kg	h kJ/kg	s kJ/kg K
	0.80 MPa(T_{sat}=32.74 ℃)				0.90 MPa(T_{sat}=37.37 ℃)			
Sat.	0.02188	183.13	200.63	0.6845	0.01942	184.81	202.29	0.6832
40	0.02283	187.81	206.07	0.7021	0.01974	186.55	204.32	0.6897
50	0.02407	194.19	213.45	0.7253	0.02091	193.10	211.92	0.7136
60	0.02525	200.52	220.72	0.7474	0.02201	199.56	219.37	0.7363
80	0.02748	213.13	235.11	0.7894	0.02407	212.37	234.03	0.7790
100	0.02959	225.77	249.44	0.8289	0.02601	225.13	248.54	0.8190
120	0.03162	238.51	263.81	0.8664	0.02785	237.97	263.03	0.8569
140	0.03359	251.39	278.26	0.9022	0.02964	250.90	277.58	0.8930
160	0.03552	264.41	292.83	0.9367	0.03138	263.99	292.23	0.9276
180	0.03742	277.60	307.54	0.9699	0.03309	277.23	307.01	0.9609
	1.0 MPa(T_{sat}=41.64 ℃)				1.2 MPa(T_{sat}=49.31 ℃)			
Sat.	0.01744	186.32	203.76	0.6820	0.01441	188.95	206.24	0.6799
50	0.01837	191.95	210.32	0.7026	0.01448	189.43	206.81	0.6816
60	0.01941	198.56	217.97	0.7259	0.01546	196.41	214.96	0.7065
80	0.02134	211.57	232.91	0.7695	0.01722	209.91	230.57	0.7520
100	0.02313	224.48	247.61	0.8100	0.01881	223.13	245.70	0.7937
120	0.02484	237.41	262.25	0.8482	0.02030	236.27	260.53	0.8326
140	0.02647	250.43	276.90	0.8845	0.02172	249.45	275.51	0.8696
160	0.02807	263.56	291.63	0.9193	0.02309	263.70	290.41	0.9048
180	0.02963	276.84	306.47	0.9528	0.02443	276.05	305.37	0.9385
200	0.03116	290.26	321.42	0.9851	0.02574	289.55	320.44	0.9711
	1.4 MPa(T_{sat}=56.09 ℃)				1.6 MPa(T_{sat}=62.19 ℃)			
Sat.	0.01222	191.11	208.22	0.6778	0.01054	192.95	209.81	0.6758
60	0.01258	194.00	211.61	0.6881				
80	0.01425	208.11	228.06	0.7360	0.01198	206.17	225.34	0.7209
100	0.01571	221.70	243.69	0.7791	0.01337	220.19	241.58	0.7656
120	0.01705	235.09	258.96	0.8189	0.01461	233.84	257.22	0.8065
140	0.01832	248.43	274.08	0.8564	0.01577	247.38	272.61	0.8447
160	0.01954	261.80	289.16	0.8921	0.01686	260.90	287.88	0.8808
180	0.02071	275.27	304.26	0.9262	0.01792	274.47	303.14	0.9152
200	0.02186	288.84	319.44	0.9589	0.01895	288.11	318.43	0.9482
220	0.02299	302.51	334.70	0.9905	0.01996	301.84	333.78	0.9800

자료 : Kenneth Wark, *Thermodynamics*, 5th ed., McGraw-Hill, 1989, pp. 865~867, table A-18M.

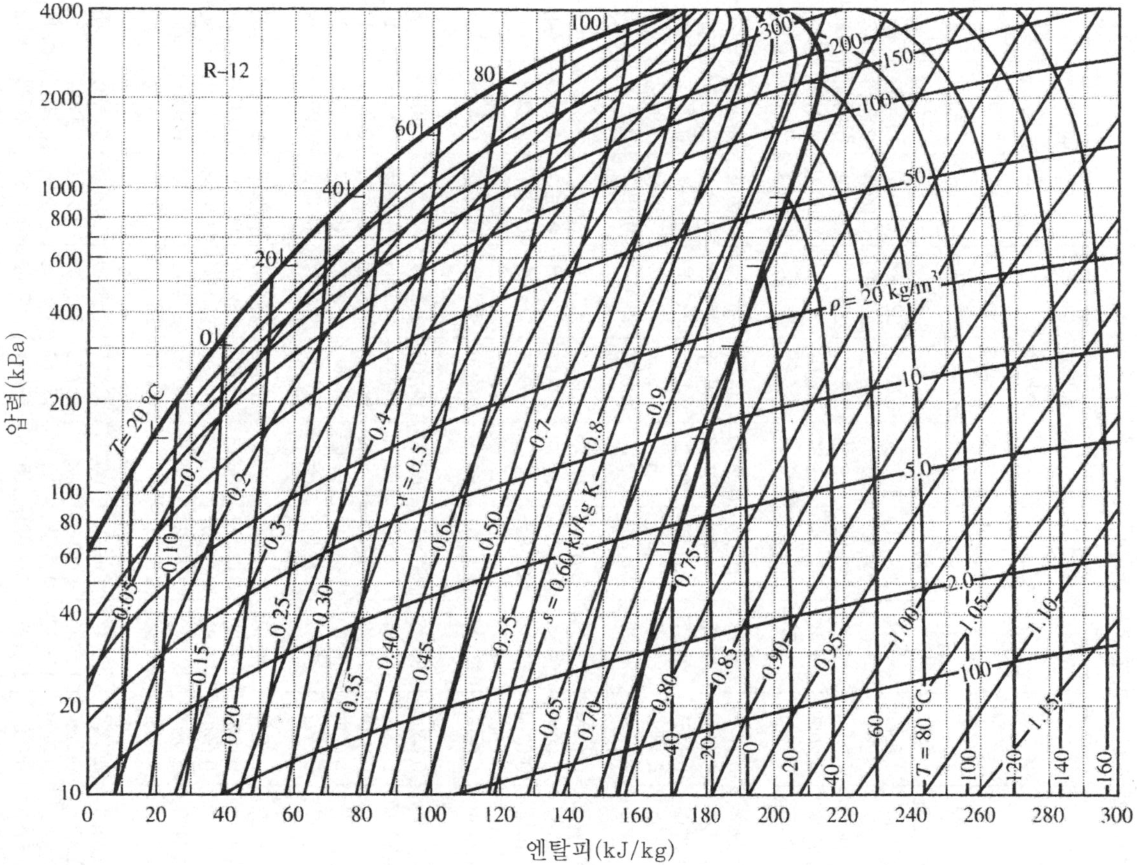

[부도 A · 3] R–12의 압력(P)–엔탈피(h) 선도

자료 : J. B. Jones and G. A. Hawkins, *Engineering Thermodynamics*, 2nd ed. John Wiley & Sons, Inc., New York, 1986

[부표 A · 12] R-134a의 포화 증기표(온도 기준)

온도 ℃	압력 MPa	비체적 m^3/kg 포화액 $v_f \times 10^{-3}$	포화 증기 v_g	내부에너지 kJ/kg 포화액 u_f	증발열 u_g	엔탈피 kJ/kg 포화액 h_f	증발열 h_{fg}	포화 증기 h_g	엔트로피 kJ/kg K 포화액 s_f	포화 증기 s_g	온도 ℃
−40	0.05164	0.7055	0.3569	−0.04	204.45	0.00	222.88	222.88	0.0000	0.9560	−40
−36	0.06332	0.7113	0.2947	4.68	206.73	4.73	220.67	225.40	0.0201	0.9506	−36
−32	0.07704	0.7172	0.2451	9.47	209.01	9.52	218.37	227.90	0.0401	0.9456	−32
−28	0.09305	0.7233	0.2052	14.31	211.29	14.37	216.01	230.38	0.0600	0.9411	−28
−26	0.10199	0.7265	0.1882	16.75	212.43	16.82	214.80	231.62	0.0699	0.9390	−26
−24	0.11160	0.7296	0.1728	19.21	213.57	19.29	213.57	232.85	0.0798	0.9370	−24
−22	0.12192	0.7328	0.1590	21.68	214.70	21.77	212.32	234.08	0.0897	0.9351	−22
−20	0.13299	0.7361	0.1464	24.17	215.84	24.26	211.05	235.31	0.0996	0.9332	−20
−18	0.14483	0.7395	0.1350	26.67	216.97	26.77	209.76	236.53	0.1094	0.9315	−18
−16	0.15748	0.7428	0.1247	29.18	218.10	29.30	208.45	237.74	0.1192	0.9298	−16
−12	0.18540	0.7498	0.1068	34.25	220.36	34.39	205.77	240.15	0.1388	0.9267	−12
−8	0.21704	0.7569	0.0919	39.38	222.60	39.54	203.00	242.54	0.1583	0.9239	−8
−4	0.25274	0.7644	0.0794	44.56	224.84	44.75	200.15	244.90	0.1777	0.9213	−4
0	0.29282	0.7721	0.0689	49.79	227.06	50.02	197.21	247.23	0.1970	0.9190	0
4	0.33765	0.7801	0.0600	55.08	229.27	55.35	194.19	249.53	0.2162	0.9169	4
8	0.38756	0.7884	0.0525	60.43	231.46	60.73	191.07	251.80	0.2354	0.9150	8
12	0.44294	0.7971	0.0460	65.83	233.63	66.18	187.85	254.03	0.2545	0.9132	12
16	0.50416	0.8062	0.0405	71.29	235.78	71.69	184.52	256.22	0.2735	0.9116	16
20	0.57160	0.8157	0.0358	76.80	237.91	77.26	181.09	258.36	0.2924	0.9102	20
24	0.64566	0.8257	0.0317	82.37	240.01	82.90	177.55	260.45	0.3113	0.9089	24
26	0.68530	0.8309	0.0298	85.18	241.05	85.75	175.73	261.48	0.3208	0.9082	26
28	0.72675	0.8362	0.0281	88.00	242.08	88.61	173.89	262.50	0.3302	0.9076	28
30	0.77006	0.8417	0.0265	90.84	243.10	91.49	172.00	263.50	0.3396	0.9070	30
32	0.81528	0.8473	0.0250	93.70	244.12	94.39	170.09	264.48	0.3490	0.9064	32
34	0.86247	0.8530	0.0236	96.58	245.12	97.31	168.14	265.45	0.3584	0.9058	34
36	0.91168	0.8590	0.0223	99.47	246.11	100.25	166.15	266.40	0.3678	0.9053	36
38	0.96298	0.8651	0.0210	102.38	247.09	103.11	164.12	267.33	0.3772	0.9047	38
40	1.0164	0.8714	0.0199	105.30	248.06	106.19	162.05	268.24	0.3866	0.9041	40
42	1.0720	0.8780	0.0188	108.25	249.02	109.19	159.94	269.14	0.3960	0.9035	42
44	1.1299	0.8847	0.0177	111.22	249.96	112.22	157.79	270.01	0.4054	0.9030	44
48	1.2526	0.8989	0.0159	117.22	251.79	118.35	153.33	271.68	0.4243	0.9017	48
52	1.3851	0.9142	0.0142	123.31	253.55	124.58	148.66	273.24	0.4432	0.9004	52
56	1.5278	0.9308	0.0127	129.51	255.23	130.93	143.75	274.68	0.4622	0.8990	56
60	1.6813	0.9488	0.0114	135.82	256.81	137.42	138.57	275.99	0.4814	0.8973	60
70	2.1162	1.0027	0.0086	152.22	260.15	154.34	124.08	278.43	0.5302	0.8918	70
80	2.6324	1.0766	0.0064	169.88	262.14	172.71	106.41	279.12	0.5814	0.8827	80
90	3.2435	1.1949	0.0046	189.82	261.34	193.69	82.63	276.32	0.6380	0.8655	90
100	3.9742	1.5443	0.0027	218.60	248.49	224.74	34.40	259.13	0.7196	0.8117	100

자료 : Table A−10 through A-12 are calculated based on equations from D. P. Wilson and R. S. Basu, "Thermodynamic Properties of a New Stratospherically Safe Working Fluid−Refrigerant 134a," *ASHRAE Trans.*, Vol. 94, Pt. 2, 1988, pp. 2095~2118.

[부표 A · 13] R-134a의 포화 증기표(압력 기준)

압력 MPa	온도 ℃	비체적 m^3/kg 포화액 $v_f \times 10^{-3}$	비체적 포화증기 v_g	내부에너지 kJ/kg 포화액 u_f	내부에너지 증발열 u_g	엔탈피 kJ/kg 포화액 h_f	엔탈피 증발열 h_{fg}	엔탈피 포화증기 h_g	엔트로피 kJ/kg K 포화액 s_f	엔트로피 포화증기 s_g	압력 MPa
0.06	−37.07	0.7097	0.3100	3.41	206.12	3.46	221.27	224.72	0.0147	0.9520	0.06
0.08	−31.21	0.7184	0.2366	10.41	209.46	10.47	217.92	228.39	0.0440	0.9447	0.08
0.10	−26.43	0.7258	0.1917	16.22	212.18	16.29	215.06	231.35	0.0678	0.9395	0.10
0.12	−22.36	0.7323	0.1614	21.23	214.50	21.32	212.54	233.86	0.0879	0.9354	0.12
0.14	−18.80	0.7381	0.1395	25.66	216.52	25.77	210.27	236.04	0.1055	0.9322	0.14
0.16	−15.62	0.7435	0.1229	29.66	218.32	29.78	208.19	237.97	0.1211	0.9295	0.16
0.18	−12.73	0.7485	0.1098	33.31	219.94	33.45	206.26	239.71	0.1352	0.9273	0.18
0.20	−10.09	0.7532	0.0993	36.69	221.43	36.84	204.46	241.30	0.1481	0.9253	0.20
0.24	−5.37	0.7618	0.0834	42.77	224.07	42.95	201.14	244.09	0.1710	0.9222	0.24
0.28	−1.23	0.7697	0.0719	48.18	226.38	48.39	198.13	246.52	0.1911	0.9197	0.28
0.32	2.48	0.7770	0.0632	53.06	228.43	53.31	195.35	248.66	0.2089	0.9177	0.32
0.36	5.84	0.7839	0.0564	57.54	230.28	57.82	192.76	250.58	0.2251	0.9160	0.36
0.40	8.93	0.7904	0.0509	61.69	231.97	62.00	190.32	252.32	0.2399	0.9145	0.40
0.50	15.74	0.8056	0.0409	70.93	235.64	71.33	184.74	256.07	0.2723	0.9117	0.50
0.60	21.58	0.8196	0.0341	78.99	238.74	79.48	179.71	259.19	0.2999	0.9097	0.60
0.70	26.72	0.8328	0.0292	86.19	241.42	86.78	175.07	261.85	0.3242	0.9080	0.70
0.80	31.33	0.8454	0.0255	92.75	243.78	93.42	170.73	264.15	0.3459	0.9066	0.80
0.90	35.53	0.8576	0.0226	98.79	245.88	99.56	166.62	266.18	0.3656	0.9054	0.90
1.00	39.39	0.8695	0.0202	104.42	247.77	105.29	162.68	267.97	0.3838	0.9043	1.00
1.20	46.32	0.8928	0.0166	114.69	251.03	115.76	155.23	270.99	0.4164	0.9023	1.20
1.40	52.43	0.9159	0.0140	123.98	253.74	125.26	148.14	273.40	0.4453	0.9003	1.40
1.60	57.92	0.9392	0.0121	132.52	256.00	134.02	141.31	275.33	0.4714	0.8982	1.60
1.80	62.91	0.9631	0.0105	140.49	257.88	142.22	134.60	276.83	0.4954	0.8959	1.80
2.00	67.49	0.9878	0.0093	148.02	259.41	149.99	127.95	277.94	0.5178	0.8934	2.00
2.50	77.59	1.0562	0.0069	165.48	261.84	168.12	111.06	279.17	0.5687	0.8854	2.50
3.00	86.22	1.1416	0.0053	181.88	262.16	185.30	92.71	278.01	0.6156	0.8735	3.00

[부표 A·14] R-134a의 과열 증기표

T ℃	v m^3/kg	u kJ/kg	h kJ/kg	s kJ/kg K	v m^3/kg	u kJ/kg	h kJ/kg	s kJ/kg K
	P=0.6 bars=0.06 MPa (T_{sat}=−37.07 ℃)				P=1.0 bars=0.10 MPa (T_{sat}=−26.43 ℃)			
Sat.	0.31003	206.12	224.72	0.9520	0.19170	122.18	231.35	0.9395
−20	0.33536	217.86	237.98	1.0062	0.19770	216.77	236.54	0.9602
−10	0.34992	224.97	245.96	1.0371	0.20686	224.01	244.70	0.9918
0	0.36433	232.24	254.10	1.0675	0.21587	231.41	252.99	1.0227
10	0.37861	239.69	262.41	1.0973	0.22473	238.96	261.43	1.0531
20	0.39279	247.32	270.89	1.1267	0.23349	246.67	270.02	1.0829
30	0.40688	255.12	279.53	1.1557	0.24216	254.54	278.76	1.1122
40	0.42091	263.10	288.35	1.1844	0.25076	262.58	287.66	1.1411
50	0.43487	271.25	297.34	1.2126	0.25930	270.79	296.72	1.1696
60	0.44879	279.58	306.51	1.2405	0.26779	279.16	305.94	1.1977
70	0.46266	288.08	315.84	1.2681	0.27623	287.70	315.32	1.2254
80	0.47650	296.75	325.34	1.2954	0.28464	296.40	324.87	1.2528
90	0.49031	305.58	335.00	1.3224	0.29302	305.27	334.57	1.2799
	P=1.4 bars=0.14 MPa (T_{sat}=−18.80 ℃)				P=1.8 bars=0.18 MPa (T_{sat}=−12.73 ℃)			
Sat.	0.13945	216.52	236.04	0.9322	0.10983	219.94	239.71	0.9273
−10	0.14549	223.03	243.40	0.9606	0.11135	222.02	242.06	0.9362
0	0.15219	230.55	251.86	0.9922	0.11678	229.67	250.69	0.9684
10	0.15875	238.21	260.43	1.0230	0.12207	237.44	259.41	0.9998
20	0.16520	246.01	269.13	1.0532	0.12723	245.33	268.23	1.0304
30	0.17155	253.96	277.97	1.0828	0.13230	253.36	277.17	1.0604
40	0.17783	262.06	286.96	1.1120	0.13730	261.53	286.24	1.0898
50	0.18404	270.32	296.09	1.1407	0.14222	269.85	295.45	1.1187
60	0.19020	278.74	305.37	1.1690	0.14710	278.31	304.79	1.1472
70	0.19633	287.32	314.80	1.1969	0.15193	286.93	314.28	1.1753
80	0.20241	296.06	324.39	1.2244	0.15672	295.71	323.92	1.2030
90	0.20846	304.95	334.14	1.2516	0.16148	304.63	333.70	1.2303
100	0.21449	314.01	344.04	1.2785	0.16622	313.72	343.63	1.2573
	P=2.0 bars=0.20 MPa (T_{sat}=−10.09 ℃)				P=2.4 bars=0.24 MPa (T_{sat}=−5.37 ℃)			
Sat.	0.09933	221.43	241.30	0.9253	0.08343	224.07	244.09	0.9222
−10	0.09938	221.50	241.38	0.9256				
0	0.10438	229.23	250.10	0.9582	0.08574	228.31	248.89	0.9399
10	0.10922	237.05	258.89	0.9898	0.08993	236.26	257.84	0.9721
20	0.11394	244.99	267.78	1.0206	0.09399	244.30	266.85	1.0034
30	0.11856	253.06	276.77	1.0508	0.09794	252.45	275.95	1.0339
40	0.12311	261.26	285.88	1.0804	0.10181	260.72	285.16	1.0637
50	0.12758	269.61	295.12	1.1094	0.10562	269.12	294.47	1.0930
60	0.13201	278.10	304.50	1.1380	0.10937	277.67	303.91	1.1218
70	0.13639	286.74	314.02	1.1661	0.11307	286.35	313.49	1.1501
80	0.14073	295.53	323.68	1.1939	0.11674	295.18	323.19	1.1780
90	0.14504	304.47	333.48	1.2212	0.12037	304.15	333.04	1.2055
100	0.14932	313.57	343.43	1.2483	0.12398	313.27	343.03	1.2326

[부표 A · 14] R-134a의 과열 증기표(계속)

T ℃	v m³/kg	u kJ/kg	h kJ/kg	s kJ/kg K	v m³/kg	u kJ/kg	h kJ/kg	s kJ/kg K
	P=2.8 bars=0.28 MPa (T_{sat}=−1.23 ℃)				P=3.2 bars=0.32 MPa (T_{sat}=2.48 ℃)			
Sat.	0.07193	226.38	246.52	0.9197	0.06322	228.43	248.66	0.9177
0	0.07240	227.37	247.64	0.9238				
10	0.07613	235.44	256.76	0.9566	0.06576	234.61	255.65	0.9427
20	0.07972	243.59	265.91	0.9883	0.06901	242.87	264.95	0.9749
30	0.08320	251.83	275.12	1.0192	0.07214	151.19	274.28	1.0062
40	0.08660	260.17	284.42	1.0494	0.07518	259.61	283.67	1.0367
50	0.08992	268.64	293.81	1.0789	0.07815	268.14	293.15	1.0665
60	0.09319	277.23	303.32	1.1079	0.08106	276.79	302.72	1.0957
70	0.09641	285.96	312.95	1.1364	0.08392	285.56	312.41	1.1243
80	0.09960	294.82	322.71	1.1644	0.08674	294.46	322.22	1.1525
90	0.10275	303.83	332.60	1.1920	0.08953	303.50	332.15	1.1802
100	0.10587	312.98	342.62	1.2193	0.09229	312.68	342.21	1.2076
110	0.10897	322.27	352.78	1.2461	0.09503	322.00	352.40	1.2345
120	0.11205	331.71	363.08	1.2727	0.09774	331.45	362.73	1.2611
	P=4.0 bars=0.40 MPa (T_{sat}=8.93 ℃)				P=5.0 bars=0.50 MPa (T_{sat}=15.74 ℃)			
Sat.	0.05089	231.97	252.32	0.9145	0.04086	235.64	256.07	0.9117
10	0.05119	232.87	253.35	0.9182				
20	0.05397	241.37	262.96	0.9515	0.04188	239.40	260.34	0.9264
30	0.05662	249.89	272.54	0.9837	0.04416	248.20	270.28	0.9597
40	0.05917	258.47	282.14	1.0148	0.04633	256.99	280.16	0.9918
50	0.06164	267.13	291.79	1.0452	0.04842	265.83	290.04	1.0229
60	0.06405	275.89	301.51	1.0748	0.05043	274.73	299.95	1.0531
70	0.06641	284.75	311.32	1.1038	0.05240	283.72	309.92	1.0825
80	0.06873	293.73	321.23	1.1322	0.05432	292.80	319.96	1.1114
90	0.07102	302.84	331.25	1.1602	0.05620	302.00	330.10	1.1397
100	0.07327	312.07	341.38	1.1878	0.05805	311.31	340.33	1.1675
110	0.07550	321.44	351.64	1.2149	0.05988	320.74	350.68	1.1949
120	0.07771	330.94	362.03	1.2417	0.06168	330.30	361.14	1.2218
130	0.07991	340.58	372.54	1.2681	0.06347	339.98	371.72	1.2484
140	0.08208	350.35	383.18	1.2941	0.06524	349.79	382.42	1.2746
	P=6.0 bars=0.60 MPa (T_{sat}=21.58 ℃)				P=7.0 bars=0.70 MPa (T_{sat}=26.72 ℃)			
Sat.	0.03408	238.74	259.19	0.9097	0.02918	241.42	261.85	0.9080
30	0.03581	246.41	267.89	0.9388	0.02979	244.51	265.37	0.9197
40	0.03774	225.45	278.09	0.9719	0.03157	253.83	275.93	0.9539
50	0.03958	264.48	288.23	1.0037	0.03324	263.08	286.35	0.9867
60	0.04134	273.54	298.35	1.0346	0.03482	272.31	296.69	1.0182
70	0.04304	282.66	308.48	1.0645	0.03634	281.57	307.01	1.0487
80	0.04469	291.86	318.67	1.0938	0.03781	290.88	317.35	1.0784
90	0.04631	301.14	328.93	1.1225	0.03924	300.27	327.74	1.1074
100	0.04790	310.53	339.27	1.1505	0.04064	309.74	338.19	1.1358
110	0.04946	320.03	349.70	1.1781	0.04201	319.31	348.71	1.1637
120	0.05099	329.64	360.24	1.2053	0.04335	328.98	359.33	1.1910
130	0.05251	339.38	370.88	1.2320	0.04468	338.76	370.04	1.2179
140	0.05402	349.23	381.64	1.2584	0.04599	348.66	380.86	1.2444
150	0.05550	359.21	392.52	1.2844	0.04729	358.68	391.79	1.2706
160	0.05698	369.32	403.51	1.3100	0.04857	368.82	402.82	1.2963

[부표 A · 14] R-134a의 과열 증기표(계속)

T ℃	v m³/kg	u kJ/kg	h kJ/kg	s kJ/kg K	v m³/kg	u kJ/kg	h kJ/kg	s kJ/kg K
	P=8.0 bars=0.80 MPa (T_{sat}=31.33 ℃)				P=9.0 bars=0.90 MPa (T_{sat}=35.53 ℃)			
Sat.	0.02547	243.78	264.15	0.9066	0.02255	245.88	266.18	0.9054
40	0.02691	252.13	273.66	0.9374	0.02325	250.32	271.25	0.9217
50	0.02846	261.62	284.39	0.9711	0.02472	260.09	282.34	0.9566
60	0.02992	271.04	294.98	1.0034	0.02609	269.72	293.21	0.9897
70	0.03131	280.45	305.50	1.0345	0.02738	279.30	303.94	1.0214
80	0.03264	289.89	316.00	1.0647	0.02861	288.87	314.62	1.0521
90	0.03393	299.37	326.52	1.0940	0.02980	298.46	325.28	1.0819
100	0.03519	308.93	337.08	1.1227	0.03095	308.11	335.96	1.1109
110	0.03642	318.57	347.71	1.1508	0.03207	317.82	346.68	1.1392
120	0.03762	328.31	358.40	1.1784	0.03316	327.62	357.47	1.1670
130	0.03881	338.14	369.19	1.2055	0.03423	337.52	368.33	1.1943
140	0.03997	348.09	380.07	1.2321	0.03529	347.51	379.27	1.2211
150	0.04113	358.15	391.05	1.2584	0.03633	357.61	390.31	1.2475
160	0.04227	368.32	402.14	1.2843	0.03736	367.82	401.44	1.2735
170	0.04340	378.61	413.33	1.3098	0.03838	378.14	412.68	1.2992
180	0.04452	389.02	424.63	1.3351	0.03939	388.57	424.02	1.3245
	P=10.0 bars=1.00 MPa (T_{sat}=39.39 ℃)				P=12.0 bars=1.20 MPa (T_{sat}=46.32 ℃)			
Sat.	0.02020	247.77	267.97	0.9043	0.01663	251.03	270.99	0.9023
40	0.02029	248.39	268.68	0.9066				
50	0.02171	258.48	280.19	0.9428	0.01712	254.98	275.52	0.9164
60	0.02301	268.35	291.36	0.9768	0.01835	265.42	287.44	0.9527
70	0.02423	278.11	302.34	1.0093	0.01947	275.59	298.96	0.9868
80	0.02538	287.82	313.20	1.0405	0.02051	285.62	310.24	1.0192
90	0.02649	297.53	324.01	1.0707	0.02150	295.59	321.39	1.0503
100	0.02755	307.27	334.82	1.1000	0.02244	305.54	332.47	1.0804
110	0.02858	317.06	345.65	1.1286	0.02335	315.50	343.52	1.1096
120	0.02959	326.93	356.52	1.1567	0.02423	325.51	354.58	1.1381
130	0.03058	336.88	367.46	1.1841	0.02508	335.58	365.68	1.1660
140	0.03154	346.92	378.46	1.2111	0.02592	345.73	376.83	1.1933
150	0.03250	357.06	389.56	1.2376	0.02674	355.95	388.04	1.2201
160	0.03344	367.31	400.74	1.2638	0.02754	366.27	399.33	1.2465
170	0.03436	377.66	412.02	1.2895	0.02834	376.69	410.70	1.2724
180	0.03528	388.12	423.40	1.3149	0.02912	387.21	422.16	1.2980
	P=14.0 bars=1.40 MPa (T_{sat}=52.43 ℃)				P=16.0 bars=1.60 MPa (T_{sat}=57.92 ℃)			
Sat.	0.01405	253.74	273.40	0.9003	0.01208	256.00	275.33	0.8982
60	0.01495	262.17	283.10	0.9297	0.01233	258.48	278.20	0.9069
70	0.01603	272.87	295.31	0.9658	0.01340	269.89	291.33	0.9457
80	0.01701	283.29	307.10	0.9997	0.01435	280.78	303.74	0.9813
90	0.01792	293.55	318.63	1.0319	0.01521	291.39	315.72	1.0148
100	0.01878	303.73	330.02	1.0628	0.01601	301.84	327.46	1.0467
110	0.01960	313.88	341.32	1.0927	0.01677	312.20	339.04	1.0773
120	0.02039	324.05	352.59	1.1218	0.01750	322.53	350.53	1.1069
130	0.02115	334.25	363.86	1.1501	0.01820	332.87	361.99	1.1357
140	0.02189	344.50	375.15	1.1777	0.01887	343.24	373.44	1.1638
150	0.02262	354.82	386.49	1.2048	0.01953	353.66	384.91	1.1912
160	0.02333	365.22	397.89	1.2315	0.02017	364.15	396.43	1.2181
170	0.02403	375.71	409.36	1.2576	0.02080	374.71	407.99	1.2445
180	0.02472	386.29	420.90	1.2834	0.02142	385.35	419.62	1.2704
190	0.02541	396.96	432.53	1.3088	0.02203	396.08	431.33	1.2960
200	0.02608	407.73	444.24	1.3338	0.02263	406.90	443.11	1.3212

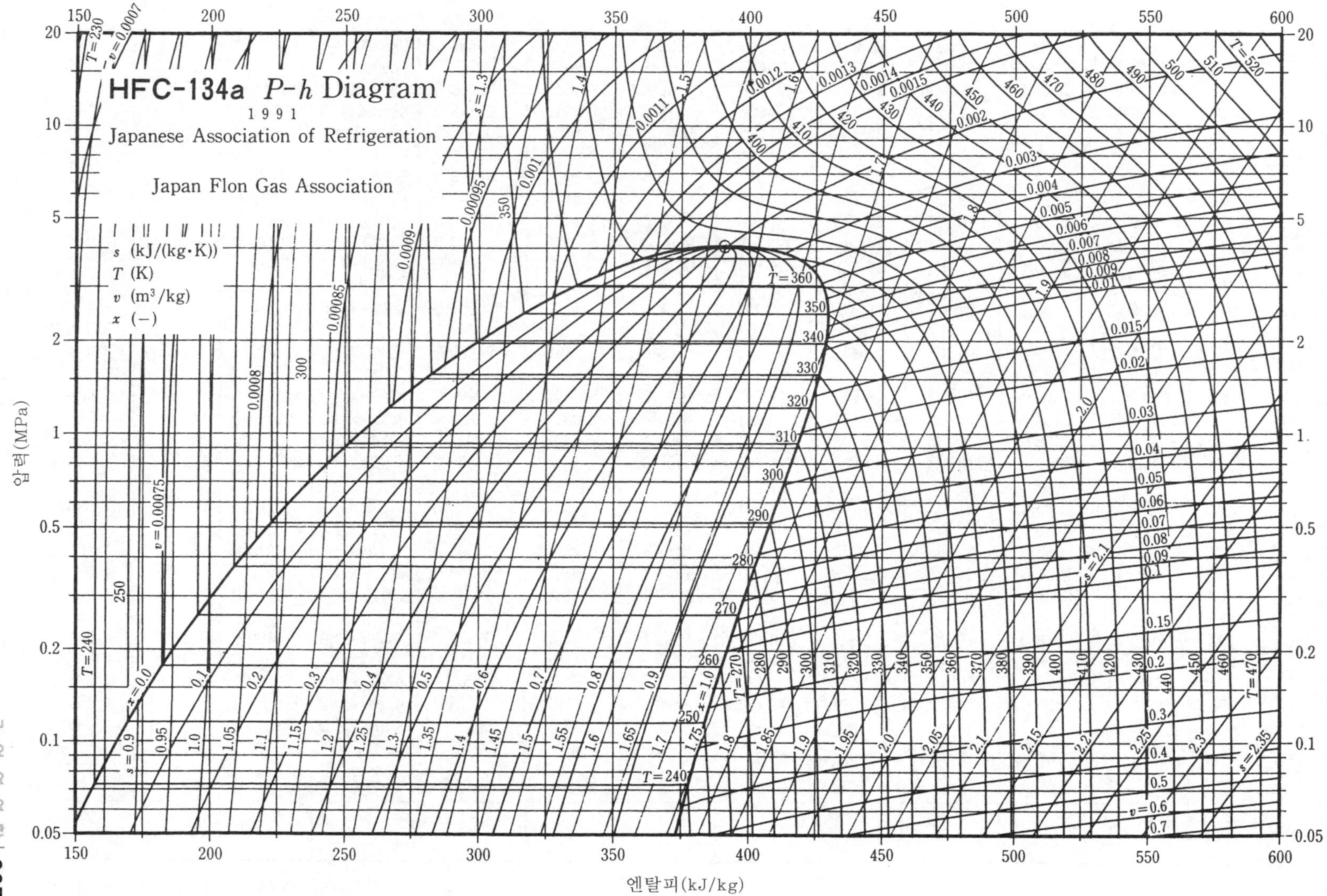

[부도 A · 4] R-134a의 $P-h$ 선도

[부표 A·15] R-123의 포화 증기표(온도 기준)

온도 K	온도 ℃	압력 MPa	비체적 m³/kg		밀도 kg/m³		엔탈피 kJ/kg			엔트로피 kJ/kg K		온도 K
			포화액	포화증기	포화액	포화증기	포화액	포화증기	증발	포화액	포화증기	
T	t	P	v_f	v_g	ρ_f	ρ_g	h_f	h_g	h_{fg}	s_f	s_g	T
260	−13.15	0.017941	0.00064335	0.77709	1554.4	1.2868	188.81	369.19	180.38	0.9581	1.6518	260
261	−12.15	0.018853	0.00064431	0.74197	1552.0	1.3478	189.64	369.78	180.14	0.9613	1.6515	261
262	−11.15	0.019804	0.00064528	0.70872	1549.7	1.4110	190.48	370.38	179.90	0.9644	1.6511	262
263	−10.15	0.020793	0.00064625	0.67721	1547.4	1.4766	191.32	370.97	179.66	0.9676	1.6507	263
264	−9.15	0.021823	0.00064722	0.64735	1545.1	1.5448	192.16	371.57	179.41	0.9708	1.6504	264
265	−8.15	0.022895	0.00064821	0.61904	1542.7	1.6154	193.00	372.16	179.16	0.9740	1.6501	265
266	−7.15	0.024010	0.00064919	0.59219	1540.4	1.6887	193.85	372.76	178.91	0.9772	1.6498	266
267	−6.15	0.025170	0.00065018	0.56671	1538.0	1.7646	194.70	373.35	178.65	0.9804	1.6495	267
268	−5.15	0.026375	0.00065118	0.54252	1535.7	1.8432	195.56	373.95	178.39	0.9836	1.6492	268
269	−4.15	0.027627	0.00065218	0.51955	1533.3	1.9247	196.41	374.55	178.13	0.9868	1.6490	269
270	−3.15	0.028928	0.00065319	0.49773	1531.0	2.0091	197.27	375.14	177.87	0.9900	1.6488	270
271	−2.15	0.030278	0.00065420	0.47699	1528.6	2.0965	198.14	375.74	177.61	0.9932	1.6485	271
272	−1.15	0.031680	0.00065522	0.45727	1526.2	2.1869	199.00	376.34	177.34	0.9963	1.6483	272
273	−0.15	0.033134	0.00065624	0.43851	1523.8	2.2804	199.87	376.94	177.07	0.9995	1.6481	273
273.15	0.00	0.033357	0.00065639	0.43578	1523.5	2.2947	200.00	377.03	177.03	1.0000	1.6481	273.15
274	0.85	0.034643	0.00065727	0.42067	1521.4	2.3772	200.74	377.54	176.80	1.0027	1.6479	274
275	1.85	0.036207	0.00065830	0.40368	1519.1	2.4772	201.61	378.14	176.52	1.0059	1.6478	275
276	2.85	0.037829	0.00065934	0.38751	1516.7	2.5806	202.49	378.73	176.24	1.0091	1.6476	276
277	3.85	0.039509	0.00066038	0.37210	1514.3	2.6874	203.37	379.33	175.96	1.0122	1.6475	277
278	4.85	0.041250	0.00066143	0.35742	1511.9	2.7978	204.25	379.93	175.68	1.0154	1.6474	278
279	5.85	0.043052	0.00066249	0.34343	1509.5	2.9118	205.14	380.53	175.39	1.0186	1.6472	279
280	6.85	0.044918	0.00066355	0.33009	1507.0	3.0295	206.03	381.13	175.10	1.0218	1.6471	280
281	7.85	0.046850	0.00066462	0.31736	1504.6	3.1510	206.92	381.73	174.81	1.0249	1.6471	281
282	8.85	0.048848	0.00066569	0.30522	1502.2	3.2763	207.82	382.33	174.52	1.0281	1.6470	282
283	9.85	0.050914	0.00066677	0.29363	1499.8	3.4057	209.71	382.93	174.22	1.0313	1.6469	283
284	10.85	0.053051	0.00066785	0.28256	1497.3	3.5391	209.61	383.53	173.92	1.0345	1.6469	284

[부표 A · 15] R-123의 포화 증기표(온도 기준, 계속)

온도 K	온도 ℃	압력 MPa	비체적 m^3/kg		밀도 kg/m^3		엔탈피 kJ/kg			엔트로피 kJ/kg K		온도 K
T	t	P	포화액 v_f	포화증기 v_g	포화액 ρ_f	포화증기 ρ_g	포화액 h_f	포화증기 h_g	증발 h_{fg}	포화액 s_f	포화증기 s_g	T
285	11,85	0,055260	0,00066894	0,27199	1494,9	3,6766	210,52	384,13	173,62	1,0376	1,6468	285
286	12,85	0,057542	0,00067004	0,26189	1492,4	3,8184	211,43	384,73	173,31	1,0408	1,6468	286
287	13,85	0,059900	0,00067114	0,25223	1490,0	3,9646	212,33	385,34	173,00	1,0440	1,6468	287
288	14,85	0,062335	0,00067225	0,24300	1487,5	4,1152	213,25	385,94	172,69	1,0471	1,6468	288
289	15,85	0,064849	0,00067337	0,23418	1485,1	4,2703	214,16	386,54	172,37	1,0503	1,6468	289
290	16,85	0,067444	0,00067449	0,22573	1482,6	4,4300	215,08	387,14	172,06	1,0535	1,6468	290
291	17,85	0,070122	0,00067562	0,21765	1480,1	4,5945	216,00	387,74	171,74	1,0566	1,6468	291
292	18,85	0,072885	0,00067675	0,20991	1477,6	4,7639	216,93	388,34	171,41	1,0598	1,6468	292
293	19,85	0,075734	0,00067790	0,20251	1475,2	4,9381	217,86	388,94	171,08	1,0630	1,6469	293
294	20,85	0,078672	0,00067904	0,19541	1472,7	5,1174	218,79	389,54	170,75	1,0661	1,6469	294
295	21,85	0,081700	0,00068020	0,18861	1470,2	5,3019	219,72	390,14	170,42	1,0693	1,6470	295
296	22,85	0,084820	0,00068136	0,18210	1467,7	5,4916	220,66	390,74	170,08	1,0723	1,6471	296
297	23,85	0,088035	0,00068253	0,17585	1465,1	5,6867	221,59	391,34	169,75	1,0754	1,6472	297
298	24,85	0,091347	0,00068371	0,16986	1462,6	5,8873	222,54	391,94	169,40	1,0788	1,6473	298
298,15	25,00	0,091852	0,00068388	0,16898	1462,2	5,9178	222,68	392,03	169,35	1,0793	1,6473	298,15
299	25,85	0,94756	0,00068489	0,16411	1460,1	6,0934	223,48	392,54	169,06	1,0819	1,6474	299
300	26,85	0,098267	0,00068608	0,15860	1457,6	6,3053	224,43	393,14	168,71	1,0851	1,6475	300
300,848	27,698	0,101325	0,00068709	0,15409	1455,4	6,4895	225,24	393,65	168,41	1,0878	1,6476	300,848
301	27,85	0,10188	0,00068728	0,15331	1455,0	6,5229	225,38	393,74	168,36	1,0883	1,6476	301
302	28,85	0,10560	0,00068848	0,14823	1452,5	6,7465	226,34	394,34	168,00	1,0914	1,6477	302
303	29,85	0,10942	0,00068969	0,14335	1449,9	6,9761	227,29	394,94	167,64	1,0946	1,6479	303
304	30,85	0,11335	0,00069091	0,13866	1447,4	7,2119	228,25	395,54	167,28	1,0977	1,6480	304

[부표 A·15] R-123의 포화 증기표(온도 기준, 계속)

온도 K	온도 ℃	압력 MPa	비체적 m^3/kg		밀도 kg/m^3		엔탈피 kJ/kg			엔트로피 kJ/kg K		온도 K
T	t	P	포화액 v_f	포화증기 v_g	포화액 ρ_f	포화증기 ρ_g	포화액 h_f	포화증기 h_g	증발 h_{fg}	포화액 s_f	포화증기 s_g	T
305	31.85	0.11740	0.00069214	0.13416	1444.8	7.4539	229.22	396.13	166.62	1.1009	1.6481	305
306	32.85	0.12156	0.00069338	0.12983	1442.2	7.7024	230.18	396.73	166.55	1.1040	1.6483	306
307	33.85	0.12583	0.00069462	0.12567	1439.6	7.9574	231.15	397.33	166.18	1.1072	1.6485	307
308	34.85	0.13022	0.00069587	0.12167	1437.1	8.2190	232.12	397.93	165.80	1.1103	1.6487	308
309	35.85	0.13473	0.00069713	0.11782	1434.5	8.4874	233.10	398.52	165.42	1.1135	1.6488	309
310	36.85	0.13936	0.00069840	0.11412	1431.9	8.7627	234.08	399.12	165.04	1.1166	1.6490	310
311	37.85	0.14412	0.00069967	0.11056	1429.2	9.0450	235.06	399.72	164.66	1.1198	1.6492	311
312	38.85	0.14900	0.00070096	0.10713	1426.6	9.3345	236.04	400.31	164.27	1.1229	1.6494	312
313	39.85	0.15401	0.00070225	0.10383	1424.0	9.6313	237.03	400.91	163.88	1.1261	1.6497	313
314	40.85	0.15916	0.00070355	0.10065	1421.4	9.9355	238.02	401.50	163.48	1.1292	1.6499	314
315	41.85	0.16443	0.00070486	0.097587	1418.7	10.247	239.01	402.10	163.08	1.1324	1.6501	315
316	42.85	0.16984	0.00070618	0.094637	1416.1	10.567	240.01	402.69	162.68	1.1355	1.6503	316
317	43.85	0.17539	0.00070751	0.091793	1413.4	10.894	241.01	403.28	162.28	1.1387	1.6506	317
318	44.85	0.18109	0.00070884	0.089053	1410.7	11.229	242.01	403.88	161.87	1.1418	1.6508	318
319	45.85	0.18692	0.00071019	0.086410	1408.1	11.573	243.01	404.47	161.46	1.1449	1.6511	319
320	46.85	0.19290	0.00071155	0.083862	1405.4	11.924	244.02	405.06	161.04	1.1481	1.6513	320
321	47.85	0.19902	0.00071291	0.081403	1402.7	12.284	245.03	405.65	160.62	1.1512	1.6516	321
322	48.85	0.20530	0.00071429	0.079032	1400.0	12.653	246.04	406.24	160.20	1.1544	1.6519	322
323	49.85	0.21173	0.00071567	0.076743	1397.3	13.031	247.06	406.83	159.77	1.1575	1.6521	323
324	50.85	0.21831	0.00071707	0.074534	1394.6	13.417	248.08	407.42	159.34	1.1606	1.6524	324
325	51.85	0.22506	0.00071847	0.072401	1391.8	13.812	249.10	408.01	158.91	1.1638	1.6527	325
326	52.85	0.23196	0.00071988	0.070341	1389.1	14.216	250.12	408.60	158.47	1.1669	1.6530	326
327	53.85	0.23902	0.00072131	0.068351	1386.4	14.630	251.15	409.18	158.03	1.1700	1.6533	327
328	54.85	0.24625	0.00072275	0.066429	1383.6	15.054	252.18	409.77	157.59	1.1732	1.6536	328
329	55.85	0.25365	0.00072419	0.064572	1380.8	15.487	253.21	410.36	157.14	1.1763	1.6539	329

[부표 A · 15] **R-123의 포화 증기표**(온도 기준, 계속)

온 도 K	℃	압력 MPa	비체적 m^3/kg		밀도 kg/m^3		엔탈피 kJ/kg			엔트로피 kJ/kg K		온도 K
T	t	P	포화액 v_f	포화증기 v_g	포화액 ρ_f	포화증기 ρ_g	포화액 h_f	포화증기 h_g	증발 h_{fg}	포화액 s_f	포화증기 s_g	T
330	56.85	0.26121	0.00072565	0.062777	1378.1	15.929	254.25	410.94	156.69	1.1794	1.6542	330
331	57.85	0.26895	0.00072712	0.061042	1375.3	16.382	255.29	411.52	156.24	1.1825	1.6545	331
332	58.85	0.27687	0.00072860	0.059364	1372.5	16.845	256.33	412.11	155.78	1.1857	1.6549	332
333	59.85	0.28496	0.00073009	0.057742	1369.7	17.318	257.37	412.69	155.31	1.1888	1.6552	333
334	60.85	0.29323	0.00073159	0.056172	1366.9	17.802	258.42	413.27	154.85	1.1919	1.6555	334
335	61.85	0.30168	0.00073311	0.054654	1364.1	18.297	259.47	413.85	154.38	1.1950	1.6559	335
336	62.85	0.31032	0.00073463	0.053185	1361.2	18.802	260.52	414.43	153.91	1.1981	1.6562	336
337	63.85	0.31915	0.00073617	0.051763	1358.4	19.319	261.58	415.01	153.43	1.2013	1.6565	337
338	64.85	0.32817	0.00073772	0.050386	1355.5	19.847	262.64	415.59	152.95	1.2044	1.6569	338
339	65.85	0.33738	0.00073928	0.049053	1352.7	20.386	263.70	416.16	152.46	1.2075	1.6572	339
340	66.85	0.34679	0.00074086	0.047762	1349.8	20.937	264.76	416.74	151.97	1.2106	1.6576	340
341	67.85	0.35639	0.00074245	0.046512	1346.9	21.500	265.83	417.31	151.48	1.2137	1.6579	341
342	68.85	0.36620	0.00074405	0.045301	1344.0	22.075	266.90	417.89	150.99	1.2168	1.6583	342
343	69.85	0.37621	0.00074567	0.044127	1341.1	22.662	267.97	418.46	150.49	1.2199	1.6587	343
344	70.85	0.38643	0.00074730	0.042990	1338.2	23.261	269.05	419.03	149.98	1.2230	1.6590	344
345	71.85	0.39685	0.00074894	0.041887	1335.2	23.874	270.12	419.60	149.48	1.2262	1.6594	345
346	72.85	0.40749	0.00075059	0.040818	1332.3	24.499	271.21	420.17	148.96	1.2293	1.6598	346
347	73.85	0.41834	0.00075227	0.039782	1329.3	25.137	272.29	420.74	148.45	1.2324	1.6602	347
348	74.85	0.42941	0.00075395	0.038777	1326.3	25.789	273.37	421.30	147.93	1.2355	1.6605	348
349	75.85	0.44070	0.00075565	0.037802	1323.4	26.454	274.46	421.87	147.41	1.2386	1.6609	349
350	76.85	0.45222	0.00075737	0.036856	1320.4	27.133	275.55	422.43	146.88	1.2417	1.6613	350
351	77.85	0.46395	0.00075910	0.035938	1317.3	27.826	276.65	422.99	146.35	1.2447	1.6617	351
352	78.85	0.47592	0.00076085	0.035047	1314.3	28.533	277.74	423.56	145.81	1.2478	1.6621	352
353	79.85	0.48812	0.00076261	0.034182	1311.3	29.255	278.84	424.12	145.27	1.2509	1.6625	353
354	80.85	0.50055	0.00076439	0.033342	1308.2	29.992	279.95	424.67	144.73	1.2540	1.6629	354

[부표 A · 15] R-123의 포화 증기표(온도 기준, 계속)

온 도 K	온 도 ℃	압력 MPa	비체적 m³/kg		밀도 kg/m³		엔탈피 kJ/kg			엔트로피 kJ/kg K		온도 K
			포화액	포화증기	포화액	포화증기	포화액	포화증기	증발	포화액	포화증기	
T	t	P	v_f	v_g	ρ_f	ρ_g	h_f	h_g	h_{fg}	s_f	s_g	T
355	81.85	0.51322	0.00076619	0.032527	1305.2	30.743	281.05	425.23	144.18	1.2571	1.6633	355
356	82.85	0.52613	0.00076800	0.031735	1302.1	31.510	282.16	425.79	143.63	1.2602	1.6637	356
357	83.85	0.53928	0.00076983	0.030966	1299.0	32.293	283.27	426.34	143.07	1.2633	1.6641	357
358	84.85	0.55267	0.00077168	0.030219	1295.9	33.092	284.38	426.89	142.51	1.2664	1.6645	358
359	85.85	0.56631	0.00077354	0.029493	1292.8	33.906	285.50	427.44	141.95	1.2695	1.6649	359
360	86.85	0.58021	0.00077542	0.028788	1289.6	34.737	286.61	427.99	141.38	1.2725	1.6653	360
361	87.85	0.59435	0.00077733	0.028102	1286.5	35.585	287.73	428.54	140.81	1.2756	1.6657	361
362	88.85	0.60876	0.00077925	0.027435	1283.3	36.449	288.86	429.09	140.23	1.2787	1.6661	362
363	89.85	0.62342	0.00078119	0.026787	1280.1	37.331	289.98	429.63	139.65	1.2818	1.6665	363
364	90.85	0.63835	0.00078315	0.026157	1276.9	38.231	291.11	430.18	139.06	1.2848	1.6669	364
365	91.85	0.65354	0.00078513	0.025544	1273.7	39.149	292.24	430.72	138.47	1.2879	1.6673	365
366	92.85	0.66899	0.00078713	0.024947	1270.4	40.085	293.38	431.26	137.88	1.2910	1.6677	366
367	93.85	0.68472	0.00078916	0.024367	1267.2	41.039	294.51	431.79	137.28	1.2940	1.6681	367
368	94.85	0.70072	0.00079120	0.023802	1263.9	42.013	295.65	432.33	136.68	1.2971	1.6685	368
369	95.85	0.71700	0.00079327	0.023253	1260.6	43.005	296.79	432.86	136.07	1.3002	1.6689	369
370	96.85	0.73356	0.00079536	0.022718	1257.3	44.018	297.94	433.39	135.45	1.3032	1.6693	370
371	97.85	0.75040	0.00079747	0.022197	1254.0	45.050	299.09	433.92	134.84	1.3063	1.6697	371
372	98.85	0.76753	0.00079960	0.021690	1250.6	46.103	300.24	434.45	134.21	1.3093	1.6701	372
373	99.85	0.78494	0.00080176	0.021197	1247.3	47.177	301.39	434.98	133.59	1.3124	1.6705	373
374	100.85	0.80265	0.00080395	0.020716	1243.9	48.272	302.54	435.50	132.96	1.3155	1.6710	374
375	101.85	0.82065	0.00080616	0.020248	1240.5	49.389	303.70	436.02	132.32	1.3185	1.6714	375
376	102.85	0.83895	0.00080839	0.019791	1237.0	50.527	304.86	436.54	131.68	1.3216	1.6718	376
377	103.85	0.85755	0.00081065	0.019347	1233.6	51.689	306.03	437.06	131.03	1.3246	1.6722	377
378	104.85	0.87645	0.00081294	0.018913	1230.1	52.873	307.19	437.57	130.38	1.3277	1.6726	378
379	105.85	0.89566	0.00081526	0.018491	1226.6	54.081	308.36	438.08	129.72	1.3307	1.6730	379

[부표 A · 15] R-123의 포화 증기표(온도 기준, 계속)

온도 K	온도 ℃	압력 MPa	비체적 m³/kg		밀도 kg/m³		엔탈피 kJ/kg			엔트로피 kJ/kg K		온도 K
			포화액	포화증기	포화액	포화증기	포화액	포화증기	증발	포화액	포화증기	
T	t	P	v_f	v_g	ρ_f	ρ_g	h_f	h_g	h_{fg}	s_f	s_g	T
380	106.85	0.91518	0.00081761	0.018079	1223.1	55.312	309.53	438.59	129.06	1.3338	1.6734	380
381	107.85	0.93501	0.00081998	0.017678	1219.5	56.568	310.71	439.10	128.39	1.3368	1.6738	381
382	108.85	0.95516	0.00082238	0.017286	1216.0	57.849	311.88	439.60	127.72	1.3398	1.6742	382
383	109.85	0.97563	0.00082482	0.016905	1212.4	59.156	313.06	440.10	127.04	1.3429	1.6746	383
384	110.85	0.99642	0.00082729	0.016532	1208.8	60.488	314.24	440.60	126.36	1.3459	1.6750	384
385	111.85	1.0175	0.00082979	0.016169	1205.1	61.847	315.43	441.10	125.67	1.3490	1.6754	385
386	112.85	1.0390	0.00083232	0.015814	1201.5	63.233	316.62	441.59	124.97	1.3520	1.6757	386
387	113.85	1.0608	0.00083488	0.015469	1197.8	64.647	317.81	442.08	124.27	1.3550	1.6761	387
388	114.85	1.0829	0.00083749	0.015131	1194.0	66.090	319.00	442.57	123.56	1.3581	1.6765	388
389	115.85	1.1053	0.00084012	0.014801	1190.3	67.561	320.20	443.05	122.85	1.3611	1.6769	389
390	116.85	1.1281	0.00084280	0.014480	1186.5	69.062	321.40	443.53	122.13	1.3641	1.6773	390
391	117.85	1.1512	0.00084551	0.014166	1182.7	70.594	322.60	444.01	121.41	1.3672	1.6777	391
392	118.85	1.1747	0.00084827	0.013859	1178.9	72.156	323.81	444.48	120.67	1.3702	1.6780	392
393	119.85	1.1986	0.00085106	0.013559	1175.0	73.751	325.02	444.95	119.94	1.3732	1.6784	393
394	120.85	1.2228	0.00085389	0.013266	1171.1	75.378	326.23	445.42	119.19	1.3762	1.6788	394
395	121.85	1.2473	0.00085677	0.012981	1167.2	77.039	327.44	445.88	118.44	1.3793	1.6791	395
396	122.85	1.2722	0.00085970	0.012701	1163.2	78.734	328.66	446.34	117.68	1.3823	1.6795	396
397	123.85	1.2975	0.00086266	0.012428	1159.2	80.464	329.88	446.80	116.92	1.3853	1.6798	397
398	124.85	1.3232	0.00086568	0.012161	1155.2	82.230	331.11	447.25	116.14	1.3883	1.6802	398
399	125.85	1.3492	0.00086874	0.011900	1151.1	84.033	332.34	447.70	115.36	1.3914	1.6805	399
400	126.85	1.3756	0.00087186	0.011645	1147.0	85.875	333.57	448.14	114.57	1.3944	1.6808	400
401	127.85	1.4024	0.00087503	0.011395	1142.8	87.756	334.80	448.58	113.78	1.3974	1.6812	401
402	128.85	1.4295	0.00087825	0.011151	1138.6	89.677	336.04	449.02	112.97	1.4004	1.6815	402
403	129.85	1.4571	0.00088153	0.010912	1134.4	91.639	337.29	449.45	112.16	1.4035	1.6818	403
404	130.85	1.4850	0.00088486	0.010679	1130.1	93.644	338.53	449.87	111.34	1.4065	1.6821	404

[부표 A·15] R-123의 포화 증기표(온도 기준, 계속)

온도 K	온도 ℃	압력 MPa	비체적 m³/kg		밀도 kg/m³		엔탈피 kJ/kg			엔트로피 kJ/kg K		온도 K
T	t	P	포화액 v_f	포화증기 v_g	포화액 ρ_f	포화증기 ρ_g	포화액 h_f	포화증기 h_g	증발 h_{fg}	포화액 s_f	포화증기 s_g	T
405	131.85	1.5134	0.00088826	0.010450	1125.8	95.692	339.78	450.30	110.51	1.4095	1.6824	405
406	132.85	1.5421	0.00089172	0.010226	1121.4	97.786	341.04	450.71	109.67	1.4126	1.6827	406
407	133.85	1.5712	0.00089524	0.010007	1117.0	99.927	342.29	451.12	108.83	1.4156	1.6830	407
408	134.85	1.6008	0.00089883	0.0097928	1112.6	102.12	343.56	451.53	107.97	1.4186	1.6833	408
409	135.85	1.6307	0.00090249	0.0095828	1108.0	104.35	344.82	451.93	107.10	1.4217	1.6835	409
410	136.85	1.6611	0.00090622	0.0093771	1103.5	106.64	346.09	452.32	106.22	1.4247	1.6838	410
411	137.85	1.6919	0.00091003	0.0091755	1098.9	108.99	347.37	452.71	105.34	1.4277	1.6840	411
412	138.85	1.7231	0.00091392	0.0089780	1094.2	111.38	348.65	453.09	104.44	1.4308	1.6843	412
413	139.85	1.7548	0.00091789	0.0087845	1089.5	113.84	349.93	453.46	103.53	1.4338	1.6845	413
414	140.85	1.7869	0.00092194	0.0085948	1084.7	116.35	351.22	453.83	102.61	1.4369	1.6847	414
415	141.85	1.8194	0.00092609	0.0084087	1079.8	118.92	352.52	454.19	101.67	1.4399	1.6849	415
416	142.85	1.8524	0.00093033	0.0082263	1074.9	121.56	353.82	454.55	100.73	1.4430	1.6851	416
417	143.85	1.8858	0.00093467	0.0080474	1069.9	124.26	355.13	454.89	99.77	1.4460	1.6853	417
418	144.85	1.9196	0.00093911	0.0078718	1064.8	127.04	356.44	455.23	98.79	1.4491	1.6854	418
419	145.85	1.9539	0.00094366	0.0076995	1059.7	129.88	357.76	455.56	97.80	1.4522	1.6856	419
420	146.85	1.9887	0.00094832	0.0075304	1054.5	132.80	359.08	455.88	96.80	1.4553	1.6857	420
421	147.85	2.0240	0.00095310	0.0073643	1049.2	135.79	360.41	456.19	95.78	1.4583	1.6858	421
422	148.85	2.0579	0.00095801	0.0072012	1043.8	138.87	361.75	456.50	94.75	1.4614	1.6860	422
423	149.85	2.0959	0.00096305	0.0070409	1038.4	142.03	363.09	456.79	93.70	1.4645	1.6860	423
424	150.85	2.1326	0.00096824	0.0068834	1032.8	145.28	364.45	457.07	92.62	1.4676	1.6861	424
425	151.85	2.1698	0.00097357	0.0067285	1027.1	148.62	365.81	457.34	91.54	1.4708	1.6861	425
426	152.85	2.2074	0.00097906	0.0065762	1021.4	152.06	367.18	457.60	90.43	1.4739	1.6862	426
427	153.85	2.2456	0.00098471	0.0064264	1015.5	155.61	368.55	457.85	89.30	1.4770	1.6862	427
428	154.85	2.2843	0.00099055	0.0062789	1009.5	159.26	369.94	458.08	88.14	1.4802	1.6861	428
429	155.85	2.3235	0.00099658	0.0061337	1003.4	163.03	371.34	458.30	86.97	1.4834	1.6861	429

[부표 A · 15] R-123의 포화 증기표(온도 기준, 계속)

온도 K	온도 ℃	압력 MPa	비체적 m³/kg		밀도 kg/m³		엔탈피 kJ/kg			엔트로피 kJ/kg K		온도 K
			포화액	포화증기	포화액	포화증기	포화액	포화증기	증발	포화액	포화증기	
T	t	P	v_f	v_g	ρ_f	ρ_g	h_f	h_g	h_{fg}	s_f	s_g	T
430	156.85	2.3632	0.0010028	0.0059907	997.20	166.93	372.75	458.51	85.76	1.4865	1.6860	430
431	157.85	2.4035	0.0010093	0.0058479	990.83	170.95	374.16	458.70	84.54	1.4897	1.6859	431
432	158.85	2.4443	0.0010159	0.0057107	984.32	175.11	375.60	458.87	83.28	1.4930	1.6857	432
433	159.85	2.4856	0.0010229	0.0055735	977.64	179.42	377.04	459.03	81.99	1.4962	1.6856	433
434	160.85	2.5275	0.0010301	0.0054381	970.80	183.89	378.50	459.17	80.67	1.4995	1.6853	434
435	161.85	2.5699	0.0010376	0.0053043	963.79	188.53	379.97	459.28	79.31	1.5028	1.6851	435
436	162.85	2.6130	0.0010454	0.0051720	956.58	193.35	381.46	459.38	77.92	1.5061	1.6848	436
437	163.85	2.6566	0.0010536	0.0050411	949.16	198.37	382.96	459.45	76.49	1.5094	1.6844	437
438	164.85	2.7008	0.0010621	0.0049115	941.51	203.60	384.49	459.49	75.01	1.5128	1.6840	438
439	165.85	2.7455	0.0010711	0.0047829	933.62	209.08	386.03	459.51	73.48	1.5162	1.6836	439
440	166.85	2.7909	0.0010805	0.0046553	925.46	214.81	387.60	459.49	71.90	1.5197	1.6831	440
441	167.85	2.8370	0.0010905	0.0045285	917.00	220.82	389.19	459.45	70.25	1.5232	1.6825	441
442	168.85	2.8836	0.0011011	0.0044022	908.21	227.16	390.81	459.36	68.55	1.5267	1.6818	442
443	169.85	2.9309	0.0011123	0.0042763	899.06	233.85	392.46	459.23	66.77	1.5303	1.6810	443
444	170.85	2.9789	0.0011242	0.0041505	889.50	240.93	394.15	459.05	64.91	1.5340	1.6802	444
445	171.85	3.0275	0.0011370	0.0040245	879.48	248.48	395.87	458.82	62.95	1.5378	1.6792	445
446	172.85	3.0769	0.0011508	0.0038979	868.92	256.55	397.64	458.53	60.89	1.5416	1.6781	446
447	173.85	3.1269	0.0011658	0.0037704	857.76	265.23	399.46	458.16	58.70	1.5455	1.6769	447
448	174.85	3.1777	0.0011822	0.0036412	845.87	274.63	401.34	457.71	56.37	1.5496	1.6754	448
449	175.85	3.2293	0.0012003	0.0035098	833.13	284.92	403.29	457.15	53.86	1.5538	1.6738	449
450	176.85	3.2816	0.0012205	0.0033751	819.34	296.28	405.34	456.47	51.14	1.5582	1.6719	450
451	177.85	3.3348	0.0012434	0.0032359	804.24	309.03	407.49	455.63	48.15	1.5629	1.6696	451
452	178.85	3.3888	0.0012699	0.0030901	787.45	323.61	409.78	454.59	44.80	1.5678	1.6669	452
453	179.85	3.4437	0.0013015	0.0029346	768.33	340.77	412.27	453.25	40.98	1.5732	1.6636	453
454	180.85	3.4996	0.0013408	0.0027637	745.81	361.84	415.05	451.48	36.43	1.5791	1.6594	454
455	181.85	3.5566	0.0013935	0.0025658	717.59	389.75	418.30	448.98	30.68	1.5861	1.6535	455
456	182.85	3.6147	0.0014770	0.0023071	677.05	433.45	422.56	444.84	22.27	1.5963	1.6441	456
456.86	183.71	3.666	0.0018018	0.0018018	555.	555.	433.3	433.3	0.0	1.619	1.619	456.86

[부표 A · 15] R-123의 포화 증기표(온도 기준, 계속)

온 도 K	℃	압력 MPa	비체적 m³/kg		밀도 kg/m³		엔탈피 kJ/kg			엔트로피 kJ/kg K		온도 K
T	t	P	포화액 v_f	포화증기 v_g	포화액 ρ_f	포화증기 ρ_g	포화액 h_f	포화증기 h_g	증발 h_{fg}	포화액 s_f	포화증기 s_g	T
0.020	262.202	−10.948	0.00064547	0.70223	1549.3	1.4240	190.65	370.50	179.85	0.9651	1.6510	0.020
0.025	266.856	−6.294	0.00065004	0.57030	1538.4	1.7535	194.58	373.27	178.69	0.9799	1.6496	0.025
0.030	270.797	−2.353	0.00065400	0.48111	1529.1	2.0785	197.96	375.62	177.66	0.9925	1.6486	0.030
0.035	274.231	1.081	0.00065751	0.41666	1520.9	2.4000	200.94	377.68	176.73	1.0034	1.6479	0.035
0.040	277.286	4.136	0.00066068	0.36784	1513.6	2.7186	203.62	379.51	175.88	1.0132	1.6474	0.040
0.045	280.043	6.893	0.00066360	0.32953	1506.9	3.0346	206.07	381.16	175.09	1.0219	1.6471	0.045
0.050	282.562	9.412	0.00066630	0.29864	1500.8	3.3485	208.32	382.67	174.35	1.0299	1.6469	0.050
0.055	284.884	11.734	0.00066882	0.27319	1495.2	3.6605	210.41	384.06	173.65	1.0373	1.6468	0.055
0.060	287.042	13.892	0.00067119	0.25184	1489.9	3.9708	212.37	385.36	172.99	1.0441	1.6468	0.060
0.065	289.059	15.909	0.00067343	0.23367	1484.9	4.2796	214.22	386.57	172.36	1.0505	1.6468	0.065
0.070	290.955	17.805	0.00067557	0.21801	1480.2	4.5870	215.96	387.71	171.75	1.0565	1.6468	0.070
0.075	292.745	19.595	0.00067760	0.20406	1475.8	4.8933	217.62	388.79	171.17	1.0622	1.6469	0.075
0.080	294.442	21.292	0.00067955	0.19237	1471.6	5.1984	219.20	389.81	170.61	1.0675	1.6470	0.080
0.085	296.057	22.907	0.00068143	0.18173	1467.5	5.5025	220.71	390.77	170.07	1.0726	1.6471	0.085
0.090	297.597	24.447	0.00068323	0.17224	1463.6	5.8058	222.16	391.70	169.54	1.0775	1.6472	0.090
0.095	299.070	25.920	0.00068497	0.16372	1459.9	6.1081	223.55	392.58	169.03	1.0822	1.6474	0.095
0.100	300.483	27.333	0.00068666	0.15601	1456.3	6.4097	224.89	393.43	168.54	1.0866	1.6475	0.100
0.101325	300.848	27.698	0.00068987	0.15409	1455.4	6.4895	225.24	393.65	168.41	1.0878	1.6476	0.101325
0.11	303.149	29.999	0.00068709	0.14264	1449.5	7.0108	227.44	395.03	167.59	1.0950	1.6479	0.11
0.12	305.629	32.479	0.00069292	0.13142	1443.2	7.6094	229.82	396.51	166.68	1.1029	1.6483	0.12
0.13	307.951	34.801	0.00069581	0.12186	1437.2	8.2059	232.08	397.90	165.82	1.1102	1.6486	0.13
0.14	310.136	36.986	0.00069857	0.11363	1431.5	8.8006	234.21	399.20	164.99	1.1171	1.6491	0.14
0.15	312.201	39.051	0.00070122	0.10645	1426.1	9.3937	236.24	400.43	164.19	1.1236	1.6495	0.15
0.16	314.162	41.012	0.00070376	0.10015	1420.9	9.9854	238.18	401.60	163.42	1.1297	1.6499	0.16
0.17	316.028	42.878	0.00070622	0.094555	1416.0	10.576	240.04	402.71	162.67	1.1356	1.6503	0.17
0.18	317.811	44.661	0.00070859	0.089562	1411.3	11.165	241.82	403.76	161.95	1.1412	1.6508	0.18
0.19	319.518	46.368	0.00071089	0.085078	1406.7	11.754	243.53	404.78	161.24	1.1466	1.6512	0.19

[부표 A · 16] R-123의 포화 증기표(압력 기준)

압력 MPa	온도 K	온도 ℃	비체적 m³/kg		밀도 kg/m³		엔탈피 kJ/kg			엔트로피 kJ/kg K		압력 MPa
			포화액	포화증기	포화액	포화증기	포화액	포화증기	증발	포화액	포화증기	
P	T	t	v_f	v_g	ρ_f	ρ_g	h_f	h_g	h_{fg}	s_f	s_g	P
0.20	321.157	48.007	0.00071313	0.081025	1402.3	12.342	245.19	405.74	160.56	1.1517	1.6516	0.20
0.21	322.733	49.583	0.00071530	0.077346	1398.0	12.929	246.79	406.67	159.89	1.1567	1.6521	0.21
0.22	324.252	51.102	0.00071742	0.073988	1393.9	13.516	248.33	407.57	159.23	1.1614	1.6525	0.22
0.23	325.719	52.569	0.00071949	0.070913	1389.9	14.012	249.83	408.43	158.60	1.1660	1.6529	0.23
0.24	327.137	53.987	0.00072151	0.068085	1386.0	14.688	251.29	409.26	157.97	1.1705	1.6533	0.24
0.25	328.510	55.360	0.00072348	0.065475	1382.2	15.273	252.71	410.07	157.36	1.1747	1.6538	0.25
0.26	329.841	56.691	0.00072542	0.063058	1378.5	15.858	254.09	410.85	156.76	1.1789	1.6542	0.26
0.27	331.134	57.984	0.00072732	0.060814	1374.9	16.444	255.43	411.60	156.17	1.1830	1.6546	0.27
0.28	332.390	59.240	0.00072918	0.058725	1371.4	17.029	256.74	412.33	155.60	1.1869	1.6550	0.28
0.29	333.612	60.462	0.00073101	0.056774	1368.0	17.614	258.02	413.05	155.03	1.1907	1.6554	0.29
0.30	334.803	61.653	0.00073281	0.054949	1364.6	18.199	259.26	413.74	154.47	1.1944	1.6558	0.30
0.31	335.963	62.813	0.00073458	0.053238	1361.3	18.784	260.49	414.41	153.92	1.1980	1.6562	0.31
0.32	337.095	63.945	0.00073632	0.051630	1358.1	19.369	261.68	415.06	153.38	1.2016	1.6566	0.32
0.33	338.201	65.051	0.00073803	0.050115	1355.0	19.954	262.85	415.70	152.85	1.2050	1.6570	0.33
0.34	339.281	66.131	0.00073973	0.048686	1351.9	20.540	264.00	416.32	152.33	1.2084	1.6573	0.34
0.35	340.337	67.187	0.00074139	0.047337	1348.8	21.125	265.12	416.93	151.81	1.2117	1.6577	0.35
0.36	341.370	68.220	0.00074304	0.046059	1345.8	21.711	266.23	417.53	151.30	1.2149	1.6584	0.36
0.37	342.382	69.232	0.00074467	0.044848	1342.9	22.298	267.31	418.11	150.80	1.2180	1.6584	0.37
0.38	343.373	70.223	0.00074627	0.043698	1340.0	22.884	268.37	418.67	150.30	1.2212	1.6588	0.38
0.39	344.345	71.195	0.00074786	0.042605	1337.1	23.471	269.42	419.23	149.81	1.2241	1.6592	0.39
0.40	345.298	72.148	0.00074943	0.041565	1334.3	24.059	270.45	419.77	149.32	1.2271	1.6595	0.40
0.41	346.233	73.083	0.00075098	0.040574	1331.6	24.646	271.46	420.30	148.84	1.2300	1.6599	0.41
0.42	347.151	74.001	0.00075252	0.039628	1328.9	25.235	272.45	420.82	148.37	1.2328	1.6602	0.42
0.43	348.052	74.902	0.00075404	0.038725	1326.2	25.823	273.43	421.33	147.90	1.2356	1.6606	0.43
0.44	348.938	75.788	0.00075555	0.037861	1323.5	26.412	274.40	421.83	147.44	1.2384	1.6609	0.44

[부표 A · 16] R-123의 포화 증기표(압력 기준, 계속)

압력 MPa	온도 K	온도 ℃	비체적 m^3/kg		밀도 kg/m^3		엔탈피 kJ/kg			엔트로피 kJ/kg K		압력 MPa
			포화액	포화증기	포화액	포화증기	포화액	포화증기	증발	포화액	포화증기	
P	T	t	v_f	v_g	ρ_f	ρ_g	h_f	h_g	h_{fg}	s_f	s_g	P
0.45	349.809	76.659	0.00075704	0.037034	1320.9	27.002	275.35	422.32	146.98	1.2411	1.6612	0.45
0.46	350.665	77.515	0.00075852	0.036242	1318.4	27.592	276.28	422.81	146.53	1.2437	1.6616	0.46
0.47	351.508	78.358	0.00075998	0.035482	1315.8	28.183	277.20	423.28	146.08	1.2463	1.6619	0.47
0.48	352.336	79.186	0.00076144	0.034753	1313.3	28.774	278.11	423.74	145.63	1.2489	1.6622	0.48
0.49	353.153	80.003	0.00076288	0.034052	1310.8	29.366	279.01	424.20	145.19	1.2514	1.6625	0.49
0.50	353.956	80.806	0.00076431	0.033379	1308.4	29.959	279.90	424.65	144.75	1.2539	1.6628	0.50
0.51	354.748	81.598	0.00076573	0.032731	1305.9	30.552	280.77	425.09	144.32	1.2563	1.6632	0.51
0.52	355.528	82.378	0.00076714	0.032107	1303.5	31.146	281.63	425.52	143.89	1.2587	1.6635	0.52
0.53	356.296	83.146	0.00076854	0.031505	1301.2	31.741	282.49	425.95	143.47	1.2611	1.6638	0.53
0.54	357.054	83.904	0.00076993	0.030925	1298.8	32.336	283.33	426.37	143.04	1.2635	1.6641	0.54
0.55	357.802	84.652	0.00077131	0.030365	1296.5	32.932	284.16	426.78	142.62	1.2658	1.6644	0.55
0.56	358.539	85.389	0.00077268	0.029825	1294.2	33.529	284.98	427.19	142.21	1.2680	1.6647	0.56
0.57	359.267	86.117	0.00077404	0.029303	1291.9	34.126	285.79	427.59	141.80	1.2703	1.6650	0.57
0.58	359.985	86.835	0.00077540	0.028798	1289.7	34.725	286.60	427.99	141.39	1.2725	1.6653	0.58
0.59	360.694	87.544	0.00077674	0.028310	1287.4	35.324	287.39	428.37	140.98	1.2747	1.6655	0.59
0.60	361.394	88.244	0.00077808	0.027837	1285.2	35.923	288.18	428.76	140.58	1.2768	1.6658	0.60
0.61	362.085	88.935	0.00077941	0.027379	1283.0	36.524	288.95	429.14	140.18	1.2789	1.6661	0.61
0.62	362.768	89.618	0.00078074	0.026936	1280.8	37.126	289.72	429.51	139.78	1.2810	1.6664	0.62
0.63	363.443	90.293	0.00078206	0.026506	1278.7	37.728	290.48	429.87	139.39	1.2831	1.6667	0.63
0.64	364.110	90.960	0.00078337	0.026089	1276.5	38.331	291.24	430.24	139.00	1.2852	1.6669	0.64
0.65	364.769	91.619	0.00078467	0.025684	1274.4	38.935	291.98	430.59	138.61	1.2872	1.6672	0.65
0.66	365.420	92.270	0.00078597	0.025291	1272.3	39.540	292.72	430.94	138.22	1.2892	1.6675	0.66
0.67	366.065	92.915	0.00078726	0.024909	1270.2	40.146	293.45	431.29	137.84	1.2912	1.6677	0.67
0.68	366.702	93.552	0.00078855	0.024538	1268.2	40.752	294.17	431.63	137.46	1.2931	1.6680	0.68
0.69	367.332	94.182	0.00078983	0.024178	1266.1	41.360	294.89	431.97	137.08	1.2951	1.6682	0.69

[부표 A · 16] R-123의 포화 증기표(압력 기준, 계속)

압력 MPa	온도 K	온도 ℃	비체적 m^3/kg		밀도 kg/m^3		엔탈피 kJ/kg			엔트로피 kJ/kg K		압력 MPa
			포화액	포화증기	포화액	포화증기	포화액	포화증기	증발	포화액	포화증기	
P	T	t	v_f	v_g	ρ_f	ρ_g	h_f	h_g	h_{fg}	s_f	s_g	P
0.70	367.955	94.805	0.00079111	0.023827	1264.0	41.968	295.60	432.30	136.70	1.2970	1.6685	0.70
0.71	368.572	95.422	0.00079238	0.023486	1262.0	42.578	296.31	432.63	136.33	1.2989	1.6687	0.71
0.72	369.182	96.032	0.00079365	0.023154	1260.0	43.188	297.00	432.96	135.96	1.3007	1.6690	0.72
0.73	369.786	96.636	0.00079491	0.022831	1258.0	43.800	297.69	433.28	135.59	1.3026	1.6692	0.73
0.74	370.384	97.234	0.00079616	0.022516	1256.0	44.412	298.38	433.60	135.22	1.3044	1.6695	0.74
0.75	370.976	97.826	0.00079742	0.022210	1254.0	45.026	299.06	433.91	134.85	1.3062	1.6697	0.75
0.76	371.562	98.412	0.00079867	0.021911	1252.1	45.640	299.73	434.22	134.49	1.3080	1.6700	0.76
0.77	372.143	98.993	0.00079991	0.021619	1250.1	46.255	300.40	434.53	134.13	1.3098	1.6702	0.77
0.78	372.718	99.568	0.00080115	0.021335	1248.2	46.872	301.06	434.83	133.76	1.3115	1.6704	0.78
0.79	373.287	100.137	0.00080239	0.021057	1246.3	47.489	301.72	435.13	133.41	1.3133	1.6707	0.79
0.80	373.851	100.701	0.00080362	0.020787	1244.4	48.108	302.37	435.42	133.05	1.3150	1.6709	0.80
0.81	374.410	101.260	0.00080485	0.020522	1242.5	48.728	303.02	435.71	132.69	1.3167	1.6711	0.81
0.82	374.964	101.814	0.00080608	0.020264	1240.6	49.348	303.66	436.00	132.34	1.3184	1.6713	0.82
0.83	375.513	102.363	0.00080730	0.020012	1238.7	49.970	304.30	436.29	131.99	1.3201	1.6716	0.83
0.84	376.057	102.907	0.00080852	0.019766	1236.8	50.593	304.93	436.57	131.64	1.3217	1.6718	0.84
0.85	376.596	103.446	0.00080974	0.019525	1235.0	51.217	305.56	436.85	131.29	1.3234	1.6720	0.85
0.86	377.131	103.981	0.00081095	0.019289	1233.1	51.842	306.18	437.12	130.95	1.3250	1.6722	0.86
0.87	377.660	104.510	0.00081216	0.019059	1231.3	52.468	306.80	437.40	130.60	1.3266	1.6724	0.87
0.88	378.186	105.036	0.00081337	0.018834	1229.5	53.096	307.41	437.66	130.26	1.3282	1.6727	0.88
0.89	378.707	105.557	0.00081458	0.018614	1227.6	53.724	308.02	437.93	129.91	1.3298	1.6729	0.89
0.90	379.224	106.074	0.00081578	0.018398	1225.8	54.354	308.62	438.19	129.57	1.3314	1.6731	0.90
0.91	379.736	106.586	0.00081698	0.018187	1224.0	54.985	309.22	438.46	129.23	1.3329	1.6733	0.91
0.92	380.244	107.094	0.00081818	0.017980	1222.2	55.617	309.82	438.71	128.90	1.3345	1.6735	0.92
0.93	380.749	107.599	0.00081938	0.017778	1220.4	56.250	310.41	438.97	128.56	1.3360	1.6737	0.93
0.94	381.249	108.099	0.00082058	0.017579	1218.7	56.885	311.00	439.22	128.22	1.3376	1.6739	0.94

[부표 A · 16] R-123의 포화 증기표(압력 기준, 계속)

압력 MPa	온도 K	온도 ℃	비체적 m³/kg		밀도 kg/m³		엔탈피 kJ/kg			엔트로피 kJ/kg K		압력 MPa
P	T	t	포화액 v_f	포화증기 v_g	포화액 ρ_f	포화증기 ρ_g	포화액 h_f	포화증기 h_g	증발 h_{fg}	포화액 s_f	포화증기 s_g	P
0.95	381.745	108.595	0.00082177	0.017385	1216.9	57.521	311.58	439.47	127.89	1.3391	1.6741	0.95
0.96	382.238	109.088	0.00082296	0.017195	1215.1	58.158	312.16	439.72	127.56	1.3406	1.6743	0.96
0.97	382.727	109.577	0.00082415	0.017008	1213.4	58.796	312.74	439.97	127.23	1.3420	1.6745	0.97
0.98	383.212	110.062	0.00082534	0.016825	1211.6	59.435	313.31	440.21	126.90	1.3435	1.6747	0.98
0.99	383.693	110.543	0.00082653	0.016646	1209.9	60.076	313.88	440.45	126.57	1.3450	1.6748	0.99
1.00	384.171	111.021	0.00082771	0.016470	1208.2	60.718	314.45	440.69	126.24	1.3464	1.6750	1.00
1.01	384.645	111.495	0.00082889	0.016297	1206.4	61.362	315.01	440.92	125.91	1.3479	1.6752	1.01
1.02	385.116	111.966	0.00083008	0.016127	1204.7	62.006	315.57	441.15	125.59	1.3493	1.6754	1.02
1.03	385.583	112.433	0.00083126	0.015961	1203.0	62.652	316.12	441.38	126.26	1.3507	1.6756	1.03
1.04	386.047	112.897	0.00083244	0.015798	1201.3	63.299	316.67	441.61	124.94	1.3521	1.6758	1.04
1.05	386.508	113.358	0.00083362	0.015638	1199.6	63.948	317.22	441.84	124.62	1.3535	1.6759	1.05
1.06	386.966	113.816	0.00083480	0.015480	1197.9	64.598	317.77	442.06	124.29	1.3549	1.6761	1.06
1.07	387.420	114.270	0.00083597	0.015326	1196.2	65.249	318.31	442.28	123.97	1.3563	1.6763	1.07
1.08	387.871	114.721	0.00083715	0.015174	1194.5	65.902	318.85	442.50	123.66	1.3577	1.6765	1.08
1.09	388.319	115.169	0.00083833	0.015025	1192.9	66.556	319.38	442.72	123.34	1.3590	1.6766	1.09
1.10	388.765	115.615	0.00083950	0.014878	1191.2	67.212	319.92	442.94	123.02	1.3604	1.6768	1.10
1.11	389.207	116.057	0.00084067	0.014734	1189.5	67.869	320.45	443.15	122.70	1.3617	1.6770	1.11
1.12	389.646	116.496	0.00084185	0.014593	1187.9	68.527	320.97	443.36	122.39	1.3630	1.6771	1.12
1.13	390.082	116.932	0.00084302	0.014454	1186.2	69.187	321.50	443.57	122.07	1.3644	1.6773	1.13
1.14	390.516	117.366	0.00084419	0.014317	1184.6	69.848	322.02	443.78	121.76	1.3657	1.6775	1.14
1.15	390.946	117.796	0.00084537	0.014182	1182.9	70.511	322.54	443.98	121.45	1.3670	1.6776	1.15
1.16	391.374	118.224	0.00084654	0.014050	1181.3	71.175	323.05	444.19	121.13	1.3683	1.6778	1.16
1.17	391.800	118.650	0.00084771	0.013920	1179.6	71.841	323.57	444.39	120.82	1.3696	1.6779	1.17
1.18	392.222	119.072	0.00084888	0.013792	1178.0	72.508	324.08	444.59	120.51	1.3709	1.6781	1.18
1.19	392.642	119.492	0.00085005	0.013666	1176.4	73.176	324.58	444.79	120.20	1.3721	1.6783	1.19

[부표 A · 16] R-123의 포화 증기표(압력 기준, 계속)

압력 MPa	온 도 K	℃	비체적 m³/kg		밀도 kg/m³		엔탈피 kJ/kg			엔트로피 kJ/kg K		압력 MPa
			포화액	포화증기	포화액	포화증기	포화액	포화증기	증발	포화액	포화증기	
P	T	t	v_f	v_g	ρ_f	ρ_g	h_f	h_g	h_{fg}	s_f	s_g	P
1.20	393.060	119.910	0.00085123	0.013542	1174.8	73.847	325.09	444.98	119.89	1.3734	1.6784	1.20
1.21	393.474	120.324	0.00085240	0.013420	1173.2	74.518	325.59	445.18	119.58	1.3746	1.6786	1.21
1.22	393.887	120.737	0.00085357	0.013299	1171.5	75.192	326.09	445.37	119.28	1.3759	1.6787	1.22
1.23	394.296	121.146	0.00085474	0.013181	1169.9	75.866	326.59	445.56	118.97	1.3771	1.6789	1.23
1.24	394.704	121.554	0.00085591	0.013065	1168.3	76.543	327.08	445.75	118.66	1.3784	1.6790	1.24
1.25	395.108	121.958	0.00085709	0.012950	1166.7	77.221	327.58	445.93	118.36	1.3796	1.6791	1.25
1.26	395.511	122.361	0.00085826	0.012837	1165.1	77.900	328.07	446.12	118.05	1.3808	1.6793	1.26
1.27	395.911	122.761	0.00085943	0.012726	1163.6	78.582	328.55	446.30	117.75	1.3820	1.6794	1.27
1.28	396.309	123.159	0.00086061	0.012616	1162.6	79.264	329.04	446.49	117.45	1.3832	1.6796	1.28
1.29	396.705	123.555	0.00086178	0.012508	1160.4	79.949	329.52	446.67	117.14	1.3844	1.6797	1.29
1.30	397.098	123.948	0.00086296	0.012402	1158.8	80.635	330.00	446.84	116.84	1.3856	1.6798	1.30
1.31	397.489	124.339	0.00086413	0.012297	1157.2	81.323	330.48	447.02	116.54	1.3868	1.6800	1.31
1.32	397.878	124.728	0.00086531	0.012193	1155.7	82.012	330.96	447.20	116.24	1.3880	1.6801	1.32
1.33	398.264	125.114	0.00086648	0.012091	1154.1	82.703	331.43	447.37	115.94	1.3891	1.6802	1.33
1.34	398.649	125.499	0.00086766	0.011991	1152.5	83.396	331.91	447.54	115.64	1.3903	1.6804	1.34
1.35	399.031	125.881	0.00086884	0.011892	1151.0	84.090	332.38	447.71	115.34	1.3915	1.6805	1.35
1.36	399.412	126.262	0.00087002	0.011794	1149.4	84.787	332.84	447.88	115.04	1.3926	1.6806	1.36
1.37	399.790	126.640	0.00087120	0.011698	1147.8	85.485	333.31	448.05	114.74	1.3938	1.6808	1.37
1.38	400.166	127.016	0.00087238	0.011603	1146.3	86.185	333.77	448.22	114.44	1.3949	1.6809	1.38
1.39	400.540	127.390	0.00087356	0.011509	1144.7	86.886	334.24	448.38	114.15	1.3960	1.6810	1.39
1.40	400.913	127.763	0.00087475	0.011417	1143.2	87.590	334.70	448.54	113.85	1.3972	1.6811	1.40
1.41	401.283	128.133	0.00087593	0.011326	1141.6	88.295	335.15	448.71	113.55	1.3983	1.6812	1.41
1.42	401.651	128.501	0.00087712	0.011236	1140.1	89.002	335.61	448.87	113.26	1.3994	1.6814	1.42
1.43	402.018	128.868	0.00087831	0.011147	1138.6	89.711	336.07	449.03	112.96	1.4005	1.6815	1.43
1.44	402.382	129.232	0.00087949	0.011059	1137.0	90.421	336.52	449.18	112.67	1.4016	1.6816	1.44

[부표 A·16] R-123의 포화 증기표(압력 기준, 계속)

압력 MPa	온도 K	온도 ℃	비체적 m^3/kg		밀도 kg/m^3		엔탈피 kJ/kg			엔트로피 kJ/kg K		압력 MPa
			포화액	포화증기	포화액	포화증기	포화액	포화증기	증발	포화액	포화증기	
P	T	t	v_f	v_g	ρ_f	ρ_g	h_f	h_g	h_{fg}	s_f	s_g	P
1,45	402,745	129,595	0,00088068	0,010973	1135,5	91,134	336,97	449,34	112,37	1,4027	1,6817	1,45
1,46	403,105	129,955	0,00088187	0,010888	1133,9	91,848	337,42	449,49	112,08	1,4038	1,6818	1,46
1,47	403,464	130,314	0,00088307	0,010803	1132,4	92,565	337,86	449,65	111,78	1,4049	1,6819	1,47
1,48	403,822	130,672	0,00088426	0,010720	1130,9	93,283	338,31	449,80	111,49	1,4060	1,6820	1,48
1,49	404,177	131,027	0,00088546	0,010638	1129,4	94,003	338,75	449,95	111,20	1,4070	1,6822	1,49
1,50	404,531	131,381	0,00088666	0,010557	1127,8	94,725	339,20	450,10	110,90	1,4081	1,6823	1,50
1,51	404,882	131,732	0,00088785	0,010477	1126,3	95,449	339,64	450,25	110,61	1,4092	1,6824	1,51
1,52	405,233	132,083	0,00088906	0,010398	1124,8	96,175	340,07	450,39	110,32	1,4102	1,6825	1,52
1,53	405,581	132,431	0,00089026	0,010320	1123,3	96,903	340,51	450,54	110,03	1,4113	1,6826	1,53
1,54	405,928	132,778	0,00089146	0,010242	1121,8	97,634	340,95	450,68	109,73	1,4123	1,6827	1,54
1,55	406,273	133,123	0,00089267	0,010166	1120,2	98,366	341,38	450,82	109,44	1,4134	1,6828	1,55
1,56	406,616	133,466	0,00089388	0,010091	1118,7	99,100	341,81	450,96	109,15	1,4144	1,6829	1,56
1,57	406,958	133,808	0,00089509	0,010016	1117,2	99,836	342,24	451,10	108,86	1,4155	1,6830	1,57
1,58	407,298	134,148	0,00089630	0,0099429	1115,7	100,57	342,67	451,24	108,57	1,4165	1,6831	1,58
1,59	407,637	134,487	0,00089752	0,0098702	1114,2	101,31	343,10	451,38	108,28	1,4175	1,6832	1,59
1,60	407,974	134,824	0,00089873	0,0097984	1112,7	102,06	343,52	451,52	107,99	1,4185	1,6832	1,60
1,61	408,309	135,159	0,00089995	0,0097274	1111,2	102,80	343,95	451,65	107,70	1,4196	1,6833	1,61
1,62	408,643	135,493	0,00090117	0,0096573	1109,7	103,55	344,37	451,78	107,41	1,4206	1,6834	1,62
1,63	408,975	135,825	0,00090240	0,0095879	1108,2	104,30	344,79	451,92	107,12	1,4216	1,6835	1,63
1,64	409,306	136,156	0,00090362	0,0095193	1106,7	105,05	345,21	452,05	106,83	1,4226	1,6836	1,64
1,65	409,636	136,486	0,00090485	0,0094515	1105,2	105,80	345,63	452,18	106,55	1,4236	1,6837	1,65
1,66	409,963	136,813	0,00090608	0,0093845	1103,7	106,56	346,05	452,31	106,26	1,4246	1,6838	1,66
1,67	410,290	137,140	0,00090732	0,0093182	1102,2	107,32	346,46	452,43	105,97	1,4256	1,6839	1,67
1,68	410,615	137,465	0,00090855	0,0092527	1100,7	108,08	346,88	452,56	105,68	1,4266	1,6839	1,68
1,69	410,938	137,788	0,00090979	0,0091878	1099,2	108,84	347,29	452,68	105,39	1,4275	1,6840	1,69

[부표 A · 16] R-123의 포화 증기표(압력 기준, 계속)

압력 MPa	온도 K	온도 ℃	비체적 m^3/kg		밀도 kg/m^3		엔탈피 kJ/kg			엔트로피 kJ/kg K		압력 MPa
			포화액	포화증기	포화액	포화증기	포화액	포화증기	증발	포화액	포화증기	
P	T	t	v_f	v_g	ρ_f	ρ_g	h_f	h_g	h_{fg}	s_f	s_g	P
1.70	411.260	138.110	0.00091103	0.0091237	1097.7	109.60	347.70	452.81	105.10	1.4285	1.6841	1.70
1.71	411.581	138.431	0.00091228	0.0090603	1096.2	110.37	348.11	452.93	104.82	1.4295	1.6842	1.71
1.72	411.900	138.750	0.00091353	0.0089976	1094.7	111.14	348.52	453.05	104.53	1.4305	1.6842	1.72
1.73	412.218	139.068	0.00091478	0.0089355	1093.2	111.91	348.93	453.17	104.24	1.4314	1.6843	1.73
1.74	412.535	139.385	0.00091603	0.0088741	1091.7	112.69	349.34	453.29	103.95	1.4324	1.6844	1.74
1.75	412.850	139.700	0.00091728	0.0088133	1090.2	113.46	349.74	453.41	103.67	1.4334	1.6845	1.75
1.76	413.164	140.014	0.00091854	0.0087532	1088.7	114.24	350.15	453.52	103.38	1.4343	1.6845	1.76
1.77	413.476	140.326	0.00091981	0.0086937	1087.2	115.03	350.55	453.64	103.09	1.4353	1.6846	1.77
1.78	413.787	140.637	0.00092107	0.0086348	1085.7	115.81	350.95	453.75	102.80	1.4362	1.6847	1.78
1.79	414.097	140.947	0.00092234	0.0085766	1084.2	116.60	351.35	453.87	102.52	1.4372	1.6847	1.79
1.80	414.405	141.255	0.00092361	0.0085189	1082.7	117.39	351.75	453.98	102.23	1.4381	1.6848	1.80
1.81	414.713	141.563	0.00092489	0.0084618	1081.2	118.18	352.15	454.09	101.94	1.4390	1.6849	1.81
1.82	415.019	141.869	0.00092617	0.0084053	1079.7	118.97	352.54	454.20	101.65	1.4400	1.6849	1.82
1.83	415.323	142.173	0.00092745	0.0083494	1078.2	119.77	352.94	454.31	101.37	1.4409	1.6850	1.83
1.84	415.627	142.477	0.00092873	0.0082940	1076.7	120.57	353.33	454.42	101.08	1.4418	1.6850	1.84
1.85	415.929	142.779	0.00093002	0.0082391	1075.2	121.37	353.73	454.52	100.79	1.4428	1.6851	1.85
1.86	416.230	143.080	0.00093132	0.0081848	1073.7	122.18	354.12	454.63	100.51	1.4437	1.6851	1.86
1.87	416.530	143.380	0.00093261	0.0081311	1072.3	122.99	354.51	454.73	100.22	1.4446	1.6852	1.87
1.88	416.828	143.678	0.00093391	0.0080778	1070.8	123.80	354.90	454.83	99.93	1.4455	1.6853	1.88
1.89	417.126	143.976	0.00093522	0.0080251	1069.3	124.61	355.29	454.94	99.64	1.4464	1.6853	1.89
1.90	417.422	144.272	0.00093653	0.0079729	1067.8	125.43	355.68	455.04	99.36	1.4473	1.6854	1.90
1.91	417.717	144.567	0.00093784	0.0079211	1066.3	126.24	356.07	455.14	99.07	1.4482	1.6854	1.91
1.92	418.011	144.861	0.00093916	0.0078699	1064.8	127.07	356.45	455.23	98.78	1.4491	1.6854	1.92
1.93	418.304	145.154	0.00094048	0.0078191	1063.3	127.89	356.84	455.33	98.49	1.4500	1.6855	1.93
1.94	418.595	145.445	0.00094180	0.0077689	1061.8	128.72	357.22	455.43	98.21	1.4509	1.6855	1.94

[부표 A · 16] R-123의 포화 증기표(압력 기준, 계속)

압력 MPa	온도 K	온도 ℃	비체적 m^3/kg		밀도 kg/m^3		엔탈피 kJ/kg			엔트로피 kJ/kg K		압력 MPa
P	T	t	포화액 v_f	포화증기 v_g	포화액 ρ_f	포화증기 ρ_g	포화액 h_f	포화증기 h_g	증발 h_{fg}	포화액 s_f	포화증기 s_g	P
1.95	418.886	145.736	0.00094313	0.0077190	1060.3	129.55	357.61	455.52	97.72	1.4518	1.6856	1.95
1.96	419.175	146.025	0.00094446	0.0076697	1058.8	130.38	357.99	455.62	97.63	1.4527	1.6856	1.96
1.97	419.463	146.313	0.00094580	0.0076208	1057.3	131.22	358.37	455.71	97.34	1.4536	1.6857	1.97
1.98	419.750	146.600	0.00094714	0.0075723	1055.8	132.06	358.75	455.80	97.05	1.4545	1.6857	1.98
1.99	420.036	146.886	0.00094849	0.0075243	1054.3	132.90	359.13	455.89	96.76	1.4554	1.6857	1.99
2.00	420.321	147.171	0.00094984	0.0074767	1052.8	133.75	359.51	455.98	96.48	1.4562	1.6858	2.00
2.01	420.605	147.455	0.00095120	0.0074295	1051.3	134.60	359.89	456.07	96.19	1.4571	1.6858	2.01
2.02	420.888	147.738	0.00095256	0.0073828	1049.8	135.45	360.26	456.16	95.90	1.4580	1.6858	2.02
2.03	421.169	148.019	0.00095392	0.0073364	1048.3	136.31	360.64	456.25	95.61	1.4589	1.6859	2.03
2.04	421.450	148.300	0.00095530	0.0072905	1046.8	137.16	361.01	456.33	95.32	1.4597	1.6859	2.04
2.05	421.730	148.580	0.00095667	0.0072450	1045.3	138.03	361.39	456.42	95.03	1.4606	1.6859	2.05
2.06	422.008	148.858	0.00095805	0.0071998	1043.8	138.89	361.76	456.50	94.74	1.4615	1.6860	2.06
2.07	422.286	149.136	0.00095944	0.0071551	1042.3	139.76	362.13	456.58	94.45	1.4623	1.6860	2.07
2.08	422.562	149.412	0.00096083	0.0071107	1040.8	140.63	362.50	456.66	94.16	1.4632	1.6860	2.08
2.09	422.838	149.688	0.00096223	0.0070667	1039.3	141.51	362.88	456.74	93.87	1.4640	1.6860	2.09
2.10	423.112	149.962	0.00096363	0.0070231	1037.7	142.39	363.25	456.82	93.58	1.4649	1.6860	2.10
2.11	423.386	150.236	0.00096503	0.0069798	1036.2	143.27	363.61	456.90	93.28	1.4657	1.6861	2.11
2.12	423.658	150.508	0.00096645	0.0069369	1034.7	144.16	363.98	456.98	92.99	1.4666	1.6861	2.12
2.13	423.930	150.780	0.00096787	0.0068944	1033.2	145.05	364.35	457.05	92.70	1.4674	1.6861	2.13
2.14	424.200	151.050	0.00096929	0.0068522	1031.7	145.94	364.72	457.13	92.41	1.4683	1.6861	2.14
2.15	424.470	151.320	0.00097072	0.0068103	1030.2	146.84	365.08	457.20	92.12	1.4691	1.6861	2.15
2.16	424.738	151.588	0.00097216	0.0067688	1028.6	147.74	365.45	457.27	91.82	1.4699	1.6861	2.16
2.17	425.006	151.856	0.00097360	0.0067276	1027.1	148.64	365.82	457.34	91.53	1.4708	1.6861	2.17
2.18	425.273	152.123	0.00097505	0.0066867	1025.6	149.55	366.18	457.41	91.23	1.4716	1.6861	2.18
2.19	425.539	152.389	0.00097650	0.0066462	1024.1	150.46	366.54	457.48	90.94	1.4724	1.6862	2.19

[부표 A·16] R-123의 포화 증기표(압력 기준, 계속)

압력 MPa	온도 K	온도 ℃	비체적 m³/kg		밀도 kg/m³		엔탈피 kJ/kg			엔트로피 kJ/kg K		압력 MPa
			포화액	포화증기	포화액	포화증기	포화액	포화증기	증발	포화액	포화증기	
P	T	t	v_f	v_g	ρ_f	ρ_g	h_f	h_g	h_{fg}	s_f	s_g	P
2.20	425.803	152.653	0.00097797	0.0066060	1022.5	151.38	366.91	457.55	90.65	1.4733	1.6862	2.20
2.21	426.067	152.917	0.00097943	0.0065661	1021.0	152.30	367.27	157.62	90.35	1.4741	1.6862	2.21
2.22	426.330	153.180	0.00098091	0.0065265	1019.5	153.22	367.63	457.69	90.06	1.4749	1.6862	2.22
2.23	426.592	153.442	0.00098239	0.0064872	1017.9	154.15	367.99	457.75	89.76	1.4758	1.6862	2.23
2.24	426.854	153.704	0.00098388	0.0064482	1016.4	155.08	368.35	457.81	89.46	1.4766	1.6862	2.24
2.25	427.114	153.964	0.00098537	0.0064095	1014.8	156.02	368.71	457.88	89.17	1.4774	1.6862	2.25
2.26	427.373	154.223	0.00098687	0.0063711	1013.3	156.96	369.07	457.94	88.17	1.4782	1.6862	2.26
2.27	427.632	154.482	0.00098838	0.0063330	1011.8	157.90	369.43	458.00	88.57	1.4790	1.6861	2.27
2.28	427.889	154.739	0.00098990	0.0062952	1010.2	158.85	369.79	458.06	88.27	1.4798	1.6861	2.28
2.29	428.146	154.996	0.00099142	0.0062576	1008.7	159.81	370.14	458.12	87.97	1.4807	1.6861	2.29
2.30	428.402	155.252	0.00099295	0.0062203	1007.1	160.76	370.50	458.17	87.67	1.4815	1.6861	2.30
2.31	428.657	155.507	0.00099449	0.0061833	1005.5	161.73	370.86	458.23	87.37	1.4823	1.6861	2.31
2.32	428.911	155.761	0.00099603	0.0061466	1004.0	162.69	371.21	458.29	87.07	1.4831	1.6861	2.32
2.33	429.164	156.014	0.00099759	0.0061101	1002.4	163.66	371.57	458.34	86.77	1.4839	1.6861	2.33
2.34	429.417	156.267	0.00099915	0.0060739	1000.9	164.64	371.92	458.39	86.47	1.4847	1.6860	2.34
2.35	429.668	156.518	0.0010007	0.0060379	999.28	165.62	372.28	458.44	86.17	1.4855	1.6860	2.35
2.36	429.919	156.769	0.0010023	0.0060022	997.71	166.61	372.63	458.49	85.86	1.4863	1.6860	2.36
2.37	430.169	157.019	0.0010039	0.0059667	996.13	167.60	372.99	458.54	85.56	1.4871	1.6860	2.37
2.38	430.418	157.268	0.0010055	0.0059315	994.56	168.59	373.34	458.59	85.25	1.4879	1.6860	2.38
2.39	430.666	157.516	0.0010071	0.0058965	992.97	169.59	373.69	458.64	84.95	1.4887	1.6859	2.39
2.40	430.914	157.764	0.0010087	0.0058618	991.39	170.60	374.04	458.68	84.64	1.4895	1.6859	2.40
2.41	431.161	158.011	0.0010103	0.0058273	989.80	171.61	374.39	458.73	84.34	1.4903	1.6859	2.41
2.42	431.406	158.256	0.0010119	0.0057930	988.20	172.62	374.74	458.77	84.03	1.4911	1.6858	2.42
2.43	431.652	158.502	0.0010136	0.0057589	986.60	173.64	375.10	458.82	83.72	1.4918	1.6858	2.43
2.44	431.896	158.746	0.0010152	0.0057251	985.00	174.67	375.45	458.86	83.41	1.4926	1.6858	2.44

[부표 A·16] R-123의 포화 증기표(압력 기준, 계속)

압력 MPa	온도 K	온도 ℃	비체적 m³/kg		밀도 kg/m³		엔탈피 kJ/kg			엔트로피 kJ/kg K		압력 MPa
			포화액	포화증기	포화액	포화증기	포화액	포화증기	증발	포화액	포화증기	
P	T	t	v_f	v_g	ρ_f	ρ_g	h_f	h_g	h_{fg}	s_f	s_g	P
2.45	432.139	158.989	0.0010169	0.0056915	983.40	175.70	357.80	458.90	83.10	1.4934	1.6857	2.45
2.46	432.382	159.232	0.0010186	0.0056581	981.79	176.74	376.15	458.94	82.79	1.4942	1.6857	2.46
2.47	432.624	159.474	0.0010202	0.0056249	980.17	177.78	376.49	458.97	82.48	1.4950	1.6856	2.47
2.48	432.865	159.715	0.0010219	0.0055919	978.55	178.83	376.84	459.01	82.17	1.4958	1.6856	2.48
2.49	433.105	159.955	0.0010236	0.0055592	976.53	179.88	377.19	459.05	81.85	1.4966	1.6855	2.49
2.50	433.345	160.195	0.0010253	0.0055266	975.30	180.94	377.54	459.08	81.54	1.4973	1.6855	2.50
2.51	433.584	160.434	0.0010270	0.0054943	973.67	182.01	377.89	459.11	81.22	1.4981	1.6854	2.51
2.52	433.822	160.672	0.0010288	0.0054621	372.03	183.08	378.24	459.14	80.91	1.4989	1.6854	2.52
2.53	434.059	160.909	0.0010305	0.0054301	970.39	184.16	378.58	459.17	80.59	1.4997	1.6853	2.53
2.54	434.296	161.146	0.0010323	0.0053984	968.75	185.24	378.93	459.20	80.27	1.5004	1.6853	2.54
2.55	434.532	161.382	0.0010340	0.0053668	967.10	186.33	379.28	459.23	79.95	1.5012	1.6852	2.55
2.56	434.767	161.617	0.0010358	0.0053354	965.44	187.43	379.62	459.26	79.63	1.5020	1.6852	2.56
2.57	435.001	161.851	0.0010376	0.0053042	963.78	188.53	379.97	459.28	79.31	1.5028	1.6851	2.57
2.58	435.235	162.085	0.0010394	0.0052731	962.11	189.64	380.32	459.31	78.99	1.5035	1.6850	2.58
2.59	435.468	162.318	0.0010412	0.0052423	960.44	190.76	380.66	459.33	78.67	1.5043	1.6850	2.59
2.60	435.700	162.550	0.0010430	0.0052116	958.76	191.88	381.01	459.35	78.34	1.5051	1.6849	2.60
2.61	435.931	162.781	0.0010448	0.0051811	957.08	193.01	381.35	459.37	78.02	1.5058	1.6848	2.61
2.62	436.162	163.012	0.0010467	0.0051507	955.39	194.15	371.70	459.39	77.69	1.5066	1.6847	2.62
2.63	436.392	163.242	0.0010486	0.0051205	953.69	195.29	382.05	459.41	77.36	1.5074	1.6847	2.63
2.64	436.622	163.472	0.0010504	0.0050905	951.99	196.44	382.39	459.42	77.03	1.5081	1.6846	2.64
2.65	436.850	163.700	0.0010523	0.0050607	950.28	197.60	382.74	459.44	76.70	1.5089	1.6845	2.65
2.66	437.078	163.928	0.0010542	0.0050310	948.57	198.77	383.08	459.45	76.37	1.5097	1.6844	2.66
2.67	437.305	164.155	0.0010561	0.0050014	946.85	199.94	383.43	459.47	76.04	1.5104	1.6843	2.67
2.68	437.532	164.382	0.0010581	0.0049720	945.12	201.13	383.77	459.48	75.70	1.5112	1.6842	2.68
2.69	437.758	164.608	0.0010600	0.0049428	943.38	202.32	384.12	459.49	75.37	1.5120	1.6841	2.69

[부표 A · 16] R-123의 포화 증기표(압력 기준, 계속)

압력 MPa	온도 K	온도 ℃	비체적 m^3/kg 포화액	비체적 m^3/kg 포화증기	밀도 kg/m^3 포화액	밀도 kg/m^3 포화증기	엔탈피 kJ/kg 포화액	엔탈피 kJ/kg 포화증기	엔탈피 kJ/kg 증발	엔트로피 kJ/kg K 포화액	엔트로피 kJ/kg K 포화증기	압력 MPa
P	T	t	v_f	v_g	ρ_f	ρ_g	h_f	h_g	h_{fg}	s_f	s_g	P
2.70	437.983	164.833	0.0010620	0.0049137	941.64	203.51	384.46	459.49	75.03	1.5127	1.6840	2.70
2.71	438.207	165.057	0.0010639	0.0048847	939.89	204.72	384.81	459.50	74.69	1.5135	1.6840	2.71
2.72	438.431	165.281	0.0010659	0.0048559	938.14	205.93	385.15	459.50	74.35	1.5143	1.6839	2.72
2.73	438.654	165.504	0.0010679	0.0048272	936.38	207.16	385.50	459.51	74.01	1.5150	1.6837	2.73
2.74	438.877	165.727	0.0010700	0.0047987	934.60	208.39	385.84	459.51	73.67	1.5158	1.6836	2.74
2.75	439.099	165.949	0.0010720	0.0047703	932.83	209.63	386.19	459.51	73.32	1.5165	1.6835	2.75
2.76	439.320	166.170	0.0010741	0.0047420	931.04	210.88	386.53	459.51	72.98	1.5173	1.6834	2.76
2.77	439.540	166.390	0.0010761	0.0047139	929.24	212.14	386.88	459.51	72.63	1.5181	1.6833	2.77
2.78	439.760	166.610	0.0010782	0.0046859	927.44	213.41	387.22	459.50	72.28	1.5188	1.6832	2.78
2.79	439.979	166.829	0.0010803	0.0046580	925.63	214.69	387.57	459.50	71.93	1.5196	1.6831	2.79
2.80	440.198	167.048	0.0010825	0.0046302	923.81	215.97	387.91	459.49	71.58	1.5204	1.6830	2.80
2.81	440.416	167.266	0.0010846	0.0046025	921.98	217.27	388.26	459.48	71.22	1.5211	1.6828	2.81
2.82	440.633	167.483	0.0010868	0.0045750	920.14	218.58	388.60	459.47	70.86	1.5219	1.6827	2.82
2.83	440.849	167.699	0.0010890	0.0045475	918.29	219.90	388.95	459.46	70.51	1.5226	1.6826	2.83
2.84	441.065	167.915	0.0010912	0.0045202	916.44	221.23	389.30	459.44	70.14	1.5234	1.6824	2.84
2.85	441.281	168.131	0.0010934	0.0044930	914.57	222.57	389.64	459.43	69.78	1.5242	1.6823	2.85
2.86	441.495	168.345	0.0010957	0.0044659	912.69	223.92	389.99	459.41	69.42	1.5249	1.6821	2.86
2.87	441.709	168.559	0.0010979	0.0044389	910.80	225.28	390.34	459.39	69.05	1.5257	1.6820	2.87
2.88	441.923	168.773	0.0011002	0.0044120	908.91	226.66	390.69	459.37	68.68	1.5264	1.6819	2.88
2.89	442.136	168.986	0.0011025	0.0043852	907.00	228.04	391.03	459.34	68.31	1.5272	1.6817	2.89
2.90	442.348	169.198	0.0011049	0.0043584	905.08	229.44	391.38	459.32	67.94	1.5280	1.6815	2.90
2.91	442.559	169.409	0.0011072	0.0043318	903.14	230.85	391.73	459.29	67.56	1.5287	1.6814	2.91
2.92	442.770	169.620	0.0011096	0.0043052	901.20	232.27	392.08	459.26	67.18	1.5295	1.6812	2.92
2.93	442.980	169.830	0.0011120	0.0042788	899.25	233.71	392.43	459.23	66.80	1.5303	1.6811	2.93
2.94	443.190	170.040	0.0011145	0.0042524	897.28	235.16	392.78	459.20	66.42	1.5310	1.6809	2.94

[부표 A · 16] R-123의 포화 증기표(압력 기준, 계속)

압력 MPa	온 도 K	℃	비체적 m³/kg		밀도 kg/m³		엔탈피 kJ/kg			엔트로피 kJ/kg K		압력 MPa
P	T	t	포화액 v_f	포화증기 v_g	포화액 ρ_f	포화증기 ρ_g	포화액 h_f	포화증기 h_g	증발 h_{fg}	포화액 s_f	포화증기 s_g	P
2.95	443.399	170.249	0.0011169	0.0042261	895.30	236.62	393.13	459.16	66.03	1.5318	1.6807	2.95
2.96	443.608	170.458	0.0011194	0.0041999	893.31	238.10	393.48	459.13	65.65	1.5326	1.6805	2.96
2.97	443.816	170.666	0.0011220	0.0041737	891.30	239.59	393.83	459.09	65.26	1.5333	1.6804	2.97
2.98	444.023	170.873	0.0011245	0.0041477	889.28	241.10	394.19	459.05	64.86	1.5341	1.6802	2.98
2.99	444.229	171.079	0.0011271	0.0041216	887.25	242.62	394.54	459.00	64.47	1.5349	1.6800	2.99
3.00	444.436	171.286	0.0011297	0.0040957	885.20	244.16	394.89	458.96	64.07	1.5356	1.6798	3.00
3.01	444.641	171.491	0.0011323	0.0040698	883.14	245.71	395.25	458.91	63.66	1.5364	1.6796	3.01
3.02	444.846	171.696	0.0011350	0.0040440	881.06	247.28	395.60	458.86	63.26	1.5372	1.6794	3.02
3.03	445.050	171.900	0.0011377	0.0040182	878.96	248.87	395.96	458.81	62.85	1.5380	1.6792	3.03
3.04	445.254	172.104	0.0011404	0.0039925	876.85	250.47	396.31	458.75	62.44	1.5387	1.6790	3.04
3.05	445.457	172.307	0.0011432	0.0039668	874.73	252.09	396.67	458.69	62.02	1.5395	1.6787	3.05
3.06	445.659	172.509	0.0011460	0.0039411	872.58	253.73	397.03	458.63	61.60	1.5403	1.6785	3.06
3.07	445.861	172.711	0.0011489	0.0039155	870.42	255.39	397.39	458.57	61.18	1.5411	1.6783	3.07
3.08	446.063	172.913	0.0011517	0.0038900	868.24	257.07	397.75	458.51	60.75	1.5418	1.6780	3.08
3.09	446.263	173.113	0.0011547	0.0038644	866.05	2858.77	398.11	458.44	60.32	1.5426	1.6778	3.09
3.10	446.464	173.314	0.0011576	0.0038389	863.83	260.49	398.48	458.37	59.89	1.5434	1.6776	3.10
3.12	446.862	173.712	0.0011637	0.0037880	859.34	263.99	399.20	458.21	59.01	1.5450	1.6771	3.12
3.14	447.258	174.108	0.0011699	0.0037371	854.76	267.58	399.94	458.05	58.11	1.5466	1.6765	3.14
3.16	447.653	174.503	0.0011763	0.0036863	850.09	271.27	400.68	457.88	57.20	1.5482	1.6760	3.16
3.18	448.044	174.894	0.0011830	0.0036354	845.33	275.07	401.42	457.69	56.26	1.5498	1.6754	3.18
3.20	448.434	175.284	0.0011898	0.0035845	840.46	278.98	402.18	457.48	55.30	1.5514	1.6748	3.20
3.22	448.821	175.671	0.0011969	0.0035335	835.48	283.00	402.94	457.26	54.32	1.5531	1.6741	3.22
3.24	449.206	176.056	0.0012043	0.0034824	830.38	287.16	403.71	457.02	53.32	1.5547	1.6734	3.24
3.26	449.589	176.439	0.0012119	0.0034310	825.15	291.46	404.48	456.77	52.29	1.5564	1.6727	3.26
3.28	449.969	176.819	0.0012198	0.0033794	819.78	295.91	405.27	456.50	51.23	1.5581	1.6719	3.28

[부표 A · 16] R-123의 포화 증기표(압력 기준, 계속)

압력 MPa	온 도 K	℃	비체적 m^3/kg		밀도 kg/m^3		엔탈피 kJ/kg			엔트로피 kJ/kg K		압력 MPa
			포화액	포화증기	포화액	포화증기	포화액	포화증기	증발	포화액	포화증기	
P	T	t	v_f	v_g	ρ_f	ρ_g	h_f	h_g	h_{fg}	s_f	s_g	P
3.30	450.347	177.197	0.0012281	0.0033274	814.26	300.54	406.07	456.20	50.13	1.5598	1.6711	3.30
3.32	450.723	177.573	0.0012368	0.0032750	808.57	305.35	406.88	455.89	49.01	1.5616	1.6703	3.32
3.34	451.097	177.947	0.0012458	0.0032220	802.69	310.36	407.70	455.54	47.84	1.5633	1.6694	3.34
3.36	451.469	178.319	0.0012553	0.0031685	796.61	315.61	408.54	455.17	46.63	1.5651	1.6684	3.36
3.38	451.838	178.688	0.0012653	0.0031142	790.30	321.11	409.40	454.77	45.37	1.5670	1.6674	3.38
3.40	452.205	179.055	0.0012759	0.0030591	783.74	326.89	410.28	454.34	44.06	1.5689	1.6663	3.40
3.42	452.570	179.420	0.0012872	0.0030029	776.89	333.01	411.18	453.87	42.69	1.5708	1.6651	3.42
3.44	452.933	179.783	0.0012992	0.0029454	769.71	339.51	412.10	453.35	41.25	1.5728	1.6639	3.44
3.46	453.293	180.143	0.0013121	0.0028864	762.15	346.45	413.05	452.79	39.73	1.5748	1.6625	3.46
3.48	453.651	180.501	0.0013260	0.0028255	754.15	353.91	414.04	452.16	38.12	1.5769	1.6610	3.48
3.50	454.007	180.857	0.0013411	0.0027624	745.63	362.00	415.07	451.47	36.40	1.5792	1.6593	3.50
3.52	454.360	181.210	0.0013578	0.0026964	736.48	370.86	416.15	450.69	34.54	1.5815	1.6575	3.52
3.54	454.711	181.561	0.0013764	0.0026269	726.55	380.68	417.30	449.81	32.51	1.5839	1.6554	3.54
3.56	455.060	181.910	0.0013974	0.0025526	715.63	391.76	418.52	448.79	30.27	1.5866	1.6531	3.56
3.58	455.406	182.256	0.0014217	0.0024718	703.37	404.56	419.85	447.60	27.75	1.5894	1.6504	3.58
3.60	455.749	182.599	0.0014509	0.0023819	689.23	419.83	421.33	446.14	24.81	1.5926	1.6471	3.60
3.62	456.090	182.940	0.0014878	0.0022776	672.14	439.06	423.05	444.29	21.25	1.5963	1.6429	3.62
3.64	456.427	183.277	0.0015396	0.0021468	649.53	465.81	425.19	441.70	10.51	1.6010	1.6371	3.64
3.666	456.86	183.71	0.0018018	0.0018018	555.	555.	433.3	433.3	0.0	1.619	1.619	3.666

[부표 A · 17] R-123의 압축액 및 과열 증기표

T/K	0.06 MPa $T_s=$ 287.042 K 13.899 ℃			0.10 MPa $T_s=$ 300.483 K 27.333 ℃			0.14 MPa $T_s=$ 310.136 K 39.986 ℃			0.06 MPa $T_s=$ 317.811 K 44.661 ℃		
	v	h	s	v	h	s	v	h	s	v	h	s
포 화 액	0.00067119	212.37	1.0441	0.00068666	224.89	1.0866	0.00069857	234.21	1.1171	0.00070859	241.82	1.1412
포화증기	0.25184	385.36	1.6468	0.15601	393.43	1.6475	0.11363	399.20	1.6491	0.089562	403.76	1.6508
273.15	0.00065637	200.01	1.0000	0.00065633	200.03	0.9999	0.00065629	200.04	0.9999	0.00065625	200.06	0.9998
298.15	0.26277	392.96	1.6727	0.00068387	222.68	1.0793	0.00068382	222.69	1.0792	0.00068376	222.71	1.0792
300	0.26458	394.23	1.6770	0.00068608	224.43	1.0851	0.00068602	224.44	1.0851	0.00068597	224.46	1.0850
305	0.26944	397.70	1.6885	0.15878	396.62	1.6581	0.00069211	229.22	1.1009	0.00069205	229.24	1.1008
310	0.27428	401.19	1.6998	0.16182	400.16	1.6696	0.00069841	234.08	1.1167	0.00069834	234.09	1.1166
315	0.27910	404.70	1.7110	0.16484	403.73	1.6810	0.11582	402.73	1.6603	0.00070486	239.01	1.1324
320	0.28390	408.24	1.7222	0.16784	407.31	1.6923	0.11805	406.36	1.6718	0.090353	405.38	1.6559
325	0.28869	411.80	1.7332	0.17802	410.92	1.7035	0.12027	410.02	1.6831	0.092143	409.09	1.6673
330	0.29345	415.39	1.7442	0.17378	414.55	1.7146	0.12246	413.69	1.6943	0.093914	412.81	1.6787
335	0.29820	419.00	1.7550	0.17673	418.20	1.7255	0.12464	417.38	1.7054	0.095667	416.54	1.6899
340	0.30294	422.63	1.7658	0.17966	421.87	1.7364	0.12680	421.09	1.7164	0.097404	420.29	1.7010
345	0.30767	426.29	1.7765	0.18258	425.56	1.7472	0.12895	424.82	1.7273	0.099126	424.06	1.7120
350	0.31239	429.97	1.7871	0.18549	429.28	1.7579	0.13108	428.56	1.7381	0.10083	427.84	1.7229
355	0.31709	433.68	1.7976	0.18838	433.01	1.7685	0.13320	432.33	1.7488	0.10253	431.64	1.7337
360	0.32178	437.41	1.8081	0.19127	436.77	1.7790	0.13532	436.12	1.7594	0.10422	435.46	1.7444
365	0.32647	441.17	1.8184	0.19415	440.55	1.7894	0.13742	439.93	1.7699	0.10589	439.29	1.7550
370	0.33115	444.95	1.8287	0.19702	444.36	1.7998	0.13951	443.76	1.7803	0.10756	443.14	1.7654
375	0.33582	448.75	1.8389	0.19988	448.18	1.8100	0.14160	447.60	1.7906	0.10921	447.02	1.7758
380	0.34048	452.58	1.8490	0.20273	452.03	1.8202	0.14368	451.47	1.8009	0.11086	450.91	1.7861
385	0.34514	456.43	1.8591	0.20557	455.90	1.8304	0.14575	455.36	1.8111	0.11251	454.82	1.7964
390	0.34979	460.30	1.8691	0.20841	459.79	1.8404	0.14781	459.28	1.8211	0.11414	458.75	1.8065
395	0.35443	464.20	1.8790	0.21125	463.71	1.8504	0.14987	463.21	1.8312	0.11577	462.70	1.8166

[부표 A · 17] R-123의 압축액 및 과열 증기표(계속)

T/K	0.06 MPa T_s= 287.042 K 13.899 ℃			0.10 MPa T_s= 300.483 K 27.333 ℃			0.14 MPa T_s= 310.136 K 39.986 ℃			0.06 MPa T_s= 317.811 K 44.661 ℃		
	v	$\boldsymbol{h}$	s	v	$\boldsymbol{h}$	s	v	$\boldsymbol{h}$	s	v	$\boldsymbol{h}$	s
포 화 액	0.00067119	212.37	1.0441	0.00068666	224.89	1.0866	0.00069857	234.21	1.1171	0.00070859	241.82	1.1412
포화증기	0.0025184	385.36	1.6468	0.15601	393.43	1.6475	0.11363	399.20	1.6491	0.089562	403.76	1.6508
400	0.35907	468.12	1.8889	0.21408	467.64	1.8603	0.15193	467.16	1.8411	0.11739	466.68	1.8266
405	0.36370	472.06	1.8987	0.21690	471.60	1.8701	0.15397	471.14	1.8510	0.11901	470.67	1.8365
410	0.36833	476.03	1.9084	0.21972	475.58	1.8799	0.15602	475.13	1.8608	0.12062	474.68	1.8463
415	0.37296	480.01	1.9181	0.22253	479.58	1.8896	0.15806	479.15	1.8705	0.12223	478.71	1.8561
420	0.37758	484.02	1.9277	0.22534	483.60	1.8992	0.16009	483.18	1.8802	0.12383	482.76	1.8658
425	0.38220	488.05	1.9372	0.22815	487.65	1.9088	0.16212	487.24	1.8898	0.12543	486.83	1.8754
430	0.38681	492.11	1.9467	0.23095	491.71	1.9183	0.16415	491.32	1.8993	0.12703	490.92	1.8850
435	0.39142	496.18	1.9561	0.23375	495.80	1.9277	0.16617	495.41	1.9088	0.12862	495.03	1.8945
440	0.39603	500.28	1.9655	0.23654	499.91	1.9371	0.16819	499.53	1.9182	0.13021	499.16	1.9039
445	0.40063	504.40	1.9748	0.23934	504.03	1.9465	0.17020	503.67	1.9276	0.13180	503.30	1.9133
450	0.40523	508.54	1.9840	0.24212	508.18	1.9557	0.17222	507.83	1.9369	0.13338	507.47	1.9226
455	0.40983	512.69	1.9932	0.24491	512.35	1.9649	0.17423	512.01	1.9461	0.13496	511.66	1.9319
460	0.41443	516.87	2.0024	0.24770	516.54	1.9741	0.17624	516.21	1.9553	0.13654	515.87	1.9411
465	0.41902	521.07	2.0115	0.25048	520.75	1.9832	0.17824	520.42	1.9644	0.13811	520.09	1.9502
470	0.42361	525.30	2.0205	0.25326	524.98	1.9922	0.18025	524.66	1.9735	0.13968	524.34	1.9593
475	0.42820	529.54	2.0295	0.25604	529.23	2.0012	0.18225	528.92	1.9825	0.14125	528.60	1.9683
480	0.43279	533.80	2.0384	0.25881	533.49	2.0102	0.18425	533.19	1.9914	0.14282	532.89	1.9773
485	0.43738	538.08	2.0473	0.26159	537.78	2.0190	0.18624	537.48	2.0003	0.14439	537.19	1.9862
490	0.44196	542.38	2.0561	0.26436	542.09	2.0279	0.18824	541.80	2.0092	0.14595	541.51	1.9951
495	0.44654	546.69	2.0648	0.26713	546.41	2.0367	0.19023	546.13	2.0180	0.14751	545.85	2.0039
500	0.45112	551.03	2.0736	0.26990	550.76	2.0454	0.19223	550.48	2.0267	0.14908	550.20	2.0126

* v, $\boldsymbol{h}$, s의 단위는 각각 m^3/kg, kJ/kg, kJ/kg K이다.

[부표 A · 17] R-123의 압축액 및 과열 증기표(계속)

T/K	0.20 MPa $T_s=$ 321.157 K 48.007 ℃			0.24 MPa $T_s=$ 327.137 K 53.987 ℃			0.28 MPa $T_s=$ 332.390 K 59.240 ℃			0.32 MPa $T_s=$ 337.095 K 63.945 ℃		
	v	h	s	v	h	s	v	h	s	v	h	s
포화액	0.00071313	245.19	1.1517	0.00072151	251.29	1.1705	0.00072918	256.74	1.1869	0.00073632	261.68	1.2016
포화증기	0.081025	405.74	1.6516	0.068085	409.26	1.6533	0.058725	412.33	1.6550	0.051630	415.06	1.6566
273.15	0.00065623	200.06	0.9998	0.00065619	200.08	0.9998	0.00065616	200.09	0.9997	0.00065612	200.11	0.9997
275	0.00065814	201.68	1.0057	0.00065810	201.69	1.0057	0.00065806	201.71	1.0056	0.00065802	201.72	1.0056
280	0.00066338	206.09	1.0216	0.00066334	206.10	1.0216	0.00066330	206.12	1.0215	0.00066326	206.13	1.0215
285	0.00066878	210.57	1.0375	0.00066873	210.59	1.0374	0.00066868	210.60	1.0374	0.00066864	210.61	1.0373
290	0.00067433	215.13	1.0533	0.00067428	215.14	1.0533	0.00067423	215.16	1.0532	0.00067418	215.17	1.0532
295	0.00068004	219.76	1.0692	0.00067999	219.77	1.0691	0.00067994	219.79	1.0691	0.00067988	219.80	1.0690
298.15	0.00068373	222.71	1.0791	0.00068368	222.73	1.0791	0.00068362	222.74	1.0790	0.00068357	222.75	1.0790
300	0.00068594	224.46	1.0850	0.00068588	224.48	1.0849	0.00068582	224.49	1.0849	0.00068577	224.50	1.0848
305	0.00069202	229.24	1.1008	0.00069196	229.25	1.1007	0.00069190	229.27	1.1007	0.00069184	229.28	1.1006
310	0.00069831	234.09	1.1166	0.00069825	234.11	1.1165	0.00069818	234.12	1.1165	0.00069811	234.13	1.1164
315	0.00070482	239.02	1.1323	0.00070475	239.03	1.1323	0.00070468	239.04	1.1322	0.00070461	239.05	1.1322
320	0.00071157	244.02	1.1481	0.00071149	244.03	1.1480	0.00071141	244.04	1.1480	0.00071134	244.05	1.1479
325	0.082288	408.61	1.6605	0.00071849	249.10	1.1638	0.00071840	249.11	1.1637	0.00071832	249.12	1.1637
330	0.083912	412.36	1.6720	0.068888	411.44	1.6600	0.00072567	254.25	1.1794	0.00072558	254.26	1.1794
335	0.085518	416.12	1.6833	0.070276	415.24	1.6714	0.059367	414.35	1.6610	0.00073314	259.47	1.1950
340	0.087107	419.89	1.6944	0.071646	419.06	1.6827	0.060583	418.21	1.6725	0.052268	417.34	1.6633
345	0.088681	423.67	1.7055	0.073000	422.88	1.6939	0.061782	422.08	1.6838	0.053353	421.25	1.6747
350	0.090241	427.47	1.7164	0.074339	426.72	1.7049	0.062966	425.95	1.6949	0.054422	425.17	1.6860
355	0.091789	431.29	1.7272	0.075665	430.57	1.7158	0.064135	429.84	1.7059	0.055476	429.10	1.6971
360	0.093325	435.12	1.7380	0.076979	434.44	1.7267	0.065292	433.74	1.7169	0.056516	433.03	1.7081
365	0.094851	438.97	1.7486	0.078283	438.32	1.7374	0.066438	437.65	1.7276	0.057544	436.97	1.7190
370	0.096368	442.84	1.7591	0.079576	442.21	1.7480	0.067572	441.57	1.7383	0.058561	440.93	1.7298

[부표 A · 17] R-123의 압축액 및 과열 증기표(계속)

T/K	0.20 MPa $T_s=$ 321.157 K 48.007 ℃			0.24 MPa $T_s=$ 327.137 K 53.987 ℃			0.28 MPa $T_s=$ 332.390 K 59.240 ℃			0.32 MPa $T_s=$ 337.095 K 63.945 ℃		
	v	h	s	v	h	s	v	h	s	v	h	s
포 화 액	0.00071313	245.19	1.1517	0.00072151	251.29	1.1705	0.00072918	256.74	1.1869	0.00073632	261.68	1.2016
포화증기	0.081025	405.74	1.6516	0.068085	409.26	1.6533	0.058725	412.33	1.6550	0.051630	415.06	1.6566
375	0.097875	446.72	1.7695	0.080860	446.12	1.7585	0.068697	445.51	1.7489	0.059568	444.89	1.7404
380	0.099375	450.63	1.7799	0.082135	450.05	1.7689	0.069814	449.47	1.7594	0.060566	448.87	1.7510
385	0.10087	454.55	1.7901	0.083403	453.99	1.7792	0.070922	453.43	1.7697	0.061556	452.86	1.7614
390	0.10235	458.49	1.8003	0.084663	457.96	1.7894	0.072023	457.42	1.7800	0.062537	456.87	1.7717
395	0.10383	462.45	1.8104	0.085917	461.94	1.7995	0.073117	461.42	1.7902	0.063512	460.89	1.7820
400	0.10530	466.43	1.8204	0.087165	465.94	1.8096	0.074205	465.44	1.8003	0.064480	464.93	1.7921
405	0.10677	470.43	1.8303	0.088407	469.95	1.8196	0.075287	469.47	1.8103	0.065442	468.98	1.8022
410	0.10823	474.45	1.8402	0.089644	473.99	1.8295	0.076363	473.52	1.8203	0.066399	473.05	1.8122
415	0.10969	478.49	1.8500	0.090876	478.04	1.8393	0.077435	477.59	1.8301	0.067350	477.14	1.8221
420	0.11114	482.54	1.8597	0.092104	482.11	1.8491	0.078501	481.68	1.8399	0.068297	481.24	1.8319
425	0.11259	486.62	1.8694	0.093327	486.20	1.8587	0.079564	485.78	1.8496	0.069239	485.36	1.8417
430	0.11404	490.72	1.8789	0.094547	490.31	1.8684	0.080622	489.90	1.8593	0.070171	489.49	1.8513
435	0.11548	494.83	1.8885	0.095762	494.44	1.8779	0.081677	494.04	1.8689	0.071111	493.65	1.8609
440	0.11692	498.97	1.8979	0.096975	498.59	1.8874	0.082728	498.20	1.8784	0.072042	497.82	1.8705
445	0.11835	503.12	1.9073	0.098184	502.75	1.8968	0.083776	502.38	1.8878	0.072969	502.00	1.8799
450	0.11978	507.29	1.9166	0.099390	506.93	1.9061	0.084821	506.57	1.8972	0.073893	506.21	1.8893
455	0.12121	511.49	1.9259	0.10059	511.14	1.9154	0.085863	510.79	1.9065	0.074814	510.43	1.8987
460	0.12264	515.70	1.9351	0.10179	515.36	1.9247	0.086902	515.02	1.9157	0.075732	514.67	1.9079
465	0.12406	519.93	1.9442	0.10299	519.60	1.9338	0.087938	519.26	1.9249	0.076648	518.93	1.9171
470	0.12548	524.18	1.9533	0.10419	523.86	1.9429	0.088973	523.53	1.9340	0.077561	523.20	1.9263
475	0.12690	528.45	1.9624	0.10538	528.13	1.9520	0.090005	527.82	1.9431	0.078472	527.50	1.9354
480	0.12832	532.73	1.9713	0.10657	532.43	1.9610	0.091034	532.12	1.9521	0.079381	531.81	1.9444
485	0.12974	537.04	1.9803	0.10776	536.74	1.9699	0.092062	536.44	1.9611	0.080287	536.14	1.9534
490	0.13115	541.36	1.9891	0.10895	541.07	1.9788	0.093088	540.78	1.9700	0.081192	540.48	1.9623
495	0.13256	545.70	1.9979	0.11013	545.42	1.9876	0.094112	545.13	1.9788	0.082095	544.84	1.9711
500	0.13397	550.06	2.0067	0.11132	549.78	1.9964	0.095134	549.50	1.9876	0.082997	549.22	1.9799

[부표 A · 17] R-123의 압축액 및 과열 증기표(계속)

T/K	0.40 MPa T_s= 345.298 K 72.148 ℃			0.50 MPa T_s= 353.956 K 80.806 ℃			0.60 MPa T_s= 361.394 K 88.244 ℃			0.70 MPa T_s= 367.955 K 94.805 ℃		
	v	h	s	v	h	s	v	h	s	v	h	s
포화액	0.00074943	270.45	1.2271	0.00076431	279.90	1.2539	0.00077808	288.18	1.2768	0.00079111	295.60	1.2970
포화증기	0.041565	419.77	1.6595	0.033379	424.65	1.6628	0.027837	428.76	1.6658	0.023827	432.30	1.6685
273.15	0.00065604	200.14	0.9996	0.00065594	200.18	0.9995	0.00065585	200.21	0.9994	0.00065575	200.25	0.9993
275	0.00065794	201.75	1.0055	0.00065784	201.79	1.0054	0.00065774	201.83	1.0053	0.00065764	201.86	1.0052
280	0.00066317	206.16	1.0214	0.00066306	206.20	1.0213	0.00066296	206.23	1.0212	0.00066285	206.27	1.0211
285	0.00066855	210.64	1.0373	0.00066843	210.68	1.0372	0.00066832	210.71	1.0370	0.00066821	210.75	1.0369
290	0.00067408	215.20	1.0531	0.00067396	215.23	1.0530	0.00067384	215.27	1.0529	0.00067372	215.30	1.0528
295	0.00067978	219.83	1.0689	0.00067965	219.86	1.0688	0.00067952	219.89	1.0687	0.00067939	219.93	1.0686
298.15	0.00068346	222.78	1.0789	0.00068332	222.81	1.0788	0.00068318	222.85	1.0787	0.00068305	222.88	1.0785
300	0.00068565	224.53	1.0847	0.00068551	224.56	1.0846	0.00068537	224.59	1.0845	0.00068523	224.63	1.0844
305	0.00069172	229.30	1.1005	0.00069157	229.34	1.1004	0.00069141	229.37	1.1003	0.00069126	229.40	1.1002
310	0.00069798	234.15	1.1163	0.00069782	234.18	1.1162	0.00069766	234.21	1.1161	0.00069749	234.25	1.1159
315	0.00070447	239.08	1.1321	0.00070429	239.11	1.1319	0.00070411	239.13	1.1318	0.00070394	239.16	1.1317
320	0.00071118	244.07	1.1478	0.00071099	244.10	1.1477	0.00071080	244.13	1.1475	0.00071061	244.15	1.1474
325	0.00071815	249.14	1.1635	0.00071795	249.16	1.1634	0.00071774	249.19	1.1633	0.00071753	249.22	1.1631
330	0.00072540	254.28	1.1792	0.00072517	254.30	1.1791	0.00072495	254.32	1.1789	0.00072473	254.35	1.1788
335	0.00073294	259.49	1.1949	0.00073270	259.51	1.1948	0.00073245	259.53	1.1946	0.00073221	259.55	1.1945
340	0.00074082	264.77	1.2106	0.00074055	264.79	1.2104	0.00074028	264.81	1.2103	0.00074002	264.83	1.2101
345	0.00074905	270.12	1.2262	0.00074876	270.14	1.2260	0.00074847	270.15	1.2259	0.00074817	270.17	1.2257
350	0.042424	423.54	1.6704	0.00075736	275.55	1.2417	0.00075704	275.57	1.2415	0.00075672	275.58	1.2413
355	0.043320	427.55	1.6818	0.033540	425.51	1.6653	0.00076605	281.05	1.2570	0.00076570	281.07	1.2569
360	0.044201	431.56	1.6930	0.034301	429.63	1.6768	0.00077556	286.61	1.2726	0.00077516	286.62	1.2724
365	0.045069	435.58	1.7040	0.035046	433.75	1.6882	0.028319	431.81	1.6742	0.00078517	292.24	1.2879
370	0.045924	439.60	1.7150	0.035777	437.86	1.6993	0.028973	436.03	1.6857	0.024073	434.08	1.6733

[부표 A · 17] R-123의 압축액 및 과열 증기표(계속)

T/K	0.40 MPa T_s= 345.298 K 72.148 ℃			0.50 MPa T_s= 353.956 K 80.806 ℃			0.60 MPa T_s= 361.394 K 88.244 ℃			0.70 MPa T_s= 367.955 K 94.805 ℃		
	v	h	s	v	h	s	v	h	s	v	h	s
포화액	0.00074943	270.45	1.2271	0.00076431	279.90	1.2539	0.00077808	288.18	1.2768	0.00079111	295.60	1.2970
포화증기	0.041565	419.77	1.6595	0.033379	424.65	1.6628	0.027837	428.76	1.6658	0.023827	432.30	1.6685
375	0.046768	443.62	1.7258	0.036496	441.97	1.7104	0.029613	440.23	1.6970	0.024662	438.40	1.6849
380	0.047602	447.66	1.7365	0.037202	446.08	1.7213	0.030239	444.43	1.7081	0.025236	442.69	1.6963
385	0.048427	451.70	1.7470	0.037899	450.19	1.7320	0.030854	448.62	1.7191	0.025796	446.98	1.7075
390	0.049244	455.76	1.7575	0.038586	454.31	1.7427	0.031459	452.82	1.7299	0.026345	451.25	1.7185
395	0.050053	459.82	1.7679	0.039265	458.44	1.7532	0.032053	457.01	1.7406	0.026882	455.52	1.7294
400	0.050855	463.90	1.7781	0.039937	462.57	1.7636	0.032640	461.20	1.7511	0.027410	459.78	1.7401
405	0.051650	467.99	1.7883	0.040601	466.72	1.7739	0.033218	465.40	1.7616	0.027930	464.04	1.7507
410	0.052440	472.09	1.7984	0.041258	470.87	1.7841	0.033790	469.61	1.7719	0.028442	468.31	1.7612
415	0.053224	476.21	1.8084	0.041910	475.03	1.7941	0.034355	473.82	1.7821	0.028947	472.57	1.7715
420	0.054003	480.35	1.8183	0.042557	479.21	1.8042	0.034914	478.04	1.7922	0.029445	476.84	1.7817
425	0.054777	484.50	1.8281	0.043198	483.40	1.8141	0.035468	482.27	1.8022	0.029937	481.12	1.7918
430	0.055547	488.66	1.8378	0.043835	487.60	1.8239	0.036017	486.51	1.8121	0.030424	485.40	1.8019
435	0.056313	492.84	1.8475	0.044467	491.81	1.8336	0.036561	490.76	1.8220	0.030906	489.69	1.8118
440	0.057076	497.03	1.8571	0.045095	496.04	1.8433	0.037101	495.03	1.8317	0.031384	493.99	1.8216
445	0.057834	501.25	1.8666	0.045720	500.28	1.8529	0.037637	499.30	1.8414	0.031857	498.30	1.8313
450	0.058590	505.47	1.8760	0.046341	504.54	1.8624	0.038169	503.59	1.8510	0.032327	502.62	1.8410
455	0.059342	509.72	1.8854	0.046959	508.81	1.8718	0.038698	507.89	1.8605	0.032793	506.95	1.8506
460	0.060091	513.98	1.8947	0.047574	513.10	1.8812	0.039224	512.20	1.8699	0.033255	511.30	1.8601
465	0.060838	518.25	1.9040	0.048186	517.40	1.8905	0.039747	516.53	1.8792	0.033715	515.65	1.8695
470	0.061582	522.55	1.9132	0.048795	521.72	1.8997	0.040267	520.87	1.8885	0.034171	520.02	1.8788
475	0.062324	526.86	1.9223	0.049402	526.05	1.9089	0.040784	525.23	1.8977	0.034625	524.40	1.8881
480	0.063064	531.18	1.9313	0.050007	530.40	1.9180	0.041299	529.60	1.9069	0.035076	528.79	1.8973
485	0.063801	535.53	1.9403	0.050609	534.76	1.9271	0.041812	533.98	1.9160	0.035525	533.20	1.9064
490	0.064537	539.89	1.9493	0.051210	539.14	1.9360	0.042322	538.38	1.9250	0.035972	537.61	1.9155
495	0.065270	544.26	1.9582	0.051808	543.53	1.9450	0.042831	542.79	1.9340	0.036417	542.05	1.9245
500	0.066002	548.66	1.9670	0.052405	547.94	1.9538	0.043338	547.22	1.9429	0.036859	546.49	1.9334

[부표 A·17] R-123의 압축액 및 과열 증기표(계속)

T/K	0.80 MPa T_s= 373.851 K 100.701 ℃			0.90 MPa T_s= 379.224 K 106.074 ℃			1.0 MPa T_s= 384.171 K 111.021 ℃			1.2 MPa T_s= 393.060 K 119.910 ℃		
	v	h	s	v	h	s	v	h	s	v	h	s
포화액	0.00080362	302.37	1.3150	0.00081578	308.62	1.3314	0.00082771	314.45	1.3464	0.00085123	325.09	1.3734
포화증기	0.020787	435.42	1.6709	0.018398	438.19	1.6731	0.016470	440.69	1.6750	0.013542	444.98	1.6784
273.15	0.00065565	200.29	0.9992	0.00065556	200.33	0.9991	0.00065546	200.36	0.9990	0.00065527	200.44	0.9988
275	0.00065754	201.90	1.0051	0.00065745	201.94	1.0050	0.00065735	201.98	1.0049	0.00065715	202.05	1.0047
280	0.00066275	206.31	1.0210	0.00066264	206.34	1.0209	0.00066254	206.38	1.0208	0.00066233	206.45	1.0206
285	0.00066809	210.79	1.0368	0.00066798	210.82	1.0367	0.00066787	210.86	1.0366	0.00066764	210.93	1.0364
290	0.00067359	215.34	1.0527	0.00067347	215.37	1.0525	0.00067335	215.41	1.0524	0.00067311	215.48	1.0522
295	0.00067926	219.96	1.0685	0.00067913	220.00	1.0684	0.00067900	220.03	1.0682	0.00067874	220.10	1.0680
298.15	0.00068291	222.91	1.0784	0.00068278	222.95	1.0783	0.00068264	222.98	1.0782	0.00068237	233.05	1.0780
300	0.00068509	224.66	1.0843	0.00068495	224.69	1.0842	0.00068481	224.73	1.0840	0.00068454	224.79	1.0838
305	0.00069111	229.43	1.1001	0.00069096	229.46	1.0999	0.00069081	229.50	1.0998	0.00069051	229.56	1.0996
310	0.00069733	234.28	1.1158	0.00069717	234.31	1.1157	0.00069701	234.34	1.1156	0.00069669	234.40	1.1153
315	0.00070376	239.19	1.1316	0.00070359	239.22	1.1314	0.00070341	239.25	1.1313	0.00070307	239.31	1.1310
320	0.00071042	244.18	1.1473	0.00071023	244.21	1.1471	0.00071005	244.24	1.1470	0.00070967	244.29	1.1467
325	0.00071733	249.24	1.1630	0.00071712	249.27	1.1628	0.00071692	249.29	1.1627	0.00071652	249.35	1.1624
330	0.00072450	254.37	1.1787	0.00072428	254.40	1.1785	0.00072406	254.42	1.1784	0.00072362	254.47	1.1781
335	0.00073197	259.57	1.1943	0.00073173	259.60	1.1942	0.00073149	259.62	1.1940	0.00073101	259.66	1.1937
340	0.00073975	264.85	1.2099	0.00073949	264.87	1.2098	0.00073923	264.89	1.2096	0.00073871	264.93	1.2093
345	0.00074789	270.19	1.2255	0.00074760	270.20	1.2254	0.00074731	270.22	1.2252	0.00074674	270.26	1.2249
350	0.00075640	275.60	1.2411	0.00075609	275.61	1.2410	0.00075577	275.63	1.2408	0.00075515	275.66	1.2404
355	0.00076535	281.08	1.2567	0.00076500	281.09	1.2565	0.00076465	281.10	1.2563	0.00076397	281.12	1.2559
360	0.00077477	286.63	1.2722	0.00077439	286.63	1.2720	0.00077400	286.64	1.2718	0.00077324	286.66	1.2714
365	0.00078474	292.25	1.2877	0.00078431	292.25	1.2875	0.00078388	292.25	1.2873	0.00078303	292.26	1.2869
370	0.00079532	297.94	1.3032	0.00079483	297.94	1.3030	0.00079435	297.94	1.3028	0.00079340	297.94	1.3023

[부표 A · 17] R-123의 압축액 및 과열 증기표(계속)

T/K	0.80 MPa T_s= 373.851 K 100.701 ℃			0.90 MPa T_s= 379.224 K 106.074 ℃			1.0 MPa T_s= 384.171 K 111.021 ℃			1.2 MPa T_s= 393.060 K 119.910 ℃		
	v	h	s	v	h	s	v	h	s	v	h	s
포 화 액	0.00080362	302.37	1.3150	0.00081578	308.62	1.3314	0.00082771	314.45	1.3464	0.00085123	325.09	1.3734
포화증기	0.020787	435.42	1.6709	0.018398	438.19	1.6731	0.016470	440.69	1.6750	0.013542	444.98	1.6784
375	0.020913	436.44	1.6736	0.00080605	303.70	1.3185	0.00080551	303.69	1.3182	0.00080444	303.68	1.3178
380	0.021453	440.86	1.6853	0.018477	438.90	1.6749	0.00081746	309.53	1.3337	0.00081624	309.50	1.3332
385	0.021977	445.25	1.6968	0.018978	443.41	1.6867	0.016549	441.45	1.6770	0.00082894	315.41	1.3486
390	0.022487	449.61	1.7081	0.019462	447.89	1.6983	0.017018	446.06	1.6889	0.00084270	321.40	1.3641
395	0.022984	453.96	1.7191	0.019933	452.34	1.7096	0.017470	450.62	1.7005	0.013710	446.86	1.6832
400	0.023471	458.30	1.7301	0.020390	456.76	1.7207	0.017908	455.14	1.7119	0.012128	451.63	1.6952
405	0.023949	462.64	1.7408	0.020837	461.17	1.7317	0.018333	459.64	1.7231	0.014530	456.35	1.7069
410	0.024418	466.96	1.7514	0.021275	465.57	1.7425	0.018747	464.12	1.7341	0.014917	461.02	1.7184
415	0.024879	471.29	1.7619	0.021703	469.96	1.7531	0.019152	468.58	1.7449	0.015291	465.65	1.7296
420	0.025333	475.61	1.7723	0.022124	474.34	1.7636	0.019548	473.02	1.7555	0.015654	470.25	1.7406
425	0.025780	479.93	1.7825	0.022538	478.72	1.7740	0.019936	477.46	1.7660	0.016008	474.82	1.7514
430	0.026222	484.26	1.7926	0.022946	483.09	1.7842	0.020317	481.89	1.7764	0.016353	479.37	1.7621
435	0.026658	488.60	1.8027	0.023348	487.47	1.7943	0.020692	486.32	1.7866	0.016690	483.92	1.7726
440	0.027090	492.94	1.8126	0.023744	491.86	1.8044	0.021062	490.75	1.7968	0.017021	488.44	1.7829
445	0.027517	497.28	1.8224	0.024136	496.24	1.8143	0.021426	495.18	1.8068	0.017346	482.97	1.7932
450	0.027940	501.64	1.8321	0.024523	500.63	1.8241	0.021785	499.61	1.8167	0.017666	497.48	1.8032
455	0.028359	506.00	1.8418	0.024907	505.03	1.8338	0.022141	504.04	1.8265	0.017980	502.00	1.8132
460	0.028775	510.37	1.8513	0.025286	509.43	1.8434	0.022492	508.48	1.8362	0.018290	506.51	1.8231
465	0.029187	514.76	1.8608	0.025663	513.85	1.8530	0.022840	512.92	1.8458	0.018596	511.02	1.8328
470	0.029597	519.15	1.8702	0.026036	518.27	1.8624	0.023184	517.37	1.8553	0.018899	515.54	1.8425
475	0.030003	523.55	1.8795	0.026406	522.70	1.8718	0.023525	521.83	1.8647	0.019197	520.06	1.8521
480	0.030407	527.97	1.8888	0.026773	527.14	1.8811	0.023863	526.30	1.8741	0.019493	524.58	1.8615
485	0.030808	532.40	1.8980	0.027137	531.59	1.8903	0.024199	530.78	1.8834	0.019785	529.11	1.8709
490	0.031207	536.84	1.9071	0.027500	536.06	1.8995	0.024532	535.26	1.8926	0.020075	533.65	1.8802
495	0.031604	541.29	1.9161	0.027859	540.53	1.9086	0.024862	539.76	1.9017	0.020362	538.19	1.8895
500	0.031999	545.76	1.9251	0.028217	545.02	1.9176	0.025191	544.27	1.9108	0.020647	542.74	1.8986

[부표 A · 17] R-123의 압축액 및 과열 증기표(계속)

T/K	1.4 MPa T_s= 400.913 K 127.763 ℃			0.6 MPa T_s= 407.974 K 134.824 ℃			0.8 MPa T_s= 414.405 K 141.255 ℃			2.0 MPa T_s= 420.321 K 147.171 ℃		
	v	h	s	v	h	s	v	h	s	v	h	s
포화액	0.00087475	334.70	1.3972	0.00089873	343.52	1.4185	0.00092361	351.75	1.4381	0.00094984	359.51	1.4562
포화증기	0.011417	448.54	1.6811	0.0097984	451.52	1.6832	0.0085189	453.98	1.6848	0.0074767	455.98	1.6858
273.15	0.00065508	200.52	0.9986	0.00065489	200.59	0.9984	0.00065471	200.67	0.9982	0.00065452	200.74	0.9980
275	0.00065696	202.13	1.0045	0.00065676	202.20	1.0043	0.00065657	202.28	1.0041	0.00065638	202.35	1.0039
280	0.00066212	206.53	1.0203	0.00066191	206.60	1.0201	0.00066170	206.68	1.0199	0.00066150	206.75	1.0197
285	0.00066742	211.00	1.0362	0.00066720	211.07	1.0360	0.00066698	211.15	1.0357	0.00066675	211.22	1.0355
290	0.00067287	215.55	1.0520	0.00067263	215.62	1.0518	0.00067239	215.69	1.0516	0.00067216	215.76	1.0513
295	0.00067848	220.17	1.0678	0.00067822	220.24	1.0676	0.00067797	220.30	1.0673	0.00067772	220.37	1.0671
298.15	0.00068210	223.11	1.0777	0.00068183	223.18	1.0775	0.00068157	223.25	1.0773	0.00068130	223.32	1.0770
300	0.00068426	224.86	1.0836	0.00068398	224.93	1.0833	0.00068371	224.99	1.0831	0.00068344	225.06	1.0829
305	0.00069022	229.62	1.0993	0.00068992	229.69	1.0991	0.00068963	229.75	1.0988	0.00068933	229.82	1.0986
310	0.00069637	234.46	1.1151	0.00069605	234.52	1.1148	0.00069573	234.58	1.1146	0.00069542	234.65	1.1143
315	0.00070272	239.37	1.1308	0.00070238	239.43	1.1305	0.00070204	239.49	1.1303	0.00070170	239.55	1.1300
320	0.00070930	244.35	1.1465	0.00070893	244.40	1.1462	0.00070856	244.46	1.1459	0.00070820	244.52	1.1457
325	0.00071611	249.40	1.1621	0.00071571	249.45	1.1619	0.00071532	249.51	1.1616	0.00071492	249.56	1.1613
330	0.00072319	254.52	1.1778	0.00072275	254.57	1.1775	0.00072232	254.62	1.1772	0.00072190	254.67	1.1769
335	0.00073054	259.71	1.1934	0.00073007	259.75	1.1931	0.00072960	259.80	1.1928	0.00072914	259.85	1.1925
340	0.00073819	264.97	1.2090	0.00073768	265.01	1.2087	0.00073717	265.05	1.2084	0.00073667	265.09	1.2081
345	0.00074618	270.29	1.2246	0.00074562	270.33	1.2242	0.00074506	270.37	1.2239	0.00074452	270.41	1.2236
350	0.00075453	275.69	1.2401	0.00075392	275.72	1.2397	0.00075331	275.75	1.2394	0.00075271	275.78	1.2391
355	0.00076328	281.15	1.2556	0.00076261	281.17	1.2552	0.00076194	281.20	1.2549	0.00076129	281.23	1.2545
360	0.00077249	286.68	1.2711	0.00077174	286.70	1.2707	0.00077101	286.72	1.2703	0.00077028	286.74	1.2699
365	0.00078220	292.27	1.2865	0.00078137	292.28	1.2861	0.00078056	292.30	1.2587	0.00077975	292.31	1.2853
370	0.00079247	297.94	1.3019	0.00079155	297.94	1.3015	0.00079064	297.94	1.3011	0.00078975	297.95	1.3007

[부표 A · 17] R-123의 압축액 및 과열 증기표(계속)

T/K	1.4 MPa $T_s=$ 400.913 K 127.763 ℃			0.6 MPa $T_s=$ 407.974 K 134.824 ℃			0.8 MPa $T_s=$ 414.405 K 141.255 ℃			2.0 MPa $T_s=$ 420.321 K 147.171 ℃		
	v	h	s	v	h	s	v	h	s	v	h	s
포화액	0.00087475	334.70	1.3972	0.00089873	343.52	1.4185	0.00092361	351.75	1.4381	0.00094984	359.51	1.4562
포화증기	0.011417	448.54	1.6811	0.0097984	451.52	1.6832	0.0085189	453.98	1.6848	0.0074767	455.98	1.6858
375	0.00080339	303.67	1.3173	0.00080235	303.67	1.3169	0.00080134	303.66	1.3164	0.00080034	303.66	1.3160
380	0.00081505	309.48	1.3327	0.00081388	309.46	1.3322	0.00081273	309.45	1.3318	0.00081160	309.43	1.3313
385	0.00082758	315.37	1.3481	0.00082624	315.34	1.3476	0.00082493	315.31	1.3471	0.00082365	315.28	1.3466
390	0.00084112	321.34	1.3635	0.00083958	321.29	1.3630	0.00083808	321.24	1.3624	0.00083661	321.20	1.3619
395	0.00085590	327.41	1.3790	0.00085410	327.34	1.3784	0.00085235	327.27	1.3778	0.00085065	327.21	1.3772
400	0.00087218	333.58	1.3945	0.00087005	333.49	1.3938	0.00086799	333.40	1.3932	0.00086599	333.31	1.3925
405	0.011743	452.65	1.6913	0.00088779	339.76	1.4094	0.00088531	339.64	1.4086	0.00088292	339.52	1.4079
410	0.012123	457.58	1.7034	0.0099548	453.65	1.6885	0.00090480	346.02	1.4243	0.00090187	345.86	1.4235
415	0.012485	462.43	1.7152	0.010323	458.83	1.7010	0.0085643	454.64	1.6864	0.00092349	352.37	1.4392
420	0.012832	467.23	1.7267	0.010669	463.89	1.7131	0.0089280	460.10	1.6995	0.00094878	359.11	1.4554
425	0.013167	471.97	1.7379	0.010999	468.86	1.7249	0.0092655	465.39	1.7120	0.0078179	461.39	1.6986
430	0.013492	476.68	1.7489	0.011314	473.76	1.7364	0.0095826	470.55	1.7241	0.0081510	466.94	1.7115
435	0.013807	481.36	1.7597	0.011617	478.61	1.7476	0.0098835	475.62	1.7358	0.0084600	472.30	1.7239
440	0.014114	486.01	1.7704	0.011910	483.41	1.7585	0.010171	480.60	1.7472	0.0087503	477.54	1.7359
445	0.014414	490.64	1.7808	0.012194	488.17	1.7693	0.010447	485.53	1.7583	0.0090256	482.68	1.7475
450	0.014707	495.26	1.7911	0.012471	492.91	1.7799	0.010714	490.41	1.7692	0.0092886	487.74	1.7588
455	0.014995	499.86	1.8013	0.012741	497.62	1.7903	0.010972	495.25	1.7799	0.0095413	492.73	1.7699
460	0.015277	504.46	1.8114	0.013004	502.31	1.8006	0.011223	500.06	1.7904	0.0097852	497.68	1.7807
465	0.015555	509.05	1.8213	0.013262	506.99	1.8107	0.011468	504.84	1.8008	0.010021	502.58	1.7913
470	0.015828	513.64	1.8311	0.013516	511.66	1.8207	0.011707	509.60	1.8109	0.010251	507.45	1.8017
475	0.016097	518.22	1.8408	0.013764	516.32	1.8305	0.011941	514.35	1.8210	0.010475	512.29	1.8119
480	0.016363	522.81	1.8504	0.014009	520.98	1.8403	0.012171	519.08	1.8309	0.010693	517.11	1.8220
485	0.016626	527.40	1.8599	0.014250	525.63	1.8499	0.012396	523.80	1.8407	0.010907	521.91	1.8320
490	0.016886	531.99	1.8693	0.014488	530.28	1.8595	0.012618	528.52	1.8504	0.011117	526.70	1.8418
495	0.017142	536.58	1.8787	0.014723	534.93	1.8689	0.012837	533.23	1.8599	0.011323	531.48	1.8515
500	0.017397	541.18	1.8879	0.014955	539.58	1.8783	0.013052	537.94	1.8694	0.011525	536.25	1.8611

[부표 A · 17] R-123의 압축액 및 과열 증기표(계속)

T/K	2.2 MPa T_s= 425.803 K 152.653 ℃			2.4 MPa T_s= 430.914 K 157.764 ℃			2.6 MPa T_s= 435.700 K 162.550 ℃			2.8 MPa T_s= 440.198 K 167.048 ℃		
	v	h	s	v	h	s	v	h	s	v	h	s
포화액	0.00097797	366.91	1.4733	0.0010087	374.04	1.4895	0.0010430	381.01	1.5051	0.00100825	387.91	1.5204
포화증기	0.0066060	457.55	1.6862	0.0058618	458.68	1.6859	0.0052116	459.35	1.6849	0.0046302	459.49	1.6830
273.15	0.00065433	200.82	0.9978	0.00065414	200.90	0.9976	0.00065396	200.97	0.9974	0.00065377	201.05	0.9972
275	0.00065619	202.43	1.0037	0.00065599	202.50	1.0035	0.00065580	202.58	1.0033	0.00065561	202.66	1.0031
280	0.00066129	206.82	1.0195	0.00066109	206.90	1.0193	0.00066088	206.97	1.0191	0.00066068	207.05	1.0189
285	0.00066653	211.29	1.0353	0.00066632	211.36	1.0351	0.00066610	211.44	1.0349	0.00066588	211.51	1.0347
290	0.00067192	215.83	1.0511	0.00067169	215.90	1.0509	0.00067145	215.97	1.0507	0.00067122	216.04	1.0505
295	0.00067746	220.44	1.0669	0.00067721	220.51	1.0667	0.00067696	220.58	1.0664	0.00067671	220.65	1.0662
298.15	0.00068104	223.38	1.0768	0.00068077	223.45	1.0766	0.00068051	223.52	1.0763	0.00068025	223.59	1.0761
300	0.00068317	225.13	1.0826	0.00068290	225.19	1.0824	0.00068263	225.26	1.0822	0.00068236	225.33	1.0819
305	0.00068904	229.88	1.0984	0.00068875	229.95	1.0981	0.00068847	230.01	1.0979	0.00068818	230.38	1.0976
310	0.00069511	234.71	1.1141	0.00069479	234.77	1.1138	0.00069448	234.83	1.1136	0.00069418	234.90	1.1133
315	0.00070136	239.61	1.1297	0.00070103	239.67	1.1295	0.00070070	239.73	1.1292	0.00070037	239.79	1.1290
320	0.00070783	244.58	1.1454	0.00070747	244.63	1.1451	0.00070711	244.69	1.1449	0.00070676	244.75	1.1446
325	0.00071453	249.61	1.1610	0.00071414	249.67	1.1608	0.00071375	249.72	1.1605	0.00071337	249.78	1.1602
330	0.00072147	254.72	1.1766	0.00072105	254.77	1.1764	0.00072063	254.82	1.1761	0.00072022	254.87	1.1758
335	0.00072868	259.89	1.1922	0.00072822	259.94	1.1919	0.00072777	259.99	1.1916	0.00072732	260.04	1.1913
340	0.00073617	265.14	1.2078	0.00073567	265.18	1.2075	0.00073518	265.22	1.2072	0.00073469	265.27	1.2068
345	0.00074397	270.44	1.2233	0.00074343	270.48	1.2229	0.00074290	270.52	1.2226	0.00074237	270.56	1.2223
350	0.00075211	275.82	1.2387	0.00075153	275.85	1.2384	0.00075094	275.89	1.2381	0.00075036	275.92	1.2377
355	0.00076063	281.26	1.2542	0.00075999	281.28	1.2538	0.00075935	281.31	1.2535	0.00075872	281.34	1.2531
360	0.00076957	286.76	1.2696	0.00076886	286.78	1.2692	0.00076815	286.80	1.2688	0.00076746	286.83	1.2685
365	0.00077896	292.33	1.2849	0.00077817	292.34	1.2846	0.00077740	292.36	1.2842	0.00077663	292.37	1.2838
370	0.00078886	297.96	1.3003	0.00078799	297.96	1.2999	0.00078714	297.97	1.2995	0.00078629	297.98	1.2991

[부표 A · 17] R-123의 압축액 및 과열 증기표(계속)

T/K	2.2 MPa T_s= 425.803 K 152.653 ℃			2.4 MPa T_s= 430.914 K 157.764 ℃			2.6 MPa T_s= 435.700 K 162.550 ℃			2.8 MPa T_s= 440.198 K 167.048 ℃		
	v	h	s	v	h	s	v	h	s	v	h	s
포화액	0.00097797	366.91	1.4733	0.0010087	374.04	1.4895	0.0010430	381.01	1.5051	0.00100825	387.91	1.5204
포화증기	0.0066060	457.55	1.6862	0.0058618	458.68	1.6859	0.0052116	459.35	1.6849	0.0046302	459.49	1.6830
375	0.00079935	303.65	1.3156	0.00079838	303.65	1.3151	0.00079742	303.65	1.3147	0.00079648	303.65	1.3143
380	0.00081050	309.42	1.3308	0.00080941	309.40	1.3304	0.00080833	309.39	1.3299	0.00080728	309.39	1.3295
385	0.00082240	315.25	1.3461	0.00082117	315.23	1.3456	0.00081996	315.20	1.3451	0.00081877	315.18	1.3446
390	0.00083518	321.16	1.3613	0.00083377	321.12	1.3608	0.00083240	321.08	1.3603	0.00083105	321.05	1.3598
395	0.00084899	327.15	1.3766	0.00084737	327.09	1.3760	0.00084579	327.04	1.3754	0.00084425	326.99	1.3749
400	0.00086404	333.23	1.3919	0.00086216	333.15	1.3912	0.00086032	333.08	1.3906	0.00085854	333.01	1.3900
405	0.00088061	339.41	1.4072	0.00087838	339.31	1.4065	0.00087622	339.21	1.4059	0.00087412	339.12	1.4052
410	0.00089907	345.72	1.4227	0.00089638	345.58	1.4219	0.00089379	345.45	1.4212	0.00089130	345.33	1.4204
415	0.00091999	352.18	1.4383	0.00091666	352.00	1.4375	0.00091349	351.83	1.4366	0.00091046	351.67	1.4358
420	0.00094424	358.84	1.4543	0.00093999	358.60	1.4533	0.00093598	358.37	1.4523	0.00093219	358.16	1.4513
425	0.00097334	365.79	1.4707	0.00096762	365.46	1.4695	0.00096233	365.15	1.4683	0.00095742	364.86	1.4672
430	0.0069163	462.71	1.6982	0.0010019	372.69	1.4864	0.00099442	372.25	1.4849	0.00098766	371.85	1.4835
435	0.0072487	468.54	1.7117	0.0061730	464.07	1.6983	0.0010362	379.89	1.5025	0.0010259	379.29	1.5007
440	0.0075524	474.13	1.7245	0.0065074	470.22	1.7124	0.0055544	465.50	1.6989	0.0010795	387.54	1.5195
445	0.0078346	479.55	1.7367	0.0068075	476.04	1.7255	0.0058922	471.99	1.7136	0.0050375	467.02	1.7000
450	0.0081002	484.84	1.7485	0.0070833	481.65	1.7381	0.0061897	478.05	1.7271	0.0053787	473.87	1.7153
455	0.0083324	490.03	1.7600	0.0073408	487.09	1.7501	0.0064599	483.85	1.7399	0.0056735	480.19	1.7292
460	0.0085935	495.14	1.7712	0.0075837	492.41	1.7617	0.0067101	489.44	1.7522	0.0059382	486.16	1.7423
465	0.0088252	500.18	1.7821	0.0078149	497.63	1.7730	0.0069448	494.89	1.7640	0.0061815	491.91	1.7547
470	0.0090491	505.18	1.7928	0.0080362	502.78	1.7840	0.0071671	500.23	1.7754	0.0064085	497.48	1.7666
475	0.0092639	510.14	1.8033	0.0082493	507.87	1.7948	0.0073792	505.47	1.7865	0.0066227	502.92	1.7782
480	0.0094768	515.06	1.8136	0.0084553	512.91	1.8054	0.0075829	510.65	1.7973	0.0068624	508.26	1.7893
485	0.0096823	519.95	1.8237	0.0086551	517.90	1.8157	0.0077792	515.77	1.8079	0.0070214	513.52	1.8002
490	0.0098831	524.82	1.8337	0.0088495	522.87	1.8259	0.0079693	520.84	1.8183	0.0072091	518.71	1.8109
495	0.010080	529.67	1.8436	0.0090391	527.80	1.8359	0.0081539	525.87	1.8285	0.0073904	523.85	1.8213
500	0.010272	534.51	1.8533	0.0092243	532.72	1.8458	0.0083337	530.87	1.8386	0.0075663	528.95	1.8316

[부표 A · 17] R-123의 압축액 및 과열 증기표(계속)

T/K	3.0 MPa T_s= 444.436 K 171.286 ℃			3.2 MPa T_s= 448.434 K 175.284 ℃			3.4 MPa T_s= 452.205 K 179.055 ℃			3.6 MPa T_s= 455.749 K 182.599 ℃		
	v	h	s	v	h	s	v	h	s	v	h	s
포화액	0.0011297	394.89	1.5356	0.0011898	402.18	1.5514	0.0012759	410.28	1.5689	0.0014509	421.33	1.5926
포화증기	0.0040957	458.96	1.6798	0.0035845	457.48	1.6748	0.0030591	454.34	1.6663	0.0023819	446.14	1.6471
273.15	0.00065359	201.13	0.9970	0.00065340	201.20	0.9968	0.00065322	201.28	0.9966	0.00065304	201.36	0.9964
275	0.00065542	202.73	1.0029	0.00065524	202.81	1.0027	0.00065505	202.89	1.0025	0.00065486	202.96	1.0023
280	0.00066048	207.12	1.0187	0.00066028	207.20	1.0185	0.00066007	207.27	1.0183	0.00065987	207.35	1.0181
285	0.00066566	211.58	1.0345	0.00066545	211.66	1.0343	0.00066523	211.73	1.0341	0.00066502	211.80	1.0338
290	0.00067099	216.12	1.0502	0.00067076	216.19	1.0500	0.00067053	216.26	1.0498	0.00067030	216.33	1.0496
295	0.00067646	220.72	1.0660	0.00067622	220.79	1.0658	0.00067597	220.86	1.0655	0.00067572	220.93	1.0653
298.15	0.00067999	223.66	1.0759	0.00067973	223.73	1.0757	0.00067948	223.80	1.0754	0.00067922	223.86	1.0752
300	0.00068209	225.40	1.0817	0.00068183	225.46	1.0815	0.00068157	225.53	1.0813	0.00068130	225.60	1.0810
305	0.00068789	230.14	1.0974	0.00068761	230.21	1.0972	0.00068733	230.28	1.0969	0.00068705	230.34	1.0967
310	0.00069387	234.96	1.1131	0.00069357	235.02	1.1128	0.00069326	235.09	1.1126	0.00069296	235.15	1.1124
315	0.00070004	239.85	1.1287	0.00069971	239.91	1.1285	0.00069938	239.97	1.1282	0.00069906	240.03	1.1280
320	0.00070640	244.81	1.1444	0.00070605	244.87	1.1441	0.00070570	244.92	1.1438	0.00070535	244.98	1.1436
325	0.00071299	249.83	1.1600	0.00071261	249.89	1.1597	0.00071223	249.94	1.1594	0.00071186	250.00	1.1592
330	0.00071981	254.93	1.1755	0.00071940	254.98	1.1752	0.00071899	255.03	1.1750	0.00071859	255.09	1.1747
335	0.00072687	260.09	1.1911	0.00072643	260.14	1.1908	0.00072599	260.19	1.1905	0.00072556	260.24	1.1902
340	0.00073421	265.31	1.2065	0.00073373	265.36	1.2063	0.00073326	265.40	1.2060	0.00073278	265.45	1.2057
345	0.00074184	270.60	1.2220	0.00074132	270.65	1.2217	0.00074080	270.69	1.2214	0.00074029	270.73	1.2211
350	0.00074979	275.96	1.2374	0.00074923	275.99	1.2371	0.00074866	276.03	1.2368	0.00074811	276.07	1.2365
355	0.00075809	281.38	1.2528	0.00075747	281.41	1.2525	0.00075686	281.44	1.2521	0.00075625	281.47	1.2518
360	0.00076677	286.85	1.2681	0.00076609	286.88	1.2678	0.00076542	286.91	1.2674	0.00076476	286.93	1.2671
365	0.00077588	292.39	1.2834	0.00077513	292.41	1.2830	0.00077439	292.43	1.2827	0.00077366	292.45	1.2823
370	0.00078545	297.99	1.2987	0.00078463	298.01	1.2983	0.00078381	298.02	1.2979	0.00078301	298.03	1.2975

[부표 A · 17] R-123의 압축액 및 과열 증기표(계속)

T/K	3.0 MPa $T_s=$ 444.436 K 171.286 ℃			3.2 MPa $T_s=$ 448.434 K 175.284 ℃			3.4 MPa $T_s=$ 452.205 K 179.055 ℃			3.6 MPa $T_s=$ 455.749 K 182.599 ℃		
	v	h	s	v	h	s	v	h	s	v	h	s
포 화 액	0.0011297	394.89	1.5356	0.0011898	402.18	1.5514	0.0012759	410.28	1.5689	0.0014509	421.33	1.5926
포화증기	0.0040957	458.96	1.6798	0.0035845	457.48	1.6748	0.0030591	454.34	1.6663	0.0023819	446.14	1.6471
375	0.00079555	303.66	1.3139	0.00079464	303.66	1.3135	0.00079374	303.66	1.3130	0.00079285	303.67	1.3126
380	0.00080624	309.38	1.3290	0.00080522	309.37	1.3286	0.00080422	309.37	1.3282	0.00080323	309.37	1.3277
385	0.00081760	315.17	1.3442	0.00081646	315.15	1.3437	0.00081533	315.14	1.3432	0.00081422	315.12	1.3428
390	0.00082973	321.02	1.3593	0.00082843	320.99	1.3588	0.00082716	320.96	1.3583	0.00082592	320.94	1.3578
395	0.00084274	326.94	1.3744	0.00084127	326.90	1.3738	0.00083982	326.86	1.3733	0.00083841	326.82	1.3728
400	0.00085680	332.94	1.3894	0.00085510	332.88	1.3889	0.00085345	332.83	1.3883	0.00085183	332.77	1.3877
405	0.00087209	339.03	1.4046	0.00087012	338.95	1.4039	0.00086820	338.87	1.4033	0.00086634	338.80	1.4027
410	0.00088889	345.21	1.4197	0.00088656	345.11	1.4190	0.00088431	345.00	1.4183	0.00088213	344.91	1.4177
415	0.00090755	351.52	1.4350	0.00090476	351.37	1.4342	0.00090208	351.24	1.4334	0.00089949	351.11	1.4327
420	0.00092860	357.96	1.4504	0.00092517	357.78	1.4495	0.00092191	357.60	1.4487	0.00091878	357.44	1.4478
425	0.00095281	364.60	1.4661	0.00094849	364.35	1.4651	0.00094441	364.12	1.4641	0.00094054	363.91	1.4631
430	0.00098149	371.49	1.4822	0.00097579	371.15	1.4810	0.00097050	370.85	1.4798	0.00096556	370.57	1.4787
435	0.0010170	378.76	1.4990	0.0010089	378.29	1.4974	0.0010017	377.87	1.4960	0.00099511	377.49	1.4947
440	0.0010643	386.68	1.5170	0.0010517	385.95	1.5149	0.0010409	385.33	1.5130	0.0010315	384.78	1.5113
445	0.0041591	460.10	1.6824	0.0011140	394.63	1.5345	0.0010947	393.56	1.5316	0.0010792	392.70	1.5292
450	0.0046064	468.70	1.7016	0.0037897	461.31	1.6833	0.0011860	403.63	1.5541	0.0011513	401.85	1.5496
455	0.0049492	475.91	1.7175	0.0042496	470.59	1.7038	0.0035007	462.98	1.6854	0.0013317	415.76	1.5804
460	0.0052403	482.46	1.7318	0.0045906	478.13	1.7203	0.0039582	472.77	1.7068	0.0032866	465.27	1.6889
465	0.0054992	488.61	1.7451	0.0048761	484.90	1.7349	0.0042921	480.57	1.7236	0.0037235	475.27	1.7105
470	0.0057355	494.49	1.7577	0.0051281	491.21	1.7484	0.0045698	487.51	1.7385	0.0040448	483.25	1.7276
475	0.0059549	500.18	1.7698	0.0053571	497.21	1.7611	0.0048138	493.95	1.7521	0.0043122	490.32	1.7425
480	0.0061613	505.72	1.7814	0.0055690	503.01	1.7733	0.0050349	500.07	1.7649	0.0045470	496.87	1.7563
485	0.0063571	511.15	1.7926	0.0057678	508.64	1.7849	0.0052391	505.96	1.7771	0.0047596	503.07	1.7691
490	0.0065442	516.49	1.8036	0.0059560	514.15	1.7962	0.0054302	511.67	1.7888	0.0049558	509.03	1.7814
495	0.0067238	521.75	1.8142	0.0061355	519.55	1.8072	0.0056110	517.25	1.8002	0.0051394	514.82	1.7931
500	0.0068972	526.96	1.8247	0.0063076	524.88	1.8179	0.0057832	522.72	1.8112	0.0053129	520.46	1.8044

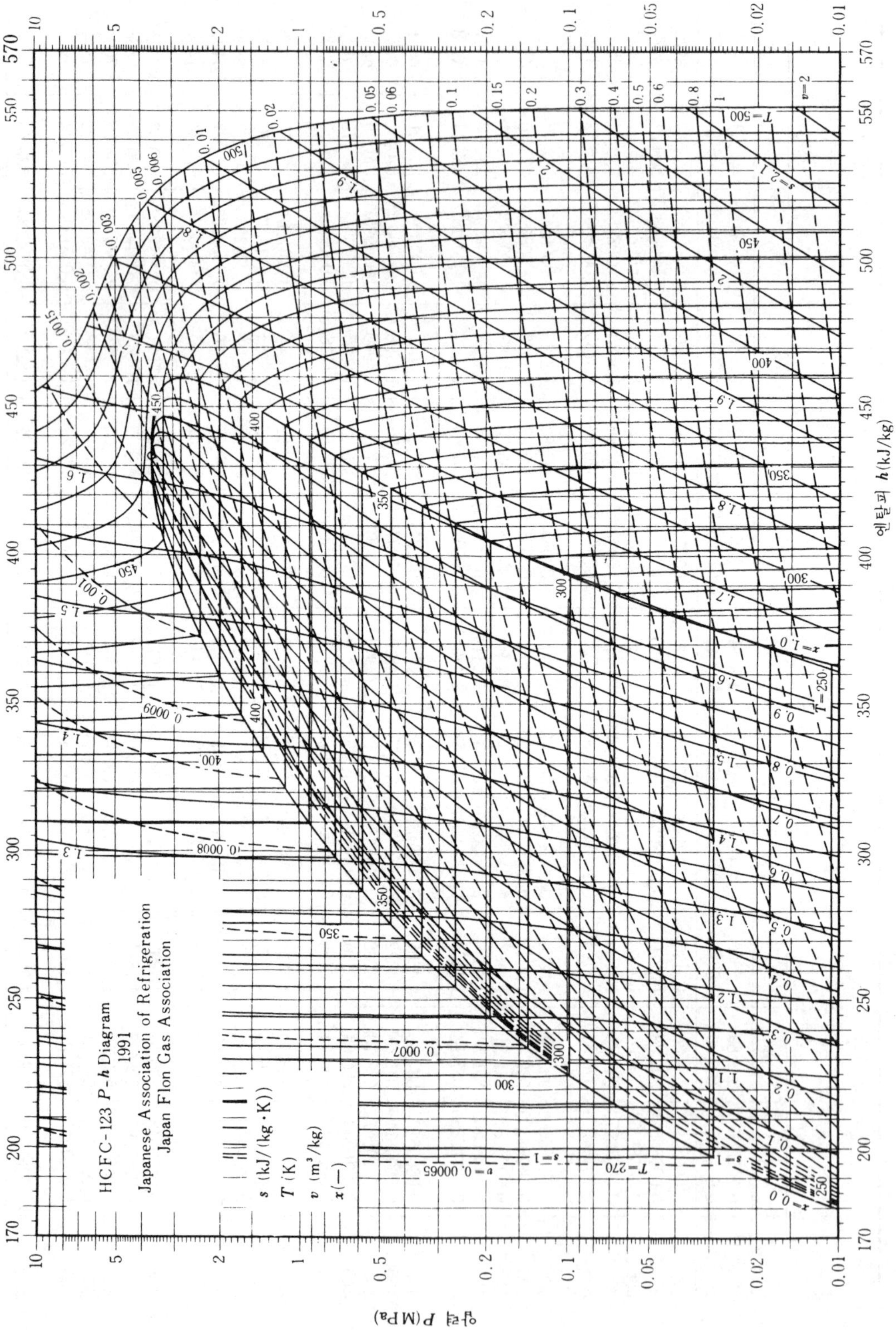

[부도 A·5] R-123의 $P-h$ 선도

[부표 A · 18] 암모니아(ammonia, NH_3)의 포화 증기표

온도 ℃ T	압력 kPa P	비체적 m^3/kg		엔탈피 kJ/kg		엔트로피 kJ/kg K	
		포화액 v_f	포화증기 v_g	포화액 h_f	포화증기 h_g	포화액 s_f	포화증기 s_g
−70	10.9	0.0014	9.21	−129.1	1335.4	−0.595	6.619
−65	16.0	0.0014	6.47	−107.9	1344.4	−0.490	6.490
−60	22.0	0.0014	4.70	−86.5	1353.3	−0.389	6.368
−55	30.0	0.0014	3.48	−65.1	1362.6	−0.289	6.255
−50	41.0	0.0014	2.63	−43.7	1371.6	−0.193	6.150
−45	55.0	0.0014	2.01	−21.9	1380.9	−0.096	6.054
−40	72.0	0.0014	1.55	0.0	1390.0	0.000	5.962
−35	93.0	0.0015	1.22	22.3	1397.9	0.096	5.874
−30	120.0	0.0015	0.963	44.7	1405.6	0.205	5.792
−25	152.0	0.0015	0.772	67.2	1413.0	0.281	5.702
−20	190.0	0.0015	0.624	89.8	1420.0	0.368	5.623
−15	236.0	0.0015	0.509	112.3	1426.5	0.456	5.548
−10	291.0	0.0015	0.418	135.4	1433.0	0.544	5.476
−5	355.0	0.0015	0.347	158.2	1438.9	0.632	5.422
0	429.0	0.0016	0.290	181.2	1444.4	0.716	5.338
5	516.0	0.0016	0.243	204.4	1449.6	0.799	5.275
10	615.0	0.0016	0.205	227.7	1454.2	0.883	5.213
15	728.0	0.0016	0.175	251.4	1458.6	0.963	5.154
20	857.0	0.0016	0.149	275.2	1462.6	1.043	5.095
25	1000.0	0.0017	0.129	298.9	1465.8	1.126	5.041
30	1170.0	0.0017	0.110	323.1	1468.9	1.206	4.982
35	1350.0	0.0017	0.0955	347.5	1471.4	1.281	4.932
40	1550.0	0.0017	0.0832	371.9	1473.3	1.361	4.878
45	1780.0	0.0018	0.0726	396.8	1474.5	1.436	4.823
50	2030.0	0.0018	0.0635	421.9	1474.7	1.516	4.773

[부표 A · 19] 암모니아의 과열 증기표

v (m^3/kg) ; h (kJ/kg) ; s (kJ/kg K)

압력 MPa, P (온도, ℃)		포화 상태량	온도 ℃									
			−40	−20	0	20	40	60	80	100	120	140
0.04 (50.3)	v	2.66	2.82	3.07	3.33	3.58	3.83	4.08	4.33			
	h	1371.2	1398.8	1437.9	1479.8	1521.9	1564.5	1607.5	1651.2			
	s	6.155	6.305	6.439	6.608	6.753	6.896	7.025	7.151			
0.07 (40.4)	v	1.58		1.73	1.88	2.02	2.17	2.30	2.45			
	h	1389.3		1434.4	1477.5	1520.3	1563.1	1606.3	1650.3			
	s	5.970		6.146	6.318	6.469	6.615	6.745	6.875			
0.10 (−33.6)	v	1.14		1.20	1.32	1.42	1.52	1.62	1.72			
	h	1400.0		1431.2	1474.9	1518.4	1561.7	1604.9	1649.4			
	s	5.849		5.966	6.142	6.293	6.439	6.573	6.699			
0.20 (−18.9)	v	0.595			0.649	0.699	0.755	0.805	0.855	0.905	0.986	
	h	1421.4			1466.5	1511.9	1556.6	1600.9	1645.6	1690.8	1736.6	
	s	5.606			5.778	5.937	6.083	6.222	6.351	6.477	6.582	
0.30 (−9.2)	v	0.397			0.425	0.461	0.497	0.532	0.566	0.600	0.634	0.667
	h	1434.0			1457.5	1505.2	1551.4	1596.8	1641.9	1687.7	1733.8	1780.1
	s	5.468			5.572	5.723	5.874	6.016	6.146	6.276	6.393	6.523
0.40 (−1.9)	v	0.310			0.313	0.341	0.370	0.396	0.422	0.448	0.478	0.499
	h	1442.4			1447.5	1498.2	1545.9	1592.6	1638.7	1684.7	1731.5	1778.0
	s	5.367			5.384	5.564	5.719	5.866	6.000	6.125	6.247	6.364

자료 : The American Society of Heating, Refrigerating, and Air Conditioning Engineers, "Bulletin on Thermodynamic Properties of Refrigerants" (New York : ASHRAE, 1969) ; with permission of ASHRAE.

[부표 A · 19] 암모니아의 과열 증기표(계속)

압력 MPa, P (온도, ℃)		포화 상태량	온도 ℃									
			-40	-20	0	20	40	60	80	100	120	140
0.50 (3.8)	v	0.251				0.270	0.293	0.315	0.334	0.351	0.378	0.398
	h	1448.6				1490.7	1540.7	1588.0	1635.2	1681.9	1728.2	1776.1
	s	5.288				5.439	5.598	5.707	5.882	6.012	6.134	6.251
0.60 (8.1)	v	0.210				0.222	0.242	0.260	0.278	0.291	0.313	0.330
	h	1453.5				1483.3	1534.9	1581.9	1631.5	1678.7	1726.1	1773.6
	s	5.234				5.326	5.497	5.707	5.786	5.941	6.037	6.159
0.70 (13.9)	v	0.181				0.187	0.204	0.220	0.236	0.247	0.266	0.281
	h	1457.7				1475.1	1532.8	1579.1	1627.7	1675.7	1723.3	1771.2
	s	5.167				5.225	5.401	5.602	5.698	5.836	5.958	6.075
0.80 (17.8)	v	0.160				0.162	0.177	0.192	0.206	0.216	0.233	0.246
	h	1461.0				1467.2	1523.1	1574.9	1624.2	1672.6	1718.9	1769.2
	s	5.120				5.141	5.326	5.485	5.631	5.765	5.891	6.008
0.90 (21.7)	v	0.142					0.155	0.169	0.181	0.194	0.205	0.217
	h	1463.8					1516.8	1570.1	1620.3	1669.6	1717.9	1766.6
	s	5.079					5.250	5.418	5.564	5.698	5.823	5.945
1.0 (24.9)	v	0.129					0.139	0.151	0.163	0.174	0.185	0.195
	h	1465.8					1511.0	1565.4	1616.8	1652.9	1715.7	1764.7
	s	5.041					5.187	5.355	5.506	5.644	5.769	5.891

[부표 A · 19] 암모니아의 과열 증기표(계속)

(SI units) : v (m^3/kg) ; $\boldsymbol{h}$ (kJ/kg) ; s (kJ/kg K)

압력 MPa, P (온도, ℃)		포화 상태량	온도 ℃									
			−40	−20	0	20	40	60	80	100	120	140
1.2 (30.9)	v	0.108					0.113	0.124	0.134	0.144	0.155	0.163
	h	1469.3					1497.9	1555.6	1609.1	1660.3	1710.3	1760.1
	s	4.970					5.066	5.246	5.401	5.543	5.673	5.795
1.4 (36.3)	v	0.0924					0.0943	0.1043	0.1136	0.1217	0.1299	0.1380
	h	1471.9					1484.2	1545.9	1601.2	1653.8	1705.2	1755.4
	s	4.919					4.957	5.146	5.309	5.455	5.585	5.711
1.6 (41.1)	v	0.0805						0.0899	0.0980	0.1055	0.1123	0.1199
	h	1473.3						1535.4	1593.3	1647.5	1699.6	1751.0
	s	4.865						5.058	5.225	5.376	5.510	5.640
1.8 (45.4)	v	0.0718						0.0780	0.0855	0.0924	0.0993	0.1055
	h	1474.5						1524.5	1585.2	1641.0	1694.0	1746.1
	s	4.823						4.974	5.150	5.305	5.443	5.573
2.0 (49.4)	v	0.0643						0.0687	0.0762	0.0824	0.0886	0.0943
	h	1474.7						1513.1	1562.6	1634.2	1688.7	1741.7
	s	4.781						4.899	5.079	5.242	5.384	5.514

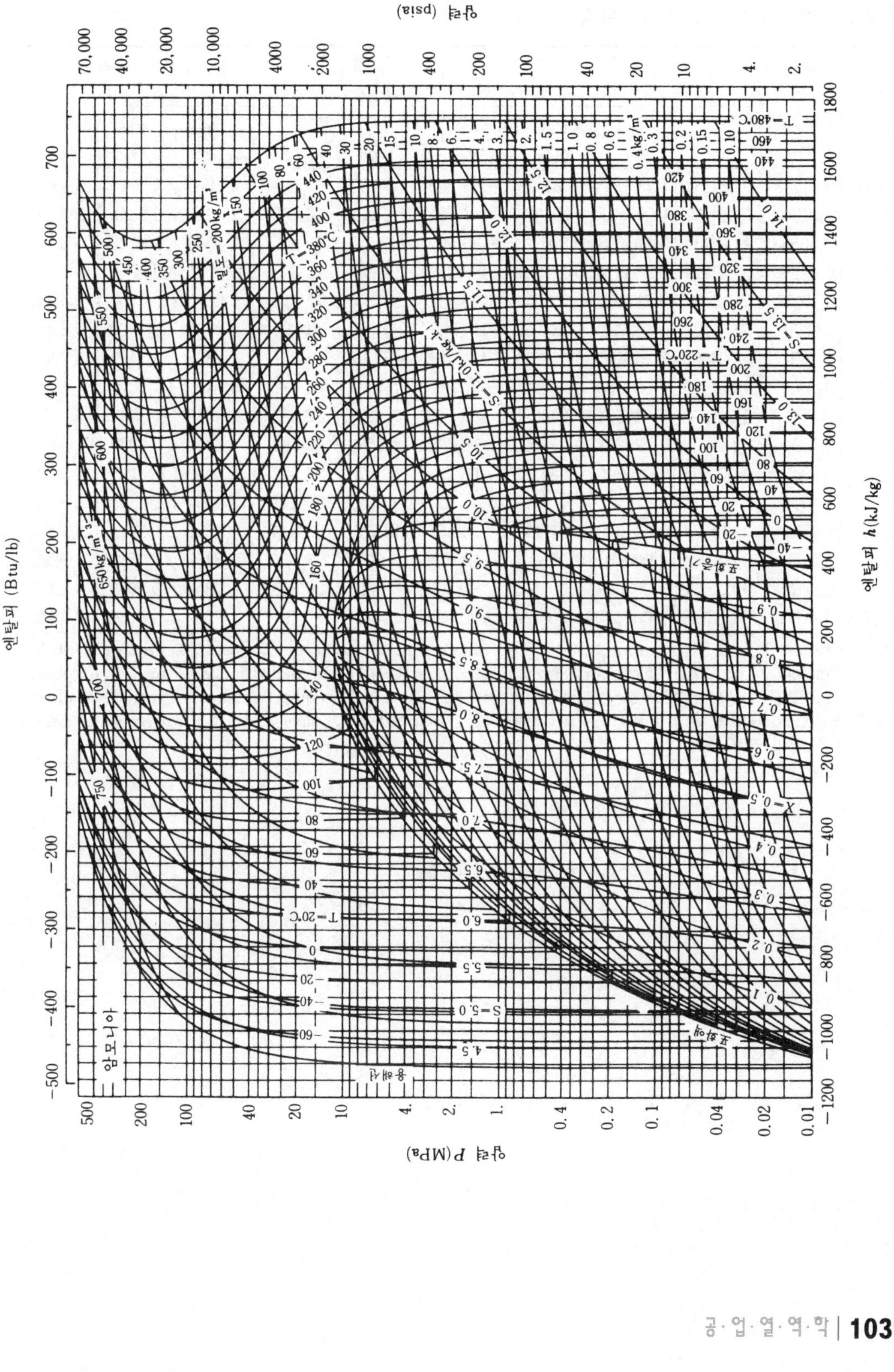

[부도 A·6] 암모니아(ammonia)의 $P-h$ 선도

[부표 A · 20] 포화 질소의 열역학적 성질(온도 기준)

온도 K	포화 압력 MPa P_{sat}	비체적 m^3/kg			엔탈피 kJ/kg			엔트로피 kJ/kg K		
		포화액 v_f	증발 u_{fg}	포화증기 u_g	포화액 h_f	증발 h_{fg}	포화증기 h_g	포화액 s_f	증발 s_{fg}	포화증기 s_g
63.143	0.01253	0.001152	1.480060	1.481212	−150.348	215.188	64.840	2.4310	3.4076	5.8386
65	0.01742	0.001162	1.093173	1.094335	−146.691	213.291	66.600	2.4845	3.2849	5.7694
70	0.03858	0.001189	0.525785	0.526974	−136.569	207.727	71.158	2.6345	2.9703	5.6048
75	0.07612	0.001221	0.280970	0.282191	−126.287	201.662	75.375	2.7755	2.6915	5.4670
77.347	0.101325	0.001237	0.215504	0.216741	−121.433	198.645	77.212	2.8390	2.5706	5.4096
80	0.1370	0.001256	0.162794	0.164050	−115.926	195.089	79.163	2.9083	2.4409	5.3492
85	0.2291	0.001296	0.100434	0.101730	−105.461	187.892	82.431	3.0339	2.2122	5.2461
90	0.3608	0.001340	0.064950	0.066290	−94.817	179.894	85.077	3.1535	2.0001	5.1536
95	0.5411	0.001392	0.043504	0.044896	−83.895	170.877	86.982	3.2688	1.7995	5.0683
100	0.7790	0.001452	0.029861	0.031313	−72.571	160.562	87.991	3.3816	1.6060	4.9876
105	1.0843	0.001524	0.020745	0.022269	−60.691	148.573	87.882	3.4930	1.4150	4.9080
110	1.4673	0.001613	0.014402	0.016015	−48.027	134.319	86.292	3.6054	1.2209	4.8263
115	1.9395	0.001797	0.009696	0.011493	−34.157	116.701	82.544	3.7214	1.0145	4.7359
120	2.5135	0.001904	0.006130	0.008034	−18.017	93.092	75.075	3.8450	0.7803	4.6253
125	3.2079	0.002323	0.002568	0.004891	+6.202	50.114	56.316	4.0356	0.3989	4.4345
126.1	3.4000	0.003184	0.000000	0.003184	+30.791	0.000	30.791	4.2269	0.0000	4.2269

자료 : Gordon J. Van Wylen and Richard E. Sonntag, *Fundamentals of Classical Thermodynamics*, SI Version, 3d ed., Wiley, New York, 1986, p. 643, table A−4. 1. Originally published in R. T. Jacobsen and R. R, Stewart, "Thermodynamic Properties of Nitrogen Including Liquid and Vapor Phases from 63 K to 2000 K with Pressures to 10,000 Bar," *Journal of Physical and Chemical Reference Data*, vol. 2, pp. 757~922, 1973.

[부표 A · 21] 과열 질소의 열역학적 성질

온도 K	v m³/kg	h kJ/kg	s kJ/kg K	v m³/kg	h kJ/kg	s kJ/kg K	v m³/kg	h kJ/kg	s kJ/kg K
	0.1 MPa			0.2 MPa			0.5 MPa		
100	0.290978	101.965	5.6944	0.142475	100.209	5.4767	0.055520	94.345	5.1706
125	0.367217	128.505	5.9313	0.181711	127.371	5.7194	0.073422	123.824	5.4343
150	0.442619	154.779	6.1228	0.220014	153.962	5.9132	0.090150	151.470	5.6361
175	0.517576	180.935	6.2841	0.257890	180.314	6.0760	0.106394	178.434	5.8025
200	0.592288	207.029	6.4234	0.295531	206.537	6.2160	0.122394	205.063	5.9447
225	0.666552	233.085	6.5460	0.332841	232.690	6.3388	0.138173	231.459	6.0690
250	0.741375	259.122	6.6561	0.370418	258.796	6.4491	0.154006	257.828	6.1801
275	0.815563	285.144	6.7550	0.407619	284.876	6.5485	0.169642	284.076	6.2800
300	0.890205	311.158	6.8457	0.445047	310.937	6.6393	0.185346	310.273	6.3715
	1.0 MPa			2.0 MPa			4.0 MPa		
125	0.033065	117.422	5.1872	0.014021	101.489	4.8878			
150	0.041884	147.176	5.4042	0.019546	137.916	5.1547	0.008234	115.716	4.8384
175	0.050125	175.255	5.5779	0.024155	168.709	5.3449	0.011186	154.851	5.0804
200	0.058096	202.596	5.7237	0.028436	197.609	5.4992	0.013648	187.521	5.2553
225	0.065875	229.526	5.8502	0.032697	225.578	5.6309	0.015894	217.757	5.3976
250	0.073634	256.220	5.9632	0.036557	253.032	5.7469	0.018060	246.793	5.5202
275	0.081260	282.720	6.0639	0.040485	280.132	5.8501	0.020133	275.056	5.6277
300	0.088899	309.173	6.1563	0.044398	307.014	5.9436	0.022178	302.848	5.7248
	6.0 MPa			8.0 MPa			10.0 MPa		
150	0.004413	87.090	4.5667	0.002917	61.903	4.3518	0.002388	48.687	4.2287
175	0.006913	140.183	4.8966	0.04863	125.536	4.7470	0.003750	112.489	4.6239
200	0.008772	177.447	5.0961	0.006390	167.680	4.9726	0.005016	158.578	4.8709
225	0.010396	210.139	5.2410	0.007691	202.867	5.1384	0.006104	196.079	5.0474
250	0.011934	240.806	5.3796	0.008903	235.141	5.2750	0.007112	229.861	5.1900
275	0.013383	270.222	5.4917	0.010034	265.676	5.3910	0.008046	261.450	5.3103
300	0.014800	298.907	5.5916	0.011133	295.219	5.4942	0.008950	291.800	5.4163
	15.0 MPa			20.0 MPa					
150	0.001956	36.922	4.0798	0.001781	33.637	3.9956			
175	0.002603	92.284	4.4213	0.002186	83.453	4.3029			
200	0.003369	140.886	4.6813	0.002685	130.291	4.5535			
225	0.004106	182.034	4.8752	0.003208	172.307	4.7511			
250	0.004808	218.710	5.0303	0.003728	210.456	4.9127			
275	0.005461	252.465	5.1845	0.004223	245.640	5.0467			
300	0.006091	284.523	5.2707	0.004704	278.942	5.1629			

자료 : Gordon J. Van Wylen and Richard E. Sonntag, *Fundamentals of Classical Thermodynamics*, English/SI Version, 3d ed., Wiley, New York, 1986, pp. 678~679, table A-42.

[부표 A · 22] 공기의 이상 기체표

T K	h kJ/kg	P_r	u kJ/kg	v_r	$s°$ kJ/kg K	T K	h kJ/kg	P_r	u kJ/kg	v_r	$s°$ kJ/kg K
200	199.97	0.3363	142.56	1707.	1.29559	580	586.04	14.38	419.55	115.7	2.37348
210	209.97	0.3987	149.69	1512.	1.34444	590	596.52	15.31	427.15	110.6	2.39140
220	219.97	0.4690	156.82	1346.	1.39105	600	607.02	16.28	434.78	105.8	2.40902
230	230.02	0.5477	164.00	1205.	1.43557	610	617.53	17.30	442.42	101.2	2.42644
240	240.02	0.6355	171.13	1084.	1.47824	620	628.07	18.36	450.09	96.92	2.44356
250	250.05	0.7329	178.28	979.	1.51917	630	638.63	19.84	457.78	92.84	2.46048
260	260.09	0.8405	185.45	887.8	1.55848	640	649.22	20.64	465.50	88.99	2.47716
270	270.11	0.9590	192.60	808.0	1.59634	650	659.84	21.86	473.25	85.34	2.49364
280	280.13	1.0889	199.75	738.0	1.63279	660	670.47	23.13	481.01	81.89	2.50985
285	285.14	1.1584	203.33	706.1	1.65055	670	681.14	24.46	488.81	78.61	2.52589
290	290.16	1.2311	206.91	676.1	1.66802	680	691.82	25.85	496.62	75.50	2.54175
295	295.17	1.3068	210.49	647.9	1.68515	690	702.52	27.29	504.45	72.56	2.55731
300	300.19	1.3860	214.07	621.2	1.70203	700	713.27	28.80	512.33	69.76	2.57277
305	305.22	1.4686	217.67	596.0	1.71865	710	724.04	30.38	520.23	67.07	2.58810
310	310.24	1.5546	221.25	572.3	1.73498	720	734.82	32.02	528.14	64.53	2.60319
315	315.27	1.6442	224.85	549.8	1.75106	730	745.62	33.72	536.07	62.13	2.61803
320	320.29	1.7375	228.42	528.6	1.76690	740	756.44	35.50	544.02	59.82	2.63280
325	325.31	1.8345	232.02	508.4	1.78249	750	767.29	37.35	551.99	57.63	2.64737
330	330.34	1.9352	235.61	489.4	1.79783	760	778.18	39.27	560.01	55.54	2.66176
340	340.42	2.149	242.82	454.1	1.82790	780	800.03	43.35	576.12	51.64	2.69013
350	350.49	2.379	250.02	422.2	1.85708	800	821.95	47.75	592.30	48.08	2.71787
360	360.58	2.626	257.24	393.4	1.88543	820	843.98	52.59	608.59	44.84	2.74504
370	370.67	2.892	264.46	367.2	1.91313	840	866.08	57.60	624.95	41.85	2.77170
380	380.77	3.176	271.69	343.4	1.94001	860	888.27	63.09	641.40	39.12	2.79783
390	390.88	3.481	278.93	321.5	1.96633	880	910.56	68.98	657.95	36.61	2.82344
400	400.98	3.806	286.16	301.6	1.99194	900	932.93	75.29	674.58	34.31	2.84856
410	411.12	4.153	293.43	283.3	2.01699	920	955.38	82.05	691.28	32.18	2.87324
420	421.26	4.522	300.69	266.6	2.04142	940	977.92	89.28	708.08	30.22	2.89748
430	431.43	4.915	307.99	251.1	2.06533	960	1000.55	97.00	725.02	28.40	2.92128
440	441.61	5.332	315.30	236.8	2.08870	980	1023.25	105.2	741.98	26.73	2.94468
450	451.80	5.775	322.62	223.6	2.11161	1000	1046.04	114.0	758.94	25.17	2.96770
460	462.02	6.245	329.97	211.4	2.13407	1020	1068.89	123.4	776.10	23.72	2.99034
470	472.24	6.742	337.32	200.1	2.15604	1040	1091.85	133.3	793.36	22.39	3.01260
480	482.49	7.268	344.70	189.5	2.17760	1060	1114.86	143.9	810.62	21.14	3.03449
490	492.74	7.824	352.08	179.7	2.19876	1080	1137.89	155.2	827.88	19.98	3.05608
500	503.02	8.411	359.49	170.6	2.21952	1100	1161.07	167.1	845.33	18.896	3.07732
510	513.32	9.031	366.92	162.1	2.23993	1120	1184.28	179.7	862.79	17.886	3.09825
520	523.63	9.684	374.36	154.1	2.25997	1140	1207.57	193.1	880.35	16.946	3.11883
530	533.98	10.37	381.84	146.7	2.27967	1160	1230.92	207.2	897.91	16.064	3.13916
540	544.35	11.10	389.34	139.7	2.29906	1180	1254.34	222.2	915.57	15.241	3.15916
550	554.74	11.86	396.86	133.1	2.31809	1200	1277.79	238.0	933.33	14.470	3.17888
560	565.17	12.66	404.42	127.0	2.33685	1220	1301.31	254.7	951.09	13.747	3.19834
570	575.59	13.50	411.97	121.2	2.35531	1240	1324.93	272.3	968.95	13.069	3.21751

[부표 A · 22] 공기의 이상 기체표(계속)

T K	h kJ/kg	P_r	u kJ/kg	v_r	$s°$ kJ/kg K	T K	h kJ/kg	P_r	u kJ/kg	v_r	$s°$ kJ/kg K
1260	1348.55	290.8	986.90	12.435	3.23638	1600	1757.57	791.2	1298.30	5.804	3.52364
1280	1372.24	310.4	1004.76	11.835	3.25510	1620	1782.00	834.1	1316.96	5.574	3.53879
1300	1395.97	330.9	1022.82	11.275	3.27345	1640	1806.46	878.9	1335.72	5.355	3.55381
1320	1419.76	352.5	1040.88	10.747	3.29160	1660	1830.96	925.6	1354.48	5.147	3.56867
1340	1443.60	375.3	1058.94	10.247	3.30959	1680	1855.50	974.2	1373.24	4.949	3.58335
1360	1467.49	399.1	1077.10	9.780	3.32724	1700	1880.1	1025	1392.7	4.761	3.5979
1380	1491.44	424.2	1095.26	9.337	3.34474	1750	1941.6	1161	1439.8	4.328	3.6336
1400	1515.42	450.5	1113.52	8.919	3.36200	1800	2003.3	1310	1487.2	3.944	3.6684
1420	1539.44	478.0	1131.77	8.526	3.37901	1850	2065.3	1475	1534.9	3.601	3.7023
1440	1563.51	506.9	1150.13	8.153	3.39586	1900	2127.4	1655	1582.6	3.295	3.7354
1460	1587.63	537.1	1168.49	7.801	3.41247	1950	2189.7	1852	1630.6	3.022	3.7677
1480	1611.79	568.8	1186.95	7.468	3.42892	2000	2252.1	2068	1678.7	2.776	3.7994
1500	1635.97	601.9	1205.41	7.152	3.44516	2050	2314.6	2303	1726.8	2.555	3.8303
1520	1660.23	536.5	1223.87	6.854	3.46120	2100	2377.4	2559	1775.3	2.356	3.8605
1540	1684.51	672.8	1242.43	6.569	3.47712	2150	2440.3	2837	1823.8	2.175	3.8901
1560	1708.82	710.5	1260.99	6.301	3.49276	2200	2503.2	3138	1872.4	2.012	3.9191
1580	1733.17	750.0	1279.65	6.046	3.50829	2250	2566.4	3464	1921.3	1.864	3.9474

자료 : Kenneth Wark, *Thermodynamics*, 5th ed., McGraw-Hill, 1989, pp. 840~841, table A-5M. Originally published in J. H. Keenan and J. Kays, Gas Tables, Wiley, New York, 1948.

[부표 A · 23] 질소(N_2)의 이상 기체표

T K	$\bar{h}$ kJ/kmol	$\bar{u}$ kJ/kmol	$\bar{s}°$ kJ/kmol K	T K	$\bar{h}$ kJ/kmol	$\bar{u}$ kJ/kmol	$\bar{s}°$ kJ/kmol K
0	0	0	0	600	17,563	12,574	212.066
220	6,391	4,562	182.639	610	17,864	12,792	212.564
230	6,683	4,770	183.938	620	18,166	13,011	213.055
240	6,975	4,979	185.180	630	18,468	13,230	213.541
250	7,266	5,188	186.370	640	18,772	13,450	214.018
260	7,558	5,396	187.514	650	19,075	13,671	214.489
270	7,849	5,604	188.614	660	19,380	13,892	214.954
280	8,141	5,813	189.673	670	19,685	14,114	215.413
290	8,432	6,021	190.695	680	19,991	14,337	215.866
298	8,669	6,190	191.502	690	20,297	14,560	216.314
300	8,723	6,229	191.682	700	20,604	14,784	216.756
310	9,014	6,437	192.638	710	20,912	15,008	217.192
320	9,306	6,645	193.562	720	21,220	15,234	217.624
330	9,597	6,853	194.459	730	21,529	15,460	218.059
340	9,888	7,061	195.328	740	21,839	15,686	218.472
350	10,180	7,270	196.173	750	22,149	15,913	218.889
360	10,471	7,478	196.995	760	22,460	16,141	219.301
370	10,763	7,687	197.794	770	22,772	16,370	219.709
380	11,055	7,895	198.572	780	23,085	16,599	220.113
390	11,347	8,104	199.331	790	23,398	16,830	220.512
400	11,640	8,314	200.071	800	23,714	17,061	220.907
410	11,932	8,523	200.794	810	24,027	17,292	221.298
420	12,225	8,733	201.499	820	24,342	17,524	221.684
430	12,518	8,943	202.189	830	24,658	17,757	222.067
440	12,811	9,153	202.863	840	24,974	17,990	222.447
450	13,105	9,363	203.523	850	25,292	18,224	222.822
460	13,399	9,574	204.170	860	25,610	18,459	223.194
470	13,693	9,786	204.803	870	25,928	18,695	223.562
480	13,988	9,997	205.424	880	26,248	18,931	223.927
490	14,285	10,210	206.033	890	26,568	19,168	224.288
500	14,581	10,423	206.630	900	26,890	19,407	224.647
510	14,876	10,635	207.216	910	27,210	19,644	225.002
520	15,172	10,848	207.792	920	27,532	19,883	225.353
530	15,469	11,062	208.358	930	27,854	20,122	225.701
540	15,766	11,277	208.914	940	28,178	20,362	226.047
550	16,064	11,492	209.461	950	28,501	20,603	226.389
560	16,363	11,707	209.999	960	28,826	20,844	226.728
570	16,662	11,923	210.528	970	29,151	21,086	227.064
580	16,962	12,139	211.049	980	29,476	21,328	227.398
590	17,262	12,356	211.562	990	29,803	21,571	227.728

[부표 A · 23] 질소(N_2)의 이상 기체표(계속)

T K	$\bar{h}$ kJ/kmol	$\bar{u}$ kJ/kmol	$\bar{s}°$ kJ/kmol K	T K	$\bar{h}$ kJ/kmol	$\bar{u}$ kJ/kmol	$\bar{s}°$ kJ/kmol K
1000	30,129	21,825	228.057	1760	56,227	41,594	247.396
1020	30,784	22,304	228.706	1780	56,938	42,139	247.798
1040	31,442	22,795	229.344	1800	57,651	42,685	248.195
1060	32,101	23,288	229.973	1820	58,363	43,231	248.589
1080	32,762	23,782	230.591	1840	59,075	43,777	248.979
1100	33,426	24,280	231.199	1860	59,790	44,324	249.365
1120	34,092	24,780	231.799	1880	60,504	44,873	249.748
1140	34,760	25,282	232.391	1900	61,220	45,423	250.128
1160	35,430	25,786	232.973	1920	61,936	45,973	250.502
1180	36,104	26,291	233.549	1940	62,654	46,524	250.874
1200	36,777	26,799	234.115	1960	63,381	47,075	251.242
1220	37,452	27,308	234.673	1980	64,090	47,627	251.607
1240	38,129	27,819	235.223	2000	64,810	48,181	251.969
1260	38,807	28,331	235.766	2050	66,612	49,567	252.858
1280	39,488	28,845	236.302	2100	68,417	50,957	253.726
1300	40,170	29,361	236.831	2150	70,226	52,351	254.578
1320	40,853	29,378	237.353	2200	72,040	53,749	255.412
1340	41,539	30,398	237.867	2250	73,856	55,149	256.227
1360	42,227	30,919	238.376	2300	75,676	56,553	257.027
1380	42,915	31,441	238.878	2350	77,496	57,958	257.810
1400	43,605	31,964	239.375	2400	79,320	59,366	258.580
1420	44,295	32,489	239.865	2450	81,149	60,779	259.332
1440	44,988	33,014	240.350	2500	82,981	62,195	260.073
1460	45,682	33,543	240.827	2550	84,814	63,613	260.799
1480	46,377	34,071	241.301	2600	86,650	65,033	261.512
1500	47,073	34,601	241.768	2650	88,488	66,455	262.213
1520	47,771	35,133	242.228	2700	90,328	67,880	262.902
1540	48,470	35,665	242.685	2750	92,171	69,306	263.577
1560	49,168	36,197	243.137	2800	94,014	70,734	264.241
1580	49,869	36,732	243.585	2850	95,859	72,163	264.895
1600	50,571	37,268	244.028	2900	97,705	73,593	265.538
1620	51,275	37,806	244.464	2950	99,556	75,028	266.170
1640	51,980	38,344	244.896	3000	101,407	76,464	266.793
1660	52,686	38,884	245.324	3050	103,260	77,902	267.404
1680	53,393	39,424	245.747	3100	105,115	79,341	268.007
1700	54,099	39,965	246.166	3150	106,972	80,782	268.601
1720	54,807	40,507	246.580	3200	108,830	82,224	269.186
1740	55,516	41,049	246.990	3250	110,690	83,668	269.763

자료 : Kenneth Wark, *Thermodynamics*, 5th ed., McGraw-Hill, New York, 1989, pp. 842~843, table A-6M. Originally published in JANAF, *Thermochemical Tables*, NSRDS-NBS-37, 1971.

[부표 A · 24] 산소(O_2)의 이상 기체표

T K	$\bar{h}$ kJ/kmol	$\bar{u}$ kJ/kmol	$\bar{s}°$ kJ/kmol K	T K	$\bar{h}$ kJ/kmol	$\bar{u}$ kJ/kmol	$\bar{s}°$ kJ/kmol K
0	0	0	0	600	17,929	12,940	226.346
220	6,404	4,575	196.171	610	18,250	13,178	226.877
230	6,694	4,782	197.461	620	18,572	13,417	227.400
240	6,984	4,989	198.696	630	18,895	13,657	227.918
250	7,275	5,197	199.885	640	19,219	13,898	228.429
260	7,566	5,405	201.027	650	19,544	14,140	228.932
270	7,858	5,613	202.128	660	19,870	14,383	229.430
280	8,150	5,822	203.191	670	20,197	14,626	229.920
290	8,443	6,032	204.218	680	20,524	14,871	230.405
298	8,682	6,203	205.033	690	20,854	15,116	230.885
300	8,736	6,242	205.213	700	21,184	15,364	231.358
310	9,030	6,453	206.177	710	21,514	15,611	231.827
320	9,325	6,664	207.112	720	21,845	15,859	232.291
330	9,620	6,877	208.020	730	22,177	16,107	232.748
340	9,916	7,090	208.904	740	22,510	16,357	233.201
350	10,213	7,303	209.765	750	22,844	16,607	233.649
360	10,511	7,518	210.604	760	23,178	16,859	234.091
370	10,809	7,733	211.423	770	23,513	17,111	234.528
380	11,109	7,949	212.222	780	23,850	17,364	234.960
390	11,409	8,166	213.002	790	24,186	17,618	235.387
400	11,711	8,384	213.765	800	24,523	17,872	235.810
410	12,012	8,603	214.510	810	24,861	18,126	236.230
420	12,314	8,822	215.241	820	25,199	18,382	236.644
430	12,618	9,043	215.955	830	25,537	18,637	237.055
440	12,923	9,264	216.656	840	25,877	18,893	237.462
450	13,228	9,487	217.342	850	26,218	19,150	237.864
460	13,535	9,710	218.016	860	26,559	19,408	238.264
470	13,842	9,935	218.676	870	26,899	19,666	238.660
480	14,151	10,160	219.326	880	27,242	19,925	239.051
490	14,460	10,386	219.963	890	27,584	20,185	239.439
500	14,770	10,614	220.589	900	27,928	20,445	239.823
510	15,082	10,842	221.206	910	28,272	20,706	240.203
520	15,395	11,071	221.812	920	28,616	20,967	240.580
530	15,708	11,301	222.409	930	28,960	21,228	240.953
540	16,022	11,533	222.997	940	29,306	21,491	241.323
550	16,338	11,765	223.576	950	29,652	21,754	241.689
560	16,654	11,998	224.146	960	29,999	22,017	242.052
570	16,971	12,232	224.708	970	30,345	22,280	242.411
580	17,290	12,467	225.262	980	30,692	22,544	242.768
590	17,609	12,703	225.808	990	31,041	22,809	243.120

[부표 A · 24] 산소(O_2)의 이상 기체표(계속)

T K	$\bar{h}$ kJ/kmol	$\bar{u}$ kJ/kmol	$\bar{s}°$ kJ/kmol K	T K	$\bar{h}$ kJ/kmol	$\bar{u}$ kJ/kmol	$\bar{s}°$ kJ/kmol K
1000	31,389	23,075	243.471	1760	58,880	44,247	263.861
1020	32,088	23,607	244.164	1780	59,624	44,825	264.283
1040	32,789	24,142	244.844	1800	60,371	45,405	264.701
1060	33,490	24,677	245.513	1820	61,118	45,986	265.113
1080	34,194	25,214	246.171	1840	61,866	46,568	265.521
1100	34,899	25,753	246.818	1860	62,616	47,151	265.925
1120	35,606	26,294	247.454	1880	63,365	47,734	266.326
1140	36,314	26,836	248.081	1900	64,116	48,319	266.722
1160	37,023	27,379	248.698	1920	64,868	48,904	267.115
1180	37,734	27,923	249.307	1940	65,620	49,490	267.505
1200	38,447	28,469	249.906	1960	66,374	50,078	267.891
1220	39,162	29,018	250.497	1980	67,127	50,665	268.275
1240	39,877	29,568	251.079	2000	67,881	51,253	268.655
1260	40,594	30,118	251.653	2050	69,772	52,727	269.588
1280	41,312	30,670	252.219	2100	71,668	54,208	270.504
1300	42,033	31,224	252.776	2150	73,573	55,697	271.399
1320	42,753	31,778	253.325	2200	75,484	57,192	272.278
1340	43,475	32,334	253.868	2250	77,397	58,690	273.136
1360	44,198	32,891	254.404	2300	79,316	60,193	273.981
1380	44,923	33,449	254.932	2350	81,243	61,704	274.809
1400	45,648	34,008	255.454	2400	83,174	63,219	275.625
1420	46,374	34,567	255.968	2450	85,112	64,742	276.424
1440	47,102	35,129	256.475	2500	87,057	66,271	277.207
1460	47,831	35,692	256.978	2550	89,004	67,802	277.979
1480	48,561	36,256	257.474	2600	90,956	69,339	278.738
1500	49,292	36,821	257.965	2650	92,916	70,883	279.485
1520	50,024	37,387	258.450	2700	94,881	72,433	280.219
1540	50,756	37,952	258.928	2750	96,852	73,987	280.942
1560	51,490	38,520	259.402	2800	98,826	75,546	281.654
1580	52,224	39,088	259.870	2850	100,808	77,112	282.357
1600	52,961	39,658	260.333	2900	102,793	78,682	283.048
1620	53,696	40,227	260.791	2950	104,785	80,258	283.728
1640	54,434	40,799	261.242	3000	106,780	81,837	284.399
1660	55,172	41,370	261.690	3050	108,778	83,419	285.060
1680	55,912	41,944	262.132	3100	110,784	85,009	285.713
1700	56,652	42,517	262.571	3150	112,795	86,601	286.355
1720	57,394	43,093	263.005	3200	114,809	88,203	286.989
1740	58,136	43,669	263.435	3250	116,827	89,804	287.614

자료 : Kenneth Wark, *Thermodynamics*, 5t ed., McGraw-Hill, 1983, pp. 844~845, table A-7M. Originally published in JANAF, *Thermochemical Tables*, NSRDS-NBS-37, 1971.

[부표 A · 25] 이산화탄소(CO_2)의 이상 기체표

T K	$\bar{h}$ kJ/kmol	$\bar{u}$ kJ/kmol	$\bar{s}°$ kJ/kmol K	T K	$\bar{h}$ kJ/kmol	$\bar{u}$ kJ/kmol	$\bar{s}°$ kJ/kmol K
0	0	0	0	600	22,280	17,291	243.199
220	6,601	4,772	202.966	610	22,754	17,683	243.983
230	6,938	5,026	204.464	620	23,231	18,076	244.758
240	7,280	5,285	205.920	630	23,709	18,471	245.524
250	7,627	5,548	207.337	640	24,190	18,869	246.282
260	7,979	5,817	208.717	650	24,674	19,270	247.032
270	8,335	6,091	210.062	660	25,160	19,672	247.773
280	8,697	6,369	211.376	670	25,648	20,078	248.507
290	9,063	6,651	212.660	680	26,138	20,484	249.233
298	9,364	6,885	213.685	690	26,631	20,894	249.952
300	9,431	6,939	213.915	700	27,125	21,305	250.663
310	9,807	7,230	215.146	710	27,622	21,719	251.368
320	10,186	7,526	216.351	720	28,121	22,134	252.065
330	10,570	7,826	217.534	730	28,622	22,552	252.755
340	10,959	8,131	218.694	740	29,124	22,972	253.439
350	11,351	8,439	219.831	750	29,629	23,393	254.117
360	11,748	8,752	220.948	760	30,135	23,817	254.787
370	12,148	9,068	222.044	770	30,644	24,242	255.452
380	12,552	9,392	223.122	780	31,154	24,669	256.110
390	12,960	9,718	224.182	790	31,665	25,097	256.762
400	13,372	10,046	225.225	800	32,179	25,527	257.408
410	13,787	10,378	226.250	810	32,694	25,959	258.048
420	14,206	10,714	227.258	820	33,212	26,394	258.682
430	14,628	11,053	228.252	830	33,730	26,829	259.311
440	15,054	11,393	229.230	840	34,251	27,267	259.934
450	15,483	11,742	230.194	850	34,773	27,706	260.551
460	15,916	12,091	231.144	860	35,296	28,125	261.164
470	16,351	12,444	232.080	870	35,821	28,588	261.770
480	16,791	12,800	233.004	880	36,347	29,031	262.371
490	17,232	13,158	233.916	890	36,876	29,476	262.968
500	17,678	13,521	234.814	900	37,405	29,922	263.559
510	18,126	13,885	235.700	910	37,935	30,369	264.146
520	18,576	14,253	236.575	920	38,467	30,818	264.728
530	19,029	14,622	237.439	930	39,000	31,268	265.304
540	19,485	14,996	238.292	940	39,535	31,719	265.877
550	19,945	15,372	239.135	950	40,070	32,171	266.444
560	20,407	15,751	239.962	960	40,607	32,625	267.007
570	20,870	16,131	240.789	970	41,145	33,081	267.566
580	21,337	16,515	241.602	980	41,685	33,537	268.119
590	21,807	16,902	242.405	990	42,226	33,995	268.670

[부표 A · 25] 이산화탄소(CO_2)의 이상 기체표(계속)

T K	$\bar{h}$ kJ/kmol	$\bar{u}$ kJ/kmol	$\bar{s}°$ kJ/kmol K	T K	$\bar{h}$ kJ/kmol	$\bar{u}$ kJ/kmol	$\bar{s}°$ kJ/kmol K
1000	42,769	34,455	269.215	1760	86,420	71,787	301.543
1020	43,859	35,378	270.293	1780	87,612	72,812	302.217
1040	44,953	36,306	271.354	1800	88,806	73,840	302.884
1060	46,051	37,238	272.400	1820	90,000	74,868	303.544
1080	47,153	38,174	273.430	1840	91,196	75,897	304.198
1100	48,258	39,112	274.445	1860	92,394	76,929	304.845
1120	49,369	40,057	275.444	1880	93,593	77,962	305.487
1140	50,484	41,006	276.430	1900	94,793	78,996	306.122
1160	51,602	41,957	277.403	1920	95,995	80,031	306.751
1180	52,724	42,913	278.361	1940	97,197	81,067	307.374
1200	53,848	43,871	279.307	1960	98,401	82,105	307.992
1220	54,977	44,834	280.238	1980	99,606	83,144	308.604
1240	56,108	45,799	281.158	2000	100,804	84,185	309.210
1260	57,244	46,768	282.066	2050	103,835	86,791	310.701
1280	58,381	47,739	282.962	2100	106,864	89,404	312.160
1300	59,522	48,713	283.847	2150	109,898	92,023	313.589
1320	60,666	49,691	284.722	2200	112,939	94,648	314.988
1340	61,813	50,672	285.586	2250	115,984	97,277	316.356
1360	62,963	51,656	286.439	2300	119,035	99,912	317.695
1380	64,116	52,643	287.283	2350	122,091	102,552	319.011
1400	65,271	53,631	288.106	2400	125,152	105,197	320.302
1420	66,427	54,621	288.934	2450	128,219	107,849	321.566
1440	67,586	55,614	289.743	2500	131,290	110,504	322.808
1460	68,748	56,609	290.542	2550	134,368	113,166	324.026
1480	69,911	57,606	291.333	2600	137,449	115,832	325.222
1500	71,078	58,606	292.114	2650	140,533	118,500	326.396
1520	72,246	59,609	292.888	2700	143,620	121,172	327.549
1540	73,417	60,613	292.654	2750	146,713	123,849	328.684
1560	74,590	61,620	294.411	2800	149,808	126,528	329.800
1580	76,767	62,630	295.161	2850	152,908	129,212	330.896
1600	76,944	63,741	295.901	2900	156,009	131,898	331.975
1620	78,123	64,653	296.632	2950	159,117	134,589	333.037
1640	79,303	65,668	297.356	3000	162,226	137,283	334.084
1660	80,486	66,592	298.072	3050	165,341	139,982	335.114
1680	81,670	67,702	298.781	3100	168,456	142,681	336.126
1700	82,856	68,721	299.482	3150	171,576	145,385	337.124
1720	84,043	69,742	300.177	3200	174,695	148,089	338.109
1740	85,231	70,764	300.863	3250	177,822	150,801	339.069

자료 : Kenneth Wark, *Thermodynamics*, 5th ed., McGraw-Hill, 1989, pp. 848~849, table A-9M.
Originally published in JANAF, *Thermochemical Tables*, NSRDS-NBS-37, 1971.

[부표 A · 26] 일산화탄소(CO)의 이상 기체표

T K	$\bar{h}$ kJ/kmol	$\bar{u}$ kJ/kmol	$\bar{s}°$ kJ/kmol K	T K	$\bar{h}$ kJ/kmol	$\bar{u}$ kJ/kmol	$\bar{s}°$ kJ/kmol K
0	0	0	0	600	17,611	12,622	218.204
220	6,391	4,562	188.683	610	17,915	12,843	218.708
230	6,683	4,771	189.980	620	18,221	13,066	219.205
240	6,975	4,979	191.221	630	18,527	13,289	219.695
250	7,266	5,188	192.411	640	18,833	13,512	220.179
260	7,558	5,396	193.554	650	19,141	13,736	220.656
270	7,849	5,604	194.654	660	19,449	13,962	221.127
280	8,140	5,812	195.713	670	19,758	14,187	221.592
290	8,432	6,020	196.735	680	20,068	14,414	222.052
298	8,669	6,190	197.543	690	20,378	14,641	222.505
300	8,723	6,229	197.723	700	20,690	14,870	222.953
310	9,014	6,437	198.678	710	21,002	15,099	223.396
320	9,306	6,645	199.603	720	21,315	15,328	223.833
330	9,597	6,854	200.500	730	21,628	15,558	224.265
340	9,889	7,062	201.371	740	21,943	15,789	224.692
350	10,181	7,271	202.217	750	22,258	16,022	225.115
360	10,473	7,480	203.040	760	22,573	16,255	225.533
370	10,765	7,689	203.842	770	22,890	16,488	225.947
380	11,058	7,899	204.622	780	23,208	16,723	226.357
390	11,351	8,108	205.383	790	23,526	16,957	226.762
400	11,644	8,319	206.125	800	23,844	17,193	227.162
410	11,938	8,529	206.850	810	24,164	17,429	227.559
420	12,232	8,740	207.549	820	24,483	17,665	227.952
430	12,526	8,951	208.252	830	24,803	17,902	228.339
440	12,821	9,163	208.929	840	25,124	18,140	228.724
450	13,116	9,375	209.593	850	25,446	18,379	229.106
460	13,412	9,587	210.243	860	25,768	18,617	229.482
470	13,708	9,800	210.880	870	26,091	18,858	229.856
480	14,005	10,014	211.504	880	26,415	19,099	230.227
490	14,302	10,228	212.117	890	26,740	19,341	230.593
500	14,600	10,443	212.719	900	27,066	19,583	230.957
510	14,898	10,658	213.310	910	27,392	19,826	231.317
520	15,197	10,874	213.890	920	27,719	20,070	231.674
530	15,497	11,090	214.460	930	28,046	20,314	232.028
540	15,797	11,307	215.020	940	28,375	20,559	232.379
550	16,097	11,524	215.572	950	28,703	20,805	232.727
560	16,399	11,743	216.115	960	29,033	21,051	233.072
570	16,701	11,961	216.649	970	29,362	21,298	233.413
580	17,003	12,181	217.175	980	29,693	21,545	233.752
590	17,307	12,401	217.693	990	30,024	21,793	234.088

[부표 A · 26] 일산화탄소(CO)의 이상 기체표(계속)

T K	$\bar{h}$ kJ/kmol	$\bar{u}$ kJ/kmol	$\bar{s}°$ kJ/kmol K	T K	$\bar{h}$ kJ/kmol	$\bar{u}$ kJ/kmol	$\bar{s}°$ kJ/kmol K
1000	30,355	22,041	234.421	1760	56,756	42,123	253.991
1020	31,020	22,540	235.079	1780	57,473	42,673	254.398
1040	31,688	23,041	235.728	1800	58,191	43,225	254.797
1060	32,357	23,544	236.364	1820	58,910	43,778	255.194
1080	33,029	24,049	236.992	1840	59,629	44,331	152.587
1100	33,702	24,557	237.609	1860	60,351	44,886	255.976
1120	34,377	25,065	238.217	1880	61,072	45,441	256.361
1140	35,054	25,575	238.817	1900	61,794	45,997	256.743
1160	35,733	26,088	239.407	1920	62,516	46,552	257.122
1180	36,406	26,602	239.989	1940	63,238	47,108	257.497
1200	37,095	27,118	240.663	1960	63,961	47,665	257.868
1220	37,780	27,637	241.128	1980	64,684	48,221	258.236
1240	38,466	28,426	241.686	2000	65,408	48,780	258.600
1260	39,154	28,678	242.236	2050	67,224	50,179	259.494
1280	39,844	29,201	242.780	2100	69,044	51,584	260.370
1300	40,534	29,725	243.316	2150	70,864	52,988	261.226
1320	41,226	30,251	243.844	2200	72,688	54,396	262.065
1340	41,919	30,778	244.366	2250	74,516	55,809	262.887
1360	42,613	31,306	244.880	2300	76,345	57,222	263.692
1380	43,309	31,836	245.388	2350	78,178	58,640	264.480
1400	44,007	32,367	245.889	2400	80,015	60,060	265.253
1420	44,707	32,900	246.385	2450	81,852	61,482	266.012
1440	45,408	33,434	246.876	2500	83,692	62,906	266.755
1460	46,110	33,971	247.360	2550	85,537	64,335	267.485
1480	46,813	34,508	247.839	2600	87,383	65,766	268.202
1500	47,517	35,046	248.312	2650	89,230	67,197	268.905
1520	48,222	35,584	248.778	2700	91,077	68,628	269.596
1540	48,928	36,124	249.240	2750	92,930	70,066	270.285
1560	49,635	36,665	249.695	2800	84,784	71,504	270.943
1580	50,344	37,207	250.147	2850	96,639	72,945	271.602
1600	51,053	37,750	250.592	2900	98,495	74,383	272.249
1620	51,763	38,293	251.033	2950	100,352	75,825	272.884
1640	52,472	38,837	251.470	3000	102,210	77,267	273.508
1660	53,184	39,382	251.901	3050	104,073	78,715	274.123
1680	53,895	39,927	252.329	3100	105,939	80,164	274.730
1700	54,609	40,474	252.751	3150	107,802	81,612	275.326
1720	55,323	41,023	253.169	3200	109,667	83,061	275.914
1740	56,039	41,572	253.582	3250	111,534	84,513	276.494

자료 : Kenneth Wark, *Thermodynamics*, 5th ed., McGraw－Hill, 1989, pp. 846~847, table A－8M. Originally published in JANAF, *Thermochemical Tables*, NSRDS－NBS－37, 1971.

[부표 A · 27] 수소(H_2)의 이상 기체표

T K	$\bar{h}$ kJ/kmol	$\bar{u}$ kJ/kmol	$\bar{s}°$ kJ/kmol K	T K	$\bar{h}$ kJ/kmol	$\bar{u}$ kJ/kmol	$\bar{s}°$ kJ/kmol K
0	0	0	0	1440	42,808	30,835	177.410
260	7,370	5,209	126.636	1480	44,091	31,786	178.291
270	7,657	5,412	127.719	1520	45,384	32,746	179.153
280	7,945	5,617	128.765	1560	46,683	33,713	179.995
290	8,233	5,822	129.775	1600	47,990	34,687	180.820
298	8,468	5,989	130.574	1640	49,303	35,668	181.632
300	8,522	6,027	130.754	1680	50,622	36,654	182.428
320	9,100	6,440	132.621	1720	51,947	37,646	183.208
340	9,680	6,853	134.378	1760	53,279	38,645	183.973
360	10,262	7,268	136.039	1800	54,618	39,652	184.724
380	10,843	7,684	137.612	1840	55,962	40,663	185.463
400	11,426	8,100	139.106	1880	57,311	41,680	186.190
420	12,010	8,518	140.529	1920	58,668	42,705	186.904
440	12,594	8,936	141.888	1960	60,031	43,735	187.607
460	13,179	9,355	143.187	2000	61,400	44,771	188.297
480	13,764	9,773	144.432	2050	63,119	46,074	189.148
500	14,350	10,193	145.628	2100	64,847	47,386	189.979
520	14,935	10,611	146.775	2150	66,584	48,708	190.796
560	16,107	11,451	148.945	2200	68,328	50,037	191.598
600	17,280	12,291	150.968	2250	70,080	51,373	192.385
640	18,453	13,133	152.863	2300	71,839	52,716	193.159
680	19,630	13,976	154.645	2350	73,608	54,069	193.921
720	20,807	14,821	156.328	2400	75,383	55,429	194.669
760	21,988	15,669	157.923	2450	77,168	56,798	195.403
800	23,171	16,520	159.440	2500	78,960	58,175	196.125
840	24,359	17,375	160.891	2550	80,755	59,554	196.837
880	25,551	18,235	162.277	2600	82,558	60,941	197.539
920	26,747	19,098	163.607	2650	84,368	62,335	198.229
960	27,948	19,966	164.884	2700	86,186	63,737	198.907
1000	29,154	20,839	166.114	2750	88,008	65,144	199.575
1040	30,364	21,717	167.300	2800	89,838	66,558	200.234
1080	31,580	22,601	168.449	2850	91,671	67,976	200.885
1120	32,802	23,490	169.560	2900	93,512	69,401	201.527
1160	34,028	24,384	170.636	2950	95,358	70,831	202.157
1200	35,262	25,284	171.682	3000	97,211	72,268	202.778
1240	36,502	26,192	172.698	3050	99,065	73,707	203.391
1280	37,749	27,106	173.687	3100	100,926	75,152	203.995
1320	39,002	28,027	174.652	3150	102,793	76,604	204.592
1360	40,263	28,955	175.593	3200	104,667	78,061	205.181
1400	41,530	29,889	176.510	3250	106,545	79,523	205.765

자료 : Kenneth Wark, *Thermodynamics*, 5th ed., McGraw-Hill, 1989, pp. 852 table A-11M.
Originally published in JANAF, *Thermochemical Tables*, NSRDS-NBS-37, 1971.

[부표 A · 28] 수증기(H_2O)의 이상 기체표

T K	$\bar{h}$ kJ/kmol	$\bar{u}$ kJ/kmol	$\bar{s}°$ kJ/kmol K	T K	$\bar{h}$ kJ/kmol	$\bar{u}$ kJ/kmol	$\bar{s}°$ kJ/kmol K
0	0	0	0	600	20,402	15,413	212.920
220	7,295	5,466	178.576	610	20,765	15,693	213.529
230	7,628	5,715	180.054	620	21,130	15,975	214.122
240	7,961	5,965	181.471	630	21,495	16,257	214.707
250	8,294	6,215	182.831	640	21,862	16,541	215.285
260	8,627	6,466	184.139	650	22,230	16,826	215.856
270	8,961	6,716	185.399	660	22,600	17,112	216.419
280	9,296	6,968	186.616	670	22,970	17,399	216.976
290	9,631	7,219	187.791	680	23,342	17,688	217.527
298	9,904	7,425	188.720	690	23,714	17,978	218.071
300	9,966	7,472	188.928	700	24,088	18,268	218.610
310	10,302	7,725	190.030	710	24,464	18,561	219.142
320	10,639	7,978	191.098	720	24,840	18,854	219.668
330	10,976	8,232	192.136	730	25,218	19,148	220.189
340	11,314	8,487	193.144	740	25,597	19,444	220.707
350	11,652	8,742	194.125	750	25,977	19,741	221.215
360	11,992	8,998	195.081	760	26,358	20,039	221.720
370	12,331	9,255	196.012	770	26,741	20,339	222.221
380	12,672	9,513	196.920	780	27,125	20,639	222.717
390	13,014	9,771	197.807	790	27,510	20,941	223.207
400	13,356	10,030	198.673	800	27,896	21,245	223.693
410	13,699	10,290	199.521	810	28,284	21,549	224.174
420	14,043	10,551	200.350	820	28,672	21,855	224.651
430	14,388	10,813	201.160	830	29,062	22,162	225.123
440	14,734	11,075	201.955	840	29,454	22,470	225.592
450	15,080	11,339	202.734	850	29,846	22,779	226.057
460	15,428	11,603	203.497	860	30,240	23,090	226.517
470	15,777	11,869	204.247	870	30,635	23,402	226.973
480	16,126	12,135	204.982	880	31,032	23,715	227.426
490	16,477	12,403	205.705	890	31,429	24,029	227.875
500	16,828	12,671	206.413	900	31,828	24,345	228.321
510	17,181	12,940	207.112	910	32,228	24,662	228.763
520	17,534	13,211	207.799	920	32,629	24,980	229.202
530	17,889	13,482	208.475	930	33,032	25,300	229.637
540	18,245	13,755	209.139	940	33,436	25,621	230.070
550	18,601	14,028	209.795	950	33,841	25,943	230.499
560	18,959	14,303	210.440	960	34,247	26,265	230.924
570	19,318	14,579	211.075	970	34,653	26,588	231.347
580	19,678	14,856	211.702	980	35,061	26,913	231.767
590	20,039	15,134	212.320	990	35,472	27,240	232.184

[부표 A · 28] 수증기(H_2O)의 이상 기체표(계속)

T K	$\overline{h}$ kJ/kmol	$\overline{u}$ kJ/kmol	$\overline{s}°$ kJ/kmol K	T K	$\overline{h}$ kJ/kmol	$\overline{u}$ kJ/kmol	$\overline{s}°$ kJ/kmol K
1000	35,882	27,568	232.597	1760	70,535	55,902	258.151
1020	36,709	28,228	233.415	1780	71,523	56,723	258.708
1040	37,542	28,895	234.223	1800	72,513	57,547	259.262
1060	38,380	29,567	235.020	1820	73,507	58,375	259.811
1080	39,223	30,243	235.806	1840	74,506	59,207	260.387
1100	40,071	30,925	236.584	1860	75,506	60,042	260.898
1120	40,923	31,611	237.352	1880	76,511	60,880	261.436
1140	41,780	32,301	238.110	1900	77,517	61,720	261.969
1160	42,642	32,997	238.859	1920	78,527	62,564	262.497
1180	43,509	33,698	239.600	1940	79,540	63,411	263.022
1200	44,380	34,403	240.333	1960	80,555	64,259	263.542
1220	45,256	35,112	241.057	1980	81,573	65,111	264.059
1240	46,137	35,827	241.773	2000	82,593	65,965	264.571
1260	47,022	36,546	242.482	2050	85,156	62,111	265.838
1280	47,912	37,270	243.183	2100	87,735	70,275	267.081
1300	48,807	38,000	243.877	2150	90,330	72,454	268.301
1320	49,707	38,732	244.564	2200	92,940	74,649	269.500
1340	50,612	39,470	245.243	2250	95,562	76,855	270.679
1360	51,521	40,213	245.915	2300	98,199	79,076	271.839
1380	52,434	40,960	246.582	2350	100,846	81,308	272.978
1400	53,351	41,711	247.241	2400	103,508	83,553	274.098
1420	54,273	42,466	247.895	2450	106,183	85,811	275.201
1440	55,198	43,226	248.543	2500	108,868	88,082	276.286
1460	56,128	44,989	249.185	2550	111,565	90,364	277.354
1480	57,062	40,756	249.820	2600	114,273	92,656	278.407
1500	57,999	45,528	250.450	2650	116,991	94,958	279.441
1520	58,942	46,304	251.074	2700	119,717	97,269	280.462
1540	59,888	47,084	251.693	2750	122,453	99,588	281.464
1560	60,838	47,868	252.305	2800	125,198	101,917	282.453
1580	61,792	48,655	252.912	2850	127,952	104,256	283.429
1600	62,748	49,445	253.513	2900	130,717	106,605	284.390
1620	63,709	50,240	254.111	2950	133,486	108,959	285.338
1640	64,675	51,039	254.703	3000	136,264	111,321	286.273
1660	65,643	51,841	255.290	3050	139,051	113,692	287.194
1680	66,614	52,646	255.873	3100	141,846	116,072	288.102
1700	67,589	53,455	256.450	3150	144,648	118,458	288.999
1720	68,567	54,267	257.022	3200	147,457	120,851	289.884
1740	69,550	55,083	257.589	3250	150,272	123,250	290.756

자료 : Kenneth Wark, *Thermodynamics*, 5th ed., McGraw-Hill, 1989, pp. 850~851, table A-10M. Originally published in JANAF, *Thermochemical Tables*, NSRDS-NBS-37, 1971.

[부표 A · 29] 산소(O)의 이상 기체표

T K	$\bar{h}$ kJ/kmol	$\bar{u}$ kJ/kmol	$\bar{s}°$ kJ/kmol K	T K	$\bar{h}$ kJ/kmol	$\bar{u}$ kJ/kmol	$\bar{s}°$ kJ/kmol K
0	0	0	0	2400	50,894	30,940	204,932
298	6,852	4,373	160,944	2450	51,936	31,566	205,362
300	6,892	4,398	161,079	2500	52,979	32,193	205,783
500	11,197	7,040	172,088	2550	54,021	32,820	206,196
1000	21,713	13,398	186,678	2600	55,064	33,447	206,601
1500	32,150	19,679	195,143	2650	56,108	34,075	206,999
1600	34,234	20,931	196,488	2700	57,152	34,703	207,389
1700	36,317	22,183	197,751	2750	58,196	35,332	207,772
1800	38,400	23,434	198,941	2800	59,241	35,961	208,148
1900	40,482	24,685	200,067	2850	60,286	36,590	208,518
2000	42,564	25,935	201,135	2900	61,332	37,220	208,882
2050	43,605	26,560	201,649	2950	62,378	37,851	209,240
2100	44,646	27,186	202,151	3000	63,425	38,482	209,592
2150	45,687	27,811	202,641	3100	65,520	39,746	210,279
2200	46,728	28,436	203,119	3200	67,619	41,013	210,945
2250	47,769	29,062	203,588	3300	69,720	42,283	211,592
2300	48,811	29,688	204,045	3400	71,824	43,556	212,220
2350	49,852	30,314	204,493	3500	73,932	44,832	212,831

자료 : Kenneth Wark, *Thermodynamics*, 4th ed., McGraw-Hill, New York, 1983, p. 798, table A-11M. Originally published in JANAF, *Thermochemical Tables*, NSRDS-NBS-37, 1971.

[부표 A · 30] 수산기(OH)의 이상 기체표

T K	$\bar{h}$ kJ/kmol	$\bar{u}$ kJ/kmol	$\bar{s}°$ kJ/kmol K	T K	$\bar{h}$ kJ/kmol	$\bar{u}$ kJ/kmol	$\bar{s}°$ kJ/kmol K
0	0	0	0	2400	77,015	57,061	248.628
298	9,188	6,709	183.594	2450	78,801	58,431	249.364
300	9,244	6,749	183.779	2500	80,592	59,806	250.088
500	15,181	11,024	198.955	2550	82,388	61,186	250.799
1000	30,123	21,809	219.624	2600	84,189	62,572	251.499
1500	46,046	33,575	232.506	2650	85,995	63,962	252.187
1600	49,358	36,055	234.642	2700	87,806	65,358	252.864
1700	52,706	38,571	236.672	2750	89,622	66,757	253.530
1800	56,089	41,123	238.606	2800	91,442	68,162	254.186
1900	59,505	43,708	240.453	2850	93,266	69,570	254.832
2000	62,952	46,323	242.221	2900	95,095	70,983	255.468
2050	64,687	47,642	243.077	2950	96,927	72,400	256.094
2100	66,428	48,968	243.917	3000	98,763	73,820	256.712
2150	68,177	50,301	244.740	3100	102,447	76,673	257.919
2200	69,932	51,641	245.547	3200	106,145	79,539	259.093
2250	71,694	52,987	246.338	3300	109,855	82,418	260.235
2300	73,462	54,339	247.116	3400	113,578	85,309	261.347
2350	75,236	55,697	247.879	3500	117,312	88,212	262.429

자료 : Kenneth Wark, *Thermodynamics*, 5th ed., McGraw－Hill, 1989, pp. 853, table A－11M. Originally published in JANAF, *Thermochemical Tables*, NSRDS－NBS－37, 1971.

[부표 A · 31] 25℃, 1atm에서의 생성 엔탈피, 생성 Gibbs 함수, 절대 엔트로피

물질	분자식	$\bar{h}_f^\circ$ kJ/kmol	$\bar{g}_f^\circ$ kJ/kmol	$\bar{s}_f^\circ$ kJ/kmol K
Carbon	$C(s)$	0	0	5.74
Hydrogen	$H_2(g)$	0	0	130.68
Nitrogen	$N_2(g)$	0	0	191.61
Oxygen	$O_2(g)$	0	0	205.04
Carbon monoxide	$CO(g)$	−110,530	−137,150	197.65
Carbon dioxide	$CO_2(g)$	−393,520	−394,360	213.80
Water	$H_2O(g)$	−241,820	−228,590	188.83
Water	$H_2O(l)$	−285,830	−237,180	69.92
Hydrogen peroxide	$H_2O_2(g)$	−136,310	−105,600	232.63
Ammonia	$NH_3(g)$	−46,190	−16,590	192.33
Methane	$CH_4(g)$	−74,850	−50,790	186.16
Acetylene	$C_2H_2(g)$	+226,730	+209,170	200.85
Ethylene	$C_2H_4(g)$	+52,280	+68,120	219.83
Ethane	$C_2H_6(g)$	−84,680	−32,890	229.49
Propylene	$C_3H_6(g)$	+20,410	+62,720	266.94
Propane	$C_3H_8(g)$	−103,850	−23,490	269.91
n-Butane	$C_4H_{10}(g)$	−126,150	−15,710	310.12
n-Octane	$C_8H_{18}(g)$	−208,450	+16,530	466.73
n-Octane	$C_8H_{18}(l)$	−249,950	+6,610	360.79
n-Dodecane	$C_{12}H_{26}(g)$	−291,010	+50,150	622.83
Benzene	$C_6H_6(g)$	+82,930	+129,660	269.20
Methyl alcohol	$CH_3OH(g)$	−200,670	−162,000	239.70
Methyl alcohol	$CH_2OH(l)$	−238,660	−166,360	126.80
Ethyl alcohol	$C_2H_5OH(g)$	−235,310	−168,570	282.59
Ethyl alcohol	$C_2H_5OH(l)$	−277,690	−174,890	160.70
Oxygen	$O(g)$	+249,190	+231,770	161.06
Hydrogen	$H(g)$	+218,000	+203,290	114.72
Nitrogen	$N(g)$	+472,650	+455,510	153.30
Hydroxyl	$OH(g)$	+39,460	+34,280	183.70

자료 : JANAF *Thermochemical Tables*, Dow Chemical Co., 1971 ; *Selected Values of Chemical Thermodynamics, Properties*, NBS Technical NOte 270−3, 1968 ; and *API Research Project* **44**, Carnegie Press, 1953.

[부표 A · 32a] 25℃, 1atm에서의 연소 엔탈피, 증발 엔탈피

물질	분자식	$\overline{h}^{\circ}_{RP} = -H_h$ kJ/kmol	$\overline{h}_{fg}$ kJ/kmol
Hydrogen	$H_2(g)$	−285,840	
Carbon	$C(s)$	−393,520	
Cargon monoxide	$CO(g)$	−282,990	
Methane	$CH_4(g)$	−890,360	
Acetylene	$C_2H_2(g)$	−1,299,600	
Ethylene	$C_2H_4(g)$	−1,410,970	
Ethane	$C_2H_6(g)$	−1,559,900	
Propylene	$C_3H_6(g)$	−2,058,500	
Propane	$C_3H_8(g)$	−2,220,000	15,060
n−Butane	$C_4H_{10}(g)$	−2,877,100	21,060
n−Pentane	$C_5H_{12}(g)$	−3,536,100	26,410
n−Hexane	$C_6H_{14}(g)$	−4,194,800	31,530
n−Heptane	$C_7H_{16}(g)$	−4,853,500	36,520
n−Octane	$C_8H_{18}(g)$	−5,512,200	41,460
Benzene	$C_6H_6(g)$	−3,301,500	33,830
Touene	$C_7H_8(g)$	−3,947,900	39,920
Methy alcohol	$CH_3OH(g)$	−764,540	37,900
Ethyl alcohol	$C_2H_5OH(g)$	−1,409,300	42,340

자료 : Kenneth Wark, *Thermodynamics*, 3d ed., McGraw−Hill, 1977, pp. 834~835, table A−23M.

[부표 A · 32b] 여러 가지 물질의 연소 엔탈피(발열량)

연료	고발열량 $H_2O(l)$ kJ/kg	저발열량 $H_2O(g)$ kJ/kg
Liquid hydrocarbon		
Methane CH_4		
Ethane C_2H_6		
Propane C_3H_8	−49,977	−45,984
Butane C_4H_{10}	−49,149	−45,363
Pentane C_5H_{12}	−48,637	−44,977
Hexane C_6H_{14}	−48,307	−44,728
Heptane C_7H_{16}	−48,065	−44,551
Octane C_8H_{18}	−47,886	−44,419
Decane $C_{10}H_{22}$	−47,637	−44,232
Dodecane $C_{12}H_{26}$	−47,465	−44,102
Acetylene C_2H_2		
Benzene C_6H_6	−41,825	−40,137
Hydrogen H_2		
Gaseous hydrocarbon		
Methane CH_4	−55,491	−50,005
Ethane C_2H_6	−51,870	−47,479
Propane C_3H_8	−50,346	−46,346
Butane C_4H_{10}	−49,519	−45,732
Pentane C_5H_{12}	−49,005	−45,346
Hexane C_6H_{14}	−48,674	−45,095
Heptane C_7H_{16}	−48,430	−44,916
Octane C_8H_{18}	−48,249	−44,781
Decane $C_{10}H_{22}$	−47,995	−44,593
Dodecane $C_{12}H_{26}$	−47,823	−44,460
Acetylene C_2H_2	−49,907	−48,219
Benzene C_6H_6	−42,260	−40,572
Hydrogen H_2	−141,856	−120,012

자료 : M. David Burghardt and James A Harbach, Engineering Thermodynamics, 4th ed., Harper Collins College Publishers, 1993, p. 854, table C. 3., 원자료 : JANAF *Thermochemical Tables*, Document PB 168~370, Clearinghouse for Federal Scientific and Technical information, 1965.

[부표 A · 33] 평형 상수 K_p의 자연 대수

온도 K	$H_2 \rightleftarrows H$	$O_2 \rightleftarrows 2O$	$N_2 \rightleftarrows 2N$	$H_2O \rightleftarrows H_2 + \frac{1}{2}O_2$	$H_2O \rightleftarrows \frac{1}{2}H_2 + OH$	$CO_2 \rightleftarrows CO + \frac{1}{2}O_2$	$\frac{1}{2}N_2 + \frac{1}{2}O_2 \rightleftarrows NO$
298	−164.005	−186.975	−367.480	−92.208	−106.208	−103.762	−35.052
500	−92.827	−105.630	−213.372	−52.691	−60.281	−57.616	−20.295
1000	−39.803	−45.150	−99.127	−23.163	−26.034	−23.529	−9.388
1200	−30.874	−35.005	−80.011	−18.182	−20.283	−17.871	−7.569
1400	−24.463	−27.742	−66.329	−14.609	−16.099	−13.842	−6.270
1600	−19.637	−22.285	−56.055	−11.921	−13.066	−10.830	−5.294
1800	−15.866	−18.030	−48.051	−9.826	−10.657	−8.497	−4.536
2000	−12.840	−14.622	−41.645	−8.145	−8.728	−6.635	−3.931
2200	−10.353	−11.827	−36.391	−6.768	−7.148	−5.120	−3.433
2400	−8.276	−9.497	−32.011	−5.619	−5.832	−3.860	−3.019
2600	−6.517	−7.521	−28.304	−4.648	−4.719	−2.801	−2.671
2800	−5.002	−5.826	−25.117	−3.812	−3.763	−1.894	−2.372
3000	−3.685	−4.357	−22.359	−3.086	−2.937	−1.111	−2.114
3200	−2.534	−3.072	−19.937	−2.451	−2.212	−0.429	−1.888
3400	−1.516	−1.935	−17.800	−1.891	−1.576	0.169	−1.690
3600	−0.609	−0.926	−15.898	−1.392	−1.088	0.701	−1.513
3800	0.202	−0.019	−14.199	−0.945	−0.501	1.176	−1.356
4000	0.934	0.796	−12.660	−0.542	−0.044	1.599	−1.216
4500	2.486	2.513	−9.414	0.312	0.920	2.490	−0.921
5000	3.725	3.895	−6.807	0.996	1.689	3.197	−0.686
5500	4.743	5.023	−4.666	1.560	2.318	3.771	−0.497
6000	5.590	5.963	−2.865	2.032	2.843	4.245	−0.341

자료 : Gordon J. Van Wylen and Richard E. Sonntag, *Fundamentals of Classical Thermodynamics*, SI Version, 3d ed., Wiley, New York, 1986, p. 723, table A.14 Based on thermodynamic data given in JANAF *Thermochemical Tables*, Thermal Research Laboratory, The Dow Chemical Company, Midland, Mich.

[부표 A · 34] 여러 가지 재료의 열적 성질

재료	온도 T K	밀도 ρ kg/m^3	비열 c_p kJ/kg K	열전도 계수 k Wm/K	점성 계수 μ_k g/ms
			고체 금속		
알루미늄(Aluminium)	300	2,700	0.902	236	
황동(Brass)	300	8,520	0.382	114	
구리(Copper)	300	8,900	0.385	400	
철(Iron)					
가단철(Wrought)	300	7,850	0.460	51	
주철(Cast)	300	7,270	0.420	39	
납(Lead)	300	11,340	0.129	36	
실리콘(Silicon)	300	2,330	0.691	159	
강(Steel)					
탄소강(Carbon)	300	7,800	0.473	43	
스테인리스(Stainless)	300	7,900	0.477	14	
			고체 비금속		
목재(Wood(cross-grain))					
발사(Balsa)	300	140		0.055	
소나무(Pine(yellow))	300	640	2.805	0.15	
오크(Oak)	300	545	2.385	0.17	
합판(Plywood)	300	550	1.200	0.12	
울(Wool)	300	80	0.835	0.068	
아스베스토(Asbestos)	300	2,100	1.047	0.156	
아스팔트(Asphalt)	300	2,115	0.920	0.062	
벽돌(Brick)					
보통 벽돌(Common)	300	1,600	0.840	0.70	
내화 벽돌(Fire clay)	1,000	2,640	0.960	0.51	
점토(Clay)	300	1,460	0.880	1.30	
콘크리트(Concrete)	300	2,300	0.880	1.40	
코르크판(Cork board)	300	160	1.90	0.045	
에보나이트(Ebonite)	300		1.382		
가죽(Felt Board)	300			0.035	
유리(Glass)	300	2,500	0.750	1.40	
유리섬유(Glass Fiber)	300	220		0.035	
글라스울(Glass wool)	300	40	0.70	0.038	
석고(Gypsum board)	300	817	1.084	0.107	
얼음(Ice)	273	920	2.00	2.20	
광물면(Mineral wool)	300			0.039	
폴리스티렌(Polystyrene)	300	37		0.029	
폴리우레탄(Polyurethane)	300	40		0.023	

[부표 A · 34] 여러 가지 재료의 열적 성질(계속)

재료	온도 T K	밀도 ρ kg/m^3	비열 c_p kJ/kg K	열전도 계수 k Wm/K	점성 계수 μ_k g/ms
고체 금속					
암석 섬유(Rock wool)	300	160		0.040	
고무(Rubber)					
연질(Foam)	300	70		0.032	
경질(Hard)	300	1,190	2.01	0.16	
모래(Sand)	300	1,515	0.80	0.30	
톱밥(Saw dust)	300	215		0.059	
피부(Skin (human))	300		3.60	0.37	
눈(Snow)					
쌓인 눈(Loose)	273	110		0.05	
굳은 눈(Packed)	273	500		0.19	
화강암(Granite)	300	2,630	0.775	2.79	
석회석(Limestone)	300	2,320	0.810	2.15	
테플론(Teflon)	300	2,200	1.00	0.35	
액 체					
암모니아(Ammonia)	300	602	4.80	0.520	0.22
벤젠(Benzene)	300	895	1.81	0.159	0.65
엔진오일(Engine oil(unused))	300	886	1.89	0.145	712.0
에틸 알코올(Ethly alcohol)	300	788	2.395	0.168	1.2
에틸 글리콜(Ethly glycol)	300	1,116	2.385	0.257	21.4
글리세린(Glycerine)	300	1,260	2.39	0.287	1490
물(Water)	300	997	4.18	0.608	0.857
액체 금속					
비스무스(Bismuth)	600	9,997	0.145	16.4	1.61
납(Lead)	700	10,476	0.157	17.4	2.15
리튬(Lithium)	600	498	4.190	48.0	0.57
수은(Mercury)	600	12,816	0.134	14.2	0.84
취화칼륨(Potassium)	600	766	0.783	44.0	0.23
나트륨(Sodium)	600	871	1.309	76.0	0.32
기 체					
공기(Air)	300	1.178	1.007	0.026	0.0181
암모니아(Ammonia)	300	0.689	2.096	0.025	0.0102
이산화탄소(Carbon dioxide)	300	1.81	0.844	0.017	0.0148
일산화탄소(Carbon monoxide)	300	1.16	1.040	0.025	0.0182
수소(Hydrogen)	300	0.0817	14.302	0.190	0.0090
질소(Nitrogen)	300	1.15	1.040	0.026	0.0176
산소(Oxgen)	300	1.31	0.911	0.027	0.0200
증기(Steam)	800	0.272	1.186	0.067	0.914
메탄(Methane)	300	0.655	2.227	0.020	0.0134

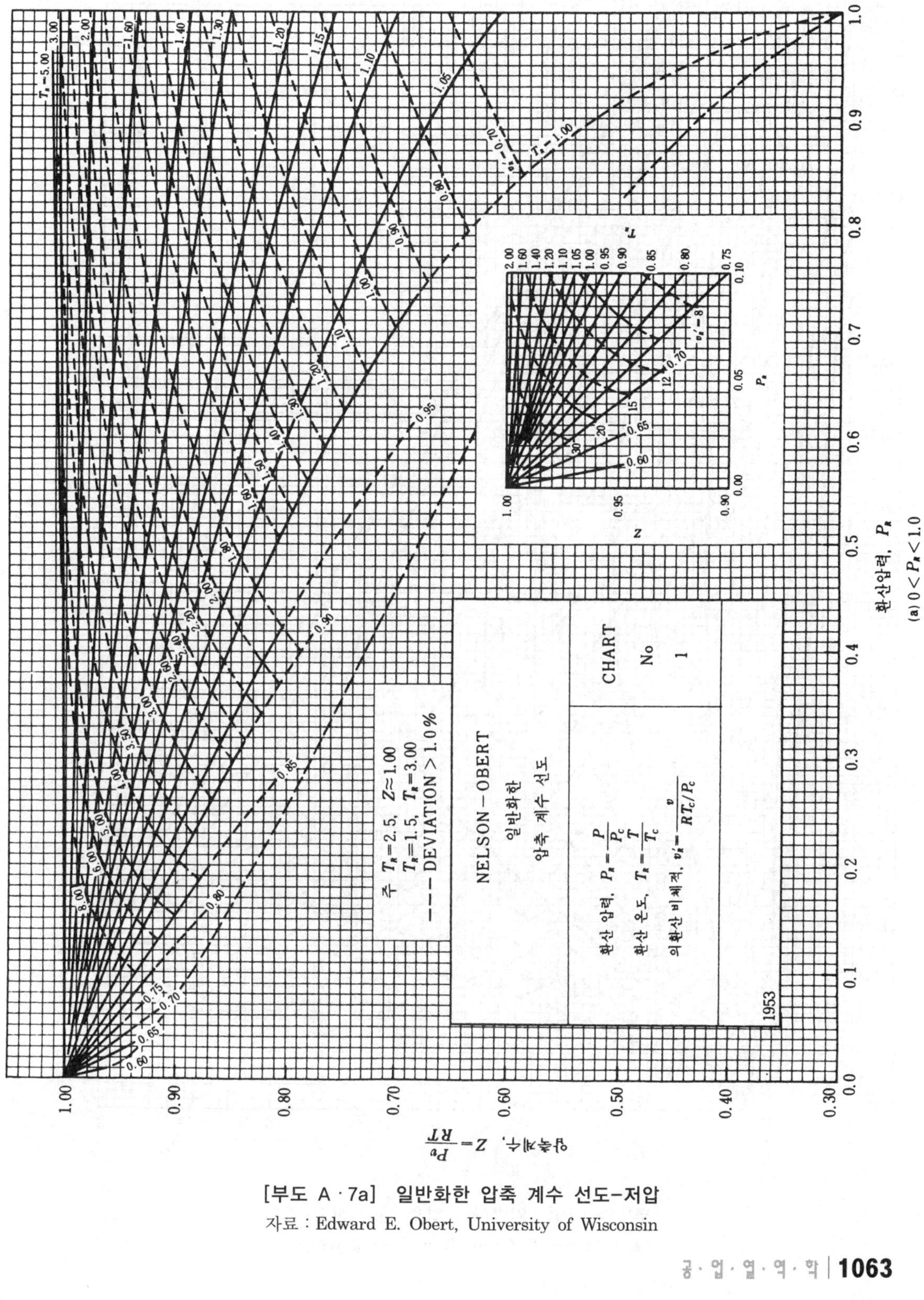

[부도 A · 7a] 일반화한 압축 계수 선도-저압

자료 : Edward E. Obert, University of Wisconsin

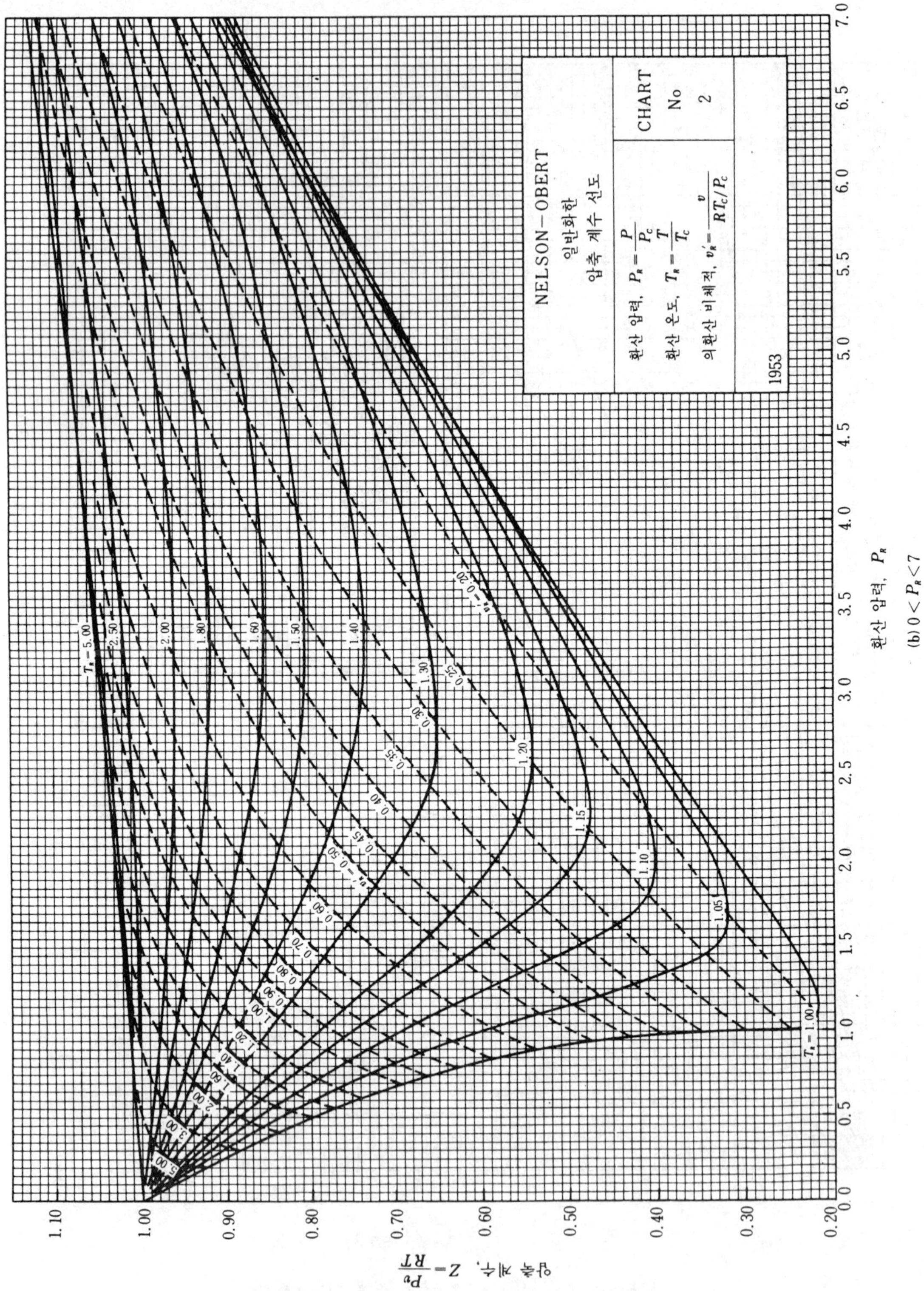

[부도 A · 7b] 일반화한 압축 계수 선도−중압

자료 : Edward E. Obert, University of Wisconsin

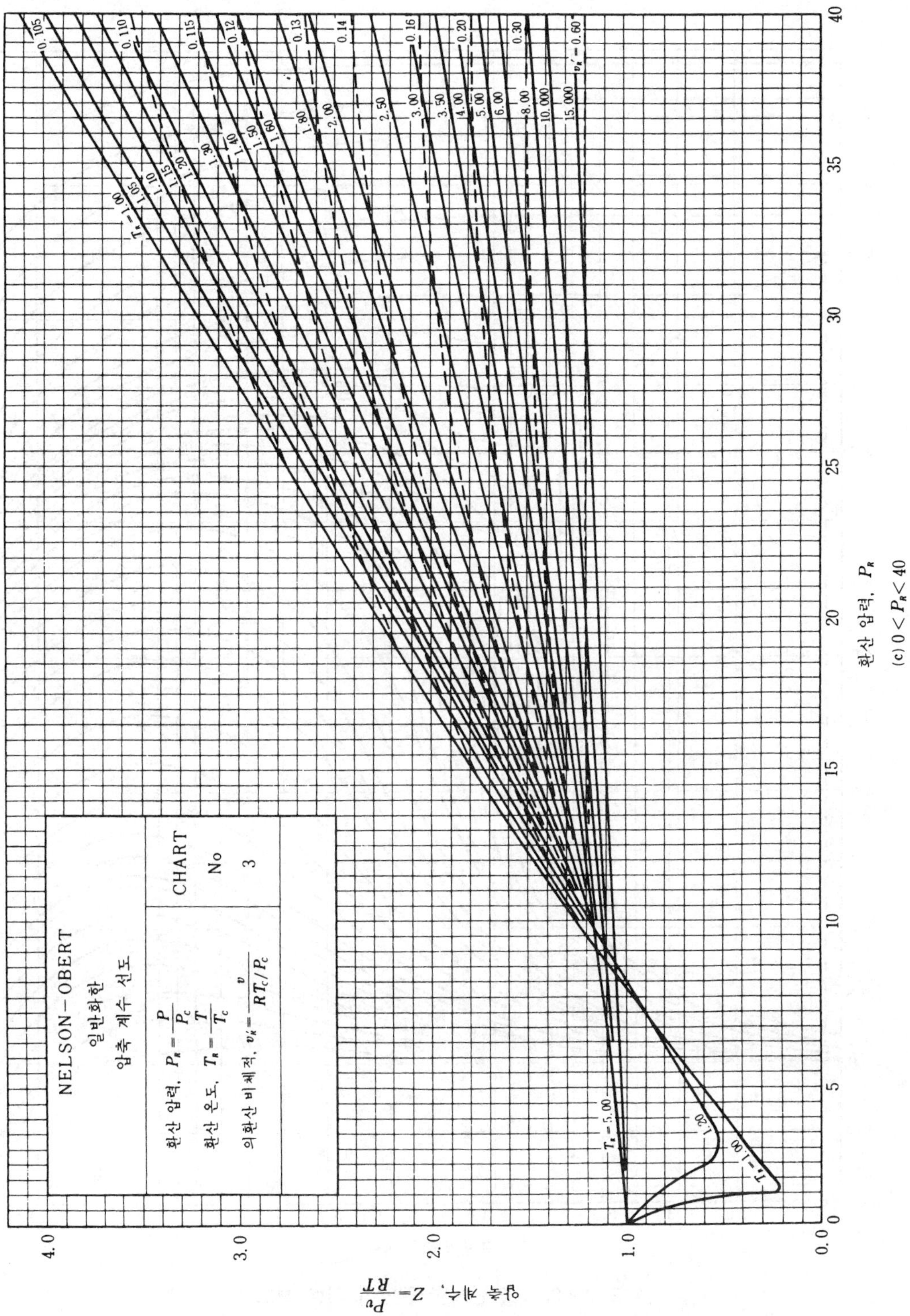

[부도 A · 7c] 일반화한 압축 계수 선도-고압

자료 : Edward E. Obert, University of Wisconsin

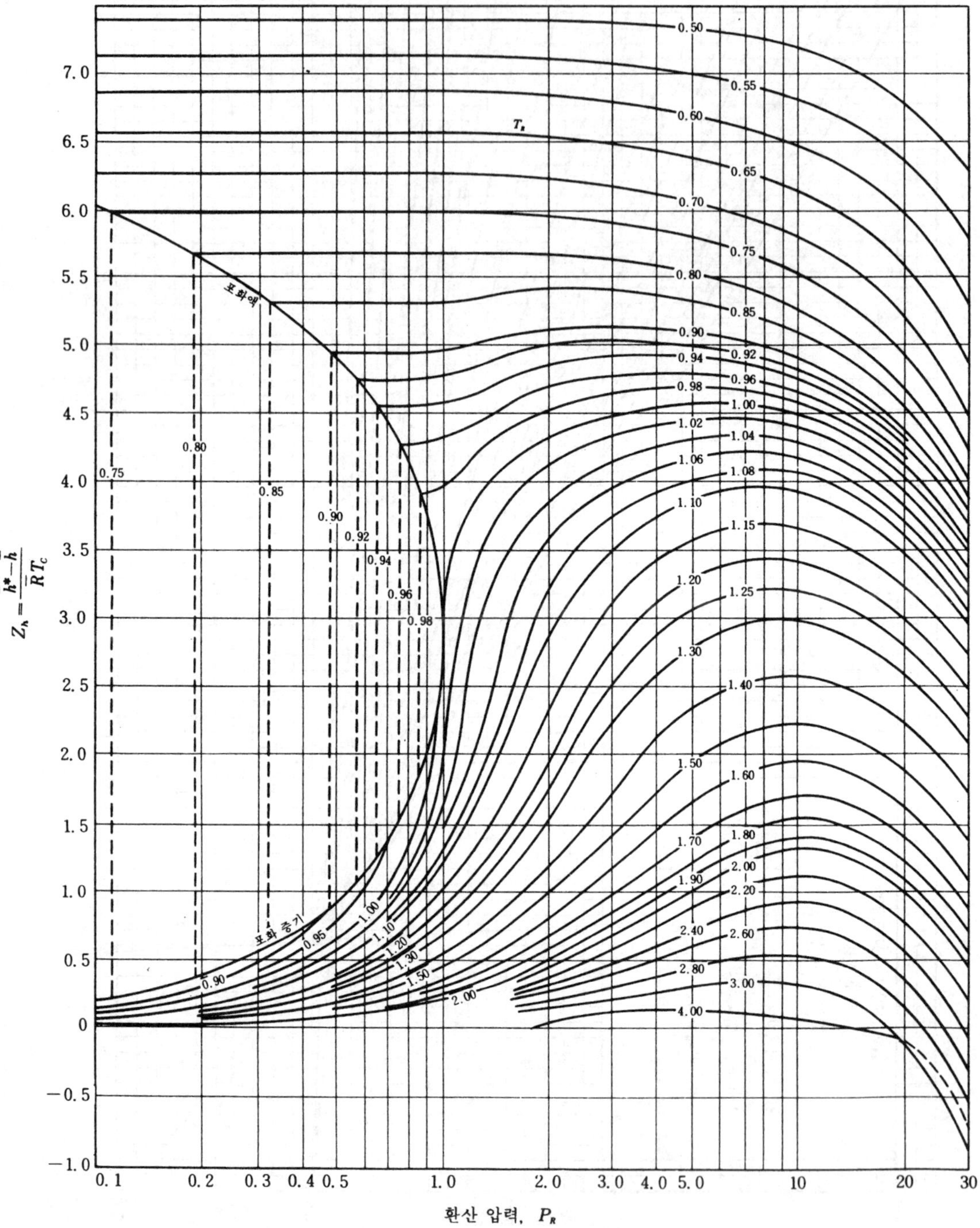

[부도 A · 8a] 일반화한 엔탈피 이탈 선도

자료 : G. J. Van Wylen and R. E. Sonntag, Fundamentals of Classical Thermodynamics, 3rd ed., English/SI, Wiley, New York, 1986.

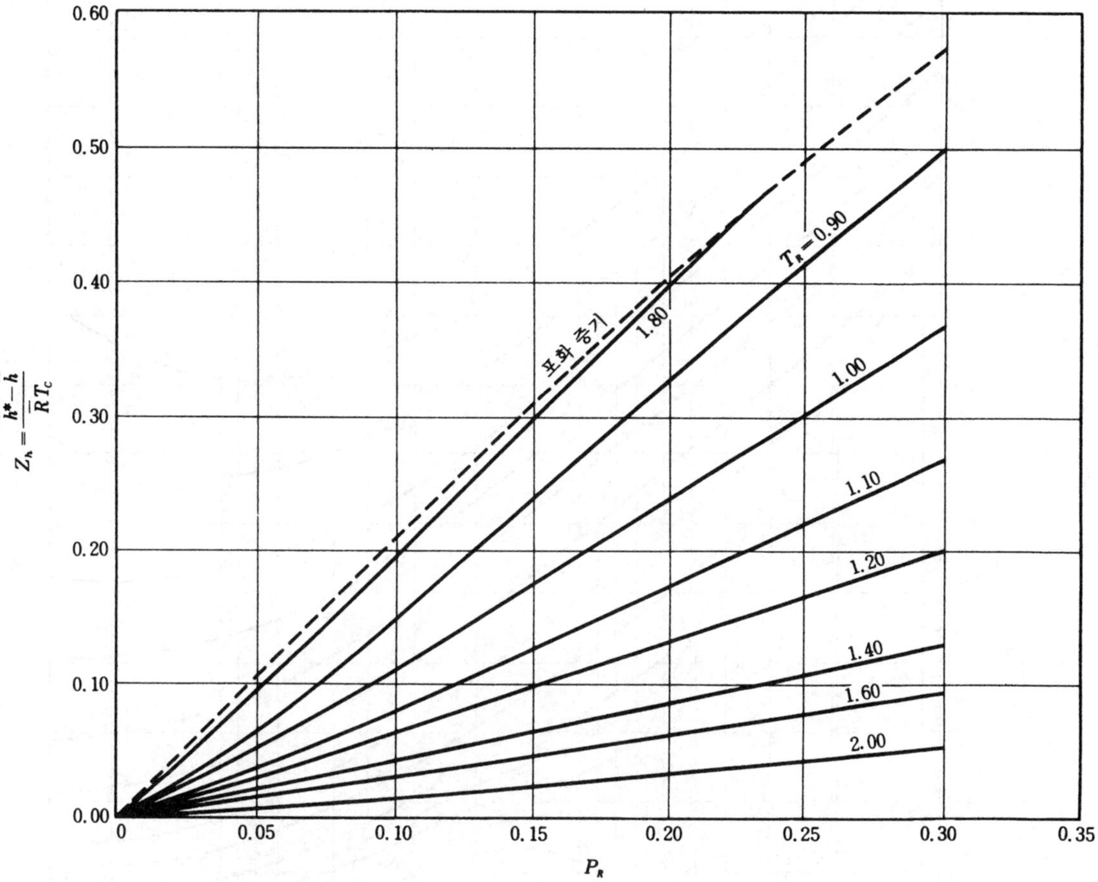

[부도 A · 8b] 일반화한 엔탈피 이탈 선도(계속)

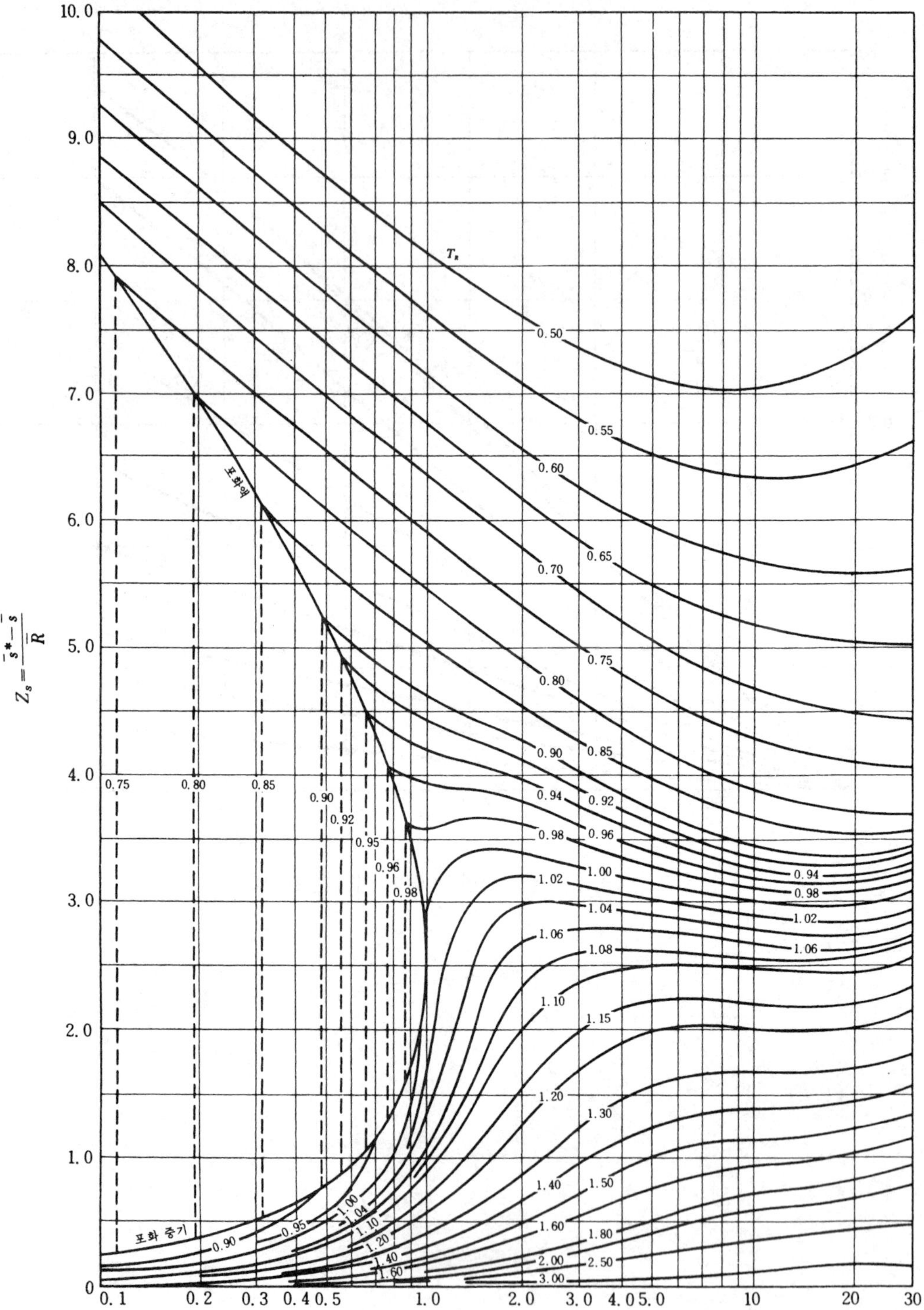

[부도 A · 9a] 일반화한 엔탈피 이탈 선도

자료 : G. J. Van Wylen and R. E. Sonntag, Fundamentals of Classical Thermodynamics, 3rd ed., English/SI, Wiley, New York, 1986.

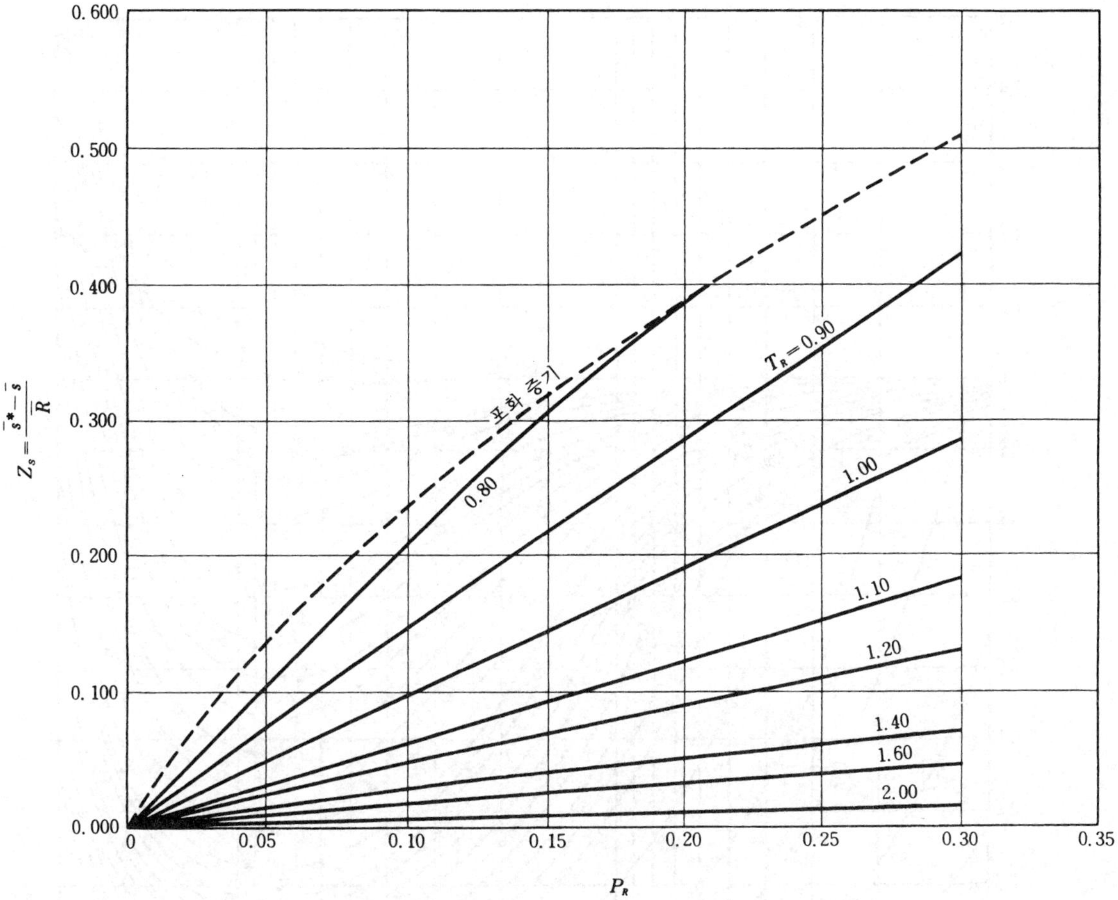

[부도 A · 9b] 일반화한 엔탈피 이탈 선도(계속)

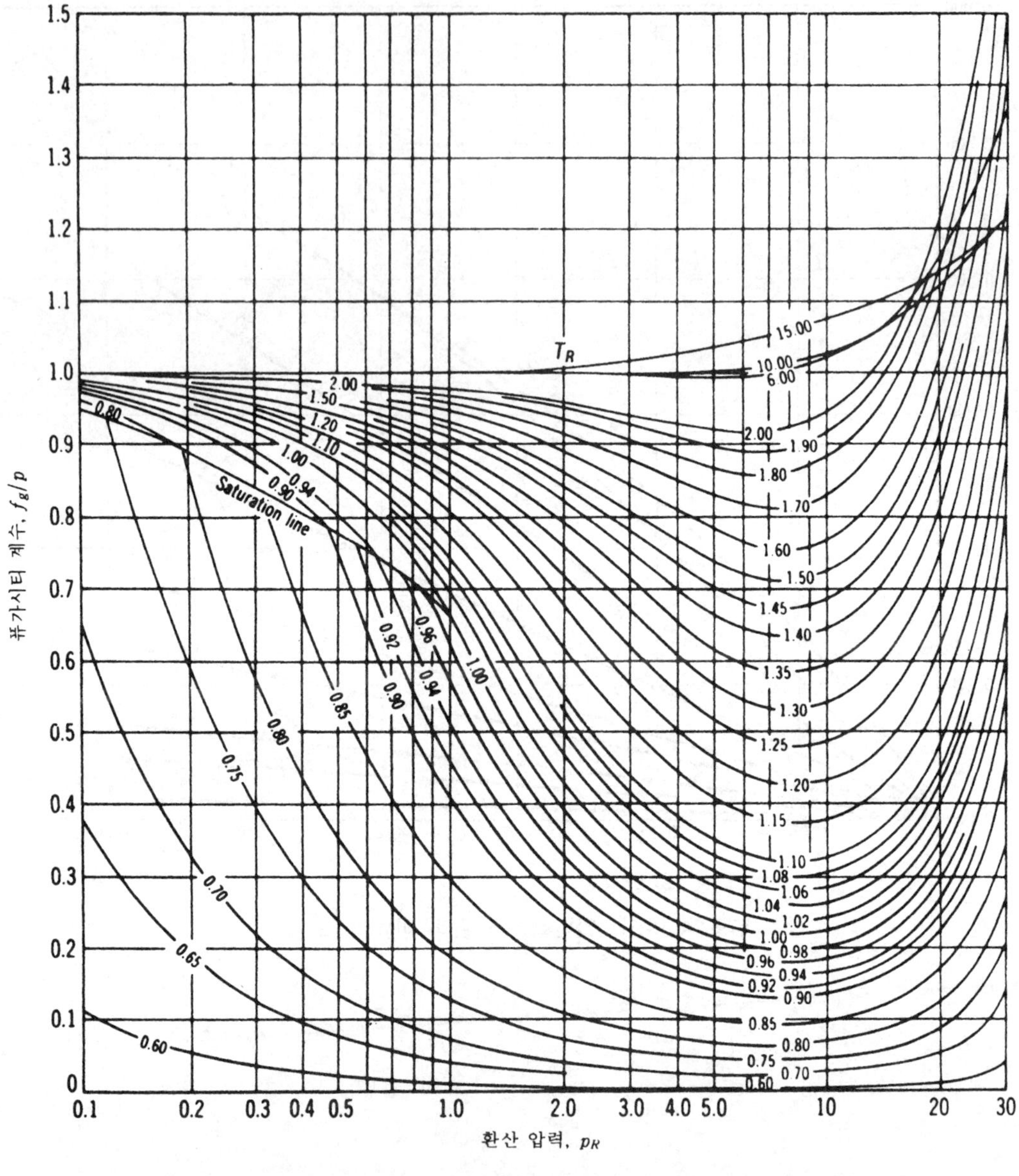

[부도 A · 9c] 일반화한 퓨가시티 계수 선도

자료 : G. J. Van Wylen and R. E. Sonntag, Fundamentals of classical Thermodynamics, 3rd ed., English/SI, Wiley, New York, 1986.

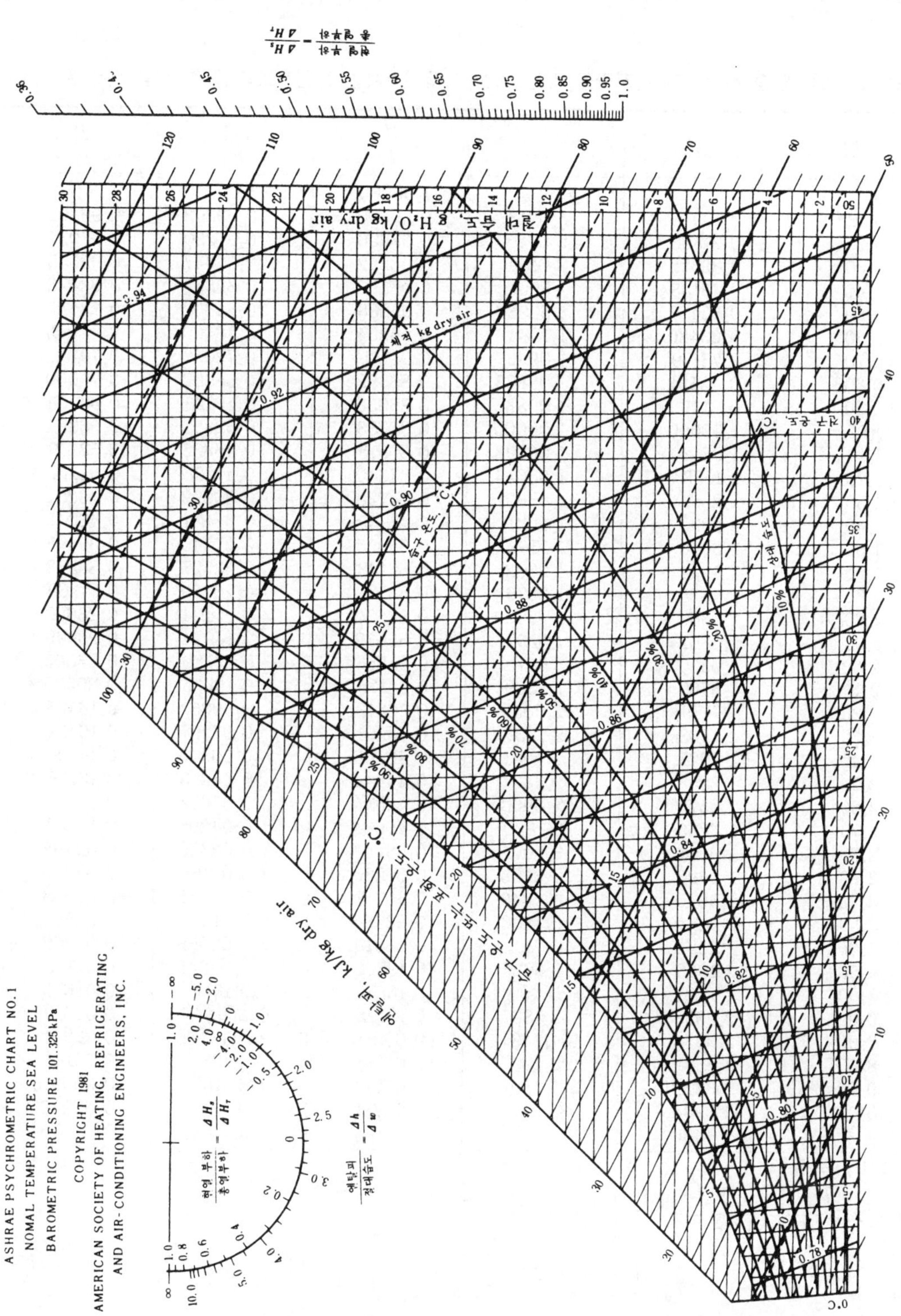

[부도 A · 10] 습공기 선도

자료 : American Society of Heating Refrigerating and Air－Conditioning Engineers.

[부표 A · 35] 일정 비열값과 분자량을 갖는 이상 기체의 1차원 등엔트로피 압축 유동 함수(κ=1.4)

M	M^*	$\frac{A}{A^*}$	$\frac{T}{T_0}$	$\frac{P}{P_0}$	$\frac{\rho}{\rho_0}$
0	0	∞	1.00000	1.00000	1.00000
0.10	0.10943	5.8218	0.99800	0.99303	0.99502
0.20	0.21822	2.9635	0.99206	0.97250	0.98027
0.30	0.32572	2.0351	0.98232	0.93947	0.95638
0.40	0.43133	1.5901	0.96899	0.89562	0.92428
0.50	0.53452	1.3398	0.95238	0.84302	0.88517
0.60	0.63480	1.1882	0.93284	0.78400	0.84045
0.70	0.73179	1.09437	0.91075	0.72092	0.79158
0.80	0.82514	1.03823	0.88652	0.65602	0.74000
0.90	0.91460	1.00886	0.86058	0.59126	0.68704
1.00	1.00000	1.00000	0.83333	0.52828	0.63394
1.10	1.08124	1.00793	0.80515	0.46835	0.58169
1.20	1.1583	1.03044	0.77640	0.41238	0.53114
1.30	1.2311	1.06631	0.74738	0.36092	0.48291
1.40	1.2999	1.1149	0.71839	0.31424	0.43742
1.50	1.3646	1.1762	0.68965	0.27240	0.39498
1.60	1.4254	1.2502	0.66138	0.23527	0.35573
1.70	1.4825	1.3376	0.63372	0.20259	0.31969
1.80	1.5360	1.4390	0.60680	0.17404	0.28682
1.90	1.5861	1.5552	0.58072	0.14924	0.25699
2.00	1.6330	1.6875	0.55556	0.12780	0.23005
2.10	1.6769	1.8369	0.53135	0.10935	0.20580
2.20	1.7179	2.0050	0.50813	0.09352	0.18405
2.30	1.7563	2.1931	0.48591	0.07997	0.16458
2.40	1.7922	2.4031	0.46468	0.06840	0.14720
2.50	1.8258	2.6367	0.44444	0.05853	0.13169
2.60	1.8572	2.8960	0.42517	0.05012	0.11787
2.70	1.8865	3.1830	0.40684	0.04295	0.10557
2.80	1.9140	3.5001	0.38941	0.03685	0.09462
2.90	1.9398	3.8498	0.37286	0.03165	0.08489
3.00	1.9640	4.2346	0.35714	0.02722	0.07623
3.50	2.0642	6.7896	0.28986	0.01311	0.04523
4.00	2.1381	10.719	0.23810	0.00658	0.02766
4.50	2.1936	16.562	0.19802	0.00346	0.01745
5.00	2.2361	25.000	0.16667	$189(10)^{-5}$	0.01134
6.00	2.2953	53.180	0.12195	$633(10)^{-6}$	0.00519
7.00	2.3333	104.143	0.09259	$242(10)^{-6}$	0.00261
8.00	2.3591	190.109	0.07246	$102(10)^{-6}$	0.00141
9.00	2.3772	327.189	0.05814	$474(10)^{-7}$	0.000815
10.00	2.3904	535.938	0.04762	$236(10)^{-7}$	0.000495
∞	2.4495	∞	0	0	0

계산식($\kappa=1.4$)

$$M^*=M\sqrt{\frac{\kappa+1}{2(\kappa-1)M^2}},\quad \frac{A}{A^*}=\frac{1}{M}\left[\left(\frac{2}{\kappa+1}\right)\left(1+\frac{\kappa-1}{2}M^2\right)\right]^{(\kappa+1)/[2(\kappa-1)]}$$

$$\frac{T}{T_0}=\left(1+\frac{\kappa-1}{2}M^2\right)^{-1},\quad \frac{P}{P_0}=\left(1+\frac{\kappa-1}{2}M^2\right)^{-\kappa/(\kappa-1)}$$

$$\frac{\rho}{\rho_0}=\left(1+\frac{\kappa-1}{2}M^2\right)^{-1/(\kappa-1)}$$

[부표 A · 36] 일정 비열값과 분자량을 갖는 이상 기체의 1차원 수직 충격파 함수(κ=1.4)

M_x	M_y	$\frac{T_y}{T_x}$	$\frac{P_x}{P_y}$	$\frac{\rho_y}{\rho_x}$	$\frac{P_{0y}}{P_{0y}}$	$\frac{P_{0y}}{P_y}$
1.00	1.00000	1.0000	1.0000	1.0000	1.00000	1.8929
1.10	0.91177	1.0649	1.2450	1.1691	0.99892	2.1328
1.20	0.84217	1.1280	1.5133	1.3416	0.99280	2.4075
1.30	0.78596	1.1909	1.8050	1.5157	0.97935	2.7135
1.40	0.73971	1.2547	2.1200	1.6896	0.95819	3.0493
1.50	0.70109	1.3202	2.4583	1.8621	0.92978	3.4133
1.60	0.66844	1.3880	2.8201	2.0317	0.89520	3.8049
1.70	0.64055	1.4583	3.2050	2.1977	0.85573	4.2238
1.80	0.61650	1.5316	3.6133	2.3592	0.81268	4.6695
1.90	0.59562	1.6079	4.0450	2.5157	0.76735	5.1417
2.00	0.57735	1.6875	4.5000	2.6666	0.72088	5.6405
2.10	0.56128	1.7704	4.9784	2.8119	0.67422	6.1655
2.20	0.54706	1.8569	5.4800	2.9512	0.62812	6.7163
2.30	0.53441	1.9468	6.0050	3.0846	0.58331	7.2937
2.40	0.52312	2.0403	6.5533	3.2119	0.54015	7.8969
2.50	0.51299	2.1375	7.1250	3.3333	0.49902	8.5262
2.60	0.50387	2.2383	7.7200	3.4489	0.46012	9.1813
2.70	0.49563	2.3429	8.3383	3.5590	0.42359	9.8625
2.80	0.48817	2.4512	8.9800	3.6635	0.38946	10.569
2.90	0.48138	2.5632	9.6450	3.7629	0.35773	11.302
3.00	0.47519	2.6790	10.333	3.8571	0.32834	12.061
4.00	0.43496	4.0469	18.500	4.5714	0.13876	21.068
5.00	0.41523	5.8000	29.000	5.0000	0.06172	32.654
10.00	0.38757	20.388	116.50	5.7143	0.00304	129.217
∞	0.37796	∞	∞	6.000	0	∞

계산식($\kappa = 1.4$)

$$M_y = \sqrt{\frac{M_x^2 + 2/(\kappa-1)}{2M_x^2\kappa/(\kappa-1) - 1}}, \quad \frac{T_y}{T_x} = \frac{1+M_x^2(\kappa-1)/2}{1+M_y^2(\kappa-1)/2}$$

$$\frac{P_y}{P_x} = \frac{1+\kappa M_x^2}{1+\kappa M_y^2}, \quad \frac{P_{0x}}{P_{0y}} = \frac{M_y}{M_x}\left[\frac{1+M_x^2(\kappa-1)/2}{1+M_y^2(\kappa-1)/2}\right]^{(\kappa+1)/[2(\kappa-1)]}$$

$$\frac{\rho_y}{\rho_x} = \frac{P_y/P_x}{T_y/T_x}, \quad \frac{P_{0y}}{P_x} = \frac{(1+\kappa M_x^2[1+M_x^2(\kappa-1)/2]^{\kappa/(\kappa-1)})}{1+\kappa M_y^2}$$

[부표 A · 37] 증기표, 냉매표 CD의 개요 및 사용방법

1. 증기표, 냉매표 CD의 설치방법

본 패키지는 윈도우가 설치된 IBM 호환기종 컴퓨터에서 실행이 가능하며, 본 패키지에서는 수증기 및 냉매의 압축액 상태, 포화 상태, 과열 상태에서의 열역학적 상태량을 SI 단위나 영국단위로 계산할 수 있다.

1. 윈도우 NT계열(NT, 2000, XP)에서는 "INSTALL_NT.BAT" 파일을 실행시킨다.
2. 윈도우(95, 98)에서는 "INSTALL.BAT" 파일을 실행시킨다.

위의 1 또는 2의 명령을 실행하면 C:\TABLE\REFRI, C:\TABLE\STEAM 두 개의 디렉토리가 생성되며, 각각의 디렉토리 안에 REFRI.EXE, STEAM.EXE의 실행파일이 복사된다.

패키지 설명 :

이 패키지는 "STEAM.ARJ", "REFRI.ARJ"의 압축파일과 "VB6KO.DLL", "ARJ.EXE", "INSTALL_NT.BAT", "INSTALL.BAT" 파일로 이루어져 있으며, 각각의 압축파일은 실행파일과 그림파일로 구성되어 있다.

"STEAM.ARJ" 파일은 증기표의 압축파일이고, "REFRI.ARJ" 파일은 냉매표의 압축파일이다. "INSTALL_NT.BAT", "INSTALL.BAT" 파일은 자동설치 파일이다.

2. 증기표

(1) 패키지의 사용 범위

본 증기표는 ASME Steam Tables(by Keenan and Keyes)에 의한 여러 가지 열역학적 물성값 계산식을 이용하여 계산한 것이다.

(2) 입력 상태량의 범위

과열 증기 : P(0.06 bar − 300 bar)

$T(T_{sat} - 1200\text{K})$

포화 증기 : P(0.006113 bar − 220.13 bar)

T(0.01℃ − 374.14℃)

압축액 : P(1 bar − 300 bar)

$T(1℃ - T_{sat})$

(3) 사용법

(a) 윈도우상에서 C:₩TABLE₩STEAM 디렉토리에서 "STAEM.EXE"를 실행시키면 Fig. 1과 같이 증기표가 실행된다.

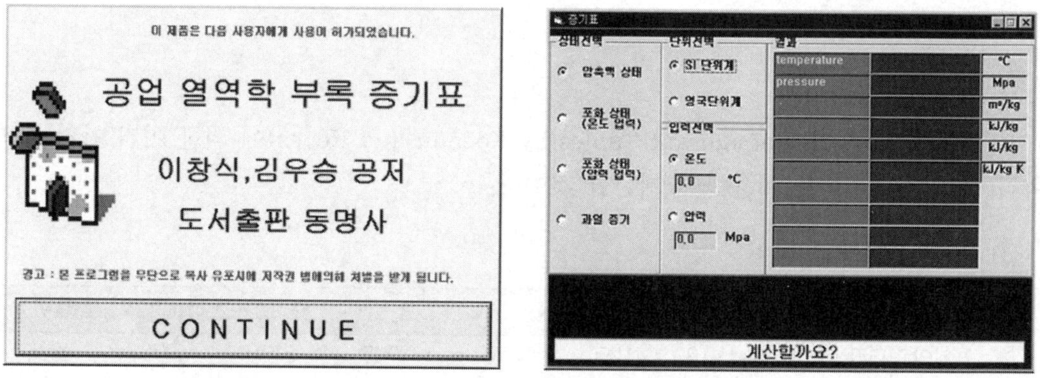

Fig. 1 증기표 초기 실행 화면

(b) 압축액의 경우 계산방법은 다음과 같다.

㉠ "압축액"을 클릭하여 상태량을 선정한다.

㉡ 원하는 "입력"의 "단위"와 값을 선정 후 입력한다.(온도, 압력)

㉢ "계산할까요?" Button을 클릭하면 계산이 수행된다.

(c) 포화상태(습증기)의 경우 계산방법은 다음과 같다.

㉠ "포화상태(온도기준)", "포화상태(압력기준)"을 클릭하여 상태량을 선정한다.

㉡ 원하는 "입력"의 "단위"와 값을 선정 후 입력한다.(온도, 압력)

㉢ "계산할까요?" Button을 클릭하면 계산이 수행된다.(Fig. 2 참조)

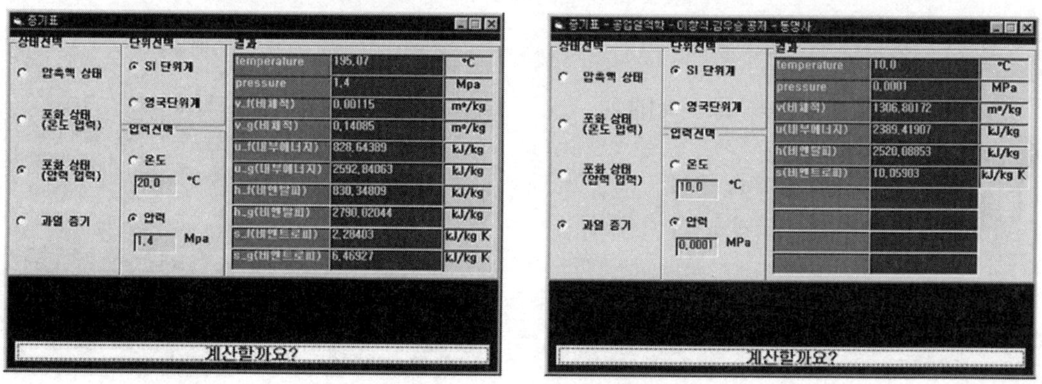

Fig. 2 증기표 프로그램의 포화상태 및 과열상태의 계산 화면

(d) 과열증기의 경우 계산방법은 다음과 같다.

㉠ "과열증기"를 클릭하여 상태량을 선정한다.

㉡ 원하는 "입력"의 "단위"와 값을 선정 후 입력한다.(온도, 압력)

㉢ "계산할까요?" Button을 클릭하면 계산이 수행된다.

3. 냉매표

본 냉매표는 ASME Refrigerant Tables(by Keenan and Keyes)에 의한 여러 가지 열역학적 물성값 계산식을 이용하여 계산한 것이다.

(1) 입력 상태량의 범위

냉매종류	R-11	R-12	R-13	R-14	R-21	R-22	R-23
임계압력(MPa)	P_c=4.410	4125	3870	3745	5170	4970	4836
임계온도(℃)	T_c=198	111.8	28.8	-45.7	178.5	96.15	25.9
온도의 사용범위	-70～240	-60～240	-100～240	-140～300	-50～240	-80～200	-110～280
압력의 사용범위	0.005～20	0.02～8	0.03～7	0.04～30	0.02～8	0.02～15	0.02～8
냉매종류	**R-113**	**R-114**	**R-500**	**R-502**	**R-C318**	**R-134a**	
임계압력(MPa)	3411	3261	4430	4075	2778	4067	
임계온도(℃)	2143	145.88	105.6	82.2	115.22	101.15	
온도의 사용범위	-30～260	-80～220	-70～240	-70～180	-60～240	-60～240	
압력의 사용범위	0.01～4	0.01～10	0.02～7	0.03～8	0.01～5	0.02～8	

(2) 사용법

(a) 윈도우상에서 C:\TABLE\REFRI 디렉토리에서 "REFRI.EXE"를 실행시키면 Fig. 3과 같이 냉매표가 실행된다.

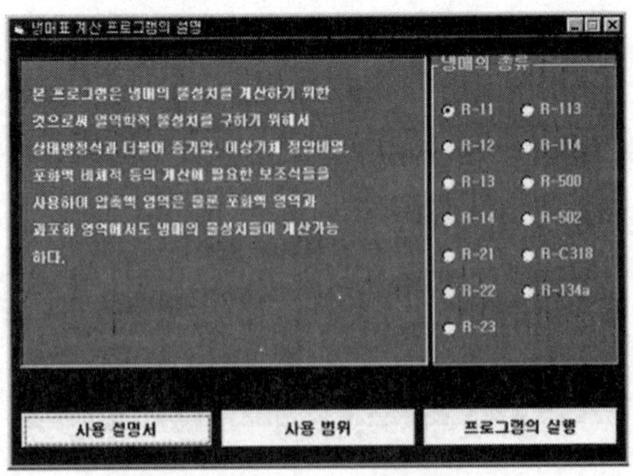

Fig. 3 냉매표 초기 실행 화면

(b) 압축액의 경우 계산방법은 다음과 같다.

㉠ "압축액 상태"를 클릭하여 상태량을 선정한다.

㉡ 원하는 "입력"의 "단위"와 값을 선정 후 입력한다.(온도, 압력)

㉢ "계산할까요?" Button을 클릭하면 계산이 수행된다.

㉣ "그림을 보시겠습니까?" Button을 클릭하면 각 상태량에 따른 선도를 볼 수 있다.

(c) 포화상태의 경우 계산방법은 다음과 같다.

㉠ "포화상태(온도기준)", "포화상태(압력기준)"을 클릭하여 상태량을 선정한다.

㉡ 원하는 "입력"의 "단위"와 값을 선정 후 입력한다.(온도, 압력)

㉢ "계산할까요?" Button을 클릭하면 계산이 수행된다.(Fig. 4 참조)

㉣ "그림을 보시겠습니까?" Button을 클릭하면 각 상태량에 따른 선도를 볼 수 있다.(Fig. 5 참조)

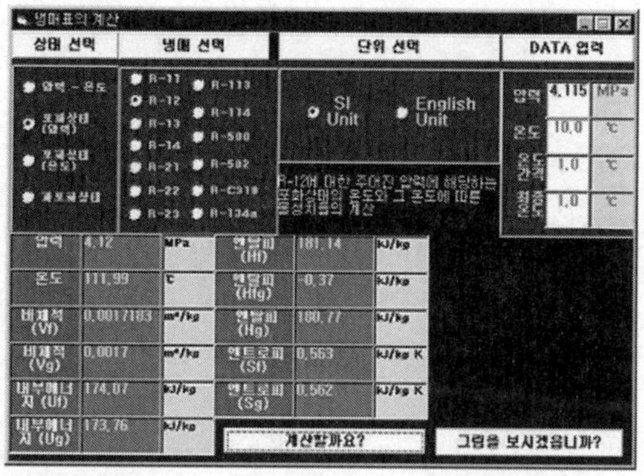

Fig. 4 냉매표 포화 상태 계산 화면

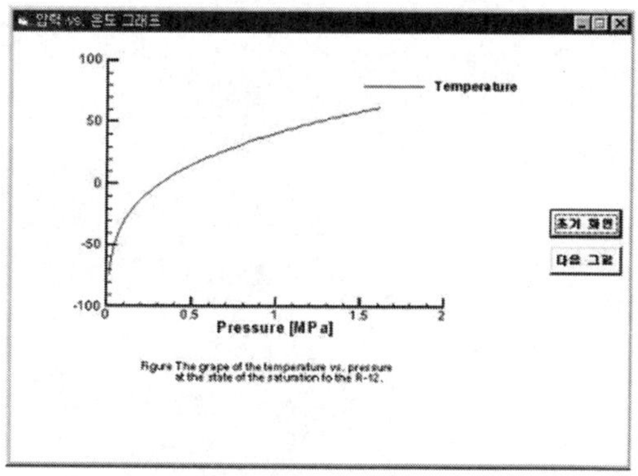

Fig. 5 냉매표 각 상태량 선도의 예

(d) 과열상태의 경우 계산방법은 다음과 같다.

㉠ "과열상태"를 클릭하여 상태량을 선정한다.

㉡ 원하는 "입력"의 "단위"와 값을 선정 후 입력한다.(온도, 압력)

㉢ "계산할까요?" Button을 클릭하면 계산이 수행된다.

㉣ "그림을 보시겠습니까?" Button을 클릭하면 각 상태량에 따른 선도를 볼 수 있다.

찾아보기

≪ㄱ≫

≪ㄴ≫

≪ㄷ≫

≪ㄹ≫

≪ㅁ≫

≪ㅂ≫

≪ㅅ≫

≪ㅇ≫

≪ㅈ≫

≪ㅊ≫

≪ㅋ≫